量子计算与量子信息

（10周年版）

Quantum Computation and Quantum Information: 10th Anniversary Edition

[美] Michael A. Nielsen　Isaac L. Chuang◎著

孙晓明　尚云　李绿周　尹璋琦　魏朝晖　田国敬◎译

電子工業出版社

Publishing House of Electronics Industry

北京•BEIJING

内 容 简 介

本书介绍了量子计算和量子信息领域的主要思想和技术。该领域的快速发展及其跨学科的性质使得新来者很难全面地了解其中重要的技术和研究成果。本书共分为 3 部分：第 1 部分概述了量子计算和量子信息领域的主要思想和研究成果，并介绍了计算机科学、数学和物理学领域的相关背景材料，这些材料是深入理解量子计算和量子信息所必需的；第 2 部分详细描述了量子计算；第 3 部分是关于量子信息的，内容涉及什么是量子信息，如何使用量子态表示和交流信息，以及如何描述和处理量子信息和经典信息的破坏。

本书适合对量子计算和量子信息感兴趣的学习者阅读。

图书在版编目（CIP）数据

量子计算与量子信息：10 周年版 /（美）迈克尔 A. 尼尔森（Michael A. Nielsen），（美）艾萨克 L. 庄（Isaac L. Chuang）著；孙晓明等译. —北京：电子工业出版社，2022.2

书名原文：Quantum Computation and Quantum Information: 10th Anniversary Edition

ISBN 978-7-121-42687-2

I. ①量…II. ①迈…②艾…③孙…III. ①量子计算机 ②量子力学－信息技术 IV. ①TP385 ②O413.1

中国版本图书馆 CIP 数据核字（2022）第 014538 号

责任编辑：官　杨
印　　刷：北京天宇星印刷厂
装　　订：北京天宇星印刷厂
出版发行：电子工业出版社
　　　　　北京市海淀区万寿路 173 信箱　　邮编：100036
开　　本：787×1092　1/16　　印张：38.75　　字数：973 千字
版　　次：2022 年 2 月第 1 版
印　　次：2024 年 12 月第 10 次印刷
定　　价：168.00 元

凡所购买电子工业出版社图书有缺损问题，请向购买书店调换。若书店售缺，请与本社发行部联系，联系及邮购电话：（010）88254888，88258888。

质量投诉请发邮件至 zlts@phei.com.cn，盗版侵权举报请发邮件至 dbqq@phei.com.cn。

本书咨询联系方式：faq@phei.com.cn。

序言 1

近年来量子计算发展非常迅速，国内外在实验方面不断有突破性的进展涌现。但是国内计算机领域从事量子计算研究的学者，特别是从事量子算法与理论研究的科研人员非常少。导致这一现象的原因是多方面的，其中之一是缺乏好的量子计算中文教材。

由 Michael A. Nielsen 和 Isaac L. Chuang 合著的《Quantum Computation and Quantum Information》毫无疑问是量子计算和量子信息领域最优秀的教材之一，全书近 700 页，覆盖了量子计算和量子信息的基础知识。自 2000 年由英国剑桥大学出版社出版以后，全球许多高校都使用该书作为量子计算课程的教材。据统计，该书是量子信息领域，乃至物理领域被引用次数最高的图书之一。2004 年清华大学赵千川老师等曾翻译过该书的早期版本，三年前电子工业出版社购买了该书最新版的版权，组织团队翻译该版图书。中国科学院计算所孙晓明研究员领衔，邀请了数学所尚云教授、中山大学李绿周教授、北理工尹璋琦教授、清华大学魏朝晖助理教授和中科院计算所田国敬副研究员等五位活跃在量子计算一线的研究人员，从 2018 年 9 月开始翻译，直到 2020 年夏天完成翻译初稿，之后又花了一年的时间打磨校对，真可谓呕心沥血，为关心量子计算的读者提供了一本高质量的译作。

孙晓明研究员发邮件邀请我为此书写一篇序，我感到十分为难。因为我未在量子计算的第一线做过科研和教学工作，只是在自学量子计算这门课的一名“老学生”。上世纪 80 年代我留学回国，就已经开始阅读早期关于量子计算的文献，如 David Deutsch 1985 年发表的经典论文“Quantum theory, the Church-Turing principle and the universal quantum computer”和有关可逆计算的论文，但一直是“观潮者”。由我为《量子计算和量子信息》这本经典教材写序言，就如同叫一个拉拉队员为精彩的球赛写述评，肯定写不到点子上。但另一方面，我也观察到，多数计算机界的学者是通过报刊或者自媒体上的报道来了解量子计算，有时会受非科班的媒体记者的误导。他们急于跨进量子计算的大门又苦于找不到入口。由我这个与他们经历类似的研究传统计算机的人做“导游”，也许会打消一点他们心中的困惑，于是我硬着头皮答应写这篇序。

最近几年各种媒体频繁报道量子计算机的新闻，似乎实用化的量子计算机已呼之欲出。Google、IBM 等几家大公司正在努力研制 50 位量子比特以上的量子计算机，试图做到解决某个特殊问题的速度超过世界上任何传统计算机，领先宣布取得所谓“量子霸权（quantum supremacy）”。量子计算机的计算能力是否超过以图灵计算机为模型的传统计算机，这是一个重大的科学问题。严谨的教科书与大众媒体文章的差别在于，对科技术语都有严格的定义，对科学与技术的判断都有明确的前提条件和结论成立的边界，《量子计算与量子信息》这本教材在这方面不愧为经典。

本书的许多章节都讨论了量子计算机的能力极限，书中明确指出，量子计算机也遵循丘奇–图灵论题，即任何算法过程都可以使用图灵机有效地模拟，也就是说，量子计算机与图灵机可计算的函数类相同。学过一点计算机科学理论的大学生都知道 P 和 NP 问题类，还有一类范围可能更大的问题类叫 PSPACE，是指所有可以通过合理内存（多项式空间）来解决的问题（可以任意时间）。所有能用量子计算机解决的问题叫 BQP 问题类，即可以用多项式大小的量子线路在有界错误概率内解决的判定问题。目前还不知道 BQP 与 P、NP、PSPACE 的准确关系，只知道量子计算机能有效地求解 P 类问题，但是 PSPACE 以外的问题不能有效求解。量子计算复杂性最著名的结果之一是 BQP $\subseteq$ PSPACE，即 BQP 处在 P 和 PSPACE 中间的某个位置，量子计算机能不能有效解决 NP 问题现在还没有结论。学习这些理论知识有什么用？进入量子计算这个新领域，首先要知道，什么类型的问题可以在量子计算机上有效地解决，与传统计算机上可有效解决的问题相比有什么优势。量子计算最激动人心的事就是对这些问题的答案知之甚少，为后进入者提供了巨大的研究空间。

研究量子计算机最初的出发点是试图突破图灵计算机的极限，主要是讨论可计算性这类理论问题，只有少数学者关心。1994 年量子计算掀开新的一页，进入蓬勃发展阶段。这是因为 Peter Shor 教授展示了与密码学有关的两个重要问题——寻找整数的素因子问题和离散对数问题在量子计算机上可以在多项式时间内解决（在经典计算中这两个问题具有指数级的时间复杂性），预示量子计算在计算效率上对于传统计算有本质性的提高。这一颠覆性的量子算法研究成果引发了量子计算机的研制热潮。从量子计算机的发展历史可以看出，量子算法的研究对量子计算机的发展起到了关键的推动作用。这也表明，量子计算技术的发展不仅仅是物理学界的事，计算机界也必须积极参与，争取做出更大的贡献。量子算法是本书的重点内容之一，不但阐述了量子算法的入门知识，详细介绍了 Shor 算法、Grover 算法等经典量子算法，而且尖锐地指出：量子算法研究“*过去十年的进展喜忧参半。尽管独具匠心并付出了巨大的努力，但主要的算法见解仍停留在 10 年前。虽然已经取得了相当大的技术进步，但我们仍不了解究竟是什么使量子计算机变得强大，或者它们在哪些类别的问题上可以胜过传统计算机。*”本书英文版出版后又过了十年，至今可提供指数级加速的量子算法仍然只有 Shor 算法，可见量子算法的研究任重道远。

为什么量子算法的突破如此艰难？媒体上普遍解释量子计算的加速是由于指数级的并行处理，这种理解没有触及量子计算的本质，因为量子计算完全不同于计算机界耳熟能详的“并行处理”。在一个量子比特的状态里，大自然隐藏了大量的“隐含信息”，量子算法必须利用量子世界独特的干涉和纠缠特性。经典的并行性是用多个电路同时计算 $f(x)$，而量子并行性是利用不同量子状态的叠加，用单个 $f(x)$ 电路同时计算多个 x 的函数值。“纠缠”不是简单的并行，而是我们在宏观世界从未接触过的新的“自然资源”。人类的直觉植根于经典世界，如果只是借助于我们已有的知识和直觉来设计算法，就跳不出经典思维的局限。为设计好的量子算法，需要部分地“关闭”经典直觉，巧妙地利用量子效应去达到期望的算法目的。Shor 教授曾出版过诗集，是一个具有诗人一样浪漫思维的标新立异的学者。他采用不同寻常的思路，将整数质因数分解重构为一个新问题：确定一个序列的重复周期。这本质上是一种傅里叶变换，可以通过在量子比特的全集上使用全局运算找到这个序列。上世纪 80 年代人们就知道量子计算机可以实现傅里叶变换，但由于在量子计算机上，振幅不能通过测量直接访问，也没有有效的方法来制备傅里叶变换的初始态，因此寻找量子傅里叶变换的应用希望渺茫。Shor 教授找到了在不测量计算的情况下测量误差的巧妙办法，用量子傅里叶变换解决了整数因子分解和离散对数问题。量子计算将计算机科学推向物理学的最前沿，如果没有对量子纠缠的深刻理解，只在传统的并行处理上动脑筋，就难以找到比传统算法更有效的量子算法。

学习与研究量子算法的另一个难点是，传统算法已经研究了几十年，各个领域都有大量成熟的算法，如果我们设计的量子算法与已有的算法相比，没有明显的优势，就没有必要“杀鸡用牛刀”了。尽管量子计算机的物理实现有较大进展，但运行 Shor 算法破解 1024 位 RSA 的加密信息仍需要比当前量子计算机的规模扩大五个数量级，错误率则要再降低两个数量级，估计近十年内难以实现。在有噪声的中尺度量子计算机上能有效运行哪些有重大科学和经济价值的量子算法，是当前应优先考虑的研究方向。在量子搜索、量子组合优化、量子机器学习、量子游走、变分量子算法等方向都有可能做出实用化的量子算法。在未来的 10 到 15 年内，量子计算机可能是与传统计算机互补的协处理器或加速器，量子算法与传统算法的协同值得高度重视。

一谈到量子计算，人们首先想到的是超低温的精密物理设备，似乎与计算机科学技术无关，所以许多计算机学者在等待量子计算机商品化以后才开始考虑进入这个新的领域，其实了解量子计算并不需要对复杂的物理设备有很深入的理解。本书有一章从基本原理的角度介绍量子计算机的物理实现，包含 5 种物理模型系统：简谐振子，光子与非线性光学介质，腔量子电动力学器件，离子阱和分子核磁共振。目前在研制的量子计算机大致可分成三类：模拟量子计算机（如 D-Wave 公司做的量子退火器等），数字 NISQ 计算机（有噪声的中尺度量子计算机）和 QEC 量子计算机（完全误差校正量子计算机）。目前较普遍采用的物理实现方法是超导系统、离子阱和量子点技术，但现在就下注哪一种技术会胜出还为时过早，因而有必要学习多种技术实现原理。在这本教材中，“量子计算机”与“计算的量子电路模型”同义，因此花了较多篇幅详细讲解量子电路及其基本元件、通用门族，这是理解量子计算的基础。理解量子电路的前提是掌握线性代数知识，从课程学习的角度而言，学好量子计算这门课必须先打好线性代数的底子。物理学家描述量子力学用的 Dirac 记号不同于大学生们熟悉的线性代数表示方法，初学者可能一开始感到不习惯，但这不应当成为学习量子计算的拦路虎。

本书的内容不限于量子计算，而是采取从具体开始逐步抽象的原则，在介绍量子信息处理的一般原理之前先介绍较为具体的量子计算实例，在介绍量子信息理论更一般的结果之前，先给出特定的量子纠错码。由于量子比特和量子门本质上不能拒绝物理电路中出现的噪声，量子计算机最重要的设计参数之一是错误率。噪声对量子计算机的影响可以有效地数字化，即使存在有限量的噪声，量子计算的优势仍然存在。本书第 8 章介绍了量子噪声的属性，第 10 章介绍了量子纠错码。学过计算机课程的学生都知道奇偶纠错码和常用的纠错检验技术，但量子计算中出现错误的概率比传统计算机大得多，在量子计算机中运行量子误差校正算法来模拟无噪声或者完全校正噪声引起的错误，可能需要比传统计算机多几十倍的纠错码。纠错技术是量子计算能否实用的关键，学习量子计算要特别关注这一技术。本书的最后两章介绍了量子信息的更抽象的理论，包括量子通信和量子密码理论等，进一步扩大了读者的视野。

人类花费了很长时间才认识到使用量子力学系统可以进行信息处理，为量子计算和量子信息提供基本概念的领域很多，包括量子力学、计算机科学、线性代数、信息论和密码体系等，要透彻地理解量子计算，需要数学思维、物理思维和计算思维。本书在第一部分"基础概念"中，分别从物理学家、计算机科学家、信息论学家和密码学家的视角，多角度地概述了量子计算和量子信息学，对形成正确"量子信息观"颇有帮助。计算机专业的读者了解一点量子力学的基础知识，物理专业的读者了解一点计算机科学的基本理论，十分必要。建议初学量子计算和量子信息的读者认真学习第一部分，首先对一些最基本的概念形成正确的认识。

一本好的教科书必须有加深对教材理解的习题。本书的特点是这些习题直接出现在正文中，成为教材不可分割的一部分。除了习题，每章的末尾还提出一些深层次的问题，目的是介绍那些在正文中没有足够的空间来阐述的新的有趣的材料，包括一些仍未解决的科学技术问题。每章的结束语是"背景资料与延伸阅读"，描述了本章主要思想的发展，给出了整章的引用和参考。这些内容的选取作者是费了心思的，将有关技术的来龙去脉交代得清清楚楚。这本书不仅是一本高质量的教科书，也是一本合适的自学参考书和该领域研究人员有价值的参考资料。由于量子计算和量子信息本质上的跨学科性，不管是上这门大学或研究生课程，还是自学，都要沉下心来，对跨进一个新的前沿领域的难度应有足够的思想准备。

这本书最新的一版出版于 2010 年，最近十来年量子计算和量子信息技术又有许多新的发展。量子计算机不仅需要新的硬件，更需要新的软件栈。近年来量子软件的研究已经提上日程，调试量子计算的专用软件工具和连接量子算法与底层量子芯片的操控平台也已开始研制。这方面的内容本书没有涉及，关心量子软件技术的学者需要阅读其他的相关文献资料。

李国杰

中科院计算所研究员

2021 年 9 月 25 日

序言 2

近年来，以量子计算、量子通信和量子精密测量为代表的量子信息技术迅猛发展，引发了国内外广泛关注。2020 年 10 月 16 日，中共中央政治局就量子科技研究和应用前景举行了第二十四次集体学习，习近平总书记发表重要讲话，强调量子科技发展具有重大科学意义和战略价值，是一项对传统技术体系产生冲击、进行重构的重大颠覆性技术创新，将引领新一轮科技革命和产业变革方向。总书记特别指出，要围绕量子科技前沿方向，加强相关学科和课程体系建设。我对总书记加强量子科技相关学科和课程体系建设的要求，有切身的体会。

国际上量子计算的实用化方案，目前有七八种，需要进一步深入研究和探索。只有加强后备人才培养，才能满足量子计算发展走向实用化、工程化的需要。而要培养后备人才，则离不开优秀的教材。

由 Nielsen 和 Chuang 合著的《Quantum Computation and Quantum Information》，是量子信息与量子计算领域的经典教材。全书近七百页，涵盖了量子信息与量子计算的基本知识，且自成体系，方便读者自学。自从 2000 年出版以来，本书已经被全世界许多大学选为量子信息和量子计算课程的标准教科书。多年的教学实践表明，这是一本优秀的教材。由于撰写时精心组织和设计，2010 年本书再版时，只是更正了部分错漏，全书的内容并没有做大的修改。作为一个正在迅速发展的新领域的教科书，这是极为难得的。

3 年前电子工业出版社购买了本书最新版的版权，并委托中科院计算所孙晓明研究员领衔组织团队翻译本书，团队成员包括中科院数学所尚云教授、中山大学李绿周教授、北京理工大学尹璋琦教授、清华大学魏朝晖助理教授和中科院计算所田国敬副研究员等人，他们都是国内活跃在量子信息与量子计算领域的青年研究人员。经过两年的翻译校对打磨，他们高质量地完成了这本译作。

译作出版前，孙晓明研究员请我撰写一篇序言。读完译稿后，我觉得这本教材的出版适逢其时，很好地回应了总书记对量子科技发展的要求，并将对支撑我国量子信息相关学科课程体系建设起到重要作用，因此我欣然应允作序。

本书包含基本概念、量子计算以及量子信息三部分。量子信息与量子计算是量子物理的交叉学科，不论是物理学背景还是计算机背景的科研人员，在进入这个领域开展研究时，都会遇到不少基本概念上的理解难题。为了解决此难题，在本书第一部分“基本概念”中，先用一章描绘了量子信息与量子计算的整体图像，然后简明扼要介绍了量子物理、计算机科学方面的基本概念，帮助不同背景的研究者扫清概念上的障碍，树立基本图像，为后继的学习和研究打下基础。在第二部分，本书介绍了量子计算的量子电路模型，以及量子傅里叶算法、量子搜索算法及其应用，最后还介绍了几种典型的量子计算机的物理实现路径。第三部分涉及量子计算中的量子噪声和量子纠缠的度量，量子信息的基本理论，以及量子纠错和容错量子计算。在本书 2000 年出版乃至 2010 年再版时，容错量子计算都似乎可望而不可即。随着 2019 年量子计算相对经典计算机的优越性得到实验证明，量子纠错和容错量子计算已成为量子计算研究领域正在集中攻关的关键课题。对这些基本理论的学习，能让读者迅速进入量子计算研究的前沿，为量子计算的实用化贡献力量。

需要指出，本书已经出版二十余年，最近这些年量子计算又有一些重要的进展，本书并未涉及。比如可自动纠错的拓扑量子计算，本书就没有介绍。量子计算重要的实现路径，超导量子计算的基本物理原理，本书也只是一笔带过。建议读者可参阅相关文献和综述来学习。

薛其坤

2021 年 12 月 20 日

译者序

1981 年理论物理学家理查德·费曼提出了“大自然不是经典的，所以如果你想模拟它的话，那你最好用量子力学”（原文：Nature isn’t classical, and if you want to make a simulation of nature, you’d better make it quantum mechanical.）的观点，这催生了量子计算领域的兴起与发展。在过去的四十年里，学者们已经在理论上成功基于量子力学原理设计算法来求解某些经典难于计算的问题，提出量子密码协议来进行信息的安全高效传输；同时在实验上也已经可以实现数十个量子比特的精准操控，以及卫星与地面之间的量子密钥分发。这些或许是费曼等量子计算先驱们始料未及的——“这盛世，如你所愿”！

但“革命尚未成功，前路依旧崎岖”，目前高效求解困难问题的量子算法还太少，现有的量子算法还不能很好地在当前量子硬件设备上运行，而实验方面量子比特数还很少且噪声影响严重。解决这些问题最需要的是集中不同领域的科研人员协同攻关，但从长远看量子计算与量子信息领域专业人才的培养也至关重要。据 2018 年《纽约时报》的报道，在全球范围能够从事量子计算创新性研究的人才不足千人。而人才培养离不开一本好的教材，这是本书所有译者的动力来源，也是本书所有译者的共同心愿。

《Quantum Computation and Quantum Information》一书是国内外几乎所有量子计算与量子信息科研人员的必读书籍，尤其对于本科专业是数学、计算机或其他学科学习量子计算的学生和老师更加友好，只需要线性代数的基础即可开始学习。而对于刚刚开始学习量子计算的同学来说，中文版显然比英文原版更容易接受和入门。于是在 2018 年冬天中科院计算所孙晓明研究员便联合了来自中科院、中山大学、北京理工大学、清华大学等高校或科研院所的其他 5 位从事量子计算与量子信息研究的同仁，开始了本书的翻译工作。我们都深知，翻译书是一件费力不讨好的工作，但大家还是本着推动和普及我国量子计算发展的初心承担了这一任务，历时近三年终于完工了。

孙晓明研究员的主要研究领域为算法与计算复杂性、量子计算、组合数学等。作为发起人负责整体翻译工作的推进与协调，并负责完成了第 1 章“简介与概述”和第 3 章“计算机科学简介”，以及附录的翻译。中科院数学所尚云研究员，主要从事量子计算与量子逻辑、量子点元胞电路的自动设计，以及量子程序语言等方向的研究，负责完成了本书第 2 章“量子力学基础”和第 4 章“量子电路”的翻译。中山大学李绿周教授的主要研究兴趣为量子计算模型、算法与复杂性、量子机器学习等，负责完成了本书第 5 章“量子傅里叶变换及其应用”和第 6 章“量子搜索算法”的翻译。北京理工大学尹璋琦教授的科研方向为光力学与微腔光子学、量子信息处理的物理实现、量子物理的基本问题等，负责完成了本书第 7 章“量子计算机：物理实现”和第 8 章“量子噪声与量子操作”的翻译。清华大学魏朝晖副教授长期从事量子信息与量子计算、计算复杂度、量子机器学习、量子程序方面的研究，负责完成了本书第 9 章“量子信息的距离度量”和第 10 章“量子纠错”的翻译。中科院计算所田国敬副研究员的主要研究方向是量子算法设计、量子电路优化、量子非局域性等，负责完成了本书第 11 章“熵与信息”和第 12 章“量子信息论”的翻译。

因为是多人合作翻译，一件非常重要的事情是术语和表达的统一，所以在翻译工作开始之前我们就先确定专有名词，统一语言习惯。虽然所有译者都是量子计算与量子信息领域的一线科研人员，但是对于诸多术语的中文翻译仍不尽相同，譬如“eigenstate”，数学或计算机学科的老师会翻译为“特征态”，而物理学的同事会翻译为“本征态”。这当然没有本质上的区别，也不会影响读者对内容的理解，但是作为一本书我们必须要保持一致性。另外一点是语言习惯的统一，不同人的写作表达方式不同，这也是我们前期必须解决的问题。所以在 2019 年 1 月份，我们先统一专有名词的写法，再分别对几个比较难的段落进行了试译，讨论确定翻译的句式并在以后的翻译过程中逐步完善。正式的集中翻译是从 2019 年寒假阶段开展的，由于各位译者都承担着多项重要的科研和教学的任务，翻译工作虽几易寒暑，但时间仍不免有些捉襟见肘。在我们完成翻译的初稿后，又烦劳出版社的编辑和工作人员协助进行排版、画图等，之后我们便开始一遍又一遍地校对和勘误。即使到了在撰写这一序言时，我们仍在努力进行检查，尽量避免错误的出现。尽管我们已经校对多遍，但是由于能力所限，翻译版中仍然不免有一些错误或者翻译不够准确的地方，敬请读者批评指正。

最后，衷心感谢本书的两位原作者 Michael Nielsen 和 Isaac Chuang 教授，感谢李国杰院士与薛其坤院士为本书作序，感谢电子工业出版社的编辑团队，感谢中科院计算所算法理论与量子计算实验室的各位同事和同学。

全体译者

2021 年 12 月于计算所

译者介绍

孙晓明，中国科学院计算技术研究所研究员。主要研究领域为算法与计算复杂性、量子计算等。曾获首批国家自然科学基金优秀青年基金资助，入选中组部首批万人计划青年拔尖人才，获得中国密码学会优秀青年奖、密码创新二等奖。目前担任中国计算机学会理论计算机科学专委会主任，全国量子计算与测量标准化技术委员会委员，还担任《软件学报》《计算机研究与发展》《中国科学：信息科学》《Information and Computation》《JCST》《FCS》等杂志编委或青年编委。

尚云，中国科学院数学与系统科学研究院研究员、CCF 量子计算专委会常务委员、CCF 杰出会员。主要研究兴趣是量子计算基础理论、量子游走、量子机器学习、量子点元胞自动机电路的自动设计与优化等，发表论文 50 多篇。获 CCF 科学技术奖自然科学二等奖（1/5，2021）、英国皇家物理学会 IOP 高引用作者奖（2021）、王宽诚优秀女科学家专项奖（2012）等。

李绿周，中山大学计算机学院量子计算与计算机理论研究所教授、中国计算机学会（CCF）量子计算专业组副主任、CCF 理论计算机科学专委会常务委员、CCF 杰出会员。2009 年 6 月毕业于中山大学计算机科学系，获博士学位。长期从事量子计算方面的研究，目前研究兴趣具体包括量子算法与复杂性、量子机器学习、量子线路优化等，在国内外知名学术期刊发表论文 60 余篇，出版学术专著 1 部，"量子计算模型与算法的研究"获得广东省杰出青年基金项目资助。

尹璋琦，北京理工大学物理学院量子技术研究中心教授，CCF 量子计算专委委员。1999 年到 2009 年，在西安交通大学先后获物理学学士、硕士和博士学位。2007 年至 2009 年在美国密歇根大学公派联合培养。2010 年到 2019 年先后在中科院武汉物理与数学研究所、中国科学技术大学和清华大学工作。2019 年调入北京理工大学，研究兴趣为量子信息与量子精密测量、宏观系统量子效应等，发表论文 70 余篇。入选教育部青年长江学者（2020），任《中国科学：物理学力学天文学（英文版）》青年编委。

魏朝晖，清华大学丘成桐数学科学中心助理教授、CCF 量子计算专委委员。2009 年于清华大学计算机系获得博士学位后前往新加坡量子研究中心任 Research Fellow，于 2018 年返回清华任教。长期从事量子计算方面的理论研究，主要研究兴趣包括量子计算复杂性、量子信息论、量子算法、量子纠错、量子人工智能等，学术成果发表在包括《IEEE Transactions on Information Theory》《Mathematical Programming》《Physical Review Letters》等在内的知名学术期刊上。2020

年获得北京市优秀本科毕业论文指导教师奖。

田国敬，中科院计算所副研究员、CCF 量子计算专业组委员、CCF 理论计算机专委委员。主要研究方向是量子算法设计、量子电路优化、量子非局域性、量子模拟等，目前共发表论文 17 篇，博士毕业论文被评为中国通信学会优秀博士学位论文（全国共 10 篇）。作为项目负责人，先后获得了北京市自然科学基金和国家自然科学基金青年项目的资助，并于 2019 年入选了博士后创新人才支持计划（全国计算机专业共 16 人）。

10 周年版简介

量子力学的奇妙之处在于，它是我们的科学理论中最成功的理论，同时也是最神秘的理论。它的发展是量身定制的，始于 1900 年到 1920 年的非凡时代，并在 1920 年代后期逐渐成熟并发展成现在的形态。在 1920 年后的几十年中，物理学家在运用量子力学了解自然界的基本粒子和自然力方面取得了巨大的成功，最终发展出了粒子物理学的标准模型。在同一时期，物理学家在运用量子力学来理解我们的世界中从聚合物到半导体、从超流体到超导体的各种现象方面也取得了巨大的成功。但是，尽管这些发展深刻地增进了我们对自然界的理解，但它们对增进我们对量子力学的理解作用有限。

这种情况在 20 世纪七八十年代开始发生改变，当时一些先驱者受到启发，开始考虑计算机科学和信息论的一些基本问题是否可以应用于量子系统的研究。相比将量子系统纯粹视为自然界中可以解释的现象，他们将量子系统视为可以设计的系统。这似乎是观念上的微小变化，但意义是深远的。量子世界不再仅仅是呈现出来的，而是可以创造出来的。其结果是一幅全新的景象，不仅激发了人们对量子力学基本原理的兴趣，还有融合了物理学、计算机科学和信息论的许多新问题。这些问题包括：构建量子态所需的空间和时间的基本物理限制是什么？实现给定的动态操作需要多少时间和空间？是什么使量子系统难以通过传统的经典方法来理解和模拟？

在 20 世纪 90 年代后期写作这本书时，我们很幸运，这些还有其他一些基本问题才刚刚浮现出来。十年后再来回顾，很明显这些问题为物理学和计算机科学的基础研究提供了持续的动力。量子信息科学已广为接受。尽管该领域的理论基础与我们十年前所讨论的相似，但在许多领域的详细知识却取得了长足的进步。这本书最初是对该领域的全面概述，为的是将读者引入研究的前沿。如今，这本书为理解这一领域提供了基础，它既适合那些渴望对量子信息科学有广阔视野的人，也适合想进一步研究最新文献的入门者。当然，这个领域仍然存在着许多基本挑战，而应对这些挑战有望激发物理学、计算机科学和信息论的许多不同部分之间令人兴奋且出乎意料的联系。我们对未来的几十年充满期待！

Michael A. Nielsen 和 Isaac L. Chuang
2010 年 3 月

10 周年版后记

自本书第 1 版上市以来的十年中，量子信息科学发生了巨大的变化，在本文中，我们甚至无法总结其中的一小部分。这里将提一些特别引人注目的发展，也许会激发你的兴趣。

也许最令人印象深刻的进展是在实验实现领域。尽管我们距离构建大型量子计算机还很遥远，但截至本文撰写时已经取得了很大的进步。超导电路已被用于实现简单的两比特量子算法，而三量子比特系统也几乎可以实现。使用基于核自旋和单光子的量子比特已经分别用来进行量子误差校正和量子模拟的简单形式的原理验证。但是，最令人印象深刻的进步是离子阱系统所取得的成就，该系统已被用于实现许多两量子比特和三量子比特算法及算法构造模块，包括量子搜索算法和量子傅里叶变换。囚禁离子也已被用来展示基本的量子通信原语，包括量子纠错和量子隐形传态。

第二个方面的进展是了解量子计算需要哪些物理资源。也许最有趣的突破是发现量子计算可以仅通过测量来完成。多年以来，传统观念认为，保持相干叠加的酉动力学是量子计算机功能的重要组成部分。认识到量子计算可以完全不需要任何酉动力学来完成，这震撼了传统的认识。取而代之的是，在某些新的量子计算模型中，可以单独使用量子测量进行任意量子计算。在该模型中，唯一相互耦合的资源是量子存储器，即存储量子信息的能力。这些模型的一个特别有趣的例子是单向量子计算机或簇状态计算机。要在簇状态模型中进行量子计算，只需要实验者拥有一个固定的通用状态即簇量子态即可。有了簇量子态，可以简单地通过执行一系列单比特量子测量来实现量子计算，具体的计算取决于测量哪些量子比特，何时测量，以及如何测量。这非常了不起：给你固定的量子态，然后通过适当的方式“观察”各个量子比特来进行量子计算。

第三个方面的进展是量子系统的经典模拟。费曼于 1982 年发表的有关量子计算的开创性论文的一部分动机是，他观察到，通常很难在传统的经典计算机上模拟量子系统。当然，当时对在普通经典计算机上模拟不同量子系统的难易程度只有很少的了解。但是在 1990 年代，尤其是到了 2000 年，我们已经了解到哪些量子系统很容易模拟，哪些很困难。许多巧妙的算法被开发出来，以模拟许多以前被认为难以模拟的量子系统，特别是在一维空间中的许多量子系统，以及某些二维量子系统。借助发展具有洞察力的量子系统的某些经典描述，这些经典算法得以实现，这些描述以紧凑的方式捕获了所讨论系统的大部分或全部基本物理特性。与此同时，我们了解到某些以前看起来很简单的系统其实非常复杂。例如，人们早就知道基于某种类型的光学组件的量子系统——所谓的线性光学系统——很容易经典地模拟。因此，当发现添加两个看似“无害”的组件（单光子源和光电探测器）就能使线性光学器件具有量子计算的全部功能时，十分令人惊讶。这些和类似的研究加深了我们对哪些量子系统易于模拟，哪些量子系统难以模拟，以及相关原因的理解。

第四个方面的进展是对量子通信信道的理解大大加深。关于纠缠的量子态如何协助量子信道上的经典通信的一套优美而完整的理论已经发展起来。大量不同的通信量子协议已被组织成一个完整的家族（以“母亲”和“父亲”协议为首），统一了我们对量子信息可能的不同通信类型的绝大部分理解。取得进展的迹象之一是本书中记述的一个关键的未解决猜想被证明是不成立的，即拥有乘积态的量子信道的通信能力等于不受约束情形下的通信能力（即允许任何纠缠态作为输入）。但是，尽管取得了进展，仍然有很多我们尚未理解的问题。例如，令人惊讶的是直到最近才发现，两个零容量的量子信道在一起使用时，其量子容量可以为正。众所周知，在经典信道上具有经典容量的类似结果是不可能发生的。

量子信息科学工作的主要动力之一是快速量子算法有望解决重要的计算问题。在这里，过去十年的进展喜忧参半。尽管研究人员独具匠心并付出了巨大的努力，但主要的算法见解仍停留在十年前。虽然已经取得了相当大的技术进步，但我们仍不了解究竟是什么使量子计算机变得强大，或者它们在哪些类别的问题上可以胜过传统计算机。

但是，令人兴奋的是，量子计算的思想已被用来证明有关经典计算的各种定理，例如关于在离散格点中找到某些隐藏向量的困难性的结果。在这些证明中引人注目的特征是，利用量子计算的思想，这些证明有时比以前的经典证明更为简洁和优雅。因此，人们已经意识到，量子计算可能是比经典模型更自然的计算模型，也许通过量子计算的思想可以更容易地揭示根本性的结果。

前言

本书介绍量子计算和量子信息领域的主要思想和技术。该领域的快速发展及其跨学科的性质使得新来者很难全面地了解其中重要的技术和研究成果。

因此，写作本书的目的是双重的。第一个目的是介绍理解量子计算和量子信息所必需的计算机科学、数学和物理学的背景材料，具有这三个学科中至少一科或多个学科背景知识的新研究生都能够理解这些内容；最重要的要求是具备一定程度的数学基础，以及对学习量子计算和量子信息的兴趣。第二个目的是详细介绍量子计算和量子信息的主要结果。通过全面的学习，读者应该对这一令人兴奋的领域的基本工具和结果有实际的了解，这既可以作为其通识教育的一部分，也可以作为开展量子计算和量子信息独立研究的序幕。

本书结构

本书的基本结构如图 1 所示。本书共分 3 部分。一般的策略是在可能的情况下从具体开始，逐步抽象。因此，我们在研究量子信息之前先研究量子计算；在介绍量子信息理论更一般的结果之前，先给出特定的量子纠错码。全书始终尝试在讨论一般理论之前先介绍实例。

第 1 部分概述量子计算和量子信息领域的主要思想和结果，并介绍计算机科学、数学和物理学的背景材料，这些材料是深入理解量子计算和量子信息所必需的。第 1 章是导论性章节，概述该领域的历史发展和基本概念，突出沿途的一些重要开放问题。相关材料的结构使得即使没有计算机科学或物理学背景也可以理解。第 2 章和第 3 章拓展用于更详细理解的背景材料，分别深入论述量子力学和计算机科学的基本概念。读者可以根据自己的背景，或多或少地阅读这一部分的不同章节，并在必要时返回查阅，以弥补对量子力学和计算机科学基础知识的缺失。

第 2 部分详细描述量子计算。第 4 章介绍执行量子计算所需要的基本要素，并介绍许多可用于开发更复杂的量子计算应用的基本运算。第 5 章和第 6 章分别介绍量子傅里叶变换和量子搜索算法，这是目前已知的两种基本量子算法。第 5 章还解释如何使用量子傅里叶变换来解决大整数素数分解和离散对数问题，以及这些结果对密码学的重要性。第 7 章以在实验室中成功演示的几种实现为例，介绍量子计算机好的物理实现的一般设计原则和标准。

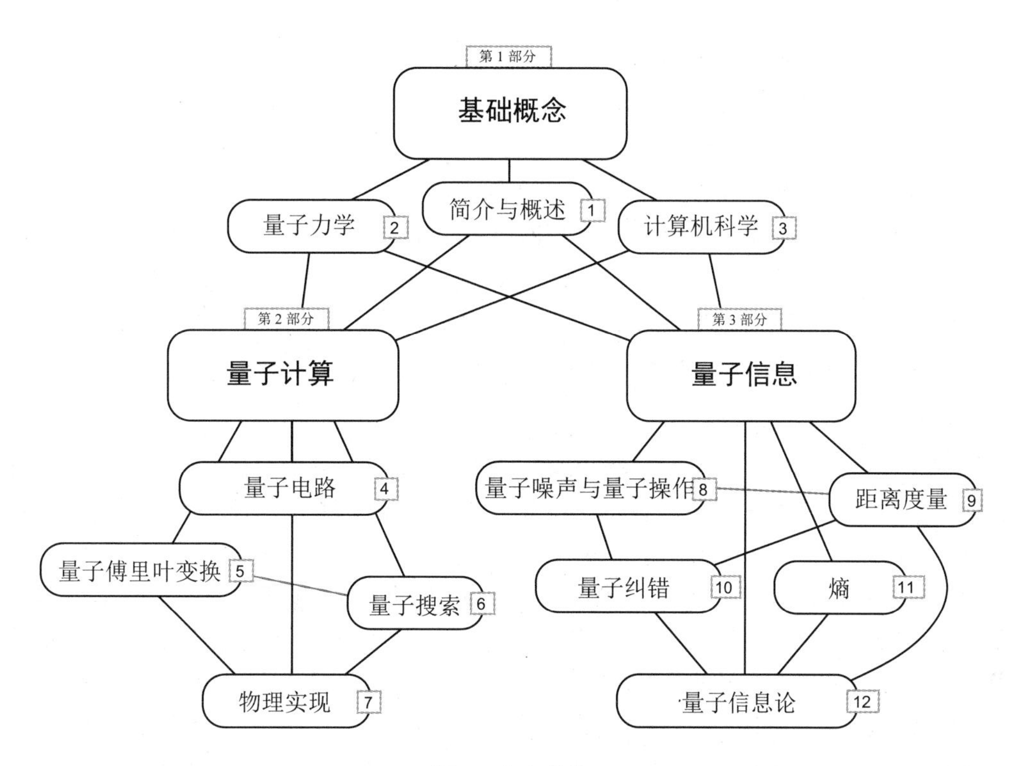

图 1　本书结构

第 3 部分是关于量子信息的：什么是量子信息，如何使用量子态表示和交流信息，以及如何描述和处理量子信息和经典信息的破坏。第 8 章介绍了解现实世界中的量子信息处理所需的量子噪声的属性，以及量子运算形式主义，这是一种了解量子噪声的强大数学工具。第 9 章描述量子信息的距离度量，它使我们能够在数量上精确地说出两个量子信息相似的含义。第 10 章介绍量子纠错码，可用于保护量子计算不受噪声影响。本章的一个重要结果是阈值定理，它表明对于现实的噪声模型，噪声在原则上不会严重阻碍量子计算。第 11 章介绍熵的基本信息论概念，解释经典信息论和量子信息论中熵的许多性质。最后，第 12 章讨论量子态和量子通信通道的信息携带特性，详细介绍这种系统对于经典信息和量子信息的传输，以及秘密信息的传输可能具有的许多奇怪和有趣的特性。

大量的习题和问题贯穿整本书。习题旨在巩固对基本材料的理解，并出现在正文中。除少数例外，只需要几分钟即可轻松解决这些习题。问题出现在每章的末尾，目的是介绍那些在正文中没有足够的空间来介绍的新的有趣的材料。这些问题通常是多方面的，目的是在某种程度上深入拓展特定的思路。在本书付印之时，一些问题仍未解决。在这种情况下，将在问题说明中予以注明。每章都以本章主要结果的摘要作为结尾，并以“背景资料与延伸阅读”部分作为结束语，该部分描述本章主要思想的发展，给出整章的引用和参考文献，并提供建议供进一步阅读。

本书的文前包含详细的目录，建议浏览。还有一个术语和符号指南，可以帮助你阅读本书。

本书的文后包含 6 个附录和一个参考文献列表。

附录 A 回顾基础概率论中的一些基本定义、符号和结果。我们假定读者熟悉这些材料的内容，为了便于参考而将它们包括在此。同样，附录 B 回顾群论中的一些基本概念，收录这些材料的主要目的是方便参考。附录 C 包含 Solovay-Kitaev 定理的证明，这是量子计算中的一个重要结果，它表明可以使用一组有限的量子门来快速近似任意量子门。附录 D 回顾理解大整数素因数分解和离散对数问题的量子算法所需的数论基础知识，以及 RSA 密码系统。RSA 密码系统本身在附录 E 中进行回顾。附录 F 包含 Lieb 定理的证明，这是量子计算和量子信息中最重要的结果之一，也是重要的熵不等式的先驱，例如著名的强次可加性不等式。Solovay-Kitaev 定理和 Lieb 定理的证明十分冗长，我们认为把它们放到正文之外是恰当的。

参考文献包含书中引用的所有参考资料的清单。对于所有出于无意而被遗漏引用的研究人员，我们深表歉意。

近年来，量子计算和量子信息领域的发展如此之快，以至于我们无法涵盖所有主题。有 3 个主题值得特别提及。首先是纠缠度量的主题。正如我们在书中解释的那样，纠缠是影响诸如量子隐形传态、快速量子算法和量子纠错等效应的关键因素。简而言之，它是在量子计算和量子信息中非常有用的资源。目前，蓬勃发展的研究团体正在不断充实纠缠的概念，将其作为一种新型的物理资源，并找到支配其操纵和利用的原理。我们认为，这些研究虽然前景广阔，但还不够完善，不足以保证像我们在本书中对其他主题进行的广泛介绍，因此，我们仅在第 12 章中进行简要介绍。类似地，分布式量子计算（有时称为量子通信复杂性）这一主题是一个非常有前途的主题，且在不断积极发展，但由于担心在本书出版之前我们所写的内容就会过时，因而没有在书中对它进行任何讲解。量子信息处理机器的实现也已经发展成为一个迷人且丰富的领域，但我们只花一个章节在这一主题上。显然，关于物理实现可以说的话题非常之多，但这将涉及物理、化学和工程的更多领域，这里我们没有更多的空间留给它们。

如何使用本书

本书可以多种方式使用。它可以用作各种课程的基础，不管是有关量子计算和量子信息的特定主题的短期讲座课程，还是涵盖整个领域的全年课程。对想要了解一点量子计算和量子信息的读者，或者想要了解研究前沿的学者，它可以用来自学。它也可以用作该领域当前研究人员的参考书。我们希望新进入这个领域的研究者会发现它作为一份介绍材料是十分有价值的。

给自学者的话

本书被设计为对自学者也是易于理解的。全书拥有大量的习题，可以作为理解正文内容的自我测验。目录和章末的总结可用以快速确定要深入学习的章节。依赖图（图 1 ）有助于确定书中内容的阅读顺序。

给教师的话

本书涵盖了广泛的主题，因此可以用作各种课程的基础。

对于一学期的量子计算课程，可以根据班级的背景从第 1 章到第 3 章中选择部分内容，接着是关于量子电路的第 4 章、关于量子算法的第 5 章和第 6 章，以及从关于物理实现的第 7 章中选择的内容和理解量子纠错的第 8 章到第 10 章，其中第 10 章应特别关注。

对于一学期的量子信息课程，可以根据班级的背景从第 1 章到第 3 章中选择部分内容，接着是关于量子纠错的第 8 章到第 10 章，以及分别关于量子熵和量子信息论的第 11 章和第 12 章。

对于一整年的课程，可以覆盖书中的所有内容，且有时间可从若干章节的“背景资料与延伸阅读”部分选择额外的内容阅读。量子计算和量子信息也非常适合于学生的独立研究项目。

除了用于量子计算和量子信息的课程，我们还希望有另外一种使用本书的方式，即作为物理系学生量子力学入门课的课本。传统的量子力学的介绍严重依赖于偏微分方程的数学框架，我们认为这常常掩盖了其中的基本思想。量子计算与量子信息为理解量子力学的基本概念和独特之处提供了一个出色的概念上的试验场，而无须基于繁重的数学机制。此类课程的重点是第 2 章中的量子力学入门、第 4 章中关于量子电路的基础内容、第 5 章和第 6 章中关于量子算法的部分内容、第 7 章中量子计算的物理实现，以及根据个人品味从本书第 3 部分中任意选取的内容。

给学生的话

我们编写这本书时尽可能使其自洽。主要的例外是，有时我们省略了那些需要读者自行验证才能相信的论证，这些通常作为习题给出。建议读者在阅读本书时至少应该尝试所有的习题。除少数例外，这些习题均可以在几分钟内完成。如果在大量习题中遇到很多困难，这可能表明需要回顾一个或多个关键的概念。

延伸阅读

如前所述，每一章都以“背景资料与延伸阅读”部分结尾，还有一些读者可能会感兴趣的范围广泛的参考资料。Preskill 精湛的讲义 [Pre98b] 从与本书略有不同的角度介绍了量子计算和量子信息。关于特定主题的出色的综述性文章包括（按在本书中的出现顺序）：Aharonov 对量子计算的综述 [Aha99b]，Kitaev 对算法和纠错的综述 [Kit97b]，Mosca 关于量子算法的博士论文 [Mos99]，Fuchs 关于量子信息中的可区分性和远距离测量的博士论文 [Fuc96]，Gottesman 关于量子纠错的博士论文 [Got97]，Preskill 对量子纠错的综述 [Pre97]，Nielsen 关于量子信息论的博士论文 [Nie98]，以及 Bennett 和 Shor[BS98] 与 Bennett 和 DiVincenzo[BD00] 关于量子信息论的综述。其他有用的参考资料还包括 Gruska 的专著 [Gru99]，以及由 Lo、Spiller 和 Popescu 编辑的综述文章合辑 [LSP98]。

勘误

任何冗长的文字都难免会包含错误和遗漏，本书当然也不例外。如果发现与本书有关的任何错误或有其他意见，请通过电子邮件将其发送至 qci@squint.org。需要勘误时，我们会将相关内容添加到本书网站上维护的列表中。

致谢

一些人对我们如何看待量子计算和量子信息产生了决定性的影响。许多有趣的讨论有助于塑造和完善我们的观点,为此 Michael A. Nielsen 要感谢 Carl Caves、Chris Fuchs、Gerard Milburn、John Preskill 和 Ben Schumacher，Isaac L. Chuang 要感谢 Tom Cover、Umesh Vazirani、Yoshi Yamamoto 和 Bernie Yurke。

许多人直接或间接地为本书的编写提供了帮助。部分名单包括：Dorit Aharonov、Andris Ambainis、Nabil Amer、Howard Barnum、Dave Beckman、Harry Buhrman、Caltech Quantum Optics Foosballers、Andrew Childs、Fred Chong、Richard Cleve、John Conway、John Cortese、Michael DeShazo、Ronald de Wolf、David DiVincenzo、Steven van Enk、Henry Everitt、Ron Fagin、Mike Freedman、Michael Gagen、Neil Gershenfeld、Daniel Gottesman、Jim Harris、Alexander Holevo、Andrew Huibers、Julia Kempe、Alesha Kitaev、Manny Knill、Shing Kong、Raymond Laflamme、Andrew Landahl、Ron Legere、Debbie Leung、Daniel Lidar、Elliott Lieb、Theresa Lynn、Hideo Mabuchi、Yu Manin、Mike Mosca、Alex Pines、Sridhar Rajagopalan、Bill Risk、Beth Ruskai、Sara Schneider、Robert Schrader、Peter Shor、Sheri Stoll、Volker Strassen、Armin Uhlmann、Lieven Vandersypen、Anne Verhulst、Debby Wallach、Mike Westmoreland、Dave Wineland、Howard Wiseman、John Yard、Xinlan Zhou 和 Wojtek Zurek。

感谢剑桥大学出版社的帮助,使得本书从构想变成了现实。特别感谢周到而热情的编辑 Simon Capelin，她主持这个项目 3 年多，还要感谢 Margaret Patterson 及时而彻底地审阅手稿。

在本书的各个部分完成时,Michael A. Nielsen 是加州理工学院的托尔曼奖研究员、Los Alamos 国家实验室的 T-6 理论天体物理学小组的成员，以及新墨西哥大学高等研究中心的成员，而 Isaac L. Chuang 是 IBM Almaden 研究中心的研究人员、斯坦福大学电气工程系顾问助理教授、加利福尼亚大学伯克利分校计算机科学系客座研究员、Los Alamos 国家实验室 T-6 理论天体物理学小组成员，以及加利福尼亚大学圣塔芭芭拉分校理论物理研究所的客座研究员。我们也感谢 Aspen 物理中心的热情款待，本书末尾的证明都在此完成。

Michael A. Nielsen 和 Isaac L. Chuang 非常感谢 NMRQC 研究计划的 DARPA 和陆军研究办公室管理的 QUIC 研究所的支持，也感谢美国国家科学基金会、国家安全局、海军研究办公室和 IBM 的慷慨支持。

术语与符号

在量子计算和量子信息领域中，有个别术语和符号具有两种或以上的常用含义。为了避免引起混淆，这里汇集了这些术语和符号中更常用的那些意义，以及本书遵循的惯例[①]。

线性代数与量子力学

除非另有说明，否则所有向量空间均假定是有限维的。在很多情况下，此限制是不必要的，或者可以通过一些额外的技术手段予以消除，但是统一加以限制可以使得整个陈述更易于理解，并且不会对这些结果预期中的应用产生太大的影响。

正算子 A 是使得对所有的 $|\psi\rangle$，$\langle\psi|A|\psi\rangle \geqslant 0$ 的算子。正定算子 A 是使得对所有 $|\psi\rangle \neq 0$，$\langle\psi|A|\psi\rangle > 0$ 的算子。一个算子的支集定义为正交于其核空间的向量空间。对于厄米算子，这意味着由算子的特征值非零的特征向量所张成的向量空间。

符号 U（V 通常也是如此，但并非总是）一般用于表示酉算子或矩阵。H 通常用于表示量子逻辑门——阿达玛门（Hadamard gate），有时也用于表示量子系统的哈密顿量，其具体含义从上下文中可以明显看出。

向量有时也写作列向量的形式，例如，

$$\begin{bmatrix} 1 \\ 2 \end{bmatrix} \tag{0.1}$$

有时为了提高可读性，也写作 $(1,2)$。后者应理解为列向量的简写。对于作为量子比特的两能级量子系统，我们通常使用向量 $(1,0)$ 标识状态 $|0\rangle$，类似地，用 $(0,1)$ 标识状态 $|1\rangle$。我们还按照惯例定义泡利（Pauli）西格玛矩阵——参见下面的“常用量子门和电路符号”。最重要的是，我们约定泡利西格玛 z 矩阵是 $\sigma_z|0\rangle = |0\rangle$ 和 $\sigma_z|1\rangle = -|1\rangle$，这与某些物理学家（但通常不是计算机科学家或数学家）直观上的期望相反。这种不和谐的根源是，物理学家通常把 σ_z 的本征态 $+1$ 作为所谓的“激发态”，对于许多人来说，把它等同于 $|1\rangle$ 似乎是自然的，而不是像本书一样等

[①] 本书符号基本上与英文原版保持一致，仅为阅读方便对常数符号等按国标进行了改动。

同于 $|0\rangle$。我们的选择是为了与线性代数中矩阵元素常用的下标保持一致，因此把 σ_z 的第 1 列与 σ_z 在 $|0\rangle$ 上的操作等同，把第 2 列与在 $|1\rangle$ 上的操作等同是自然的。这一选择也被整个量子计算和量子信息学界所使用。除了泡利西格玛矩阵的常规符号 $\sigma_x, \sigma_y, \sigma_z$，对于这 3 个矩阵使用符号 $\sigma_1, \sigma_2, \sigma_3$，并将 σ_0 定义为 2×2 的单位矩阵也会带来很多方便。但最常见的情况是，我们分别使用符号 I, X, Y, Z 来代替 $\sigma_0, \sigma_1, \sigma_2, \sigma_3$。

信息论与概率

与优秀的信息论专家一致，对数始终以 2 为底，除非另有说明。我们使用 $\log(x)$ 表示以 2 为底的对数；而在我们希望采用自然对数的极少数情况下，使用 $\ln(x)$ 表示。术语概率分布用于表示满足 $p_x \geqslant 0$ 且 $\sum_x p_x = 1$ 的有限个实数 p_x。正算子 A 相对正算子 B 的相对熵定义为 $S(A\|B) \equiv \mathrm{tr}(A \log A) - \mathrm{tr}(A \log B)$。

杂项

$\oplus$ 表示模二加法。

常用量子门和电路符号

某些示意图符号常常用于表示酉变换，这在量子电路的设计中十分有用。为了方便读者，我们把很多这样的符号汇总在下面。酉变换的行和列从左到右、从上到下分别被标记为从 $00\cdots0$、$00\cdots1$ 到 $11\cdots1$，底端的导线表示最低位。注意 $\mathrm{e}^{\mathrm{i}\pi/4}$ 是 i 的平方根，因此 $\pi/8$ 门是相位门的平方根，而相位门本身是泡利 Z 门的平方根。

门	电路符号	矩阵
阿达玛门	$-\boxed{H}-$	$\frac{1}{\sqrt{2}}\begin{bmatrix}1 & 1\\ 1 & -1\end{bmatrix}$
泡利 X 门	$-\boxed{X}-$	$\begin{bmatrix}0 & 1\\ 1 & 0\end{bmatrix}$
泡利 Y 门	$-\boxed{Y}-$	$\begin{bmatrix}0 & -\mathrm{i}\\ \mathrm{i} & 0\end{bmatrix}$
泡利 Z 门	$-\boxed{Z}-$	$\begin{bmatrix}1 & 0\\ 0 & -1\end{bmatrix}$
相位门	$-\boxed{S}-$	$\begin{bmatrix}1 & 0\\ 0 & \mathrm{i}\end{bmatrix}$
$\pi/8$ 门	$-\boxed{T}-$	$\begin{bmatrix}1 & 0\\ 0 & \mathrm{e}^{\mathrm{i}\pi/4}\end{bmatrix}$

受控非门	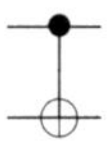	$\begin{bmatrix}1&0&0&0\\0&1&0&0\\0&0&0&1\\0&0&1&0\end{bmatrix}$
交换门	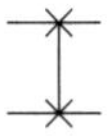	$\begin{bmatrix}1&0&0&0\\0&0&1&0\\0&1&0&0\\0&0&0&1\end{bmatrix}$
受控 Z 门	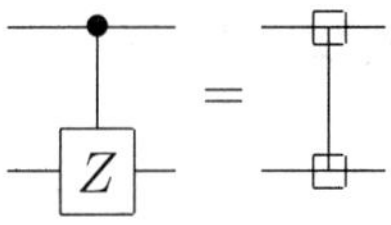 Z =	$\begin{bmatrix}1&0&0&0\\0&1&0&0\\0&0&1&0\\0&0&0&-1\end{bmatrix}$
受控相位门	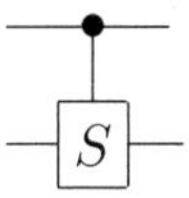 S	$\begin{bmatrix}1&0&0&0\\0&1&0&0\\0&0&1&0\\0&0&0&\mathrm{i}\end{bmatrix}$
Toffoli 门	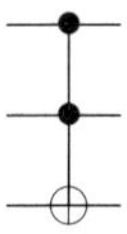	$\begin{bmatrix}1&0&0&0&0&0&0&0\\0&1&0&0&0&0&0&0\\0&0&1&0&0&0&0&0\\0&0&0&1&0&0&0&0\\0&0&0&0&1&0&0&0\\0&0&0&0&0&1&0&0\\0&0&0&0&0&0&0&1\\0&0&0&0&0&0&1&0\end{bmatrix}$
Fredkin 门（受控交换门）	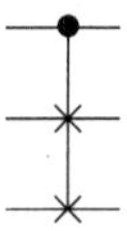	$\begin{bmatrix}1&0&0&0&0&0&0&0\\0&1&0&0&0&0&0&0\\0&0&1&0&0&0&0&0\\0&0&0&1&0&0&0&0\\0&0&0&0&1&0&0&0\\0&0&0&0&0&0&1&0\\0&0&0&0&0&1&0&0\\0&0&0&0&0&0&0&1\end{bmatrix}$
测量	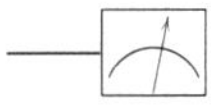	投影到 $\|0\rangle$ 和 $\|1\rangle$
量子比特		单量子比特的连线（时间从左向右流逝）
经典比特		单经典比特的连线
n 量子比特	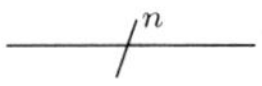 n	n 量子比特的连线

目录

第1部分

基础概念

第 1 章

简介与概述

科学呈现了这个时代最富冒险精神的哲学思辨。它是一种完全由人类建构的，在信仰的驱使下，通过追寻梦想—发现—解释—梦想……的不断循环，从而不断开拓新的领域，世界将以某种方式变得越来越清晰，我们也将最终掌握宇宙的真正奥秘。所有的奥秘将被证明是有联系、有意义的。

——爱德华·威尔逊（Edward O. Wilson）

信息是物理的。

——罗夫·兰道尔（Rolf Landauer）

量子计算和量子信息的基本概念有哪些？它们是如何发展的？有什么用途？本书将如何展现这些内容？本章的目的是通过粗线条勾勒出量子计算和量子信息的蓝图来回答这些问题，从而使读者对该领域的基本概念、发展过程能有基本的理解，并引导读者如何阅读本书的其他部分。

1.1 节讲述量子计算和量子信息发展的历史背景。本章其他小节简要介绍该领域的基本概念：量子比特（1.2 节），量子计算机、量子门和量子电路（1.3 节），量子算法（1.4 节），实验量子信息处理（1.5 节），以及量子信息和通信（1.6 节）。

沿着这一思路，通过本章讲述的数学基础知识，将给出对于量子隐形传态和一些简单量子算法的易于理解的展示。本书内容自成体系，即使没有计算机科学和物理学背景也可以读懂。随着论述的展开，我们还将指明在后面对应的章节中会有更深入的讨论，还可以找到参考文献和推荐阅读的材料。

在阅读本书时，遇到晦涩难懂的内容不妨先跳过。有些地方我们会不可避免地使用一些技术术语，并且要到本书后面才能完全阐明。对于这些行话，可以暂且简单接受，待深入理解所有术语后再回来。本章的重点是该领域的全貌，细节留待后面章节详细阐述。

1.1 全貌

量子计算与量子信息的研究对象是使用量子力学系统能够完成的信息处理任务。听起来很简单明了，对吗？但像许多简单而深刻的思想一样，人们花费了很长时间才想到使用量子力学系统来进行信息处理。要了解其中的缘由，我们必须回顾历史，逐一考察为量子计算和量子信息提供基本概念的所有领域——量子力学、计算机科学、信息论和密码体系。在此过程中，为了对已自成一体的量子计算和量子信息的各方面有所了解，我们需要先后采用物理学家、计算机科学家、信息论学家和密码学家的视角。

1.1.1 量子计算和量子信息的历史

20 世纪初叶，科学经历了一场出人意料的革命。物理学遇到了一系列危机。问题在于当时的物理学理论（现称为经典物理学）做出了一些荒谬的预言，例如存在包含无限能量的“紫外灾难”，或电子必然会螺旋进入原子核内部。起初，通过在经典物理学中加入特殊假设，这些问题得以解决，但随着人们对原子和辐射有了更好的理解，这些解释越来越使人困惑。在经历了四分之一世纪的混乱后，危机于 20 世纪 20 年代早期到达顶峰，最终导致了量子力学这一现代理论的创立。自此以后，量子力学一直是科学不可或缺的一部分，并已有无数成功应用的例子，包括原子结构、恒星核聚变、超导体、DNA 结构，以及自然界基本粒子等几乎所有方面。

什么是量子力学？量子力学是一个数学框架或物理理论构建的规则集。例如，量子电动力学就是一套以极其精确的方式刻画原子与光的相互作用的物理理论。量子电动力学是在量子力学的框架下建立起来的，但还包含量子力学未规定的一些特殊规则。量子力学与像量子电动力学那样的特定物理理论的关系，更像是计算机操作系统与特定应用软件的关系——操作系统设置某些基本参数和操作模式，而应用软件则完成特定任务。

量子力学的规则很简单，但即使专家有时也会感到它违背直觉，量子计算和量子信息的先驱一直期盼能对量子力学有更好的理解。最著名的量子力学批判者阿尔伯特·爱因斯坦（Albert Einstein），直到去世都不能接受他帮助发展起来的这一理论。几代物理学家一直在努力使量子力学的预言更加令人满意。量子计算和量子信息的目标之一是开发工具以增进对量子力学的直观把握，并使其预言对人们更通俗易懂。

例如，在 20 世纪 80 年代早期，人们开始关注是否有可能使用量子效应进行超光速的信号传递——根据爱因斯坦的相对论，这是不可能的。这个问题的解决最终取决于是否有可能克隆未知量子态，即复制量子态。如果克隆是可能的，那么就有可能借助量子效应进行超光速的信号传递。尽管克隆对于经典信息很容易实现（想想看本书中的信息来自哪里！），但在量子力学的一般意义下是不可能的。这条在 20 世纪 80 年代早期就发现的不可克隆定理是量子计算和量子信息的早期成果之一。此后不可克隆定理有了许多改进，我们现在已经有了可以了解量子克隆设备（必然是不完美的）能力的工具。这些工具反过来已被用于理解量子力学的其他方面。

有助于量子计算和量子信息发展的相关历史链可追溯到 20 世纪 70 年代对单量子系统的完全操控的兴趣。在那之前，量子力学的应用通常涉及对包含大量量子力学系统的批量样品的总体控制，而单个量子力学系统则无法单独访问。例如，超导现象具有极好的量子力学解释，但由于超导体涉及导电金属的巨大样本（与原子尺度相比），所以只能探测到其量子力学性质的几个方面，而无法触及构成超导体的单个量子系统。虽然粒子加速器可以让我们有限度地访问单个量子系统，但是几乎无法对其实施控制。

自 20 世纪 70 年代以来，有许多用于控制单量子系统的技术诞生。例如，用于捕获单个原子的“原子陷阱”，可使原子与其环境隔离，并对原子行为的很多方面进行极其精密的探测。扫描隧道显微镜可用于移动单个原子，按要求设计原子阵列。还有可以转移单个电子的电子器件。

为何要试图完全控制单量子系统？抛开许多技术的原因，从纯粹科学的角度看，主要原因是研究人员预感到，科学上最深刻的见解往往出现在开发探索新的自然领域的方法之时。例如，20 世纪 30 年代到 40 年代的射电天文学发明导致了一系列惊人的发现，包括银河系的中心、脉冲星和类星体等。低温物理学的惊人成就也是在人们寻找降低不同系统温度的方法时取得的。同样地，通过完全控制单量子系统，我们正在探索自然的未知领域，希望发现新的和意外的现象。我们在这些方向上刚迈出第一步，就已经在这个领域中有了几项有趣的发现。一旦能够完全操控单量子系统，我们又会发现什么呢？

量子计算和量子信息研究天然适合这一计划。它为人们设计更好地操纵单量子系统的方法提供了一系列有价值的挑战，促进了新的实验技术的发展，并指出了实验研究中最有趣的方向。反过来，操控单量子系统对于把量子力学的威力应用于量子计算和量子信息研究是必不可少的。

尽管人们有着浓厚的兴趣，但建立量子信息处理系统的努力迄今只取得了初步的成功。能够在几个量子比特（或量子位）上进行几十次操作的小型量子计算机代表了目前量子计算的最高水平。用于长距离保密通信的量子密码学（quantum cryptography）的实验原型已经出现，并且可用于某些实际应用。然而，如何制造可解决实际问题的大规模量子信息处理设备，仍是物理学家和工程师未来面临的巨大挑战。

让我们把注意力从量子力学转移到 20 世纪另一项伟大的智慧成就——计算机科学。计算机科学的起源可以追溯到很久以前。例如，楔形文字片表明，在汉谟拉比（Hammurabi，约公元前 1750 年）时代，巴比伦人（Babylonian）已有相当复杂的算法思想，有些思想甚至可以追溯到更早的年代。

伟大的数学家阿兰·图灵（Alan Turing）在 1936 年发表的一篇令人瞩目的论文宣告了现代计算机科学的诞生。图灵以抽象的方式详细描述了我们现在所说的可编程计算机，即以他的名字命名的图灵机的计算模型。图灵证明了存在一台通用图灵机，可用于模拟任何其他图灵机。此外，他宣称通用图灵机完全刻画了算法手段所能完成的所有任务。即任何可以在硬件（如现代个人计算机）上执行的算法，在通用图灵机上都有等效算法来完成。这个论断被称为丘奇-图灵论题（Church-Turing thesis），以图灵和另一位计算机科学先驱阿隆佐·丘奇（Alonzo Church）的名字命名，它断言了在某一物理设备上可以实现的算法与数学上严格定义的通用图灵机概念的等价关系。人们普遍认为，该论题为计算机科学丰富的理论发展奠定了基础。

在图灵的论文发表后不久，第一台电子计算机诞生。约翰·冯·诺伊曼（John von Neumann）设计了一个简单的理论模型，用实际元件实现了通用图灵机的全部功能。到了 1947 年，在 John Bardeen、Walter Brattain 和 Will Shockley 发明晶体管后，硬件才开始蓬勃发展。从那时起，计算机硬件的能力以惊人的速度增长，以至于 1965 年戈登·摩尔（Gordon Moore）将其概括为摩尔定律，即计算机的能力将以恒定的速率增长，大约每两年增长一倍。

令人惊讶的是，自 20 世纪 60 年代开始，摩尔定律在几十年里都近似成立。尽管如此，但大多数研究人员都预计这将在 21 世纪的前 20 年内终结。传统的计算机制造方法在解决线宽尺度所带来的根本性困难时开始显得力不从心。随着电子器件越来越小，其功能会受到量子效应的干扰。

解决摩尔定律最终失效问题的一个可能方案是采用不同的计算模式。量子计算理论就是这样的一种范例，它基于量子力学而不是经典物理学的思想来执行计算。事实证明，虽然普通计算机可用于模拟量子计算机，但似乎不能以一种有效的方式去模拟。因此，量子计算机相比传统计算机在速度上有本质的超越。这种速度优势非常显著，以至于许多研究人员认为，经典计算机和量子计算机的能力之间存在着无法跨越的鸿沟。

量子计算机的“有效”与“非有效”模拟是指什么？早在量子计算机的概念出现之前，回答这个问题所需的许多关键概念实际上就已被定义。特别是计算复杂性领域在数学上精确地定义了“有效”和“非有效”算法。粗略地说，有效算法解决问题所用的时间是关于问题规模的多项式量级。相反，非有效算法需要超多项式（通常是指数量级）的时间。

在 20 世纪 60 年代末到 70 年代初，人们注意到通过用图灵机来模拟其他计算模型，在其他模型上能够有效解决的问题也能够在图灵机上高效解决，这意味着图灵机这一计算模型并不逊色于任何其他计算模型。这一观点可概括为加强版丘奇-图灵论题：

> 使用图灵机可以有效地模拟任何算法过程。

强丘奇-图灵论题的加强之处在于“有效”一词。如果这一论题正确，就意味着无论用何种机器执行算法，都可以使用标准图灵机有效模拟。这一强化很重要，因为它意味着要分析给定的计算任务是否可以有效完成，可以限定在图灵机的计算模型上进行。

强丘奇-图灵论题面临的一类挑战来自模拟计算领域。在图灵所处的时代，许多不同的研究团队已经注意到某些类型的模拟计算机可以有效地解决在图灵机上没有有效解决方案的问题。表面上看，这些模拟计算机似乎违反了强丘奇-图灵论题。不幸的是，对于模拟计算机，在对噪声做出符合实际的假设后，其计算能力在所有已知的例子里都会消失，它们也不能有效地解决图灵机无法有效解决的问题。这个教训——在评估计算模型的效率时必须考虑现实噪声的影响——是量子计算和量子信息初期面临的最大挑战之一，这一挑战随着量子纠错码和容错量子计算理论的发展得到了有效的解决。因为与模拟计算不同，量子计算原则上可以容忍有限的噪声并保持其计算优势。

对强丘奇-图灵论题的第一个重大挑战出现在 20 世纪 70 年代中期，当时 Robert Solovay 和 Volker Strassen 证明了可以使用随机算法测试一个整数是否是素数。也就是说，随机性是 Solovay-Strassen 测试算法的实质部分。该算法并不能确定给定的整数是素数还是合数。相反，它可以给出一个数是素数或合数的概率。通过重复 Solovay-Strassen 测试，几乎可以确定一个数是素数还是合数。Solovay-Strassen 测试算法的重要意义在于该算法提出时，素数判定问题并没有有效的确定型算法。于是，似乎带有随机数发生器的计算机能够有效执行某个计算任务，而这一任务在经典的确定型图灵机上却不能有效解决。这一发现激励着人们去寻找其他随机算法并获得了丰厚的回报，它也因此成为了一个活跃的研究领域。

随机算法形成了对强丘奇-图灵论题的挑战，这暗示着存在一些可以有效求解的问题，但它们不能被确定型图灵机有效地求解。这一挑战可以通过对强丘奇-图灵论题稍做修改来解决：

任何算法都可以用概率图灵机有效模拟。

对强丘奇-图灵论题的这种即兴修改令人深感不安。将来难道一定不会有另外一种计算模型能有效解决图灵计算模型中无法有效解决的问题？有没有什么途径可以找到一个能有效地模拟其他任何计算模型的计算模型？

受这个问题的启发，David Deutsch 在 1985 年提出，是否可以用物理学定律推导出更强的丘奇-图灵论题。Deutsch 没有用特定假设的方法，而是通过物理学理论为丘奇-图灵论题建立和当今物理学理论前沿相当的基础。特别地，Deutsch 试图定义一种能够有效模拟任意物理系统的计算设备。由于量子力学是物理学的最终规律，Deutsch 自然而然地考虑了基于量子力学原理的计算设备。这些设备，仿照 49 年前图灵定义的机器，最终引导出了本书中现代量子计算机的概念。

在撰写本文时，尚不清楚 Deutsch 的通用量子计算机概念是否足以有效地模拟任何物理系统。证明或否定这个猜想是量子计算和量子信息领域的一个重要的未解决问题。例如，量子场理论的某些效应或基于弦论的更奇特效应，量子引力或其他物理理论，都可能为我们提供比 Deutsch 的通用量子计算机更强大的计算模型，只是我们现在并不知道。

Deutsch 的量子计算机模型确实对强丘奇-图灵论题提出了挑战。Deutsch 曾询问量子计算机是否可以有效解决在经典计算机上不能有效解决的计算问题，甚至是概率图灵机不能有效解决的计算问题。然后他举了一个简单的例子，表明量子计算机的计算能力确实超过了传统计算机。

随后的十年内许多人努力改进 Deutsch 令人瞩目的初步结果，直到 1994 年 Peter Shor 展示了两个非常重要的问题——寻找整数的素因子问题和所谓的离散对数问题——可以在量子计算机上有效解决，而达到顶点。这方面的研究之所以受到广泛关注，是因为人们普遍认为这两个问题在经典计算机上没有有效的解决方案。Shor 的成果是量子计算机比图灵机及概率图灵机更强大的有力证据。量子计算机功能强大的进一步证据出现在 1995 年，Lov Grover 证明了另一重要问题——在非结构化搜索空间进行搜索的问题——也可以在量子计算机上得到加速。虽然 Grover 的算法并没有像 Shor 算法那样有惊人的加速，但搜索方法的广泛应用引起了人们对 Grover 算法的极大兴趣。

在 Shor 和 Grover 算法被发现的同时，很多人都在研究理查德·费曼（Richard Feynman）在 1982 年提出的一个想法。费曼指出，似乎在经典计算机上模拟量子力学系统存在本质困难，并建议建立基于量子力学原理的计算机以克服这些困难。在 20 世纪 90 年代，几个研究小组使这一思想具体化，表明确实有可能使用量子计算机去有效模拟一些在经典计算机上没有已知有效模拟方法的系统。未来量子计算机的主要应用之一很有可能是模拟在经典计算机上难以模拟的量子力学系统，这对科学和技术领域有深远意义。

与传统计算机相比，量子计算机还能更快地解决其他哪些问题？简短的回答是我们不知道。找出好的量子算法似乎很难。悲观主义者可能会认为除了已发现的应用，量子计算机并没有其他好处！设计量子计算机算法的困难之处在于，设计者面临经典计算机算法所未遇到的两方面难题。首先，人类的直觉植根于经典世界。如果借助于直觉来构建算法，则只能想到经典思想。为设计好的量子算法，我们必须至少部分地“关闭”经典直觉，利用量子效应去达到期望的算法目的。其次，要想真正有意义，光设计出一个纯粹的量子算法是不够的。这些算法必须优于任何现有的经典算法！因此，人们或许可以找到一种利用纯量子力学的算法，但由于已经存在性能具有可比性的经典算法而未引起广泛关注。这两个问题的结合使得新量子算法的设计成为未来的挑战。

更一般地说，是否可以归纳出量子计算机与经典计算机能力的差别。如果量子计算机真的比传统计算机更强大，那让它更强的原因是什么？什么类型的问题可以在量子计算机上有效地解决，与经典计算机上可有效解决的问题相比如何？量子计算和量子信息中最激动人心的事情之一，就是对这些问题的答案知之甚少！更好地理解这些问题是未来的一个巨大挑战。

谈到量子计算的前沿之后，让我们切换到对量子计算和量子信息做出贡献的另一种思想：信息论。1940 年，人们探索计算机科学的同时，通信正在进行另一场革命。1948 年，克劳德·香农（Claude Shannon）发表了两篇令人瞩目的现代信息与通信理论奠基性论文。

香农迈出的关键一步也许是在数学上定义了信息的概念。数学的很多分支在基本定义的选择上具有相当大的灵活性。试着凭直觉思考一下以下问题：如何从数学的角度定义信息源？几种不同的答案都有着广泛的用途；但香农的定义似乎具有更丰富的内容，因为该定义更好理解，并引发了深刻结果，建立了层次丰富的理论，而且准确反映了现实通信问题。

香农关注的是与信息通过信道传送有关的两个关键问题。首先，通过信道传送信息需要哪些资源？例如，电话公司需要知道一根给定的电话电缆能可靠地传输多少信息。其次，在信道上传送信息时可以避免噪声的干扰吗？

香农通过证明信息论的两个基本定理回答了这两个问题。第一个是他的无噪声信道编码定理，它定量地给出了用于存储从信源发出信息所需的物理资源。香农的第二个基本定理——有噪声信道编码定理，定量给出了有噪声的信道能可靠传输的信息量。为了在有噪声的情况下实现可靠的传输，香农证明可以用纠错码来保护正在发送的信息。有噪声信道编码定理给出了纠错码提供保护的一个上限。不幸的是，香农定理并没有给出实际能达到这个极限的一组纠错码。从香农的论文发表到今天，研究人员不断推出更多更好的纠错码，试图接近香农定理给出的极限。复杂的纠错码理论为用户提供了多种选择。这些纠错码用途广泛，如用于光盘播放器、计算机调制解调器和卫星通信系统等。

量子信息理论也有类似的发展过程。1995 年，Ben Schumacher 证明了与香农无噪声信道编码定理类似的结果，并定义了“量子比特”作为切实的物理资源。但并没有针对量子信息的对应于香农的有噪声信道编码定理的结果。与经典对应物类似，学者们发展出了前面已提过的量子纠错码，允许量子计算机在有噪声的情况下能有效计算，也允许在带噪声的量子信道进行可靠通信。

实际上，经典的纠错码思想已被证明在研究和理解量子纠错码上非常重要。1996 年，两个独立的工作小组——Robert Calderbank 和 Peter Shor，以及 Andrew Steane，发现了一类重要的量子编码，现称为 CSS 码。此后，这项工作被包含在由 Robert Calderbank、Eric Rains、Peter Shor 和 Neil Sloane，以及 Daniel Gottesman 分别独立发现的稳定子码（stabilizer code）中。由于建立在经典线性编码理论的基本思想基础上，这些发现极大地促进了对量子纠错码及其在量子计算和量子信息中的应用的理解。

研究量子纠错码理论的目的是保护量子态免受噪声干扰。那么在量子信道传输普通经典信息会怎样？能多高效？在这方面有几个惊人的发现。1992 年，Charles Bennett 和 Stephen Wiesner 解释了如何通过只将一个量子比特从发送方发送到接收方，来传输两个经典的比特，这一结果称为超密编码（superdense coding）。

更有趣的结果来自分布式量子计算方面。设想你有两台联网的计算机来解决一个特定的问题。为求解问题需要多少通信量？最近的结果表明，量子计算机可以用比经典计算机指数少的通信量来求解某些问题！不幸的是，这些问题在实际中并不是特别重要，而且会受到一些技术上的限制。量子计算和量子信息在未来面临的主要挑战是，寻找现实中重要且分布式量子计算比经典计算有实质性优势的问题。

让我们适时回顾一下信息论。信息论始于对单个信道的研究。但实际应用中我们通常不会碰到单个信道，而是要处理许多信道构成的网络。网络化信息论的主题是研究信道网络的信息承载特性，这已成为一个内容丰富而复杂的主题。

相比之下，网络化量子信息论的研究还非常初步。即使是对量子信道网络的信息承载能力，我们也知之甚少。在过去几年中取得了一些令人瞩目的初步结果；但还没有针对量子信道的统一的网络化量子信息论。网络化量子信息论的一个例子就足以让人相信这样一套理论所具有的价值。设想我们正试图通过带噪声的量子信道将 Alice 的量子信息发送给 Bob，如果该信道的量子信息容量为零，就不可能将 Alice 的任何信息可靠地发送给 Bob。再设想我们有同步操作的该信道的两个副本，很明显（并且可以严格证明）这样的信道也没有发送量子信息的能力。但是，如果我们将其中一个信道反向，如图 1-1 所示，某些情况下，我们可以获得从 Alice 到 Bob 的非零容量的信息传输！这种违反直觉的特性说明了量子信息的奇特。更好地理解量子信道网络的信息承载特性是量子计算和量子信息的一个主要的未解决问题。

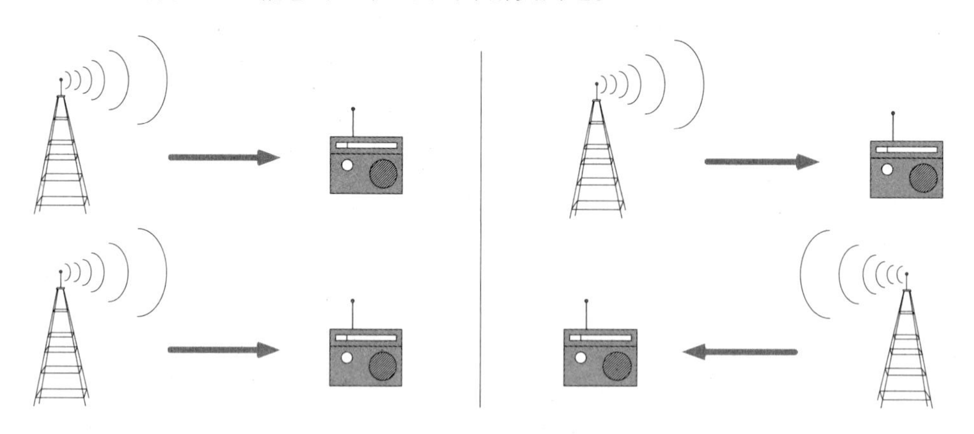

图 1-1 在经典中，如果两个噪声很大的零容量信道并行运行，那么联合信道发送信息的容量为零。如果将其中一个信道反向，那么发送信息的容量仍为零，这并不奇怪。但是在量子力学里，把其中一个零容量信道反向将真的允许我们发送信息！

让我们最后一次切换领域，来看古老的密码学中的科学和技术。广义上讲，密码学是涉及彼此不一定信任的两方或多方的通信或计算的问题。最著名的加密学问题是保密通信。假设有两方希望秘密通信。例如，您可能希望将信用卡号码交给商家以换取商品，但不希望任何有恶意的第三方拦截您的信用卡号码。上述的保密通信使用加密协议完成。本书后面会详细描述加密协议的工作原理，现在只需弄清一些简单的区别就行了。最大的区别在于私钥密码系统和公钥密码系统。

私钥密码系统的工作方式是通信双方 Alice 和 Bob 共享一个只有他们知道的私钥。密钥的确切形式在这里无关紧要——不妨认为是一个 0 和 1 的串。重点是 Alice 用此密钥将希望传送给 Bob 的信息进行加密。Alice 将加密后的信息发送给 Bob，Bob 必须恢复原始信息。Alice 对消息加密的确切方式取决于私钥，因此，未来要恢复原始消息，Bob 需要知道私钥，以便消除 Alice 施加的变换。

不幸的是，私钥密码系统在许多情况下都存在严重的问题。最基本的问题是如何分配密钥？在许多情况下，密钥分发问题与原始的保密通信问题难度相同——恶意的第三方可能在密钥分发时窃听，然后使用截获的密钥来解密传送的某些信息。

量子计算和量子信息最早的发现之一是量子力学可以用于密钥分配，使 Alice 和 Bob 的秘密不会受到威胁。该过程称为量子加密或量子密钥分发。基本思想是利用观测一般会破坏被观测系统的量子力学原理。因此，如果在 Alice 和 Bob 要传送密钥的时候有窃听者偷听，窃听者就会因对 Alice 和 Bob 用于建立密钥的信道的干扰而被发现。Alice 和 Bob 可以丢弃掉那些有窃听者出现时建立的密钥位，并重新确定密钥。Stephen Wiesner 在 20 世纪 60 年代后期首次提出了量子密码的概念，但遗憾的是论文没有能被接受发表！1984 年，Charles Bennett 和 Gilles Brassard 在 Wiesner 早期工作的基础上，提出了利用量子力学在 Alice 和 Bob 之间分配密钥而不怕任何攻击的协议。从那以后，出现了无数的量子密码协议，并开发了实验原型机。在撰写本书时，实验原型机已接近适用于有限规模的实际应用的阶段。

密码系统的第二个主要类型是公钥密码系统。公钥密码系统不需要 Alice 和 Bob 预先共享一个密钥。相反，Bob 只需公布一个“公钥”，让所有人都可以得到。Alice 用此公钥来加密她发送给 Bob 的消息。有趣的是，第三方不可能用 Bob 的公钥来解密此消息！严格来说，我们不应该说不可能，而是加密变换取得非常巧妙，以致仅根据公钥来逆向解密非常之困难（尽管不是完全不可能）。为了使逆向过程变得容易，Bob 有一个与该公钥配对的私钥，这使他能很容易地解密。这个密钥只有 Bob 知道，故而在别人不太可能有公钥就能解密的前提下，Bob 可以相信只有他能读取 Alice 传送的内容。公钥密码系统通过让 Alice 和 Bob 不必在通信之前共享私钥来解决密钥分发问题。

值得注意的是，公钥密码系统直到 20 世纪 70 年代中期才被广泛使用，由 Whitfield Diffie 与 Martin Hellman，以及 Ralph Merkle 等人分别独立提出的这一技术彻底改变了密码学领域。之后，Ronald Rivest、Adi Shamir 和 Leonard Adleman 提出了 RSA 密码系统，这是直到撰写本书时最为广泛采用的公钥密码系统，它被认为在安全性和实用性之间取得了微妙的平衡。1997 年披露的信息显示，这些思想——公钥密码系统、Diffie-Hellman 密码系统和 RSA 密码系统——实际上是英国情报机构 GCHQ 的研究人员在 20 世纪 60 年代末到 70 年代初发明的。

公钥密码系统的安全性的关键在于，仅利用公钥进行解密是困难的。例如，对 RSA 来说，逆向解密过程是一个与素因子分解密切相关的问题。对 RSA 的安全性的假定建立在用经典计算机分解因子是困难的这一假设下。但 Shor 在量子计算机上分解因子的快速算法可用于破解 RSA！类似地，如果知道一个求解离散对数的快速算法——比如 Shor 的针对离散对数的量子算法，有些其他公钥密码系统就会被破坏。量子计算机在破解密码系统的这项应用，引起了人们对量子计算和量子信息的极大兴趣。

我们一直在回顾量子计算和量子信息的发展历史。当然随着该领域的发展和成熟，已经产生了它自己的研究子领域，它们的历史基本上包含在量子计算和量子信息的历史中。

最引人注目的或许是对量子纠缠的研究。纠缠是量子力学独特的资源，在量子计算和量子信息的许多有意义的应用上起着关键作用，相当于经典世界青铜时代中铁的地位。近年来，人们为更好地理解纠缠现象付出了巨大的努力，纠缠现象已被认为是一种基本的自然资源，其价值可以和能量、信息、熵及任何其他基本资源相当。尽管还没有完整的纠缠理论，但在理解这一量子力学的奇特性质方面已经取得了一些进展。许多研究人员希望对纠缠特性的进一步研究会促进发展量子计算和量子信息新应用的见解。

1.1.2 未来发展方向

我们已回顾了量子计算和量子信息的历史和现状，未来会如何？量子计算和量子信息会给科学、技术和人类带来什么？量子计算和量子信息能对产生它的计算机科学、信息论和物理学诸领域带来什么好处？量子计算和量子信息有哪些关键问题尚未解决？在展开细节之前，我们将对这些全局性问题做简短的评注。

量子计算和量子信息教会我们以物理的方式对计算进行思考，我们发现这种做法能为信息处理和通信带来许多新的令人鼓舞的动力。计算机科学家和信息论专家有了一个值得探索的内容丰富的新模型。实际上广义来说，我们学到的任何物理理论，不仅仅是量子力学，都可以作为信息处理和通信的基础。这种探索的结果，也许有朝一日会导致发明远超出当今计算和通信系统能力的信息处理装置，并对整个社会相应带来正面和负面的影响。

量子计算和量子信息无疑给物理学家带来了很多挑战，但从长远来看它对物理学做出何种贡献却有些微妙。我们相信，正如我们学会用物理的方式思考计算一样，我们也能学会用计算的方式思考物理学。虽然传统物理学主要集中于弄清基本物体和简单系统，但自然的许多有趣方面只会在事物变得更大和更复杂时出现。化学和工程在某种程度上处理了这种复杂性，但大多数情况下都是以就事论事的方式。量子计算和量子信息传达的一个信息是，新的工具可以用来跨越微小和相对复杂的事物之间的鸿沟：计算与算法为构建和理解此类系统提供了系统化的手段。应用这些领域的思想已经开始对物理学带来新的见解。我们希望多年后它将发展成为一个理解物理学所有分支的富有成果的方向。

本节中我们简要地考察了量子计算和量子信息背后的一些关键思想和研究动机。在本章的其他小节我们将对这些动机和想法给出一个更具技术性但仍容易理解的介绍，以期待读者能一览该领域的现状。

1.2　量子比特

比特是经典计算和经典信息的基本概念。量子计算和量子信息建立在量子比特（quantum bit 或 qubit）的基础上。在本节中我们介绍单量子比特和多量子比特的属性，并与经典比特进行对比。

什么是量子比特？我们将量子比特描述为具有某些特定属性的数学对象。也许你会说："我认为量子比特是物理对象。"像比特一样，量子比特是用实际物理系统来实现的，在 1.5 节和第 7 章将详细描述量子比特的抽象数学观点和实际系统之间是如何联系的。在本书的大部分内容中，量子比特被视为抽象的数学对象。将量子比特视为抽象对象的美妙之处在于，我们将能够构建不依赖于特定实现系统的量子计算和量子信息的一般理论。

那么什么是量子比特？正如经典比特有一个状态——0 或 1——量子比特也有一个状态，量子比特的两个可能的状态是 $|0\rangle$ 和 $|1\rangle$，如你所想，它们分别对应于经典比特的状态 0 和 1。记号"$|\ \rangle$"被称为 Dirac 记号，我们会常碰到它，它是量子力学中状态的标准符号。比特和量子比特之间的区别在于量子比特可以处于除 $|0\rangle$ 或 $|1\rangle$ 外的状态，量子比特是状态的线性组合，通常称为叠加态，如：

$$|\psi\rangle = \alpha|0\rangle + \beta|1\rangle \tag{1.1}$$

其中 α 和 β 是复数，尽管很多时候将它们视为实数也没有太大问题。换句话说，量子比特的状态是二维复向量空间中的向量。特殊的 $|0\rangle$ 和 $|1\rangle$ 状态被称为计算基矢态，是构成该向量空间的一组正交基。

我们可以通过检查一个比特来确定它处于 0 态还是 1 态。例如，计算机读取其内存内容时始终执行此操作。但值得注意的是，我们不能通过检查量子比特来确定它的量子态，即 α 和 β 的值。相反，量子力学告诉我们，我们只能获得有关量子态的有限信息。在测量量子比特时，我们以 $|\alpha|^2$ 的概率得到结果 0，以 $|\beta|^2$ 的概率得到结果 1。显然，$|\alpha|^2 + |\beta|^2 = 1$，因为概率和为 1。从几何上看，我们可以将此解释为量子比特的状态归一化长度为 1。因此，通常量子比特的状态是二维复向量空间中的单位向量。

量子比特的不可观测状态和我们能够进行的观测之间的对立是量子计算和量子信息的核心。现实世界的大多数抽象模拟中，抽象和真实模型间存在直接的对应关系，就像建筑师蓝图与最终建筑之间的对应关系。没有这种直接关系，使得难以直观地了解量子系统的行为。不过好在存在间接对应关系，因为量子比特的状态可以被处理和转换，按照状态的不同属性，会出现可区分的测量结果。因此，这些量子态具有真实的、实验上可验证的效应，它们对量子计算和量子信息的功能是必不可少的。

量子比特处于叠加态的性质与我们理解周围物理世界的常识背道而驰。经典比特就像一枚硬币：要么正面朝上，要么反面朝上。对不均匀的硬币可能依赖边缘的平衡存在中间状态，但在理想情况下可以忽略这些情况。相比之下，量子比特可以处于 $|0\rangle$ 和 $|1\rangle$ 之间的连续状态中，直到观测到它为止。这里再次强调，当量子比特被观测时，只能得到"0"或"1"的测量结果——每

个结果都有一定的概率。例如，量子比特可以处于状态

$$\frac{1}{\sqrt{2}}|0\rangle + \frac{1}{\sqrt{2}}|1\rangle \tag{1.2}$$

经过测量，会以 50%（$|1/\sqrt{2}|^2$）的概率出现 0，以 50% 的概率出现 1。后面会经常用到这个状态，有时该状态也记作 $|+\rangle$。

尽管如此奇特，但是量子比特确实是真实存在的，它们的存在和行为被大量实验所证实（在 1.5 节和第 7 章会有讨论），并且可以使用许多不同的物理系统来实现量子比特。为便于直观感受，这里列出某些实现方式：如光子的两种极化；在均匀电磁场中核自旋的取向；如图 1-2 所示绕电子轨道运行的两个状态。在原子模型中，电子可以处于基态或激发态，分别称为 $|0\rangle$ 和 $|1\rangle$。用适当的能量在适当的时间内将光照射在原子上，可以使电子在 $|0\rangle$ 态与 $|1\rangle$ 态之间移动。但更有趣的是，减少光照时间，最初处于状态 $|0\rangle$ 的电子可以移动到 $|0\rangle$ 和 $|1\rangle$ 态的中间，即 $|+\rangle$ 态。

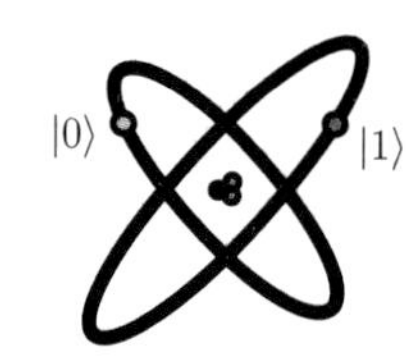

图 1-2　用原子的两个电能级来表示量子比特

叠加态的可能含义或解释及量子系统观察的固有概率性质很自然地引起了极大的关注。但本书并不考虑这些内容。相反，我们的目的是给出具有预见性的数学和概念上的框架。

量子比特的一个有用的构想是如下的几何表示。由于 $|\alpha|^2 + |\beta|^2 = 1$，式 (1.1) 可以改写为

$$|\psi\rangle = \mathrm{e}^{\mathrm{i}\gamma}\left(\cos\frac{\theta}{2}|0\rangle + \mathrm{e}^{\mathrm{i}\varphi}\sin\frac{\theta}{2}|1\rangle\right) \tag{1.3}$$

其中 θ, φ, γ 都是实数。在第 2 章会看到因子 $\mathrm{e}^{\mathrm{i}\gamma}$ 可以省去，因为它不能引起任何可观测的效应，因此可以写出其等效形式

$$|\psi\rangle = \cos\frac{\theta}{2}|0\rangle + \mathrm{e}^{\mathrm{i}\varphi}\sin\frac{\theta}{2}|1\rangle \tag{1.4}$$

其中 θ 和 φ 定义了单位三维球上的一个点，如图 1-3 所示，该球面通常被称为布洛赫球面（Bloch sphere）。它是使得单个量子比特可视化的有效方法，也是量子计算和量子信息思想很好的测试平台。本章后面要讲的单量子比特的许多操作都在布洛赫球面的框架中描绘。不过切记这种直观想象有很大的局限，因为尚不清楚如何将布洛赫球面简单推广到多量子比特的情形。

一个量子比特代表了多少信息？看似荒谬，单位球上有无穷个点，因此原则上可以用 θ 的无限二进制扩展来存储莎士比亚的所有著作。然而，鉴于量子比特被观测时的行为，这个结论实际上是一种误导。回想一下，量子比特的测量只会给出 0 或 1。此外，测量会改变量子比特的状态，将其从 $|0\rangle$ 和 $|1\rangle$ 的叠加态坍缩到与测量结果一致的特定状态。例如，如果 $|+\rangle$ 的测量值为 0，则量子比特测量后的状态将为 $|0\rangle$。为什么会发生这种坍塌？没有人知道。正如第 2 章所讨论的，这种行为只是量子力学的基本假设之一。与之相关的是，单次测量只能得到关于量子比特状态的一

比特信息，从而解决了上述的佯谬。事实证明，只有在测量了无数多个完全相同的量子比特后，才能确定式 (1.1) 中的 α 和 β。

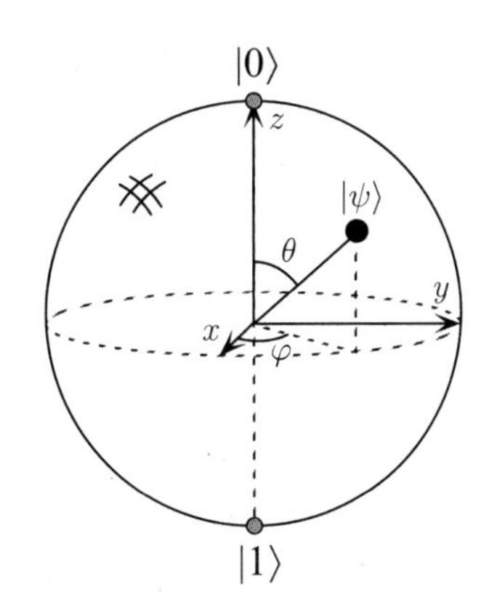

图 1-3　量子比特的布洛赫球面表示

但更有趣的问题可能是：如果不进行测量，一个量子比特能表示多少信息？这是个棘手的问题，因为如果不能测量，如何量化信息呢？尽管如此，这里还是包含了某些重要的观念，因为量子比特组成的封闭的量子系统在自然界中的演化，在未进行任何测量时，显然该系统会保持描述该状态的所有连续变量，如 α 和 β。从某种意义上说，在一个量子比特的状态里，大自然隐藏了大量的“隐含信息”。更有趣的是，我们很快就会看到这些额外信息的潜在数量随着量子比特的增长而指数式增长。弄清隐含的量子信息是本书许多部分所要解决的问题，是使量子力学成为信息处理的有力工具的核心。

多量子比特

希尔伯特空间很大。

——Carlton Caves

假设有两个量子比特。如果这两个量子比特是经典的，则有 4 种状态：$00, 01, 10, 11$。相应地，一个两量子比特的系统有 4 个基本状态（简称基矢态），依次表示为：$|00\rangle, |01\rangle, |10\rangle, |11\rangle$。一对量子比特还可以是这 4 个态的任意叠加形式，因此，两量子比特的量子态涉及将复系数（有时称为振幅）与每个计算基矢态相关联，因此一个描述两量子比特的态向量可以表示为

$$|\psi\rangle = \alpha_{00}|00\rangle + \alpha_{01}|01\rangle + \alpha_{10}|10\rangle + \alpha_{11}|11\rangle \tag{1.5}$$

类似于单量子比特，测量到 $x(= 00, 01, 10, 11)$ 的概率为 $|\alpha_x|^2$，测量后量子比特将变成 $|x\rangle$。此时由归一化条件可得，概率和满足 $\sum_{x\in\{0,1\}^2} |\alpha_x|^2 = 1$，其中记号 $\{0,1\}^2$ 表示每个字符取 0 或 1 的长度为 2 的串。对于一个两量子比特的系统，也可以测量一个量子比特的子集，比如说第一个量子比特。容易猜出它如何工作：测量第一个量子比特会以 $|\alpha_{00}|^2 + |\alpha_{01}|^2$ 的概率得到 0，测量后

的状态为

$$|\psi'\rangle = \frac{\alpha_{00}|00\rangle + \alpha_{01}|01\rangle}{\sqrt{|\alpha_{00}|^2 + |\alpha_{01}|^2}} \tag{1.6}$$

注意到测量后的态被因子 $\sqrt{|\alpha_{00}|^2 + |\alpha_{01}|^2}$ 正规化后仍满足归一化条件，正如我们对一个标准的量子比特所期待的一样。

贝尔态（Bell state）或 EPR 对是一个很重要的两量子态

$$\frac{|00\rangle + |11\rangle}{\sqrt{2}} \tag{1.7}$$

这个不起眼的状态与量子计算和量子信息中很多惊人的发现有关，是量子隐形传态和超密编码的关键要素，还是其他很多有趣的量子状态的原型，这些将在 1.3.7 节和 2.3 节分别介绍。贝尔态的性质是当测量第一个量子比特时，以 $1/2$ 的概率得到 0，测量后得到态 $|\varphi'\rangle = |00\rangle$，以 $1/2$ 的概率得到 1，测量后得到态 $|\varphi'\rangle = |11\rangle$。因此第二个量子比特的测量结果总是和第一个相同，也就是说这两个量子比特的测量结果是相关的。事实上，通过先对第一个量子比特或第二个量子比特单独做一些操作来对贝尔态进行其他方式的测量，可以发现这两量子比特的测量结果之间有趣的相关性仍然存在。自从爱因斯坦、Podolsky 和 Rosen 的著名论文首次提出像贝尔态这种奇怪的性质，这类相关性成为大量研究的主题。EPR 的见解被约翰·贝尔（John Bell）继承并发扬光大，后者证明了一个惊人的结果：贝尔态测量的相关性比任何经典系统存在的相关性都更强。这一结果首次宣告量子力学允许的信息处理能力远超过经典世界，这些结果会在 2.6 节进行详细介绍。

更一般地，考虑 n 量子比特的系统。系统的计算基矢态可表示为 $|x_1x_2\cdots x_n\rangle$，且这一系统的量子态可以用 2^n 个振幅来刻画。当 $n = 500$ 时，这个数就已超过整个宇宙原子的估算总数！任何现有的计算机都不可能存下所有这些复数。希尔伯特空间确实是一个很大的空间。但原则上即使是仅包含几百个原子的系统，自然界也需要计算这么大量的数据。自然界执行系统的演化就像在手里放了 2^{500} 张不可见的草稿纸。我们渴望能利用这一巨大的潜在计算能力，但如何把量子力学过程看成计算呢？

1.3 量子计算

量子态的变换可以用量子计算的语言来描述。量子计算机是由包含电路和基本量子门的量子电路构造的，类似于经典计算机是由包含连线和逻辑门的电路构造的。本节介绍简单的量子门，并举几个电路的例子来说明其应用，其中包含一个量子隐形传态的电路。

1.3.1 单量子比特门

经典计算机电路由电路和逻辑门构成。连线用于在电路间传送信息，而逻辑门用于操控信息，把信息由一种形态转换成另一种形态。例如，考虑一个经典的单比特逻辑门，其中唯一非平凡成员是非门，非门的操作由真值表来定义，其中 $0 \to 1$ 和 $1 \to 0$，即将 0 态和 1 态交换。

可以类似地定义量子比特的量子非门吗？想象我们有一些过程可以把 0 态和 1 态交换，这一过程很显然是量子模拟非门的很好选项。但如果没有对量子门性质更多的认识，在 $|0\rangle$ 和 $|1\rangle$ 态上定义门的作用对 $|0\rangle$ 和 $|1\rangle$ 的叠加态不能起到作用。事实上，量子非门的作用是线性的，即可以把状态

$$\alpha|0\rangle + \beta|1\rangle \tag{1.8}$$

变换到 $|0\rangle$ 和 $|1\rangle$ 互换角色的新状态

$$\alpha|1\rangle + \beta|0\rangle \tag{1.9}$$

为什么量子非门是线性的而不是非线性的是一个非常有趣的问题，但答案并不显然。已经证实线性性质是量子力学的一般性质，也非常符合经验，更重要的是，非线性行为会导致譬如时间旅行、超光速通信和违反热力学第二定律等很多悖论。在后面章节还会更深入地阐述这一点，现在我们暂且先接受它。

基于量子门的线性性质，量子非门可以很方便地用矩阵表示，定义矩阵 X 来表示非门如下：

$$X \equiv \begin{bmatrix} 0 & 1 \\ 1 & 0 \end{bmatrix} \tag{1.10}$$

（用 X 记号来表示量子非门是出于历史原因。）量子态 $\alpha|0\rangle + \beta|1\rangle$ 写成向量形式为

$$\begin{bmatrix} \alpha \\ \beta \end{bmatrix} \tag{1.11}$$

其中上面一项对应 $|0\rangle$ 的振幅，下面一项对应 $|1\rangle$ 的振幅，故量子非门的输出为

$$X \begin{bmatrix} \alpha \\ \beta \end{bmatrix} = \begin{bmatrix} \beta \\ \alpha \end{bmatrix} \tag{1.12}$$

注意到非门的作用是把 $|0\rangle$ 态变成矩阵 X 第 1 列对应的状态，而把 $|1\rangle$ 变成矩阵 X 第 2 列对应的状态。

因此，量子门可以由一个 2×2 矩阵给出。对于用作表示量子门的矩阵有什么限制吗？答案是肯定的。回顾对量子态 $\alpha|0\rangle + \beta|1\rangle$ 归一化的要求是 $|\alpha|^2 + |\beta|^2 = 1$，这对于作用了量子门后的状态 $|\psi'\rangle = \alpha|0\rangle + \beta|1\rangle$ 也适用。事实上，表示单量子门的矩阵 U 需要满足酉性条件，即 $U^\dagger U = I$，其中 $U^\dagger$ 是 U 的共轭转置（取 U 的转置，再取复共轭得到），I 是 2×2 的单位阵。例如，很容易验证对于非门有 $X^\dagger X = I$。

令人惊奇的是，这一酉性限制是量子门的唯一限制。任何酉矩阵都可以定义一个有效的量子门，一个有趣的推论是：和经典世界只有一个非平凡的单比特门——非门——相比，有很多非平凡的单量子比特门。其中两个我们后面会用到的重要门是 Z 门

$$Z \equiv \begin{bmatrix} 1 & 0 \\ 0 & -1 \end{bmatrix} \tag{1.13}$$

（其中保持 $|0\rangle$ 不变，翻转 $|1\rangle$ 的符号变为 $-|1\rangle$）和阿达玛门

$$H \equiv \frac{1}{\sqrt{2}} \begin{bmatrix} 1 & 1 \\ 1 & -1 \end{bmatrix} \tag{1.14}$$

该门有时被描述为非门的平方根，它把 $|0\rangle$ 变到 $|0\rangle$ 和 $|1\rangle$ 的中间态 $(|0\rangle + |1\rangle)/\sqrt{2}$，而把 $|1\rangle$ 同样变到 $|0\rangle$ 和 $|1\rangle$ 的中间态 $(|0\rangle - |1\rangle)/\sqrt{2}$。不过需要注意，$H^2$ 不是非门，经过简单计算可发现 $H^2 = I$，即两次作用 H 等价于什么都没做。

阿达玛门是最有用的量子门之一，有必要在布洛赫球面上把它的作用展示出来。从图中可以看到，单量子比特门对应于球面上的旋转和反射。阿达玛操作恰好是先绕 $\hat{y}$ 轴旋转 90°，再绕 $\hat{x}$ 轴旋转 180°，等价地，也可以描述为绕轴“$(\hat{x} + \hat{z})/\sqrt{2}$”旋转 180°，如图 1-4 所示。图 1-5 比较了一些重要的单量子门和经典门的作用。

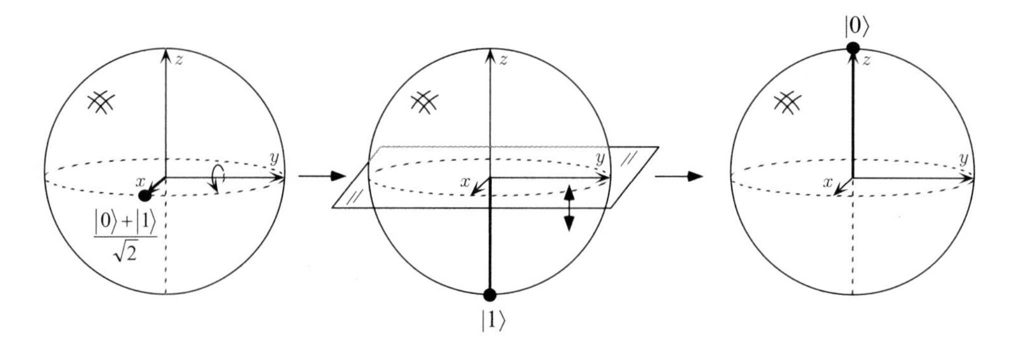

图 1-4　阿达玛门作用在输入态 $(|0\rangle + |1\rangle)/\sqrt{2}$ 上，在布洛赫球面上的可视化表达

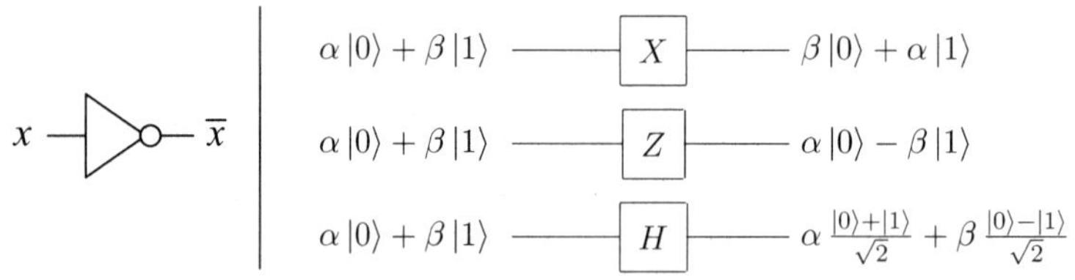

x —▷○— $\overline{x}$

$\alpha|0\rangle + \beta|1\rangle$ —[X]— $\beta|0\rangle + \alpha|1\rangle$

$\alpha|0\rangle + \beta|1\rangle$ —[Z]— $\alpha|0\rangle - \beta|1\rangle$

$\alpha|0\rangle + \beta|1\rangle$ —[H]— $\alpha\frac{|0\rangle+|1\rangle}{\sqrt{2}} + \beta\frac{|0\rangle-|1\rangle}{\sqrt{2}}$

图 1-5　单比特（左）和量子比特（右）逻辑门。其中 $\bar{x}$ 表示 x 的逻辑非

因为存在无穷多个 2×2 的酉矩阵，因此量子门的种类也是无穷的。不过，整个集合的属性可以从一个小很多的集合得到。例如，如专题 1.1 所示，任何单量子比特酉门都可以分解成一个旋转

$$\begin{bmatrix} \cos\frac{\gamma}{2} & -\sin\frac{\gamma}{2} \\ \sin\frac{\gamma}{2} & \cos\frac{\gamma}{2} \end{bmatrix} \tag{1.15}$$

和一个可以理解为绕 $\hat{z}$ 轴旋转的门（后文中将会介绍）

$$\begin{bmatrix} e^{-i\beta/2} & 0 \\ 0 & e^{i\beta/2} \end{bmatrix} \tag{1.16}$$

再加上一个（全局）相移——形如 $e^{i\alpha}$ 的常系数的乘积。这些门还可以进一步分解，不需要直接实现任意的 α,β,γ，只需用一些特定的 α,β 和 γ 来无限逼近任意的门。在该意义下，任意单量子门都可用一个有限的门集合来构造。更一般地，任意量子比特上的任何量子计算，都可以用一组通用的有限个门构成的集合生成。为获得这样的通用集合，我们首先要引入涉及更多量子比特的量子门。

专题 1.1　分解单量子比特操作

在 4.2 节开始处，我们证明了任何 2×2 酉矩阵可以分解为

$$U = e^{i\alpha}\begin{bmatrix} e^{-i\beta/2} & 0 \\ 0 & e^{i\beta/2} \end{bmatrix}\begin{bmatrix} \cos\frac{\gamma}{2} & -\sin\frac{\gamma}{2} \\ \sin\frac{\gamma}{2} & \cos\frac{\gamma}{2} \end{bmatrix}\begin{bmatrix} e^{-i\delta/2} & 0 \\ 0 & e^{i\delta/2} \end{bmatrix} \tag{1.17}$$

其中 α,β,γ 和 δ 都是实数。注意第二个矩阵仅是一次普通的旋转，第一个和最后一个矩阵都可以理解为不同平面上的旋转。该分解可对任何单量子比特逻辑门的操作进行精确描述。

1.3.2　多量子比特门

现在我们将单量子比特拓展到多量子比特。图 1-6 展示了 5 种多比特经典门——与（AND）、或（OR）、异或（XOR）、与非（NAND）和或非（NOR）门。一个重要的理论结果是任意布尔函数可以仅用 NAND 门的复合得到，所以 NAND 门也被称为通用门。相比之下，异或门自身或加上非门都不是通用门。一种理解这一点的方法是，作用一个异或门不会改变比特位整体的奇偶性。因此如果两个输入 x 和 y 具有相同的奇偶性，那么任何仅含非门和异或门的电路的输出也具有相同的奇偶性，所以排除了电路的通用性。

多量子比特量子逻辑门的原型是受控非（controlled-NOT 或 CNOT）门。此门有两个输入量子比特，分别是控制量子比特和目标量子比特。图 1-6 右上部分为受控非门的电路表示；上方的线表示控制量子比特，下方的线表示目标量子比特。受控非门的描述如下：如果控制量子比特被置为 0，那么目标量子比特不变；如果控制量子比特被置为 1，那么目标量子比特翻转。用公式表示为

$$|00\rangle \to |00\rangle; |01\rangle \to |01\rangle; |10\rangle \to |11\rangle; |11\rangle \to |10\rangle \tag{1.18}$$

另外一种描述受控非门的方式是将它作为经典异或门的拓展，因为该门的作用可以总结为 $|A,B\rangle \to |A, B\oplus A\rangle$，其中 $\oplus$ 表示模 2 加法，这正是异或门的作用结果。也就是说，控制量子比特与目标量子比特做异或运算，并存储到目标量子比特上。

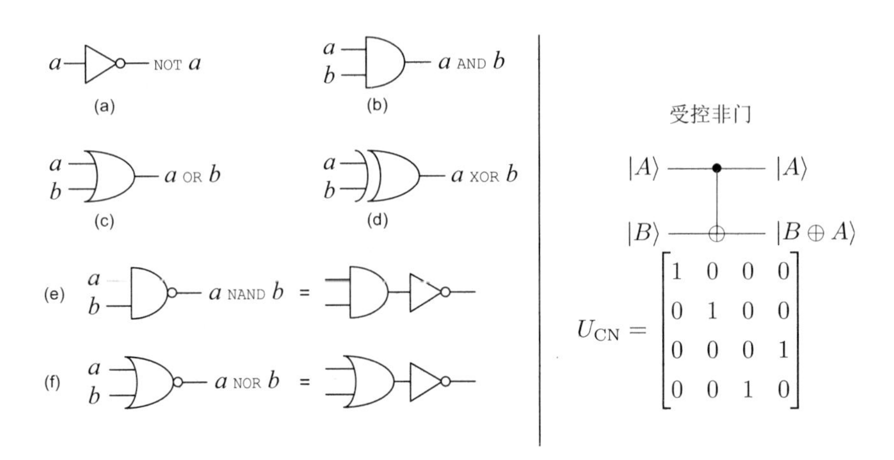

图 1-6　图左边为一些标准单比特和多比特门，图右边为多量子比特门的原型，受控非门（controlled-NOT）。矩阵 U_{CN} 为受控非门的矩阵表示，分别依次针对状态 $|00\rangle$，$|01\rangle$，$|10\rangle$ 和 $|11\rangle$ 的状态改变

还有一种描述受控非门作用的方法是矩阵表示，如图 1-6 右下方所示。很容易验证 U_{CN} 的第一列描述了对 $|00\rangle$ 的变换，对其他计算基矢态 $|01\rangle, |10\rangle, |11\rangle$ 也类似。和单量子比特的情况一样，如果要保持概率特性，需要满足 U_{CN} 是一个酉矩阵，即 $U_{\mathrm{CN}}^{\dagger}U_{\mathrm{CN}} = I$。

我们注意到受控非门可以看成一种拓展的异或门。其他经典门，如与非门和通常的异或门，是否能在某种意义上以类似于量子非门表示经典非门的方式被视为酉门呢？事实上这是不可能的，因为异或门和与非门本质上是不可逆的。例如，给定异或门的输出 $A \oplus B$，不可能确定输入 A 和 B；异或门的不可逆性带来了信息的损失。另一方面，酉量子门总是可逆的，因为酉矩阵的逆仍然是酉矩阵，所以量子门的逆总可以由另一个量子门表示。理解如何在这种可逆和不可逆意义下做经典逻辑运算，是懂得如何利用量子力学优势来进行计算的关键步骤。我们将在 1.4.4 节解释如何做可逆运算的基本思想。

当然，除了受控非门，还有许多其他有趣的量子门。然而，在某种意义下受控非门和单量子比特门是其他所有门的原型，这是因为如下著名的通用性结果：任何多量子比特逻辑门可以由受控非门和单量子门组成。该结果的证明在 4.5 节，是与非门通用性的量子对应。

1.3.3　除计算基外的测量

我们已经描述了对单比特量子态 $\alpha|0\rangle + \beta|1\rangle$ 的量子测量，最终分别以概率 $|\alpha|^2$ 和 $|\beta|^2$ 测得 0 和 1，并得到对应的状态 $|0\rangle$ 和 $|1\rangle$。事实上，量子力学允许更多种类的测量，尽管不能从单次测量中恢复 α 和 β。

注意到 $|0\rangle$ 和 $|1\rangle$ 仅仅是量子比特基的可能选择中的一种。另一种选择是集合 $|+\rangle \equiv (|0\rangle + |1\rangle)/\sqrt{2}$ 和 $|-\rangle \equiv (|0\rangle - |1\rangle)/\sqrt{2}$。任意态 $|\psi\rangle = \alpha|0\rangle + \beta|1\rangle$ 都可以在状态 $|+\rangle$ 和 $|-\rangle$ 下重新表示为

$$|\psi\rangle = \alpha|0\rangle + \beta|1\rangle = \alpha\frac{|+\rangle + |-\rangle}{\sqrt{2}} + \beta\frac{|+\rangle - |-\rangle}{\sqrt{2}} = \frac{\alpha + \beta}{\sqrt{2}}|+\rangle + \frac{\alpha - \beta}{\sqrt{2}}|-\rangle \tag{1.19}$$

结果说明可以将 $|+\rangle$ 和 $|-\rangle$ 态看成计算基矢态，并且可以在这组新的基下进行测量。自然地，在

$|+\rangle$ 和 $|-\rangle$ 下做测量可以分别以概率 $|\alpha+\beta|^2/2$ 和 $|\alpha-\beta|^2/2$ 得到测量结果"+"和"−"，测量之后分别得到量子态 $|+\rangle$ 和 $|-\rangle$。

更一般地，给定任意一组基 $|a\rangle$ 和 $|b\rangle$，可以把任意态表示为这组基的线性组合的形式 $\alpha|a\rangle+\beta|b\rangle$。此外，如果 $|a\rangle$ 和 $|b\rangle$ 是相互正交的，那么可以相对基 $|a\rangle$ 和 $|b\rangle$ 进行测量，以概率 $|\alpha|^2$ 得到 a，而以概率 $|\beta|^2$ 得到 b。为了满足概率限制 $|\alpha|^2+|\beta|^2=1$，正交性是必要的。类似地，多量子比特系统相对于任意正交基的测量原则上也是可能的。但这仅仅是在原则上是可能的，并不意味着这样的测量是容易实现的。我们之后还会回到如何有效地实现在任意基下的测量的问题上。

有很多理由需要用到这种推广形式的量子测量，但是根本上的理由是：这种形式可以让我们描述观测到的实验结果，正如 1.5.1 节我们对 Stern-Gerlach 实验的讨论一样。在 2.2.3 节中，将会给出一个更复杂但是更方便（但本质上等价）的形式来描述量子测量。

1.3.4　量子电路

我们已经讨论了几个简单的量子电路，现在让我们来更仔细地研究量子电路元件。图 1-7 是一个包含 3 个量子门的简单量子电路。该电路的读法是从左到右。电路中的每一条线代表量子电路的连线。这些连线不一定对应到物理的连线；它可能对应时间段，或者从空间的一处移动到另一处的物理粒子，比如光子。为了方便起见，假设电路的输入态全部为基矢态，一般是由 $|0\rangle$ 组成的态。这一规则常常在量子计算和量子信息的文献中被打破，但在这种情况下最好礼貌地告知读者。

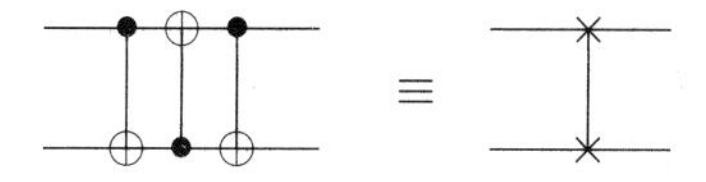

图 1-7　交换两个量子比特的电路，以及表达这一常见而有用的电路的等价图解符号

图 1-7 中的电路实现了一个简单但是有用的任务——交换两个比特的量子态。为了明白该电路完成了交换操作，需要注意到这一串门在计算基 $|a,b\rangle$ 上的一系列作用，

$$\begin{aligned}|a,b\rangle &\longrightarrow |a,a\oplus b\rangle \\ &\longrightarrow |a\oplus(a\oplus b),a\oplus b\rangle=|b,a\oplus b\rangle \\ &\longrightarrow |b,(a\oplus b)\oplus b\rangle=|b,a\rangle \end{aligned} \tag{1.20}$$

其中所有的加法为模 2 加法。综上所得，这个电路的作用是交换两个量子比特的状态。

一些经典电路的特征在量子电路中通常不会出现。首先，我们不允许"环路"，即从量子电路的一部分反馈到另一部分；我们称电路为非周期的（acyclic）。其次，经典电路允许连线汇合，即扇入操作（FANIN），导致单线包含所有输入位的按位或（bitwise OR）。显然这个操作不是可逆的，因此也不是酉操作，所以我们不允许量子电路中有扇入操作。第三，与上面相反的操作，扇出操作（FANOUT），即产生一个比特的多个拷贝在量子电路中也是不允许的。事实上，量子力学禁止量子比特的拷贝，因此扇出操作是不可能的。在下一小节中我们将会看到尝试设计拷贝量子比特的电路的例子。

现在我们需要引入新的量子门。为了方便起见，我们引入新的约定，如图 1-8 所示。假定 U 是任意作用在 n 量子比特的酉矩阵，因此 U 可以看成作用在这些量子比特上的量子门。接下来我们可以定义受控 U（controlled-U）门，它是受控非门的一种自然的拓展。这样的门有单量子比特控制位，由带黑点的线表示，和 n 量子比特目标位，由盒子 U 表示。如果控制位置 0，则目标量子比特什么也不发生。如果控制位置 1，则门 U 作用在目标量子比特上。受控 U 门的原型是受控非门，它将 U 门代替为 $U = X$，如图 1-9 所示。

图 1-8　受控 U 门

图 1-9　受控非门的两种不同表示

另外一个重要的操作是测量，用仪表符号表示，如图 1-10 所示。正如前面所说，这个操作将单量子比特态 $|\psi\rangle = \alpha|0\rangle + \beta|1\rangle$ 转化为一个经典比特 M（与单量子比特区分，画为双线），它以 $|\alpha|^2$ 的概率为 0，以 $|\beta|^2$ 的概率为 1。

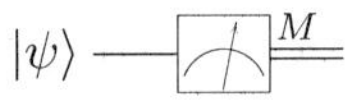

图 1-10　表示测量的量子电路符号

我们将看到量子电路可用作描述所有量子过程的有用模型，包括但不限于计算、通信，甚至量子噪声。下面是几个简单的示例。

1.3.5　量子比特复制电路?

受控非门在说明量子信息的特有属性时非常有用。考虑复制经典比特的任务。它可以用一个经典受控非门完成，将待复制的比特（处于未知状态 x）和初始化为 0 的中间缓存器比特输入到该门即可，如图 1-11 所示。输出结果是两个比特，它们都具有相同的态 x。

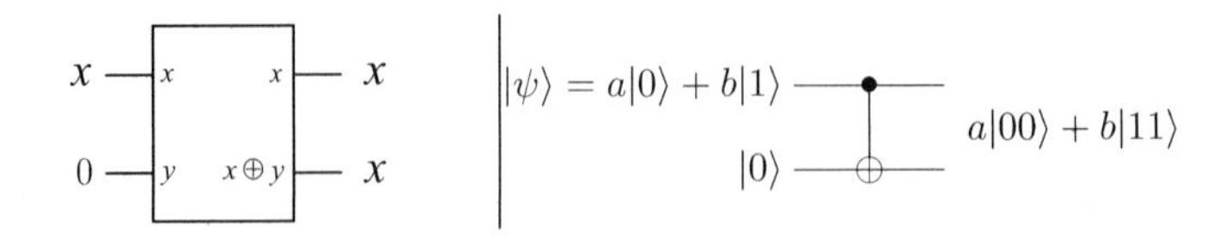

图 1-11　经典和量子电路“复制”未知比特或量子比特

假定我们想通过相同的方法，利用受控非门来复制未知态 $|\psi\rangle = a|0\rangle + b|1\rangle$。两个输入量子比特可以写作

$$\Big[a|0\rangle + b|1\rangle\Big]|0\rangle = a|00\rangle + b|10\rangle \tag{1.21}$$

受控非门的作用是当第一个量子比特是 1 时翻转第二个量子比特，因此输出是 $a|00\rangle + b|11\rangle$。我们成功地复制了 $|\psi\rangle$ 吗？或者说，我们制备了态 $|\psi\rangle|\psi\rangle$ 吗？当 $|\psi\rangle = |0\rangle$ 或 $|\psi\rangle = |1\rangle$ 时，该电路确实做到了；因为用量子电路复制经典信息如 $|0\rangle$ 或 $|1\rangle$ 是可能的。然而对一般的量子态 $|\psi\rangle$，我们发现

$$|\psi\rangle|\psi\rangle = a^2|00\rangle + ab|01\rangle + ab|10\rangle + b^2|11\rangle \tag{1.22}$$

与 $a|00\rangle + b|11\rangle$ 相比，我们发现除了 $ab = 0$，上述“复制电路”不能复制量子比特输入。事实上要制备一个未知量子态的拷贝是不可能的。量子态不能被复制的这条性质被称为不可克隆（no-cloning）定理，是量子信息和经典信息的主要区别之一。不可克隆定理在专题 12.1 中将进行更详细的讨论；证明非常简单，我们建议你跳过这部分，现在去阅读证明。

基于量子比特以某种方式包含不能被测量直接得到的隐藏信息的直觉，还可以从另外的角度来看待图 1-11 电路的失败。考虑当我们测量量子态 $a|00\rangle + b|11\rangle$ 的任一比特时会发生什么。由前面的描述，我们以概率 $|a|^2$ 或概率 $|b|^2$ 得到 0 或 1。然而，一旦一个量子比特被测量，量子态的另一个比特也就被确定，因而不能得到 a 和 b 的额外信息。在这个意义下，原始量子比特 $|\psi\rangle$ 承载的额外隐藏信息在第一次测量中丢失了，且不能恢复。然而，如果这个量子比特已经被复制，那么这个量子态的另一个比特仍然包含着隐藏信息。因此，量子态不能被复制。

1.3.6　示例：贝尔态

让我们考虑一个略为复杂的电路，如图 1-12 所示，一个阿达玛门后面跟着一个受控非门，并按照所给的表变换 4 个计算基矢态。一个具体的例子，阿达玛门将输入 $|00\rangle$ 转化为 $(|0\rangle+|1\rangle)|0\rangle/\sqrt{2}$，随后受控非门输出量子态 $(|00\rangle+|11\rangle)/\sqrt{2}$。注意到：阿达玛变换使得第一个比特变成叠加态；然后该状态作为受控非门的控制输入，仅仅当控制位为 1 时目标位翻转。输出的态

$$|\beta_{00}\rangle = \frac{|00\rangle + |11\rangle}{\sqrt{2}} \tag{1.23}$$

$$|\beta_{01}\rangle = \frac{|01\rangle + |10\rangle}{\sqrt{2}} \tag{1.24}$$

$$|\beta_{10}\rangle = \frac{|00\rangle - |11\rangle}{\sqrt{2}} \tag{1.25}$$

$$|\beta_{11}\rangle = \frac{|01\rangle - |10\rangle}{\sqrt{2}} \tag{1.26}$$

被称为贝尔态，有时也被称为 EPR 态或 EPR 对，这是根据首次提出这些状态的奇特性质的学者贝尔，以及 Einstein（爱因斯坦）、Podolsky 和 Rosen 的名字命名的。状态的记号 $|\beta_{00}\rangle, |\beta_{01}\rangle, |\beta_{10}\rangle, |\beta_{11}\rangle$ 可以由如下公式记忆

$$|\beta_{x,y}\rangle \equiv \frac{|0,y\rangle + (-1)^x|1,\bar{y}\rangle}{\sqrt{2}} \tag{1.27}$$

其中 $\bar{y}$ 是 y 的非。

输入	输出
$\|00\rangle$	$(\|00\rangle + \|11\rangle)/\sqrt{2} \equiv \|\beta_{00}\rangle$
$\|01\rangle$	$(\|01\rangle + \|10\rangle)/\sqrt{2} \equiv \|\beta_{01}\rangle$
$\|10\rangle$	$(\|00\rangle - \|11\rangle)/\sqrt{2} \equiv \|\beta_{10}\rangle$
$\|11\rangle$	$(\|01\rangle - \|10\rangle)/\sqrt{2} \equiv \|\beta_{11}\rangle$

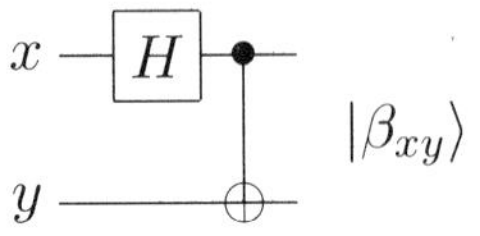

x — H — $|\beta_{xy}\rangle$ — y

图 1-12　制备贝尔态的量子电路和输入输出量子“真值表”

1.3.7　示例：量子隐形传态

接下来我们将用前几页提到的技术来理解一个令人惊奇且非常有趣的现象——量子隐形传态！量子隐形传态是在发送方和接收方之间甚至没有量子通信信道连接的情况下，进行量子态的传输。

量子隐形传态的工作原理如下。Alice 和 Bob 很久以前遇到过但是现在住得很远。当他们相遇时产生一个 EPR 对，当分开时他们各自拿走 EPR 对的一个量子比特。很多年以后，Bob 藏匿了起来。现在 Alice 有一项任务，是向 Bob 传递一个单比特量子态 $|\psi\rangle$。她不知道这个量子态的状态，并且只能向 Bob 发送经典信息。Alice 应当接受这项任务吗?

直观上来看，这对 Alice 来说很糟糕。她不知道将要发送给 Bob 的量子态 $|\psi\rangle$ 的状态，量子力学的定律又使她无法确定这个量子态，因为她手中只有一个 $|\psi\rangle$。更糟糕的是，即使她知道 $|\psi\rangle$ 的状态，精确地描述它也需要无穷多的经典信息，因为 $|\psi\rangle$ 的取值是一个连续的空间。所以即使知道 $|\psi\rangle$ 的状态，Alice 也将要花费无穷长的时间向 Bob 描述这一状态。这对 Alice 而言很不妙。幸运的是，量子隐形传态为 Alice 提供了利用 EPR 对向 Bob 发送 $|\psi\rangle$ 的一种方法，仅比经典通信多做一点工作。

解决方法可以概括为如下步骤：Alice 令量子比特 $|\psi\rangle$ 和她的一半 EPR 对相互作用，然后对她的两个比特进行测量，得到 4 种经典结果 00、01、10 和 11 中的一种。根据 Alice 的经典信息，Bob 对他所持有的一半 EPR 对进行 4 种操作中的一种。令人惊讶的是，这样做他可以恢复原始的 $|\psi\rangle$。

图 1-13 所示量子电路给出了量子隐形传态更加精确的描述。将要进行隐形传态的态是 $|\psi\rangle = \alpha|0\rangle + \beta|1\rangle$，其中 α 和 β 是未知的振幅。电路的输入态 $|\psi_0\rangle$ 为

$$
\begin{aligned}
|\psi_0\rangle &= |\psi\rangle|\beta_{00}\rangle & (1.28)\\
&= \frac{1}{\sqrt{2}}\Big[\alpha|0\rangle(|00\rangle + |11\rangle) + \beta|1\rangle(|00\rangle + |11\rangle)\Big] & (1.29)
\end{aligned}
$$

其中约定前两个（在左边）量子比特属于 Alice，第 3 个量子比特属于 Bob。由之前所述，Alice 的第 2 个量子比特和 Bob 的量子比特是从一个 EPR 态中来的。Alice 将她的态送到一个受控非门，得到

$$
|\psi_1\rangle = \frac{1}{\sqrt{2}}\Big[\alpha|0\rangle(|00\rangle + |11\rangle) + \beta|1\rangle(|10\rangle + |01\rangle)\Big] \tag{1.30}
$$

她随即将第一个量子比特送到阿达玛门，得到

$$|\psi_2\rangle = \frac{1}{2}\Big[\alpha(|0\rangle + |1\rangle)(|00\rangle + |11\rangle) + \beta(|0\rangle - |1\rangle)(|10\rangle + |01\rangle)\Big] \tag{1.31}$$

通过重组各项，该量子态可以写成

$$\begin{aligned}|\psi_2\rangle = \frac{1}{2}\Big[&|00\rangle(\alpha|0\rangle + \beta|1\rangle) + |01\rangle(\alpha|1\rangle + \beta|0\rangle)\\ &+ |10\rangle(\alpha|0\rangle - \beta|1\rangle) + |11\rangle(\alpha|1\rangle - \beta|0\rangle)\Big]\end{aligned} \tag{1.32}$$

该表达式自然地分为 4 项。第一项中 Alice 处在状态 $|00\rangle$，Bob 处在状态 $\alpha|0\rangle + \beta|1\rangle$——这恰好是最初的态 $|\psi\rangle$。如果 Alice 做测量得到结果 00，那么 Bob 的系统将会处在态 $|\psi\rangle$。类似地，从上面的表达式，我们可以在给定 Alice 测量结果的情况下，读出 Bob 测量后的状态：

$$00 \longmapsto |\psi_3(00)\rangle \equiv \Big[\alpha|0\rangle + \beta|1\rangle\Big] \tag{1.33}$$

$$01 \longmapsto |\psi_3(01)\rangle \equiv \Big[\alpha|1\rangle + \beta|0\rangle\Big] \tag{1.34}$$

$$10 \longmapsto |\psi_3(10)\rangle \equiv \Big[\alpha|0\rangle - \beta|1\rangle\Big] \tag{1.35}$$

$$11 \longmapsto |\psi_3(11)\rangle \equiv \Big[\alpha|1\rangle - \beta|0\rangle\Big] \tag{1.36}$$

根据 Alice 的测量输出，Bob 的量子比特将会落到这 4 种可能的状态之一。当然，如果 Bob 想知道处于哪个状态，必须将 Alice 的测量结果告诉他——我们稍后说明，正是由于这个事实，量子隐形传态传送信息的速率无法超过光速。一旦 Bob 知道了测量结果，就能利用合适的量子门来“修正”他的态，从而恢复态 $|\psi\rangle$。例如，当测量结果为 00 时，Bob 不需要做任何事。如果测量结果是 01，那么 Bob 需要通过 X 门来修正量子态。如果测量结果是 10，那么 Bob 需要通过 Z 门来修正量子态。如果测量结果是 11，那么 Bob 需要首先作用 X 门，然后作用 Z 门来修理量子态。总之，Bob 需要应用变换 $Z^{M_1}X^{M_2}$ 到他的量子比特上（注意，在量子电路图上时间从左到右，但在矩阵乘积项中先乘右边），就能得到态 $|\psi\rangle$。

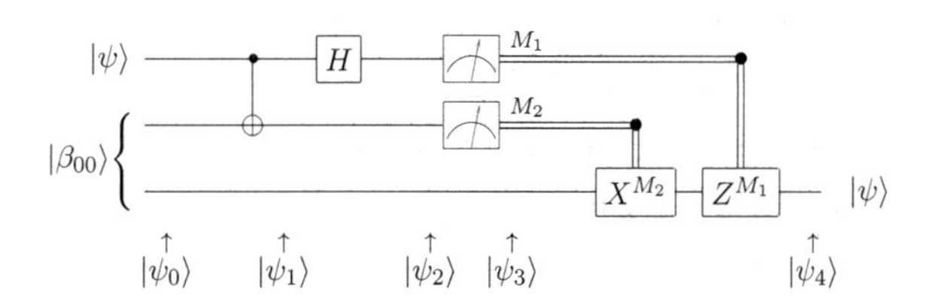

图 1-13　一个量子比特隐形传态的电路。上面两条连线代表 Alice 的系统，下面的连线代表 Bob 的系统。仪表盘表示测量，双线代表它承载经典比特（回想一下，单线代表量子比特）

隐形传态有许多有趣的特性，部分特性在本书后面会讨论。我们现在对其中几个方面进行评述。首先，隐形传态是否允许超光速传递量子态？这十分奇怪，因为相对论告诉我们，如果存在超光速信息传输，那么就可以将信息发回到过去。幸运的是，量子隐形传态不会导致超光速的信息传递，因为为了完成隐形传态，Alice 必须通过经典信道将她的测量信息传递给 Bob。在 2.4.3 节

我们将看到，如果没有经典通信，量子隐形传态不能传递任何信息。经典信道受到光速的限制，导致了量子隐形传态不能超光速完成，这样就解决了这个佯谬。

量子隐形传态的第二个令人困惑的地方是它看上去生成了一个量子态的拷贝，这与 1.3.5 节所讨论的量子不可克隆定理相违背。这只是一种错觉，因为量子隐形传态过程后，只有目标量子比特处于状态 $|\psi\rangle$，而原始的数据比特依赖于对第一量子比特的测量结果，最终消失于计算基 $|0\rangle$ 或 $|1\rangle$ 中。

我们从量子隐形传态中能学到什么？很多！它不仅仅是可以实施在量子状态上的优雅技巧。量子隐形传态强调了量子力学中不同资源的互换性，显示出一个共享的 EPR 对加上两个经典比特的通信构成一个至少等于单量子比特通信的资源。量子计算和量子信息的研究揭示出大量资源转换的方法，其中许多建立在量子隐形传态的基础上。特别地，在第 10 章，我们将讨论量子隐形传态如何用于构造抗噪声的量子门，而在第 12 章将指出隐形传态与量子纠错码的性质紧密相关。尽管与其他主题有这些联系，但平心而论，我们才刚刚开始明白为什么量子隐形传态在量子力学中是可能的；在后面的章节中我们会尽力让读者真正理解。

1.4 量子算法

量子电路可以用来进行什么样的计算？与利用经典逻辑电路做的计算相比如何？是否能够找到量子计算机比经典计算机完成得更好的任务？在这一节我们将研究这些问题，解释如何在量子计算机上做经典计算，给出一些量子计算机优于经典计算机的例子，并总结已有的量子算法。

1.4.1 量子计算机的经典计算

我们是否能用量子电路模拟一个经典逻辑电路？不出意外，答案是肯定的。如果答案是否定的，那么就太意外了。因为物理学家相信，我们周围的世界，包括经典逻辑电路，根本上都能用量子力学解释。在前面已指出，量子电路不能直接用于模拟经典电路，因为酉量子逻辑门本质上是可逆的，然而许多经典逻辑门如与非门本质上是不可逆的。

任何经典电路都可以用等价的仅含可逆元件的，由可逆门 Toffoli 门构成的电路代替。Toffoli 门含有 3 个输入比特，如图 1-14 所示。有两个比特是控制比特，它们不会受到 Toffoli 门作用的影响。第 3 个比特是目标比特，当两个控制比特都置为 1 时目标比特翻转，否则不变。注意到，作用 Toffoli 门两次后，比特变化为 $(a,b,c)\rightarrow(a,b,c\oplus ab)\rightarrow(a,b,c)$。因此，Toffoli 门是可逆门，且它的逆就是它自己。

Toffoli 门能被用于模拟与非门，如图 1-15 所示，还可以用于实现扇出，如图 1-16 所示。有了这两个操作就可以模拟经典电路中的其他元件，所以任意经典电路都可以被等价的可逆电路模拟。

Toffoli 门虽然以经典门出现，但是它可以作为量子逻辑门实现。根据定义，Toffoli 门的量子逻辑实现只是按照与经典 Toffoli 门同样的方式置换基矢态。例如，量子 Toffoli 门作用在态 $|110\rangle$

上翻转第 3 个比特，因为前两个比特被置位，最终得到量子态 $|111\rangle$。虽然很烦琐，但是具体写出这个 8×8 矩阵 U 并不难，并且可以验证 U 是一个酉矩阵。因此，Toffoli 门是一个合法的量子门。就像经典 Toffoli 门一样，量子 Toffoli 门可用于模拟不可逆经典逻辑门，并且保证量子计算机可以进行任何经典（确定性）计算机能够完成的计算。

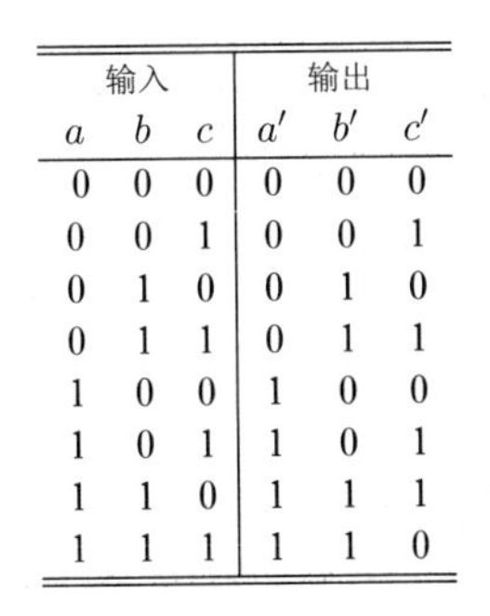

输入			输出		
a	b	c	a'	b'	c'
0	0	0	0	0	0
0	0	1	0	0	1
0	1	0	0	1	0
0	1	1	0	1	1
1	0	0	1	0	0
1	0	1	1	0	1
1	1	0	1	1	1
1	1	1	1	1	0

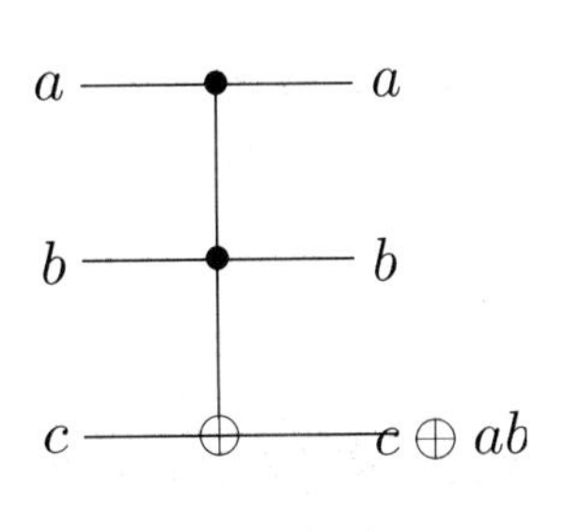

图 1-14　Toffoli 门的真值表和电路表示

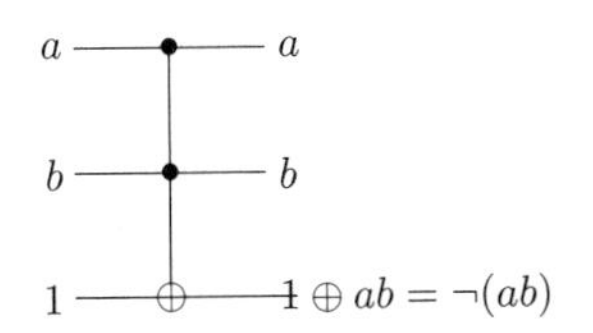

图 1-15　利用 Toffoli 门实现 NAND 门的经典电路。上方两比特表示 NAND 门的输入，第 3 个比特设置为标准状态 1，有时被称为辅助态。NAND 门的输出是第 3 个比特

图 1-16　用 Toffoli 门实现的扇出。第 2 个比特是扇出的输入（其他两个比特是标准辅助态），扇出的输出在第 2 个和第 3 个比特

如果经典计算机是非确定的，也就是说，在计算中有能力产生随机比特，又会怎么样呢？不奇怪，量子计算机可以很容易模拟它。为了实现这个模拟，只需产生一个均匀随机硬币的投掷，可以令单比特态 $|0\rangle$ 通过一个阿达玛门得到 $(|0\rangle+|1\rangle)/\sqrt{2}$，再测量这个态。结果是 $|0\rangle$ 和 $|1\rangle$ 各 50% 的概率。这就为量子计算机提供了有效模拟不确定的经典计算机的能力。

当然，如果模拟经典计算机是量子计算机仅有的特点，那么探索量子效应就没有必要了。量子计算的优势在于利用量子比特和量子门可以计算功能更强大的函数。在下面几节中我们会借助 Deutsch-Jozsa 算法解释这是如何实现的，它是我们的第一个例子，量子算法能比任何经典算法都要更快地求解问题。

1.4.2　量子并行性

量子并行性（quantum parallelism）是许多量子算法的基本性质。简而言之，量子并行性允许量子计算机同时计算在不同 x 值下的函数值 $f(x)$。本节我们将解释量子并行性的原理及其局限性。

假定 $f(x):\{0,1\}\to\{0,1\}$ 是定义域与值域均为一比特的函数。在量子计算机上计算这个函数的简单方式是考虑初态为 $|x,y\rangle$ 的两比特的量子计算机。通过适当的逻辑门序列可以将该初态

转化为 $|x, y \oplus f(x)\rangle$，其中 $\oplus$ 表示模 2 加法；第一个寄存器被称为数据寄存器，第二个寄存器被称为目标寄存器。我们将映射 $|x, y\rangle \rightarrow |x, y \oplus f(x)\rangle$ 定义为 U_f，并且注意到它是一个酉变换。如果 $y=0$，那么第二个量子比特的终态是值 $f(x)$。（在 3.2.5 节，我们将说明给定一个计算 f 的经典电路，在量子计算机中存在一个效率相当的量子电路计算变换 U_f。这里我们可以将它看成一个黑盒。）

考虑图 1-17 所示电路，把 U_f 加到计算基以外的输入上。在数据寄存器中制备叠加态 $(|0\rangle + |1\rangle)/\sqrt{2}$，它可以由将一个阿达玛门作用到 $|0\rangle$ 上得到。然后作用 U_f，得到态

$$\frac{|0, f(0)\rangle + |1, f(1)\rangle}{\sqrt{2}} \tag{1.37}$$

这是一个值得注意的状态。不同的项中包含 $f(0)$ 和 $f(1)$ 的信息；这看起来好像是同时计算了 $f(x)$ 的两个值，这就是“量子并行性”的特性。和经典的并行性用多个电路同时计算 $f(x)$ 不同，利用量子计算机处于不同状态的叠加态的能力，在这里单个 $f(x)$ 电路用来同时计算多个 x 的函数值。

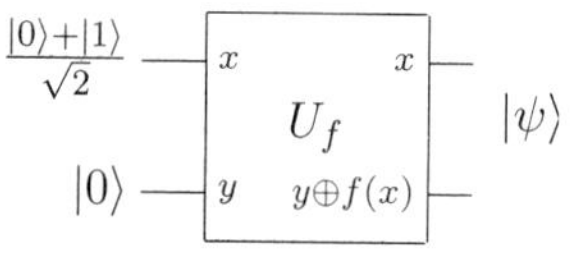

图 1-17　同时计算 $f(0)$ 和 $f(1)$ 的量子电路。量子电路 U_f 将输入 $|x, y\rangle$ 转化为 $|x, y \oplus f(x)\rangle$

利用阿达玛变换，有时也叫沃尔什-阿达玛变换（Walsh–Hadamard transform），这个过程很容易推广到任意比特的函数上。这个变换是将 n 个阿达玛门同时作用在 n 比特上。举个例子，如图 1-18 所示，当比特数 $n=2$ 且初态制备为 $|0\rangle$ 时，输出为

$$\left(\frac{|0\rangle + |1\rangle}{\sqrt{2}}\right)\left(\frac{|0\rangle + |1\rangle}{\sqrt{2}}\right) = \frac{|00\rangle + |01\rangle + |10\rangle + |11\rangle}{2} \tag{1.38}$$

我们用 $H^{\otimes 2}$ 表示两个阿达玛门并行作用，将 $\otimes$ 读作“张量积”。更一般地，当初态均为 $|0\rangle$ 时，n 比特上均作用阿达玛门后得到

$$\frac{1}{\sqrt{2^n}} \sum_x |x\rangle \tag{1.39}$$

其中求和是对所有 x 的可能值求和，我们用 $H^{\otimes n}$ 表示这个作用。也就是说，阿达玛变换可以产生所有计算基的平衡叠加。此外，它的效率非常高，仅用 n 个门就产生了 2^n 个状态的叠加。

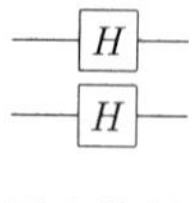

图 1-18　两个量子比特的阿达玛变换 $H^{\otimes 2}$

可以采用下面的方法进行 n 比特输入 x 和单比特输出 $f(x)$ 函数的量子并行性计算。制备 $n+1$ 比特的量子态 $|0\rangle^{\otimes n}|0\rangle$，然后将阿达玛变换作用在前 n 个量子比特上，再通过量子电路 U_f。

产生的态为

$$\frac{1}{\sqrt{2^n}}\sum_x |x\rangle|f(x)\rangle \tag{1.40}$$

在某种程度上，量子并行性能同时计算出函数 f 的所有值，即使我们只计算了函数 f 一次。然而，并行性并不能马上起作用。在单量子比特的例子中，测量量子态最终只能得到 $|0,f(0)\rangle$ 或者 $|1,f(1)\rangle$！类似地，在通常情况下，测量量子态 $\sum_x |x,f(x)\rangle$ 只能得到一个 x 的函数值 $f(x)$。当然，经典计算机也能很容易做到这一点！为了真正有用，量子计算要求的不仅仅是量子并行性，它要求比从叠加态 $\sum_x |x,f(x)\rangle$ 中得到一个 $f(x)$ 值更高的信息抽取能力。下面我们会通过两个例子看到这是如何实现的。

1.4.3　Deutsch 算法

将图 1-17 所示电路稍加修改，就可以实现 Deutsch 算法并说明量子电路如何超越经典电路（我们实际上展示的是对原始算法的简化和改进版本；参见本章末尾的“背景资料与延伸阅读”）。Deutsch 算法将量子并行性和量子力学中的重要性质相干性结合了起来。和以前一样，我们用阿达玛门将第一个量子比特制备为叠加态 $(|0\rangle+|1\rangle)/\sqrt{2}$，但将阿达玛门作用在 $|1\rangle$ 上将第二个量子比特 y 制备为叠加态 $(|0\rangle-|1\rangle)/\sqrt{2}$。让我们随着状态看到底会发生什么，如图 1-19 所示。

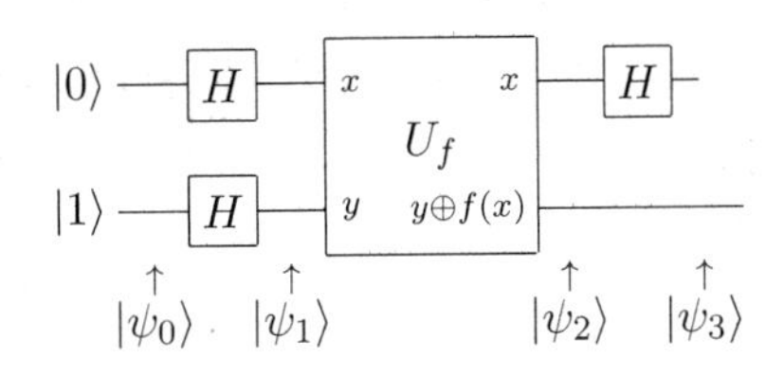

图 1-19　Deutsch 算法的量子电路实现

输入态

$$|\psi_0\rangle = |01\rangle \tag{1.41}$$

通过两个阿达玛门后得到

$$|\psi_1\rangle = \left[\frac{|0\rangle+|1\rangle}{\sqrt{2}}\right]\left[\frac{|0\rangle-|1\rangle}{\sqrt{2}}\right] \tag{1.42}$$

容易得到，如果将 U_f 作用在态 $|x\rangle(|0\rangle-|1\rangle)/\sqrt{2}$ 将得到 $(-1)^{f(x)}|x\rangle(|0\rangle-|1\rangle)/\sqrt{2}$。将 U_f 作用在 $|\psi_1\rangle$ 上得到下面两种可能情况中的一个：

$$|\psi_2\rangle = \begin{cases} \pm\left[\frac{|0\rangle+|1\rangle}{\sqrt{2}}\right]\left[\frac{|0\rangle-|1\rangle}{\sqrt{2}}\right] & \text{若} f(0)=f(1) \\ \pm\left[\frac{|0\rangle-|1\rangle}{\sqrt{2}}\right]\left[\frac{|0\rangle-|1\rangle}{\sqrt{2}}\right] & \text{若} f(0)\neq f(1) \end{cases} \tag{1.43}$$

最后的阿达玛门作用在第一个量子比特上得到

$$|\psi_3\rangle = \begin{cases} \pm|0\rangle\left[\dfrac{|0\rangle-|1\rangle}{\sqrt{2}}\right] & 若 f(0)=f(1) \\ \\ \pm|1\rangle\left[\dfrac{|0\rangle-|1\rangle}{\sqrt{2}}\right] & 若 f(0)\neq f(1) \end{cases} \tag{1.44}$$

注意到当 $f(0)=f(1)$ 时 $f(0)\oplus f(1)$ 的值为 0，否则为 1。我们可以将结果写作

$$|\psi_3\rangle = \pm|f(0)\oplus f(1)\rangle\left[\frac{|0\rangle-|1\rangle}{\sqrt{2}}\right] \tag{1.45}$$

所以通过测量第一个量子比特，我们可以确定 $f(0)\oplus f(1)$。这确实非常有趣：量子电路有能力通过计算一次 $f(x)$ 来确定 $f(x)$ 的全局性质，也就是 $f(0)\oplus f(1)$！这比任何经典的设备都要快，经典设备至少需要两次计算。

这个例子使量子并行性与经典随机算法区分开来。人们可能简单地认为状态 $|0\rangle|f(0)\rangle+|1\rangle|f(1)\rangle$ 接近于以 1/2 的概率计算 $f(0)$、以 1/2 的概率计算 $f(1)$ 的经典计算机。和在经典计算机中这两种选择互斥不同，在量子计算机中，两种选择可能通过相互干涉而给出函数 $f(x)$ 的某些全局性质，就像在 Deutsch 算法中利用类似阿达玛门将不同的选择重新结合起来。众多量子算法其设计的本质都是精心选择函数和最终变换，使得能高效地确定有用的全局信息——这些信息无法很快地在经典计算机上得到。

1.4.4 Deutsch-Jozsa 算法

Deutsch 算法是某种更一般的量子算法的简单情况，后者称为 Deutsch-Jozsa 算法。该算法的应用——Deutsch 问题，可以描述成如下游戏。在阿姆斯特丹的 Alice，从 0 到 2^n-1 中选择一个数 x，将它写信寄给波士顿的 Bob。Bob 计算出某个函数 $f(x)$ 的值，不是 0 就是 1，并将它寄回给 Alice。现在，Bob 保证只使用两种函数中的一种；要么 $f(x)$ 对于所有的 x 均为常数，要么 $f(x)$ 是平衡函数，即恰好对于所有可能的 x 一半取 1，另一半取 0。Alice 的目标是利用尽可能少的通信，确定 Bob 究竟选择了常函数还是平衡函数。Alice 多快能成功？

在经典的情况中，Alice 一次只能发一个 x 的值给 Bob。在最坏的情况下，Alice 将会询问 Bob 至少 $2^n/2+1$ 次，因为在她最终收到一个 1 之前可能将会收到 $2^n/2$ 个 0，从而知道 Bob 选择了平衡函数。她能使用的最好的确定性经典算法需要 $2^n/2+1$ 次查询。注意到在每封信中，Alice 发送给 Bob 共 n 比特的信息。此外在这个例子中，物理距离被用来人为地增加计算函数 $f(x)$ 的开销，但是在一般问题中这不必要，因为 $f(x)$ 可能固有地难以计算。

如果 Bob 和 Alice 被允许交换量子比特，而不是经典比特，并且如果 Bob 同意用一个酉变换 U_f 计算 $f(x)$，那么 Alice 可以利用下面的算法，仅仅通过与 Bob 的一次通信来达到目的。

和 Deutsch 算法类似，Alice 用 n 量子比特寄存器来存储她的输入，给 Bob 一个单量子比特寄存器存储答案。开始时她将查询和答案寄存器制备为一个叠加态。Bob 将会利用量子并行性计

算 $f(x)$ 并将答案写进答案寄存器中。Alice 随后利用阿达玛变换干涉查询寄存器的叠加状态，再通过合适的测量确定 f 是平衡函数还是常函数。

算法的具体细节如图 1-20 所示。让我们考察电路中的状态。类似于式 (1.41)，输入态为

$$|\psi_0\rangle = |0\rangle^{\otimes n}|1\rangle \tag{1.46}$$

但是查询寄存器描述了处于 $|0\rangle$ 状态的全部 n 量子比特的状态。经过查询寄存器上阿达玛变换的作用和答案寄存器上阿达玛门的作用，我们得到

$$|\psi_1\rangle = \sum_{x\in\{0,1\}^n} \frac{|x\rangle}{\sqrt{2^n}} \left[\frac{|0\rangle - |1\rangle}{\sqrt{2}}\right] \tag{1.47}$$

查询寄存器是所有值的叠加，而答案寄存器是 0 和 1 的一个平衡叠加。接下来，使用 $U_f : |x, y\rangle \to |x, y \oplus f(x)\rangle$ 计算函数 f（由 Bob 计算），得到

$$|\psi_2\rangle = \sum_{x} \frac{(-1)^{f(x)}|x\rangle}{\sqrt{2^n}} \left[\frac{|0\rangle - |1\rangle}{\sqrt{2}}\right] \tag{1.48}$$

Alice 现在拥有一组量子比特，Bob 的计算结果保存在这些量子叠加态的振幅之中。她现在在查询寄存器中利用阿达玛变换来干涉叠加态中的项。为了确定阿达玛变换的结果，可以先计算出阿达玛变换在一个状态 $|x\rangle$ 的效应。分别验证 $x = 0$ 和 $x = 1$ 的情况，我们知道对于单量子比特 $H|x\rangle = \sum_z (-1)^{xz}|z\rangle/\sqrt{2}$。因此

$$H^{\otimes n}|x_1, \cdots, x_n\rangle = \frac{\sum_{z_1,\cdots,z_n}(-1)^{x_1z_1+\cdots+x_nz_n}|z_1, \cdots, z_n\rangle}{\sqrt{2^n}} \tag{1.49}$$

上式还可以总结为更简洁有用的形式

$$H^{\otimes n}|x\rangle = \frac{\sum_z(-1)^{x\cdot z}|z\rangle}{\sqrt{2^n}} \tag{1.50}$$

其中 $x \cdot z$ 表示 x 和 z 按位模 2 的内积。利用式 (1.48)，我们现在计算 $|\psi_3\rangle$：

$$|\psi_3\rangle = \sum_z \sum_x \frac{(-1)^{x\cdot z+f(x)}|z\rangle}{2^n} \left[\frac{|0\rangle - |1\rangle}{\sqrt{2}}\right] \tag{1.51}$$

Alice 现在开始观察查询寄存器。注意到态 $|0\rangle^{\otimes n}$ 的振幅是 $\sum_x(-1)^{f(x)}/2^n$。让我们考虑两种可能的情况——f 是常函数和 f 是平衡函数——辨别到底发生了什么。当 f 是常函数时，$|0\rangle^{\otimes n}$ 的振幅是 $+1$ 或 -1。因为 $|\psi_3\rangle$ 是单位长度，所以其他振幅均为 0，而且观测会使得查询寄存器的所有量子比特均为 0。如果 f 是平衡函数，那么 $|0\rangle^{\otimes n}$ 的振幅正负抵消，最终振幅为 0，测量会使得查询寄存器至少有一个量子比特不是 0。总之，如果 Alice 测量的结果全为 0，则函数是常函数；否则函数是平衡函数。Deutsch-Jozsa 算法总结如下。

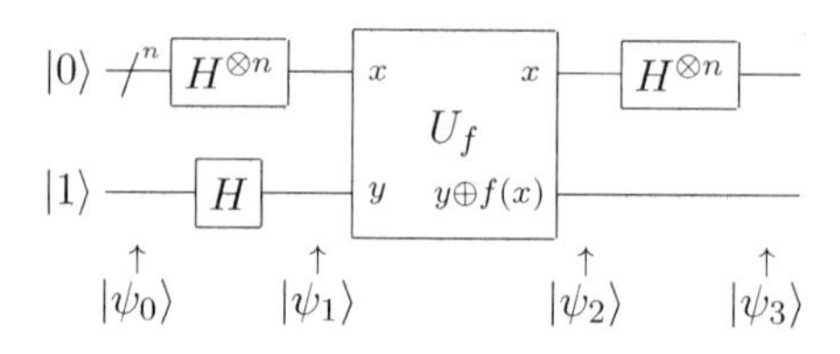

图 1-20　一般 Deutsch-Jozsa 算法的量子电路实现。类似于工程上的符号，带有 / 的线表示穿过此线的一组 n 量子比特

算法（Deutsch-Jozsa）

输入：（1）黑盒 U_f 作用变换 $|x\rangle|y\rangle \to |x\rangle|y\oplus f(x)\rangle$，其中 $x\in\{0,\cdots,2^n-1\}$ 且 $f(x)\in\{0,1\}$。要求函数 $f(x)$ 对于所有的 x 要么是常函数，要么是平衡函数，也就是说，对于所有可能的 x 恰好一半为 1 另一半为 0。

输出： 0 当且仅当 f 是常函数。

运行时间： 一次 U_f 计算。总是成功。

步骤：

1. $|0\rangle^{\otimes n}|1\rangle$ 　　初始化态
2. $\to \frac{1}{\sqrt{2^n}}\sum_{x=0}^{2^n-1}|x\rangle\left[\frac{|0\rangle-|1\rangle}{\sqrt{2}}\right]$ 　　利用阿达玛门制备叠加态
3. $\to \sum_x \frac{(-1)^{f(x)}}{\sqrt{2^n}}|x\rangle\left[\frac{|0\rangle-|1\rangle}{\sqrt{2}}\right]$ 　　利用 U_f 计算函数 f
4. $\to \sum_z\sum_x \frac{(-1)^{x\cdot z+f(x)}|z\rangle}{2^n}\left[\frac{|0\rangle-|1\rangle}{\sqrt{2}}\right]$ 　　作用阿达玛变换
5. $\to z$ 　　测量得到最终结果 z

我们已经展示了对于 Deutsch 问题，量子计算机仅需计算一次函数 f 就能求解，而经典计算机则需 $2^n/2+1$ 次。这令人印象深刻，但是仍有几点需要注意。第一，Deutsch 问题不是一个非常重要的问题；它尚未找到应用场景。第二，从某种意义上量子算法与经典算法的比较就像比较苹果和橙子，因为它们计算函数的方法很不一样。第三，如果 Alice 允许使用概率经典计算机，那么随机选取几个 x 后询问 Bob $f(x)$ 能够很快以高概率确定 f 是常函数还是平衡函数。这种概率模型比我们考虑的确定性模型也许更现实。尽管如此，Deutsch-Jozsa 算法仍包含了影响更加深远的量子算法的种子，它对于我们试图理解操作背后的规律具有启发性。

习题 1.1（概率经典算法）　假定问题不是确定性地区分常函数和平衡函数，而是容许有误差 $\epsilon<1/2$。那么该问题的最好经典算法性能如何？

1.4.5　量子算法总结

Deutsch-Jozsa 算法暗示在求解某些计算问题上，量子计算机比经典计算机更加有效。但不幸的是，它解决的问题实际意义有限。是否存在能被量子算法求解的更有意义的问题呢？这类算法背后的基本原理是什么？量子计算机的计算极限是什么？

广义上来说，有三类量子算法优于已有的经典算法。第一类是基于傅里叶变换的量子算法，它是广泛运用于经典算法的工具。Deutsch-Jozsa 算法是这类算法的一个例子，Shor 的素因子分解算法和离散对数算法也是如此。第二类算法是量子搜索算法。第三类算法是量子模拟，它利用量子计算机模拟量子系统。下面我们简要描述各类算法，并总结关于量子计算机计算能力的已知或预期的结果。

基于傅里叶变换的量子算法

离散傅里叶变换通常描述为 N 元复数集 $x_0,\cdots,x_{N-1}$ 到复数集 $y_0,\cdots,y_{N-1}$ 的变换，其中

$$y_k \equiv \frac{1}{\sqrt{N}}\sum_{j=0}^{N-1} \mathrm{e}^{2\pi \mathrm{i} jk/N} x_j \tag{1.52}$$

这个变换在许多科学分支中有大量的应用；作用傅里叶变换后的问题常常比原问题更容易解决。傅里叶变换非常有用，事实上傅里叶变换有一套超出式 (1.52) 的优美理论。这个一般理论涉及源于有限群特征的一些技巧和思想，我们不打算在这里阐述。重要的是，用于 Deutsch-Jozsa 算法的阿达玛变换是一类广义傅里叶变换的特例。此外，许多其他重要量子算法也涉及某种傅里叶变换。

已知的最重要的量子算法——Shor 快速素因子分解算法和离散对数算法，是基于式 (1.52) 的傅里叶变换的两个例子。式 (1.52) 的表示并没有呈现量子力学的形式。试想一下，我们在计算基 $|j\rangle$ 上定义 n 量子比特上的线性变换 U，其中 $0 \leqslant j \leqslant 2^n - 1$：

$$|j\rangle \longrightarrow \frac{1}{\sqrt{2^n}}\sum_{k=0}^{2^n-1} \mathrm{e}^{2\pi \mathrm{i} jk/2^n}|k\rangle \tag{1.53}$$

很容易验证这是一个酉变换，并且可以用量子电路实现。此外，如果我们写出它在叠加态上的作用：

$$\sum_{j=0}^{2^n-1} x_j|j\rangle \longrightarrow \frac{1}{\sqrt{2^n}}\sum_{k=0}^{2^n-1}\left[\sum_{j=0}^{2^n-1} \mathrm{e}^{2\pi \mathrm{i} jk/2^n} x_j\right]|k\rangle = \sum_{k=0}^{2^n-1} y_k|k\rangle \tag{1.54}$$

可以看到，当 $N = 2^n$ 时，它对应傅里叶变换式 (1.52) 的一种向量形式。

傅里叶变换的作用能有多快？经典世界中，快速傅里叶变换花费大约 $N\log(N) = n2^n$ 个步骤来完成 $N = 2^n$ 个数的傅里叶变换。在量子计算机上，傅里叶变换可以用大约 $\log^2(N) = n^2$ 个步骤完成，节省的步骤可达到指数量级。它的量子电路将在第 5 章给出。

这个结果似乎说明量子计算机可以非常迅速地计算 2^n 个复数向量的傅里叶变换，这在许多应用中有重要的作用。然而，事实并非完全如此；傅里叶变换作用在“隐含”于量子态振幅的信息上。这些信息不能通过测量直接得到。问题是，如果输出态被直接测量，那么每个量子比特将会坍缩到 $|0\rangle$ 或 $|1\rangle$，使得我们无法直接得到变换后的结果 y_k。这个例子触及了设计量子算法之谜的核心。一方面，我们可以在 n 量子比特对应的 2^n 个振幅上进行某项运算，它远远比经典计

算机上的计算快。但是另一方面，直接进行计算的话，我们无法利用这些结果。为了利用量子计算的能力，我们需要更聪明的方法。

幸运的是，已经证明对于某些被认为在经典计算机上无法有效求解的问题，可以利用量子傅里叶变换求解。这些问题包括 Deutsch 问题，以及 Shor 的离散对数和素因子分解算法。Kitaev 发现的阿贝尔（Abel）稳定子问题的一种解决方法和对隐子群问题的推广使这个方向达到了高潮。隐子群问题如下：

> 令 f 是从有限生成群 G 到有限集 X 的函数，f 在子群 K 的陪集上是常数，且每个陪集的取值不同。给定如下变换的量子黑盒 $U|g\rangle|h\rangle = |g\rangle|h \oplus f(g)\rangle$，其中 $g \in G, h \in X$，且 $\oplus$ 是在 X 上适当选取的二元运算，找到 K 的一个生成集。

Deutsch-Jozsa 算法、Shor 算法及指数加速的量子算法均可被视为该算法的特殊情况。量子傅里叶变换及其应用将在第 5 章给出。

量子搜索算法

量子搜索算法是一类全然不同的量子算法，其原理由 Grover 发现。量子搜索算法用于解决下面的问题：给定一个大小为 N 的搜索空间，没有关于其结构的先验知识，我们想要在搜索空间中找到一个满足已知性质的元素。在经典问题中，这个问题需要大约 N 个操作，但是量子搜索算法解决这个问题只需要大约 $\sqrt{N}$ 个操作。

量子搜索算法只有平方量级加速，不如基于量子傅里叶变换的算法的指数加速令人印象深刻。但是量子搜索算法仍然引起了人们极大的兴趣，因为启发式搜索方法的应用范围比使用量子傅里叶变换解决的问题更广泛，并且对量子搜索算法的拓展可能会解决非常广泛的问题。量子搜索算法及其应用将在第 6 章描述。

量子模拟

模拟自然发生的量子系统是量子计算机擅长而经典计算机难以完成的任务。经典计算机难以模拟一般的量子系统的原因和它难以模拟量子计算机是一样的——在经典系统中，描述量子系统需要的复数的个数往往关于系统大小呈指数增长，而不是线性。通常来说，储存一个由 n 个不同部分组成的系统的量子态需要大约 c^n 比特的经典计算机内存，其中 c 是依赖于被模拟系统的细节和模拟精度的常数。

相比之下，量子计算机可以用 kn 个量子比特完成模拟，其中 k 仍然是一个关于被模拟系统的细节的常数。这使得量子计算机能够有效地模拟量子力学系统，而经典计算机被认为不能有效地模拟。值得注意的是，尽管量子计算机能比经典计算机更加有效地模拟许多量子系统，但这并不意味着快速模拟能够使我们得到量子系统中所期望得到的信息。在测量以后，一个 kn 个量子比特的模拟将会坍缩到一个确定的态，只留下 kn 比特的信息；在波函数中 c^n 比特的“隐藏信息”不能全部访问。因此，要使得量子模拟有用的关键步骤是，研究能够有效抽取期望得到的答案的方法；但是如何去完成这件事还没有完全弄清楚。

尽管如此，量子模拟仍将成为量子计算的一个重要应用。量子系统的模拟在许多领域是非常重要的问题，特别是在量子化学中，由于计算能力上的限制，经典计算机很难精确模拟哪怕是中等规模的分子，更不用说在许多重要生物系统中出现的超大分子。因此，对这些系统进行更快更精确的模拟将令人欣喜，使其他量子现象起重要作用的领域取得进展。

在未来我们可能会发现自然界中某种无法用量子计算机模拟的物理现象。这绝不是一个坏消息，简直太棒了！至少，它会激励我们去扩展我们的计算模型来包含新的现象，并且在已有的量子计算模型下进一步提升我们的计算模型的能力。有趣的新物理效应也很可能与这样的现象有关！

量子模拟的另一个作用是作为获取其他量子算法灵感的一般途径；例如，在 6.2 节中，我们将解释量子搜索算法如何被看成一个量子模拟问题的解。通过这种方式可以更加容易地理解量子搜索算法的由来。

最后，量子模拟算法也为摩尔定律提供了一个有趣且乐观的“量子推论”。回想一下，摩尔定律指出，在成本不变的情况下，经典计算机的计算能力将大约每两年增加一倍。然而，设想如果我们在经典计算机上模拟量子系统，并且想在模拟过程中再增加一个量子比特（或一个更大的系统）。这将使得经典计算机存储量子系统状态的描述所需的内存需求加倍甚至更多，而模拟动力学需要大致相当或更长的时间。从这一观察得出的摩尔定律的量子推论是，如果能够每两年向量子计算机增加一个量子比特，量子计算机将保持与经典计算机相同的步伐。对于这一推论不必太认真，因为即使量子计算机的计算能力超过经典计算机，到底能有什么收获也尚不清楚。尽管如此，这个启发式的陈述可以帮助说明我们为什么会对量子计算机感兴趣，以及希望终有一天量子计算机至少在某些应用上超过经典计算机。

量子计算的能力

量子计算机的能力究竟有多强大？是什么赋予它们能力？尽管像素因子分解的例子让人们猜测量子计算机比经典计算机更加强大，但现在没有人能够回答这些问题。在量子计算机上能够高效解决的问题可能在经典计算机上也能有效求解，从这个意义上来说仍然存在量子计算机不比经典计算机更强大的可能性。另一方面，也有可能最终能够证明量子计算机比经典计算机更强大。下面我们将简要总结一下关于量子计算机计算能力的已知事实。

计算复杂性理论（computational complexity theory）是对包括经典世界和量子世界中的不同计算问题进行分类的学科，为了理解量子计算机的计算能力，我们先来考察一些计算复杂性的基本概念。最基本的概念是复杂性类（complexity class）。一个复杂性类可视为一系列计算问题的集合，所有这些问题在求解所需的计算资源上具有相同的性质。

两个最重要的复杂性类分别是 P 和 NP。粗略地说，P 是在经典计算机中能够快速求解的计算问题的复杂性类。NP 是在经典计算机中能够快速验证解的计算问题的复杂性类。为了理解 P 和 NP 的区别，考虑求解一个整数 n 的素因子问题。到目前为止还没有在经典计算机上能求解该问题的快速算法，这表明该问题不在 P 中。另一方面，如果别人告诉你 p 是 n 的一个因子，我们能够很快地验证 n 是否能被 p 整除，所以素因子分解在 NP 中。

很显然 P 是 NP 的一个子集，因为能够求解蕴含能够验证潜在的解。现在还不清楚是否有问题存在于 NP 中而不在 P 中。在理论计算机科学领域最重要的未解的问题可能是确定这两个复杂性类是否不同：

$$\mathbf{P} \overset{?}{\neq} \mathbf{NP} \tag{1.55}$$

大多数研究者相信存在在 NP 中但不在 P 中的问题。特别地，在 NP 问题中有一个重要的子类，NP 完全问题（NP-complete）。NP 完全问题特别重要有两个原因。首先，有成千上万的问题，包括一些重要的问题都是 NP 完全问题。其次，任何一个给定的 NP 完全问题在某种意义下至少和其他 NP 问题是“一样难的”。更精确地，一个算法如果能够用于求解一个特殊的 NP 完全问题，那么稍微增加一点计算资源就可以被用于求解其他 NP 问题。特别地，如果 P≠NP，那么在经典计算机上没有 NP 完全问题能够被有效求解。

现在仍然不知道量子计算机是否可以用来快速求解 NP 完全问题，尽管它们可以用于求解一些问题——如素因子分解问题——这个问题被普遍相信在 NP 中而不在 P 中。（注意，素因子分解问题现在还不知道是否是 NP 完全问题，否则我们已经知道如何使用量子计算机高效求解全部 NP 中的问题。）如果量子计算机真的能够高效求解 NP 中的所有问题，那将是非常令人兴奋的。在这一方向上有一个已知的非常有趣的反面结论，它排除了用量子并行性的简单变型来求解所有 NP 问题的可能性。具体来说，求解 NP 问题的一种方法是尝试使用某种形式的量子并行性来搜索该问题的所有可能的解。在 6.6 节我们将看到，这种基于搜索的方法并不能有效地给出所有 NP 问题的解。这一方法的失败令人感到沮丧，但是它并不能排除 NP 问题存在着一些更深层次的结构，使得量子计算机能够快速地将它们全部解决。

P 和 NP 只是人们定义的众多复杂性类中的两个。另外一个重要的复杂性类是 PSPACE。粗略来说，PSPACE 包含那些能用有限空间资源求解的问题（即计算机很“小”），但是时间上未必短（“长”时间计算是允许的）。PSPACE 被相信是严格要比 P 和 NP 大的，尽管同样也没有被证明。最后，复杂性类 BPP 是如果允许有界的错误概率（例如 1/4），能够用随机算法在多项式时间内求解的问题。BPP 被认为是比 P 更广泛接受的能够在经典计算机上有效解决的问题。这里我们集中在 P 上而不是 BPP 的原因是，我们对于 P 有更深入的研究，尽管在 BPP 中有许多相似的想法和结论。

量子复杂性类会怎样？我们定义 BQP 为能被量子计算机有效求解的计算问题所组成的复杂性类，其中允许有界错误概率。（严格地说，这使得 BQP 更加类似于经典复杂性类 BPP 而不是 P，然而我们暂时忽略这个差别，而将它看成 P 的类似物。）目前还不知道 BQP 与 P、NP 及 PSPACE 的准确关系。目前已知的是量子计算机能有效地求解 P 中的问题，但是 PSPACE 以外的问题不能被有效求解。因此，BQP 处在 P 和 PSPACE 中间的某个位置，如图 1-21 所示。一个暗含的重要的结论是，如果证明了量子计算机的计算能力严格强于经典计算机，那么将会得到 P 不等于 PSPACE。有许多计算机科学家尝试过去证明后面的这个结论，但都没有成功，这表明证明量子计算机计算能力强于经典计算机很可能是不平凡的，尽管有许多证据支持这个命题。

现在我们将不再去猜测量子计算的能力极限，而将等到对快速量子算法的基本原理有更好的理解之后再进行讨论，快速量子算法的基本原理是本书第二部分花大量篇幅介绍的主题。现在已经清楚的是，量子计算理论的提出对传统计算概念提出了许多有趣而重要的挑战。这些挑战之所以重要是因为量子计算的理论模型被认为在实验上是可实现的，因为到目前为止，这个理论与自然界的运行方式相符。若非如此，量子计算将仅仅在数学上令人好奇。

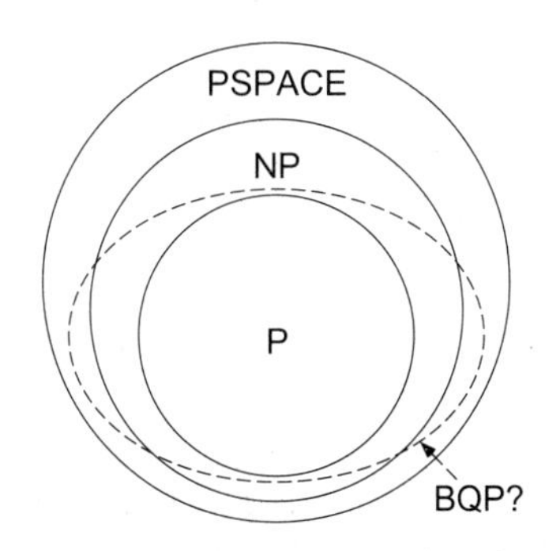

图 1-21 经典与量子复杂性类的关系。量子计算机能够快速求解 P 中的问题，并且已经知道它不能很快求解 PSPACE 以外的问题。量子计算机处于 P 和 PSPACE 之间的哪个位置仍不清楚，部分原因是我们甚至不知道 PSPACE 是否大于 P！

1.5 实验量子信息处理

量子计算与量子信息是一个奇妙的理论发现，但它的中心概念，例如叠加与纠缠，却与我们从周围的日常世界中获得的直觉相矛盾。我们有什么证据证明这些概念真的描述了大自然的运行规律呢？大规模量子计算是否真的能在实验上实现？或者可能有一些物理定律从根本上禁止了大规模实现？在接下来的两节中，我们将讨论这些问题。我们首先回顾一下著名的“Stern-Gerlach”实验，它为自然界中量子比特的存在提供了证据。然后我们扩大范围，解决如何构建实用量子信息处理系统的更广泛问题。

1.5.1 Stern-Gerlach 实验

量子比特是量子计算和量子信息的基本元素。我们怎样知道自然界中存在具有量子比特属性的系统？到撰写本文时已有大量证据证明的确如此，但在量子力学的早期阶段，量子比特结构一点也不显然，人们努力理解我们现在以量子比特来解释的现象，即两能级量子系统。

一个决定性的（并且非常著名的）表明量子比特结构的早期实验，是由 Stern 于 1921 年构思并于 1922 年在法兰克福与 Gerlach 一起进行的。在最初的 Stern-Gerlach 实验中，热原子从烤箱中“射出”，通过一个导致原子偏转的磁场，然后记录每个原子的位置，如图 1-22 所示。最初的实验是用银原子完成的，银原子具有复杂的结构，因而模糊了我们正在讨论的效果。我们下面描述的实际上是 1927 年使用氢原子完成的实验。在这个实验中，相同的基本效应被观察到，但是对于氢原子的讨论会更加容易。请记住，在 20 世纪 20 年代早期的人们还没有这种技术，他们必须非常聪明才能想出对他们观察到的更为复杂的效应的解释。

氢原子有一个质子和一个环绕的电子。你可以把这个电子想象成质子周围的一点“电流”。该电流使原子具有磁场；每个原子都有物理学家所说的“磁偶极矩”。其结果是每个原子表现得像一块小的条形磁铁，其轴线对应于电子旋转的轴。把小磁铁扔过一个磁场会导致磁铁被磁场偏转，我们期望在 Stern-Gerlach 实验中看到类似的原子偏转。

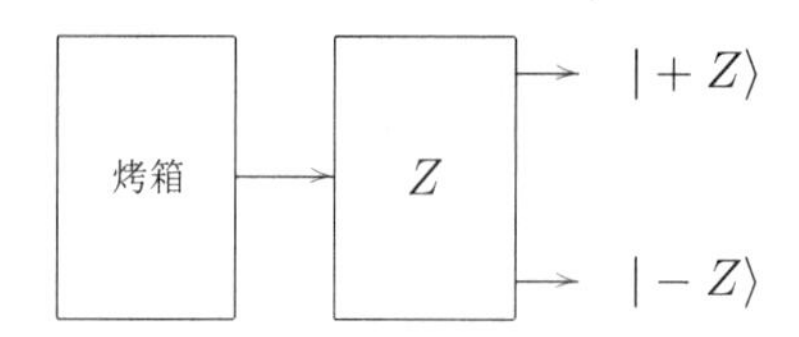

图 1-22 Stern-Gerlach 实验的抽象框图。热的氢原子从炉内出来再经过磁场，引起向上（$|+Z\rangle$）或者向下（$|-Z\rangle$）的偏转

原子如何偏转取决于原子的磁偶极矩——电子旋转的轴——及 Stern-Gerlach 装置产生的磁场。我们不打算也没有必要陷入过多的细节当中，通过适当地构造 Stern-Gerlach 器件，我们可以使原子偏转一定量，该量取决于原子磁偶极矩的 z 分量，其中 z 是一些固定的外轴。

该实验的进行给人类带来了两个主要的惊喜。首先，我们自然地预期离开炉子的热原子的偶极子在每个方向上随机取向，因此应当会出现原子连续分布，看到原子从 Stern-Gerlach 装置的各个角度射出。然而事实上看到的是原子从一组离散的角度出现。物理学家通过假设原子的磁偶极矩是量子化的能够解释这一现象，即，磁偶极矩是一些基本量的离散倍。

Stern-Gerlach 实验中观察到的量子化，对于 20 世纪 20 年代的物理学家来说是令人惊奇的，但并不完全令人震惊，因为在其他系统中，量子化效应正在变得很普遍。真正令人惊讶的是实验中看到的峰值数量。使用的氢原子本应该具有零磁偶极矩。经典理论中这本身就令人惊讶，因为它对应于电子没有轨道运动，但是基于当时对于量子力学的理解，这个观念是可以接受的。由于氢原子因此具有零磁矩，所以预期将只能看到一束原子，这束光不会被磁场偏转。然而事实上观测到了两个光束，一个被磁场向上偏转，而另一个则向下偏转！

通过巨大的努力，这种令人费解的倍增现象可以通过假设氢原子中的电子有一个叫做*自旋*（spin）的量来解释。这个自旋和电子围绕质子的通常旋转运动完全不同。它是与电子相关的一个全新的量。这一观点提出后，伟大的物理学家海森伯（旧译作海森堡）称其“勇敢”，因为它向自然界引入了一个全新的物理量。除了由于电子的旋转运动引起的贡献，它还假定电子的自旋对氢原子的磁偶极矩产生额外的贡献。

什么是电子自旋的正确描述？作为第一直觉，我们可能会假设旋转由一个比特描述，指示氢原子上升或下降。进一步的实验结果提供了更多有用的信息，以确定此猜测是否需要改进或替换。让我们用图 1-22 来代表原始的 Stern-Gerlach 设备，它的输出是两束原子束，我们称其为 $|+Z\rangle$ 和 $|-Z\rangle$。（我们正在使用看起来和量子力学相似的符号，您当然可以自由使用喜欢的任何符号。）现在假设我们将两个 Stern-Gerlach 设备级联在一起，如图 1-23 所示。我们将它排列成使第二个设备侧向倾斜，因此磁场沿 $\hat{x}$ 轴偏转原子。在我们的思想实验中，我们将阻止来自第一台 Stern-Gerlach 设备的 $|-Z\rangle$ 输出，而 $|+Z\rangle$ 输出发送至沿着 $\hat{x}$ 轴的第二设备。将检测器放置在最终输出处以测量沿 $\hat{x}$ 轴的原子分布。

指向 $+\hat{z}$ 方向的经典磁偶极子在 x 方向上没有净磁矩，因此我们可以预期最终输出将具有一个中心峰值。然而，实验上观察到有两个强度相等的峰值！所以也许这些原子很奇特，独立地沿

着每个轴都有明确的磁矩。也就是说，也许通过第二个设备的每个原子可以被描述为一个态，我们将其写作 $|+Z\rangle|+X\rangle$ 或者 $|+Z\rangle|-X\rangle$，来指代可能被观测到的自旋的两个值。

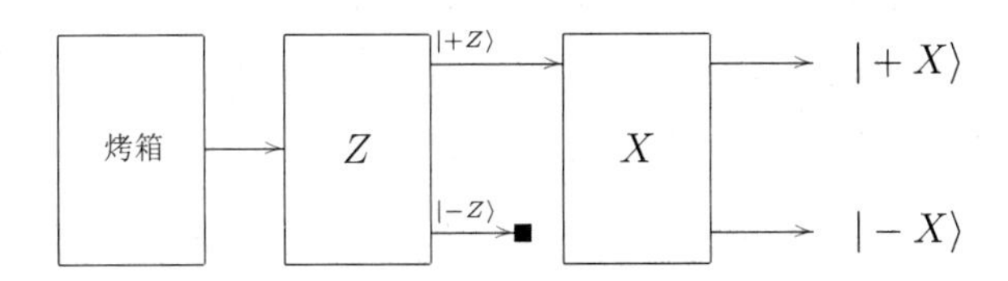

图 1-23　级联的 Stern-Gerlach 测量

另一个实验，如图 1-24 所示，可以通过发送之前的输出通过第二个 $\hat{z}$ 导向的 Stern-Gerlach 设备来测试这个假设。如果这些原子保持了其 $|+Z\rangle$ 方向，那么输出预计只有一个峰值，在 $|+Z\rangle$ 输出。然而，在最终输出处再次观察到两个强度相等的光束。因此，结论似乎与经典预期相反，一个 $|+Z\rangle$ 态由相等比例的 $|+X\rangle$ 和 $|-X\rangle$ 态组成，一个 $|+X\rangle$ 态由相等比例的 $|+Z\rangle$ 和 $|-Z\rangle$ 态组成。如果 Stern-Gerlach 设备沿着其他轴对齐，比如 $\hat{y}$ 轴，可以得出类似的结论。

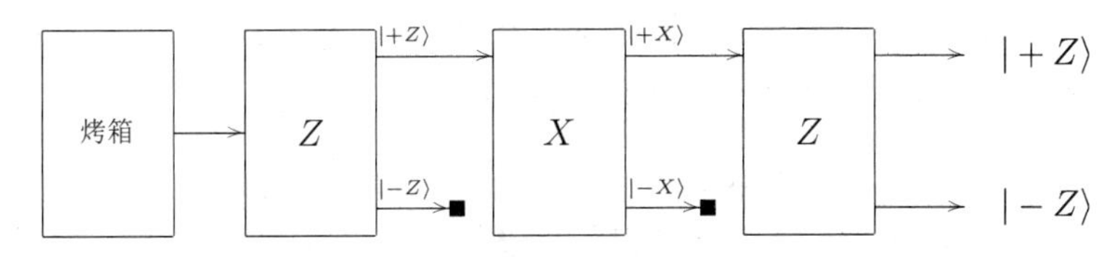

图 1-24　三段级联的 Stern-Gerlach 测量

量子比特模型提供了对这种实验观察到的行为的简单解释。用 $|0\rangle$ 和 $|1\rangle$ 表示量子比特的状态，并且做以下分配

$$|+Z\rangle \leftarrow |0\rangle \tag{1.56}$$

$$|-Z\rangle \leftarrow |1\rangle \tag{1.57}$$

$$|+X\rangle \leftarrow (|0\rangle + |1\rangle)/\sqrt{2} \tag{1.58}$$

$$|-X\rangle \leftarrow (|0\rangle - |1\rangle)/\sqrt{2} \tag{1.59}$$

那么通过假设 $\hat{z}$ Stern-Gerlach 装置在计算基 $|0\rangle, |1\rangle$ 下测量自旋（也就是量子比特），$\hat{x}$ Stern-Gerlach 装置在基 $(|0\rangle + |1\rangle)/\sqrt{2}, |0\rangle - |1\rangle)/\sqrt{2}$ 下测量自旋，可以解释级联的 Stern-Gerlach 实验结果。例如，在级联 $\hat{z}$-$\hat{x}$-$\hat{z}$ 实验中，如果我们假设从第一个 Stern-Gerlach 实验射出的自旋处于状态 $|+Z\rangle = |0\rangle = (|+X\rangle + |-X\rangle)/\sqrt{2}$，那么第二个装置得到 $|+X\rangle$ 的概率是 $1/2$。相似地，第三个装置得到 $|+Z\rangle$ 的概率是 $1/2$。因此，量子比特模型正确预测了这种级联 Stern-Gerlach 实验的结果。

这个例子演示了量子比特在自然界中如何成为一种可信的建模系统的方式。当然，它没有证明量子比特是毫无疑问的理解电子自旋的正确方式——需要更多的实验证据。然而，由于这类实验很多，我们现在相信量子比特是描述电子自旋的最好模型。更进一步，我们相信量子比特模型（以及它向更高维度的推广；换句话说，量子力学）能够描述每个物理系统。我们现在转向哪些系统特别适合于量子信息处理的问题。

1.5.2 实用量子信息处理的前景

建立量子信息处理设备对第三个千年的科学家和工程师来说是一个巨大的挑战。我们能够迎接挑战吗？有可能实现吗？值得尝试吗？如果值得，这项壮举将如何实现？这些是困难而重要的问题，我们将在本节进行简要回答，并在全书进行延展。

最基本的问题是，是否存在某种原理禁止我们进行一种或多种形式的量子信息处理？可能的障碍有两个：噪声可能对有用的量子信息处理构成根本性障碍；或者量子力学可能是不正确的。

毫无疑问，噪声是实用量子信息处理设备发展的重大障碍。这是一个根本上无法解决的障碍吗？会永远阻碍大规模量子信息处理设备的发展吗？量子纠错码的理论有力地表明，虽然量子噪声是一个需要解决的实际问题，但不存在根本性的原理问题。特别是存在一个量子计算的阈值定理，粗略地说，该定理表明，如果量子计算机中的噪声水平可以降低到某个常数“阈值”以下，那么就可以使用量子纠错码来进一步地降低噪声，只需要很小的计算复杂性的开销，基本上可以降低到任意小。阈值定理对量子计算机中出现的噪声的性质和大小，以及可用于执行量子计算的体系结构做了一些广泛的假设；但是，如果这些假设被满足，那么对于量子信息处理噪声的影响基本上可以忽略不计。第 8 章、第 10 章和第 12 章将详细讨论量子噪声、量子纠错和阈值定理。

妨碍量子信息处理的第二种可能性是量子力学是不正确的。实际上，探究量子力学（相对论性和非相对论性）的有效性是对构建量子信息处理设备感兴趣的其中一个原因。我们以前从未探索过在大规模量子系统中获得完全控制的自然体系，也许在这些体系中大自然可能会揭示出一些新的惊喜，而量子力学并没有对此做出充分的解释。如果发生这种情况，它将成为科学史上的一个重大发现，并且有望像量子力学的发现一样在其他学科和技术领域产生重大的影响。这样的发现也可能影响量子计算和量子信息；然而，无论这种影响是否会增强、减弱或不影响量子信息处理的能力，现在都无法提前预测。除非发现了这些影响，否则我们无法知道它们将如何影响信息处理，因此在本书的其余部分我们会考虑迄今为止的所有证据，并假设量子力学是对世界正确和完备的描述。

既然构建量子信息处理设备没有根本性的障碍，为什么我们要投入大量的时间和金钱这样做？我们已经讨论过几个要这样做的原因：实际应用，如量子密码学和大型合数的素因子分解；以及渴望获得对自然和信息处理的基本见解。

这些都是很好的理由，并且证明了在建立量子信息处理设备方面投入大量时间和金钱的合理性。但是平心而论，为了评估它们的相对优点，需要更清楚地了解量子和经典信息处理的相对能力。要想做到这一点，需要在关于量子计算和量子信息基础方面进一步的理论工作。尤其令人感兴趣的是对“量子计算机比经典计算机更强大吗？”这一问题的决定性答案。即使我们暂时无法回答这个问题，但在不同的复杂度情况下给出一个明确的有趣应用路径以帮助研究人员实验性地实现量子信息处理，将会是很有用的。从历史上来看，技术的进步往往是通过使用短期和中期激励作为实现长期目标的垫脚石来加速的。比如微处理器，在最终成为个人计算机的基本组件（之前没人知道这是什么）之前，最初用作电梯和其他简单设备的控制器。下面我们为有兴趣实现大规模量子信息处理的长期目标的人们勾画一条中短期目标路径。

令人惊讶的是，许多量子计算和量子信息的小规模应用是已知的。并非所有的都像量子素因子分解算法一样华丽，但实施小规模应用程序相对容易，使其作为中期目标非常重要。

量子态层析和量子过程层析成像是两个基本过程，其完善性对于量子计算和量子信息非常重要，并且它们自身也有独立的价值。量子态层析是确定系统的量子状态的方法。要做到这一点，它必须克服量子态的“隐藏”性质——记住，量子状态不能通过一次测量直接确定——通过重复制备同一个量子态，然后以不同的方式测量，以建立量子态的完整描述。量子过程层析成像是一个更加雄心勃勃的（但是密切相关的）过程，旨在完全表征量子系统的动态学。例如，量子过程层析成像可用于表征所谓的量子门或量子通信信道的性能，或用于确定系统中不同噪声过程的类型和大小。除了在量子计算和量子信息中的明显应用，作为一种诊断工具，对于量子效应重要的科学和技术领域，量子过程层析成像可以预期协助评估和改进任何其中的基本操作。量子态层析和量子过程层析成像在第 8 章中有更详细的描述。

各种小规模通信原语也是非常令人感兴趣的。我们已经提到了量子加密和量子隐形传态。前者可能在实际应用中很有用，它涉及分发少量需要高度安全的关键材料。量子隐形传态的用途也许还有待解决。我们将在第 12 章中看到，在存在噪声的情况下，远距传送对于在网络中的远程节点之间传输量子状态可能是非常有用的原语。其想法是集中精力在希望通信的节点之间分配 EPR 对。通信期间 EPR 对可能会被损坏，但是，特殊的“纠缠蒸馏”协议可用于“纯化”EPR 对，使其能够用于将量子态从一个位置传送到另一个位置。事实上，基于纠缠蒸馏和远距传送的协议在实现量子比特的无噪声通信方面优于更常规的量子纠错技术。

中等规模能怎么样？一个有前景的中等规模量子信息处理应用是量子系统的模拟。

为了模拟包含甚至只有几十个“量子比特”的量子系统（或者等价的一些其他基本系统），即使使用最先进的超级计算机的资源也不够用。一些简单的计算给出了指导性的解释。假设我们有一个包含 50 个量子比特的系统，要描述这种系统的状态需要 $2^{50} \approx 10^{15}$ 个复数振幅。如果振幅存储到 128 位精度，那么它需要 256 位或 32 字节以存储每个振幅，总共 3210^{15} 字节的信息，或者说大约 32,000 T 字节的信息，远远超出现有计算机的容量，并且，如果假设摩尔定律一直成立，那么相当于预期在 21 世纪的第二个十年出现的超级计算机的存储容量。在相同精度水平下的 90 个量子比特需要 32×10^{27} 个字节，即使使用单个原子来表示一位，也需要数千克（或更多）的物质。

量子模拟有多大用处？似乎传统方法仍然可用于确定材料的基本性质，例如粘合强度和基本光谱性质。然而，一旦基本属性得到很好的理解，量子模拟作为实验室设计和测试新分子性质的工具很有可能会非常有用。在传统的实验室设置中，可能需要许多不同类型的“硬件”——化学品、检测设备等——来测试分子的各种可能的设计。在量子计算机上，这些不同类型的硬件都可以用软件模拟，这可能更便宜，而且速度更快。当然，最终的设计和测试必须在真实的物理系统上进行；然而，量子计算机能探索更大范围的潜在设计，并且评估得到更好的最终设计方案。值得注意的是，这种狭义第一性原理（ab initio）计算来协助设计新分子的方法在经典电脑上尝试过；然而，由于在经典计算机上模拟量子力学所需的巨大计算资源，只取得了有限的成功。量子计算机应该能够在不久的将来做得更好。

大规模的应用有哪些？除了扩展量子模拟和量子密码学等应用，众所周知的大规模应用相对较少：大整数素因子分解，计算离散对数和量子搜索。对前两个问题的兴趣主要来自它们对限制现有公钥密码系统生命力的负面影响。（对于那些对这两个问题感兴趣的数学家，仅仅出于他们自身的兴趣，它们也可能具有实质性的实际意义。）因此从长远来看，分解素因子和离散对数似乎不太可能一直是重要的应用。由于启发式搜索的广泛应用，量子搜索可能具有巨大的用途，我们将在第 6 章讨论一些可能的应用。真正非凡的可能是量子信息处理的更多大规模应用。这是未来的伟大目标！

假设有量子信息处理的潜在应用途径，如何在真实物理系统中实现？在几个量子比特的小规模上已经有几个关于量子信息处理设备的实现方案。也许最容易实现的是基于光学技术，即电磁辐射。像反射镜和分光镜这样的简单设备可用于对光子进行基本操作。有趣的是，一个主要的困难是按需要产生单光子；实验物理学家改而选择使用一种“时不时地”能随机生成单光子的方案，并等待此事件的发生。使用这种光学技术已经实现了量子密码技术、超密编码和量子隐形传态。光学技术的主要优势是光子往往是量子力学信息高度稳定的载体。其主要缺点是光子不直接相互作用。作为替代，相互作用必须由其他介质调节，例如原子，它会为实验引入额外的噪声和复杂性。建立两个光子之间的有效相互作用，本质上分两步工作：第一个光子与原子相互作用，而原子又与第二个光子相互作用，从而导致两个光子之间的整体相互作用。

另一种方案是基于囚禁不同类型原子的方法：包括离子阱，其中少量带电原子被囚禁在受限空间中；以及中性原子阱，用于在受限空间中囚禁不带电荷的原子。基于原子阱的量子信息处理方案使用原子来存储量子比特。电磁辐射也出现在这些方案中，但其方式与我们称为量子信息处理的“光学”方法的方式完全不同。在这些方案中，光子用于操纵存储在原子本身中的信息，而不是作为存储信息的载体。单量子比特门可以通过在个别原子上施加适当的电磁辐射脉冲来执行。相邻原子可以通过（例如）偶极子力相互作用来实现量子门。此外，相邻原子间相互作用的确切性质可以通过向原子施加适当的电磁辐射脉冲来修改，使实验者能控制在系统中执行哪种门。最后，量子测量可以通过在这些系统使用已经成熟的量子跳跃技术实现，该技术能以极高的精度实现计算基下的测量。

另一类量子信息处理方案基于核磁共振，通常以其首字母缩写 NMR 为人熟知。这些方案将量子信息存储在分子中原子的核自旋中，并使用电磁辐射操纵该信息。这样的方案带来了特殊的困难，因为在 NMR 中不可能直接操作单个核。相反，大量（通常约 10^{15} 个）本质上相同的分子存储在溶液中。将电磁脉冲施加到样品上，使得每个分子以大致相同的方式响应。您应该将每个分子视为一台独立的计算机，而将样本视为包含大量（经典地）并行计算机。核磁共振量子信息处理面临着三个特殊的困难，这些困难使它与其他量子信息处理方案十分不同。首先，这些分子通常通过使它们在室温下平衡来制备，这比典型的自旋翻转能量高得多，使得自旋几乎完全随机取向。这一事实使得初始状态比量子信息处理所需的更“嘈杂”。如何克服这种噪声是我们在第 7 章中要讲述的一个有趣的故事。第二个问题是，可以在核磁共振中执行的测量类别远远少于我们希望在量子信息处理中使用的一般测量。不过，对于许多量子信息处理实例，NMR 中允许的测量类别已经足够。第三，因为分子不能在 NMR 中单独处理，您可能会问，如何以适当的方式操纵各个量子比特。幸运的是，分子中的不同核可以具有不同的性质，使它们能够被单独处理——或者至少以足够细粒度的尺度进行处理，以允许量子计算所需要的操作。

执行大规模量子信息处理所需的许多要素都可以在现有方案中找到：精湛的状态准备和量子

测量可以在离子阱中的少量量子比特上实现；极好的动态演化可以用 NMR 在小分子中进行；固态系统中的制造技术可以使设计得以大规模扩展。具有所有这些要素的单个系统将是通向梦想量子计算机的一条漫漫长路。不幸的是，这些系统都非常不同，我们距离拥有大型量子计算机还有很多很多年。但是，我们相信在现有（尽管有所不同）系统中所有这些属性的存在，对于大规模量子信息处理器的存在是个好兆头。此外，它表明推动结合现有技术中两个或更多好的特点的混合设计可能会有优势。例如，在电磁腔内囚禁原子方面已经做了很多工作，这使得能够通过光学技术灵活地在腔内部操纵原子，并且可以以常规原子陷阱中无法实现的方式对单原子进行实时反馈控制。

最后，请注意不要将量子信息处理看作仅仅是另一种信息处理技术。例如，很容易将量子计算视为计算机发展中的另一种技术潮流，就像其他技术潮流一样将随着时间而消逝。例如，“泡沫内存”在 20 世纪 80 年代早期被广泛宣传为存储的下一代技术。这是一个错误，因为量子计算是信息处理的一个抽象范式，可能在技术上有许多不同的实现。人们可以比较量子计算的两个不同方案的技术优点——将“好”的方案与“坏”的方案进行比较是有意义的——无论如何，即使量子计算机的一个非常糟糕的方案，它与精湛设计的经典计算机也具有定性的本质不同。

1.6　量子信息

“量子信息”这一术语在量子计算和量子信息领域中有两种不同的使用方式。第一种用法是广义的，它可以理解为与使用量子力学的信息处理相关的所有操作。这种用法包括诸如量子计算、量子隐形传态、不可克隆定理，以及本书中几乎所有其他主题。

“量子信息”的第二种用法更加具体化：它指的是对基本量子信息处理任务的研究。它通常不包括例如量子算法设计，因为特定量子算法的细节超出了“基本”的范围。为了避免混淆，我们将使用术语“量子信息理论”来指代这个更专业的领域，并行地用广泛使用的术语“（经典）信息理论”来描述相应的经典领域。当然，“量子信息理论”这个术语有其自身的缺点——它可能被视为在暗示理论上的考虑因素至关重要！事实显然并非如此，对于量子信息理论研究的基本过程的实验验证引起了学者的极大兴趣。

本节的目的是介绍量子信息理论的基本思想。即使将范围限制在基本量子信息处理任务，量子信息理论对初学者来说也可能看起来像一个混乱的动物园，许多明显不相关的主题都属于“量子信息理论”。在某种程度上，这是因为该理论仍处于发展阶段，目前尚不清楚所有部分如何统一在一起。但是，我们可以确定一些基本目标来统一这些量子信息理论的工作：

1. **确定量子力学中的基本静态资源类。**一个例子是量子比特，另一个例子是经典比特；经典物理学是量子物理学的一个特例，因此在经典信息理论中出现的基本静态资源在量子信息理论中具有重要意义也就不足为奇了。另一个基本静态资源类的例子是相距遥远的两方之间共享的贝尔态。
2. **确定量子力学中动力学过程的基本类。**一个简单的例子是内存，即在一段时间内存储量子态的能力。较不平凡的过程是两方 Alice 和 Bob 之间的量子信息传输；复制（或试图复制）量子态，以及保护量子信息处理免受噪声影响的过程。

3. **量化执行基本动态过程所需的资源折衷**。例如，使用嘈杂的通信信道在两方之间可靠地传输量子信息所需的最小资源是多少？

类似目标定义了经典信息理论；然而，量子信息理论的范围比经典信息理论更广泛，因为量子信息理论包括经典信息理论的所有静态和动态要素，以及额外的静态和动态要素。

本节的其余部分描述了量子信息理论所研究问题的一些例子，在每种情况下都强调了所考虑的基本静态和动态要素，以及相应的资源折衷。我们从一个对经典信息理论家来说非常熟悉的例子开始：通过量子信道发送经典信息的问题。然后我们开始拓展范围，分析并探索量子力学中存在的一些新的静态和动态过程，例如量子纠错、区分量子态的问题，以及纠缠转换。再往后本章总结了一些如何将量子信息理论的工具应用到量子计算和量子信息的思考。

1.6.1 量子信息理论：一些问题

使用量子信道传输经典信息

经典信息理论的基本结果是香农的无噪声信道编码定理和有噪声信道编码定理。无噪声信道编码定理量化了存储信息源发出的信息所需的比特数，而有噪声信道编码定理量化了可以通过嘈杂信道可靠传输的信息量。

我们说的信息源是什么？定义这个概念是经典和量子信息理论的基本问题，我们将多次重新审视它。现在，让我们来看一个临时定义：经典信息源由一组概率 $p_j, j = 1, 2, \cdots, d$ 描述。信源每次随机地以概率 p_j 产生“字母” j，信源每次使用都相互独立。例如，如果信源是英文文本，则数字 j 可能对应于某个字母或标点符号，概率 p_j 对应不同字母在常规英文文本中出现的相对频率。虽然英语中的字母不是以相互独立的方式出现，但就我们的目的而言这将是一个足够好的近似。

常规英文文本包含大量的冗余，可以利用该冗余来压缩文本。例如，字母“e”在普通英文文本中的出现频率高于字母“z”。因此，好的英文文本压缩方案将使用相比于“z”更少的信息来表示字母“e”。香农的无噪声信道编码定理精确地量化了这种压缩方案的工作效果。更确切地说，无噪声信道编码定理告诉我们，由概率 p_j 描述的经典信源可以被压缩，以使得平均每次使用信源可用 $H(p_j)$ 位信息来表示，其中 $H(p_j) \equiv -\Sigma_j p_j \log(p_j)$ 是信源概率分布的函数，称为香农熵。此外，无噪声信道编码定理告诉我们，如果尝试使用比这更少的比特来对信源进行压缩时会导致在信息解压缩时出错的概率很高。（香农无噪声信道编码定理将在第 12 章中更详细讨论。）

香农的无噪声信道编码定理提供了一个很好的例子，满足了前面列出的信息理论的目标。确定了两个静态资源（目标 1）：比特和信息源。确定了两阶段动态过程（目标 2）：压缩信息源，然后解压缩以恢复信息源。最后通过找到最优数据压缩方案确定消耗资源的量化标准（目标 3）。

香农的第二个主要结果，有噪声信道编码定理，量化了可以通过有噪声信道可靠传输的信息量。特别是，假设我们希望通过嘈杂的信道将某些信息源产生的信息传送到另一个位置。这个位置可能是空间中的另一个点，或者是另一个时间点——后者是存在噪声时信息的存储问题。在两种情况下其思想都是使用纠错码对正在产生的信息进行编码，以便可以在信道的另一端纠正由信道引入的任何噪声。纠错码实现这一目标的方法是在信道发送的信息中引入足够多的冗余，这样即使在某些信息被破坏之后，仍然可以恢复原始消息。例如，假设噪声信道用于传输单个比特，并且信道中的噪声使得为了实现可靠传输，每个比特在通过通道发送之前必须使用两位进行编码。我们说这样的信道具有半比特的容量，因为每次使用该信道可以用于可靠地传送大约一半的信息。香农的有噪声信道编码定理提供了计算任意噪声信道容量的通用过程。

香农的有噪声信道编码定理也实现了我们前面提到的信息理论的三个目标。涉及两种类型的静态资源（目标 1），即信息源，以及通过信道发送的比特。涉及三个动态过程（目标 2）。主要过程是信道中的噪声。为了对抗这种噪声，我们使用纠错码对状态执行编码和解码的双重过程。对于固定噪声模型，香农的定理告诉我们如果要实现可靠的信息传输，最佳纠错方案必须引入多少冗余（目标 3）。

对于无噪声和有噪声的信道编码定理，香农将自己限制在将信息源的输出存储在经典系统中——例如比特等。量子信息理论的一个自然问题是，如果存储介质被改变，使用量子态作为介质传输经典信息会发生什么。例如，可能 Alice 希望压缩由信息源产生的一些经典信息，将压缩后的信息发送给 Bob，然后 Bob 将其解压缩。如果用于存储压缩信息的介质是量子态，那么香农的无噪声信道编码定理不能用于确定最佳压缩和解压缩方案。人们可能想知道，例如，使用量子比特是否允许比经典编码更好的压缩率。在第 12 章中我们将研究这一问题，并证明：实际上在无噪声信道中传输信息时，量子比特不会导致所需的通信量有任何显著的节省。

自然地，下一步是研究通过带噪声的量子信道传输经典信息的问题。理想情况下，我们希望得到的是这种信道传输信息时容量的量化结果。但由于几个原因，评估容量是一项非常棘手的工作。量子力学为我们提供了各种各样的噪声模型，因为量子力学发生在连续的空间中，如何应用经典的误差校正技术来对抗这种噪声并不是很显然的事。例如，使用纠缠态来对经典信息进行编码，然后通过噪声信道一次传输一部分，这样会有利吗？或者使用纠缠测量进行解码可能更有利？在第 12 章中，我们将证明 HSW（Holevo-Schumacher-Westmoreland）定理，该定理提供了这种信道容量的下界。实际上，人们普遍认为 HSW 定理提供了对容量的精确评估，尽管这一点尚未完全证明！另外一个问题是，是否可以使用纠缠态编码来提高容量，使其超出 HSW 定理所提供的下限。迄今为止的所有证据表明，这无助于提高容量，但证明或证否这个猜想仍然是量子信息理论中一个令人着迷的悬而未决问题。

通过量子信道传输量子信息

当然，经典信息不是量子力学中唯一可用的静态资源。量子态本身是一种自然的静态资源，甚至比经典信息更自然。让我们看一下香农编码定理的不同量子类比，这次涉及量子态的压缩和解压缩。

首先，我们需要定义量子信息源，类似于经典信息源的定义。与经典情况一样，有几种不同的方式来定义，但为了明确起见，让我们做出临时定义，即量子信源由一组概率 p_j 和相应的量子态 $|\psi_j\rangle$ 描述。信源的每次使用都以概率 p_j 产生状态 $|\psi_j\rangle$，信源的每次使用相互独立。

是否有可能压缩这种量子力学信源的输出？考虑单比特量子信源的情况，它以概率 p 输出状态 $|0\rangle$，以概率 $1-p$ 输出状态 $|1\rangle$。这基本上与发射单个比特的经典源相同，以概率 p 发送 0，以

概率 $1-p$ 发送 1，因此并不奇怪可以用与经典类似的技术来压缩信息源，即只需要 $H(p,1-p)$ 量子比特来存储压缩信息，其中 $H(\cdot)$ 是香农熵函数。

如果信源以概率 p 产生状态 $|0\rangle$，以概率 $1-p$ 产生状态 $(|0\rangle+|1\rangle)/\sqrt{2}$ 会怎么样？经典数据压缩的标准技术将不再适用，因为一般来说我们不可能区分开状态 $|0\rangle$ 和 $(|0\rangle+|1\rangle)/\sqrt{2}$。是否仍然可以执行某种类型的压缩操作？

事实证明，即使在这种情况下，仍然可以进行一种压缩。有趣的是，压缩可能不再是无差错的，从某种意义上说信源产生的量子态可能会因压缩——解压缩过程略微失真。但是，我们要求这种失真变化应该非常小，在增大被压缩的信源输出块的极限意义下最终可以忽略不计。为了量化失真，我们为压缩方案引入*保真度*，它度量由压缩方案引入的平均失真。量子数据压缩的思想是压缩数据应该能以非常好的保真度恢复。保真度可以被视为类似于正确进行解压缩的概率——在增大块长度的极限意义下它应该趋向于无误差的 1。

Schumacher 的无噪声信道编码定理量化了在以接近 1 的保真度恢复信息源的限制下，进行量子数据压缩所需的资源。在信源以概率 p_j 产生正交量子态 $|\psi_j\rangle$ 的情况下，Schumacher 定理退化为，信源可以被压缩但不超过经典极限 $H(p_j)$。然而，在更一般的信源产生非正交态的情况下，Schumacher 定理告诉了我们量子信源可以被压缩多少，并且答案不是香农熵 $H(p_j)$！取而代之的是一个新的熵量——冯·诺伊曼熵——才是正确的答案。通常，当且仅当状态 $|\psi_j\rangle$ 彼此正交时，冯·诺伊曼熵与香农熵一致。否则，信源 $(p_j,|\psi_j\rangle)$ 的冯·诺伊曼熵通常严格小于香农熵 $H(p_j)$。因此，例如，若信源以概率 p 产生状态 $|0\rangle$，以概率 $1-p$ 产生状态 $(|0\rangle+|1\rangle)/\sqrt{2}$，那么对它的每次使用都能以少于 $H(p,1-p)$ 的量子比特来可靠压缩！

这种资源需求下降背后的基本直觉很容易理解。假设以概率 p 发送量子态 $|0\rangle$、以概率 $1-p$ 发送 $(|0\rangle+|1\rangle)/\sqrt{2}$ 的信息源被使用了 n 次，其中 n 是一个很大的数。那么由大数定理，信源会以高概率发送 np 份 $|0\rangle$ 和 $n(1-p)$ 份 $(|0\rangle+|1\rangle)/\sqrt{2}$。也就是，在重新将系统排序的意义下，它有如下形式

$$|0\rangle^{\otimes np}\left(\frac{|0\rangle+|1\rangle}{\sqrt{2}}\right)^{\otimes n(1-p)} \tag{1.60}$$

假设我们将右侧的 $|0\rangle+|1\rangle$ 展开，因为 $n(1-p)$ 很大，我们可以用大数定理来推断乘积中的项大约一半是 $|0\rangle$，一半是 $|1\rangle$。也就是，$|0\rangle+|1\rangle$ 的乘积项可以用如下形式的状态的叠加来很好地近似：

$$|0\rangle^{\otimes n(1-p)/2}|1\rangle^{\otimes n(1-p)/2} \tag{1.61}$$

因此，信源发送的态可以由以下形式的态的叠加来估计

$$|0\rangle^{\otimes n(1+p)/2}|1\rangle^{\otimes n(1-p)/2} \tag{1.62}$$

这种形式的态一共有多少个呢？大致是从 n 个数中选取 $n(1+p)/2$ 个的组合数，根据斯特林公式可以被近似为 $N\equiv 2^{nH[(1+p)/2,(1-p)/2]}$。然后一个简单的压缩方法是将式 (1.62) 的所有态标记为 $|c_1\rangle$ 至 $|c_N\rangle$。因为 j 是一个 $nH[(1+p)/2,(1-p)/2]$ 比特的数，我们可以执行一个在信源发出的 n 量子比特上的酉变换，将 $|c_j\rangle$ 映射到 $|j\rangle|0\rangle^{n-nH[(1+p)/2,(1-p)/2]}$。压缩过程是执行这个酉变换，

然后将最后 $n - nH[(1+p)/2,(1-p)/2]$ 个量子比特丢弃，剩下 $nH[(1+p)/2,(1-p)/2]$ 量子比特的压缩态。为了解压缩，我们在压缩态末尾添上 $|0\rangle^{n-nH[(1+p)/2,(1-p)/2]}$，然后执行酉变换的逆。

这一量子数据的压缩和解压缩过程每次使用信源需要 $H[(1+p)/2,(1-p)/2]$ 量子比特的存储，当 $p \geqslant 1/3$ 时它是简单依据香农无噪声信道编码定理所预期的 $H(p,1-p)$ 量子比特的一个改进。事实上，正如我们将在第 12 章中看到的那样，Schumacher 的无噪声信道编码定理使我们能够做得更好。然而，此构造的根本原因和我们在这里做的压缩一样：我们利用了 $|0\rangle$ 和 $(|0\rangle+|1\rangle)/\sqrt{2}$ 不正交的事实。直觉上，这些状态包含一些冗余，因为它们都在 $|0\rangle$ 方向有分量，这导致它们比正交状态有更多的物理相似性。我们在刚才描述的编码方案中利用了这种冗余性，它也被用在 Schumacher 无噪声信道编码定理的完整证明中。请注意，需要要求 $p \geqslant 1/3$ 是因为当 $p < 1/3$ 时，这个特定的方案不会利用到状态中的冗余：我们最终有效地增加了问题中存在的冗余！当然，这是我们所选择的特定方案的结果，通用方案将以一种更为巧妙的方式利用冗余来实现数据压缩。

Schumacher 的无噪声信道编码定理相当于量子态的压缩和解压缩领域的香农无噪声信道编码定理。我们能找到香农有噪声信道编码定理的对应吗？利用量子纠错码理论，关于这一重要问题的研究已经取得了相当大的进展；然而，尚未找到完全令人满意的类似定理。我们将在第 12 章中回顾一些关于量子信道容量的知识。

量子可区分性

到目前为止，我们所考虑的所有动态过程——压缩、解压缩、噪声、纠错码的编码与解码——在经典和量子信息理论中都出现过。然而，诸如量子态之类的新类型信息的引入扩大了动态过程的范畴，它超出了经典信息理论所考虑的范围。一个很好的例子是量子态区分问题。经典信息理论里，我们习惯于能够区分不同的信息项，至少在原则上是这样。当然在实际中，页面上写的字母“a”可能很难与字母“o”区分开来，但原则上可以完全确定地区分这两种可能性。

另一方面，量子力学并不总是可以区分任意状态。例如，量子力学不允许任何过程可靠地区分状态 $|0\rangle$ 和 $(|0\rangle+|1\rangle)/\sqrt{2}$。严格证明这一点需要我们目前没有的工具（在第 2 章中），但通过考虑示例，很容易说明这是不可能的。例如，假设我们试图通过在计算基上进行测量来区分这两种状态。然后，如果给的是状态 $|0\rangle$，则测量将以概率 1 产生 0。然而，当我们测量 $(|0\rangle+|1\rangle)/\sqrt{2}$ 时，会以概率 1/2 产生 0，并以概率 1/2 产生 1。因此，虽然测量结果为 1 意味着状态必须是 $(|0\rangle+|1\rangle)/\sqrt{2}$，因为它不可能是 $|0\rangle$。但我们无法从测量结果为 0 推断出有关量子态身份的任何信息。

这种非正交量子态的不可区分性是量子计算和量子信息的核心。它是我们断言的本质，即量子态包含无法通过测量获得的隐藏信息，因此这些信息在量子算法和量子密码学中起着关键作用。量子信息理论的核心问题之一是发展度量来量化非正交量子态的可区分度，第 9 章和第 12 章的大部分内容都与此目标有关。在本节介绍中我们将局限于指出有关不可区分的两个有趣方面——与超光速通信的可能性的联系，以及在“量子货币”中的应用。

想象一下，假如我们可以区分任意量子态，我们将证明这意味着使用纠缠能够比光速更快地进行通信。假设 Alice 和 Bob 共享两个量子比特，这两个量子比特处于状态 $(|00\rangle+|11\rangle)/\sqrt{2}$。然

后，如果 Alice 在计算基上测量，则测量后状态将以概率 1/2 处于 $|00\rangle$，以概率 1/2 处于 $|11\rangle$。因此，Bob 的系统以概率 1/2 处于状态 $|0\rangle$，以概率 1/2 处于状态 $|1\rangle$。但是，假设 Alice 是用 $|+\rangle, |-\rangle$ 基进行测量。回想一下 $|0\rangle = (|+\rangle + |-\rangle)/\sqrt{2}, |1\rangle = (|+\rangle - |-\rangle)/\sqrt{2}$。简单的代数运算表明，Alice 和 Bob 系统的初始状态可以改写为 $(|++\rangle + |--\rangle)/\sqrt{2}$。如果 Alice 在 $|+\rangle, |-\rangle$ 基下测量，那么测量后 Bob 的系统状态将分别以 1/2 概率处于 $|+\rangle, |-\rangle$。到目前为止，这都在基本量子力学范围内。但是，如果 Bob 有一台设备能将这 4 个状态 $|0\rangle, |1\rangle, |+\rangle, |-\rangle$ 相互区分，那么他就可以判断出 Alice 是在计算基上进行的测量，还是在 $|+\rangle, |-\rangle$ 上进行测量。而且，只要 Alice 进行了测量，他就可以立即获得该信息，从而提供了一种手段使得 Alice 和 Bob 能实现超光速通信！当然，我们知道不可能区分非正交量子态；这个例子表明这种限制也与我们期望世界服从的其他物理性质密切相关。

非正交量子态的不可区分性并不总是障碍，有时它可能是一种福音。想象一下，银行印制带有（经典）序列号以及处于状态 $|0\rangle$ 或 $(|0\rangle + |1\rangle)/\sqrt{2}$ 的量子比特序列的钞票。除了银行，没有人知道嵌入的这两种状态的顺序是什么，而银行维护着一个将序列号与状态相匹配的列表。该钞票不可能精确伪造，因为一个想要伪造的人不可能确定地得到其中的量子比特状态，而不破坏它们。当使用该钞票时，商家（或认证者）可以通过致电银行来核实它不是伪造品，商家告诉银行序列号，然后询问钞票中嵌入的量子状态序列。然后他们可以按照银行的提示，通过在 $|0\rangle, |1\rangle$ 基或 $(|0\rangle + |1\rangle)/\sqrt{2}, (|0\rangle - |1\rangle)/\sqrt{2}$ 基上测量来验证真伪。在这一阶段任何伪造者都将以随被检查的量子比特数目指数速度增加到 1 的概率被检测出！这个想法是许多其他量子密码协议的基础，它表明了非正交量子态不可区分性的实用性。

习题 1.2 解释如何利用一个能正确区分非正交量子态 $|\psi\rangle$ 和 $|\varphi\rangle$ 的设备，来构造能克隆量子态 $|\psi\rangle$ 和 $|\varphi\rangle$ 的设备，从而违背不可克隆定理。相应地，解释如何利用一个克隆设备来区分非正交量子态。

纠缠的产生和转化

纠缠是量子力学的另一个基本静态资源。它的属性与经典信息理论中最熟悉的资源有着惊人的不同，这些属性还没有得到很好的理解；充其量我们只有与纠缠有关的结果的不完整拼图。虽然我们现在还没有要理解这些结果所需的所有语言，但至少让我们来看两个与纠缠有关的信息理论问题。

*产生纠缠*是量子信息理论感兴趣的一个简单动力学过程。如果两方要创建一个在他们之间共享的特定纠缠态，假设它们之前没有共享纠缠，那么双方必须交换多少量子比特？第二个有趣的动态过程是将纠缠从一种形态转化为另一种形态。例如，假设 Alice 和 Bob 之间共享了一个贝尔态，他们希望将其转换为其他类型的纠缠状态。他们需要什么资源才能完成这项任务？他们可以不通信吗？或者只需要经典通信？如果需要量子通信，那么需要多少量子通信呢？

回答关于纠缠的创建和转化的这些及更复杂的问题本身就构成了一个迷人的研究领域，而且它们有望给诸如量子计算等任务提供新的见解。例如，分布式量子计算可以简单地视为用于在两方或更多方之间产生纠缠的方法；实现这样的分布式量子计算的通信量的下界也是实现相应的纠缠态所需的通信量的下界。

1.6.2 更广泛背景下的量子信息

我们已经看到量子信息理论最硬核的部分，虽然是一小部分。本书的第三部分更详细地讨论了量子信息理论，特别是第 11 章和第 12 章，第 11 章涉及量子和经典信息理论中熵的基本性质，第 12 章则侧重于纯量子信息理论。

量子信息理论是量子计算和量子信息中最抽象的部分，但在某种意义上它也是最基本的部分。推动量子信息论并最终推动所有量子计算和量子信息发展的问题是，*是什么使量子信息处理成为可能*？是什么分离了量子世界与经典世界？量子计算中正在利用哪些经典世界中无法获得的资源？这些问题的现有答案是模糊和不完整的；我们希望在未来几年中迷雾会消散，从而能够对量子信息处理的可能性和局限性有一个清晰的认识。

问题 1.1（*费曼-盖茨谈话*） 设想一段比尔・盖茨与理查德・费曼之间关于未来计算技术的约 2000 字的虚构的友好讨论。（注释：你可能想在阅读完本书的剩余部分之后再来回答这个问题。请参阅下面的“背景资料与延伸阅读”，以获取对于这个问题的一种可能答案的指引。）

问题 1.2 量子计算和量子信息中最重要的发现是什么？为一位受过良好教育的非专业读者撰写一篇关于该发现的约 2000 字的文章。（注释：如上一个问题一样，您可能想等到阅读完本书的其余部分之后再尝试回答这个问题。）

背景资料与延伸阅读

本章的大部分内容将在后面的章节中进行更深入的讨论。因此，下列背景资料和延伸读物仅限于后面章节中不再出现的部分。

将量子计算和量子信息的发展历史整合在一起需要对许多领域的历史进行广泛的概述。我们试图在本章中将这段历史联系在一起，但由于篇幅和专业知识有限，不可避免地会遗漏很多文献资料。以下建议将试图弥补这一遗漏。

量子力学的历史在很多地方都被讲述过。我们特别推荐 Pais[Pai82, Pai86, Pai91] 的优秀著作。在这三部著作中，[Pai86] 最直接关注量子力学的发展；然而，Pais 关于爱因斯坦[Pai82] 和玻尔[Pai91] 的传记也包含了很多有趣的材料，虽然程度没那么深。Milburn[Mil97, Mil98] 描述了基于量子力学的技术的兴起。图灵关于计算机科学基础的精彩论文[Tur36] 非常值得一读，它可以在 Davis[Dav65] 的珍贵历史收藏中找到。Hofstadter[Hof79] 和 Penrose[Pen89] 包含有关计算机科学基础的有趣且内容丰富的讨论。Shasha 和 Lazere 的关于 15 位计算机科学家的传记[SL98] 对计算机科学史的许多不同方面给予了相当深入的介绍。最后，高德纳一系列令人惊叹的著作[Knu97, Knu98a, Knu98b] 包含了大量的历史信息。香农创立信息论的精彩论文[Sha48] 是极好的阅读材料（也在 [SW49] 中重印）。MacWilliams 和 Sloane[MS77] 不仅是介绍纠错码的优秀教材，而且还包含大量有用的历史信息。同样，Cover 和 Thomas[CT91] 是一本关于信息论的优秀教材，且具有广泛的历史信息。香农的作品集，以及许多有用的历史资料收录在 Sloane 和 Wyner 编辑的图书[SW93] 中。Slepian 还收集了一套有用的信息论重印本[Sle74]。密码学是一门古老的艺术，具有错综复杂且往往有趣的历史。Kahn[Kah96] 是一个包含丰富信息的密码学史。对于最近的发展，我们推荐 Menezes、van Oorschot 和 Vanstone[MvOV96]，Schneier[Sch96a] 以及 Diffie 和 Landau[DL98] 的书。

量子隐形传态由 Bennett、Brassard、Crepeau、Jozsa、Peres和Wootters[BBC+93] 发现，后来通过各种不同形式的实验实现，包括 Boschi、Branca、De Martini、Hardy和Popescu[BBM+98] 使用光学技术，Bouwmeester、Pan、Mattle、Eibl、Weinfurter和Zeilinger[BPM+97] 使用光子极化，Furusawa、Sørensen、Braunstein、Fuchs、Kimble 和 Polzik 使用光的“挤压”态[FSB+98]，Nielsen、Knill 和 Laflamme 使用 NMR[NKL98]。

Deutsch 问题由 Deutsch[Deu85] 提出，并在同一篇论文中给出了一比特的解决方案。n 比特情况的扩展由 Deutsch 和 Jozsa[DJ92] 给出。这些早期论文中的算法随后由 Cleve、Ekert、Macchiavello 和 Mosca[CEMM98] 进行了大幅改进，Tapp 在未发表的工作中也独立给出了这个结果。在本章中，我们给出了算法的改进版本，它非常适合于在第 5 章中讨论的隐藏子群问题框架。Deutsch 的原始算法仅以一定概率成功；Deutsch 和 Jozsa 对此进行改进以获得确定性算法，但是与本章介绍的改进算法相比，他们的方法需要两次函数计算。尽管如此，通常我们仍将这些算法称为 Deutsch 算法和 Deutsch-Jozsa 算法，用来纪念这两个巨大的飞跃：Deutsch 确凿地表明量子计算机可以比传统计算机更快地完成某些任务；以及 Deutsch 和 Jozsa 的扩展首次表明了解决问题所需的时间规模上的类似差距。

关于 Stern-Gerlach 实验的精彩讨论可以在标准量子力学教科书中找到，如 Sakurai[Sak95]，费曼、Leighton 和 Sands 的第三卷[FLS65a]，以及 Cohen-Tannoudji、Diu 和 Laloe[CTDL77a, CTDL77b] 的书。

问题 1.1 是由 Rahim 在论文[Rah99] 中提出的。

第 2 章 量子力学基础

我不是物理学家，但我知道什么是最重要的。

——《Popeye 航海家》

量子力学：真正的黑色魔法演算。

——阿尔伯特·爱因斯坦

量子力学是对已知世界最精确而完整的描述。它也是理解量子计算和量子信息的基础。本章将介绍完全理解量子计算和量子信息所需要的量子力学背景知识，并不假设读者已有量子力学知识。

尽管量子力学以难懂闻名，但它很容易学。它的这种名声在于它在某些应用方面的困难，像理解复杂的分子结构，不过这不是掌握这门学科的基础，我们不打算讨论这类应用。理解这门学科的唯一前提是熟悉一些基本的线性代数知识。只要有这方面的背景知识，你就可以用几个小时解决一些简单的问题，即使没有量子力学的先验知识。

已经熟悉量子力学的读者可以速读这一章，熟悉我们常用的标准符号，以确保自己熟悉所有的材料。对量子力学了解一点或不了解的读者应该精读这一章，尝试着做后边的习题。如果做题时遇到困难，继续往下读，然后再回头尝试解决它。

本章 2.1 节以对所需线性代数知识的回顾开始。本节假设读者熟悉基本的线性代数知识，只不过引入了一些物理学家描述量子力学用的记号，这些记号不同于大多数介绍线性代数知识的材料所用。2.2 节描述量子力学基本公设。完成这一节后，你将会理解所有的量子力学基本原理。这一节设计了一些简单的习题，以帮助你巩固对材料的理解。本章及本书剩余的部分不再介绍新的物理原理，都是基于这些原理来阐述的。2.3 节解释了量子信息处理中的超密编码（superdense coding），这是个令人吃惊的富于启发性的例子，它以一种简单的方式融合了许多量子力学原理。2.4 节和 2.5 节介绍了密度算子、纯化（purification）和施密特分解这些强大的数学工具——它们在量子计算和量子信息的研究中极其有用。理解这些工具将有助于你加深对基本量子力学的理解。最后，2.6 节考察量子力学如何超越对世界运行方式的经典理解的问题。

2.1 线性代数

本书带来的烦恼不亚于所传授的知识。

——Banesh Hoffmann 所著 About Vectors 第一行

人生好比复数——它既有实部又有虚部。

——无名氏

线性代数研究线性空间及其上的线性算子。牢固掌握基本线性代数知识是理解好量子力学的基础。本节我们复习线性代数的一些基本概念，并给出在量子力学中使用这些概念的标准记号。图 2-1 总结了这些记号，其中量子记号在左栏，线性代数说明在右栏。你可以浏览一下这个表，看看右栏中的概念认识多少。

在我们看来，认同量子力学公设的主要障碍不是公设本身，而是为理解它们所需要的大量的线性代数概念。再加上量子力学中被物理学家采用的不常用的狄拉克（Dirac）记号，它可能看起来（其实不然）相当可怕。基于这些原因，我们建议不熟悉量子力学的读者很快读完接下来的材料，只在集中理解将要用到的最基础的记号时稍作停留。接着认真学习本章的主题——量子力学基本公设，等到必要时再回头深入学习所需的线性代数概念和记号。

线性代数的基本概念是向量空间（vector space）。我们最感兴趣的向量空间是所有 n 元复数组成的向量空间 $\mathbb{C}^n$。向量空间的元素称为向量，我们有时用列矩阵记号

$$\begin{bmatrix} z_1 \\ \vdots \\ z_n \end{bmatrix} \tag{2.1}$$

来表示向量。存在加法运算，可以把一对向量变成其他向量。$\mathbb{C}^n$ 上的向量加法运算定义为

$$\begin{bmatrix} z_1 \\ \vdots \\ z_n \end{bmatrix} + \begin{bmatrix} z_1' \\ \vdots \\ z_n' \end{bmatrix} \equiv \begin{bmatrix} z_1 + z_1' \\ \vdots \\ z_n + z_n' \end{bmatrix} \tag{2.2}$$

其中，右边的加法运算就是通常的复数加法。进一步，向量空间中存在标量乘运算。$\mathbb{C}^n$ 上的这个运算定义为

$$z \begin{bmatrix} z_1 \\ \vdots \\ z_n \end{bmatrix} \equiv \begin{bmatrix} zz_1 \\ \vdots \\ zz_n \end{bmatrix} \tag{2.3}$$

其中，z 是标量，也就是复数，并且右边的乘法就是通常的复数乘法。物理学家有时把复数称为 c 数。

量子力学是我们研究线性代数知识的主要动机，因此，对于这些线性代数概念我们将使用量

子力学的标准记号。向量空间中向量的标准量子力学记号为

$$|\psi\rangle \tag{2.4}$$

ψ 是向量的标签（任意的标签都是有效的，尽管我们喜欢用像 ψ 和 φ 这样的简单标签）。记号 $|\cdot\rangle$ 用来表示其中的对象是向量。整个对象 $|\psi\rangle$ 有时称为一个 ket，尽管我们不太常用这个术语。

向量空间也包含一个特殊的零向量，我们用 0 表示。它满足以下性质：对任意其他向量 $|v\rangle$，$|v\rangle + 0 = |v\rangle$。注意，对于零向量，我们不用 ket——它是我们唯一的例外。这个例外的原因是传统上用 $|0\rangle$ 完全可以表示其他的事情。对于任意的复数 z，标量乘运算使得 $z0 = 0$。为了方便起见，我们用符号 $(z_1, \cdots, z_n)$ 表示项为 $z_1, \cdots, z_n$ 的列矩阵。$\mathbb{C}^n$ 的零元是 $(0, \cdots, 0)$。向量空间 V 的一个向量子空间是 V 的一个子集 W，满足：W 也是一个向量空间，也就是 W 必须对标量乘和加法运算封闭。

符号	描述
z^*	复数 z 的复共轭。$(1+\mathrm{i})^* = 1 - \mathrm{i}$
$\|\psi\rangle$	向量，也称为 ket
$\langle\psi\|$	$\|\psi\rangle$ 的对偶向量，也称为 bra
$\langle\varphi\|\psi\rangle$	向量 $\|\varphi\rangle$ 和 $\|\psi\rangle$ 的内积
$\|\varphi\rangle \otimes \|\psi\rangle$	$\|\varphi\rangle$ 和 $\|\psi\rangle$ 的张量积
$\|\varphi\rangle\|\psi\rangle$	$\|\varphi\rangle$ 和 $\|\psi\rangle$ 张量积的缩写
A^*	矩阵 A 的复共轭
A^{T}	矩阵 A 的转置
$A^\dagger$	矩阵 A 的厄米共轭或伴随，$A^\dagger = (A^{\mathrm{T}})^*$。$\begin{bmatrix} a & b \\ c & d \end{bmatrix}^\dagger = \begin{bmatrix} a^* & c^* \\ b^* & d^* \end{bmatrix}$
$\langle\varphi\|A\|\psi\rangle$	$\|\varphi\rangle$ 和 $A\|\psi\rangle$ 的内积。等价地，$A^\dagger\|\varphi\rangle$ 和 $\|\psi\rangle$ 的内积

图 2-1　一些线性代数概念在量子力学中的标准记号的总结。这些就是 Dirac 记号

2.1.1　基和线性无关性

向量空间的生成集是向量集 $|v_1\rangle, \cdots, |v_n\rangle$，则该向量空间中任意一个向量 $|v\rangle$ 都可以写成该向量集中向量的线性组合 $|v\rangle = \sum_i a_i |v_i\rangle$。例如，向量空间 $\mathbb{C}^2$ 的生成集是

$$|v_1\rangle \equiv \begin{bmatrix} 1 \\ 0 \end{bmatrix}; \quad |v_2\rangle \equiv \begin{bmatrix} 0 \\ 1 \end{bmatrix} \tag{2.5}$$

由于向量空间 $\mathbb{C}^2$ 中的任意向量

$$|v\rangle = \begin{bmatrix} a_1 \\ a_2 \end{bmatrix} \tag{2.6}$$

都可以写成向量 $|v_1\rangle$ 和 $|v_2\rangle$ 的线性组合 $|v\rangle = a_1|v_1\rangle + a_2|v_2\rangle$。我们说向量 $|v_1\rangle$ 和 $|v_2\rangle$ 张成了向量空间 $\mathbb{C}^2$。

一般地，一个向量空间可以有不同的生成集。向量空间 $\mathbb{C}^2$ 的第二个生成集是

$$|v_1\rangle \equiv \frac{1}{\sqrt{2}}\begin{bmatrix}1\\1\end{bmatrix};\quad |v_2\rangle \equiv \frac{1}{\sqrt{2}}\begin{bmatrix}1\\-1\end{bmatrix} \tag{2.7}$$

由于任意的向量 $|v\rangle = (a_1, a_2)$ 可以写成 $|v_1\rangle$ 和 $|v_2\rangle$ 的线性组合，

$$|v\rangle = \frac{a_1 + a_2}{\sqrt{2}}|v_1\rangle + \frac{a_1 - a_2}{\sqrt{2}}|v_2\rangle \tag{2.8}$$

对于非零向量集 $|v_1\rangle, \cdots, |v_n\rangle$，若存在一个复数集合 $a_1, \cdots, a_n$，其中至少一个 $a_i \neq 0$，使得

$$a_1|v_1\rangle + a_2|v_2\rangle + \cdots + a_n|v_n\rangle = 0 \tag{2.9}$$

则称其是线性相关的。若它不是线性相关的，则称其线性无关。可以证明，任意两个张成向量空间的无关组所含元素的个数是相同的。我们称这种集合为向量空间 V 的一组基。进一步讲，这种基总是存在的。基中的元素个数称为向量空间的维数。本书中我们仅对有限维向量空间感兴趣。在无限维向量空间中有许多有趣和困难的问题。我们不需要担心这些问题。

习题 2.1（线性相关：例子） 证明 $(1, -1), (1, 2), (2, 1)$ 是线性相关的。

2.1.2 线性算子和矩阵

向量空间 V 和 W 之间的线性算子（linear operator）定义为对输入具有线性性质的映射 $A : V \to W$：

$$A\left(\sum_i a_i|v_i\rangle\right) = \sum_i a_i A\big(|v_i\rangle\big) \tag{2.10}$$

通常将 $A(|v\rangle)$ 写成 $A|v\rangle$。当我们说定义在线性空间 V 上的线性算子 A 时，意味着 A 是一个从 V 到 V 的线性算子。在任意向量空间 V 上，一个重要的线性算子是恒等算子（identity operator)，I_V，定义为对任意的向量 $|v\rangle$，$I_V(|v\rangle) = |v\rangle$。在不会出现混淆时，我们丢弃下标 V 仅用 I 表示恒等算子。另一个重要的线性算子是零算子（zero operator），用 0 表示。零算子把所有的向量都映射为零向量，即 $0|v\rangle = 0$。从式子 (2.10) 很容易看出，一旦线性算子在基上的行为确定，A 在所有输入上的行为也就确定了。

假设 V, W 和 X 是向量空间，$A : V \to W, B : W \to X$ 是线性算子，则用符号 BA 表示 B 和 A 的复合，定义为 $(BA)(|v\rangle) \equiv B(A(|v\rangle))$。同样地，我们将 $(BA)(|v\rangle)$ 缩写为 $BA|v\rangle$。

理解线性算子最便利的方式是通过其矩阵表示（matrix representation)。事实上，线性算子和矩阵是完全等价的。然而你可能更熟悉矩阵方式。为了弄清其联系，首先要理解 $m \times n$ 复矩阵 A，其元素为 A_{ij}，同向量 $\mathbb{C}^n$ 做矩阵乘法时，事实上是一个把向量从 $\mathbb{C}^n$ 空间映到 $\mathbb{C}^m$ 空间的线

性算子。更确切地，矩阵 A 是线性算子的断言意味着

$$A\left(\sum_i a_i|v_i\rangle\right) = \sum_i a_i A|v_i\rangle \tag{2.11}$$

作为等式是正确的，其中运算是矩阵 A 和列向量的乘积。很显然这是对的。

我们已经看到矩阵可以看作线性算子。线性算子能有矩阵表示吗？事实上是可以的，现在我们来解释。两种观点的等价使我们在全书中可以交替使用矩阵理论和算子理论的术语。假设 $A: V \to W$ 是向量空间 V 和 W 之间的线性算子。$|v_1\rangle, \cdots, |v_m\rangle$ 是 V 的一组基，$|w_1\rangle, \cdots, |w_n\rangle$ 是 W 的一组基。则对 $1, \cdots, m$ 中任意的 j 存在复数 A_{1j} 到 A_{nj}，使得

$$A|v_j\rangle = \sum_i A_{ij}|w_i\rangle \tag{2.12}$$

我们称这个元素为 A_{ij} 的矩阵形成了算子 A 的一个矩阵表示。A 的矩阵表示完全等价于算子 A，因而我们将交替使用矩阵和算子的概念。需要注意的是，为了建立矩阵和线性算子之间的联系，我们需要为线性算子的输入和输出向量空间各指定一组输入和输出基矢态。

习题 2.2（矩阵表示：例子）　假设 V 是一个向量空间，基向量是 $|0\rangle$ 和 $|1\rangle$。A 是从 V 到 V 的线性算子，使得 $A|0\rangle = |1\rangle, A|1\rangle = |0\rangle$。按输入基 $|0\rangle$ 和 $|1\rangle$ 及输出基 $|0\rangle$ 和 $|1\rangle$ 给出 A 的一个矩阵表示。找出可以使 A 产生不同矩阵表示的输入和输出基。

习题 2.3（算子乘积的矩阵表示）　假设 A 是一个从向量空间 V 到向量空间 W 的线性算子，B 是从向量空间 W 到向量空间 X 的线性算子。令 $|v_i\rangle, |w_j\rangle$ 和 $|x_k\rangle$ 分别为向量空间 V, W 和 X 的基。证明线性变换 BA 的矩阵表示是 B 和 A 在合适的基下矩阵表示的乘积。

习题 2.4（恒等算子的矩阵表示）　证明如果矩阵表示的输入和输出基相同，向量空间 V 上的恒等算子的矩阵表示是对角线上的元素全为一，其余元素全为零。这个矩阵就是恒等矩阵（identity matrix）。

2.1.3　泡利矩阵

我们经常用到的 4 个极其有用的矩阵是泡利矩阵（Pauli matrix）。它们都是 2×2 矩阵，用不同的记号表示。这些矩阵及其对应的记号如图 2-2 所示。泡利矩阵在量子计算和量子信息研究中非常有用，因此鼓励大家通过详细研究后面几节中与之相关的大量例子和习题进行记忆。

$$\sigma_0 \equiv I \equiv \begin{bmatrix} 1 & 0 \\ 0 & 1 \end{bmatrix} \qquad \sigma_1 \equiv \sigma_x \equiv X \equiv \begin{bmatrix} 0 & 1 \\ 1 & 0 \end{bmatrix}$$

$$\sigma_2 \equiv \sigma_y \equiv Y \equiv \begin{bmatrix} 0 & -\mathrm{i} \\ \mathrm{i} & 0 \end{bmatrix} \qquad \sigma_3 \equiv \sigma_z \equiv Z \equiv \begin{bmatrix} 1 & 0 \\ 0 & -1 \end{bmatrix}$$

图 2-2　泡利矩阵。有时省略掉 I，仅以 X, Y, Z 表示泡利矩阵

2.1.4 内积

内积是从向量空间取两个向量 $|v\rangle$ 和 $|w\rangle$ 作为输入然后输出一个复数的函数。从现在开始，为了方便，$|v\rangle$ 和 $|w\rangle$ 的内积记为 $(|v\rangle, |w\rangle)$。这不是标准的量子力学记号；为了教学的清晰性，符号 $(\cdot,\cdot)$ 在本章偶尔会使用。内积 $(|v\rangle, |w\rangle)$ 的标准量子力学记号是 $\langle v|w\rangle$，其中 $|v\rangle$ 和 $|w\rangle$ 是内积空间的向量，记号 $\langle v|$ 是向量 $|v\rangle$ 的对偶向量；对偶是从内积空间 V 映射到复数 $\mathbb{C}$ 的一个线性算子，其中 $\langle v|(|w\rangle) \equiv \langle v|w\rangle \equiv (|v\rangle, |w\rangle)$。我们很快将看到对偶向量的矩阵表示就是一个行向量。

一个从 $V \times V$ 到复数空间 $\mathbb{C}$ 的函数 $(\cdot,\cdot)$，如果满足下面的要求：

1. $(\cdot,\cdot)$ 对于第二个参数是线性的：

$$\left(|v\rangle, \sum_i \lambda_i |w_i\rangle\right) = \sum_i \lambda_i \big(|v\rangle, |w_i\rangle\big) \tag{2.13}$$

2. $(|v\rangle, |w\rangle) = (|w\rangle, |v\rangle)^*$

3. $(|v\rangle, |v\rangle) \geqslant 0$，当且仅当 $|v\rangle = 0$ 时等式成立。

则称函数 $(\cdot,\cdot)$ 是一个内积。例如，$\mathbb{C}^n$ 中的内积定义为

$$((y_1, \cdots, y_n), (z_1, \cdots, z_n)) \equiv \sum_i y_i^* z_i = [y_1^*, \cdots, y_n^*] \begin{bmatrix} z_1 \\ \vdots \\ z_n \end{bmatrix} \tag{2.14}$$

我们称定义了内积的向量空间为内积空间（inner product space）。

习题 2.5 验证上述定义的函数 $(\cdot,\cdot)$ 是 $\mathbb{C}^n$ 上的内积。

习题 2.6 证明任何内积函数 $(\cdot,\cdot)$ 关于第一个参数是共轭线性的。

$$\left(\sum_i \lambda_i |w_i\rangle, |v\rangle\right) = \sum_i \lambda_i^* (|w_i\rangle, |v\rangle) \tag{2.15}$$

量子力学的讨论总是关系到希尔伯特空间。在量子计算和量子信息中出现的有限维复向量空间中，希尔伯特空间和内积空间完全相同。从现在开始，我们交替使用这两个术语，较多用希尔伯特空间这个术语。在无限维度，希尔伯特空间满足内积空间之上和之外的技术限制，我们不需要担心。

如果向量 $|w\rangle$ 和 $|v\rangle$ 的内积是 0，那么它们是正交的（orthogonal）。例如，$|w\rangle \equiv (1, 0)$ 和 $|v\rangle \equiv (0, 1)$ 关于式 (2.14) 定义的内积是正交的。我们定义向量 $|v\rangle$ 的范数（norm）为

$$\||v\rangle\| \equiv \sqrt{\langle v|v\rangle} \tag{2.16}$$

向量 $|v\rangle$ 若满足 $\||v\rangle\| = 1$，则为单位向量。如果 $\||v\rangle\| = 1$，则说 $|v\rangle$ 是正规化（normalized）的。简单来说，正规化一个向量就是用该向量除以它的范数；因此，对任意的非零向量 $|v\rangle$，$|v\rangle/\||v\rangle\|$

是 $|v\rangle$ 的正规化。对于一个向量集 $|i\rangle$，其中 i 是指标，如果集合中的每一个向量都是单位向量，而且不同的向量之间是正交的，即 $\langle i|j\rangle = \delta_{ij}$，这里 i, j 取自指标集，那么称该向量集为标准正交的（orthonormal）。

习题 2.7　证明 $|w\rangle \equiv (1,1)$ 和 $|v\rangle \equiv (1,-1)$ 是正交的。这些向量的正规化形式是什么？

假设 $|w_1\rangle, \cdots, |w_d\rangle$ 是某个内积向量空间 V 的一组基。存在一个有用的方法——格拉姆-施密特正交化方法，可以产生向量空间 V 的一组标准正交基 $|v_1\rangle, \cdots, |v_d\rangle$。定义 $|v_1\rangle \equiv |w_1\rangle / \||w_1\rangle\|$，并且对于 $1 \leqslant k \leqslant d-1$，归纳地定义

$$|v_{k+1}\rangle \equiv \frac{|w_{k+1}\rangle - \sum_{i=1}^{k}\langle v_i|w_{k+1}\rangle|v_i\rangle}{\||w_{k+1}\rangle - \sum_{i=1}^{k}\langle v_i|w_{k+1}\rangle|v_i\rangle\|} \tag{2.17}$$

不难验证向量 $|v_1\rangle, \cdots, |v_d\rangle$ 形成一组标准正交集，也是向量空间 V 的一组基。因此，任意维数为 d 的有限维向量空间有一组标准正交基 $|v_1\rangle, \cdots, |v_d\rangle$。

习题 2.8　证明格拉姆-施密特正交化方法可以产生向量空间 V 的一组标准正交基。

从现在起，当我们说一个线性算子的矩阵表示时，意味着关于标准正交输入和输出基的矩阵表示。我们还使用这样的约定：如果线性算子的输入和输出空间相同，那么输入和输出基相同，除非另有说明。

根据这些约定，希尔伯特空间的内积可以方便地用矩阵表示。令 $|w\rangle = \sum_i w_i|i\rangle$，$|v\rangle = \sum_j v_j|j\rangle$ 为向量 $|w\rangle$ 和 $|v\rangle$ 在某组标准正交基下的表示。则由于 $\langle i|j\rangle = \delta_{ij}$，

$$\langle v|w\rangle = \left(\sum_i v_i|i\rangle, \sum_j w_j|j\rangle\right) = \sum_{ij} v_i^* w_j \delta_{ij} = \sum_i v_i^* w_i \tag{2.18}$$

$$= [v_1^* \cdots v_n^*] \begin{bmatrix} w_1 \\ \vdots \\ w_n \end{bmatrix} \tag{2.19}$$

也就是说，只要向量的矩阵表示按同一组标准正交基给出，两个向量的内积就等于向量矩阵表示的内积。我们也看到对偶向量 $\langle v|$ 作为行向量有一个好的解释，它的元素是向量 $|v\rangle$ 的列向量表示中对应分量的复共轭。

有一种表示线性算子的有用方式，充分地利用了内积，称为外积（outer product）表示。假设 $|v\rangle$ 是内积空间 V 的一个向量，$|w\rangle$ 是内积空间 W 的一个向量。定义 $|w\rangle\langle v|$ 为从 V 到 W 的一个线性算子，其作用为

$$(|w\rangle\langle v|)(|v'\rangle) \equiv |w\rangle\langle v|v'\rangle = \langle v|v'\rangle|w\rangle \tag{2.20}$$

这个方程与我们的记号约定完美吻合，表达式 $|w\rangle\langle v|v'\rangle$ 可能含有以下两种含义之一：我们用它表示算子 $|w\rangle\langle v|$ 作用在 $|v'\rangle$ 上的结果，也可以解释为 $|w\rangle$ 被一个复数 $\langle v|v'\rangle$ 相乘。我们选择的定义使得这两种潜在意思是一致的，事实上我们通过后者定义了前者！

我们可以用自然的方式取外积算子的线性组合。根据定义 $\sum_i a_i|w_i\rangle\langle v_i|$ 是线性算子，作用在 $|v'\rangle$ 上，输出 $\sum_i a_i|w_i\rangle\langle v_i|v'\rangle$。

外积记号的有用性可以从标准正交向量满足的完备性关系中看清楚。令 $|i\rangle$ 为向量空间 V 的任意一组标准正交基，那么任意向量 $|v\rangle$ 可以写为 $|v\rangle = \sum_i v_i|i\rangle$，$v_i$ 是一组复数。注意到 $\langle i|v\rangle = v_i$，因此

$$\left(\sum_i |i\rangle\langle i|\right)|v\rangle = \sum_i |i\rangle\langle i|v\rangle = \sum_i v_i|i\rangle = |v\rangle \tag{2.21}$$

由于最后的等式对于任意的 $|v\rangle$ 成立，这等于说

$$\sum_i |i\rangle\langle i| = I \tag{2.22}$$

这个等式就是著名的*完备性关系*。完备性关系的一个应用是用外积的记号给出任意算子的表示方式。假设 $A: V \to W$ 是一个线性算子，$|v_i\rangle$ 是 V 的一组标准正交基，$|w_i\rangle$ 是 W 的一组标准正交基。运用两次完备性关系，可以得到

$$A = I_W A I_V \tag{2.23}$$

$$= \sum_{ij} |w_j\rangle\langle w_j|A|v_i\rangle\langle v_i| \tag{2.24}$$

$$= \sum_{ij} \langle w_j|A|v_i\rangle |w_j\rangle\langle v_i| \tag{2.25}$$

这是 A 的外积表示。从这个方程我们还看到，A 的第 i 列第 j 行的矩阵元素为 $\langle w_j|A|v_i\rangle$，与输入基 $|v_i\rangle$ 和输出基 $|w_j\rangle$ 有关。

说明完备性关系有用的第二个应用是柯西 - 施瓦茨不等式。这个重要结果将在专题 2.1 中讨论。

习题 2.9（泡利算子和外积） 给定二维希尔伯特空间的一组标准正交基 $|0\rangle, |1\rangle$，泡利矩阵（图 2-2）可以看作算子。使用外积记号表达泡利算子。

习题 2.10 假设 $|v_i\rangle$ 是内积空间 V 的一组标准正交基。关于基 $|v_i\rangle$，算子 $|v_j\rangle\langle v_k|$ 的矩阵表示是什么？

专题 2.1 柯西-施瓦茨不等式

柯西 - 施瓦茨不等式是关于希尔伯特空间的一个重要的几何事实。它指出对任意两个向量 $|v\rangle$ 和 $|w\rangle$，$|\langle v|w\rangle|^2 \leqslant \langle v|v\rangle\langle w|w\rangle$。要证明这个结果，可以运用格拉姆-施密特方法构造向量空间的一组标准正交基，其中基 $|i\rangle$ 的第一个成员是 $|w\rangle/\sqrt{\langle w|w\rangle}$。运用完备性关系

$\sum_i |i\rangle\langle i| = I$，并且丢掉一些非负项得

$$\begin{aligned}\langle v|v\rangle\langle w|w\rangle &= \sum_i \langle v|i\rangle\langle i|v\rangle\langle w|w\rangle &(2.26)\\ &\geqslant \frac{\langle v|w\rangle\langle w|v\rangle}{\langle w|w\rangle}\langle w|w\rangle &(2.27)\\ &= \langle v|w\rangle\langle w|v\rangle = |\langle v|w\rangle|^2 &(2.28)\end{aligned}$$

很容易看到等式成立当且仅当 $|v\rangle$ 和 $|w\rangle$ 是线性相关的，即对于某个标量 z，$|v\rangle = z|w\rangle$ 或 $|w\rangle = z|v\rangle$。

2.1.5　特征向量和特征值

向量空间中线性算子 A 的特征向量（本征向量）是一个非零向量 $|v\rangle$，使得 $A|v\rangle = v|v\rangle$，其中 v 是一个复数，称为与 A 的特征向量 $|v\rangle$ 对应的特征值（本征值）。同一个符号 v，既作为特征向量的标签又作为特征值使用，这往往很方便。我们假设读者熟悉特征值和特征向量的基本性质——特别是如何根据特征方程求出它们。特征函数定义为 $c(\lambda) \equiv \det|A - \lambda I|$，其中 det 是矩阵的行列式函数；可以证明特征函数仅依赖于算子 A，而不依赖于 A 的特殊矩阵表示。本征方程（characteristic function）$c(\lambda) = 0$ 的解是算子 A 的特征值。根据代数基本定理，任意多项式至少有一个复数根，因此任意算子 A 至少有一个特征值和一个对应的特征向量。与特征值 v 对应的特征空间（本征空间，eigenspace）是以 v 为特征值的向量的集合。它是 A 作用的向量空间的子空间。

算子 A 在向量空间 V 的对角表示为 $A = \sum_i \lambda_i |i\rangle\langle i|$，其中对应特征值 λ_i 的向量 $|i\rangle$ 组成 A 的特征向量的标准正交基。如果一个算子有对角表示，则称其为可对角化的（diagonalizable）。在下一节我们将会发现一组简单的希尔伯特空间中算子可对角化的充要条件。作为一个可对角化的例子，注意到泡利矩阵 Z 可以写为

$$Z = \begin{bmatrix} 1 & 0 \\ 0 & -1 \end{bmatrix} = |0\rangle\langle 0| - |1\rangle\langle 1| \tag{2.29}$$

其中矩阵表示分别考虑到标准正交向量 $|0\rangle$ 和 $|1\rangle$。对角表示有时也称为标准正交分解（orthomormal decomposition）。

当特征空间高于一维时，我们说它是退化的（degenerate）。例如，矩阵 A 定义为

$$A \equiv \begin{bmatrix} 2 & 0 & 0 \\ 0 & 2 & 0 \\ 0 & 0 & 0 \end{bmatrix} \tag{2.30}$$

对应特征值 2 有一个二维特征空间。特征向量 $(1,0,0)$ 和 $(0,1,0)$ 称为退化的，由于它们是算子 A 的同一特征值的线性无关的特征向量。

习题 2.11（泡利矩阵的特征值分解） 给出泡利矩阵 X, Y, Z 的特征向量、特征值及对角表示。

习题 2.12 证明下述矩阵不能对角化：

$$A \equiv \begin{bmatrix} 1 & 0 \\ 1 & 1 \end{bmatrix} \tag{2.31}$$

2.1.6 伴随和厄米算子

假设 A 是希尔伯特空间 V 上的任意一个线性算子。事实上在 V 上存在一个唯一的线性算子 $A^\dagger$，满足对所有的向量 $|v\rangle, |w\rangle \in V$ 都有

$$(|v\rangle, A|w\rangle) = (A^\dagger|v\rangle, |w\rangle) \tag{2.32}$$

这个线性算子称为 A 算子的伴随（adjoint）或厄米共轭（Hermitian conjugate）。根据定义易知 $(AB)^\dagger = B^\dagger A^\dagger$。一般地，如果 $|v\rangle$ 是一个向量，那么我们定义 $|v\rangle^\dagger \equiv \langle v|$。根据这个定义不难看出 $(A|v\rangle)^\dagger = \langle v|A^\dagger$。

习题 2.13 如果 $|w\rangle$ 和 $|v\rangle$ 是两个任意的向量，证明 $(|w\rangle\langle v|)^\dagger = |v\rangle\langle w|$。

习题 2.14（伴随的反线性） 证明伴随算子是反线性的：

$$\left(\sum_i a_i A_i\right)^\dagger = \sum_i a_i^* A_i^\dagger \tag{2.33}$$

习题 2.15 证明 $(A^\dagger)^\dagger = A$。

在算子 A 的矩阵表示中，厄米共轭运算是将矩阵 A 取共轭转置，$A^\dagger = (A^*)^{\mathrm{T}}$，其中 $*$ 意味着复共轭，T 是转置操作。例如，我们有

$$\begin{bmatrix} 1+3\mathrm{i} & 2\mathrm{i} \\ 1+\mathrm{i} & 1-4\mathrm{i} \end{bmatrix}^\dagger = \begin{bmatrix} 1-3\mathrm{i} & 1-\mathrm{i} \\ -2\mathrm{i} & 1+4\mathrm{i} \end{bmatrix} \tag{2.34}$$

如果算子 A 的伴随矩阵还是 A，那么称算子 A 为厄米的或自伴算子。有一类重要的厄米算子是投影（projector）。假设 W 是 d 维向量空间 V 的一个 k 维向量子空间。根据格拉姆-施密特方法可以构造出一组 V 的标准正交基 $|1\rangle, \cdots, |d\rangle$，使得 $|1\rangle, \cdots, |k\rangle$ 是 W 的一组标准正交基。根据定义，

$$P \equiv \sum_{i=1}^{k} |i\rangle\langle i| \tag{2.35}$$

是在子空间 W 上的投影。很容易验证这个定义不依赖于 W 中的正交基 $|1\rangle, \cdots, |k\rangle$ 的选取。根据定义可知，对任意的向量 $|\nu\rangle$，$|\nu\rangle\langle\nu|$ 是厄米的，因此 P 是厄米的，$P^\dagger = P$。我们通常将“向量空间”P 称为投影算子 P 到向量空间投影的简写。P 的正交补（orthogonal complement）是算

子 $Q \equiv I - P$。不难发现，Q 是由 $|k+1\rangle, \cdots, |d\rangle$ 张成的向量空间上的投影，它也被称为 P 的正交补，记为 Q。

习题 2.16　证明对任意的投影算子 P 都有 $P^2 = P$。

如果 $A^\dagger A = AA^\dagger$，那么称算子 A 为*正规的*（normal）。显然，如果一个算子是厄米的，那么它一定是正规的。对于正规算子，有一个很有名的表示定理，叫做谱分解。它表明如果一个算子是正规的，当且仅当它可对角化。专题 2.2 中会证明这个结果，应该仔细阅读。

习题 2.17　证明一个正规矩阵是厄米的当且仅当它的特征值为实数。

如果一个矩阵 U 满足 $U^\dagger U = I$，那么称它是酉的。类似地，如果一个算子 U 满足 $U^\dagger U = I$，那么称它是酉的。很容易验证一个算子是酉的当且仅当它的每一个矩阵表示都是酉的。酉算子也满足 $UU^\dagger = I$，因此 U 是正规的并且可以谱分解。从几何的角度来看，酉算子是很重要的，因为它保持向量的内积不变。为了证明它，令 $|v\rangle$ 和 $|w\rangle$ 是任意两个向量。那么 $U|v\rangle$ 与 $U|w\rangle$ 的内积和 $|v\rangle$ 与 $|w\rangle$ 的内积相等：

$$(U|v\rangle, U|w\rangle) = \langle v|U^\dagger U|w\rangle = \langle v|I|w\rangle = \langle v|w\rangle \tag{2.36}$$

这个结果表明对任意的酉算子 U 都有如下的优雅外积表示。设 $|v_i\rangle$ 是任意一组标准正交基。定义 $|w_i\rangle \equiv U|v_i\rangle$，因为酉算子保持内积不变，所以 $|w_i\rangle$ 也是一组标准正交基。注意到 $U = \sum_i |w_i\rangle\langle v_i|$。反之，如果 $|v_i\rangle$ 和 $|w_i\rangle$ 是两组标准正交基，那么很容易验证算子 $U \equiv \sum_i |w_i\rangle\langle v_i|$ 是酉算子。

习题 2.18　证明酉矩阵的所有特征值的模都为 1，也就是说，它可以写成 $\mathrm{e}^{\mathrm{i}\theta}$ 的形式，其中 θ 是某个实数。

习题 2.19（泡利矩阵：厄米的和酉的）　证明泡利矩阵是厄米的和酉的。

习题 2.20（基的变换）　假设 A' 和 A'' 是向量空间 V 上的算子 A 在两组不同的正交基 $|v_i\rangle$ 和 $|w_i\rangle$ 下的矩阵表示。那么，A' 和 A'' 的元素分别是 $A'_{ij} = \langle v_i|A|v_j\rangle$ 和 $A''_{ij} = \langle w_i|A|w_j\rangle$。说明 A' 和 A'' 之间的关系。

厄米算子有一个特殊子类极其重要，它就是正算子。正（也即半正定）算子 A 定义为，对任意的向量 $|v\rangle$ 都有 $(|v\rangle, A|v\rangle)$ 是一个非负实数。如果对所有的 $|v\rangle \neq 0$，$(|v\rangle, A|v\rangle)$ 都严格大于 0，则称 A 为正定的。在习题 2.24 中，你将证明任意的正算子都自动是厄米的，因而根据谱分解定理，它有对角表示 $\sum_i \lambda_i |i\rangle\langle i|$，其中 λ_i 是它的非负特征值。

习题 2.21　当 M 是厄米的时，将专题 2.2 里的谱分解重新证明一次，并尽可能简化证明过程。

习题 2.22　证明厄米算子的两个不同特征值对应的特征向量一定正交。

习题 2.23　证明投影算子 P 的特征值是 0 或 1。

习题 2.24（正算子的厄米性）　证明正算子一定是厄米的。（提示：证明任意的算子 A 都可写成 $A = B + \mathrm{i}C$，其中 B 和 C 是厄米的。）

习题 2.25　证明对任意的算子 A，$A^\dagger A$ 是半正定的。

专题 2.2 谱分解——极其重要！

谱分解对正规算子来说是一个极其有用的表示定理。

定理 2.1（谱分解） 向量空间 V 上的任意正规算子 M 在 V 的某组标准正交基下是可对角化的。反之，任意可对角化的算子都是正规的。

证明

反向的证明是一个简单的练习，所以我们仅通过对 d 维空间 V 进行归纳来证明正向的关系。$d=1$ 的情况是平凡的。设 λ 是 M 的一个特征值，P 是到 λ 本征空间上的投影，Q 是到其正交补上的投影。所以 $M=(P+Q)M(P+Q)=PMP+QMP+PMQ+QMQ$。显然 $PMP=\lambda P$。而且由于 M 把子空间 P 映到其自身，所以 $QMP=0$。我们说 $PMQ=0$ 也成立。为了证明它，设 $|v\rangle$ 是子空间 P 中的一个元素。那么 $MM^\dagger|v\rangle=M^\dagger M|v\rangle=\lambda M^\dagger|v\rangle$。因此 $M^\dagger|v\rangle$ 有特征值 λ，所以它是子空间 P 中的一个元素。故 $QM^\dagger P=0$。对该式取伴随运算，有 $PMQ=0$。所以 $M=PMP+QMQ$。下面我们要证明 QMQ 是正规的。为了证明这一点，注意到 $QM=QM(P+Q)=QMQ$，并且 $QM^\dagger=QM^\dagger(P+Q)=QM^\dagger Q$。所以，根据 M 的正规性并注意到 $Q^2=Q$，有

$$QMQQM^\dagger Q=QMQM^\dagger Q \tag{2.37}$$
$$=QMM^\dagger Q \tag{2.38}$$
$$=QM^\dagger MQ \tag{2.39}$$
$$=QM^\dagger QMQ \tag{2.40}$$
$$=QM^\dagger QQMQ \tag{2.41}$$

所以 QMQ 是正规的。根据归纳假设，QMQ 在子空间 Q 的某个标准正交基下是可对角化的，而 PMP 对 P 中的某个标准正交基已经是对角化的。因此 $M=PMP+QMQ$ 相对于全向量空间下的某个标准正交基可对角化。

□

按外积表示，这意味着 M 能够写成 $M=\sum_i\lambda_i|i\rangle\langle i|$。其中 λ_i 是 M 的特征值，$|i\rangle$ 是 V 中的一组标准正交基，并且每个 $|i\rangle$ 是 M 的特征值 λ_i 对应的特征向量。从投影算子的角度来看，$M=\sum_i\lambda_iP_i$，其中 λ_i 还是表示 M 的特征值，P_i 是 M 在 λ_i 的本征空间里的投影。这些投影算子满足完备性关系 $\sum_iP_i=I$ 和正交性关系 $P_iP_j=\delta_{ij}P_i$。

2.1.7 张量积

张量积是将向量空间复合在一起形成一个更大的向量空间的方法。这个构造对理解量子力学中的多粒子系统至关重要。下面的讨论有一点抽象，如果你对张量积不熟悉可能很难跟上，所以

现在可以跳过去等到后面在量子力学中提到张量积时再回来重看。

设 V 和 W 分别是 m 维和 n 维的向量空间。方便起见，我们设 V 和 W 都是希尔伯特空间。那么 $V \otimes W$（读作 V 张量 W）是一个 mn 维的向量空间。$V \otimes W$ 里的元素是 V 空间中的元素 $|v\rangle$ 和 W 空间中的元素 $|w\rangle$ 的张量积 $|v\rangle \otimes |w\rangle$ 的线性组合。特别地，如果 $|i\rangle$ 和 $|j\rangle$ 是空间 V 和 W 中的标准正交基，那么 $|i\rangle \otimes |j\rangle$ 是 $V \otimes W$ 的一组基。我们常用缩写符号 $|v\rangle|w\rangle$、$|v, w\rangle$，甚至 $|vw\rangle$ 表示张量积 $|v\rangle \otimes |w\rangle$。例如，如果 V 是一个二维向量空间，$|0\rangle$ 和 $|1\rangle$ 是其中的一组基，那么 $|0\rangle \otimes |0\rangle + |1\rangle \otimes |1\rangle$ 是 $V \otimes V$ 中的一个元素。

根据定义，张量积满足以下基本性质：

1. 对任意的标量 z，V 中元素 $|v\rangle$ 和 W 中元素 $|w\rangle$，有

$$z\big(|v\rangle \otimes |w\rangle\big) = \big(z|v\rangle\big) \otimes |w\rangle = |v\rangle \otimes \big(z|w\rangle\big) \tag{2.42}$$

2. 对 V 中的任意向量 $|v_1\rangle$ 和 $|v_2\rangle$，以及 W 中任意向量 $|w\rangle$，有

$$\big(|v_1\rangle + |v_2\rangle\big) \otimes |w\rangle = |v_1\rangle \otimes |w\rangle + |v_2\rangle \otimes |w\rangle \tag{2.43}$$

3. 对 V 中任意向量 $|v\rangle$ 和 W 中任意向量 $|w_1\rangle, |w_2\rangle$，有

$$|v\rangle \otimes \big(|w_1\rangle + |w_2\rangle\big) = |v\rangle \otimes |w_1\rangle + |v\rangle \otimes |w_2\rangle \tag{2.44}$$

$V \otimes W$ 空间上的线性算子类型有哪些？假设 $|v\rangle$ 和 $|w\rangle$ 分别是 V 和 W 中的向量，A 和 B 分别是 V 和 W 中的线性算子。那么我们可以根据以下等式来定义 $V \otimes W$ 上的线性算子 $A \otimes B$：

$$(A \otimes B)(|v\rangle \otimes |w\rangle) \equiv A|v\rangle \otimes B|w\rangle \tag{2.45}$$

为确保 $A \otimes B$ 的线性，$A \otimes B$ 的定义可以很自然地扩展到 $V \otimes W$ 上的所有元素，也就是

$$(A \otimes B)\left(\sum_i a_i |v_i\rangle \otimes |w_i\rangle\right) \equiv \sum_i a_i A|v_i\rangle \otimes B|w_i\rangle \tag{2.46}$$

可以证明这样定义的 $A \otimes B$ 是 $V \otimes W$ 上的定义良好的线性算子。两个算子的张量积记号显然可以推广到不同向量空间之间的映射 A：$V \to V'$ 和 B：$W \to W'$。事实上，任意一个从 $V \otimes W$ 到 $V' \otimes W'$ 上的线性算子 C 都可以写成映射 V 到 V' 的算子和映射 W 到 W' 的算子的张量积的线性组合

$$C = \sum_i c_i A_i \otimes B_i \tag{2.47}$$

根据定义可知

$$\left(\sum_i c_i A_i \otimes B_i\right) |v\rangle \otimes |w\rangle \equiv \sum_i c_i A_i |v\rangle \otimes B_i |w\rangle \tag{2.48}$$

空间 V 和 W 上的内积能够用来定义一个 $V\otimes W$ 空间上的自然的内积。定义

$$\left(\sum_i a_i|v_i\rangle\otimes|w_i\rangle, \sum_j b_j|v_j'\rangle\otimes|w_j'\rangle\right)\equiv\sum_{ij}a_i^*b_j\langle v_i|v_j'\rangle\langle w_i|w_j'\rangle \tag{2.49}$$

可以证明这样定义的函数是一个定义良好的内积。根据这个内积，空间 $V\otimes W$ 继承了我们所熟悉的其他性质，例如：伴随性、酉性、正规性和厄米性。

所有的这些讨论都相当抽象。但当用矩阵的克罗内克积表示时，问题会具体得多。假设 A 是一个 $m\times n$ 矩阵，B 是一个 $p\times q$ 矩阵，则有矩阵表示

$$A\otimes B\equiv\left.\overbrace{\begin{bmatrix}A_{11}B & A_{12}B & \cdots & A_{1n}B\\ A_{21}B & A_{22}B & \cdots & A_{2n}B\\ \vdots & \vdots & \vdots & \vdots\\ A_{m1}B & A_{m2}B & \cdots & A_{mn}B\end{bmatrix}}^{nq}\right\}mp \tag{2.50}$$

在这种表示中，$A_{11}B$ 这种项表示一个正比于 B，且所有的比例常数都是 A_{11} 的 $p\times q$ 子矩阵。例如，向量 $(1,2)$ 和 $(2,3)$ 的张量积是向量

$$\begin{bmatrix}1\\2\end{bmatrix}\otimes\begin{bmatrix}2\\3\end{bmatrix}=\begin{bmatrix}1\times 2\\1\times 3\\2\times 2\\2\times 3\end{bmatrix}=\begin{bmatrix}2\\3\\4\\6\end{bmatrix} \tag{2.51}$$

泡利矩阵 X 和 Y 的张量积是

$$X\otimes Y=\begin{bmatrix}0\cdot Y & 1\cdot Y\\ 1\cdot Y & 0\cdot Y\end{bmatrix}=\begin{bmatrix}0 & 0 & 0 & -\mathrm{i}\\ 0 & 0 & \mathrm{i} & 0\\ 0 & -\mathrm{i} & 0 & 0\\ \mathrm{i} & 0 & 0 & 0\end{bmatrix} \tag{2.52}$$

最后，我们提一下一个有用的记号 $|\psi\rangle^{\otimes k}$，它的意思是 $|\psi\rangle$ 与它自身的 k 次张量积。例如，$|\psi\rangle^{\otimes 2}=|\psi\rangle\otimes|\psi\rangle$。在张量积空间上的算子也会用到类似的记号。

习题 2.26 令 $|\psi\rangle=(|0\rangle+|1\rangle)/\sqrt{2}$，用例如 $|0\rangle|1\rangle$ 这样的张量积形式和克罗内克积分别写出 $|\psi\rangle^{\otimes 2}$ 和 $|\psi\rangle^{\otimes 3}$ 的具体形式。

习题 2.27 计算泡利算子张量积的矩阵表示：(a)X 和 Z；(b)I 和 X；(c)X 和 I。张量积是可交换的吗？

习题 2.28　证明转置、复共轭、伴随算子关于张量积具有“分配性”。

$$(A \otimes B)^* = A^* \otimes B^*; \quad (A \otimes B)^T = A^T \otimes B^T; \quad (A \otimes B)^\dagger = A^\dagger \otimes B^\dagger \tag{2.53}$$

习题 2.29　证明两个酉算子的张量积是酉的。

习题 2.30　证明两个厄米算子的张量积是厄米的。

习题 2.31　证明两个正算子的张量积是半正定的。

习题 2.32　证明两个投影算子的张量积是投影算子。

习题 2.33　单量子比特上阿达玛算子可写成

$$H = \frac{1}{\sqrt{2}}\Big[(|0\rangle + |1\rangle)\langle 0| + (|0\rangle - |1\rangle)\langle 1|\Big] \tag{2.54}$$

证明 n 量子比特上的阿达玛变换 $H^{\otimes n}$ 可写成

$$H^{\otimes n} = \frac{1}{\sqrt{2^n}} \sum_{x,y} (-1)^{x \cdot y} |x\rangle\langle y| \tag{2.55}$$

写出 $H^{\otimes 2}$ 具体的矩阵表示。

2.1.8　算子函数

有很多重要的函数可以通过算子和矩阵来定义。一般来说，给定一个从复数域映射到复数域的函数 f，就可以根据下面的步骤定义正规矩阵（或者是其子类，例如厄米矩阵）上的相应矩阵函数。设 $A = \sum_a a|a\rangle\langle a|$ 是正规算子 A 的一个谱分解。定义 $f(A) \equiv \sum_a f(a)|a\rangle\langle a|$。易知 $f(A)$ 是唯一定义的。这个过程可用于一些情况，例如定义一个正算子的平方根、正定算子的对数，或者正规算子的指数。例如：

$$\exp(\theta Z) = \begin{bmatrix} \mathrm{e}^{\theta} & 0 \\ 0 & \mathrm{e}^{-\theta} \end{bmatrix} \tag{2.56}$$

其中 $|0\rangle$ 和 $|1\rangle$ 是 Z 的特征向量。

习题 2.34　找出下面矩阵的平方根和对数

$$\begin{bmatrix} 4 & 3 \\ 3 & 4 \end{bmatrix} \tag{2.57}$$

习题 2.35（泡利矩阵的指数）　设 $\vec{v}$ 是任意的三维实单位向量，θ 是一个实数。证明：

$$\exp(\mathrm{i}\theta \vec{v} \cdot \vec{\sigma}) = \cos(\theta) I + \mathrm{i}\sin(\theta) \vec{v} \cdot \vec{\sigma} \tag{2.58}$$

其中 $\vec{v} \cdot \vec{\sigma} \equiv \sum_{i=1}^{3} v_i \sigma_i$。这个习题会在问题 2.1 中得到推广。

另外一个重要的矩阵函数是矩阵的迹。A 的迹定义为其对角元素的和：

$$\operatorname{tr}(A) \equiv \sum_i A_{ii} \tag{2.59}$$

很容易看到迹是循环的，$\operatorname{tr}(AB) = \operatorname{tr}(BA)$，也是线性的，$\operatorname{tr}(A+B) = \operatorname{tr}(A)+\operatorname{tr}(B)$，$\operatorname{tr}(zA) = z\operatorname{tr}(A)$，其中 A 和 B 是任意的矩阵，z 是一个复数。进一步，由循环性可知，矩阵的迹在酉相似变换 $A \to UAU^\dagger$ 下是不变的，因为 $\operatorname{tr}(UAU^\dagger) = \operatorname{tr}(U^\dagger UA) = \operatorname{tr}(A)$。根据这个结果，可以定义算子 A 的迹为 A 的任意矩阵表示的迹。迹在酉相似变换下的不变性确保了算子的迹是定义良好的。

作为迹的一个例子，设 $|\psi\rangle$ 是单位向量，A 是一个任意的算子。为了计算 $\operatorname{tr}(A|\psi\rangle\langle\psi|)$，用格拉姆-施密特方法将 $|\psi\rangle$ 扩展到一组标准正交基 $|i\rangle$ 上，其中 $|\psi\rangle$ 是它的第一个元素。我们有

$$\operatorname{tr}(A|\psi\rangle\langle\psi|) = \sum_i \langle i|A|\psi\rangle\langle\psi|i\rangle \tag{2.60}$$

$$= \langle\psi|A|\psi\rangle \tag{2.61}$$

这个结果，也就是 $\operatorname{tr}(A|\psi\rangle\langle\psi|) = \langle\psi|A|\psi\rangle$，在计算算子迹的时候特别有用。

习题 2.36 证明除 I 外的泡利矩阵的迹都是 0。

习题 2.37（迹的循环性） 若 A 和 B 是两个线性算子，证明：

$$\operatorname{tr}(AB) = \operatorname{tr}(BA) \tag{2.62}$$

习题 2.38（迹的线性性） 若 A 和 B 是两个线性算子，证明：

$$\operatorname{tr}(A+B) = \operatorname{tr}(A) + \operatorname{tr}(B) \tag{2.63}$$

若 z 是任意复数，证明：

$$\operatorname{tr}(zA) = z\operatorname{tr}(A) \tag{2.64}$$

习题 2.39（算子上的希尔伯特-施密特内积） 希尔伯特空间上的线性算子集合 L_V 显然是一个向量空间——两个线性算子的和还是一个线性算子，如果 A 是一个线性算子而 z 是一个复数，那么 zA 是一个线性算子，并且有零元素 0。另外一个重要的结论是，赋予向量空间 L_V 一个自然的内积结构后，它会变成希尔伯特空间。

1. 证明在 $L_V \times L_V$ 上按如下方式定义的函数 $(\cdot,\cdot)$

$$(A, B) \equiv \operatorname{tr}(A^\dagger B) \tag{2.65}$$

是一个内积函数。这个内积叫作希尔伯特-施密特内积或者迹内积。

2. 若 V 是 d 维的，证明 L_V 是 d^2 维的。
3. 找出希尔伯特空间 L_V 上的厄米矩阵的标准正交基。

2.1.9　对易式和反对易式

两个算子 A 和 B 的对易式（commutator）定义为

$$[A,B] \equiv AB - BA \tag{2.66}$$

如果 $[A,B]=0$，也就是 $AB=BA$，那么我们说 A 和 B 是对易的。类似地，两个算子 A 和 B 的反对易式（anti-commutator）定义为

$$\{A,B\} \equiv AB + BA \tag{2.67}$$

如果 $\{A,B\}=0$，我们说 A 和 B 是反对易的。事实上，算子对的很多重要性质都可以从其对易式和反对易式推导出来。也许最有用的关系是对易式与厄米算子 A 和 B 可同时对角化之间的联系，即可以写成 $A=\sum_i a_i|i\rangle\langle i|$，$B=\sum_i b_i|i\rangle\langle i|$，其中 $|i\rangle$ 是 A 和 B 的公共特征向量构成的标准正交集。

定理 2.2（可同时对角化定理）　假设 A 和 B 是厄米算子。那么 $[A,B]=0$ 成立当且仅当存在一组标准正交基使得 A 和 B 可同时对角化。我们说这种情况下 A 和 B 是可同时对角化的。

这个结果将很容易计算的两个算子的对易式和事先难以确定的可同时对角化联系了起来。例如，考虑下面的情况

$$[X,Y] = \begin{bmatrix} 0 & 1 \\ 1 & 0 \end{bmatrix}\begin{bmatrix} 0 & -\mathrm{i} \\ \mathrm{i} & 0 \end{bmatrix} - \begin{bmatrix} 0 & -\mathrm{i} \\ \mathrm{i} & 0 \end{bmatrix}\begin{bmatrix} 0 & 1 \\ 1 & 0 \end{bmatrix} \tag{2.68}$$

$$= 2\mathrm{i}\begin{bmatrix} 1 & 0 \\ 0 & -1 \end{bmatrix} \tag{2.69}$$

$$= 2\mathrm{i}Z \tag{2.70}$$

所以 X 和 Y 不是对易的。在习题 2.11 中已经证明 X 和 Y 没有相同的特征向量，与我们从可同时对角化定理中得到的结果一致。

证明

很容易验证，如果 A 和 B 在相同的标准正交基下可同时对角化，那么 $[A,B]=0$。为了证明反方向也成立，设 $|a,j\rangle$ 是 A 的特征值 a 的本征空间 V_a 的一组标准正交基；指标 j 用来标记可能的简并。注意到

$$AB|a,j\rangle = BA|a,j\rangle = aB|a,j\rangle \tag{2.71}$$

因此 $B|a,j\rangle$ 是本征空间 V_a 里的一个元素。设 P_a 为空间 V_a 上的投影，定义 $B_a \equiv P_aBP_a$。易知 B_a 限制到空间 V_a 上是厄米的，因此在张成空间 V_a 的特征向量组成的标准正交基下可以进行谱分解。我们称这些特征向量为 $|a,b,k\rangle$，其中 a 和 b 表示 A 和 B_a 的特征值，k 是一个额外的指标，

表示 B_a 中可能出现的简并。注意到 $B|a,b,k\rangle$ 是 V_a 中的一个元素，所以 $B|a,b,k\rangle = P_aB|a,b,k\rangle$。与此同时，我们有 $P_a|a,b,k\rangle = |a,b,k\rangle$，所以

$$B|a,b,k\rangle = P_aBP_a|a,b,k\rangle = b|a,b,k\rangle \tag{2.72}$$

故 $|a,b,k\rangle$ 是 B 的特征值 b 对应的特征向量，因此 $|a,b,k\rangle$ 是 A 和 B 共同特征向量组成的一组标准正交集，它张成了 A 和 B 所在的整个向量空间。也就是说，A 和 B 可同时对角化。

□

习题 2.40（泡利矩阵的对易关系） 验证下面的对易关系

$$[X,Y] = 2\mathrm{i}Z; \quad [Y,Z] = 2\mathrm{i}X; \quad [Z,X] = 2\mathrm{i}Y \tag{2.73}$$

它还有一种优雅的书写方式，使用有三个指标的反对称张量 ϵ_{jkl}。其中除了 $\epsilon_{123} = \epsilon_{231} = \epsilon_{312} = 1$ 和 $\epsilon_{321} = \epsilon_{213} = \epsilon_{132} = -1$，其余的 $\epsilon_{jkl} = 0$：

$$[\sigma_j, \sigma_k] = 2\mathrm{i}\sum_{l=1}^{3}\epsilon_{jkl}\sigma_l \tag{2.74}$$

习题 2.41（泡利矩阵的反对易关系） 验证下面的反对易关系

$$\{\sigma_i, \sigma_j\} = 0 \tag{2.75}$$

其中在集合 $1,2,3$ 中选择的 i 和 j 满足 $i \neq j$。再验证（$i = 0,1,2,3$）：

$$\sigma_i^2 = I \tag{2.76}$$

习题 2.42 验证

$$AB = \frac{[A,B] + \{A,B\}}{2} \tag{2.77}$$

习题 2.43 证明对 $j,k = 1,2,3$ 有

$$\sigma_j\sigma_k = \delta_{jk}I + \mathrm{i}\sum_{l=1}^{3}\epsilon_{jkl}\sigma_l \tag{2.78}$$

习题 2.44 假设 $[A,B] = 0, \{A,B\} = 0$，并且 A 是可逆的。证明 B 必须是 0。

习题 2.45 证明 $[A,B]^\dagger = [B^\dagger, A^\dagger]$。

习题 2.46 证明 $[A,B] = -[B,A]$。

习题 2.47 假设 A 和 B 是厄米的，证明 $\mathrm{i}[A,B]$ 是厄米的。

2.1.10　极式分解和奇异值分解

极式（polar）分解和奇异值（singular value）分解是将线性算子分解得更简单有用的方法。特别地，这些分解可将一般的线性算子分解为酉算子和正算子的乘积。虽然我们对一般的线性算子的结构了解得不是特别清楚，但对酉算子和正算子的很多细节都有了解。极式分解和奇异值分解可用来更好地理解一般的线性算子。

定理 2.3（极式分解）　设 A 是向量空间 V 上一个线性算子。那么存在酉算子 U 和正算子 J, K 使得

$$A = UJ = KU \tag{2.79}$$

其中 $J \equiv \sqrt{A^\dagger A}, K \equiv \sqrt{AA^\dagger}$，并且 J 和 K 是唯一满足这些等式的正算子。而且，如果 A 是可逆的，那么 U 是唯一的。

我们称表达式 $A = UJ$ 是 A 的左极式分解，$A = KU$ 是 A 的右极式分解。通常，我们会省略掉“左”和“右”，而用“极式分解”来表示两个表达式，根据上下文来推断究竟是哪一个。

证明

$J \equiv \sqrt{A^\dagger A}$ 是一个正算子，所以它能够被谱分解，$J = \sum_i \lambda_i |i\rangle\langle i| (\lambda_i \geqslant 0)$。定义 $|\psi_i\rangle \equiv A|i\rangle$。根据定义，我们有 $\langle\psi_i|\psi_i\rangle = \lambda_i^2$。从现在开始只考虑那些满足 $\lambda_i \neq 0$ 的 i。对于这些 i，定义 $|e_i\rangle \equiv |\psi_i\rangle/\lambda_i$，所以 $|e_i\rangle$ 是归一化的。而且它们是正交的，因为如果 $i \neq j$，那么 $\langle e_i|e_j\rangle = \langle i|A^\dagger A|j\rangle/\lambda_i\lambda_j = \langle i|J^2|j\rangle/\lambda_i\lambda_j = 0$。

我们考虑了 $\lambda_i \neq 0$ 时的 i。现在用格拉姆-施密特方法扩展标准正交集 $|e_i\rangle$，使其形成一组标准正交基，我们也用 $|e_i\rangle$ 来表示它。定义酉算子 $U \equiv \sum_i |e_i\rangle\langle i|$。当 $\lambda_i \neq 0$ 时有 $UJ|i\rangle = \lambda_i|e_i\rangle = |\psi_i\rangle = A|i\rangle$。当 $\lambda_i = 0$ 时有 $UJ|i\rangle = 0 = |\psi_i\rangle$。我们已经证明了 A 和 UJ 在基 $|i\rangle$ 上的作用一样。因此 $A = UJ$。

J 是唯一的。因为将 $A = UJ$ 左边乘以伴随等式 $A^\dagger = JU^\dagger$ 得到 $J^2 = A^\dagger A$，从中可以看出 $J = \sqrt{A^\dagger A}$，并且它是唯一的。容易知道，如果 A 是可逆的，那么 J 也是可逆的，所以 U 唯一地由方程 $U = AJ^{-1}$ 确定。右极式分解的证明如下，因为 $A = UJ = UJU^\dagger U = KU$，其中 $K \equiv UJU^\dagger$ 是一个正算子。又因为 $AA^\dagger = KUU^\dagger K = K^2$，所以肯定有 $K = \sqrt{AA^\dagger}$，证毕。

□

奇异值分解将极式分解和谱分解定理结合了起来。

推论 2.4（奇异值分解）　设 A 是一个方阵。那么存在酉矩阵 U 和 V，以及非负对角阵 D，使得

$$A = UDV \tag{2.80}$$

D 的对角元素称为 A 的奇异值。

证明

根据极式分解，酉矩阵 S 和半正定矩阵 J 使得 $A = SJ$。根据谱分解定理，存在酉矩阵 T 和非负对角阵 D 使得 $J = TDT^\dagger$。令 $U \equiv ST$ 和 $V \equiv T^\dagger$ 即可完成证明。

□

习题 2.48 半正定矩阵 P 的极式分解是什么？酉矩阵 U 的极式分解是什么？厄米矩阵 H 的极式分解是什么？

习题 2.49 用外积的形式表示出一个正规矩阵的极式分解。

习题 2.50 找出下列矩阵的左极式分解和右极式分解。

$$\begin{bmatrix} 1 & 0 \\ 1 & 1 \end{bmatrix} \tag{2.81}$$

2.2 量子力学的假设

所有的理解从拒绝世界的表象开始。

——Alan Kay

最难以理解的事是这个世界是可以理解的。

——阿尔伯特 · 爱因斯坦

量子力学是为了发展物理理论而形成的数学框架。量子力学本身不会告诉你量子系统遵循什么样的规律，但它为发展这些规律提供了一个数学和概念的框架。在接下来的几节里，我们会给出量子力学基本公设的完整描述。这些公设为物理世界和量子力学里的数学描述建立了联系。

量子力学的公设基于长期的尝试和（主要是）失败而推导出来，它包含了创始者的大量的猜测和摸索。如果对这个公设的动机不是那么清楚，不要惊讶；因为专家对于量子力学里的这些基本公设也是很惊讶的。通过下面几节的学习，你应该很好地理解这些公设——知道何时及如何应用它们。

2.2.1 状态空间

量子力学的第一条公设确立了量子力学所适用的场合。这个空间是我们在线性代数中所熟悉的——希尔伯特空间。

公设 1： 任意一个孤立的物理系统都与一个称为系统状态空间的复内积向量空间（也就是希尔伯特空间）相联系。系统完全由状态向量来描述，它是系统状态空间里的一个单位向量。

量子力学并不告诉我们对于一个给定的物理系统，其状态空间是什么，也不告诉我们这个系统的状态向量是什么。对于一个特定的系统来说，弄清楚这个问题是一件困难的事情，为此物理学家制定了一系列复杂和漂亮的规则。例如，有一个很好的理论叫量子电动力学（通常称为

QED ），它描述了原子和光之间的相互作用。QED 的一个方面告诉了我们该用何种状态空间来给出原子和光的量子描述。我们不太关心例如 QED 这种复杂的理论（除了在第 7 章中应用于物理实现），因为我们最感兴趣的是量子力学提供的一般的框架。就我们的目的而言，我们关于感兴趣的系统的状态空间做一些非常简单（并合理）的假设，并坚持这些假设，这就足够了。

最简单也是我们最关心的量子力学系统是量子比特。量子比特是一个二维的状态空间。假设 $|0\rangle$ 和 $|1\rangle$ 形成了这个状态空间的一组标准正交基，那么这个状态空间的任意向量都可以写成

$$|\psi\rangle = a|0\rangle + b|1\rangle \tag{2.82}$$

其中 a 和 b 是任意的复数。$|\psi\rangle$ 是一个单位向量的条件是 $\langle\psi|\psi\rangle = 1$，等价于 $|a|^2 + |b|^2 = 1$。条件 $\langle\psi|\psi\rangle = 1$ 通常称为状态向量的归一化条件。

我们视量子比特为最基本的量子力学系统。在后面第 7 章中，我们会看到描述量子比特的物理系统是真实存在的。但就目前而言，我们在不涉及特定实现的抽象层面上讨论就足够了。对量子比特的讨论总是基于提前确定好的标准正交基 $|0\rangle$ 和 $|1\rangle$。直观上，状态 $|0\rangle$ 和 $|1\rangle$ 可类比于一个比特能取到的两个值 0 和 1。量子比特与比特的区别在于这两个状态可以叠加，产生 $a|0\rangle + b|1\rangle$ 的形式。叠加态下不能说这两个比特处于确定的 $|0\rangle$ 或 $|1\rangle$。

最后我们介绍一些在描述量子状态中有用的术语。我们说任意的线性组合 $\sum_i \alpha_i|\psi_i\rangle$ 应理解为状态 $|\psi_i\rangle$ 以振幅 α_i 的叠加。例如，状态

$$\frac{|0\rangle - |1\rangle}{\sqrt{2}} \tag{2.83}$$

是状态 $|0\rangle$ 和 $|1\rangle$ 的叠加，其中 $|0\rangle$ 的振幅是 $1/\sqrt{2}$，$|1\rangle$ 的振幅是 $-1/\sqrt{2}$。

2.2.2　演化

量子力学系统里的状态 $|\psi\rangle$ 是如何随着时间而改变的？下面的公设为态的变化提供了一种描述。

公设 2： 封闭量子系统的演化可用酉变换（unitary transformation）来描述。也就是说，系统在 t_1 时所处的状态 $|\psi\rangle$ 和在 t_2 时所处的状态 $|\psi'\rangle$ 是通过一个仅与时间 t_1 和 t_2 有关的酉算子 U 联系起来的。

$$|\psi'\rangle = U|\psi\rangle \tag{2.84}$$

正如量子力学不会告诉我们一个特定量子系统中的状态空间或者量子态一样，它也不会告诉我们哪个酉算子 U 描述了现实世界的量子动力学。量子力学仅仅告诉我们封闭量子系统可以这么描述。一个很明显的问题是：自然选择什么样的酉算子？在单量子比特的情况下，所有的酉算子都能够在实际的系统中实现。

我们来看一些在量子计算和量子信息中很重要的单量子比特上的酉算子的例子。我们已经看到了一些这样的酉算子例子——在 2.1.3 节定义的泡利矩阵和第 1 章描述的量子门。正如

在 1.3.1 节说到的那样，X 矩阵经常被视为量子非门，与经典的非门相对应。泡利矩阵的 X 门和 Z 门有时也被视为比特翻转和相位翻转矩阵。矩阵 X 将 $|0\rangle$ 变成 $|1\rangle$，将 $|1\rangle$ 变成 $|0\rangle$，所以它被称为比特翻转矩阵。Z 矩阵保持 $|0\rangle$ 不变，将 $|1\rangle$ 变成 $-|1\rangle$，因为 -1 被视为相位因子，所以它被称为相位翻转矩阵。我们一般不用相位翻转矩阵来称呼 Z，因为它很容易与第 4 章定义的相位门相混淆。（ 2.2.7 节有关于相位一词更详细的讨论。）

另外一个有趣的酉算子是阿达玛门（Hadamard gate），记为 H。它的作用为 $H|0\rangle \equiv (|0\rangle + |1\rangle)/\sqrt{2}, H|1\rangle \equiv (|0\rangle - |1\rangle)/\sqrt{2}$，并且相应的矩阵表示为

$$H = \frac{1}{\sqrt{2}}\begin{bmatrix} 1 & 1 \\ 1 & -1 \end{bmatrix} \tag{2.85}$$

习题 2.51 验证阿达玛门 H 是酉的。

习题 2.52 验证 $H^2 = I$。

习题 2.53 H 的特征值和特征向量是什么？

公设 2 要求所描述的系统是封闭的。也就是它与其他系统没有任何形式的相互作用。当然，事实上所有的系统多多少少都与其他系统有相互作用（除了将宇宙作为整体）。然而，可以近似描述为封闭的系统是存在的，并且用酉演化可以给出一个很好的近似描述。而且，至少原则上每个开系统都能描述成一个更大的酉演化的封闭系统（宇宙）的一部分。后面我们将介绍描述非封闭系统的更多工具，但现在我们继续描述封闭系统的演化。

公设 2 描述了一个封闭量子系统的量子态在两个不同时间是如何相关的。这个公设更精细的版本描述了量子系统在连续时间上的演化。从这个更精细的公设我们将重新得到公设 2。在我们开始修改公设前，需要指出两点。一是对记号的注解。下面讨论的算子 H 与我们刚刚介绍的阿达玛算子是不同的。二是下面的公设会用到微分方程。对于那些几乎没有学习过微分方程的读者，我们重申，除了在第 7 章中量子信息处理的真实物理实现部分，微分方程在本书中不会出现太多次。

公设 2'：封闭量子系统中态的演化由薛定谔方程描述

$$\mathrm{i}\hbar\frac{\mathrm{d}\,|\psi\rangle}{\mathrm{d}\,t} = H|\psi\rangle \tag{2.86}$$

在这个方程中，$\hbar$ 是一个物理常数，被称为普朗克常数，它的值由实验确定。它的精确值对我们来说不重要。实践中，经常把因子 $\hbar$ 放入 H 中，置 $\hbar = 1$。H 是一个称为封闭系统哈密顿量的固定厄米算子。

如果我们知道一个系统的哈密顿量，那么（加上对 $\hbar$ 的了解）我们至少在原理上完全理解了它的动力学。一般而言，找出一个描述特定物理系统的哈密顿量是一个非常困难的问题——20 世纪物理学的很多工作与这个问题有关——这需要从实验中得到实质性的结果才能回答。对于我们而言，这是在量子力学框架中用物理理论来解决的细节问题——在原子这样或那样的结构中，我们需要用什么样的哈密顿量来描述它们——而并非量子力学理论本身需要解决的问题。在量子

计算和量子信息的讨论中，大部分时间我们都不需要讨论哈密顿量。即使我们用到了，也通常只是假设某个矩阵为哈密顿量来作为问题的起始点，然后继续下去，而不去追究为什么用这个哈密顿量。

因为哈密顿量是一个厄米算子，所以它有谱分解

$$H = \sum_E E|E\rangle\langle E| \tag{2.87}$$

其中它的特征值为 E 并且相应的特征向量为 $|E\rangle$，状态 $|E\rangle$ 一般被称为能量本征态（energy eigenstate），有时也被称为稳态（stationary state），E 是状态 $|E\rangle$ 的能量。最低的能量称为系统的基态能量（ground state energy），相应的能量本征态（或本征空间）称为基态（ground state）。状态 $|E\rangle$ 有时称为稳态，原因是它们随时间变化的仅仅是一个数值因子，

$$|E\rangle \to \exp(-\mathrm{i}Et/\hbar)|E\rangle \tag{2.88}$$

例如，假设单量子比特有哈密顿量

$$H = \hbar\omega X \tag{2.89}$$

在这个等式中 ω 是一个参数，在实际中它的值需要通过实验来确定。我们在此不用过多关心这个参数，它只是为了给出在学习量子计算和量子信息时有时会用到的哈密顿量的类型。这个哈密顿量的能量本征态显然与 X 的本征态相同，即 $(|0\rangle+|1\rangle)/\sqrt{2}$ 和 $(|0\rangle-|1\rangle)/\sqrt{2}$，相应的能量是 $\hbar\omega$ 和 $-\hbar\omega$。因此它的基态是 $(|0\rangle-|1\rangle)/\sqrt{2}$，基态能量是 $-\hbar\omega$。

公设 2' 中的哈密顿量的动力学描述和公设 2 中的酉算子描述之间有什么联系？答案在于薛定谔方程的解，很容易验证：

$$|\psi(t_2)\rangle = \exp\left[\frac{-\mathrm{i}H(t_2-t_1)}{\hbar}\right]|\psi(t_1)\rangle = U(t_1,t_2)|\psi(t_1)\rangle \tag{2.90}$$

其中定义

$$U(t_1,t_2) \equiv \exp\left[\frac{-\mathrm{i}H(t_2-t_1)}{\hbar}\right] \tag{2.91}$$

我们将在习题中证明这个算子是酉的，而且，任意的酉算子 U 都可以写成 $U=\exp(iK)$ 的形式，其中 K 是某个厄米算子。因此在用酉算子的离散时间动力学描述和用哈密顿量的连续时间动力学描述之间存在一一对应关系。本书的大部分内容我们会用量子演化的酉描述。

习题 2.54　假设 A 和 B 是对易的厄米算子。证明 $\exp(A)\exp(B)=\exp(A+B)$。（提示：用 2.1.9 节中的结论。）

习题 2.55　证明在式 (2.91) 中定义的 $U(t_1t_2)$ 是酉的。

习题 2.56　用谱分解证明 $K\equiv -\mathrm{i}\log(U)$ 对任意酉算子 U 都是厄米的，因此 $U=\exp(iK)$ 对某个厄米的 K 成立。

在量子计算和量子信息中我们经常会说把一个酉算子应用到一个特定的量子系统。例如，在量子电路的情况下，我们会说把酉门 X 作用到单量子比特上。这是否与我们之前所说的酉算子是描述封闭系统的演化相矛盾？毕竟，如果我们应用一个酉算子，那么就意味着有一个外在的“我们”与量子系统相互作用，因而这个系统就不封闭了。

将激光聚焦到一个原子上就是这样一个例子。经过一番努力之后，我们有可能写出描述整个原子-激光系统的哈密顿量。有趣的事情在于当我们写下原子-激光系统的哈密顿量并只考虑原子带来的影响时，原子状态向量可用另一个哈密顿量——原子哈密顿量来近似，但不是完全描述。原子哈密顿量包含激光强度和与激光的其他参数有关的项，并且我们可以随意改变这些项。尽管原子不是一个封闭系统，但原子的演化仿佛是由我们可以随意改变的哈密顿量来描述似的。

更一般地，对于许多像这样的系统都可以写出量子系统的一个时变的哈密顿量。也即系统的哈密顿量不再是一个常数，而是在实验者的控制之下，在实验过程中根据某些参数变化。因此这个系统不再封闭，但在很好的近似程度上，是按照具有时变的哈密顿量的薛定谔方程的演化。

我们得到如下结果：尽管开始时系统不封闭，我们也经常用酉算子来描述量子系统的演化。其中一个主要的例外是下一节要讨论的量子测量。随后，我们将更详细地研究由于与其他系统的相互作用而可能偏离酉演化的情况，并更精确地理解现实量子系统的动力学。

2.2.3 量子测量

我们已假定封闭系统按酉算子演化。尽管系统的演化不与世界的其余部分相互作用，但有时候实验者或者实验设备——换句话说外部物理系统——需要观察系统，以了解系统内部在发生什么。这个观测作用使得系统不再封闭，也就是说系统不再遵循酉演化。为了解释这样做的影响，我们将引入公设 3，它为描述量子系统的测量提供了一种手段。

公设 3：量子测量由一组*测量算子*（measurement operator）$\{M_m\}$ 描述。这些算子作用在被测系统的状态空间上。指标 m 表示在实验中可能出现的测量结果。如果在测量前量子系统的最新状态是 $|\psi\rangle$，那么测量结果是 m 的概率为

$$p(m) = \langle\psi|M_m^\dagger M_m|\psi\rangle \tag{2.92}$$

并且测量之后系统的状态为

$$\frac{M_m|\psi\rangle}{\sqrt{\langle\psi|M_m^\dagger M_m|\psi\rangle}} \tag{2.93}$$

测量算子满足*完备性方程*：

$$\sum_m M_m^\dagger M_m = I \tag{2.94}$$

完备性方程表达了概率加起来是 1 的事实：

$$1 = \sum_m p(m) = \sum_m \langle\psi|M_m^\dagger M_m|\psi\rangle \tag{2.95}$$

这个方程对所有的 $|\psi\rangle$ 都成立，并且等价于完备性方程。然而，直接检验完备性方程要容易得多，这也是它出现在公设叙述中的原因。

测量的一个简单但重要的例子是*在计算基下测量单量子比特*。这个在单量子比特上的测量有两个测量结果，由测量算子 $M_0 = |0\rangle\langle 0|$ 和 $M_1 = |1\rangle\langle 1|$ 决定。注意到每个测量算子都是厄米的，并且 $M_0^2 = M_0, M_1^2 = M_1$。所以它们满足完备性关系，$I = M_0^\dagger M_0 + M_1^\dagger M_1 = M_0 + M_1$。假设被测的状态是 $|\psi\rangle = a|0\rangle + b|1\rangle$，那么得到测量结果为 0 的概率是

$$p(0) = \langle\psi|M_0^\dagger M_0|\psi\rangle = \langle\psi|M_0|\psi\rangle = |a|^2 \tag{2.96}$$

类似地，测量结果为 1 的概率是 $p(1) = |b|^2$。这两种情况下测量之后的状态是

$$\frac{M_0|\psi\rangle}{|a|} = \frac{a}{|a|}|0\rangle \tag{2.97}$$

$$\frac{M_1|\psi\rangle}{|b|} = \frac{b}{|b|}|1\rangle \tag{2.98}$$

在 2.2.7 节我们将看到像 $a/|a|$ 这样模为 1 的倍数可以忽略，所以测量之后的有效状态正如第 1 章所述是 $|0\rangle$ 和 $|1\rangle$。

公设 3 是基本公设，这让很多人产生了兴趣。测量设备是量子力学系统，所以被测量的量子系统和测量设备一起是一个更大的孤立量子力学系统的一部分（也许需要包括除被测系统和测量设备外的量子系统才能获得一个完整的孤立系统，而这点是可以做到的）。根据公设 2，这个大的孤立系统的演化可以描述为酉演化。从这个描述中是否可以推导出公设 3 这个结果？尽管在这个问题上花了很多努力，但物理学家们关于是否能够推导出来这个问题还争论不休。然而我们准备采取非常实际的方式，也就是在应用时明白什么时候用公设 2，什么时候用公设 3，而不关心如何从一个公设推导出另一个公设。

下面几节我们会把公设 3 用到几个基础但非常重要的测量场景中。2.2.4 节描述了区分一组量子态的问题。2.2.5 节解释了公设 3 的一个特殊情况，*投影测量或冯·诺伊曼测量*。2.2.6 节解释了公设 3 的另外一个特殊情况，POVM 测量。很多量子力学的介绍只讨论投影测量，而忽视了对公设 3 或 POVM 元素的完整讨论。因此在专题 2.5 中我们描述了所讨论的不同测量之间的关系。

习题 2.57（*串联的测量等于单次测量*）　假设 $\{L_l\}$ 和 $\{M_m\}$ 是两组测量算子。证明一个先经过测量算子 $\{L_l\}$ 测量后再经过测量算子 $\{M_m\}$ 测量的顺次测量，在物理上等价于一个由测量算子 $\{N_{lm}\}$ 定义的测量，其中 $N_{lm} \equiv M_m L_l$。

2.2.4　区分量子态

公设 3 的一个重要应用是*区分量子态*（distinguishing quantum states）。在经典世界里，研究对象的不同物理态至少在原则上是可以区分的。例如，在理想情况下我们总能知道硬币是正面向上还是反面向上。在量子力学里面，这种情况要复杂得多。在 1.6 节我们指出了非正交量子态不

可区分。以公设 3 为基础，我们对这个事实给出更令人信服的说明。

像很多量子计算和量子信息里的观点一样，可区分性用 Alice 和 Bob 的双方游戏来类比说明就很容易理解了。Alice 从双方都知道的一组态之中选择一个态 $|\psi_i\rangle(1 \leqslant i \leqslant n)$，她把态 $|\psi_i\rangle$ 交给 Bob，Bob 的任务是找出 Alice 给他的状态的指标 i。

假设态 $|\psi_i\rangle$ 是正交的，那么 Bob 可通过以下步骤做量子测量而区分这些态。对每个可能指标定义一个测量算子 $M_i \equiv |\psi_i\rangle\langle\psi_i|$，再定义一个测量算子 M_0，它是正算子 $I - \sum_{i\neq 0}|\psi_i\rangle\langle\psi_i|$ 的非负平方根。这些算子满足完备性关系，如果状态是 $|\psi_i\rangle$，那么 $p(i) = \langle\psi_i|M_i|\psi_i\rangle = 1$，也就是测量结果一定是 i。因此，可以可靠地区分正交态 $|\psi_i\rangle$。

与之对照，如果态 $|\psi_i\rangle$ 不是正交的，那么我们能够证明没有量子测量能够区分这些态。思路是，Bob 做一个测量算子为 M_j，测量结果为 j 的测量。Bob 根据测量结果用某些规则 $i = f(j)$ 来猜测指标 i，其中 $f(\cdot)$ 表示 Bob 用的猜测规则。Bob 不能区分非正交态 $|\psi_1\rangle$ 和 $|\psi_2\rangle$ 的关键在于 $|\psi_2\rangle$ 有平行于 $|\psi_1\rangle$ 的分量（非零）和垂直于 $|\psi_1\rangle$ 的分量。假设 j 是使得 $f(j) = 1$ 的测量结果，也就是说，Bob 观测到 j 时会猜测这个状态为 $|\psi_1\rangle$。但由于 $|\psi_2\rangle$ 有平行于 $|\psi_1\rangle$ 的分量，所以当测量前状态为 $|\psi_2\rangle$ 时，得到的测量结果为 j 的概率不是 0。所以 Bob 有时会出现错误的判断。专题 2.3 中将讨论非正交态不可区分的一个更严格的证明，但上述讨论给出了其最根本的想法。

专题 2.3　非正交态不可区分的证明

用反证法证明没有测量能够区分非正交态 $|\psi_1\rangle$ 和 $|\psi_2\rangle$。假设这个测量是可能的，如果测量前的状态是 $|\psi_1\rangle(|\psi_2\rangle)$，则测量到 j 使得 $f(j) = 1(f(j) = 2))$ 的概率为 1。定义 $E_i \equiv \sum_{j:f(j)=i} M_j^\dagger M_j$。这些观测可以写成

$$\langle\psi_1|E_1|\psi_1\rangle = 1;\quad \langle\psi_2|E_2|\psi_2\rangle = 1 \tag{2.99}$$

由于 $\sum_i E_i = I$，所以 $\sum_i\langle\psi_1|E_i|\psi_1\rangle = 1$。又因为 $\langle\psi_1|E_1|\psi_1\rangle = 1$，所以一定有 $\langle\psi_1|E_2|\psi_1\rangle = 0$，因此 $\sqrt{E_2}|\psi_1\rangle = 0$。假设我们有分解 $|\psi_2\rangle = \alpha|\psi_1\rangle + \beta|\varphi\rangle$，其中 $|\varphi\rangle$ 与 $|\psi_1\rangle$ 正交，$|\alpha|^2 + |\beta|^2 = 1$，并且 $|\beta| < 1$，因为 $|\psi_1\rangle$ 和 $|\psi_2\rangle$ 不是正交的。于是 $\sqrt{E_2}|\psi_2\rangle = \beta\sqrt{E_2}|\varphi\rangle$，而这与式 (2.99) 矛盾，因为

$$\langle\psi_2|E_2|\psi_2\rangle = |\beta|^2\langle\varphi|E_2|\varphi\rangle \leqslant |\beta|^2 < 1 \tag{2.100}$$

其中倒数第二个不等式来自以下事实：

$$\langle\varphi|E_2|\varphi\rangle \leqslant \sum_i\langle\varphi|E_i|\varphi\rangle = \langle\varphi|\varphi\rangle = 1 \tag{2.101}$$

2.2.5　投影测量

本节将说明一般测量公设——公设 3 的一个重要的特例。这类特殊的测量即投影测量。在量子计算和量子信息的很多应用中，我们主要考虑投影测量。事实上，在增加了公设 2 中描述的酉

变换的能力之后，投影测量实际上等价于一般测量公设。2.2.8 节将详细说明这种等价性，因为投影测量与公设 3 表面上有很大的不同。

投影测量： 一个投影测量由被观测系统状态空间上的一个可观测量M 来描述，M 是一个厄米算子。这个可观测量有谱分解

$$M = \sum_m m P_m \tag{2.102}$$

其中 P_m 是到 M 的特征值为 m 的本征空间上的投影。测量的可能结果对应于可观测量的特征值 m。当测量状态为 $|\psi\rangle$ 时，得到结果为 m 的概率是

$$p(m) = \langle\psi|P_m|\psi\rangle \tag{2.103}$$

给定测量结果 m，测量后量子状态立即变成

$$\frac{P_m|\psi\rangle}{\sqrt{p(m)}} \tag{2.104}$$

投影测量可以理解为公设 3 的特例。设公设 3 中的测量算子除了满足完备性关系 $\sum_m M_m^\dagger M_m = I$，也满足 M_m 是正交投影算子这个条件。即，M_m 是厄米的，并且 $M_m M_{m'} = \delta_{m,m'} M_m$。有了这些附加的限制，公设 3 就变成了刚刚定义的投影测量。

专题 2.4　海森伯不确定性原理

也许量子力学里面最有名的结果就是海森伯不确定性原理（旧译作测不准原理）。假设 A 和 B 是两个厄米算子，$|\psi\rangle$ 是一个量子态。假设 $\langle\psi|AB|\psi\rangle = x + iy$，其中 x 和 y 是实数。注意到 $\langle\psi|[A,B]|\psi\rangle = 2iy$ 和 $\langle\psi|\{A,B\}|\psi\rangle = 2x$。这意味着

$$|\langle\psi|[A,B]|\psi\rangle|^2 + |\langle\psi|\{A,B\}|\psi\rangle|^2 = 4|\langle\psi|AB|\psi\rangle|^2 \tag{2.105}$$

根据柯西-施瓦茨不等式，有

$$|\langle\psi|AB|\psi\rangle|^2 \leqslant \langle\psi|A^2|\psi\rangle\langle\psi|B^2|\psi\rangle \tag{2.106}$$

将它与式 (2.105) 结合并去掉非负项，有

$$|\langle\psi|[A,B]|\psi\rangle|^2 \leqslant 4\langle\psi|A^2|\psi\rangle\langle\psi|B^2|\psi\rangle \tag{2.107}$$

假设 C 和 D 是两个可观测量，将 $A = C - \langle C\rangle$ 和 $B = D - \langle D\rangle$ 代入上述不等式，就得到了

海森伯不确定性原理的一般表达式

$$\Delta(C)\Delta(D) \geqslant \frac{|\langle\psi|[C,D]|\psi\rangle|}{2} \tag{2.108}$$

需要注意一下对于不确定性原理的一个常见误解，那就是以 $\Delta(C)$ 的精度观测 C 会引起 D 的值受到大小为 $\Delta(D)$ 的干扰，$\Delta(D)$ 满足某些类似于式 (2.108) 的不等式。尽管在量子力学里面测量会引起被测系统的扰动是真的，但这不是不确定性原理所强调的。

对不确定性原理正确的解读是如果我们准备了大量具有相同状态 $|\psi\rangle$ 的量子系统。在其中一些系统上测量 C，在其余的系统上测量 D。那么 C 的结果的标准差 $\Delta(C)$ 乘以 D 的结果的标准差 $\Delta(D)$ 满足不等式 (2.108) 。

作为不确定性原理的一个例子，在测量量子状态 $|0\rangle$ 时考虑可观测量 X 和 Y。在式 (2.70) 中我们证明了 $[X,Y]=2iZ$，所以不确定性原理告诉我们

$$\Delta(X)\Delta(Y) \geqslant \langle 0|Z|0\rangle = 1 \tag{2.109}$$

它的一个基本结论是 $\Delta(X)$ 和 $\Delta(Y)$ 都必须严格大于 0，这个结论可以通过直接计算来验证。

投影测量有许多很好的性质。特别地，很容易计算投影测量的平均值。根据定义，测量的平均值（见附录 A 中关于概率论的基本定义和结论）是

$$\mathrm{E}(M) = \sum_m m p(m) \tag{2.110}$$

$$= \sum_m m\langle\psi|P_m|\psi\rangle \tag{2.111}$$

$$= \langle\psi|\left(\sum_m mP_m\right)|\psi\rangle \tag{2.112}$$

$$= \langle\psi|M|\psi\rangle \tag{2.113}$$

这是一个很有用的公式，能简化很多计算。可观测量 M 的平均值一般写成 $\langle M\rangle \equiv \langle\psi|M|\psi\rangle$。从这个平均值公式可推出与观测 M 相联系的标准差的公式

$$[\Delta(M)]^2 = \langle(M-\langle M\rangle)^2\rangle \tag{2.114}$$

$$= \langle M^2\rangle - \langle M\rangle^2 \tag{2.115}$$

这个标准差是对测量 M 的观测值典型分散程度的一个度量。特别地，如果进行大量的实验，其状态为 $|\psi\rangle$，可观测量 M 被测量，则观测值的标准差 $\Delta(M)$ 由公式 $\Delta(M)=\sqrt{\langle M^2\rangle-\langle M\rangle^2}$ 决定。这个对可观测量给出的测量和标准差的公式是推导出诸如海森伯不确定性原理等结论的一种优美的方法（见专题 2.4）。

习题 2.58 假设我们有一个量子系统处于可观测量 M 的本征态 $|\psi\rangle$，其对应的特征值为 m。那

么 M 的平均观测值和标准差是多少？

这里强调一下关于测量的两个广泛使用的说法。人们通常列一组满足关系 $\sum_m P_m = I$ 和 $P_m P_{m'} = \delta_{mm'} P_m$ 的正交投影算子 P_m 而不是给出一个描述投影算子的可观测量。这种做法的相应观测量为 $M = \sum_m m P_m$。另外一个广泛使用的术语"在基 $|m\rangle$ 下测量"，其中 $|m\rangle$ 是一组标准正交基。它仅仅是指在投影算子 $P_m = |m\rangle\langle m|$ 下的投影测量。

我们看一个在单量子比特上投影测量的例子。首先是对可观测量 Z 的测量，它有特征值 $+1$ 和 -1，相应的特征向量为 $|0\rangle$ 和 $|1\rangle$。因此，例如，在状态 $|\psi\rangle = (|0\rangle + |1\rangle)/\sqrt{2}$ 下测量 Z，以概率 $\langle\psi|0\rangle\langle 0|\psi\rangle = 1/2$ 得到结果 $+1$。类似地，会以 $1/2$ 的概率得到 -1。更一般地，假设 $\vec{v}$ 是一个任意的三维实单位向量。那么我们可以定义观测量

$$\vec{v} \cdot \vec{\sigma} \equiv v_1\sigma_1 + v_2\sigma_2 + v_3\sigma_3 \tag{2.116}$$

对这个可观测量的测量，由于历史原因有时也被称为"对自旋沿着 $\vec{v}$ 轴的测量"。在下面三个习题中，你将发现这种测量的一些基本但很重要的性质。

习题 2.59 假设有一个状态为 $|0\rangle$ 的量子比特，并且我们测量可观测量 X，求 X 的平均值和标准差分别是多少？

习题 2.60 证明 $\vec{v}\cdot\vec{\sigma}$ 有特征值 ± 1，并且到相应的本征空间上的投影是 $P_\pm = (I \pm \vec{v}\cdot\vec{\sigma})/2$。

习题 2.61 测量之前的状态为 $|0\rangle$，计算对 $\vec{v}\cdot\vec{\sigma}$ 测量之后得到结果 $+1$ 的概率。如果测量结果是 $+1$，那么测量之后系统的状态是什么？

2.2.6 POVM 测量

量子测量公设，即公设 3，包含两个要素。第一，它给出了描述测量统计的规则。即分别得到不同测量结果的概率。第二，它给出了描述测量之后系统状态的规则。然而，在某些应用之中我们对测量之后系统的状态不感兴趣，主要关心的是不同测量结果出现的概率。例如仅在结束时对系统测量一次的实验就是这种情况。这种情形下，名为 POVM 形式的数学工具特别适合于对测量结果的分析。（缩写词 POVM 代表"Positive Operator-Valued Measure"，这是一个技术术语，我们不追究其历史起源。）这种形式体系是测量公设 3 一般描述的简单结论，但是 POVM 理论是如此优美且广为使用，故值得在这里单独讨论。

假设在状态为 $|\psi\rangle$ 的量子系统中执行由测量算子 M_m 描述的测量。则得到结果 m 的概率由 $p(m) = \langle\psi|M_m^\dagger M_m|\psi\rangle$ 给出。假设我们定义

$$E_m \equiv M_m^\dagger M_m \tag{2.117}$$

根据公设 3 和初等线性代数，E_m 是一个满足 $\sum_m E_m = I$ 和 $p(m) = \langle\psi|E_m|\psi\rangle$ 的正算子。因此，算子 E_m 的集合足以确定不同测量结果的概率。算子 E_m 被称为与测量相关联的 POVM *元素*。完整的集合 $\{E_m\}$ 称为一个 POVM。

作为 POVM 的一个示例，考虑由测量算子 P_m 描述的投影测量，其中 P_m 是满足 $P_m P_{m'} = \delta_{mm'} P_m$ 和 $\sum_m P_m = I$ 的投影算子。在这个实例中（并且仅在这个实例中），所有 POVM 元与测量算子本身相同，因为 $E_m \equiv P_m^\dagger P_m = P_m$。

习题 2.62 证明测量算子和 POVM 元一致的任意测量都是投影测量。

上面提到，POVM 算子是半正定的并且满足 $\sum_m E_m = I$。设 $\{E_m\}$ 是任意满足 $\sum_m E_m = I$ 的正算子集合。我们将证明存在一组测量算子 M_m 来定义由 POVM $\{E_m\}$ 描述的测量。定义 $M_m \equiv \sqrt{E_m}$，我们将看到 $\sum_m M_m^\dagger M_m = \sum_m E_m = I$。因此集合 $\{M_m\}$ 描述了使用 POVM$\{E_m\}$ 的测量。由于这个原因，将 POVM 定义为满足如下条件的算子集合 $\{E_m\}$ 是很方便的：（a）每个算子 E_m 都是半正定的；（b）满足完备性关系 $\sum_m E_m = I$，它表达了概率和为 1 的事实。为了完成 POVM 的描述，我们再次注意到，给定 POVM $\{E_m\}$，得到结果 m 的概率为 $p(m) = \langle\psi|E_m|\psi\rangle$。

我们曾把投影测量看成是 POVM 的一个例子，由于我们没有学到很多新东西，所以并不是很令人兴奋。下面更复杂的例子说明了 POVM 形式体系的应用在量子计算和量子信息中对我们有直觉的指导意义。假设 Alice 给 Bob 一个量子比特，其状态处于 $|\psi_1\rangle = |0\rangle$ 或 $|\psi_2\rangle = (|0\rangle + |1\rangle)/\sqrt{2}$。正如在 2.2.4 节中解释的那样，Bob 不可能完全可靠地确定给他的态处于 $|\psi_1\rangle$ 还是 $|\psi_2\rangle$。然而，他可以进行一项在某些时候能区分状态并且不误判的测量。考虑一个由三个元素构成的 POVM

$$E_1 \equiv \frac{\sqrt{2}}{1+\sqrt{2}}|1\rangle\langle 1| \tag{2.118}$$

$$E_2 \equiv \frac{\sqrt{2}}{1+\sqrt{2}}\frac{\big(|0\rangle - |1\rangle\big)\big(\langle 0| - \langle 1|\big)}{2} \tag{2.119}$$

$$E_3 \equiv I - E_1 - E_2 \tag{2.120}$$

可以很直接地验证这些正算子满足完备性关系 $\sum_m E_m = I$，因此它们是一组合格的 POVM。

假设 Bob 收到的态是 $|\psi_1\rangle$，他用 POVM$\{E_1, E_2, E_3\}$ 来进行测量。他观测到结果 E_1 的概率是 0，因为 E_1 的选取保证了 $\langle\psi_1|E_1|\psi_1\rangle = 0$。因此，如果 Bob 测量的结果是 E_1，那么 Bob 可以很自信地说他收到的态一定是 $|\psi_2\rangle$。同理可得，如果测量结果是 E_2，那么 Bob 收到的态一定是 $|\psi_1\rangle$。然而有时候 Bob 的测量结果是 E_3，这个时候他区分不出来收到的是哪个态。不过关键在于 Bob 永远不会误判他收到的态。这个不错的性能是以 Bob 有时候得不到所收到量子态的任何信息为代价的。

这个简单的例子说明了 POVM 形式体系在只有测量统计重要的情况下，是刻画量子测量的一种简单而直观的方法。在本书后面的许多情况中，我们将只关注测量统计学，因此将使用 POVM，而不是在公设 3 中所描述的更一般的测量。

习题 2.63 假设有一个由测量算子 M_m 描述的测量。证明存在酉算子 U_m 使得 $M_m = U_m\sqrt{E_m}$，其中 E_m 是与测量相联系的 POVM。

习题 2.64 假设 Bob 收到从一组线性无关组 $|\psi_1\rangle, \cdots, |\psi_m\rangle$ 中选出的量子态。构造 POVM $\{E_1, E_2, \cdots, E_{m+1}\}$ 使得如果结果为 $E_i, 1 \leqslant i \leqslant m$，那么 Bob 可以确切地知道他收到的状态为 $|\psi_i\rangle$（POVM 必须使得对每个 i 都有 $\langle\psi_i|E_i|\psi_i\rangle > 0$）。

专题 2.5　一般测量、投影测量和 POVM

量子力学的大多数介绍材料都只描述投影测量，因此对于多数物理学家来说，可能对公设 3 中给出的测量的一般描述不熟悉，也可能不熟悉 2.2.6 节中描述的 POVM 形式体系。大多数物理学家不了解一般测量形式的原因是大部分物理系统只能以非常粗略的方式进行测量。在量子计算和量子信息中，我们的目标是对可能进行的测量进行精确的把控，因此应用更全面的测量形式描述是有帮助的。

当然，如 2.2.8 节所示，当考虑量子力学的其他公理时，投影测量加上酉操作与一般测量完全等价。因此，掌握了投影测量的物理学家可能会问：我们从一般形式体系公设 3 开始的目的是什么？这样做有几个原因。首先，从数学上看，一般测量在某种意义上比投影测量更简单，因为它们对测量算子的限制更少；例如，对于一般测量，不需要类似于投影测量的条件 $P_iP_j = \delta_{ij}P_i$。这种简单的结构还为一般测量提供了许多投影测量不具有的有用特性。其次，量子计算和量子信息中存在的重要问题——例如区分一组量子态的最优方法——的答案涉及一般测量，而不是投影测量。

从公设 3 开始的第三个原因与投影测量的可重复性有关。投影测量在以下情况是可重复的，即如果我们执行一次投影测量并获得结果 m，则重复测量会再次得到结果 m 并且不改变状态。为了证明这一点，假设 $|\psi\rangle$ 是初始状态。在第一次测量之后，状态为 $|\psi_m\rangle = (P_m|\psi\rangle)/\sqrt{\langle\psi|P_m|\psi\rangle}$。将 P_m 应用到 $|\psi_m\rangle$ 上不会改变它，因此我们有 $\langle\psi_m|P_m|\psi_m\rangle = 1$。所以重复测量每次都给出结果 m，而不改变状态。

投影测量的可重复性提醒我们量子力学中的许多重要测量都不是投影测量。例如，如果我们使用镀银屏幕来测量光子的位置，我们会在此过程中破坏光子。这当然使得无法重复测量光子的位置！许多其他量子测量在与投影测量相同的意义下也不能重复测量。对于这样的测量，必须使用公设 3 的一般测量公设。POVM 适用于什么场景？POVM 最好被视为一般测量形式的一个特例，它提供了一种研究一般测量的统计特性的最简单的方法，而无须了解测量后的状态。它是一种方便的数学工具，有时可为量子测量研究提供额外灵感。

2.2.7　相位

相位是量子力学中一个常用的术语，依据上下文具有几种不同的含义。这里可以方便地回顾其中的几个含义。例如，考虑状态 $e^{i\theta}|\psi\rangle$，其中 $|\psi\rangle$ 是状态向量，θ 是一个实数。我们认为除了全局相位因子（global phase factor）$e^{i\theta}$，状态 $e^{i\theta}|\psi\rangle$ 等于 $|\psi\rangle$。值得注意的是，对这两种状态的测量统计结果是相同的。为了说明这一点，假设 M_m 是一个与某个量子测量相关的测量算子，并注意到出现结果 m 的概率分别为 $\langle\psi|M_m^\dagger M_m|\psi\rangle$ 和 $\langle\psi|e^{-i\theta}M_m^\dagger M_m e^{i\theta}|\psi\rangle = \langle\psi|M_m^\dagger M_m|\psi\rangle$。因此，从观测的角度，这两个状态是相同的。出于这个原因，我们可以忽略全局相位因子，因为它与物理系统的可观测性质无关。

还有一种相位叫做相对相位（relative phase），它有着完全不同的含义。考虑状态

$$\frac{|0\rangle+|1\rangle}{\sqrt{2}} \quad \text{和} \quad \frac{|0\rangle-|1\rangle}{\sqrt{2}} \tag{2.121}$$

第一个状态中 $|1\rangle$ 的振幅为 $1/\sqrt{2}$，第二个状态中振幅为 $-1/\sqrt{2}$。在每一种情况下，振幅的大小是相同的，但它们的符号不同。更一般地，如果存在实数 θ，使得 $a=\exp(\mathrm{i}\theta)b$，那么我们称两个振幅 a 和 b 相差一个相对相位。如果两个状态的每个振幅都由一个相位因子相联系，那么我们称这两个状态在该基下相差一个相对相位。例如，上面的两种状态除一个相对相移外是相同的，因为 $|0\rangle$ 的振幅是相同的（相对相位因子为 1），而 $|1\rangle$ 的振幅仅相差一个相对因子 -1。相对相位因子与全局相位因子的区别在于，相对相位的相位因子可能因振幅而异。这就使得相对相位不同于全局相位，它是依赖基的选择的。因此，在某个基下，仅相对相位不同的状态会在测量统计中产生物理上可观测的差异，而不能像我们对仅差全局相位因子状态那样把这些态视为物理等价。

习题 2.65 在一个基下把状态 $(|0\rangle+|1\rangle)/\sqrt{2}$ 和 $(|0\rangle-|1\rangle)/\sqrt{2}$ 表示成相差一个相对相移的形式。

2.2.8 复合系统

假设我们感兴趣的是一个由两个（或多个）不同物理系统组成的复合量子系统。我们应该如何描述复合系统的状态？下面的公设描述了复合系统的状态空间是如何由分系统的状态空间构成的。

公设 4： 复合物理系统的状态空间是分物理系统的状态空间的张量积。此外，如果系统编号为 1 到 n，且系统 i 的状态被准备为 $|\psi_i\rangle$，则整个系统的联合状态是 $|\psi_1\rangle\otimes|\psi_2\rangle\otimes\cdots\otimes|\psi_n\rangle$。

为什么用张量积来描述一个复合物理系统的状态空间的数学结构呢？在一个层面上，我们可以不把它归约为更基本的概念，而是简单地作为一个基本公设来接受，并继续我们的讨论。毕竟，我们当然希望在量子力学中有一些描述复合系统的规范方法。我们还有别的办法可以得出这样的公设吗？这里有一个有时会用到的启发性方法。物理学家有时喜欢谈论量子力学的叠加原理（superposition principle of quantum mechanics），它指的是，如果 $|x\rangle$ 和 $|y\rangle$ 是一个量子系统的两种状态，那么任何叠加 $\alpha|x\rangle+\beta|y\rangle$ 也应该是量子系统的一个允许的状态，其中 $|\alpha|^2+|\beta|^2=1$。对于复合系统，很自然地有，如果 $|A\rangle$ 是系统 A 的一个状态，$|B\rangle$ 是系统 B 的一个状态，那么就应该有一个联合系统 AB 的相应的状态，记作 $|A\rangle|B\rangle$。将叠加原理应用于这种形式的乘积状态，我们就得到了上面给出的张量积公设。因为我们不把叠加原理视为我们描述量子力学的一个基本部分，所以这不是推导，但它让我们看到同一思想有时可以有不同的表述形式。

在文献中会遇到各种不同的复合系统符号。这种多样化的部分原因是，不同的符号更适合于不同的应用，并且有时引入一些专门的符号是很方便的。在上下文不明确时，可以用一个下标符号表示不同系统上的状态和运算符。例如，在包含三个量子比特的系统中，用 X_2 表示作用在第二个量子比特上的泡利算子 σ_x。

习题 2.66 证明对一个处于状态 $(|00\rangle+|11\rangle)/\sqrt{2}$ 的两量子比特系统的可观测量 X_1Z_2 测量的平均值为零。

在 2.2.5 节，我们曾指出投影测量和酉演化足以实现一般测量。这一说法的证明利用了复合量子系统，并且是公设 4 作用的一个很好的例子。假设我们有一个状态空间为 Q 的量子系统，希望在系统 Q 上执行由测量算子 M_m 定义的测量。为此，我们引入一个状态空间为 M 的辅助系统，该系统具有与我们希望实现的测量的可能结果一一对应的正交基 $|m\rangle$。这个辅助系统可以被看做仅仅是出现在构造中的一个数学装置，或者可以被物理地解释为引入到这个问题中的一个附加的量子系统，且其状态空间满足要求的性质。

令 $|0\rangle$ 为 M 的任一固定状态，在 Q 中状态 $|\psi\rangle$ 和状态 $|0\rangle$ 的乘积 $|\psi\rangle|0\rangle$ 上定义一个酉算子 U 如下：

$$U|\psi\rangle|0\rangle \equiv \sum_m M_m|\psi\rangle|m\rangle \tag{2.122}$$

利用状态集 $|m\rangle$ 的标准正交性和完备性关系 $\sum_m M_m^\dagger M_m = I$，我们可以看到 U 保持形如 $|\psi\rangle|0\rangle$ 的状态之间的内积，即

$$\langle\varphi|\langle 0|U^\dagger U|\psi\rangle|0\rangle = \sum_{m,m'} \langle\varphi|M_m^\dagger M_{m'}|\psi\rangle\langle m|m'\rangle \tag{2.123}$$

$$= \sum_m \langle\varphi|M_m^\dagger M_m|\psi\rangle \tag{2.124}$$

$$= \langle\varphi|\psi\rangle \tag{2.125}$$

由习题 2.67 的结果可知，U 可以被扩张为空间 $Q \otimes M$ 上的酉算子，我们仍记为 U。

习题 2.67　假设 V 是希尔伯特空间且 W 是其子空间，设 $U : W \to V$ 是一个保持内积的线性算子，即对于 W 中的 $|w_1\rangle$ 和 $|w_2\rangle$，有

$$\langle w_1|U^\dagger U|w_2\rangle = \langle w_1|w_2\rangle \tag{2.126}$$

证明存在扩张 U 的酉算子 $U' : V \to V$，即对所有 W 中的 $|w\rangle$ 有 $U'|w\rangle = U|w\rangle$，但 U' 是定义在整个空间 V 上。通常我们省略符号 $'$，仅用 U 来表示这个扩张。

在 U 作用在 $|\psi\rangle|0\rangle$ 之后，假设在两个系统上进行由投影算子 $P_m \equiv I_Q \otimes |m\rangle\langle m|$ 描述的投影测量，结果 m 出现的概率是

$$p(m) = \langle\psi|\langle 0|U^\dagger P_m U|\psi\rangle|0\rangle \tag{2.127}$$

$$= \sum_{m',m''} \langle\psi|M_{m'}^\dagger\langle m'|(I_Q \otimes |m\rangle\langle m|)M_{m''}|\psi\rangle|m''\rangle \tag{2.128}$$

$$= \langle\psi|M_m^\dagger M_m|\psi\rangle \tag{2.129}$$

正如在公设 3 中所给出的那样。在结果 m 出现的条件下，联合系统 QM 在测量后的状态是

$$\frac{P_m U|\psi\rangle|0\rangle}{\sqrt{\langle 0|\langle\psi|U^\dagger P_m U|\psi\rangle|0\rangle}} = \frac{M_m|\psi\rangle|m\rangle}{\sqrt{\langle\psi|M_m^\dagger M_m|\psi\rangle}} \tag{2.130}$$

系统 M 的测量后状态为 $|m\rangle$，且系统 Q 的状态为

$$\frac{M_m|\psi\rangle}{\sqrt{\langle\psi|M_m^\dagger M_m|\psi\rangle}} \tag{2.131}$$

正如公设 3 所规定的那样。因此酉演化、投影测量及引入辅助系统的能力，共同使任何形式的测量在公设 3 中得到实现。

公设 4 还使我们能够定义与复合量子系统相关的最有趣和最令人费解的想法之一——纠缠（entanglement）。考虑两量子比特态

$$|\psi\rangle = \frac{|00\rangle + |11\rangle}{\sqrt{2}} \tag{2.132}$$

这个状态具有一个显著的特性，即不存在单量子比特态 $|a\rangle$ 和 $|b\rangle$，使得 $|\psi\rangle = |a\rangle|b\rangle$。该事实读者可以自己证明。

习题 2.68 证明对于所有单量子比特态 $|a\rangle$ 和 $|b\rangle$，都有 $|\psi\rangle \neq |a\rangle|b\rangle$。

我们说，具有这种性质（不能写成其分系统状态的乘积）的复合系统的状态是一个纠缠态（entangled state）。纠缠态在量子计算和量子信息中起着至关重要的作用，并在本书的其余部分反复出现，但其原因没有人完全明白。在 1.3.7 节，我们已经看到纠缠在量子隐形传态中起了至关重要的作用。本章中，我们将给出纠缠量子态带来的奇异效应的两个例子：超密编码（2.3 节）和贝尔不等式的违反（2.6 节）。

2.2.9 量子力学：总览

我们现在已经解释了量子力学的所有基本公设。本书其余的大部分内容都将用这些公设来推导结论。让我们快速回顾一下这些公设并试着以全局视角看待。

公设 1 通过指定如何描述一个孤立量子系统的状态来设定量子力学的研究范畴。公设 2 告诉我们封闭量子系统的动态演化是由薛定谔方程，也就是酉演化来描述。公设 3 告诉我们如何通过规定测量的描述从量子系统中提取信息。公设 4 告诉我们如何把不同量子系统的状态空间相结合来描述复合系统。

至少用经典的眼光来看，量子力学的奇怪之处是我们不能直接观察状态向量。这有点像某种国际象棋游戏，你永远找不到每个棋子的确切位置，而只知道在棋盘上的排名。经典物理学及我们的直觉告诉我们物体的基本属性，如能量、位置和速度，可以直接通过观察得到。在量子力学中，这些量不再是基本的，取而代之的是无法直接观测到的状态向量。就好像量子力学中有一个只能间接和不完全地访问的隐藏世界。此外，仅仅观察一个经典系统并不一定会改变系统的状态。想象一下，如果你每次观测球都会改变它的位置，那么打网球将会多么困难！但根据公设 3，量子力学中的观测是一种破坏性的过程，它通常会改变系统的状态。

我们应该从量子力学的这些奇异特征中得出什么结论呢？是否有可能以一种数学上等价的方式重新表述量子力学，使它更类似经典物理学的结构？在 2.6 节中，我们将证明贝尔不等式，这

个令人惊讶的结果表明任何重新描述量子力学的尝试都是注定要失败的，我们无法摆脱量子力学反直觉的性质。当然，对此的正确反应是欢乐，而不是悲伤！它给了我们一个开发量子力学直观化思想工具的机会。此外，我们可以利用状态向量的隐藏特性来完成在经典世界中不可能的信息处理任务。没有这种反直觉的行为，量子计算和量子信息就没那么有趣了。

我们也可以问自己："如果量子力学和经典物理学如此不同，那么为什么日常世界看起来如此经典呢?"为什么我们在日常生活中看不到隐藏状态矢量的迹象？事实上，我们所看到的经典世界可以通过对量子力学在日常生活的时间、长度和质量尺度上作近似描述推导出来。解释量子力学如何推导出经典物理学的细节超出了这本书的范畴，感兴趣的读者可以查阅第 8 章末尾的"背景资料与延伸阅读"部分。

2.3　应用：超密编码

超密编码（superdense coding）是基本量子力学原理的一个简单但惊人的应用。如前几节所述，它以一种具体的、非平凡的方式组合了前面几节涉及的基础量子力学的所有基本思想，因此是可以用量子力学完成的信息处理任务的理想例子。

超密编码涉及两方，通常称为 Alice 和 Bob，他们彼此相距很远。他们的目标是将一些经典信息从 Alice 发送到 Bob。假设 Alice 拥有两个经典比特的信息要发送给 Bob，但只允许向 Bob 发送一个量子比特。她能实现自己的目标吗?

超密编码告诉我们，这个问题的答案是肯定的。假设 Alice 和 Bob 最初共享一对纠缠态

$$|\psi\rangle = \frac{|00\rangle + |11\rangle}{\sqrt{2}} \tag{2.133}$$

的量子比特。最初，Alice 拥有第一个量子比特，而 Bob 拥有第二个量子比特，如图 2-3 所示。注意，$|\psi\rangle$ 是固定状态；为制备此状态，Alice 不需要发送给 Bob 任何量子比特。相反，某个第三方可能提前制备了该纠缠状态，把其中一个量子比特发送给 Alice，另一个发送给 Bob。

通过将拥有的单个量子比特发送给 Bob，Alice 可以将两位经典信息传递给 Bob。下面是她采用的步骤。如果她想发送比特串"00"给 Bob，那么就不需要对她的量子比特做什么。如果她希望发送"01"，那么将相位翻转 Z 应用于她的量子比特上。如果她想发送"10"，那么将量子门 X 应用到她的量子比特上。如果她想发送"11"，那么将 iY 门应用于她的量子比特上。结果很容易看出，为以下 4 个状态：

$$00 : |\psi\rangle \to \frac{|00\rangle + |11\rangle}{\sqrt{2}} \tag{2.134}$$

$$01 : |\psi\rangle \to \frac{|00\rangle - |11\rangle}{\sqrt{2}} \tag{2.135}$$

$$10 : |\psi\rangle \to \frac{|10\rangle + |01\rangle}{\sqrt{2}} \tag{2.136}$$

$$11 : |\psi\rangle \to \frac{|01\rangle - |10\rangle}{\sqrt{2}} \tag{2.137}$$

正如 1.3.6 节所述，这 4 种状态被称为贝尔基、贝尔态或 EPR 对，以纪念几位首先发现纠缠现象新奇之处的先驱者。注意到贝尔态组成了一组标准正交基，因此可以通过适当的量子测量来区分。如果 Alice 把她的比特送给 Bob，让 Bob 拥有这两个量子比特，然后，通过在贝尔基上进行一次测量，Bob 可以确定 Alice 发送的是 4 个可能的比特串中的哪一个。

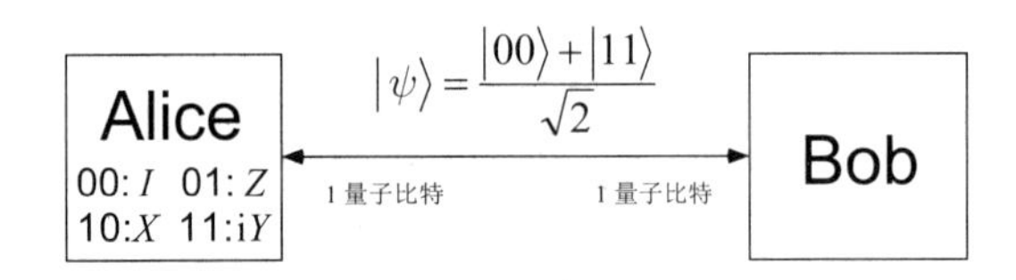

图 2-3 超密编码的初始设置，其中 Alice 和 Bob 均拥有一个纠缠量子比特对的一半。仅仅使用单个量子比特的通信和这种预先设定的纠缠，Alice 就可以使用超密编码来传送两个经典比特的信息给 Bob

总之，Alice 只与一个量子比特进行交互就可以向 Bob 发送两比特信息。当然，协议中涉及两个量子比特，但是 Alice 不需要与第二量子比特交互。从经典意义上讲，正如我们将在第 12 章中证明的，Alice 不可能只传送一个经典的比特而完成任务。此外，这令人瞩目的超密编码协议在实验室得到了部分验证（有关实验验证的参考资料，请参阅“背景资料与延伸阅读”）。在后面的章节中，我们将看到量子力学被用来执行信息处理任务的许多其他例子，其中一些比超密编码更加壮观。然而，在这个漂亮的例子中已经可以看到一个关键点：信息是物理的，量子力学等令人惊讶的物理理论可能预测出惊人的信息处理能力。

习题 2.69 验证贝尔基构成两量子比特状态空间的一组标准正交基。

习题 2.70 假设 E 是作用于 Alice 的量子比特上的任何正算子。证明当 $|\psi\rangle$ 是 4 种贝尔态之一时，值 $\langle\psi|E\otimes I|\psi\rangle$ 是相同的。假设某个恶意的第三方（Eve）在通过超密编码协议发送给 Bob 的途中截获了 Alice 的量子比特。Eve 能推断出 Alice 试图发送的是 4 条可能的比特串 $00, 01, 10, 11$ 中的哪一条吗？如果能，怎么推断？如果不能，为什么？

2.4 密度算子

我们用状态向量的语言建立了量子力学，另外一种描述是使用称为密度算子或密度矩阵的工具。这个替代方案与状态向量方法在数学上是等价的，但它在量子力学中的一些常见的场景下提供了一种更方便的语言。接下来的 3 小节描述了量子力学的密度算子形式。2.4.1 节使用量子态系综（ensemble）的概念引入了密度算子。2.4.2 节阐述了密度算子的某些一般性质。最后，2.4.3 节描述了密度算子真正漂亮的应用，即作为描述复合量子系统的各个子系统的工具。

2.4.1 量子状态的系综

密度算子语言为描述状态不完全已知的量子系统提供了一种方便的方法。更准确地说，假设一个量子系统以概率 p_i 处于多个状态 $|\psi_i\rangle$ 之一，其中 i 是一个指标，我们将把 $\{p_i,|\psi_i\rangle\}$ 称为一

个纯态系综（ensemble of pure states）。系统的密度算子定义为

$$\rho \equiv \sum_i p_i |\psi_i\rangle\langle\psi_i| \tag{2.138}$$

密度算子通常称为密度矩阵（density matrix），我们将交替使用这两个术语。事实证明，量子力学的所有公设都可以用密度算子的语言来重新表述。本小节和下一小节的目的就是解释如何进行这一重新表述，并解释什么时候它是有用的。无论是使用密度算子语言还是使用状态向量语言，这都是个人喜好问题，因为两者给出了相同的结果；然而有时用一种观点处理问题要比另一种容易得多。

例如，假设封闭量子系统的演化是由酉算子 U 描述的，如果系统初态为 $|\psi_i\rangle$ 的概率为 p_i，那么在演化之后，系统将以概率 p_i 处于状态 $U|\psi_i\rangle$。因此，密度算子的演化由下式描述：

$$\rho \equiv \sum_i p_i |\psi_i\rangle\langle\psi_i| \xrightarrow{U} \sum_i p_i U|\psi_i\rangle\langle\psi_i|U^\dagger = U\rho U^\dagger \tag{2.139}$$

测量也很容易用密度算子的语言描述。假设我们进行由测量算子 M_m 描述的测量，如果初态是 $|\psi_i\rangle$，那么得到结果 m 的概率为

$$p(m|i) = \langle\psi_i|M_m^\dagger M_m|\psi_i\rangle = \mathrm{tr}(M_m^\dagger M_m|\psi_i\rangle\langle\psi_i|) \tag{2.140}$$

其中我们应用式 (2.61) 以得到最后一个等式。根据全概率公式（参看附录 A 中对此的解释和概率论中的其他基本记号），得到结果 m 的概率是

$$p(m) = \sum_i p(m|i)p_i \tag{2.141}$$

$$= \sum_i p_i \,\mathrm{tr}(M_m^\dagger M_m|\psi_i\rangle\langle\psi_i|) \tag{2.142}$$

$$= \mathrm{tr}(M_m^\dagger M_m \rho) \tag{2.143}$$

在得到测量结果 m 之后，系统的密度算子是什么？如果初始状态为 $|\psi_i\rangle$，则获得结果 m 后的状态为

$$|\psi_i^m\rangle = \frac{M_m|\psi_i\rangle}{\sqrt{\langle\psi_i|M_m^\dagger M_m|\psi_i\rangle}} \tag{2.144}$$

因此，在经过一个产生结果 m 的测量之后，我们就得到了以概率为 $p(i|m)$ 处于状态 $|\psi_i^m\rangle$ 的状态系综。因此，相应的密度算子 ρ_m 是

$$\rho_m = \sum_i p(i|m)|\psi_i^m\rangle\langle\psi_i^m| = \sum_i p(i|m)\frac{M_m|\psi_i\rangle\langle\psi_i|M_m^\dagger}{\langle\psi_i|M_m^\dagger M_m|\psi_i\rangle} \tag{2.145}$$

但根据基础概率论，$p(i|m)=p(m,i)/p(m)=p(m|i)p_i/p(m)$。代入式 (2.143) 和式 (2.140) 得到

$$\rho_m=\sum_i p_i \frac{M_m|\psi_i\rangle\langle\psi_i|M_m^\dagger}{\operatorname{tr}(M_m^\dagger M_m\rho)} \tag{2.146}$$

$$=\frac{M_m\rho M_m^\dagger}{\operatorname{tr}(M_m^\dagger M_m\rho)} \tag{2.147}$$

我们所表示的是，与酉演化和测量有关的量子力学的基本公设可以用密度算子的语言重新表述。在下一小节中，我们通过给出不依赖于状态向量的密度算子的内在刻画来完成重新表述。

然而在此之前，再引入一些语言和一个关于密度算子的事实对我们是有帮助的。首先是语言。量子系统具有精确已知状态 $|\psi\rangle$ 称为处于纯态（pure state）。这种情况下，密度算子就是 $\rho=|\psi\rangle\langle\psi|$。否则，$\rho$ 处于混合态（mixed state），它是指处于 ρ 的系综中不同纯态的混合（mixture）。练习中要求说明判断状态是纯态还是混合态的一个简单判据：纯态满足 $\operatorname{tr}(\rho^2)=1$，而混合态满足 $\operatorname{tr}(\rho^2)<1$。关于这些名词要注意的是：有时人们用术语混合态统称纯态和混合量子态。这种用法的起源似乎蕴含着作者不必假设状态是纯的。另外，术语纯态常用于指状态向量 $|\psi\rangle$，以区别于密度算子 ρ。

最后，设想量子状态以概率 p_i 处于状态 ρ_i。不难发现系统可以用密度矩阵 $\sum_i p_i\rho_i$ 来描述。关于这一点的证明如下：设 ρ_i 来自某个纯态的系综 $\{p_{ij},|\psi_{ij}\rangle\}$（注意 i 是固定的），于是处于状态 $|\psi_{ij}\rangle$ 的概率是 p_ip_{ij}，因此系统的密度矩阵是

$$\rho=\sum_{i,j} p_ip_{ij}|\psi_{ij}\rangle\langle\psi_{ij}| \tag{2.148}$$

$$=\sum_i p_i\rho_i \tag{2.149}$$

其中用了定义 $\rho_i=\sum_j p_{ij}|\psi_{ij}\rangle\langle\psi_{ij}|$，称 ρ 为具有概率 p_i 的状态 ρ_i 的混合。这个混合的概念在如量子噪声问题的分析中反复出现，其中噪声的影响为我们对量子状态的认识引入了不确定性。上述测量过程提供了一个简单例子。想象一下，由于某种原因测量结果 m 的记录丢失了，我们将以概率 $p(m)$ 处于 ρ_m，但不再知道 m 的实际值，这样系统的状态就将由密度算子

$$\rho=\sum_m p(m)\rho_m \tag{2.150}$$

$$=\sum_m \operatorname{tr}(M_m^\dagger M_m\rho)\frac{M_m\rho M_m^\dagger}{\operatorname{tr}(M_m^\dagger M_m\rho)} \tag{2.151}$$

$$=\sum_m M_m\rho M_m^\dagger \tag{2.152}$$

来描述。这是一个可以用作分析系统进一步操作的出发点的紧凑公式。

2.4.2　密度算子的一般性质

密度算子是作为描述量子状态系综的一种方法引入的。在本小节中，我们不再使用这种描述，而是将对密度算子进行不依赖系综解释的内在特性刻画。这样我们就可以不以状态向量为基础完成量子力学的描述。我们也利用这个机会给出密度算子的许多其他基本性质。

密度算子由下述定理刻画：

定理 2.5（密度算子的特征）　算子 ρ 是与某个系综 $\{p_i, |\psi_i\rangle\}$ 相关的密度算子，当且仅当它满足下列条件：

1.（迹条件）ρ 的迹等于 1；
2.（半正定条件）ρ 是一个半正定算子。

证明

假设 $\rho = \sum_i p_i |\psi_i\rangle\langle\psi_i|$ 是一个密度算子，则

$$\mathrm{tr}(\rho) = \sum_i p_i \,\mathrm{tr}(|\psi_i\rangle\langle\psi_i|) = \sum_i p_i = 1 \tag{2.153}$$

满足迹条件。假设 $|\varphi\rangle$ 是状态空间中任意一个向量，则

$$\langle\varphi|\rho|\varphi\rangle = \sum_i p_i \langle\varphi|\psi_i\rangle\langle\psi_i|\varphi\rangle \tag{2.154}$$

$$= \sum_i p_i |\langle\varphi|\psi_i\rangle|^2 \tag{2.155}$$

$$\geqslant 0 \tag{2.156}$$

满足半正定条件。

反过来，设 ρ 是满足迹和半正定条件的任意算子。由于 ρ 是半正定的，它一定有谱分解

$$\rho = \sum_j \lambda_j |j\rangle\langle j| \tag{2.157}$$

其中向量组 $|j\rangle$ 是正交的，而 λ_j 是实数，为 ρ 的非负特征值。从迹条件可知 $\sum_j \lambda_j = 1$。因此，一个以概率 λ_j 处于状态 $|j\rangle$ 的系统将具有密度算子 ρ，即系综 $\{\lambda_j, |j\rangle\}$ 是产生密度算子 ρ 的状态组的一个系综。

□

这个定理提供了密度算子本身固有的一个刻画：我们可以定义一个密度算子为迹等于 1 的半正定算子 ρ。这个定义允许我们在密度算子图画中重新表述量子力学的公设。为了便于参考，我们在此给出所有重新表述的公设：

公设 1： 任意孤立物理系统与该系统的状态空间相关联，它是一个带内积的复向量空间（即希尔伯特空间）。系统由作用在状态空间上的密度算子完全描述，这是一个迹为 1 的半正定算子 ρ。如果量子系统以概率 p_i 处于状态 ρ_i，则系统的密度算子为 $\sum_i p_i\rho_i$。

公设 2： 封闭量子系统的演化由一个酉变换描述，即系统在时刻 t_1 的状态 ρ 和时刻 t_2 的状态 ρ' 由一个仅依赖于时间 t_1 和 t_2 的酉算子 U 联系：

$$\rho' = U\rho U^\dagger \tag{2.158}$$

公设 3： 量子测量由一组测量算子 $\{M_m\}$ 描述，这些算子作用在被测系统的状态空间上，指标 m 指实验中可能出现的测量结果。如果量子系统在测量前的最后状态是 ρ，则得到结果 m 的概率由

$$p(m) = \mathrm{tr}(M_m^\dagger M_m\rho) \tag{2.159}$$

给出，并且测量后的系统状态为

$$\frac{M_m\rho M_m^\dagger}{\mathrm{tr}(M_m^\dagger M_m\rho)} \tag{2.160}$$

测量算子满足完备性方程：

$$\sum_m M_m^\dagger M_m = I \tag{2.161}$$

公设 4： 复合物理系统的状态空间是分物理系统状态空间的张量积。而且，如果有系统 1 到 n，其中系统 i 处于状态 ρ_i，则全系统的联合状态是 $\rho_1\otimes\rho_2\otimes\cdots\otimes\rho_n$。

当然，这些量子力学基本公设用密度算子做的重新表述，在数学上与用状态向量做的描述是等价的。然而，作为一种认识量子力学的方式，密度算子方法确实有两个应用较为突出：对状态未知的量子系统的描述，和对复合系统的子系统的描述。这些内容将在下一小节讨论。在本小节的剩余部分，我们将更详细地阐述密度矩阵的性质。

习题 2.71（判断一个状态是混合态还是纯态的标准） 令 ρ 是一个密度算子，证明 $\mathrm{tr}(\rho^2)\leqslant 1$，当且仅当 ρ 是纯态时等式成立。

假设密度矩阵的特征值和特征向量对于密度矩阵所表示的量子状态系综有一些特殊的意义，这是一种诱人的（并且极为普遍的）谬误。例如，人们可能设想密度矩阵为

$$\rho = \frac{3}{4}|0\rangle\langle 0| + \frac{1}{4}|1\rangle\langle 1| \tag{2.162}$$

的量子系统一定是以 3/4 的概率处于状态 $|0\rangle$，以 1/4 的概率处于状态 $|1\rangle$。然而，情况未必如此。假设我们定义

$$|a\rangle \equiv \sqrt{\frac{3}{4}}|0\rangle + \sqrt{\frac{1}{4}}|1\rangle \tag{2.163}$$

$$|b\rangle \equiv \sqrt{\frac{3}{4}}|0\rangle - \sqrt{\frac{1}{4}}|1\rangle \tag{2.164}$$

并且使量子系统以 1/2 的概率处于状态 $|a\rangle$，以 1/2 的概率处于状态 $|b\rangle$，则容易验证相应的密度矩阵是

$$\rho = \frac{1}{2}|a\rangle\langle a| + \frac{1}{2}|b\rangle\langle b| = \frac{3}{4}|0\rangle\langle 0| + \frac{1}{4}|1\rangle\langle 1| \tag{2.165}$$

也就是说，这两个不同的量子状态系综会产生相同的密度矩阵。一般地，密度矩阵的特征向量和特征值仅表示可能产生一个特定密度矩阵的许多系综中的一个，没有理由表明哪个系统是特殊的。

根据这一讨论，一个自然的问题是，什么类型的系综会产生某个特定的密度矩阵？我们现在给出这个问题的解决办法，它在量子计算和量子信息方面有很多惊人的应用，特别是在理解量子噪声和量子纠错方面（第 8 章和第 10 章）。为了方便给出答案，我们使用未归一化到单位长度的向量 $|\widetilde{\psi}_i\rangle$。设集合 $\{|\widetilde{\psi}_i\rangle\}$ 生成算子 $\rho \equiv \sum_i |\widetilde{\psi}_i\rangle\langle\widetilde{\psi}_i|$，于是，与普通的密度算子系综的关联由式子 $|\widetilde{\psi}_i\rangle = \sqrt{p_i}|\psi_i\rangle$ 表示。两组向量 $|\widetilde{\psi}_i\rangle$ 和 $|\widetilde{\varphi}_j\rangle$ 何时生成同一算子 ρ? 这个问题的答案将使我们能够回答什么样的系综产生给定密度矩阵的问题。

定理 2.6（密度矩阵系综中的酉自由度） 向量组 $|\widetilde{\psi}_i\rangle$ 和 $|\widetilde{\varphi}_j\rangle$ 生成相同的密度矩阵，当且仅当

$$|\widetilde{\psi}_i\rangle = \sum_j u_{ij}|\widetilde{\varphi}_j\rangle \tag{2.166}$$

其中 u_{ij} 是一个带指标 i 和 j 的复酉矩阵，并且我们在向量集合 $|\widetilde{\psi}_i\rangle$ 和 $|\widetilde{\varphi}_j\rangle$ 中向量较少的一个里面补充若干 0 向量，以使两个集合的向量个数相等。

作为这个定理的一个结论，注意到 $\rho = \sum_i p_i|\psi_i\rangle\langle\psi_i| = \sum_j q_j|\varphi_j\rangle\langle\varphi_j|$ 对归一化状态集 $|\psi_i\rangle, |\varphi_j\rangle$ 与概率分布 p_i 和 q_j 成立，当且仅当

$$\sqrt{p_i}|\psi_i\rangle = \sum_j u_{ij}\sqrt{q_j}|\varphi_j\rangle \tag{2.167}$$

对于某个酉矩阵 u_{ij} 成立，其中我们可能要向较小的系综增加零概率的项以使两个系综有相同的大小。因此，定理 2.6 刻画了产生一个给定的密度矩阵 ρ 的系综 $\{p_i, |\psi_i\rangle\}$ 所包含的自由度。实际上，很容易证明，我们先前关于密度矩阵的两种不同分解的例子，式 (2.162)，是作为这个一般结果的特例出现的。现在我们来证明这个定理。

证明

假设 $|\widetilde{\psi}_i\rangle = \sum_j u_{ij}|\widetilde{\varphi}_j\rangle$ 对某酉矩阵 u_{ij} 成立，则

$$\sum_i |\widetilde{\psi}_i\rangle\langle\widetilde{\psi}_i| = \sum_{ijk} u_{ij}u_{ik}^*|\widetilde{\varphi}_j\rangle\langle\widetilde{\varphi}_k| \tag{2.168}$$

$$= \sum_{jk}\left(\sum_i u_{ki}^\dagger u_{ij}\right)|\widetilde{\varphi}_j\rangle\langle\widetilde{\varphi}_k| \tag{2.169}$$

$$= \sum_{jk} \delta_{kj}|\widetilde{\varphi}_j\rangle\langle\widetilde{\varphi}_k| \tag{2.170}$$

$$= \sum_j |\widetilde{\varphi}_j\rangle\langle\widetilde{\varphi}_j| \tag{2.171}$$

这表明 $|\widetilde{\psi}_i\rangle$ 和 $|\widetilde{\varphi}_j\rangle$ 生成相同的算子。

反过来，设

$$A = \sum_i |\widetilde{\psi}_i\rangle\langle\widetilde{\psi}_i| = \sum_j |\widetilde{\varphi}_j\rangle\langle\widetilde{\varphi}_j| \tag{2.172}$$

令 $A = \sum_k \lambda_k |k\rangle\langle k|$ 为 A 的一个分解，使得状态 $|k\rangle$ 标准正交，且 λ_k 是严格正的。我们的方法是把状态集 $|\widetilde{\psi}_i\rangle$ 和 $|\widetilde{k}\rangle \equiv \sqrt{\lambda_k}|k\rangle$ 联系起来，并把状态集 $|\widetilde{\varphi}_j\rangle$ 和 $|\widetilde{k}\rangle$ 也类似地联系起来，结合这两个关系将会得出结果。令 $|\psi\rangle$ 是和由 $|\widetilde{k}\rangle$ 张成的空间标准正交的任意向量，那么 $\langle\psi|\widetilde{k}\rangle\langle\widetilde{k}|\psi\rangle = 0$ 对所有的 k 都成立，从而

$$0 = \langle\psi|A|\psi\rangle = \sum_i \langle\psi|\widetilde{\psi}_i\rangle\langle\widetilde{\psi}_i|\psi\rangle = \sum_i |\langle\psi|\widetilde{\psi}_i\rangle|^2 \tag{2.173}$$

即对所有 i 和所有标准正交于由 $|\widetilde{k}\rangle$ 张成空间的 $|\psi\rangle$，有 $\langle\psi|\widetilde{\psi}_i\rangle = 0$ 成立。于是每个 $|\widetilde{\psi}_i\rangle$ 都可以表示成集合 $|\widetilde{k}\rangle$ 的一个线性组合 $|\widetilde{\psi}_i\rangle = \sum_k c_{ik}|\widetilde{k}\rangle$。因为 $A = \sum_k |\widetilde{k}\rangle\langle\widetilde{k}| = \sum_i |\widetilde{\psi}_i\rangle\langle\widetilde{\psi}_i|$，我们看到

$$\sum_k |\widetilde{k}\rangle\langle\widetilde{k}| = \sum_{kl} \left(\sum_i c_{ik}c_{il}^*\right) |\widetilde{k}\rangle\langle\widetilde{l}| \tag{2.174}$$

容易看出算子 $|\widetilde{k}\rangle\langle\widetilde{l}|$ 是线性无关的，因此一定有 $\sum_i c_{ik}c_{il}^* = \delta_{kl}$ 成立。这就保证了可以对 c 增加额外的列得到一个酉矩阵 v，使得 $|\widetilde{\psi}_i\rangle = \sum_k v_{ik}|\widetilde{k}\rangle$，其中我们已经在集合 $|\widetilde{k}\rangle$ 中添加了零向量。类似地，我们可以找到酉矩阵 w，使得 $|\widetilde{\varphi}_j\rangle = \sum_k w_{jk}|\widetilde{k}\rangle$。从而有 $|\widetilde{\psi}_i\rangle = \sum_j u_{ij}|\widetilde{\varphi}_j\rangle$，其中 $u = vw^\dagger$ 是酉的。

□

习题 2.72（混合态的布洛赫球面） 1.2 节中介绍了单量子比特纯态的布洛赫球面描述，这种描述对混合态有一个重要的推广，可被描述如下：

1. 证明任意混合态量子比特的密度矩阵可以写成

$$\rho = \frac{I + \vec{r}\cdot\vec{\sigma}}{2} \tag{2.175}$$

   其中 $\vec{r}$ 是三维实向量，满足 $\|\vec{r}\| \leqslant 1$。这个向量称为状态 ρ 的布洛赫向量。

2. 对于状态 $\rho = I/2$ 而言，它的布洛赫向量表示是什么？

3. 证明状态 ρ 为纯态当且仅当 $\|\vec{r}\| = 1$。

4. 证明对于纯态，我们给出的布洛赫向量的描述与 1.2 节中的描述一致。

习题 2.73 令 ρ 是一个密度算子。ρ 的最小系综（minimal ensemble）指包含等于 ρ 的秩数目的系综 $\{p_i, |\psi_i\rangle\}$。令 $|\psi\rangle$ 是 ρ 的支集中的任一状态（厄米算子 A 的支集是由 A 的非零特征值的特征

向量张成的向量空间）。证明存在包含 $|\psi\rangle$ 的一个 ρ 的最小系综，并且在任何这样的系综里，$|\psi\rangle$ 一定以概率

$$p = \frac{1}{\langle\psi|\rho^{-1}|\psi\rangle} \tag{2.176}$$

出现，其中 ρ^{-1} 定义为 ρ 的逆，而 ρ 视为仅作用在 ρ 的支集上的一个算子（这个定义避免了 ρ 可能不可逆的问题）。

2.4.3　约化密度算子

密度算子最深刻的应用也许是作为描述复合量子系统子系统的工具。这种描述由约化密度算子（reduced density operator）提供，它便是本节的主题。约化密度算子在分析复合量子系统时非常有用，几乎是不可缺少的。

假设有物理系统 A 和 B，其状态由密度算子 ρ^{AB} 描述。对于系统 A，约化密度算子定义为

$$\rho^A \equiv \mathrm{tr}_B(\rho^{AB}) \tag{2.177}$$

其中 tr_B 是一个算子映射，称为在系统 B 上的偏迹。偏迹定义为

$$\mathrm{tr}_B(|a_1\rangle\langle a_2| \otimes |b_1\rangle\langle b_2|) \equiv |a_1\rangle\langle a_2|\,\mathrm{tr}(|b_1\rangle\langle b_2|) \tag{2.178}$$

其中 $|a_1\rangle$ 和 $|a_2\rangle$ 是状态空间 A 中的任意向量，$|b_1\rangle$ 和 $|b_2\rangle$ 是状态空间 B 中的任意向量。等式右边的迹运算是系统 B 上的普通迹运算，因此 $\mathrm{tr}(|b_1\rangle\langle b_2|) = \langle b_2|b_1\rangle$。我们仅在 AB 的一个特殊的算子类上定义了偏迹运算，为完成偏迹的定义，需要在式 (2.178) 上附加偏迹对输入是线性算子的要求。

专题 2.6　为什么取偏迹？

为什么取偏迹来描述一个较大的量子系统的一部分？之所以这样做，是因为取偏迹是在如下意义下唯一可以正确描述复合系统各子系统的可观测量的运算。

假设 M 是系统 A 上的任意可观测量，且有某个可以实现测量 M 的测量设备。令 $\widetilde{M}$ 表示在复合系统 AB 上同一测量的相应的可观测量。我们当前的目标是论证 $\widetilde{M}$ 等价于 $M \otimes I_B$。注意到如果系统 AB 处于状态 $|m\rangle|\psi\rangle$，其中 $|m\rangle$ 是 M 的对应于本征值 m 的本征态，且 $|\psi\rangle$ 是 B 的任意状态，那么测量设备必须以概率 1 给出结果 m。因此，如果 P_m 是可观测量 M 在 m 本征空间上的投影，则相应于 $\widetilde{M}$ 的投影为 $P_m \otimes I_B$。于是有

$$\widetilde{M} = \sum_m m P_m \otimes I_B = M \otimes I_B \tag{2.179}$$

下一步是去证明，对于系统局部观测偏迹运算给出了正确的测量统计量。假设我们对系统 A

进行由可观测量 M 描述的测量。物理一致性要求，任何将状态 ρ^A 与系统 A 相关联的方法都必须具有这样的特性，即无论是通过 ρ^A 还是 ρ^{AB}，测量平均值都是相同的：

$$\operatorname{tr}(M\rho^A) = \operatorname{tr}(\widetilde{M}\rho^{AB}) = \operatorname{tr}((M \otimes I_B)\rho^{AB}) \tag{2.180}$$

如果我们选择 $\rho^A \equiv \operatorname{tr}_B(\rho^{AB})$，肯定满足这个方程。事实上，偏迹是具有这条性质的唯一函数。为了证明其唯一性，令 $f(\cdot)$ 为把 AB 上的密度算子映射到 A 上的函数，且使得

$$\operatorname{tr}(Mf(\rho^{AB})) = \operatorname{tr}((M \otimes I_B)\rho^{AB}) \tag{2.181}$$

对所有可观测量 M 都成立。令 M_i 为厄米算子空间相对希尔伯特－施密特内积 $(X, Y) \equiv \operatorname{tr}(XY)$（对比习题 2.39 ）的标准正交基，则将 $f(\rho^{AB})$ 在此基上展开得

$$f(\rho^{AB}) = \sum_i M_i \operatorname{tr}(M_i f(\rho^{AB})) \tag{2.182}$$

$$= \sum_i M_i \operatorname{tr}((M_i \otimes I_B)\rho^{AB}) \tag{2.183}$$

由此可知 f 由式 (2.180) 唯一决定。此外，偏迹满足式 (2.180)，因此它是唯一具有此性质的函数。

系统 A 的约化密度算子是系统 A 状态的一个描述，这件事并不明显。进行这种识别的物理依据是，约化密度算子为在系统 A 上进行的测量提供了正确的测量统计数据。这一点在专题 2.6 中有更详细的解释。下面的简单示例计算可能也有助于理解约化密度算子。首先，假设量子系统处于乘积态 $\rho^{AB} = \rho \otimes \sigma$，其中 ρ 是系统 A 的一个密度算子，而 σ 是系统 B 的一个密度算子。于是

$$\rho^A = \operatorname{tr}_B(\rho \otimes \sigma) = \rho \operatorname{tr}(\sigma) = \rho \tag{2.184}$$

这正是我们直觉所期待的结果。类似地，对这个状态有 $\rho^B = \sigma$。一个更不平凡的例子是贝尔态 $(|00\rangle + |11\rangle)/\sqrt{2}$，它有密度算子

$$\rho = \left(\frac{|00\rangle + |11\rangle}{\sqrt{2}}\right)\left(\frac{\langle 00| + \langle 11|}{\sqrt{2}}\right) \tag{2.185}$$

$$= \frac{|00\rangle\langle 00| + |11\rangle\langle 00| + |00\rangle\langle 11| + |11\rangle\langle 11|}{2} \tag{2.186}$$

对第二个量子比特取迹，得到对第一个量子比特的约化密度算子

$$\rho^1 = \operatorname{tr}_2(\rho) \tag{2.187}$$

$$= \frac{\operatorname{tr}_2(|00\rangle\langle 00|) + \operatorname{tr}_2(|11\rangle\langle 00|) + \operatorname{tr}_2(|00\rangle\langle 11|) + \operatorname{tr}_2(|11\rangle\langle 11|)}{2} \tag{2.188}$$

$$= \frac{|0\rangle\langle 0|\langle 0|0\rangle + |1\rangle\langle 0|\langle 0|1\rangle + |0\rangle\langle 1|\langle 1|0\rangle + |1\rangle\langle 1|\langle 1|1\rangle}{2} \tag{2.189}$$

$$= \frac{|0\rangle\langle 0| + |1\rangle\langle 1|}{2} \tag{2.190}$$

$$= \frac{I}{2} \tag{2.191}$$

注意，这个状态是一个混合态，因为 $\mathrm{tr}((I/2)^2) = 1/2 < 1$。这是一个非常引人注目的结果。两量子比特联合系统的状态是一个精确已知的纯态；不过，第一量子比特处于混合态，即我们不具备完全知识的一个状态。这个奇异的性质，即一个系统的联合状态可以被完全知道，而某个子系统却处于混合态，这是量子纠缠的另一个特征。

习题 2.74　设复合系统 A 和 B 处于状态 $|a\rangle|b\rangle$，其中 $|a\rangle$ 是系统 A 的一个纯态，而 $|b\rangle$ 是系统 B 的一个纯态，证明系统 A 的约化密度算子是一个纯态。

习题 2.75　对 4 个贝尔态中的每一个，求针对每个量子比特的约化密度算子。

量子隐形传态和约化密度算子

约化密度算子的一个重要应用是对于量子隐形传态的分析。回顾 1.3.7 节，量子隐形传态是一个过程，这个过程假设 Alice 和 Bob 共享一个 EPR 对和一条经典信道，并将量子信息从 Alice 传送到 Bob。

乍一看似乎隐形传态比光通信更快，根据相对论这绝不可能。我们在 1.3.7 节中推测是 Alice 需要把她的测量结果告诉 Bob 阻止了比光速更快的通信。而约化密度算子可将这一点严格化。

回想一下在 Alice 测量之前这三个量子比特的量子状态是（式 (1.32)）

$$\begin{aligned}|\psi_2\rangle = \frac{1}{2}\Big[&|00\rangle(\alpha|0\rangle + \beta|1\rangle) + |01\rangle(\alpha|1\rangle + \beta|0\rangle)\\ &+ |10\rangle(\alpha|0\rangle - \beta|1\rangle) + |11\rangle(\alpha|1\rangle - \beta|0\rangle)\Big]\end{aligned} \tag{2.192}$$

在 Alice 的计算基下进行测量，测量之后系统状态分别以概率 $1/4$ 取

$$|00\rangle\Big[\alpha|0\rangle + \beta|1\rangle\Big] \tag{2.193}$$

$$|01\rangle\Big[\alpha|1\rangle + \beta|0\rangle\Big] \tag{2.194}$$

$$|10\rangle\Big[\alpha|0\rangle - \beta|1\rangle\Big] \tag{2.195}$$

$$|11\rangle\Big[\alpha|1\rangle - \beta|0\rangle\Big] \tag{2.196}$$

系统的密度算子为

$$\begin{aligned}\rho =& \frac{1}{4}\Big[|00\rangle\langle 00|(\alpha|0\rangle + \beta|1\rangle)(\alpha^*\langle 0| + \beta^*\langle 1|) + |01\rangle\langle 01|(\alpha|1\rangle + \beta|0\rangle)(\alpha^*\langle 1| + \beta^*\langle 0|)\\ &+ |10\rangle\langle 10|(\alpha|0\rangle - \beta|1\rangle)(\alpha^*\langle 0| - \beta^*\langle 1|) + |11\rangle\langle 11|(\alpha|1\rangle - \beta|0\rangle)(\alpha^*\langle 1| - \beta^*\langle 0|)\Big]\end{aligned} \tag{2.197}$$

对 Alice 的系统取迹，我们可以看出 Bob 的系统的约化密度算子是

$$\begin{aligned}\rho^B &= \frac{1}{4}\Big[(\alpha|0\rangle + \beta|1\rangle)(\alpha^*\langle 0| + \beta^*\langle 1|) + (\alpha|1\rangle + \beta|0\rangle)(\alpha^*\langle 1| + \beta^*\langle 0|) \\ &\quad + (\alpha|0\rangle - \beta|1\rangle)(\alpha^*\langle 0| - \beta^*\langle 1|) + (\alpha|1\rangle - \beta|0\rangle)(\alpha^*\langle 1| - \beta^*\langle 0|)\Big] \quad (2.198)\\ &= \frac{2(|\alpha|^2 + |\beta|^2)|0\rangle\langle 0| + 2(|\alpha|^2 + |\beta|^2)|1\rangle\langle 1|}{4} \quad (2.199)\\ &= \frac{|0\rangle\langle 0| + |1\rangle\langle 1|}{2} \quad (2.200)\\ &= \frac{I}{2} \quad (2.201)\end{aligned}$$

其中最后一行我们已经用了完备性关系。因此，在 Alice 执行测量之后而 Bob 得到结果之前，Bob 的系统的状态是 $I/2$。这个状态不依赖要隐形传态的状态 $|\psi\rangle$，因此 Bob 执行的任何测量将都不包含 $|\psi\rangle$ 的信息，从而阻止了 Alice 用隐形传态以超光速向 Bob 传送信息。

2.5 施密特分解与纯化

密度算子和偏迹仅仅是研究复合量子系统的大量有用工具中最初步的内容，这些工具是量子计算和量子信息的核心。另外两个很有价值的工具是*施密特分解*和*纯化*（purification）。本节将介绍这两种工具，并尝试给出它们的功能。

定理 2.7（*施密特分解*） 设 $|\psi\rangle$ 是复合系统 AB 的一个纯态，则存在系统 A 的标准正交基 $|i_A\rangle$ 和系统 B 的标准正交基 $|i_B\rangle$，使得

$$|\psi\rangle = \sum_i \lambda_i |i_A\rangle|i_B\rangle \quad (2.202)$$

其中 λ_i 是满足 $\sum_i \lambda_i^2 = 1$ 的非负实数，称为*施密特系数*。

这个结果非常有用。为了解其用途，请考虑以下结论：令 $|\psi\rangle$ 为复合系统 AB 的纯态，然后通过施密特分解得到 $\rho^A = \sum_i \lambda_i^2 |i_A\rangle\langle i_A|$ 和 $\rho^B = \sum_i \lambda_i^2 |i_B\rangle\langle i_B|$，因此，$\rho^A$ 和 ρ^B 的特征值是相同的，即对于这两种密度算子的特征值均为 λ_i^2。量子系统的许多重要性质完全由系统的约化密度算子的本征值决定，所以对于复合系统的纯态，两个系统的这些性质将相同。作为一个例子，考虑两量子比特的状态 $(|00\rangle + |01\rangle + |11\rangle)/\sqrt{3}$。这没有明显的对称性，但是如果计算 $\mathrm{tr}((\rho^A)^2)$ 和 $\mathrm{tr}((\rho^B)^2)$，你会发现它们的值是相同的，每种情况下都是 7/9。这只是施密特分解的一个小小的结论。

证明

我们给出 A 和 B 具有相同维数状态空间情形的证明，一般情形的证明留作习题 2.76 。令 $|j\rangle$ 和 $|k\rangle$ 分别为系统 A 和 B 的固定的标准正交基，则 $|\psi\rangle$ 对某个具有复数元素 a_{jk} 的矩阵 a 可

以写成

$$|\psi\rangle = \sum_{jk} a_{jk}|j\rangle|k\rangle \tag{2.203}$$

通过奇异值分解，$a = udv$，其中 d 是非负对角阵，u 和 v 是酉矩阵。因此有

$$|\psi\rangle = \sum_{ijk} u_{ji}d_{ii}v_{ik}|j\rangle|k\rangle \tag{2.204}$$

定义 $|i_A\rangle \equiv \sum_j u_{ji}|j\rangle, |i_B\rangle \equiv \sum_k v_{ik}|k\rangle$ 和 $\lambda_i \equiv d_{ii}$，可得

$$|\psi\rangle = \sum_i \lambda_i|i_A\rangle|i_B\rangle \tag{2.205}$$

从 u 的酉性和 $|j\rangle$ 的标准正交性，容易验证 $|i_A\rangle$ 构成一个标准正交集，类似地，$|i_B\rangle$ 也构成一个标准正交集。

□

习题 2.76　将施密特分解的证明推广到 A 和 B 具有不同维数状态空间的情况。

习题 2.77　假设 ABC 是一个三元量子系统，举例说明这类系统的量子态 $|\psi\rangle$ 不能写成如下形式

$$|\psi\rangle = \sum_i \lambda_i|i_A\rangle|i_B\rangle|i_C\rangle \tag{2.206}$$

其中 λ_i 是实数，并且 $|i_A\rangle, |i_B\rangle, |i_C\rangle$ 分别是分系统的标准正交基。

基 $|i_A\rangle$ 和 $|i_B\rangle$ 分别称为 A 和 B 的施密特基，并且非零 λ_i 的个数称为态 $|\psi\rangle$ 的施密特数。施密特数是复合量子系统的一个重要性质，它在某种意义上量化了系统 A 和 B 之间的纠缠量。为了解这个概念，请考虑以下明显但重要的性质：施密特数在系统 A 或 B 的单独酉变换下保持不变。为看清这一点，注意到如果 $\sum_i \lambda_i|i_A\rangle|i_B\rangle$ 是 $|\psi\rangle$ 的施密特分解，那么 $\sum_i \lambda_i(U|i_A\rangle)|i_B\rangle$ 是 $U|\psi\rangle$ 的施密特分解，其中 U 是单独作用在系统 A 上的酉算子。这种代数不变性使施密特数成为一个非常有用的工具。

习题 2.78　证明复合系统 AB 的状态 $|\psi\rangle$ 为乘积态，当且仅当其施密特数是 1。证明当且仅当 ρ^A（并且 ρ^B）是纯态时，$|\psi\rangle$ 是一个乘积态。

第二项与量子计算和量子信息相关的技术是纯化（purification）。假设给定量子系统 A 的状态 ρ^A，我们可以引入另一个系统 R，定义联合系统 AR 上的纯态 $|AR\rangle$，使得 $\rho^A = \mathrm{tr}_R(|AR\rangle\langle AR|)$。也就是说，当我们单独看系统 A 时，纯态 $|AR\rangle$ 约化为 ρ^A。这是一个纯粹的数学过程，称为纯化，它允许我们将纯态和混合态联系起来。因此，我们称系统 R 为参考系统：它是一个虚构的系统，没有直接的物理意义。

为了证明任何状态都可以进行纯化，我们解释了如何为 ρ^A 构造一个系统 R 和纯化 $|AR\rangle$。假设 ρ^A 有标准正交分解 $\rho^A = \sum_i p_i|i^A\rangle\langle i^A|$。为对 ρ^A 进行纯化，我们引入和系统 A 有相同维数且

有标准正交基 $|i^R\rangle$ 的系统 R，并且为复合系统定义纯态

$$|AR\rangle \equiv \sum_i \sqrt{p_i}|i^A\rangle|i^R\rangle \tag{2.207}$$

我们现在计算系统 A 对应于状态 $|AR\rangle$ 的约化密度算子：

$$\begin{aligned}
\operatorname{tr}_R(|AR\rangle\langle AR|) &= \sum_{ij} \sqrt{p_i p_j}|i^A\rangle\langle j^A| \operatorname{tr}(|i^R\rangle\langle j^R|) &(2.208)\\
&= \sum_{ij} \sqrt{p_i p_j}|i^A\rangle\langle j^A|\delta_{ij} &(2.209)\\
&= \sum_i p_i|i^A\rangle\langle i^A| &(2.210)\\
&= \rho^A &(2.211)
\end{aligned}$$

因此 $|AR\rangle$ 是 ρ^A 的纯化。

注意施密特分解与纯化的密切关系：纯化一个系统 A 的混合态所用的过程是定义一个纯态，它相对系统 A 的施密特基恰好将混合态对角化，施密特系数是被纯化的密度算子的特征值的平方根。

本节介绍了研究复合量子系统的两个工具——施密特分解和纯化。这些工具对于量子计算与量子信息的研究是不可缺少的，特别是本书第三部分的量子信息。

习题 2.79 考虑由两量子比特组成的复合量子系统。求以下状态的施密特分解。

$$\frac{|00\rangle+|11\rangle}{\sqrt{2}};\quad \frac{|00\rangle+|01\rangle+|10\rangle+|11\rangle}{2};\quad \frac{|00\rangle+|01\rangle+|10\rangle}{\sqrt{3}} \tag{2.212}$$

习题 2.80 假设 $|\psi\rangle$ 和 $|\varphi\rangle$ 是由 A 和 B 组成的复合量子系统的两个纯态，有相同的施密特系数。证明存在系统 A 上的酉变换 U 和系统 B 上的酉变换 V，使得 $|\psi\rangle = (U\otimes V)|\varphi\rangle$。

习题 2.81（纯化中的自由度） 令 $|AR_1\rangle$ 和 $|AR_2\rangle$ 是状态 ρ^A 到复合系统 AR 上的两个纯化。证明存在一个作用在系统 R 上的酉变换 U_R，使得 $|AR_1\rangle = (I_A\otimes U_R)|AR_2\rangle$。

习题 2.82 假设 $\{p_i, |\psi_i\rangle\}$ 是一个为量子系统 A 产生密度矩阵 $\rho = \sum_i p_i|\psi_i\rangle\langle\psi_i|$ 的状态系综。引入一个具有标准正交基 $|i\rangle$ 的系统 R。

1. 证明 $\sum_i \sqrt{p_i}|\psi_i\rangle|i\rangle$ 是 ρ 的一个纯化。
2. 假设我们在基 $|i\rangle$ 中测量 R，得到输出 i。求获得 i 的概率和系统 A 相应的状态。
3. 令 $|AR\rangle$ 为 ρ 到系统 AR 的任意一个纯化。证明存在 R 的标准正交基 $|i\rangle$，使得测量后系统 A 的状态以概率 p_i 为 $|\psi_i\rangle$。

2.6 EPR 和贝尔不等式

没有对量子理论感到震惊的人还没有理解它。

——尼尔斯·玻尔

记得一次散步时爱因斯坦突然停了下来，转过来问我，是否真的相信月亮只在我们看它的时候才是存在的。接下来的谈话全是关于物理学家对“存在”一词的理解。

——Abraham Pais

……量子现象并非出现在希尔伯特空间里，而是出现在实验室里。

——Asher Peres

……不可能性证明所证明的是想象力的不足。

——约翰·贝尔

本章着重介绍量子力学中的工具和数学。随着这些技术应用于本书之后的章节，一个重要而反复出现的主题是量子力学非同寻常的非经典性质。但是量子力学和经典世界到底有什么区别呢？理解这种差异对于学习如何执行经典物理学难以或不可能完成的信息处理任务是至关重要的。本节以对贝尔不等式的讨论结束本章，这是说明量子与经典物理学差异的一个引人入胜的例子。

当我们谈论一个对象，比如一个人或一本书时，我们假设该物体的物理属性是独立于观察之外存在的。也就是说，测量只是为了揭示这些物理性质。例如，网球的物理特性之一是它的位置，我们通常用散射在球体表面的光来测量它的位置。随着量子力学在 20 世纪 20 年代和 30 年代的发展，出现了一种与经典观点明显不同的奇怪观点。正如本章前面所述，根据量子力学，未观察到的粒子不具有独立于观测的物理性质。相反，这种物理性质是由于对系统进行的测量而产生的。例如，根据量子力学，一个量子比特不具有“z 方向的自旋 σ_z”和“x 方向的自旋 σ_x”等可以被适当的测量所揭示的确定性质。相反，量子力学给出了一组规则，给定状态向量，在可观测量 σ_z 或 σ_x 被测量时，这些规则指定了可能的测量结果的概率。

许多物理学家拒绝接受这种新的自然观。最著名的反对者是阿尔伯特·爱因斯坦。在与 Boris Podolsky 和 Nathan Rosen 合著的著名的“EPR 论文”中，爱因斯坦提出了一个想象实验，以此说明了量子力学并不是一个关于自然的完整的理论。

EPR 论点的实质如下。EPR 对他们所谓的“实在的要素”（element of reality）感兴趣。他们认为，任何这样的实在的要素都必须在任何完整的物理学理论中得到表示。这一论点的目的是通过指出实在的要素不被包括在量子力学中来表明量子力学不是一个完整的物理学理论。他们的方法是引入某个物理性质成为实在的要素的充分条件，即在测量前可以确切地预测该性质的值。

专题 2.7 EPR 实验中的反关联

假设我们制备了两量子比特态

$$|\psi\rangle = \frac{|01\rangle - |10\rangle}{\sqrt{2}} \tag{2.213}$$

由于历史原因，这个态称为自旋单态（spin singlet）。不难证明这个态是两量子比特系统的纠缠态。假设我们沿 $\vec{v}$ 轴在两量子比特上测量自旋，即在每个量子比特上测量可观测量 $\vec{v}\cdot\vec{\sigma}$（式 (2.116) 的定义），对每个量子比特得到 $+1$ 或 -1 的结果。结果表明，无论如何选择 $\vec{v}$，这两种测量的结果总是相反的。也就是说，如果对第一量子比特的测量产生 $+1$，那么第二量子比特上的测量将产生 -1，反之亦然。不管第一量子比特是如何被测量的，第二量子比特好像都知道在第一量子比特上的测量结果。为弄清其正确性，设 $|a\rangle$ 和 $|b\rangle$ 是 $\vec{v}\cdot\vec{\sigma}$ 的本征态，则存在复数 $\alpha,\beta,\gamma,\delta$，使得

$$|0\rangle = \alpha|a\rangle + \beta|b\rangle \tag{2.214}$$

$$|1\rangle = \gamma|a\rangle + \delta|b\rangle \tag{2.215}$$

代入得

$$\frac{|01\rangle - |10\rangle}{\sqrt{2}} = (\alpha\delta - \beta\gamma)\frac{|ab\rangle - |ba\rangle}{\sqrt{2}} \tag{2.216}$$

但 $\alpha\delta - \beta\gamma$ 是酉矩阵 $\begin{bmatrix} \alpha & \beta \\ \gamma & \delta \end{bmatrix}$ 的行列式，因此对某个实数 θ，它等于一个相位因子 $\mathrm{e}^{\mathrm{i}\theta}$。于是除一个不可观测的全局相位因子外，有

$$\frac{|01\rangle - |10\rangle}{\sqrt{2}} = \frac{|ab\rangle - |ba\rangle}{\sqrt{2}} \tag{2.217}$$

因此，如果在两个量子比特上执行 $\vec{v}\cdot\vec{\sigma}$ 的测量，那么可以看到，第一个量子比特上的 $+1(-1)$ 的结果意味着第二个量子比特上的 $-1(+1)$ 的结果。

例如，考虑分别属于 Alice 和 Bob 的量子比特组成的纠缠对：

$$\frac{|01\rangle - |10\rangle}{\sqrt{2}} \tag{2.218}$$

假设 Alice 和 Bob 彼此相距很远。Alice 沿着 $\vec{v}$ 轴进行自旋测量，也就是说，进行算子 $\vec{v}\cdot\vec{\sigma}$（由式 (2.116) 定义）的测量。设 Alice 得到结果 $+1$，专题 2.7 给出的简单量子力学计算显示，她可以确切地预测，如果 Bob 也沿着 $\vec{v}$ 轴测量自旋，他将获得 -1。类似地，如果 Alice 得到结果 -1，则她可以准确地预测出 Bob 将在他自己的比特上测得 $+1$。因为对于 Alice 来说，当 Bob 沿 $\vec{v}$ 轴测量量子比特时，她总是有可能预测记录的测量值。所以按照 EPR 准则，这种物理属性必须对应于一个实在的要素，并应在任何完整的物理学理论中被表示出来。然而，正如我们已经提出的，标准量子力学只是告诉我们如果 $\vec{v}\cdot\vec{\sigma}$ 被测量如何计算各测量结果的概率。对于所有单位向量 $\vec{v}$，标准量子力学当然不包括任何用于表示 $\vec{v}\cdot\vec{\sigma}$ 值的基本元素。

EPR 的目的是通过说明量子力学缺乏一些本质的“实在的要素”，用他们的准则来证明量子力学是不完整的。他们希望强行回到更经典的世界，在这样的世界系统可被认为是独立于在这些系统上进行的测量而存在的。对于 EPR 来说，不幸的是，大多数物理学家并不认为上述推理令人信服。试图把大自然必须遵守的法定属性强加于她，这似乎是研究自然规律的一种最奇怪的方式。

事实上，大自然最后嘲弄了 EPR。在 EPR 论文发表近 30 年后，人们提出了一项实验测试，可用来检查 EPR 希望的强制返回的情形是否真实有效。事实是，大自然通过实验使这一观点无效，同时却与量子力学相吻合。

这个实验失效的关键是一个被称为贝尔不等式的结果。贝尔不等式不是量子力学的结果，所以我们要做的第一件事就是暂时忘掉一切量子力学知识。为了得到贝尔不等式，我们将做一个想象实验，用常识来分析这个世界是如何运作的，即爱因斯坦及其合作者认为大自然所应该服从的。在常识分析之后，我们将进行量子力学分析，我们可以证明这与常识分析是不一致的。然后，通过真正的实验的方式，让大自然在我们对世界是如何运作的常识概念和量子力学中做出选择。

想象我们执行以下实验，如图 2-4 所示。Charlie 准备了两个粒子。他怎么准备粒子并不重要，重要的是他有能力重复实验。在完成准备工作后，他就会给 Alice 发送一个粒子，而把另一个粒子发送给 Bob。

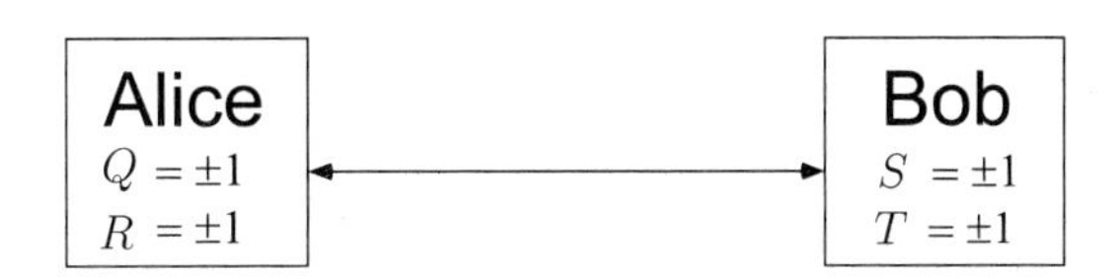

图 2-4　贝尔不等式的实验装置示意图。Alice 可以选择测量 Q 或 R，而 Bob 选择测量 S 或 T。他们同时进行测量。假定 Alice 和 Bob 距离足够远，在一个系统上执行测量不会对另一个系统的测量结果产生任何影响

Alice 一收到粒子就对它进行测量。假设她有两种不同的测量设备，所以她可以选择两种不同的测量方法中的一种。这些测量的物理性质分别标记为 P_Q 和 P_R。Alice 事先不知道她要做什么测量。相反，当她收到粒子时，她会抛硬币或使用其他随机方法来决定要进行的测量。为了简单起见，我们假设测量可以有两种结果中的一种，即 +1 或 −1。假设 Alice 的粒子对性质 P_Q 有一个值 Q。Q 被假定为 Alice 粒子的一个仅通过测量来揭示的客观性质，就像网球的位置是从它散射出来的光粒子得到的那样。同样，让 R 表示由测量性质 P_R 得到的值。

类似地，假设 Bob 能够测量两个属性 P_S 和 P_T 中的一个，分别得到客观存在的属性值 S 和 T，取值为 +1 或 −1。Bob 并不事先决定他要测量哪个属性，而是在接收到粒子后随机选择。实验安排 Alice 和 Bob 同时（或者用相对论这一更精确的语言描述，是以没有因果联系的方式）进行测量。因此，Alice 所做的测量不会干扰 Bob 的测量结果（反之亦然），因为物理性影响的传播速度不能超过光速。

我们对量 $QS + RS + RT - QT$ 进行简单的代数运算。注意到

$$QS + RS + RT - QT = (Q + R)S + (R - Q)T \tag{2.219}$$

因为 $R, Q = \pm 1$，所以要么 $(Q+R)S=0$，要么 $(R-Q)T=0$。从式 (2.219) 容易看出，对每种情况，有 $QS+RS+RT-QT=\pm 2$。下面假设测量前处于状态 $Q=q, R=r, S=s, T=t$ 的概率是 $p(q,r,s,t)$。这些概率可能依赖于 Charlie 如何进行制备，以及实验噪声。令 $\mathbb{E}(\cdot)$ 表示量的均值，我们有

$$\mathbb{E}(QS+RS+RT-QT) = \sum_{qrst} p(q,r,s,t)(qs+rs+rt-qt) \tag{2.220}$$

$$\leqslant \sum_{qrst} p(q,r,s,t) \times 2 \tag{2.221}$$

$$= 2 \tag{2.222}$$

而且，

$$\mathbb{E}(QS+RS+RT-QT) = \sum_{qrst} p(q,r,s,t)qs + \sum_{qrst} p(q,r,s,t)rs$$

$$+ \sum_{qrst} p(q,r,s,t)rt - \sum_{qrst} p(q,r,s,t)qt \tag{2.223}$$

$$= \mathbb{E}(QS) + \mathbb{E}(RS) + \mathbb{E}(RT) - \mathbb{E}(QT) \tag{2.224}$$

比较式 (2.222) 和式 (2.224) ，就可以得到贝尔不等式：

$$\mathbb{E}(QS) + \mathbb{E}(RS) + \mathbb{E}(RT) - \mathbb{E}(QT) \leqslant 2 \tag{2.225}$$

这一结果通常也被称为 CHSH 不等式，取自四位发现者的姓名首字母。它是更大的一组不等式的其中一部分。因为最先是由约翰・贝尔发现的，故而一般被称为贝尔不等式。

通过多次重复实验，Alice 和 Bob 可以确定贝尔不等式左侧的每个量。例如，完成一组实验后，Alice 和 Bob 可以在一起分析他们的数据。他们观察 Alice 测量 P_Q 和 Bob 测量 P_S 的所有实验。通过将他们的实验结果相乘，他们得到了一个 QS 值的样本。通过平均处理这个样本，他们可以估计 $E(QS)$ 的准确性，仅限于他们所做的实验的数量。类似地，他们可以估计贝尔不等式左边的所有其他量，从而检查它是否在实际实验中成立。

现在再引入一些量子力学。想象我们进行了下面的量子力学实验。Charlie 准备了一个由两量子比特组成的量子系统，处于状态

$$|\psi\rangle = \frac{|01\rangle - |10\rangle}{\sqrt{2}} \tag{2.226}$$

他把第一个量子比特传给 Alice，第二个量子比特传给 Bob。他们进行对如下观测算子的测量：

$$Q = Z_1 \qquad S = \frac{-Z_2 - X_2}{\sqrt{2}} \tag{2.227}$$

$$R = X_1 \qquad T = \frac{Z_2 - X_2}{\sqrt{2}} \tag{2.228}$$

简单计算得出这些观测算子的平均值，写成量子力学 $\langle\cdot\rangle$ 形式是

$$\langle QS\rangle = \frac{1}{\sqrt{2}};\ \langle RS\rangle = \frac{1}{\sqrt{2}};\ \langle RT\rangle = \frac{1}{\sqrt{2}};\ \langle QT\rangle = -\frac{1}{\sqrt{2}} \tag{2.229}$$

因此，

$$\langle QS\rangle + \langle RS\rangle + \langle RT\rangle - \langle QT\rangle = 2\sqrt{2} \tag{2.230}$$

等一下！我们在式 (2.225) 中了解到，QS 的平均值加上 RS 的平均值加上 RT 的平均值减去 QT 的平均值永远不能超过 2。然而，在这里，量子力学预测此平均值之和是 $2\sqrt{2}$!

幸运的是，我们可以请大自然为我们解决这个明显的悖论。利用光子（光粒子）的精巧实验已经在式 (2.230) 这个量子力学的预言和我们用常识推理得到的贝尔不等式 (2.225) 之间做出了判断。实验的细节不属于本书范畴，但结果是轰动的，它支持了量子力学的预言。大自然不服从贝尔不等式 (2.225) 。

这意味着什么？这意味着推导贝尔不等式的一个或多个假设肯定是不正确的。有大量著作分析了如何得到这类推理的各种变形，并分析了为得到贝尔不等式所必需的各种稍有不同的假定。这里仅仅总结其要点。

在证明式 (2.225) 时提出了两个有疑问的假设：

1. 物理性质 P_Q, P_R, P_S, P_T 有与观测无关的值 Q, R, S, T 的假设。这有时被称为*实在性*（realism）假设。
2. Alice 在做她的测量并不影响 Bob 的测量结果的假设。这有时被称为*定域性*（locality）假设。

这两个假设合称为定域实在性假设。当然直观上，它们是关于世界如何运行的合理的假设，并且符合我们的日常经验。但是贝尔不等式表明，这些假设中至少有一个是不正确的。

我们能从贝尔不等式中学到什么？对物理学家来说，最重要的教训是，他们对世界如何运作的根深蒂固的常识直觉是错误的。世界不是定域实在的。大多数物理学家认为，在量子力学中，需要从我们的世界观中去掉的是实在性假设，而其他一些物理学家则认为定域性假设应该被放弃。无论如何，贝尔不等式再加上大量的实验证据，现在表明了这样一个结论：为了发展对量子力学的很好的直观理解，我们必须从观念中把定域性和实在性假设至少放弃其中一个。

量子计算和量子信息领域可以从贝尔不等式中学到什么？从历史上看，最有用同时又曾是最模糊的教训是：像 EPR 态那样的纠缠态会发生一些深刻的事。量子计算，尤其是量子信息的许多里程碑，都来自于一个简单的问题："在这个问题上，纠缠现象会给我带来什么？"正如我们在隐形传态和超密编码中所看到的，和将在本书后面反复看到的那样，通过将一些纠缠引入到一个问题中，我们打开了一个用经典信息无法想象的新世界。更大的图景是，贝尔不等式告诉我们，纠缠是世界上一种根本上新的资源，本质上超越了经典资源，就像铁超越经典的青铜器时代那样。量子计算和量子信息的一项主要任务是利用这一新资源来完成用经典资源不可能或难以完成的信息处理任务。

问题 2.1（泡利矩阵的函数） 令 $f(\cdot)$ 表示任意从复数到复数的函数，令 $\vec{n}$ 表示一个三维单位向量，θ 为实数。证明：

$$f(\theta\vec{n}\cdot\vec{\sigma}) = \frac{f(\theta)+f(-\theta)}{2}I + \frac{f(\theta)-f(-\theta)}{2}\vec{n}\cdot\vec{\sigma} \tag{2.231}$$

问题 2.2（施密特数的性质） 设 $|\psi\rangle$ 是由 A 和 B 组成的复合系统的一个纯态。

1. 证明 $|\psi\rangle$ 的施密特数等于约化密度矩阵 $\rho_A \equiv \mathrm{tr}_B(|\psi\rangle\langle\psi|)$ 的秩（注意厄米算子的秩等于它的支集的维数）。
2. 设 $|\psi\rangle = \sum_j |\alpha_j\rangle|\beta_j\rangle$ 是 $|\psi\rangle$ 的一个表示，其中 $|\alpha_j\rangle$ 和 $|\beta_j\rangle$ 分别是系统 A 和 B 的（未归一化的）状态。证明这个分解中的项数大于等于 $|\psi\rangle$ 的施密特数 $\mathrm{Sch}(\psi)$。
3. 设 $|\psi\rangle = \alpha|\varphi\rangle + \beta|\gamma\rangle$，证明：

$$\mathrm{Sch}(\psi) \geqslant |\,\mathrm{Sch}(\varphi) - \mathrm{Sch}(\gamma)| \tag{2.232}$$

问题 2.3（Tsirelson 不等式） 设 $Q=\vec{q}\cdot\vec{\sigma}, R=\vec{r}\cdot\vec{\sigma}, S=\vec{s}\cdot\vec{\sigma}, T=\vec{t}\cdot\vec{\sigma}$，其中 $\vec{q},\vec{r},\vec{s}$ 和 $\vec{t}$ 是三维空间中的实单位向量。证明：

$$(Q\otimes S + R\otimes S + R\otimes T - Q\otimes T)^2 = 4I + [Q,R]\otimes[S,T] \tag{2.233}$$

利用这个结果证明

$$\langle Q\otimes S\rangle + \langle R\otimes S\rangle + \langle R\otimes T\rangle - \langle Q\otimes T\rangle \leqslant 2\sqrt{2} \tag{2.234}$$

所以式 (2.230) 给出了在量子力学中违反贝尔不等式的最大量。

背景资料与延伸阅读

从高中生到研究生水平，有大量关于线性代数的书。我们最喜欢的或许是 Horn 和 Johnson 的两卷书[HJ85, HJ91]，该书通俗且有极丰富的内容。其他有用的参考书包括 Marcus 和 Minc 的书[MM92]和 Bhatia 的书[Bha97]。Halmos[Hal58]、Perlis[Per52] 和 Strang[Str76] 是线性代数很好的引论。

有许多关于量子力学的优秀书籍，不幸的是，这些书大多数集中在与量子计算和量子信息不是特别相关的主题上。或许现存文献中最相关的一本书是 Peres 的大作[Per93]。除了对初等量子力学有极清楚的阐述，Peres 还讨论了贝尔不等式及相关结果。Sakurai 的书[Sak95]，Feynman、Leighton 和 Sands 杰出丛书的第三卷[FLS65a]，以及 Cohen-Tannoudji、Diu 和 Laloë 的两卷本[CTDL77a, CTDL77b]都是量子力学很好的入门书。尽管这三部入门书中大部分的篇幅与量子计算和量子信息的应用无关，但在一定程度上比其他大多数量子力学课本更接近量子计算和量子信息的思想。所以，任何想学习量子计算和量子信息的读者都不需要细读这些课本中的任何一本。不过，作为参考，尤其是在读物理学家写的论文时，其中任何一本都是方便的参考材料。关于量子力学历史的参考材料可以在第 1 章末尾找到。

许多量子力学课本只涉及投影测量。对于量子计算和量子信息的应用来说，我们相信从测量的一般描述开始更为方便，也会使初学者感到更容易，投影测量只是它的一个特例。当然，我们已经证明两种方法最终是等价的。我们所讲述的一般测量理论是 20 世纪 40 年代到 70 年代间发展起来的，大部分历史可以从 Kraus 的书中[Kra83] 获取。在 Gardiner 的书[Gar91] 的 2.2 节和 Braginsky 与 Khahili 的书中[BK92] 可以找到关于量子测量的有趣讨论，2.2.6 节中描述的用于区分不同非正交态的 POVM 测量来自 Peres 的书[Per88]，习题 2.64 中的推广出现在 Duan 和 Guo 的文献中[DG98]。

超密编码是 Bennett 和 WIesner[BW92] 发明的，使用纠缠光子对进行不同的超密编码的实验由 Mattle、Weinfurter、Kwiat 和 Zeilinger[MWKZ96] 完成。

密度算子的形式体系由 Landau[Lan27] 和冯・诺依曼[von27] 独立引入。关于密度矩阵系综的酉自由度，即定理 2.6，是由薛定谔[Sch36] 首先指出的，后来又被 Jaynes[Jay57] 和 Hughston、Jozsa 与 Wootters[HJW93] 重新发现并推广。习题 2.73 的结果来自 Jaynes 的论文，而习题 2.81 和习题 2.82 的结果来自 Hughston、Jozsa 与 Wootters 的论文。Uhlmann[Uhl70] 和 Nielsen[Nie99b] 研究了对给定的密度矩阵，密度矩阵分解中可能出现的概率分布的类型。以施密特命名的分解出现在 [Sch06]。习题 2.77 的结果在 Peres 的 [Per95] 提到。

EPR 想象实验来自爱因斯坦、Podolsky 和 Rosen[EPR35]，实质上我们采用的形式是由 Bohm[Boh51] 描述的，有时被称为容易让人误解的 EPR 谬论。贝尔不等式的命名是为纪念首先推导出此类不等式的贝尔[Bel64]。我们给出的形式来自 Clauser、Horne、Shimony 和 Holt[CHSH69]，常称为 CHSH 不等式，这个不等式曾由贝尔独立得到过，但并未发表。

问题 2.2 的第三部分来自 Thapliyal（私人通信），Tsirelson 不等式则来自 Tsirelson[Tsi80]。

第 3 章

计算机科学简介

在自然科学中，大自然给了我们一个世界，我们只是发现它的规律。在计算机中，我们可以将规律融入其中来创造一个世界。

——Alan Kay

我们的领域仍处于萌芽阶段。2000 年来我们都没有发现它是件很棒的事。我们仍然处于一个非常非常重要的结果不断出现在我们眼前的阶段。

——Michael Rabin，关于计算机科学

算法（algorithm）是计算机科学中的关键概念。算法是执行某些任务的精确方法，例如我们在孩提时代都学过的两数相加的基本算法。本章将概述在计算机科学中发展的现代算法理论。我们刻画算法的基本模型是图灵机（Turing Machine）。这是一台理想化的计算机，非常像一台现代个人电脑，但具有更简单的基本指令集和理想化的无限内存。图灵机表面上构造简单，这常常令人误解；实际上它们是非常强大的设备。我们将看到它们可用于执行任何算法，甚至是那些在看似强大得多的计算机上运行的算法。

我们在算法研究中试图解决的基本问题是：执行给定的计算任务需要哪些资源？这个问题自然地分为两部分。首先，我们想了解哪些计算任务是可能的，最好是通过提供解决特定问题的显式算法。例如，我们有许多优秀的算法实例，可以快速将数字列表按升序排序。其次是论证关于可以完成哪些计算任务的限制。例如，我们可以给出任何将数字列表按升序排序的算法所必须执行的操作数量的下界。理想情况下，这两项任务——找寻解决计算问题的算法，以及证明我们解决该计算问题的能力的局限性——将完美地吻合。在实际中，解决某个计算问题的最佳技术与关于解决方案最严格的限制之间通常存在着显著差距。本章的目的是概述为帮助分析计算问题，以及构造和分析解决这些问题的算法而发展的工具。

为什么对量子计算和量子信息感兴趣的人需要花时间去研究经典计算机科学？对此有三个很好的理由。首先，经典计算机科学提供了大量的概念和技术，可以在量子计算和量子信息中重复

使用并发挥巨大的作用。量子计算和量子信息的许多成果都是通过将计算机科学中的现有思想与量子力学的新思想相结合而产生的。例如，量子计算机的一些快速算法基于傅里叶变换的，这是许多经典算法所使用的强大工具。自人们认识到量子计算机可以比经典计算机快得多地执行一类傅里叶变换，这使得许多重要的量子算法得以发展出来。

其次，计算机科学家花费了很多精力来理解在经典计算机上执行给定的计算任务需要哪些资源。这些结果可以用作与量子计算和量子信息进行比较的基础。例如，人们集中了大量的注意力在寻找给定数字的素因子问题上。人们相信这个问题在经典计算机上没有“有效”的算法，其中“有效”的含义我们将在本章的后面解释。有趣的是，已知这一问题在量子计算机上具有有效的算法。经验教训是，对于寻找素因子这项任务，在经典计算机和量子计算机之间似乎存在着差异。这本身就是非常有趣的，并且可能具有更广泛的意义——它表明这种差异可能存在于更广泛的一类计算问题当中，而不仅仅是寻找素因子。通过进一步研究这个特定的问题，有可能辨别出使问题在量子计算机上比经典计算机上更易处理的特征，然后根据这些洞见找到解决其他问题的量子算法。

最后，也是最重要的，学会像计算机科学家一样思考。计算机科学家以与物理学家或其他自然科学家完全不同的方式思考。任何想要深入了解量子计算和量子信息的人都必须学会在有些时候像计算机科学家一样思考；他们必须本能地知道何种技术，以及更重要的是哪些问题是计算机科学家最感兴趣的。

本章的结构如下。在 3.1 节中，我们介绍两种计算模型：图灵机模型和电路模型。图灵机模型将用作我们的基本计算模型。然而，在实践中，我们主要利用电路模型，这是在量子计算的研究中最有用的模型。有了计算模型以后，本章的其余部分将讨论计算的资源需求。 3.2 节首先概述我们感兴趣的计算任务，并讨论一些相关的资源问题。接着概览计算复杂性这一关键概念，该领域研究解决特定计算问题所需的时间和空间要求，并根据求解难度给出对问题的一般性分类。最后，本节以探讨执行计算所需的能量结束。令人惊讶的是，事实证明，只要人们能够使计算可逆，执行计算所需的能量消耗可以几乎为零。我们将解释如何构建可逆计算机，并解释它们对于计算机科学以及量子计算和量子信息都非常重要的一些原因。 3.3 节概述整个计算机科学领域，重点讨论与量子计算和量子信息特别相关的问题。

3.1　计算模型

……算法是独立于任何编程语言之外而存在的概念。

——高德纳

有一个执行某项任务的算法是什么意思呢？孩提时代，我们都学习过使我们能够将任何两个数字相加的步骤，无论这些数字有多大。这就是算法的一个例子。本节的目标是找到算法这一概念数学上的精确描述。

从历史上看，算法的概念可以追溯到数个世纪以前；本科生都学习过欧几里得两千年前寻找两个正整数的最大公约数的算法。然而，直到 20 世纪 30 年代，现代算法理论和计算理论的基本概念才由阿隆佐·丘奇、阿兰·图灵和计算机时代的其他先驱引入。这项工作是为了回应伟大的数学家大卫·希尔伯特在 20 世纪早期所提出的巨大挑战。希尔伯特询问是否存在某个算法，原则上可以用于求解所有的数学问题。希尔伯特希望这个问题（它有时被称为可判定性问题〔entscheidungsproblem〕）的答案是肯定的。

令人惊讶的是，希尔伯特问题的答案被证明是否定的：不存在一个算法可以解决所有的数学问题。为了证明这一点，丘奇和图灵必须解决如何使用数学定义刻画当我们使用算法这一直观概念时所表达的意思的深刻问题。通过这样做，他们为现代算法理论奠定了基础，并因此也为现代计算机科学理论奠定了基础。

在本章中，我们使用两种看似不同的方法通往计算理论。第一种方法是由图灵提出的。图灵定义了一类机器，现在称为图灵机，用来刻画执行某项计算任务的算法的概念。在 3.1.1 节中，我们描述将图灵机，然后讨论图灵机模型的一些更简单的变体。第二种方法是通过电路计算模型，这种方法十分有用，为我们之后的量子计算机研究做了准备。电路模型在 3.1.2 节中描述。虽然这些计算模型表面上看起来不同，但事实证明它们是等价的。你可能会问，为什么要引入多个计算模型？我们这样做是因为不同的计算模型对解决特定的问题可能会产生不同的见解。思考同一概念的两种（或更多种）方式比一种要好。

3.1.1 图灵机

图灵机的基本要素如图 3-1 所示。图灵机包含四个主要元素：(a) 程序，这十分像普通的计算机；(b) 有限状态控制器，其作用类似于精简的微处理器，协调机器的其他运算；(c) 纸带，其作用类似于计算机内存；(d) 读写头，指向带上当前可读或可写的位置。我们现在更详细地描述这四个元素中的每一个。

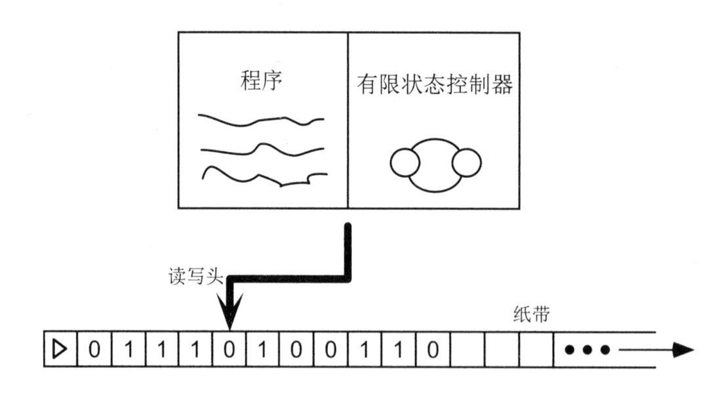

图 3-1 图灵机的主要元素。在文中，带上的空白符用“b”表示。注意 ▷ 标记带的左端点

图灵机的有限状态控制器由一组有限的内部状态 $q_1,\cdots,q_m$ 组成。数字 m 可以变化；事实上，对于足够大的 m，这本质上不影响机器的能力，因此不失一般性，我们可以假设 m 是某个固定的常数。理解有限状态控制器的最佳方式是把它看作一种协调图灵机运算的微处理器。它提供纸带外的临时存储，以及可以完成机器的所有处理的核心位置。除了状态 $q_1,\cdots,q_m$，还有两个特殊的内部状态，标记为 $q_{\rm s}$ 和 $q_{\rm h}$。我们分别称它们为起始状态和停止状态。其中的想法是，在

计算开始时，图灵机处于起始状态 q_s。执行计算会导致图灵机的内部状态发生变化。如果计算完成，图灵机将以状态 q_h 结束，表示机器完成了它的运算。

图灵机的纸带是一维的，可以在一个方向上延伸到无限远。纸带由无限长的纸带格序列组成。我们将纸带格编号为 $0,1,2,3,\cdots$。每个纸带格包含一个来自于某个字母表 Γ 的符号，其中 Γ 包含有限个不同的符号。现在，假设字母表包含四个符号将是方便的，我们用 $0,1,b$（“空白”符）和 $\triangleright$（标记带的左端点）表示。开始时，带的左端包含一个 $\triangleright$ 符号和有限个 0 和 1，带的其余部分包含空白符。读写头指定图灵机纸带上的某个方格作为机器当前正在访问的方格。

总而言之，机器在有限状态控制器处于状态 q_s 时开始它的运算，此时读写头位于最左端编号为 0 的纸带格上。然后计算根据程序逐步进行，这将在之后定义。如果当前状态是 q_h，那么计算停止，并且计算的输出是纸带当前的（非空白）内容。

图灵机的程序是形如 $\langle q,x,q',x',s\rangle$ 的程序行的有限顺序列表。程序行的第一项 q 是来自于机器内部状态集的一个状态。第二项 x 取自可能出现在纸带上的符号组成的字母表 Γ。程序的工作方式是在每个机器周期中，图灵机按顺序查看程序行列表，搜索形如 $\langle q,x,\cdot,\cdot,\cdot\rangle$ 的程序行，其中机器当前的内部状态为 q，带上正在读取的符号是 x。如果它没有找到这样的程序行，那么机器的内部状态变为 q_h，且机器停止运行。如果找到了这样程序行，则执行该程序行。程序行的执行包括以下步骤：机器的内部状态更改为 q'；纸带上的符号 x 被符号 x' 覆盖，并且读写头向左移动、向右移动，或者保持不动，这分别取决于 s 是 -1，$+1$ 还是 0。这个规则的唯一例外是，如果带头位于最左端的纸带格，且 $s=-1$；在这种情况下带头保持不动。

现在我们已经知道了什么是图灵机，让我们看看如何使用它来计算一个简单的函数。考虑如下图灵机的示例。初始时机器的纸带上是一个二进制数 x，其后跟着空白符。除了起始状态 q_s 和停止状态 q_h 之外，机器还具有三个内部状态 q_1、q_2 和 q_3。它的程序包含如下程序行（左侧的数字是为了方便在后面的讨论中引用程序行，其本身不是程序的一部分）：

$$1:\langle q_\mathrm{s},\triangleright,q_1,\triangleright,+1\rangle$$

$$2:\langle q_1,0,q_1,b,+1\rangle$$

$$3:\langle q_1,1,q_1,b,+1\rangle$$

$$4:\langle q_1,b,q_2,b,-1\rangle$$

$$5:\langle q_2,b,q_2,b,-1\rangle$$

$$6:\langle q_2,\triangleright,q_3,\triangleright,+1\rangle$$

$$7:\langle q_3,b,q_\mathrm{h},1,0\rangle$$

该程序计算的是什么函数呢？初始时机器处于状态 q_s 和最左端的纸带格上，因此第一行被执行，这导致带头向右移动而不改变纸带上写入的内容，但是机器的内部状态变为 q_1。接下来的三行程序确保当机器处于状态 q_1 时，如果它在纸带上读取到 0（第 2 行）或者 1（第 3 行），带头会继续向右移动，同时使用空白符覆盖带上的内容，并且保持在状态 q_1，直到它到达一个已经包含空白符的纸带格，此时读写头向左移动一个位置，并且内部的状态变为 q_2（第 4 行）。其后，第 5 行确保带头在读取到空白符的时候保持向左移动而不改变带的内容。这一直持续到带头返回它的起始点，此时它在纸带上读取到 $\triangleright$，将内部状态更改为 q_3，然后向右移动一步（第 6 行）。第 7 行完成程序，仅仅将数字 1 打印到纸带上，然后停止。

前面的分析表明，该程序计算常值函数 $f(x)=1$。也就是说，无论在带上输入什么数字，最终都输出数字 1。更一般地，图灵机可以被当作是计算从非负整数到非负整数的函数；带的初始状态用于表示函数的输入，纸带的最终状态用于表示函数的输出。

似乎我们使用图灵机来计算这个简单的函数已经非常麻烦了。是否可能使用图灵机来构造更复杂的函数？例如，我们能否构造一台机器，使得当用空白符分隔的两个数字 x 和 y 作为纸带上的输入时，它会在纸带上输出和 $x+y$？更一般地，使用图灵机可以计算哪类函数？

事实证明，图灵机的计算模型可用于计算各种各样的函数。例如，它可以用于执行所有的基本算术运算，搜索在纸带上表示为比特串的文本，以及许多其他有趣的操作。令人惊讶的是，事实证明图灵机可以用来模拟在现代计算机上执行的所有操作！实际上，根据丘奇和图灵独立提出的论题，图灵机的计算模型完全刻画了使用算法计算函数的概念。这被称为丘奇-图灵论题：

图灵机可计算的函数类完全对应于我们自然地认为可由算法计算的函数类。

丘奇-图灵论题断言了一个严格的数学概念——图灵机可计算的函数——与可由算法计算的函数这一直观概念之间的等价性。此命题的重要性源于它使得现实世界的算法研究成为了严格的数学研究，而这在 1936 年以前是个相当模糊的概念。为了理解这一点的重要性，考虑实分析中连续函数的定义可能会有所帮助。每个孩子都可以告诉你纸上的一条线连续是什么意思，但如何以一个严格的定义来刻画这种直观并不显然。在连续性的现代定义被接受之前，十九世纪的数学家花了很长时间争论各种连续性定义的优点。当进行诸如连续性或可计算性等基本定义时，选择好的定义非常重要，确保一个人的直观想法与精确的数学定义紧密匹配。从这个观点来看，丘奇-图灵论题断言了图灵机的计算模型为计算机科学提供了良好的基础，以一个严格的定义刻画了算法这一直观概念。

先验地，每个我们直观上认为可以由算法计算的函数都可以使用图灵机来计算并不显然。丘奇、图灵和许多其他的学者花了很多时间来收集丘奇-图灵论题成立的证据，六十年来，没有任何相反的证据被找到。然而，未来我们可能会在自然界中发现一个过程，它计算某个函数，而这个函数不能在图灵机上计算。发生这种情况将是极好的，因为我们可以利用这个过程来帮助我们进行以前无法进行的新计算。当然，我们还需要彻底检查可计算性、甚至计算机科学的定义。

习题 3.1（自然界中的不可计算过程） 我们如何识别出自然界中的某个过程，它能够计算图灵机无法计算的函数？

习题 3.2（图灵编号） 证明每个单带图灵机都可以从列表 $1,2,3\cdots$ 中获得一个编号，使得这个编号唯一地确定其相应的机器。我们将此编号称为相应图灵机的图灵编号。（提示：每个正整数都有一个唯一的素因子分解 $p_1^{a_1}p_2^{a_2}\cdots p_k^{a_k}$，其中 p_i 是不同的素数，而 $a_1,\cdots,a_k$ 是非负整数。）

在后面的章节中，我们将看到量子计算机也遵循丘奇-图灵论题。也就是说，量子计算机与图灵机可计算的函数类相同。量子计算机和图灵机之间的区别在于使用它们执行函数计算时的效率——有些函数可以在量子计算机上更有效地计算，而人们相信这在诸如图灵机之类的经典计算设备上是不可能的。

完整详细地说明图灵机的计算模型可用于构建在计算机编程语言中使用的所有常用概念超出了本书的范围（更多的信息请参阅本章末尾的“背景资料与延伸阅读”）。当详细说明算法时，我们通常会使用更高级别的伪代码，而不是显式地说明用于执行该算法的图灵机；基于丘奇-图灵论题，伪代码都可以被转换为图灵机计算模型。我们不会对伪代码给出任何严格的定义。可以把它想象成一个稍微更加形式化一些的英语，或者，如果你愿意，可以把它看作 C++ 或 BASIC 等高级编程语言的粗略版本。伪代码提供了一种表达算法的便捷方式，无需探究图灵机所要求的细枝末节。使用伪代码的示例可以在专题 3.2 中找到；它也在本书的后面用来描述量子算法。

基础的图灵机模型有许多变种。我们可以想象图灵机具有不同种类的纸带。例如，可以考虑双向无限的纸带，或者使用多个维度的纸带进行计算。就目前所知，不可能以物理层面上合理的方式改变图灵模型的某个方面，从而扩展模型可计算的函数类。

作为例子，考虑配备多条纸带的图灵机。为简单起见，我们考虑两条纸带的情况，因为从这个示例到两条纸带以上的推广是显然的。与基础的图灵机一样，双带图灵机具有有限个内部状态 $q_1,\cdots,q_m$，一个起始状态 q_{s} 和一个停止状态 q_{h}。它有两条带，每条带包含一些来自于一个有限的字母表 Γ 的符号。像之前一样，假设字母表包含四个符号 $0,1,b$ 以及 $\triangleright$ 是很方便的，其中 $\triangleright$ 标记每条带的左端。该机器有两个读写头，每条纸带一个。双带图灵机和基础图灵机之间的主要区别在于程序。程序行的形式为 $\langle q,x_1,x_2,q',x_1',x_2',s_1,s_2\rangle$，这意味着如果机器的内部状态为 q，纸带 1 在其当前位置读取 x_1，纸带 2 在当前位置读取 x_2，那么机器的内部状态应更改为 q'，x_1 被 x_1' 覆盖，x_2 被 x_2' 覆盖，纸带 1 和纸带 2 分别根据 s_1 或 s_2 等于 $+1,-1$ 或者 0 来移动。

在何种意义下，基础图灵机和双带图灵机是等价的计算模型？它们在一个计算模型能够模拟另一个的意义下是等价的。假设我们有一个双带图灵机，除了端点标记 $\triangleright$ 之外，它把第一条带上的比特串 x，两条纸带上其余部分的空白符作为输入。该机器计算函数 $f(x)$，其中 $f(x)$ 被定义为图灵机停机后第一条纸带的内容。相当值得注意的是，事实证明，给定一个计算 f 的双带图灵机，存在一个等价的单带图灵机，它也能够计算 f。我们不会明确地解释如何做到这一点，但基本的想法是单带图灵机使用它的单条纸带存储双带图灵机两条纸带上的内容来模拟双带图灵机。进行这一模拟需要一些计算上的开销，但重要的是原则上它总是可以做到的。事实上，存在一台通用图灵机（见专题 3.1），可以模拟任何其他的图灵机！

图灵机模型的另一个有趣变体是将随机性引入到模型中。例如，假设图灵机可以执行一个程序行，其效果如下：如果内部状态为 q 并且带写头读取 x，那么投掷一枚无偏的硬币。如果硬币正面朝上，将内部状态改为 q_{i_H}，如果它反面朝上，将内部状态改为 q_{i_T}，其中 q_{i_H} 和 q_{i_T} 是图灵机的两个内部状态。这样的程序行可以表示为 $\langle q,x,q_{i_H},q_{i_T}\rangle$。然而，即使是这个变体也不会从本质上改变图灵机计算模型的能力。不难看出，我们可以在确定型图灵机上通过显式地“遍历”与抛掷硬币出现的不同数值对应的所有可能的计算路径来模拟上述算法的效果。当然，这种确定型的模拟可能远不如随机模型有效，但是这里讨论的重点在于，引入随机性到底层模型当中也不会改变可计算的函数类。

习题 3.3（翻转比特串的图灵机）　描述一个图灵机，它以二进制数 x 作为输入，并以相反的顺

序输出 x 的比特。（提示：在这个习题和下个习题中，使用多带图灵机并且/或者除了 $\triangleright, 0, 1$ 和空白符之外的符号或许会有所帮助。）

习题 3.4（模 2 加法的图灵机） 描述一个图灵机，在模 2 意义下把两个二进制数 x 和 y 相加。数字以二进制的形式作为图灵机纸带上的输入，形式为 x 后面跟着一个空白符，然后跟着 y。如果两者长度不同，那么你可以假设在较短的前面填补了足够多的 0，使得两个数具有相同的长度。

让我们回到希尔伯特的可判定性问题，这是计算机科学的创始人最初的灵感。是否存在算法能够判定所有的数学问题？丘奇和图灵证明了这个问题的答案是否定的。在专题 3.2 中，我们解释了图灵对这一显著事实的证明。不可判定性这种现象如今已经远远超出了丘奇和图灵所构造的例子。例如，众所周知，确定两个拓扑空间是否拓扑等价（"同胚"）的问题是不可判定的。正如你会在问题 3.4 中证明的那样，存在与动态系统的行为相关的简单问题，它们也是不可判定的。这些例子和其他例子的参考文献会在本章末尾的"背景资料与延伸阅读"给出。

除了其固有的价值之外，不可判断性预示着计算机科学，以及量子计算和量子信息中一个备受关注的话题：易于解决的问题与难以解决的问题之间的区别。不可判定性提供了难以解决的问题的终极例子——它们是如此之难，以至于实际上不可能解决。

专题 3.1 通用图灵机

我们已经将图灵机描述为包含三部分，各部分可能因机器而异——纸带上的初始格局，有限状态控制器的内部状态，以及机器的程序。一个被称为通用图灵机（UTM）的聪明想法允许我们一劳永逸地固定住程序和有限状态控制器，使得带上的初始内容成为机器唯一可以改变的部分。

通用图灵机（见下图）具有以下特性。设 M 为任意的图灵机，令 T_M 为与机器 M 关联的图灵编号。然后在如下输入上：T_M 的二进制表示后跟着一个空白符，而后在纸带的其余部分上跟着任意的字符串 x，通用图灵机给出机器 M 在输入 x 上的输出作为它的输出。因此，通用图灵机能够模拟任何其他的图灵机！

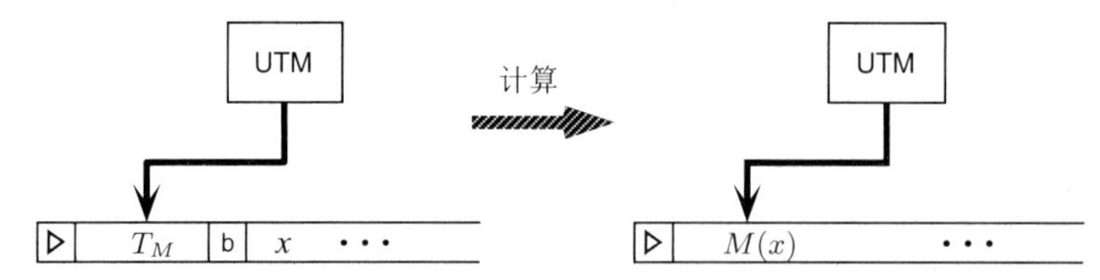

通用图灵机在本质上类似于现代可编程计算机，其中计算机采取的动作——"程序"——存储在内存当中，类似于存储在通用图灵机的纸带开头的比特串 T_M。程序要处理的数据存储在内存的另一部分当中，类似于通用图灵机中 x 的角色。然后使用一些固定的硬件来运行程序，产生输出。该固定的硬件类似于内部状态和通用图灵机所执行的（固定）程序。

描述通用图灵机的详细结构超出了本书的范围。（虽然勤奋的读者可能会尝试构造。）重点在于这样的机器是存在的，它表明可以使用单个固定的机器来运行任何算法。通用图灵机的存在也解释了我们早先的关于图灵机中内部状态的数量无关紧要的陈述，因为只要那个数量 m 超过了通用图灵机所需的数量，那么这样的机器就可以用来模拟具有任意数量的内部状态的图灵机。

习题 3.5（不含输入的停机问题）　证明给定图灵机 M，不存在算法能够确定当机器的输入是空白带时 M 是否停机。

习题 3.6（概率停机问题）　假设我们使用类似于习题 3.2 中的方案对概率型图灵机进行编号，并且定义概率停机函数 $h_p(x)$ 为 1，如果机器 x 在输入 x 上以至少 1/2 的概率停机；$h_p(x)$ 为 0，如果机器 x 在输入 x 上以小于 1/2 的概率停机。证明不存在概率型图灵机，其对所有的 x 都以严格大于 1/2 的概率输出 $h_p(x)$。

习题 3.7（停机神谕）　假设我们可以使用一个黑盒，它以非负整数 x 作为输入，然后输出 $h(x)$ 的值，其中 $h(\cdot)$ 是专题 3.2 中定义的停机函数。这种类型的黑盒有时被称为停机问题的神谕。假设我们有一个普通的图灵机，它增加了调用这个神谕的能力。实现这一目标的一种方法是使用双带图灵机，并向图灵机添加一个额外的程序指令，从而能够调用神谕，并在第二条带上打印出 $h(x)$ 的值，其中 x 是第二条带上当前的内容。显然这个计算模型比传统的图灵机模型更加强大，因为它可以用来计算停机函数。这个计算模型的停机问题是不可判定的吗？也就是说，借助停机问题的神谕帮助的图灵机能否确定带有此神谕的图灵机的程序在特定的输入上是否会停机？

专题 3.2　停机问题

在习题 3.2 中证明了每个图灵机都可以唯一地关联到列表 $1, 2, 3, \cdots$ 中的一个数字。为了解决希尔伯特的问题，图灵使用这一编号提出了停机问题：图灵编号为 x 的机器是否在输入为编号 y 时停机？这是一个良定义的和有趣的数学问题。毕竟，我们对我们的算法是否能停止相当感兴趣。然而事实证明，没有算法能够解决停机问题。为了看到这一点，图灵询问是否存在算法来解决一个更特殊的问题：图灵编号为 x 的机器是否在输入为相同的编号 x 时停机？图灵定义了停机函数，

$$h(x) \equiv \begin{cases} 0 & \text{如果编号为}x\text{的机器在输入}x\text{上不停机} \\ 1 & \text{如果编号为}x\text{的机器在输入}x\text{上停机} \end{cases}$$

如果存在算法能够解决停机问题，那么当然存在算法能够计算 $h(x)$。我们将试图通过假设存在这样的算法（用 HALT(x) 表示）来导出矛盾。考虑计算函数 TURING(x) 的算法，它的伪代码是

```
TURING(x)

y = HALT(x)
if y = 0 then
    停机
```

```
else
    永远循环
end if
```

由于 HALT 是一个合法的程序，TURING 必然也是一个合法的程序，且具有某个图灵编号 t。根据停机函数的定义，$h(t)=1$ 当且仅当 TURING 在输入 t 上停机。但是通过检查 TURING 的程序，我们发现 TURING 在输入 t 上停机当且仅当 $h(t)=0$。因此 $h(t)=1$ 当且仅当 $h(t)=0$，矛盾。因此，我们最初假设存在一种计算 $h(x)$ 的算法一定是错的。我们得出结论，没有算法允许我们解决停机问题。

3.1.2 电路

图灵机是非常理想化的计算设备模型。真正的计算机大小是有限的，而对于图灵机我们假定它是一台无限大的计算机。在本节中，我们研究另外一种计算模型，即电路模型。它在计算能力方面与图灵机相当，但对于许多应用来说更加方便和实际。特别地，电路计算模型作为我们对量子计算机研究的准备工作尤其重要。

电路由导线和门组成，它们分别携带信息和执行简单的计算任务。例如，图 3-1 展示了一个简单的电路，它将单比特 a 作为输入。该比特被传递给一个非（NOT）门，非门翻转该比特，把 1 变成 0，把 0 变成 1。非门前后的导线仅仅负责运输比特进出非门；它们可以表示比特在空间中的移动，或者随时间的变动。

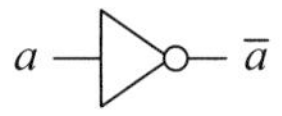

$a \quad \bar{a}$

图 3-2 在单个输入比特上执行单个 NOT 门的基本电路

更一般地，电路可能包含许多输入和输出比特，许多导线和许多逻辑门。逻辑门是从某些固定的 k 个输入比特到某些固定的 l 个输出比特的函数 $f:\{0,1\}^k \to \{0,1\}^l$。例如，非门是具有一个输入比特和一个输出比特的门，它计算函数 $f(a)=1\oplus a$，其中 a 是单个比特，且 $\oplus$ 是模 2 加法。通常约定电路中不允许循环，以避免可能出现的不稳定性，如图 3-3 所示。我们说这样的电路是无环的，并且我们坚持电路计算模型中的电路是无环的这一惯例。

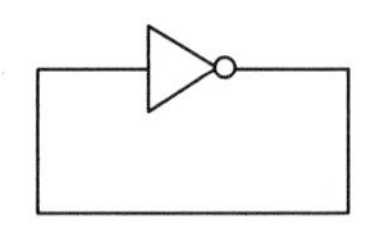

图 3-3 包含回路的电路可能不稳定，通常在电路计算模型当中是不允许的

还有许多其他基本逻辑门可用于计算。一个部分的列表包括与（AND）门、或（OR）门、异或（XOR）门、与非（NAND）门和或非（NOR）门。这些门中的每一个都有两个比特作为输入，并产生单个比特作为输出。与门输出 1 当且仅当它的两个输入均为 1。或门输出 1 当且仅当它的输入中至少有一个是 1。异或门输出其输入的模 2 和。与非门和或非门分别使用与门和或门作用在它们的输入上，而后使用非门作用在前一个门的输出上。这些门的作用如图 3-4 所示。

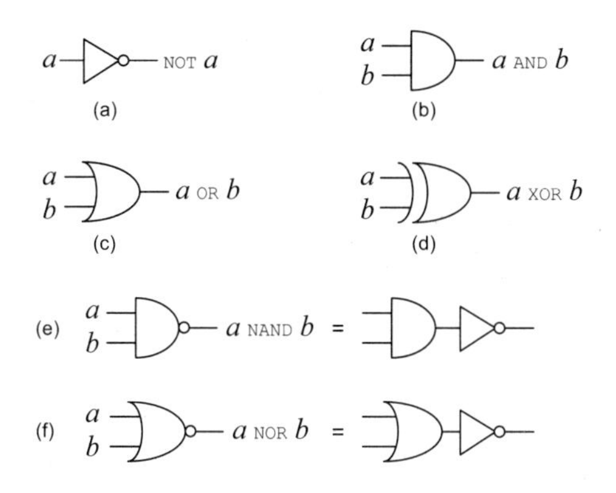

图 3-4　实现与、或、异或、与非和非门的基本电路

图 3-4 中缺少两个重要的“门”，即扇出（FANOUT）门和交叉（CROSSOVER）门。在电路中，我们经常允许比特“分裂”，用自身的两个副本代替它自己，这一操作被称为扇出。我们还允许比特交叉，即，两个比特的值互相交换。图 3-4 中缺少的第三个操作——并不真的是逻辑门——是允许准备额外的辅助比特或工作比特，以便在计算中有额外的工作空间。

这些简单的电路元件可以放在一起以执行各种各样的计算。下面我们将展示这些元件可用于计算任何函数。与此同时，让我们看一个简单的电路示例，该电路使用的是跟世界各地教给学龄儿童的完全相同的算法来相加两个 n 比特整数。该电路中的基本元件是一个被称为半加法器的更小的电路，如图 3-5 所示。半加法器把两个比特 x 和 y 作为输入，并输出它们的模 2 加和 $x \oplus y$ 以及一个进位，如果 x 和 y 都是 1，则进位为 1，否则为 0。

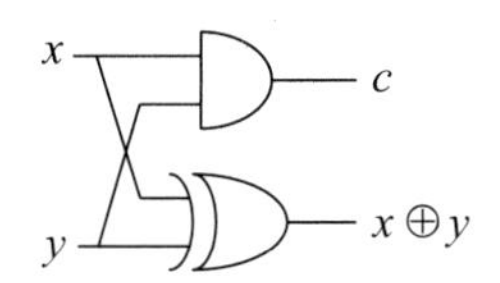

图 3-5　半加法器电路。当 x 和 y 都为 1 时，进位 c 设置为 1，否则为 0

可以使用两个级联的半加法器来构造一个全加法器，如图 3-6 所示。全加法器把三个比特 x, y 和 c 作为输入。比特 x 和 y 应该看做是要相加的数据，而 c 则来自较早计算的进位。电路输出两个比特。一个输出比特是所有三个输入比特的模 2 加和 $x \oplus y \oplus c$，第二个输出比特 c' 是进位，如果两个或多个输入为 1，那么它设置为 1，否则为 0。

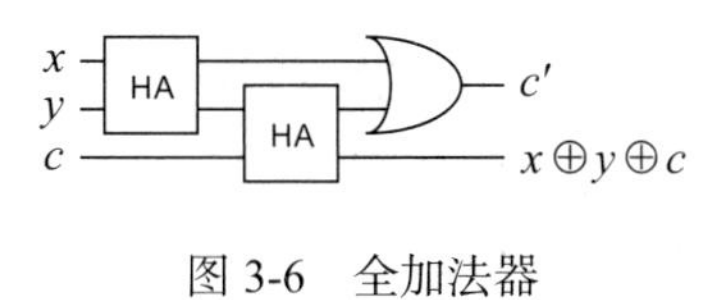

图 3-6　全加法器

通过将许多这些全加法器组合在一起，我们得到一个相加两个 n 比特整数的电路，图 3-7 显示了 $n = 3$ 的情况。

我们之前声称只需几个固定的门就可以用来计算任意的函数 $f : \{0,1\}^n \to \{0,1\}^m$。我们现在将对具有 n 个输入比特和单个输出比特的函数 $f : \{0,1\}^n \to \{0,1\}$ 这一简化情况进行证明。这样的函数被称为布尔函数，相应的电路就是布尔电路。一般的通用性证明可由布尔函数这一特殊情况立即得出。证明通过对 n 的归纳进行。对于 $n=1$，有四种可能的函数：恒等函数，它的电路由单根导线组成；位翻转函数，可由单个非门实现；使用 0 来替换输入比特的函数，可以通过将输入与一个初始化为 0 的工作比特进行与操作得到；以及使用 1 来替换输入的函数，可以通过将输入和一个初始化为 1 的工作比特进行或操作得到。

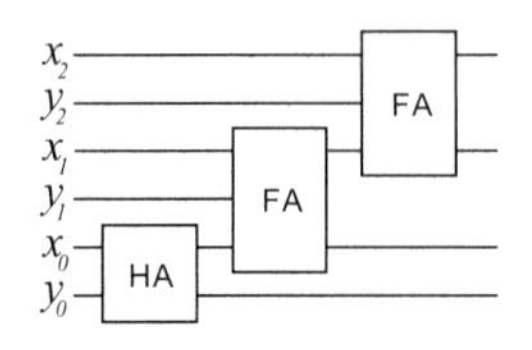

图 3-7　两个三比特整数 $x=x_2x_1x_0$ 和 $y=y_2y_1y_0$ 的加法电路，使用教给学龄儿童的基本算法

为了完成归纳，假设任意 n 比特函数可以由电路计算，并且令 f 是 $n+1$ 个比特上的函数。定义 n 比特函数 f_0 和 f_1 为 $f_0(x_1,\cdots,x_n)\equiv f(0,x_1,\cdots,x_n)$ 和 $f_1(x_1,\cdots,x_n)\equiv f(1,x_1,\cdots,x_n)$。它们都是 n 比特函数，因此根据归纳假设，存在计算这些函数的电路。

现在设计一个计算 f 的电路成了一件容易的事。该电路在最后 n 比特的输入上计算 f_0 和 f_1。然后，它根据输入的第一个比特是 0 还是 1 来输出合适的答案。一个执行此操作的电路如图 3-8 所示。这完成了归纳。

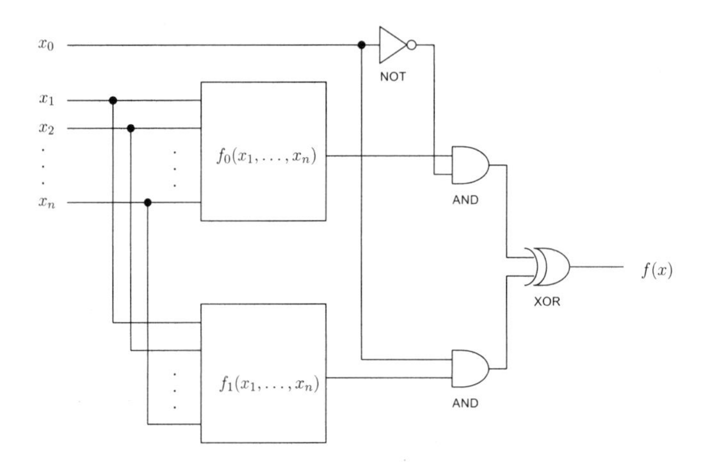

图 3-8　计算 $n+1$ 个比特上的任意函数 f 的电路，根据归纳假设存在计算 n 比特函数 f_0 和 f_1 的电路

从上述通用电路构造中可以识别出 5 个要素：（1）导线，其保持比特的状态；（2）制备为标准态的辅助比特，其用于证明中 $n=1$ 的情况；（3）扇出运算，其以单个比特作为输入，输出该比特的两个副本；（4）交叉运算，它交换两个比特的值；（5）与门、异或门和非门。在第 4 章中，我们将以类似于经典电路的方式来定义量子电路计算模型。值得注意的是，当扩展到量子的情况时，这五要素中的许多元素都提出了一些有趣的挑战：构造出保持量子比特的状态的良好量子导线这件事并不显然；即使在原则上，根据不可克隆定理（正如 1.3.5 节所解释的），扇出操作也不能在量子力学中以一种直接的方式实现；并且由于与门和异或门是不可逆的，因此不能以直接的方式实现为一个酉量子门。在定义量子电路计算模型时还有许多需要思考的地方！

习题 3.8（NAND 的通用性）　假设可以使用导线、辅助比特和扇出，证明与非门可以用来模拟与门、异或门和非门。

让我们从我们对量子电路简短的讨论中回到经典电路的性质上。我们之前声称图灵机模型和电路计算模型等价。在什么意义下我们认为这两个模型是等价的呢？从表面上看，这两个模型看起来完全不同。图灵机无界的特性使它们更有助于抽象地概括算法的含义，而电路更接近于刻画实际的物理计算机是什么。

通过引入一致电路族的概念可以联系这两个模型。电路族由一组电路 $\{C_n\}$ 组成，它们由正整数 n 来索引。电路 $\{C_n\}$ 具有 n 个输入比特，并且可能具有任意有限个额外的工作比特，以及输出比特。在长度最多为 n 个比特的输入 x 上，电路 C_n 的输出被记为 $C_n(x)$。我们要求电路是一致的，也就是说，如果 $m < n$ 且 x 的长度最多是 m 比特，那么 $C_m(x) = C_n(x)$。电路族 $\{C_n\}$ 计算的函数是函数 $C(\cdot)$，使得如果 x 的长度是 n 个比特，那么 $C(x) = C_n(x)$。例如，考虑对 n 位数进行平方的电路 C_n。它定义了电路族 $\{C_n\}$，计算函数 $C(x) = x^2$，其中 x 是任意正整数。

然而，考虑不受限制的电路族是不够的。在实际当中，我们需要一个算法来构建电路。实际上，如果我们不对电路族进行任何限制，那么计算所有种类的函数，甚至那些我们在合理的计算模型中预期不能够计算的函数，便成为了可能。例如，令 $h_n(x)$ 表示限制 x 的长度为 n 个比特的停机函数。因此 h_n 是一个从 n 个比特到 1 个比特的函数，而我们已经证明了存在计算 $h_n(\cdot)$ 的电路 C_n。因此电路族 $\{C_n\}$ 计算停机函数！然而，阻止我们使用这个电路族来解决停机问题的原因是我们没有指定一个允许我们对所有的 n 构造电路 $\{C_n\}$ 的算法。添加此要求便得到了一致电路族的概念。

也就是说，电路族 $\{C_n\}$ 被称为是一致电路族，如果存在某个运行在图灵机上的算法，其在输入 n 上，生成 C_n 的一个描述。也就是说，该算法的输出描述了电路 C_n 中有哪些门，这些门如何连接在一起组成一个电路，电路所需的辅助比特，扇出和交叉运算，以及应该从电路的哪里读取输出。例如，我们前面描述的用于对 n 位数进行平方的电路族当然是一个一致电路族，因为存在一个算法，当给定 n 时，其输出对 n 位数进行平方时所需的电路的描述。你可以将此算法视为工程师能够对任意的 n 生成电路的描述（并由此构建电路）的工具。相反地，不一致的电路族被称为非一致电路族。没有算法可以对任意的 n 构建此电路，这阻止了我们的工程师构建电路来计算诸如停机函数之类的函数。

直观上，一致电路族是可以由某个合理的算法生成的电路族。可以证明，一致电路族可计算的函数类与图灵机可计算的函数类完全相同。由于这种一致性的限制，图灵机计算模型中的结论通常可以直接翻译为电路计算模型的结论，反之亦然。之后我们对量子电路计算模型中的一致性问题给予了类似的关注。

3.2　计算问题的分析

对计算问题的分析取决于三个基本问题的答案：

1. 什么是计算问题？将两个数相乘是一个计算问题；编写计算机程序以超越人类在写诗方面的能力也是。为了在发展计算问题分析的一般理论方面取得进展，我们将分离出一类被称之为判定问题的特殊问题，并将我们的分析集中在这些问题上。以这种方式做出限制使得一套优雅而又结构丰富的理论得以发展。最重要的是，这是一套其原理的应用远远超出判定问题的理论。

2. 我们如何设计算法来解决给定的计算问题？一旦指定了一个问题，可以使用哪些算法来解决这个问题？是否存在一般的技术可用于解决各类问题？我们怎样才能确保算法的行为与声称的一样？

3. 解决给定计算问题所需的最小资源是多少？运行算法需要消耗资源，例如时间、空间和能量。在不同的情况下，可能希望最小化一种或多种资源的消耗。我们能否根据解决问题所需的资源需求对问题进行分类？

在接下来的几节中，我们将研究这三个问题，特别是问题 1 和问题 3。虽然问题 1——什么是计算问题——也许是这些问题当中最基本的，但我们会把它的回答推迟到 3.2.3 节，首先在 3.2.1 节中建立与资源量化相关的一些背景概念，然后在 3.2.2 节中回顾计算复杂性的关键思想。

问题 2，如何设计好的算法，是众多研究人员大量创造性工作的领域。这些工作是如此之多，以至于在这个简短的介绍中，我们甚至无法开始描述好的算法设计当中所采用的主要思想。如果对这个美妙的课题感兴趣，我们推荐您跳到本章的末尾“背景资料与延伸阅读”。我们与这个课题最紧密的直接联系将发生在本书的后面，即当我们研究量子算法的时候。量子算法构造所需的技术通常涉及到经典计算机算法设计中已经存在的深刻思想，以及基于完全量子力学的算法设计创新。由于这个原因，也因为量子算法设计的精神在很多方面与经典算法设计如此相似，我们鼓励你至少要熟悉经典算法设计的基本思想。

问题 3，解决给定计算问题所需的最小资源是多少，这是接下来几个小节的主要关注点。例如，假设给我们两个长度为 n 比特的数字，我们希望把它们相乘。如果在单带图灵机上执行乘法，那么图灵机必须执行多少次计算步骤才能完成任务？在完成任务时，使用了多少图灵机上的空间？

这些是我们可能会问的资源问题的例子。一般来说，计算机使用许多种不同的资源，然而我们会把大部分注意力集中在时间、空间和能量上。传统上，在计算机科学中，时间和空间一直是算法研究中两个主要的资源问题，我们在 3.2.2 节到 3.2.4 节中研究这些问题。能量一般是次要的考虑因素；然而，对能量需求的研究激发了可逆经典计算这一研究课题，这反过来又是量子计算的先决条件，因此我们在 3.2.5 节中详细地研究计算的能量需求。

3.2.1 如何量化计算资源

不同的计算模型会导致不同的计算资源需求。即使是像从单带图灵机改为双带图灵机这样简单的事情都可能会改变求解一个给定的计算问题所需的资源。对于已经理解得非常透彻的计算任务，例如整数加法，这种计算模型之间的区别可能是令人感兴趣的。然而，对于理解一个问题的第一步，我们想要一种量化资源需求的方法，该方法独立于计算模型中相对平凡的变化。为此而发展出来的工具之一便是渐近符号，它可用于概括函数的本质行为。例如，可以使用这种渐近符号来概括一个给定的算法运行时所需的时长的本质，而不必过多担心精确的时间。在本节中，我们将详细描述这种记号，并将其应用于一个简单的问题，用以说明计算资源的量化——把名字列表按字典序排序的算法的分析。

例如，假设我们对把两个 n 位数加在一起所需的门的数量感兴趣。精确地计数所需的门的数量反而掩盖了重点：也许某个特定的算法需要 $24n + 2\lceil\log n\rceil + 16$ 个门来执行这项任务。然而，在问题规模十分巨大这一限制下，唯一重要的项是 $24n$。此外，我们忽视常数因子，因为其对算法的分析是次要的。该算法的本质行为被总结为其所需的操作数量的规模为 n，其中 n 是要相加的数字的位数。渐近符号由三个工具组成，这使得这个记号更加精确。

O（“大 O”）记号用来设定函数行为的上界。假设 $f(n)$ 和 $g(n)$ 是非负整数上的两个函数。我们说“$f(n)$ 在函数类 $O(g(n))$ 当中”，或者“$f(n)$ 是 $O(g(n))$ 的”，如果存在常数 c 和 n_0，使得对于所有大于 n_0 的 n，$f(n) \leqslant cg(n)$。也就是说，对于足够大的 n，在相差一个不重要的常数因子的意义下，函数 $g(n)$ 是 $f(n)$ 的一个上界。大 O 记号对于研究特定算法最坏情况下的行为特别有用，其中我们通常对找到一个算法消耗资源的上界感到满意。

在研究一类算法的行为时——比如可以用来把两数相乘的所有算法类——有必要界定所需资源的下界。为此，我们使用 Ω（“大 Omega”）记号。函数 $f(n)$ 被称为是 $\Omega(g(n))$ 的，如果存在常数 c 和 n_0，使得对于所有大于 n_0 的 n，$cg(n) \leqslant f(n)$。也就是说，对于足够大的 n，在相差一个不重要的常数因子的意义下，$g(n)$ 是 $f(n)$ 的一个下界。

最后，Θ（“大 Theta”）记号用于表示在相差一个不重要的常数因子的意义下，$f(n)$ 的行为渐进地与 $g(n)$ 相同。也就是说，我们说 $f(n)$ 是 $\Theta(g(n))$ 的，如果它是 $O(g(n))$ 和 $\Omega(g(n))$ 的。

渐进符号：例子

让我们考虑渐近符号的一些简单的例子。函数 $2n$ 在 $O(n^2)$ 类中，因为对于所有的正整数 n，$2n \leqslant 2n^2$。函数 2^n 是 $\Omega(n^3)$ 的，因为对于足够大的 n，$n^3 \leqslant 2^n$。最后，函数 $7n^2 + \sqrt{n}\log n$ 是 $\Theta(n^2)$ 的，因为对于所有足够大的 n，$7n^2 \leqslant 7n^2 + \sqrt{n}\log n \leqslant 8n^2$。在下面的几个习题中，你会遇到渐近符号的一些基本的性质，这些性质使其成为算法分析的有力工具。

习题 3.9　证明 $f(n)$ 是 $O(g(n))$ 的当且仅当 $g(n)$ 是 $\Omega(f(n))$ 的。由此推出 $f(n)$ 是 $\Theta(g(n))$ 的当且仅当 $g(n)$ 是 $\Theta(f(n))$ 的。

习题 3.10　假定 $g(n)$ 是次数为 k 的多项式。证明对任意 $l \geqslant k$，$g(n)$ 是 $O(n^l)$ 的。

习题 3.11　证明对任意 $k > 0$，$\log n$ 是 $O(n^k)$ 的。

习题 3.12（$n^{\log n}$ 是超多项式的）　证明对任意的 k，n^k 是 $O(n^{\log n})$ 的，但是 $n^{\log n}$ 不可能是 $O(n^k)$ 的。

习题 3.13（$n^{\log n}$ 是亚指数的）　证明对任意的 $c > 1$，c^n 是 $\Omega(n^{\log n})$ 的，但是 $n^{\log n}$ 不可能是 $\Omega(c^n)$ 的。

习题 3.14　假设 $e(n)$ 是 $O(f(n))$ 的，$g(n)$ 是 $O(h(n))$ 的。证明 $e(n)g(n)$ 是 $O(f(n)h(n))$ 的。

在资源量化中使用渐近符号的一个例子是在如下问题上的简单应用：把 n 个名字的列表按照字典序排序。许多排序算法都基于“比较和交换”操作：比较 n 元素列表中的两个元素，如果它们的顺序不对，则交换它们的位置。如果这种比较和交换的操作是我们访问列表的唯一方法，那么需要多少次这样的操作才能确保列表已经正确地排好序？

求解排序问题的一个简单的比较和交换算法如下：（注意，`compare-and-swap(j,k)`比较编号为 j 和 k 的表项，如果它们的次序不对，则进行交换）

```
for j = 1 to n-1
    for k = j+1 to n
        compare-and-swap(j,k)
    end k
end j
```

显然，该算法正确地将 n 个名字的列表排列成字典序。注意，算法执行比较和交换操作的次数为 $(n-1)+(n-2)+\cdots+1=n(n-1)/2$。因此，算法使用的比较和交换操作的次数是 $\Theta(n^2)$ 的。我们能比这个做得更好吗？事实证明我们可以。已知诸如“堆排序”之类的算法运行时只使用了 $O(n\log n)$ 次比较和交换操作。此外，在习题 3.15 中将完成一个简单的计数论证，证明任何基于比较和交换操作的算法都需要 $\Omega(n\log n)$ 次这样的操作。因此，一般地，排序问题需要 $\Theta(n\log n)$ 次比较和交换操作。

习题 3.15（基于比较和交换的排序的下界） 假设一个 n 元素列表通过采取一系列比较和交换操作排好了序。列表有 $n!$ 种可能的初始排序。证明在采取了 k 次比较和交换操作之后，最多有 2^k 个可能的初始排序会按照正确的顺序排好序。由此得出结论，需要 $\Omega(n\log n)$ 次比较和交换操作才能把所有可能的初始排序按照正确的顺序排好序。

3.2.2 计算复杂性

> 任何算法都不能解决它这一想法——这是永远不会改变的根本性的事情——这个想法吸引着我。
>
> ——Stephen Cook

> 有时候，一些事情是不可能完成的是一件好事情。我很高兴有很多事情没有人可以对我做。
>
> ——Leonid Levin

> 我们选择多项式算法作为刻画“实际中有效的计算”这一模糊观念的数学定义受到了来自各方的批评，这一点并不令人惊讶。[……] 基本上，我们为我们的选择做的论证必定如下：采用多项式最坏情况下的表现作为我们衡量效率的标准会产生一个优雅而有用的理论，这个理论说明了一些关于实际计算的有意义的结论，而如果没有这种化简，这将是不可能的。
>
> ——Christos Papadimitriou

执行计算需要多少时间和空间资源？在许多情况下，这是我们关于计算问题可以询问的最重要的问题。像数的加法和乘法之类的问题被认为是可以高效求解的，因为我们有执行加法和乘法的快速算法，且它在运行时占用的空间很小。许多其他问题没有已知的快速算法，并且实际上不可能求解，这不是因为我们找不到求解问题的算法，而是因为所有已知的算法都需要消耗大量的空间或时间，以至于它们在实际中毫无用处。

计算复杂性研究求解计算问题所需的时间和空间资源。计算复杂性的任务是证明求解一个问题可能的最优算法所需资源的下界，即便我们未明确知晓这一算法。在本节和接下来的两节中，我们会概览计算复杂性，它的主要概念以及该领域的一些更重要的结果。注意，计算复杂性在某种意义上是对算法设计领域的补充；理想情况下，我们能够设计出的最高效的算法与计算复杂性所证明的下界完全匹配。不幸的是，情况往往并非如此。如前所述，在本书中我们不会深入研究经典算法的设计。

形式化计算复杂性理论的一个困难在于不同的计算模型可能需要不同的资源来解决相同的问题。例如，多带图灵机可以比单带图灵机快得多地解决许多问题。这一困难以相当粗略的方式被解决了。假设我们通过给出 n 个比特作为输入指定了一个问题。例如，我们可能对一个特定的 n 位数是否为素数感兴趣。计算复杂性的主要贡献在于它在可以使用关于 n 的多项式的资源来解决的问题和需要使用比 n 的任何多项式都增长得更快的资源的问题之间做出了区分。在后一种情况下，我们通常说所需的资源是问题规模的指数大小，这里我们滥用了术语“指数的”，因为存在像 $n^{\log n}$ 这样的函数，它比任何多项式都增长得更快（因此根据这个约定是“指数的”），然而它比任何真正的指数都增长得要慢。一个问题被认为是容易的、易解的或者可行的，如果存在一个使用多项式资源的算法求解该问题；而它被认为是困难的、难解的或者不可行的，如果最好的算法都需要使用指数的资源。

举个简单的例子，假设我们有两个整数，其二进制展开为 $x_1 \cdots x_{m_1}$ 和 $y_1 \cdots y_{m_2}$，我们希望确定这两个数的和。输入的总大小为 $n \equiv m_1 + m_2$。很容易看出，使用数量为 $\Theta(n)$ 的基本运算可以把这两个数相加；该算法使用多项式（实际上是线性的）数量的操作来执行其任务。相比之下，人们相信把一个整数分解为它的素因子乘积的问题是难解的（尽管它从未被证明！）。也就是说，人们相信没有算法可以使用 $O(p(n))$ 的运算来对任意 n 位整数进行素因数分解，其中 p 是某个固定的 n 的多项式。稍后我们会给出许多其他的例子，人们相信在上述意义下这些问题都是难解的。

多项式与指数的分类是相当粗糙的。在实际当中，使用 $2^{n/1000}$ 次运算来求解问题的算法可能比使用 n^{1000} 次运算的算法更加有用。仅仅对非常大的输入规模（$n \approx 10^8$），上述“高效的”多项式算法优于“低效的”指数算法，而出于许多目的，选择“低效的”算法可能更加实际。

然而，有许多理由将计算复杂性主要建立在多项式与指数分类的基础之上。首先，历史上，除少数例外，多项式资源的算法比指数算法快得多。我们可以推测其原因是缺乏想象力：提出需要 n, n^2 或其他低阶多项式运算次数的算法通常比找到一个需要 n^{1000} 次运算的自然的算法要容易得多，尽管类似后者的例子确实存在。因此，人类思维更容易提出相对简单的算法，这一倾向意味着在实际当中多项式算法通常比指数算法执行的效率要高得多。

强调多项式与指数分类的第二个和更基本的原因源自强丘奇-图灵论题。如 1.1 节所述，在

20 世纪 60 年代和 70 年代，人们观察到概率型图灵机似乎是最强大的“合理”计算模型。更确切地说，研究人员一致地发现，如果在某个不是概率型图灵机的计算模型下可以使用 k 个基本运算计算某个函数，那么在概率型图灵机模型下，总是可以使用最多 $p(k)$ 个基本运算计算相同的函数，其中 $p(\cdot)$ 是某个多项式函数。这个陈述被称之为强丘奇-图灵论题：

> 强丘奇-图灵论题：任何计算模型都可以在概率型图灵机上进行模拟，且最多只需要增加多项式量级的基本运算次数。

强丘奇-图灵论题对于计算复杂性理论来说是个极好的消息，因为它意味着只需要把注意力集中在概率型图灵机计算模型上。毕竟，如果一个问题在概率型图灵机上没有多项式资源的解决方案，那么强丘奇—图灵论题意味着它在任何计算设备上都没有有效的解决方案。因此，强丘奇—图灵论题意味着如果把效率的概念等同于多项式资源的算法，计算复杂性的整个理论将会采用一种简洁的、与模型无关的形式，并且这种优雅性为接受“可用多项式资源求解”等同于“高效求解”提供了强大动力。当然，对量子计算机感兴趣的主要原因之一是，他们通过高效求解一个被认为在所有经典计算机上（包括概率型图灵机）难解的问题，对强丘奇-图灵论题提出了质疑！尽管如此，理解和欣赏强丘奇-图灵论题在寻找独立于模型之外的计算复杂性理论中所扮演的角色仍然是有用的。

最后，注意到在实践中，计算机科学家并不仅仅对问题的多项式与指数分类感兴趣。这仅仅是理解一个计算问题有多困难的第一个也是最粗糙的方式。然而，它是一个非常重要的区分，并阐明了许多关于计算机科学中资源问题的本质的更加广泛的观点。对于本书的大部分内容，它将成为我们评估一个给定算法的效率的核心关注点。

在研究了多项式与指数分类的优点之后，我们现在必须承认，计算复杂性理论有一个显著的缺陷：似乎很难证明存在能够引起人们兴趣的需要指数资源来求解的问题类。很容易给出大多数问题都需要指数资源的非构造性证明（参见下面的习题 3.16），此外人们猜想许多有趣的问题都需要指数资源才能得到它们的解，但是严格的证明似乎很难给出，至少以现阶段的知识是如此。计算复杂性的这一不足对量子计算具有重要意义，因为事实证明量子计算机的计算能力可能与经典计算复杂性理论中一些主要的开放问题有关。在这些问题得到解决之前，无法肯定地断言量子计算机在计算上有多么强大，甚至不能断言它是否比经典计算机更强大！

习题 3.16（*存在难以计算的函数*） 证明存在 n 比特输入上的布尔函数，其需要至少 $2^n/n$ 个逻辑门才能计算。

3.2.3 判定性问题与复杂性类 P 与 NP

许多计算问题往往有一个清晰的判定性问题的形式——一个答案为是或否的问题。例如，给定的整数 m 是否为素数？这就是素性测试问题。计算复杂性问题往往容易被表述为判定性问题，有以下两个原因：理论研究往往先研究最简单形式的问题，然后将其推广至一般形式；以及从历史上看计算复杂性理论就源于对判定性问题的研究。

尽管大多数判定性问题都有一个简洁而相似的形式，对判定性问题的一般性质的讨论往往采用*形式语言*方面的术语。一个在字母表 Σ 上的语言 L 是集合 Σ^* 的一个子集，其中 Σ^* 是基于 Σ 的所有（有限长度）字符串构成的集合。比如，当 $\Sigma = \{0,1\}$ 时，所有偶数的二进制形式表示组成的集合，$L = \{0,10,100,110,\cdots\}$，就是一个 Σ 上的语言。

判定性问题可以用一种直接的方式被编码为语言上的问题。举例来说，素性测试问题的二进制编码方式如下：字母表 $\Sigma = \{0,1\}$；Σ^* 中的所有字符串与所有非负整数自然对应。比如，0010 对应于数字 2。语言 L 包含了与素数对应的所有字符串。

为了解决素性测试问题，我们需要一个图灵机，它初始时刻将给定的整数 n 写在输入纸带上，最终在输出纸带上给出结果（如果 n 是素数输出“是”，反之输出“否”）。更确切地说，我们可以方便地修改之前（ 3.1.1 节）图灵机的定义：将停机状态 q_h 改为两个状态 q_Y 和 q_N，分别表示“是”和“否”。其它方面图灵机的表现和之前一样，除了停止状态：它达到 q_Y 或 q_N 时停止。更一般地，一个语言 L 被一个图灵机 M *所判定*，如果这个图灵机能够确定输入 x 是否属于 L，即最终停在状态 q_Y 如果 $x \in L$，停在状态 q_N 如果 $x \notin L$。我们也称这两种情况出现时机器*接受*或*拒绝*输入 x。

为了确定一个数是否是素数，我们能算的多快呢？或者说，最快的素性测试图灵机是什么样的？我们称一个问题在类 $\text{TIME}(f(n))$ 中，如果存在一个图灵机可以在 $O(f(n))$ 的时间内判定输入 x 是否属于这个语言，其中 n 是输入 x 的长度。一个问题被称为*多项式时间可解的*，如果存在常数 k 使得该问题在 $\text{TIME}(n^k)$ 中。所有在 $\text{TIME}(n^k)$（$k \geqslant 0$）类中的语言组成的集合，称为 P 类。P 是我们第一个*复杂性类*的例子。更一般地，一个复杂性类是由一些语言组成的集合所定义的。许多计算复杂性理论都关注各种复杂性类的定义，以及找出不同复杂性类之间的关系。

显然，存在多项式时间无法解决的问题。不幸的是，证明任何给定的问题不能在多项式时间内解决似乎是非常困难的，尽管猜想比比皆是！一个被认为不属于 P 的有趣的判定性问题的一个简单例子是*素因子分解问题*：

素因子分解问题：给定一个合数 m *和* $l < m$，m *是否含有比* l *小的非平凡因子？*

素因子分解问题的一个有趣属性是，如果有人声称答案为“是”，即 m 确实具有小于 l 的非平凡因子，那么他们可以通过展示这样一个因子来支撑这个观点，然后可以由第三方通过长除法有效地检查。我们称这样一个因子是 m 有一个非平凡因子小于 l 这一事实的一个*证据*。这种易于检查的证据的想法是接下来复杂性类 NP 定义中的关键思想。我们已将因子分解表述为判定问题，但你可以轻松验证该判定问题等同于查找一个数的素因子：

习题 3.17　证明当且仅当素因子分解的判定问题在 P 中时，存在用于求数 m 的非平凡因子的多项式时间算法。

素因子分解问题是一个被称为 NP 的重要复杂性类别中的问题的一个例子。区分一个问题是否在类 NP 中取决于，问题的肯定回答可以在适当的证据的帮助下很容易地被验证。更严格的说，如果存在具有以下属性的图灵机 M，则语言 L 在 NP 中：

1. 如果 $x \in L$ 那么存在一个证据（一个字符串 w）使得当输入为 x-空白符-w 时，M 运行 $|x|$ 的多项式量级的时间后在状态 q_Y 终止。

2. 如果 $x \notin L$ 那么对所有试图充当证据的字符串 w，当输入为 x-空白符-w 时，M 运行 $|x|$ 的多项式时间后在状态 q_{N} 终止。

NP 的定义中存在一个有趣的不对称性。虽然我们必须能够快速判定 $x \in L$ 的一个可能的证据是否是真的证据，但是对 $x \notin L$ 则没有这一要求。例如，在素因子分解问题中，我们有一个简单的方法证明一个给定整数有一个小于 m 的因子，但找一个证据证明给定整数没有小于 m 的因子要困难得多。这一想法定义了 coNP，这是一种由所有对“否”实例存在证据的语言组成的类；显然，coNP 中的语言是 NP 中语言的补集。

P 和 NP 是什么关系呢？显然，P 是 NP 的子集。计算机科学中最著名的未解问题即是否存在在 NP 中却不在 P 中的问题。这通常被称为 $\mathrm{P} \neq \mathrm{NP}$ 问题。大多数计算机科学家相信 $\mathrm{P} \neq \mathrm{NP}$，但是几十年过去了没有人能够证明这一点，故 $\mathrm{P} = \mathrm{NP}$ 的可能性依然存在。

习题 3.18 证明如果 $\mathrm{coNP} \neq \mathrm{NP}$ 则 $\mathrm{P} \neq \mathrm{NP}$。

人们的第一印象是 $\mathrm{P} \neq \mathrm{NP}$ 猜想应该很容易解决。要了解这个问题的微妙之处，看几个 P 和 NP 中具体问题的例子会很有帮助。我们来看一个图论中的例子。图论问题是判定性问题的一大来源。一个图是一个由顶点$\{v_1, \cdots, v_n\}$ 以及连接顶点的边构成的有限集合，其中边用顶点对 (v_i, v_j) 表示。从这里开始，我们只讨论无向图，即每条边中顶点对的顺序无关紧要；相对的，有向图中边的顶点对的顺序则有意义。一个典型的图的例子见图 3-9 。

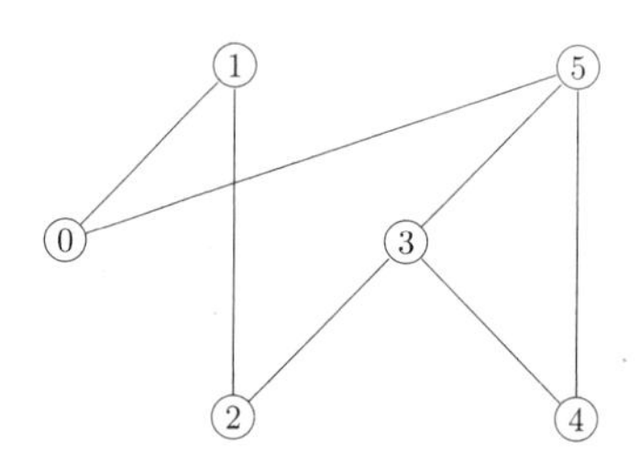

图 3-9　一个图的例子

图论中一个圈指一个顶点序列 $v_1, \cdots, v_m$，其中 (v_j, v_{j+1}) 以及 (v_1, v_m) 均为图中的边。一个圈是简单的，如果顶点序列中没有重复的顶点。一个哈密顿圈是一个包含图中所有顶点的简单圈。图 3-10 给了两个例子，分别为包含哈密顿圈和不含哈密顿圈的图。

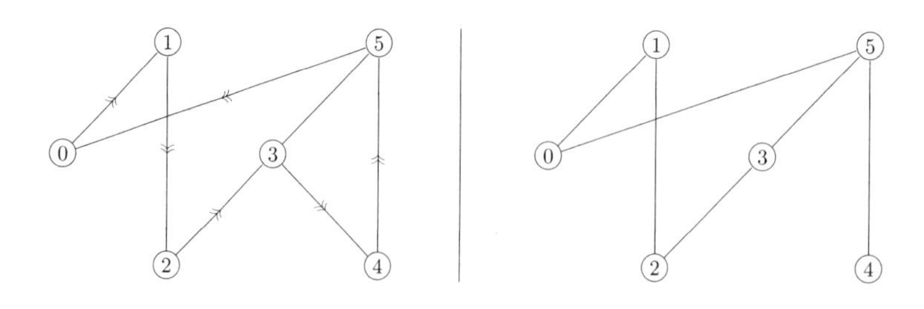

图 3-10　左图包含一个哈密顿圈，即 $0, 1, 2, 3, 4, 5, 0$。观察可知右图不存在哈密顿圈

哈密顿圈问题（HC）是确定一个给定的图是否包含一个哈密顿圈。HC 是 NP 中的一个判定性问题，因为如果一个给定的图包含一个哈密顿圈，那么这个圈就是一个易于检查的证据。更进

一步的，HC 目前没有一个多项式算法。事实上，HC 是一个被称为 NP 完全的复杂性类中的问题，这个类包含了 NP 中被认为是”最难”的问题——最难指若 HC 能在 t 时间内被解决，那么 NP 中所有问题都可以在 $O(\text{poly}(t))$ 时间内被解决。这也意味着任一 NP 完全问题可以在多项式时间内被解决，则 $\text{P} = \text{NP}$。

有一个形式上和 HC 相似，但实质完全不同的问题——欧拉回路问题。一条*欧拉回路*是图 G 的一个边序列表示的圈，其中 G 的每条边恰出现一次。欧拉回路问题 (EC) 是判定一个给定的 n 顶点图 G 是否含有一个欧拉回路。EC 事实上和 HC 一样，除了对路径的要求从顶点变成了边。考虑如下定理，它将在习题 3.20 中被证明：

定理 3.1（*欧拉定理*）　一个连通图包含一条欧拉回路当且仅当它的每个顶点均有偶数条边相关联。

欧拉定理给出了一个解决 EC 的高效算法。首先，检查图是否联通；这很容易在 $O(n^2)$ 时间内实现，见习题 3.19 。如果图不连通，那么显然欧拉回路不存在。如果图是联通的，那么对每个顶点检查是否有偶数条边与之相关联。如果有顶点不满足这个条件，那么不存在欧拉回路，反之欧拉回路存在。因为有个 n 顶点，$n(n-1)/2$ 条边，这个算法需要 $O(n^3)$ 的基本操作。因此 EC$\in$ P。不知道为什么在访问每条边的问题中存在一种数据结构，可以利用该数据结构来给出有效的算法，但这似乎没有相应的版本在访问每个顶点的问题中; 为什么这种数据结构可以在一个例子中起作用，而在另一个中不行（也可能就没有），这一点并不显然。

习题 3.19　可达性问题是判定图中特定两个点之间是否存在一条路径。证明可达性问题可以在 $O(n^2)$ 的时间内解决，其中 n 是图的顶点数。用这个结果证明确定一个图是否连通可以在 $O(n^3)$ 的时间内解决。

习题 3.20（*欧拉定理*）　证明欧拉定理。特别的，如果每个顶点都有偶数条边相关联，给出一个构造性算法找出一条欧拉回路。

判定性素因子分解问题和素因子分解问题的等价性是计算机科学中最重要的思想之一——归约思想的一个特例。直觉上，我们知道某些问题可以被视为其他问题的特殊情况。归约的一个不那么平凡的例子是将 HC 归约到旅行商问题（TSP）。旅行商问题如下：给出 n 个城市 $1, 2, \cdots, n$ 和每对城市之间的非负整数距离 d_{ij}。给定一个长度 d，问题是判定是否存在总距离小于 d 的游览所有城市的巡回路线。

归约过程如下。假设我们有一个 n 顶点的图 G。我们将其转化为 TSP 问题的一个实例。将图的每个顶点视为一个“城市”，城市间的距离为 1（若图中二点之间有边）或 2（若图中二点之间无边）。这样一来一个长度小于 $n+1$ 的游览方案总距离一定是 n，对应于图中的一个哈密顿圈。另一方面，如果存在一个哈密顿圈，那么一定有长度小于 $n+1$ 的游览方案。通过这种方式，给定一个 TSP 的算法，我们可以将其转化为 HC 的算法，并且不需要太多额外的时间花费。这引出了下面两个结论。第一，如果 TSP 是简单的，那么 HC 也是；第二，如果 HC 是困难的，那么 TSP 也是。这是被称为*归约*的一般性技巧的一个实例：我们将问题 HC 归约到了问题 TSP。这个技术的使用将贯穿整本书。

关于归约更一般的概括见图 3-11 。一个语言 B 可以被归约到另一个语言 A，如果存在一个图灵机在多项式时间内可以通过给定输入 x 得到输出 $R(x)$，其中 $x \in B$ 当且仅当 $R(x) \in A$。因此，如果我们有一个判定 A 的算法，我们只需要进行一点点额外的计算就可以判定 B。在这种意义下，语言 B 的判定本质上不会比 A 难。

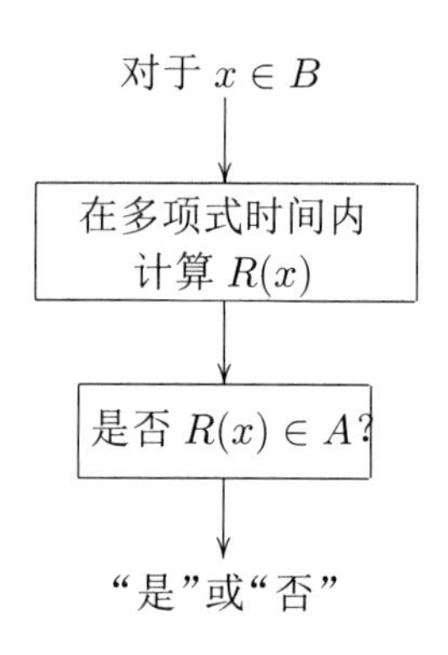

图 3-11　从 B 规约到 A

习题 3.21（归约的传递性）　证明如果语言 L_1 可以被归约到语言 L_2，语言 L_2 可以被归约到语言 L_3，则语言 L_1 可以被归约到语言 L_3。

某些复杂性类中含有对应于该类的完全问题，即该复杂性类中“最难”判定的语言，精确来说就是该复杂性类中的任何其他语言都可以归约到此语言。不是所有的复杂性类都有完全问题，但是我们关心的几个类大部分都有。一个平凡的例子是 P。令 L 是 P 中任一非空及非全集的语言。则存在字符串 x_1, x_2 使得 $x_1 \notin L, x_2 \in L$。那么任一 P 中的语言 L' 可以通过如下过程被归约到 L：给定输入 x，用多项式时间的判定性算法去决定 x 是否属于 L'。如果不是，令 $R(x) = x_1$，否则令 $R(x) = x_2$。

习题 3.22　设 L 是一个复杂性类的完全问题，并且 L 可以被归约到该类中的另一个语言 L'。证明 L' 也是该复杂性类的一个完全问题。

一个不平凡的例子，NP 也有完全问题。一个重要的例子以及所有其他 NP 完全问题的原型是*电路可满足性问题*（CSAT）：给定一个由与、或和非门组成的布尔电路，是否存在一组输入使得电路最终输出 1，亦即电路对某个输入*可满足*？CSAT 的 NP 完全性是著名的 Cook-Levin *定理*，我们现在给出它的证明。

定理 3.2（Cook-Levin）　CSAT 是 NP 完全的。

证明

证明包含两部分。第一部分证明 CSAT 在 NP 里面，第二部分说明 NP 里面任意语言均可以被归约到 CSAT。这两部分的证明都基于*模拟*技术：第一部分本质上证明了一个图灵机可以高效模拟一个电路，第二部分本质上证明了一个电路可以高效模拟一个图灵机。这两部分的证明都十分直观；为了完整性我们给出第二部分证明的细节。

证明的第一部分是 CSAT 在 NP 中。给定一个包含 n 个门的电路和一个潜在的证据 w，显然我们容易在多项式时间内运行一个图灵机检查 w 是否满足这个电路，这证明了 CSAT 在 NP 中。

证明的第二部分是 NP 中的任意语言 L 可以被归约到 CSAT。也就是说，我们的目标是建立一个多项式时间可计算的归约 R 使得 $x \in L$ 当且仅当 $R(x)$ 是一个可满足的电路。假设 M 是用于检查语言 L 的输入-证据对 (x, w) 的图灵机，归约的想法是找一个电路来模拟 M。电路的输入变量将代表证据 w；主要思想是查找一个符合电路的证据等价于对某个证据 w，M 接受 (x, w)。不失一般性，为了简化构造我们对 M 做以下的假设：

1. M 纸带上的字母表只包含 $\triangleright, 0, 1$ 和空白符。
2. M 使用至多 $t(n)$ 的时间和 $s(n)$ 的空间运行，其中 $t(n), s(n)$ 均为 n 的多项式。
3. 事实上我们可以假设图灵机 M 对所有长度为 n 的输入运行时间均为 $t(n)$。这可以通过对每个 $x = \triangleright, 0, 1$ 和空白符增加程序行 $\langle q_{\mathrm{Y}}, x, q_{\mathrm{Y}}, x, 0\rangle$ 和 $\langle q_{\mathrm{N}}, x, q_{\mathrm{N}}, x, 0\rangle$，最终保证机器在恰好 $t(n)$ 时间后停机。

M 的模拟器构造的基本思想见图 3-12 。图灵机中每一个内部状态在电路中被用一个比特变量来表示。我们命名对应的比特为 $\tilde{q}_{\mathrm{s}}, \tilde{q}_1, \cdots, \tilde{q}_m, \tilde{q}_{\mathrm{Y}}, \tilde{q}_{\mathrm{N}}$。开始的时候，$\tilde{q}_{\mathrm{s}}$ 赋值为 1，其它表示中间状态的比特均被赋值为 0。图灵机纸带上每一单元格中包含三个比特：前两个比特表示当前该单元格处于哪一个字母（$\triangleright$, 0, 1 或空白符），第三个为“标志比特”，如果读写头处于这一单元格则赋值为 1，反之则为 0。我们将这些表示纸带上的字母内容的比特记为 $(u_1, v_1), \cdots, (u_{s(n)}, v_{s(n)})$，标志比特记为 $f_1, \cdots, f_{s(n)}$。初始时比特 u_j 和 v_j 分别表示输入 x 和 w，$f_1 = 1$，其他 $f_j = 0$。除此之外再额外增加一个“全局标识”比特 F，它的功能将在后面解释。初始时将 F 设置为 0。对于整个电路，除了代表证据 w 的比特作为变量，其他比特的值都是固定的。

M 的动作为 $t(n)$ 次的“模拟步骤”，每一步模拟了图灵机一行程序的执行过程。每步的模拟又可以分解为依次对应于相应程序行的一系列步骤程序，并且最后一步将全局标志 F 置为 0，如图 3-13 所示。为了完成模拟，我们只需要考虑形如 $\langle q_i, x, q_j, x', s\rangle$ 的程序行。为了方便起见，我们假设 $q_i \neq q_j$，因为当二者相等时的操作是类似的。操作步骤如下：

1. 检查 $\tilde{q}_i = 1$ 是否成立，这表示机器当前的状态为 q_i。
2. 对纸带上每一个单元格：
   (a) 检查全局标识比特是否为 0，为 0 则表示图灵机还未采取任何动作；
   (b) 检查当前单元格的标识比特是否为 1，为 1 则表示纸带头处于此单元格；
   (c) 检查此单元格的内容比特是否为 x；
   (d) 如果以上所有检查均通过，则实施以下步骤：
      i) 赋值 $\tilde{q}_i = 0, \tilde{q}_j = 1$；
      ii) 将单元格内容比特更新为 x'；
      iii) 更新此单元格和相邻单元格的标识比特，这取决于 s 是三个值 $\{-1, 0, 1\}$ 中的哪一个，以及我们是否处于纸带的最左边。
      iv) 将全局标识变量置为 1，表示这一轮的计算已经完成。

这是一个固定的流程，仅和常数个比特相关。根据 3.1.2 节的通用性结论，这个过程可以被一个包含常数个门的电路所实现。

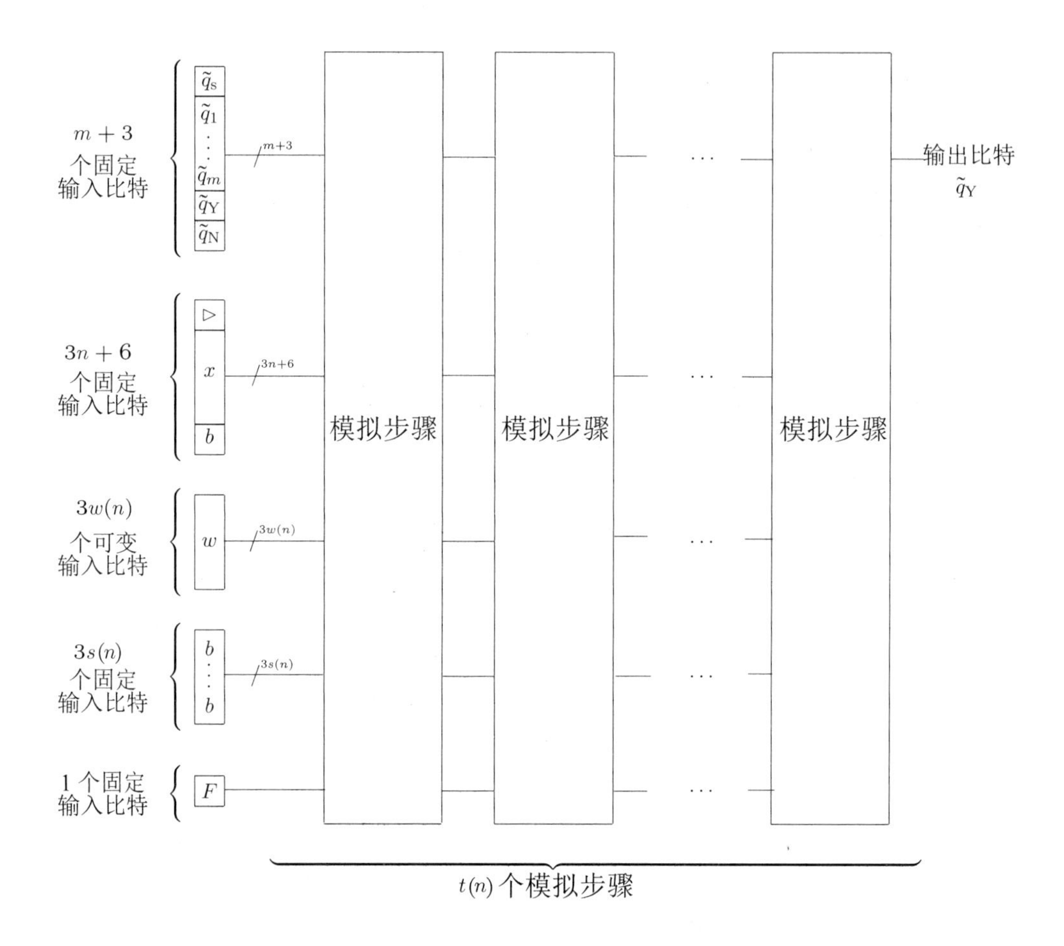

图 3-12　用电路模拟图灵机的过程概览

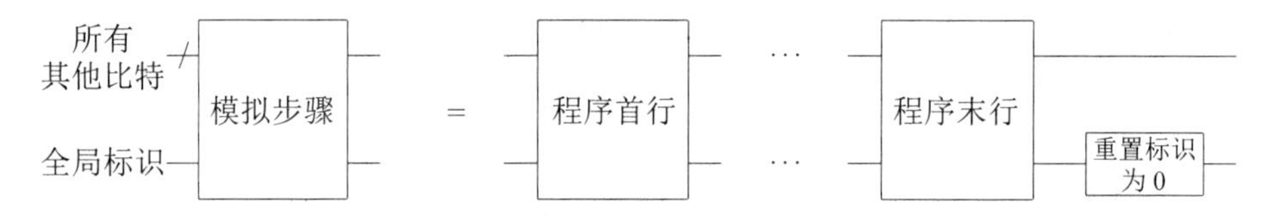

图 3-13　用电路模拟图灵机的步骤概览

容易证明整个电路所需要的电路门的个数为 $O(t(n)(s(n)+n))$。它关于问题规模是多项式量级的。在整个电路运行完毕后，$\tilde{q}_Y=1$ 当且仅当 M 接受 (x,w)。因此这个电路是可满足的当且仅当图灵机 M 接受 (x,w)，故我们完成了从 L 到 CSAT 的归约。

□

CSAT 让我们在 NP 完全性的证明上迈出了第一步。我们不再需要根据定义去证明一个问题是 NP 完全的，而只需证明它是 NP 的并且 CSAT 可以归约到它。根据习题 3.22 这个问题一定是 NP 完全的。专题 3.3 讨论了一些 NP 完全问题的例子。另一个例子是可满足性问题（SAT），该问题以布尔公式的形式表示。让我们回忆一下，一个布尔公式 φ 由以下元素组成：布尔变量集合 $x_1,x_2,\cdots$；布尔连接词，即具有一个或两个输入、一个输出的布尔函数，比如 $\wedge$（与）、$\vee$（或）

和 $\neg$（非）；以及括号。对于给定的布尔变量，布尔公式的真假性基于布尔代数的基本规则确定。例如，公式 $\varphi = x_1 \vee \neg x_2$ 当 $x_1 = 0, x_2 = 0$ 时为真，当 $x_1 = 0, x_2 = 1$ 时为假。可满足性问题就是确定对于一个给定的布尔公式 φ，是否存在满足此公式的输入。

习题 3.23　通过以下步骤证明 SAT 是 NP 完全的：先证明 SAT 在 NP 中，再证明 CSAT 可以归约到 SAT。（提示：将实例中的每一条导线用布尔公式中不同的变量来表示将有助于归约。）

3SAT，SAT 的一个重要的带约束的特例，也是 NP 完全的。3SAT 中的布尔公式为 3-合取范式。一个公式被称为合取范式，如果它形式上为“与”连接的若干子句，每个子句形式为为“或”连接的若干文字，每个文字的形式为 x 或 $\neg x$。例如，公式 $(x_1 \vee \neg x_2) \wedge (x_2 \vee x_3 \vee \neg x_4)$ 是一个合取范式。一个公式是 3-合取范式，或 3-CNF，如果每个子句恰含 3 个文字。例如，公式 $(\neg x_1 \vee x_2 \vee \neg x_2) \wedge (\neg x_1 \vee x_3 \vee \neg x_4) \wedge (x_2 \vee x_3 \vee x_4)$ 是一个 3-合取范式。3-可满足性问题即是确定一个 3-合取范式是否可以被满足。

3SAT 是 NP 完全的证明十分直观，但对于本讲来说有点长。相比较于 CSAT 和 SAT，3SAT 在某种意义上更 NP 完全，并且它是无数其他问题 NP 完全性证明的基础。在关于 NP 完全性讨论的最后，我们给出一个令人惊讶的事实：如果将 3SAT 问题中每个子句中包含文字的个数改为 2，那么这个问题可以在多项式时间内解决。

习题 3.24（2SAT 存在高效算法）　假设 φ 是一个以合取范式形式表示的布尔公式，并且每个子句中只包含 2 个文字。

1. 按如下方式构建一张有向图 $G(\varphi)$：G 的顶点对应于 φ 中的变量 x_j 和它们的非 $\neg x_j$。有向边 (α, β) 存在当且仅当子句 $(\neg\alpha \vee \beta)$ 或 $(\beta \vee \neg\alpha)$ 在 φ 中。证明 φ 是不可满足的当且仅当存在一个变量 x 使得在图 $G(\varphi)$ 中从 x 到 $\neg x$ 和从 $\neg x$ 到 x 的均存在路径。
2. 证明对于给定的一个 n 顶点的有向图 G，可以在多项式时间内判定顶点 v_1 和 v_2 是否连通。
3. 给出一个求解 2SAT 问题的高效算法。

专题 3.3　NP 完全问题集

NP 类的重要性部分源于大量的计算问题现在都已经知道是 NP 完全的。我们不能在这里对这个主题进行完整的综述（参见“背景资料与延伸阅读”），但是下面的例子来自许多不同的数学领域，它们展示了已知 NP 完全问题的五彩纷呈。

- 子团问题（图论）：无向图 G 中的一个子团是指一个顶点的集合，其中任意两个顶点之间都有边。子团的规模是它所包含的顶点个数。给定一个整数 m 和图 G，G 中是否存在规模为 m 的子团？
- 子集和问题（算术）：给定一个正整数的有限集合 S 和目标值 t，S 是否包含一个子集，其内部元素之和为 t?
- 0-1 整数规划问题（线性规划）：给定一个 $m \times n$ 的整数矩阵 A 和一个 m 维整数向量 y，是否存在一个 n 维的 0-1 向量 x 使得 $Ax \leqslant y$?

- 顶点覆盖问题（图论）：无向图 G 的一个顶点覆盖是一个顶点子集 V'，使得图中每一条边都至少有一个端点在 V' 中。给定整数 m 和图 G，G 是否存在一个顶点个数为 m 的顶点覆盖 V'？

在 $\mathrm{P} \neq \mathrm{NP}$ 的假设下，将可以证明存在非空的复杂性类 NPI（NP 中间问题），这类问题既不能使用多项式的资源解决，也不是 NP 完全的。显然，目前没有任何一个问题被证明属于 NPI（否则我们就证明了 $\mathrm{P} \neq \mathrm{NP}$）。但是我们有一些候选的问题，其中两个最有可能的候选题是素因子分解问题和图同构问题：

> 图同构：假设 G 和 G' 是两个顶点集为 $V \equiv \{v_1, \cdots, v_n\}$ 的无向图。G 和 G' 同构吗？亦即，是否存在一个双射 $\varphi : V \rightarrow V$ 使得边 (v_i, v_j) 在 G 中当且仅当边 $(\varphi(v_i), \varphi(v_j))$ 在 G' 中？

由于两个原因让量子计算和量子信息的研究人员对 NPI 中的问题很感兴趣。首先，人们希望找到快速量子算法来解决不在 P 中的问题。其次，许多人怀疑量子计算机不能有效地解决 NP 中的所有问题，特别是 NP 完全问题。因此，关注 NPI 类是一件很自然的事情。实际上，已经发现了一种用于整数素因子分解的快速量子算法（第 5 章），这促使人们寻找快速量子算法来解决其他疑似在 NPI 中的问题。

3.2.4 更多的复杂性类

我们已经研究了某些重要复杂性类的一些基本属性。存在一个名副其实的关于复杂性类的万神殿，并且复杂性类之间存在着许多已知的或疑似的非平凡关系。对于量子计算和量子信息的研究来说，没有必要理解所有已经定义的不同复杂性类。然而，对更重要的复杂性类有所了解是很有用的，其中许多复杂性类在量子计算和量子信息研究中具有自然的对应物。此外，如果我们要了解量子计算机有多强大，那么我们有必要弄清楚量子计算机上可解决的问题类如何对应到为经典计算机中定义的复杂性类中。

在复杂性类的定义中本质上有三个可以改变的基本属性：感兴趣的计算资源（时间，空间，……），所考虑问题的类型（判定问题，优化问题，……），以及底层计算模型（确定性图灵机，概率图灵机，量子计算机，……）。毫不奇怪，这给我们提供了一个巨大的自由度来定义复杂性类。在本节中，我们将简要回顾一些更重要的复杂性类和它们的一些基本属性。我们从一个将感兴趣的资源由时间变为空间而定义出的复杂性类开始。

最自然的被空间条件约束的复杂性类是 PSPACE，这个类中的问题可以被一台图灵机使用多项式数目的工作比特完成，而对于使用的时间并没有做要求（见习题 3.25）。显然，P 在 PSPACE 中，因为一台在多项式时间内停机的图灵机只能使用多项式数量的纸带单元格。进一步地，NP 也是 PSPACE 的子集。为了证明这一点，假设 L 是 NP 中的任一语言。假设规模为 n 的问题有规模至多为 $p(n)$ 的证据，其中 $p(n)$ 是 n 的某个多项式。为了确定这个问题是否有解，我们可以检查所有 $2^{p(n)}$ 种可能的证据。每次检查需要多项式的时间。如果每次测试过后我们立刻清空纸带上的数据，那么我们就可以在多项式空间完成检查。

不幸的是，目前还不知道 PSPACE 是否包含不在 P 中的问题！这是一个非常值得注意的现状——很显然拥有无限时间和多项式空间资源的图灵机应该比仅具有多项式时间的机器更强大。然而，尽管人们付出了相当大的努力，这一点从未被证明。稍后我们将看到，在量子计算机上多项式时间内可解的问题类是 PSPACE 的一个子集，因此证明在量子计算机上有效解决的问题在经典计算机上无法有效解决将证明 $\mathrm{P} \neq \mathrm{PSPACE}$，从而解决了计算机科学的一个重大悬而未决的问题。从乐观的角度来说，量子计算的思想可能有助于证明 $\mathrm{P} \neq \mathrm{PSPACE}$。悲观地说，人们可能会得出结论，要想严格证明量子计算机可以用来有效地解决在经典计算机上难以解决的问题还需要很长的时间。更悲观的是，有可能 $\mathrm{P} = \mathrm{PSPACE}$，在这种情况下量子计算机相比经典计算机没有任何优势！然而，极少（如果有的话）计算复杂性专家认为 $\mathrm{P} = \mathrm{PSPACE}$。

习题 3.25（$\mathrm{PSPACE} \subseteq \mathrm{EXP}$）　复杂性类 EXP（*指数时间复杂性类*）包含了所有可以在图灵机上用指数时间（即 $O(2^{n^k})$ 的时间，其中 k 为任意常数）解决的判定性问题。证明 $\mathrm{PSPACE} \subseteq \mathrm{EXP}$。（提示：如果一台图灵机包含 l 个中间状态，字母表有 m 个字母，并使用 $p(n)$ 的运行空间，证明它可以至多有 $lm^{p(n)}$ 个不同状态，并且如果图灵机不想陷入死循环，则必须在访问同一状态两次前停机。）

习题 3.26（$\mathrm{L} \subseteq \mathrm{P}$）　复杂性类 L（*对数空间复杂性类*）包含了所有可以在图灵机上用对数空间（即 $O(\log(n))$ 的空间）解决的判定性问题。更准确的说，类 L 由一个双带图灵机所定义。第一条纸带包含了问题的一个规模为 n 的实例，并且是只读的，即程序不允许改变此纸带上的内容。第二条纸带为工作带，初始时所有单元格均为空白符。工作纸带被限制只能使用对数的空间。证明 $\mathrm{L} \subseteq \mathrm{P}$。

给更多的时间和空间会增强计算能力吗？对每种情形答案都是肯定的。严格来说，*时间层次定理*表明 $\mathrm{TIME}(f(n))$ 是 $\mathrm{TIME}(f(n)\log^2(f(n)))$ 的真子集。类似的，*空间层次定理*表明 $\mathrm{SPACE}(f(n))$ 是 $\mathrm{SPACE}(f(n)\log(f(n)))$ 的真子集。这里 $\mathrm{SPACE}(f(n))$ 是指包含所有可以用 $O(f(n))$ 空间来判定的语言的复杂性类。层次定理在复杂性类的等价性类方面有很多有趣的应用。我们知道

$$\mathrm{L} \subseteq \mathrm{P} \subseteq \mathrm{NP} \subseteq \mathrm{PSPACE} \subseteq \mathrm{EXP} \tag{3.1}$$

不幸的是，尽管每个包含关系都被相信是严格的，但没有一个能被证明。不过，时间层次定理指出 P 是 EXP 的严格真子集，空间层次定理指出 L 被 PSPACE 严格包含！故我们可以得出结论，式 (3.1) 中至少存在一个严格包含关系，虽然我们不知道是哪一个。

一旦我们知道一个问题是 NP 完全的，或者满足某些更难的标准，我们应该怎么处理？事实证明，这远不是算法复杂度分析的终点。一种可能的解决方案是确定哪些特殊情况可能是能够解决的。例如，在习题 3.24 中，我们看到 2SAT 问题具有高效算法，尽管 SAT 问题是 NP 完全的。另一种方式是改变正在考虑的问题类型，这种策略通常会导致新复杂性类的定义。例如，我们可以尝试找到好的算法去给出问题的一个近似解，而非去找到 NP 完全问题的精确解。例如，顶点覆盖问题是 NP 完全问题，但在习题 3.27 中，我们证明可以有效地找到最小顶点覆盖的一个近似比至多为 2 的近似值！而另一方面，在问题 3.6 中我们将证明，除非 $\mathrm{P} \neq \mathrm{NP}$，否则不可能找到 TSP 问题的任何因子内的近似解。

习题 3.27（顶点覆盖问题的近似算法） 设 $G=(V,E)$ 是一个无向图。证明以下算法可以为 G 找到一个大小至多为最小顶点覆盖集的 2 倍的顶点覆盖：

$VC = \emptyset$

$E' = E$

do until $E' = \emptyset$

  let(α, β) be any edge of E'

  $VC = VC \cup \{\alpha, \beta\}$

  remove from E' every edge incident on α or β

return VC

为什么对一些 NP 完全问题可以找到近似解，而另一些则不行？毕竟，我们不是可以高效地将一个问题转化为另一个吗？这当然是对的，但是这种转换不一定保留了对原来的解的"良好近似"性质。因此，关于 NP 类中问题的近似算法的计算复杂性理论具有超出 NP 本身的结构。存在一套近似算法的完整的复杂性理论，遗憾的是它超出了本书的范围。然而，基本思想是定义一种归约概念，其能够以某种保持良好近似性的方式有效地将一个近似问题归约到另一个近似问题。利用这一概念，就可以通过类比 NP 类来定义诸如 MAXSNP 等复杂性类，MAXSNP 是所有可以有效验证该问题的近似解的问题集合。MAXSNP 存在完全问题，就像 NP 一样，确定 MAXSNP 和有效可解的近似问题类之间是什么关系是一个有趣的未解问题。

我们用一个复杂性类来结束本部分的讨论，这个复杂性类是通过改变底层的计算模型所引出。假设图灵机具有掷硬币的能力，可以使用硬币投掷的结果来决定在计算期间采取哪个动作。这种图灵机可能只能以一定的概率接受或拒绝输入。复杂性类 BPP（*有界错误率概率多项式时间复杂性类*）包含了所有可以被概率型图灵机 M 所接受的语言 L，即如果 $x \in L$ 则 M 以至少 3/4 的概率接受 x，如果 $x \notin L$ 则 M 以至少 3/4 的概率拒绝 x。下面这个习题表明常数 3/4 可以任意改变：

习题 3.28（BPP 定义中常数的任意性） 假设 k 是一个固定的常数满足 $1/2 < k \leqslant 1$。假设 L 是一个语言满足存在一台概率型图灵机 M 使得如果 $x \in L$ 则 M 以至少 k 的概率接受 x，如果 $x \notin L$ 则 M 以至少 k 的概率拒绝 x。证明 $L \in$ BPP。

事实上，在专题 3.4 中讨论的*切诺夫界*（Chernoff bound）意味着只需要多重复几次用来判定 BPP 中语言的算法其成功的概率就可以被放大，就所有的意图和目的而言可以认为最终放大到 1。基于这个原因，相较于 P，BPP 被认为是在经典计算机上能够有效解决的一类判定问题，而它在量子计算机上对应的类——被称为 BQP——是我们在量子算法研究中最感兴趣的课题。

专题 3.4 BPP 与切诺夫界

假设对一个判定性问题我们有一个算法，其给出正确结果的概率为 $1/2+\epsilon$，而给出错

误结果的概率为 $1/2-\epsilon$。如果我们运行这个算法 n 次，那么看起来正确结果出现的次数应该会多一些。这个想法的依据是什么？切诺夫界回答了这一问题，它是初等概率论中一个朴素的结果。

定理 3.3（切诺夫界） 设 $X_1,\cdots,X_n$ 为独立同分布的随机变量，每个以概率 $1/2+\epsilon$ 取值为 1，以概率 $1/2-\epsilon$ 取值为 0。则

$$p\left(\sum_{i=1}^{n} X_i \leqslant n/2\right) \leqslant \mathrm{e}^{-2\epsilon^2 n} \tag{3.2}$$

证明

考虑任一包含至多 $n/2$ 个 1 的序列 $(x_1,\cdots,x_n)$，当这个序列恰好包含 $\lfloor n/2 \rfloor$ 个 1 时出现的概率最大，故

$$p(X_1=x_1,\cdots,X_n=x_n) \leqslant \left(\frac{1}{2}-\epsilon\right)^{\frac{n}{2}}\left(\frac{1}{2}+\epsilon\right)^{\frac{n}{2}} \tag{3.3}$$

$$= \frac{(1-4\epsilon^2)^{\frac{n}{2}}}{2^n} \tag{3.4}$$

至多有 2^n 个这样的序列，故

$$p\left(\sum_i X_i \leqslant n/2\right) \leqslant 2^n \times \frac{(1-4\epsilon^2)^{\frac{n}{2}}}{2^n} = (1-4\epsilon^2)^{\frac{n}{2}} \tag{3.5}$$

最后，由简单的微积分知识 $1-x \leqslant \exp(-x)$，因此

$$p\left(\sum_i X_i \leqslant n/2\right) \leqslant \mathrm{e}^{-4\epsilon^2 n/2} = \mathrm{e}^{-2\epsilon^2 n} \tag{3.6}$$

□

这告诉我们对于固定的 ϵ，出错的概率以算法重复次数的指数速度下降。在 BPP 的定义中我们取 $\epsilon=1/4$，因此仅需重复几百次算法即可将出错的概率减少到 10^{-20} 以下，此时计算机的某个元件出故障的概率都比算法出错的概率大。

3.2.5 能量与计算

计算复杂性研究解决计算问题所需的时间和空间总量。另一个重要的计算资源是能量。在本节中，我们研究计算所需要的能量。令人惊讶的是，经典和量子计算原则上都可以在不消耗任何能量的情况下完成！计算中的能量消耗与计算的可逆性密切相关。考虑一个与非门，其包含两个输入位和一个输出位。该门本质上是不可逆的，因为在给定门的输出的情况下，输入不是唯一确定的。例如，如果与非门的输出为 1，那么输入可以是 00，01，10 中的任何一个。另一方面，非门是可逆逻辑门的一个例子，因为给定了非门的输出，我们能够唯一推断出输入是什么。

理解不可逆转性的另一种方法是从信息消除的角度来考虑它。如果逻辑门是不可逆的，那么当门工作时，输入到该门的某些信息将不可避免地丢失——也就是说，一些信息已被逻辑门擦除了。相反在可逆计算中，不会擦除任何信息，因为输入始终可以从输出中恢复。因此，说计算是可逆的等同于说在计算过程中没有信息被擦除。

能耗与计算中的不可逆性之间有什么联系？兰道尔原理（Landauer's principle）提供了连接二者的桥梁，它指出为了擦除信息必须要消耗能量。更确切地说，兰道尔原理可以陈述如下：

> 兰道尔原理（第一种形式）：假设一台计算机擦除了 1 比特的信息，那么耗散到整个环境中的能量至少是 $k_BT\ln 2$，其中 k_B 是玻尔兹曼常数，T 是电脑工作环境的温度。

根据热力学定律，可以给出兰道尔原理另一种基于熵耗散的形式，而不是能量耗散形式：

> 兰道尔原理（第二种形式）：假设一台计算机擦除了 1 比特的信息，那么整个环境的熵至少增加了 $k_B\ln 2$，其中 k_B 是玻尔兹曼常数。

兰道尔原理的证明是一个物理学问题，它超出了本书的范围——如果你想理解为什么兰道尔原理成立，请参阅本章末的“背景资料与延伸阅读”。但是，如果我们接受兰道尔原理，那么它会引出许多有趣的问题。首先，兰道尔原理仅给出了擦除信息所必须消耗的能量下限。现在的计算机距离该下限有多近？答案是并不是很接近——2000 年左右计算机执行一个基本逻辑运算需要消耗大约 $500k_BT\ln 2$ 的能量。

尽管现有的计算机远远达不到兰道尔原理设定的极限，但了解能耗可以减少多少仍然是一个有趣的基本问题。除了问题本身之外，该问题在实际应用中令人感兴趣的一个原因来自摩尔定律：如果计算机的能力不断增加，那么耗散的能量也必然增加，除非每次操作消耗的能量下降的速度至少和计算能力增长的速度一样快。

如果所有计算都可以可逆地完成，则兰道尔原理意味着计算机消耗的能量没有下限，因为在可逆计算期间根本不会擦除任何比特。当然，某些其他物理原理可能规定在计算过程中耗散能量；幸运的是，事实并非如此。但是有可能在不删除任何信息的情况下执行通用计算吗？物理学家可以在这个问题上作弊，预先直接看到这个问题的答案必然是肯定的，因为我们目前对物理定律的理解是它们从根本上是可逆的。也就是说，如果我们知道闭合物理系统的最终状态，那么物理定律会使我们可以计算出系统的初始状态。如果我们认为这些定律是正确的，那么我们必能得出结论：在像与门和或门这样的不可逆逻辑门中，必然隐藏着一些潜在的可逆计算性。但这隐藏的可逆性在哪里，我们可以用它来构建显式的可逆计算机吗？

我们将使用两种不同的技术来提供能够进行通用计算的可逆电路模型。第一个模型是一台完全由台球和镜子构成的计算机，它很好地具体展示了可逆计算的原理。第二个模型基于一个被称为 Toffoli 门的可逆逻辑门（我们在 1.4.1 节中首次遇到），它是一个更加抽象的可逆计算视角，稍后在我们讨论量子计算时会有很大的用处。也可以构建通用计算的可逆图灵机；但是，我们不会在这里研究这些，因为可逆电路模型对量子计算更有用。

台球计算机的基本思想如图 3-14 所示。台球从左侧“输入”计算机，在镜子间进行碰撞和反弹，然后在右侧“输出”。在可能的输入位置处是否存在台球分别代表逻辑 1 或逻辑 0。这个模型的迷人之处在于只要它的操作是基于经典力学的规律，它就明显地具有可逆性。此外，该计算模型在模拟标准电路计算模型上的任意计算的意义下被证明是通用的。

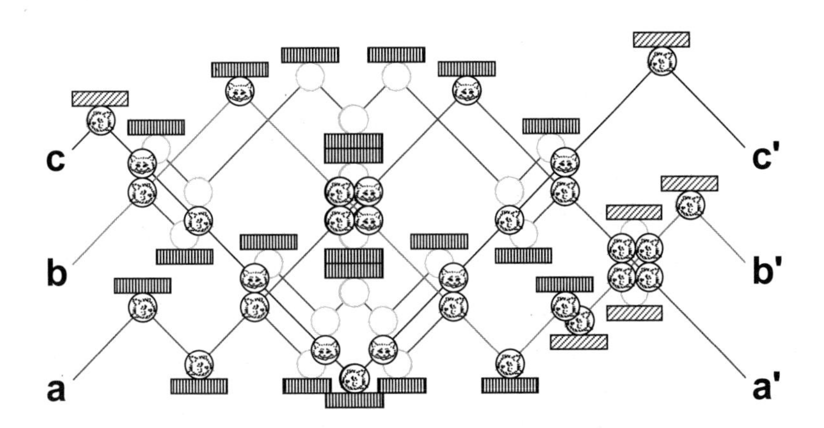

图 3-14　一个简单的有三个输入位和三个输出位的台球计算机，以及球从左侧输入和从右侧输出的展示。台球的存在或不存在分别用 1 或 0 表示。空圆圈表示由于碰撞导致的潜在路径。这个特定的计算机实现了 Fredkin 经典可逆逻辑门，此门会在后文中讨论

当然，如果真的建造了一个台球计算机，它将非常不稳定。就像任何台球运动员都可以证明的那样，在平滑表面上无摩擦地滚动的台球很容易被小的扰动干扰。台球计算模型取决于完美的操作，并且没有外部扰动——例如由热噪声引起的外部扰动。可以执行定期校正，但是必须额外执行工作去消除通过这样做获得的信息。因此，能量消耗用于降低对噪声的敏感性之目的，这对实用的真实计算机来说是必需的。对于本节的介绍来说，我们将忽略噪声对台球计算机的影响，并集中精力理解可逆计算的基本要素。

上述台球计算机为实现被称为 Fredkin 门的可逆通用逻辑门提供了一种优雅的方法。的确，Fredkin 门的特性提供了可逆逻辑门和电路的一般原理的有益概述。Fredkin 门有三个输入比特和三个输出比特，我们分别用 a, b, c 和 a', b', c' 来表示。比特 c 是一个控制比特，其值在 Fredkin 门作用后不会发生改变，即 $c' = c$。c 被称为控制比特的原因是它控制着其他两个比特 a 和 b 的改变。如果 c 的值是 0，则 a 和 b 不变，即 $a' = a$，$b' = b$。如果 c 的值是 1，则 a 和 b 进行交换，即 $a' = b, b' = a$。图 3-15 展示了 Fredkin 门的真值表。很容易看出 Fredkin 门是可逆的，因为给定了输出 a', b', c'，我们可以确定输入 a, b, c。事实上，为了恢复原始的输入，我们只需要在 a', b', c' 上作用另一个 Fredkin 门。

习题 3.29（Fredkin 门的可逆性）　证明连续作用两次 Fredkin 门后输出将和输入相同。

检查图 3-14 中的台球路径，不难发现这台台球计算机确实实现了 Fredkin 门：

习题 3.30　验证这台台球计算机实现了 Fredkin 门。

除了可逆性之外，Fredkin 门还具有一个有趣的特性，即在输入和输出之间保持 1 的数目不变。对于台球计算机而言，这相当于进入 Fredkin 门的台球的数量等于出来的数量。因此，有时将其称为保守的可逆逻辑门。这种可逆性和保守性对于物理学家来说很有趣，因为它们可能由基本的物理原理导致。自然定律是可逆的，可能的例外是量子力学的测量假设，在 2.2.3 节中讨论

过。保守性可以被认为类似于质量守恒或能量守恒等性质。实际上，在台球计算机模型中，保守性完全对应于质量守恒。

输入			输出		
a	b	c	a'	b'	c'
0	0	0	0	0	0
0	0	1	0	0	1
0	1	0	0	1	0
0	1	1	1	0	1
1	0	0	1	0	0
1	0	1	0	1	1
1	1	0	1	1	0
1	1	1	1	1	1

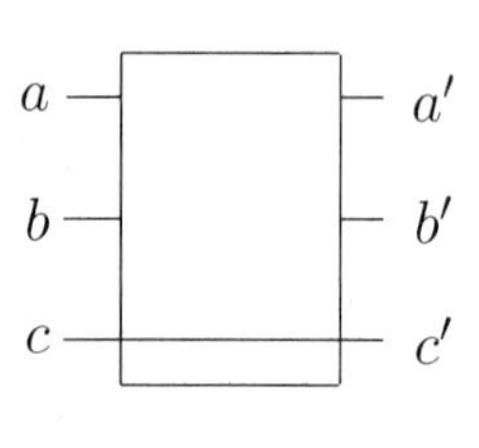

图 3-15　Fredkin 门的真值表和它的电路表示。如果控制位 c 为 1 则比特 a 和 b 交换，否则不发生改变

Fredkin 门不仅具有可逆性和保守性，它同时也是一个通用的逻辑门！图 3-16 展示了 Fredkin 门可以被组合起来去模拟与门、或门、交叉和扇出函数，因此它可以被组装起来去模拟任意形式的经典电路。

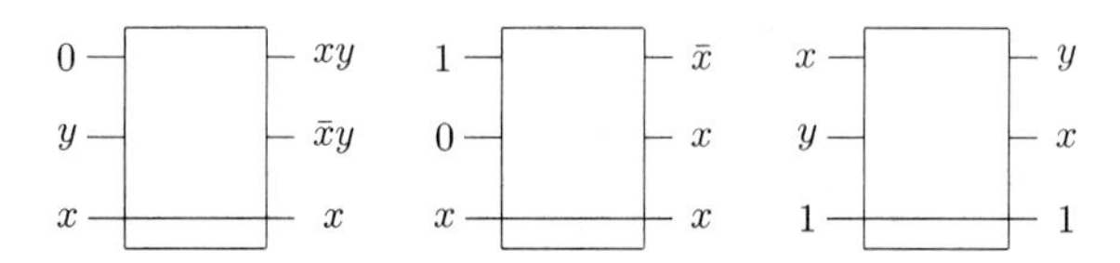

图 3-16　Fredkin 门去模拟实现与门（左），或门（中）和交叉（右）这些基本门。中间的门也用于执行扇出操作，因为它在输出端产生两个 x 副本。请注意，这些电路中的每一个都需要使用初始为标准态的额外“辅助”位——例如，与门的第一行上的 0 输入——并且输出中通常包含剩余计算不需要的“垃圾”

为了使用 Fredkin 门模拟不可逆的门，例如与门，我们利用了下面两个想法。首先，我们允许在准备阶段输入辅助比特（0 或 1）到 Fredkin 门。其次，Fredkin 门的输出包含计算结果之外所不需要的多余“垃圾”。这些辅助比特和冗余比特对计算过程并不直接影响，它们的重要性在于使得计算可逆。的确，像与门和或门等不可逆的门可以被视为辅助比特和冗余比特被“隐藏”的可逆门。总而言之，给定任何计算函数 $f(x)$ 的经典电路，我们可以构造一个完全由 Fredkin 门组成的可逆电路，该电路的输入由 x 和一些处于标准态的辅助比特 a 组成，计算 $f(x)$ 和一些额外的“冗余”比特 $g(x)$。我们将这个计算过程用 $(x,a) \to (f(x),g(x))$ 表示。

现在我们知道了如何可逆地计算函数。不幸的是，这一计算过程会产生不需要的无用比特。经过一些修改后，计算过程结束后可以使得所有产生的无用比特都处于标准状态。这种构造对量子计算至关重要，因为取值会依赖于输入 x 的无用比特通常会破坏对量子计算至关重要的干涉属性。为了理解其工作原理，方便起见假设非门在我们的可逆门电路中可以使用，所以我们也可以假设辅助位 a 开始时全部为 0，并且在必要时添加非门以将辅助比特从 0 变为 1。假设我们也可以使用经典的受控非门（这个门以类似于 1.3.2 节的量子定义的方式定义，即其将 (c,t) 变成 $(c,t\oplus c)$，其中 $\oplus$ 是模 2 的加法。）注意到当 $t=0$ 时有 $(c,0)\to(c,c)$，故受控非门可以看成扇出门的可逆版本，并且不会在输出中遗留无用比特。

利用在电路开始处添加的非门，计算过程可以写作 $(x,0) \to (f(x), g(x))$。我们亦可以在电路开头添加受控非门去产生 x 的一个副本，并且其在计算过程中值不会发生改变。利用这些修改，电路可以写成

$$(x,0,0) \to (x, f(x), g(x)) \tag{3.7}$$

式 (3.7) 对于表达可逆电路的行为是一种非常有用的方式，因为它允许使用称为*还原计算*的想法来消除无用比特，而在计算运行时间上只花费很少的成本。这一想法如下：假设我们从处于状态 $(x,0,0,y)$ 的拥有四个寄存器的计算机开始，其中第二个寄存器用于存储计算结果，第三个寄存器用于提供计算工作空间，即无用比特 $g(x)$。稍后将描述第四寄存器的用途，并且我们假设它以任意的状态 y 开始。

开始时和之前一样，通过运行计算 f 的可逆电路得到状态 $(x, f(x), g(x), y)$。接着，使用受控非门将 $f(x)$ 按位地加到第四个寄存器上，得到状态 $(x, f(x), g(x), y \oplus f(x))$。注意到计算 $f(x)$ 的过程是可逆的，并且不会影响第四个寄存器，故通过运行计算 f 的逆电路我们将得到状态 $(x,0,0,y \oplus f(x))$。通常我们在函数计算的描述中省略辅助位的 0，并将电路的过程写为

$$(x,y) \to (x, y \oplus f(x)) \tag{3.8}$$

一般地，我们将这种修改后的计算 f 的电路称为计算 f 的可逆电路，尽管原则上还有许多其他可逆电路可用于计算 f。

进行可逆计算涉及哪些资源上的开销？为了分析这个问题，我们需要计算可逆电路中所需的额外辅助比特的数量，并将所需电路门的数目与经典模型进行比较。应该明确的是，可逆电路中门的数量与不可逆电路中门的数量在差一个常数因子的意义下是相同的，该常数因子涉及模拟不可逆电路的单个元件所需的 Fredkin 门的数量和另一个因子 2 用于完成计算还原，以及可逆计算中使用的额外受控非门操作的开销与电路中涉及的比特数呈线性关系。类似地，所需的辅助比特数最多与不可逆电路中的逻辑门数成线性关系，因为不可逆电路中的每个元素可以使用常数个辅助比特来模拟。因此无论使用可逆或不可逆的计算模型，自然的复杂性类（例如 P 和 NP）都是没有区别的。对于像 PSPACE 这样更复杂的复杂性类，情况并不是那么明确；其中一些微妙的细节讨论请参阅问题 3.9 和“背景资料与延伸阅读”。

习题 3.31（可逆半加器）　构造一个可逆电路，它以 (x,y) 作为输入，输出 $(x,y,c,x \oplus y)$，其中 c 是 x 和 y 相加后的进位比特。

Fredkin 门及其在台球计算机上的实现为可逆计算提供了一个美妙的例子。还有另外一个可逆逻辑门 Toffoli 门，它对于经典计算也是通用的。尽管 Toffoli 门在台球计算机上没有像 Fredkin 门那么优雅和简洁的实现，但它在量子计算的研究中将更有用。我们已经在 1.4.1 节中遇到过 Toffoli 门，但为了方便起见我们在这里回顾它的属性。

Toffoli 门有三个输入比特 a, b 和 c。a 和 b 被称为第一和第二控制位，而 c 是目标位。该门保持两个控制位不变，如果两个控制位都是 1 则翻转目标位，否则目标位也不变。Toffoli 门的真值表和电路表示如图 3-17 所示。

输入			输出		
a	b	c	a'	b'	c'
0	0	0	0	0	0
0	0	1	0	0	1
0	1	0	0	1	0
0	1	1	0	1	1
1	0	0	1	0	0
1	0	1	1	0	1
1	1	0	1	1	1
1	1	1	1	1	0

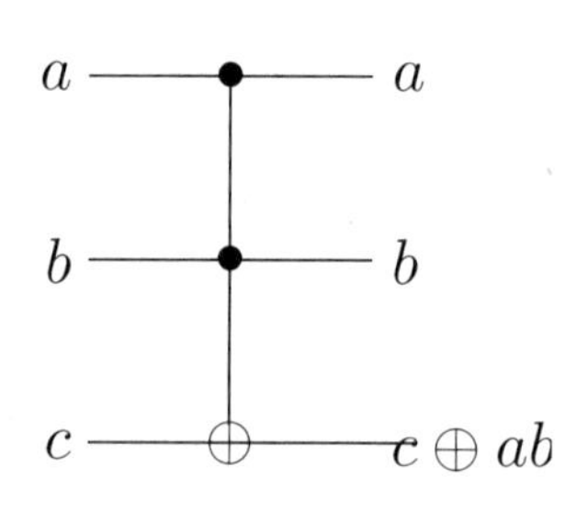

图 3-17　Toffoli 门的真值表和电路表示

如何使用 Toffoli 门进行通用计算？假设我们希望计算比特 a 和比特 b 的与非。为了使用 Toffoli 门执行此操作，我们输入 a 和 b 作为控制位，并将初始置为 1 的辅助位发送到目标位，如图 3-18 所示。在目标位上的输出即为 a 和 b 的与非。正如我们对 Fredkin 门的研究所预期的那样，与非门的 Toffoli 门模拟需要使用特殊的辅助比特作为输入，并且模拟过程会输出一些无用比特。

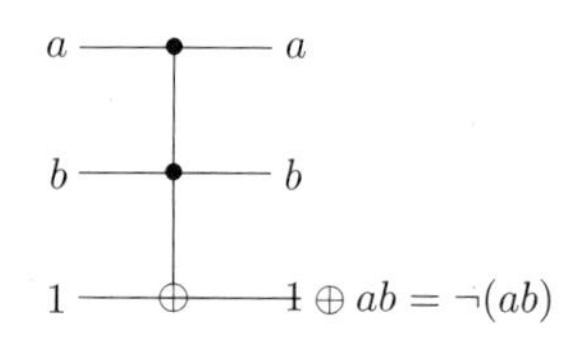

图 3-18　通过 Toffoli 门实现与非门。顶端的两个比特代表了与非门的输入，第三个比特作为辅助比特，初始时置为 1。与非门的输出在第三个比特上

Toffoli 门还可以被用来实现扇出操作：第一个控制位作为辅助比特初始时置为 1，将 a 赋值给第二个控制位，则最后输出 $1, a, a$。详见图 3-19 。之前我们已经讲过与非门和扇出门合在一起构成一组通用门，因此我们可以得出结论，任一电路可以被一个只包含 Toffoli 门和辅助比特的可逆电路高效模拟。可以使用与 Toffoli 门相同的方法实现诸如还原计算之类的有用的附加技术。

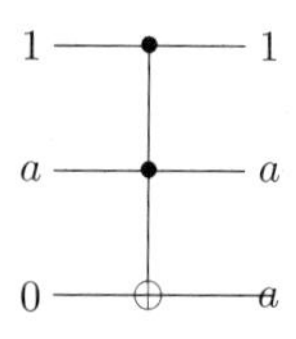

图 3-19　通过 Toffoli 门实现扇出门。Toffoli 门的第二个比特作为扇出门的输入，其它两个比特为处于标准态的辅助比特。第二和第三个比特的结果可以作为扇出门的输出

我们对可逆计算感兴趣的动机是我们希望了解计算所需要的能量。很明显，无噪声的台球计算模型不需要能量来运行; 那么基于 Toffoli 门的模型呢？这只能通过检查用于计算 Toffoli 门的特定模型来确定。在第 7 章中，我们研究了几种这样的方案，事实证明，Toffoli 门可以以不需要能量消耗的方式来实现。

关于计算可以在没有能量消耗的情况下完成的想法存在一个重要的隐患。正如我们前面提到的，台球计算模型对噪声非常敏感，许多其他可逆计算模型也是如此。为了抵消噪声的影响，需要进行某种形式的纠错。这种纠错通常涉及系统在测量上的表现，以确定系统是否按预期运行，

或者是否发生了错误。由于计算机的存储器容量是有限的，那些用来存储错误校正中的测量结果的比特最终必须被擦除，以便为新的测量结果腾出空间。根据兰道尔原理，这种消除带来了相关的能量消耗，在统计计算的总能量消耗时必须考虑这些损失。我们在 12.4.4 节中更详细地分析了与误差校正相关的能量消耗。

我们可以从可逆计算的研究中得出什么结论？有三个关键的想法。首先，可逆性源于保持追踪每一比特的信息；只有在信息丢失或删除时才会发生不可逆的结果。其次，通过可逆地进行计算，我们消除了计算期间的能量消耗。原则上，所有计算都可以用零能耗完成。第三，可以有效地完成可逆计算，而不产生其值取决于计算输入的无用比特。也就是说，如果存在计算函数 f 的不可逆电路，则通过具有功能 $(x,y) \to (x, y \oplus f(x))$ 的可逆电路能够有效地模拟该电路。

这些结果对物理学，计算机科学以及量子计算和量子信息的影响是什么？从一位关心散热性的物理学家或硬件工程师的角度来看，好消息是，原则上可以通过使计算可逆而使其无能量消耗，尽管实际上维持系统的稳定性需要耗散能量以免受噪声干扰。在更为基础的层面上，可逆计算的思想也导致了基础物理学中一个有着百年历史的问题的解决，这就是著名的*麦克斯韦妖问题*。专题 3.5 概述了这个问题及其解答的故事。从计算机科学家的角度来看，可逆计算验证了计算模型中不可逆元素的作用，例如图灵机（因为是否使用它们所得到的模型是多项式等价的）。此外，由于物理世界从根本上是可逆的，人们可以争辩说，基于可逆计算模型的复杂性类比基于不可逆模型的复杂性类更自然，问题 3.9 和“背景资料与延伸阅读”中重新讨论了这一点。从量子计算和量子信息的角度来看，可逆计算非常重要。为了利用量子计算的全部功能，量子计算中的任何经典子程序必须可逆地执行，而且不能产生依赖于经典输入的冗余比特。

习题 3.32（*Fredkin 门和 Toffoli 门的相互模拟*）　模拟 Toffoli 门最少需要多少个 Fredkin 门？模拟 Fredkin 门最少需要多少个 Toffoli 门？

3.3　关于计算科学的观点

像本章这样的一个简短介绍中，不可能涵盖计算机科学这样丰富的领域的所有伟大构想。我们希望向读者传达一些计算机科学家的思考方式，介绍一些基本概念，及与之相关的基础词汇表，这些对理解何谓“计算”至关重要。作为这一章的总结，我们简要的介绍一些更一般的问题，以便为如何将量子计算和量子信息置于整个计算机科学的图景中提供一些观点。

我们将围绕图灵机计算模型进行讨论。一些非常规的计算模型，例如大规模并行计算机，DNA 计算机和模拟计算机，它们的计算能力较之标准图灵机计算模型（隐含的，较之量子计算模型）如何？我们从并行计算架构开始。绝大多数现有的计算机都是串行计算机，即同一时间在中央处理单元中只执行一条指令。与之相反，并行计算机允许同一时间执行多条指令，从而大大节省了实现某些应用所需的时间和金钱。尽管如此，相较于标准图灵机并行处理并不能带来效率上的根本性优势。因为图灵机可以在多项式的物理资源下（即在使用多项式的时间和空间的条件下）模拟并行计算机。并行计算在运行时间上的优势与其需要使用更多空间的劣势相抵消，因而在模型的计算能力并无本质的提升。

一个有趣的大规模并行计算机的实例是一种被称为 DNA 计算的技术。一条 DNA（脱氧核糖核酸）链是由四种核苷酸组成的分子序列（一种聚合物），不同的核苷酸由它们携带的不同碱基区分，分别用字母 A（腺嘌呤）、C（胞嘧啶）、G（鸟嘌呤）和 T（胸腺嘧啶）表示。如果相应的碱基对彼此形成互补（A 匹配 T，G 匹配 C），在一定的条件下两条 DNA 链可以退火形成双链。链的两端也是不同的，必须适当地匹配。利用化学技术可以对 DNA 链执行一系列操作，例如增加以特定序列开始或结束的 DNA 链的占比（聚合酶链反应），将 DNA 链根据链长分开（凝胶电泳），通过改变温度和酸碱度将 DNA 双链拆解为单链，测定链上的碱基序列，在特定的位置将 DNA 链切开（使用限制酶），以及检测试管中是否存在特定序列的 DNA 链等。实际上，在一个具体的过程中以一种鲁棒的方式应用这些技术是很复杂的事情，但是它的基本思想由下述例子可窥一斑。

有向哈密顿路径问题是 3.2.2 节中介绍的哈密顿圈问题的一个简单但难度等价的变种，它的目标是判定 N 个顶点的有向图 G 中是否存在由给定顶点 j_1 到顶点 j_N 的哈密顿道路——即一条经过每个顶点恰好一次，且遵循图中每条边的方向的有向路径。该问题可以使用 DNA 计算机通过以下五步解决，其中 x_j 是一组特别选取的互异的碱基序列（$\bar{x}_j$ 为 x_j 的补链），DNA 序列 x_ix_j 编码图中的边，而 $\bar{x}_j\bar{x}_j$ 编码图中的顶点。（1）通过组合所有可能的顶点和边的 DNA 链的混合物并等待这些链退火反应，在图 G 中生成随机路径；（2）通过放大以 $\bar{x}_{j_1}$ 开头并以 $\bar{x}_{j_N}$ 结尾的双链，仅保留那些起始于 j_1 而终止于 j_N 的路径；（3）通过对剩下的链作链长分离，仅留下长度为 N 的路径；（4）通过将 DNA 拆分为单链，并将这些单链依次与表示每个顶点的所有单链进行退火，保留那些被退火的链，即通过筛选保留那些经过图中所有顶点至少一次的路径；（5）检查经过前四步的筛选之后是否有剩下的 DNA 链，如果有则存在哈密顿道路，否则不存在。为了以足够高的概率保证结果的正确性，x_j 需要包含许多（约 30 个）碱基，并且在这个过程中需要使用数目庞大（约 10^{14} 或者更多）的 DNA 链。

启发式方法可用于改进这一基本思想。当然，诸如此类的穷举搜索方法只有在可以有效地生成所有可能路径的情况下才起作用，因此所使用的分子数必然关于问题的规模（如上例中的顶点数）呈指数式增长。DNA 分子相对较小且易于合成，试管足以容纳大量的 DNA 组合，可以允许复杂性在一定范围内（最高到几十个节点）指数型地增长，但最终指数成本依然会限制这种方法的适用性。因此，虽然 DNA 计算为某些问题的解决提供了一种有吸引力且物理上可实现的计算模型，但它依旧是一种经典的计算技术，在原理上并没有超越图灵机的实质性改进。

模拟计算机提供了另一种执行计算的范式。当计算机用于计算的信息的物理表示基于连续的自由度而不是 0 和 1 时，称计算机是模拟的。例如温度计就可以被视为一种模拟计算机。使用电阻器、电容器和放大器的模拟电路也是一种模拟计算。诸如位置和电压之类的连续变量可以存储无限的信息量，因此这种机器在理论上可以利用无限的存储资源。但这仅仅是在没有噪声的理想情况是对的。有限量的噪声的存在将连续变量的可区分状态总数减少到了有限数量，从而将模拟计算机限制为仅能表示有限量的信息。在实践中，噪声使得模拟计算机的能力不比传统数字计算机以及图灵机更强大。人们可能会怀疑量子计算机只是一种特殊的模拟计算机，因为它使用连续参数描述量子比特状态；然而，事实证明，噪声对量子计算机的影响可以有效地数字化。因此，正如我们将在第 10 章中看到的那样，即使存在有限量的噪声，量子计算的优势仍然存在。

噪声对数字计算机产生了怎样的影响？在计算机的早期，噪声对于计算机来说是一个非常现实的问题。在一些原始计算机中，真空管每隔几分钟就会发生故障。即使在今天，噪声的影响也是诸如调制解调器和硬盘驱动器之类设备需要面对的重要问题。我们付出了相当大的努力来使用不可靠的组件来构建可靠的计算机。冯·诺依曼证明，该问题只需额外的多项式量级的计算资源就可以被解决。然而具有讽刺意味的是，现代计算机并没有用到这些结果，因为现代计算机的组件非常可靠。在现代电子组件中，故障率可以被控制到 10^{-17} 甚至更低。由于这个原因，硬件错误很少发生，以至于不值得设计额外的机制来对这种错误进行防护。但另一方面，我们会发现量子计算机是非常精密的机器，可能需要大量应用纠错技术。

不同的体系结构可能会改变噪声的影响。例如，如果忽略噪声的影响，那么改变计算机体系结构使得多指令可以并行执行，可能并不会改变完成任务所需要的操作数量。然而，并行系统实质上会对噪声更鲁棒性，因为在这种架构下噪声的影响具有较少的时间累积。因此在实际分析中，算法的并行版本可能比串行实现具有一些实质性的优势。体系结构设计是经典计算机设计中一个被深入研究的领域。对于量子计算机而言，几乎没有任何相似的研究领域被发展出来，而对噪声的研究已经为未来的量子计算机体系结构提出了一些理想的特性，例如高度并行化。

第四种计算模型是分布式计算，即利用两个或更多个空间上分离的计算单元解决计算问题。显然，这种模型的计算能力并不强于图灵机模型，因为它可以被图灵机有效地模拟。然而，分布式计算衍生出了一个有趣的新的资源挑战：当计算单元之间的通信成本很高时，如何更好地利用多个计算单元。随着计算机通过高速网络连接在一起，这个问题变得特别有意义；虽然网络上所有计算机的总计算能力可能非常大，但是这种潜力往往很难被利用。很多有趣的问题不容易划分为若干个可以单独解决的子问题，经常需要在不同计算子系统之间的进行全局通信以交换中间结果或同步状态。在研究如何量化解决问题的通信要求的成本的过程中，衍生出一个专门的研究领域——通信复杂性。而当量子资源可用并且可以在分布式计算机之间交换时，通信成本有时会大幅降低。

在这些结论性的思想中，甚至在这整本书中一个反复出现的主题是，尽管计算机科学传统上不受物理限制，但物理定律最终不仅对计算机的实现方式，还对它们究竟能解决哪些问题产生了巨大的影响。作为计算问题的一种物理上的合理替代模型，量子计算和量子信息的成功紧扣了计算机科学的宗旨，并将计算机科学的概念推向物理学的最前沿。本书其余部分的任务是将来自这些不同领域的想法融合在一起，并为取得的结果而感到欣喜！

专题 3.5　麦克斯韦妖

热力学定律决定了物理系统在热力学平衡下可以完成的工作量。在这些定律中，热力学第二定律指出封闭系统中的熵永远不会减少。1871 年，詹姆斯·克拉克·麦克斯韦（James Clerk Maxwell）提出存在一台明显违反该定律的机器。他设想存在一个微型的小“恶魔”，如下图所示，它可以通过将快速分子和慢速分子分离到气瓶的两边来减少最开始处于平衡状态的气瓶的熵。这个恶魔将坐在中间隔板的一扇小门上，当快速分子从左侧接近时，恶魔会打开一扇门，让分子通过，然后将门关闭。通过将上述行为重复多次可以降低气瓶的总熵，这明显违反了热力学第二定律。

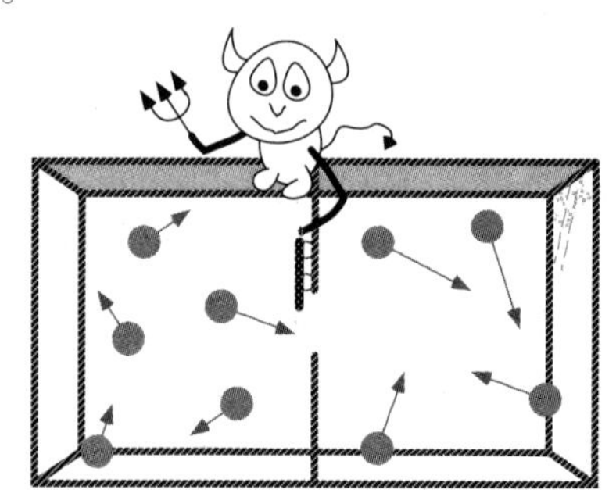

对麦克斯韦妖悖论的解决基于如下事实，为了确定分子的速度，恶魔必须对在两个分区之间移动的分子进行测量。测量结果必须存储在恶魔的存储器中，而任何存储都是有限的，恶魔最终必须开始从其存储中擦除信息，以便为新的测量结果留出空间。根据兰道尔的理论，这种擦除信息的行为增加了恶魔-气缸-环境这一组合系统的总熵。事实上，一个完整的分析表明，根据兰道尔原理组合系统因这种擦除信息的行为所增加的熵不少于组合系统因恶魔的行为而减少的熵，从而确保了整个系统遵循热力学第二定律。

问题 3.1（Minsky 机） 一台 Minsky 机由一组寄存器的有限集合 $r_1, r_2, \cdots, r_k$，和一段程序组成，其中每个寄存器均可以存储一个任意非负整数，而程序由如下两种类型的指令组成。第一种类型的指令形如：

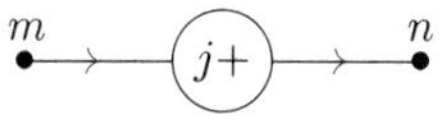

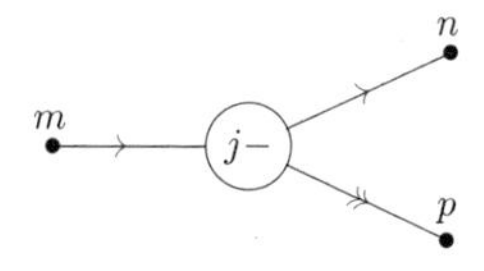

含义是在程序的 m 位置将寄存器 r_j 加一，并将程序移动到点 n 位置。第二种类型的指令形如：

$m \rightarrow (j-)$，分支到 n 与 p

表示如当前处于位置 m 且寄存器 r_j 中的值为正数，则将寄存器 r_j 减一并将位置移动到点 n；如寄存器 r_j 中的值为零，则不改变 r_j 的中值并将当前位置移动到点 p。一段 Minsky 机的程序由上述两种指令构成，形如：

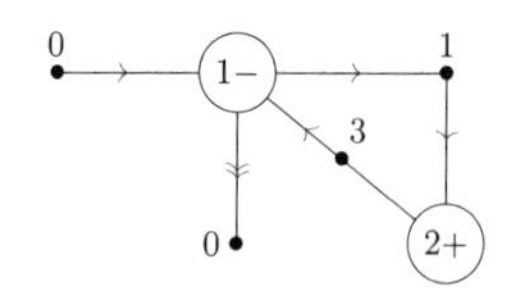

程序的起始点和所有可能的终止点通常标记为零。该程序获取寄存器 r_1 的值并将它们加到寄存器 r_2，同时将 r_1 减为零。

1. 证明所有的（图灵）可计算函数均可由 Minsky 机计算，换言之，给定可计算函数 $f(\cdot)$，存在一台 Minsky 机的程序由寄存器状态 $(n, 0, \cdots, 0)$ 开始，以状态 $(f(n), 0, \cdots, 0)$ 为输出；
2. 证明任何可以在 Minsky 机上计算的函数（可计算性如上一问中所定义），都可以在图灵机上计算。

问题 3.2（向量游戏）　一个向量游戏由一个包含相同维度、整数分量的有限向量列表所确定。游戏由一个非负整数分量向量 x 开始，从向量列表中找到第一个满足如下条件的向量 v：$x+v$ 的每一个分量都是非负的，并将该向量加到 x 上，重复该过程直至找不到这样的向量。证明对于任何可计算函数 $f(n)$，存在一个向量游戏满足当游戏从向量 $(n,0,\cdots,0)$ 开始时，最后会得到向量 $(f(n),0,\cdots,0)$。（提示：证明任意 k 寄存器的 Minsky 机均可由 $k+2$ 维的向量游戏模拟。）

问题 3.3（Fractran）　一个 Fractran 程序由一列正有理数 $q_1,q_2,\cdots,q_n$ 定义。一个 Fractran 程序通过如下过程作用在一个正整数 m 上：找到第一个使得 q_im 为整数的有理数 q_i，并将 m 替换为 q_im。给定初始的正整数 m，重复上述操作直至找不到能使 q_im 为整数的有理数 q_i，过程停止。证明对于任意的可计算函数 $f(\cdot)$，存在一个 Fractran程序使得从 2^n 开始，最后会得到 $2^{f(n)}$ 且过程中不会出现任何其他的 2 的幂。（提示：利于前面问题的结论。）

问题 3.4（动力系统的不可判定性）　Fractran 程序本质上是一个非常简单的，由正整数到正整数的动力系统。证明不存在算法可以判定动力系统是否会达到 1。

问题 3.5（两比特可逆逻辑的非通用性）　假设我们正在尝试仅使用一比特和两比特可逆逻辑门和辅助比特来构建电路，证明存在布尔函数无法以这种方式来计算。进一步证明即使允许使用辅助比特，仅用一比特和两比特的可逆门也无法模拟 Toffoli 门。

问题 3.6（近似 TSP 问题的难解性）　假设存在 TSP 问题的近似算法保证可以以 r 的近似比计算出 n 个城市之间的最短遍历回路，其中 $r\geqslant 1$。设 $G=(V,E)$ 为任意的 n 点顶点的图，通过如下步骤定义 TSP 问题的一个实例：以 V 中的顶点作为城市，对于其中任意两个城市，如果这两个城市所对应的点在图 G 中相邻则令这两个城市之间的距离为 1，否则这两个城市之间的距离为 $\lceil r\rceil|V|+1$。证明如果将前述近似算法应用到该实例上，那么当 G 中存在哈密顿回路时，该算法会返回该回路，否则算法返回的回路长度大于 $\lceil r\rceil|V|$。根据哈密顿回路问题的 NP 完全性可以推知，除非 P = NP，否则不存在这样的近似算法。

问题 3.7（可逆图灵机）

1. 如何构造一个可逆的图灵机，使得它可以计算在普通图灵机上可计算的函数类。（提示：尝试使用多带图灵机构造。）
2. 如普通的单带图灵机计算函数 $f(x)$ 需要 $t(x)$ 的时间和 $s(x)$ 的空间，请给出上一问中所构造的可逆图灵机计算 $f(x)$ 所需要的空间和时间。

问题 3.8（找到难于计算的函数类——研究型问题）　找到一个 n 输入的自然函数类，需要超过多项式个布尔门来计算。

问题 3.9（可逆 PSPACE = PSPACE）　可以证明 QSAT 问题，即“量词化可满足性问题”是 PSPACE 完全的。换言之，任何 PSPACE 类中的语言都可以在多项式时间内被归约到 QSAT 问题。语言 QSAT 包含所有满足如下条件的布尔公式 φ：φ 是包含 n 个变量 $x_1,\cdots,x_n$ 的合取范式，且满足：

$$\exists x_1 \forall x_2 \exists x_3 \cdots \forall x_n\ \varphi \text{ 成立，当 } n \text{ 为偶数时} \tag{3.9}$$

$$\exists x_1 \forall x_2 \exists x_3 \cdots \exists x_n\ \varphi \text{ 成立，当 } n \text{ 为奇数时} \tag{3.10}$$

证明可逆图灵机可以在多项式空间内解决 QSAT 问题。因此，可以被计算机在多项式空间内使用可逆操作判定的语言类等于 PSPACE。

问题 3.10（辅助比特和可逆计算效率） 令 p_m 为第 m 个素数。构造如下可逆电路：对于正整数输入 n 和 m（满足 $n > m$），输出乘积 $p_n p_m$，具体地，实现 $(m, n) \to (p_m p_n, g(m, n))$，其中 $g(m, n)$ 是电路所用到的辅助比特的终态。估计该电路所用到的辅助比特的数量。证明如果存在一个计算上述问题的多项式（$\log n$ 的多项式）规模的可逆电路，且该电路仅用到 $O(\log(\log n))$ 个辅助比特，那么分解两个素数的乘积问题在 P 类中。

背景资料与延伸阅读

计算机科学是一门包含众多有趣的子领域的宏大学科，我们不能寄希望于在有限的篇幅内完整的介绍它，但是可以借此机会向读者推荐一些人们普遍感兴趣的问题，以及一些关于特定主题的工作，这些主题在本书中均有所涉及，希望这些内容能对读者有所启发。

现代计算机科学可以追溯到 1936 年图灵那篇令人惊叹的论文 [Tur36]。丘奇-图灵论题最早由丘奇于 1936 年提出[Chu36]，之后由图灵从不同的角度进行了更完整的讨论。而其他几位研究者几乎在同一时间用各自的方法给出了类似的结论。相关的学术贡献和研究历史的介绍详见 Davis 的著作 [Dav65]。对丘奇-图灵论题和不可判定性的质疑可以参阅 Hofstadter[Hof79] 和 Penrose[Pen89] 的著作。

关于算法设计的优秀书籍有很多，我们只介绍其中三本。首先，高德纳的经典丛书 [Knu97, Knu98a, Knu98b] 涵盖了计算机科学的大部分内容；其次，我们推荐 Cormen、Leiserson 和 Rivest 不同凡响的作品 [CLR90]，这本巨著囊括了关于算法设计各个领域的精心撰写的介绍；最后，推荐 Motwani 和 Raghavan 的著作 [MR95]，这是一部对随机算法领域优秀的综述。

Cook[Coo71] 和 Karp[Kar72] 的论文对现代的计算复杂性理论产生了深远的影响。Levin[Lev73] 在俄国独立地提出了类似的理论，但不幸的是，他的贡献在很久之后才为西方世界所知。Garey 和 Johnson[GJ79] 的经典著作也对该领域产生了巨大的影响。最近，Papadimitriou[Pap94] 撰写了一本出色的书，综述了许多计算复杂性理论的重要观点，本章的许多内容都基于此书。在本章中，我们只考虑了语言之间的一种归约方式，即多项式时间归约。实际上，语言之间还有许多其他归约方式。Ladner、Lynch 和 Selman[LLS75] 对这些概念进行了综述。对归约中的不同概念的研究后来发展成为一个被称为结构复杂性的研究领域，Balcázar、Diaz 和 Gabarró[BDG88a, BDG88b] 对此进行了综述。

信息、能量消耗和计算之间的联系历史悠久。对这种联系的现代理解源于兰道尔[Lan61] 于 1961 年发表的一篇论文，其中首次提出了兰道尔原理。Szilard[Szi29] 的一篇论文和冯·诺伊曼[von66]1949 年的一篇讲义（第 66 页）得出了与兰道尔原理相近的结论，但他们没有抓住擦除信息需要消耗能量这一本质。

可逆图灵机最早由 Lecerf[Lec63] 提出，其后 Bennett[Ben73] 在他有影响力的独立工作中也提出了相同的概念。Fredkin 和 Toffoli[FT82] 引入了可逆电路计算模型。两篇有趣的文献是 Barton 在 1978

年 5 月麻省理工学院 6.895 课程论文[Bar78] 和 Ressler 在 1981 年的硕士论文[Res81]，其中包含可逆 PDP-10 计算机的设计！今天，可逆逻辑在低功耗 CMOS 电路的实现中具有潜在的重要性[YK95]。

麦克斯韦妖是一个迷人的主题，复杂而历史悠久。麦克斯韦于 1871 年提出了这一概念[Max71]。Szilard 于 1929 年发表了一篇关键论文[Szi29]，该论文预言了麦克斯韦尔妖问题最终解决的许多细节。1965 年，费曼[FLS65b] 解决了麦克斯韦妖问题的一个特例。Bennett 在兰道尔结果[Lan61] 的基础上，写了两篇关于这个主题的精彩论文[Ben82, Ben87]，从而解决了该问题。由 Leff 和 Rex 整理的论文集[LR90] 介绍了麦克斯韦妖及"除妖"史。

DNA 计算是 Adleman 发明的，我们描述的有向哈密顿道路问题的解决方案最早由他提出[Adl94]。Lipton 还展示了如何利用该模型来解决 3SAT 问题以及电路可满足性问题[Lip95]。关于 DNA 计算，Adleman 在《科学美国人》杂志上发表了一篇综述性的文章[Adl98]；如果读者希望深入的了解 DNA 计算的通用性，可以参阅 Winfree[Win98] 的文章。想了解噪声环境下的可靠计算，Winograd 和 Cowan[WC67] 的书是一个不错的选择，这个主题也将在本书第 10 章中再次讨论。由 Hennessey、Goldberg 和 Patterson 撰写的 [HGP96] 是一本介绍计算机体系结构的优秀教材。

问题 3.1 到 3.4 探讨了由 Minsky（在他关于自动计算机的杰出著作[Min67] 中）提出并由 Conway[Con72, Con86] 发展的计算模型设计思路。Fractran 编程语言无疑是已知的最美妙和优雅的通用计算模型之一，如以下素数游戏（PRIMEGAME）所展示的[Con86]。素数游戏定义为一列有理数：

$$\frac{17}{91};\frac{78}{85};\frac{19}{51};\frac{23}{38};\frac{29}{33};\frac{77}{29};\frac{95}{23};\frac{77}{19};\frac{1}{17};\frac{11}{13};\frac{13}{11};\frac{15}{2};\frac{1}{7};\frac{55}{1}$$

令人惊讶的是，当素数游戏从 2 开始时，过程中出现的其余 2 的幂，即 $2^2, 2^3, 2^5, 2^7, 2^{11}, 2^{13}, \cdots$，恰好是 2 的素数次幂，且其指数对素数依序遍历。问题 3.9 是更一般的可逆计算的空间需求这一研究领域的一个特例，详见 Bennett[Ben89] 以及 Li、Tromp 和 Vitanyi[LV96, LTV98] 的论文。

第2部分

量子计算

第 4 章

量子电路

传统上，计算理论的研究几乎是完全抽象的，作为纯数学的一个领域，并不能抓住要领。计算机是物理对象，计算是物理过程，计算机能算什么或不能算什么取决于物理定律本身，而不是纯数学。

——David Deutsch

像数学一样，计算机科学与其他科学有所不同，鉴于它处理的是可被证实的人工法则，而不是永难确定的自然法则。

——高德纳

深刻真理的对立面很可能是另一个深刻的真理。

——尼尔斯·玻尔

本章将详细探讨量子计算，是本书第二部分的开始。本章将阐述量子计算的基本原理，建立量子电路的基本构造框架。量子电路是一种描述复杂量子计算的通用语言。目前已知的两个基础量子算法是由这些电路在接下来两章中构造的。第 5 章介绍量子傅里叶变换及其在相位估计、求阶和素因子分解中的应用。第 6 章介绍量子搜索算法及其在数据库搜索、计数和加速解决 NP 完全问题中的应用。第 7 章讨论有朝一日量子计算如何被实验实现，至此第二部分结束。另外两个与量子计算相关的有趣话题是量子噪声和量子纠错，鉴于它们具有不仅仅局限于量子计算的广泛意义，将在本书的第三部分中提及。

本章主要介绍两个观点。首先，详细介绍量子计算的基础模型——量子电路模型；其次证明存在着一部分门，使得任意量子计算可以用这些门表示，这些门被称作*通用的*。此外还描述量子计算的其他结果。 4.1 节首先概述量子算法，重点介绍已知的量子算法及构成它们结构的通用基础。 4.2 节详述单量子比特运算，尽管单量子比特并不复杂，但其运算为构造例子和算法提供了丰富的背景，应深入了解。 4.3 节叙述了多量子比特*受控幺正*操作， 4.4 节是对量子电路模型中测量的描述，在 4.5 节中将上述元素集合在一起来叙述并证明通用性定理。 4.6 节总结了量子计算的基本要素并讨论了该模型的可能变体，以及经典计算机与量子计算机计算能力关系这一重要问题。4.7 节以量子计算在真实量子系统模拟中的一个重要而有指导意义的应用结束了本章。

这一章也许是本书所有章节中读者参与最密集的一章，需要完成的习题密度很高，因为用量子电路模型的基本元素来进行计算是很容易的，但当面对更困难的量子算法设计问题时，就需要能够熟练运用大量的简单结果和技巧。因此，我们在本章中采用面向实例的方法，要求读者在许多细节部分予以补充，来达到对技巧的熟练掌握。跳至 4.6 节可略去大部分习题并获得对量子计算基本元素初步但略微肤浅的认识。

4.1 量子算法

量子计算机的好处在哪里呢？我们常因需要更多计算机资源来解决计算问题感到挫败。现实中许多有趣的问题在经典计算机上无法解决，不是因为没有相应的解决原理，而是因为解决实际问题所需资源是一个天文数字。

量子计算机的宏伟愿景在于其可以运行新的算法，使得解决对于在经典计算机上需要大量资源去解决的问题成为可能。在撰写本书时，已知有两大类量子算法实现了这一承诺。第一类算法基于 Shor 提出的*量子傅里叶变换*，包括求解因子分解和离散对数问题的著名算法，相比于最优秀的经典算法呈显著*指数加速*。第二类算法是基于 Grover 提出的*量子搜索算法*。这些算法的加速比虽没有那么引人注目，但相对于最优秀的经典算法平方量级的加速仍然显著。量子搜索算法的重要性在于经典算法中基于搜索的技术的广泛使用，这在许多情况下使得直接修改经典算法就能给出更快的量子算法。

图 4-1 概述了编写本书时已知的相关量子算法，包括这些算法的一些示例应用程序。图的核心是量子傅里叶变换和量子搜索算法。图中的量子计数算法十分有趣。该算法是量子搜索算法和傅里叶变换算法的巧妙结合，能够比经典计算机算法更快地估计搜索问题解的个数。

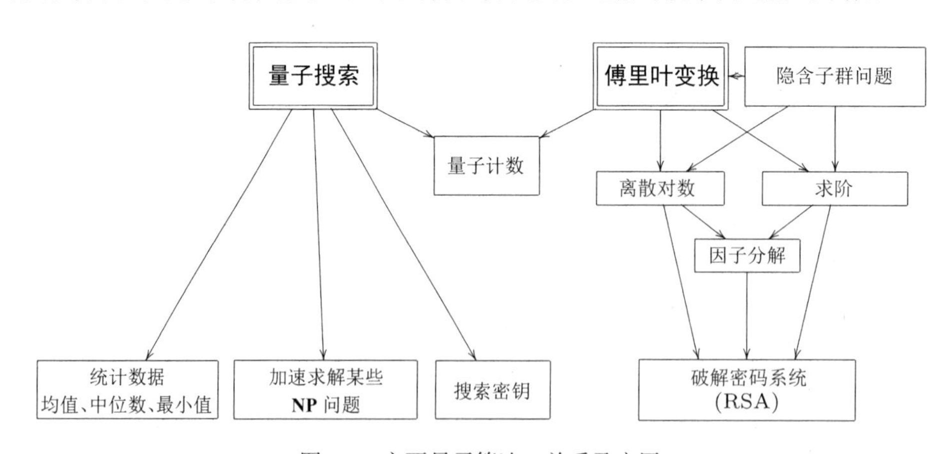

图 4-1 主要量子算法、关系及应用

量子搜索算法有许多潜在的应用，这里只展示了少数几种。它可以比经典计算机更快地从无序数据集中提取统计数据，例如最小元素；对于 NP 类中直接搜索解是已知最佳算法的问题，它可以进行加速；它也可以用来加速搜索密码系统的密钥，例如广泛使用的数据加密标准 (DES)。这些和其他应用将在第 6 章中说明。

量子傅里叶变换有许多有趣的应用，可用于求解离散对数和素因子分解问题。而这些结果可用来破解许多目前使用的最流行的密码系统，包括 RSA 密码体制。傅里叶变换也与一个数学中的重要问题——寻找隐含子群 (求周期函数周期的推广) 密切相关。第 5 章介绍了量子傅里叶变换及其应用，包括质因数分解和离散对数的快速量子算法。

为什么比经典算法好的已知量子算法这么少呢？答案是提出好的量子算法似乎是一个困难的问题，这至少有两个原因。首先，无论是经典的还是量子的算法设计，都不是一件容易的事情。算法历史告诉我们，提出近乎最优的算法往往需要极大的智慧，即使如两个数相乘这样十分简单的问题也是如此。而我们希望量子算法比已知最优的经典算法更好，这使得寻找好的量子算法更加困难。其次，与量子世界相比，我们的直觉更适应经典世界。如果我们用固有直觉来思考问题，那么我们提出的算法将是经典的算法。好的量子算法需要特殊的洞察力和技巧。

对量子算法的进一步研究将在下一章介绍。本章中我们提供了一种描述量子算法强大且有效的语言——量子电路语言，它由描述计算过程的离散部件集合组成。该结构使得我们能够用所需门的总数或电路深度来度量算法成本。电路语言还附带了开发工具箱，可以简化算法设计并使其概念上易于理解。

4.2　单量子比特操作

量子计算工具箱的发展始于对最简单的量子系统的操作——单量子比特操作。1.3.1 节引入了单量子比特门。让我们快速总结一下那节所学的知识，在这个过程中，读者可参考前言中的本书结构部分。

一个单量子比特是由两个复参数构成的向量 $|\psi\rangle = a|0\rangle + b|1\rangle$，满足 $|a|^2 + |b|^2 = 1$。量子比特上的操作必须保范数，因此用 2×2 酉矩阵描述。泡利矩阵属于其中最重要的矩阵，在这里再次列出它们不无益处：

$$X \equiv \begin{bmatrix} 0 & 1 \\ 1 & 0 \end{bmatrix}; \quad Y \equiv \begin{bmatrix} 0 & -\mathrm{i} \\ \mathrm{i} & 0 \end{bmatrix}; \quad Z \equiv \begin{bmatrix} 1 & 0 \\ 0 & -1 \end{bmatrix} \tag{4.1}$$

另外三个量子门在下文中很重要，阿达玛门（记为 H）、相位门（记为 S）和 $\pi/8$ 门（记为 T）：

$$H = \frac{1}{\sqrt{2}} \begin{bmatrix} 1 & 1 \\ 1 & -1 \end{bmatrix}; \quad S = \begin{bmatrix} 1 & 0 \\ 0 & \mathrm{i} \end{bmatrix}; \quad T = \begin{bmatrix} 1 & 0 \\ 0 & \exp(\mathrm{i}\pi/4) \end{bmatrix} \tag{4.2}$$

需要记住的几个有用的代数事实是 $H = (X + Z)/\sqrt{2}$ 和 $S = T^2$。鉴于定义中出现的是 $\pi/4$，读者可能会对 T 门被称为 $\pi/8$ 门感到疑惑。该门在历史上常被称为 $\pi/8$ 门，因为除了一个不重要的全局相位，T 等同于在其对角线上是 $\exp(\pm \mathrm{i}\pi/8)$ 的门。

$$T = \exp(\mathrm{i}\pi/8) \begin{bmatrix} \exp(-\mathrm{i}\pi/8) & 0 \\ 0 & \exp(\mathrm{i}\pi/8) \end{bmatrix} \tag{4.3}$$

尽管如此，这个命名在某些方面还是不恰当的，我们这里常将其称为 T 门。

回忆状态为 $a|0\rangle + b|1\rangle$ 的单量子比特可视为单位球面上的一个点 (θ, φ)，其中 $a = \cos(\theta/2)$，$b = \mathrm{e}^{\mathrm{i}\varphi}\sin(\theta/2)$，鉴于全局相位不可观测 a 可取作实数，这便是布洛赫球面表示，向量 $(\cos\varphi\sin\theta, \sin\varphi\sin\theta, \cos\theta)$ 称为布洛赫向量。为了更加直观，我们将常使用这个表示。

习题 4.1 习题 2.11 中计算了泡利矩阵的特征向量，如果还没有完成请现在去完成它。找到布洛赫球面上对应于不同泡利矩阵的归一化特征向量的点。

泡利矩阵出现在指数中时产生了三类有用的酉矩阵，即关于 $\hat{x}$、$\hat{y}$ 和 $\hat{z}$ 的旋转算子，由以下方程定义：

$$R_x(\theta) \equiv \mathrm{e}^{-\mathrm{i}\theta X/2} = \cos\frac{\theta}{2}I - \mathrm{i}\sin\frac{\theta}{2}X = \begin{bmatrix} \cos\frac{\theta}{2} & -\mathrm{i}\sin\frac{\theta}{2} \\ -\mathrm{i}\sin\frac{\theta}{2} & \cos\frac{\theta}{2} \end{bmatrix} \tag{4.4}$$

$$R_y(\theta) \equiv \mathrm{e}^{-\mathrm{i}\theta Y/2} = \cos\frac{\theta}{2}I - \mathrm{i}\sin\frac{\theta}{2}Y = \begin{bmatrix} \cos\frac{\theta}{2} & -\sin\frac{\theta}{2} \\ \sin\frac{\theta}{2} & \cos\frac{\theta}{2} \end{bmatrix} \tag{4.5}$$

$$R_z(\theta) \equiv \mathrm{e}^{-\mathrm{i}\theta Z/2} = \cos\frac{\theta}{2}I - \mathrm{i}\sin\frac{\theta}{2}Z = \begin{bmatrix} \mathrm{e}^{-\mathrm{i}\theta/2} & 0 \\ 0 & \mathrm{e}^{\mathrm{i}\theta/2} \end{bmatrix} \tag{4.6}$$

习题 4.2 令 x 为一实数，A 为满足 $A^2 = I$ 的矩阵，证明

$$\exp(\mathrm{i}Ax) = \cos(x)I + \mathrm{i}\sin(x)A \tag{4.7}$$

使用这一结果验证式 (4.4) 至式 (4.6) 。

习题 4.3 证明：除了一个全局相位，$\pi/8$ 门满足 $T = R_z(\pi/4)$。

习题 4.4 给定一个 φ，将阿达玛门 H 表示为旋转算子 R_x、R_z 和 $\mathrm{e}^{\mathrm{i}\varphi}$ 的积。

若 $\hat{n} = (n_x, n_y, n_z)$ 是三维空间中一实单位向量，那么我们通过定义一关于 $\hat{n}$ 轴转角为 θ 的旋转来推广上述定义，形式如下

$$R_{\hat{n}}(\theta) \equiv \mathrm{e}^{-\mathrm{i}\theta\hat{n}\cdot\vec{\sigma}/2} = \cos\left(\frac{\theta}{2}\right)I - \mathrm{i}\sin\left(\frac{\theta}{2}\right)(n_xX + n_yY + n_zZ) \tag{4.8}$$

$\vec{\sigma}$ 代表由泡利矩阵组成的三元向量 (X, Y, Z)。

习题 4.5 证明 $(\hat{n}\cdot\vec{\sigma})^2 = I$，并由此证明式 (4.8) 。

习题 4.6（旋转的布洛赫球解释） $R_{\hat{n}}(\theta)$ 算子被称为旋转算子的一个原因是以下事实，请读者证明。假设一单量子比特状态可由布洛赫向量 $\vec{\lambda}$ 表示。则旋转 $R_{\hat{n}}(\theta)$ 对该状态的作用是在布洛赫

球上关于 $\hat{n}$ 轴旋转角度 θ。这个事实解释了旋转矩阵中貌似神秘的两个因子。

习题 4.7　证明 $XYX=-Y$ 并以此证明 $XR_y(\theta)X=R_y(-\theta)$。

习题 4.8　对实数 α 和 θ，三维实单位向量 $\hat{n}$，任意一单量子比特酉算子可表示为

$$U=\exp(\mathrm{i}\alpha)R_{\hat{n}}(\theta) \tag{4.9}$$

1. 证明上述事实。
2. 求出阿达玛门 H 对应的 α，θ 和 $\hat{n}$。
3. 求出 S 门对应的 α，θ 和 $\hat{n}$。

$$S=\begin{bmatrix}1 & 0\\ 0 & \mathrm{i}\end{bmatrix} \tag{4.10}$$

单量子比特上的任意酉算子可以用旋转组合加量子比特上的全局相位以多种方式表示。以下定理提供了一种表示任意单量子比特旋转的方法，在之后的受控操作应用中很有用处。

定理 4.1（单量子比特的 $Z-Y$ 分解）　假设 U 是单量子比特上的酉操作，存在实数 α,β,γ 和 δ使得

$$U=\mathrm{e}^{\mathrm{i}\alpha}R_z(\beta)R_y(\gamma)R_z(\delta) \tag{4.11}$$

证明

由于 U 是酉算子，则其行、列正交，故存在实数 α,β,γ 和 δ 使满足

$$U=\begin{bmatrix}\mathrm{e}^{\mathrm{i}(\alpha-\beta/2-\delta/2)}\cos\frac{\gamma}{2} & -\mathrm{e}^{\mathrm{i}(\alpha-\beta/2+\delta/2)}\sin\frac{\gamma}{2}\\ \mathrm{e}^{\mathrm{i}(\alpha+\beta/2-\delta/2)}\sin\frac{\gamma}{2} & \mathrm{e}^{\mathrm{i}(\alpha+\beta/2+\delta/2)}\cos\frac{\gamma}{2}\end{bmatrix} \tag{4.12}$$

由旋转矩阵定义和矩阵乘法易得式 (4.11) 。

□

习题 4.9　证明为何任意单量子比特酉算子可表示为式 (4.12) 的形式。

习题 4.10（旋转 $X-Y$ 分解）　用 R_x 代替 R_z，求一种类似定理 4.1 的分解。

习题 4.11　假设 $\hat{m}$、$\hat{n}$ 是互不平行的三维实单位向量，证明存在合适的 α,β_k,γ_k 使得任意单量子比特酉算子可被表示为

$$U=\mathrm{e}^{\mathrm{i}\alpha}R_{\hat{n}}(\beta_1)R_{\hat{m}}(\gamma_1)R_{\hat{n}}(\beta_2)R_{\hat{m}}(\gamma_2)\cdots \tag{4.13}$$

定理 4.1 的用处在于下面这个奇妙的推论，这是构造受控多量子比特酉算子的关键，将在下一节中叙述。

推论 4.2　设 U 是作用在单量子比特上的一个酉门，则单量子比特上存在酉算子 A,B,C 使得 $ABC=I$ 且 $U=\mathrm{e}^{\mathrm{i}\alpha}AXBXC$，其中 α 为某个全局相位因子。

证明

延用定理 4.1 中记号，设 $A \equiv R_z(\beta)R_y(\gamma/2), B \equiv R_y(-\gamma/2)R_z(-(\delta+\beta)/2), C \equiv R_z((\delta-\beta)/2)$，注意

$$ABC = R_z(\beta)R_y\left(\frac{\gamma}{2}\right)R_y\left(-\frac{\gamma}{2}\right)R_z\left(-\frac{\delta+\beta}{2}\right)R_z\left(\frac{\delta-\beta}{2}\right) = I \tag{4.14}$$

鉴于 $X^2 = I$，应用习题 4.7，我们可以看到

$$XBX = XR_y\left(-\frac{\gamma}{2}\right)XXR_z\left(-\frac{\delta+\beta}{2}\right)X = R_y\left(\frac{\gamma}{2}\right)R_z\left(\frac{\delta+\beta}{2}\right) \tag{4.15}$$

则有

$$AXBXC = R_z(\beta)R_y\left(\frac{\gamma}{2}\right)R_y\left(\frac{\gamma}{2}\right)R_z\left(\frac{\delta+\beta}{2}\right)R_z\left(\frac{\delta-\beta}{2}\right) \tag{4.16}$$

$$= R_z(\beta)R_y(\gamma)R_z(\delta) \tag{4.17}$$

即 $ABC = I$ 且 $U = \mathrm{e}^{\mathrm{i}\alpha}AXBXC$，证毕。

□

习题 4.12 求出阿达玛门 H 对应的 A, B, C 和 α。

习题 4.13（电路恒等） 运用著名的恒等关系通过检查来简化电路很有用处，证明以下三个恒等关系：

$$HXH = Z; \quad HYH = -Y; \quad HZH = X \tag{4.18}$$

习题 4.14 运用之前的习题证明除去全局相位 $HTH = R_X(\pi/4)$。

习题 4.15（单量子比特运算组合） 布洛赫表示对旋转结合提供了一种可见效果的方法。

1. 证明如果先绕轴 $\hat{n}_1$ 旋转角度 β_1，再绕轴 $\hat{n}_2$ 旋转角度 β_2，则整个旋转过程可表示为绕轴 $\hat{n}_{12}$ 旋转角度 β_{12}，其中

$$c_{12} = c_1c_2 - s_1s_2\hat{n}_1\cdot\hat{n}_2 \tag{4.19}$$

$$s_{12}\hat{n}_{12} = s_1c_2\hat{n}_1 + c_1s_2\hat{n}_2 + s_1s_2\hat{n}_2\times\hat{n}_1 \tag{4.20}$$

这里 $c_i = \cos(\beta_i/2), s_i = \sin(\beta_i/2), c_{12} = \cos(\beta_{12}/2), s_{12} = \sin(\beta_{12}/2)$。

2. 证明若 $\beta_1 = \beta_2$ 且 $\hat{n}_1 = \hat{z}$, 则等式可简化为

$$c_{12} = c^2 - s^2\hat{z}\cdot\hat{n}_2 \tag{4.21}$$

$$s_{12}\hat{n}_{12} = sc(\hat{z}+\hat{n}_2) + s^2\hat{n}_2\times\hat{z} \tag{4.22}$$

这里 $c = c_1, s = s_1$。

图 4-2 给出常见单量子比特门符号，回忆量子电路的基本特性：时间从左到右；线表示量子比特，“/”可用来表示一束量子比特。

名称	符号	矩阵
阿达玛门	H	$\frac{1}{\sqrt{2}}\begin{bmatrix}1 & 1\\1 & -1\end{bmatrix}$
泡利 X 门	X	$\begin{bmatrix}0 & 1\\1 & 0\end{bmatrix}$
泡利 Y 门	Y	$\begin{bmatrix}0 & -\mathrm{i}\\\mathrm{i} & 0\end{bmatrix}$
泡利 Z 门	Z	$\begin{bmatrix}1 & 0\\0 & -1\end{bmatrix}$
相位门	S	$\begin{bmatrix}1 & 0\\0 & \mathrm{i}\end{bmatrix}$
$\pi/8$ 门	T	$\begin{bmatrix}1 & 0\\0 & \mathrm{e}^{\mathrm{i}\pi/4}\end{bmatrix}$

图 4-2　常用单量子比特门的名称、符号及酉矩阵

4.3　受控操作

“如果 A 是正确的，那么进行 B”。这种受控操作在经典计算和量子计算中都是最有用的操作之一。本节我们将说明如何使用由基本操作构建的量子电路来实现复杂的受控操作。

典型的受控操作是 1.2 节中提到的受控非门。回想一下，我们经常提到的受控非门是一个具有两个输入量子比特的量子门，分别称为控制量子比特和目标量子比特。如图 4-3 所示。就计算基而言，受控非门的作用可由 $|c\rangle|t\rangle \rightarrow |c\rangle|t \oplus c\rangle$ 给出；也就是说，如果控制量子比特为 $|1\rangle$，则目标比特翻转，否则目标比特不变。因此，在 $|$控制, 目标$\rangle$ 基中，受控非门的矩阵表示为

$$\begin{bmatrix}1 & 0 & 0 & 0\\0 & 1 & 0 & 0\\0 & 0 & 0 & 1\\0 & 0 & 1 & 0\end{bmatrix} \tag{4.23}$$

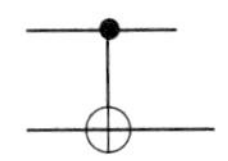

图 4-3　受控非门的电路表示，上方连线表示控制比特，下方连线表示目标比特

更一般地，设 U 是任意单量子比特酉操作，则受控 U 操作是两量子比特操作，一个控制比特和一个目标比特，若控制量子比特被置为一定值则 U 作用于目标比特上，否则目标比特不变，即 $|c\rangle|t\rangle \rightarrow |c\rangle U^c|t\rangle$，图 4-4 为受控 U 门在电路中的表示。

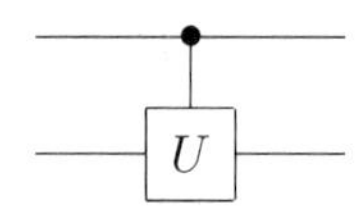

图 4-4　受控 U 操作，上方连线表示控制比特，下方连线表示目标比特，若控制量子比特被置为一定值则 U 作用于目标比特上，否则目标比特不变

习题 4.16（多量子比特门的矩阵表示）　在计算基下下面电路的 4×4 酉矩阵是什么？

x_2 —[H]—

x_1 ———

下面电路在计算基下的酉矩阵是什么？

x_2 ———

x_1 —[H]—

习题 4.17（由受控 Z 门构建受控非门）　由受控 Z 门构建受控非门，即使用一个在计算基上如下方酉矩阵表示的门和两个阿达玛门构建，并指定控制比特和目标比特。

$$\begin{bmatrix}1 & 0 & 0 & 0\\ 0 & 1 & 0 & 0\\ 0 & 0 & 1 & 0\\ 0 & 0 & 0 & -1\end{bmatrix}$$

习题 4.18　证明

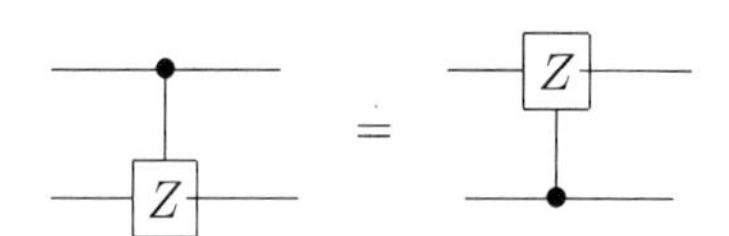

习题 4.19（受控非门在密度矩阵上的作用）　受控非门是一个简单的置换，它对密度矩阵 ρ 的作用是重新排列矩阵中的元素。请在计算基上明确地写出它的作用。

习题 4.20（受控非门基变换）　与理想的经典门不同，理想量子门没有（正如电气工程师所说）“高阻抗”输入。事实上，“控制”和“目标”的角色是任意的——它们取决于你认为设备在什么基上运行。我们已经描述了受控非门相对于计算基的作用，在这个描述中控制量子比特的状态没有改变。但是，如果我们在不同的基上作用，那么控制量子比特确实会改变：我们将展示它的相位翻转由“目标”量子比特的状态决定！证明

—[H]—●—[H]—　　　　—⊕—

—[H]—⊕—[H]—　=　—●—

引入基 $|\pm\rangle\equiv(|0\rangle\pm|1\rangle)/\sqrt{2}$，运用这组电路恒等关系证明受控非门在第一量子比特为控制比特，第二量子比特为目标比特时的作用如下：

$$|+\rangle|+\rangle\to|+\rangle|+\rangle \tag{4.24}$$

$$|-\rangle|+\rangle\to|-\rangle|+\rangle \tag{4.25}$$

$$|+\rangle|-\rangle \to |-\rangle|-\rangle \tag{4.26}$$

$$|-\rangle|-\rangle \to |+\rangle|-\rangle \tag{4.27}$$

因此，对于这组新基，目标量子比特状态不会改变，而控制量子比特将在目标比特为 $|-\rangle$ 时翻转，否则不变。在这组基里，目标比特和控制比特角色完全调换了。

我们当前的目标是了解如何只使用单量子比特运算和受控非门实现对任意单量子比特 U 的受控 U 运算。基于推论 4.2 中给出的分解 $U = \mathrm{e}^{\mathrm{i}\alpha}AXBXC$，策略分为两部分。

首先，将相位移动 $\mathrm{e}^{\mathrm{i}\alpha}$ 应用到由控制量子比特控制的目标量子比特上。即若控制量子比特是 $|0\rangle$，那么目标量子比特不变，若控制量子比特是 $|1\rangle$，则相移 $\mathrm{e}^{\mathrm{i}\alpha}$ 将应用于目标量子比特。如图 4-5 右图，只使用一个单量子比特酉门来实现这一运算的电路。当验证此电路是否正确工作时，请注意右半部分电路的效果是

$$|00\rangle \to |00\rangle, \quad |01\rangle \to |01\rangle, \quad |10\rangle \to \mathrm{e}^{\mathrm{i}\alpha}|10\rangle, \quad |11\rangle \to \mathrm{e}^{\mathrm{i}\alpha}|11\rangle \tag{4.28}$$

恰为左侧受控运算所要求的。

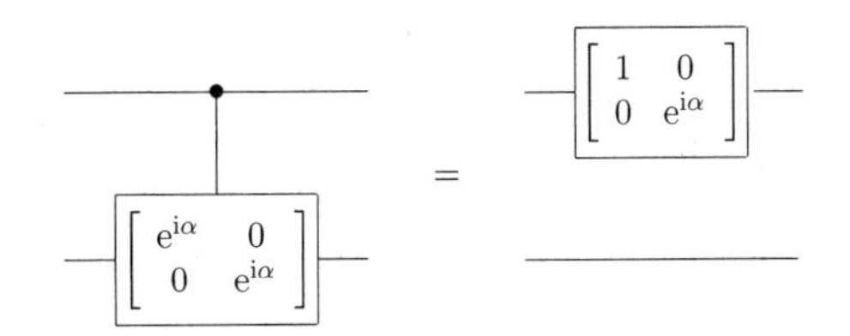

图 4-5　受控相移门及其两量子比特等价电路

我们现在可以完成受控 U 操作的构造，如图 4-6 所示。为了理解这个电路如何工作，回想推论 4.2，U 可表示为 $U = \mathrm{e}^{\mathrm{i}\alpha}AXBXC$ 形式，其中 A、B 和 C 是单量子比特运算且满足 $ABC = I$。若设定了控制量子比特，则将 $\mathrm{e}^{\mathrm{i}\alpha}AXBXC = U$ 运算应用于第二量子比特。另一方面，若未设定控制量子比特，则将 $ABC = I$ 操作应用于第二量子比特，即不进行任何更改。也就是说，该电路实现了受控 U 运算。

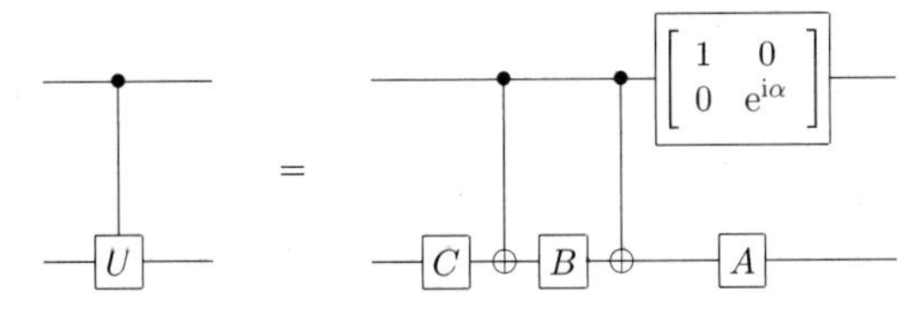

图 4-6　单量子比特 U 的受控 U 运算电路的电路实现，其中 A, B, C 和 α 满足 $U = \mathrm{e}^{\mathrm{i}\alpha}AXBXC, ABC = I$

我们已经知道如何通过单量子比特来设定条件，那么如何在多量子比特上设定条件呢？我们遇到过一个多量子比特条件化的例子——Toffoli 门，当前两个量子比特（控制量子比特）为 1 时翻转第三量子比特（目标量子比特）。更一般地，假设我们有 $n + k$ 个量子比特，U 是一个 k 量

子比特酉算子。利用如下等式对受控操作 $C^n(U)$ 进行定义

$$C^n(U)|x_1x_2\cdots x_n\rangle|\psi\rangle = |x_1x_2\cdots x_n\rangle U^{x_1x_2\cdots x_n}|\psi\rangle \tag{4.29}$$

在 U 指数中 $x_1x_2\cdots x_n$ 表示比特 $x_1, x_2, \cdots, x_n$ 的乘积。也就是说，若前 n 量子比特均等于 1，则对最后 k 量子比特应用操作 U，否则不变。这样的条件运算非常有用，以至于我们为此引入一种特殊的电路表示，如图 4-7 所示。为简单起见我们假设 $k=1$，更大的 k 可以使用本质上相同的方法来处理，但是对于 $k \geqslant 2$，一个额外的困难是我们（目前）不知道如何在 k 量子比特上执行任意操作。

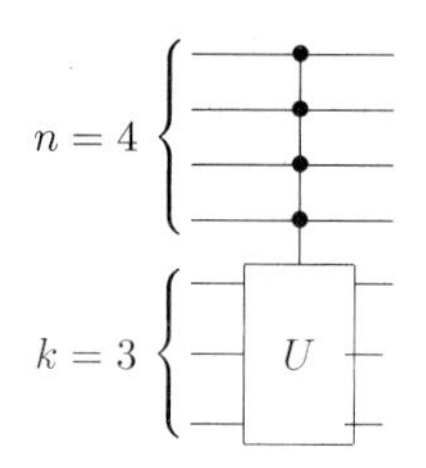

图 4-7　$C^n(U)$ 运算的简单电路表示，其中 U 是 k 量子比特上的酉算子，这里 $n=4, k=3$

设 U 是单量子比特酉算子，V 是酉算子满足 $V^2=U$，则操作 $C^2(U)$ 可以用图 4-8 电路实现。

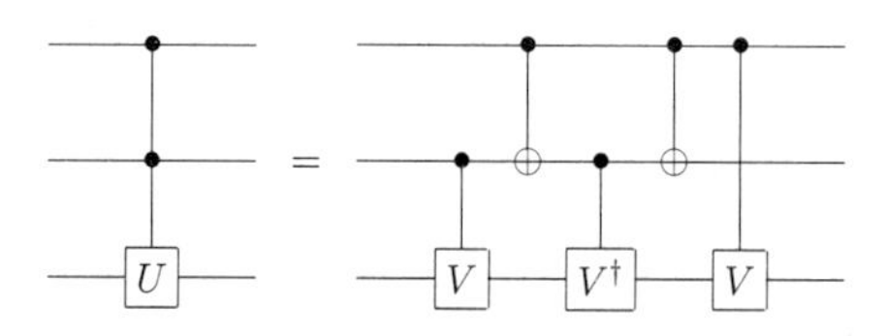

图 4-8　$C^2(U)$ 门电路的实现，V 是酉算子满足 $V^2=U$，特殊情况 $V \equiv (1-\mathrm{i})(I+\mathrm{i}X)/2$ 对应于 Toffoli 门

习题 4.21　验证图 4-8 可实现操作 $C^2(U)$。

习题 4.22　证明对任意单量子比特酉算子 U，一个 $C^2(U)$ 门可用至多 8 个单量子比特门，6 个受控非门构建。

习题 4.23　对于 $U=R_x(\theta)$ 和 $U=R_y(\theta)$，只用受控非门和单量子比特门构建 $C^1(U)$。能否把所需的单量子比特门从 3 个减少至 2 个？

熟知的 Toffoli 门是 $C^2(U)$ 操作的一个重要特例，即 $C^2(X)$。定义 $V \equiv (1-\mathrm{i})(I+\mathrm{i}X)/2$，注意到 $V^2=X$，图 4-8 给出了 Toffoli 门的单量子比特和两量子比特运算的实现。从经典的观点来看，这是一个显著的结果；回想问题 3.5，仅用单比特和双比特经典可逆门对于实现 Toffoli 门，或者更一般的通用计算，都是不可行的。相反，在量子情况下，我们看到单量子比特和两量子比特可逆门足以实现 Toffoli 门，最终将证明它们满足通用计算的要求。

最后，我们将证明，任何酉算子都可以由阿达玛门、相位门、受控非门及 $\pi/8$ 门以任意精度近似。鉴于 Toffoli 门非常有用，如何用这组门构造它也十分令人感兴趣。图 4-9 展示了 Toffoli 门的一个由阿达玛门、相位门、受控非门及 $\pi/8$ 门构成的简单电路。

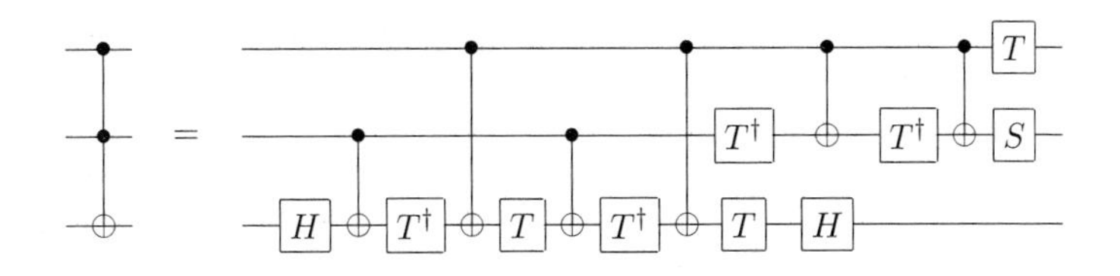

图 4-9　由阿达玛门，相位门，受控非门及 π/8 门构成的 Toffoli 门

习题 4.24　验证图 4-9 构成的 Toffoli 门。

习题 4.25（构造 Fredkin 门）　回忆 Fredkin（受控交换）门执行的转换

$$\begin{bmatrix} 1 & 0 & 0 & 0 & 0 & 0 & 0 & 0 \\ 0 & 1 & 0 & 0 & 0 & 0 & 0 & 0 \\ 0 & 0 & 1 & 0 & 0 & 0 & 0 & 0 \\ 0 & 0 & 0 & 1 & 0 & 0 & 0 & 0 \\ 0 & 0 & 0 & 0 & 1 & 0 & 0 & 0 \\ 0 & 0 & 0 & 0 & 0 & 0 & 1 & 0 \\ 0 & 0 & 0 & 0 & 0 & 1 & 0 & 0 \\ 0 & 0 & 0 & 0 & 0 & 0 & 0 & 1 \end{bmatrix} \tag{4.30}$$

1. 给出一个量子电路，它使用三个 Toffoli 门来构造 Fredkin 门（提示：思考交换门的构造——可以每次控制一个门）。
2. 证明第一个和最后一个 Toffoli 门可以被受控非门取代。
3. 现在用图 4-8 中的电路替换 Toffoli 门，只使用 6 个两量子比特门构造 Fredkin 门。
4. 可以想出一个更简单的只有 5 个两量子比特门的构造吗？

习题 4.26　证明该电路仅与 Toffoli 门相差相对相位。即，该电路把 $|c_1, c_2, t\rangle$ 变至 $\mathrm{e}^{\mathrm{i}\theta(c_1,c_2,t)}|c_1, c_2, t\oplus c_1 \cdot c_2\rangle$，其中 $\mathrm{e}^{\mathrm{i}\theta(c_1,c_2,t)}$ 是某个相对相位因子。这样的门有时在实验实现中很有用，在那里实现一个与 Toffoli 门仅差相对相位的门可能比直接实现 Toffoli 门要容易得多。

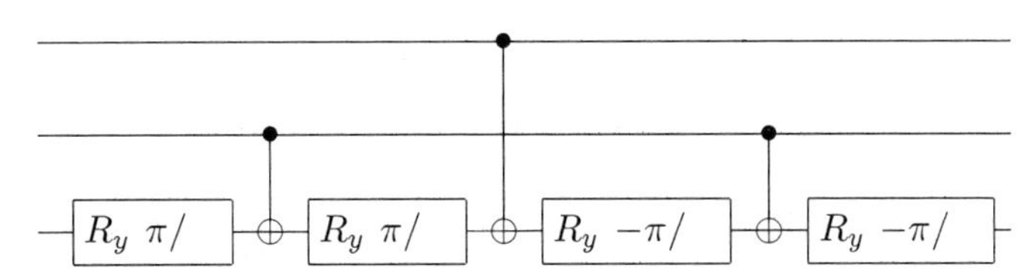

习题 4.27 使用受控非门和 Toffoli 门构造一个量子电路来执行变换

$$\begin{bmatrix} 1 & 0 & 0 & 0 & 0 & 0 & 0 & 0 \\ 0 & 0 & 0 & 0 & 0 & 0 & 0 & 1 \\ 0 & 1 & 0 & 0 & 0 & 0 & 0 & 0 \\ 0 & 0 & 1 & 0 & 0 & 0 & 0 & 0 \\ 0 & 0 & 0 & 1 & 0 & 0 & 0 & 0 \\ 0 & 0 & 0 & 0 & 1 & 0 & 0 & 0 \\ 0 & 0 & 0 & 0 & 0 & 1 & 0 & 0 \\ 0 & 0 & 0 & 0 & 0 & 0 & 1 & 0 \end{bmatrix} \tag{4.31}$$

这类部分循环置换运算将在后文用到，如第 7 章。

对任意单量子比特酉操作 U，如何使用现有的门来实现 $C^n(U)$ 门？图 4-10 给出了一个实现这一任务的简单电路。该电路分为三个阶段，使用为数不多的 $(n-1)$ 个工作量子比特，这些量子比特开始结束均为状态 $|0\rangle$。设控制量子比特处于计算基状态 $|c_1, c_2, \cdots, c_n\rangle$。首先，将所有控制位 $c_1, c_2, \cdots, c_n$ 可逆地进行“与”运算得到乘积 $c_1 \cdot c_2 \cdots c_n$。要做到这一点，首先运用 Toffoli 门对 c_1, c_2 进行“与”运算，将第一个工作量子比特状态更改为 $|c_1 \cdot c_2\rangle$。下一个 Toffoli 门把 c_3 与 $c_1 \cdot c_2$ 进行“与”运算，将第二个工作量子比特状态更改为 $|c_1 \cdot c_2 \cdot c_3\rangle$。继续应用 Toffoli 门，直到最终的工作量子比特处于状态 $|c_1 \cdot c_2 \cdots c_n\rangle$。其次，若最终工作量子比特为 1 则对目标量子比特执行 U 运算。即 U 被应用当且仅当 c_1 到 c_n 都被设置为 1。电路的最后一部分只是反转第一阶段的步骤，将所有的工作量子比特返回到它们的初始状态 $|0\rangle$。因此，合并结果是酉算子 U 应用到目标量子比特当且仅当 c_1 到 c_n 都被设置为 1。

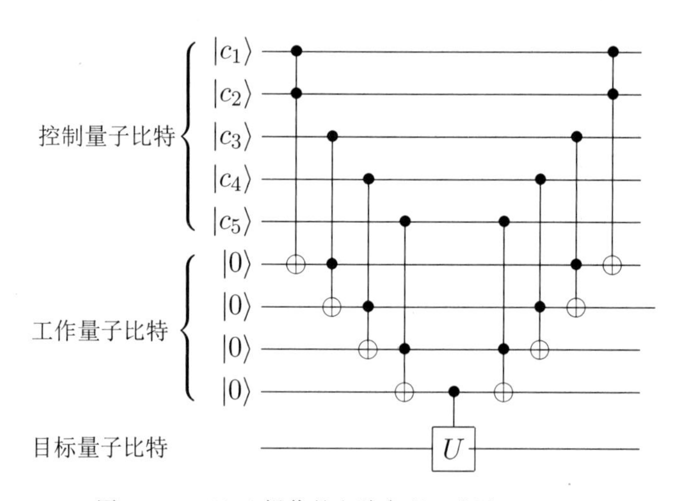

图 4-10 $C^n(U)$ 操作的电路实现，这里 $n=5$

习题 4.28 对 $U = V^2, V$ 为酉算子，不使用工作量子比特，类似图 4-10，构建 $C^5(U)$ 门，可以使用受控 V 门和受控 $V^\dagger$ 门。

习题 4.29 给出一个不使用工作量子比特，只包含 $O(n^2)$ 个 Toffoli 门、受控非门、单量子比特

门的 $n>3$ 的量子电路实现 $C^n(X)$ 门。

习题 4.30　设 U 是单量子比特酉操作，给出一个不使用工作量子比特，只包含 $O(n^2)$ Toffoli 门、受控非门和单量子比特门的电路实现 $C^n(U)$ 门（$n>3$）。

已知的受控门中，如果控制比特设置为 1，则目标量子比特改变。当然，1 没有什么特别之处，考虑控制比特设置为 0 作为改变的条件是有用的。例如，假设我们希望实现一个两量子比特门，其中第二（“目标”）量子比特翻转的条件是第一（“控制”）量子比特被设置为 0。图 4-11 介绍了这个门的电路表示法及相应的等效电路。一般使用空心圆环表示对量子比特设置为 0，而闭圆表示对量子比特设置为 1。

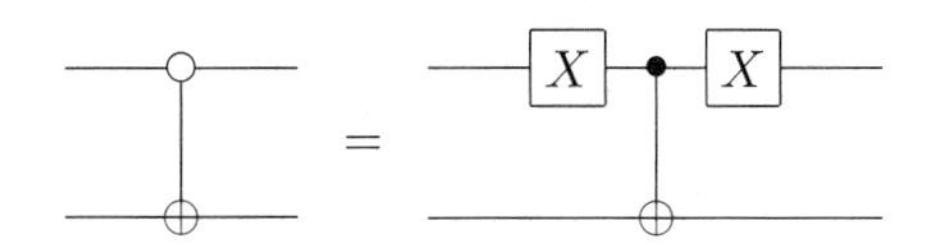

图 4-11　第一量子比特为 0 时，第二量子比特上进行的非门转换受控运算

图 4-12 显示了该约定的一个更复杂的示例，涉及三个控制量子比特。若第一个和第三个量子比特设置为 0，第二个量子比特设置为 1，则 U 被应用于目标量子比特。通过检查，可以很容易地验证右侧电路实现所需操作。更一般地，如图 4-12，通过在合适的位置插入 X 门可将条件比特在置于 1 和置于 0 之间轻松转换。

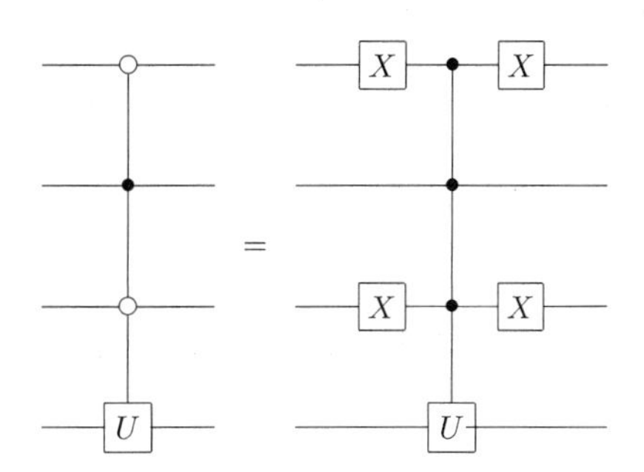

图 4-12　受控 U 运算及其等价电路（其中电路元件已知如何实现），如果第一第三量子比特设置为 0，第二量子比特设置为 1，则第四量子比特被 U 应用

另一个有时有用的约定是允许受控的非门有多个目标量子比特，如图 4-13 所示。这种自然表示法意味着，当控制量子比特为 1 时，所有以 $\oplus$ 标记的量子比特都会翻转，否则不变。例如，在构造经典函数（如置换）或用于量子纠错电路的编码器和解码器时很方便，我们将在第 10 章中看到。

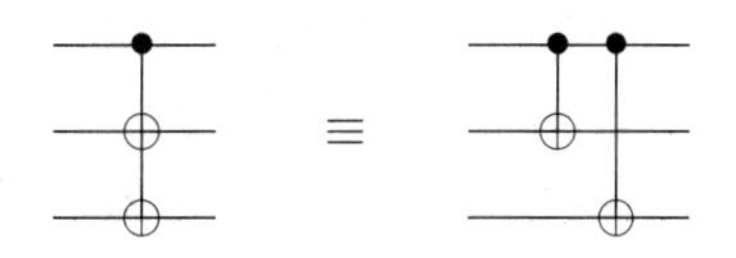

图 4-13　多目标量子比特受控非门

习题 4.31（更多的电路恒等关系） “下标”表示算子作用的量子比特，C 是一个量子比特 1 为控制量子比特、量子比特 2 为目标量子比特的受控非门。证明下列恒等关系。

$$CX_1C = X_1X_2 \tag{4.32}$$

$$CY_1C = Y_1X_2 \tag{4.33}$$

$$CZ_1C = Z_1 \tag{4.34}$$

$$CX_2C = X_2 \tag{4.35}$$

$$CY_2C = Z_1Y_2 \tag{4.36}$$

$$CZ_2C = Z_1Z_2 \tag{4.37}$$

$$R_{z,1}(\theta)C = CR_{z,1}(\theta) \tag{4.38}$$

$$R_{x,2}(\theta)C = CR_{x,2}(\theta) \tag{4.39}$$

4.4 测量

测量是量子电路中使用的最后一个元素，有时几乎是隐式的。在电路中，我们将使用仪表符号表示在计算基 (2.2.5 节) 中的投影测量，如图 4-14 所示。量子电路理论通常不使用特殊符号来表示更一般的测量，因为正如第 2 章所叙述的，它们总是可以用酉变换结合投影测量，加上辅助量子比特来表示。

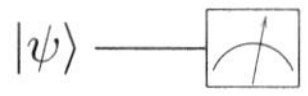

图 4-14 用于在单量子比特上进行投影测量的符号。在这个电路中，对测量结果不再做进一步的操作，但是在更一般的量子电路中，可以根据电路的前半部分的测量结果改变后半部分。这种经典信息的使用方式是用双线绘制的 (这里没有显示)

量子电路有两个重要的原理值得时刻记住。这两个原理都很显然，但它们非常有用，所以及早加以强调。第一个原理是经典条件运算可以被量子条件运算取代：

延迟测量原理：测量总是可以从量子电路的中间阶段移到电路末端；如果测量结果在电路某个阶段使用，那么经典条件运算可以用量子条件运算来代替。

通常，量子测量作为量子电路的中间步骤执行，测量结果被用于控制随后的量子门，如图 1-13 中的隐形传输电路。然而，这样的测量总是可以移至电路的末端。图 4-15 展示了如何将所有经典的条件运算替换为相应的量子条件算子来实现这一点。(当然，对这个电路的一些“隐形传态”解释将不再合适，因为没有经典信息从 Alice 传送到 Bob，但这里的重点是，很明显两个量子电路的整体作用是相同的。)

第二个原则更加显然，而且非常有用！

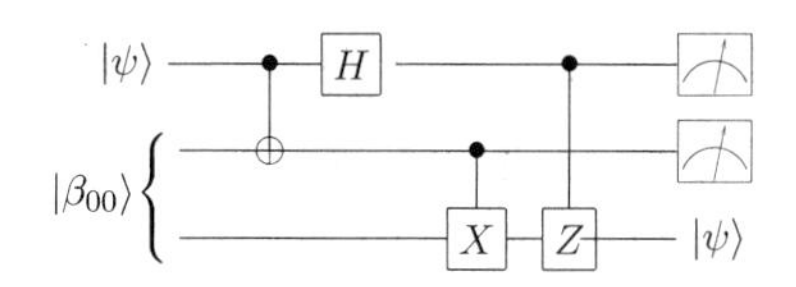

图 4-15　量子隐形传态电路，测量是在末端而不是在中间进行。如图 1-13 所示，前两个量子比特属于 Alice，最下方的属于 Bob

隐含测量原理：不失一般性，可以假定在量子电路末端的任何未终止的量子线（未被测量的量子比特）都将被测量。

为了理解其正确性，想象一个只包含两个量子比特的量子电路，电路末端只测量第一个量子比特，此时观察到的测量统计量完全由第一个量子比特的约化密度矩阵决定。然而，如果在第二个量子比特也进行了测量，而这种测量能够改变第一个量子比特上的测量统计量，那将十分令人惊讶。在习题 4.32 中，读者将通过证明第一个量子比特的约化密度矩阵不受对第二个量子比特测量的影响来证明这一点。

当考虑测量在量子电路中的作用时，要记住测量作为量子世界和经典世界之间的界面，通常被认为是不可逆操作，它破坏了量子信息，并用经典信息取代。然而，在某些精心设计的情况下，这并不一定是真实的，正如隐形传态和量子纠错所生动地说明的那样（第 10 章）。隐形传态和量子纠错的共同之处在于，在任何情况下，测量结果都没有揭示关于被测量子状态的任何信息。事实上，我们将在第 10 章中看到这是测量的一个更一般的特征——为了使测量是可逆的，它必须不能揭露关于被测量的量子状态的任何信息！

习题 4.32　设 ρ 是描述两量子比特系统的密度矩阵。假设我们在第二个量子比特的计算基上进行投影测量。设 $P_0 = |0\rangle\langle 0|, P_1 = |1\rangle\langle 1|$ 分别是第二个量子比特到 $|0\rangle$ 和 $|1\rangle$ 状态的投影。令 ρ' 是由不知道测量结果的观察者在测量后赋给系统的密度矩阵。证明

$$\rho' = P_0\rho P_0 + P_1\rho P_1 \tag{4.40}$$

此外证明第一个量子比特的约化密度矩阵不受测量的影响，即 $\mathrm{tr}_2(\rho) = \mathrm{tr}_2(\rho')$。

习题 4.33（贝尔基上的测量）　我们为量子电路模型指定的测量只在计算基上进行。然而，有时我们希望在其它由完备的正交状态集定义的基上进行测量。要执行这一测量，从我们希望执行的测量基先做一简单酉变换到计算基，再进行测量。例如，证明电路

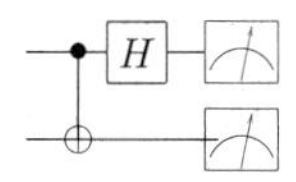

执行了在贝尔基上的测量。更准确地说，这一电路结果是相应的 POVM 测量到四个贝尔基的投影。对应的测量算子是什么？

习题 4.34（测量一个算子）　假设我们有一个特征值为 ± 1 的单量子比特算子 U，使得 U 既是厄米的，又是酉的，因此它既可以看作一个可观测量，也可以看作一个量子门。若我们希望测量可观测量 U，即我们希望得到一个测量结果来表明两个特征值之一，测量后的状态是对应的特征

向量。如何用量子电路实现这一点？证明以下电路实现了 U 的测量：

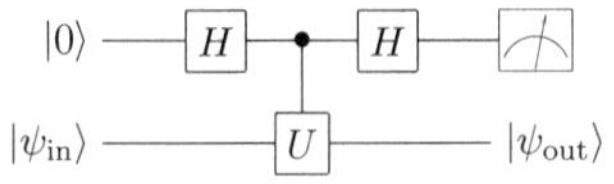

$|0\rangle$ —[H]—●—[H]—[测量]

$|\psi_{\text{in}}\rangle$ ———[U]——— $|\psi_{\text{out}}\rangle$

习题 4.35（测量与控制交换） 延迟测量原理的结果是，当被测量的量子比特是一个控制量子比特时，测量与量子门交换，即：

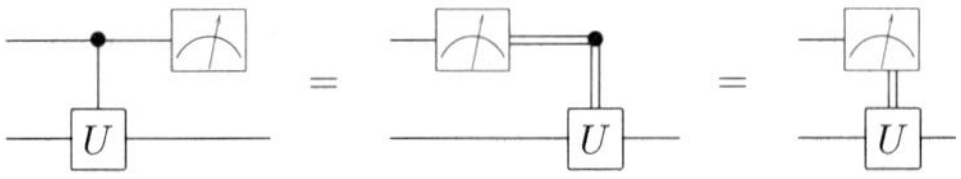

（回忆双线代表这个图中的经典比特）。证明第一个等式。最右侧电路只是一种方便的记法，用来描述使用测量结果来经典地控制量子门。

4.5 通用量子门

一小部分门的集合（例如“与”，“或”，“非”）可用于计算任意经典函数，如我们在 3.1.2 节中所看到的。我们说这样一组门对于经典计算是*通用的*。鉴于 Toffoli 门对于经典计算是通用的，所以量子电路也包括经典电路。类似的普适结果也适用于量子计算，若存在一组门使得任何酉操作都可以被仅涉及这组门的量子电路以任意精度近似，则称这组门对*量子计算是通用的*。接下来将描述三类量子计算的通用性构造，这些构造相互依存，并最终证明任何酉操作都可以使用阿达玛门、受控非门、相位门和 $\pi/8$ 门来逼近至任意精度。鉴于相位门可以由两个 $\pi/8$ 门构造，读者可能想知道为什么它会出现在这个集合中，原因是它在容错结构中的天然作用，这将在第 10 章中叙述。

第一步构造表明，任意酉算子可以精确地表示为仅在一个由两个计算基矢态张成的子空间上起非平凡作用的酉算子的乘积。第二步构造将第一步构造与前一节的结果相结合，证明了任意酉算子可以用单量子比特和受控非门精确表示。第三步构造将第二步的构造与单量子比特可使用阿达玛门、相位门和 $\pi/8$ 门以任意精度近似的证明相结合。这也就意味着任何酉算子都可以用阿达玛门、受控非门、相位门和 $\pi/8$ 门近似到任意精度。

上述构造几乎没有涉及效率问题，即为了构建一个给定的酉变换需要多少个（多项式或指数数量的）门。在 4.5.4 节中，我们证明了存在酉变换需要指数数量个门来近似。当然，量子计算的目标是找到令人感兴趣的可以有效执行的酉变换族。

习题 4.36 构造一个量子电路来进行两个双比特数 x 和 y 模 4 的加法，即执行转换 $|x,y\rangle \rightarrow |x,x+y \bmod 4\rangle$ 的电路。

4.5.1 两级酉门是通用的

考虑一个作用在 d 维希尔伯特空间上的酉矩阵 U。本节中，我们叙述了如何将 U 分解成*两级酉矩阵*的乘积，即只在两个或更少的向量分量上起非平凡作用的酉矩阵。这种分解背后的基本

思想可以通过考虑 U 为 3×3 矩阵时的情况来理解，因此假设 U 具有如下形式

$$U = \begin{bmatrix} a & d & g \\ b & e & h \\ c & f & j \end{bmatrix} \tag{4.41}$$

我们可以找出两级酉矩阵 $U_1, \cdots, U_3$ 使得

$$U_3 U_2 U_1 U = I \tag{4.42}$$

即

$$U = U_1^\dagger U_2^\dagger U_3^\dagger \tag{4.43}$$

其中 U_1, U_2, U_3 是两级酉矩阵，易证它们的逆 $U_1^\dagger, U_2^\dagger, U_3^\dagger$ 也是。因此，若能证明 (4.42)，就证明了 U 可分解成两级酉矩阵的乘积。

下面构造 U_1：若 $b = 0$，则令

$$U_1 \equiv \begin{bmatrix} 1 & 0 & 0 \\ 0 & 1 & 0 \\ 0 & 0 & 1 \end{bmatrix} \tag{4.44}$$

若 $b \neq 0$，则令

$$U_1 \equiv \begin{bmatrix} \frac{a^*}{\sqrt{|a|^2+|b|^2}} & \frac{b^*}{\sqrt{|a|^2+|b|^2}} & 0 \\ \frac{b}{\sqrt{|a|^2+|b|^2}} & \frac{-a}{\sqrt{|a|^2+|b|^2}} & 0 \\ 0 & 0 & 1 \end{bmatrix} \tag{4.45}$$

注意在这两种情况下，U_1 都是两级酉矩阵，把矩阵相乘得到

$$U_1 U = \begin{bmatrix} a' & d' & g' \\ 0 & e' & h' \\ c' & f' & j' \end{bmatrix} \tag{4.46}$$

要注意的是左边列的中间项是零。我们用加 $'$ 的符号表示矩阵中的其他项，它们的实际值并不重要。

类似地应用找出两级酉矩阵 U_2，使得 $U_2 U_1 U$ 在左下角项为 0。如果 $c' = 0$，则

$$U_2 \equiv \begin{bmatrix} a'^* & 0 & 0 \\ 0 & 1 & 0 \\ 0 & 0 & 1 \end{bmatrix} \tag{4.47}$$

若 $c' \neq 0$，则令

$$U_2 \equiv \begin{bmatrix} \frac{a'^*}{\sqrt{|a'|^2+|c'|^2}} & 0 & \frac{c'^*}{\sqrt{|a'|^2+|c'|^2}} \\ 0 & 1 & 0 \\ \frac{c'}{\sqrt{|a'|^2+|c'|^2}} & 0 & \frac{-a'}{\sqrt{|a'|^2+|c'|^2}} \end{bmatrix} \tag{4.48}$$

在这两种情况下，把矩阵相乘得

$$U_2U_1U = \begin{bmatrix} 1 & d'' & g'' \\ 0 & e'' & h'' \\ 0 & f'' & j'' \end{bmatrix} \tag{4.49}$$

由于 U, U_1, U_2 是酉矩阵，则 U_2U_1U 也是酉的，鉴于第一行模为 1，则 $d'' = g'' = 0$，最后令

$$U_3 = \begin{bmatrix} 1 & 0 & 0 \\ 0 & e''^* & f''^* \\ 0 & h''^* & j''^* \end{bmatrix} \tag{4.50}$$

易证 $U_3U_2U_1U = I$，则有 U 的两级酉分解 $U = U_1^\dagger U_2^\dagger U_3^\dagger$。

更一般地，设 U 作用于 d 维空间，则以与 3×3 矩阵情形类似的方式，我们可以找到两级酉矩阵 $U_1, \cdots, U_{d-1}$ 使得矩阵 $U_{d-1}U_{d-2}\cdots U_1U$ 左上角项为 1，第一行和第一列的其余项均为零。然后，我们对矩阵 $U_{d-1}U_{d-2}\cdots U_1U$ 右下角的 $(d-1)\times(d-1)$ 酉子矩阵重复这一过程，最终可以将任意 $d \times d$ 酉矩阵写成

$$U = V_1 \cdots V_k \tag{4.51}$$

其中矩阵 V_i 是两级酉矩阵，$k \leqslant (d-1)+(d-2)+\cdots+1 = d(d-1)/2$。

习题 4.37 将变换

$$\frac{1}{2}\begin{bmatrix} 1 & 1 & 1 & 1 \\ 1 & \mathrm{i} & -1 & -\mathrm{i} \\ 1 & -1 & 1 & -1 \\ 1 & -\mathrm{i} & -1 & \mathrm{i} \end{bmatrix} \tag{4.52}$$

分解成两级酉矩阵的乘积。这是量子傅里叶变换的一个特例，将在下一章中更详细地研究。

上述结果的一个推论是，n 量子比特系统上的任意酉矩阵最多可写为 $2^{n-1}(2^n-1)$ 个两级酉矩阵的乘积。对于特定的酉矩阵，可能会找到更有效的分解，但正如现在将要证明的，存在矩阵不能分解为小于 $d-1$ 个两级酉矩阵的乘积！

习题 4.38 证明存在一个 $d \times d$ 酉矩阵 U 不能分解为少于 $d-1$ 个两级酉矩阵的乘积。

4.5.2　单量子比特门和受控非门是通用的

我们刚刚证明了 d 维希尔伯特空间上的任意酉矩阵可以写成二级酉矩阵的乘积。现在我们要证明在 n 量子比特状态空间上，单量子比特门和受控非门可以表示任意两级酉操作。结合起来这些结果就有单量子比特门和受控非门可实现 n 量子比特上的任意酉操作，因此在量子计算中它们是通用的。

假设 U 是 n 量子比特计算机上的两级酉矩阵，特别地，假设 U 在计算基矢态 $|s\rangle$ 和 $|t\rangle$ 所张成的空间上的作用是不平凡的，其中 $s = s_1 \cdots s_n$ 和 $t = t_1 \cdots t_n$ 是 s 和 t 的二进制展开式。令 $\tilde{U}$ 是 U 的非平凡 2×2 酉子矩阵，$\tilde{U}$ 可视为单量子比特上的酉算子。

当前目标是构建一个由单量子比特门和受控非门组成的实现 U 的电路。为此我们需要使用 Gray 码。假设我们有不同的二进制数 s 和 t，一个连接 s 和 t 的 Gray 码是一组以 s 开始，以 t 结尾的二进制数序列，使得列表中的相邻数恰好有一位不同。例如，$s = 101001, t = 110011$，我们有 Gray 码

$$\begin{array}{cccccc} 1 & 0 & 1 & 0 & 0 & 1 \\ 1 & 0 & 1 & 0 & 1 & 1 \\ 1 & 0 & 0 & 0 & 1 & 1 \\ 1 & 1 & 0 & 0 & 1 & 1 \end{array} \tag{4.53}$$

设 g_1 到 g_m 是连接 s 和 t 的 Gray 码元素，其中 $g_1 = s$ 和 $g_m = t$。注意总是可以找到一个 Gray 码使得 $m \leqslant n + 1$，因为 s 和 t 最多有 n 个位置不同。

实现量子电路 U 的基本思想是通过一系列门实现状态变化 $|g_1\rangle \to |g_2\rangle \to \cdots \to |g_{m-1}\rangle$，然后执行受控 $\tilde{U}$ 运算，其中目标量子比特位于 g_{m-1} 和 g_m 不同的那一比特处，然后还原第一阶段，进行转化 $|g_{m-1}\rangle \to |g_{m-2}\rangle \to \cdots \to |g_1\rangle$，以上每一步都可以使用本章前面的运算来很容易地实现，最后结果即是 U 的一个实现。

对其更精确的描述如下。首先交换 $|g_1\rangle$ 与 $|g_2\rangle$ 的状态，假设 $|g_1\rangle$ 与 $|g_2\rangle$ 第 i 位数字不同，则通过对第 i 个量子比特执行受控比特翻转来完成交换，前提条件是 $|g_1\rangle$ 与 $|g_2\rangle$ 在其他量子比特的值相同。接下来我们使用受控运算来交换 $|g_2\rangle$ 与 $|g_3\rangle$。继续使用这种模式直到我们将 $|g_{m-2}\rangle$ 与 $|g_{m-1}\rangle$ 交换。这 $m-2$ 个序列操作的效果是实现运算

$$|g_1\rangle \to |g_{m-1}\rangle \tag{4.54}$$

$$|g_2\rangle \to |g_1\rangle \tag{4.55}$$

$$|g_3\rangle \to |g_2\rangle \tag{4.56}$$

$$\cdots\cdots\cdots$$

$$|g_{m-1}\rangle \to |g_{m-2}\rangle \tag{4.57}$$

所有其他计算基状态都不受此操作序列的影响。接下来假设 $|g_{m-1}\rangle$ 与 $|g_m\rangle$ 在第 j 位上不同，我们以第 j 个量子比特为目标比特应用受控 $\tilde{U}$ 运算，条件是 $|g_{m-1}\rangle$ 与 $|g_m\rangle$ 在其他量子比特值相同。最后通过还原交换运算来完成 U 的运算：交换 $|g_{m-1}\rangle$ 与 $|g_{m-2}\rangle$，然后交换 $|g_{m-2}\rangle$ 与 $|g_{m-3}\rangle$

等，直至交换 $|g_2\rangle$ 与 $|g_1\rangle$。

一个简单的例子可以进一步地描述这个过程。假设我们希望实现两级酉变换

$$U = \begin{bmatrix} a & 0 & 0 & 0 & 0 & 0 & 0 & c \\ 0 & 1 & 0 & 0 & 0 & 0 & 0 & 0 \\ 0 & 0 & 1 & 0 & 0 & 0 & 0 & 0 \\ 0 & 0 & 0 & 1 & 0 & 0 & 0 & 0 \\ 0 & 0 & 0 & 0 & 1 & 0 & 0 & 0 \\ 0 & 0 & 0 & 0 & 0 & 1 & 0 & 0 \\ 0 & 0 & 0 & 0 & 0 & 0 & 1 & 0 \\ b & 0 & 0 & 0 & 0 & 0 & 0 & d \end{bmatrix} \tag{4.58}$$

其中 a, b, c, d 是使得 $\tilde{U} \equiv \begin{bmatrix} a & c \\ b & d \end{bmatrix}$ 为酉矩阵的任意复数。

注意 U 只作用在状态 $|000\rangle$ 与 $|111\rangle$ 上时不平凡，可以写出 Gray 码连接 000 和 111：

$$\begin{array}{ccc} A & B & C \\ 0 & 0 & 0 \\ 0 & 0 & 1 \\ 0 & 1 & 1 \\ 1 & 1 & 1 \end{array} \tag{4.59}$$

由此得出所需电路，如图 4-16 所示。前两个门使状态 $|000\rangle$ 变为 $|011\rangle$，接下来受控运算 $\tilde{U}$ 以第二第三量子比特状态为 $|11\rangle$ 作为条件应用于状态 $|011\rangle$ 和 $|111\rangle$ 的第一个量子比特。最后，还原各量子比特状态，以确保状态 $|011\rangle$ 和状态 $|000\rangle$ 交换。

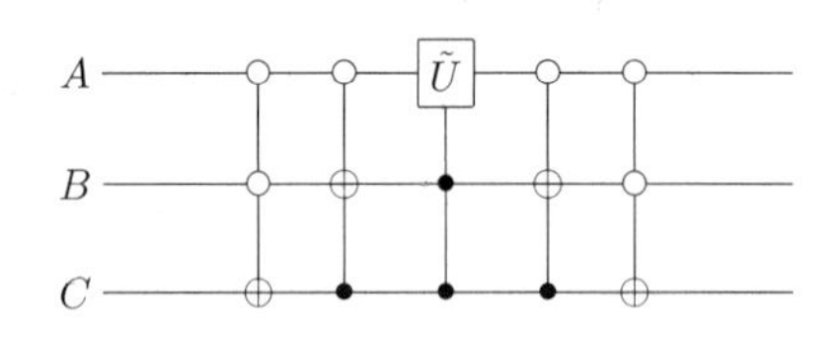

图 4-16　实现由 (4.58) 定义的两级酉操作电路

回到一般情况，我们看到实现两级酉操作 U 最多需要 $2(n-1)$ 次受控运算来交换 $|g_1\rangle$ 与 $|g_{m-1}\rangle$ 并还原，每个受控运算都可以使用 $O(n)$ 个单量子比特门和受控非门来实现；受控 $\tilde{U}$ 运算也需要 $O(n)$ 个门。因此，实现 U 操作需要 $O(n^2)$ 个单量子比特门和受控非门。由前文可知，在 2^n 维状态空间上任意作用在 n 量子比特上的酉矩阵可以写成 $O(2^{2n}) = O(4^n)$ 个两级酉操作的乘积。综上，在 n 量子比特上的任意酉操作可以用包含 $O(n^2 4^n)$ 个单量子比特门和受控非门的电路来实现。显然，这种结构并没有提供非常有效的量子电路。然而，我们在 4.5.4 节中表明，在需要指数数量的门才能实现酉操作的意义下，该构造接近最优。因此，为了寻找快速量子算法，我

们显然需要一种不同于通用性构造的方法。

习题 4.39　求一个使用单量子比特门和受控非门组成的电路来表示变换

$$\begin{bmatrix} 1 & 0 & 0 & 0 & 0 & 0 & 0 & 0 \\ 0 & 1 & 0 & 0 & 0 & 0 & 0 & 0 \\ 0 & 0 & a & 0 & 0 & 0 & 0 & c \\ 0 & 0 & 0 & 1 & 0 & 0 & 0 & 0 \\ 0 & 0 & 0 & 0 & 1 & 0 & 0 & 0 \\ 0 & 0 & 0 & 0 & 0 & 1 & 0 & 0 \\ 0 & 0 & 0 & 0 & 0 & 0 & 1 & 0 \\ 0 & 0 & b & 0 & 0 & 0 & 0 & d \end{bmatrix} \tag{4.60}$$

这里 $\tilde{U} = \begin{bmatrix} a & c \\ b & d \end{bmatrix}$ 为任意 2×2 酉矩阵。

4.5.3　通用运算的一个离散集合

在前面几节中我们证明了受控非门和单量子比特酉算子一起构成量子计算的一个通用集。遗憾的是，目前还没有一种直接的方法以抗噪声的形式实现这些门。幸运的是，在这一节，我们将要找到一个离散的门集合可以用来实现通用量子计算，而且在第 10 章，我们将要按照防错的形式，用量子纠错码来实现这些门。

逼近酉算子

明显地，由于酉操作集合是连续的，一个离散的门集合不能用来确切实现任意的酉操作。然而离散集合可以用来逼近任意酉操作。为了理解这是怎么工作的，我们首先需要研究逼近酉操作是什么意思。假设 U 和 V 是作用在相同状态空间上的两个酉操作，U 是我们希望实现的目标酉算子，V 是实际实现的酉算子。我们定义当 V 代替 U 被实现时的误差

$$E(U,V) \equiv \max_{|\psi\rangle} \|(U-V)|\psi\rangle\| \tag{4.61}$$

其中极大取遍状态空间上所有归一化的量子态 $|\psi\rangle$。在专题 4.1，我们证明测量误差可以解释为：如果 $E(U,V)$ 很小，则对任意的初始态 $|\psi\rangle$，在状态 $V|\psi\rangle$ 上的任意测量将给出和在态 $U|\psi\rangle$ 上近似的测量统计结果。具体地，如果 M 是一个 POVM 测量中的 POVM 元，$|\psi\rangle$ 是初始态，P_U 或 P_V 是 U 或 V 被作用后的结果概率，则

$$|P_U - P_V| \leqslant 2E(U,V) \tag{4.62}$$

因此，如果 $E(U,V)$ 很小，不管 U 还是 V 被作用，测量结果出现的概率相似。而且专题 4.1 表明如果为了逼近某个门序列 $U_1,\cdots,U_m$，我们执行门序列 $V_1,\cdots,V_m$，则误差最多按线性增加，

$$E(U_mU_{m-1}\cdots U_1, V_mV_{m-1}\cdots V_1) \leqslant \sum_{j=1}^{m} E(U_j,V_j) \tag{4.63}$$

逼近结果 (4.62) 和 (4.63) 极其有用，假设我们希望执行一个从 U_1 到 U_m 包含 m 个量子门的量子电路。遗憾的是，我们仅能通过门 V_j 逼近门 U_j。为了在逼近电路上不同测量结果的概率和正确概率相比偏差在 $\Delta>0$ 之内，根据式 (4.62) 和式 (4.63) 的结果，只需满足 $E(U_j,V_j)\leqslant \Delta/(2m)$。

阿达玛门 + 相位门 + 受控非门 +$\pi/8$ 门的通用性

现在我们可以很好地研究利用离散门集合逼近任意的酉操作。我们将要考虑两种不同的离散门集合，两者都是通用的。第一类集合，通用门的标准集，由阿达玛门、相位门、受控非门和 π/8 门组成。在第 10 章，对于这些门，我们提供容错的构造；这些构造也提供一个极其简洁的通用构造。我们考虑的第二个门集合由阿达玛门，相位门，受控非门和 Toffoli 门组成。这些门也可以容错地构造；然而，这些门的通用性证明和容错构造就有点不那么吸引人了。

专题 4.1　逼近量子电路

假设一个量子系统状态从 $|\psi\rangle$ 开始，我们要么做酉操作 U，要么做酉操作 V。接下来，我们进行一个测量。设 M 为一个与测量相关的 POVM 元，令 P_U(或 P_V) 为操作 U(或 V) 得到相应测量结果的概率。则

$$|P_U-P_V| = |\langle\psi|U^\dagger MU|\psi\rangle - \langle\psi|V^\dagger MV|\psi\rangle| \tag{4.64}$$

令 $|\Delta\rangle \equiv (U-V)|\psi\rangle$。根据简单地代数运算和 Cauchy-Schwarz 不等式证明

$$\begin{aligned}|P_U-P_V| &= |\langle\psi|U^\dagger M|\Delta\rangle + \langle\Delta|MV|\psi\rangle| &(4.65)\\ &\leqslant |\langle\psi|U^\dagger M|\Delta\rangle| + |\langle\Delta|MV|\psi\rangle| &(4.66)\\ &\leqslant \||\Delta\rangle\| + \||\Delta\rangle\| &(4.67)\\ &\leqslant 2E(U,V) &(4.68)\end{aligned}$$

不等式 $|P_U-P_V|\leqslant 2E(U,V)$ 给出了一种量化表达地思想，即误差 $E(U,V)$ 越小，测量的概率偏差越小。

假设我们执行了一个门序列 $V_1,V_2,\cdots,V_m$ 来逼近门序列 $U_1,U_2,\cdots,U_m$，则由不完美

的整个门序列导致地误差最多是单个门导致的误差之和：

$$E(U_mU_{m-1}\cdots U_1, V_mV_{m-1}\cdots V_1) \leqslant \sum_{j=1}^{m} E(U_j, V_j) \tag{4.69}$$

为了证明这个式子，我们从 $m = 2$ 开始。注意到对某个态 $|\psi\rangle$，我们有

$$E(U_2U_1, V_2V_1) = \|(U_2U_1 - V_2V_1|\psi\rangle\| \tag{4.70}$$

$$= \|(U_2U_1 - V_2U_1)|\psi\rangle + (V_2U_1 - V_2V_1)|\psi\rangle\| \tag{4.71}$$

根据三角不等式 $\||a\rangle + |b\rangle\| \leqslant \||a\rangle\| + \||b\rangle\|$，我们得到

$$E(U_2U_1, V_2V_1) \leqslant \|(U_2 - V_2)U_1|\psi\rangle\| + \|V_2(U_1 - V_1)|\psi\rangle\| \tag{4.72}$$

$$\leqslant E(U_2, V_2) + E(U_1, V_1) \tag{4.73}$$

对于一般的 m，可以根据归纳法证明。

我们通过证明阿达玛门，$\pi/8$ 门可以以任意精度逼近任意单量子比特酉操作来开始通用性的证明。考虑门 T 和 HTH，除了一个不重要的全局相位因子，T 表示布洛赫球上围绕 $\hat{z}$ 轴旋转 $\pi/4$ 角，HTH 表示布洛赫球上围绕 $\hat{x}$ 轴旋转 $\pi/4$ 角（习题 4.14）。除去一个全局相位因子，复合这两种运算得到

$$\exp\left(-\mathrm{i}\frac{\pi}{8}Z\right)\exp\left(-\mathrm{i}\frac{\pi}{8}X\right) = \left[\cos\frac{\pi}{8}I - \mathrm{i}\sin\frac{\pi}{8}Z\right]\left[\cos\frac{\pi}{8}I - \mathrm{i}\sin\frac{\pi}{8}X\right] \tag{4.74}$$

$$= \cos^2\frac{\pi}{8}I - \mathrm{i}\left[\cos\frac{\pi}{8}(X+Z) + \sin\frac{\pi}{8}Y\right]\sin\frac{\pi}{8} \tag{4.75}$$

这是一个布洛赫球上绕轴 $\vec{n} = (\cos\pi/8, \sin\pi/8, \cos\pi/8)$ 旋转 θ 角的一个变换，其中 $\cos\theta/2 \equiv \cos^2\pi/8$。即仅用阿达玛门和 $\pi/8$ 门我们可以构造 $R_{\vec{n}}(\theta)$。可以证明这个 θ 是 2π 的无理倍数。证明后面的事实超出我们的范围，可以参看章末的“背景资料与延伸阅读”。

下面我们证明重复的迭代 $R_{\vec{n}}(\theta)$ 可以以任意的精度逼近 $R_{\vec{n}}(\alpha)$。为了看清这一点，令 $\delta > 0$ 为想要的精度，令 N 为大于 $2\pi/\delta$ 的整数。定义 θ_k 使得 $\theta_k \in [0, 2\pi)$ 且 $\theta_k = (k\theta) \bmod 2\pi$。则根据鸽笼原理，在 $1, \cdots, N$ 中存在不同的 j, k 使得 $|\theta_k - \theta_j| \leqslant 2\pi/N < \delta$。不失一般性，假设 $k > j$，则有 $|\theta_{k-j}| < \delta$，由于 $j \neq k, \theta$ 是 2π 的无理倍数，故必有 $\theta_{k-j} \neq 0$。这等于说随着 l 的变化 $\theta_{l(k-j)}$ 充满了 $[0, 2\pi)$ 整个区间，使得序列中相邻的数不会多于 δ 的分割。这等于说对于任意的 $\epsilon > 0$, 存在着 n 使得

$$E(R_{\vec{n}}(\alpha), R_{\vec{n}}(\theta)^n) < \frac{\epsilon}{3} \tag{4.76}$$

习题 4.40　对任意的 α, β, 证明

$$E(R_{\vec{n}}(\alpha)), R_{\vec{n}}(\alpha+\beta)) = |1 - \exp(\mathrm{i}\beta/2)| \tag{4.77}$$

且用此式来证明 (4.76)。

现在我们可以证明任意的单量子比特操作可以由阿达玛门和 $\pi/8$ 门以任意精度逼近。简单的代数运算意味着对任意的 α,

$$HR_{\vec{n}}(\alpha)H = R_{\vec{m}}(\alpha) \tag{4.78}$$

其中 $\vec{m}$ 是一个沿着方向 $(\cos\pi/8, -\sin\pi/8, \cos\pi/8)$ 的单位向量，由它可以得到

$$E(R_{\vec{m}}(\alpha), R_{\vec{m}}(\theta)^n) < \frac{\epsilon}{3} \tag{4.79}$$

但是根据习题 (4.11), 除了一个不重要的全局相位变换，任意单量子比特上的 U 运算可以表示为

$$U = R_{\vec{n}}(\beta)R_{\vec{m}}(\gamma)R_{\vec{n}}(\delta) \tag{4.80}$$

结果 (4.76) 和 (4.79) 一起，再加上 (4.63) 的链不等式意味着，对于合适的正整数 n_1, n_2, n_3,

$$E(U, R_{\vec{n}}(\theta)^{n_1} H R_{\vec{n}}(\theta)^{n_2} H R_{\vec{n}}(\theta)^{n_3}) < \epsilon \tag{4.81}$$

即，对于任意的单量子比特运算 U 和任意的 $\epsilon > 0$, 可以用阿达玛门和 $\pi/8$ 门组合成的电路以 ϵ 逼近 U。

由于阿达玛门和 $\pi/8$ 门允许我们逼近任意的单量子比特酉算子，根据 4.5.2 节的讨论我们可以逼近任意的 m 个门的量子电路，如下所示。给一个含有 m 个门的量子电路，或者受控非门，或者单量子比特酉门，我们可以用阿达玛门，受控非门和 $\pi/8$ 门逼近它（后面我们将要发现相位门可以做容错的逼近，但是对于当前通用性的讨论，它们不是严格必需的）。如果对于整个电路我们想要 ϵ 的逼近，这可以通过上面的程序对每个单量子比特酉操作以 ϵ/m 逼近，再用链不等式对整个电路以 ϵ 的逼近达到。

用离散的门集合逼近量子电路的程序的效率如何？这是一个重要的问题。例如，假设在距离 ϵ 内逼近一个任意单量子比特酉门，从离散集合中需要 $\Omega(2^{1/\epsilon})$ 个门。为了逼近上一段中的 m 个门，则需要 $\Omega(m2^{m/\epsilon})$ 个门，即随着电路尺寸的增加指数增长。幸运的是，收敛速度比这好得多。直觉上，区间 $[0, 2\pi)$ 上的角度 θ_k 序列多少采取一致的形式，这使得为了逼近一个单量子比特门大约从离散集中取 $\Theta(1/\epsilon)$ 个门。如果我们用这个对门数量的估计来逼近任意单量子比特门，则以 ϵ 逼近一个 m 门电路需要的门数变成 $\Theta(m^2/\epsilon)$, 这是一个随着电路尺寸 m 的平方递增，对许多应用来说，这可能就足够了。

而值得一提的是，一个更快的收敛率可以被证明。附录 C 中的 Solovay-Kitaev 定理意味着一个任意的单量子比特门可以用离散集中 $O(\log^c(1/\epsilon))$ 个门以 ϵ 逼近，其中 c 是一个接近 2 的常数。Solovay-Kitaev 定理因此意味着以不超过 ϵ 错误率逼近一个包含 m 个受控非门和单量子酉门的电路需要离散集中 $O(m\log^c(1/\epsilon))$ 个门，它随着电路尺寸以多项式量级增长，这在实际应用中是可以接受的。

总结起来，我们已经证明了阿达玛门、相位门、受控非门和 $\pi/8$ 门对量子计算是通用的，也

就是说，给一个包含受控非门和任意单量子酉门的电路，仅用这个离散集合中的门就可以模拟这个电路到足够好的精确度。而且，这个模拟可以有效地进行，在某种意义上，执行模拟所需要的开销是 $\log(m/\epsilon)$ 的多项式倍，其中 m 是原电路中的门数，ϵ 是想要模拟的精确度。

习题 4.41　这个和下面的两个习题发展了一个结构证明阿达玛门、相位门、受控非门和 Toffoli 门是通用的。证明图 4-17 中的电路运用操作 $R_z(\theta)$ 到目标量子比特如果测量结果是 0，其中 $\cos(\theta) = 3/5$，否则将 Z 用到目标量子比特。证明测量结果为 0 的概率是 5/8，并且解释如何重复地应用这个电路和 $Z = S^2$ 门，使得以接近 1 的概率应用 $R_z(\theta)$ 门。

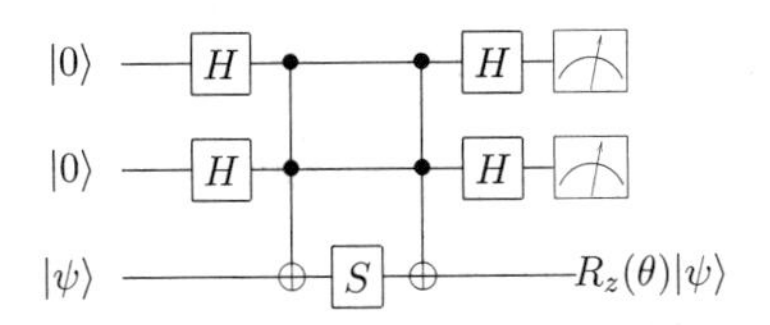

图 4-17　如果两个测量结果都是 0，则这个电路作用 $R_z(\theta)$ 到目标比特，其中 $\cos\theta = 3/5$；如果出现其他测量结果，则电路作用 Z 到目标比特

习题 4.42（θ 的无理性）　假设 $\cos\theta = 3/5$，我们用反证法证明 θ 是 2π 的无理数倍。

1. 运用这个事实 $e^{i\theta} = (3+4i)/5$，证明如果 θ 是有理数，则一定存在一个正整数 m，使得 $(3+4i)^m = 5^m$。
2. 证明对任意的 $m > 0, (3+4i)^m = (3+4i) \pmod 5$，从而推出不存在 m 使得 $(3+4i)^m = 5^m$。

习题 4.43　运用前面两个习题的结果证明阿达玛门、相位门、受控非门和 Toffoli 门构成量子计算的通用门。

习题 4.44　证明由下面电路定义的三量子比特门 G 是量子计算通用门，其中 α 是无理数。

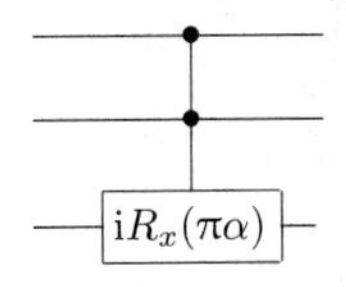

习题 4.45　假设酉变换 U 可以通过一个由 H, S, 受控非门和 Toffoli 门组成的 n 量子比特电路来实现。证明 U 是 $2^{-k/2}M$ 这种形式, 其中 k 是整数，M 是一个 $2^n \times 2^n$ 矩阵，其元素为复整数。用 $\pi/8$ 门取代 Toffoli 门重复这个习题。

4.5.4　逼近任意酉门一般是难的

我们已经看到任意 n 量子比特上的酉变换可以从一个小的基本门集合构造。这总能有效进行吗？也就是，给一个 n 量子比特的酉变换，是否总存在一个关于 n 多项式尺寸的电路逼近 U？这个问题的答案是否定的：事实上，大部分的酉变换只能非常低效地实现。看到这点的一种方法是考虑下面的问题：需要花费多少门来生成一个 n 量子比特的任意态？一个简单的计算表明一般需要指数个；这等于说存在酉操作需要指数多次操作来实现。为了看到这点，假设我们有 g 个不同类型的门可以利用，每个门最多作用在 f 个输入量子比特上。f, g 是由我们可以利用的硬件来固定的，可以看作常数。假设我们有一个含 m 个门的量子电路从计算基矢态 $|0\rangle^{\otimes n}$ 开始，对电路中

任意特殊的门，最多有 $\begin{bmatrix} n \\ f \end{bmatrix}^g = O(n^{fg})$ 种可能的选择。这等于说运用 m 个门，最多有 $O(n^{fgm})$ 个不同的态可以被计算。

假设我们希望在距离 ϵ 内逼近一个特殊的态 $|\psi\rangle$。证明的思想是用平均半径为 ϵ 的补丁集合（图 4-18 ）覆盖可能的态集合，然后证明需要的补丁数关于 n 双指数增长；通过与 m 个门可能计算的指数个不同的态数比较可以推出这个结果。我们需要注意的是 n 量子比特的状态向量空间可视为 $2^{n+1}-1$ 维单位球。为了看到这些，假设 n 量子比特态的振幅为 $\psi_j = X_j + \mathrm{i}Y_j$，其中 X_j 和 Y_j 分别是第 j 个振幅的实部和虚部。量子态的归一化条件可以写为 $\sum_j (X_j^2 + Y_j^2) = 1$，这正是一个点在维数为 2^{n+1} 单位球面上的条件，也就是 $2^{n+1}-1$ 维单位球。类似地，$|\psi\rangle$ 附近半径为 ϵ 的表面积和近似半径为 ϵ 的 $2^{n+1}-2$ 维球的体积。运用半径为 r 的 k 球表面积公式 $S_k(r) = 2\pi^{(k+1)/2} r^k / \Gamma((k+1)/2)$，体积公式 $V_k(r) = 2\pi^{(k+1)/2} r^{k+1} / [(k+1)\Gamma((k+1)/2)]$，我们看到覆盖状态空间需要的补丁数满足

$$\frac{S_{2^{n+1}-1}(1)}{V_{2^{n+1}-2}(\epsilon)} = \frac{\sqrt{\pi}\Gamma(2^n - \frac{1}{2})(2^{n+1}-1)}{\Gamma(2^n)\epsilon^{2^{n+1}-1}} \tag{4.82}$$

其中 Γ 是通常阶乘函数的推广。但是 $\Gamma(2^n - 1/2) \geqslant \Gamma(2^n)/2^n$，因此覆盖状态空间需要的补丁数至少为

$$\Omega\left(\frac{1}{\epsilon^{2^{n+1}-1}}\right) \tag{4.83}$$

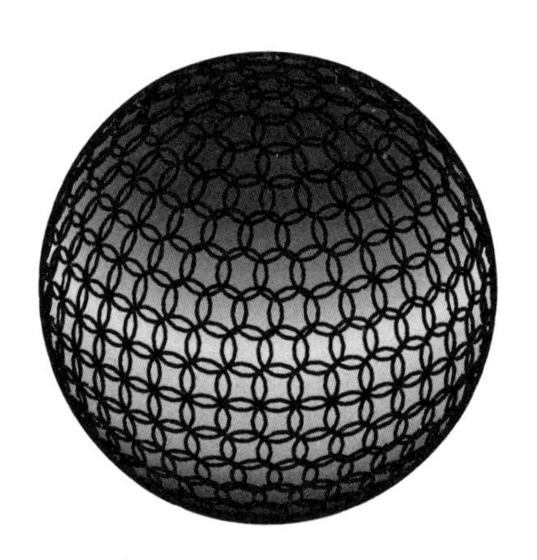

图 4-18　用常数半径的补丁覆盖可能态集合的视图

回忆 m 个门中可以达到的补丁数是 $O(n^{fgm})$，因此为了达到所有的 ϵ 补丁，我们必须有

$$O(n^{fgm}) \geqslant \Omega\left(\frac{1}{\epsilon^{2^{n+1}-1}}\right) \tag{4.84}$$

这给出

$$m = \Omega\left(\frac{2^n \log(1/\epsilon)}{\log(n)}\right) \tag{4.85}$$

也就是说，存在着一些 n 量子比特状态，需要花费 $\Omega(2^n \log(1/\epsilon)/\log(n))$ 次操作才能逼近到距离

ϵ 之内。这关于 n 是指数的，按照第 3 章介绍的计算复杂性的观点，这是困难的。进一步，这也就意味着存在关于 n 量子比特的酉变换 U，可以由实现 V 操作的量子电路经过 $\Omega(2^n \log(1/\epsilon)/\log n)$ 次的操作来逼近，使得 $E(U,V) \leqslant \epsilon$. 通过对比，用我们的通用性构造和 Solovay–Kitaev 定理，这等于说任意一个 n 量子比特上的酉操作可以用 $O(n^2 4^n \log^c(n^2 4^n/\epsilon))$ 个门以 ϵ 距离逼近。因此，在一个多项式的因子内，我们给出的通用性的构造是最优的；遗憾的是，哪一个酉操作族可以用量子电路模型有效的计算这个问题并没有涉及到。

4.5.5 量子计算复杂度

在第 3 章中，我们描述了一种经典计算机的“计算复杂性”理论，该理论对解决经典计算机上计算问题的资源需求进行了分类。不足为奇，人们对发展量子计算复杂性理论，并将其与经典计算复杂性理论联系起来有着相当大的兴趣。尽管在这个方向上只迈出了第一步，但毫无疑问，这将是未来研究人员取得巨大成果的方向。这里我们自我满足于给出了一个关于量子复杂性类的结果，将量子复杂性类 BQP 与经典的复杂性类 PSPACE 联系起来。我们对这一结果的讨论并不严谨；更多细节，请参阅章末“背景资料与延伸阅读”提到的 Bernstein 和 Vazirani 的论文。

回想一下，在第 3 章中，PSPACE 被定义为一类判定问题，可以在图灵机上使用关于问题规模是多项式的空间和任意时间来解决的问题。BQP 本质上是一个量子复杂性类，由那些可以用多项式大小的量子电路在有界错误概率内来解决的判定问题组成。更正式地说，如果存在一个多项式尺寸的量子电路可以判定语言 L，按至少 3/4 的概率接受语言的串，按至少 3/4 的概率拒绝不在语言中的串，我们说语言 L 在 BQP 中。实际上，这意味着量子电路以二进制串作为输入，试图决定他们是否在语言中。在电路结束时，测量一个量子位，0 表示串已被接受，1 表示拒绝。通过测试字符串几次来确定它是否在 L 中，我们可以以非常高的概率确定给定字符串是否在 L 中。

当然，一个量子电路是一个固定的实体，任何给定的量子电路只能决定某个有限长度的字符串是否在 L 中。因此，我们在 BQP 的定义中使用了一个完整的电路族；对于每个可能的输入长度，这个家族中都有一个不同的电路。除了已经描述的接受/拒绝标准外，我们对电路设置了两个限制。首先，电路的尺寸应仅随着输入字符串 x 的尺寸（我们试图确定 $x \in L$）呈多项式增长。其次，我们要求电路在与 3.1.2 节所述类似的意义上一致地生成。这种一致性要求的产生是因为，在实践中，给定一个长度为 n 的字符串 x，就必须有人建立一个能够决定 x 是否在 L 中的量子电路。要做到这一点，他们需要有一套清晰的指令集——一种算法——来建立电路。基于这个原因，我们要求我们的量子电路被一致地产生，也就是说，有一台图灵机能够有效地输出量子电路的描述。这一限制可能看起来相当技术性，实际上几乎总是很容易的，但它确实将我们从病态的例子中拯救出来，如 3.1.2 节所述。（您也可能想知道在一致性要求中使用的图灵机是量子图灵机还是经典图灵机是否重要；结果发现这并不重要—请参阅“背景资料与延伸阅读”。）

量子计算复杂性中最显著的结果之一是 BQP $\subseteq$ PSPACE。很明显，BPP $\subseteq$ BQP，其中 BPP 是判定问题的经典复杂性类，它可以在经典图灵机上用多项式时间以有界错误概率求解。因此我们得到了包含链 BPP $\subseteq$ BQP $\subseteq$ PSPACE。证明 BQP $\neq$ BPP——直观地说量子计算机比经典计算机更强大——将意味着 BPP $\neq$ PSPACE。然而，目前还不知道 BPP $\neq$ PSPACE 是否成立，证明这一点将是经典计算机科学的重大突破！因此，证明量子计算机比经典计算机更强大，对于经典计算的复杂性会有一些非常有趣的启示！不幸的是，这也意味着给出这样的证明可能相当困难。

为什么 BQP $\subseteq$ PSPACE？这里有个证明概略（详细的证明参考“背景资料与延伸阅读”）。假设我们有一台 n 量子比特计算机，做一个包含 $p(n)$ 个门的计算，其中 $p(n)$ 是关于 n 的多项式. 假设量子电路从态 $|0\rangle$ 开始，我们将要解释在经典计算机上在多项式空间如何估计这个电路以态 $|y\rangle$ 结束的概率。假设在量子计算机上执行的门的序列是 $U_1, U_2, \cdots, U_{p(n)}$，则以态 $|y\rangle$ 结束的概率是

$$\langle y|U_{p(n)}\cdots U_2U_1|0\rangle \tag{4.86}$$

这个量可以在经典计算机上用多项式空间来估计。基本思想是在式 (4.86) 的每项之间插入完备性关系 $\sum_x |x\rangle\langle x| = I$，得到

$$\langle y|U_{p(n)}\cdots U_2U_1|0\rangle = \sum_{x_1,\cdots,x_{p(n)-1}} \langle y|U_{p(n)}|x_{p(n)-1}\rangle\langle x_{p(n)-1}|U_{p(n)-1}\cdots U_2|x_1\rangle\langle x_1|U_1|0\rangle \tag{4.87}$$

考虑到和中出现的单个酉门是阿达玛门，受控非门之类的运算，很明显，在经典计算机上只使用多项式空间就可以用很高的精度来计算，因此作为一个整体和可以使用多项式空间来计算，因为和中的单个项添加到运行总数后可以被擦除。当然，这个算法相当慢，因为求和中有指数多的项需要计算并添加到总数中，但是正如我们开始展示的一样，只消耗了多项式的空间，因此 BQP $\subseteq$ PSPACE。

在经典计算机上，无论量子计算的长度如何，都可以使用类似的程序来模拟任意的量子计算。因此，在具有无限时间和空间资源的量子计算机上可解的问题的类不大于在经典计算机上可解的问题的类。另一种说法是，这意味着量子计算机不会违反丘奇-图灵论题，任何算法过程都可以使用图灵机来有效模拟。当然，量子计算机可能比它们的经典对应部分更有效，从而挑战了强丘奇-图灵论题，即任何算法过程都可以使用概率图灵机有效地模拟。

4.6 量子计算电路模型总结

在本书中，“量子计算机”一词与计算的量子电路模型同义。本章详细介绍了量子电路及其基本元件、通用门族和一些应用。在我们开始更复杂的应用之前，让我们总结一下量子电路计算模型的关键要素：

1. **经典资源：** 量子计算机由经典部分和量子部分两部分组成。原则上，不需要计算机的经典部分，但在实践中，如果部分计算可以由经典方法完成，某些任务可能会变得更容易。例如，许多量子纠错方案（第 10 章）可能涉及经典计算，以最大限度地提高效率。原则上，虽然经典计算总是可以在量子计算机上进行，但在经典计算机上进行计算可能更方便。

2. **一个合适的状态空间：** 一个量子电路作用在 n 量子比特上。因此，状态空间是一个 2^n 维的复希尔伯特空间。$|x_1, \cdots, x_n\rangle$，其中 $x_i = 0, 1$，被称为计算机的计算基矢态。$|x\rangle$ 表示计算基矢态，其中 x 是二进制表示 $x_1\cdots x_n$ 所对应的十进制数。

3. **准备计算基矢态的能力：**假设任意计算基矢态可以在最多 n 步内制备。
4. **执行量子门的能力：**根据需要，门操作可以应用于量子比特的任何子集，并且可以实现一个通用门族。例如，在量子计算机中，将受控非门作用在任何一对量子比特上是可能的。阿达玛门、相位门、受控非门和 $\pi/8$ 门构成了一个门族，可以逼近任何一个酉操作，因此是一组通用门。其他的通用族也存在。
5. **在计算基矢态上进行测量的能力：**在计算机中，测量可以在计算基矢的一个或多个量子比特上进行。

在同样的问题需要相同资源的意义下，量子电路的计算模型等价于已经提出的许多其他计算模型。作为一个说明这个思想的简单例子，人们可能想知道，转向基于三能级量子系统而非两能级量子系统的设计是否会带来某些计算上的优势。当然，尽管使用三能级量子系统（qutrit）比使用两能级系统有一些微小的优势，但从理论角度来看，任何差异都可以忽略不计。在一个不那么简单的层面上，计算的“量子图灵机”模型，即经典图灵机模型的量子推广，已经被证明是等价于量子电路的模型。我们在这本书中不考虑这种计算模型，但是有兴趣了解更多关于量子图灵机的读者可以参考章末“背景资料与延伸阅读”给出的参考文献。

量子电路模型尽管简单和有吸引力，记住可能的批评、修改和扩展是有用的。例如，量子电路模型的状态空间和初始条件的基本假设一点也不清楚。一切都是用有限维状态空间来表达的。假设计算机的初始状态是计算基矢态也是不必要的，或许用无限维的状态空间可以获取其他东西？我们知道，自然界中的许多系统“更偏好”处于高度纠缠态中，是否可能利用这种偏好获得额外的计算能力？或许有一些态比限制在计算基矢态上更容易做计算。同样的，在多量子比特基中有效地执行纠缠测量的能力可能与仅执行纠缠酉操作一样有用。实际上，利用这些测量来执行量子电路模型中难以解决的任务是可能的。

对量子电路模型基础物理的详细检查和试图证明超出了当前讨论的范围，实际上也超出了当前知识的范围！通过提出这些问题，我们希望引入量子电路模型的完整性问题，并重新强调信息是物理的这一基本点。在我们试图建立信息处理模型的过程中，我们始终应该尝试回到基本物理定律。为了本书的目的，我们将停留在量子电路计算模型之内。它提供了一个丰富而强大的计算模型，利用量子力学的特性来完成信息处理的惊人壮举并且没有经典的先例。物理上是否存在超越了量子电路模型的合理的计算模型是一个令人着迷的公开问题。

4.7　量子系统的模拟

> 也许 [……] 我们需要量子自动机的数学理论。[……] 量子态空间的容量远远大于经典系统：对于具有 N 个态的经典系统，其允许叠加的量子版本可容纳 c^N 个态。当我们连接两个经典系统时，它们的状态数 N_1 和 N_2 相乘，在量子情况下，我们得到指数增长 $c^{N_1 N_2}$。[……] 这些粗略的估计表明，系统的量子行为可能比其经典模拟要复杂得多。
>
> ——Yu Manin（1980）[Man80]，见译本 [Man99]

一个甲烷单分子的量子力学计算需要 10^{42} 个网格点。假设在每一点上，我们只需要执行 10 个基本操作，并且计算是在极低温度 $T = 3 \times 10^{-3}K$ 下进行的，我们将仍然拥有上个世纪地球上产生的全部能量。

——R. P. Poplavskii（1975）[Pop75]，Manin 引用

物理能用通用计算机模拟吗？物理世界是量子力学，因此量子物理的模拟是一个很好的问题 [……] 对于一个含有 R 个粒子的大系统的量子力学的完整描述 [……] 有太多的变量，它不能用一台普通的计算机来模拟，因为它有许多与 R[……] 成比例的元素。但它可以用量子计算机元件来模拟。[……] 一个量子系统能被一个经典的（假设是概率的）通用计算机模拟吗？[……] 如果你把电脑当作我迄今为止所描述的经典类型，答案当然是，不！

——理查德·菲利普斯·费曼（1982）[Fey82]

让我们通过提供一个有趣和有用的量子电路模型应用来结束这一章。计算的一个最重要的实际应用是物理系统的模拟。例如，在新建筑的工程设计中，采用有限元分析和建模来确保安全，同时最大限度地降低成本。通过使用计算机辅助设计，汽车变得轻巧、结构合理、美观且价格低廉。现代航空工程在很大程度上依赖于飞机设计的计算流体动力学模拟。核武器不再爆炸（大部分），而是通过详尽的计算模型进行测试。由于预测模拟具有巨大的实际应用，因此例子很多。我们首先描述了模拟问题的一些实例，然后给出了一个量子模拟算法和一个示例，最后对该应用进行了展望。

4.7.1 行为模拟

模拟的核心是微分方程的解，它捕捉了控制系统动态行为的规律。一些例子包括牛顿定律，

$$\frac{\mathrm{d}}{\mathrm{d}t}\left(m\frac{\mathrm{d}x}{\mathrm{d}t}\right) = F \tag{4.88}$$

泊松方程，

$$-\vec{\nabla} \cdot (k\vec{\nabla}\vec{u}) = \vec{Q} \tag{4.89}$$

电磁矢量波方程，

$$\vec{\nabla} \cdot \vec{\nabla}\vec{E} = \epsilon_0\mu_0\frac{\partial^2\vec{E}}{\partial^2 t^2} \tag{4.90}$$

扩散方程，

$$\vec{\nabla}^2\psi = \frac{1}{a^2}\frac{\partial\psi}{\partial t} \tag{4.91}$$

仅举几个例子。目标通常是：给定系统的初始状态，其他时间和/或位置的状态是什么？解通常是通过数字表示来逼近态，然后在时间和空间上离散化微分方程，使得程序的迭代应用从初始状态贯穿到最终状态。重要的是，此过程中的误差是有界的，并且已知不会比某个幂比较小的迭代增长得更快。此外，并非所有的动力系统都能有效地模拟：一般来说，只有那些能够有效描述的系统可以有效地进行模拟。

用经典计算机模拟量子系统是可能的，但通常效率非常低。许多简单量子系统的动力学行为受到薛定谔方程控制。

$$\mathrm{i}\hbar\frac{\mathrm{d}}{\mathrm{d}\,t}|\psi\rangle = H|\psi\rangle \tag{4.92}$$

我们发现 $\hbar$ 很容易吸收到 H 中，在这节的剩余部分都用这个约定。对于处理空间中真实粒子（而不是我们一直在处理的抽象系统，如量子比特）的物理学家感兴趣的典型哈密顿量，根据已知的位置表象 $\langle x|\psi\rangle = \psi(x)$，这约简为

$$\mathrm{i}\frac{\partial}{\partial t}\psi(x) = \left[-\frac{1}{2m}\frac{\partial^2}{\partial x^2} + V(x)\right]\psi(x) \tag{4.93}$$

这是一个椭圆方程，非常像方程 (4.91)。因此在量子系统的模拟中，仅模拟薛定谔方程并不特别困难。那困难是什么呢?

量子系统模拟的关键挑战是必须求解指数个微分方程。按照薛定谔方程，对于一个量子比特的演化，需要求解两个微分方程组成的系统；对于两量子比特，需要求解四个方程；对于 n 量子比特系统，需要求解 2^n 个方程。有时候，可以通过逼近来简化有效方程的个数，这样使得量子系统的经典模拟成为可能。然而有许多有趣的量子系统目前不知道这样的逼近。

习题 4.46（量子系统的指数复杂度增长）　令 ρ 为一个描述 n 量子比特系统状态的密度矩阵。证明描述 ρ 需要 4^n-1 个实数。

有物理背景的读者或许理解有许多重要的量子系统用经典模拟是不可能的。这些包括 Hubbard 模型，它是一个相互作用的费米子粒子模型，其哈密顿量为

$$H = \sum_{k=1}^{n} V_0 n_{k\uparrow}n_{k\downarrow} + \sum_{k,j\ \mathrm{neighbors},\sigma} t_0 c_{k\sigma}^* c_{j\sigma} \tag{4.94}$$

在研究超导和磁场中常用的伊辛（Ising）模型

$$H = \sum_{k=1}^{n} \vec{\sigma}_k \cdot \vec{\sigma}_{k+1} \tag{4.95}$$

还有一些其他模型。这些模型的解给出了许多物理性质，如材料的介电常数、导电率和磁化率。更复杂的模型，如量子电动力学（QED）和量子色动力学（QCD）可用于计算质子质量等常数。

量子计算机可以有效地模拟没有有效经典模拟的量子系统。从直觉上讲，这是可能的，原因与任何量子电路都可以用一组通用的量子门构造的原因大致相同。此外，正如存在无法有效近似的酉操作一样，原则上可以想象具有哈密顿量的量子系统无法在量子计算机上有效模拟。当然，我们相信这样的系统实际上在自然界中是不能实现的，否则我们就可以利用它们来完成量子电路模型之外的信息处理。

4.7.2 量子模拟算法

经典的模拟是从解决一个简单的微分方程开始的，比如方程 $dy/dt = f(y)$，其一阶解为 $y(t + \Delta t) \approx y(t) + f(y)\Delta t$。类似的，量子情况考虑方程

$$|\psi(t)\rangle = \mathrm{e}^{-\mathrm{i}Ht}|\psi(0)\rangle \tag{4.96}$$

其中 H 是一个不依赖时间的哈密顿量。

由于 H 通常很难计算（它可能是稀疏的，但它也是指数大），一个好的开始是其一阶解为 $|\psi(t + \Delta t) \approx (I - \mathrm{i}H\Delta t)|\psi(t)\rangle$。这是很容易处理的，因为对于许多哈密顿量 H, 可以通过组成量子门来有效逼近 $I - \mathrm{i}H\Delta t$。然而，这种一阶解一般不太令人满意。对于许多哈密顿量，方程（4.96）的高阶解的有效近似是可能的。例如，在大多数物理系统中，哈密顿量可以被作为许多局部相互作用的总和。特别地，对于 n 粒子系统，

$$H = \sum_{k=1}^{L} H_k \tag{4.97}$$

其中，每个 H_k 最多作用于常数 c 个系统，L 是 n 的多项式。例如，H_k 通常是两体相互作用比如 X_iX_j, 或一体哈密顿量 X_i。Hubbard 模型和 Ising 模型都有这种形式。这种局域性在物理上是相当合理的，它起源于许多系统，因为大多数相互作用随着距离的增加或能量的差异而减弱。有时还有一些额外的全局对称约束，如粒子统计；我们将很快讨论这些约束。重要的一点是，尽管 $\mathrm{e}^{-\mathrm{i}Ht}$ 很难计算，但 $\mathrm{e}^{-\mathrm{i}H_kt}$ 作用于一个小得多的子系统，并且可以直接使用量子电路进行近似计算。但是通常因为 $[H_j,\ H_k] \neq 0$，$\mathrm{e}^{-\mathrm{i}Ht} \neq \prod_k \mathrm{e}^{-\mathrm{i}H_kt}$。那么在构造 $\mathrm{e}^{-\mathrm{i}Ht}$ 中，$\mathrm{e}^{-\mathrm{i}H_kt}$ 是如何起作用的呢?

习题 4.47 对于 $H = \sum_k^L H_k$, 如果对任意的 $j, k, [H_j, H_k] = 0$，证明对于任意的 $t, \mathrm{e}^{-\mathrm{i}Ht} = \mathrm{e}^{-\mathrm{i}H_1t}\mathrm{e}^{-\mathrm{i}H_2t}\cdots\mathrm{e}^{-\mathrm{i}H_Lt}$。

习题 4.48 证明 H_k 对最多包含 c 个粒子的限制意味着在式 (4.97) 中，L 的上界是 n 的多项式。

量子模拟算法的核心是以下渐近近似定理：

定理 4.3（Trotter 公式） 令 A, B 为厄米算子。则对于任意的实数 t,

$$\lim_{n\to\infty}(\mathrm{e}^{\mathrm{i}At/n}\mathrm{e}^{\mathrm{i}Bt/n})^n = \mathrm{e}^{\mathrm{i}(A+B)t} \tag{4.98}$$

注意即使 A 和 B 不对易，式 (4.98) 也是正确的。更有趣的是，也许，它可以推广到对于某些半群的生成元 A, B 成立，它们对应于一般量子运算；我们将在 8.4.1 节中描述这种生成元的（“Lindblad 形式”）。目前，我们只考虑 A 和 B 是厄米矩阵的情况。

证明

根据定义，

$$\mathrm{e}^{\mathrm{i}At/n} = I + \frac{1}{n}\mathrm{i}At + O\left(\frac{1}{n^2}\right) \tag{4.99}$$

于是

$$\mathrm{e}^{\mathrm{i}At/n}\mathrm{e}^{\mathrm{i}Bt/n} = I + \frac{1}{n}\mathrm{i}(A+B)t + O\left(\frac{1}{n^2}\right) \tag{4.100}$$

从式 (4.100) 可以看出，

$$(\mathrm{e}^{\mathrm{i}At/n}\mathrm{e}^{\mathrm{i}Bt/n})^n = I + \sum_{k=1}^{n}\binom{n}{k}\frac{1}{n^k}\Big[\mathrm{i}(A+B)t\Big]^k + O\left(\frac{1}{n}\right) \tag{4.101}$$

由于 $\binom{n}{k}\frac{1}{n^k} = \left(1 + O\left(\frac{1}{n}\right)\right)/k!$，可以得出

$$\lim_{n\to\infty}(\mathrm{e}^{\mathrm{i}At/n}\mathrm{e}^{\mathrm{i}Bt/n})^n = \lim_{n\to\infty}\sum_{k=0}^{n}\frac{(\mathrm{i}(A+B)t)^k}{k!}\left(1 + O\left(\frac{1}{n}\right)\right) + O\left(\frac{1}{n}\right) = \mathrm{e}^{\mathrm{i}(A+B)t} \tag{4.102}$$

□

Trotter 公式的修正提供了计算高阶近似的方法，用于进行量子模拟。例如，使用与上述证明类似的推理，可以证明

$$\mathrm{e}^{\mathrm{i}(A+B)\Delta t} = \mathrm{e}^{\mathrm{i}A\Delta t}\mathrm{e}^{\mathrm{i}B\Delta t} + O(\Delta t^2) \tag{4.103}$$

类似地，

$$\mathrm{e}^{\mathrm{i}(A+B)\Delta t} = \mathrm{e}^{\mathrm{i}A\Delta t/2}\mathrm{e}^{\mathrm{i}B\Delta t}\mathrm{e}^{\mathrm{i}A\Delta t/2} + O(\Delta t^3) \tag{4.104}$$

量子模拟算法概述如下，模拟一维非相对论薛定谔方程的显式示例如专题 4.2 所示。

算法（量子模拟）

输入： (1) $H = \sum_k H_k$ 是一个作用 N 维系统上的哈密顿量算子，其中 H_k 作用在一个不依赖 N 的子系统上，(2) 在 $t = 0$ 时，系统的初始状态为 $|\psi(0)\rangle$，(3) 一个正的非零的精确度 δ，(4) 状态演化需要的时间 t_f。

输出： 状态 $|\tilde{\psi}(t_f)\rangle$ 使得 $|\langle\tilde{\psi}(t_f)|\mathrm{e}^{-\mathrm{i}Ht_f}|\psi_0\rangle|^2 \geqslant 1-\delta$。

运行时间： $O(\mathrm{poly}(1/\delta))$ 次运算。

程序： 选择一个表示使得 $n = \mathrm{poly}(\log N)$ 量子比特态 $|\tilde{\psi}\rangle$ 逼近系统，且 $\mathrm{e}^{-\mathrm{i}H_k\Delta t}$ 有有效的量子电路逼近。选择一种逼近方法（例如，参见方程 (4.103) ~ (4.105)）且 Δt 使得期望的错误率是可以接受的（且 $j\Delta t = t_f$ 是一个整数），对于迭代步骤构造对应的量子电路 $U_{\Delta t}$ 且做：

1.	$\lvert\tilde{\psi}_0\rangle \leftarrow \lvert\psi_0\rangle; j = 0$	初始化态
2.	$\rightarrow \lvert\tilde{\psi}_{j+1}\rangle = U_{\Delta t}\lvert\tilde{\psi}_j\rangle$	迭代更新
3.	$\rightarrow j = j+1$; goto 2 until $j\Delta t \geqslant t_f$	循环
4.	$\rightarrow \lvert\tilde{\psi}(t_f)\rangle = \lvert\tilde{\psi}_j\rangle$	最后的结果

习题 4.49（Baker-Campbell-Hausdorf 公式） 证明

$$e^{(A+B)\Delta t} = e^{A\Delta t}e^{B\Delta t}e^{-\frac{1}{2}[A,B]\Delta t^2} + O(\Delta t^3) \tag{4.105}$$

且证明方程 (4.103) 和 (4.104)。

习题 4.50 令 $H = \sum_k^L H_k$，定义

$$U_{\Delta t} = \left[e^{-iH_1\Delta t}e^{-iH_2\Delta t}\cdots e^{-iH_L\Delta t}\right]\left[e^{-iH_L\Delta t}e^{-iH_{L-1}\Delta t}\cdots e^{-iH_1\Delta t}\right] \tag{4.106}$$

1. 证明 $U_{\Delta t} = e^{-2iH\Delta t} + O(\Delta t^3)$。
2. 运用专题 4.1 的结果证明对于整数 m，

$$E(U_{\Delta t}^m, e^{-2miH\Delta t}) \leqslant m\alpha\Delta t^3 \tag{4.107}$$

其中 α 为任意的常数。

专题 4.2 薛定谔方程的量子模拟

量子模拟的方法和局限性可以用下面的例子来说明，这些例子来自于物理学家研究的传统模型，而不是抽象的量子比特模型。考虑直线上的单个粒子，一维势为 $V(x)$，哈密顿量为

$$H = \frac{p^2}{2m} + V(x) \tag{4.108}$$

其中 P 为能量算子，x 是位置算子。x 的特征值是连续的，系统状态 $|\psi\rangle$ 存在于无限维希尔伯特空间中；在基 x 下，它可以写为

$$|\psi\rangle = \int_{-\infty}^{+\infty} |x\rangle\langle x|\psi\rangle\, dx \tag{4.109}$$

在实践中，只有一些有限区域值得关注，我们可以将其视为范围 $-d \leqslant x \leqslant d$。此外，与系统中的最短波长相比，可以选择一个相当小的差分步长 Δx，使得

$$|\tilde{\psi}\rangle = \sum_{k=-d/\Delta x}^{d/\Delta x} a_k |k\Delta x\rangle \tag{4.110}$$

它提供了 $|\psi\rangle$ 的一个好的物理逼近。这种状态可以用 $n = \lceil\log(2d/\Delta x + 1)\rceil$ 个量子比特来表示；我们用 n 个量子比特的计算基矢态 $|k\rangle$ 替换基 $|k\Delta x\rangle$（算子 x 的一个特征状态）。注意，这种模拟仅需要 n 量子比特，而经典需要跟踪 2^n 个复数，因此在量子计算机上进行模拟时，可以节省指数资源。

计算 $|\tilde{\psi}(t)\rangle = \mathrm{e}^{-\mathrm{i}Ht}|\tilde{\psi}(0)\rangle$ 必须利用方程 (4.103)~(4.105) 的逼近之一，因为一般的，$H_1 = V(x)$ 与 $H_0 = p^2/2m$ 不对易。因此，我们必须能计算 $\mathrm{e}^{-\mathrm{i}H_1\Delta t}$ 和 $\mathrm{e}^{-\mathrm{i}H_0\Delta t}$。因为 $|\tilde{\psi}\rangle$ 由 H_1 的特征基表示，$\mathrm{e}^{-\mathrm{i}H_1\Delta t}$ 是这样的对角形式

$$|k\rangle \to \mathrm{e}^{-\mathrm{i}V(k\Delta x)\Delta t}|k\rangle \tag{4.111}$$

这个可以直接计算，因为我们可以计算 $V(k\Delta x)\Delta t$。（也可以参考例子 4.1）第二项也很简单，因为 x 和 p 是通过量子傅里叶变换关联的共轭变量 $U_{\mathrm{FFT}}xU_{\mathrm{FFT}}^{\dagger} = p$，因此 $\mathrm{e}^{-\mathrm{i}H_0\Delta t} = U_{\mathrm{FFT}}\mathrm{e}^{-\mathrm{i}x^2\Delta t/2m}U_{\mathrm{FFT}}^{\dagger}$，为了计算 $\mathrm{e}^{-\mathrm{i}H_0\Delta t}$，令

$$|k\rangle \to U_{\mathrm{FFT}}\mathrm{e}^{-\mathrm{i}x^2/2m}U_{\mathrm{FFT}}^{\dagger}|k\rangle \tag{4.112}$$

U_{FFT} 的构造第 5 章讨论。

4.7.3　说明性示例

我们所描述的量子模拟过程集中于模拟哈密顿量，其中哈密顿量是局部相互作用的总和。然而，这并不是一个基本的需求。下面的例子说明，即使哈密顿量对一个大系统的所有或几乎所有部分都有作用，也可以进行有效的量子模拟。

假设作用在 n 量子比特上的哈密顿量

$$H = Z_1 \otimes Z_2 \otimes \cdots \otimes Z_n \tag{4.113}$$

尽管这是一个涉及所有系统的相互作用，实际上，它可以有效地模拟。对于 Δt 的任意值，理想的是实现 $\mathrm{e}^{-\mathrm{i}H\Delta t}$ 的简单量子电路。对于 $n=3$，图 4-19 显示了精确地实现这一点的电路。主要的见解是，虽然哈密顿量涉及系统中的所有量子比特，但它是以经典的方式进行的：如果计算基中 n 个量子比特的奇偶性为偶数，则应用于系统的相移为 $\mathrm{e}^{-\mathrm{i}\Delta t}$；否则，相移应为 $\mathrm{e}^{\mathrm{i}\Delta t}$。因此，可以通过第一个经典的计算奇偶校验（将结果存储在辅助量子比特中），然后应用基于奇偶校验的适当相移，然后取消奇偶校验（擦除辅助）。这个策略显然不仅适用于 $n=3$，而且也适用于 n 的任意值。

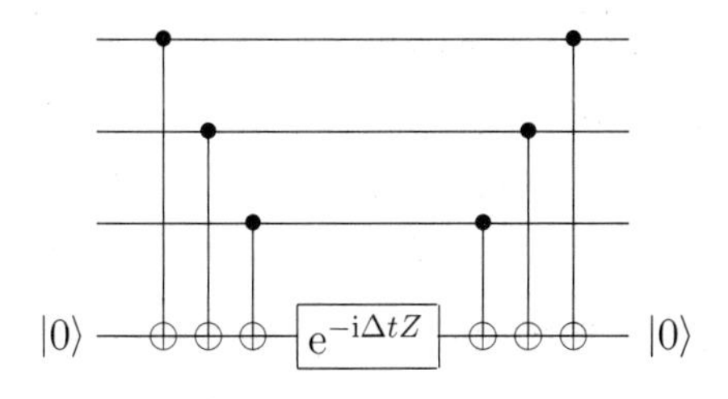

图 4-19　对时间 Δt 模拟哈密顿量 $H = Z_1 \otimes Z_2 \otimes Z_3$ 的量子电路

此外，扩展相同的过程允许我们模拟更复杂的扩展哈密顿量。特别地，我们可以有效地模拟任何这种形式的哈密顿量

$$H = \bigotimes_{k=1}^{n} \sigma_{c(k)}^{k} \tag{4.114}$$

其中 $\sigma_{c(k)}^{k}$ 是作用在第 k 个量子比特上的泡利阵（或恒等矩阵），其中 $c(k) \in \{0,1,2,3\}$ 为 $\{I,X,Y,Z\}$ 的指标。在其上执行恒等操作的量子比特可以被忽略，X 或 Y 项可以通过单个量子比特门转换为 Z 操作。这给我们留下了哈密顿量的形式（式 (4.113)），其模拟如上所述。

习题 4.51 构造量子电路模拟哈密顿量

$$H = X_1 \otimes Y_2 \otimes Z_3 \tag{4.115}$$

对任意的 Δt 作用酉变换 $\mathrm{e}^{-\mathrm{i}\Delta t H}$。

使用这个过程允许我们模拟一大类包含非局部项的哈密顿量。特别地，它可以模拟这种形式的哈密顿量 $H = \sum_{k=1}^{L} H_k$，其中唯一的限制是单个 H_k 具有张量积结构，L 是粒子总数 n 的多项式。更一般地说，所需要的是有一个有效的电路来分别模拟每个 H_k。例如，哈密顿量 $H = \sum_{k=1}^{n} X_k + Z^{\otimes n}$ 可以很容易地用上述技术进行模拟。这种典型的哈密顿量通常不会出现在自然界中。然而，它们为量子算法的世界提供了一个新的和可能有价值的前景。

4.7.4 量子模拟展望

量子模拟算法与经典方法非常相似，但在根本上也有所不同。量子算法的每一次迭代都必须完全用新的状态替换旧的状态；如果不显著地改变算法，就无法从中间步骤获得（非平凡的）信息，因为状态是量子的。此外，必须巧妙地选择最终测量以提供所需的结果，因为它会扰乱量子态。当然，量子模拟可以重复以获得统计数据，但最好只重复算法最多多项式次。可能是，即使模拟可以有效地执行，也没有办法有效地执行所需的测量。

还有一些哈密顿函数无法有效地模拟。在 4.5.4 节中，我们看到存在着量子计算机无法有效逼近的幺正变换。因此，并不是所有的哈密顿演化都可以在量子计算机上有效地模拟，因为如果这是可能的，那么所有的酉变换都可以有效地近似！

另一个困难的问题——也是一个非常有趣的问题——是平衡过程的模拟。一个系统其哈密顿量为 H，当温度为 T 时，在 Gibbs 态达到热力学平衡，$\rho_{\text{therm}} = \mathrm{e}^{-H/k_{\mathrm{B}}T}/\mathcal{Z}$，其中 k_{B} 是玻尔兹曼常量，$\mathcal{Z} = \operatorname{tr} \mathrm{e}^{-H/k_{\mathrm{B}}T}$ 是通常的配分函数的归一化，这保证了 $\operatorname{tr}(\rho) = 1$。这种平衡发生的过程并不是很清楚，尽管某些要求是已知的：环境必须是大的，它必须在能量与 H 的本征态匹配的状态下有非零的种群，并且它与系统的耦合应该是弱的。对于任意的 H 和 T，通过经典计算机得到 ρ_{therm} 一般是指数难的。量子计算机能有效解决吗？我们也不知道。

另一方面，正如我们上面所讨论的，许多有趣的量子问题确实可以用量子计算机有效地模拟，即使它们有超出这里所介绍的简单算法之外的额外约束。其中一个特殊的类涉及来自粒子统计的全局对称性。在日常生活中，我们习惯于能够识别不同的粒子；网球可以绕着网球场打转，

跟踪哪个是哪个。这种跟踪哪个物体是哪个物体的能力是经典物体的一个普遍特征——通过连续不断测量一个经典粒子的位置，它可以随时被跟踪，从而与其他粒子区别开来。然而，这在量子力学中是行不通的，它阻止我们精确地跟踪单个粒子的运动。如果这两个粒子本质上是不同的，比如质子和电子，那么我们可以通过测量电荷的符号来区分它们。但在相同粒子的情况下，比如两个电子，我们发现它们确实无法区分。

粒子的不可分辨性限制了系统的状态向量，这种状态向量有两种表现形式。实验发现，自然界中有两种不同的粒子，即玻色子和费米子。玻色子系统的状态向量在任意两个成分的排列下保持不变，反映了它们的状态向量基本的不可分辨性。相反，费米子系统在任意两个成分交换的情况下，其状态向量会发生符号变化。这两种系统都可以在量子计算机上进行有效的模拟。如何做到这一点的详细描述超出了本书的范围；只要说这个过程相当简单就够了。给定初始状态为错误对称时，可以在模拟开始前对其进行适当的对称化。在考虑高阶误差项影响的情况下，模拟中使用的算子可以考虑期望的对称性来构造。有兴趣进一步探讨这个和其他话题的读者可以参考本章末尾的“背景资料与延伸阅读”。

问题 4.1（可计算相位变换） 令 m,n 为正整数。设 $f:\{0,\cdots,2^m-1\}\to\{0,\cdots,2^n-1\}$ 是从 m 到 n 的经典函数，可以像 3.2.5 节描述的一样用 T 个 Toffoli 门来计算。也就是函数 $(x,y)\to(x,y\oplus f(x))$ 可以用 T 个 Toffoli 门来计算. 给出一个量子电路用 $2T+n$（或更少）个单量子比特，两量子比特，三量子比特门来实现下面的酉操作

$$|x\rangle\to\exp\left(\frac{-2\mathrm{i}\pi f(x)}{2^n}\right)|x\rangle \tag{4.116}$$

问题 4.2 为 $C^n(X)$ 门找到一个深度 $O(\log n)$ 的结构。（注：电路的深度是门所应用的不同时间步长；这个问题的关键在于，可以通过在同一时间步长内应用多个门来并行 $C^n(X)$ 的构造。）

问题 4.3（交替通用性构造） 设 U 是 n 量子比特上的酉矩阵。定义 $H\equiv\mathrm{i}\ln(U)$。证明

1. H 是厄米的，其特征值在 0 和 2π 之间。
2. H 可以写为

$$H=\sum_g h_g g \tag{4.117}$$

   其中 h_g 是实数，和取在 g 的所有 n 重张量积上，g 为泡利矩阵 $\{I,X,Y,Z\}$。

3. 令 $\Delta=1/k$, 对某个整数 k。解释如何用 $O(n)$ 个单量子比特和两量子比特来实现酉操作 $\exp(-\mathrm{i}h_g g\Delta)$。
4. 证明

$$\exp(-\mathrm{i}H\Delta)=\prod_g\exp(-\mathrm{i}h_g g\Delta)+O(4^n\Delta^2) \tag{4.118}$$

   这里的乘积是按任意固定的顺序对泡利矩阵 g 的 n 重张量乘积来求的。

5. 证明

$$U=\left[\prod_g\exp(-\mathrm{i}h_g g\Delta)\right]^k+O(4^n\Delta) \tag{4.119}$$

6. 解释如何用 $O(n16^n/\epsilon)$ 个单量子比特，两量子比特酉操作逼近 U 到 ϵ 距离内。

问题 4.4（极小 Toffoli 构造——研究型问题）

1. 最少多少个两量子比特门可以用来实现 Toffoli 门？

2. 最少多少个单量子比特门和受控非门可以用来实现 Toffoli 门？

3. 最少多少个单量子比特门和受控 Z 门可以用来实现 Toffoli 门？

问题 4.5（研究型问题） 在 n 量子比特上构造哈密顿量族 $\{H_n\}$，使得模拟 H_n 需要关于 n 的超多项式次运算。（注：这个问题看起来相当困难。）

问题 4.6（具有先验纠缠的通用性） 受控非门和单量子比特门形成了量子逻辑门的通用集合。证明一个替换的通用门集合包含单量子比特门酉门，在量子比特对上用贝尔基测量的能力，和准备一个四量子比特纠缠态的能力。

本章小结

- **通用性**：n 量子比特上的任意酉操作可以确切地由单量子比特酉操作和受控非运算来实现。
- **离散集的通用性**：阿达玛门、受控非门、相位门和 $\pi/8$ 门在如下意义下是量子计算的通用门，即任意 n 量子比特的酉操作可以由这些门组成的电路以任意精度 ϵ 逼近。用 Toffoli 门替代 $\pi/8$ 门也可以得到一个通用门族。
- **并不是所有的酉操作都可以被有效实现**：对任意的有限门集合，存在 n 量子比特上的酉操作需要用 $\Omega(2^n \log(1/\epsilon)/\log(n))$ 个门以 ϵ 距离逼近。
- **模拟**：令哈密顿量 $H=\sum_k H_k$，其中项数和为多项式个，H_k 的有效量子电路可以被构造，则给了初始态 $|\psi_0\rangle$，存在量子计算机可以有效模拟 $\mathrm{e}^{-\mathrm{i}Ht}$ 的演化，逼近 $|\psi(t)\rangle=\mathrm{e}^{-\mathrm{i}Ht}|\psi_0\rangle$。

背景资料与延伸阅读

这一章的门构造来自于各种各样的资源。Barenco、Bennett、Cleve、DiVincenzo、Margolus、Shor、Sleator、Smolin 和 Weinfurter[BBC+95] 的论文是本章中许多电路构造的来源，也是单量子比特和受控非门的通用性证明的来源。关于量子电路的另一个有用的来源是 Beckman、Chari、Devabhaktuni 和 Preskill 的论文[BCDP96]。DiVincenzo[DiV98] 提供了一个温和而易懂的介绍。Griffiths 和 Niu[GN96] 指出测量与控制量子比特终端交换的事实。

二阶酉门通用性的证明归于 Reck、Zeilinger、Bernstein 和 Bertani[RZBB94]。受控非和单量子比特门的通用性证明由 DiVincenzo[DiV95b] 给出。习题 4.44 中的通用门以 Deutsch[Deu89] 著称。Deutsch、Barenco、Ekert[DBE95] 和 Lloyd[Llo95] 独立地证明几乎任意两量子比特门是通用的。门序列导致的错误最多是各个门错误的和由 Bernstein 和 Vazirani[BV97] 证明。我们关注的特殊通用门集合——阿达玛门、受控非门、相位门和 $\pi/8$ 门的通用性由 Boykin、Mor、Pulver、Roychowdhury 和 Vatan[BMP+99] 证明，也包括证明 $\cos(\theta/2)\cos^2(\pi/8)$ 中 θ 是 π 的无理数倍。4.5.4 节中的界是基于 Knill[Kni95] 的一篇论文，该论文详细地研究了使用量子电路近似任意幺正操作的难度。特别是，与我们相比，

Knill 得到了更紧密、更一般的界，他的分析也适用于我们曾经考虑的通用门集合是门集合的连续统 (而不仅仅是一个有限集合)。

量子电路计算模型是由 Deutsch[Deu89] 提出的，并由 Yao[Yao93] 进一步发展而来。后文证明了量子电路计算模型等价于量子图灵机模型。量子图灵机由 Benioff[Ben80] 于 1980 年引入，Deutsch[Deu85] 和 Yao[Yao93] 进一步发展，Bernstein 和 Vazirani[BV97] 给出了量子图灵机的现代定义。后两篇论文也迈出了建立量子计算复杂性理论的第一步，类似于经典计算复杂性理论。特别是，Bernstein 和 Vazirani[BV97] 证明了包含关系 BQP $\subseteq$ PSPACE 和一些略强的结果。Knill 和 Laflamme[KL99] 发展了量子和经典计算复杂性之间一些有趣的联系。其他关于量子计算复杂性的有趣工作包括 Adleman、Demarrais 和 Huang[ADH97] 的论文，以及 Watrous[Wat99] 的论文。后一篇论文给出了有趣的证据，表明在“交互证明系统”的情形中，量子计算机比经典计算机更强大。

Daniel Gottesman 和 Michael Nielson 提出了非计算基起始态可以用来获得超越量子电路模型的计算能力的建议。

1980 年 Manin[Man80] 提出量子计算机可以比经典计算机更有效地模拟量子系统，1982 年 Feynman[Fey82] 更详细地独立发展了量子计算机。随后，Abrams 和 Lloyd[AL97]、Boghosian 和 Taylor[BT97]、Sornborger 和 Stewart[SS99]、Wiesner[Wie96] 和 Zalka[Zal98] 进行了更为详细地调查。Trotter 公式是 Trotter[Tro59] 提出的，Chernoff[Che68] 也证明了 Trotter 公式的正确性，虽然酉算子的简单形式要古老得多，可以追溯到 Sophus Lie 时代。Baker-Campbell-Hausdorff 公式的三阶版本 (见式 (4.104))，由 Sornborger 和 Stewart[SS99] 给出。Abrams 和 Lloyd[AL97] 给出了一个程序在量子计算机上模拟多体费米子系统。Terhal 和 divzo 解决了模拟量子系统平衡到 Gibbs 态的问题[TD98]。用于模拟专题 4.2 中薛定谔方程的方法是由 Zalka[Zal98] 和 Wiesner[Wie96] 提出的。

习题 4.25 由 Vandersypen 给出，与 Chau 和 Wilczek 的工作有关[CW95]。习题 4.45 由 Boykin、Mor、Pulver、Roychowdhury 和 Vatan[BMP+99] 提出，习题 4.2 题由 Gottesman 提出，习题 4.6 题由 Gottesman 和 Chuang[GC99] 解答。

第 5 章

量子傅里叶变换及其应用

如果你制造的是量子计算机，那么每个间谍都会想要得到它。我们的密码都将失效，他们将会读取我们的电子邮件，直到我们使用量子加密来阻止他们。

——Jennifer 和 Peter Shor

为了读取我们的电子邮件，间谍和他们的量子机器是多么令人讨厌；不过可以放心，他们还不知道如何因子分解 12 或 15。

——Volker Strassen

计算机编程是一种艺术形式，就像诗歌和音乐的创作一样。

——高德纳

迄今为止，量子计算里最引人注目的发现在于量子计算机可以有效地完成某些在经典计算机上无法完成的任务。例如，截止到本书写作时，人们认为利用最好的经典算法即所谓的数域筛法（number field sieve）来求 n 比特整数的素因子分解需要 $\exp(\Theta(n^{1/3}\log^{2/3}n))$ 次操作。这对于被分解数的规模是指数量级的，因此通常素因子分解问题在经典计算机上被认为是难解问题：即使是中等长度的数字，因子分解问题也会很快变得不可能。与之相反的是，量子算法可以使用 $O(n^2\log n\log\log n)$ 次操作来完成同样的任务，即量子计算机在因子分解问题上可以指数量级地快于已知的最好经典算法。这个结果本身就很重要，但是最令人激动的是由此引出的问题：还有哪些在经典计算机上不可解的问题，在量子计算机上可以被有效求解？

本章阐述量子傅里叶变换，它是量子因子分解和许多其他有趣的量子算法的关键部分。从 5.1 节开始讲的量子傅里叶变换是一个对量子振幅进行傅里叶变换的有效量子算法。它并没有加速在经典数据上的傅里叶变换的经典任务，但是可以实现一个重要任务——相位估计，即估计酉算子在特定条件下的特征值，这将在 5.2 节描述。相位估计使得我们可以解决其他一些有趣的问题，包括 5.3 节涉及的求阶问题（order-finding problem）和因子分解问题（factoring problem）。而在下一章中可以看到，相位估计还可以和量子搜索问题相结合用来解决搜索问题中的有关解的计数

（counting solutions）问题。5.4 节是本章的最后一节，讨论如何利用量子傅里叶变换来解决隐含子群问题（hidden subgroup problem）。隐含子群问题是相位估计和求阶问题的一个推广，而离散对数（discrete logarithm）问题是它的一个特例。离散对数问题是另一个被认为在经典计算机上的难解问题，而它具有有效的量子算法。

5.1　量子傅里叶变换

一个好的想法可以变得越来越简单，并能解决它原本针对的问题之外的问题。

——Robert Tarjan

在数学或计算机科学领域，解决问题的最有用的方法之一就是把这个问题转化为已知解决方案的其他问题。有些这类变换出现得非常频繁，并且适用于非常多不同的场合，以至于形成了对这些变换自身的研究领域。量子计算的一个重大发现就是某些这样的变换在量子计算机上的计算可以比在经典计算机上快得多，这个发现使得人们可以在量子计算机上构建快速算法。

离散傅里叶变换就是这类变换之一。在通常的数学记号里，离散傅里叶变换以一个复向量 $x_0, \cdots, x_{N-1}$ 作为输入，其中向量的长度 N 是固定参数，它输出的变换后的数据是如下定义的复向量 $y_0, \cdots, y_{N-1}$：

$$y_k \equiv \frac{1}{\sqrt{N}} \sum_{j=0}^{N-1} x_j \mathrm{e}^{2\pi \mathrm{i} jk/N} \tag{5.1}$$

量子傅里叶变换是与它完全相同的变换，尽管其常用符号会有些不同。量子傅里叶变换是定义在一组标准正交基 $|0\rangle, \cdots, |N-1\rangle$ 上的一个线性算子，它在基矢态上的作用为

$$|j\rangle \longrightarrow \frac{1}{\sqrt{N}} \sum_{k=0}^{N-1} \mathrm{e}^{2\pi \mathrm{i} jk/N} |k\rangle \tag{5.2}$$

等价地，对任意态的作用可以写成

$$\sum_{j=0}^{N-1} x_j |j\rangle \longrightarrow \sum_{k=0}^{N-1} y_k |k\rangle \tag{5.3}$$

其中，振幅 y_k 是振幅 x_j 进行离散傅里叶变换后的值。虽然从定义上看不是很显然，但这个变换确实是一个酉变换，因此可以作为量子计算机上的动力学过程来实现。我们将通过构造一个计算傅里叶变换的具体量子电路来说明傅里叶变换的酉性。当然，直接证明傅里叶变换的酉性也很容易。

习题 5.1　证明式 (5.2) 定义的线性变换是酉变换。

习题 5.2　计算 n 量子比特状态 $|00\cdots0\rangle$ 的傅里叶变换。

下面取 $N = 2^n$，其中 n 是某个整数，且 $|0\rangle, \cdots, |2^n-1\rangle$ 是 n 量子比特的量子计算机的计算

基。我们需要把状态 $|j\rangle$ 写成二进制形式 $j=j_1j_2\cdots j_n$。更正式地，$j=j_12^{n-1}+j_22^{n-2}+\cdots+j_n2^0$。方便起见，我们用记号 $0.j_lj_{l+1}\cdots j_m$ 来表示二进制小数 $j_l/2+j_{l+1}/4+\cdots+j_m/2^{m-l+1}$。

通过简单的代数运算，可以给出量子傅里叶变换的乘积形式：

$$|j_1,\cdots,j_n\rangle\rightarrow\frac{\left(|0\rangle+\mathrm{e}^{2\pi\mathrm{i}0.j_n}|1\rangle\right)\left(|0\rangle+\mathrm{e}^{2\pi\mathrm{i}0.j_{n-1}j_n}|1\rangle\right)\cdots\left(|0\rangle+\mathrm{e}^{2\pi\mathrm{i}0.j_1j_2\cdots j_n}|1\rangle\right)}{2^{n/2}} \tag{5.4}$$

这个乘积形式非常有用，甚至可以当作量子傅里叶变换的定义。我们马上将看到，这种表示使得我们可以构造计算傅里叶变换的有效量子电路，给出量子傅里叶变换酉性的证明，并且为基于量子傅里叶变换的算法提供灵感。作为一个附带的结果，我们在练习中得到了经典的快速傅里叶变换。

式 (5.4) 和式 (5.2) 的等价性可以由简单的代数运算得到：

$$|j\rangle\rightarrow\frac{1}{2^{n/2}}\sum_{k=0}^{2^n-1}\mathrm{e}^{2\pi\mathrm{i}jk/2^n}|k\rangle \tag{5.5}$$

$$=\frac{1}{2^{n/2}}\sum_{k_1=0}^{1}\cdots\sum_{k_n=0}^{1}\mathrm{e}^{2\pi\mathrm{i}j\left(\sum_{l=1}^{n}k_l2^{-l}\right)}|k_1\cdots k_n\rangle \tag{5.6}$$

$$=\frac{1}{2^{n/2}}\sum_{k_1=0}^{1}\cdots\sum_{k_n=0}^{1}\bigotimes_{l=1}^{n}\mathrm{e}^{2\pi\mathrm{i}jk_l2^{-l}}|k_l\rangle \tag{5.7}$$

$$=\frac{1}{2^{n/2}}\bigotimes_{l=1}^{n}\left[\sum_{k_l=0}^{1}\mathrm{e}^{2\pi\mathrm{i}jk_l2^{-l}}|k_l\rangle\right] \tag{5.8}$$

$$=\frac{1}{2^{n/2}}\bigotimes_{l=1}^{n}\left[|0\rangle+\mathrm{e}^{2\pi\mathrm{i}j2^{-l}}|1\rangle\right] \tag{5.9}$$

$$=\frac{\left(|0\rangle+\mathrm{e}^{2\pi\mathrm{i}0.j_n}|1\rangle\right)\left(|0\rangle+\mathrm{e}^{2\pi\mathrm{i}0.j_{n-1}j_n}|1\rangle\right)\cdots\left(|0\rangle+\mathrm{e}^{2\pi\mathrm{i}0.j_1j_2\cdots j_n}|1\rangle\right)}{2^{n/2}} \tag{5.10}$$

式 (5.4) 的乘积表示使得推导量子傅里叶变换的有效电路变得容易。图 5-1 就给出了这样的一个电路，其中门 R_k 表示酉变换

$$R_k\equiv\begin{bmatrix}1 & 0\\ 0 & \mathrm{e}^{2\pi\mathrm{i}/2^k}\end{bmatrix} \tag{5.11}$$

为了证明图 5-1 所示电路是计算量子傅里叶变换的电路，考虑当输入态为 $|j_1,\cdots,j_n\rangle$ 时的变化过程。对第一量子比特执行阿达玛门之后，产生状态

$$\frac{1}{2^{1/2}}\left(|0\rangle+\mathrm{e}^{2\pi\mathrm{i}0.j_1}|1\rangle\right)|j_2\cdots j_n\rangle \tag{5.12}$$

因为当 $j_1=1$ 时，$\mathrm{e}^{2\pi\mathrm{i}0.j_1}=-1$，否则为 $+1$。执行受控 R_2 门之后得到状态

$$\frac{1}{2^{1/2}}\left(|0\rangle+\mathrm{e}^{2\pi\mathrm{i}0.j_1j_2}|1\rangle\right)|j_2\cdots j_n\rangle \tag{5.13}$$

继续执行受控 R_3 门、R_4 门直到 R_n 门，每一个门都在第一个 $|1\rangle$ 的系数的相位上增加一个附加比特。在这个过程的最后，我们得到状态

$$\frac{1}{2^{1/2}}\left(|0\rangle + e^{2\pi i 0.j_1 j_2 \cdots j_n}|1\rangle\right)|j_2 \cdots j_n\rangle \tag{5.14}$$

下面，我们对第二量子比特做同样的操作。阿达玛门使得状态变为

$$\frac{1}{2^{2/2}}\left(|0\rangle + e^{2\pi i 0.j_1 j_2 \cdots j_n}|1\rangle\right)\left(|0\rangle + e^{2\pi i 0.j_2}|1\rangle\right)|j_3 \cdots j_n\rangle \tag{5.15}$$

执行受控 R_2 门直至 R_{n-1} 门，产生状态

$$\frac{1}{2^{2/2}}\left(|0\rangle + e^{2\pi i 0.j_1 j_2 \cdots j_n}|1\rangle\right)\left(|0\rangle + e^{2\pi i 0.j_2 \cdots j_n}|1\rangle\right)|j_3 \cdots j_n\rangle \tag{5.16}$$

对每个量子比特执行这样的操作，得到最终状态

$$\frac{1}{2^{n/2}}\left(|0\rangle + e^{2\pi i 0.j_1 j_2 \cdots j_n}|1\rangle\right)\left(|0\rangle + e^{2\pi i 0.j_2 \cdots j_n}|1\rangle\right)\cdots\left(|0\rangle + e^{2\pi i 0.j_n}|1\rangle\right) \tag{5.17}$$

最后用交换操作（参考 1.3.4 节给出的一个电路描述）来逆转量子比特的顺序，为清晰起见，图 5-1 省略了这些交换。经过交换操作后，量子比特的状态变为

$$\frac{1}{2^{n/2}}\left(|0\rangle + e^{2\pi i 0.j_n}|1\rangle\right)\left(|0\rangle + e^{2\pi i 0.j_{n-1} j_n}|1\rangle\right)\cdots\left(|0\rangle + e^{2\pi i 0.j_1 j_2 \cdots j_n}|1\rangle\right) \tag{5.18}$$

与式 (5.4) 对比，可以看出这正是量子傅里叶变换所期望的输出。这也证明了量子傅里叶变换是酉的，因为电路中的每个门都是酉的。专题 5.1 给出了一个在三量子比特上的量子傅里叶变换的具体电路。

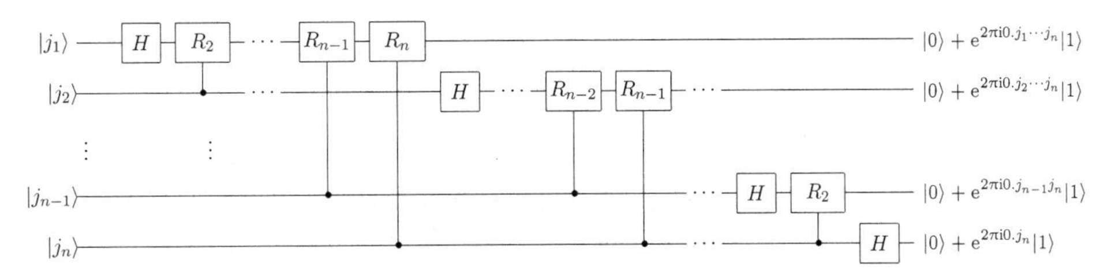

图 5-1　量子傅里叶变换的有效电路。这个电路从量子傅里叶变换的乘积表示（式 (5.4) ）很容易可以推导得到。这里没有给出电路末端逆转量子比特顺序的交换门和输出态的归一化因子 $1/\sqrt{2}$

专题 5.1　三量子比特量子傅里叶变换

我们来看一个三量子比特量子傅里叶变换的具体电路：

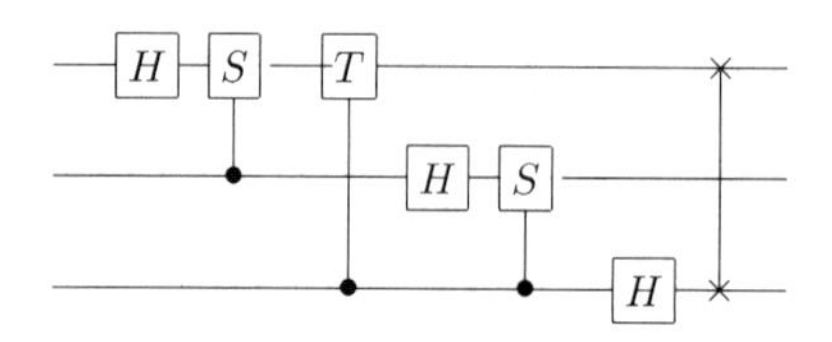

S 和 T 是相位门和 $\pi/8$ 门。在这个例子里量子傅里叶变换的矩阵表示为

$$\frac{1}{\sqrt{8}}\begin{bmatrix} 1 & 1 & 1 & 1 & 1 & 1 & 1 & 1 \\ 1 & \omega & \omega^2 & \omega^3 & \omega^4 & \omega^5 & \omega^6 & \omega^7 \\ 1 & \omega^2 & \omega^4 & \omega^6 & 1 & \omega^2 & \omega^4 & \omega^6 \\ 1 & \omega^3 & \omega^6 & \omega^1 & \omega^4 & \omega^7 & \omega^2 & \omega^5 \\ 1 & \omega^4 & 1 & \omega^4 & 1 & \omega^4 & 1 & \omega^4 \\ 1 & \omega^5 & \omega^2 & \omega^7 & \omega^4 & \omega^1 & \omega^6 & \omega^3 \\ 1 & \omega^6 & \omega^4 & \omega^2 & 1 & \omega^6 & \omega^4 & \omega^2 \\ 1 & \omega^7 & \omega^6 & \omega^5 & \omega^4 & \omega^3 & \omega^2 & \omega^1 \end{bmatrix} \tag{5.19}$$

其中 $\omega = \mathrm{e}^{2\pi\mathrm{i}/8} = \sqrt{\mathrm{i}}$。

图 5-1 中的电路用了多少个门？在第一量子比特上，作用了 1 个阿达玛门和 $n-1$ 个条件旋转门，总共 n 个门。接下来第二量子比特上作用了 1 个阿达玛门和 $n-2$ 个条件旋转门，因此总共有 $n-1$ 个门。以此类推，可以看到需要 $n+(n-1)+\cdots+1=n(n+1)/2$ 个门，再加上交换涉及的门。其中，至多需要 $n/2$ 次交换，而每次交换操作可以用 3 个受控非门来完成。因此这个电路提供了一个执行量子傅里叶变换的 $\Theta(n^2)$ 算法。

与之相比，计算 2^n 元素的离散傅里叶变换的最好经典算法，如快速傅里叶变换（FFT）需要 $\Theta(n2^n)$ 个门。这就是说，相比于在量子计算机上执行量子傅里叶变换，在经典计算机上实现傅里叶变换需要指数多的操作次数。

表面上这看起来很棒，因为傅里叶变换是实际中很多数据处理应用的关键步骤。例如，在计算机语音识别中，音素识别的第一步就是对数字化声音进行傅里叶变换。我们能用量子傅里叶变换来加速这些傅里叶变换的计算吗？不幸的是，我们还不知道要怎么才能做到这一点。原因在于量子计算机的振幅不能通过测量直接访问，因此没办法确定原状态的傅里叶变换的振幅。更糟糕的是，一般没有有效的方法来制备傅里叶变换的初始态。因此，寻找量子傅里叶变换的用途比我们希望的更微妙。在本章和下一章我们设计了几个算法，它们巧妙地运用了量子傅里叶变换。

习题 5.3（经典快速傅里叶变换） 假设在经典计算机上对一个 2^n 维的复向量进行傅里叶变换。证明基于式 (5.1) 的方法来进行傅里叶变换需要 $\Theta(2^{2n})$ 个基本算术运算。基于式 (5.4)，找到一种方法将这个数量级降到 $\Theta(n2^n)$。

习题 5.4 给出受控 R_k 门到单量子比特门和受控非门的分解。

习题 5.5 给出逆量子傅里叶变换的量子电路。

习题 5.6（近似量子傅里叶变换） 量子傅里叶变换的量子电路构造，表面上所用到的门的精度需为量子比特数目的指数量级。然而，多项式规模的量子电路根本不需要这样的精度。例如，令

U 是 n 个量子比特上的理想傅里叶变换，V 是以精度 $\Delta = 1/p(n)$ 作用受控 R_k 门后得到的结果，其中 $p(n)$ 是某个多项式。证明误差 $E(U,V) \equiv \max_{|\psi\rangle} \|(U-V)|\psi\rangle\|$ 的大小是 $\Theta(n^2/p(n))$，且每个门的多项式精度对于保证输出状态的多项式精度是足够的。

5.2　相位估计

傅里叶变换是一个称为*相位估计*（phase estimation）的通用过程的关键所在，而相位估计又是许多量子算法的关键所在。假设酉算子 U 对应于特征向量 $|u\rangle$ 的特征值为 $\mathrm{e}^{2\pi\mathrm{i}\varphi}$，其中 φ 是未知的。相位估计算法的目标就是估计 φ 的值。为进行估计，我们假设有一个可用的*黑盒*（black boxes，有时候称为 oracles），它可以制备态 $|u\rangle$ 及执行受控 U^{2^j} 操作，其中 j 是适当的非负整数。黑盒的使用表明相位估计过程本身不是一个完整的量子算法，而是一种和其他子程序结合后，可以完成有意义计算任务的子程序或模块。在相位估计的具体应用中，我们会描述这些黑盒是如何进行的，并把它们和相位估计过程结合起来，完成真正有用的任务。不过我们暂时要把它们想象为黑盒。

量子相位估计使用两个寄存器。第一个寄存器包含初始态为 $|0\rangle$ 的 t 个量子比特。如何选择 t 取决于两件事：希望精确估计 φ 的位数及所期望的成功概率。t 对这两个量的依赖可从下面分析中自然得出。

第二个寄存器的初始态为 $|u\rangle$，它的量子比特数目需要能足够存储 $|u\rangle$。相位估计分为两个阶段。首先，应用图 5-2 所示电路。该电路以作用阿达玛门到第一寄存器开始，接着作用受控 U 门到第二寄存器，U 以 2 的幂次自乘。容易看出第一寄存器的最终状态是

$$\begin{aligned}\frac{1}{2^{t/2}}&\left(|0\rangle+\mathrm{e}^{2\pi\mathrm{i}2^{t-1}\varphi}|1\rangle\right)\left(|0\rangle+\mathrm{e}^{2\pi\mathrm{i}2^{t-2}\varphi}|1\rangle\right)\cdots\left(|0\rangle+\mathrm{e}^{2\pi\mathrm{i}2^{0}\varphi}|1\rangle\right)\\&=\frac{1}{2^{t/2}}\sum_{k=0}^{2^t-1}\mathrm{e}^{2\pi\mathrm{i}\varphi k}|k\rangle\end{aligned} \tag{5.20}$$

在这个过程中我们忽略了对第二寄存器的描述，因为它在计算过程中始终处于状态 $|u\rangle$。

习题 5.7　证明图 5-2 中的受控 U 操作把状态 $|j\rangle|u\rangle$ 变为 $|j\rangle U^j|u\rangle$。通过这样的证明，可以获得对图 5-2 中电路更深入的认识。（注意这并不依赖于 $|u\rangle$ 是 U 的本征态。）

相位估计的第二阶段是应用*逆*量子傅里叶变换到第一寄存器上。这可以通过反转上一节（习题 5.5）的量子傅里叶变换电路来得到，并且可以在 $\Theta(t^2)$ 步内完成。相位估计的第三也即最后阶段，是通过用计算基进行测量读出第一个寄存器的状态。我们将证明这给出了 φ 的一个相当好的估计。算法的整体框架在图 5-3 给出。

为了更清晰地理解为什么相位估计可行，假设 φ 恰好可以表示为 t 比特，即 $\varphi = 0.\varphi_1\cdots\varphi_t$。则相位估计第一阶段的结果状态式 (5.2) 可以写成

$$\frac{1}{2^{t/2}}\left(|0\rangle+\mathrm{e}^{2\pi\mathrm{i}0.\varphi_t}|1\rangle\right)\left(|0\rangle+\mathrm{e}^{2\pi\mathrm{i}0.\varphi_{t-1}\varphi_t}|1\rangle\right)\cdots\left(|0\rangle+\mathrm{e}^{2\pi\mathrm{i}0.\varphi_1\varphi_2\cdots\varphi_t}|1\rangle\right) \tag{5.21}$$

相位估计的第二阶段是作用逆量子傅里叶变换。通过比较上式和傅里叶变换的积表示式 (5.4)，我们看到第二阶段的输出状态是 $|\varphi_1\cdots\varphi_t\rangle$，在计算基中的测量正确地给出了 φ！

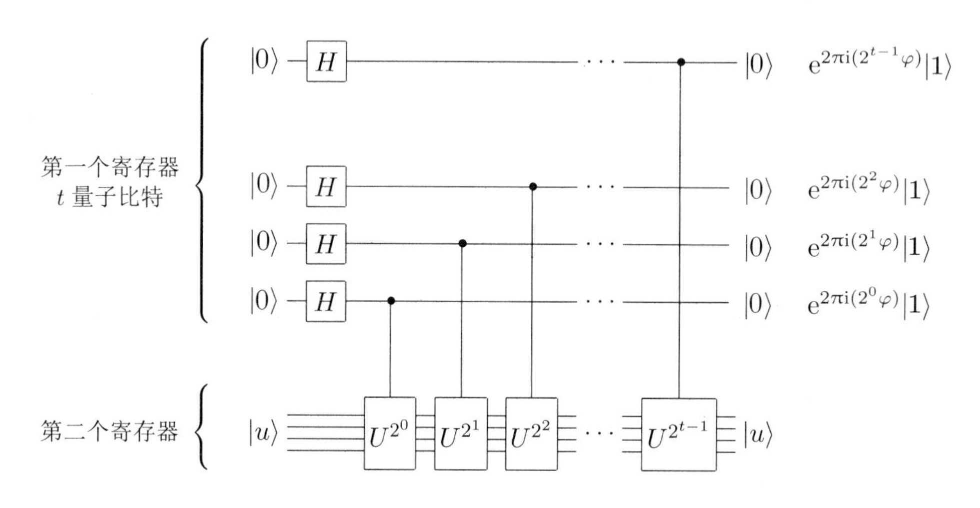

图 5-2　相位估计的第一阶段，右边略去了归一化因子 $1/\sqrt{2}$

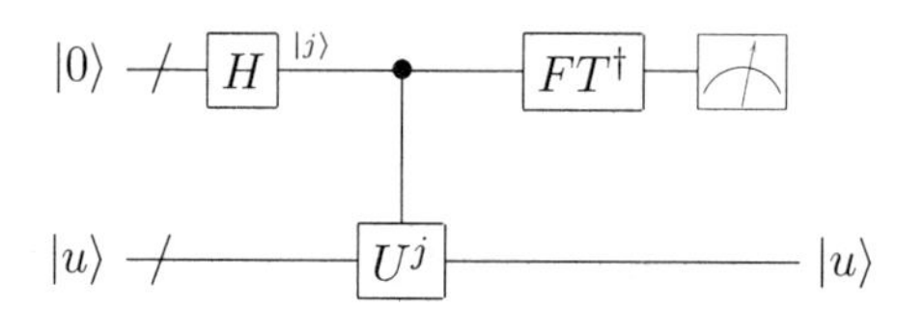

图 5-3　相位估计的全过程的框架。顶上的 t 量子比特（如通常情况下，“/” 表示线束）是第一寄存器，而底下的量子比特是第二寄存器，其量子比特的数目为进行 U 所需的。$|u\rangle$ 是 U 的特征值为 $\mathrm{e}^{2\pi\mathrm{i}\varphi}$ 的本征态。测量输出的是 φ 的一个近似，精确到 $t-\left\lceil\log\left(2+\frac{1}{2\epsilon}\right)\right\rceil$ 比特，其成功概率至少为 $1-\epsilon$

总之，给定酉算子 U 的特征向量 $|u\rangle$，相位估计算法可以估计对应的特征值的相位 φ。该过程的一个核心本质特点是进行逆傅里叶变换的能力，

$$\frac{1}{2^{t/2}}\sum_{j=0}^{2^t-1}\mathrm{e}^{2\pi\mathrm{i}\varphi j}|j\rangle|u\rangle\to|\tilde{\varphi}\rangle|u\rangle \tag{5.22}$$

其中状态 $|\tilde{\varphi}\rangle$ 是 φ 的一个好的估计。

性能与要求

上述分析适合 φ 可以精确地展开成 t 比特二进制数的理想情况。如果不是这样会如何？事实上，我们描述的过程将会以很高的概率产生 φ 的一个相当不错的近似，正如式 (5.22) 所示。为了证明这点需要细致的处理。

令 b 是 0 到 2^t-1 范围内的一个整数，它使得 $b/2^t=0.b_1\cdots b_t$ 是在小于 φ 的数中对于 φ 的 t 比特最佳近似，即 φ 和 $b/2^t$ 之间的差 $\delta\equiv\varphi-b/2^t$ 满足 $0\leqslant\delta\leqslant2^{-t}$。我们要证明，在相位估

计过程的最后做的观测会产生一个接近 b 的结果，从而以高概率精确地估计 φ。作用逆量子傅里叶变换到状态（式 (5.20) ）上，产生状态

$$\frac{1}{2^t}\sum_{k,l=0}^{2^t-1} \mathrm{e}^{\frac{-2\pi \mathrm{i} kl}{2^t}} \mathrm{e}^{2\pi \mathrm{i}\varphi k}|l\rangle \tag{5.23}$$

令 α_l 为 $|(b+l)(\bmod 2^t)\rangle$ 的振幅，

$$\alpha_l \equiv \frac{1}{2^t}\sum_{k=0}^{2^t-1}\left(\mathrm{e}^{2\pi\mathrm{i}\left(\varphi-(b+l)/2^t\right)}\right)^k \tag{5.24}$$

这是一个几何级数的和，因此

$$\alpha_l = \frac{1}{2^t}\left(\frac{1-\mathrm{e}^{2\pi\mathrm{i}(2^t\varphi-(b+l))}}{1-\mathrm{e}^{2\pi\mathrm{i}(\varphi-(b+l)/2^t)}}\right) \tag{5.25}$$

$$= \frac{1}{2^t}\left(\frac{1-\mathrm{e}^{2\pi\mathrm{i}(2^t\delta-l)}}{1-\mathrm{e}^{2\pi\mathrm{i}(\delta-l/2^t)}}\right) \tag{5.26}$$

假设最终输出的测量结果是 m，我们的目标是对得到满足 $|m-b|>e$ 的 m 的概率给出估计的界，其中 e 是刻画容许误差的一个正整数。观测到这样的 m 的概率如下：

$$p(|m-b|>e) = \sum_{-2^{t-1}<l\leqslant-(e+1)}|\alpha_l|^2 + \sum_{e+1\leqslant l\leqslant 2^{t-1}}|\alpha_l|^2 \tag{5.27}$$

但对于任意实数 θ，有 $|1-\exp(\mathrm{i}\theta)|\leqslant 2$，因此

$$|\alpha_l| \leqslant \frac{2}{2^t\left|1-\mathrm{e}^{2\pi\mathrm{i}(\delta-l/2^t)}\right|} \tag{5.28}$$

由初等几何或微积分知识可知，当 $-\pi\leqslant\theta\leqslant\pi$ 时，有 $|1-\exp(\mathrm{i}\theta)|\geqslant 2|\theta|/\pi$。但是当 $-2^{t-1}<l\leqslant 2^{t-1}$ 时，我们有 $-\pi\leqslant 2\pi(\delta-l/2^t)\leqslant\pi$。因此

$$|\alpha_l| \leqslant \frac{1}{2^{t+1}(\delta-l/2^t)} \tag{5.29}$$

结合式 (5.27) 和式 (5.29) 可以得到

$$p(|m-b|>e) \leqslant \frac{1}{4}\left[\sum_{l=-2^{t-1}+1}^{-(e+1)}\frac{1}{(l-2^t\delta)^2} + \sum_{l=e+1}^{2^{t-1}}\frac{1}{(l-2^t\delta)^2}\right] \tag{5.30}$$

又因为 $0 \leqslant 2^t\delta \leqslant 1$，我们有

$$p(|m-b|>e) \leqslant \frac{1}{4}\left[\sum_{l=-2^{t-1}+1}^{-(e+1)} \frac{1}{l^2} + \sum_{l=e+1}^{2^{t-1}} \frac{1}{(l-1)^2}\right] \tag{5.31}$$

$$\leqslant \frac{1}{2}\sum_{l=e}^{2^{t-1}-1} \frac{1}{l^2} \tag{5.32}$$

$$\leqslant \frac{1}{2}\int_{e-1}^{2^{t-1}-1} \mathrm{d}l \frac{1}{l^2} \tag{5.33}$$

$$= \frac{1}{2(e-1)} \tag{5.34}$$

假设我们希望近似 φ 的精度达到 2^{-n}，则可选择 $e = 2^{t-n}-1$。通过在相位估计算法中利用 $t = n+p$ 量子比特，我们从式 (5.34) 可以看到，获得这个精度的近似的概率至少为 $1-1/2\,(2^p-2)$。因此，要以至少 $1-\epsilon$ 的成功概率得到 φ 的精确到 n 比特的近似量，我们选择

$$t = n + \left\lceil \log\left(2 + \frac{1}{2\epsilon}\right)\right\rceil \tag{5.35}$$

为了利用相位估计算法，我们需要能制备 U 的本征态 $|u\rangle$。如果我们不知道如何制备这样一个本征态会如何？假设我们制备了其他某个状态 $|\psi\rangle$ 来代替 $|u\rangle$。把这个状态按照 U 的本征态 $|u\rangle$ 展开，得到 $|\psi\rangle = \sum_u c_u|u\rangle$。设本征态 $|u\rangle$ 具有特征值 $\mathrm{e}^{2\pi\mathrm{i}\varphi_u}$。直观上，运行相位估计算法会给出一个接近 $\sum_u c_u|\widetilde{\varphi_u}\rangle|u\rangle$ 的输出状态，其中 $\widetilde{\varphi_u}$ 是相位 φ_u 的一个很好的近似。因此，我们期望第一寄存器的读数将是 φ_u 的一个很好的近似，其中 u 是以 $|c_u|^2$ 概率随机选取的。这个严格化的论证留作习题 5.8 。这个过程允许我们以算法中引入一些附加的随机性为代价，避免制备（可能未知的）本征态。

习题 5.8 假设相位估计算法把状态 $|0\rangle|u\rangle$ 变为状态 $|\widetilde{\varphi_u}\rangle|u\rangle$，使得给定输入 $|0\rangle\left(\sum_u c_u|u\rangle\right)$ 时，算法的输出为 $\sum_u c_u|\widetilde{\varphi_u}\rangle|u\rangle$。证明如果 t 是按照式 (5.35) 来选择的，则在相位估计算法最后得到 φ_n 的精确到 n 比特的近似量的概率至少是 $|c_u|^2\,(1-\epsilon)$。

为什么相位估计有意义呢？就其本身而言，从物理上看，相位估计解决了一个重要且有趣的问题：如何估计一个给定特征向量的酉算子的特征值。它的实际用途在于，其他一些有趣的问题可以归结为相位估计，这在接下来的章节中将得以展现。相位估计算法总结如下。

算法（量子相位估计）

输入：（1）进行受控 U^j 操作的黑盒，其中 j 为整数；（2）U 的一个具有特征值为 $\mathrm{e}^{2\pi\mathrm{i}\varphi_u}$ 的本征态 $|u\rangle$；（3）初始化为 $|0\rangle$ 的 $t = n + \left\lceil \log\left(2+\frac{1}{2\epsilon}\right)\right\rceil$ 个量子比特。

输出： 对 φ_u 的 n 比特近似 $\widetilde{\varphi_u}$。

运行时间： $O(t^2)$ 次操作和一个受控 U^j 的黑盒，成功概率至少是 $1-\epsilon$。

过程：

1.	$\|0\rangle\|u\rangle$	初态
2.	$\rightarrow \frac{1}{\sqrt{2^t}}\sum_{j=0}^{2^t-1}\|j\rangle\|u\rangle$	产生叠加
3.	$\rightarrow \frac{1}{\sqrt{2^t}}\sum_{j=0}^{2^t-1}\|j\rangle U^j\|u\rangle$	作用黑盒
	$= \frac{1}{\sqrt{2^t}}\sum_{j=0}^{2^t-1}\mathrm{e}^{2\pi \mathrm{i} j\varphi_u}\|j\rangle\|u\rangle$	黑盒的结果
4.	$\rightarrow \|\widetilde{\varphi_u}\rangle\|u\rangle$	作用逆傅里叶变换
5.	$\rightarrow \widetilde{\varphi_u}$	测量第一寄存器

习题 5.9 令 U 是一个特征值为 ±1 的酉变换，它作用在一个状态 $|\psi\rangle$ 上。利用相位估计过程，构造一个量子电路，使得 $|\psi\rangle$ 坍缩到 U 的两个本征空间之一，并给出最终状态所在空间的一个经典指示器。与习题 4.34 的结果进行比较。

5.3 应用：求阶与因子分解问题

相位估计过程可以用来解决各种有趣的问题。现在我们来描述其中最有趣的两个问题：*求阶问题*（order-finding problem）和*因子分解问题*（factoring problem）。事实上，这两个问题是等价的。因此，在 5.3.1 节我们阐述求阶问题的一个量子算法，而在 5.3.2 节解释求阶问题如何蕴含求因子分解问题的能力。

为了理解因子分解和求阶的量子算法，我们需要一些数论的背景知识。所有用到的材料都收集在附录 D 里。下面两节给出的描述集中在问题的量子方面，这只需要对模算术（modular arithmetic）比较熟悉即可读懂。我们引用的数论结论的证明细节可以在附录 D 里找到。

求阶和因子分解问题的快速量子算法的吸引力至少体现在以下 3 个方面。首先，在我们看来最重要的是,它们为量子计算机可能比经典计算机更强大的观点提供了证据，并对强丘奇-图灵论题提出了可信的挑战。其次，这两个问题都有足够的内在价值来证明对任何新颖算法的兴趣，不管算法是经典的还是量子的。最后，从实践的观点来看最重要的是，求阶和因子分解的有效算法可以用来破解 RSA 公钥密码系统（附录 E）。

5.3.1 应用：求阶

对于满足 $x < N$ 且无公因子的正整数 x 和 N，x 模 N 的阶定义为满足 $x^r = 1(\bmod N)$ 的最小正整数 r。求阶问题就是对指定的 x 和 N 确定阶。求阶问题被认为是经典计算机上的一个难题，因为没有发现算法使用 $O(L)$ 的多项式规模的资源就能求解该问题，其中 $L \equiv \lceil\log(N)\rceil$ 是表示 N 所需要的比特数。本节说明怎样使用相位估计得到求阶的一个有效的量子算法。

习题 5.10 证明 $x = 5$ 模 $N = 21$ 的阶是 6。

习题 5.11 证明 x 的阶满足 $r \leqslant N$。

求阶的量子算法就是将相位估计算法应用到如下酉算子上：

$$U|y\rangle \equiv |xy(\bmod N)\rangle \tag{5.36}$$

其中 $y \in \{0,1\}^L$。（注意到在此处及下文，当 $N \leqslant y \leqslant 2^L - 1$ 时，我们约定 $xy(\bmod N)$ 就是 y，即 U 的作用仅当 $0 \leqslant y \leqslant N-1$ 时是非平凡的）。简单的计算表明，对整数 $0 \leqslant s \leqslant r-1$ 定义的状态

$$|u_s\rangle \equiv \frac{1}{\sqrt{r}} \sum_{k=0}^{r-1} \exp\left[\frac{-2\pi i s k}{r}\right] |x^k \bmod N\rangle \tag{5.37}$$

是 U 的本征态，因为

$$U|u_s\rangle = \frac{1}{\sqrt{r}} \sum_{k=0}^{r-1} \exp\left[\frac{-2\pi i s k}{r}\right] |x^{k+1} \bmod N\rangle \tag{5.38}$$

$$= \exp\left[\frac{2\pi i s}{r}\right] |u_s\rangle \tag{5.39}$$

利用相位估计过程，我们可以以高精度得到相应的特征值 $\exp(2\pi i s/r)$，再花一点功夫就可以得到阶 r。

习题 5.12 证明 U 是酉的（提示：x 与 N 是互质的，于是有模 N 的逆）。

应用相位估计过程有两个重要的要求：必须有对任意整数 j 能够有效地实现受控 U^{2^j} 操作，以及必须能够有效制备具有非平凡特征值的本征态 $|u_s\rangle$，或者至少是这样的本征态的一个叠加。第一个要求用模幂运算（modular exponentiation）的过程即可满足，通过该过程我们可以用 $O(L^3)$ 个门实现整个受控 U^{2^j} 的序列，具体如专题 5.2 所述。

专题 5.2 模幂运算

在求阶算法中，如何计算相位估计算法中使用的受控 U^{2^j} 操作序列？即我们希望计算变换

$$|z\rangle|y\rangle \to |z\rangle U^{z_t 2^{t-1}} \cdots U^{z_1 2^0}|y\rangle \tag{5.40}$$

$$= |z\rangle|x^{z_t 2^{t-1}} \times \cdots \times x^{z_1 2^0} y(\bmod N)\rangle \tag{5.41}$$

$$= |z\rangle|x^z y(\bmod N)\rangle \tag{5.42}$$

因此相位估计中使用的受控 U^{2^j} 操作序列等价于用一个模幂运算 $x^z(\bmod N)$ 乘以第二寄存器的内容，其中 z 是第一寄存器的内容。这个操作可以简单地用可逆计算的技术来完成。其基本思想是以可逆的方式在第三寄存器中计算关于 z 的函数 $x^z(\bmod N)$，然后以可逆的方

式把 $x^z(\bmod N)$ 与第二寄存器的内容相乘，并用退计算的技巧完成计算后擦除第三寄存器的内容。模幂运算的算法分为两个阶段。第一阶段是用带模乘法计算 $x^2(\bmod N)$，即对 x 模 N 取平方；然后通过 $x^2(\bmod N)$ 的平方来计算 $x^4(\bmod N)$；一直进行下去，直到对所有 j 从 0 到 $t-1$ 计算出 $x^{2^j}(\bmod N)$。这里 $t = 2L+1+\lceil\log(2+1/(2\epsilon))\rceil = O(L)$，所以总共有 $t-1 = O(L)$ 次平方操作，每个需要 $O(L^2)$ 规模的代价（这个代价假设了用人们孩童时代所学的熟知的乘法算法来实现平方）。因此第一阶段总的代价是 $O(L^3)$。第二阶段的算法基于我们已经注意到的事实

$$x^z(\bmod N) = \left(x^{z_t 2^{t-1}}(\bmod N)\right)\left(x^{z_{t-1}2^{t-2}}(\bmod N)\right)\cdots\left(x^{z_1 2^0}(\bmod N)\right) \tag{5.43}$$

执行 $t-1$ 次带模乘法（每次代价 $O(L^2)$），可以看到以上乘积可以用 $O(L^3)$ 个门来计算。这对我们的目的是足够有效的，但是基于更有效的乘法算法可以有更有效的算法（参考“背景资料与延伸阅读”）。利用 3.2.5 节的技术，可以直接构造一个带有 t 比特寄存器和 L 比特寄存器的可逆电路，它从 (z,y) 状态开始到输出 $(z, x^z y(\bmod N))$ 要用到 $O(L^3)$ 个门。该电路可以转换为用 $O(L^3)$ 个门计算变换 $|z\rangle|y\rangle \to |z\rangle|x^z y(\bmod N)\rangle$ 的量子电路。

第二个要求需要一点技巧：制备 $|u_s\rangle$ 要求我们知道 r，而这是不可能的。幸运的是，有一个巧妙的观察可以使我们规避制备 $|u_s\rangle$ 的问题，即

$$\frac{1}{\sqrt{r}}\sum_{s=0}^{r-1}|u_s\rangle = |1\rangle \tag{5.44}$$

在进行相位估计的过程中，如果第一寄存器使用 $t = 2L+1+\left\lceil\log\left(2+\frac{1}{2\epsilon}\right)\right\rceil$ 个量子比特（参考图 5-3），并把第二寄存器制备成 $|1\rangle$ 状态——其构造是容易的——则可以知道对于每个在 0 到 $r-1$ 范围内的 s，我们都将以不小于 $(1-\epsilon)/r$ 的概率得到相位 $\varphi \approx s/r$ 的精确到 $2L+1$ 比特的估计。求阶算法的框架如图 5-4 所示。

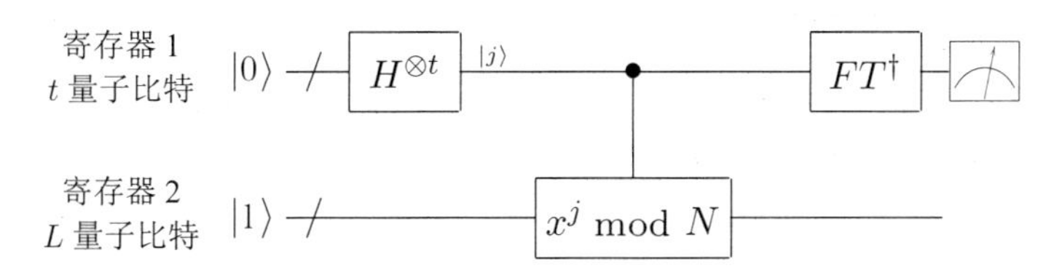

图 5-4　求阶算法的量子电路。第二寄存器初始化为态 $|1\rangle$，但如果用习题 5.14 的方法它可以初始化为 $|0\rangle$。利用 5.3.2 节的归约，这个电路还可以用作因子分解

习题 5.13　证明式 (5.44)（提示：$\sum_{s=0}^{r-1}\exp(-2\pi \mathrm{i} sk/r) = r\delta_{k0}$），即证明

$$\frac{1}{\sqrt{r}}\sum_{s=0}^{r-1}\mathrm{e}^{2\pi \mathrm{i} sk/r}|u_s\rangle = |x^k \bmod N\rangle \tag{5.45}$$

习题 5.14 若初始化第二寄存器为 $|1\rangle$，在逆傅里叶变换之前，求阶算法产生的量子态为

$$|\psi\rangle = \sum_{j=0}^{2^t-1} |j\rangle U^j |1\rangle = \sum_{j=0}^{2^t-1} |j\rangle |x^j \bmod N\rangle \tag{5.46}$$

证明如果我们把 U^j 替换成不同的酉变换 V，如下

$$V|j\rangle|k\rangle = |j\rangle|k + x^j \bmod N\rangle \tag{5.47}$$

且让第二寄存器从 $|0\rangle$ 开始，将得到同样的状态。同时说明如何用 $O(L^3)$ 个门构造 V。

连分式展开

求阶到相位估计的归约可以通过描述如何由相位估计算法的结果 $\varphi \approx s/r$ 得到答案 r 而完成。我们只知道 φ 近似到 $2L+1$ 位，但我们还预先知道它是一个有理数——两个有界整数之比——而且，如果我们能计算这样的离 φ 最近的分数，我们就可能得到 r。

值得注意的是，存在有效算法来完成这个任务，它被称为连分式算法。关于该方法的一个例子在专题 5.3 中给出。该算法之所以能满足我们的要求是因为有如下定理，其证明在附录 D 中给出。

定理 5.1 设 s/r 是一个满足

$$\left|\frac{s}{r} - \varphi\right| \leqslant \frac{1}{2r^2} \tag{5.48}$$

的有理数，则 s/r 是 φ 的连分式的一个渐近值，从而可以利用连分式算法在 $O(L^3)$ 次操作之内计算。

由于 φ 是 s/r 精确到 $2L+1$ 位的一个近似，且 $r \leqslant N \leqslant 2^L$，所以有 $|s/r - \varphi| \leqslant 2^{-2L-1} \leqslant 1/2r^2$，从而可以应用该定理。

总之，给定 φ，连分式算法可以有效地产生没有公因子的数 s' 和 r'，使得 $s'/r' = s/r$。数 r' 是阶的候选者。我们可以通过计算 $x^{r'} \bmod N$ 看结果是否为 1 来检查它是否为阶。如果是，则 r' 是 x 模 N 的阶，我们的任务就完成了。

专题 5.3　连分式算法

连分式算法的思想是只用整数把实数描述为如下形式：

$$[a_0, \cdots, a_M] \equiv a_0 + \cfrac{1}{a_1 + \cfrac{1}{a_2 + \cfrac{1}{\cdots + \cfrac{1}{a_M}}}} \tag{5.49}$$

其中 $a_0, \cdots, a_M$ 是正整数（为了方便用于量子计算，允许 $a_0 = 0$）。我们定义这个连分式的第 m 个渐近值（$0 \leqslant m \leqslant M$）为 $[a_0, \cdots, a_m]$。连分式算法是一个确定任意实数的连分式展

开的方法，通过下面的例子很容易明白。假设我们想要把 31/13 分解为连分式。第一步就是把 31/13 分成整数和分数部分

$$\frac{31}{13}=2+\frac{5}{13} \tag{5.50}$$

下面把分数部分倒过来，得到

$$\frac{31}{13}=2+\frac{1}{\frac{13}{5}} \tag{5.51}$$

这些步骤——分开后倒转——应用到 13/5，得到

$$\frac{31}{13}=2+\frac{1}{2+\frac{3}{5}}=2+\frac{1}{2+\frac{1}{\frac{5}{3}}} \tag{5.52}$$

下面分开和倒转 5/3：

$$\frac{31}{13}=2+\frac{1}{2+\frac{1}{1+\frac{2}{3}}}=2+\frac{1}{2+\frac{1}{1+\frac{1}{\frac{3}{2}}}} \tag{5.53}$$

连分式分解现在终止了，因为

$$\frac{3}{2}=1+\frac{1}{2} \tag{5.54}$$

可以写成一个分子是 1 的形式而不需要倒转，这就给出了 31/13 的最终连分式表示

$$\frac{31}{13}=2+\frac{1}{2+\frac{1}{1+\frac{1}{1+\frac{1}{2}}}} \tag{5.55}$$

显然对任意有理数连分式算法经过有限步“分开和倒转”后终止，因为出现的分子是严格递减的（例子中是 $31,5,3,2,1$）。这个过程终止的速度有多快？事实上如果 $\varphi=s/r$ 是一个有理数，并且 s 和 r 是 L 比特的整数，则 φ 的连分式展开可以用 $O(L^3)$ 次操作计算出来——$O(L)$ 个“分开和倒转”步骤，每个步骤用 $O(L^2)$ 个基本算术门。

性能

在什么情况下求阶算法会失败？这里有两种可能性。首先，相位估计过程可能会给出 s/r 的一个糟糕的估计。这种情况发生的概率至多为 ϵ，并且可以通过电路规模可忽略的增大来减小。更严重的是，s 和 r 可能有公因子。这时连分式算法返回的 r' 是 r 的一个因子而不是 r 本身。幸运的是，至少有 3 种方法可以解决这个问题。

最直接的方法大概就是注意到，对于在 0 到 $r-1$ 的范围内随机选取的 s，它与 r 很可能是互质的，在这种情况下连分式算法必然返回 r。为了明确这一点，注意到由问题 4.1 可知，小于 r 的素数的数目至少为 $r/2\log r$，因此 s 是素数（从而与 r 互质）的可能性至少是 $1/2\log(r)>1/2\log(N)$。那么重复算法 $2\log(N)$ 次，将会以很高的概率得到一个相位 s/r，使得 s 和 r 互质，于是用连分式算法可以得到期望的 r。

第二种方法是如果 $r'\neq r$，则 r' 肯定是 r 的一个因子，除非 $s=0$，这种情况发生的概率为 $1/r<1/2$，不过经过几次重复后，这种情况就可以不考虑了。假设我们用 $a'\equiv a^{r'}(\bmod N)$ 来代

替 a，则 a' 的阶是 r/r'。我们重复算法尝试计算 a' 的阶。如果成功，那么可以计算 a 的阶，因为 $r=r'\times r/r'$。如果失败，那么得到的是 r/r' 的因子 r''，这样我们可以计算 $a''\equiv(a')^{r''}\ (\bmod N)$ 的阶。迭代这个过程，直到确定 a 的阶。最多需要 $\log(r)=O(L)$ 次迭代，因为每次重复都把当前的候选对象 $a''^{\cdots}$ 的阶降低至少一半。

第三种方法比前两种方法都要好，因为它只需要常数次的尝试而不是 $O(L)$ 次的重复。它的思路是把相位估计——连分式过程重复两次，第一次得到 r_1', s_1'，第二次得到 r_2', s_2'。假设 s_1' 和 s_2' 没有公因子，r 可以通过取 r_1' 和 r_2' 的最小公倍数得到。s_1' 和 s_2' 没有公因子的概率为

$$1-\sum_q p\left(q|s_1'\right)p\left(q|s_2'\right) \tag{5.56}$$

其中，对所有素数 q 求和，并且 $p(x|y)$ 表示 x 整除 y 的概率。如果 q 整除 s_1'，则它一定也可以整除真正的 s 和第一次迭代的 s_1，因此为了估计 $p(q|s_1')$ 的上界，只要估计 $p(q|s_1)$ 的上界，其中 s_1 是从 0 到 $r-1$ 中均匀分布选出的。容易看出 $p(q|s_1)\leqslant 1/q$，因此 $p(q|s_1')\leqslant 1/q$。类似地，$p(q|s_2')\leqslant 1/q$，因此 s_1' 和 s_2' 没有公因子的概率是

$$1-\sum_q p\left(q|s_1'\right)p\left(q|s_2'\right)\geqslant 1-\sum_q\frac{1}{q^2} \tag{5.57}$$

右边项可以用不同的方法来估计上界。在习题 5.16 中提供了一个简单的技术，给出

$$1-\sum_q p\left(q|s_1'\right)p\left(q|s_2'\right)\geqslant\frac{1}{4} \tag{5.58}$$

因此得到正确 r 的概率至少为 $1/4$。

习题 5.15 证明正整数 x 和 y 的最小公倍数是 $xy/\gcd(x,y)$，因此若 x 和 y 是 L 比特的数，则可以在 $O(L^2)$ 次操作内算出。

习题 5.16 对所有的 $x\geqslant 2$，证明 $\int_x^{x+1}1/y^2\,\mathrm{d}y\geqslant 2/3x^2$，并证明

$$\sum_q\frac{1}{q^2}\leqslant\frac{3}{2}\int_2^{\infty}\frac{1}{y^2}\,\mathrm{d}y=\frac{3}{4} \tag{5.59}$$

由上式可知式 (5.58) 成立。

这个算法需要消耗多少资源？阿达玛变换需要 $O(L)$ 个门，逆傅里叶变换需要 $O(L^2)$ 个门。量子电路的主要资源消耗在求模幂，这需要 $O(L^3)$ 个门，因此整个量子电路的门数也是 $O(L^3)$ 个。连分式算法又增加了 $O(L^3)$ 个门，因为要用 $O(L^3)$ 个门来得到 r'。利用第 3 种方法从 r' 中得到 r，我们只需要重复这个过程常数次来得到阶 r，总共消耗 $O(L^3)$ 规模的资源。算法总结如下。

算法（量子求阶）

输入：（1）进行变换 $|j\rangle|k\rangle\rightarrow|j\rangle|x^jk \bmod N\rangle$ 的黑盒 $U_{x,N}$，其中 N 有 L 位，x 与 N 互质；（2）初始化为 $|0\rangle$ 的 $t=2L+1+\left\lceil\log\left(2+\frac{1}{2\epsilon}\right)\right\rceil$ 个量子比特；（3）初始化为状态 $|1\rangle$ 的 L 个

量子比特。

输出：最小的整数 $r>0$，使得 $x^r=1(\bmod N)$。

运行时间：$O(L^3)$ 次操作，成功概率是 $O(1)$。

过程：

1. $|0\rangle|1\rangle$　　初始状态

2. $\rightarrow \frac{1}{\sqrt{2^t}}\sum_{j=0}^{2^t-1}|j\rangle|1\rangle$　　产生叠加

3. $\rightarrow \frac{1}{\sqrt{2^t}}\sum_{j=0}^{2^t-1}|j\rangle|x^j \bmod N\rangle$　　作用 $U_{x,N}$

$$\approx \frac{1}{\sqrt{r2^t}}\sum_{s=0}^{r-1}\sum_{j=0}^{2^t-1}\mathrm{e}^{2\pi \mathrm{i} sj/r}|j\rangle|u_s\rangle$$

4. $\rightarrow \frac{1}{\sqrt{r}}\sum_{s=0}^{r-1}|\widetilde{s/r}\rangle|u_s\rangle$　　在第一寄存器上作用逆傅里叶变换

5. $\rightarrow \widetilde{s/r}$　　测量第一寄存器

6. $\rightarrow r$　　应用连分式算法

5.3.2　应用：因子分解

> 区分素数和合数，以及将合数分解为素因子，是整个算术中最重要且最有用的问题之一。[……] 科学的尊严似乎要求每一个有助于解决这样优雅和著名的问题的努力要得到积极的支持。
>
> ——高斯，高德纳引用

给定一个正合数 N，什么样的一组素数乘起来和它相等？因为求阶的快速算法可以很容易地变成因子分解的快速算法，所以因子分解问题实际上等价于我们刚刚研究的求阶问题。本节我们解释将因子分解问题归约为求阶问题的方法，并给出该归约的一个简单例子。

把因子分解归约为求阶的过程分为两个基本步骤。第一步是证明如果我们能够找到方程 $x^2=1(\bmod N)$ 的一个非平凡解 $x\neq\pm1(\bmod N)$，那么就可以计算出 N 的一个因子。第二步是证明一个随机选择的与 N 互质的 y 很可能有偶数的阶 r，使得 $y^{r/2}\neq\pm1(\bmod N)$，因此 $x\equiv y^{r/2}(\bmod N)$ 是 $x^2=1(\bmod N)$ 的一个非平凡的解。这两步体现在下面的定理，定理的证明可以在 D.3 节中找到。

定理 5.2　假设 N 是一个 L 比特的合数，x 是方程 $x^2=1(\bmod N)$ 在整数范围 $1\leqslant x\leqslant N$ 内的一个非平凡解，即，既不满足 $x=1(\bmod N)$，也不满足 $x=N-1=-1(\bmod N)$。则 $\gcd(x-1,N)$ 和 $\gcd(x+1,N)$ 中至少有一个是 N 的非平凡因子，这可用 $O(L^3)$ 次操作得到。

定理 5.3 假设 $N = p_1^{\alpha_1} \cdots p_m^{\alpha_m}$ 是一个正的奇合数的素因子分解，令 x 是在 $1 \leqslant x \leqslant N-1$ 内均匀随机选出的与 N 互质的整数，令 r 是 x 模 N 的阶，则

$$p\left(r \text{ 是偶数且} x^{r/2} \neq -1(\text{mod } N)\right) \geqslant 1 - \frac{1}{2^{m-1}} \tag{5.60}$$

定理 5.2 和 5.3 结合起来可以得到一个算法，它能以很高概率返回任意合数 N 的一个非平凡因子。（根据目前所知）除了用到的求阶子程序，算法所有步骤都可以在经典计算机上有效执行。重复这个过程，可以求出 N 的完整素因子分解。算法总结如下。

算法（因子分解到求阶的归约）

输入：一个合数 N。

输出：N 的一个非平凡因子。

运行时间：$O((\log N)^3)$ 次操作，成功概率是 $O(1)$。

步骤：

1. 若 N 是偶数，返回因子 2。
2. 判定对于整数 $a \geqslant 1$ 和 $b \geqslant 2$ 是否有 $N = a^b$。如果是则返回因子 a（利用习题5.17的经典算法）。
3. 随机在 1 到 $N-1$ 的范围内选择 x，若 $\gcd(x, N) > 1$，则返回因子 $\gcd(x, N)$。
4. 利用求阶子程序，求出 x 模 N 的阶 r。
5. 若 r 是偶数且 $x^{r/2} \neq -1(\text{mod } N)$，则计算 $\gcd(x^{r/2}-1, N)$ 和 $\gcd(x^{r/2}+1, N)$，如果这两个数中有一个是非平凡因子，则返回该数。否则，算法失败。

算法的步骤 **1** 和步骤 **2** 要么返回一个因子，要么保证 N 是一个含有多于 1 个素因子的奇数。这些步骤可以分别用 $O(1)$ 和 $O(L^3)$ 次操作完成。步骤 **3** 要么返回一个因子，要么随机从 $\{0, 1, 2, \cdots, N-1\}$ 里选取 x。步骤 **4** 调用求阶子程序，计算 x 模 N 的阶 r。步骤 **5** 结束算法，因为定理 5.3 以至少 1/2 的概率保证 r 为偶数且 $x^{r/2} \neq -1(\text{mod } N)$，并且定理 5.2 保证要么 $\gcd(x^{r/2}-1, N)$ 要么 $\gcd(x^{r/2}+1, N)$ 是 N 的非平凡因子。专题 5.4 给出这个利用量子求阶子程序算法的一个例子。

专题 5.4 用量子力学方式对 15 进行因子分解

通过对 $N = 15$ 分解因子，来说明量子因子分解算法中的求阶、相位估计和连分式展开。首先，我们选择一个与 N 没有公因子的随机数，假设选的是 7。然后，我们用量子求阶算法来计算 x 相对 N 的阶：从状态 $|0\rangle|0\rangle$ 开始，通过对第一寄存器作用 $t = 11$ 次阿达玛变换得到状态

$$\frac{1}{\sqrt{2^t}} \sum_{k=0}^{2^t-1} |k\rangle|0\rangle = \frac{1}{\sqrt{2^t}}\left[|0\rangle + |1\rangle + |2\rangle + \cdots + |2^t - 1\rangle\right]|0\rangle \tag{5.61}$$

选择这样的 t 保证了误差概率 ϵ 至多为 1/4。下一步，计算 $f(k)=x^k \bmod N$，并把结果放到第二寄存器中：

$$
\begin{aligned}
&\frac{1}{\sqrt{2^t}}\sum_{k=0}^{2^t-1}|k\rangle|x^k \bmod N\rangle \qquad (5.62)\\
&=\frac{1}{\sqrt{2^t}}\Big[|0\rangle|1\rangle+|1\rangle|7\rangle+|2\rangle|4\rangle+|3\rangle|13\rangle+|4\rangle|1\rangle+|5\rangle|7\rangle+|6\rangle|4\rangle+\cdots\Big]
\end{aligned}
$$

再作用逆傅里叶变换 $FT^\dagger$ 到第一寄存器后测量它。分析所得结果分布的一个方法是，计算第一寄存器的约化密度矩阵，并对它作用 $FT^\dagger$，然后计算测量统计量。不过，因为第二寄存器上没有进一步的操作，我们可以应用隐含测量原理（4.4 节）来代替，假设第二寄存器也被测量了，随机得到 $1,7,4,13$ 的结果。假设我们得到 4（哪个结果都可以），这意味着输入到 $FT^\dagger$ 的状态为 $\sqrt{\frac{4}{2^t}}\Big[|2\rangle+|6\rangle+|10\rangle+|14\rangle+\cdots\Big]$。作用 $FT^\dagger$ 之后，我们得到某个状态 $\sum_\ell \alpha_\ell|\ell\rangle$，其所对应的的概率分布如下图所示（取 $2^t=2048$）。

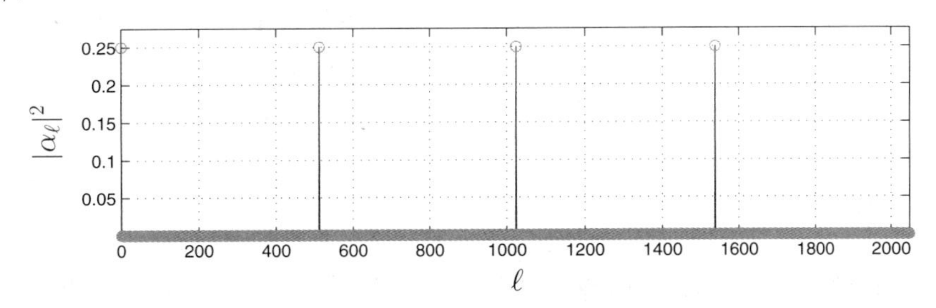

因此最终测量是以几乎恰好每个 1/4 的概率给出 $0,512,1024$ 或 1536 中的一个结果。假设得到 $\ell=1536$，那么计算连分式展开就得到 $1536/2048=1/(1+(1/3))$，这样 3/4 成为展开式的一个渐近值，于是得到 $r=4$ 是 $x=7$ 的阶。恰巧，r 是偶数，且 $x^{r/2} \bmod N = 7^2 \bmod 15 = 4 \neq -1 \bmod 15$，因此算法有效：计算最大公因子 $\gcd\big(x^2-1,15\big)=3$ 和 $\gcd\big(x^2+1,15\big)=5$，得到 $15=3\times 5$。

习题 5.17　假设 N 的长度为 L 比特。本习题的目的是找出一个有效的经典算法，判定 $N=a^b$ 是否对某些整数 $a\geqslant 1$ 和 $b\geqslant 2$ 成立。这可以按如下步骤达到。

1. 证明若这样的 b 存在，则满足 $b\leqslant L$。
2. 证明为计算 $\log_2 N$，对 $b\leqslant L$ 计算 $x=y/b$，以及计算两个最接近 2^x 的整数 u_1 和 u_2 至多需要 $O(L^2)$ 次操作。
3. 证明为计算 u_1^b 和 u_2^b（反复使用平方）和检查它们是否等于 N 至多需要 $O(L^2)$ 次操作。
4. 将前面的结果结合起来给出一个 $O(L^3)$ 的算法，以判定 $N=a^b$ 是否对整数 a 和 b 成立。

习题 5.18（因子分解 91）　假设我们希望因子分解 $N=91$，确认第一步和第二步会通过。对于第三步，假设选择 $x=4$，它与 91 互质。计算 x 相对 N 的阶，并证明 $x^{r/2} \bmod 91 = 64 \neq -1 (\bmod 91)$，因此算法会成功，并给出 $\gcd(64-1,91)=7$。

这不是你见过的分解 91 的最有效的方法。的确，如果所有的计算都在经典计算机上运行，这个归约不会得到一个有效的因子分解算法，因为还不知道在经典计算机上解决求阶问题的有效解法。

习题 5.19 证明 $N = 15$ 是需要用到求阶子程序的最小数，即它是既非偶数又非某个更小整数的幂的最小合数。

5.4 量子傅里叶变换的一般应用

迄今为止，我们在本章描述的量子傅里叶变换的主要应用是相位估计和求阶。用这些技术可以解决哪些其他问题？本节中，我们定义一个称为隐含子群问题的非常一般的问题，并描述一个解决该问题的有效量子算法。这个问题包含了所有已知的量子傅里叶变换的指数加速应用，它可以被视为求周期函数的未知周期的一种推广，在函数定义域和值域结构非常复杂的情况下。为了以最容易理解的方式来描述该问题，我们从两个更具体的应用出发：求（一维函数的）周期和离散对数问题，然后再回到一般的隐含子群问题。注意本节的阐述比本章中前面的小节更简明和概念化，这意味着，希望掌握全部细节的读者必须付出更多的努力！

5.4.1 周期查找

考虑下面的问题。假设 f 是一个输出为单比特的周期函数，满足对于某个未知的 $0 < r < 2^L$，有 $f(x+r) = f(x)$，其中 $x, r \in \{0, 1, 2, \cdots\}$。给定一个量子黑盒 U，它执行酉变换 $U|x\rangle|y\rangle \rightarrow |x\rangle|y \oplus f(x)\rangle$（$\oplus$ 表示模 2 加），需要多少次黑盒查询和其他操作才能确定 r 呢？注意在实际中，U 作用在一个有限域上，它的大小取决于对 r 期望的精度。下面有一个量子算法可以使用一次查询和 $O(L^2)$ 次其他操作对问题进行求解。

算法（周期查找）

输入：（1）一个执行操作 $U|x\rangle|y\rangle \rightarrow |x\rangle|y \oplus f(x)\rangle$ 的黑盒；（2）一个存储函数值的状态，初始化为 $|0\rangle$；（3）t 个初始化为 $|0\rangle$ 的量子比特，其中 $t = O(L + \log(1/\epsilon))$。

输出：最小的整数 $r > 0$，使得 $f(x+r) = f(x)$。

运行时间: 一次对 U 的使用和 $O(L^2)$ 次操作，成功概率为 $O(1)$。

步骤：

1. $|0\rangle|0\rangle$ 初始态

2. $\rightarrow \frac{1}{\sqrt{2^t}}\sum_{x=0}^{2^t-1}|x\rangle|0\rangle$ 产生叠加

3. $\rightarrow \frac{1}{\sqrt{2^t}}\sum_{x=0}^{2^t-1}|x\rangle|f(x)\rangle$ 执行 U

$$\approx \frac{1}{\sqrt{r2^t}}\sum_{\ell=0}^{r-1}\sum_{x=0}^{2^t-1}\mathrm{e}^{2\pi\mathrm{i}\ell x/r}|x\rangle|\hat{f}(\ell)\rangle$$

4. $\rightarrow \frac{1}{\sqrt{r}}\sum_{\ell=0}^{r-1}|\widetilde{\ell/r}\rangle|\hat{f}(\ell)\rangle$　对第一个寄存器作用逆傅里叶变换

5. $\rightarrow \widetilde{\ell/r}$　对第一个寄存器进行测量

6. $\rightarrow r$　应用连分式算法

理解这个算法的关键是步骤 3，它基于相位估计，并且和量子求阶算法基本相同，我们在其中引入了状态

$$|\hat{f}(\ell)\rangle \equiv \frac{1}{\sqrt{r}}\sum_{x=0}^{r-1}\mathrm{e}^{-2\pi\mathrm{i}\ell x/r}|f(x)\rangle \tag{5.63}$$

它是 $|f(x)\rangle$ 的傅里叶变换。步骤 3 中的等式基于

$$|f(x)\rangle = \frac{1}{\sqrt{r}}\sum_{\ell=0}^{r-1}\mathrm{e}^{2\pi\mathrm{i}\ell x/r}|\hat{f}(\ell)\rangle \tag{5.64}$$

这个等式很容易验证，注意到当 x 是 r 的倍数的时候，$\sum_{\ell=0}^{r-1}\mathrm{e}^{2\pi\mathrm{i}\ell x/r}=r$，其他情况时 $\sum_{\ell=0}^{r-1}\mathrm{e}^{2\pi\mathrm{i}\ell x/r}=0$。步骤 3 中的近似式是必需的，因为通常情况下 2^t 可能不是 r 的整数倍（不必为整数倍，且相位估计的误差界取决于它）。由式 (5.22)，在步骤 4 中对第一个寄存器作用逆傅里叶变换，给出相位 ℓ/r 的一个估计，其中 ℓ 是随机选取的。r 可以在最后一步使用连分式展开有效地计算得到。

为什么这个算法是对的呢？一个理解它的方式是认识到式 (5.63) 是 $|f(x)\rangle$ 在 $\{0,1,\cdots,2^L-1\}$ 上的傅里叶变换的一个近似（见习题 5.20），并且傅里叶变换具有专题 5.5 描述的有趣并且非常有用的位移不变性。另一种理解方式是，求阶算法做的事情是查找函数 $f(k)=x^k \bmod N$ 的周期，所以查找一般周期函数的周期的能力是不足为奇的。另外就是意识到黑盒 U 可以自然地用某个特征向量恰好是 $|\hat{f}(\ell)\rangle$ 的酉算子来实现，如习题 5.21 所示，这样就可以应用 5.2 节的相位估计过程来解决这个问题。

专题 5.5　傅里叶变换的位移不变性

式 (5.1) 中的傅里叶变换有一个有趣且非常有用的性质，被称为位移不变性。我们使用一种有助于描述这个性质的更广为应用的记号，把傅里叶变换表达为

$$\sum_{h\in H}\alpha_h|h\rangle \rightarrow \sum_{g\in G}\tilde{\alpha}_g|g\rangle \tag{5.65}$$

其中 $\tilde{\alpha}_g=\sum_{h\in H}\alpha_h\exp(2\pi\mathrm{i}gh/|G|)$，$H$ 是 G 的某个子集，G 是希尔伯特空间一组标准正交基的指标集。例如，对于一个 n 量子比特系统来说，G 是从 0 到 2^n-1 的数的集合。$|G|$ 表示 G 中元素的个数。假设我们对初始态作用算子 U_k，它的效果如下：

$$U_k|g\rangle = |g+k\rangle \tag{5.66}$$

然后作用傅里叶变换，结果为

$$U_k \sum_{h\in H} \alpha_h |h\rangle = \sum_{h\in H} \alpha_h |h+k\rangle \to \sum_{g\in G} \mathrm{e}^{2\pi \mathrm{i} gk/|G|} \tilde{\alpha}_g |g\rangle \tag{5.67}$$

这个状态具有这样的属性：无论 k 是什么，$|g\rangle$ 的振幅大小都不改变，即 $|\exp(2\pi \mathrm{i} gk/|G|)\tilde{\alpha}_g| = |\tilde{\alpha}_g|$。

用群论的语言来说，G 是一个群，H 是 G 的一个子群，如果一个 G 上的函数 f 在 H 的陪集上是常数，那么 f 的傅里叶变换在 H 的陪集上是不变的。

习题 5.20 设 $f(x+r) = f(x)$，且 $0 \leqslant x < N$，N 是 r 的整数倍，计算

$$\hat{f}(\ell) \equiv \frac{1}{\sqrt{N}} \sum_{x=0}^{N-1} \mathrm{e}^{-2\pi \mathrm{i}\ell x/N} f(x) \tag{5.68}$$

并且将这个结果和式 (5.63) 联系起来。其中要用到如下事实：

$$\sum_{k\in\{0,r,2r,\cdots,N-r\}} \mathrm{e}^{2\pi \mathrm{i} k\ell/N} = \begin{cases} N/r & \ell\text{是}N/r\text{的整数倍} \\ 0 & \text{其他} \end{cases} \tag{5.69}$$

习题 5.21（周期查找和相位估计） 假设给定一个执行变换 $U_y|f(x)\rangle = |f(x+y)\rangle$ 的酉算子 U_y，对于上述的周期函数：

1. 证明 U_y 的特征向量是 $|\hat{f}(\ell)\rangle$，并且计算对应的特征值。
2. 证明：给定 $|f(x_0)\rangle$，U_y 可以被用于实现和周期查找问题中的 U 一样有用的黑盒。

5.4.2 离散对数问题

我们考虑的周期寻找问题是一个简单的问题，因为这里的周期函数的定义域和值域都是整数。如果函数更复杂会发生什么呢?考虑函数 $f(x_1,x_2) = a^{sx_1+x_2} \bmod N$，其中所有的变量是整数，$r$ 是使得 $a^r \bmod N = 1$ 成立的最小正整数。这个函数是周期的，因为 $f(x_1+\ell, x_2-\ell s) = f(x_1,x_2)$，但是现在周期是一个 2 元组，$(\ell, -\ell s)$，其中 ℓ 是一个整数。这个函数看上去可能很奇怪，但是它在密码学中非常有用，因为确定 s 就能够解决被称为离散对数的问题：给定 a 和 $b = a^s$，求出 s。下面是一个求解这个问题的量子算法，它使用对量子黑盒 U 的一次查询和 $O(\lceil \log r \rceil^2)$ 次其他操作，其中黑盒 U 执行酉变换 $U|x_1\rangle|x_2\rangle|y\rangle \to |x_1\rangle|x_2\rangle|y \oplus f(x)\rangle$（$\oplus$ 表示按位模 2 加）。我们假设通过之前描述的求阶算法，已经求得满足 $a^r \bmod N = 1$ 的最小值 $r > 0$。

算法（离散对数）

输入：（1）一个执行操作 $U\,|x_1\rangle\,|x_2\rangle\,|y\rangle = |x_1\rangle\,|x_2\rangle\,|y \oplus f(x_1,x_2)\rangle$ 的黑盒，其中 $f(x_1,x_2) = b^{x_1}a^{x_2}$；（2）一个初始化为 $|0\rangle$ 的存储函数值的状态；（3）两个初始化为 $|0\rangle$ 的 t 位量子比特寄存器，其中 $t = O(\lceil \log r \rceil + \log(1/\epsilon))$。

输出： 使得 $a^s=b$ 成立的最小正整数 s。

运行时间： 一次对 U 的使用和 $O\left(\lceil\log r\rceil^2\right)$ 次操作，成功概率为 $O(1)$。

步骤：

1. $|0\rangle|0\rangle|0\rangle$　　初始态

2. $\rightarrow \frac{1}{2^t}\sum_{x_1=0}^{2^t-1}\sum_{x_2=0}^{2^t-1}|x_1\rangle|x_2\rangle|0\rangle$　　产生叠加

3. $\rightarrow \frac{1}{2^t}\sum_{x_1=0}^{2^t-1}\sum_{x_2=0}^{2^t-1}|x_1\rangle|x_2\rangle|f(x_1,x_2)\rangle$　　执行 U

$$\approx \frac{1}{2^t\sqrt{r}}\sum_{\ell_2=0}^{r-1}\sum_{x_1=0}^{2^t-1}\sum_{x_2=0}^{2^t-1}\mathrm{e}^{2\pi\mathrm{i}(s\ell_2x_1+\ell_2x_2)/r}|x_1\rangle|x_2\rangle|\hat{f}(s\ell_2,\ell_2)\rangle$$

$$=\frac{1}{2^t\sqrt{r}}\sum_{\ell_2=0}^{r-1}\left[\sum_{x_1=0}^{2^t-1}\mathrm{e}^{2\pi\mathrm{i}(s\ell_2x_1)/r}|x_1\rangle\right]\left[\sum_{x_2=0}^{2^t-1}\mathrm{e}^{2\pi\mathrm{i}(\ell_2x_2)/r}|x_2\rangle\right]|\hat{f}(s\ell_2,\ell_2)\rangle$$

4. $\rightarrow \frac{1}{\sqrt{r}}\sum_{\ell_2=0}^{r-1}|\widetilde{s\ell_2/r}\rangle|\widetilde{\ell_2/r}\rangle|\hat{f}(s\ell_2,\ell_2)\rangle$　　对前两个寄存器作用逆傅里叶变换

5. $\rightarrow (\widetilde{s\ell_2/r},\widetilde{\ell_2/r})$　　测量前两个寄存器

6. $\rightarrow s$　　应用广义连分式算法

同样，理解这个算法的关键是步骤 3，其中我们引入状态

$$|\hat{f}(\ell_1,\ell_2)\rangle=\frac{1}{\sqrt{r}}\sum_{j=0}^{r-1}\mathrm{e}^{-2\pi\mathrm{i}\ell_2j/r}|f(0,j)\rangle \tag{5.70}$$

它是 $|f(x_1,x_2)\rangle$ 的傅里叶变换（习题 5.22）。在这个式子中，ℓ_1 和 ℓ_2 的值必须满足

$$\sum_{k=0}^{r-1}\mathrm{e}^{2\pi\mathrm{i}k(\ell_1/s-\ell_2)/r}=r \tag{5.71}$$

否则，$|\hat{f}(\ell_1,\ell_2)\rangle$ 的振幅将接近于 0。在最后一步中，用于确定 s 的广义连分式展开类似于 5.3.1 节中的过程，这留作一个简单的习题。

习题 5.22　证明

$$|\hat{f}(\ell_1,\ell_2)\rangle=\sum_{x_1=0}^{r-1}\sum_{x_2=0}^{r-1}\mathrm{e}^{-2\pi\mathrm{i}(\ell_1x_1+\ell_2x_2)/r}|f(x_1,x_2)\rangle=\frac{1}{\sqrt{r}}\sum_{j=0}^{r-1}\mathrm{e}^{-2\pi\mathrm{i}\ell_2j/r}|f(0,j)\rangle \tag{5.72}$$

且这个表达式不为零的限制条件是 $\ell_1/s-\ell_2$ 是 r 的整数倍。

习题 5.23 用式 (5.70) 计算

$$\frac{1}{r}\sum_{\ell_1=0}^{r-1}\sum_{\ell_2=0}^{r-1}\mathrm{e}^{-2\pi\mathrm{i}(\ell_1x_1+\ell_2x_2)/r}|\hat{f}(\ell_1,\ell_2)\rangle \tag{5.73}$$

并证明结果是 $f(x_1,x_2)$。

习题 5.24 构造离散对数算法中步骤 6 需要的广义连分式算法，它从 $s\ell_2/r$ 和 ℓ_2/r 的估计值中确定 s。

习题 5.25 为量子离散对数算法中使用的黑盒 U 构造一个量子电路，该黑盒以 a 和 b 为参数，执行酉变换 $|x_1\rangle|x_2\rangle|y\rangle\rightarrow|x_1\rangle|x_2\rangle|y\oplus b^{x_1}a^{x_2}\rangle$。这个电路需要多少个基本操作？

5.4.3 隐含子群问题

到目前为止，一个模式清晰地显现出来了：若给定一个周期函数，即使周期结构相当复杂，我们总能使用一个量子算法有效地确定周期。然而，重要的是，不是所有周期函数的周期都能被确定。这种问题的一般性框架可以简洁地用群论的语言描述如下（见附录 B）：

> 令 f 是从有限生成群 G 到有限集合 X 的映射，满足 f 在子群 K 的同一陪集上的函数值是常数，且在不同陪集上的函数值不同。给定一个量子黑盒执行酉变换 $U|g\rangle|h\rangle=|g\rangle|h\oplus f(g)\rangle$，其中 $g\in G$，$h\in X$，$\oplus$ 是一个在 X 上被适当选取的二元操作，求 K 的一个生成集。

求阶问题、周期查找、离散对数和许多其他问题都是隐含子群问题的实例。图 5-5 给出了一些有趣的例子。

对于一个有限阿贝尔群 G 来说，量子计算机可以使用 $\log|G|$ 的多项式数目的操作及一次黑盒函数求值，以非常类似于本节中其他问题的方法求解隐含子群问题（实际上，使用相似的方法对一个有限生成阿贝尔群进行求解也是可能的，但是我们这里只讨论有限的情形）。我们把算法细节的描述留作习题，在说明了基本思路后，这应该是容易的。算法的许多方面本质上是一样的，因为有限阿贝尔群同构于在整数模运算上的加法群的积。这意味着 f 在 G 上的量子傅里叶变换是定义良好的（见 B.3 节），且仍可以有效计算。算法的第一个重要步骤是使用傅里叶变换（推广了阿达玛变换）产生群元素的叠加态，在接下来的步骤中，该叠加态在 f 的黑盒作用下变换为

$$\frac{1}{\sqrt{|G|}}\sum_{g\in G}|g\rangle|f(g)\rangle \tag{5.74}$$

像之前一样，我们在傅里叶基下重写 $|f(g)\rangle$。我们从

$$|f(g)\rangle=\frac{1}{\sqrt{|G|}}\sum_{\ell=0}^{|G|-1}\mathrm{e}^{2\pi\mathrm{i}\ell g/|G|}|\hat{f}(\ell)\rangle \tag{5.75}$$

开始，这里我们选择 $\exp[-2\pi i\ell g/|G|]$ 作为 $g \in G$ 的一个以 ℓ 为指标（傅里叶变换在群元素和表示之间做了一个映射：见习题 B.23）的表示（见习题 B.13）。关键在于认识到这个表达式可以简化，因为 f 在子群 K 的同一陪集上是常数，并且在不同陪集上互异，于是

$$|\hat{f}(\ell)\rangle = \frac{1}{\sqrt{|G|}} \sum_{g \in G} e^{-2\pi i\ell g/|G|} |f(g)\rangle \tag{5.76}$$

名称	G	X	K	函数
Deutsch	$\{0,1\}, \oplus$	$\{0,1\}$	$\{0\}$ 或 $\{0,1\}$	$K=\{0,1\}:\begin{cases}f(x)=0\\f(x)=1\end{cases}$ $K=\{0\}:\begin{cases}f(x)=x\\f(x)=1-x\end{cases}$
Simon	$\{0,1\}^n, \oplus$	任意有限集	$\{0,s\}$ $s \in \{0,1\}^n$	$f(x \oplus s) = f(x)$
周期寻找	$\mathbf{Z}, +$	任意有限集	$\{0,r,2r,\cdots\}$ $r \in G$	$f(x+r) = f(x)$
求阶	$\mathbf{Z}, +$	$\{a^j\}$ $j \in \mathbf{Z}_r$ $a^r = 1$	$\{0,r,2r,\cdots\}$ $r \in G$	$f(x) = a^x$ $f(x+r) = f(x)$
离散对数	$\mathbf{Z}_r \times \mathbf{Z}_r$ $+(\bmod r)$	$\{a^j\}$ $j \in \mathbf{Z}_r$ $a^r = 1$	$(\ell, -\ell s)$ $\ell, s \in \mathbf{Z}_r$	$f(x_1,x_2) = a^{kx_1+x_2}$ $f(x_1+\ell, x_2-\ell s) = f(x_1,x_2)$
置换的阶	$\mathbf{Z}_{2^m} \times \mathbf{Z}_{2^n}$ $+(\bmod 2^m)$	$\mathbf{Z}_{2^n}$	$\{0,r,2r,\cdots\}$ $r \in X$	$f(x,y) = \pi^x(y)$ $f(x+r,y) = f(x,y)$ $\pi = X$上的置换
隐含线性函数	$\mathbf{Z} \times \mathbf{Z}, +$	$\mathbf{Z}_N$	$(\ell, -\ell s)$ $\ell, s \in X$	$f(x_1,x_2) = \pi(sx_1 + x_2 \bmod N)$ $\pi = X$上的置换
阿贝尔稳定子	(H,X), $H=$ 任意阿贝尔群	任意有限集	$\{s \in H \mid f(s,x)=x, \forall x \in X\}$	$f(gh,x) = f(g,f(h,x))$ $f(gs,x) = f(g,x)$

图 5-5　隐含子群问题。函数 f 从群 G 映射到有限集 X，且在隐含子群 $K \subseteq G$ 的同一陪集上为常数。在这张表中 $\mathbf{Z}_N$ 代表集合 $\{0,1,\cdots,N-1\}$，而 $\mathbf{Z}$ 是整数集。问题是在给定 f 的一个黑盒的情况下，找到 K（或它的一个生成集）

对于所有 ℓ 来说，振幅几乎都为 0，除了那些满足

$$\sum_{h \in K} e^{-2\pi i\ell h/|G|} = |K| \tag{5.77}$$

的 ℓ。如果我们可以确定 ℓ，那么使用这个表达式给出的线性约束使得我们能够确定 K 的元素，且由于 K 是阿贝尔的，这允许我们为整个隐含子群最终确定一个生成集，从而解决问题。

然而，问题并不是如此简单。周期查找和离散对数算法之所以可行是因为连分式展开可成功地从 $\ell/|G|$ 得到 ℓ。在这些问题里，ℓ 和 $|G|$ 没有公因子的概率很高。然而，在通常的情况下，可

能并不一定是这样，因为 $|G|$ 可能是一个有很多因子的合数，并且我们没有关于 ℓ 的有用的先验信息。

幸运的是，这个问题是可以解决的：像之前被提到的，任意有限阿贝尔群 G 同构于一个素幂阶循环群的积，即 $G = \mathbf{Z}_{p_1} \times \mathbf{Z}_{p_2} \times \cdots \times \mathbf{Z}_{p_M}$，其中 p_i 是素数，并且 $\mathbf{Z}_{p_i}$ 是在整数 $\{0, 1, \cdots, p_i - 1\}$ 上的以模 p_i 加为运算的群。因此，我们可以把式 (5.75) 中的相位重新表达为

$$\mathrm{e}^{2\pi \mathrm{i} lg/|G|} = \prod_{i=1}^{M} \mathrm{e}^{2\pi \mathrm{i} \ell'_i g_i / p_i} \tag{5.78}$$

其中 $g_i \in \mathbf{Z}_{p_i}$。现在相位估计过程给出 ℓ'_i，据此我们可确定 ℓ，并且像上面描述的那样对 K 采样，从而解决隐含子群问题。

习题 5.26 因为 K 是 G 的一个子群，当我们把 G 分解为素幂阶循环群的乘积时，也分解了 K。重新表述式 (5.77)，证明：确定 ℓ'_i 使得我们可以在相应的循环子群 K_{p_i} 中采样。

习题 5.27 当然，一般的有限阿贝尔群 G 到素幂阶循环群的乘积的分解，通常是一个困难的问题（例如，至少和整数因子分解一样困难）。这里，可以用量子算法再次补救：说明用本章的算法，如何有效地按期望的方式分解 G。

习题 5.28 详细写出对有限阿贝尔群解决隐含子群问题的量子算法，完善运行时间和成功概率。

习题 5.29 使用隐含子群问题的框架，给出解决在图 5-5 列出的 Deutsch 问题和 Simon 问题的量子算法。

5.4.4 其他的量子算法?

用隐含子群问题来描述量子算法，这一框架最迷人的一点在于通过考虑不同的群 G 和函数 f 来解决更困难的问题。我们只描述了这个问题对于阿贝尔群的解，那么非阿贝尔群呢？这是相当有趣的（参见附录 B 对非阿贝尔群上一般傅里叶变换的讨论）：例如，图同构问题是判定两个给定的图在 n 个顶点标号的某个置换下是否相同（ 3.2.3 节）。这些置换可以被描述为在对称群 S_n 下的变换，并且在这些群上执行快速傅里叶变换的算法是存在的。然而，尚不知道求解图同构问题的有效量子算法。

即使隐含子群问题的更一般情形在量子计算机下仍然不可解，有这样一个统一的框架仍然是有用的，因为这允许我们去提问：如何跨出这个限制。很难相信所有可能发现的快速量子算法仅仅能解决隐含子群问题。如果我们认为这些问题是基于傅里叶变换的陪集不变性，为了发现新算法，或许接下来去做的事情就是考察具有其他不变量的变换。在另一个方向上，我们可以问：给定一个任意量子态作为辅助信息（但要独立于问题），可以有效地解决哪些困难的隐含子群问题？毕竟如第 4 章所述，大多数量子态的构建是指数级困难的。如果有量子算法利用它们来解决困难的问题，那么这样一个状态将成为一个有用的资源（一个真实的“量子 oracle”）。

对于比对应的（已知的）经典算法指数级快的量子算法来说，隐含子群问题捕捉到了这类量子算法的一个重要约束条件：它们都是承诺问题，即具有形式“$F(x)$ 被承诺具有某种性质，把

该性质刻画出来”。令人相当失望的是，我们将在下章末展示，在求解不具有某种承诺的问题时，量子计算机不能实现对于经典计算机的指数级加速；最好的加速是多项式的。在另一方面，这给了我们关于量子计算机可能擅长于什么样的问题的重要线索：回顾一下，隐含子群问题可能被看作量子计算的一个自然候选对象。还有什么其他的自然问题呢？让我们一起来思考吧！

问题 5.1　构造量子傅里叶变换

$$|j\rangle \longrightarrow \frac{1}{\sqrt{p}} \sum_{k=0}^{p-1} \mathrm{e}^{2\pi \mathrm{i} jk/p} |k\rangle \tag{5.79}$$

的一个量子电路，其中 p 是素数。

问题 5.2（被测量的量子傅里叶变换）　设量子傅里叶变换是量子计算的最后一步，接着是在计算基上的测量。证明量子傅里叶变换和测量的结合，等价于一个完全由单量子比特门、测量及经典控制组成的量子电路。读者可能会发现 4.4 节的讨论是有用的。

问题 5.3（Kitaev 算法）　考虑如下量子电路，其中 $|u\rangle$ 是 U 的特征值 $\mathrm{e}^{2\pi \mathrm{i}\varphi}$ 所对应的特征态。证明顶上的量子比特以 $p \equiv \cos^2(\pi\varphi)$ 的概率测得 0。因为状态 $|u\rangle$ 不受电路影响，它可以重复使用。若用 U^k 代替 U，其中 k 是可控的任意整数，证明通过重复这个电路和适当增加 k，可以有效地获得所期望的 p 的任意多比特，继而得到 φ 的任意多比特，这是另外一种相位估计算法。

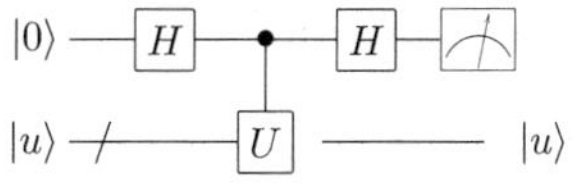

问题 5.4　我们给出的因子分解算法的运行时间界 $O(L^3)$ 不是紧的，证明它有一个更好的上界 $O\left(L^2 \log L \log\log L\right)$。

问题 5.5（非阿贝尔隐含子群——研究课题）　令 f 是有限群 G 到任意有限值域 X 的一个函数，且承诺 f 在子群 K 的同一左陪集上是常数，且在不同的左陪集上互异。从状态

$$\frac{1}{\sqrt{|G|^m}} \sum_{g_1,\cdots,g_m} |g_1,\cdots,g_m\rangle \, |f(g_1),\cdots,f(g_m)\rangle \tag{5.80}$$

出发，证明选择 $m = 4\log|G| + 2$ 可以使我们以至少 $1 - 1/|G|$ 的概率识别出 K，注意 G 不必是阿贝尔的，也不要求能够在 G 上做傅里叶变换。这个结果表明，我们可以（只使用 $O(\log|G|)$ 次 oracle 调用）产生一个对应于所有可能的不同隐含子群的纯态，它们几乎是正交的。然而，尚不知道是否存在能从这个最终状态有效地（即使用 $\mathrm{poly}(\log|G|)$ 次操作）把隐含子群识别出来的 POVM。

问题 5.6（采用傅里叶变换的加法）　考虑构造量子电路计算 $|x\rangle \rightarrow |x + y \bmod 2^n\rangle$，其中 y 是一个固定的常数，且 $0 \leqslant x < 2^n$。证明完成这个任务的一个有效方式，是首先进行量子傅里叶变换，然后利用单量子比特的相位移动，再进行逆傅里叶变换。对于什么样的 y 值，这种加法是容易的，需要多少次运算？

本章小结

- 当 $N=2^n$ 时，量子傅里叶变换

$$|j\rangle = |j_1, \cdots, j_n\rangle \longrightarrow \frac{1}{\sqrt{N}} \sum_{k=0}^{N-1} e^{2\pi i \frac{jk}{N}} |k\rangle \tag{5.81}$$

  可以写成如下形式：

$$|j\rangle \to \frac{1}{2^{n/2}}(|0\rangle + e^{2\pi i 0.j_n}|1\rangle)(|0\rangle + e^{2\pi i 0.j_{n-1}j_n}|1\rangle)\cdots(|0\rangle + e^{2\pi i 0.j_1 j_2 \cdots j_n}|1\rangle) \tag{5.82}$$

  且可以使用 $\Theta(n^2)$ 个门实现。

- **相位估计**：令 $|u\rangle$ 是酉操作 U 的一个特征态，它对应的特征值为 $e^{2\pi i\varphi}$。从初始态 $|0\rangle^{\otimes t}|u\rangle$ 开始，并且假定对于整数 k 能够有效地执行 U^{2^k}，这个算法（图 5-3 所示）可用来有效地获得态 $|\tilde{\varphi}\rangle|u\rangle$，其中 $\tilde{\varphi}$ 以至少 $1-\epsilon$ 的概率精确到 $t - \lceil[\log\left(2+\frac{1}{2\epsilon}\right)\rceil$ 位精度来近似 φ。
- **求阶问题**：x 模 N 的阶是满足 $x^r \bmod N = 1$ 的最小正整数 r。对于 L 位的整数 x 和 N 来说，r 可以使用量子相位估计算法在 $O(L^3)$ 次操作内计算得到。
- **因子分解**：一个 L 位的整数 N 的素因子可以在 $O(L^3)$ 次操作内确定，通过把因子分解归约到一个与 N 互素的随机数 x 的求阶问题。
- **隐含子群问题**：所有已知的快速量子算法都可以被描述为解决下面的问题：令 f 是从一个有限生成群 G 到一个有限集合 X 的映射，使得 f 在子群 K 的同一陪集上是常数，并且在不同陪集上互异。给定一个执行酉变换 $U|g\rangle|h\rangle = |g\rangle|h \oplus f(g)\rangle$ 的量子黑盒，其中 $g \in G$，$h \in X$，求 K 的一个生成集。

背景资料与延伸阅读

傅里叶变换的定义可以推广到本章考虑的范围之外。在一般场合下，傅里叶变换被定义在一个复数集合 α_g 上，其中指标 g 从某个群 G 中选取。本章我们选择 G 为整数的模 2^n 加法群，通常记为 $\mathbf{Z}_{2^n}$。Deutsch[Deu85] 证明群 $\mathbf{Z}_2^n$ 上的傅里叶变换可以在量子计算机上有效实现，这就是前面章节的阿达玛变换。Shor[Sho94] 意识到量子计算机对某些特定的 m 值有可观的作用，即能有效实现群 $\mathbf{Z}_m$ 上的量子傅里叶变换。受这个结果启发，Coppersimth[Cop94]、Deutsch（未发表）和 Cleve（未发表）给出了我们本章用的 $\mathbf{Z}_{2^n}$ 上量子傅里叶变换的简单量子电路。Cleve、Ekert、Machiavello 和 Mosca [CEMM98]，以及 Griffiths 和 Niu [GN96] 独立地发现了张量积公式（式 (5.4) ）；事实上，这个结果很早就被 Danielson 和 Lanczos 认识到了。式 (5.5) 开始的简化证明是 Zhou 建议的。Griffiths 和 Niu [GN96] 给出了问题 5.2 中的带测量的量子傅里叶变换。

Kitaev[Kit95] 将 $\mathbf{Z}_{2^n}$ 上的傅里叶变换推广到任意有限阿贝尔群，并给出了问题 5.3 的相位估计过程。Cleve、Ekert、Macchiavello 和 Mosca [CEMM98] 将 Shor 和 Kitaev 的几个技术集成在一起，成为 5.2 节的基础。Mosca 的博士论文很好地描述了相位估计算法[Mos99]。

Shor 在 1994 年的开创性论文 [Sho94] 中宣布了量子求阶算法，并注意到离散对数和因子分解问题可以归约为求阶问题。最终的论文包括广泛的讨论和丰富的文献，发表于 1997 年[Sho97]。这篇文章也包含对乘法进行巧妙计算的讨论，可以对我们所描述的相对朴素的乘法技术进行加速。利用这些快速乘法，分解一个合数 n 需要的资源的规模，正如本章引言里所断言的，为 $O(n^2 \log n \log\log n)$。1995 年，Kitaev[Kit95] 宣布了一个求一般阿贝尔群稳定子的算法，他证明该算法可以把离散对数和因子分解问题当作特殊情况来求解。而且，这个算法包括一些 Shor 算法中没有的内容。有关因子分解算法一个很好的综述由 Ekert 和 Jozsa[EJ96] 给出，也可以参考 Divincenzo 的 [DiV95a]。连分式的讨论基于 Hardy 和 Wright 所著 [HW60] 的第 10 章。在写作本书时，在经典计算机上对于因子分解最有效的经典算法是数域筛法，这在 A.K.Lenstra 和 H.W.Lenstra, Jr.[LL93] 编辑的文集中有描述。

许多学者考虑过把量子算法推广到解隐含子群问题。从历史上看，Simon 首先注意到，量子算法可以求满足 $f(x \oplus s) = f(x)$ 的函数的隐含周期[Sim94, Sim97]。事实上，Shor 通过推广 Simon 的结果，并用 $\mathbf{Z}_N$ 上的傅里叶变换来代替 Simon 的阿达玛变换（$\mathbf{Z}_2^k$ 上的傅里叶变换），而得到自己的结果。接着 Boneh 和 Lipton 注意到量子算法和隐含子群问题的联系，并给出一个解隐含线性函数问题的量子算法[BL95]。Jozsa[Joz97] 首先显式给出 Deutsch-Jozsa、Simon 和 Shor 算法在隐含子群问题下的统一描述。Ekert 和 Jozsa 关于阿贝尔群和非阿贝尔群快速傅里叶变换算法对量子算法的加速方面的研究工作[EJ98] 也很富有启发性。我们在 5.4 节中对隐含子群问题的描述是来自于 Mosca 和 Ekert[ME99, Mos99] 的框架。Cleve 证明了置换求阶问题在一台有界误差概率经典计算机上需要指数次查询[Cle99]。Ettinger 和 Høyer[EH99]、Roetteler 和 Beth[RB98]、Pueschel、Roetteler 和 Beth[PRB98]、Beals[BBC+98]（也描述了量子傅里叶变换在对称群上的构造），以及 Ettinger、Høyer 和 Knill[EHK99] 都试图将这一方法推广到阿贝尔群之外。这些结果表明，到目前为止，存在仅利用 $O(\log|G|)$ 次 oracle 调用的量子算法来求解隐含子群问题，但这是否可以在多项式时间内实现尚不清楚（问题 5.5）。

第 6 章

量子搜索算法

假设给定一张包含一些城市的地图，希望确定经过所有城市的最短路径。寻找这条路径的最简单的算法就是遍历经过这些城市的所有可能路线，维护一个最短路径的动态记录。在一台经典计算机上，如果有 N 条可能的路线，使用这种方法显然需要 $O(N)$ 次操作来确定最短路线。出乎意料的是，存在一个*量子搜索算法*，有时候被称为*Grover算法*，它能够实质性地加速这个搜索方法，使之只需要 $O(\sqrt{N})$ 次操作。而且，除了刚才的路径寻找问题，量子搜索算法可以加速许多（不是所有）使用启发式搜索的经典算法，在这个意义下它是*通用的*。

本章我们阐述快速量子搜索算法。6.1 节描述基础算法。6.2 节基于 4.7 节的量子模拟算法，从另一个视角推导该算法。将给出这个算法的 3 个重要的应用：6.3 节是量子计数，6.4 节是 NP 完全问题的求解加速，6.5 节是无结构数据库的搜索。人们可能希望去改进搜索算法，使之比平方根加速更好，但 6.6 节证明这是不可能的。最后 6.7 节证明这个加速的限制适用于大多数无结构问题。

6.1 量子搜索算法

与 3.1.1 节类似，我们首先引入基于 oracle 的搜索算法，这允许我们给出搜索过程的一个非常通用的描述，且能用几何方式去可视化它的步骤和执行方式。

6.1.1 Oracle

假设在 N 个元素的搜索空间进行搜索。我们不直接搜索元素，而是关注这些元素的*索引*，索引对应于从 0 到 $N-1$ 的数字。为了方便，我们假设 $N=2^n$，因此索引可以存储在 n 个比特中，并且假设搜索问题恰好有 M 个解，其中 $1 \leqslant M \leqslant N$。搜索问题的一个特例可以方便地表示为一个函数 f，它的输入是 0 到 $N-1$ 之间的整数。若 x 是搜索问题的一个解，那么 $f(x)=1$；若 x 不是搜索问题的解，那么 $f(x)=0$。

假设有一个可以识别搜索问题的解的量子 oracle，我们把它视为黑盒，它的内部工作原理我们之后再讨论，但是现在来说并不重要。识别结果标记在一个 oracle 量子比特上。更确切地说，oracle 是一个酉操作 O，在计算基上的行为定义如下：

$$|x\rangle|q\rangle \xrightarrow{O} |x\rangle|q \oplus f(x)\rangle \tag{6.1}$$

其中 $|x\rangle$ 是索引寄存器，$\oplus$ 表示模 2 加，并且 oracle 比特 $|q\rangle$ 是一个单量子比特，若 $f(x) = 1$，则它进行翻转，否则不改变。我们可以通过制备 $|x\rangle|0\rangle$，作用 oracle，并且检查 oracle 量子比特是否翻转为 $|1\rangle$，来判断 x 是否为搜索问题的一个解。

在量子搜索算法中，正如 1.4.4 节的 Deutsch–Jozsa 算法所做的那样，把 oracle 量子比特的初始态置为 $(|0\rangle - |1\rangle)/\sqrt{2}$ 是有用的。若 x 不是搜索问题的一个解，对状态 $|x\rangle(|0\rangle - |1\rangle)/\sqrt{2}$ 作用 oracle 不会改变状态。另一方面，若 x 是搜索问题的解，那么 $|0\rangle$ 和 $|1\rangle$ 在 oracle 的作用下互换，使得最终的态为 $-|x\rangle(|0\rangle - |1\rangle)/\sqrt{2}$。于是 oracle 的作用是

$$|x\rangle\left(\frac{|0\rangle - |1\rangle}{\sqrt{2}}\right) \xrightarrow{O} (-1)^{f(x)}|x\rangle\left(\frac{|0\rangle - |1\rangle}{\sqrt{2}}\right) \tag{6.2}$$

注意到 oracle 量子比特的状态没有改变。在量子搜索算法中，它保持为 $(|0\rangle - |1\rangle)/\sqrt{2}$，为了简化描述，可以在下面的算法讨论中将其忽略。

在这个约定下，oracle 的行为可以被写为

$$|x\rangle \xrightarrow{O} (-1)^{f(x)}|x\rangle \tag{6.3}$$

我们说 oracle 通过改变解的相位，标记搜索问题的解。在量子计算机中，对于一个有 M 个解的 N 元搜索问题，为了得到一个解，我们只需要运行搜索 oracle $O(\sqrt{N/M})$ 次。

在没有描述它在实际中是如何工作的情况下，对 oracle 的讨论是相当抽象的，甚至可能是令人费解的。这看上去好像 oracle 已经知道了搜索问题的答案，基于这种 oracle 查询的量子搜索算法有什么用呢？答案是，知道搜索问题的解和能够把解识别出来是有区别的，关键在于有可能在不必知道解的情况下识别解。

阐述这个问题的一个简单例子是因子分解。假设给定一个大数 m，且被告知它是两个素数 p 和 q 的乘积，相同的情形出现在试图去破解 RSA 公钥密码系统时（附录 E）。为了确定 p 和 q，在经典计算机上明显的办法是搜索从 2 到 $m^{1/2}$ 的所有整数，以找到两个素因子中更小的那个。即我们连续地用 2 到 $m^{1/2}$ 之间的每个数去试除 m，直到找到较小的素因子。另一个素因子可以通过用 m 除以较小的素因子得到。显然，为找到一个因子，这种基于搜索的方法在一个经典计算机上需要大约 $m^{1/2}$ 次试除。

量子搜索算法可以被用来加速这一过程。由定义可得，oracle 在输入态 $|x\rangle$ 的作用是用 x 去除 m，并且检查是否可以除尽；如果是，就翻转 oracle 量子比特。运用带 oracle 的量子搜索算法可以以很大的概率给出两个素因子中较小的一个。但是为了使算法工作，我们需要构造一个有效的电路来实现 oracle。如何实现是可逆计算技术中的一个练习。首先，我们定义 $f(x)$ 如下：若 x

整除 m，则 $f(x) \equiv 1$，否则 $f(x) = 0$。$f(x)$ 告诉我们试除是否成功。利用 3.2.5 节的可逆计算技术，通过改造通常用于试除的（不可逆）经典电路，构建一个经典可逆电路，把 (x, q)——表示一个输入寄存器初始化为 x，一个单比特输出寄存器初始化为 q——变为 $(x, q \oplus f(x))$。这个可逆电路的资源代价在试除的不可逆经典电路的两倍以内，因而我们认为两个电路本质上消耗同样的资源。进一步，经典可逆电路可以立即转换成把 $|x\rangle|q\rangle$ 变成 $|x\rangle|q \oplus f(x)\rangle$ 的量子电路，像 oracle 所要求的那样。关键在于，即使不知道 m 的因子，我们也可以具体地构造一个可以识别解的 oracle。利用这个 oracle 和量子搜索算法，我们可以使用 $O(m^{1/4})$ 次 oracle 查询来搜索 2 到 $m^{1/2}$ 的范围，即只需要大概 $m^{1/4}$ 次试除，而不像经典算法的 $m^{1/2}$ 次！

上述因子分解的例子只有概念上而非实际上的意义：存在比遍历所有可能因子更快的经典因子分解算法。不过，它说明了应用量子搜索算法的一般方式：基于搜索技术的经典算法可以被量子搜索算法加速。本章后面的部分将考察量子搜索算法确实有助于加速 NP 完全问题的求解的情形。

6.1.2 过程

搜索算法如图 6-1 所示。算法很好地利用了一个 n 量子比特寄存器。oracle 的内部工作，包括可能需要的额外的工作量子比特，对描述量子搜索算法本身并不重要。算法的目标是使用最少次数的 oracle 去找到搜索问题的一个解。

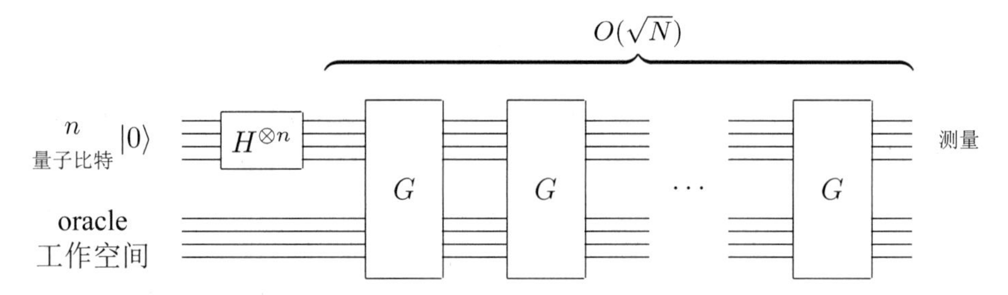

图 6-1 量子搜索算法的电路示意图。为实现 oracle 可能会用到工作量子比特，但是量子搜索算法的分析只涉及 n 位量子比特寄存器

算法开始于状态 $|0\rangle^{\otimes n}$，用阿达玛变换使计算机处于均匀叠加态

$$|\psi\rangle = \frac{1}{N^{1/2}} \sum_{x=0}^{N-1} |x\rangle \tag{6.4}$$

量子搜索算法由反复地作用一个记为 G 的称为 Grover 迭代或 Grover 算子的量子子程序构成。Grover 迭代的量子电路如图 6-2 所示，可分为如下 4 个步骤：

1. 作用 oracle O。
2. 作用阿达玛变换 $H^{\otimes n}$。

3. 执行条件相位偏移，使得除 $|0\rangle$ 之外的每个计算基矢态获得一个 -1 的相位偏移：

$$|x\rangle \to -(-1)^{\delta_{x0}}|x\rangle \tag{6.5}$$

4. 作用阿达玛变换 $H^{\otimes n}$。

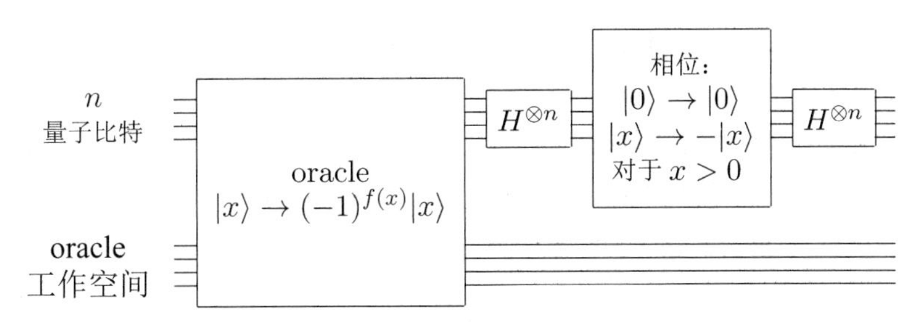

图 6-2　Grover 迭代 G 的量子电路

习题 6.1　证明在 Grover 迭代中，对应于相位偏移的酉算子是 $2|0\rangle\langle 0|-I$。

Grover 迭代中的每个操作都可以在量子计算机上有效实现。步骤 2 和步骤 4 的阿达玛变换各需要 $n=\log(N)$ 次操作。步骤 3 的条件相位偏移，可以通过 4.3 节的技术，使用 $O(n)$ 个门实现。oracle 调用的代价取决于具体的应用；目前，Grover 迭代只需要单次 oracle 调用。注意到步骤 2、3 和 4 组合在一起的效果为

$$H^{\otimes n}(2|0\rangle\langle 0|-I)H^{\otimes n}=2|\psi\rangle\langle\psi|-I \tag{6.6}$$

其中 $|\psi\rangle$ 是式 (6.4) 中的均匀叠加态。因此 Grover 迭代 G 可以写成 $G=(2|\psi\rangle\langle\psi|-I)O$。

习题 6.2　证明操作 $(2|\psi\rangle\langle\psi|-I)$ 作用在一般的状态 $\sum_k \alpha_k|k\rangle$ 上产生

$$\sum_k \left[-\alpha_k+2\langle\alpha\rangle\right]|k\rangle \tag{6.7}$$

其中 $\langle\alpha\rangle\equiv\sum_k \alpha_k/N$ 是 α_k 的均值。因此，$(2|\psi\rangle\langle\psi|-I)$ 有时被称为关于均值的反演操作。

6.1.3　几何可视化

Grover 迭代做了什么？我们已经注意到 $G=(2|\psi\rangle\langle\psi|-I)O$。事实上，我们将证明 Grover 迭代可以被视为一个二维空间的旋转，这个空间由初始态 $|\psi\rangle$ 和搜索问题中解的均匀叠加态张成。为了弄清楚这一点，用 $\sum_x'$ 表示搜索问题中所有解的和，$\sum_x''$ 表示在搜索问题中所有非解元素的和。定义归一化状态

$$|\alpha\rangle\equiv\frac{1}{\sqrt{N-M}}\sum_x{}''|x\rangle \tag{6.8}$$

$$|\beta\rangle\equiv\frac{1}{\sqrt{M}}\sum_x{}'|x\rangle \tag{6.9}$$

简单的代数运算表明，初始态 $|\psi\rangle$ 可以被重新表示为

$$|\psi\rangle = \sqrt{\frac{N-M}{N}}|\alpha\rangle + \sqrt{\frac{M}{N}}|\beta\rangle \tag{6.10}$$

因此量子计算机的初始态属于由 $|\alpha\rangle$ 和 $|\beta\rangle$ 张成的空间。

G 的作用效果可以以一种优雅的方式如下理解。oracle 操作 O 是在由 $|\alpha\rangle$ 和 $|\beta\rangle$ 定义的平面上以 $|\alpha\rangle$ 为法线进行反射，即 $O(a|\alpha\rangle+b|\beta\rangle) = a|\alpha\rangle - b|\beta\rangle$。类似地，$2|\psi\rangle\langle\psi| - I$ 在由 $|\alpha\rangle$ 和 $|\beta\rangle$ 定义的平面上以 $|\psi\rangle$ 为法线进行反射。并且两个反射的乘积是一个旋转！这告诉我们，对于任意的 k，状态 $G^k|\psi\rangle$ 将留在 $|\alpha\rangle$ 和 $|\beta\rangle$ 张成的空间里。同时这也给出了旋转角：令 $\cos\theta/2 = \sqrt{(N-M)/N}$，使得 $|\psi\rangle = \cos\theta/2|\alpha\rangle + \sin\theta/2|\beta\rangle$。如图 6-3 所示，构成 G 的两个反射把 $|\psi\rangle$ 变为

$$G|\psi\rangle = \cos\frac{3\theta}{2}|\alpha\rangle + \sin\frac{3\theta}{2}|\beta\rangle \tag{6.11}$$

因此旋转角实际上是 θ。由此，连续作用 G 将使态变成

$$G^k|\psi\rangle = \cos\left(\frac{2k+1}{2}\theta\right)|\alpha\rangle + \sin\left(\frac{2k+1}{2}\theta\right)|\beta\rangle \tag{6.12}$$

总之，G 是在 $|\alpha\rangle$ 和 $|\beta\rangle$ 张成的二维空间上的一个旋转，每次 G 的作用把空间旋转 θ 角度。Grover 迭代的反复作用把状态向量旋转到接近 β 的位置。这时，通过对计算基上的测量，将以很高的概率得到叠加态 $|\beta\rangle$ 中的一个测量结果，也就是说，得到搜索问题的一个解。专题 6.1 给出了一个用来阐述搜索算法的例子，其中 $N = 4$。

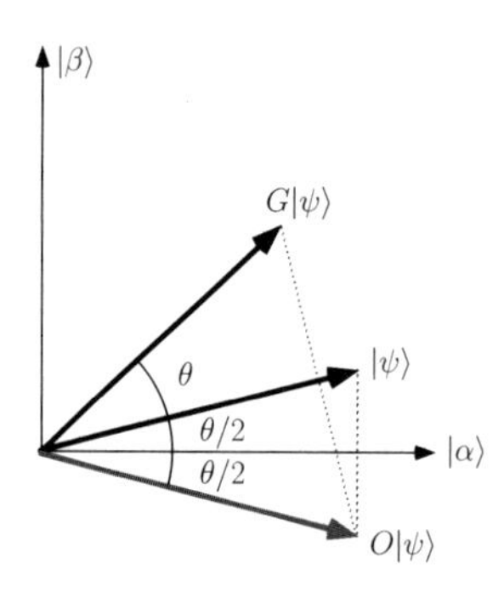

图 6-3　单次 Grover 迭代 G 的作用：状态向量朝搜索问题的所有解的叠加态 $|\beta\rangle$ 旋转 θ 角度。开始时状态向量偏离了 $|\alpha\rangle$ $\theta/2$ 角度，$|\alpha\rangle$ 是一个与 $|\beta\rangle$ 正交的状态。Oracle 操作 O 先以 $|\alpha\rangle$ 为法线进行反射，然后操作 $2|\psi\rangle\langle\psi| - I$ 以 $|\psi\rangle$ 为法线进行反射。图中 $|\alpha\rangle$ 和 $|\beta\rangle$ 稍加延长，以避免混乱（所有状态都应该是单位向量）。经过反复的 Grover 迭代，状态向量接近于 $|\beta\rangle$，此时在计算基上测量将以很高的概率输出搜索问题的一个解。算法具有可观的效率，因为 θ 差不多为 $\Omega(\sqrt{M/N})$，因此为把状态向量旋转到接近于 $|\beta\rangle$ 的状态，只需要对 G 作用 $O(\sqrt{N/M})$ 次

习题 6.3　证明在 $|\alpha\rangle$，$|\beta\rangle$ 基下，我们可以把 Grover 迭代写为

$$G = \begin{bmatrix} \cos\theta & -\sin\theta \\ \sin\theta & \cos\theta \end{bmatrix} \tag{6.13}$$

其中 θ 是一个在 0 到 $\pi/2$ 之间的实数（出于简单起见，假定 $M \leqslant N/2$，而这个限制可以马上被解除），它满足

$$\sin\theta = \frac{2\sqrt{M(N-M)}}{N} \tag{6.14}$$

6.1.4　性能

为了旋转 $|\psi\rangle$ 使它接近 $|\beta\rangle$，Grover 迭代必须重复多少次?系统的初始态是 $|\psi\rangle = \sqrt{(N-M)/N}|\alpha\rangle + \sqrt{M/N}|\beta\rangle$，所以通过旋转 $\arccos(\sqrt{M/N})$ 弧度可以把系统旋转到 $|\beta\rangle$。记 $CI(x)$ 为最接近实数 x 的整数，按照惯例，我们向下取整，例如 $CI(3.5)=3$。从而，重复 Grover 迭代

$$R = \mathrm{CI}\left(\frac{\arccos\sqrt{M/N}}{\theta}\right) \tag{6.15}$$

次把状态 $|\psi\rangle$ 旋转到距离 $|\beta\rangle$ 为 $\theta/2 \leqslant \pi/4$ 的角度范围内。于是对状态在计算基上进行测量，将至少以一半的概率给出搜索问题的一个解。事实上，M 和 N 取特定值的时候可以达到高得多的成功概率。例如，当 $M \ll N$ 时，我们有 $\theta \approx \sin\theta \approx 2\sqrt{M/N}$，故最终状态的角度误差至多是 $\theta/2 \approx \sqrt{M/N}$，给出最多为 M/N 的错误概率。注意 R 依赖于解的数目 M，但不依赖于解本身，因此如果我们知道 M，就可以使用上述的量子搜索算法。在 6.3 节，我们将说明在应用搜索算法的时候，如何去掉需要知道 M 这个要求。

专题 6.1　量子搜索：一个两比特的例子

这里用一个清晰的例子来说明量子搜索算法在 $N=4$ 的搜索空间上如何运行。首先，有这样的 oracle，对 $x=x_0$ 有 $f(x_0)=1$，对其他的 x，有 $f(x)=0$。此 oracle 的电路是以下四种情况之一。

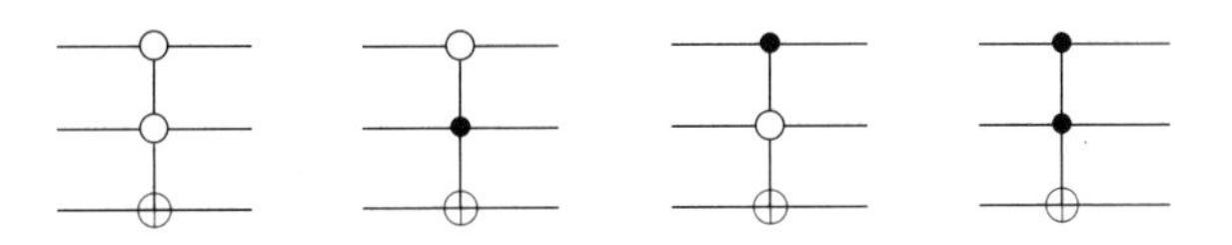

从左到右分别对应 $x_0=0,1,2,3$，上面两个量子比特表示查询位 x，底部的量子比特携带 oracle 的回答。初始阿达玛变换和一次 Grover 迭代 G 的量子电路图如下。

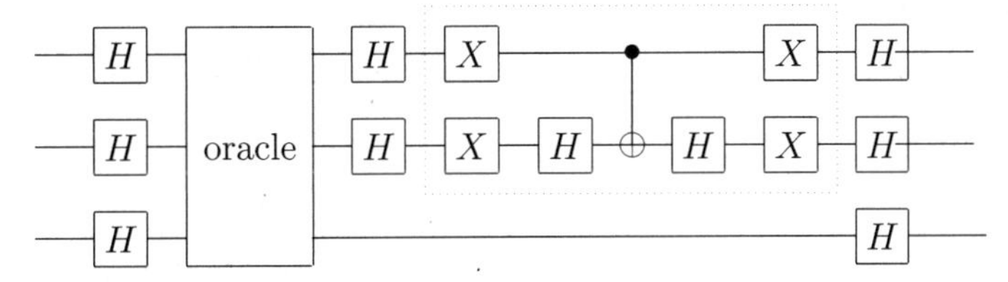

初始时，上面两个量子比特处于状态 $|0\rangle$，底部量子比特处于 $|1\rangle$。虚线框中的量子门执行条件相位偏移操作 $2|00\rangle\langle 00| - I$。我们需要重复迭代 G 多少次才能得到 x_0? 由式 (6.15)，代入 $M=1$，我们发现需要的迭代次数少于 1 次。可以看到，因为在式 (6.14) 中有 $\theta=\pi/3$，

所以在这个特殊的例子中只需要 1 次迭代就可以获得 x_0。在图 6-3 所示几何图形中，我们的初始状态为 $|\psi\rangle = (|00\rangle + |01\rangle + |10\rangle + |11\rangle)/2$，距离 α 的角度为 30°，一次旋转 $\theta = 60°$ 即可从状态 $|\psi\rangle$ 移到状态 $|\beta\rangle$。读者可以使用上述量子电路自己验证，执行一次 oracle 之后上面两个量子比特的测量结果会给出 x_0。相反，经典计算机或经典电路，尝试区分这 4 个oracle 平均需要 2.25 次查询。

式 (6.15) 给出了量子搜索算法所调用的 oracle 次数的精确表达式，然而给出一个概括 R 的本质行为的更简单的表达式也是有用的。由式 (6.15) 可知 $R \leqslant \lceil \pi/2\theta \rceil$，因此 θ 的一个下界将给出 R 的一个上界。暂且假设 $M \leqslant N/2$，我们有

$$\frac{\theta}{2} \geqslant \sin\frac{\theta}{2} = \sqrt{\frac{M}{N}} \tag{6.16}$$

由此可导出需要的迭代次数的一个优雅的上界

$$R \leqslant \left\lceil \frac{\pi}{4}\sqrt{\frac{N}{M}} \right\rceil \tag{6.17}$$

也就是说，必须执行 $R = O(\sqrt{N/M})$ 次 Grover 迭代（因此 oracle 调用也需要同样的次数）才能以高的概率得到搜索问题的一个解，这是对经典算法所需要的 $O(N/M)$ 次 oracle 调用的平方加速。对 $M = 1$ 的量子搜索算法总结如下。

算法（量子搜索）

输入：（1）执行变换 $O|x\rangle|q\rangle = |x\rangle|q \oplus f(x)\rangle$ 的黑盒 oracle O，其中对除 x_0 外的所有 $0 \leqslant x < 2^n$，有 $f(x) = 0$，而 $f(x_0) = 1$；（2）处于 $|0\rangle$ 状态的 $n+1$ 个量子比特。

输出： x_0。

运行时间： $O(\sqrt{2^n})$ 次操作，以 $O(1)$ 概率成功。

步骤：

1. $|0\rangle^{\otimes n}|0\rangle$ 　　初始态

2. $\rightarrow \frac{1}{\sqrt{2^n}}\sum_{x=0}^{2^n-1}|x\rangle\left[\frac{|0\rangle - |1\rangle}{\sqrt{2}}\right]$ 　　对前 n 个量子比特作用 $H^{\otimes n}$，对最后一个量子比特执行 HX

3. $\rightarrow \Big[(2|\psi\rangle\langle\psi| - I)O\Big]^R \frac{1}{\sqrt{2^n}}\sum_{x=0}^{2^n-1}|x\rangle\left[\frac{|0\rangle - |1\rangle}{\sqrt{2}}\right]$ 　　运行 Grover 迭代 $R \approx \lceil \pi\sqrt{2^n}/4 \rceil$ 次

$\approx |x_0\rangle\left[\frac{|0\rangle - |1\rangle}{\sqrt{2}}\right]$

4. $\rightarrow x_0$ 　　对前 n 个量子比特进行测量

习题 6.4 像上面那样，对多解情况（$1 < M < N/2$）给出具体的步骤。

当超过一半的元素是搜索问题的解，即 $M \geqslant N/2$ 时，会发生什么？根据表达式 $\theta = \arcsin(2\sqrt{M(N-M)}/N)$（对比式 (6.14)），我们看到当 M 从 $N/2$ 变为 N 时，θ 会减小。因而当

$M \geqslant N/2$ 时，搜索算法所需要的迭代次数会随 M 增加。直观上，一个搜索算法有这样的性质是荒唐的：我们希望当解的数目增加时，求解应该变得容易。至少有两种解决这个问题的方法。若事先知道 M 大于 $N/2$，就随机从搜索空间取一个元素，并用 oracle 检查它是否为一个解。这种方法的成功概率至少为一半，并且只需要调用 oracle 一次。它的缺点是我们可能事先不知道解的数目 M。

在不知道是否 $M \geqslant N/2$ 的情形，可以使用另一种方法。这种方法本身就很有趣，并且有助于简化对搜索问题中解的量子计数算法的分析，这会在 6.3 节给出。其思路是通过增加 N 个不是解的元素到搜索空间中，来使搜索空间的元素数量加倍。因而，在新的搜索空间中，少于一半的元素是解。这可以通过增加一个单量子比特 $|q\rangle$ 到搜索索引中实现，以把要搜索的元素的数目加倍到 $2N$。构造一个新的增广 oracle O'，它对一个元素进行标记，仅当这个元素是搜索问题的解且附加比特被置为 0。在习题 6.5 中将解释如何通过调用一次 O 来构造 O'。新的搜索问题在 $2N$ 项中只有 M 个解，因此运行基于新的 oracle O' 的搜索算法，至多需要对 O' 进行 $R = \pi/4\sqrt{2N/M}$ 次调用，因而完成搜索需要对 O 进行 $O(\sqrt{N/M})$ 次调用。

习题 6.5　证明通过调用一次 O，并使用一些基本量子门和附加量子比特 $|q\rangle$ 可以构造增广 oracle O'。

量子搜索算法用途广泛，后面的几节会介绍其中的一部分。该算法的巨大功效来源于我们没有对搜索问题假定任何特别的结构。这是基于黑盒 oracle 的问题提法带来的巨大好处，只要方便，在本章剩下的部分我们就采用这种观点。当然，在实际应用中，我们必须懂得如何实现 oracle，在我们考虑的每个实际问题中，我们都会给出实现 oracle 的具体描述。

习题 6.6　验证专题 6.1 第 2 个图中虚线框里的门电路完成条件相移操作 $2|00\rangle\langle 00| - I$，相差一个不重要的全局相位因子。

6.2　作为量子模拟的量子搜索

量子搜索算法的正确性很容易验证，但是如何凭空想出这样一个算法绝不是显然的事情。在这一节中，我们将描述一种启发性方法，从中可以“推导”出量子搜索算法，希望可以为量子算法的设计技巧带来一些直观的认识。作为一个有用的附带结果，我们将得到一个确定性量子搜索算法。因为我们的目的是得到灵感而不是通用性，为简单起见，假设搜索问题恰好有一个解，我们记为 x。

我们的方法包含两步。首先，我们猜想一个可用于求解搜索问题的哈密顿量。更准确地说，我们找一个哈密顿量 H，它依赖于解 x 和初始状态 $|\psi\rangle$，即量子系统根据 H 进行演化，在设定时间内从初始状态 $|\psi\rangle$ 演化到状态 $|x\rangle$。当我们找到这个哈密顿量和初始状态后，就可以进入第二步，尝试用一个量子电路去模拟哈密顿量的演化行为。令人惊奇的是，遵循这个过程，很快能导出量子搜索算法！在之前对量子电路的通用性研究中，问题 4.3 里，我们已经见过这个两阶段的过程，现在它对于量子搜索的研究也是有用的。

假设算法的初始状态是 $|\psi\rangle$。我们等一下会对 $|\psi\rangle$ 进行约束，但在完全理解算法的动态过程

之前，为了方便先令 $|\psi\rangle$ 是不确定的。量子搜索的目标是将 $|\psi\rangle$ 转变成 $|x\rangle$ 或近似的结果。让我们来猜一下什么样的哈密顿量可以做到这样的演化过程。最简单地，我们猜测哈密顿量完全由 $|x\rangle$ 和 $|\psi\rangle$ 来构造。因此，哈密顿量一定是 $|\psi\rangle\langle\psi|, |x\rangle\langle x|, |\psi\rangle\langle x|, |x\rangle\langle\psi|$ 这些项的和。也许最简单的选择是以下两个哈密顿量：

$$H = |x\rangle\langle x| + |\psi\rangle\langle\psi| \tag{6.18}$$

$$H = |\psi\rangle\langle x| + |x\rangle\langle\psi| \tag{6.19}$$

事实上这两个哈密顿量都可以导出量子搜索算法！不过，我们暂且仅限于分析式 (6.18) 的哈密顿量。回忆 2.2.2 节中，经过时间 t 之后，初始状态为 $|\psi\rangle$ 的量子系统，根据哈密顿量 H 演化以后的状态为

$$\exp(-\mathrm{i}Ht)|\psi\rangle \tag{6.20}$$

直观上看起来很好：对于很小的 t，演化的结果是将 $|\psi\rangle$ 变成 $(I-\mathrm{i}tH)|\psi\rangle = (1-\mathrm{i}t)|\psi\rangle - \mathrm{i}t\langle x|\psi\rangle|x\rangle$。即，$|\psi\rangle$ 稍微地向 $|x\rangle$ 所在的方向发生偏转。让我们实际来做一下完整的分析，确定是否存在这样一个 t，使 $\exp(-\mathrm{i}Ht)|\psi\rangle = |x\rangle$。显然，我们可以将分析限于由 $|x\rangle$ 和 $|\psi\rangle$ 张成的二维空间。由格拉姆-施密特过程，我们可以找到 $|y\rangle$，使得 $|x\rangle$ 和 $|y\rangle$ 组成空间的一组标准正交基，从而存在 α, β，使得 $|\psi\rangle = \alpha|x\rangle + \beta|y\rangle$，并满足 $\alpha^2 + \beta^2 = 1$。为了方便，我们选择 $|x\rangle$ 和 $|y\rangle$ 的相位使得 α 和 β 为非负实数。在 $|x\rangle$ 和 $|y\rangle$ 基底下，我们有

$$H = \begin{bmatrix} 1 & 0 \\ 0 & 0 \end{bmatrix} + \begin{bmatrix} \alpha^2 & \alpha\beta \\ \alpha\beta & \beta^2 \end{bmatrix} = \begin{bmatrix} 1+\alpha^2 & \alpha\beta \\ \alpha\beta & 1-\alpha^2 \end{bmatrix} = I + \alpha(\beta X + \alpha Z) \tag{6.21}$$

因此

$$\exp(-\mathrm{i}Ht)|\psi\rangle = \exp(-\mathrm{i}t)[\cos(\alpha t)|\psi\rangle - \mathrm{i}\sin(\alpha t)(\beta X + \alpha Z)|\psi\rangle] \tag{6.22}$$

全局相因子 $\exp(-it)$ 可以被忽略，经过简单的运算可以得到 $(\beta X + \alpha Z)|\psi\rangle = |x\rangle$，因此经过时间 t 以后，系统的状态为

$$\cos(\alpha t)|\psi\rangle - \mathrm{i}\sin(\alpha t)|x\rangle \tag{6.23}$$

因此，在 $t = \pi/2\alpha$ 时刻，对系统的观测以概率 1 获得结果 $|x\rangle$，即我们找到了问题的一个解！不幸的是，观测时间依赖于 α，即状态 $|\psi\rangle$ 在 $|x\rangle$ 方向的分量，从而依赖于 $|x\rangle$，也就是我们想要确定的量。一个明显的解决办法是尝试令 α 对于所有的 $|x\rangle$ 都相同，即选取 $|\psi\rangle$ 为均匀叠加态

$$|\psi\rangle = \frac{\sum_x |x\rangle}{\sqrt{N}} \tag{6.24}$$

这样的选择使得对于所有 x 都有 $\alpha = 1/\sqrt{N}$，因此观测时间 $t = \pi\sqrt{N}/2$ 并不依赖于对 x 的了解。进一步地，状态式 (6.24) 有明显的优势，即我们已经知道使用阿达玛变换便可以很容易地制备出这个态。

我们现在知道哈密顿量（式 (6.18) ）可以使 $|\psi\rangle$ 旋转至 $|x\rangle$。那么是否可以找到一个量子电路来模拟这个哈密顿量，从而得到量子搜索算法呢？使用 4.7 节的方法，我们看到模拟 H 的一个自然的方法是，对短时间增量 Δt，交替模拟哈密顿量 $H_1 \equiv |x\rangle\langle x|$ 和 $H_2 \equiv |\psi\rangle\langle\psi|$。如图 6-4 和图 6-5 所示，这些哈密顿量用第 4 章的方法很容易模拟。

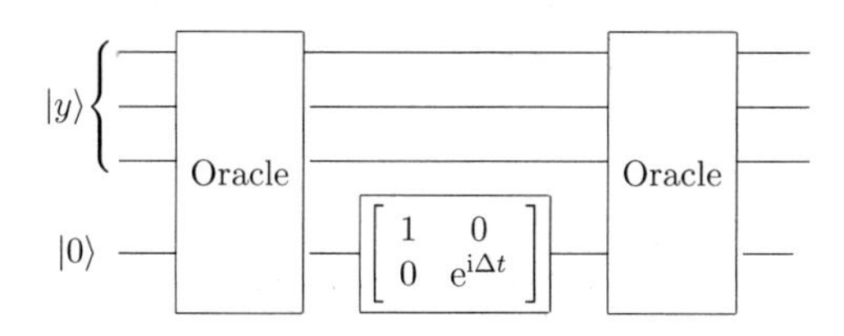

图 6-4　用两次 oracle 调用，实现操作 $\exp(-\mathrm{i}|x\rangle\langle x|\Delta T)$ 的电路

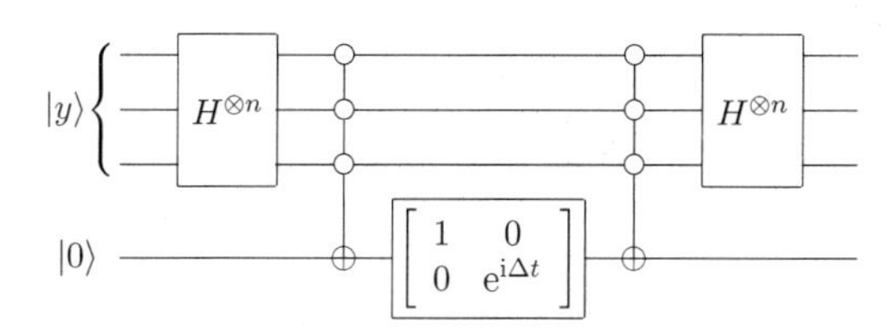

图 6-5　对式 (6.24) 中的 $|\psi\rangle$，实现操作 $\exp(-\mathrm{i}|\psi\rangle\langle\psi|\Delta t)$ 的电路

习题 6.7　验证图 6-4 和图 6-5 中的电路分别实现操作 $\exp(-\mathrm{i}|x\rangle\langle x|\Delta t)$ 和 $\exp(-\mathrm{i}|\psi\rangle\langle\psi|\Delta t)$，其中 $|\psi\rangle$ 如式 (6.24) 所示。

在量子模拟中 oracle 的调用次数取决于为了获取合理精度而使用的时间步长的大小。假设我们用的模拟步长为 Δt，可达到 $O(\Delta t^2)$ 的精度。则所需要的步数为 $t/\Delta t = \Theta(\sqrt{N}/\Delta t)$，于是累计误差为 $O(\Delta t^2 \times \sqrt{N}/\Delta t) = O(\Delta t\sqrt{N})$。为了得到合理的高成功概率，需要将误差控制到 $O(1)$，这意味着我们必须选择 $\Delta t = \Theta(1/\sqrt{N})$，这会导致 oracle 的调用次数为 $O(N)$——而这并不比经典算法好！如果我们用更精确的方法，比如精度为 $O(\Delta t^3)$，来进行量子模拟会怎么样呢？这样累计误差为 $O(\Delta t^2\sqrt{N})$，为了得到合理的高成功概率，我们需要选择 $\Delta t = \Theta(N^{-1/4})$，于是 oracle 的总调用次数为 $O(N^{3/4})$，这比经典算法有明显提升，尽管结果仍然没有像 6.1 节所述的量子搜索算法那样好。一般来说，使用更精确的模拟技术，会导致模拟过程中所需调用 oracle 次数的减少。

习题 6.8　假设模拟步的精度为 $O(\Delta t^r)$。证明以合理的精度模拟 H 所需调用 oracle 的次数为 $O(N^{r/2(r-1)})$。注意当 r 增大时，N 的指数趋向于 $1/2$。

我们用 4.7 节的量子模拟的一般结果分析了式 (6.18) 哈密顿量的量子模拟的精度。当然，在这个例子中处理的是特定的哈密顿量，不是一般的。这提示我们，具体计算一个模拟步 Δt 时间的结果而不是基于一般性的分析，也许是有意义的。对于任意特定的模拟方法，我们都可以这样做——虽然计算出模拟步结果的过程是有点乏味，但本质上是很直接的计算。显然起点是具体计算最低阶模拟技术的作用，即计算 $\exp(-\mathrm{i}|x\rangle\langle x|\Delta t)\exp(-\mathrm{i}|\psi\rangle\langle\psi|\Delta t)$ 或 $\exp(-\mathrm{i}|\psi\rangle\langle\psi|\Delta t)\exp(-\mathrm{i}|x\rangle\langle x|\Delta t)$ 的一个或全部。两种情况结果本质上是一样的。我们将重点关注 $U(\Delta t) \equiv \exp(-\mathrm{i}|\psi\rangle\langle\psi|\Delta t)\exp($

$-\mathrm{i}|x\rangle\langle x|\Delta t)$ 的情况。显然 $U(\Delta t)$ 的作用只在由 $|x\rangle\langle x|$ 和 $|\psi\rangle\langle\psi|$ 张成的空间中是非平凡的，因此我们把讨论范围限制在该空间，并在基 $|x\rangle, |y\rangle$ 中讨论，其中 $|y\rangle$ 的定义如前所述。注意到在该表示中，$|x\rangle\langle x| = (I+Z)/2 = (I+\hat{z}\cdot\vec{\sigma})/2$，其中 $\hat{z} \equiv (0,0,1)$ 是沿 z 方向的单位向量，而 $|\psi\rangle\langle\psi| = (I+\vec{\psi}\cdot\vec{\sigma})/2$，其中 $\vec{\psi} = (2\alpha\beta, 0, (\alpha^2-\beta^2))$（注意这是布洛赫向量表示法，详见 4.2 节）。经过简单的计算，除去一个无关紧要的全局相位因子，可以得到

$$
\begin{aligned}
U(\Delta t) = &\left(\cos^2\left(\frac{\Delta t}{2}\right) - \sin^2\left(\frac{\Delta t}{2}\right)\vec{\psi}\cdot\hat{z}\right) I \\
&- 2\mathrm{i}\sin\left(\frac{\Delta t}{2}\right)\left(\cos\left(\frac{\Delta t}{2}\right)\frac{\vec{\psi}+\hat{z}}{2} + \sin\left(\frac{\Delta t}{2}\right)\frac{\vec{\psi}\times\hat{z}}{2}\right)\cdot\vec{\sigma}
\end{aligned}
\tag{6.25}
$$

习题 6.9 验证式 (6.25)（提示：参看习题 4.15 ）。

式 (6.25) 表明 $U(\Delta t)$ 是布洛赫球面上的一个旋转，以 $\vec{r}$ 为旋转轴，$\vec{r}$ 定义如下：

$$
\vec{r} = \cos\left(\frac{\Delta t}{2}\right)\frac{\vec{\psi}+\hat{z}}{2} + \sin\left(\frac{\Delta t}{2}\right)\frac{\vec{\psi}\times\hat{z}}{2}
\tag{6.26}
$$

转过的角度为 θ，定义为

$$
\cos\left(\frac{\theta}{2}\right) = \cos^2\left(\frac{\Delta t}{2}\right) - \sin^2\left(\frac{\Delta}{2}\right)\vec{\psi}\cdot\hat{z}
\tag{6.27}
$$

将 $\vec{\psi}\cdot\hat{z} = \alpha^2-\beta^2 = (2/N-1)$ 代入化简得

$$
\cos\left(\frac{\theta}{2}\right) = 1 - \frac{2}{N}\sin^2\left(\frac{\Delta t}{2}\right)
\tag{6.28}
$$

注意 $\vec{\psi}\cdot\vec{r} = \hat{z}\cdot\vec{r}$，因此 $|\psi\rangle\langle\psi|$ 和 $|x\rangle\langle x|$ 在布洛赫球面上以 $\vec{r}$ 为轴心的圆上。总而言之，$U(\Delta t)$ 的作用如图 6-6 所示，将 $|\psi\rangle\langle\psi|$ 绕 $\vec{r}$ 轴进行旋转，每次转过一个角度 θ。当 $|\psi\rangle\langle\psi|$ 已经旋转至足够接近 $|x\rangle\langle x|$ 时，我们终止这个过程。因为我们考虑的是量子模拟的情况，所以起初我们假想 Δt 很小，但式 (6.28) 表明一个聪明的做法是令 $\Delta t = \pi$，以使旋转的角度 θ 最大化。这样的话我们可以得到 $\cos(\frac{\theta}{2}) = 1-2/N$，当 N 很大时，$\theta \approx 4/\sqrt{N}$，找到解 $|x\rangle$ 所需要调用 oracle的次数是 $O(\sqrt{N})$，正如原始的量子搜索算法一样。

确实，若我们令 $\Delta t = \pi$，那么这个“量子模拟”实际上等同于原始的量子搜索算法，因为量子模拟中的算子是 $\exp(-\mathrm{i}\pi|\psi\rangle\langle\psi|) = I - 2|\psi\rangle\langle\psi|$ 和 $\exp(-\mathrm{i}\pi|x\rangle\langle x|) = I - 2|x\rangle\langle x|$，除一个全局相移因子外与 Grover 迭代的步骤是等同的。这样看来，图 6-2 和图 6-3 所示量子搜索算法的电路只是图 6-4 和图 6-5 所示模拟电路当 $\Delta t = \pi$ 时的简化。

习题 6.10 证明通过适当选取 Δt，可以得到一个量子搜索算法，进行 $O(\sqrt{N})$ 次查询可以精确得到最终状态 $|x\rangle$，即算法的成功概率为 1，而不是一个更小的概率。

我们已经从量子模拟这个角度重新推导出了量子搜索算法。为什么这个方法可行呢？它可以用来寻找其他快速量子算法吗？我们不能以任何确定性的方式回答这个问题，不过下面的一些想

法或许是有趣的。所采用的基本过程包括 4 个方面：（1）明确需要求解的问题，包括所期望的量子算法的输入输出的描述；（2）猜测一个求解问题的哈密顿量，并验证它实际上可行；（3）找到一个过程来模拟这个哈密顿量；（4）分析模拟所需要的资源。这与传统方法有两方面的不同：我们猜测一个哈密顿量，而不是量子电路，并且在传统方法里并没有模拟步的类似物。这两点中更重要的是第一点。设计量子电路来求解一个问题有很大的自由度。尽管这种自由度是量子计算强大能力的部分来源，但它也使得找到好的电路相当困难。与之相比，确定一个哈密顿量是一个局限得多的问题，因此在求解问题的过程中自由度更小一些，但这些约束也许实际上会使我们更容易找到求解问题的有效量子算法。我们已经从量子搜索算法中看到了这点，也许还有更多的量子算法可以通过这种途径来发掘，但我们尚不知道。似乎可以肯定的是，“量子算法看作量子模拟”的观点为促进量子算法的发展提供了一个有用的新视角。

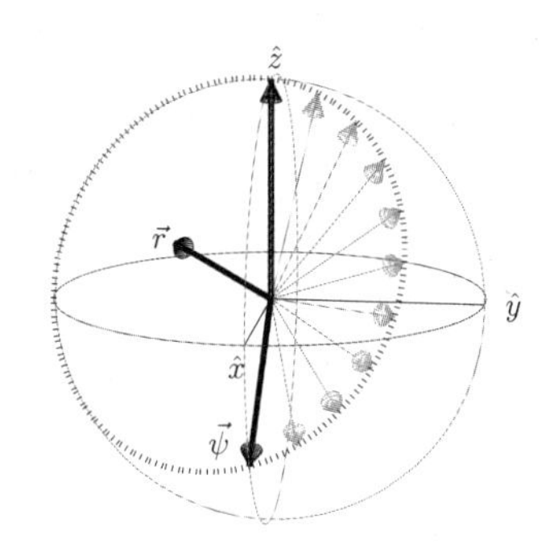

图 6-6　初始状态 $\vec{\psi}$ 围绕轴 $\vec{r}$ 旋转至最终态 $\hat{z}$ 的布洛赫球面图示

习题 6.11（多解连续量子搜索）　猜测一个哈密顿量用于求解有 M 个解的连续时间搜索问题。

习题 6.12（量子搜索的其他哈密顿量）　假设

$$H = |x\rangle\langle\psi| + |\psi\rangle\langle x| \tag{6.29}$$

1. 证明根据这个哈密顿量 H 来演化，状态 $|\psi\rangle$ 旋转至状态 $|x\rangle$ 只需要 $O(1)$ 的时间。
2. 说明如何进行哈密顿量 H 的量子模拟，并确定以高概率获得解该模拟技术所需 oracle 的调用次数。

6.3　量子计数

如果 N 个元素中有 M 个目标对象，我们可以多快地确定这个未知的 M？显然，在一台经典计算机上，需要对 oracle 进行 $\Theta(N)$ 次查询。在一台量子计算机上，结合 Grover 迭代和基于量子傅里叶变换的相位估计技术（见第 5 章），有可能可以更快地估计解的个数。这有一些重要的应用。首先，若我们能够很快地估计解的数目，那么就有可能很快地找到解，即使解的个数未知；因为我们可以先计算解的数目，然后用量子搜索算法去找到解。其次，量子计数使得我们可以判定解是否存在，这可以通过判定解的个数是否非 0 来完成。这有一些应用，比如 NP 完全问题的解，它们可以表述为某个搜索问题的解的存在性。

习题 6.13 考虑计数问题的一个经典算法，该算法在搜索空间中均匀独立地采样 k 次，令 $X_1, \cdots, X_k$ 表示 oracle 调用的结果，即当第 j 次调用得到问题的一个解时，$X_j = 1$，否则，$X_j = 0$。算法返回 $S \equiv N \times \sum_j X_j/k$ 作为解的个数的估计值。证明 S 的标准差为 $\Delta S = \sqrt{M(N-M)/k}$。证明要至少以 3/4 的概率估计 M，并保持误差在 $\sqrt{M}$ 以内，则必须有 $k = \Omega(N)$ 次 oracle 调用。

习题 6.14 证明任意经典计数算法，若要以至少 3/4 的概率估计 M，并保持误差在 $c\sqrt{M}$ 以内（c 是一个确定的常数），则必须对 oracle 进行 $\Omega(N)$ 次调用。

量子计数是应用 5.2 节的相位估计过程来估计 Grover 迭代算子 G 的特征值，进而使得我们可以确定搜索问题中解的个数 M。假设 $|a\rangle$ 和 $|b\rangle$ 是在由 $|\alpha\rangle$ 和 $|\beta\rangle$ 张成的空间中 G 的两个特征向量。设 θ 为 G 作用下旋转的角度。由式 (6.13)，我们可以看到对应的特征值为 $\mathrm{e}^{\mathrm{i}\theta}$ 和 $\mathrm{e}^{\mathrm{i}(2\pi-\theta)}$。便于分析，假设 oracle已经如 6.1 节所述被扩展，将搜索空间扩展到 $2N$，并确保 $\sin^2(\theta/2) = M/2N$。

用于量子计数的相位估计电路如图 6-7 所示。该电路的功能是估计 θ 精确至 m 位，成功概率至少为 $1-\epsilon$。如每一个相位估计算法一样，第一个寄存器包含 $t \equiv m + \lceil \log(2 + 1/2\epsilon) \rceil$ 个量子比特，而第二个寄存器包含 $n+1$ 个量子比特，足以在扩展后的搜索空间中实现 Grover 迭代。使用阿达玛变换将第二个寄存器的状态初始化为所有可能输入的均匀叠加态 $\sum_x |x\rangle$。如 6.1 节所述，这个态是特征态 $|a\rangle$ 和 $|b\rangle$ 的叠加，因此由 5.2 节中的结果，图 6-7 中的电路以至少 $1-\epsilon$ 的概率给出 θ 或 $2\pi-\theta$ 的估计，精度在 $|\Delta\theta| \leqslant 2^{-m}$ 之内。进一步，对 $2\pi-\theta$ 与 θ 在同一精度水平上的估计显然是等价的，因此相位估计算法以至少 $1-\epsilon$ 的概率确定 θ，精度在 2^{-m} 以内。

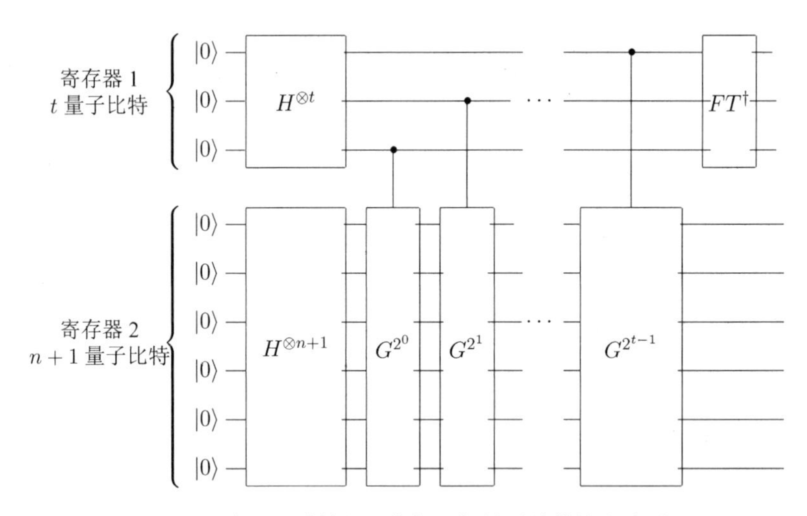

图 6-7 在量子计算机上执行近似量子计数的电路图

利用 $\sin^2(\theta/2) = M/2N$ 和对 θ 的估计，我们可以估计解的数目 M。这样估计的误差 ΔM 会有多大呢？

$$\frac{|\Delta M|}{2N} = \left|\sin^2\left(\frac{\theta+\Delta\theta}{2}\right) - \sin^2\left(\frac{\theta}{2}\right)\right| \tag{6.30}$$

$$= \left(\sin\left(\frac{\theta+\Delta\theta}{2}\right) + \sin\left(\frac{\theta}{2}\right)\right)\left|\sin\left(\frac{\theta+\Delta\theta}{2}\right) - \sin\left(\frac{\theta}{2}\right)\right| \tag{6.31}$$

计算结果表明 $|\sin((\theta+\Delta\theta)/2)-\sin(\theta/2)| \leqslant |\Delta\theta|/2$，且由基本的三角不等式可以得到 $|\sin((\theta+\Delta\theta)/2)| \leqslant \sin(\theta/2)+|\Delta\theta|/2$，因此

$$\frac{|\Delta M|}{2N} < \left(2\sin\left(\frac{\theta}{2}\right)+\frac{|\Delta\theta|}{2}\right)\frac{|\Delta\theta|}{2} \tag{6.32}$$

代入 $\sin^2(\theta/2)=M/2N$ 和 $|\Delta\theta| \leqslant 2^{-m}$，我们可以得到最终的误差估计

$$|\Delta M| < \left(\sqrt{2MN}+\frac{N}{2^{m+1}}\right)2^{-m} \tag{6.33}$$

举一个例子，设取 $m=\lceil n/2\rceil+1$，$\epsilon=1/6$，则有 $t=\lceil n/2\rceil+3$，从而算法需要进行 $\Theta(\sqrt{N})$ 次 Grover 迭代，进而 oracle 的调用次数为 $\Theta(\sqrt{N})$。由式 (6.33) 可知精确度为 $|\Delta M| < \sqrt{M/2}+1/4 = O(\sqrt{M})$。将这个结果与习题 6.14 进行比较，其中表明经典计算机要达到同样的精度需要 $O(N)$ 次 oracle 调用。

事实上，刚才提到的例子还有另一个作用，确定搜索问题的解是否存在，即 $M=0$ 或 $M\neq 0$。若 $M=0$，则有 $|\Delta M|<1/4$，从而算法必须以至少 5/6 的概率给出估计 0。反之，若 $M\neq 0$，则容易验证算法至少以 5/6 的概率估计出 M 不为 0。

量子计数的另一个应用是在解的个数 M 未知情况下找到搜索问题的解。如 6.1 节所述，应用量子搜索算法的难点在于重复 Grover 迭代的次数，式 (6.15)，依赖于知道解的个数 M。这个问题可以在一定程度上被解决，先使用基于相位估计的量子计数算法，以高精度估计 θ 和 M，然后再应用 6.1 节中的量子搜索算法，重复 Grover 迭代的次数由式 (6.15) 决定，其中的 θ 和 M 替换成通过相位估计得来的值，R 就可以确定下来了。这种情况下角度误差最多为 $\pi/4(1+|\Delta\theta|/\theta)$，因此像之前一样取 $m=\lceil n/2\rceil+1$，则角误差最多为 $\pi/4\times 3/2=3\pi/8$，相应的搜索算法成功概率至少为 $\cos^2(3\pi/8)=1/2-1/2\sqrt{2}\approx 0.15$。若以此精度获得 θ 的概率为 5/6，如前面的例子所示，那么获得搜索问题一个解的概率就是 $5/6\times\cos^2(3\pi/8)\approx 0.12$，这个概率通过重复计数-搜索组合过程多次很快可以逼近 1。

6.4　NP 完全问题解的加速

量子搜索也许可以被用于加速求解在复杂性类 NP（3.2.2 节）中的问题。在 6.1.1 节中我们已经看到因子分解问题是如何被加速的。这里，我们说明如何利用量子搜索求解哈密顿回路问题（HC）。回顾一下，一个图的哈密顿回路是遍历该图所有顶点的一个简单回路。HC 问题即确定给定的图中是否存在哈密顿回路。这个问题属于 NP 完全问题，通常认为（未被证明）在经典计算机上是难解的。

求解 HC 的一个简单的算法是遍历所有可能的点的排序：

1. 生成每一种可能的点的排序 $(v_1,\cdots,v_n)$。允许重复，这样方便分析且不会影响实质结果。
2. 对每一种生成的排序，检测它是否是图的哈密顿回路。若不是，检测下一个排序。

一共有 $n^n = 2^{n\log n}$ 种可能的排序需要被搜索，最坏情况下这个算法需要进行 $2^{n\log n}$ 次哈密顿回路的性质检测。的确，任何 NP 中的问题都可以以类似的方法来求解：规模为 n 的问题如果有 $\omega(n)$ 比特给定的证据，$\omega(n)$ 是 n 的多项式，那么搜索所有 $2^{\omega(n)}$ 个可能的证据就会找到一个解（若解存在的话）。

量子搜索算法可以用来加快搜索速度，从而加速这个算法。特别地，我们用 6.3 节描述的算法确定搜索问题的解是否存在。令 $m \equiv \lceil \log n \rceil$。算法的搜索空间将表示成一个 mn 量子比特的串，每个 m 量子比特的块被用于存放单个顶点的索引。因此，我们可以写出计算基 $|v_1, \cdots, v_n\rangle$，其中每个 $|v_i\rangle$ 用对应的 m 个量子比特来表示，一共是 nm 个量子比特。搜索算法的 oracle须用如下变换：

$$O|v_1, \cdots, v_n\rangle = \begin{cases} |v_1, \cdots, v_n\rangle & 若 v_1, \cdots, v_n 不是一个哈密顿回路 \\ -|v_1, \cdots, v_n\rangle & 若 v_1, \cdots, v_n 是一个哈密顿回路 \end{cases} \tag{6.34}$$

当图给定时，这样的 oracle 是很容易设计和实现的。首先用一个多项式规模的经典电路识别哈密顿回路，进而把它转换成一个可逆电路，也是多项式规模的，计算变换 $(v_1, \cdots, v_n, q) \to (v_1, \cdots, v_n, q \oplus f(v_1, \cdots, v_n))$，其中 $f(v_1, \cdots, v_n) = 1$，若 $v_1, \cdots, v_n$ 是一个哈密顿回路，否则为 0。用量子计算机实现相应的电路，使最后一个量子比特开始处于状态 $(|0\rangle - |1\rangle)/\sqrt{2}$ 就得到需要的变换。我们在这里不具体讨论细节，除了要注意一个关键点：oracle 需要的门的个数是 n 的多项式的，这可由哈密顿回路可以被多项式规模的经典电路识别这一事实直接得到。应用确定解是否存在的搜索算法变型（见 6.3 节），我们看到，判定是否存在哈密顿回路需要调用 oracle $O(2^{mn/2})$=$O(2^{n\lceil \log n \rceil/2})$ 次。当存在时，再结合计数-搜索算法可以找到一个这样的回路，作为问题的一个证据。

总结如下：

- 经典算法需要 $O(p(n)2^{n\lceil \log n \rceil})$ 次操作确定哈密顿回路是否存在，其中多项式因子 $p(n)$ 主要是实现 oracle 的开销，即判定一个候选路径是否为是哈密顿回路的门的个数。决定算法所需资源的核心要素是 $2^{n\lceil \log n \rceil}$ 中的幂。经典算法是确定性的，即成功概率为 1。
- 量子算法需要 $O(p(n)2^{n\lceil \log n \rceil/2})$ 次操作确定哈密顿回路是否存在。同样地，多项式 $p(n)$ 主要是实现 oracle 的开销。决定算法所需资源的核心要素是 $2^{n\lceil \log n \rceil/2}$ 中的幂。存在一个常数的出错概率（如 1/6），重复 r 次可以被减少至 $1/6^r$。
- 渐进地，量子算法需要的操作数目是经典算法的平方根。

6.5 无结构数据库的量子搜索

假设有人给你一个包含一千种花名的清单，并问你“Perth Rose”在清单的什么位置。如果这一花名在清单中恰好出现一次，且清单没有明显的排序规律，那么你需要平均查找 500 次才能找到“Perth Rose”。这种数据库搜索问题可以用量子搜索算法来加速吗？确实，量子搜索算法有时也称为数据库搜索算法，但它的效用性在该应用上是有限的，并且依赖于特定的假设。本节我们来看一下，在非常类似于经典计算机的场景下，量子搜索算法如何在概念上用于搜索非结构化的数据库。我们描述的框架将阐明用一台量子计算机去搜索经典数据库需要消耗多少资源。

假设我们有一个数据库包含 $N\equiv 2^n$ 个元素，每个元素的长度为 l 比特。我们给它们编号为 $d_1,\cdots,d_N$。我们想要去确定一个特定的 l 比特串 s 是否在数据库中。经典计算机求解这个问题，可以分为两部分，如图 6-8 所示。一个是中央处理单元，或者叫 CPU，利用较小的临时存储对数据进行处理。第二部分是大的内存，把数据库存放在 2^n 个块中，每块含 l 比特。假设内存是被动的，即它本身不可以处理数据。允许的是从内存中加载数据（LOAD）到 CPU，将 CPU 的数据存储（STORE）到内存中，以及在 CPU 中处理数据。当然，经典内存计算机可能有不同的设计，但这种 CPU-内存的划分是一种流行和常见的架构。

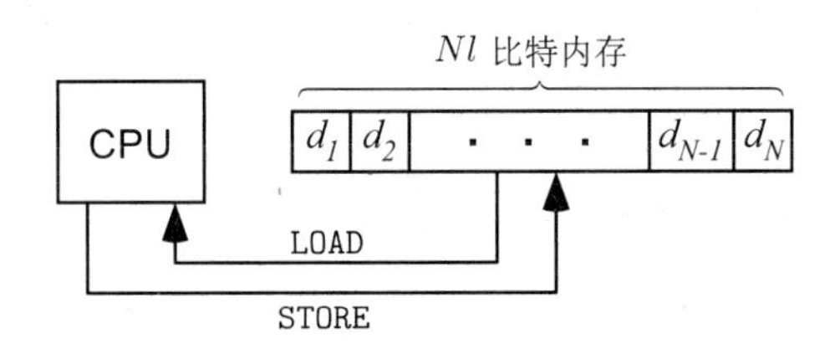

图 6-8　由独立中央处理单元（CPU）和内存组成的经典计算机上的数据库搜索。在内存上只允许直接进行两种操作——一个内存单元可以被加载（LOAD）进 CPU，或者 CPU 中的数据可以存入（STORE）内存中

为了找到给定的串 s 在数据库中的哪个位置，最有效的经典算法如下。首先，在 CPU 中对数据库建立一个 n 比特的索引。我们假设 CPU 的空间足以存放 $n\equiv\lceil\log N\rceil$ 个比特的索引。索引从 0 开始，每次迭代增加 1。在每次迭代中，数据库中与该索引对应的元素会被加载进 CPU 中，然后和目标串进行比较。如果是一样的，算法输出索引值并且终止。否则，算法继续增大索引值。显然，在最坏情况下算法需要从内存中加载数据 2^n 次，并且在这种计算模型下，这也是可能的最有效的算法了。

量子计算机上对应的算法效率如何呢？再者，尽管量子加速是可能的，这样的算法有多少用处呢？我们先阐明加速是可能的，然后再回到算法用途的问题。假设我们的量子计算机包含两个单元，CPU 和内存，就像经典计算机一样。设 CPU 含 4 个寄存器：（1）一个初始化为 $|0\rangle$ 的 n 量子比特的“索引寄存器”；（2）一个初始化为 $|s\rangle$ 的 l 量子比特的寄存器，并且在整个计算中维持这个态；（3）一个初始化为 $|0\rangle$ 的 l 量子比特的“数据”寄存器；（4）一个初始化为 $(|0\rangle-|1\rangle)/\sqrt{2}$ 的 1 量子比特的寄存器。

内存单元可以用以下两种方式之一来实现。最简单的是量子内存，包含 $N=2^n$ 个 l 量子比特单元，每个单元包含数据库元素 $|d_x\rangle$。第二种实现方式是，像经典内存一样，包含 $N=2^n$ 个 l 经典比特的单元，每个单元包含数据库元素 d_x。不过，与传统经典内存不同，它可以用一个处于多值叠加的索引 x 进行寻址。这个量子索引，允许从内存中加载叠加的单元数据。内存存取按如下方式工作：若 CPU 的索引寄存器处于状态 $|x\rangle$，数据寄存器处于状态 $|d\rangle$，则第 x 个内存单元的内容 d_x 被加载进数据寄存器：$|d\rangle\rightarrow|d\oplus d_x\rangle$，其中加是按位模 2 加。首先，我们看看如何利用该能力执行量子搜索算法，然后讨论如何在物理上构造这种内存。

实现量子搜索算法的关键部分在于 oracle 的实现，它必须翻转在内存中定位 s 的索引的相

位。假设 CPU 处于状态

$$|x\rangle|s\rangle|0\rangle\frac{|0\rangle-|1\rangle}{\sqrt{2}} \tag{6.35}$$

使用LOAD操作，使计算机处于状态

$$|x\rangle|s\rangle|d_x\rangle\frac{|0\rangle-|1\rangle}{\sqrt{2}} \tag{6.36}$$

现在，第 2 和第 3 寄存器进行比较，若它们是相同的，那么对第 4 寄存器进行比特翻转；否则不做改变。该操作的效果是

$$|x\rangle|s\rangle|d_x\rangle\frac{|0\rangle-|1\rangle}{\sqrt{2}} \to \begin{cases} -|x\rangle|s\rangle|d_x\rangle\frac{|0\rangle-|1\rangle}{\sqrt{2}} & \text{若} d_x = s \\ |x\rangle|s\rangle|d_x\rangle\frac{|0\rangle-|1\rangle}{\sqrt{2}} & \text{若} d_x \neq s \end{cases} \tag{6.37}$$

然后通过再次执行LOAD操作使数据存储器恢复至状态 $|0\rangle$。oracle的总体作用使寄存器 2、3、4 不受影响，并且和第 1 寄存器没有纠缠。因此，总的效果是将寄存器 1 的状态由 $|x\rangle$ 变为 $-|x\rangle$，若 $d_x = s$，否则不受影响。用这样的方式实现 oracle，我们可以应用量子搜索算法确定 s 在数据库中的位置，只使用 $O(\sqrt{N})$ 次LOAD操作，而相比之下，经典算法需要 N 次LOAD操作。

为了使 oracle 在叠加的情况下也能正确工作，看起来似乎内存也需要是量子的。事实上，如上所述，在一些条件下内存可以以经典方式实现，并且这样看起来更容易抵抗噪声的影响。但是一个量子寻址机制仍然是需要的，图 6-9 给出了如何做到这点的示意图。操作的原理是，把量子索引的二进制编码态（其中 0 到 2^n-1 由 n 个量子比特表示）转化成寻址经典数据库的一元编码（其中 0 到 2^n-1 由具有 2^n 个可能位置的单个探头的位置表示）。数据库的改变是在探头与其位置不相关的自由度上做出，然后逆转二进制到一元编码的过程，在数据寄存器留下希望的内容。

有量子搜索算法用于搜索经典数据库的实例吗？有两个不同的方面需要说明。首先，实际中的数据库通常不是无结构的。一些简单的数据库，像我们在本节讨论的例子中那个包含花名的数据库，也许是依照字母序组织的，这样对于一个 N 元数据库，使用二分查找便可以在 $O(\log(N))$ 时间内确定元素的位置。然而，某些数据库也许需要复杂得多的结构；另外，尽管存在一些复杂的技术能将经典搜索进行优化，但是对于足够复杂和意料之外的查询，预先知道数据库的结构也许不能带来什么帮助，这样的问题实质上可以被看作我们讨论的无结构数据库搜索问题。

其次，对于一台可以被用于搜索经典数据库的量子计算机，量子寻址方案是需要的。我们描述的方案需要 $O(N\log N)$ 个量子开关，这与将用于存放数据库的硬件数量大致相同。也许将来有一天，这些量子开关会变得与经典内存单元一样简单和便宜，但如果不是那样，建造量子计算机来执行量子搜索，与用分布在内存单元中的经典计算硬件相比，可能就不够经济。

基于这些考虑，似乎量子搜索算法的主要应用将不在经典数据库搜索。反而，也许会被用于寻找困难问题的解，例如前一节所讨论的哈密顿回路问题、旅行商问题和可满足性问题。

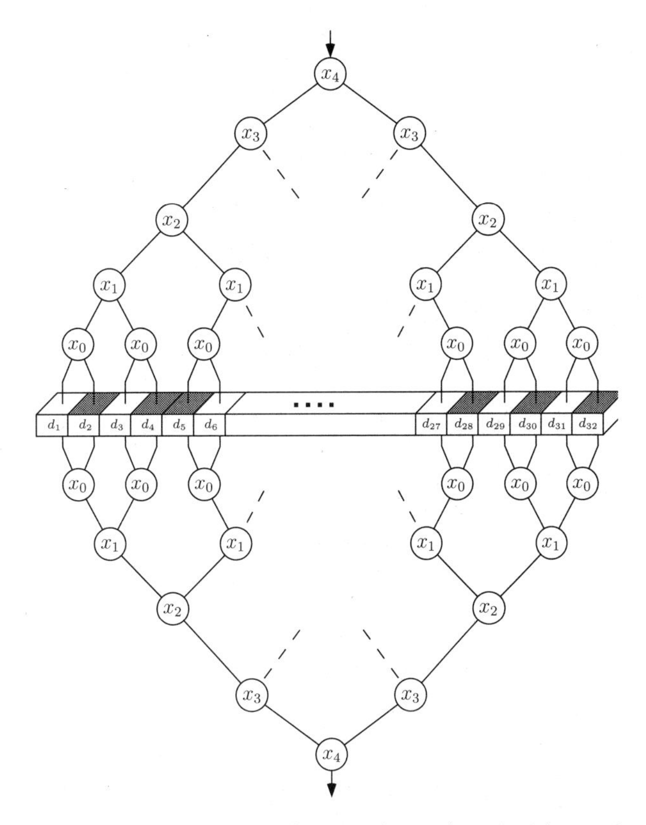

图 6-9　带有 5 量子比特寻址机制的 32 经典内存单元的示意图。每一个圈表示一个开关，由圈内标识的量子比特进行寻址。例如，当 $|x_4\rangle = |0\rangle$ 时，相应的开关把输入量子比特接通到左边；当 $|x_4\rangle = |1\rangle$ 时，开关把输入量子比特接通到右边。若 $|x_4\rangle = (|0\rangle + |1\rangle)/\sqrt{2}$，则取两条路径的均衡叠加。数据寄存器的量子比特从树顶进入，并按路径下达数据库，根据内存单元的内容改变自身的状态。量子比特然后回到一个确定的位置，并携带检索的信息。物理上，这可以使用比如单光子作为数据寄存器量子比特来实现，它们可以用非线性干涉仪（见第 7 章）来控制。经典数据库可以是一片简单的塑料薄膜，其中“0”（以白色方块表示）让光无变换地透过，而“1”（带阴影的方块）把光的极性改变 90°

6.6　搜索算法的最优性

我们证明了量子计算机只需调用 oracle $O(\sqrt{N})$ 次，就可以搜索 N 个元素的数据集。现在我们证明没有量子算法可以用少于 $\Omega(\sqrt{N})$ 的查询次数完成此任务，因此所给出的算法是最优的。

假设算法的初始状态为 $|\psi\rangle$。为了简便，我们证明搜索问题只有一个解 x 时的复杂度下界。为了找到 x，我们可以使用 oracle $O_x = I - 2|x\rangle\langle x|$，它把解 $|x\rangle$ 前面的相位变成 -1，而其他状态保持不变。我们假设算法从状态 $|\psi\rangle$ 开始，作用 oracle O_x k 次，并在查询操作之间穿插酉变换 $U_1, U_2, \cdots, U_k$。定义

$$|\psi_k^x\rangle \equiv U_k O_x U_{k-1} O_x \cdots U_1 O_x |\psi\rangle \tag{6.38}$$

$$|\psi_k\rangle \equiv U_k U_{k-1} \cdots U_1 |\psi\rangle \tag{6.39}$$

即，$|\psi_k\rangle$ 是施加酉操作 $U_1, U_2, \cdots, U_k$ 后的结果状态，没有用到 oracle。令 $|\psi_0\rangle = |\psi\rangle$。我们的目标是给以下量定界：

$$D_k \equiv \sum_x \|\psi_k^x - \psi_k\|^2 \tag{6.40}$$

为了方便简化公式，我们用符号 ψ 代表 $|\psi\rangle$。直观地，D_k 是经由 oracle 作用 k 步引起的偏差的度量，如果这个量很小，则所有的状态 $|\psi_k^x\rangle$ 大致上是相同的，那么就不可能以很高的概率正确地识别出 x。证明的策略是说明两件事：（a）D_k 的上界不会超过 $O(k^2)$；（b）为区分 N 个不同项，D_k 必须是 $\Omega(N)$ 的。结合这两个结果给出所期望的下界。

首先，我们用归纳法证明 $D_k \leqslant 4k^2$。对于 $k=0$ 时，$D_k = 0$，显然成立。注意到

$$D_{k+1} = \sum_x \|O_x\psi_k^x - \psi_k\|^2 \tag{6.41}$$

$$= \sum_x \|O_x(\psi_k^x - \psi_k) + (O_x - I)\psi_k\|^2 \tag{6.42}$$

使用不等式 $\|b+c\|^2 \leqslant \|b\|^2 + 2\|b\|\|c\| + \|c\|^2$，代入 $b \equiv O_x(\psi_k^x - \psi_k)$ 和 $c \equiv (O_x - I)\psi_k = -2\langle x|\psi_k\rangle|x\rangle$，得到

$$D_{k+1} \leqslant \sum_x (\|\psi_k^x - \psi_k\|^2 + 4\|\psi_k^x - \psi_k\||\langle x|\psi_k\rangle| + 4|\langle\psi_k|x\rangle|^2) \tag{6.43}$$

对不等号右边第二项应用柯西-施瓦茨不等式，并注意 $\sum\limits_x |\langle x|\psi_k\rangle|^2 = 1$，得到

$$D_{k+1} \leqslant D_k + 4\left(\sum_x \|\psi_k^x - \psi_k^2)\|^2\right)^{\frac{1}{2}} \left(\sum_{x'} |\langle\psi_k|x'\rangle|^2\right)^{\frac{1}{2}} + 4 \tag{6.44}$$

$$\leqslant D_k + 4\sqrt{D_k} + 4 \tag{6.45}$$

由归纳假设 $D_k \leqslant 4k^2$，我们得到

$$D_{k+1} \leqslant 4k^2 + 8k + 4 = 4(k+1)^2 \tag{6.46}$$

归纳完成。

为了完成证明，我们需要证明：仅当 D_k 是 $\Omega(N)$ 的，才能以高概率成功。假设 $|\langle x|\psi_k^x\rangle|^2 \geqslant 1/2$ 对于所有 x 成立，则成功得到解的概率至少是 $1/2$。将 $|x\rangle$ 替换成 $\mathrm{e}^{\mathrm{i}\theta}|x\rangle$ 不会改变成功概率，因此不失一般性，我们假设 $\langle x|\psi_k^x\rangle$=$|\langle x|\psi_k^x\rangle|$，因此

$$\|\psi_k^x - x\|^2 = 2 - 2|\langle x|\psi_k^x\rangle| \leqslant 2 - \sqrt{2} \tag{6.47}$$

定义 $E_k \equiv \sum\limits_x \|\psi_k^x - x\|^2$，我们看到 $E_k \leqslant (2-\sqrt{2})N$。现在证明 D_k 是 $\Omega(N)$ 的。定义 $F_k \equiv$

$\sum_x \|x-\psi_k\|^2$，则有

$$D_k = \sum_x \|(\psi_k^x - x) + (x-\psi_k)\|^2 \tag{6.48}$$

$$\geqslant \sum_x \|\psi_k^x - x\|^2 - 2\sum_x \|\psi_k^x - x\|\,\|x-\psi_k\| + \sum_x \|x-\psi_k\|^2 \tag{6.49}$$

$$= E_k + F_k - 2\sum_x \|\psi_k^x - x\|\,\|x-\psi_k\| \tag{6.50}$$

应用柯西-施瓦茨不等式可以得到 $\sum_x \|\psi_k^x - x\|\|x-\psi_k\| \leqslant \sqrt{E_k F_k}$，因此有

$$D_k \geqslant E_k + F_k - 2\sqrt{E_k F_k} = (\sqrt{F_k} - \sqrt{E_k})^2 \tag{6.51}$$

在习题 6.15 中将会证明 $F_k \geqslant 2N - 2\sqrt{N}$。再结合 $E_k \leqslant (2-\sqrt{2})N$ 可以得到 $D_k \geqslant cN$ 对于足够大的 N 成立，c 是不超过 $(\sqrt{2} - \sqrt{2-\sqrt{2}})^2 \approx 0.42$ 的常量。因为 $D_k \leqslant 4k^2$，这表明

$$k \geqslant \sqrt{cN/4} \tag{6.52}$$

总的来说，若想以至少一半的概率找到搜索问题的解，则必须进行 $\Omega(\sqrt{N})$ 次 oracle 查询。

习题 6.15　使用柯西-施瓦茨不等式证明对于任意归一化状态向量 $|\psi\rangle$ 和 N 个标准正交向量 $|x\rangle$，

$$\sum_x \|\psi - x\|^2 \geqslant 2N - 2\sqrt{N} \tag{6.53}$$

习题 6.16　假设解为 x 的概率是均匀的，现在只要求平均出错概率小于 1/2，而不要求对所有的 x。证明仍然需要 $O(\sqrt{N})$ 次查询。

这个结果，即量子搜索算法实质上是最优的，既让人兴奋又让人失望。令人兴奋的是它告诉我们，对于这个问题，至少我们已经发挥了量子力学的极限，没有进一步提升的可能。令人失望的是，我们或许曾希望用量子搜索算法会取得比平方根更大的加速，可能只用 $O(\log N)$ 次 oracle 查询完成对 N 元空间的搜索。如果这样的算法存在，那么 NP 完全问题将能被量子计算机有效解决，因为它可以使用大致 $\omega(n)$ 次 oracle 查询，搜索所有 $2^{\omega(n)}$ 个可能的证据，其中 $\omega(n)$ 是证据的比特长度。不幸的是，这样的算法是不存在的。这对算法设计者来说是有用的信息，因为它表明简单的基于搜索的方法对于求解 NP 完全问题是不可行的。

我们在这里冒昧地发表一点看法。许多研究者相信，NP 完全问题困难性的本质在于它们的解空间本质上是无结构的，因此求解这些问题（相差一个多项式量级因子）的最好方法就是采取搜索方法。如果接受了这个观点，那么对于量子计算来说是一个坏消息，意味着量子计算机能有效求解的问题类——BQP，并不包含 NP 完全问题。当然，这仅仅是一个观点，也许 NP 完全问题包含某些未知的结构使得它们在量子计算机上可以有效求解，甚至是在经典计算机上。能够说明这一点的一个很好的例子是素因子分解问题，被认为属于 NPI 类，即 P 和 NP 完全问题之间的一个复杂性类。素因子分解问题的有效量子求解的关键是，对问题中“隐含”结构的利用——可

归约为求阶问题。即便揭示了这种惊人的结构，人们还是没有利用起来开发出更有效的经典算法去求解因子分解问题，尽管在量子机制下这种结构可以被用来设计有效的因子分解算法！也许类似的结构隐藏在 NPI 类的其他问题中，比如图同构问题，甚至是 NP 完全问题。

习题 6.17（多目标搜索的最优性） 假设搜索问题有 M 个解，证明需要使用 $O(\sqrt{N/M})$ 次 oracle 来找到一个解。

6.7 黑盒算法的极限

我们以量子搜索算法的推广来结束这一章，它有助于深刻理解量子计算能力的边界。在本章开始的时候，我们把搜索问题描述为找到一个 n 比特的整数 x 使函数 $f:\{0,1\}^n \to \{0,1\}$ 满足 $f(x)=1$。与此相关的是判定性问题，判定是否存在 x 使得 $f(x)=1$。求解这个判定性问题一样困难，可以表述为计算一个布尔函数 $F(X)=X_0 \vee X_1 \vee \cdots \vee X_{N-1}$，其中 $\vee$ 表示二进制 OR 操作，$X_k \equiv f(k)$，X 表示集合 $\{X_0, X_1, \cdots, X_{N-1}\}$。更一般地，我们可以计算 OR 之外的函数，比如 $F(X)$ 可以是 AND、PARITY（模 2 求和），或者 MAJORITY（$F(X)=1$ 当且仅当有超过一半的 $X_k=1$）。一般情况下，我们可以考虑 F 是任意的布尔函数。给定计算 f 的 oracle，经典的或量子的计算机可以多快地计算这些函数（用查询次数来度量）?

如果不知道函数 f 的一些性质，回答这种问题似乎是困难的，但事实上即使在“黑盒”模型下，可以确定的东西还是很多，其中 oracle 完成任务的方式是不成问题的，复杂性用所需 oracle 的查询次数来度量。在前面的章节中，搜索算法的分析说明了得到该复杂度的一种方法，但另一种更有效的获得查询复杂度的方法是多项式方法，我们接下来会简要描述。

让我们从一些有用的定义开始。确定性查询复杂度 $D(F)$ 是指在经典计算机上确定性地计算 F 所需 oracle 的最少查询次数。量子情形下的对应物，$Q_E(F)$，表示在量子计算机上确定性地计算 F 所需 oracle 的最少查询次数。因为量子计算机的输出具有固有的概率特性，一个更意义的量是有界误差复杂度 $Q_2(F)$，即量子计算机的输出至少以 $2/3$ 的概率与 F 相同所需 oracle 的最少查询次数。（$2/3$ 可以是任意的数——这个概率只要离 $1/2$ 的距离是有下界的，就可以通过重复调用使概率提升至接近 1）。还有一个相关的度量是零误差复杂性 $Q_0(F)$，即在如下情况下 oracle 的最少查询次数：要求量子计算机产生的输出要么一定等于 F，要么以小于 $1/2$ 的概率不给出一个确定的结果。所有这些界必须对所有 oracle 函数 f 都成立（或者换句话说，F 的所有输入 X）。注意到 $Q_2(F) \leqslant Q_0(F) \leqslant Q_E(F) \leqslant D(F) \leqslant N$。

多项式方法基于布尔函数的最小阶多线性多项式表示的性质。下面考虑的多项式都是 $X_k \in \{0,1\}$ 的函数，由于 $X_k^2 = X_k$，因此是多线性的。一个多项式 $p: R^N \to R$，若 $p(X)=F(X)$ 对于所有的 $X \in \{0,1\}^N$ 成立（其中 R 表示全体实数），则称其可以表示 F。这样的多项式 p 总是存在的，因为我们可以明确地构造一个合适的候选者：

$$p(X)=\sum_{Y\in\{0,1\}^N} F(Y)\prod_{k=0}^{N-1}\left[1-(Y_k-X_k)^2\right] \tag{6.54}$$

最小阶的 p 是唯一的，这一结论作为习题 6.18 留给读者。F 这种表示的最小阶，记为 $\deg(F)$，是 F 复杂性的一个有用度量。比如，已知 $\deg(\mathrm{OR}), \deg(\mathrm{AND}), \deg(\mathrm{PARITY})$ 都等于 N。事实上，大多数函数的最小阶都是 N。进一步地，已证明

$$D(F) \leqslant 2\deg(F)^4 \tag{6.55}$$

这个结果为确定性经典算法计算大部分布尔函数确立了一个复杂度上界。将这个概念扩展，若一个多项式满足 $|p(X) - F(X)| \leqslant 1/3$ 对于所有 $X \in \{0,\ 1\}^N$ 成立，我们称多项式 p 近似计算 F，用 $\widetilde{\deg}(F)$ 表示近似多项式的最小阶。这样的度量对于随机经典算法很重要，并且后面会看到，在描述量子情形的时候也很重要。已知有 $\widetilde{\deg}(\mathrm{PARITY}) = N$，

$$\widetilde{\deg}(\mathrm{OR}) \in \Theta(N) \quad 和 \quad \widetilde{\deg}(\mathrm{AND}) \in \Theta(\sqrt{N}) \tag{6.56}$$

和

$$D(F) \leqslant 216\widetilde{\deg}(F)^6 \tag{6.57}$$

式 (6.55) 和式 (6.57) 的界是本书写作时的最好结果；它们的证明超出了本书的范围，不过你可以在“背景资料与延伸阅读”中找到更多的相关信息。一般认为更紧的界是可能的，但对于我们的目的而言，已经足够了。

习题 6.18　证明布尔函数 $F(X)$ 的最小阶多项式表示法是唯一的。

习题 6.19　证明 $P(X) = 1 - (1 - X_0)(1 - X_1)(1 - X_2)\cdots(1 - X_{N-1})$ 表示 OR。

多项式在描述量子算法的结果时自然产生。我们写出对 oracle O 做了 T 次查询的量子算法 $\mathcal{Q}$ 的输出为

$$\sum_{k=0}^{2^n-1} c_k|k\rangle \tag{6.58}$$

我们将证明振幅 c_k 是关于变量 $X_0, X_1, \cdots, X_{N-1}$ 的阶不超过 T 的多项式。任何算法 $\mathcal{Q}$ 可用如图 6-10 所示量子电路实现。在第一次 oracle 查询之前的状态 $|\psi_0\rangle$ 可写作

$$|\psi_0\rangle = \sum_{ij}(a_{i0j}|i\rangle|0\rangle + a_{i1j}|i\rangle|1\rangle)|j\rangle \tag{6.59}$$

其中，第一个部分对应 n 量子比特的 oracle 查询，接下来的单量子比特保存 oracle 的查询结果，最后 $m-n-1$ 个量子比特是 $\mathcal{Q}$ 的工作比特。进行 oracle 查询之后，我们得到状态

$$|\psi_1\rangle = \sum_{ij}\Big(a_{i0j}|i\rangle|X_i\rangle + a_{i1j}|i\rangle|X_i \oplus 1\rangle\Big)|j\rangle \tag{6.60}$$

但因为 X_i 要么为 0 要么为 1，我们可以将其重写为

$$|\psi_1\rangle = \sum_{ij}\Big[\Big((1-X_i)a_{i0j}+X_i a_{i1j}\Big)|i0\rangle + \Big((1-X_i)a_{i1j}+X_i a_{i0j}\Big)|i1\rangle\Big]|j\rangle \tag{6.61}$$

注意到在状态 $|\psi_0\rangle$ 中，基矢态的振幅关于 X 的多项式的阶为 0，而在 $|\psi_1\rangle$ 中相应的阶为 1（与 X 呈线性）。一个重要的观察结果是，在 oracle 前后的酉操作不会改变这些多项式的阶，但每一次 oracle 调用只会使阶最多增加 1。因此 T 次查询以后，振幅是阶不超过 T 的多项式。进一步，最终输出式 (6.58) 用计算基去测量，产生结果 k 的概率为 $P_k(X)=|c_k|^2$，是 X 的阶不超过 $2T$ 的实多项式。

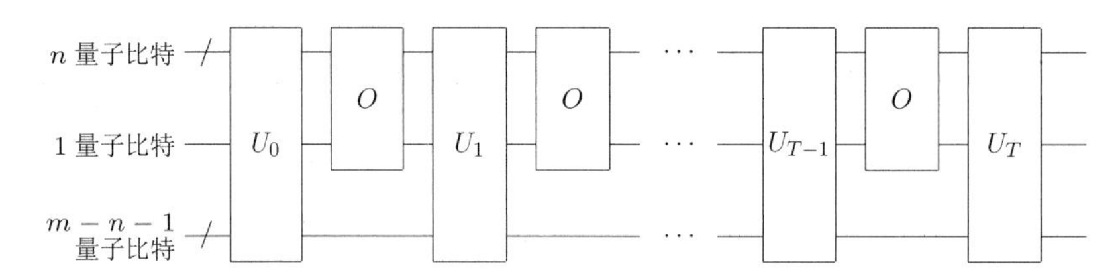

图 6-10　进行 T 次 oracle O 调用的量子算法的一般量子电路。$U_0, U_1, U_2, \cdots, U_T$ 是 m 个量子比特上的任意酉操作，oracle 作用在 $n+1$ 个量子比特上

得到结果 1 的概率 $P(X)$ 的阶最多也是 $2T$，因为它是多项式 $P_k(X)$ 的一个子集和。在 Q 百分之百产生正确答案的情形中，必须有 $P(X)=F(X)$，从而 $\deg(F)\leqslant 2T$，因此有

$$Q_E(F) \geqslant \frac{\deg(F)}{2} \tag{6.62}$$

在 Q 以有界差错概率给出答案的情形中，$P(X)$ 近似表示 $F(X)$，且有 $\widetilde{\deg}(F)\leqslant 2T$，从中我们推导出

$$Q_2(F) \geqslant \frac{\widetilde{\deg}(F)}{2} \tag{6.63}$$

结合式 (6.55) 和式 (6.62)，我们有

$$Q_E(F) \geqslant \left[\frac{D(F)}{32}\right]^{1/4} \tag{6.64}$$

类似地，结合式 (6.57) 和式 (6.63)，我们有

$$Q_2(F) \geqslant \left[\frac{D(F)}{13824}\right]^{1/6} \tag{6.65}$$

这意味着，使用黑盒计算布尔函数的时候，量子算法比经典算法，最好的情况下只有多项式加速，甚至很多时候多项式加速都不可能（因为对很多函数 $\deg(F)$ 是 $\Omega(N)$ 的）。另一方面，已知对于 $F=\text{OR}$，$D(F)=N$，并且随机经典查询复杂度为 $R(F)\in\Theta(N)$，再结合式 (6.63) 和式 (6.56)，和量子搜索算法的已知性能，可知 $Q_2(F)\in\Theta(\sqrt{N})$。这个平方根加速正是量子搜索算法所达到

的，并且多项式方法表明，这个结果或许可以推广到一类略为广泛的问题上，但若没有关于黑盒 oracle 函数 f 的结构的额外信息，对经典算法的指数加速是不可能的。

习题 6.20　从无差错计算函数的量子电路的输出，构造 OR 的多项式表示，由此证明 $Q_0(\mathrm{OR}) \geqslant N$。

问题 6.1（找最小值）　像 6.5 节中那样，假设 $x_1, \cdots, x_N$ 是存放在内存中的一个数据集。证明只需要在量子计算机上进行 $O(\log(N)\sqrt{N})$ 次内存操作，即可以至少一半的概率找到列表中的最小元素。

问题 6.2（推广的量子搜索）　令 $|\psi\rangle$ 表示一个量子态，并定义 $U_{|\psi\rangle} \equiv I - 2|\psi\rangle\langle\psi|$，即 $U_{|\psi\rangle}$ 给状态 $|\psi\rangle$ 一个 -1 的相位，并且使那些与 $|\psi\rangle$ 正交的状态不变。

1. 假设我们有一个量子电路实现酉操作 U，使得 $U|0\rangle^{\otimes n} = |\psi\rangle$。解释如何实现 $U_{|\psi\rangle}$。
2. 令 $|\psi_1\rangle = |1\rangle$，$|\psi_2\rangle = (|0\rangle - |1\rangle)/\sqrt{2}$，$|\psi_3\rangle = (|0\rangle - \mathrm{i}|1\rangle)/\sqrt{2}$。假设一个未知的 oracle O 从 $U_{|\psi_1\rangle}, U_{|\psi_2\rangle}, U_{|\psi_3\rangle}$ 中选取。给出一个量子算法，仅使用 oracle 1 次就可以识别出这个 oracle。（提示：考虑超密编码。）
3. 研究：更一般地，给定 k 个状态 $|\psi_1\rangle, \cdots, |\psi_k\rangle$，和一个从集合 $U_{|\psi_1\rangle}, \cdots, U_{|\psi_k\rangle}$ 中选取的未知的 oracle O，需要使用该 oracle O 多少次才能以高概率识别它？

问题 6.3（数据库检索）　给定一个量子 oracle，对 n 量子比特查询（以及一个查询结果存储比特）$|k, y\rangle$，返回 $|k, y \oplus X_k\rangle$。证明仅使用 $N/2 + \sqrt{N}$ 次查询，就可以以很高的概率，获得 X 的全部 $N = 2^n$ 个比特。这意味着对任意 F，有一个一般的上界 $Q_2(F) \leqslant N/2 + \sqrt{N}$。

问题 6.4（量子搜索和密码学）　量子搜索潜在地可以用于加速密钥搜索。主要思想是在可能的解密密钥空间中进行搜索，每次搜索之后验证该密钥，看解密的信息是否合理。解释为什么这样的方法对于 Vernam 密码（见 12.6 节）不起作用。什么时候会对如 DES 这样的密码系统起作用？（想要了解 DES，可以参见 [MvOV96] 或 [Sch96a]。）

本章小结

量子搜索算法：对于一个有 $N \equiv 2^n$ 个元素 M 个解的搜索问题，制备状态 $\sum_x |x\rangle$ 然后重复 $G \equiv H^{\otimes n} U H^{\otimes n} O$ 共 $O(\sqrt{N/M})$ 次，其中 O 是搜索 oracle，作用是：若 $|x\rangle$ 是一个解，则 $|x\rangle \to -|x\rangle$，否则不变，而 U 使得 $|0\rangle \to -|0\rangle$ 但对其他计算基矢态不变。测量以高概率得到搜索问题的一个解。

量子计数算法：假设一个搜索问题解的数目 M 未知。G 有特征值 $\exp(\pm \mathrm{i}\theta)$，其中 $\sin^2(\theta/2) = M/N$。基于傅里叶变换的相位估计的过程允许我们只使用 $O(\sqrt{N})$ 次 oracle 就能以高精度估计 M。反过来，量子计数使得我们可以确定一个给定的搜索问题是否有解；若有解的话找到其中一个解，即使在解的数目未知的情况下。

多项式界：对于全函数 F 的计算问题（与之相对的还有部分函数，或者叫承诺问题），量子算法比起经典算法不会有超过多项式的加速。特别地，$Q_2(F) \geqslant \left[D(F)/13824\right]^{1/6}$。此外，量子搜索算法的性能是最优的：它是 $\Theta(\sqrt{N})$ 的。

背景资料与延伸阅读

量子搜索算法与更多进一步发展及详细阐述归功于 Grover[Gro96, Gro97]。Boyer、Brassard、Høyer 和 Tapp[BBHT98] 写了一篇有影响力的文章，文章中他们讨论了搜索问题存在多个解的情形，并且简述了量子计数算法，后来被 Brassard、Høyer 和 Tapp[BHT98] 进行了细化，Mosca[Mos98] 也从相位估计的角度研究了该算法。Grover 迭代可以被理解为两次反射的乘积，由 Aharonov[Aha99b] 首先在一篇综述中指出。连续时间哈密顿量（式 (6.18) ）首先由 Farhi 和 Gutmann[FG98] 进行研究，从与我们在 6.2 节中的描述非常不同的一个角度。Bennett、Bernstein、Brassard 和 Vazirani[BBBV97] 证明 Grover 算法是最优的基于 oracle 的搜索算法。我们给出的证明是基于 Boyer、Brassard、Høyer 和 Tapp[BBHT98] 的结果。Zalka[Zal99] 精炼了这个证明，指出量子搜索算法是渐进和精确的最优。

估计量子算法能力的多项式方法由 Beals、Buhrman、Cleve、Mosca 和 de Wolf[BBC+98] 引入量子计算领域。Mosca 的博士论文 [Mos99] 中也进行了精彩的讨论，6.7 节的很多讨论也基于此。该节中引用的很多结果未给出证明；其中，式 (6.55) 归功于文献 [BBC+98] 中提及的 Nisan 和 Smolensky，但是尚未发表，式 (6.56) 由 Paturi[Pat92] 的理论导出，而式 (6.57) 由 [BBC+98] 导出。一个比式 (6.65) 更好的界在 [BBC+98] 中给出，但是需要如块敏感度复杂性（block sensitivity）等概念，超出了本书的范围。一个完全不同的给量子黑盒算法定界的方法，基于对纠缠的讨论，由 Ambainis[Amb00] 给出。

问题 6.1 来自于 Dürr 和 Høyer[DH96]，问题 6.3 来自于 van Dam[van98a]。

第 7 章

量子计算机：物理实现

未来计算机的重量有望不超过 1.5 吨。

——Popular Mechanics（大众力学），预言科学的无尽征程，1949 年

我相信世界市场只需五台计算机。

——Thomas Watson，IBM 创始人，1943 年

量子计算与量子信息是一个具有基础价值的领域，因为我们相信量子信息处理器确实可以实现。否则，这个领域就只不过是数学上的兴趣而已。无论如何，在实验中实现量子电路、量子算法和量子通信已被证明是极富挑战性的。在本章中，我们将探讨一些用于实现量子信息处理器件和系统的指导性原则和模型系统。

我们将在 7.1 节概述在选择量子计算机的物理实现时的各种权衡。这部分讨论为 7.2 节树立了视角，以便详细论述实验实现量子计算的一组充分条件。从 7.3 节到 7.7 节，通过一系列的案例分析说明了这些条件。其中包含 5 种不同的物理模型系统：简谐振子，光子与非线性光学介质，腔量子电动力学器件，离子阱和分子核磁共振。对每种系统，我们都简要地描述其物理装置、动力学所遵循的哈密顿量，以及主要的缺点。我们不会深入描述这些系统的物理，因为每一种都是一个研究领域，这超出了本书的范围。相反，我们仅综述与量子计算和量子信息有关的概念，这样一来，实验上的挑战与理论上的潜力都能得以涉及。另一方面，用量子信息的立场来分析这些系统，也给出了新颖的视角，我们希望读者会觉得有启发性且有用，因为它可以用极为简单的推导得出一些重要的物理学。在 7.8 节，我们给出总结，讨论其他一些物理系统——量子点、超导逻辑门及半导体中的自旋——它们对这个领域也有价值。出于为那些只想抓住每种实现方案亮点所在的读者考虑，在每一节的最后都会给出小结。

7.1 指导性原则

制造一台量子计算机在实验上的要求是什么？理论的基本单元是量子比特——二能级量子系统；在 1.5 节中，我们简要地了解了为什么人们相信自然界存在量子比特，以及它们可能呈现的物理形式。为实现量子计算机，我们不仅要给量子比特赋予一些健壮的物理呈现方式（以便保持它们的量子特性），还得选择一个系统，其中的量子比特能按需求进行演化。不仅如此，我们必须能把量子比特制备到某种特定的初态上，并且能测量系统的输出态。

实验实现上的挑战在于，这些基本要求很多时候只能部分被满足。一个硬币有两面，这使得它可以作为一个很好的经典比特，但却是很差的量子比特，因为它不能长时间处于（“正面”与“背面”的）量子叠加态。一个核自旋可以作为很好的量子比特，因为它可以长时间，甚至几天都处于顺或逆外磁场方向的叠加态。但是从核自旋出发构建量子计算机是很困难的，因为它们与周围世界的耦合太弱了，人们难以测量单个原子核的指向。观察到相互抵触的约束是很普遍的：一台量子计算机必须很好地被孤立起来，以便维持其量子特性，但与此同时，它的量子比特必须容易触及，以便操控完成计算然后读出结果。一个实际的实现必须在这些限制之间维持脆弱的折衷，因此有意义的问题不在于*如何*制造量子计算机，而是量子计算机能造得有*多好*。

什么物理系统有潜力成为处理量子信息的优秀备选者呢？理解某种特定量子计算机实现的优点的一个关键概念是*量子噪声*（有时候也被称为*退相干*〔decoherence〕），这也是第 8 章的主题：破坏系统预定演化的过程。这是由于最长能允许的量子计算长度大致由 τ_Q 和 τ_{op} 的比值确定，其中 τ_Q 是系统维持量子力学相干性的时间，τ_{op} 是完成一个基本酉变换（至少涉及两个量子比特）的时间。在很多系统中，这两个时间实际上相互关联，因为它们都由系统与外部世界的耦合强度来决定。尽管如此，如图 7-1 所示，$\lambda = \tau_{op}/\tau_Q$ 能在惊人的范围内变化。

系统	τ_{Q}	τ_{op}	$n_{\mathrm{op}} = \lambda^{-1}$
核自旋	$10^{-2} \sim 10^{8}$	$10^{-3} \sim 10^{-6}$	$10^{5} \sim 10^{14}$
电子自旋	10^{-3}	10^{-7}	10^{4}
离子阱（In^{+}）	10^{-1}	10^{-14}	10^{13}
电子（Au）	10^{-8}	10^{-14}	10^{6}
电子（GaAs）	10^{-10}	10^{-13}	10^{3}
量子点	10^{-6}	10^{-9}	10^{3}
光学腔	10^{-5}	10^{-14}	10^{9}
微波腔	10^{0}	10^{-4}	10^{4}

图 7-1　对相互作用量子比特系统的各种候选的物理实现，粗略估计的退相干时间 τ_Q(s)，操作时间 τ_{op}(s) 和最大的操作次数 $n_{op} = \lambda^{-1} = \tau_Q/\tau_{op}$。尽管这个表格的条目不少，但只涉及 3 种从根本上不同的量子比特表示：自旋、电荷和光子。离子阱使用囚禁原子的精细或超精细能级跃迁（7.6 节），对应于电子自旋或核自旋的翻转。对金和砷化镓，或者量子点中电子的估算，对应于电荷表象，即为电极或一些束缚区域内电子存在与否。在光学和微波腔中，光子（频率处于 GHz 到几百 THz）占据不同的腔模代表着量子比特。对这些粗略的估计要持批判的态度：它们只用于为广泛的可能性提供视角

这些估算粗略说明了量子信息处理器各种可能的物理实现的优点，但是在实际实现中还会出现很多其他噪声和缺陷。比如说，为操控原子内两个电子能级所代表的量子比特，要用光引发两

个能级之间的跃迁，也会导致一定概率跃迁到其他电子能级。这些也可被看作是噪声过程，因为会将系统引入定义量子比特的两个态之外。一般而言，任何能够导致（量子）信息丢失的都是噪声过程——接下来在第 8 章，我们会更深入地讨论量子噪声理论。

7.2　量子计算的条件

让我们回顾一下前一节一开始就提到过的量子计算所需的四项基本要求。这些要求是能够

1. 稳定地表示量子信息
2. 完成一组通用的酉变换
3. 制备基准初态
4. 测量输出结果

7.2.1　量子信息的表示

量子计算基于量子态的变换。量子比特是一些二能级系统，作为量子计算机最简单的建造单元，它们为成对的量子态提供了方便的标志和物理实现。因此，比如自旋 3/2 粒子的 4 个态，$|m=+3/2\rangle, |m=+1/2\rangle, |m=-1/2\rangle, |m=-3/2\rangle$，可以用来代表两个量子比特。

以计算作为目的，要实现的关键是可访问态的集合应该是*有限的*。沿一维直线运动粒子的位置 x 通常不适合作为计算态的集合，尽管粒子可能处于量子态 $|x\rangle$，乃至叠加态 $\sum_x c_x|x\rangle$。这是由于 x 处于概率上的连续区域，且具有无限大小的希尔伯特空间，因此无噪声时其信息容量也是无限的。比如说，在完美世界中，莎士比亚全集可以存储到无限位的二进制小数中 $x = 0.010111011001\cdots$（并读出）。这显然是不现实的，现实是噪声的存在把可分态数目降为有限个。

实际上，通常需要把某些对称性献给态空间的有限性，以便把退相干降到最小。比如说，一个自旋 1/2 粒子的希尔伯特空间由 $|\uparrow\rangle$ 和 $|\downarrow\rangle$ 两个态张成；自旋态不能处于此二维空间之外，当被很好地孤立之后，就成为一个近乎完美的量子比特。

如果表示选择得不好，就会导致退相干。譬如，如专题 7.1 所示，一个处于有限深方势阱中的粒子，势阱深度足以容纳两个束缚态来实现一个平庸的量子比特，因为从束缚态到连续非束缚态的跃迁有可能出现。这将导致退相干，因为会破坏量子比特的叠加态。对单量子比特来说，质量指标是任意量子叠加态的最短寿命。用于自旋和原子系统的一个好的度量是 T_2，形如 $(|0\rangle+|1\rangle)/\sqrt{2}$ 量子态的（“横”）弛豫时间。注意，T_1——高能量 $|1\rangle$ 态的（“纵”）弛豫时间——只是经典态的寿命，它通常比 T_2 长一些。

专题 7.1　方势阱与量子比特

有一个典型的量子系统，称为“方势阱”，指的是一个处于一维盒子中的粒子，其行为遵循薛定谔方程式 (2.86)。此系统的哈密顿量为 $H = p^2/2m+V(x)$，当 $0 < x < L$ 时 $V(x) = 0$，

其他区域中 $V(x)=\infty$。在位置空间基矢波函数展开下的能量本征态为

$$|\psi_n\rangle = \sqrt{\frac{2}{L}}\sin\left(\frac{n\pi}{L}x\right) \tag{7.1}$$

其中 n 为整数，$|\psi_n(t)\rangle = \mathrm{e}^{-\mathrm{i}E_n t}|\psi_n\rangle$，而 $E_n = n^2\pi^2/2mL^2$。这些态具有离散的能谱。特别地，假设我们通过设计使得在实验中只考虑最低的两个能级。我们定义感兴趣的任意波函数为 $|\psi\rangle = a|\psi_1\rangle + b|\psi_2\rangle$。由于

$$|\psi(t)\rangle = \mathrm{e}^{-\mathrm{i}(E_1+E_2)/2t}\left[a\mathrm{e}^{-\mathrm{i}\omega t}|\psi_1\rangle + b\mathrm{e}^{\mathrm{i}\omega t}|\psi_2\rangle\right] \tag{7.2}$$

其中 $\omega = (E_1 - E_2)/2$。除 a 和 b 外我们可以忽略其他因素，并把我们的态抽象地写为一个二分量向量 $|\psi\rangle = \begin{bmatrix} a \\ b \end{bmatrix}$。这个二能级系统代表一个量子比特！我们的二能级系统像量子比特一样变换么？这个量子比特会依照有效哈密顿量 $H = \hbar\omega Z$ 随时间演化，而移到旋转坐标系后有效哈密顿量可被忽略。为了在此量子比特上完成操作，我们扰动 H。对于 $V(x)$，考虑如下附加扰动项的效应：

$$\delta V(x) = -V_0(t)\frac{9\pi^2}{16L}\left(\frac{x}{L} - \frac{1}{2}\right) \tag{7.3}$$

在我们的二能级基矢下，此扰动可以用矩阵元重新表述为 $V_{nm} = \langle\psi_n|\delta V(x)|\psi_m\rangle$，其中 $V_{11} = V_{22} = 0$，$V_{12} = V_{21} = V_0$。就这样展开到 V_0 的最低阶，对 H 的微扰为 $H_1 = V_0(t)X$。这可以产生沿 $\hat{x}$ 轴的转动。通过调控势函数，类似的技术可以被用于完成其他的单量子比特操作。

这展示了如何用一个方势阱中的最低两个能级代表量子比特，以及如何用对势场的简单扰动实现对量子比特的计算操作。但是，扰动同时也会引入高阶效应，且在真实物理系统中，盒子势阱并非无限深，其他能级逐步加入进来，而我们的二能级近似逐步失效。不仅如此，实际上控制系统也是另一个量子系统，而它与我们要实现量子计算的系统相互耦合。这些问题导致了退相干。

7.2.2 执行酉变换

封闭系统由其哈密顿量决定如何酉演化，但为了完成量子计算，人们必须能够控制哈密顿量，用一组通用的酉变换（如 4.5 节所描述的那样）实现任意的选择。从习题 4.10 我们知道，通过合适地调控 P_x 和 P_y，我们能实现任意的单自旋旋转。比如，一个单自旋可遵循哈密顿量 $H = P_x(t)X + P_y(t)Y$ 进行演化，其中 $P_{\{x,y\}}$ 是经典控制参量。由习题 4.10 可知，通过合适地操控 P_x 和 P_y，人们能实现任意的单自旋旋转。

根据定理 4.5，任意酉变换可以被分解为单比特操作和受控非门。因此实现这两种量子逻辑门就是实现量子计算的天然目标。尽管如此，显而易见的要求还有单量子比特寻址，以及对选好的量子比特或成对的量子比特实现这些逻辑门。这对于很多物理系统来说都不容易实现。譬如，

在离子阱中，只有当离子的空间间距大于等于光波长时，人们才能用一束激光照射很多个离子中的一个来选择性地激发它。

未记录的酉操作缺陷可以导致退相干。在第 8 章，我们将看到随机反冲（自旋绕 $\hat{z}$ 轴旋转小角度）的平均效果导致由量子态中相对相位所代表的量子信息的丢失。类似地，当可以逆转系统误差的信息丢失，其累积效应就是退相干。不仅如此，哈密顿量的控制参数只是近似是经典的：实际上，控制系统只是另外一个量子系统，真实的哈密顿量应该包含控制系统对量子计算机的反作用。比如，不同于上面例子中的 $P_x(t)$，人们实际上有一个 Jaynes-Cummings 型原子-光子相互作用哈密顿量（ 7.5.2 节），即 $P_x(t) = \sum_k \omega_k(t)(a_k + a_k^\dagger)$，或者其他类似的腔模场。在与量子比特作用之后，一个光子能携带量子比特状态的信息，而这正是退相干过程。

酉变换的两项质量指标是可实现的最低保真度（第 9 章），以及完成比如单自旋旋转或受控非门这些基本操作需要的最长时间。

7.2.3　制备基准初态

能完成有用计算的最重要的要求之一是可以制备想要的输入，即使经典计算也是如此。如果某人有一个可以完成完美计算的盒子，却无法输入的话，它又有什么用呢？对经典计算机来说，产生确定的输入态并不难——人们只需要在所需构型中设定一些开关，就定义了输入态。尽管如此，对量子系统而言这取决于量子比特的物理实现，通常会非常困难。

注意，通常只需能（重复地）高保真度制备一种特定的量子态，因为酉变换能把它变为其他任何所需的输入态。譬如，能把 n 个量子比特制备为 $|00\cdots0\rangle$ 态就足够好了。由于加热它们可能不会待在那里很长时间，这一事实对量子比特表示的选取而言是个问题。

输入态制备对大部分物理系统来说都是重大的问题。比如，通过冷却离子到基态（ 7.6 节），它们可以被制备到好的输入态，但这具有挑战性。不仅如此，对涉及量子计算机系综的物理系统，有额外的考量出现。在核磁共振方案中（ 7.7 节），每个分子都可以被想象为单个量子计算机，需要大量的分子来获得可观测的信号强度。尽管量子比特能相对长时间处于任意的量子叠加态，把所有分子中的所有态都制备为同样的状态却是很难的，因为 $|0\rangle$ 和 $|1\rangle$ 态的能量差 $\hbar\omega$ 远小于 k_BT。另一方面，简单地令系统平衡即可让它处于一个众所周知的状态——热态——其密度矩阵为 $\rho \approx \mathrm{e}^{-\mathcal{H}/k_BT}/\mathcal{Z}$，此时 $\mathcal{Z}$ 是归一化因子，用于维持 $\mathrm{tr}(\rho) = 1$。

两项质量指标与输入态制备有关：初始态能被制备到给定态 ρ_{in} 的最低保真度，以及 ρ_{in} 的熵。熵是重要的，因为例如人们很容易就能高保真度地制备量子态 $\rho_{\text{in}} = I/2^n$，但这个态对量子计算毫无用处，由于它在酉变换下不变。理想中，输入态是一个纯态，具有零熵。一般地，输入态有非零的熵，降低了从输出态获得结果的可靠性。

7.2.4　测量输出结果

量子计算需要什么样的测量能力？带着这一讨论的目的，让我们把测量想象为一个或多个量子比特同经典系统相互作用的过程，经过一段时间后，量子比特的状态由经典系统的状态指明。

比如，一个由二能级原子的基态与激发态代表的量子比特态 $a|0\rangle + b|1\rangle$，有望通过对激发态的泵浦然后观察荧光来测量。如果静电计表明荧光已通过光电倍增管探测到了，那么量子比特就塌缩到 $|1\rangle$ 态，这发生的概率为 $|b|^2$。否则，静电计探测不到电荷，量子比特将塌缩到 $|0\rangle$ 态。

量子计算测量过程的一个重要的特性是波函数塌缩，它描述实施投影测量时发生了什么（2.2.5 节）。一个优秀量子算法的输出是一个叠加态，对它进行测量时，会有很高的概率给出有用的答案。比如，Shor 量子因式分解算法中的一步是从测量结果中找到整数 r。测量结果是一个靠近 qc/r 的整数，其中 q 是希尔伯特空间的维度。输出态实际上处于 c 所有可能值的等权叠加态，但是一次测量将此态塌缩到一个随机的整数，因而能确保以很高的概率确定 r（利用连分式展开，如第 5 章所述）。

可以想象测量面临很多困难：比如光子探测器效率低，以及放大器热噪声都能损耗上述方案中从被测量子比特中获得的信息。不仅如此，投影测量（有时也被称为“强”测量）通常难以实施，需要量子与经典系统之间的耦合很大，而且可关闭。当要求不被满足时测量就不会发生，实际变成一个退相干过程。

让人吃惊的是，尽管如此，强测量不是必需的；连续地实施且从不关闭耦合的弱测量也可用于量子计算。当计算时间比测量时间短，且使用大量量子计算机系综时，就可以实现这一点。这些系综一起给出的整体信号是一个宏观可观测量，并反映了量子态。使用系综又引发了额外的问题。比如，在因数分解问题中，如果测量的结果是 $q\langle c\rangle/r$，算法就失效了，因为 c 的平均值 $\langle c\rangle$ 不必是整数（因此连分式分解不再适用）。幸运的是，可以调整量子算法以适应系综平均读出。这会在 7.7 节中讨论。

测量能力的一个好的质量指标是信噪比（SNR）。它度量测量的无效性，以及测量仪器与量子系统耦合可提供的非相干信号强度。

7.3 谐振子量子计算机

在继续描述可实现量子计算机的一个完整物理模型之前，让我们暂停一下，考虑一个非常基本的系统——简谐振子——并讨论为什么它不能作为一个好的量子计算机。在这个例子中用到的形式可以被看成是研究其他物理系统的基础。

7.3.1 物理装置

一个简谐振子的例子是处于抛物线势阱 $V(x) = m\omega^2 x^2/2$ 中的一个粒子。在经典世界，这就是一个弹簧上的方块。它会往返振动，同时其能量在弹簧与方块动能之间转换。它也可以是一个共振电路，其能量在电感与电容之间来回晃动。在这些系统中，系统的总能量是一个连续参量。

在量子区域，当与外部世界的耦合很小时，可以使得系统的总能量只能取一组离散的值。举个例子，束缚在高品质腔中的一个单模电磁辐射，总能量（加上一个固定偏移）只能取 $\hbar\omega$ 的整数倍。$\hbar\omega$ 由基本常数 $\hbar$ 和束缚辐射频率 ω 共同确定。

一个简谐振子能量本征态的集合可以标记为 $|n\rangle$，其中 $n=0,1,\cdots,\infty$。与量子计算的联系，可以通过选取这些态的有限的子集来代表量子比特得到。这些量子比特拥有的寿命将由物理参数比如腔的品质因子 Q 来决定，而 Q 可以通过增加腔壁的反射率而做得非常大。不仅如此，只要允许系统在时间上演化就可以实现酉演化。尽管如此，这个方案存在问题，且接下来将愈加清晰。我们先研究系统的哈密顿量，然后讨论如何实现简单的量子逻辑门，比如说受控非门。

7.3.2　哈密顿量

在一维抛物线型势阱中的一个粒子的哈密顿量为

$$H=\frac{p^2}{2m}+\frac{1}{2}m\omega^2x^2 \tag{7.4}$$

其中 p 是粒子动量算子，m 是质量，x 是位置算子，ω 与势阱的深度有关。考虑到 x 与 p 在此式中是算子（见专题 7.2）的形式，它可以重新写为

$$H=\hbar\omega\left(a^\dagger a+\frac{1}{2}\right) \tag{7.5}$$

其中的 $a^\dagger$ 与 a 分别是产生与湮灭算子，它们的定义为

$$a=\frac{1}{\sqrt{2m\hbar\omega}}\left(m\omega x+\mathrm{i}p\right) \tag{7.6}$$

$$a^\dagger=\frac{1}{\sqrt{2m\hbar\omega}}\left(m\omega x-\mathrm{i}p\right) \tag{7.7}$$

零点能 $\hbar\omega/2$ 贡献了一个无法观测到的整体相位因子，对我们当前的目的来说，它可以被忽略。

专题 7.2　量子简谐振子

在物理世界的量子描述中，简谐振子是一个极为重要和有用的物理概念，而理解其特性的好办法是从确定哈密顿量（式 (7.4) ）的本征能态开始。完成它的一种办法是直接求解薛定谔方程

$$\frac{\hbar^2}{2m}\frac{d^2\psi_n(x)}{dx^2}+\frac{1}{2}m\omega^2x^2\psi_n(x)=E\psi_n(x) \tag{7.8}$$

令 $x=\pm\infty$ 处 $\psi(x)\to 0$，且 $\int|\psi(x)|^2\,\mathrm{d}x=1$，可得本征态 $\psi_n(x)$ 和本征能量 E；头五个解如下图所示。

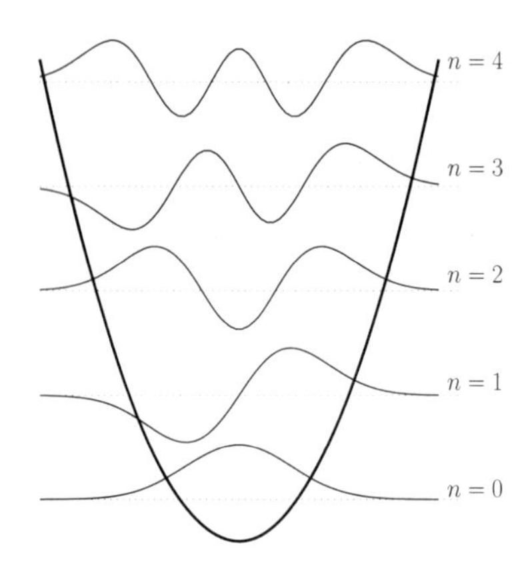

这些波函数描述了一个谐振子粒子在势阱内不同位置被发现的概率幅。

尽管此图像能给出物理系统在坐标空间中如何运转的某些直觉，我们通常对量子态抽象的代数特性更有兴趣。特别地，假设 $|\psi\rangle$ 满足式 (7.8)，具有能量 E。然后如式 (7.6) 和式 (7.7) 那样定义算子 a 和 $a^\dagger$。既然 $[H,a^\dagger]=\hbar\omega a^\dagger$，我们有

$$Ha^\dagger|\psi\rangle = \Big([H,a^\dagger]+a^\dagger H\Big)|\psi\rangle = (\hbar\omega+E)a^\dagger|\psi\rangle \tag{7.9}$$

也就是说 $a^\dagger|\psi\rangle$ 是 H 的本征态，具有能量 $E+\hbar\omega$！类似地，$a|\psi\rangle$ 也是 H 的本征态，具有能量 $E-\hbar\omega$。因此，$a^\dagger$ 和 a 被称为上升与下降算子。这意味着对任意整数 n 而言 ${a^\dagger}^n|\psi\rangle$ 都是本征态，其本征能量为 $E+n\hbar\omega$。因此存在无穷个能量本征态，它们的能量间距相等，为 $\hbar\omega$。不仅如此，因为 H 是正定的，必然存在某个 $|\psi_0\rangle$ 满足 $a|\psi_0\rangle=0$；这就是基态——H 的最低能态。这些结论有效地抓住了量子简谐振子的精髓，且允许我们利用紧凑的表示 $|n\rangle$ 代表本征态，其中 n 是整数，$H|n\rangle=\hbar\omega(n+1/2)|n\rangle$。在本章中我们将会经常用到 $|n\rangle$, a 和 $a^\dagger$，因为谐振子在很多不同的物理系统的表示中都出现了。

H 的本征态 $|n\rangle$，其中 $n=0,1,\cdots$，具有如下性质

$$a^\dagger a|n\rangle = n|n\rangle \tag{7.10}$$

$$a^\dagger|n\rangle = \sqrt{n+1}|n+1\rangle \tag{7.11}$$

$$a|n\rangle = \sqrt{n}|n-1\rangle \tag{7.12}$$

接下来，我们会发现对简谐振子施加相互作用是很方便的，引入包含 a 和 $a^\dagger$ 的额外项就可以，振子之间的相互作用可以引入形如 $a_1^\dagger a_2 + a_1 a_2^\dagger$ 的项。但是，目前我们把注意力集中在单个振子上。

习题 7.1 利用 x 与 p 不对易的特性，即 $[x,p]=\mathrm{i}\hbar$，证明 $a^\dagger a = H/\hbar\omega - 1/2$。

习题 7.2 利用 $[x,p]=\mathrm{i}\hbar$，计算 $[a,a^\dagger]$。

习题 7.3 计算 $[H,a]$ 并利用此结果证明如果 $|\psi\rangle$ 是 H 的本征态，$E\geqslant n\hbar\omega$ 为本征值，那么 $a^n|\psi\rangle$ 是一个具有能量 $E-n\hbar\omega$ 的本征态。

习题 7.4　证明 $|n\rangle = \frac{(a^\dagger)^n}{\sqrt{n!}}|0\rangle$。

习题 7.5　验证式 (7.11) 和式 (7.12) 与式 (7.10) 是一致的，且归一化条件为 $\langle n|n\rangle = 1$。

本征态的演化通过求解薛定谔方程（式 (2.86)）获得，于是我们发现量子态 $|\psi(0)\rangle = \sum_n c_n(0)|n\rangle$ 随时间的演化为

$$|\psi(t)\rangle = \mathrm{e}^{-\mathrm{i}Ht/\hbar}|\psi(0)\rangle = \sum_n c_n \mathrm{e}^{-\mathrm{i}n\omega t}|n\rangle \tag{7.13}$$

出于讨论的目的，我们将假定任意态都可以被完美制备，且系统的状态可以被投影测量（2.2.2 节），然而在另一方面，不存在与外部世界的耦合，因此系统是完全封闭的。

7.3.3　量子计算

假定我们用前面描述的单个简谐振子来完成量子计算，能做什么呢？最自然的代表量子比特的选择是能量本征态 $|n\rangle$。这个选择让我们能以如下方式完成受控非门。回忆一下这个变换对两个量子比特态实现了如下映射

$$\begin{aligned} |00\rangle_L &\to |00\rangle_L \\ |01\rangle_L &\to |01\rangle_L \\ |10\rangle_L &\to |11\rangle_L \\ |11\rangle_L &\to |01\rangle_L \end{aligned} \tag{7.14}$$

（这里下标 L 用于区分“局域”态与谐振子的基准态）。让我们用映射

$$\begin{aligned} |00\rangle_L &= |0\rangle \\ |01\rangle_L &= |2\rangle \\ |10\rangle_L &= (|4\rangle + |1\rangle)/\sqrt{2} \\ |11\rangle_L &= (|4\rangle - |1\rangle)/\sqrt{2} \end{aligned} \tag{7.15}$$

来编码这两个量子比特。现在假设在 $t = 0$ 时，系统处于一个由这些基矢态张成的量子态，我们让系统直接演化到时间 $t = \pi/\omega$。这引起能量本征态出现变换 $|n\rangle \to \exp(-\mathrm{i}\pi a^\dagger a)|n\rangle = (-1)^n|n\rangle$，也就是 $|0\rangle, |2\rangle, |4\rangle$ 不变，而 $|1\rangle$ 变为 $-|1\rangle$。结果我们就得到了需要的受控非门操作。

一般来说，对一个物理系统而言能完成一个酉变换 U 的充要条件很简单，即为系统的时间演化算子 $T = \exp(-\mathrm{i}Ht)$——由哈密顿量 H 来定义——具有与 U 近乎相同的本征值谱。在上面的例子中，受控非门很容易实现，因为它只有本征值 $+1$ 和 -1；通过直接设计编码可从简谐振子的时间演化算子中获得同样的本征值。通过扰动振子的哈密顿量可以实现任意的本征值谱，要代表任意多个量子比特，可通过把它们映射到系统的无限个本征态上得以实现。这暗示人们有可能利用单个简谐振子来实现整个量子计算机！

7.3.4 缺陷

当然，上面的构想中存在很多问题。显然，人们并不总可以知道某个量子计算酉算子的本征值谱，即便人们也许知道如何通过基本逻辑门来构建这个算子。实际上，对大部分量子算法涉及的问题而言，本征值谱的知识就相当于问题的解！

另外一个显然的问题在于，上面使用的技术不能允许一个计算机与另外一个级联起来，因为一般而言，把两个酉变换级联起来，引入的新变化具有毫无关联的本征值。

最后，使用单个简谐振子完成量子计算的想法是有缺陷的，因为它忽略了数字信息表示的原理。一个 2^n 维的希尔伯特空间被映射到单个简谐振子的态空间中，必须要可能的状态的能量达到 $2^n\hbar\omega$。相比而言，相同的希尔伯特空间可以用 n 个二能级系统来获得，它具有的最大能量为 $n\hbar\omega$。类似的比较也可以在一个经典的有 2^n 种设定的经典表盘，和一个具有 n 个经典比特的寄存器之间完成。量子计算基于数字计算，而不是模拟计算。

简谐振子量子计算机的主要特性总结如下（对我们讨论的每一种系统，都会在每一节的最后给出小结）。至此，我们结束了对单个振子的研究，开始转入下一个谐振子系统，由光子与原子组成。

简谐振子量子计算机

- **量子比特的表示**：单个振子的能级 $|0\rangle, |1\rangle, \cdots, |2^n\rangle$ 给出 n 个量子比特。
- **酉演化**：任意变换 U 都是通过与哈密顿量 $H = a^\dagger a$ 匹配其本征值谱而实现。
- **初始态制备**：未考虑。
- **读出**：未考虑。
- **缺陷**：不是数字表示！此外，匹配本征值实现变换并不能适用于任意的 U，它通常具有未知的本征值。

7.4 光学光量子计算机

一个吸引人的表示量子比特的物理体系是光学系统中的光子。光子是不带电的粒子，而且相互间，乃至与大部分物质之间的相互作用都不强。它们能在光纤中传输很长距离而损耗很少，利用相移器能高效地延迟，也可以用分束器方便地结合。光子展示出明显的量子现象，比如说双缝产生的干涉。不仅如此，原则上利用非线性光学介质做媒介，光子间也能实现相互作用。在这个理想的设想中也存在问题；不论如何，通过研究光学光子量子信息处理器的组成、结构和缺陷，可以学到很多东西，正如我们在本节中将要看到的那样。

7.4.1 物理装置

让我们先考虑什么是单光子，它们如何能表示量子比特，以及用于操控光子的实验装置。我们也将描述相移器、分束器和非线性克尔介质的典型行为。

光子能以如下方式来表示量子比特。正如我们在对简谐振子的讨论中所看到的那样，在一个电磁腔中能量是量子化的，单位为 $\hbar\omega$。每一份这样的量子被称为一个光子。对一个腔而言，可以包含 0 与 1 光子的叠加，此量子态可被表示为一个量子比特 $c_0|0\rangle + c_1|1\rangle$，但我们要再做一些不一样的事。让我们考虑两个腔，其总能量为 $\hbar\omega$，然后令量子比特的两个态为单光子处于一个腔（$|01\rangle$），还是处于另一个腔（$|10\rangle$）。叠加的物理状态于是可被写为 $c_0|01\rangle + c_1|10\rangle$，我们可以把它称为*双轨表示*。注意我们将聚焦在以波包形式在自由空间中——而不是在腔内——传播的单光子。人们可以把这想象为让一个腔随着波包移动。每一个处于我们的量子比特状态的腔因而都对应于不同的空间模式。

实验室中产生单光子的一种方案是减弱激光的输出。已知激光输出的态为一个相干态 $|\alpha\rangle$，定义为

$$|\alpha\rangle = \mathrm{e}^{-|\alpha|^2/2} \sum_{n=0}^{\infty} \frac{\alpha^n}{\sqrt{n!}} |n\rangle \tag{7.16}$$

其中 $|n\rangle$ 是 n 光子的能量本征态。这个态是在量子光学领域中被彻底研究过的，具有很多漂亮的特性，我们在此不做描述。我们只要知道相干态是被泵浦到激发阈值之上后，被驱动振子比如激光自然辐射出来的就够了。注意，平均能量是 $\langle\alpha|n|\alpha\rangle = |\alpha|^2$。减弱之后，一个相干态仅仅变为较弱的相干态，而一个弱相干态可以以很高的概率制备为只含有一个光子。

习题 7.6（*光子湮灭的本征态*） 证明相干态是光子湮灭算子的本征态，也就是证明 $a|\alpha\rangle = \lambda|\alpha\rangle$，其中 λ 为某个常数。

举个例子，对 $\alpha = \sqrt{0.1}$，我们有相干态 $\sqrt{0.90}|0\rangle + \sqrt{0.09}|1\rangle + \sqrt{0.002}|2\rangle + \cdots$。因此如果光通过衰减器产生此态，人们知道它是单光子的概率大于 95%；失败概率为 5%。注意，90% 的时间都没有光子通过，因此这个光源具有每单位时间 0.1 个光子的速率。最后，此光源无法（通过经典读出的方式）标示单光子何时出来没有，两个光源是无法同步的。

更好的同步可以利用参量下转换实现。这意味着把频率为 ω_0 的光子送入非线性光学介质比如 KH2PO4，用于产生光子对，其频率满足 $\omega_1 + \omega_2 = \omega_0$。动量也需要守恒，即为 $\vec{k}_1 + \vec{k}_2 = \vec{k}_3$。因此当一个频率 ω_2 的光子被（破坏性地）探测到时，另一个频率 ω_2 的光子也就被知道是存在的（图 7-2）。把这与逻辑门结合起来，只有当一个单光子（而不是两个或多个）被探测到时逻辑门才打开，同时适当地延迟多个下转换光源的输出，人们原则上可以获得在传输时间上同步的多个单光子，同步精度取决于探测器与逻辑门的分辨率。

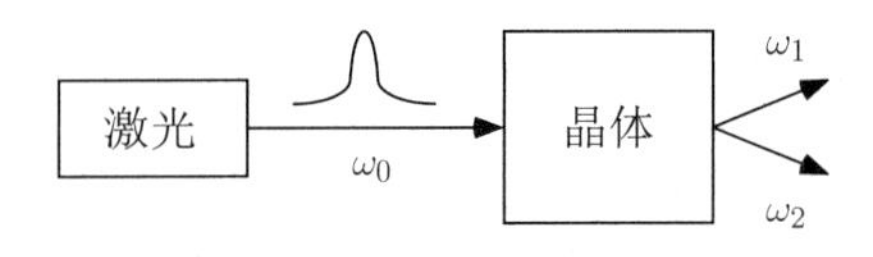

图 7-2 产生单光子的参量下转换方案

利用各种技术，对于波长范围很广的单光子，都能以很高的量子效率探测到。基于我们的目标，探测器最重要的特性是能以很高的概率确定在特定的空间模式内存在 0 还是 1 个光子。对于双轨表示，这意味着在可计算基矢上的投影测量。实际上，不完美性降低了能探测单光子的概率。光电探测器的*量子效率*η（$0 < \eta < 1$）是探测器上的入射单光子产生光载流子对，进而加载到探测器电流的概率。探测器其他的重要特性为它的带宽（时间响应性）、噪声，以及“暗计数”，即无光子入射时产生的光载流子。

操控光子态实验上最常用的三个器件是反射镜、相移器和分束器。高反射率镜子反射光子，同时改变其空间上的传播方向。0.01% 损耗率的反射镜很常见，在我们的情形里我们将默认此数值。相移器不过就是一块透明的介质，其折射率 n 与自由空间的折射率 n_0 不一样。比如通常的硼硅酸盐玻璃在光学波段的折射率 $n \approx 1.5n_0$。在此介质中传输距离 L 改变光子的相位 $\mathrm{e}^{\mathrm{i}kL}$，其中 $k = n\omega/c_0$，而 c_0 是真空中的光速。因此，一个光子通过相移器后，相比在自由空间中通过相同距离的单光子将会出现相位移动 $\mathrm{e}^{\mathrm{i}(n-n_0)L\omega/c_0}$。

另一个有用的元件分束器不过是一个部分镀银的玻璃片，它反射入射光中的一部分 R，透射 $1 - R$。在实验室中，一个分束器通常由两块棱镜组成，一层薄的金属三明治结构夹在中间，示意图如图 7-3 所示。为方便起见，定义分束器的角度 θ 为 $\cos\theta = R$；注意角度参数化了部分反射率大小，而与分束器的物理指向毫无关系。此器件的两个输入与输出关系为

$$a_{\text{out}} = a_{\text{in}} \cos\theta + b_{\text{in}} \sin\theta \tag{7.17}$$

$$b_{\text{out}} = -a_{\text{in}} \sin\theta + b_{\text{in}} \cos\theta \tag{7.18}$$

我们可以把 a 和 b 想成是在两个端口辐射的经典电磁场。注意在这个定义中，为了方便起见，我们选择了非标准的相位转换。对于特殊的 50/50 分束器来说，$\theta = 45°$。

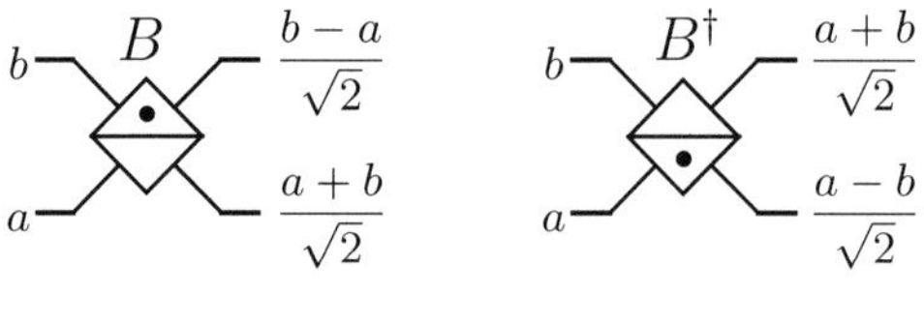

图 7-3 光学分束器的示意图，展示了两个输入端口、两个输出端口，以及 50/50（$\theta = \pi/4$）分束器的相位变换。右边的分束器与左边的分束器互逆（二者通过画在中心的点来区分）。给出了 $\theta = \pi/4$ 时模式算子 a 与 b 的输入输出关系

非线性光学为此练习提供了最后的一个有用元件，其材料的折射率 n 与通过它的总光强 I 成正比：

$$n(I) = n + n_2 I \tag{7.19}$$

这就是所谓的光学克尔效应，在类似玻璃和糖水这样的材料中（非常微弱地）发生。在掺杂的玻璃中，n_2 取值范围是 $10^{-14} \sim 10^{-7}\ \mathrm{cm}^2/\mathrm{W}$，而在半导体中，取值范围是 $10^{-10} \sim 10^{2}$。实验上，相关的行为是当两束相同强度的光在克尔介质中近乎同向传输时，相比单束光的情况，它们每一个都会出现额外的相移 $\mathrm{e}^{-\mathrm{i}n_2 IL\omega/c_0}$。如果长度 L 能任意长就完美了，但不幸的是这不可能，因为大

部分克尔介质的吸收也很强，或者会把光散射到预定的空间模式以外。这是单光量子计算机不现实的主要原因，正如我们将在 7.4.3 节讨论的那样。

接下来我们讨论光学元件的量子描述。

7.4.2　量子计算

利用相移器、分束器和非线性光学克尔介质，可对编码于单光子态双轨表示的量子信息 $c_0|01\rangle + c_1|10\rangle$ 实现任意的酉变换。通过给出每个器件的量子力学哈密顿量描述，可让我们理解如何完成这些工作。

正如我们在 7.3.2 节看到的那样，腔模电磁辐射的时间演化可量子建模为一个简谐振子。$|0\rangle$ 是真空态，$|1\rangle = a^\dagger|0\rangle$ 是单光子态，一般来说 $|n\rangle = \frac{a^{\dagger n}}{\sqrt{n!}}|0\rangle$ 是 n 光子态，其中 $a^\dagger$ 是腔模的产生算子。自由空间演化由哈密顿量

$$H = \hbar\omega a^\dagger a \tag{7.20}$$

描述。把它代入式 (7.13)，我们发现态 $\psi = c_0|0\rangle + c_1|1\rangle$ 随时间演化为 $|\psi(t)\rangle = c_0|0\rangle + c_1\mathrm{e}^{-\mathrm{i}\omega t}|1\rangle$。注意，双轨表示是很方便的，因为自由演化只改变 $|\varphi\rangle = c_0|01\rangle + c_1|10\rangle$ 的整体相位，它是测不到的。因此，对那个态来说，哈密顿量的演化是零。

相移器。相移器 P 就像通常的时间演化一样起作用，但演化速率不同，且只局域地对通过它的模式起作用。那是因为光在大折射率的介质中减速，具体而言，在相对真空折射率为 n 的介质中传输距离 L，需要多花的时间为 $\Delta \equiv (N - n_0)L/c_0$。比如，$P$ 对真空态不起作用：$P|0\rangle = |0\rangle$，但是对单光子态，我们有 $P|1\rangle = \mathrm{e}^{\mathrm{i}\Delta}|1\rangle$。

P 对双轨态实施了有用的逻辑操作。把一个相移器放置在一个模式上，延迟它与另外一个模式的相对相位。另外一个模式也传输了相同的距离，但是并没有通过相移器。对双轨态而言，这把态 $c_0|01\rangle + c_1|10\rangle$ 变换为 $c_0\mathrm{e}^{-\mathrm{i}\Delta/2}|01\rangle + c_1\mathrm{e}^{\mathrm{i}\Delta/2}|10\rangle$, 加上一个无关紧要的整体相位。回忆一下 4.2 节，这个操作不过就是一个旋转

$$R_z(\Delta) = \mathrm{e}^{-\mathrm{i}Z\Delta/2} \tag{7.21}$$

其中我们令逻辑 0 为 $|0_L\rangle = |01\rangle$，逻辑 1 为 $|1\rangle_L = |10\rangle$，Z 是通常的泡利算子。人们于是可以想象 P 是哈密顿量

$$H = (n_0 - n)Z \tag{7.22}$$

时间演化的结果，这里的 $P = \exp(-\mathrm{i}HL/c_0)$。

习题 7.7　证明下面的电路对一个双轨态的变换为

$$|\psi_{out}\rangle = \begin{bmatrix} \mathrm{e}^{\mathrm{i}\pi} & 0 \\ 0 & 1 \end{bmatrix} |\psi_{in}\rangle \tag{7.23}$$

我们令上面的线代表 $|01\rangle$ 模，下面的线代表 $|10\rangle$ 模，而方框内的 π 代表相位移动 π。

$$|\psi_{\text{in}}\rangle \quad \text{—[π]—} \quad |\psi_{\text{out}}\rangle$$

注意在这个“光学电路”中，空间中的传播被具体地表示为加入一块电路元件代表相位演化，如上图所示。在双轨表示中，遵循式 (7.20) 的演化只改变逻辑态不可观察的整体相位，因此我们可以扔掉它，只保留相对相位。

习题 7.8 证明 $P|\alpha\rangle = |\alpha e^{i\Delta}\rangle$，其中 $|\alpha\rangle$ 是一个相干态（注意，一般而言 α 是一个复数！）。

分束器。分束器的一个类似的哈密顿量描述也是存在的。我们将基于哈密顿量，而不是唯象地启发，证明如何产生出所预想的经典行为，比如式 (7.17) 和式 (7.18)。回忆一下，分束器作用在两个模式上，我们可以用产生（湮灭）算子 a（$a^\dagger$）和 b（$b^\dagger$）描述它。哈密顿量为

$$H_{bs} = i\theta(ab^\dagger - a^\dagger b) \tag{7.24}$$

相应的分束器酉操作为

$$B = \exp[\theta(a^\dagger b - ab^\dagger)] \tag{7.25}$$

B 对 a 和 b 产生的变换被发现是

$$BaB^\dagger = a\cos\theta + b\sin\theta \qquad \text{和} \qquad BbB^\dagger = -a\sin\theta + b\cos\theta \tag{7.26}$$

这在后面会有用。我们利用贝克-坎贝尔-豪斯多夫公式

$$e^{\lambda G} A e^{-\lambda G} = \sum_{n=0}^{\infty} \frac{\lambda^n}{n!} C_n, \tag{7.27}$$

来证明这些关系（另见习题 4.49），其中 λ 是一个复数，A, G, C_n 是算子，且 C_n 是由一系列递归的对易子来定义的，$C_0 = A, C_1 = [G, C_0], C_2 = [G, C_1], C_3 = [G, C_2], \cdots, C_n = [G, C_{n-1}]$。既然基于 $[a, a^\dagger] = 1$ 和 $[b, b^\dagger] = 1$，对 $G \equiv ab^\dagger - a^\dagger b$ 我们有 $[G, a] = b$ 及 $[G, b] = -a$。对于 $BaB^\dagger$ 的展开式，我们得到一系列的参数 $C_0 = a$,$C_1 = [G, a] = b$,$C_2 = [G, C_1] = -a$,$C_3 = [G, C_2] = -[G, C_0] = -b$，参数的通式为

$$C_{n\text{为偶数}} = i^n a \tag{7.28}$$

$$C_{n\text{为奇数}} = -i^{n+1} b \tag{7.29}$$

于是，我们直接得到想要的结果：

$$BaB^\dagger = e^{\theta G} a e^{-\theta G} \tag{7.30}$$

$$= \sum_{n=0}^{\infty} \frac{\theta^n}{n!} C_n \tag{7.31}$$

$$= \sum_{n\text{为偶数}} \frac{(\mathrm{i}\theta)^n}{n!} a - \mathrm{i} \sum_{n\text{为奇数}} \frac{(\mathrm{i}\theta)^n}{n!} b \tag{7.32}$$

$$= a\cos\theta + b\sin\theta \tag{7.33}$$

而变换 $BbB^\dagger$ 不过就是交换上述结果的 a 与 b。注意，正如专题 7.3 解释的那样，分束器算子的出现来自于分束器与 $SU(2)$ 代数的深刻联系。

在量子逻辑门方面，B 实现了一个有用的操作。首先注意到 $B|00\rangle = |00\rangle$，也就是任意一个入射模式都不存在光子时，任意出射模也不存在光子。当模式 a 存在一个光子时，考虑到 $|1\rangle = a^\dagger|0\rangle$，我们发现

$$B|01\rangle = Ba^\dagger|00\rangle = Ba^\dagger B^\dagger B|00\rangle = (a^\dagger\cos\theta + b^\dagger\sin\theta)|00\rangle = \cos\theta|01\rangle + \sin\theta|10\rangle \tag{7.34}$$

类似地，$B|10\rangle = \cos\theta|10\rangle - \sin\theta|01\rangle$。于是，在 $|0_L\rangle$ 和 $|1_L\rangle$ 态的流形中，我们可以把 B 写为

$$B = \begin{bmatrix} \cos\theta & -\sin\theta \\ \sin\theta & \cos\theta \end{bmatrix} = \mathrm{e}^{\mathrm{i}\theta Y} \tag{7.35}$$

相移器加上分束器可以在我们的光学量子比特上实现任意的单量子比特操作。这是定理 4.1 的推论，即所有单量子比特操作都可以通过沿 $\hat{z}$ 轴的旋转 $R_z(\alpha) = \exp(-\mathrm{i}\alpha Z/2)$ 和沿 $\hat{y}$ 轴的旋转 $R_y(\alpha) = \exp(-\mathrm{i}\alpha Y/2)$ 来生成。相移器实施 R_z 旋转，而分束器实施 R_y 旋转。

专题 7.3　$SU(2)$ 对称性与量子分束器

在李群 $SU(2)$ 与两个耦合的谐振子代数之间存在有趣的联系，它可以用于理解量子分束器变换。注意到

$$a^\dagger a - b^\dagger b \to Z \tag{7.36}$$

$$a^\dagger b \to \sigma_+ \tag{7.37}$$

$$ab^\dagger \to \sigma_- \tag{7.38}$$

其中 Z 是泡利算子，而 $\sigma_\pm = (X \pm \mathrm{i}Y)/2$ 是通过泡利 X 与 Y 算子定义的上升与下降算子。从 a, $a^\dagger$, b, $b^\dagger$ 的对易关系，很容易确认这些定义满足泡利算子通常的对易关系，式 (2.40)。同时考虑到整体粒子数算子 $a^\dagger a + b^\dagger b$ 与 σ_z, σ_+, σ_- 对易，它应该是 $SU(2)$ 空间旋转下的不变量。在传统的 $SU(2)$ 旋转算子

$$R(\hat{n},\theta) = \mathrm{e}^{-\mathrm{i}\theta d\cdot\hat{n}/2}$$

中应用 $X = a^\dagger b + ab^\dagger$ 和 $Y = -\mathrm{i}(a^\dagger b - ab^\dagger)$，可给我们所需要的分束器算子，此时 $\hat{n}$ 选择沿

着 $-\hat{y}$ 轴。

习题 7.9（光学阿达玛门） 证明下面的电路在双轨表示单光子态上实现阿达玛门，也就是 $|01\rangle \to (|01\rangle + |10\rangle/\sqrt{2})$，以及 $|10\rangle \to (|01\rangle - |10\rangle)\sqrt{2}$，再加一个整体相位。

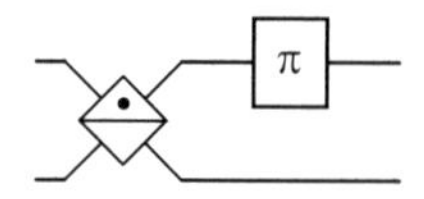

习题 7.10（马赫-曾德尔干涉仪） 干涉仪是一个用于测量小相移的光学工具，它包含两个分束器。其基本操作原理可以通过如下的习题得以理解。

1. 考虑到到如下的电路实现一个全同操作。

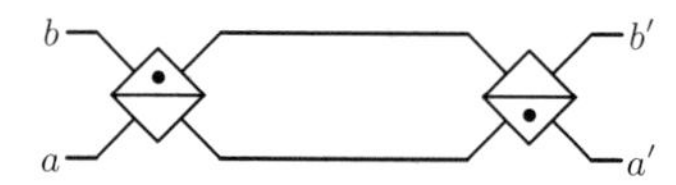

2. 计算如下电路实现的旋转操作与相位 φ 的函数关系（在双轨表示态上）。

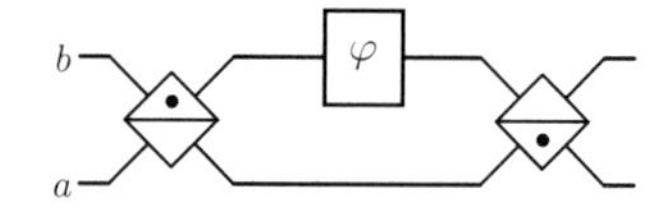

习题 7.11 当 $\theta = \pi/4$ 时，计算 $B|2,0\rangle$。

习题 7.12（经典输入时的量子分束器） 如果 $|\alpha\rangle$ 与 $|\beta\rangle$ 是式 (7.16) 定义的相干态，计算 $B|\alpha\rangle|\beta\rangle$（提示：考虑 $|n\rangle = \frac{(a^\dagger)^n}{\sqrt{n!}}|0\rangle$）。

非线性克尔介质。克尔媒介最重要的效应是给光的两个模式提供的交叉相位调制（cross phase modulation）。此效应经典描述见式 (7.19) 中的 n_2 项，它代表了在克尔介质中光子之间由原子做媒介产生的有效相互作用，基于量子力学，这个效应可以由如下哈密顿量描述

$$H_{\text{xpm}} = -\chi a^\dagger a b^\dagger b \tag{7.40}$$

其中 a 和 b 描述了在介质中传播的两个模式，而对于一个长为 L 的晶体，我们可得酉变换

$$K = \mathrm{e}^{\mathrm{i}\chi L a^\dagger a b^\dagger b} \tag{7.41}$$

这里的 χ 是与 n_2 有关的参数，而三阶非线性极化率系数通常写为 $\chi^{(3)}$。由此哈密顿量产生的预料中的经典行为作为习题 7.14 留给读者。

通过合并非线性媒介与分束器，一个受控非门可以如下方式构建出来。对单光子态，我们发现

$$K|00\rangle = |00\rangle \tag{7.42}$$

$$K|01\rangle = |01\rangle \tag{7.43}$$

$$K|10\rangle = |10\rangle \tag{7.44}$$

$$K|11\rangle = \mathrm{e}^{\mathrm{i}\chi L}|11\rangle \tag{7.45}$$

此时我们选取 $\chi L=\pi$，于是有 $K|11\rangle=-|11\rangle$。现在考虑两个双轨表示态，即为光的四个模式。它们存在于一个由四基矢张开的空间：$e_{00}=|1001\rangle$，$e_{01}=|1010\rangle$，$e_{10}=|0101\rangle$，$e_{11}=|0110\rangle$。注意，为了方便起见，我们调换了第一对两个模式的通常顺序（物理上，用镜子可以很方便地调换这两个模式）。此时，如果一个克尔媒介作用于两个中间的模式上，我们可得，对所有 i 来说，$K|e_i\rangle=|e_i\rangle$,除了 $K|e_{11}\rangle=-|e_{11}\rangle$。这很有用，因为受控非操作可以分解为

$$\underbrace{\begin{bmatrix}1&0&0&0\\0&1&0&0\\0&0&0&1\\0&0&1&0\end{bmatrix}}_{U_{CN}}=\underbrace{\frac{1}{\sqrt{2}}\begin{bmatrix}1&1&0&0\\1&-1&0&0\\0&0&1&1\\0&0&1&-1\end{bmatrix}}_{I\otimes H}\underbrace{\begin{bmatrix}1&0&0&0\\0&1&0&0\\0&0&1&0\\0&0&0&-1\end{bmatrix}}_{K}\underbrace{\frac{1}{\sqrt{2}}\begin{bmatrix}1&1&0&0\\1&-1&0&0\\0&0&1&1\\0&0&1&-1\end{bmatrix}}_{I\otimes H} \tag{7.46}$$

其中 H 是单量子比特阿达玛变换（用分束器与相移器很容易即可实现），而 K 是我们刚考虑过的克尔相互作用，选取 $\chi L=\pi$。在构建可逆的经典光学逻辑门时，这种装置以前曾被讨论过，如专题 7.4 所示，在单光子区域，它也能起到量子逻辑门的功能。

总结一下，通过克尔介质可以构建受控非门，而任意单量子比特操作可以用分束器与相移器实现。单光子可以用衰减后的激光器来产生，通过光子探测器测量。因此，理论上而言，一台量子计算机可由这些光学元件构建。

专题 7.4　量子光学 Fredkin 门

一个光学 Fredkin 门可以用两个分束器与一个非线性克尔介质构建，如这个原理图所示：

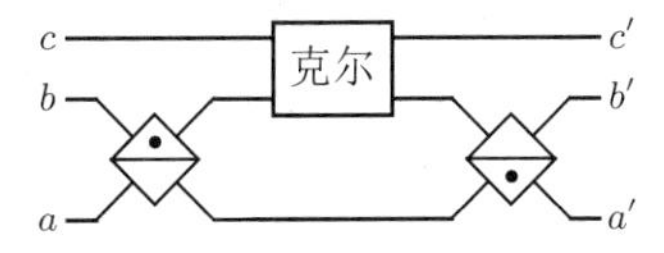

这实现了酉变换 $U=B^\dagger KB$，其中 B 是一个 50/50 的分束器，K 是克尔交叉相位调制算子 $K=\mathrm{e}^{\mathrm{i}\xi b^\dagger bc^\dagger c}$，而 $\xi=\chi L$ 是耦合常数与相互作用长度的乘积。化简之后可得

$$U=\exp\left[\mathrm{i}\xi c^\dagger c\Big(\frac{b^\dagger-a^\dagger}{2}\Big)\Big(\frac{b-a}{2}\Big)\right] \tag{7.47}$$

$$=\mathrm{e}^{\mathrm{i}\frac{\pi}{2}b^\dagger b}\mathrm{e}^{\frac{\xi}{2}c^\dagger c(a^\dagger b-b^\dagger a)}\mathrm{e}^{-\mathrm{i}\frac{\pi}{2}b^\dagger b}\mathrm{e}^{\mathrm{i}\frac{\xi}{2}a^\dagger ac^\dagger c}\mathrm{e}^{\mathrm{i}\frac{\xi}{2}b^\dagger bc^\dagger c} \tag{7.48}$$

第一和第三个指数项是恒定的相移，而最后两个相移来自于交叉相位调制。所有这些效应都不是基本的，可以被抵消掉。有价值的是第二个指数项，它定义了量子 Fredkin 算子

$$F(\xi)=\exp\left[\frac{\xi}{2}c^\dagger c(a^\dagger b-b^\dagger a)\right] \tag{7.49}$$

通常的（经典）Fredkin 门算子当 $\xi=\pi$ 时得到，此时如果 c 模没有光子输入，那么 $a'=a$

且 $b' = b$，而如果 c 中有一个单光子输入，那么 $a' = b$ 且 $b' = a$。这可以被理解为 $F(\xi)$ 类似是一个控制分束器算子，其旋转角度是 $\xi c^\dagger c$。注意，这种描述没有用到双轨表示；在那个表示中，此 Fredkin 门对应于一个受控非门。

习题 7.13（光学 Deutsch-Jozsa 量子电路） 在 1.4.4 节，我们描述了一个量子电路，用于解决单比特 Deutsch-Jozsa 问题。用分束器、相移器和非线性克尔介质实现的此电路的单光子态版本（基于双轨表示）如下：

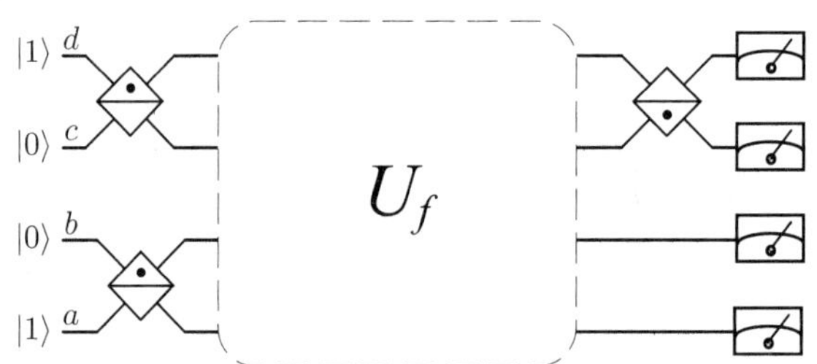

1. 用 Fredkin 门和分束器构建电路，实现四个可能的经典方程 U_f。
2. 为什么在此构建中相移器不是必需的?
3. 对每个 U_f，明确地展示出干涉如何用于解释量子算法的工作机理。
4. 如果单光子态被相干态代替，这种实现方式还可行吗?

习题 7.14（经典交叉相位调制） 预料中的克尔媒介的经典行为可由 K 的定义式 (7.41) 导出。为了看到这点，将其作用到两个模式上，一个处于相干态，另外一个处于 $|n\rangle$。即要证明

$$K|\alpha\rangle|n\rangle = |\alpha e^{i\xi Ln}\rangle|n\rangle \tag{7.50}$$

用它计算

$$\rho_a = \mathrm{Tr}_b\left[K|\alpha\rangle|\beta\rangle\langle\beta|\langle\alpha|K^\dagger\right] \tag{7.51}$$

$$= e^{-|\beta|^2}\sum_m \frac{|\beta|^{2m}}{m!}|\alpha e^{i\xi Lm}\rangle\langle\alpha e^{i\xi Lm}| \tag{7.52}$$

并证明求和的主要贡献来自于 $m = |\beta|^2$。

7.4.3 缺陷

量子比特的单光子表示是有吸引力的。单光子相对容易制备和测量，且在双轨表示中，任意单光子操作也可实现。但不幸的是，光子的相互作用很难——在现有最好的非线性克尔介质中都很微弱，且无法实现单光子态之间的交叉 π 相位的调制。实际上，因为非线性折射率通常在介质的光学共振区附近获得，非线性总会伴随着一些吸收。从理论上估计，在最好的情况下，为实现一个光子交叉 π 相位的调制，大约有 50 个光子必须被吸收掉。这意味着用传统非线性光学元件建造量子计算机的前景是渺茫的。

无论如何，通过研究这个光学量子计算机，我们增进了对量子计算机体系结构和系统设计本质的宝贵洞察力。现在我们可以知道实验室中真正的量子计算应该长什么样（如果有足够好的元件来建造它的话），且一个显著特征是它几乎完全由光学干涉仪来构建。在这个设备中，信息被编码在光子数和光子相位中，而干涉仪被用于在两种表示之间的转换。尽管建造稳定的光学干涉仪是可行的，但如果另外选有质量的量子比特表示，那么建造稳定的干涉仪就变得很困难了，因为通常德布罗意物质波波长太短。即使用光学表示，实现一个大的量子算法需要多个互相锁定的干涉仪，在实验室中稳定它们是极具挑战性的。

在历史上，光学经典计算机曾被认为是有希望替代电子计算机的，但由于足够大的非线性光学材料未被发现，以及其速度与并行优势不足以抵消校准和功率的劣势，光学计算机最终并未如预计的那样出现。另一方面，光通信是一个有活力和重要的领域，一个原因是当距离长于一厘米时，利用光纤中的光子传输一个比特的的信息所需要的能量，小于给一个同样长的 50 欧姆传输电线充电所需的能量。类似地，很可能光学量子比特会在量子信息的通信中找到自然的归宿，比如说量子密码，而不是量子计算。

尽管光学量子计算机的实现面临很多缺陷，但描述它的理论形式对我们将要在本章剩余部分讨论的其他物理实现而言绝对都是很基本的。实际上，你可以想象为我们接下来会讨论其他种类的光学量子计算机，只不过基于不同的（更好的！）非线性介质。

光学光量子计算机

- **量子比特表示**：两个模式（$|01\rangle$ 和 $|10\rangle$）单光子的位置或者偏振。
- **酉演化**：任意变换都可以通过相移器（R_z 旋转）、分束器（R_y 旋转）及非线性克尔介质来实现，它可以让两个单光子间出现交叉相位调制，即 $\exp[i\chi L|11\rangle\langle 11|]$。
- **初态制备**：产生单光子态（比如用衰减后的激光）。
- **读出**：探测单光子（比如用光电倍增管）。
- **缺陷**：交叉相位调制率与吸收率之比很大的非线性克尔介质难以实现。

7.5　光学腔量子电动力学

腔量子电动力学（QED）是一个研究领域，涉及把单原子耦合到少量光学模式这个重要的状态。实验上而言，通过把单原子放置在高品质光学腔内可以实现这一点，因为在腔内只存在一个或两个电磁模式，而其中的每一个模式都具有很高的电场强度。原子与场的偶极耦合极高。由于具有高品质因子 Q，腔中的光子在泄漏之前有机会与原子相互作用很多次。理论上而言，这个技术给控制与研究单量子系统提供了独到的机会，为量子混沌、量子反馈控制和量子计算都带来了新的机遇。

特别地，单原子腔量子电动力学方法为前一节所描述的光学量子计算机的两难困境提供了一个潜在的解决方案。单光子可以作为量子信息的优良载体，但它也需要其他媒介来实现相互作用。由于传统的非线性光学克尔介质是块体材料，它不适合满足这个需求。但是，很好地被隔离开的单原子有望不遭受同样的退相干效应的损害，不仅如此，它还能提供光子间的交叉相位调制。实际上，如果单光子态能有效地传入单原子并导出，它们相互作用能得到控制吗？这个潜在的情形就是本节的主题。

7.5.1 物理装置

腔 QED 系统的两个主要实验组分是电磁腔和原子。我们从描述腔模的基本物理开始，然后总结一下原子结构及原子与光相互作用的基本想法。

法布里-珀罗腔

腔 QED 涉及的主要相互作用是偶极矩 $\vec{d}$ 与电场 $\vec{E}$ 之间的偶极相互作用 $\vec{d}\cdot\vec{E}$。这个相互作用能有多大呢？在实际中难以改变 $\vec{d}$ 的大小，但是 $\vec{E}$ 是实验上可调的，且为了在非常窄的频率带宽和很小的模式空间中实现非常大的电场，一个最重要的工具就是法布里-珀罗腔。

专题 7.5　法布里-珀罗腔

法布里-珀罗腔的基本元件是一个部分镀银的镜子，其中入射光 E_a 与 E_b 部分反射，部分透射，产生出射场 $E_{a'}$ 与 $E_{b'}$。这可以通过一个酉变换来描述：

$$\begin{bmatrix} E_{a'} \\ E_{b'} \end{bmatrix} = \begin{bmatrix} \sqrt{R} & \sqrt{1-R} \\ \sqrt{1-R} & -\sqrt{R} \end{bmatrix} \begin{bmatrix} E_a \\ E_b \end{bmatrix} \tag{7.53}$$

其中 R 是镜子反射率，而它前面的“负”号是为了方便起见约定的。

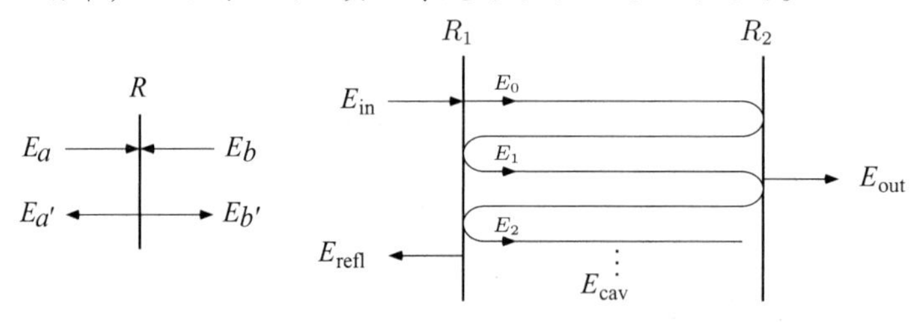

一个法布里-珀罗腔由两个平行的镜子构成，其反射率分别是 R_1 和 R_2，E_{in} 是从外部入射的光，如上图所示。在腔内，光在两面镜子之间来回反射，每个来回光场都积累一个相移 $e^{i\varphi}$，其中 φ 是路径长度与光频率的函数。因此，利用式 (7.53)，我们发现腔内光场为

$$E_{\rm cav} = \sum_k E_k = \frac{\sqrt{1-R_1}E_{\rm in}}{1+e^{i\varphi}\sqrt{R_1R_2}} \tag{7.54}$$

其中 $E_0 = \sqrt{1-R_1}E_{\rm in}$，而 $E_k = -e^{i\varphi}\sqrt{R_1R_2}E_{k-1}$。类似地，我们发现 $E_{\rm out} = e^{i\varphi/2}\sqrt{1-R_2}$，

以及 $E_{\mathrm{refl}} = \sqrt{R_1}E_m + \sqrt{1-R_1}\sqrt{R_2}\mathrm{e}^{\mathrm{i}\varphi}E_{\mathrm{cav}}$。

对我们而言，法布里-珀罗腔最重要的特性之一是腔内场功率是入射光场功率与光场频率的函数，

$$\frac{P_{\mathrm{cav}}}{P_{\mathrm{in}}} = \left|\frac{E_{\mathrm{cav}}}{E_{\mathrm{in}}}\right|^2 = \frac{1-R_1}{|1+\mathrm{e}^{\mathrm{i}\varphi}\sqrt{R_1R_2}|^2} \tag{7.55}$$

有两点值得一提。首先，频率选择性依赖于如下事实 $\varphi = \omega d/c$，其中 d 是镜子间距，c 是光速，ω 是光场频率。物理上而言，这是腔场与前表面的反射光干涉相加与相消的产物。其次，共振时腔场取最大值，大概是入射场的 $1/(1-R)$ 倍。这一特性对于腔 QED 而言是极为宝贵的。

当电场取单频和单个空间模的近似时，它可以有一个非常简单的量子力学描述：

$$\vec{E}(r) = \mathrm{i}\vec{\epsilon}E_0\left[a\mathrm{e}^{\mathrm{i}kr} - a^\dagger\mathrm{e}^{\mathrm{i}kr}\right] \tag{7.56}$$

正如专题 7.5 所描述的那样，这个近似对于法布里-珀罗腔中的场是适当的。在这里，$k=\omega/c$ 是光的空间频率，E_0 是电场强度，$\vec{\epsilon}$ 是电场极化，r 是所描述的电场的位置。a 和 $a^\dagger$ 是模式中光子的湮灭与产生算子，它们的特性在 7.4.2 节描述过。注意，腔中场演化所遵循的哈密顿量是很简单的，

$$H_{\mathrm{field}} = \hbar\omega a^\dagger a \tag{7.57}$$

这与能量是腔中 $|E|^2$ 的体积分的半经典描述是一致的。

习题 7.15　画出式 (7.55) 随场失谐量 φ 的变化图，令 $R_1 = R_2 = 0.9$。

二能级原子

直到本章的这一节，我们只讨论过光子，或者光子之间通过半经典媒介产生的交叉相位调制等相互作用。现在，让我们把注意力转向原子、它们的电子结构，以及它们与光子的相互作用。这当然是一个非常深刻且发展得很完善的研究领域，我们将只描述其中与量子计算有关联的一小部分内容。

原子的电子能量本征态可以是非常复杂的（如专题 7.6 所示），但对我们而言，考虑一个只有两个态的原子是个很好的近似。这个*二能级原子*近似是可靠的，因为我们关注的是其与单频光场的相互作用，且在此情况下，有关的能级必须满足两个条件：它们的能级差与入射光子的能量匹配，以及对称性（“选择定则”）不禁止跃迁。这两个条件产生于基本的能量、角动量与宇称守恒定律。能量守恒的条件是

$$\hbar\omega = E_2 - E_1 \tag{7.58}$$

其中 E_2 与 E_1 是原子的两个本征能量。角动量与宇称守恒的要求可以通过考虑 $\vec{r}$ 两个轨道波函数的矩阵元 $\langle l_1, m_1|\hat{r}|l_2, m_2\rangle$ 加以说明。不失一般性，我们选取 $\hat{r}$ 处于 $\hat{x}-\hat{y}$ 平面，于是它可以通

过球谐函数（专题 7.6）表示：

$$\hat{r} = \sqrt{\frac{3}{8\pi}}\left[(-r_x + \mathrm{i}r_y)Y_{1,+1} + (r_x + \mathrm{i}r_y)Y_{1,-1}\right] \tag{7.59}$$

在此基下，$\langle l, m_1|\hat{r}|l, m_2\rangle$ 中相关的项为

$$\int Y^*_{l_1 m_1} Y_{lm} Y_{l_2 m_2}\, \mathrm{d}\Omega \tag{7.60}$$

其中有 $m = \pm 1$；此积分当且仅当 $m_2 - m_1 = \pm 1$ 且 $\Delta l = \pm 1$ 时不为零。第一个条件是角动量守恒，而第二个宇称守恒条件，在偶极近似下 $\langle l_1, m_1|\hat{r}|l_2, m_2\rangle$ 才有意义。这些条件就是对二能级原子近似很重要的选择定则。

专题 7.6　原子能级

原子的电子就像一个三维盒子中的粒子那样运动，其哈密顿的形式为

$$H_A = \sum_k \frac{|\vec{p}_k|^2}{2m} - \frac{Ze^2}{r_k} + H_{\mathrm{rel}} + H_{\mathrm{ee}} + H_{\mathrm{so}} + H_{\mathrm{hf}} \tag{7.61}$$

其中头两项描述了电子动能跟负电电子与正电原子核之间的库仑吸引能相互平衡，H_{rel} 是相对论修正项，H_{ee} 描述了电子-电子相互作用，以及电子的费米特性带来的贡献，H_{so} 是自旋轨道耦合，它可以被解释为电子的自旋与其绕原子旋转产生的磁场之间的相互作用，而 H_{hf} 是精细相互作用：电子自旋与原子核产生的磁场之间的相互作用。H_A 的能量本征态已经通过 3 个整数或半整数（量子数）得以很好地分类：n，主量子数；l，轨道角动量；以及 m，轨道角动量的 $\hat{z}$ 分量。此外，电子的总自旋 S 及核自旋 I 通常都很重要。H_A 的本征值大致由 α^2 除以 n 决定，H_{ee} 的量级稍小些，H_{ref} 与 H_{so} 为 α^4 级，而 $H_{\mathrm{hf}} \approx 10^{-3}\alpha^4$ 级，其中的 $\alpha = 1/137$ 是无量纲的精细结构常数。

对 n 的推导是很简单的，参照粒子在一维盒子中的薛定谔方程即可，因为库仑囚禁势只与空间距离有关系。尽管如此，轨道角动量是三维中出现的特性，值得进一步解释。此基本特性源自 H_A 坐标表示对角度的依赖，其中 $\hat{p}$ 变为拉普拉斯算子 $\vec{\nabla}^2$，薛定谔方程即为

$$\frac{\Phi(\varphi)}{\sin\theta}\frac{\mathrm{d}}{\mathrm{d}\,\theta}\left(\sin\theta\frac{\mathrm{d}\,\Theta}{\mathrm{d}\,\theta}\right) + \frac{\Theta(\theta)}{\sin^2\theta}\frac{\mathrm{d}^2\,\Phi(\varphi)}{\mathrm{d}\,\varphi^2} + l(l+1)\Theta(\theta)\Phi(\varphi) = 0 \tag{7.62}$$

其中 θ 和 φ 是通常的球坐标，而 Φ 与 Θ 是我们要的本征方程。解 $Y_{lm}(\theta,\varphi) = \Theta_{lm}(\theta)\Phi_m(\varphi)$ 是球谐函数

$$Y_{lm}(\theta,\varphi) \equiv (-1)^m\sqrt{\frac{2l+1}{4\pi}\frac{(l-m)!}{(l+m)!}}P_{lm}(\cos\theta)\mathrm{e}^{\mathrm{i}m\varphi} \tag{7.63}$$

其中 P_{lm} 是通常的勒让德方程

$$P_{lm}(x) = \frac{\left(1-x^2\right)^{m/2}}{2^l l!} \frac{\mathrm{d}^{m+l}}{\mathrm{d}\,x^{m+l}} \left(x^2-1\right)^l \tag{7.64}$$

在这些方程中，$-l \leqslant m \leqslant l$，且可证明 m 与 l 必须为整数或半整数。l 是轨道角动量，m 是它在 $\hat{z}$ 轴的分量。类似地，电子自旋 S 与核自旋 I 也有分量 m_s 与 m_i。如你所见，原子的能态描述是非常复杂的！小结一下：为了需要起见，我们可认为原子的本征能量由七个数决定：n, l, m, S, m_s, I 和 m_i。

习题 7.16（电偶极选择定则）　证明式 (7.60) 只有当 $m_2 - m_1 = \pm 1$ 和 $\Delta l = \pm 1$ 时才不为零。

实际上，光不可能是完美单频的，它由一些诸如激光的光源产生，其纵模、泵浦噪声及别的根源导致有限线宽的出现。同样的，一个与外部世界耦合的原子不可能具有完美定义的本征态。微小的扰动，如附近的电势场起伏，乃至与真空的耦合，导致了每个能级都被抹掉，成为一个有限宽的分布。

尽管如此，通过谨慎地选择原子与激发能量，以及利用选择定则，可以达成让二能级原子近似完美成立的条件。这个过程的总的观念是在此近似下，如果 $|\psi_1\rangle$ 和 $\psi_2\rangle$ 是两个被挑选出来的能级，那么 $\hat{r}$ 的矩阵元为

$$r_{ij} = \langle\psi_i|\hat{r}|\psi_j\rangle \approx r_0 Y \tag{7.65}$$

其中 r_0 是某常量，Y 是泡利算子（见 2.1.3 节，我们选取 Y 而不是 X，这并不重要，仅仅是遵照传统与为了以后计算的方便起见）。这将跟描述原子与入射电场的相互作用有关。在这个二能级子空间中，原子自身的哈密顿量是很简单的，

$$H_{\text{atom}} = \frac{\hbar\omega_0}{2} Z \tag{7.66}$$

这里的 $\hbar\omega_0$ 是两能级的能量差，因为两个态都是能量本征态。

7.5.2　哈密顿量

利用腔中场的量子化，以及电子相对腔场波长微不足道的尺度，原子与腔中束缚电场的 $\vec{d}\cdot\vec{E}$ 相互作用在原子的二能级近似中，可以很好地被近似为一个极为简化的模型。利用 $\vec{d} \propto \hat{r}$（电偶极矩等于电荷乘以距离），我们可以综合式 (7.56) 与式 (7.65) 得到相互作用哈密顿量

$$H_I = -\mathrm{i} g Y \left(a - a^\dagger\right) \tag{7.67}$$

其中我们选取放置原子的位置 $r = 0$（以此来估算 $\vec{E}$），调整原子的朝向使得 $\hat{r}$ 相对电场矢量的指向合适。g 是一个常数（这里我们不需要考虑具体的数值，只需考虑形式即可），用于描述相互作用的强度。而 i 的出现仅仅为了让 g 取实数，因为 H_I 必须是厄米的。H_I 可以被进一步简化，

考虑到它包含一些通常非常小的量。为了看到这一点，定义泡利上升与下降算子是很有益的，

$$\sigma_{\pm} = \frac{X \pm \mathrm{i}Y}{2} \tag{7.68}$$

于是我们可以把 H_I 重新表述为

$$H_I = g\left(\sigma_{+} - \sigma_{-}\right)\left(a - a^{\dagger}\right) \tag{7.69}$$

包含 $\sigma_{+}a^{\dagger}$ 和 $\sigma_{-}a$ 的项具有两倍的特征频率 ω 和 ω_0，舍弃这些项是一个很好的近似（旋波近似），于是我们可得整体哈密顿量 $H = H_{\text{atom}} + H_{\text{field}} + H_I$，

$$H = \frac{\hbar\omega_0}{2}Z + \hbar\omega a^{\dagger}a + g\left(a^{\dagger}\sigma_{-} + a\sigma_{+}\right) \tag{7.70}$$

其中再一次概括一下：泡利算子作用在二能级原子上，$a^{\dagger}$, a 是单模场的产生与湮灭算子，ω 是场的频率，ω_0 是原子的频率，而 g 是原子与场之间的耦合常数。这是研究腔 QED 的基础理论工具，Jaynes-Cummings 哈密顿量，它描述了二能级原子与电磁场之间的相互作用。

考虑到 $N = a^{\dagger}a + Z/2$ 是运动的常量，这个哈密顿量可以写为另外一个简便的形式，于是我们有

$$H = \hbar\omega N + \delta Z + g\left(a^{\dagger}\sigma_{-} + a\sigma_{+}\right) \tag{7.71}$$

其中 $\delta = (\omega_0 - \omega)/2$ 被称为失谐量——场与原子共振频率之差。这个哈密顿量，Jaynes-Cummings 哈密顿量，是非常重要的，我们将会用本章几乎所有剩余的部分来研究其性质，以及在不同物理系统中的体现。

习题 7.17（Jaynes-Cummings 哈密顿量的本征态） 证明

$$|\chi_n\rangle = \frac{1}{\sqrt{2}}[|n,1\rangle + |n+1,0\rangle] \tag{7.72}$$

$$|\bar{\chi}_n\rangle = \frac{1}{\sqrt{2}}[|n,1\rangle - |n+1,0\rangle] \tag{7.73}$$

当 $\omega = \delta = 0$ 时，是 Jaynes-Cummings 哈密顿量（式 (7.71) ）的本征态，其本征值为

$$H|\chi_n\rangle = g\sqrt{n+1}|\chi_n\rangle \tag{7.74}$$

$$H|\bar{\chi}_n\rangle = -g\sqrt{n+1}|\bar{\chi}_n\rangle \tag{7.75}$$

其中在右矢中的标记为 $|\text{field}, \text{atom}\rangle$。

7.5.3 单光子单原子吸收与折射

对我们的目的而言，腔 QED 中最有趣的区域是其中单光子与单原子相互作用。这是一个不寻常的区域，在其中传统经典电磁理论的观念（比如说折射率和介电常数）失效了。特别地，我

们将用单个原子实现光子之间的非线性相互作用。

$$H = -\begin{bmatrix} \delta & 0 & 0 \\ 0 & \delta & g \\ 0 & g & -\delta \end{bmatrix} \tag{7.76}$$

（从左到右及从上到下的基为 $|00\rangle, |01\rangle, |10\rangle$，其中左边的标记对应场，而右边的对应原子），我们发现

$$\begin{aligned} U = & \mathrm{e}^{-\mathrm{i}\delta t}|00\rangle\langle 00| \\ & + \left(\cos\Omega t + \mathrm{i}\frac{\delta}{\Omega}\sin\Omega t\right)|01\rangle\langle 01| \\ & + \left(\cos\Omega t - \mathrm{i}\frac{\delta}{\Omega}\sin\Omega t\right)|10\rangle\langle 10| \\ & - \mathrm{i}\frac{g}{\Omega}\sin\Omega t(|01\rangle\langle 10| + |10\rangle\langle 01|) \end{aligned} \tag{7.77}$$

相互作用行为体现在此方程的最后一行，它表现了原子与场之间以拉比频率$\Omega = \sqrt{g^2+\delta^2}$ 来回振荡交换一个能量量子。

习题 7.18（拉比振荡） 利用

$$\mathrm{e}^{\mathrm{i}\vec{n}\cdot\vec{\sigma}} = \sin|n| + \mathrm{i}\hat{n}\cdot\vec{\sigma}\cos|n| \tag{7.78}$$

对 H 取幂，证明式 (7.77) 的正确性。这是一个对拉比振荡与拉比频率非常简单的推导。通常，人们通过求解耦合的微分方程组得到 Ω，但这里我们仅仅专注于单原子、单光子子空间，获得本质的运动！

变换与单原子相互作用的光子，可以通过对原子态取迹而获得（2.4.3 节）。初始时一个光子 $|1\rangle$ 被原子（我们假设其初始时处于基态）吸收的概率为

$$\chi_r = \sum_k |\langle 0k|U|10\rangle|^2 = \frac{g^2}{g^2+\delta^2}\sin^2\Omega t \tag{7.79}$$

这是一个通常的吸收的洛伦兹线型，是相对共振失谐量 δ 的函数。

（单原子的）折射率由 U 的矩阵元给出，其中原子处于基态。光子感受到的相移是在对原子求迹之后，场 $|1\rangle$ 与 $|0\rangle$ 态经历的相位移动之差。人们发现其为

$$\chi_i = \arg\left[\mathrm{e}^{\mathrm{i}\delta t}\left(\cos\Omega t - \mathrm{i}\frac{\delta}{\Omega}\sin\Omega t\right)\right] \tag{7.80}$$

对于固定的非零 δ，随着耦合 g 的降低，吸收概率 χ_r 与 g^2 同步降低，但是相移 χ_i 近乎为常数。这是能实现相移却不散射很多光的材料的根源。

习题 7.19（洛伦兹吸收线性） 当 $t=1$ 和 $g=1.2$ 时，画出式 (7.79) 作为失谐量 δ 的函数，以及（如果你了解的话）所对应的经典结果。振荡是因为什么？

习题 7.20（单光子相移） 从 U 推导出式 (7.80)，当 $t=1$ 和 $g=1.2$ 时，作为失谐量 δ 的函数画出它，并与 δ^2/Ω^2 进行比较。

原子-光子相互作用的一个天然的应用是研究当两个光学模式（每个最多包含一个光子）与同一个原子相互作用时会发生什么。这导致了两个模式之间的非线性相互作用。在 7.4.2 节中，非线性克尔介质可以唯象地被描述为产生交叉相位调制的介质，它的哈密顿量为 $H=\chi a^\dagger a b^\dagger b$。在那里，我们并没看到效应是如何从基本相互作用产生的。用目前的形式体系，克尔效应的起源可以用一个简单的模型来说明，其中包含两种偏振的光场与同一个三能级原子相互作用，如图 7-4 所示。这可以用修正版的 Jaynes-Cummings 哈密顿量来描述：

$$
\begin{aligned}
H = \delta \begin{bmatrix} -1 & 0 & 0 \\ 0 & 1 & 0 \\ 0 & 0 & 1 \end{bmatrix} &+ g_a \left(\begin{bmatrix} 0 & 0 & 0 \\ 1 & 0 & 0 \\ 0 & 0 & 0 \end{bmatrix} + a^\dagger \begin{bmatrix} 0 & 1 & 0 \\ 0 & 0 & 0 \\ 0 & 0 & 0 \end{bmatrix} \right) \\
&+ g_b \left(\begin{bmatrix} 0 & 0 & 0 \\ 0 & 0 & 0 \\ 1 & 0 & 0 \end{bmatrix} + b^\dagger \begin{bmatrix} 0 & 0 & 1 \\ 0 & 0 & 0 \\ 0 & 0 & 0 \end{bmatrix} \right)
\end{aligned}
\tag{7.81}
$$

其中 3×3 原子算子的基为 $|0\rangle, |1\rangle, |2\rangle$。在矩阵表示下，人们发现 H 中有关的项是对角矩阵

$$
H = \begin{bmatrix} H_0 & 0 & 0 \\ 0 & H_1 & 0 \\ 0 & 0 & H_2 \end{bmatrix}
\tag{7.82}
$$

其中

$$
H_0 = -\delta \tag{7.83}
$$

$$
H_1 = \begin{bmatrix} -\delta & g_a & 0 & 0 \\ g_a & \delta & 0 & 0 \\ 0 & 0 & -\delta & g_b \\ 0 & 0 & g_b & \delta \end{bmatrix} \tag{7.84}
$$

$$
H_2 = \begin{bmatrix} -\delta & g_a & g_b \\ g_a & \delta & 0 \\ g_b & 0 & \delta \end{bmatrix} \tag{7.85}
$$

H_0 的基每行从左到右为 $|a, b, \text{atom}\rangle = |000\rangle$，$H_1$ 的基为 $|100\rangle, |001\rangle, |010\rangle, |002\rangle$，$H_2$ 的基为 $|110\rangle, |011\rangle, |102\rangle$。取幂可得 $U=\exp(\text{i}Ht)$，让人可以算出单光子相移 $\varphi_a = \arg(\langle 100|U|100\rangle) - \arg(\langle 000|U|000\rangle)$，$\varphi_b = \arg(\langle 010|U|010\rangle) - \arg(\langle 000|U|000\rangle)$，以及双光子相移 $\varphi_{ab} = \varphi_a + \varphi_b$，

也就是说双光子态具有两倍于单光子的相移，因为 $\exp\left[-\mathrm{i}\omega\left(a^\dagger a + b^\dagger b\right)\right]|11\rangle = \exp(-2\mathrm{i}\omega)|11\rangle$。尽管如此，这个系统表现出非线性，导致如图 7-5 所示的 $\chi_3 = \varphi_{ab} - \varphi_a - \varphi_b$。在这个物理系统中，此克尔效应来自两个光学模式量子交换时原子出现的微小振幅。

习题 7.21　具体算出式 (7.82) 的幂指数，并证明

$$\varphi_{ab} = \arg\left[\mathrm{e}^{\mathrm{i}\delta t}\left(\cos\Omega' t - \mathrm{i}\frac{\delta}{\Omega'}\sin\Omega' t\right)\right] \tag{7.86}$$

其中 $\Omega' = \sqrt{\delta^2 + g_a^2 + g_b^2}$。用这计算 χ_3，非线性克尔相位移动。这是一个非常简单的对克尔相互作用进行建模和理解的方法，忽略了许多经典非线性光学常涉及的复杂问题。

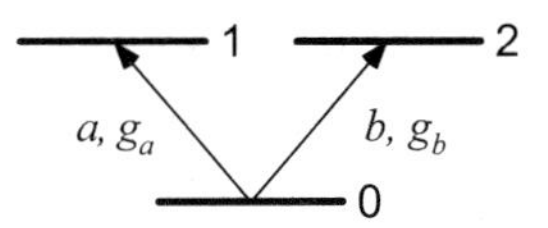

图 7-4　三能级原子（有能级 0, 1, 2）与两个偏振正交的光场相互作用，光场由算子 a 与 b 描述。原子-光子耦合分别为 g_a 与 g_b。0 与 1 能级，以及 0 与 2 能级之间的能量差假设近乎相等

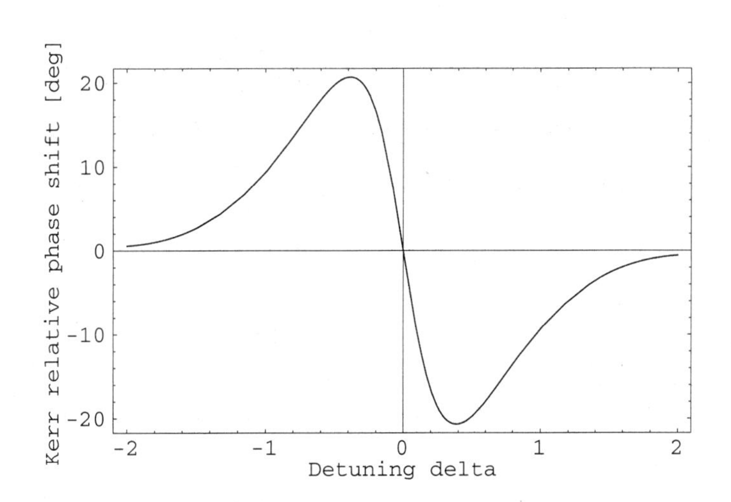

图 7-5　当 $t = 0.98$ 和 $g_a = g_b = 1$ 时，以角度为单位的克尔相移 χ_3，作为失谐量 δ 的函数画出来。根据单光子与单个三能级原子相互作用的式 (7.82) 计算可得

习题 7.22　交叉相位调制也会附带一定的损耗，它可以通过一个光子被原子吸收的概率来表示。计算如下概率，$1 - \langle 110|U|110\rangle$，其中 $U = \exp(-\mathrm{i}Ht)$ 且 H 见式 (7.82)；作为 $\delta, g_a, g_b,$ 和 t 的函数，与 $1 - \langle 100|U|100\rangle$ 进行比较。

7.5.4　量子计算

一般而言，腔 QED 技术能以多种不同的方式用于完成量子计算，其中两种方式如下：量子信息可以由光子态表示，用含有原子的腔提供光子之间的非线性相互作用；量子信息也可以用原

子来表示，利用光子在原子之间通信。现在让我们通过描述一个展示了以第一种方法实现量子逻辑门的实验来结束此话题。

如 7.4.2 节所述，一台量子计算机可以用单光子态、相移器、分束器和非线性克尔介质构建，但是用于实现受控非门的交叉相位 π 的调制，对于标准的非线性光学技术来说是近乎不可能的。腔 QED 可以用于实现克尔相互作用，如 7.5.3 节所述；与大块的介质不同，由于法布里-珀罗腔所提供的强场，此技术即使在单光子级别也有极强的效应。

图 7-6 描述了一个腔 QED 的实验，它用于展示（见章末的“背景资料与延伸阅读”）实现具有如下酉变换逻辑门的潜力。

$$\begin{bmatrix} 1 & 0 & 0 & 0 \\ 0 & \mathrm{e}^{\mathrm{i}\varphi_a} & 0 & 0 \\ 0 & 0 & \mathrm{e}^{\mathrm{i}\varphi_b} & 0 \\ 0 & 0 & 0 & \mathrm{e}^{\mathrm{i}(\varphi_a+\varphi_b+\Delta)} \end{bmatrix} \tag{7.87}$$

其中 $\Delta = 16°$，使用单光子。在实验中，制备两个处于弱相干态的光场模式（通过极为细微的频率加以区别），一个线偏振（探测光），另一个圆偏振（泵浦光），输入到腔中。光场态可以被表示为

$$|\psi_{\text{in}}\rangle = |\beta^+\rangle \left[\frac{|\alpha^+\rangle + |\alpha^-\rangle}{\sqrt{2}}\right] \tag{7.88}$$

回忆一下，线偏光是两种可能的圆偏光 $+$ 和 $-$ 的等概率叠加。弱相干态的近似为 $|\alpha\rangle \approx |0\rangle + \alpha|1\rangle$，且对 $|\beta\rangle$ 也类似（忽略掉归一化项），于是有

$$|\psi_{\text{in}}\rangle \approx \left[|0^+\rangle + \beta|1^+\rangle\right]\left[|0^+\rangle + \alpha|1^+\rangle + |0^-\rangle + \alpha|1^-\rangle\right] \tag{7.89}$$

这些光子穿过光学腔与原子相互作用，原子引发不同的相移，依赖于每个偏振的总光子数态（而与光子在哪个模式无关）。具体而言，我们假定处于 $|1^+\rangle$ 态的光子，如果它是在探测光中的话，经历 $\mathrm{e}^{\mathrm{i}\varphi_a}$ 的相移，如果是泵浦光，相移 $\mathrm{e}^{\mathrm{i}\varphi_b}$。在此单光子相移以外，态 $|1^+1^+\rangle$ 经历一个额外的克尔相移 Δ，所以有 $\mathrm{e}^{\mathrm{i}(\varphi_a+\varphi_b+\Delta)}|1^+1^+\rangle$。其他态（特别是其他偏振态）保持不变。导致这种行为的物理类似于 7.5.3 节所述，且最终的效应是一样的：泵浦光与探测光之间的交叉相位调制。从腔中的出射光因此为

$$\begin{aligned} |\psi_{\text{out}}\rangle \approx & |0^+\rangle[|0^+\rangle + \alpha\mathrm{e}^{\mathrm{i}\varphi_a}|1^+\rangle + |0^-\rangle + \alpha|1^-\rangle] \\ & + \mathrm{e}^{\mathrm{i}\varphi_b}\beta|1^+\rangle\left[|0^+\rangle + \alpha\mathrm{e}^{\mathrm{i}(\varphi_a+\Delta)}|1^+\rangle + |0^-\rangle + \alpha|1^-\rangle\right] \end{aligned} \tag{7.90}$$

$$\approx |0^+\rangle|\alpha, \varphi_a/2\rangle + \mathrm{e}^{\mathrm{i}\varphi_b}\beta|1^+\rangle|\alpha, (\varphi_a + \Delta)/2\rangle \tag{7.91}$$

其中的 $|\alpha, \varphi_a/2\rangle$ 代表一个线偏振探测光场从垂直偏振旋转了 $\varphi_a/2$。场的偏振通过探测器测量，得到 $\varphi_a \approx 17.5°$，$\varphi_b \approx 12.5°$，以及 $\Delta \approx 16°$。因为 Δ 是一个非平庸的值，这个结果表明，用单光子和腔中的单原子作为非线性光学克尔介质与光子相互作用，实现通用的两量子比特逻辑门（习题 7.23）是可行的。

在解释这些实验结果时，几条重要的警示必须铭记在心。通过腔与原子后，入射光子有一定的概率被吸收，因此所完成的真正的量子操作并不是酉的。当多个逻辑门级联起来时，此问题会更严重。比方说，为实现受控非门（要求 $\Delta = \pi$），这是必需的。实际上，在这个实验中所用的腔的排列方式带来的反射损失将极大地妨碍级联。为了理解为什么会如此，需要发展和研究出一个合适的与时间相关的模型。此外，尽管交叉相位调制模型与所测量的数据一致，但是这里用的光子-原子相互作用模型只是一个拟设（ansatz），且其他模型并未被实验排除。实际上，原则上在实验中可以用单光子态（而不是衰减了的相干态），而对 $|\psi_{out}\rangle$ 中两模式之间出现纠缠的测量将会是一个很好的测试。在做这个实验的时候，用于全面描述量子操作，以及它能否适用于量子逻辑门的通用步骤还不为人知。不过，可完成此任务的一个方法，即*过程层析*，目前已广为人知（第 8 章），且引人注目的是，它甚至能对耗散和其他的非酉行为进行全面描述。完成此测验，将会明确精准地确定这里描述的实验实际反映量子计算的程度。

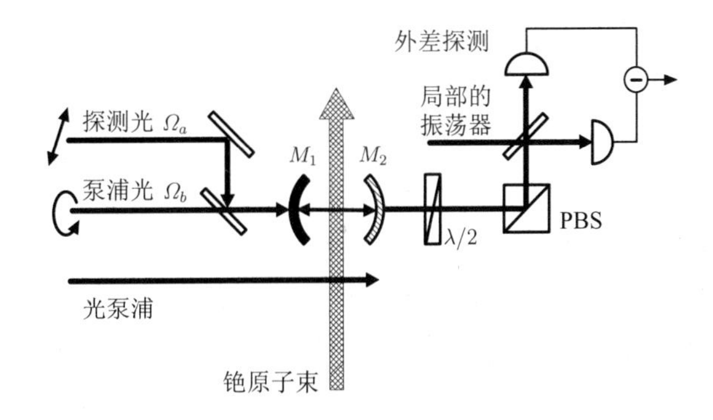

图 7-6　用于展示的实验装置示意图：使用单原子提供单光子间的交叉相位调制，作为基本量子逻辑门。制备一束线偏振弱探测光 Ω_a，以及一束强的圆偏振泵浦光 Ω_b，照射到一个光学腔上，它有两个高反射镜子 M_1 和 M_2。利用光泵浦下落的铯原子（图中展示了原子从上往下落），制备它到电子态 $6S_{1/2}, F = 4, m = 4$，让腔中的平均原子数为 1。光穿过腔，与原子相互作用，σ_+ 偏振的光场引起与 $6P_{3/2}, F' = 5, m' = 5$ 态的强跃迁，而正交的 σ_- 偏振的光引发到 $6P_{3/2}, F' = 5, m' = 3$ 态的弱跃迁。然后用半波片、偏振分束器（PBS）和一个敏感的平衡外差探测器（通过本地的振荡器选择性地在某特定频率处测量光子），测出射光场的偏振。本图由 Q. Turchette 提供

尽管有这些缺陷，这个实验确实展示了量子信息处理所需的基本概念。它确认非线性光学行为，比如说克尔相互作用确实能在单光子水平上发生，从而确立了 Jaynes-Cummings 模型的必要性。而且，这个实验是在所谓的*坏腔区域*完成的，此时原子与腔模的相干耦合率 g^2/γ 大于向自由空间的非相干辐射率 γ，但是此耦合比光子入射与离开腔的速率 κ 弱。*强耦合*工作区域（其中 $g > \kappa > \gamma$）提供了另一种实现更大控制相移 Δ 的途径。

也许最重要的，是腔 QED 开启了对量子信息处理意义非凡的、通向附加相互作用宝藏的大门。我们也看到，如何从量子信息的视角——限定于单光子与单原子——使我们能用最基本的腔 QED 相互作用 Jaynes-Cummings 哈密顿量，构建出电磁波与物质相互作用的一些最基本的物理。现在我们暂别腔 QED 这个主题，但在接下来的离子阱，以及再下面的磁共振中，光子-原子相互作用、单原子与光子，以及 Jaynes-Cummings 哈密顿量这些概念将会继续伴随我们。

习题 7.23　证明式 (7.87) 中的两量子比特逻辑门，加上任意的单量子比特逻辑门，可以用于实现一个受控非门，对于任意的 φ_a 和 φ_b，以及 $\Delta = \pi$。结果发现，对几乎任意 Δ，加上单量子比特酉演化时，这个逻辑门都是通用的。

光学腔量子电动力学

- **量子比特表示**：两个模式（$|01\rangle$ 和 $|10\rangle$）单光子的位置或偏振。
- **酉演化**：通过相移器（R_z 旋转）、分束器（R_y 旋转）和一个腔 QED 系统实现任意的变换。腔 QED 系统包含一个法布里-珀罗腔，其中有少量的原子与光学模式耦合。
- **初态制备**：产生单光子态（比如通过削弱激光）。
- **读出**：探测单光子（比如利用光电倍增管）。
- **缺陷**：两个光子之间的耦合是通过单原子作为媒介，因此需要增强原子与场的耦合。但是，耦合光子进出腔就变困难了，限制了级联特性。

7.6 离子阱

本章到目前为止，我们仅限于用光子代表量子比特。现在让我们转向用原子和原子核的表示。特别地，如 7.1 节所述，电子与原子核自旋提供了一个潜在的量子比特的优良载体。自旋是一个奇怪（但是非常真实！）的概念（专题 7.7），但因为不同自旋态之间的能量差相比其他的能量尺度都非常小（比如室温下通常原子的动能），原子的自旋态一般难以被观测，更难被操控。在一个被精细造出的环境中，精密的操控是可行的。这个环境通过在电磁势阱中孤立和囚禁少量带电原子，然后冷却原子直至其动能远小于自旋能量的贡献而实现。做完这之后，调控入射的单频光，选择性地产生跃迁，即依赖于其他自旋态而改变某些特定的自旋态。囚禁离子如何能做到实现量子计算，这是必不可少的。我们先概述实验装置，以及它的主要元件，然后给出系统的模型哈密顿量。我们描述一个实验，实现并展示一个基于囚禁 ^{9}Be 离子的受控非门，最后以此方法的潜力与限制作为结尾。

专题 7.7　自旋

自旋是一个奇特的概念。当离子具有自旋时，它拥有磁矩，就像是一个复合粒子，其中有一些沿着环路运动的电流。但是电子是基本粒子，且已知组成原子核的夸克不会通过轨道运动产生自旋。不仅如此，一个粒子的自旋只能是整数或半整数。

不管怎样，自旋是很真实的，而且是日常物理学中的重要组分。整数自旋粒子——被称为玻色子——包括光子。它无静止质量，某种程度上是特殊的，只有自旋 ±1 的组分（而没有零自旋），对应于两个熟知的偏振正交态。由廉价塑料偏振片做成的太阳镜在开车时是很有效的，因为太阳光被路面反射时变成部分偏振，偏振方向与太阳镜的正交（光的电场偏振方向与界面垂直时，总会部分被反射，不论入射角度如何，这与垂直磁偏振相反：当入射角为布儒斯特角时，不会发生反射）。半整数自旋粒子，被称为费米子，包括电子、质子和中子。这些是“自旋 1/2”粒子，它们的自旋分量要么是 $+1/2$（自旋“向上”），要么是 $-1/2$（自旋“向下”）。当我们提到“自旋”，通常是指自旋 1/2 粒子。

一个原子的能量本征态与自旋及多个自旋的组合密切相关。比方说，^{9}Be 的原子核具有自旋 3/2。自旋就像磁矩那样与磁场相互作用，自旋为 $\vec{S}$ 的电子具有能量 $g_e\vec{S}\cdot\vec{B}$，而类似地，原子核 $\vec{I}$ 具有能量 $g_n\vec{I}\cdot\vec{B}$。比如，形象地来说，自旋对原子能级的贡献可以被看成：

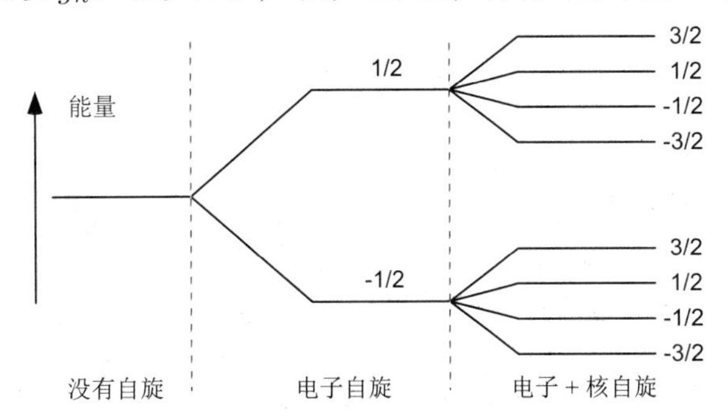

其中我们假设了一个自旋 1/2 的电子和一个自旋 3/2 的原子核。通过恰当地调节入射光场的频率，任意的跃迁都能被挑选出来，只要满足守恒定则（7.5.1 节）。特别是，角动量守恒要求当一个光子被一个原子吸收时，在初态与末态之间必须改变一个角动量或自旋。这些态因而必须具有确定的角动量；这点可以被考虑进来。

诸如位置和动量的连续变量，以及其他无限的希尔伯特空间系统，必须被人为地截断以便代表量子比特。与它们不同，自旋态为量子信息提供了一个良好的表示，因为它们天然地存在有限的态空间。

习题 7.24　磁场中核自旋的能量大约为 $\mu_N B$，其中 $\mu_n = eh/4\pi m_p \approx 5\times10^{-27}\,\mathrm{J/T}$，是原子核玻尔磁子。计算 $B = 10\,\mathrm{T}$ 磁场下原子核自旋的能量，再算出 $T = 300\,\mathrm{K}$ 下热能 $k_B T$。

7.6.1　物理装置

一台离子阱量子计算机包含的主要组件为带有激光与光探测器的电磁势阱及离子。

势阱的几何与激光

如图 7-7 所示，主要的实验装置是一台由 4 个圆柱电极组成的电磁势阱。电极的端点部分相比中间段，具有偏压 U_0，因此通过一个沿着 $\hat{z}$ 轴（k 是一个几何因子）的静电势 $\Phi_{\mathrm{dc}} = \kappa U_0\left[z^2-\left(x^2+y^2\right)/2\right]$，离子沿轴向被束缚起来。尽管如此，一个被称为 Earnshaw 定理的结论认为无法用静电场把电荷囚禁在三维空间中。因此，为提供束缚，两个电极接地，而其他两个电极由一个快速振动的电压驱动，产生一个射频（RF）势 $\Phi_{\mathrm{rf}} = (V_0\cos\Omega_T t + U_r)\left[1+\left(x^2-y^2\right)/R^2\right]/2$，其中 R 是几何因子。电极端点通过电容耦合，因而穿过它们的 RF 势是恒定的。Φ_{dc} 和 Φ_{rf} 的组合，平均起来（相对 Ω_T）创造了一个在 x, y 和 z 上的简谐势。加上离子之间的库仑排斥，这给出了 N 个离子在势阱中运动所遵循的哈密顿量，

$$H=\sum_{i=1}^{N}\frac{M}{2}\left(\omega_x^2x_i^2+\omega_y^2y_i^2+\omega_z^2z_i^2+\frac{|\vec{p}_i|^2}{M^2}\right)+\sum_{i=1}^{N}\sum_{j>i}\frac{e^2}{4\pi\epsilon_0\left|\vec{r}_i-\vec{r}_j\right|} \tag{7.92}$$

其中 M 是每个离子的质量。通常，在设计上 $\omega_x,\omega_y \gg \omega_z$，因而离子全都一般沿着 $\hat{z}$ 轴排布。随着离子数目增加，离子的几何构型将会变得很复杂，出现锯齿状或其他图样。但我们将专注于简单的情形，只有少数几个离子被囚禁在一个链状的构型。

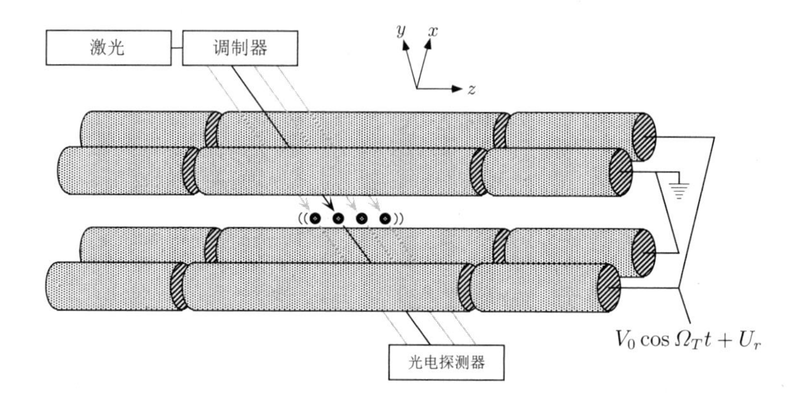

图 7-7 离子阱量子计算机（非等比例的）示意图，描绘出 4 个离子被囚禁在由 4 个圆柱电极产生的势阱中心。这个仪器通常置于高真空中（$\approx 10^{-8}$ 帕），离子从附近的烤炉中装载而来。调制过的激光通过真空腔的窗口照射在离子上，实现对其操作，并用于读出原子态

当跟外部世界的耦合变得足够小，如同弹簧上的物体表现得像量子系统那样，电磁囚禁的粒子被很好地孤立起来时，其运动也将量子化。让我们首先理解量子化意味着什么，然后讨论孤立的判据。如 7.3 节所述，简谐振子的能级是等间距的，单位为 $\hbar\omega$。离子阱处于我们关注的能量区域时，这些能量本征态代表整个线性粒子链作为一个整体一起运动的不同的振动模。每个 $\hbar\omega$ 振动能量的量子被称为*声子*，且可被想象为一个粒子，就像腔中电磁辐射的一个量子是光子那样。

为了让上述的声子描述成立，一些判据必须满足。首先，与环境的耦合必须足够小，使得热化不会扰乱系统的状态（从而导致展现出经典的行为）。物理上而言，能发生的是附近电场与磁场的涨落作用于离子，导致其运动态随机地在能量本征态之间跃迁。此噪声是几乎不可避免的。技术上而言，由于人们无法用一个完美的电压源来驱动囚禁电极。这个电源总会有一些有限的电阻，而此电阻导致约瑟夫森噪声，其涨落处于离子很敏感的时间尺度。局部小块电极上的电场也有涨落，随机地驱动离子的运动。随着随机性的增加，离子的量子特性就丢失了，且它们的行为变为可用经典统计平均很好地描述。比如，它们的动量与位置可很好地定义，而这对一个量子系统来说不能同时成立。无论如何，实际上大部分技术噪声源都可以被很好地控制住，直到在大部分实验时间内都不会过多地加热囚禁离子或导致退相位。某种程度上，这可行的一个重要原因在于，只要简谐近似成立，囚禁离子对敏感噪声的频率极具选择性。就像原子能级间的跃迁可通过调整辐射到正确的频率而被挑选出来那样，只有那些在 ω_z 附近具有很高功率谱密度的涨落会影响离子。

对离子而言，足够冷也很重要，这样才能让一维简谐近似成立。真实的势阱对于相对势阱中心任意方向大的位移都是非简谐的。且离子相互间运动（而不是整体运动）的高维振动模必然有相对质心运动模更高的能量。当这成立，且离子被冷却到它们的运动基态，它们到下一个高能态的跃迁通过吸收质心运动声子实现；此过程与*穆斯堡尔效应*有关系，其中一个光子被晶体中的原子吸收时不会产生局域的声子，因为整个晶体一起反冲。

离子如何冷却到它们的运动基态？目标是满足 $k_B T \ll \hbar\omega_z$，其中 T 是反映离子动能的温度。本质上而言，这可以利用如下事实而实现，光子不仅携带能量，也带有动量 $p = h/\lambda$，其中 λ 是光的波长。正如驶入的火车汽笛比起驶离的火车汽笛有更高的音高，一个向激光束移动的原子具有比离开的原子稍高一点的跃迁能量。如果激光被调制为只被靠近它的原子吸收，那么原子就被减速了，因为光子往相反的方向撞击它们。这个方法被称为多普勒冷却。照射一个适当调制的激光（它的动量向量分量朝向每个轴）在囚禁原子上，从而能冷却原子到极限 $k_B T \approx \hbar\Gamma/2$，其中 Γ 是用于冷却的跃迁的辐射线宽。要冷却超越此极限，要使用另一个被称为*边带冷却*的方法，如图 7-8 所示。这允许人们达到 $k_B T \ll \hbar\omega_z$ 极限。

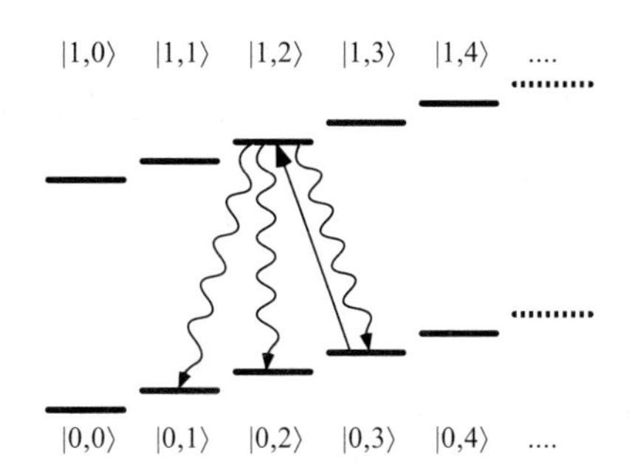

图 7-8　边带冷却方法，展示了 $|0,n\rangle$ 与 $|1,m\rangle$ 之间的跃迁，其中 0 和 1 是两个电子能级，而 n 和 m 是声子能级，代表离子的运动态。激光被调为具有比电子跃迁少一个声子的能量，从而，比如 $|0,3\rangle$ 态跃迁到 $|1,2\rangle$ 态，如图所示。这个原子然后自发地衰减到它的能量 0 态（弯曲线），随机地到达 $|0,1\rangle$，$|0,2\rangle$，或者 $|0,3\rangle$（具有近乎相同的概率）。注意，激光实际导致了从 $|0,n\rangle$ 到 $|1,n-1\rangle$ 所有可能的跃迁，因为它们具有相同的能量。尽管如此，这个过程没涉及 $|0,0\rangle$ 态，那将是原子将会逐渐到达的态

另一个必须满足的判据是势阱中离子振动的线宽需要比入射激光的线宽更窄。这个*兰姆-迪克判据*通常用*兰姆-迪克参数*$\eta = 2\pi z_0/\lambda$ 来表示，而 $z_0 = \sqrt{\hbar/2NM\omega}$ 是势阱中离子间距的特征长度单位。兰姆-迪克判据要求 $\eta \ll 1$；为了让离子阱对量子计算有用，这并不需要被严格地遵守，但是它至少要求 $\eta \approx 1$，以便每个离子能被不同激光分辨，而又不使得它们的运动态难以被光学激发而实现逻辑操作。

原子结构

上面描述离子阱设备的目的是让离子冷却到其振动态足够接近零声子（$|0\rangle$），这是用于计算的一个恰当的初态。类似地，离子的内态也必须被恰当地初始化，于是它们才能用于存储量子信息。现在让我们考虑这些初态是什么，并通过估算其相干寿命来理解它们为什么能成为良好的量子比特载体。

我们要考虑涉及囚禁离子的内部原子态，源自电子自旋 S 与核自旋 I 的组合 $F = S + I$。描述此问题的正式理论——被称为*角动量求和*——不仅描述了用于理解原子结构的重要物理，而且也是量子信息中一个有趣的机制。与一个原子相互作用的单光子可以提供或带走一个单位的角动量，如 7.5.1 节所述。但在原子中有许多可能的角动量源：轨道、电子自旋和核自旋。它从何而来，可由光子能量选择的能级来部分地确定，但除此以外，光子无法区分不同的源。为描述发生了什么，我们必须选择一组基，其中的总角动量是这个量子态一个唯一确定的特性。

比方说，考虑两个 1/2 自旋。这两个量子比特空间的“计算”基矢是 $|00\rangle, |01\rangle, |10\rangle, |11\rangle$，但为了遍及态空间我们需要等间距地选择基矢

$$|0,0\rangle_J = \frac{|01\rangle - |10\rangle}{\sqrt{2}} \tag{7.93}$$

$$|1,-1\rangle_J = |00\rangle \tag{7.94}$$

$$|1,0\rangle_J = \frac{|01\rangle + |10\rangle}{\sqrt{2}} \tag{7.95}$$

$$|1,1\rangle_J = |11\rangle \tag{7.96}$$

这些基矢是特殊的,因为它们是总角动量算子的本征态。总角动量算子通过 $j_x = (X_1 + X_2)/2, j_y = (Y_1 + Y_2)/2, j_z = (Z_1 + Z_2)/2$ 定义，有

$$J^2 = j_x^2 + j_y^2 + j_z^2 \tag{7.97}$$

量子态 $|j, m_j\rangle_J$ 是 J^2 的本征态，具有本征值 $j(j+1)$。它也是 j_z 的共同本征态，本征值为 m_j。这些态是很自然的，通过许多物理的相互作用挑选而来；比方说，在 $\hat{z}$ 方向的磁场下，哈密顿量 μB_z 中的磁矩 μ 正比于总角动量在 $\hat{z}$ 方向上的分量 m_j。

角动量求和的理论是很复杂的，但也是完备的，我们只不过涉及其表面（对于有兴趣的读者，下面提供一些相关的习题，在章末的“背景资料与延伸阅读”部分提供了相关文献指南）。不管怎样，一些涉及量子信息的有趣的观察，已经能从上面的例子中获得。通常，我们认为类似贝尔态（1.3.6 节）的纠缠态是物质的非正常态，因为它们具有奇怪的非局域特性。尽管如此，$|0,0\rangle_J$ 态就是一个贝尔态！为什么自然在这里倾向于这个态？因为对称性，交换两个自旋时磁矩相互作用是不变的。此对称性实际上在自然中广泛地出现，且对实现纠缠测量与操作有可能很有用。

习题 7.25 证明总角动量算子满足 $SU(2)$ 对易关系，也就是 $[j_i, j_k] = \mathrm{i}\epsilon_{ikl} j_l$。

习题 7.26 在 $|j, m_j\rangle_J$ 定义的基下显式地写出 J^2 和 j_z 的 4×4 矩阵，验证 $|j, m_j\rangle_J$ 的性质。

习题 7.27（三体自旋角动量态） 三个 1/2 自旋能结合在一起形成具有总角动量 $j = 1/2$ 和 $j = 3/2$ 的态。证明

$$|3/2, 3/2\rangle = |111\rangle \tag{7.98}$$

$$|3/2, 1/2\rangle = \frac{1}{\sqrt{3}}[|011\rangle + |101\rangle + |110\rangle] \tag{7.99}$$

$$|3/2, -1/2\rangle = \frac{1}{\sqrt{3}}[|100\rangle + |010\rangle + |001\rangle] \tag{7.100}$$

$$|3/2, -3/2\rangle = |000\rangle \tag{7.101}$$

$$|1/2, 1/2\rangle_1 = \frac{1}{\sqrt{2}}[-|001\rangle + |100\rangle] \tag{7.102}$$

$$|1/2, -1/2\rangle_1 = \frac{1}{\sqrt{2}}[|110\rangle - |011\rangle] \tag{7.103}$$

$$|1/2, 1/2\rangle_2 = \frac{1}{\sqrt{6}}[|001\rangle - 2|010\rangle + |100\rangle] \tag{7.104}$$

$$|1/2, -1/2\rangle_2 = \frac{1}{\sqrt{6}}[-|110\rangle + 2|101\rangle - |011\rangle] \tag{7.105}$$

这些态组成了空间的一组基矢，满足 $J^2|j, m_j\rangle = j(j+1)|j, m_j\rangle$ 和 $j_z|j, m_j\rangle = m_j|j, m_j\rangle$，其中 $j_z = (Z_1 + Z_2 + Z_3)/2$（$j_x$ 与 j_y 类似），$J^2 = j_x^2 + j_y^2 + j_z^2$。有很多复杂的办法可以得到此结果，但是直接和暴力的办法是简单地同时对角化 J^2 与 j_z 的 8×8 矩阵。

习题 7.28（超精细态）　我们看一下 7.6.4 节中的铍原子——此时总角动量涉及核自旋 $I = 3/2$ 与电子自旋 $S = 1/2$ 之和，得到 $F = 2$ 或 $F = 1$。对一个自旋 3/2 的粒子，总角动量算子为

$$i_x = \frac{1}{2}\begin{bmatrix} 0 & \sqrt{3} & 0 & 0 \\ \sqrt{3} & 0 & 2 & 0 \\ 0 & 2 & 0 & \sqrt{3} \\ 0 & 0 & \sqrt{3} & 0 \end{bmatrix} \tag{7.106}$$

$$i_y = \frac{1}{2}\begin{bmatrix} 0 & \mathrm{i}\sqrt{3} & 0 & 0 \\ -\mathrm{i}\sqrt{3} & 0 & 2\mathrm{i} & 0 \\ 0 & -2\mathrm{i} & 0 & \mathrm{i}\sqrt{3} \\ 0 & 0 & -\mathrm{i}\sqrt{3} & 0 \end{bmatrix} \tag{7.107}$$

$$i_z = \frac{1}{2}\begin{bmatrix} -3 & 0 & 0 & 0 \\ 0 & -1 & 0 & 0 \\ 0 & 0 & 1 & 0 \\ 0 & 0 & 0 & 3 \end{bmatrix} \tag{7.108}$$

1. 证明 i_x, i_y 和 i_z 满足 $SU(2)$ 的对易规则。
2. 给出 $f_z = i_z \otimes I + I \otimes Z/2$ 的 8×8 矩阵表示（这里 I 代表在相应子空间中的单位算子），给出 f_x，f_y 和 $F^2 = f_x^2 + f_y^2 + f_z^2$ 的类似矩阵表示。同时对角化 f_z 和 F^2，得基矢 $|F, m_F\rangle$，其中 $F^2|F, m_F\rangle = F(F+1)|F, m_F\rangle$，以及 $f_z|F, m_F\rangle = m_F|F, m_F\rangle$。

不同自旋态的叠加态能存在多久？被称为自发辐射的限制过程，当原子从其激发态跃迁到其基态并发射一个光子时就会发生。这会在随机的时间发生，我们将估算其发生速率。看起来自发地发射一个光子似乎是原子做的一件奇怪的事，如果它只是待在自由空间中，没有东西刻意去扰动的话。但是此过程实际上是原子与电磁场耦合后一个非常自然的产物。让我们回忆一下 7.5.2 节，这可由 Jaynes-Cummings 相互作用简单地描述：

$$H_I = g\left(a^\dagger \sigma_- + a\sigma_+\right) \tag{7.109}$$

以前，我们用这个模型描述一个激光与一个原子的相互作用，但是此模型也描述了即使没有光场出现，原子会发生什么。考虑一个原子处于其激发态，与一个单模耦合，模式中含有零个光子，量子态为 $|0, 1\rangle$（采用 $|\text{field, atom}\rangle$）。这不是$H_I$ 的本征态，因而它随着时间演化不会保持静止。

发生的事情由式 (7.77) 中的 U 算子描述，由此我们发现原子衰减到其基态并放出一个光子的概率 $p_{\text{decay}} = |\langle 10|U|01\rangle|^2$。保留原子与场耦合强度 g 的最低阶近似，有

$$p_{\text{decay}} = g^2 \frac{4\sin^2 \frac{1}{2}(\omega - \omega_0)t}{(\omega - \omega_0)^2} \tag{7.110}$$

其中 ω 是光子频率，而 $\hbar\omega_0$ 是原子两个能级之间的能量差。处于自由空间中的一个原子与很多不同的光学模式相互作用；代入耦合

$$g^2 = \frac{\omega_0^2}{2\hbar\omega\epsilon_0 c^2}|\langle 0|\vec{\mu}|1\rangle|^2 \tag{7.111}$$

其中 $\vec{\mu}$ 是原子偶极算子，对所有光学模积分（习题 7.29），再对时间求导数可得每秒钟衰减的概率为

$$\gamma_{\text{rad}} = \frac{\omega_0^3|\langle 0|\vec{\mu}|1\rangle|^2}{3\pi\hbar\epsilon_0 c^5} \tag{7.112}$$

如果我们用近似 $|\langle 0|\vec{\mu}|1\rangle| \approx \mu_{\text{B}} \approx 9\times 10^{-24}\text{J/T}$，即为玻尔磁子，同时假设 $\omega_0/2\pi \approx 10\,\text{GHz}$，于是有 $\gamma_{\text{rad}} \approx 10^{-15}\,\text{sec}^{-1}$，即每 3 000 000 年才发生不到一次衰减。此计算是已经完成的估算原子态寿命的代表；且可以看到，超精细能级从理论上而言具有极长的相干时间，这通常与实验是一致的，其中已观察到的寿命从几十秒钟到几十小时。

习题 7.29（自发辐射） 自发辐射率式 (7.112) 可以通过如下步骤从式 (7.110) 和式 (7.111) 推导出来：

1. 求积分
$$\frac{1}{(2\pi c)^3}\frac{8\pi}{3}\int_0^{\infty}\omega^2 p_{\text{decay}}\,\text{d}\omega \tag{7.113}$$
其中 $8\pi/3$ 来自于对偏振求和，以及对整个立体角 $\text{d}\Omega$ 的积分，而 $\omega^2/(2\pi c)^3$ 来自于三维空间中的模式密度。（提示：你也许想要把积分的下线延拓到 $-\infty$。）
2. 将结果对 t 求微分，从而得到 γ_{rad}。

g^2 的形式是量子电动力学的结果；将此作为出发点，这里展示的余下计算确实仅仅源自 Jaynes-Cummings 相互作用。再一次，我们看到通过对单原子、单光子区域特性的研究，如何告诉我们原子的基本特性，而无须借助微扰理论！

习题 7.30（电子态寿命） 与 γ_{red} 类似的计算也可用于估算电子跃迁的预期寿命，也就是那些涉及能级变化 $\Delta n \neq 0$ 的跃迁。对此跃迁，相关的相互作用耦合原子的电偶极矩与电磁场，有

$$g_{\text{ed}}^2 = \frac{\omega_0^2}{2\hbar\omega\epsilon_0}|\langle 0|\vec{\mu}_{\text{ed}}|1\rangle|^2 \tag{7.114}$$

由此可得自发辐射率

$$\gamma_{\text{red}}^{\text{ed}} = \frac{\omega_0^3|\langle 0|\vec{\mu}_{\text{ed}}|1\rangle|^2}{3\pi\hbar\epsilon_0 c^3} \tag{7.115}$$

求出 $\gamma_{\text{red}}^{\text{ed}}$ 的确切值，令 $|\langle 0|\vec{\mu}_{\text{ed}}|1\rangle| \approx qa_0$，其中 q 是电荷，而 a_0 是玻尔半径，假设 $\omega_0/2\pi \approx 10^{15}\,\text{Hz}$。

通过比较计算结果，求出电子态衰减能比超精细态衰减快多少。

7.6.2　哈密顿量

把前一节中给出的简谐电磁势阱和原子结构的简化模型结合起来，为我们提供了如下用于离子阱量子信息处理器的简化玩具模型。假想一个二能级自旋通过通常的磁偶极相互作用 $H_I = -\vec{\mu}\cdot\vec{B}$ 与一个电磁场相互作用，其中的偶极矩 $\vec{\mu} = \mu_m\vec{S}$ 与自旋算子 S 成正比，而磁场是 $\vec{B} = B_1\hat{x}\cos(kz-\omega t+\varphi)$，$B_1$ 是场强，k 是它沿着 $\hat{z}$ 方向的动量，ω 是其频率，而 φ 是相位。注意在本节中，我们将用 $S_x = X/2, S_y = Y/2, S_z = Z/2$ 作为自旋算子，它们与泡利算子之间差一个因子 2。

在通常的电磁相互作用之外，还有与振动模之间的相互作用。自旋在物理上被囚禁于具有能标 $\hbar\omega_z$ 的简谐势阱中（图 7-9），于是其位置成为量子化的，因而我们必须用一个算子 $z = z_0(a^\dagger + a)$ 来描述它，其中的 $a^\dagger, a$ 分别是粒子振动模的上升与下降算子，代表声子的产生与湮灭。

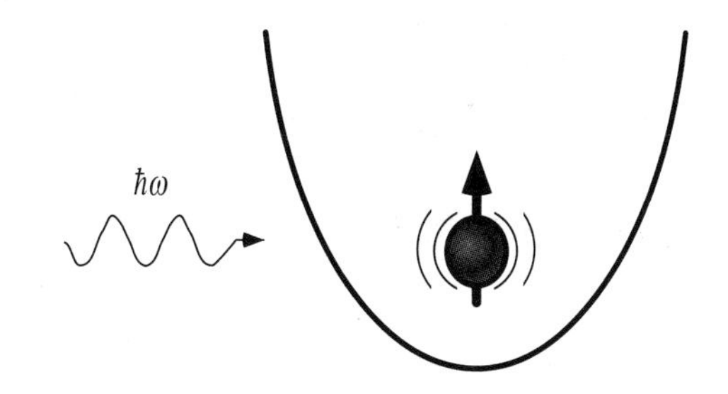

图 7-9　离子阱的玩具模型：单个离子位于简谐势中，含有两个内态，并与电磁辐射相互作用

让我们假设粒子被冷却到其最低振动模附近，在势阱中它的振幅比入射光波长小，也就是兰姆-迪克系数 $\eta \equiv kz_0$ 要很小。定义自旋的拉比频率为 $\Omega = \mu_m B_1/2\hbar$，回忆一下 $S_x = (S_+ + S_-)/2$，我们发现在小 η 近似下哈密顿量可以简化为

$$
\begin{aligned}
H_I &= -\vec{\mu}\cdot\vec{B} && (7.116)\\
&\approx \left[\frac{\hbar\Omega}{2}\left(S_+\mathrm{e}^{\mathrm{i}(\varphi-\omega t)} + S_-\mathrm{e}^{-\mathrm{i}(\varphi-\omega t)}\right)\right] \\
&\quad + \left[\mathrm{i}\frac{\eta\hbar\Omega}{2}\left\{S_+a + S_-a^\dagger + S_+a^\dagger + S_-a\right\}\left(\mathrm{e}^{\mathrm{i}(\varphi-\omega t)} - \mathrm{e}^{-\mathrm{i}(\varphi-\omega t)}\right)\right] && (7.117)
\end{aligned}
$$

如 7.5.2 节所述，括号中的第 1 项来自于通常的 Jaynes-Cummings 哈密顿量，当自旋位置 z 为常数时就会出现。尽管如此，它被简化且不包含光子算子，因为事实证明只要 B_1 是一个强相干态，我们就可以忽略其量子特性，从而为我们保留一个描述内部原子态演化的哈密顿量。实际上很异乎寻常的是，场的一个相干态与一个原子相互作用后，不会变得与它纠缠起来（在极为接近的近似下）；这是一个深刻的结果，你可以通过阅读章末的问题 7.3 来进一步探索它。我们也会在 7.7.2 节讲述共振时触及此事实。

括号中第 2 项描述了粒子振动态与其自旋态的耦合。此耦合源自粒子所感受的磁场依赖于它的位置。大括号中的 4 项对应于 4 个跃迁（两上两下），它们被称为红和蓝边带，见图 7-10 的说明。

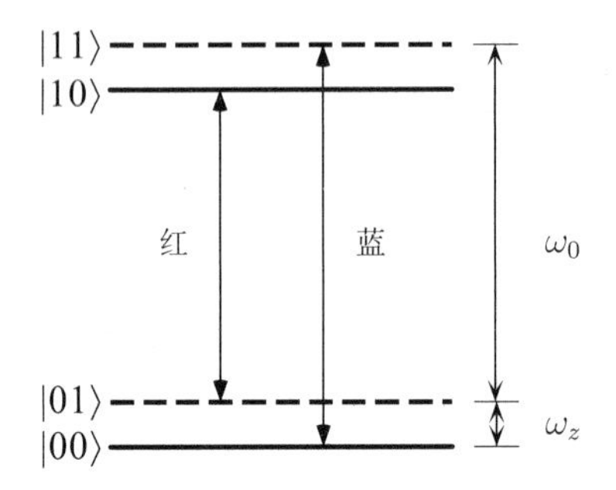

图 7-10 离子阱玩具模型中的能级，展示了红和蓝边带跃迁，对应于产生或湮灭单个声子。有无穷多个额外运动态的阶梯，通常它们并不会参与进来。这些态被标为 $|n,m\rangle$，其中 n 代表自旋态，m 代表声子数

这些边带跃迁为何具有频率 $\omega_0 \pm \omega_z$？可以通过引入自由粒子哈密顿量

$$H_0 = \hbar\omega_0 S_z + \hbar\omega_z a^\dagger a \tag{7.118}$$

而很容易地看出来。它引发自旋与声子算子的演化：

$$S_+(t) = S_+ \mathrm{e}^{\mathrm{i}\omega_0 t} \qquad\qquad S_-(t) = S_- \mathrm{e}^{-\mathrm{i}\omega_0 t} \tag{7.119}$$

$$a^\dagger(t) = a^\dagger \mathrm{e}^{\mathrm{i}\omega_z t} \qquad\qquad a(t) = a\mathrm{e}^{-\mathrm{i}\omega_z t} \tag{7.120}$$

因此在参考系 H_0 下，我们发现 $H_I' = \mathrm{e}^{\mathrm{i}H_0 t/\hbar} H_I \mathrm{e}^{-\mathrm{i}H_0 t/\hbar}$ 中起主要作用的项为

$$H_I' = \begin{cases} \mathrm{i}\frac{\eta\hbar\Omega}{2}\left(S_+ a^\dagger \mathrm{e}^{\mathrm{i}\varphi} - S_- a \mathrm{e}^{-\mathrm{i}\varphi}\right) & \omega = \omega_0 + \omega_z \\ \mathrm{i}\frac{\eta\hbar\Omega}{2}\left(S_+ a \mathrm{e}^{\mathrm{i}\varphi} - S_- a^\dagger \mathrm{e}^{-\mathrm{i}\varphi}\right) & \omega = \omega_0 - \omega_z \end{cases} \tag{7.121}$$

其中电磁场的频率 ω 展示在式子的右边。

把上面的模型从单个自旋推广到 N 个囚禁于同一个简谐势中的自旋是很简单的，如果我们假设它们共享同一个质心振动模式，且质心振动模的能量要远低于系统的其他振动模式。理论的直接推广表明，唯一需要的修正是把 Ω 替换为 $\Omega/\sqrt{N}$，因为所有 N 个粒子一起集体运动。

7.6.3 量子计算

基于离子阱的量子计算需要人们能构建原子内态间任意的酉操作。我们现在展示如何用三步来实现它：（1）如何在内部原子（自旋）态上完成任意的单量子比特操作，（2）在自旋与声子态之间实现两量子比特控制门的方法，（3）在自旋与声子之间交换量子信息的方法。有了这些构建单元，紧接着我们描述一个实验，展示如何实现受控非门，以及态的制备与读出。

单量子比特操作

加上电磁场，调制其频率到 ω_0，从而打开内部哈密顿量

$$H_I^{\text{internal}} = \frac{\hbar\Omega}{2}\left(S_+\mathrm{e}^{\mathrm{i}\varphi} + S_-\mathrm{e}^{-\mathrm{i}\varphi}\right) \tag{7.122}$$

通过恰当地选择 φ 和相互作用的持续时间，这允许我们完成旋转操作 $R_x(\theta) = \exp(-\mathrm{i}\theta S_x)$ 和 $R_y(\theta) = \exp(-\mathrm{i}\theta S_y)$，根据定理 4.1 可知，这能让我们实现对自旋态任意的单量子比特操作。我们用下标标记第 j 个离子的旋转，比如 $R_{xj}(\theta)$。

习题 7.31　通过 R_y 和 R_x 来构建阿达玛门。

控制相位翻转门

现在假定一个量子比特储存在原子的内部自旋态中，另一个量子比特存储于声子的 $|0\rangle$ 和 $|1\rangle$ 态。在此情形下，利用酉操作

$$\begin{bmatrix} 1 & 0 & 0 & 0 \\ 0 & 1 & 0 & 0 \\ 0 & 0 & 1 & 0 \\ 0 & 0 & 0 & -1 \end{bmatrix} \tag{7.123}$$

可以完成一个控制相位翻转门。利用一个具有第三个能级的原子，是最容易解释清楚此过程的，如图 7-11 所示（额外的能级原则上不是必需的，见问题 7.4）。一个激光的频率被调到 $\omega_{\text{aux}} + \omega_z$，从而产生 $|20\rangle$ 与 $|11\rangle$ 之间的跃迁。这会触发具有如下形式的哈密顿量

$$H_{\text{aux}} = \mathrm{i}\frac{\eta\hbar\Omega'}{2}\left(S'_+\mathrm{e}^{\mathrm{i}\varphi} + S'_-\mathrm{e}^{-\mathrm{i}\varphi}\right) \tag{7.124}$$

其中 S'_+ 与 S'_- 代表 $|20\rangle$ 与 $|11\rangle$ 之间的跃迁，我们假定更高阶的振动态没有被占据。注意由于这个频率的单值性，不会有其他跃迁会被激发。我们施加特定相位与持续时间的激光来完成一个 2π 的脉冲，也就是在 $|11\rangle$ 与 $|20\rangle$ 张开的空间中旋转 $R_x(2\pi)$，它也就是酉变换 $|11\rangle \to -|11\rangle$。所有其他的态都保持不变，假定其他不需要的态诸如 $|1,2\rangle$ 都没有概率幅。这实现了式 (7.123) 所要的变换。我们将把这个门写为 $C_j(Z)$（代表一个控制 Z 操作），这里的 j 代表那个被施加了逻辑门的离子。注意同一个声子被所有的离子共享，因为它是质心声子；因此，用工程系的术语，在文献中它被称为声子“总线”量子比特。

交换门

最后，我们需要一些方法来交换原子内部自旋态与声子态的量子比特。通过调整激光频率到 $\omega_0 - \omega_z$，并设定相位让我们在 $|01\rangle$ 与 $|10\rangle$ 张开的子空间中完成 $R_y(\theta)$ 旋转，可以实现它。这不

过是在 $|00\rangle, |01\rangle, |10\rangle, |11\rangle$ 空间中的酉操作

$$\begin{bmatrix} 1 & 0 & 0 & 0 \\ 0 & 0 & 1 & 0 \\ 0 & -1 & 0 & 0 \\ 0 & 0 & 0 & 1 \end{bmatrix} \tag{7.125}$$

如果初始态为 $a|00\rangle + b|10\rangle$（也就是声子初始化到 $|0\rangle$），在交换之后的态是 $a|00\rangle + b|01\rangle$，那么这样就完成了所需要的交换操作。当作用在离子 j 时，我们把它写为 SWAP_j；逆操作 $\overline{\text{SWAP}}_j$ 对应于 $R_y(-\pi)$。技术上而言，由于在 $R_y(\pi)$ 中矩阵元 $|10\rangle\langle 01|$ 前面的负号，这不是一个完美的交换操作，但是加上一个相对相位后它等价于交换操作（见习题 4.26）。因此，这有时候也被记为一次"映射操作"，而不是一次交换。

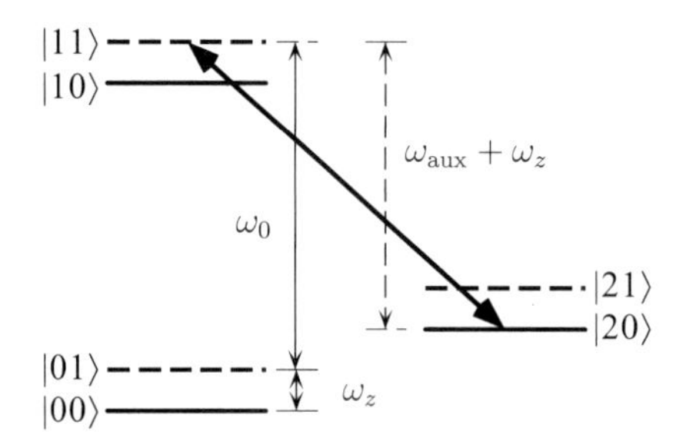

图 7-11　离子阱中原子的 3 个能级，每个能级伴随两个声子态。标记 $|n,m\rangle$ 代表原子态 n，声子态 m。$|20\rangle \leftrightarrow |11\rangle$ 跃迁被用于实现控制相位翻转门

受控非门

把这些门放到一起，使用如下操作序列，我们可以构建一个作用在离子 j（控制）和 k（目标）上的受控非门。

$$\text{CNOT}_{jk} = H_k \overline{\text{SWAP}}_k C_j(Z) \text{SWAP}_k H_k \tag{7.126}$$

（时间从右向左，如通常对矩阵那样）其中 H_k 是阿达玛门（通过对离子 k 施加 R_y 与 R_x 操作而实现）。这与用分束器和光学克尔介质构建受控非门的方法很类似，如式 (7.46) 所示。

7.6.4　实验

使用单个囚禁离子的受控非门已经展示过了（见章末的"背景资料与延伸阅读"）；讲讲此实验如何精确地完成，是很有启发性的。实验中，单个 $^9\text{Be}^+$ 离子被束缚在一个同轴谐振空腔射频离子阱中。它几何上与图 7-7 中的线性离子阱不同，但是功能上等价，与图 7-12 所示实际离子阱的照片类似。铍被选中是因为它具有适当的超精细与电子能级结构，如图 7-13 所示。$^2\text{S}_{1/2}(1,1)$ 与 $^2\text{S}_{1/2}(2,2)$ 能级（习题 7.28）被用于原子的内部量子比特态，而 $|0\rangle$ 与 $|1\rangle$ 被作为另外一个量子比特（在图中被记为 $n=0$ 和 $n=1$）。$^2\text{S}_{1/2}(1,1)$ 与 $^2\text{S}_{1/2}(2,2)$ 能级之间 $\approx 313\text{nm}$ 的跃迁不是通过调节单束激光匹配跃迁频率，而是要两束激光的频率差等于那个跃迁。这个拉曼跃迁方法简化了

激光相位稳定性的要求。$^2\mathrm{S}_{1/2}(2,0)$ 态被用作辅助能级；由于系统被施加了 0.18 mT 磁场，$^2\mathrm{S}_{1/2}$ 态具有不同的能量。囚禁离子在势阱中具有振动频率 $(\omega_x,\omega_y,\omega_z)/2\pi=(11.2,18.2,29.8)\mathrm{MHz}$，且基态 $n_x=0$ 的波函数展开大约为 7nm，相应的的兰姆-迪克系数约为 $\eta_x=0.2$。共振跃迁的拉比频率为 $\Omega/2\pi=140\,\mathrm{kHz}$，两运动边带拉比频率为 $\eta_x\Omega/2\pi=30\,\mathrm{kHz}$，辅助跃迁拉比频率为 $\eta_x\Omega'/2\pi=12\,\mathrm{kHz}$。

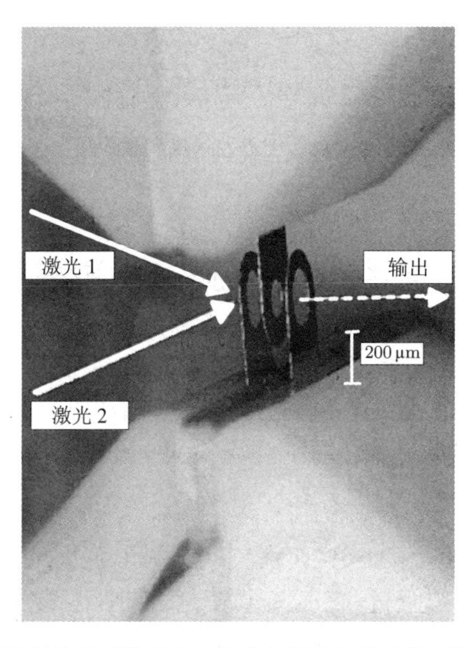

图 7-12　一个微加工出来的椭圆电极离子阱照片，其中有离子被囚禁着。这个阱中的离子是铍，但是基本的原理与文中描述的是一样的。经 IBM Almaden 研究中心的 R. Devoe 和 C. Kurtsiefer 授权使用

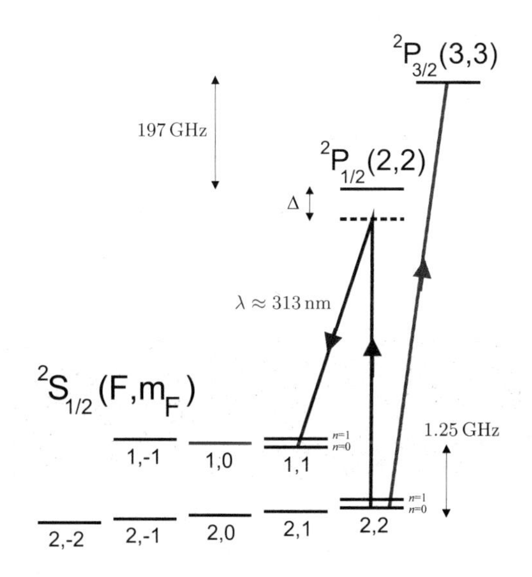

图 7-13　离子阱实验中使用的$^9\mathrm{Be}^+$ 的能级图。此图承蒙美国国家标准局 C. Monroe 惠赐

利用多普勒与边带冷却，离子态以大约 95% 的概率被初始化到态 $|00\rangle=|^2\mathrm{S}_{1/2}(2,2)\rangle|n_x=$

$0\rangle$。然后离子的内态与运动态通过单比特操作被制备到 4 组基 $|00\rangle, |01\rangle, |10\rangle$ 或 $|11\rangle$。接着用 3 个脉冲施加一个受控非门，即要完成一个对内态量子比特的 $R_y(\pi/2)$ 旋转，一个两量子比特之间的控制 Z 操作，然后是一个对内态量子比特的 $R_y(-\pi/2)$ 旋转。很容易证明（习题 7.32）图 7-14 所示电路实现了一个受控非门。

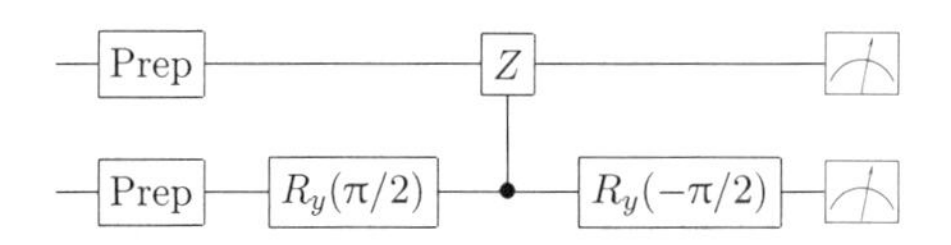

图 7-14　代表离子阱受控非门实验的量子电路。上面的线代表声子态，而下面的线代表离子内部超精细态

通过两个测量完成对计算输出的读出。第一个是收集离子的荧光，当调制 + 圆偏振光使 ${}^2\mathrm{S}_{1/2}(2,2) -{}^2\mathrm{P}_{3/2}(3,3)$ “循环” 跃迁适用时就会出荧光。光不会明显地与 ${}^2S_{1/2}(1,1)$ 态耦合，因此观察到的荧光强度与内态量子比特处于 $|0\rangle$ 态的概率成正比；这是一个投影测量。此测量技术很强大，因为跃迁循环很多次——离子吸收一个光子，跃迁到 ${}^2\mathrm{P}_{3/2}(3,3)$ 态，然后放出一个光子，衰减回到它起始的 ${}^2\mathrm{S}_{1/2}(2,2)$ 态。几千次或更多循环是可能出现的，允许累积够好的统计。第二个测量与第一个类似，但是首先要加上一个交换脉冲来交换运动与内部态量子比特；从而投影测量了运动态量子比特。

完成的实验验证了受控非操作的经典真值表，且原则上通过制备输入态的量子叠加和测量输出的密度矩阵，酉操作可以完全通过过程层析（第 8 章）刻画。参照实验中用的光功率，受控非门需要大约 50 微秒来完成。另外一边，测得的相干时间大约在几百到几千微秒之间。主要的退相干机制包括激光功率和离子阱射频驱动频率与电压幅值的不稳定，以及涨落的外磁场。不仅如此，实验只涉及单个离子和两个量子比特，因而对计算无用；为了有用，受控非门一般应该施加于不同的离子之间，而不是只在单离子与运动态之间。

尽管如此，技术的限制是有望被克服的，而延长相干时间，可以通过间歇地使用短寿命的运动态，从而主要利用更长相干时间的内部原子态而实现。而扩展到更大数目的离子从概念上是可行的。图 7-15 所示是 40 个囚禁的汞离子组成的链。要此系统对于量子信息处理机器有用，存在大量的障碍，但是技术上的意外发现是一个从不终结的传说。某天，类似这样的离子阱有可能可以成为一台量子计算机中量子比特的寄存器。

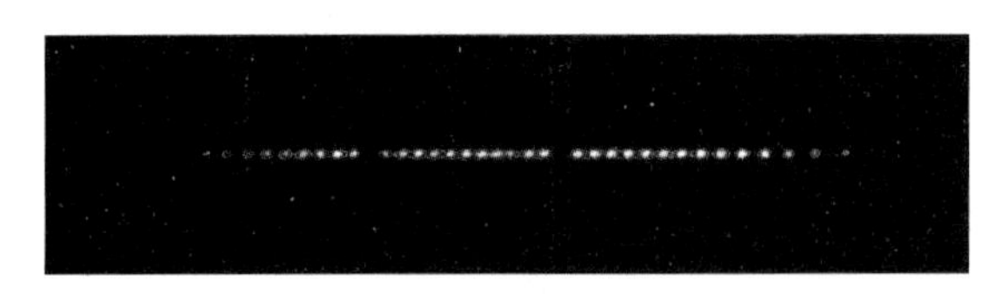

图 7-15　来自约 40 个囚禁汞（${}^{199}\mathrm{Hg}^+$）原子离子的荧光的图片。离子间距大约为 15 微米，而两个明显的间隙是汞离子的不同同位素，它们对探测激光不响应。蒙美国国家标准局的 D. Wineland 允许复印

习题 7.32　证明图 7-14 中的电路等价于一个受控非门（加上相对相位）用声子态作为控制量子比特。

离子阱量子计算机

- **量子比特表示**：原子的超精细（核自旋）态，以及囚禁原子的最低振动模（声子）能级。
- **酉演化**：任意操作可以通过应用激光脉冲来构建，它能从外部利用 Jaynes-Cummings 相互作用来操控原子态。量子比特与共享的声子态相互作用。
- **初态制备**：冷却原子（通过囚禁和使用光泵浦）到其运动基态，以及超精细能级基态。
- **缺陷**：声子寿命很短，且离子很难制备到其运动基态上。

7.7 核磁共振

如果自旋-自旋相互作用很大且可控，核自旋系统对量子计算而言将是近乎理想的；这是我们从上一节离子阱研究得到的一个重要观察。离子阱量子计算机的主要缺陷是传导自旋-自旋耦合技术的声子的脆弱，以及它对退相干的敏感性。一种避免此局限的方法是囚禁分子而不是离子——磁偶极与电子传递的相邻原子核之间的费米接触耦合将提供很强的天然耦合。尽管如此，由于它们有很多振动模式，单个分子很难被囚禁与冷却，因此除非在特殊环境下光操控与测量囚禁分子中的核自旋，否则并不可行。

另一方面，通过射频电磁波直接操控和测量核自旋是一个发展完备的领域，被称为核磁共振（NMR）。此技术被广泛应用于化学，比方说，用来测量液体、固体和气体的特性，确定分子的结构，以及对材料乃至生物系统成像。这样多的应用引领着 NMR 技术变得非常精细，允许对实验中的几十到几百，乃至几千个原子核进行控制和观察。

尽管如此，使用 NMR 做量子计算时出现了两个问题。首先，由于核磁矩很小，必须使用大量（大于 10^8）的分子，以产生可观测的感应信号。从概念上而言，单个分子可以是一个很好的量子计算机，但对分子系综来说如何实现呢？特别地，一次 NMR 测量的输出是对所有分子信号的平均；量子计算机系综的平均输出能有意义吗？其次，NMR 通常被用于室温下处于平衡态的物理系统，其自旋能量 $\hbar\omega$ 远低于 k_BT。这意味着初始时自旋是近乎完全随机的。传统的量子计算要求系统被制备到一个纯态；量子计算如何才能在一个具有巨大熵的混态中完成呢？

对这两个问题的解答，使得 NMR 成为一个对实现量子计算极有吸引力与启发效应的方法，尽管通常系统的热特性带来了极为严格的限制。从 NMR 能学到很多：比方说，用于控制实际哈密顿量完成任意酉变换的技术，标度和补偿退相干（以及系统误差）的方法，以及把组件合起来以实现整个系统的完整量子算法所要考虑的问题等。我们先描述物理装置和主要涉及的哈密顿量，然后讨论尽管有热输入态和系综的问题，利用 NMR 如何才能实现量子信息处理，最后以一些展示量子算法的实验，以及此方法的缺陷作为结尾。

7.7.1 物理装置

让我们先从装置的一般描述开始，它的运转方式随后将进行详细地数学建模。处理液态样品的脉冲式 NMR 系统的两个主要部分是样品与 NMR 谱仪，我们将会聚焦于此。能使用的一个典

型分子将包含数目 n 的中子，其自旋为 1/2（其他可能的原子核包括 ^{13}C,^{19}F,^{15}N, 及 ^{31}P），当放置于大约 11.7 T 的磁场中时会产生 500MHz 的 NMR 信号。由于化学环境屏蔽效应导致局域磁场的不同，分子中不同原子核的频率可以有几 kHz 到几百 kHz 的差异。分子通常溶解于溶剂中，降低浓度直到分子间的相互作用变得可以忽略，让系统可被很好地描述为一个 n 量子比特量子“计算机”的系综。

谱仪自身由射频（RF）电子与一块大超导磁体构成，其中有一个洞，用于放置由玻璃管装载的样品，如图 7-16 所示。其中 $\hat{z}$ 方向静磁场 B_0 被很仔细地调整到在 1 cm^3 范围内的差异小于 10^9 分之一。正交的鞍形或亥姆霍兹线圈放在纵平面，使得弱振荡磁场能施加到 $\hat{x}$ 和 $\hat{y}$ 方向。这些场能快速地脉冲式打开和关闭，用于操控核自旋态。同样的线圈也是调控电路的一部分，可用于提取由原子核进动产生的 RF 信号（很类似于一个旋转磁铁在附近的线圈中感应产生另一个电流）。

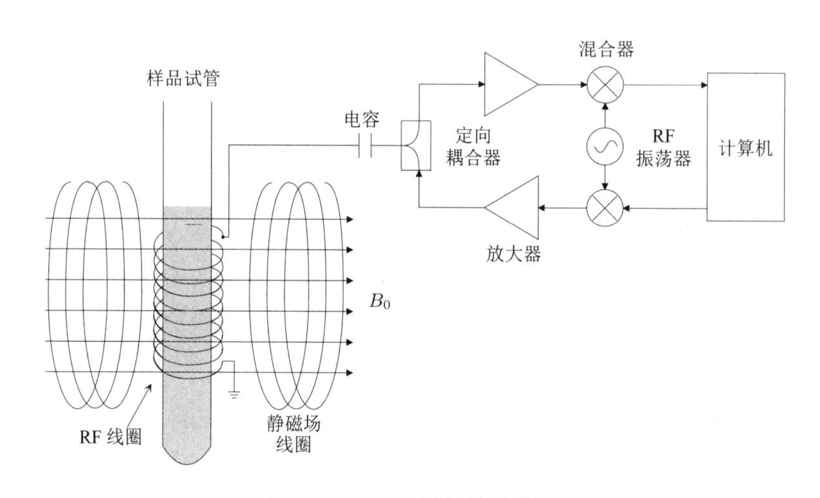

图 7-16　NMR 设备的示意图

一个典型的实验从长周期的等待开始，这样原子核才会热化到平衡态；这对一个配好的液体样品来说有可能需要好几分钟。在一个（经典）计算机的控制下，然后会加上 RF 脉冲来影响原子核的状态产生所需要的变换。高功率放大器接下来会很快地关闭，然后一个敏感的预放大器打开，用于测量自旋的末态。这个输出，被称为*自由感应衰减*，是傅里叶变换后得到的一个频域谱，其中峰的区域是自旋态的函数（图 7-17）。

有很多重要的实际问题导致观测不完美。比如，静磁场的空间不均匀性导致不同部分的原子核有不同的进动频率。这导致了谱线的展宽。一个更具挑战性的问题是 RF 场的均一性。RF 场由线圈产生，且必须与 B_0 磁铁垂直；这个几何上的限制及同时要求满足 B_0 高度的均一性，通常会迫使 RF 场不均匀且由一个小线圈产生，这导致对原子核系统的不完美控制。此外，脉冲时间和功率、相位与频率的稳定性都是重要的问题。尽管如此，与离子阱不同，由于频率更低，对这些参数的良好控制更容易达到。在理解了系统的基本数学描述和使用 NMR 完成量子信息处理的整套方法后，在 7.7.4 节，我们会返回来讨论缺点。

7.7.2　哈密顿量

NMR 的基本理论可以通过有一个和两个自旋的理想模型来理解，我们将会在这里描述它。第一步是描述电磁辐射如何与一个核自旋作用。我们然后考虑分子中自旋之间耦合的物理本质。这些工具让我们能够对磁化输出进行建模，这是对处于热平衡态的初态进行变换之后的结果。最后我们描述一个唯象的退相干模型，以及如何通过实验确定其 T_1 和 T_2。

单自旋动力学

一个经典电磁场与一个二能级自旋的磁相互作用由哈密顿量 $H=-\vec{\mu}\cdot\vec{B}$ 描述，其中 $\vec{\mu}$ 是自旋，而 $\vec{B}=B_0\hat{z}+B_1(\hat{x}\cos\omega t+\hat{y}\sin\omega t)$ 是所施加的一个典型的磁场。B_0 是不变的且非常大，而 B_1 通常随时间变化且比 B_0 的强度小几个量级，因此通常会用微扰理论来研究这个系统。尽管如此，利用第 2 章的泡利矩阵技巧，此系统的薛定谔方程可以直接求解，无需微扰理论。用此技巧哈密顿量可以写为

$$H=\frac{\omega_0}{2}Z+g(X\cos\omega t+Y\sin\omega t) \tag{7.127}$$

其中 g 与 B_1 场的强度有关，而 ω_0 与 B_0 有关，X,Y,Z 是通常的泡利矩阵。定义 $|\varphi(t)\rangle=\mathrm{e}^{\mathrm{i}\omega tZ/2}|\chi(t)\rangle$，于是薛定谔方程

$$\mathrm{i}\partial_t|\chi(t)\rangle=H|\chi(t)\rangle \tag{7.128}$$

可以被重新表述为

$$\mathrm{i}\partial_t|\varphi(t)\rangle=\left[\mathrm{e}^{\mathrm{i}\omega Zt/2}H\mathrm{e}^{-\mathrm{i}\omega Zt/2}-\frac{\omega}{2}Z\right]|\varphi(t)\rangle \tag{7.129}$$

由于

$$\mathrm{e}^{\mathrm{i}\omega Zt/2}X\mathrm{e}^{-\mathrm{i}\omega Zt/2}=(X\cos\omega t-Y\sin\omega t) \tag{7.130}$$

式 (7.129) 简化后变为

$$\mathrm{i}\partial_t|\varphi(t)\rangle=\left[\frac{\omega_0-\omega}{2}Z+gX\right]|\varphi(t)\rangle \tag{7.131}$$

其中右边与态相乘的那些项可以被看作是有效的“旋转坐标系”哈密顿量。此方程的解为

$$|\varphi(t)\rangle=\mathrm{e}^{\mathrm{i}\left[\frac{\omega_0-\omega}{2}Z+gX\right]t}|\varphi(0)\rangle \tag{7.132}$$

这个解的行为中出现了共振的概念，可参照式 (4.8) 来理解，即单个自旋绕着轴

$$\hat{n}=\frac{\hat{z}+\frac{2g}{\omega_0-\omega}\hat{x}}{\sqrt{1+\left(\frac{2g}{\omega_0-\omega}\right)^2}} \tag{7.133}$$

旋转，角度为

$$|\vec{n}|=t\sqrt{\left(\frac{\omega_0-\omega}{2}\right)^2+g^2} \tag{7.134}$$

当 ω 远离 ω_0 时，自旋受 B_1 场的影响可以忽略；它的旋转轴近乎与 $\hat{z}$ 平行，且时间演化近乎严格等于 B_0 磁场下的自由演化。另一方面，当 $\omega \approx \omega_0$ 时，B_0 的贡献变得可以忽略，而小的 B_1 场能对态产生巨大的改变，对应于绕着 $\hat{x}$ 轴的旋转。当调整到合适的频率时，微小扰动能对自旋系统产生巨大的效应，这就对应着核磁共振中的"共振"。当然，同样的效应，也是在 7.5.1 节中使用的（但是未曾解释的）、经过特殊调制的激光场对二能级原子选择性的核心。

一般来说，当 $\omega = \omega_0$，单自旋旋转坐标哈密顿量可以被写为

$$H = g_1(t)X + g_2(t)Y \tag{7.135}$$

其中 g_1 和 g_2 是所施加横向 RF 场的函数。

习题 7.33（*磁共振*） 证明式 (7.128) 化简之后变为式 (7.129)。什么样的实验室坐标哈密顿量能够产生旋波坐标哈密顿量式 (7.135) 呢？

习题 7.34（*NRM 频率*） 从原子玻尔磁子开始，计算在 11.8 T 磁场下一个中子的进动频率。为了在 10 毫秒内实现 90° 的旋转，需要加多大的磁场 B_1？

自旋-自旋耦合

通常感兴趣的系统中会有不止一个自旋出现；${}^1H, {}^{13}C, {}^{19}F$, 和 ${}^{15}N$ 都有 1/2 核自旋。这些自旋间相互作用主要通过两种机制：直接的偶极耦合，以及通过成键电子中介的间接相互作用。通过空间的偶极耦合由如下形式的相互作用哈密顿描述：

$$H_{1,2}^{\mathrm{D}} = \frac{\gamma_1\gamma_2\hbar}{4r^3}\left[\vec{\sigma}_1 \cdot \vec{\sigma}_2 - 3\left(\vec{\sigma}_1 \cdot \hat{n}\right)\left(\vec{\sigma}_2 \cdot \hat{n}\right)\right] \tag{7.136}$$

其中 $\hat{n}$ 是沿两个核方向的的单位向量，而 $\vec{\sigma}$ 是磁矩向量（乘以 2）。在低黏性液体中，偶极相互作用会迅速被平均掉；数学上而言，通过证明 $H_{1,2}^{\mathrm{D}}$ 对 $\hat{n}$ 的球面平均值为零可算出这一点，因为求平均相比偶极相互作用的能标而言更快。

成键相互作用——也被称为"J 耦合"——是通过化学键共享的电子中介的间接相互作用；一个原子核看到的磁场被其电子云的状态所扰动，通过电子波函数与原子核的重叠（费米接触相互作用）又与另一个原子核相互作用。这个耦合具有的形式为

$$H_{1,2}^{J} = \frac{\hbar J}{4}\vec{\sigma}_1 \cdot \vec{\sigma}_2 = \frac{\hbar J}{4} Z_1 Z_2 + \frac{\hbar J}{8}\left[\sigma_+\sigma_- + \sigma_-\sigma_+\right] \tag{7.137}$$

我们将对 J 是标量的情况有兴趣（通常它是张量）：在液体中且当耦合很弱，或者相互作用的原子核有极为不同的进动频率时，这是一个极好的近似。这种情况可以被描述为

$$H_{12}^{J} \approx \frac{\hbar}{4} J Z_1 Z_2 \tag{7.138}$$

习题 7.35（*动生变窄*） 证明 $H_{1,3}^{\mathrm{D}}$ 对于 $\hat{n}$ 的球面平均为零。

热平衡

NMR 与我们之前在本章研究过的其他物理系统最重要的不同在于它使用一个系综系统，且主要的测量是一个系综平均。不仅如此，不需要复杂的程序把初态制备到特殊的初态，比如说基态上；实际上，用现有技术做到这一点是很有挑战性的。

与之相反，初态是一个热平衡态，

$$\rho = \frac{\mathrm{e}^{-\beta H}}{\mathcal{Z}} \tag{7.139}$$

其中 $\beta = 1/k_{\mathrm{B}}T$，而 $\mathcal{Z} = \mathrm{tr}\,\mathrm{e}^{-\beta H}$ 是通常的配分归一化函数，用以确保 $\mathrm{tr}(\rho) = 1$。由于在室温与适当的磁场下，对典型的原子核 $\beta \approx 10^{-4}$，因此高温近似

$$\rho \approx 2^{-n}[1 - \beta H] \tag{7.140}$$

对于一个 n 自旋的系统而言是恰当的。

既然自旋-自旋耦合相比进动频率来说很小，密度矩阵的热态就非常靠近 Z 基矢下的单位矩阵，且因此它可以被理解为处于一组纯态 $|00\cdots 0\rangle, |00\cdots 01\rangle, \cdots, |11\cdots 1\rangle$ 的混合。什么才是每个系综成员的真正物理态，这是个有争议的问题，因为对一个给定的密度矩阵，存在无数种展开方式。原理上而言，如果系综成员（单独的分子）能被触及，用 NMR 可测量真正的物理态，但这在实验上极难实现。

习题 7.36（NMR 态的热平衡）　当 $n = 1$ 时，证明热平衡态为

$$\rho \approx 1 - \frac{\hbar\omega}{2k_{\mathrm{B}}T}\begin{bmatrix} 1 & 0 \\ 0 & -1 \end{bmatrix} \tag{7.141}$$

而当 $n = 2$（且 $\omega_A \approx 4\omega_B$）时，

$$\rho \approx 1 - \frac{\hbar\omega_B}{4k_{\mathrm{B}}T}\begin{bmatrix} 5 & 0 & 0 & 0 \\ 0 & 3 & 0 & 0 \\ 0 & 0 & -3 & 0 \\ 0 & 0 & 0 & -5 \end{bmatrix} \tag{7.142}$$

磁化读出

实验的主要输出是自由感生衰减信号，数学上写为

$$V(t) = V_0\,\mathrm{tr}\left[\mathrm{e}^{-\mathrm{i}Ht}\rho\mathrm{e}^{\mathrm{i}Ht}\left(\mathrm{i}X_k + Y_k\right)\right] \tag{7.143}$$

其中 X_k 和 Y_k 只作用于第 k 个自旋，V_0 是一个常数因子，依赖于线圈几何、品质因数和从样品空间通过的最大磁通。此信号来自于在 $\hat{x}-\hat{y}$ 平面上探测样品磁化的提取线圈。在实验室坐标系，此信号将以与原子核进动频率 ω_0 相等的频率振荡；但是，$V(t)$ 通常会与一个被锁定在 ω_0 处的

振子混合，然后再做傅里叶变换，如此一来的最终信号如图 7-17 所示。

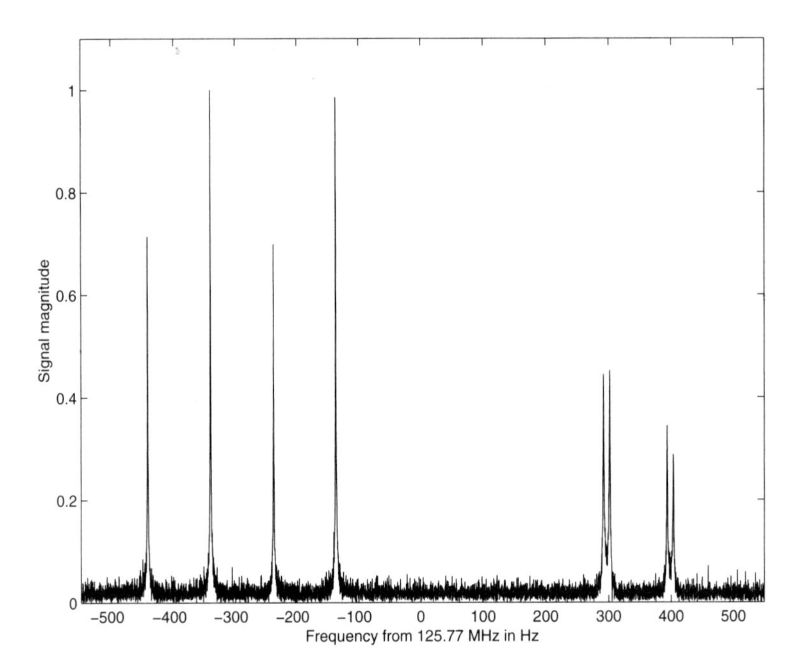

图 7-17　用[13]C 标记的三氯乙烯的碳谱。左边的 4 条线来自于碳原子核直接束缚的质子；右边出现 4 条线是因为与质子和第二个碳原子核的耦合，它自己的信号导致了右边 4 条紧密排列的谱线。第二个碳原子核距离第一个的质子更远，因此与它的耦合小得多

习题 7.37（耦合自旋的 NMR 谱）　当 $H = JZ_1Z_2$，且 $\rho = \mathrm{e}^{\mathrm{i}\pi Y_1/4}\frac{1}{4}\left[1 - \beta\hbar\omega_0\left(Z_1 + Z_2\right)\right]\mathrm{e}^{-\mathrm{i}\pi Y_1/4}$ 时，计算 $V(t)$。如果哈密顿量为 $H = JZ_1\left(Z_2 + Z_3 + Z_4\right)$，第一个自旋的谱中将有多少条线（从类似的初态密度矩阵开始），以及它们的相对振幅是多少？

退相干

自由感应衰减的一个突出特性是磁化率信号的指数衰减，对它的描述已经超出这里介绍的 NMR 的简单模型。其中的一个原因是静磁场的非均匀性，这导致了样品中一部分自旋进动的相位与另一部分的相位不同步。非均匀性导致的效应原则上是可逆的，但是还有其他相位随机的源头原则上不可逆，比方说那些来自自旋-自旋耦合的。另一个不可逆的机制是自旋热化到其环境温度的平衡态，这是一个涉及能量交换的过程。对一个量子比特态而言，这些效应可以唯象地用一个密度矩阵变换模型来描述：

$$\begin{bmatrix} a & b \\ b^* & 1-a \end{bmatrix} \to \begin{bmatrix} \left(a - a_0\right)\mathrm{e}^{-t/T_1} + a_0 & b\mathrm{e}^{-t/T_2} \\ b^*\mathrm{e}^{-t/T_2} & \left(a_0 - a\right)\mathrm{e}^{-t/T_1} + 1 - a_0 \end{bmatrix} \tag{7.144}$$

其中 T_1 和 T_2 分别被称为自旋-晶格（或“横向”）和自旋-自旋（或“纵向”）弛豫率，而 a_0 代表热平衡态。它们给非平衡经典与量子叠加态的寿命定义了重要的时间尺度。计算 NMR 系统中 T_1 和 T_2 的理论工具已经发展得很好，且实际上，对这些弛豫率的测量在 NMR 中扮演了很重要的角色，用以区别不同的化学组分。

测量 T_1 和 T_2 的实验方法在 NMR 中是众所周知的。令 $R_x = \mathrm{e}^{-\mathrm{i}\pi X/4}$ 为一个绕 $\hat{x}$ 轴转 90° 的脉冲。为了测量 T_1，施加 R_x^2，等待时间 τ，然后再加 R_x。第一个脉冲旋转了自旋 180°，然后自旋向平衡态弛豫时间 τ（这可以可视化为布洛赫矢量向布洛赫球的顶上，即基态收缩），然后最终的 90° 脉冲把磁化放入 $\hat{x}-\hat{y}$ 平面，在那里它被探测。通过这个翻转-恢复实验测出的磁化率 M 被发现随 τ 指数衰减 $M = M_0\left[1-2\exp\left(-\tau/T_1\right)\right]$。为了测量 T_2，在一阶近似下人们可以简单地测量峰的线宽。更好的办法——Carr-Purcell-Meiboom-Gill 技术——是施加一个 R_x 操作，伴随着 k 次反复“等待 $\tau/2$，施加 R_x^2，等待 $\tau/2$，施加 R_x^2”。这一系列 180° 脉冲使得耦合“重聚焦”（7.7.3 节），并部分地抵消了 B_0 场的非均匀性，因此人们能更好地估算系统真实的 T_2。观察到的磁化率衰减为 $M = M_0\mathrm{e}^{-k\tau/T_2}$。

多自旋哈密顿量

综合我们对 NMR 哈密顿量的讨论，可以写出 n 个相互耦合的自旋系统的 H 为

$$H = \sum_k \omega_k Z_k + \sum_{j,k} H_{j,k}^J + H^{\mathrm{RF}} + \sum_{j,k} H_{j,k}^{\mathrm{D}} + H^{\mathrm{env}} \tag{7.145}$$

其中第一项是自旋在环境磁场下的自由进动，H^{D} 是式 (7.136) 中的磁矩耦合，H^J 是式 (7.137) 中的“J”耦合，H^{RF} 描述了式 (7.135) 中外部施加的射频磁场效应，而 H^{env} 描述了与环境的耦合，会导致退相干，像式 (7.144) 那样。

为了能理解这个哈密顿量如何才能被操控的基本原理，我们发现在下面的大部分讨论中考虑简化的哈密顿量就够了：

$$H = \sum_k \omega_k Z_k + \sum_{j,k} Z_j \otimes Z_k + \sum_k g_k^x(t) X_k + g_k^y(t) Y_k \tag{7.146}$$

对更一般的式 (7.145) 的处理也遵循类似的想法。

7.7.3　量子计算

量子信息处理需要对一个制备到适当初态的系统实现酉演化。目前系统中出现了三个问题：首先，如何在由式 (7.146) 哈密顿量所描述的 n 个耦合自旋系统中实现任意的酉变换？其次，NMR 系统的热态式 (7.140) 如何才能用作计算的合适初态？第三，前 3 章我们研究的量子算法需要用投影测量来获得输出结果，但是用 NMR 我们只能很容易地完成系综平均测量。我们如何才能处理这个系综读出问题？我们在本节回答此问题。

重聚焦

在完成任意酉变换时用形如式 (7.146) 的哈密顿量所能实现的也许最有趣的一个技术是重聚焦，这在 NMR 的技术中是众所周知的。考虑一个简单的两自旋哈密顿量 $H = H^{\mathrm{sys}} + H^{\mathrm{RF}}$，其中

$$H^{\rm sys} = aZ_1 + bZ_2 + cZ_1Z_2 \tag{7.147}$$

如 7.7.2 节所示，当一个大的 RF 场被施以恰当的频率时，在很好的近似下，我们可以近似写出

$$e^{-iHt/\hbar} \approx e^{-iH^{\rm RF}t/\hbar} \tag{7.148}$$

这允许以完美的保真度实现任意的单量子比特操作。让我们定义

$$R_{x1} = e^{-i\pi X_1/4} \tag{7.149}$$

为一个对自旋 1 沿着 $\hat{x}$ 轴的 90° 旋转，对自旋 2 也有类似的定义。180° 旋转 R_{x1}^2 有特殊的性质

$$R_{x1}^2 e^{-iaZ_1t} R_{x1}^2 = e^{iaZ_1t} \tag{7.150}$$

这很容易就可以验证。这被称为重聚焦，因为它逆转了时间演化的方式，使得开始时朝着布洛赫球上某个点的不同频率的自旋，返回到布洛赫球上的同一个点。以此方式施加的 180° 脉冲被称为重聚焦脉冲。注意在上面的表达式中，a 可以是一个算子，也可以是一个常数（只要它不包含能作用在自旋 1 的算子），因此有

$$e^{-iH^{\rm ss}t/\hbar} R_{x1}^2 e^{-iH^{\rm ss}t/\hbar} R_{x1}^2 = e^{-2ibZ_2t/\hbar} \tag{7.151}$$

利用作用在自旋 2 上面的另外一组重聚焦脉冲，甚至将消除掉这个剩余的项。重聚焦因此是一个能消除自旋间耦合演化的有用技术，从而整体消掉所有的演化。

习题 7.38（重聚焦） 显式地证明式 (7.150) 是对的（利用泡利矩阵的反对易性）。

习题 7.39（三维重聚焦） 一组什么样的脉冲可以被用于重聚焦任意哈密顿量 $H^{\rm sys} = \sum_k c_k\sigma_k$?

习题 7.40（重聚焦偶极相互作用） 给出一个脉冲序列，它可以把两个自旋偶极相互作用哈密顿量 $H_{1,2}^{\rm D}$ 变为更加简单的形式，式 (7.138) 。

受控非门

用重聚焦脉冲和单量子比特脉冲可简单地实现一个受控非门。让我们用具有哈密顿量式 (7.147) 的两自旋系统展示一下如何实现。通过式 (7.46) 的构建，我们知道能实现酉演化

$$U_{CZ} = \begin{bmatrix} 1 & 0 & 0 & 0 \\ 0 & 1 & 0 & 0 \\ 0 & 0 & 1 & 0 \\ 0 & 0 & 0 & -1 \end{bmatrix} \tag{7.152}$$

就够了。因为 $\sqrt{\mathrm{i}}\mathrm{e}^{\mathrm{i}Z_1Z_2\pi/4}\mathrm{e}^{-\mathrm{i}Z_1\pi/4}\mathrm{e}^{-\mathrm{i}Z_2\pi/4}=U_{CZ}$，通过一个 $\hbar\pi/2c$ 的演化时间，再加上几个单量子比特脉冲获得一个受控非门是很直接的。

习题 7.41（NMR 受控非门）　给出明确的单量子比特旋转序列，在两个遵循式 (7.147) 哈密顿量演化的自旋之间实现一个受控非门。你也许可以从式 (7.46) 开始，不过结果可被简化，以便减少单量子比特旋转数目。

时间、空间和逻辑标记

能够用 RF 脉冲以很好的保真度在自旋系统中实现任意的酉变换，这是 NMR 用作量子计算时最吸引人的的地方之一。尽管如此，最主要的缺陷在于实际上初态通常是热态，式 (7.140) 。尽管这个态有高熵，量子计算在一定的代价下仍旧可以实现。两个用于实现它的技术被称为时间和逻辑标记。

时间标记，有时候也被称为时间平均，是基于两个重要的事实：量子操作是线性的，而 NMR 中测量的可观测量是无迹的（见 2.2.5 节中有关量子测量的背景知识）。假设两个自旋系统开始时的密度矩阵为

$$\rho_1=\begin{bmatrix} a & 0 & 0 & 0\\ 0 & b & 0 & 0\\ 0 & 0 & c & 0\\ 0 & 0 & 0 & d\end{bmatrix} \tag{7.153}$$

其中 a,b,c 和 d 是任意的正数，满足 $a+b+c+d=1$。我们可以用一个由受控非门构建的电路 P 获得布居置换的态

$$\rho_2=P\rho_1P^\dagger=\begin{bmatrix} a & 0 & 0 & 0\\ 0 & c & 0 & 0\\ 0 & 0 & d & 0\\ 0 & 0 & 0 & b\end{bmatrix} \tag{7.154}$$

且类似地

$$\rho_3=P^\dagger\rho_1P=\begin{bmatrix} a & 0 & 0 & 0\\ 0 & d & 0 & 0\\ 0 & 0 & b & 0\\ 0 & 0 & 0 & c\end{bmatrix} \tag{7.155}$$

一个量子计算 U 被作用于每一个这样的态，从而得到（在 3 个不同的实验中，可以在不同的时间完成）$C_k=U\rho_kU^\dagger$。基于线性有

$$\sum_{k=1,2,3}C_k=\sum_k U\rho_kU^\dagger \tag{7.156}$$

$$=U\left[\sum_k\rho_k\right]U^\dagger \tag{7.157}$$

$$=(4a-1)U\begin{bmatrix}1&0&0&0\\0&0&0&0\\0&0&0&0\\0&0&0&0\end{bmatrix}U^\dagger+(1-a)\begin{bmatrix}1&0&0&0\\0&1&0&0\\0&0&1&0\\0&0&0&1\end{bmatrix}\tag{7.158}$$

在 NMR 中，可观测量 M（比方说泡利算子 X 与 Y）是唯一可被测量的，且有 $\mathrm{tr}(M)=0$；于是

$$\mathrm{tr}\left(\sum_k C_k M\right)=\sum_k \mathrm{tr}\left(C_k M\right)\tag{7.159}$$

$$=(4a-1)\,\mathrm{tr}\left(U\begin{bmatrix}1&0&0&0\\0&0&0&0\\0&0&0&0\\0&0&0&0\end{bmatrix}U^\dagger M\right)\tag{7.160}$$

$$=(4a-1)\,\mathrm{tr}\left(U|00\rangle\langle 00|U^\dagger\right)\tag{7.161}$$

我们发现，通过 3 次实验测出的信号给我们的结果，与我们把原始系统制备到纯态 $|00\rangle\langle 00|$ 而不是任意态（式 (7.153)）的结果成正比。对任意尺度的系统中被制备到的任意态，这总是可以实现的，只要有足够多的实验可以求和，以及足够长的相干时间用来实现酉操作，直到退相干为止。注意，不同的 C_k 实验对于 3 个不同系统，或者对一个系统的不同部分来说，实际上可以同时做；这个实验上的便利可通过施加梯度磁场来实现，梯度磁场在单个样品中系统地变化，这个变化技术被称为空间标记。

习题 7.42（时间标记置换） 给出一个量子电路，用于实现置换 P 和 $P^\dagger$，这是把式 (7.153) 的 ρ_1 变换为式 (7.154) 的 ρ_2 所必需的。

逻辑标记基于类似的观察，但是不需要完成多个实验。假设我们有一个系统，具有 3 个近乎相同的自旋，处于态

$$\rho=\delta I+\alpha\begin{bmatrix}6&0&0&0&0&0&0&0\\0&2&0&0&0&0&0&0\\0&0&2&0&0&0&0&0\\0&0&0&-2&0&0&0&0\\0&0&0&0&2&0&0&0\\0&0&0&0&0&-2&0&0\\0&0&0&0&0&0&-2&0\\0&0&0&0&0&0&0&-6\end{bmatrix}\tag{7.162}$$

$$\approx\left(\delta' I+\alpha'\begin{bmatrix}2&0\\0&-2\end{bmatrix}\right)^{\otimes 3}\tag{7.163}$$

其中 δI 代表背景布居，不能被观测到（因为测量可观测量的迹为零），且 $\alpha\ll\delta$ 是一个小的常

数。我们接下来可以施加一个酉变换用来实现置换 P，给出

$$\rho' = P\rho P^\dagger = \delta I + \alpha \begin{bmatrix} 6 & 0 & 0 & 0 & 0 & 0 & 0 & 0 \\ 0 & -2 & 0 & 0 & 0 & 0 & 0 & 0 \\ 0 & 0 & -2 & 0 & 0 & 0 & 0 & 0 \\ 0 & 0 & 0 & -2 & 0 & 0 & 0 & 0 \\ 0 & 0 & 0 & 0 & -6 & 0 & 0 & 0 \\ 0 & 0 & 0 & 0 & 0 & 2 & 0 & 0 \\ 0 & 0 & 0 & 0 & 0 & 0 & 2 & 0 \\ 0 & 0 & 0 & 0 & 0 & 0 & 0 & 2 \end{bmatrix} \tag{7.164}$$

注意，此矩阵上部的 4×4 方块具有形式

$$\begin{bmatrix} 6 & 0 & 0 & 0 \\ 0 & -2 & 0 & 0 \\ 0 & 0 & -2 & 0 \\ 0 & 0 & 0 & -2 \end{bmatrix} = 8|00\rangle\langle 00| - 2I \tag{7.165}$$

其中 I 这里代表 4×4 单位矩阵。只对时间标记来说，我们发现如果计算是在此态中完成的，在此情况下为 $|000\rangle, |001\rangle, |010\rangle, |011\rangle$ 流形，然后它产生的结果与我们把原始系统制备到纯态 $|00\rangle\langle 00|$ 时所得的结果成正比！实验上来说，可以完成 P 操作，并同时把信号局限在此流形的态内。

具有形如 $\rho = 2^{-n}(1-\epsilon)I + \epsilon U|00\cdots 0\rangle\langle 00\cdots 0|U^\dagger$（其中 U 是任意酉算子）的态，被称为“有效纯态”，或“赝纯”态。n 是量子比特的数目，但是希尔伯特空间的维度一般而言不需要是 2 的指数。制备此态有很多种方法，通常来说它们都需要付出一些代价。我们在 7.7.4 节会返回来讨论它。有效纯态使人们能在处于高温热平衡态的系统中观察到零温的动力学，只要系统与它的高温环境的耦合足够弱就可以。这就是 NMR 量子计算中用到的方法。

习题 7.43（用作逻辑标记的置换）　给出一个实现置换 P 的量子电路，适用于将式 (7.163) 的 ρ 变为式 (7.165) 的 ρ'。

习题 7.44（对 n 自旋的逻辑标记）　假定我们有一个系统有 n 个近乎全同的自旋，其塞曼频率为 $\hbar\omega$，处于温度为 T 的平衡态 ρ。使用逻辑标记通过 ρ 你所能构建的最大的有效纯态是什么？（提示：利用那些逻辑标记的汉明权重为 $n/2$ 的态。）

量子算法结果的系综读出

我们已经看到在 n 自旋系统中利用哈密顿量式 (7.146) 如何实现任意的酉操作，我们也已经学会了如何从一个热态准备出一个定义良好的输入态，它的表现类似低熵的基态。尽管如此，为了实现量子计算的要求，我们必须要有种方法能对系统的计算结果进行读出测量。困难在于典型量子算法的输出是一个随机数，它的分布给出的信息让问题得以解决。不幸的是，随机变量的平均值不一定能给出相关的信息。如果量子算法在 NMR 上不加修改就运行，那么这就是输出结果，

因为算法是在大量分子的系综中运行的，而不是在单个 n 自旋的分子中运行的。

这一困难通过如下的例子阐述。量子分解质因数算法运转时输出一个随机有理数 c/r，其中 c 是一个未知的整数，而 r 是一个所期望的结果（也是整数）。通常而言，投影测量被用于得到 c/r，然后运行一个经典连分式算法，用来以很高的概率得到 c（ 5.3.1 节）。然后答案被代入原始的问题中加以验证，如果错误，整个算法会再重复。不幸的是，尽管如此，如果只能实现系综平均，由于 c 是近乎均匀分布的，平均值 $\langle c/r\rangle$ 给不出任何有意义的信息。

对此问题的一个简单解答，同时也适用于所有基于隐含子群问题（第 5 章）的量子算法，不过是在量子计算后附加必要的经典后处理步骤。这总是可以成立的，因为量子计算涵盖经典计算。在上面给出的例子中，我们简单地要每一个独立的量子计算机（每个分子）完成连分式算法。然后在每一个量子计算机上检查结果，只有那些成功通过验证的计算机有输出。从而最终系综平均测量给出 $\langle r\rangle$。

7.7.4 实验

NMR 途径最让人激动之处在于，它是量子计算与量子信息处理任务小实例的一个现成的实验实现。在这个关于 NMR 的结论章节，我们简要描述 3 个已实现的实验：展示态层析、基本逻辑门和量子搜索算法。我们还将总结这种方法的缺点。

态层析

人们如何对一个量子计算机进行调试？通过在不同时间点测量一台经典计算机内部态，可以分析它。类似地，对一个量子计算机，一个必要的技术是能测量其密度矩阵——这被称为*态层析*。

回顾一下单量子比特的密度矩阵表示为

$$\rho=\frac{1}{2}\left[1+\sum_k r_k\sigma_k\right] \tag{7.166}$$

其中 σ_k 是泡利矩阵，而 r_k 是一个 3 组分实向量。因为泡利矩阵迹的正交性，

$$\operatorname{tr}\left(\sigma_k\sigma_j\right)=2\delta_{kj} \tag{7.167}$$

由此可从 3 个测量结果中重建 ρ：

$$r_k=\langle\sigma_k\rangle=\operatorname{tr}\left(\rho\sigma_k\right) \tag{7.168}$$

在 NMR 中的通常可观测测量（式 (7.143) ），之后是适当的单量子比特脉冲，允许我们确定 $\langle\sigma_k\rangle$，从而得到 ρ。对大量自旋来说类似的结果也成立。实际上，仅测量无迹矩阵 ρ 与单位矩阵的偏差是很方便的；这被称为偏差密度矩阵。对两个和三个自旋系统的例子如图 7-18 所示。

习题 7.45（NMR 的态层析） 令电压测量 $V_k(t)=V_0\operatorname{tr}\left[\mathrm{e}^{-\mathrm{i}Ht}M_k\rho M_k^\dagger\mathrm{e}^{\mathrm{i}Ht}\left(\mathrm{i}X_k+Y_k\right)\right]$ 为实验 k 的结果。证明对两个自旋，9 次实验，$M_0=I,M_1=R_{x1},M_2=R_{y1},M_3=R_{x2},M_4=$

$R_{x2}R_{x1}, M_5 = R_{x2}R_{y1}$ 等等，提供了充足的数据，从中可重建 ρ。

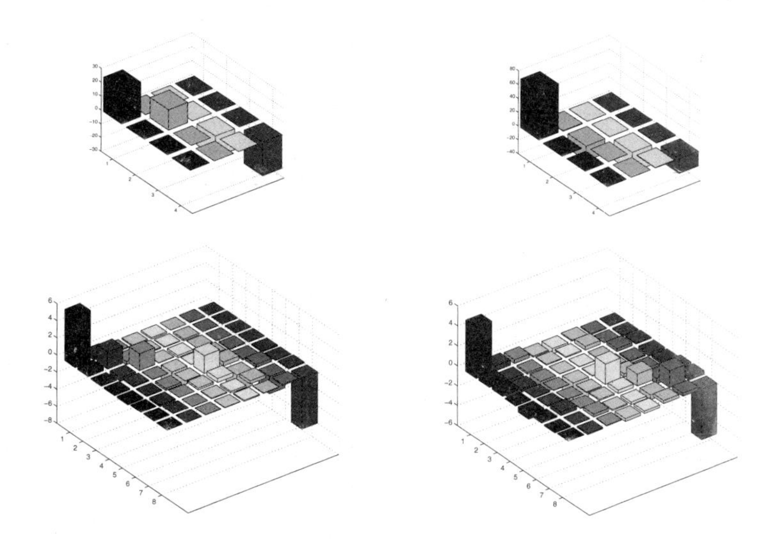

图 7-18　实验测量的偏差密度矩阵。垂直尺度是任意的，且只有实部显示出来；所有的虚部都相对很小。（左上）在 11.78 T 磁场下，氯仿分子（$^{13}CHCl_3$）的质子与碳原子核代表的两个量子比特的热平衡态。将 0.5 毫升、200 毫摩尔的样品在丙酮-d_6 中稀释，脱气，并用火焰密封在 5 毫米薄壁玻璃管中。（右上）在氯仿中用时间标记创建的两量子比特有效纯态，如式 (7.161)。（左下）三氟乙烯中 3 个氟原子核的三量子比特热平衡态。（右下）使用逻辑标记从 3 个自旋系统创建的有效纯态，如式 (7.164) 所示

习题 7.46　对三自旋必要的实验是多少次？

量子逻辑门

由于很多原因，氯仿中的两量子比特质子-碳系统是展示单量子比特和两量子比特逻辑门的一个很好的系统。在约 11.8 T 磁场下，两个自旋约 500 MHz 与约 125 MHz 的频率很好地被分开了，且容易寻址。两个原子核的 215 Hz 的 J 耦合频率也是很方便的；它比单量子比特 RF 脉冲所需的时间尺度要慢得多，但比弛豫时间尺度又要快得多。在典型的实验中，质子与碳的 T_1 各自约为 18 s 和 25 s，而 T_2 各自为 7 s 和 0.3 s。因为与 3 个四级氯原子核的相互作用，碳的 T_2 要短一些。但是最短的 T_2 寿命与 J 耦合的乘积暗示说，在量子相干性丢失之前仍旧可以完成大约 60 个逻辑门。

两自旋系统的哈密顿量被式 (7.147) 很好地近似刻画，但还可以用实验诀窍大大地简化它。通过调整两个振子完全匹配质子与碳的旋转频率，我们在振子所定义的旋波坐标系可得到简化了的哈密顿量

$$H = 2\pi\hbar J Z_1 Z_2 \tag{7.169}$$

其中 $J = 215\text{Hz}$。这个哈密顿量使得受控非门的实现变得相当简单。一个完成受控非变换的电路等价于图 7-19 所示单量子比特相位门，加上一个用于产生贝尔态的电路，以及实验上地测量输出结果。

习题 7.47（NMR 受控非门） 验证图 7-19 中左上部展示的电路再加上单比特相位门，实现了一个受控非门；也就是它在经典输入态下正常运行，且还能进一步应用额外的单量子比特 R_z 旋转变为一个通常的受控非门。给出另一个电路，用类似的建造单元实现通常的受控非门。

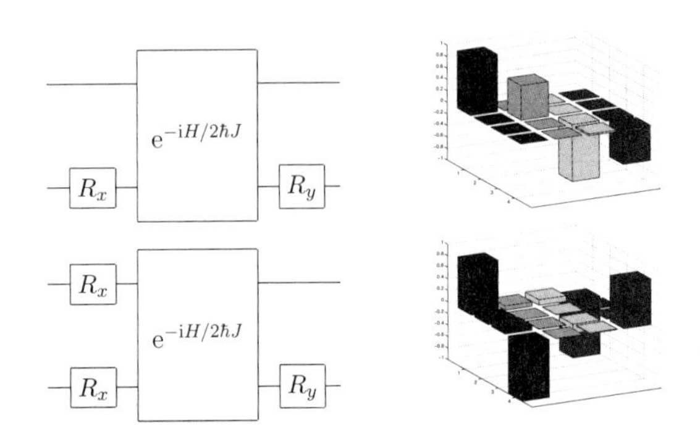

图 7-19 用 NMR 实施的量子电路，和实验上测量输出的偏差密度矩阵的实部。在这些电路中，R_x 和 R_y 代表单量子比特门，在 $\hat{x}$ 和 $\hat{y}$ 方向上产生 $90°$ 旋转，通过大约 10 毫秒的 RF 脉冲实现，而含有两量子比特的方框 $e^{-iH/2\hbar J}$ 是时间长为 $1/2J \approx 2.3$ 毫秒的自由演化。（上图）受控非电路，以及对一个热态输入的输出测量，展示了 $|10\rangle$ 和 $|01\rangle$ 对角元的交换，正如经典受控非门真值表所预计的那样。（下图）当 $|00\rangle$ 有效初态被制备出来作为输入时，产生贝尔态 $(|00\rangle - |11\rangle)/\sqrt{2}$ 的电路，以及它的输出结果

习题 7.48 验证图 7-19 中左下角展示的电路产生如前所述的贝尔态 $(|00\rangle - |11\rangle)/\sqrt{2}$。

习题 7.49（NMR 交换门） NMR 在化学上的一个重要应用是测量自旋的连通性，比如在一个分子中哪些质子、碳与磷原子是最近邻的。用来做这个的脉冲序列被称为 INADEQUATE（难以置信的天然丰度两量子传输实验——NMR 技术充满了奇妙的创造性缩略语）。在量子计算的语言中，这可被理解为简单地在两个共振之间应用受控非门；如果受控非门工作，两个原子核必然是邻居。另一个建造单元是交换操作，被用于类似 TOCSY（全关联谱）的脉冲序列，但并不完全是我们用量子门简单描述的完美形式。只用 $e^{-iH/2\hbar J}, R_{x,},$ 和 R_y 操作构建一个量子电路用以实现交换门（你可以从图 1-7 中的电路开始）。

量子算法

Grover 量子搜索算法给出了 NMR 量子计算另外一个简单的例子。对一个有 4 个元素的例子来说（量子比特数 $n = 2$），我们得到一个集合 $x = \{0, 1, 2, 3\}$，其中 $f(x) = 0$，除一个值 x_0，其中 $f(x_0) = 1$。目标是找到 x_0，可通过评估 $f(x)$ 平均 2.25 次而经典地完成。相比之下，量子算法只需要评估 $f(x_0)$ 一次就能找到 x_0（第 6 章；特别注意框 6.1）。

需要 3 个算子：预报（oracle）算子 O（它完成一个基于函数 $f(x)$ 的相位反转），对两个量子比特的阿达玛算子 $H^{\otimes 2}$，以及条件相移算子 P。预报 O 翻转对应 x_0 的基本单元的符号；对 $x_0 = 3$，这就是

$$O = \begin{bmatrix} 1 & 0 & 0 & 0 \\ 0 & 1 & 0 & 0 \\ 0 & 0 & 1 & 0 \\ 0 & 0 & 0 & -1 \end{bmatrix} \tag{7.170}$$

把 $t=1/2J$（对氯仿分子是 2.3 毫秒）的时间演化 $\mathrm{e}^{-\mathrm{i}H/2\hbar J}$ 标记为 τ，我们发现对 $x_0=3$ 情形，$O=R_{y1}\bar{R}_{x1}\bar{R}_{y1}R_{y2}\bar{R}_{x2}\bar{R}_{y2}\tau$（加上一个不相关的整体相位因子）。$H^{\otimes 2}$ 不过就是两个单量子比特阿达玛操作 $H_1\otimes H_2$，其中 $H_k=R_{xk}^2\bar{R}_{yk}$。而算子 P

$$P=\begin{bmatrix}1&0&0&0\\0&-1&0&0\\0&0&-1&0\\0&0&0&-1\end{bmatrix}\tag{7.171}$$

可简单地实现为 $P=R_{y1}R_{x1}\bar{R}_{y1}R_{y2}R_{x2}\bar{R}_{y2}\tau$。有了这些，我们构建 Grover 迭代 $G=H^{\otimes 2}PH^{\otimes 2}O$。这个算子能通过去掉不必要且明显取消的操作来直接化简（习题 7.51）。令 $|\psi\rangle=G^k|00\rangle$ 是初态经过 k 次 Grover 迭代操作的产物。我们发现振幅 $\langle x_0|\psi_k\rangle\approx\sin((2k+1)\theta)$，其中 $\theta=\arcsin(1/\sqrt{2})$；此周期性是量子搜索算法的基本特性，而且是实验中要检测的一个自然的性质。对两量子比特且 $x_0=3$ 的情况，我们预计 $|11\rangle=|\psi_1\rangle=-|\psi_4\rangle=|\psi_7\rangle=-|\psi_{10}\rangle$，如果整体符号被忽略的话，这是一个长为 3 的周期。

习题 7.50　找到仅用单量子比特旋转和 $\mathrm{e}^{-\mathrm{i}H/2\hbar J}$ 的量子电路，用来实现针对 $x_0=0,1,2$ 的预报 O。

习题 7.51　证明通过适当地抵消近邻的单比特旋转，Grover 迭代可以被简化。对 x_0 的 4 个可能的情况有

$$G=\begin{cases}\bar{R}_{x1}\bar{R}_{y1}\bar{R}_{x2}\bar{R}_{y2}\tau R_{x1}\bar{R}_{y1}R_{x2}\bar{R}_{y2}\tau & (x_0=3)\\ \bar{R}_{x1}\bar{R}_{y1}\bar{R}_{x2}\bar{R}_{y2}\tau R_{x1}\bar{R}_{y1}\bar{R}_{x2}\bar{R}_{y2}\tau & (x_0=2)\\ \bar{R}_{x1}\bar{R}_{y1}\bar{R}_{x2}\bar{R}_{y2}\tau\bar{R}_{x1}\bar{R}_{y1}R_{x2}\bar{R}_{y2}\tau & (x_0=1)\\ \bar{R}_{x1}\bar{R}_{y1}\bar{R}_{x2}\bar{R}_{y2}\tau\bar{R}_{x1}\bar{R}_{y1}\bar{R}_{x2}\bar{R}_{y2}\tau & (x_0=0)\end{cases}\tag{7.172}$$

图 7-20 展示了对 U 的最初 7 次迭代后，理论上的和测量出的偏差密度矩阵 $\rho_{\Delta n}=|\psi_n\rangle\langle\psi_n|-\mathrm{tr}(|\psi_n\rangle\langle\psi_n|)/4$。如预计的那样，$\rho_{\Delta 1}$ 清晰地揭示了对应于 $x_0=3$ 的 $|11\rangle$ 态。得到的模拟结果用于 x_0 其他可能值的重复实验。测量每个密度矩阵需要 $9\times 3=27$ 次重复实验，9 代表层析重构，而 3 对应于纯态制备。

最长的计算对应 $n=7$，需要少于 35 毫秒，仍旧很好地处于相干时间之内。Grover 算法的周期性可以很清晰地从图 7-20 中看到，实验与理论有很好的一致性。大信噪比（通常优于 10^4 比 1）可仅通过单次实验就获得。数值模拟预计 7%~44% 的错误率主要是由于磁场的非均匀性，测量过程中的磁化衰减，以及对旋转的不完美标度（按重要性排序）。

缺陷

大块系综 NMR 完成量子计算已经在最多 7 个量子比特的系统中成功展示了量子算法和量子信息任务，这是很惊人的。尽管如此，此方法核心的时间、空间和逻辑标记技术引发了许多重要的限制。

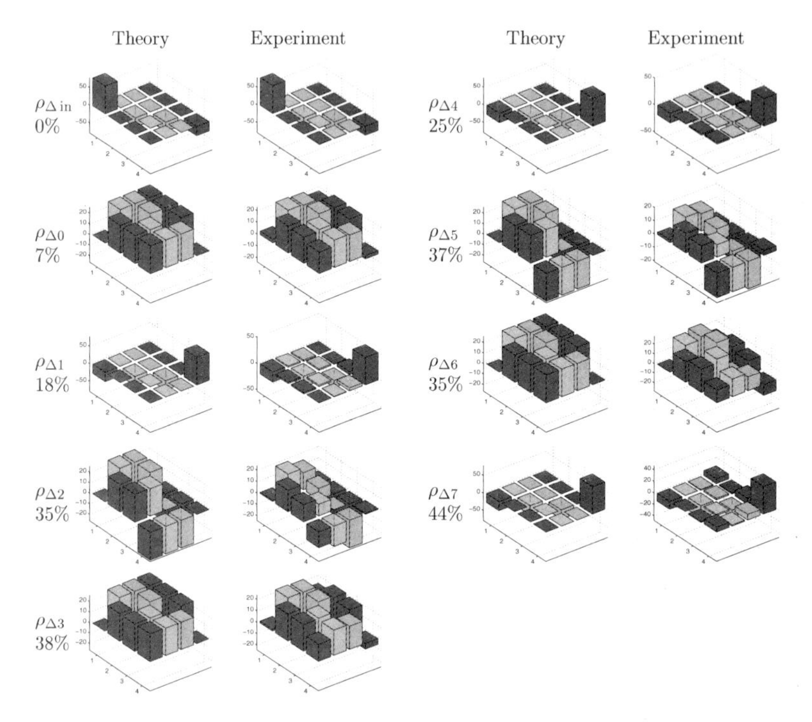

图 7-20　在氯仿中的氢与碳原子自旋中完成的 7 次 Grover 迭代，理论上与实验上相应的偏差密度矩阵（任意单位）。可以清晰地看到 3 个周期，一个周期为 4 次迭代。只有实部被画出来（理论上虚部为零，对实验结果而言被发现贡献小于 12%）。相对误差 $\|\rho_{理论}-\rho_{实验}\|/\|\rho_{理论}\|$ 也展示出来

这些标记技术基本目标是将正好处于 $|00\cdots0\rangle$（或任何其他的标准高概率态）的自旋子集的信号从热平衡态中隔离出来。通过添加信号抵消除所要的态外所有的态，时间与空间标记做到了这一点；逻辑标记用希尔伯特空间来换取纯度。与所用的方法无关，尽管如此，没有什么能增加热态

$$p_{00\cdots0}=\frac{1}{\mathcal{Z}}\left\langle 00\cdots0\left|\mathrm{e}^{-\beta H}\right|00\cdots0\right\rangle \tag{7.173}$$

中 $|00\cdots0\rangle$ 的概率。令 $H=\sum_k \omega Z_k$，我们发现对一个 n 自旋分子来说，$\rho_{00\cdots0}$ 与 $n2^{-n}$ 成正比。这意味着总信号在恒定的初态温度下，随着用标记技术被“蒸馏”到有效纯态的量子比特数目而指数递减。

另一限制来自用分子作为计算机，分子的结构在计算机的体系结构中起了作用，决定了哪些对（或者组）量子比特与其他的相互作用（类似地，RF 脉冲起到了软件的作用）。不是所有的量子比特都需要连接良好。由于除非用重聚焦，相互作用不能被关闭，这就愈发重要了。进一步，量子比特通过频率区分自身来寻址，但是这很快就随着原子核数目的增加而变得很困难。存在一个解决方案，使用元胞自动机样式的架构，比如一维链 $X-A-B-C-A-B-C-\cdots-A-B-C-Y$，其中端点是有区别的，但是中间由一些重复的规则序列组成。在此架构中，只有不同的字母是可以被寻址的，而这似乎是一个高度受限的计算模型。尽管如此，已经被证明实际上它是通用的，只有多项式的减速。当完成如同量子搜索算法这样的任务时，减速的精确值当然是很重要的，要求它只有平方根的加速。

用于规避标记技术限制的方法也是存在的。一种可能是通过某些物理机制极化原子核；这

已经可以用光泵浦实现（类似于如图 7-8 所示那样离子是如何冷却下来的）极化铷原子的电子态，然后再利用短寿命的范德瓦尔斯分子的形成，把极化转移到氙原子核。这也在氦中实现了。对分子做类似的事情是可以想象的，尽管技术上极具挑战性。另一个可能性是使用不同的标记方案；逻辑标记本征上是一个压缩算法，它通过丢弃系综成员来增加系综中一个态的相对概率。对此方法的改进版本已经使得它能达到熵的极限。用初始时处于温度 T 的 n 自旋分子，有 $p = \left(1 - \mathrm{e}^{-\Delta E/k_{\mathrm{B}}T}\right)/2$，其中 ΔE 是自旋翻转能量，能得到 $nH(p)$ 个纯量子比特。这个方案没有任何指数的代价；压缩可以利用仅仅多项式数目的基本操作而实现。尽管如此，这还不够，除非 p 相对很小，如今在很好的螺线管磁铁系统中 $p \approx 0.4999$。

尽管有这些缺点，但 NMR 提供了量子算法的测试平台，并演示了其他物理实现也必须完成以执行量子计算的基本技术。一些用于展示量子计算和量子信息任务的分子如图 7-21 所示。NMR 的想法也是一个非常丰富的创新领域，结合了化学、物理、工程和数学，毫无疑问，各领域之间的持续创新将进一步推动这项技术的发展。

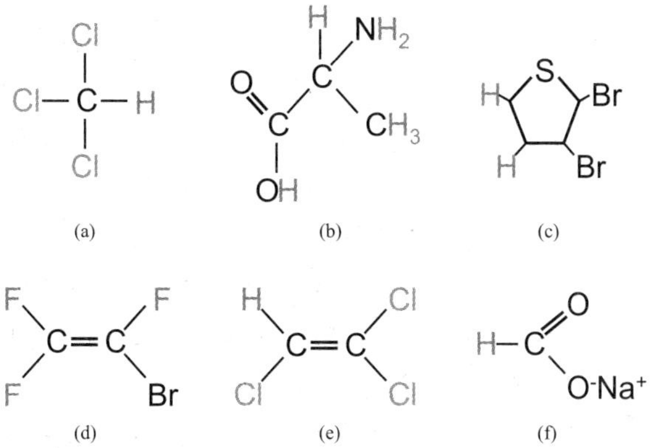

图 7-21　一系列简单的分子，用于通过 NMR 展示各种量子计算和量子信息任务。（a）氯仿：两个量子比特，质子和碳，已用于实现 Deutsch-Jozsa 算法，以及两个量子比特的量子搜索。（b）丙氨酸：3 个量子比特，由碳骨干组成，已用于展示纠错。注意 3 个碳原子核之所以具有可区分的频率，是因为它们周围的化学环境不同（例如，氧的电负性导致它将大部分附近的电子吸引离邻近的碳）。（c）2,3-二溴噻吩：由两个质子组成的两个量子比特，已用于模拟截断了的简谐振子的 4 个能级。这里，两个质子与硫原子的距离不同，因此具有可区分的频率。（d）三氟溴乙烯：3 个量子比特，3 氟，已用于展示逻辑标记和叠加态 $(|000\rangle + |111\rangle)/\sqrt{2}$ 的创建。（e）三氯乙烯：3 个量子比特，一个质子和两个碳，用于展示隐形传态，质子的状态被传送到最右边的碳原子。（f）甲酸钠：两个量子比特，质子和碳，用于演示两个量子比特的量子误差检测码。在该分子中，通过改变环境温度以改变其与溶剂的交换速率，钠基团用于将两个量子比特的 T_2 时间调整为几乎相等

NMR 量子计算机

- **量子比特表示**：原子核自旋。
- **酉演化**：任意操作是通过对处于强磁场的自旋施加磁脉冲来构建的。自旋间的耦合是由最近邻原子之间的化学键提供的。
- **初态制备**：通过把自旋放置在强磁场中极化它们，然后使用“有效纯态”制备技术。
- **读出**：测量由进动磁矩引发的电压信号。

- **缺陷**：有效纯态制备方案随着量子比特数的增加指数降低了信号，除非初态极化率足够高。

7.8 其他实现方案

在本章中，我们描述了人们为实现量子计算机所考虑的想法中的一小部分。我们的选择说明了所有实现共同的基本要求和挑战：健壮的量子信息表示，酉变换的应用，基准初态的制备，以及对输出的测量。

简谐振子示例强调了数字表示是多么至关重要：量子信息的每个单位（量子比特，qutrit，qudit 或其他）需要位于*物理上独立的*自由度；否则，一些资源（比方说能量）就没被充分利用。该例子也为本章其余部分研究量子比特的表示提供了数学基础。单光子是近乎完美的量子比特，但是使其相互作用的非线性光学材料难以在实现的同时又不导致相干性丢失。腔 QED 技术通过使用单个与光子相互作用的原子来解决此问题，但更重要的是，它们引入了二能级原子的概念，以及使用由偶极子选择等物理对称性强加的选择规则来保护量子比特表示的想法。

这个想法的自然延伸是使用自旋 1/2 粒子来表示量子比特，其本身仅具有两个状态。这是离子阱所采取的方法，它将量子比特存储在电子和核自旋中；然而，此方法的困难在于，用于介导自旋之间相互作用的质心振荡——声子——具有较短的相干时间。分子可以解决这个困难，其中的核自旋可以通过化学键强耦合。但是来自单个分子的自旋共振信号太小而不能用现有技术测量。NMR 量子计算通过用 $O(10^{18})$ 个分子的大量系综创建“有效纯态”来解决这个问题，从而在实验室中展示了简单的量子算法。但是，在没有提供初始极化的情况下，这种能力是以信号强度为代价的，信号强度随着量子比特的数目呈指数减小。

正如这些例子所示，为量子计算机提供良好的物理实现是件棘手的事情，需要权衡利弊。所有上述方案都不令人满意，因为没有一种方案可以在不久的将来随时实现大规模量子计算机。然而，这并不排除这种可能性，实际上已经提出了许多其他方案，其中一些我们在这最后一节中简要介绍。

对物理实现进行分类的一种好方法是用表示量子比特的物理自由度。回想一下图 7-1：量子单元中的任何东西都能作为量子比特，但正如我们所见，光子和自旋等基本物理量子是特别好的选择。

另一种可用作量子比特表示的基本量子单位是*电荷*。现代电子学提供了出色的技术来创建、控制和测量电荷，哪怕在单电子水平上也没问题。例如，由半导体材料、金属乃至小分子制成的*量子点*可作为具有静电势并限制电荷量子的三维盒子。这可通过观察库仑阻塞效应来验证，其中发现通过有电容 C 的量子点的电导，作为透过量子点的偏置电压的函数以离散台阶增加，反映出另外添加每个电子所需的能量 $e^2/2C$。与光子不同，（净）电荷不能被破坏；只能移动电荷，因此电荷状态量子比特必须使用类似 7.4.2 节的双轨表示，其中 $|0\rangle$ 和 $|1\rangle$ 状态对应于电荷位于两个点中的任何一个，或者单点内的两种状态。

就像单光子一样，电荷态量子比特上的单量子比特操作可以使用静电门（类似光学移相器）和移动电子的单模波导耦合器（类似分束器）或量子点的隧道结来完成。电子电荷感受到了与其他电荷长程的库仑相互作用（距离单个电荷 r 处的电势为 $V(r)=e/4\pi\epsilon r$），因此远处的电荷能调控局域电荷的相位，很类似于光子之间的克尔相互作用。受控的库仑相互作用于是可用来实施两量子比特操作。最后，单电子电荷可以直接被测量；现代场效应晶体管可以轻松检测其通道中单电荷的运动，而单电子晶体管工作在约 100 mK 的温度下，能够以大于 200MHz 的频率实现电荷测量精度 $10^{-4}e/\sqrt{\mathrm{Hz}}$。不幸的是，不受控制的远距离电荷运动导致退相位；这与其他散射机制（例如由于声子相互作用引起的那些）导致相当短的电荷态相干时间，大约为几百飞秒到几百皮秒。

超导体中的电荷载流子也被建议作为量子比特的表示。低温下在某些金属中，两个电子可以通过声子相互作用结合在一起形成库珀对，具有电荷 $2e$。正如电子可以被限制在量子点内一样，库珀对也可以被限制在静电盒内，使得盒子中的库珀对数目成为一个好的量子数，并且可以用来表示量子信息。通过使用静电门调节盒电位和耦合盒子之间的约瑟夫森结，可以实现单量子比特操作。这些结也可以用于耦合量子比特，且此强度可以通过适当地耦合超导干涉环路，再用外部磁场来调控。最后，可以通过测量电荷简单地测量量子比特。由于库珀对的相对稳健性，这种超导量子比特表示很有意义；据估计，主要的退相干机制是电磁光子的自发辐射，与数百皮秒的典型动力学时间尺度相比，它可以使相干时间超过 1 微秒。不幸的是，正如电子电荷表示那样，外来电荷（“准粒子”）的涨落背景对量子比特的相干性极为有害。围绕这个问题，使用超导技术的一个方法是选择磁通量子比特表示，其中量子比特态对应于通过超导环路器件的左手和右手方向的局域通量。这里，退相干是由背景磁涨落引起的，它预计比静电的情况更安静。

磁相互作用的局域性是量子比特表示的一个很好的特征，因此我们回到自旋，为此提出了利用固态技术的方案。相当大的量子点，即使是包含许多电子的那种，也可以表现为一个自旋 1/2 的物体，其中自旋由单个额外电子携带。

该自旋态可以通过低温强磁场下的平衡态制备，使得自旋翻转能量 ΔE 远大于 k_BT。如 7.7 节所述，可以通过施加局域脉冲磁场来实现操纵单自旋，且可以通过受控的海森伯耦合实现耦合量子比特操作，

$$H(t)=J(t)\vec{S}_1\cdot\vec{S}_2=\frac{1}{4}\left[X_1X_2+Y_1Y_2+Z_1Z_2\right] \tag{7.174}$$

其中 $\vec{S}$ 是自旋算子（泡利算子除以 2），而 $J(t)=4\tau_0^2(t)/u$，这里 u 是量子点的充电能，而 $\tau(t)$ 是跃迁矩阵元，由放置于两个量子点之间的局域静电门控制。这个相互作用是通用的，因为它相当于受控非门（见下面的习题）。理论上，可以通过允许自旋电子隧穿到读出顺磁量子点，或通过“自旋阀”依赖于自旋的隧穿到读出静电计来测量自旋态。挑战是在实践中实现此测量；半导体中的高保真单次自旋测量尚未通过现有技术实现。

习题 7.52（海森伯哈密顿量的通用性）　证明交换操作 U 可以通过打开海森伯耦合哈密顿量式 (7.174) 中 $J(t)$ 适当的时间来完成，于是得到 $U=\exp\left(-\mathrm{i}\pi\vec{S}_1\cdot\vec{S}_2\right)$。“$\sqrt{\mathrm{SWAP}}$”门是通用的，可通过打开一半的相互作用时间而获得；计算此变换，并证明如何通过与单量子比特操作组合来获得受控非门。

最终，利用足够先进的技术，可以在半导体中放置、控制和测量单个核自旋，从而实现以下的愿景。想象一下，能够将单个磷原子（核自旋 1/2）精确地放置在 ^{28}Si（核自旋 0）的晶体晶片

内，位于光刻条纹的静电栅极下方。这些栅极允许操纵围绕 ^{31}P 掺杂的电子云，以通过调制 ^{31}P 核看到的磁场来执行单量子比特操作。位于 ^{31}P 掺杂区域上方并区隔开它的附加栅极可用于人为地产生连接相邻 ^{31}P 的电子分布，非常类似于化学键，因而允许执行两量子比特的操作。尽管此方案的制造限制极具挑战性——例如，栅极应相隔 100$\mathring{A}$ 或更小，且 ^{31}P 掺杂必须精确配准并有序排列——至少此愿景表达了有望将量子计算与更传统的计算技术结合起来的场所。

在我们已经描述过的用于实现量子计算机的方案中，那些最吸引技术人员注意的都是基于固态的技术。当然，原子、分子和光学量子计算方案继续被提出，使用诸如光晶格（由交叉光束囚禁原子制成的人造晶体）和位于这些领域最前沿的玻色凝聚体之类的系统；总有一天，我们甚至会看到使用介子、夸克和胶子，乃至黑洞的量子计算方案。但设想某种固态量子计算机的动机是巨大的。据估计，自 20 世纪 40 年代末晶体管发明以来，全球已投入超过 1 万亿美元到硅技术中。凝聚态物质系统也具有丰富的新物理特性，例如超导性，量子霍尔效应和库仑阻塞（一个经典效应，在它发现之后很久，人们普遍认为经典物理学的所有内容都是众所周知的！）。

本章主要集中在量子计算机的实现上，但所提出的基本组件在许多其他量子应用中也很有用。量子密码学及其实验实现见 12.6 节。关于量子隐形传态和超密集码编码的指南在章末的“背景资料与延伸阅读”中给出。量子通信和量子计算之间的一般接口包括分布式量子计算等挑战；新算法的开发和此类系统的实验实施肯定会继续成为未来的一个丰富研究领域。

量子计算和通信机器的大部分吸引力当然是它们作为新颖信息技术的潜在经济后果。但正如本章所述，量子计算和量子信息也激发了物理系统的新问题，并提供了不同的办法来理解它们的属性。这些新想法体现了从物理系统传统的多体、统计和热力学研究，所有从原子到凝聚态物质系统的路线中摆脱出来的需要。它们代表了一个新的机会，专注于单量子级别物理系统的动态特性。希望通过描述此方法的丰富性，本章会激励您继续“在算法上思考”物理学。

问题 7.1（*有效时间标记*） 你能构建出高效的电路（只需要 $O(\text{poly}(n))$ 个逻辑门），能循环置换所有 $2^n \times 2^n$ 矩阵的对角元，除 $|0^n\rangle\langle 0^n|$ 项以外？

问题 7.2（*用线性光学计算*） 在用单光子进行量子计算时，假设我们不用 7.4.1 节中的双轨表示，而使用态的一元表示，其中 $|00\cdots 01\rangle$ 是 $0, |00\cdots 010\rangle$ 是 $1, |00\cdots 0100\rangle$ 是 2，等等，直到 $|10\cdots 0\rangle$ 记为 2^n-1。

1. 证明这些态的任意酉变换可以完全由分束器与相移器构建（无需非线性介质）。
2. 构建一个由分束器和相移器组成的电路实施单量子比特的 Deutsch-Jozsa 算法。
3. 构建一个由分束器与相移器组成的电路实施两量子比特的搜索算法。
4. 证明一个任意的酉变换通常来说需要（随着 n）指数增大的组件来实现。

问题 7.3（*通过 Jaynes-Cummings 相互作用来控制*） 对小量子系统稳健与准确的控制——通过外部的经典自由度——是对实施量子计算很重要的一种能力。非常值得注意的是，原子态可以通过光脉冲来控制，而不会导致原子态的叠加过度退相干！在这个问题中，我们看到要实现这一点什么样的近似是必要的。让我们从 Jaynes-Cummings 哈密顿量开始，将单原子耦合到单个电磁场模式，

$$H = a^\dagger \sigma_- + a\sigma_+ \tag{7.175}$$

其中 $\sigma_\pm$ 作用于原子上，而 $a, a^\dagger$ 作用于场。

1. 对于 $U = \mathrm{e}^{\mathrm{i}\theta H}$，计算

$$A_n = \langle n|U|\alpha\rangle \tag{7.176}$$

其中 $|\alpha\rangle$ 与 $|n\rangle$ 分别是场的相干态与粒子数本征态；A_n 是原子态的算子，且你应该可以得到

$$A_n = \mathrm{e}^{-|\alpha^2|}\frac{|\alpha|^2}{n!}\begin{bmatrix} \cos(\theta\sqrt{n}) & \frac{\mathrm{i}\sqrt{n}}{\alpha}\sin(\theta\sqrt{n}) \\ \frac{\mathrm{i}\alpha}{\sqrt{n+1}}\sin(\theta\sqrt{n+1}) & \cos(\theta\sqrt{n+1}) \end{bmatrix} \tag{7.177}$$

习题 7.17 中的结果也许有用。

2. 做出 α 很大的近似是很有用的（不失一般性，我们可以选取 α 为实数）。考虑概率分布

$$p_n = \mathrm{e}^{-x}\frac{x^n}{n!} \tag{7.178}$$

它具有平均值 $\langle n\rangle = x$，以及标准差 $\sqrt{\langle n^2\rangle - \langle n\rangle^2} = \sqrt{x}$。现在把变量变为 $n = x - L\sqrt{x}$，利用斯特林近似

$$n! \approx \sqrt{2\pi n}n^n\mathrm{e}^{-n} \tag{7.179}$$

从而得到

$$p_L \approx \frac{\mathrm{e}^{-L^2/2}}{\sqrt{2\pi}} \tag{7.180}$$

3. 对 $n = |\alpha|^2$ 来说，最重要的项是 A_n。定义 $n = \alpha^2 + L\alpha$，对

$$a = y\sqrt{\frac{1}{y^2} + \frac{L}{y}} \quad 和 \quad b = y\sqrt{\frac{1}{y^2} + \frac{L}{y} + 1} \tag{7.181}$$

其中 $y = 1/\alpha$，利用 $\theta = \varphi/\alpha$ 证明

$$A_L \approx \frac{\mathrm{e}^{-L^2/4}}{(2\pi)^{1/4}}\begin{bmatrix} \cos a\varphi & \mathrm{i}a\sin a\varphi \\ (\mathrm{i}/b)\sin b\varphi & \cos b\varphi \end{bmatrix} \tag{7.182}$$

并验证

$$\int_{-\infty}^{\infty} A_L^\dagger A_L \,\mathrm{d}L = I \tag{7.183}$$

同所预计的一样。

4. 发生在原子的理想酉变换是

$$U = \begin{bmatrix} \cos\alpha\theta & \mathrm{i}\sin\alpha\theta \\ \mathrm{i}\sin\alpha\theta & \cos\alpha\theta \end{bmatrix} \tag{7.184}$$

A_L 与 U 之间靠得多近呢？能否以 y 的泰勒展开估算出保真度

$$\mathcal{F} = \min_{|\psi\rangle} \int_{-\infty}^{\infty} \left|\langle\psi\left|U^\dagger A_L\right|\psi\rangle\right|^2 \mathrm{d}L \tag{7.185}$$

问题 7.4（利用二能级原子的离子阱逻辑门） 7.6.3 节中描述的受控非门为了简单起见使用了三能级原子。如此问题所示，付出一点额外的复杂性，不用第 3 个能级是可以做到的。

令 $\Upsilon_{\hat{n}}^{\text{blue},j}(\theta)$ 代表对第 j 个粒子蓝边带 $\omega = \Omega + \omega_z$ 施加时间 $\theta\sqrt{N}/\eta\Omega$ 的激光脉冲实现的操作，且类似地也可以标记红边带操作。$\hat{n}$ 代表在 $\hat{x}-\hat{y}$ 平面中的旋转轴，受入射激光相位的控制。当哪个离子被寻址到是很清楚的时，下标 j 可以忽略。特别地，

$$\begin{aligned}\Upsilon_{\hat{n}}^{\text{blue}}(\theta) = \exp\big[&\big(\mathrm{e}^{\mathrm{i}\varphi}|00\rangle\left\langle 11\right| + \mathrm{e}^{-\mathrm{i}\varphi}\left|11\right\rangle\langle 00| \\ &+ \mathrm{e}^{\mathrm{i}\varphi}\sqrt{2}|01\rangle\langle 12| + \mathrm{e}^{-\mathrm{i}\varphi}\sqrt{2}|12\rangle\langle 01| + \cdots\big)\frac{\mathrm{i}\theta}{2}\big]\end{aligned} \tag{7.186}$$

其中 $\hat{n} = \hat{x}\cos\varphi + \hat{y}\sin\varphi$，右矢中的两个标签从左到右分别代表内部态与运动态。$\sqrt{2}$ 因子来自于对玻色态有 $a^\dagger|n\rangle = \sqrt{n+1}|n+1\rangle$。

1. 证明当运动态初始为 $|0\rangle$ 时，$S^j = \Upsilon_{\hat{y}}^{\text{red},j}(\pi)$ 在离子 j 的内态与运动态之间实现了一个交换。
2. 找到 θ 的值，使得作用于由 $|00\rangle, |01\rangle, |10\rangle$, 和 $|11\rangle$ 张开的可计算子空间上的 $\Upsilon_{\hat{n}}^{\text{blue}}(\theta)$，使它留在子空间内。
3. 证明，如果 $\Upsilon_{\hat{n}}^{\text{blue}}(\varphi)$ 留在可计算子空间内，那么对任择的旋转角 β 和 α 来说，$U = \Upsilon_{\alpha}^{\text{blue}}(-\beta)$ $\Upsilon_{\hat{n}}^{\text{blue}}(\theta)\Upsilon_{\alpha}^{\text{blue}}(\beta)$ 也待在可计算子空间内。
4. 找到使得 U 是对角的 α 和 β。特别地，获得一个形如

$$\begin{bmatrix} \mathrm{e}^{-\mathrm{i}\pi/\sqrt{2}} & 0 & 0 & 0 \\ 0 & -1 & 0 & 0 \\ 0 & 0 & 1 & 0 \\ 0 & 0 & 0 & \mathrm{e}^{\mathrm{i}\pi/\sqrt{2}} \end{bmatrix} \tag{7.187}$$

的算子是很有用的。

5. 证明式 (7.187) 描述了一个非平庸的门，因而一个两离子内态之间的受控非门可以由它和单量子比特操作来构建。你能想出一个复合脉冲序列来执行受控非门而不需要最初的运动状态为 $|0\rangle$ 吗？

本章小结

- 实现量子计算**有 4 项基本要求**：（1）量子比特表示，（2）可控酉演化，（3）初始量子比特态的制备，以及（4）最终量子比特态的测量。
- **单光子**可以作为好的量子比特，使用 $|01\rangle$ 和 $|10\rangle$ 作为逻辑 0 和 1，但是足够强的、允许单光子相互作用的传统非线性光学材料不可避免地会吸收或散射光子。

- **腔 QED** 是一种可以使单原子与单光子强烈相互作用的技术。它提供了一种利用原子介导单光子之间相互作用的机制。
- **囚禁离子**可以冷却到能通过加激光脉冲来控制其电子和核自旋态的程度。通过质心声子耦合自旋态，可以执行不同离子之间的逻辑门。
- **核自旋**是近乎理想的量子比特，当单分子的自旋态能被控制和测量时，它们几乎就是理想的量子计算机。核磁共振使得在室温下使用大的分子系综成为可能，但由于制备程序的低效会导致信号损失。

背景资料与延伸阅读

有关为何难以构建量子计算机的优秀讨论，请参阅图 7-1 所基于的 DiVincenzo[DiV95a] 的文章。DiVincenzo 还提出了实现量子计算机的 5 个判据，这与 7.2 节中讨论的标准类似。

7.3 节的量子简谐振子是量子力学的主要内容，且在任何标准教科书中都涉及了，如 [Sak95]。Lloyd[Llo94] 讨论了 7.3.3 节中给出的量子计算通常的必要和充分条件。

7.4 节的光量子计算机使用量子光学的形式作为其主要的理论工具，许多教科书对此进行了描述；其中两个优秀的是 [Lou73, Gar91]。关于基础光学和光学技术的更多信息，例如偏振器、分束器、光子探测器等，参见教科书 [ST91]。单光子区域中的分束器被 Campos、Saleh 和 Tiech[CST89] 研究过，并且与此相关，$SU(2)$ 和两个耦合谐振子之间的优雅联系首先由 Schwinger[Sak95] 论述。Yurke 提出了量子比特“双轨”表示的概念，并由 Chuang 和 Yamamoto[CY95] 用来描述完整的量子计算机（使用非线性克尔介质），从而执行 Deutsch-Jozsa 算法（如习题 7.13）。量子光学 Fredkin 门首先由 Yamamoto、Kitagawa 和 Igeta[YKI88] 及 Milburn[Mil89a] 描述。Imamoglu 和 Yamamoto[IY94] 及 Kwiat、Steinberg、Chiao、Eberhard 和 Petroff[KSC+94] 讨论了光学量子计算机所需的单光子生成和测量技术。Kitagawa 和 Ueda[KU91] 讨论了使用电子光学和库仑相互作用代替克尔相互作用的类似机制。Watanabe 和 Yamamoto[WY90] 研究了单量子水平下传统的非共振非线性光学材料的基本限制。Cerf、Adami 和 Kwiat 研究了使用（指数多个）线性光学元件[CAK98] 模拟量子逻辑。Reck、Zeilinger、Bernstein 和 Bertani[RZBB94] 早期的一篇有影响力的论文描述了类似的架构，但未与量子计算明确联系。Kwiat、Mitchell、Schwindt 和 White 构建了 Grover 量子搜索算法的光学模拟，该算法使用线性光学，但尺度增加时似乎需要指数的资源[KMSW99]。有关不同距离光通信能量的讨论，请参见 Miller[Mil89b]。

Allen 和 Eberly[AE75] 撰写了一篇关于两能级原子和光学共振的精美论文。7.5.4 节中描述的实验由 Turchette、Hood、Lange、Mabuchi 和 Kimble 于 1995 年在加州理工学院完成[THL+95]。Turchette 的博士学位论文也给出了详细的解释[Tur97]。在这个实验中使用的单光子被称为“飞行量子比特”。Domokos、Raimond、Brune 和 Haroche[DRBH95] 提出了一种不同的方法，其中原子态用作量子比特，原子穿过光学腔。它基于用单原子将相干态切换到腔中的想法，如 Davidovich、Maali、Brune、Raimond 和 Haroche[DRBH87, DMB+93] 所述。

Cirac 和 Zoller[CZ95] 提出了离子阱量子计算的思想。我们在 7.6.1 节中对这个想法的讨论得益于 Steane[Ste97]，以及 Wineland、Monroe、Itano、Leibfried、King 和 Meekof[WMI+98] 的文章。Earnshaw 定理来自拉普拉斯方程，如他的原始论文[Ear42] 中描述的那样，或见现代电磁学教科书，如 Ramo、Whinnery 和 van Duzer[RWvD84]。图 7-8 是比照着 [Ste97] 中图 6 绘制的。图 7-7 是比照 [WMI+98] 绘制的。 7.6.4 节中描述的实验由位于科罗拉多州博尔德的国家标准与技术研究所的 Monroe、Meekhof、King、Itano 和 Wineland[MMK+95] 完成。图 7-15 从 Wineland[WMI+98] 中重印。Brewer、DeVoe 和 Kallenbach 设想使用平面微型离子阱[BDK92] 大阵列作为可扩展的量子计算机；这是图 7-12 所示的那种阱。James 已经广泛研究了离子阱中的加热和其他退相干机制的理论[Jam98]。Plenio 和 Knight 也在一定程度上研究了退相干对离子阱量子计算的影响，他们也考虑了诸如二能级近似失效的影响[PK96]。

DiVincenzo 首先提出在量子计算中使用核自旋[DiV95b]，并指出众所周知的、非常老的 ENDOR（电子核子双共振）脉冲序列本质上是受控门的一个实例。然而，在 Cory、Fahmy 和 Havel[CFH97] 及 Gershenfeld 和 Chuang[GC97] 认识到可以制备有效纯态之前，如何在室温下使用原子核系综进行量子计算的问题并没有被解决。还必须认识到可以修改量子算法以允许系综读出；[GC97] 中提供了该问题的解决方案，见 7.7.3 节。关于 NMR 的优秀教科书由 Ernst、Bodenhausen 和 Wokaun[EBW87] 及 Slichter[Sli96] 撰写。Warren 写了一篇关于 NMR 量子计算的批评[War97]；有趣的是，在同一篇论文中，他提倡使用电子自旋共振（ESR）进行量子计算。时间标记由 Knill、Chuang 和 Laflamme[KCL98] 提出。Chuang、Gershenfeld、Kubinec 和 Leung[CGKL98] 讨论了核磁共振逻辑门和 7.7.4 节的贝尔态制备电路。 7.7.4 节中 Grover 算法的实现是由 Chuang、Gershenfeld 和 Kubinec[CGK98] 实现的；图 7-20 取自他们的论文。Linden、Kupce 和 Freeman 注意到交换门可能是量子计算对 NMR 的有用贡献，并为它提供了脉冲序列[LKF99]。图 7-18 中显示逻辑标记的 3 个自旋数据来自 Vandersypen、Yannoni、Sherwood 和 Chuang[VYSC99] 的文章。Yamaguchi 和 Yamamoto 创造性地将 NMR 理念扩展到使用晶格[YY99]。图 7-21 所示分子归因于（a）Chuang、Vandersypen、Zhou、Leung 和 Lloyd[CVZ+98]（b）Cory、Mass、Price、Knill、Laflamme、Zurek 和 Havel[CMP+98]（c）Somaroo、Tseng、Havel、Laflamme 和 Cory[STH+99]（d）Vandersypen、Yannoni、Sherwood 和 Chu[VYSC99]（e）Nielsen、Knill 和 Laflamme[NKL98]（f）Leung、Vandersypen、Zhou、Sherwood、Yannoni、Kubinec 和 Chuang[LVZ+99]。Jones、Mosca 和 Hansen 也在小分子上实现了各种量子算法[JM98, JMH98]。实现熵限制的最佳标记方案由 Schulman 和 Vazirani[SV99] 设计。

人们对量子信息处理的 NMR 方法提出了各种批评。也许最全面的讨论是来自 Schack 和 Caves[SC99]，建立在 Braunstein、Caves、Jozsa、Linden、Popescu 和 Schack[BCJ+99] 的早期工作基础之上，其主要技术结论（尽管不一定与 NMR 联系）由 Vidal 和 Tarrach[Vid99] 及 Zyczkowski、Horodecki、Sanpera 和 Lewenstein[ZHSL99] 获得。另见 Linden 和 Popescu[LP99] 的讨论。

这里存在太多关于量子计算机实现的建议，所以只给出了一部分；给定引文中的引用可以为其他文章提供良好的引导。Lloyd 设想了许多量子计算机的实现，包括聚合物系统[Llo93]。Nakamura、Pashkin 和 Tsai 已证明可以控制单个库珀对量子比特，并观察其拉比振[NPT99]。Mooij、Orlando、Levitov、Tian、van der Waal 和 Lloyd 使用超导磁通[MOL+99] 研究了量子比特的表示。Platzman 和 Dykman 创造性地提出使用绑定在液氦表面的电子作为量子比特[PD99]。 7.8 节中基于自旋量子点量子比特实现的描述由 Loss 和 DiVincenzo[LD98] 提出；习题 7.52 是源自他们。Huibers、

Switkes、Marcus、Campman 和 Gossard[HSM+98] 的文章是关于量子点相干时间的文献这个有趣的主题。Imamoglu、Awschalom、Burkard、DiVincenzo、Loss、Sherwin 和 Small 已经提出了一种量子计算机实现，使用腔 QED 技术操作的量子点中的电子自旋[IAB+99]。Kane[Kan98] 提出了具有 ^{31}P 掺杂的硅基核自旋量子计算机，并且 Vrijen、Yablonovitch、Wang、Jiang、Balandin、Roychowdhury、Mor 和 DiVincenzo[VYW+99] 已将其扩展为使用埋入电子自旋的硅锗异质结构。最后，Brennen、Caves、Jessen 和 Deutsch[BCJD99] 提出用囚禁在远离共振的光晶格的中性原子作为量子计算的实现。

使用单光子和核自旋作为量子比特在实验上实现了量子隐形传态，如第 1 章末尾的“背景资料与延伸阅读”中所述。其中一个实现，来自于 Furusawa、Sørensen、Braunstein、Fuchs、Kimble 和 Polzik[FSB+98]，在本章中特别值得注意，因为它避免使用量子信息（如量子比特）的有限希尔伯特空间表示！相反，它利用无限维希尔伯特空间，其中连续变量（如位置和动量，7.3.2 节）参数化量子态。这种传送方法最初由 Vaidman[Vai94] 提出，然后由 Braunstein 和 Kimble[BK98a] 进一步发展。连续变量表示也已扩展到 Braunstein 和 Kimble[BK99] 提出的超密编码；到量子纠错，由 Braunstein[Bra98] 与 Lloyd 和 Slotine[LS98] 各自独立完成；再到计算，由 Lloyd 和 Braunstein[LB99] 完成。

第3部分

量子信息

第 8 章

量子噪声与量子操作

到目前为止，我们几乎只处理封闭量子系统的动力学，即量子系统不会与外界发生任何不必要的相互作用。尽管对于在此理想系统中原则上可实现的信息处理任务可以得出让人着迷的结论，但此观察受到如下事实的影响，即在现实世界中没有完全封闭的系统，除了整个宇宙。真实系统遭受与外界不必要的相互作用。这些不必要的相互作用在量子信息处理系统中显示为*噪声*。我们需要理解和控制这样的噪声过程，以便构建有用的量子信息处理系统。这是本书第三部分的中心主题，我们将从本章介绍的*量子操作形式体系*开始。这是一套强大的工具，使我们能够描述量子噪声和开放量子系统的行为。

开放与封闭系统的区别是什么？像某些机械钟表中出现的摆动单摆是一个近乎理想的封闭系统。单摆与外部世界——环境——的相互作用极为轻微，主要通过摩擦。尽管如此，为了恰当地描述单摆的整体动力学，以及为什么它最终停止运动，人们必须考虑空气阻尼的衰减效应，以及单摆悬挂构件的缺陷。类似地，没有量子系统是完全封闭的，尤其是量子计算机，它们必须被精细地编程以完成一些期望的操作。比方说，如果一个量子比特的态由一个电子的两个位置来代表，那么那个电子就会与其他带电粒子相互作用，并作为不可控的*噪声*根源影响量子比特的状态。一个开放系统不过就是与其他环境系统有相互作用的系统，我们希望忽略或平均掉环境的运动。

*量子操作*的数学形式体系是我们描述开放系统动力学的关键工具。这个工具极为强大，因为它可以同时应付各种物理场景。它不仅可用于描述与环境弱耦合的近乎封闭的系统，还可用于描述与其环境强耦合的系统，以及突然打开接受测量的封闭系统。量子操作在量子计算和量子信息应用中的另一个优点是特别适合描述*离散态变化*，即初状态 ρ 和最终态 ρ' 之间的转换，而无须明确参照时间的推移。这种离散时间分析与物理学家传统上用于描述开放量子系统的工具（例如“主方程”“郎之万方程”和“随机微分方程”）有很大不同，这些工具往往是连续时间的描述。

本章的结构如下。我们从 8.1 节开始讨论如何在经典系统中描述噪声。通过理解经典噪声获得的直觉对学习如何思考量子操作和量子噪声是很宝贵的。 8.2 节从 3 个不同的角度介绍量子操作形式，使我们能够完全熟悉量子操作的基本理论。 8.3 节介绍几个使用量子操作的噪声的重要例子。这包括诸如去极化、振幅阻尼和相位阻尼的示例。用布洛赫球解释理解单量子比特上的量子噪声的几何方法。8.4 节解释量子操作的一些其他应用：量子操作与物理学家通常用来描述量子噪声的其他工具之间的联系，比如主方程；如何使用称为量子过程层析的步骤来实验确定量子系统所经历的动力学；并解释量子操作如何用来理解我们周围的世界似乎遵守经典物理学规则这一事实，虽然它实际上遵循量子力学定律。8.5 节总结讨论量子操作形式体系作为描述量子系统中噪声的一般方法的局限性。

8.1 经典噪声与马尔可夫过程

要理解量子系统中的噪声，通过理解经典系统中的噪声来建立一些直觉是有帮助的。那么我们应该如何在经典系统中模拟噪声呢？让我们通过一些简单的例子来理解如何完成此事，还有量子系统中的噪声能告诉我们什么。

想象一下，一个比特存储在硬盘驱动器上，它与普通经典计算机相连。该比特从状态 0 或 1 开始，但经过很长一段时间后，散乱的磁场很可能会导致比特被扰乱，可能会翻转其状态。我们可以通过该比特翻转的概率 p 和该比特保持不变的概率 $1-p$ 来对此进行建模。此过程如图 8-1 所示。

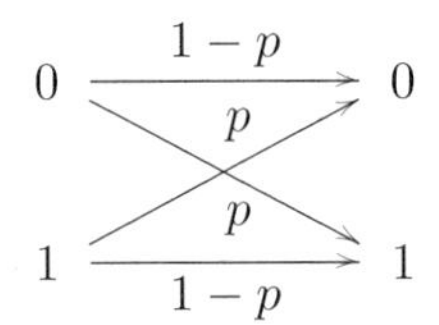

图 8-1 长时间后，存储于硬盘的一个比特有可能会以概率 p 翻转

当然，真正发生的是环境包含的磁场会导致比特翻转。为了找出该比特翻转的概率 p，我们需要理解两件事。首先，我们需要环境中磁场分布的模型。假设硬盘驱动器的用户没有做任何蠢事，比如在磁盘驱动器附近运行强磁铁，那么我们可以在类似驱动器运行的环境中对磁场进行采样来构建逼真的模型。其次，我们需要一个有关环境中的磁场将如何与硬盘上的比特相互作用的模型。幸运的是，此模型对物理学家来说是众所周知的，它叫作"麦克斯韦方程"。有了这两者在手，我们原则上能计算在一段规定的时间内在驱动器上发生比特翻转的概率 p。

这个基本程序——寻找环境及系统-环境相互作用的模型——是我们在经典和量子噪声研究中反复遵循的程序。与环境的相互作用是经典和量子系统中噪声的基本来源。找到环境或系统-环境相互作用的精确模型通常并不容易；然而，通过在建模中保持谨慎，并仔细研究系统的观测特性以确定它是否满足我们的模型，可以获得高度准确的在真实物理系统中的噪声模型。

可以用一个方程简洁地总结硬盘中单比特的行为。假设 p_0 和 p_1 是比特分别处于状态 0 和 1 的初始概率。令 q_0 和 q_1 为噪声发生后相应的概率。设 X 为该比特的初始状态，Y 为该比特的最终状态。于是总概率定律（附录 A）为

$$p(Y=y)=\sum_x p(Y=y|X=x)p(X=x) \tag{8.1}$$

条件概率 $p(Y=y|X=x)$ 被称为*转换概率*，因为它总结了系统中会发生的变化。把这些有关硬盘上比特的方程明确地写出来，我们有

$$\begin{bmatrix} q_0 \\ q_1 \end{bmatrix} = \begin{bmatrix} 1-p & p \\ p & 1-p \end{bmatrix} \begin{bmatrix} p_0 \\ p_1 \end{bmatrix} \tag{8.2}$$

让我们看一下经典系统中一个稍复杂的噪声例子。想象一下，我们正在尝试构建一个经典电路来执行一些计算任务。不幸的是，一些用来构建电路的组件是有缺陷的。我们的电路包含一个输入比特 X，紧接着对它施加两个（有故障的）非门，产生中间比特 Y 和最终的比特 Z。假设第二个门与第一个门是否正常工作是*相互独立的*，这看起来是合理的。这种假设——连续噪声过程各自独立地产生作用——在许多情况下在物理上是合理的。它会引发一种被称为*马尔可夫过程*的特殊类型的随机过程 $X \to Y \to Z$。物理上，马尔可夫性这种假设对应于引起第一个非门中的噪声环境*独立*于引起第二个非门中的噪声环境，一种可能的情形是，逻辑门在空间中相隔很远的距离。

总而言之，经典系统中的噪声可以用随机过程理论来描述。通常，在分析多阶段过程时，使用马尔可夫过程是一个很好的假设。对于单阶段过程，输出概率 $\vec{q}$ 通过等式与输入概率 $\vec{p}$ 联系起来

$$\vec{q} = E\vec{p} \tag{8.3}$$

其中 E 是转移概率的矩阵，我们把它称为*演化矩阵*。因此，系统的末态与初态线性地联系起来。这个线性的特性在量子噪声描述中也有，其中用密度矩阵代替了概率分布。

演化矩阵 E 必须具备哪些属性呢？我们要求如果 $\vec{p}$ 是有效的概率分布，那么 $E\vec{p}$ 也必须是有效的概率分布。满足这个条件结果等价于对 E 的两个条件。首先，E 的所有条目必须是非负的，这被称为*正定性*要求。否则就有可能在 $E\vec{p}$ 中出现负概率。其次，E 的所有列必须总和为 1，这被称为*完备性*要求。假设这不成立。想象一下，假如第一列之和不为 1。让 $\vec{p}$ 在第一个条目为 1，而在其他地方都为零，我们看到 $E\vec{p}$ 在此情况下不是有效的概率分布。

总而言之，经典噪声的关键特征如下：输入和输出概率之间存在线性关系，由所有项非负（正定性）且列总和为一（完备性）的转移矩阵来描述。涉及多个阶段的经典噪声过程由马尔可夫过程描述，前提是噪声由独立的环境引起。这些关键特征中的每一个在量子噪声理论中都有重要的类似物。当然，还有一些令人惊讶的量子噪声新特性！

8.2 量子操作

8.2.1 概述

量子操作形式体系是描述量子系统在各种情况下演化的一般工具，包括量子态的随机演化，就像马尔可夫过程描述经典态的随机变化一样。正如经典态由概率矢量描述那样，我们会用密度算子（密度矩阵）ρ 来描述量子态，有关它的特性，在开始阅读本章之前，你也许需要重读 2.4 节

回顾一下。类似于式 (8.3) 描述的经典态如何变换，量子态的变换为

$$\rho' = \mathcal{E}(\rho) \tag{8.4}$$

此方程中的映射 $\mathcal{E}$ 是一个量子操作。在第 2 章，我们遇到过两个量子操作的例子，酉变换和测量，分别为 $\mathcal{E}(\rho) = U\rho U^\dagger$ 和 $\mathcal{E}_m(\rho) = M_m\rho M_m^\dagger$（见下面的习题 8.1 和习题 8.2 ）。量子操作抓住了一个态由于某些物理过程所产生的动力学改变；ρ 是物理过程之前的初态，而 $\mathcal{E}(\rho)$ 是过程发生后的末态，有可能再加上一些归一化因子。

在接下来的几节中，我们会发展一个包含酉演化、测量，甚至更一般过程的量子操作的一般理论！我们将开发 3 种不同的理解量子操作的方法，如图 8-2 所示，所有这些方法都是等效的。第一种方法基于研究动力学是系统和环境之间相互作用的结果这一想法，就像 8.1 节中描述的经典噪声那样。这种方法具体且易于与现实世界联系。不幸的是，它有数学上不方便的缺点。我们的第二种理解量子操作的方法与第一种完全等价，提供了一个强大的量子操作的数学表示，即*算子和表示*，从而解决了这个数学上的不便。此方法很抽象，但是对计算和理论工作非常有用。我们对量子操作的第三种方法与其他两种等价，是一系列带有物理动机的公理，我们希望量子力学中动态映射能满足。此方法的优点在于它极具*一般性*——它表明量子动力学将能在极为广泛的情形下被量子操作所描述。尽管如此，它无法提供如同第二种方法那样的计算上的便利性，也不像第一种那样具备具体的特性。总之，这三种量子操作方法提供了一种强大的工具，可用来理解量子噪声及其影响。

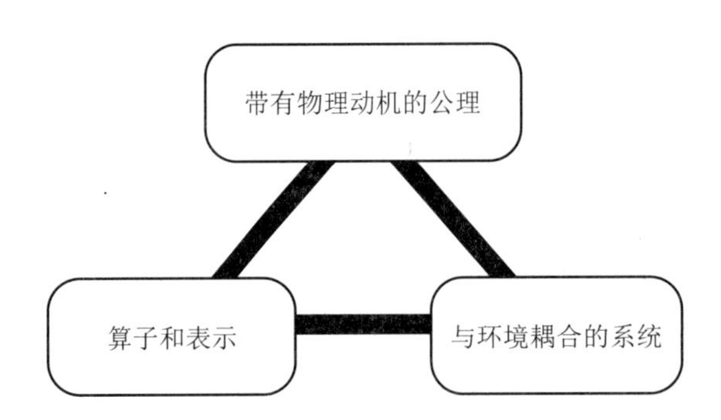

图 8-2　三种等价的量子操作方法，但依赖于预期的应用有不同的优势

习题 8.1（*作为量子操作的酉演化*）　纯态在酉变换下的演化为 $|\psi\rangle \to U|\psi\rangle$。证明可以等价地写出对 $\rho = |\psi\rangle\langle\psi|$，有 $\rho \to \mathcal{E}(\rho) \equiv U\rho U^\dagger$。

习题 8.2（*作为量子操作的测量*）　回顾一下 2.2.3 节，输出标记为 m 的量子测量由一组测量算子 M_m 来描述，且 $\sum_m M_m^\dagger M_m = I$。令系统在测量前的瞬时状态为 ρ。证明对于 $\mathcal{E}_m(\rho) \equiv M_m\rho M_m^\dagger$，系统在测量之后的瞬间状态为

$$\frac{\mathcal{E}_m(\rho)}{\operatorname{tr}(\mathcal{E}_m(\rho))} \tag{8.5}$$

同时证明获得此测量结果的概率为 $p(m) = \operatorname{tr}(\mathcal{E}_m(\rho))$。

8.2.2 环境与量子操作

封闭量子系统的动力学由一个酉变换所描述。从概念上而言，我们可以把酉变换想象为一个盒子，输入态进入它，而输出态从中出来，如图 8-3 的左边所示。对我们而言，盒子内部的工作原理我们并不关心；它可以通过量子电路或某些哈密顿量系统，乃至其他任何东西实现。

描述开放量子系统动力学的一种自然方式是将其视为由感兴趣的系统（我们称之为主系统）与环境之间的相互作用产生，它们共同形成一个封闭的量子系统，如图 8-3 的右侧所示。换句话说，假设我们有一个处于状态 ρ 的系统，它被发送到一个与环境耦合的盒子中。通常系统的最终状态 $\mathcal{E}(\rho)$ 可能与初始态 ρ 的酉变换无关。我们假设（现在）系统-环境的输入状态是一个直积态 $\rho\otimes\rho_{\rm env}$。在方框中的 U 转换之后，系统不再与环境交互，因此我们对环境求偏迹以获得约化后的系统状态：

$$\mathcal{E}(\rho)=\operatorname{tr}_{\rm env}\left[U\left(\rho\otimes\rho_{\rm env}\right)U^{\dagger}\right] \tag{8.6}$$

当然，如果 U 不包含任何与环境的相互作用，那么 $\mathcal{E}(\rho)=\tilde{U}\rho\tilde{U}^{\dagger}$，其中 $\tilde{U}$ 是 U 的一部分，只作用于系统上。式 (8.6) 是我们 3 个等价的量子操作定义中的第一种。

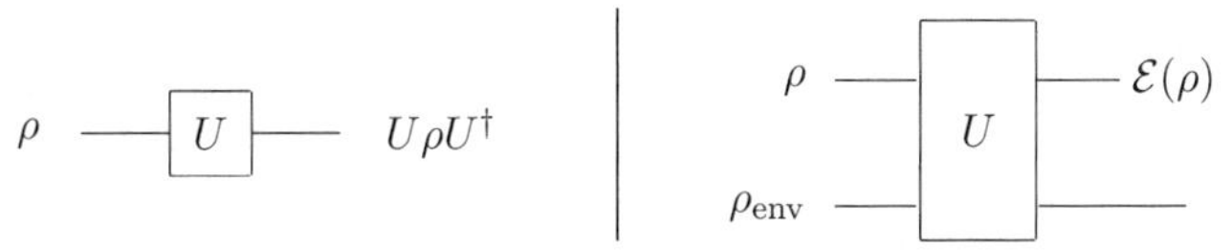

图 8-3　封闭（左）与开放（右）量子系统的模型。一个开放量子系统包含两部分，主系统与环境

这个定义中做了一个重要的假设——我们假定系统和环境始于直积态。当然，总的来说事实并非如此。量子系统与其环境不断相互作用，建立关联。它的一种表现方式是系统与其环境之间的热交换。留给自己的量子系统将弛豫到与其环境相同的温度，从而导致两者之间存在关联。然而，在许多有实际意义的情况下，假设系统及其环境始于直积态是合理的。当实验者在指定状态下准备量子系统时，他们会消去该系统与环境之间所有的关联。在理想情况下，关联将被完全破坏，使系统处于纯状态。即使不是这种情况，我们稍后会看到，量子操作形式体系甚至可以描述系统和环境不是从直积态开始时的量子动力学。

可能出现的另一个问题是：如果环境具有几乎无限的自由度，如何确定 U。事实证明，非常有趣的是，为使这个模型正确描述任何可能的变换 $\rho\to\mathcal{E}(\rho)$，如果主系统具有 d 维的希尔伯特空间，那么将环境在不超过 d^2 维的希尔伯特空间中建模就够了。事实上，环境不需要以混合状态开始；一个纯态就行。我们将在 8.2.3 节中返回这些要点。

作为式 (8.6) 应用的一个具体例子，考虑图 8-4 所示两量子比特量子电路，其中 U 是受控非门，主系统为控制比特，而环境作为目标比特初始时处于 $\rho_{\rm env}=|0\rangle\langle 0|$。代入式 (8.6)，很容易看到

$$\mathcal{E}(\rho)=P_0\rho P_0+P_1\rho P_1 \tag{8.7}$$

其中，$P_0=|0\rangle\langle 0|$ 和 $P_1=|1\rangle\langle 1|$ 是投影算子。直觉上，此运动会发生，因为只有当系统处于 $|0\rangle$ 时环境会待在 $|0\rangle$ 态；否则环境会被翻转到 $|1\rangle$ 态。在下一节中，作为算子和表示的一个例子，我

们给出此方程的推导过程。

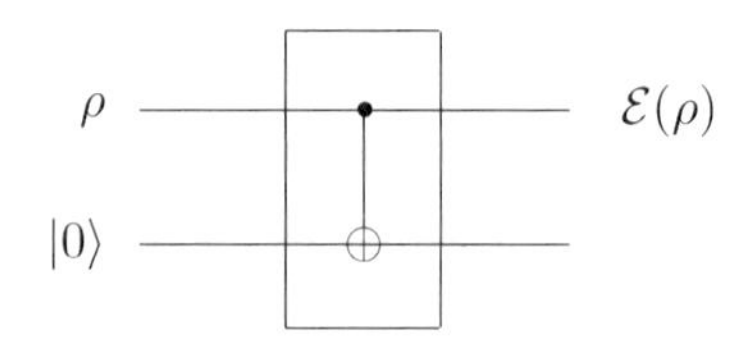

图 8-4　作为单比特量子操作的一个基本例子的受控非门

我们已经把量子操作描述为随着主系统与环境的相互作用而出现；尽管如此，把此定义推广到某些允许不同的输入与输出空间的情形会更便利。比如，想象一个单量子比特，我们记为 A，被制备到某未知态 ρ。一个三能级量子系统（qutrit）记为 B，被制备到某个标准态 $|0\rangle$，然后与系统 A 通过 U 相互作用，导致这个联合系统演化到态 $U(\rho\otimes|0\rangle\langle 0|)U^\dagger$。然后我们忽略系统 A，让系统 B 处于某个最终态 ρ'。根据定义，描述此过程的量子操作 $\mathcal{E}$ 为

$$\mathcal{E}(\rho)=\rho'=\operatorname{tr}_A\left(U(\rho\otimes|0\rangle\langle 0|)U^\dagger\right) \tag{8.8}$$

注意 $\mathcal{E}$ 把输入系统 A 的密度算子映射到输出系统 B 的密度算子上。下面大部分有关量子操作的讨论都着眼于某系统 A 上，也就是，它们会把系统 A 的密度算子映射到系统 A 的密度算子。尽管如此，在应用中允许更一般的定义有时也是很有用的。此定义由将量子操作定义为以下过程产生的映射类而提供：一些初始系统被制备到未知量子态 ρ，然后与制备到标准态的其他系统接触，可以根据一些酉相互作用而互相影响，然后丢弃复合系统的某些部分，只剩下最终系统处于某状态 ρ'。定义这个过程的量子操作 $\mathcal{E}$ 简单地将 ρ 映射到 ρ'。我们将看到，这种推广使得不同的输入和输出空间与我们用算子和表示处理的量子操作，以及我们的公理研究自然融合。无论如何，在大多数情况下这都会简化讨论：我们假设量子操作的输入和输出空间是相同的，并使用在一般情况下消失的“主系统”和“环境”以方便区分；偶尔练习，以便输入和输出空间不同时给出必要的推广。

8.2.3　算子和表示

量子操作可以用一种称为*算子和表示*的优雅形式来表示，它本质上是根据主系统的希尔伯特空间上的算子明确地重新表达式 (8.6)。主要结果通过以下简单计算得出。设 $|e_k\rangle$ 是环境（有限维）状态空间的标准正交基，令 ρ_{env} 是环境的初始状态。不失一般性，可以假设环境以纯态开始，因为如果它以混合态开始，我们总可以引入额外的系统来纯化（2.5 节）。虽然这个额外的系统是“虚构的”，但它对主系统所经历的动力学没有影响，因此可以用作计算的中间步骤。式 (8.6) 于是可以重写为

$$\begin{aligned}\mathcal{E}(\rho)&=\sum_k\left\langle e_k\left|U\left[\rho\otimes|e_0\rangle\langle e_0|\right]U^\dagger\right|e_k\right\rangle &(8.9)\\&=\sum_k E_k\rho E_k^\dagger &(8.10)\end{aligned}$$

其中 $E_k \equiv \langle e_k|U|e_0\rangle$ 是作用于主系统态空间中的一个算子。式 (8.10) 被称为算子和表示 $\mathcal{E}$。算子 $\{E_k\}$ 被称为量子操作 $\mathcal{E}$ 的操作元。算子和表示是重要的；它将会在本书以后的部分中不断用到。

操作元满足称为完备性关系的重要约束，类似于经典噪声的描述中演化矩阵的完备性关系。在经典案例中，完备性关系源于概率分布被归一化的要求。在量子情形中，完备性关系源于 $\mathcal{E}(\rho)$ 的迹等于 1 这个类似的限制，

$$1 = \mathrm{tr}(\mathcal{E}(\rho)) \tag{8.11}$$

$$= \mathrm{tr}\left(\sum_k E_k\rho E_k^\dagger\right) \tag{8.12}$$

$$= \mathrm{tr}\left(\sum_k E_k^\dagger E_k\rho\right) \tag{8.13}$$

既然这个关系对于所有 ρ 都成立，于是必然有

$$\sum_k E_k^\dagger E_k = I \tag{8.14}$$

保迹的量子操作满足这个方程。也存在非保迹的量子操作，对它们有 $\sum_k E_k^\dagger E_k \leqslant I$，但在其描述的过程中发生了什么额外信息是由测量获得的，我们简短地解释一下细节。形如式 (8.10) 的映射 $\mathcal{E}$（其中 $\sum_k E_k^\dagger E_k \leqslant I$）给我们提供了量子操作的第二种定义。我们接下来证明此定义实际上与第一种式 (8.6) 等价，且实际上更为一般，因为它适用于非保迹的操作。我们将会经常在这两个定义之间来回移动，从上下文中应该清楚我们当时在使用哪种定义。

习题 8.3　我们对算子和表示的推导隐含地假设了操作的输入和输出空间是相同的。假设初始时一个复合系统 AB 初始化到一个未知的量子态 ρ，它与另一个初始化为标准态 $|0\rangle$ 的复合系统 CD 接触，且这两个系统按照一个酉相互作用 U 互相影响。作用之后，我们丢弃系统 A 和 D，留下系统 BC 的态 ρ'。对于从系统 AB 的态空间到系统 BC 的态空间的一些线性算子集合 E_k，证明映射 $\mathcal{E}(\rho) = \rho'$ 满足

$$\mathcal{E}(\rho) = \sum_k E_k\rho E_k^\dagger \tag{8.15}$$

算子和表示很重要，因为它为我们提供了表征主系统动力学的内在手段。算子和表示描述了主系统的动力学，而无须明确考虑环境的属性；我们需要知道的所有内容都包含在算子 E_k 中，它仅作用于主系统。这简化了计算并且常常提供了相当多的理论见解。不仅如此，许多不同的环境相互作用可能会在主系统上产生相同的动力学。如果感兴趣的仅是主系统的动力学，那么选择动力学的表示是有意义的，它不包括关于其他系统的不重要信息。

在本节的其余部分，我们将探索算子和表示的特性，特别是三个特征。首先，我们根据操作元 E_k 给它一个物理解释。由此产生的自然问题是如何确定任何开放量子系统的算子和表示（例如，给定系统-环境相互作用或其他特征）。在下面讨论的第二个主题中对此问题，以及与之相反的如何为任意算子和表示构建开放量子系统模型，给出了回答。

习题 8.4（测量） 假设我们有一个量子比特的主系统，通过如下变换与另一个量子比特环境相互作用，

$$U = P_0 \otimes I + P_1 \otimes X \tag{8.16}$$

其中 X 是泡利矩阵（作用于环境），而 $P_0 \equiv |0\rangle\langle 0|, P_1 \equiv |1\rangle\langle 1|$ 是投影算子（作用于系统）。在算子和表示中，给出此过程的量子操作，假设环境从 $|0\rangle$ 开始。

习题 8.5（自旋翻转） 如同前一个习题那样，不过现在令

$$U = \frac{X}{\sqrt{2}} \otimes I + \frac{Y}{\sqrt{2}} \otimes X \tag{8.17}$$

给出此过程的用算子和表示的量子操作。

习题 8.6（量子操作的组合） 假设 $\mathcal{E}$ 和 $\mathcal{F}$ 是作用在同一个量子系统的量子操作。证明组合 $\mathcal{F}\circ\mathcal{E}$ 是一个量子操作，在某种意义上它有一个算子和表示。表述并证明该结果可以扩展到 $\mathcal{E}$ 和 $\mathcal{F}$ 没有相同输入与输出空间的情况。

算子和表示的物理诠释

可以给算子和表示一个很好的解释。想象一下，在施加酉变换 U 之后，在基矢 e_k 上执行对环境的测量。应用隐式测量原理，我们发现这种测量只影响环境的状态，而不会改变主系统的状态。假设结果 k 出现，那就让 ρ_k 成为主系统的状态，于是

$$\rho_k \propto \operatorname{tr}_E\left(|e_k\rangle\langle e_k\left|U\left(\rho\otimes|e_0\rangle\langle e_0|\right)U^\dagger\right|e_k\rangle\langle e_k|\right) = \langle e_k\left|U\left(\rho\otimes|e_0\rangle\langle e_0|\right)U^\dagger\right|e_k\rangle \tag{8.18}$$

$$= E_k\rho E_k^\dagger \tag{8.19}$$

归一化 ρ_k：

$$\rho_k = \frac{E_k\rho E_k^\dagger}{\operatorname{tr}\left(E_k\rho E_k^\dagger\right)} \tag{8.20}$$

我们发现结果 k 出现的概率为

$$p(k) = \operatorname{tr}\left(|e_k\rangle\langle e_k\left|U\left(\rho\otimes|e_0\rangle\langle e_0|\right)U^\dagger\right|e_k\rangle\langle e_k|\right) \tag{8.21}$$

$$= \operatorname{tr}\left(E_k\rho E_k^\dagger\right) \tag{8.22}$$

因此

$$\mathcal{E}(\rho) = \sum_k p(k)\rho_k = \sum_k E_k\rho E_k^\dagger \tag{8.23}$$

这给我们提供了一个美妙的物理解释，用于操作元 $\{E_k\}$ 的量子操作。量子操作的作用相当于选取态 ρ，然后以概率 $\operatorname{tr}\left(E_k\rho E_k^\dagger\right)$ 用 $E_k\rho E_k^\dagger/\operatorname{tr}\left(E_k\rho E_k^\dagger\right)$ 随机地替换它。在此意义上，这与经典信息论中噪声通信信道的概念很相似；在这种情况下，我们有时会将描述量子噪声过程的某些量子操作看成有噪声的量子信道。

基于图 8-4 的一个简单的例子说明了算子和表示的这个诠释。假设我们选择态 $e_k = |0_E\rangle$ 和 $|1_E\rangle$，其中包含了下标 E，以便明确表示这个态是环境的状态。这可以解释为在环境量子比特的计算基础上进行测量，如图 8-5 所示。当然，进行这样的测量不会改变主系统的状态。使用下标 P 表示主系统，受控非可以被推广为

$$U = |0_P 0_E\rangle \langle 0_P 0_E| + |0_P 1_E\rangle \langle 0_P 1_E| + |1_P 1_E\rangle \langle 1_P 0_E| + |1_P 0_E\rangle \langle 1_P 1_E| \tag{8.24}$$

于是

$$E_0 = \langle 0_E|U|0_E\rangle = |0_P\rangle \langle 0_P| \tag{8.25}$$

$$E_1 = \langle 1_E|U|0_E\rangle = |1_P\rangle \langle 1_P| \tag{8.26}$$

且因此有

$$\mathcal{E}(\rho) = E_0 \rho E_0 + E_1 \rho E_1 \tag{8.27}$$

与式 (8.7) 一致。

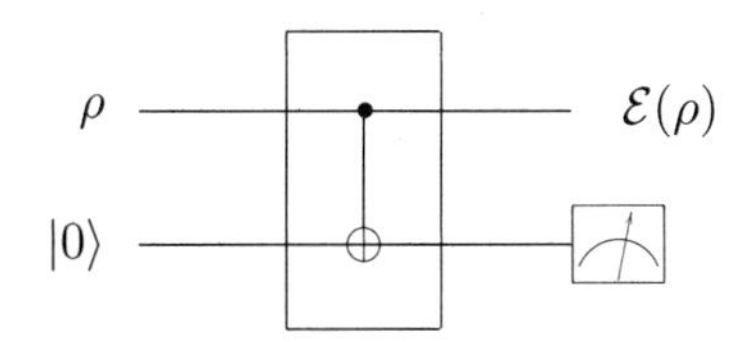

图 8-5　作为单量子比特测量的一个基本模型的受控非门

测量与算子和表示

给出一个开放量子系统的表示，我们如何能确定其动力学的算子和表示呢？我们已经发现了一种答案：给出系统-环境变换操作 U，以及一组环境的基 $|e_k\rangle$，操作元为

$$E_k \equiv \langle e_k|U|e_0\rangle \tag{8.28}$$

通过允许在酉相互作用之后对组合系统环境执行测量，有可能进一步扩展该结果，进而可以获取关于量子状态的信息。事实证明，这种物理上的可能性自然地与非保迹的量子操作相关联，即映射 $\mathcal{E}(\rho) = \sum_k E_k \rho E_k^\dagger$，其中 $\sum_k E_k^\dagger E_k \leqslant I$。

假设主系统初始时处于态 ρ。为方便起见，我们用字母 Q 来标记主系统。与之相邻的是环境系统 E。我们假设 Q 和 E 最初是相互独立的系统，且 E 以某标准态 ρ 开始。系统的联合态因而最初为

$$\rho^{QE} = \rho \otimes \sigma \tag{8.29}$$

我们假设系统间按照某些酉相互作用 U 互相影响。在酉相互作用之后，在联合系统上进行投影测量，由投影算子 P_m 描述。不进行测量的情况对应于仅存在单个测量结果的特殊情况，$m = 0$，它对应于投影算子 $P_0 \equiv I$。

图 8-6 总结了各种情形。我们的目标是确定作为初态 ρ 的函数的 Q 的末态。当测量结果 m 出现时，QE 的末态写为

$$\frac{P_m U(\rho\otimes\sigma)U^\dagger P_m}{\operatorname{tr}\left(P_m U(\rho\otimes\sigma)U^\dagger P_m\right)} \tag{8.30}$$

对 E 取迹我们发现单独 Q 的末态为

$$\frac{\operatorname{tr}_E\left(P_m U(\rho\otimes\sigma)U^\dagger P_m\right)}{\operatorname{tr}\left(P_m U(\rho\otimes\sigma)U^\dagger P_m\right)} \tag{8.31}$$

这个末态的表示包含了环境的初态 σ、相互作用 U 和测量算子 P_m。定义一个映射

$$\mathcal{E}_m(\rho) \equiv \operatorname{tr}_E\left(P_m U(\rho\otimes\sigma)U^\dagger P_m\right) \tag{8.32}$$

因此 Q 自身的末态为 $\mathcal{E}_m(\rho)/\operatorname{tr}(\mathcal{E}_m(\rho))$。注意 $\operatorname{tr}[\mathcal{E}_m(\rho)]$ 是测量结果 m 发生的概率。令 $\sigma = \sum_j q_j|j\rangle\langle j|$ 为对 σ 系综展开。引入系统 E 的正交基 $|e_k\rangle$。注意到

$$\mathcal{E}_m(\rho) = \sum_{jk} q_j \operatorname{tr}_E\left(|e_k\rangle\left\langle e_k\left|P_m U(\rho\otimes|j\rangle\langle j|)U^\dagger P_m\right|e_k\right\rangle\langle e_k|\right) \tag{8.33}$$

$$= \sum_{jk} E_{jk}\rho E_{jk}^\dagger \tag{8.34}$$

其中

$$E_{jk} \equiv \sqrt{q_j}\,\langle e_k|P_m U|j\rangle \tag{8.35}$$

此方程是式 (8.10) 的推广，如果 E 的初态 σ 是已知的，且 Q 与 E 之间的动力学也是已知的，那么它还给出了计算算子和表示 $\mathcal{E}$ 中出现的算子的一个具体的方法。量子操作 $\mathcal{E}_m$ 可以被想象为某种测量过程，从而推广了第 2 章中所描述的测量。

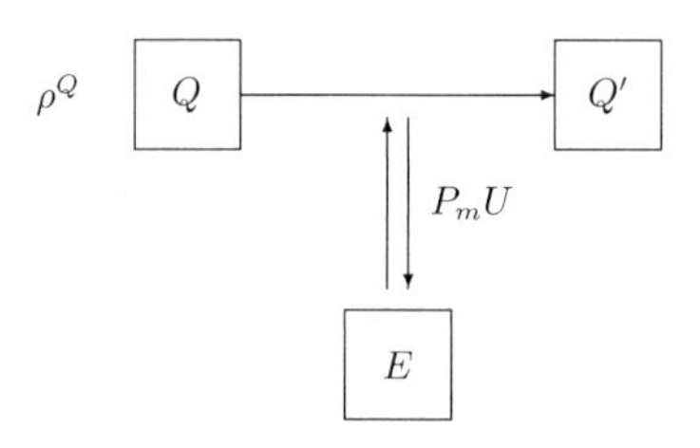

图 8-6　量子操作的环境模型

习题 8.7　假设我们不对组合起来的主系统与环境做投影测量，而是完成一个由测量算子 $\{M_m\}$ 描述的一般性测量。找到主系统量子操作 $\mathcal{E}_m$ 相应的算子和表示，并证明相应的测量概率为 $\operatorname{tr}[\mathcal{E}(\rho)]$。

对任意算子和表示的系统-环境模型

我们已经证明，相互作用的量子系统以自然的方式产生了量子操作的算子和表示。反过来呢？给定一组算子 $\{E_k\}$，是否存在一些合理的环境系统和动力学模型，它们会产生带有这些操作元的量子操作？“合理”是指动力学必须是酉演化或投射测量。在这里，我们将展示如何构建这样的模型。我们将仅展示如何为将输入空间映射到相同输出空间的量子操作做到这一点，尽管主要是把构造推广为更一般情况的符号问题。特别地，我们证明对于任何保迹或非保迹量子操作 $\mathcal{E}$，具有操作元 $\{E_k\}$，存在一个从纯态 $|e_0\rangle$ 开始的模型环境 E，且模型动力学由一个酉算子 U 和从 P 到 E 的投影算子所确定，即为

$$\mathcal{E}(\rho) = \operatorname{tr}_E\left(PU\left(\rho \otimes |e_0\rangle\langle e_0|\right)U^\dagger P\right) \tag{8.36}$$

为了看出这点，首先假定 $\mathcal{E}$ 是一个保迹的量子操作，具有由操作元 $\{E_k\}$ 生成的算子和表示。操作元满足完备性关系 $\sum_k E_k^\dagger E_k = I$，因此我们只需要尝试找到一个合适的酉算子 U 来对动力学建模。令 $|e_k\rangle$ 为 E 的正交基集合，与算子 E_k 的指标 k 一一对应。注意根据定义E 有这种基；我们尝试找到一个模型环境，它产生的动力学由操作元 $\{E_k\}$ 来描述。定义一个算子 U，它对形如 $|\psi\rangle|e_0\rangle$ 的态具有如下效应：

$$U|\psi\rangle|e_0\rangle \equiv \sum_k E_k|\psi\rangle|e_k\rangle \tag{8.37}$$

其中 $|e_0\rangle$ 仅仅是模型环境的某些标准态。注意对主系统的任意态 $|\psi\rangle$ 和 $|\varphi\rangle$，根据完备性关系有

$$\left\langle\psi\left|\left\langle e_0\left|U^\dagger U\right|\varphi\right\rangle\right|e_0\right\rangle = \sum_k\left\langle\psi\left|E_k^\dagger E_k\right|\varphi\right\rangle = \langle\psi|\varphi\rangle \tag{8.38}$$

因此算子 U 可以被扩展为一个作用于复合系统整个态空间的酉算子。很容易验证

$$\operatorname{tr}_E\left(U\left(\rho\otimes|e_0\rangle\langle e_0|\right)U^\dagger\right) = \sum_k E_k\rho E_k^\dagger \tag{8.39}$$

因而此模型提供了基于操作元 $\{E_k\}$ 的量子操作 $\mathcal{E}$ 的一种物理实现。专题 8.1 中阐述了此结果。

非保迹的量子操作可以沿用相同电路构造很容易地建模（习题 8.8 ）。此构造更为有趣的推广是如下情形：量子操作 $\{\mathcal{E}_m\}$ 对应于来自测量的各种可能的输出。因此量子操作 $\sum_m \mathcal{E}_m$ 是保迹的，因为对所有可能的输入 ρ，不同输出结果的概率和为 1，$1 = \sum_m p(m) = \operatorname{tr}\left[\left(\sum_m \mathcal{E}_m\right)(\rho)\right]$。见下面的习题 8.9 。

习题 8.8（非保迹量子操作）　讲解一下如何通过在操作元集合 E_k 中引入一个额外的算子 E_∞，对一个非保迹操作的系统-环境模型构造出一个酉算子。当所有 k 的集合求和，包括 $k=\infty$，通过适当的选择人们得到 $\sum_k E_k^\dagger E_k = I$。

习题 8.9（测量模型）　如果我们有一个量子操作集合 $\{\mathcal{E}_m\}$，使得 $\sum_m \mathcal{E}_m$ 是保迹的，那么有可能构建一个测量模型，从中产生这个量子操作集合。对每个 m，令 E_{mk} 是 $\mathcal{E}_m$ 的一组操作元。引入一个环境系统 E，具有正交的基 $|m,k\rangle$，与操作元的角标集合一一对应。类似于早前的构造，

定义一个算子 U 使得

$$U|\psi\rangle|e_0\rangle=\sum_{mk}E_{mk}|\psi\rangle|m,k\rangle \tag{8.40}$$

下一步，定义作用于环境系统 E 的投影算子 $P_m\equiv\sum_k|m,k\rangle\langle m,k|$。证明，在 $\rho\otimes|e_0\rangle\langle e_0|$ 上施加 U，然后测量 P_m 给出 m，概率为 $\mathrm{tr}\left(\mathcal{E}_m(\rho)\right)$，相应的主系统测量后的状态为 $\mathcal{E}_m(\rho)/\,\mathrm{tr}\left(\mathcal{E}_m(\rho)\right)$。

专题 8.1　模仿一个量子操作

给出一个以算子和表示写出的保迹的量子操作，$\mathcal{E}(\rho)=\sum_k E_k\rho E_k^\dagger$，我们能以如下方式为它构建一个物理模型。由式 (8.10)，我们希望 U 满足

$$E_k=\langle e_k|U|e_0\rangle \tag{8.41}$$

其中 U 是某酉算子，而 $|e_k\rangle$ 是环境的正交基矢。此 U 可以方便地通过基矢为 $|e_k\rangle$ 的方块矩阵来表示：

$$U=\begin{bmatrix}[E_1] & \cdot & \cdot & \cdot & \cdots\\ [E_2] & \cdot & \cdot & \cdot & \cdots\\ [E_3] & \cdot & \cdot & \cdot & \cdots\\ [E_4] & \cdot & \cdot & \cdot & \cdots\\ \vdots & \vdots & \vdots & \vdots & \end{bmatrix} \tag{8.42}$$

注意，操作元 E_k 只决定了此矩阵的第一列（与其他地方不同，在这里为了方便起见，状态的第一个标记为环境，而第二个标记是主系统）确定此矩阵的其他部分就留给我们；我们直接选取矩阵元使得 U 是酉的。注意根据第 4 章的结果，U 可以通过一个量子电路来实现。

8.2.4　量子操作的公理化方法

到目前为止，我们研究量子操作的主要动机是它提供了一种优雅的方法，用于研究与环境相互作用的系统。现在我们将会转换到不同的视角，从而尝试写出我们预计量子操作将会遵循的，由物理启发的公理。此视角比我们早先的、基于具体系统-环境模型的方法更为抽象，但也因此而极为强大。

我们要以如下的方式继续推进。首先，我们将忘记我们所学到的关于量子操作的一切，基于一组公理从定义量子操作开始。我们将从物理角度证明这些公理。完成之后，我们将证明当且仅当映射 $\mathcal{E}$ 具有算子和表示时满足这些公理，从而给抽象的公理化形式和我们之前的讨论之间提供所缺失的联系。

我们定义一个量子操作 $\mathcal{E}$，它从输入空间 Q_1 的密度算子集合映射到输出空间 Q_2，同时具有如下三个公理化的特性：（注意为了标记的简洁，在证明中我们选取 $Q_1=Q_2=Q$。）

- **A1**：首先，$\mathrm{tr}[\mathcal{E}(\rho)]$ 是当 ρ 为初态时，$\mathcal{E}$ 代表的过程所发生的概率。因此，对任意 ρ 有 $0\leqslant\mathrm{tr}[\mathcal{E}(\rho)]\leqslant 1$。

- **A2**：其次，$\mathcal{E}$ 是一个作用在密度矩阵集合上凸的线性映射，也就是对于概率 $\{p_i\}$，

$$\mathcal{E}\left(\sum_i p_i\rho_i\right)=\sum_i p_i\mathcal{E}\left(\rho_i\right) \tag{8.43}$$

- **A3**：第三，$\mathcal{E}$ 是一个完全正定的映射。也就是如果 $\mathcal{E}$ 把系统 Q_1 的密度算子映射到系统 Q_2 的密度算子，那么对任何正算子 A，$\mathcal{E}(A)$ 都必须是正的。不仅如此，如果我们引入一个有任意维度的额外系统 R，对作用于复合系统 RQ_1 的任意正算子 A，$(\mathcal{I}\otimes\mathcal{E})(A)$ 都是正的，$\mathcal{I}$ 代表系统 R 中的单位映射，上述论断必然为真。

第一个性质是为了数学上的方便。为了应对测量的情况，事实证明，使 $\mathcal{E}$ 无须保持密度矩阵的迹特性（即 $\operatorname{tr}(\rho)=1$）是非常方便的。相反，我们的约定让 $\mathcal{E}$ 以此方式定义，即 $\operatorname{tr}[\mathcal{E}(\rho)]$ 等于由 $\mathcal{E}$ 所描述的测量输出的概率。比方说，假定我们在一个单量子比特的可计算基矢上做投影测量。然后两个量子操作被用于描述此过程，它们分别被定义为 $\mathcal{E}_0(\rho)\equiv|0\rangle\langle 0|\rho|0\rangle\langle 0|$ 和 $\mathcal{E}_1(\rho)\equiv|1\rangle\langle 1|\rho|1\rangle\langle 1|$。注意，测量结果的概率分别被正确地写为 $\operatorname{tr}\left[\mathcal{E}_0(\rho)\right]$ 和 $\operatorname{tr}\left[\mathcal{E}_1(\rho)\right]$。在此约定下，正确的归一化最终量子态因此为

$$\frac{\mathcal{E}(\rho)}{\operatorname{tr}[\mathcal{E}(\rho)]} \tag{8.44}$$

如果这个过程是确定性的，也就是没有测量发生，那么就退化为要求对所有的 ρ 都有 $\operatorname{tr}[\mathcal{E}(\rho)]=1=\operatorname{tr}(\rho)$。如之前讨论的，在此情况下，我们说这个量子操作是一个保迹的量子操作，因为它自身的 $\mathcal{E}$ 给出了量子过程的完整描述。另一方面，如果有一个 ρ 满足 $\operatorname{tr}[\mathcal{E}(\rho)]<1$，那么此量子操作就是非保迹的，因为它自身的 $\mathcal{E}$ 给可能在系统中发生的过程提供了完整描述。(也就是，其他测量结果也能以一定的概率发生。) 一个物理的量子操作要满足概率绝不超过 1 的要求，$\operatorname{tr}[\mathcal{E}(\rho)]\leqslant 1$。

第二个性质来自对量子操作的物理要求。假设对量子操作的输入 ρ 是从系综 $\{p_i,\rho_i\}$ 中随机地选取的一个状态，也就是 $\rho=\sum_i p_i\rho_i$。于是我们可以预计结果为 $\mathcal{E}(\rho)/\operatorname{tr}[\mathcal{E}(\rho)]=\mathcal{E}(\rho)/p(\mathcal{E})$，对应于从系综 $\{p(i|\mathcal{E}),\mathcal{E}\left(\rho_i\right)/\operatorname{tr}\left[\mathcal{E}\left(\rho_i\right)\right]\}$ 中随机地选取态，其中 $p(i|\mathcal{E})$ 是态被制备到 ρ_i 的概率，对应于由 $\mathcal{E}$ 所代表的过程的发生。因此，我们要求

$$\mathcal{E}(\rho)=p(\mathcal{E})\sum_i p(i|\mathcal{E})\frac{\mathcal{E}\left(\rho_i\right)}{\operatorname{tr}\left[\mathcal{E}\left(\rho_i\right)\right]} \tag{8.45}$$

其中 $p(\mathcal{E})=\operatorname{tr}[\mathcal{E}(\rho)]$ 是当输入为 ρ 时由 $\mathcal{E}$ 所描述的过程发生的概率。根据贝叶斯定理（附录 1），

$$p(i|\mathcal{E})=p(\mathcal{E}|i)\frac{p_i}{p(\mathcal{E})}=\frac{\operatorname{tr}\left[\mathcal{E}\left(\rho_i\right)\right]p_i}{p(\mathcal{E})} \tag{8.46}$$

因此式 (8.45) 约化为式 (8.43)。

第三条性质也来自于一个重要的物理要求，即如果 ρ 有效，那么不仅 $\mathcal{E}(\rho)$ 必须是一个有效的密度矩阵（加上归一化），更进一步，如果 $\rho=\rho_{RQ}$ 是某复合系统 RQ 的密度矩阵，而 $\mathcal{E}$ 只作用于 Q 上，那么 $\mathcal{E}(\rho_{RQ})$ 也必须是复合系统的有效密度矩阵（加上归一化）。在专题 8.2 中给出了一个例子。形式上而言，假设我们引入第二个（有限维度的）系统 R，令 $\mathcal{I}$ 是系统 R 中的单

位映射，那么映射 $\mathcal{I}\otimes\mathcal{E}$ 必须得是从正算子到正算子的。

专题 8.2　完全正定与正定性

单量子比特上的转置操作提供了一个例子，说明了为什么完全正定性是量子操作的一项重要要求。根据定义，此映射在可计算基上转置密度算子：

$$\begin{bmatrix} a & b \\ c & d \end{bmatrix} \xrightarrow{\mathrm{T}} \begin{bmatrix} a & c \\ b & d \end{bmatrix} \tag{8.47}$$

此映射保留了单量子比特的正定性。但是，假设那个量子比特是一个两量子比特的一部分，初始时处于纠缠态

$$\frac{|00\rangle + |11\rangle}{\sqrt{2}} \tag{8.48}$$

且转置操作只作用于此两量子比特中的第一个，而第二个量子比特只经历平庸的动力学。于是在运动后系统的密度算子被记为

$$\frac{1}{2}\begin{bmatrix} 1 & 0 & 0 & 0 \\ 0 & 0 & 1 & 0 \\ 0 & 1 & 0 & 0 \\ 0 & 0 & 0 & 1 \end{bmatrix} \tag{8.49}$$

计算表明此算子具有本征值 $1/2, 1/2, 1/2$ 和 $-1/2$，因此这不是一个有效的密度矩阵。因此，转置操作是一个正定映射，但不是完全正定的，也就是它维持了主系统算子的正定性，但是当应用于一个包含主系统作为子系统的系统时，它不能继续确保其正定性。

令人惊讶的是，这三个公理足以定义量子操作。但是，以下定理表明它们等价于前面的系统–环境模型及算子和表示的定义：

定理 8.1　映射 $\mathcal{E}$ 满足公理 **A1**、**A2** 和 **A3**，当且仅当

$$\mathcal{E}(\rho) = \sum_i E_i \rho E_i^\dagger \tag{8.50}$$

对于某算子集合 $\{E_i\}$，它们把输入希尔伯特空间映射到输出的希尔伯特空间，且 $\sum_i E_i^\dagger E_i \leqslant I$。

证明

假设 $\mathcal{E}(\rho) = \sum_i E_i \rho E_i^\dagger$。$\mathcal{E}$ 显然是线性的，因此为了检查 $\mathcal{E}$ 是量子操作，我们只需要证明它是正定的。令 A 为作用在扩展系统 RQ 的态空间的任意正算子，并令 $|\psi\rangle$ 为 RQ 中的某个态。定义 $|\varphi_i\rangle \equiv \left(I_R \otimes E_i^\dagger\right)|\psi\rangle$，我们有

$$\langle\psi|(I_R \otimes E_i)A(I_R \otimes E_i^\dagger)|\psi\rangle = \langle\varphi_i|A|\varphi_i\rangle \tag{8.51}$$

$$\geqslant 0 \tag{8.52}$$

这里利用了算子 A 的正定性。从而有

$$\langle\psi|(\mathcal{I}\otimes\mathcal{E})(A)|\psi\rangle = \sum_i \langle\varphi_i|A|\varphi_i\rangle \geqslant 0 \tag{8.53}$$

因而对任意正定算子 A，算子 $(\mathcal{I}\otimes\mathcal{E})(A)$ 如同要求的那样也是正定的。要求 $\sum_i E_i^\dagger E_i \leqslant I$ 保证了概率小于或者等于 1。证明的第一部分完成。

接下来假设 $\mathcal{E}$ 满足公理 **A1、A2** 和 **A3**。我们的目标是为 $\mathcal{E}$ 找到一个算子和表示。假设我们引入一个系统 R，与原始量子系统 Q 具有同样的维度。令 $|i_R\rangle$ 和 $|i_Q\rangle$ 分别为 R 与 Q 的正交基。对这两套基使用同样的指标 i 是比较方便的，而且由于 R 与 Q 具有同样的维度，这肯定能完成。定义 RQ 的复合态 $|\alpha\rangle$ 为

$$|\alpha\rangle \equiv \sum_i |i_R\rangle\,|i_Q\rangle \tag{8.54}$$

这个 $|\alpha\rangle$ 态经过归一化后，是系统 R 与 Q 的最大纠缠态。把 $|\alpha\rangle$ 解释为一个最大纠缠态也许能帮助理解如下的构造。接下来，我们在 RQ 的态空间定义一个算子 σ 为

$$\sigma \equiv (\mathcal{I}_R\otimes\mathcal{E})\left(|\alpha\rangle\langle\alpha|\right) \tag{8.55}$$

我们可以把这想成是对系统 RQ 的最大纠缠态中的一半施加量子操作 $\mathcal{E}$ 的结果。一个很惊人的事实是——我们现在将会展示——算子 σ 完全确定了量子操作 $\mathcal{E}$。也就是，要了解 $\mathcal{E}$ 如何作用于 Q 上的任意态，只要知道它如何作用于 Q 与其他系统的最大纠缠态就够了！

这个窍门允许我们以如下方法从 σ 恢复 $\mathcal{E}$。令 $|\psi\rangle = \sum_j \psi_j\,|j_Q\rangle$ 为系统 Q 的任意态。通过下式定义相应的系统 R 上的任意态 $|\tilde{\psi}\rangle$。

$$|\tilde{\psi}\rangle \equiv \sum_j \psi_j^*\,|j_R\rangle \tag{8.56}$$

注意到

$$\langle\tilde{\psi}|\sigma|\tilde{\psi}\rangle = \langle\tilde{\psi}|\left(\sum_{ij}|i_R\rangle\langle j_R|\otimes\mathcal{E}(|i_Q\rangle\langle j_Q|)\right)|\tilde{\psi}\rangle \tag{8.57}$$

$$= \sum_{ij}\psi_i\psi_j^*\mathcal{E}\left(|i_Q\rangle\,\langle j_Q|\right) \tag{8.58}$$

$$= \mathcal{E}(|\psi\rangle\langle\psi|) \tag{8.59}$$

令 $\sigma = \sum_i |s_i\rangle\langle s_i|$ 为算符 σ 的展开，其中向量 $|s_i\rangle$ 不需要归一化。定义一个映射

$$E_i(|\psi\rangle) \equiv \left\langle\tilde{\psi}|s_i\right\rangle \tag{8.60}$$

简单思考可得此映射是一个线性映射，因此 E_i 是一个在 Q 的态空间上的线性算子。不仅如此，我们还有

$$\sum_i E_i|\psi\rangle\langle\psi|E_i^\dagger = \sum_i \left\langle\tilde{\psi}|s_i\right\rangle\langle s_i|\tilde{\psi}\rangle \tag{8.61}$$

$$= \langle\tilde{\psi}|\sigma|\tilde{\psi}\rangle \tag{8.62}$$

$$= \mathcal{E}(|\psi\rangle\langle\psi|) \tag{8.63}$$

因此，对 Q 的所有纯态 $|\psi\rangle$ 都有

$$\mathcal{E}(|\psi\rangle\langle\psi|) = \sum_i E_i|\psi\rangle\langle\psi|E_i^\dagger \tag{8.64}$$

由其凸线性可得，一般而言

$$\mathcal{E}(\rho) = \sum_i E_i\rho E_i^\dagger \tag{8.65}$$

$\sum_i E_i^\dagger E_i \leqslant I$ 这个条件紧接着把 $\mathcal{E}(\rho)$ 的迹认定为概率的公理 **A1**。

□

算子和表示的自由性

我们已经看到算子和表示为开放系统提供了一个非常一般的描述。它是唯一的描述吗？

考虑一个作用于单量子比特的量子操作 $\mathcal{E}$ 和 $\mathcal{F}$，具有算子和表示 $\mathcal{E}(\rho) = \sum_k E_k\rho E_k^\dagger$ 和 $\mathcal{F}(\rho) = \sum_k F_k\rho F_k^\dagger$，其中 $\mathcal{E}$ 和 $\mathcal{F}$ 的操作元分别被定义为

$$E_1 = \frac{I}{\sqrt{2}} = \frac{1}{\sqrt{2}}\begin{bmatrix}1 & 0\\0 & 1\end{bmatrix} \quad E_2 = \frac{Z}{\sqrt{2}} = \frac{1}{\sqrt{2}}\begin{bmatrix}1 & 0\\0 & -1\end{bmatrix} \tag{8.66}$$

及

$$F_1 = |0\rangle\langle 0| = \begin{bmatrix}1 & 0\\0 & 0\end{bmatrix} \quad F_2 = |1\rangle\langle 1| = \begin{bmatrix}0 & 0\\0 & 1\end{bmatrix} \tag{8.67}$$

这看起来是非常不同的量子操作。有趣的是，$\mathcal{E}$ 与 $\mathcal{F}$ 实际上是同一个量子操作。为了看到这点，注意到 $F_1 = (E_1 + E_2)/\sqrt{2}$ 及 $F_2 = (E_1 - E_2)/\sqrt{2}$。因此

$$\mathcal{F}(\rho) = \frac{(E_1 + E_2)\rho\left(E_1^\dagger + E_2^\dagger\right) + (E_1 - E_2)\rho\left(E_1^\dagger - E_2^\dagger\right)}{2} \tag{8.68}$$

$$= E_1\rho E_1^\dagger + E_2\rho E_2^\dagger \tag{8.69}$$

$$= \mathcal{E}(\rho) \tag{8.70}$$

这个例子表明在一个量子操作的算子和表示中出现的操作元并不唯一。

算子和表示中的自由性是很有趣的。假设我们翻转了一个公平的硬币，并且根据硬币投掷的结果，将酉算子 I 或 Z 应用于量子系统。该过程对应于 $\mathcal{E}$ 的第一个算子和表示。$\mathcal{E}$ 的第二个算子和表示 $\mathcal{E}$（上面的标记为 $\mathcal{F}$）对应于以 $\{|0\rangle, |1\rangle\}$ 为基执行投影测量，测量结果未知。这两个明显非常不同的物理过程对主系统产生了完全相同的动力学。

两组操作元何时产生相同的量子操作？弄懂这个问题很重要，至少有两个原因。首先，从物理的角度来看，理解算子和表示中的自由性可使我们更深入地了解不同物理过程如何产生相同的系统动力学。其次，理解算子和表示的自由性对于理解量子纠错至关重要。

直觉上，很显然在算子和表示中必然有很大的自由度。考虑一个保迹量子操作 $\mathcal{E}$，它描述了某个系统的动力学，如图 8-3 所示。我们已经展示了 $\mathcal{E}$ 的操作元 $E_k = \langle e_k|U|e_0\rangle$ 有可能与环境的一组正交基 $|e_k\rangle$ 联系起来。假设在相互作用 U 上附加一个只针对环境的酉作用 U'，如图 8-7 所示。显然这不改变主系统的态。这个新过程，$(I \otimes U')U$，相应的操作元是什么？我们得到：

$$F_k = \langle e_k|(I \otimes U')U|e_0\rangle \tag{8.71}$$

$$= \sum_j [I \otimes \langle e_k|U'|e_j\rangle]\langle e_j|U|e_0\rangle \tag{8.72}$$

$$= \sum_j U'_{kj} E_j \tag{8.73}$$

在这里我们使用了如下事实 $\sum_j |e_j\rangle\langle e_j| = I$，且 $U'_{k,j}$ 是 U' 在基矢 $|e_k\rangle$ 下的的矩阵元。事实证明，由这种物理激发的图像所产生的算子和表示的自由性，抓住了算子和表示中全部自由性的本质，这在下面的定理中得到了证明。

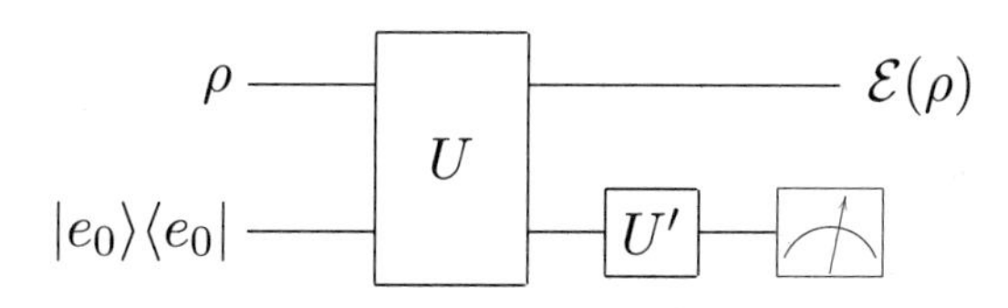

图 8-7　在算子和表示中酉自由度的根源

定理 8.2（算子和表示的酉自由度）　假设 $\{E_1, \cdots, E_m\}$ 与 $\{F_1, \cdots, F_n\}$ 分别是量子操作 $\mathcal{E}$ 与 $\mathcal{F}$ 的操作元。通过对更短的操作元加上零操作元，我们可以确保 $m = n$。当且仅当它们存在复数 u_{ij} 使得 $E_i = \sum_j u_{ij} F_j$，且 u_{ij} 是一个 m 乘以 m 的酉矩阵时，有 $\mathcal{E} = \mathcal{F}$。

证明

证明的关键是定理 2.6。回顾一下，这个结果告诉我们两组向量集合 $|\psi_i\rangle$ 与 $|\varphi_j\rangle$ 产生同样的算子，当且仅当

$$|\psi_i\rangle = \sum_j u_{ij}|\varphi_j\rangle \tag{8.74}$$

其中 u_{ij} 是一个复数酉矩阵，对态集合 $|\psi_i\rangle$ 或 $|\varphi_j\rangle$ 中较短的那个“补上”一些 0 态，于是两个集合具有相同的元素数目。此结果允许我们刻画算子和表示的自由度。假设 $\{E_i\}$ 与 $\{F_j\}$ 是同一个

量子操作的两组操作元，对所有 ρ 来说，$\sum_i E_i\rho E_i^\dagger = \sum_j F_j\rho F_j^\dagger$。定义

$$|e_i\rangle \equiv \sum_k |k_R\rangle(E_i|k_Q\rangle) \tag{8.75}$$

$$|f_j\rangle \equiv \sum_k |k_R\rangle(F_j|k_Q\rangle) \tag{8.76}$$

回忆一下式 (8.55) 中对 σ 的定义，从中有 $\sigma = \sum_i |e_i\rangle\langle e_i| = \sum_j |f_j\rangle\langle f_j|$，因此存在酉的 u_{ij} 使得

$$|e_i\rangle = \sum_j u_{ij}\,|f_j\rangle \tag{8.77}$$

但是对任意 $|\psi\rangle$ 我们有

$$\begin{aligned} E_i|\psi\rangle &= \left\langle \tilde{\psi}|e_i \right\rangle && (8.78)\\ &= \sum_j u_{ij}\left\langle \tilde{\psi}|f_j \right\rangle && (8.79)\\ &= \sum_k u_{ij}F_j|\psi\rangle && (8.80) \end{aligned}$$

于是

$$E_i = \sum_j u_{ij}F_j \tag{8.81}$$

反过来，假设 E_i 与 F_j 通过一个形如 $E_i = \sum_j u_{ij}F_j$ 的酉变换联系起来，简单的代数表明具有操作元 $\{E_i\}$ 的量子操作与具有操作元 $\{F_j\}$ 的量子操作相同。

□

定理 8.2 可用于回答另一个有趣的问题：要能用于模拟一个给定的量子操作，环境所需最大的尺度是多少？

定理 8.3 所有用于希尔伯特空间维度 d 的量子操作都可以通过一个含有 d^2 个元素的算子和表示生成，

$$\mathcal{E}(\rho) = \sum_{k=1}^{M} E_k\rho E_k^\dagger \tag{8.82}$$

其中 $1 \leqslant M \leqslant d^2$。

此定理的证明很简单，留作习题。

习题 8.10 根据算子和表示的自由性给出定理 8.3 的证明，如下。令 $\{E_j\}$ 为 $\mathcal{E}$ 的一个操作元集合。定义一个矩阵 $W_{jk} \equiv \mathrm{tr}\left(E_j^\dagger E_k\right)$。证明矩阵 W 是厄米的，秩最多为 d^2，因此存在一个酉矩阵 u 使得 $uWu^\dagger$ 是对角的，且最多具有 d^2 个非零的矩阵元。用 u 定义一个新的集合，具有最多 d^2 个非零的对 $\mathcal{E}$ 的操作元 $\{F_j\}$。

习题 8.11 假设 $\mathcal{E}$ 是一个量子操作，把一个 d 维的输入空间映射到一个 d' 维的输出空间。证明

$\mathcal{E}$ 可以通过一组最多 dd' 个操作元 $\{E_k\}$ 的集合来描述。

算子和表示的自由度令人惊讶地有用。比如，我们会在第 10 章的量子纠错研究中使用它。在该章中我们将看到算子和表示中的某些算子集合提供了关于量子纠错过程更多的有用信息，并且我们理所当然地应该从这个角度研究量子纠错。像往常一样，通过多种方式了解过程，我们可以更深入地了解正在发生什么。

8.3　量子噪声与量子操作的例子

在本节中，我们将研究量子噪声和量子操作的一些具体例子。这些模型说明了我们一直在开发的量子操作形式体系的能力。它们对于理解噪声对量子系统的实际影响及如何通过诸如纠错等技术来控制噪声也很重要。

我们从 8.3.1 节开始，考虑如何能将测量描述为量子操作，特别是我们考虑求迹和偏迹操作。之后，从 8.3.2 节开始我们转向噪声过程，介绍一种用于理解单个量子比特上的量子操作的图形方法。该方法用于本节的其余部分，以说明基本的比特和相位翻转误差过程（见 8.3.3 节）、去极化信道（见 8.3.4 节）、振幅阻尼（见 8.3.5 节）和相位阻尼（见 8.3.6 节）。振幅和相位阻尼是理想的模型，抓住了发生在量子力学系统中噪声的最重要的特性，我们不仅会考虑它们抽象的数学形式，还会研究在真实量子系统中此过程如何出现。

8.3.1　**迹与偏迹**

量子操作形式体系的主要用途之一是用来描述测量的效果。量子操作可以被用于描述通过对量子系统的一次测量得到某特定结果的概率，以及被测量影响后系统状态的改变。

与测量有关最简单的操作是求迹映射 $\rho \to \mathrm{tr}(\rho)$——用如下的方式我们可以证明它确实是一个量子操作，令 H_Q 是希尔伯特空间中的任意输入，由一组正交基 $|1\rangle \cdots |d\rangle$ 张开，然后令 H_Q' 为一维的输出空间，由 $|0\rangle$ 张开。定义

$$\mathcal{E}(\rho) \equiv \sum_{i=1}^{d} |0\rangle\langle i|\rho|i\rangle\langle 0| \tag{8.83}$$

因而根据定理 8.1 有 $\mathcal{E}$ 是一个量子操作。注意到 $\mathcal{E}(\rho) = \mathrm{tr}(\rho)|0\rangle\langle 0|$，因而加上不重要的乘数 $|0\rangle\langle 0|$，这个量子操作与求迹函数等价。

一个更为有用的结果是观察到偏迹是个量子操作。假设我们有一个复合系统 QR，并想对系统 R 取迹。令 $|j\rangle$ 是系统 R 的一个基。定义一个线性算子 $E_i : H_{QR} \to H_Q$ 为

$$E_i\left(\sum_j \lambda_j |q_j\rangle |j\rangle\right) \equiv \lambda_i |q_i\rangle \tag{8.84}$$

其中 λ_j 是复数，而 $|q_j\rangle$ 是系统 Q 的任意态。定义 $\mathcal{E}$ 为一个量子操作，操作元为 $\{E_i\}$，也就是

$$\mathcal{E}(\rho) \equiv \sum_i E_i \rho E_i^\dagger \tag{8.85}$$

根据定理 8.1，这是一个从系统 QR 到系统 Q 的量子操作。注意到

$$\mathcal{E}\left(\rho \otimes |j\rangle\langle j'|\right) = \rho \delta_{j,j'} = \operatorname{tr}_R\left(\rho \otimes |j\rangle\langle j'|\right) \tag{8.86}$$

其中 ρ 是系统 Q 上面的任意厄米算子，而 $|j\rangle$ 与 $|j'\rangle$ 是系统 R 的正交基成员。基于 $\mathcal{E}$ 与 tr_R 的线性，可得 $\mathcal{E} = \operatorname{tr}_R$。

8.3.2 单量子比特操作的几何图像

有一种优雅的几何方法可以描绘单个量子比特的量子操作。这种方法可以让人们直观地了解量子操作在布洛赫球上的行为。回想一下习题 2.72，单量子比特的状态总是可以写为布洛赫表示

$$\rho = \frac{I + \vec{r} \cdot \vec{\sigma}}{2} \tag{8.87}$$

其中 $\vec{r}$ 是个三组分的实数矢量。具体而言，这让我们得到

$$\rho = \frac{1}{2}\begin{bmatrix} 1 + r_z & r_x - \mathrm{i}r_y \\ r_x + \mathrm{i}r_y & 1 - r_z \end{bmatrix} \tag{8.88}$$

在此表示中，实际上任意一个保迹量子操作都等价于一个形如

$$\vec{r} \xrightarrow{\mathcal{E}} \vec{r}\,' = M\vec{r} + \vec{c} \tag{8.89}$$

的映射，其中 M 是一个 3×3 矩阵，而 $\vec{c}$ 是一个恒定矢量。这是一个仿射映射，把布洛赫球映射为它自身。为了看出这一点，假设产生 $\mathcal{E}$ 的算子和表示算子 E_i 写为如下形式

$$E_i = \alpha_i I + \sum_{k=1}^{3} a_{ik} \sigma_k \tag{8.90}$$

然后不难检查出

$$M_{jk} = \sum_l \left[a_{lj} a_{lk}^* + a_{lj}^* a_{lk} + \left(|\alpha_l|^2 - \sum_p a_{lp} a_{lp}^* \right) \delta_{jk} + \mathrm{i} \sum_p \epsilon_{jkp} \left(\alpha_l a_{lp}^* - \alpha_l^* a_{lp} \right) \right] \tag{8.91}$$

$$c_k = 2\mathrm{i} \sum_l \sum_{jp} \epsilon_{jpk} a_{lj} a_{lp}^* \tag{8.92}$$

这里我们使用了完备性条件 $\sum_i E_i^\dagger E_i = I$ 来简化 $\vec{c}$ 的表达式。

通过考虑矩阵 M 的极分解，$M=U|M|$（U 是酉的），仿射变换式 (8.89) 的含义就变得更清楚了。因为 M 是实的，从而 $|M|$ 也是实的和厄米的，即 $|M|$ 是一个对称矩阵。不仅如此，因为 M 是实的，我们可以假设 U 也是实的，因而是一个正交矩阵，也就是 $U^{\mathrm{T}}U=I$，其中 T 是一个转置操作。于是我们可以写出

$$M=OS \tag{8.93}$$

其中 O 是一个实的正交矩阵，其行列式的值为 1，代表一个适当的旋转，而 S 是一个实的对称矩阵。从这种方式看，式 (8.89) 不过就是沿由 S 定义的主轴做的变形，紧接一个由 O 带来的转动和 $\vec{c}$ 引起的位移。

习题 8.12　为什么在式 (8.93) 的分解中我们假设 O 具有行列式值 1？

习题 8.13　证明酉变换对应于布洛赫球上的转动。

习题 8.14　证明 $\det(S)$ 不需要是正的。

8.3.3　比特翻转与相位翻转信道

上面描述的几何图像可以用于形象化某些单量子比特上重要的量子操作，它们以后会用在纠错理论中。比特翻转信道以概率 $1-p$ 从 $|0\rangle$ 到 $|1\rangle$（或者倒过来）翻转一个量子比特。它具有操作元

$$E_0=\sqrt{p}I=\sqrt{p}\begin{bmatrix}1 & 0\\0 & 1\end{bmatrix}\quad E_1=\sqrt{1-p}X=\sqrt{1-p}\begin{bmatrix}0 & 1\\1 & 0\end{bmatrix} \tag{8.94}$$

比特翻转信道的效果如图 8-8 所示。

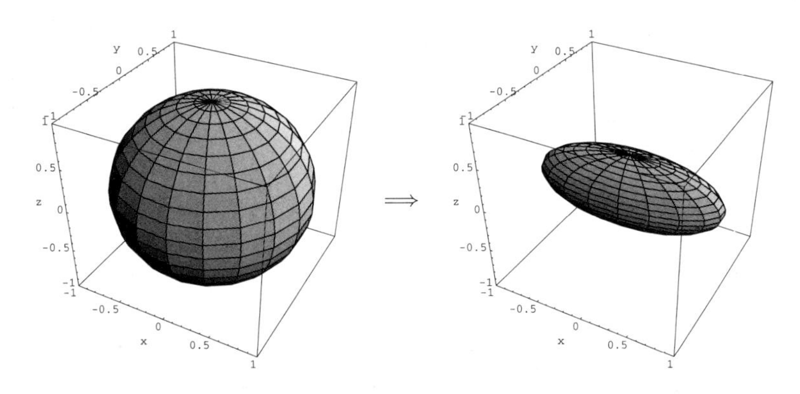

图 8-8　当 $p=0.3$ 时，在布洛赫球上的比特翻转信道的效果。左图代表一个全是纯态的集合，而变形的右图代表通过信道之后的态。注意 $\hat{x}$ 轴上的态不变，而 $\hat{y}-\hat{z}$ 平面上的态均匀地以因子 $1-2p$ 收缩

这个几何图像使得关于这个量子操作的某些事实很容易被验证。比如，很容易验证对单量子比特 $\mathrm{tr}(\rho^2)$ 的值等于 $(1+|r|^2)/2$，其中 $|r|$ 是布洛赫向量的范数。图 8-8 所示的布洛赫球收缩不能增加布洛赫向量的范数，因此我们可以立即得出结论，$\mathrm{tr}(\rho^2)$ 只能被比特翻转信道减少。这只是使用几何图像的一个例子；一旦对它变得足够熟悉，它就将成为有关单量子比特上量子操作特性的深刻见解之源。

相位翻转信道具有操作元

$$E_0 = \sqrt{p}I = \sqrt{p}\begin{bmatrix}1 & 0\\ 0 & 1\end{bmatrix} \quad E_1 = \sqrt{1-p}Z = \sqrt{1-p}\begin{bmatrix}1 & 0\\ 0 & -1\end{bmatrix} \tag{8.95}$$

相位翻转信道的效果如图 8-9 所示。作为相位翻转信道的一个特殊的情况，考虑当我们选取 $p = 1/2$ 时所产生的量子操作。利用算子和表示的自由性，此操作可写作

$$\rho \to \mathcal{E}(\rho) = P_0\rho P_0 + P_1\rho P_1 \tag{8.96}$$

其中 $P_0 = |0\rangle\langle 0|, P_1 = |1\rangle\langle 1|$，对应于在 $|0\rangle, |1\rangle$ 两个基矢上测量一个量子比特，而测量的结果是未知的。利用上面的方法，很容易看到相应的布洛赫球上的映射为

$$(r_x, r_y, r_z) \to (0, 0, r_z) \tag{8.97}$$

几何上而言，这个布洛赫向量沿着 $\hat{z}$ 轴投影，而布洛赫向量的 $\hat{x}$ 与 $\hat{y}$ 成分丢失掉了。

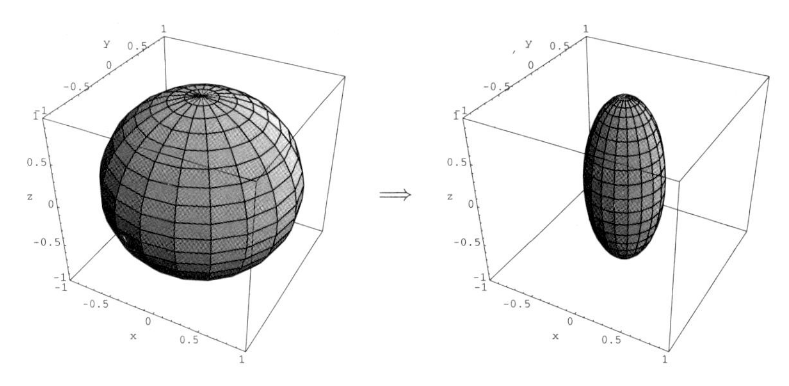

图 8-9 布洛赫球上相位翻转信道的效应，对于 $p = 0.3$。注意态的 $\hat{z}$ 轴分量不变，而 $\hat{x} - \hat{y}$ 平面上的态以因子 $1 - 2p$ 均匀地收缩

比特相位翻转信道具有操作元

$$E_0 = \sqrt{p}I = \sqrt{p}\begin{bmatrix}1 & 0\\ 0 & 1\end{bmatrix} \quad E_1 = \sqrt{1-p}Y = \sqrt{1-p}\begin{bmatrix}0 & -\mathrm{i}\\ \mathrm{i} & 0\end{bmatrix} \tag{8.98}$$

顾名思义，这是一个相位翻转与一个比特翻转的组合，因为 $Y = iXZ$。比特相位翻转信道的效果如图 8-10 所示。

习题 8.15 假设一个投影测量作用于一个量子比特上，基为 $|+\rangle$ 和 $|-\rangle$，其中 $|\pm\rangle \equiv (|0\rangle \pm |1\rangle)/\sqrt{2}$。如果我们不知道测量结果，测量矩阵会根据公式

$$\rho \to \mathcal{E}(\rho) = |+\rangle\langle +|\rho|+\rangle\langle +| + |-\rangle\langle -|\rho|-\rangle\langle -| \tag{8.99}$$

演化。在布洛赫球上说明此变换。

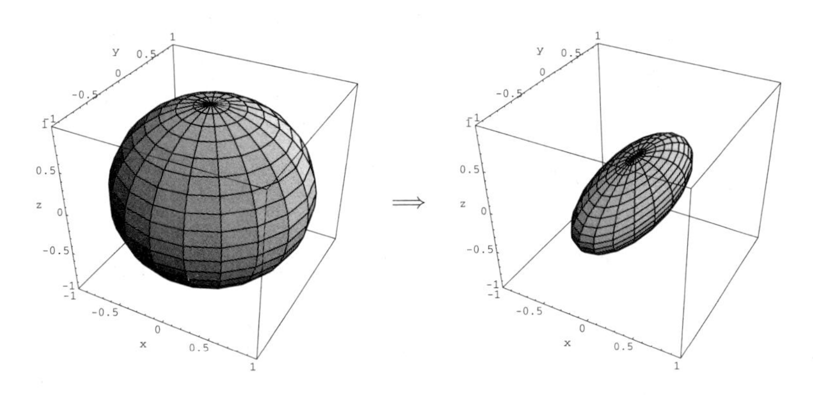

图 8-10　当 $p=0.3$ 时，布洛赫球上比特相位翻转信道的效果。注意 $\hat{y}$ 轴上的态不变，而 $\hat{x}-\hat{z}$ 平面上的态以因子 $1-2p$ 均匀收缩

习题 8.16　用于理解单量子比特量子操作的图像方法是通过保迹量子操作推导出来的。找到一个非保迹量子操作的具体例子，它不能被布洛赫球的变形，再加上旋转和位移所描述。

8.3.4　去极化信道

去极化信道是量子噪声的一种重要的类型。想象我们选取一个量子比特，且此量子比特以一定的概率 p 去极化。也就是，它被一个完全混态 $I/2$ 所替代。量子比特有概率 $1-p$ 是不变的。在经历此噪声后量子系统的态为

$$\mathcal{E}(\rho)=\frac{pI}{2}+(1-p)\rho \tag{8.100}$$

去极化信道在布洛赫球上的效果如图 8-11 所示。

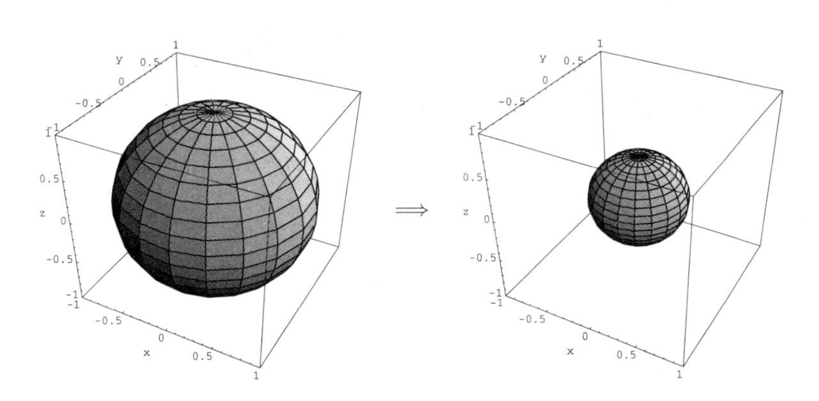

图 8-11　当 $p=0.5$ 时，去极化通道在布洛赫球上的效果。注意整个球面是如何均匀地作为 p 的函数收缩

模拟去极化通道的量子电路如图 8-12 所示。电路顶部的线是去极化信道的输入，而底部两条线用于模拟信道的“环境”。我们使用了具有两个混合态输入的环境。想法在于，第三个量子比特初始时处于混态，以 $1-p$ 的概率为 $|0\rangle$ 态，以 p 的概率处于 $|1\rangle$ 态。它用于控制是否把存在第二个量子比特中的完全混态 $I/2$ 交换到第一个量子比特中。

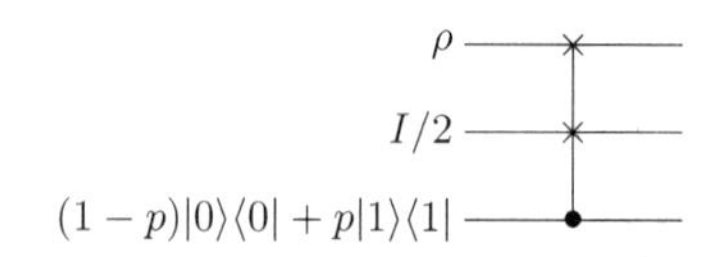

图 8-12　去极化信道的量子电路实现

式 (8.100) 的形式并不是算子和表示。但是，如果我们观察到对于任意 ρ

$$\frac{I}{2}=\frac{\rho+X\rho X+Y\rho Y+Z\rho Z}{4} \tag{8.101}$$

然后把 $I/2$ 代入式 (8.100)，我们将得到

$$\mathcal{E}(\rho)=\left(1-\frac{3p}{4}\right)\rho+\frac{p}{4}(X\rho X+Y\rho Y+Z\rho Z) \tag{8.102}$$

表明去极化信道具有操作元 $\{\sqrt{1-3p/4}I, \sqrt{p}X/2, \sqrt{p}Y/2, \sqrt{p}Z/2\}$。顺便提一下，通常以不同方式对去极化通道进行参数化是很方便的，例如

$$\mathcal{E}(\rho)=(1-p)\rho+\frac{p}{3}(X\rho X+Y\rho Y+Z\rho Z) \tag{8.103}$$

它具有如下解释，量子态 ρ 以概率 $1-p$ 保持不变，而算符 X,Y 和 Z 实施的概率都是 $p/3$。

习题 8.17　以如下方法验证式 (8.101)。定义

$$\mathcal{E}(A)\equiv\frac{A+XAX+YAY+ZAZ}{4}, \tag{8.104}$$

然后证明

$$\mathcal{E}(I)=I;\quad \mathcal{E}(X)=\mathcal{E}(Y)=\mathcal{E}(Z)=0 \tag{8.105}$$

现在使用单量子比特密度矩阵的布洛赫球表示来证明式 (8.101)。

当然，去极化信道也可以推广到维度大于 2 的量子系统。对于 d 维量子系统，去极化信道同样以概率 p 替换具有完态 I/d 的量子系统，否则保持状态不变。相应的量子操作是

$$\mathcal{E}(\rho)=\frac{pI}{d}+(1-p)\rho \tag{8.106}$$

习题 8.18　对于 $k\geqslant 1$，证明去极化信道的作用不会让 $\operatorname{tr}(\rho^k)$ 增加。

习题 8.19　找到作用于 d 维希尔伯特空间上的去极化信道的算子和表示。

8.3.5　振幅阻尼

量子操作的一个重要应用是对能量耗散的描述——由量子系统的能量损失带来的影响。原子自发辐射一个光子的动力学是什么？高温自旋系统如何与其环境达到热平衡？当干涉仪或腔中光

子受到散射和衰减时，它的状态是什么？

这些过程中的每一个都有其独特的特征，但是所有这些过程的一般行为都由被称为振幅阻尼的量子操作很好地表征，我们可以通过考虑以下场景来推导出它。假设我们有一个光学模式，包含量子态 $a|0\rangle+b|1\rangle$，0 或 1 个光子的叠加。可以通过考虑在光子路径中插入部分镀银的镜子——分束器——来模拟来自该模式光子的散射。正如我们在 7.4.2 节中看到的那样，这个分束器允许把光子耦合到另一光学模式（代表环境），相应的酉变换 $B=\exp\left[\theta\left(a^\dagger b-ab^\dagger\right)\right]$，其中的 $a,a^\dagger$ 与 $b,b^\dagger$ 表示两个模式中光子的湮灭与产生算符。假设环境从零光子开始，那么经过分束器后的输出就是很简单的 $B|0\rangle(a|0\rangle+b|1\rangle)=a|00\rangle+b(\cos\theta|01\rangle+\sin\theta|10\rangle)$，这里用到了式 (7.34) 。通过对环境取迹，我们得到量子操作

$$\mathcal{E}_{\mathrm{AD}}(\rho)=E_0\rho E_0^\dagger+E_1\rho E_1^\dagger \tag{8.107}$$

其中 $E_k=\langle k|B|0\rangle$ 是

$$\begin{aligned}E_0&=\begin{bmatrix}1&0\\0&\sqrt{1-\gamma}\end{bmatrix}\\E_1&=\begin{bmatrix}0&\sqrt{\gamma}\\0&0\end{bmatrix}\end{aligned} \tag{8.108}$$

即为振幅阻尼的操作元。$\gamma=\sin^2\theta$ 可以被看成是损失一个光子的概率。

观察到 E_0 和 E_1 不能通过线性组合给出与单位算子成比例的操作元（通过与习题 8.23 对比）。E_1 操作将 $|1\rangle$ 态变为 $|0\rangle$ 态，对应于向环境中损失能量量子的物理过程。E_0 保持 $|0\rangle$ 不变，但减小 $|1\rangle$ 态的振幅；在物理上，这是因为能量量子没有损失到环境中，因此环境现在认为系统更有可能处于 $|0\rangle$ 态，而不是 $|1\rangle$ 态。

习题 8.20（振幅阻尼的电路模型）　证明图 8-13 所示电路模拟了振幅阻尼量子操作，且 $\sin^2(\theta/2)=\gamma$。

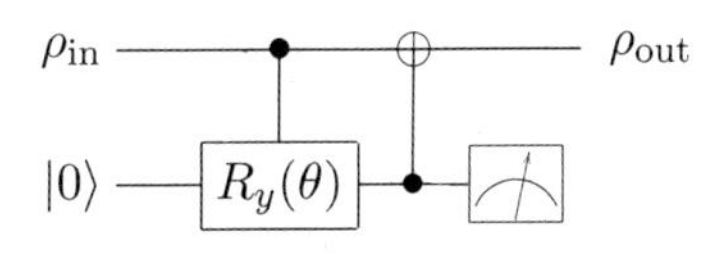

图 8-13　振幅阻尼的电路模型

习题 8.21（谐振子的振幅阻尼）　假设我们的主系统，一个简谐振子，与由另外一个谐振子模拟的环境相互作用，相互作用哈密顿量为

$$H=\chi\left(a^\dagger b+b^\dagger a\right) \tag{8.109}$$

其中 a 和 b 是相应的谐振子的湮灭算符，如 7.3 节所定义的那样。

1. 使用 $U=\exp(-\mathrm{i}H\Delta t)$，标记 $b^\dagger b$ 的本征态为 $|k_b\rangle$，并选择真空态 $|0_b\rangle$ 为环境的初态，证明

操作元 $E_k = \langle k_b|U|0_b\rangle$ 被发现写为

$$E_k = \sum_n \sqrt{\begin{pmatrix} n \\ k \end{pmatrix}} \sqrt{(1-\gamma)^{n-k}\gamma^k} |n-k\rangle\langle n| \tag{8.110}$$

其中 $\gamma = 1 - \cos^2(\chi\Delta t)$ 为丢失单个能量量子的概率，而类似 $|n\rangle$ 的态是 $a^\dagger a$ 的本征态。

2. 证明操作元 E_k 定义了一个保迹的量子操作。

习题 8.22（单量子比特密度矩阵的振幅阻尼） 对一个一般的单量子比特态

$$\rho = \begin{bmatrix} a & b \\ b^* & c \end{bmatrix} \tag{8.111}$$

证明振幅阻尼导致

$$\mathcal{E}_{\rm AD}(\rho) = \begin{bmatrix} 1-(1-\gamma)(1-a) & b\sqrt{1-\gamma} \\ b^*\sqrt{1-\gamma} & c(1-\gamma) \end{bmatrix} \tag{8.112}$$

习题 8.23（双轨量子比特的振幅阻尼） 假设一个量子比特态由两个量子比特表示为

$$|\psi\rangle = a|01\rangle + b|10\rangle \tag{8.113}$$

证明 $\mathcal{E}_{\rm AD} \otimes \mathcal{E}_{\rm AD}$ 作用于此态导致的过程可以由如下矩阵元描述

$$E_0^{\rm dr} = \sqrt{1-\gamma} I \tag{8.114}$$

$$E_1^{\rm dr} = \sqrt{\gamma}[|00\rangle\langle 01| + |00\rangle\langle 10|] \tag{8.115}$$

也就是，要么量子比特上什么都不发生（$E_0^{\rm dr}$），要么量子比特被变换（$E_1^{\rm dr}$）到 $|00\rangle$ 态，它与 $|\psi\rangle$ 正交。这是一个简单的纠错码，而且也是 7.4 节中讨论过的“双轨”量子比特稳定性基础所在。

习题 8.24（自发辐射是振幅阻尼） 单个原子与一个单模电磁辐射耦合，将会出现自发辐射，如 7.6.1 节描述的那样。为了看出此过程不过就是振幅阻尼，使用来自 Jaynes-Cummings 相互作用公式 (7.77)（此时 $\delta = 0$）的酉操作，并通过对场取迹给出量子操作。

量子操作的一个通用的特性是在操作下不变的一组态集合。比方说，我们已经看到相位翻转信道让布洛赫球上的 $\hat{z}$ 轴不变；这对应于形如 $p|0\rangle\langle 0| + (1-p)|1\rangle\langle 1|$ 的态，其中概率 p 任意。对于振幅阻尼的情况，只有基态 $|0\rangle$ 是不变的。那是我们模拟环境时就从 $|0\rangle$ 态开始的自然的推论，就像它处于零温。

对于环境处于有限温时，什么样的量子操作描述了耗散的效果？此过程 $\mathcal{E}_{\rm GAD}$ 被称为广义振幅阻尼，由如下对单量子比特的操作元定义

$$E_0 = \sqrt{p}\begin{bmatrix} 1 & 0 \\ 0 & \sqrt{1-\gamma} \end{bmatrix} \tag{8.116}$$

$$E_1 = \sqrt{p}\begin{bmatrix} 0 & \sqrt{\gamma} \\ 0 & 0 \end{bmatrix} \tag{8.117}$$

$$E_2 = \sqrt{1-p}\begin{bmatrix} \sqrt{1-\gamma} & 0 \\ 0 & 1 \end{bmatrix} \tag{8.118}$$

$$E_3 = \sqrt{1-p}\begin{bmatrix} 0 & 0 \\ \sqrt{\gamma} & 0 \end{bmatrix} \tag{8.119}$$

其中的稳态为

$$\rho_\infty = \begin{bmatrix} p & 0 \\ 0 & 1-p \end{bmatrix} \tag{8.120}$$

满足 $\mathcal{E}_{\mathrm{GAD}}(\rho_\infty) = \rho_\infty$。广义振幅阻尼描述了由于自旋耦合到其周围晶格的“$T_1$”弛豫过程。晶格是一个大的系统，通常在远高于自旋温度的温度下处于热平衡态。这是与 NMR 量子计算相关的情况，专题 8.3 中描述的一些有关 $\mathcal{E}_{\mathrm{GAD}}$ 的性质在这里就变得重要了。

专题 8.3　广义振幅阻尼和有效纯态

在 7.7 节中引入的“有效纯态”概念被发现对量子计算的 NMR 实现很有用。这些态在酉变换下和对无迹可观测量的测量中表现得跟纯态一样。它们在量子操作下的行为如何？一般来说，非酉的量子操作破坏了这些态的有效性，但是让人吃惊的是，它们能够在广义振幅阻尼中运转良好。

考虑一个单量子比特的有效纯态 $\rho = (1-p)I + (2p-1)|0\rangle\langle 0|$。很清楚，无迹可观测量的测量作用于 $U\rho U^\dagger$ 上，产生的结果与作用于纯态 $U|0\rangle\langle 0|U^\dagger$ 的结果成正比。假设 ρ 是 $\mathcal{E}_{\mathrm{GAD}}$ 的稳态。有趣的是，在此情形下

$$\mathcal{E}_{\mathrm{GAD}}\left(U\rho U^\dagger\right) = (1-p)I + (2p-1)\mathcal{E}_{\mathrm{AD}}\left(U\rho U^\dagger\right) \tag{8.121}$$

也就是，在广义振幅阻尼下，一个有效纯态可以继续保持，而且更进一步，ρ 中“纯”的那部分表现得就像在经受零温热库下的振幅阻尼那样。

习题 8.25　如果我们假设处于平衡态时，$|0\rangle$ 与 $|1\rangle$ 态满足玻尔兹曼分布，$p_0 = \mathrm{e}^{-E_0/k_{\mathrm{B}}T}/\mathcal{Z}$ 和 $p_1 = \mathrm{e}^{-E_1/k_{\mathrm{B}}T}/\mathcal{Z}$，其中 E_0 是 $|0\rangle$ 态能量，E_1 是 $|1\rangle$ 态能量，而 $\mathcal{Z} = \mathrm{e}^{-E_0/k_{\mathrm{B}}T} + \mathrm{e}^{-E_1/k_{\mathrm{B}}T}$，由此定义量子比特的温度 T。那么 ρ_∞ 描述的温度是多少？

我们可以在布洛赫表示下图像化振幅阻尼的效应为这个布洛赫向量的变换

$$(r_x, r_y, r_z) \to \left(r_x\sqrt{1-\gamma}, r_y\sqrt{1-\gamma}, \gamma + r_z(1-\gamma)\right) \tag{8.122}$$

当 γ 被一个随时间变化的函数如 $1-\mathrm{e}^{-t/T_1}$ 代替时（t 是时间，而 T_1 只是某刻画过程速度的常数），正如实际物理过程中常见的那样，我们可以把振幅阻尼的效果形象化为布洛赫球上的流，

它把单位圆中的每一个点都朝北极，也就是 $|0\rangle$ 所在的稳定点移动，如图 8-14 所示。

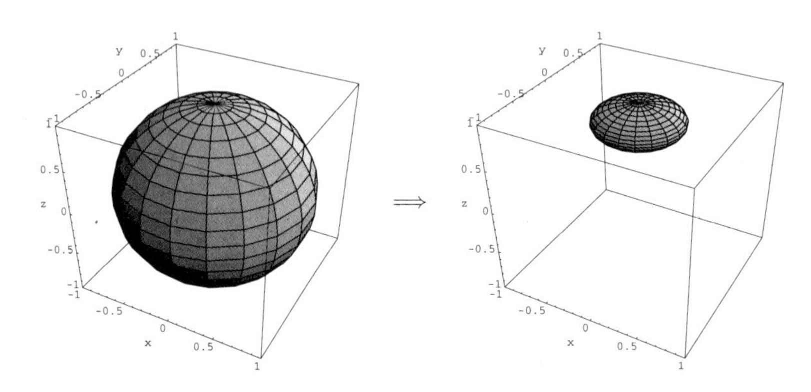

图 8-14　对于 $p=0.8$ 时，布洛赫球上振幅阻尼信道的影响。注意，整个球如何朝北极，也就是 $|0\rangle$ 态收缩

类似地，广义振幅阻尼完成变换

$$(r_x, r_y, r_z) \to \left(r_x\sqrt{1-\gamma}, r_y\sqrt{1-\gamma}, \gamma(2p-1) + r_z(1-\gamma)\right) \tag{8.123}$$

比较式 (8.122) 和式 (8.123)，很明显振幅阻尼与广义振幅阻尼的区别只在于流的稳定点位置；最终态位于 $\hat{z}$ 轴的 $(2p-1)$ 点，它是一个混态。

8.3.6　相位阻尼

相位阻尼是一种独特的量子力学噪声过程，描述了量子信息损失而没有能量损失。比如，物理上它描述了当光子通过波导随机散射时会发生什么，或者在与远处电荷相互作用时原子中的电子状态如何被扰动。量子系统的能量本征态不随时间变化，而是积累与特征值成比例的相位。当一个系统演化的时间并不被准确地知道时，关于这个量子相位的部分信息——能量本征态之间的相对相位——就会丢失。

这种噪声的一个非常简单的模型如下所示。假设我们有一个量子比特 $|\psi\rangle = a|0\rangle + b|1\rangle$，对它施加旋转操作 $R_z(\theta)$，其中旋转角 θ 是随机的。比如，随机性可以源自与环境的确定性相互作用，环境不与系统再次相互作用，因而是被隐式地测量（见 4.4 节）。我们将这个随机的 R_z 操作称为相位反冲。让我们假设相位反冲角 θ 由一个随机变量很好地代表，它具有高斯分布，平均值为 0，方差为 2λ。

此过程的输出态通过把密度矩阵对 θ 取平均获得：

$$\rho = \frac{1}{\sqrt{4\pi\lambda}} \int_{-\infty}^{\infty} R_z(\theta)|\psi\rangle\langle\psi|R_z^\dagger(\theta)\mathrm{e}^{-\theta^2/4\lambda}\,\mathrm{d}\theta \tag{8.124}$$

$$= \begin{bmatrix} |a|^2 & ab^*\mathrm{e}^{-\lambda} \\ a^*b\mathrm{e}^{-\lambda} & |b|^2 \end{bmatrix} \tag{8.125}$$

随机相位反冲导致密度矩阵非对角元的期望值随时间指数衰减。那是相位阻尼的一个特征结果。

另外一种推导相位阻尼量子操作的方法是考虑两个谐振子之间的相互作用，类似上一节中推导振幅阻尼的方式，但是此时相互作用哈密顿量为

$$H = \chi a^\dagger a \left(b + b^\dagger\right) \tag{8.126}$$

令 $U = \exp(-iH\Delta t)$，只考虑 a 振子的 $|0\rangle$ 和 $|1\rangle$ 作为我们的系统，并把环境振子初始化到 $|0\rangle$，我们发现对环境取迹给出的操作元为 $E_k = \langle k_b|U|0_b\rangle$，它们是

$$E_0 = \begin{bmatrix} 1 & 0 \\ 0 & \sqrt{1-\lambda} \end{bmatrix} \tag{8.127}$$

$$E_1 = \begin{bmatrix} 0 & 0 \\ 0 & \sqrt{\lambda} \end{bmatrix} \tag{8.128}$$

其中 $\lambda = 1 - \cos^2(\chi\Delta t)$ 可以被解释为系统中的一个光子被散射（不损失能量）的概率。类似于振幅阻尼的情况，E_0 让 $|0\rangle$ 保持不变，但降低 $|1\rangle$ 态的振幅；但是与振幅阻尼不同的是，E_1 操作摧毁 $|0\rangle$ 并降低 $|1\rangle$ 态的振幅，而不把它变到 $|0\rangle$。

利用定理 8.2 量子操作的酉自由性，我们发现 E_0 和 E_1 的酉再合并给出了相位阻尼操作元的一个新集合

$$\tilde{E}_0 = \sqrt{\alpha} \begin{bmatrix} 1 & 0 \\ 0 & 1 \end{bmatrix} \tag{8.129}$$

$$\tilde{E}_1 = \sqrt{1-\alpha} \begin{bmatrix} 1 & 0 \\ 0 & -1 \end{bmatrix} \tag{8.130}$$

其中 $\alpha = (1 + \sqrt{1-\lambda})/2$。因而相位阻尼操作与我们在 8.3.3 节遇到的相位翻转信道完全一样。

因为相位阻尼与相位翻转信道一样，所以我们已经知道如何在布洛赫球上形象化它了，见图 8-9 。这对应于一个布洛赫向量变换

$$(r_x, r_y, r_z) \to \left(r_x\sqrt{1-\lambda}, r_y\sqrt{1-\lambda}, r_z\right) \tag{8.131}$$

它的效应在于把球压缩为椭球。由于历史原因，相位阻尼通常被称为"T_2"（或者自旋-自旋）弛豫过程，其中 $\mathrm{e}^{-t/2T_2} = \sqrt{1-\lambda}$。作为时间的函数，阻尼大小随之增加，对应于一个所有单位球上的点向内朝着 $\hat{z}$ 轴的流动。注意沿着 $\hat{z}$ 轴的态保持不变。

历史上，相位阻尼是一个几乎总被想象为物理上随机相位反冲或散射过程的结果。直到在发展量子纠错时，它与相位翻转信道的联系被发现之后，才予以否定。因为当时认为相位噪声是连续的，而无法被离散过程所描述！实际上，单量子比特错误总可以被想象为来自于一个物理过程，其中要么量子比特上以概率 α 没事发生，要么量子比特以 $1-\alpha$ 的概率被泡利 Z 操作翻转。尽管这也许不是真正发生的微观物理过程，但以在单量子比特上离散的时间间隔发生的变换为出发点，与底层的随机过程比较，它们毫无区别。

相位阻尼是量子计算与量子信息研究中最微妙与最重要的过程。它一直是被大量研究和思考的主题，特别是关于为什么我们周围的世界看起来如此经典，叠加态不是我们日常经验的一部分！也许是相位阻尼导致日常不存在叠加态（习题 8.31）？开创性的量子物理学家薛定谔可能是第一个提出此问题的人，他以一种特别鲜明的形式做到了这一点，如专题 8.4 所述。

习题 8.26（相位阻尼的电路模型） 证明当 θ 选择恰当时，图 8-15 所示电路可用于模拟相位阻尼量子操作。

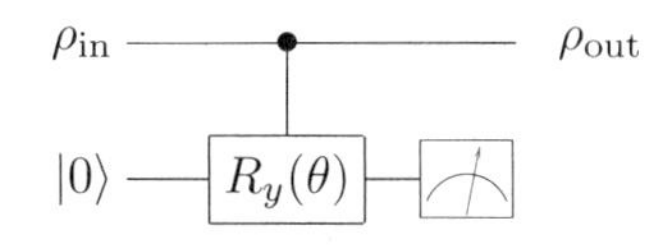

图 8-15 相位阻尼的电路模型。上面的电路携带输入的量子比特未知状态，而下面的线是一个辅助量子比特，用于模拟环境

习题 8.27（相位阻尼 = 相位翻转信道） 给出一个酉变换，把式 (8.127) 和式 (8.128) 中的操作元与式 (8.129) 和式 (8.130) 中的操作元联系起来。也就是找到 u 使得 $\tilde{E}_k = \sum_j u_{kj} E_j$。

习题 8.28（一个受控非相位阻尼模拟电路） 证明受控非门可用于相位阻尼的模型，如果令环境的初始态为混态，其阻尼的大小由态处于混态的概率所决定。

习题 8.29（单值性） 一个量子过程 $\mathcal{E}$ 是单值的，如果 $\mathcal{E}(I) = I$。证明退相位与相位阻尼信道都是单值的，而振幅阻尼不是。

习题 8.30（$T_2 \leqslant T_1/2$） T_2 相位相干弛豫率不过就是量子比特密度矩阵非对角元的指数衰减率，而 T_1 是对角元的衰减率（见式 (7.144)）。振幅阻尼的 T_1 与 T_2 都非零；证明对于振幅阻尼有 $T_2 = T_1/2$。同时证明，如果振幅与相位阻尼同时出现，那么 $T_2 \leqslant T_1/2$。

习题 8.31（相位阻尼的指数敏感性） 利用式 (8.126) 证明一个简谐振子的矩阵元 $\rho_{nm} = \langle n|\rho|m\rangle$ 在相位阻尼的作用下，以一定的常数 λ 指数衰减 $\mathrm{e}^{-\lambda(n-m)^2}$。

专题 8.4 薛定谔的猫

当我听说薛定谔的猫之后，我拿起了枪。

——斯蒂芬·霍金

薛定谔著名的猫面对生与死，取决于一个自动装置，如果观察到激发原子态衰变，它就会破坏一小瓶毒药并杀死猫，如下图所示：

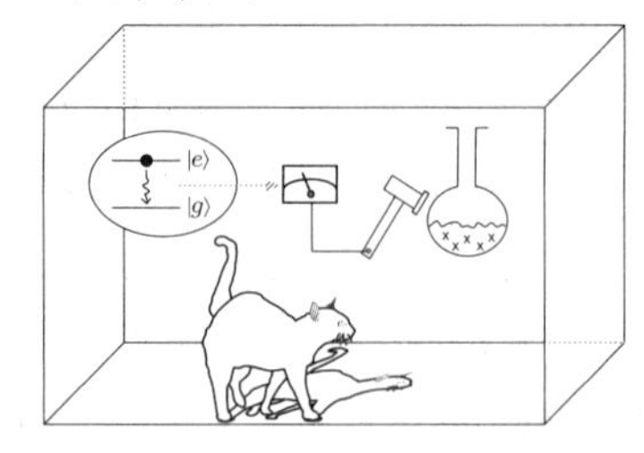

薛定谔问，当原子处于叠加态时会发生什么？猫是死是活？为什么这种叠加态不会发生在日常的世界？通过认识到这个难题极难在现实生活中发生，可以解决此难题。令一个量子比特代表原子，复合系统的初态是一个等权重的叠加态 $|活\rangle(|0\rangle+|1\rangle)/\sqrt{2}$（这代表对实际物理的简化，它们通常也涉及不到这里）。如果原子处于 $|0\rangle$ 态，仪器就杀死猫；否则猫存活。这给出了态 $|\psi\rangle=[|死\rangle|0\rangle+|活\rangle|1\rangle]/\sqrt{2}$，其中猫的状态与原子的状态变得纠缠起来了。这似乎暗示猫将会同时处于生与死，但是假如我们考虑此状态的密度矩阵，

$$\rho=|\psi\rangle\langle\psi| \tag{8.132}$$

$$=\frac{1}{2}[|活,1\rangle\langle活,1|+|死,0\rangle\langle死,0| + |活,1\rangle\langle死,0|+|死,0\rangle\langle活,1|] \tag{8.133}$$

现在，实际上我们无法完美地把猫与原子在它们的盒子中隔离出来，因此关于此叠加态的信息将会泄漏到外部世界中。例如，来自猫身体的热量可以渗透到墙壁上，并向外部暗示其状态。这种效应可以被建模为相位阻尼，它会使 ρ 中的两个最终（非对角）项指数地衰减。在一级近似下，我们可以将猫-原子系统建模为一个简谐振子。关于这种系统的退相干的一个重要结果是，有更高能量差的状态之间的相干比具有较低能量差的状态之间的相干衰减更快（习题 8.31）。因此，ρ 将迅速转变为接近对角态，对应于死或活的猫-原子态的系综，而不处于两个态的叠加。

8.4　量子操作的应用

量子操作形式体系适合作为一个强有力工具，因此有大量的应用。本节我们讲讲其中的两个应用。8.4.1 节描述主方程的理论，这是一个与量子操作形式体系互补的量子噪声图像。主方程方法利用微分方程以连续时间的方式来描述量子噪声，这是一个物理学家经常使用的处理量子噪声的方法。8.4.2 节描述量子过程层析，这是用于实验上确定量子系统动力学的途径。

8.4.1　主方程

开放量子系统在广泛的学科中都会出现，很多其他的不同于量子操作的工具也在他们的研究中被发展出来。在本节中，我们简要地描述其中一个工具，主方程的方法。

开放系统的动力学在量子光学领域中得到了充分的研究。在此领域中主要的目标是用一个微分方程来描述一个开放系统的时间演化，它能恰当地描述一个非酉的行为。这种描述由主方程来完成，它可以写为最一般的 Lindblad 形式

$$\frac{\mathrm{d}\rho}{\mathrm{d}t}=-\frac{\mathrm{i}}{\hbar}[H,\rho]+\sum_j\left[2L_j\rho L_j^\dagger-\left\{L_j^\dagger L_j,\rho\right\}\right] \tag{8.134}$$

其中 $\{x,y\} = xy + yx$ 代表一个反对易子，H 是系统哈密顿量，一个代表动力学相干部分的厄米算符，L_j 是 Lindblad 算子，代表系统与环境的耦合。微分方程采用上述形式，使得该过程类似于先前针对量子操作所描述的那样，是完全正定的。通常还假设系统和环境始于直积态。此外，为了推导出过程的主方程，通常从系统-环境模型哈密顿量开始，然后进行玻恩和马尔可夫近似以确定 L_j。注意，在主方程方法中，$\mathrm{tr}[\rho(t)] = 1$ 始终为 1。

作为一个 Lindblad 方程的例子，考虑一个二能级原子与真空耦合，出现自发辐射。原子演化的相干部分由哈密顿量 $H = -\hbar\omega\sigma_z/2$ 描述。$\hbar\omega$ 是原子能级差。自发辐射导致处于激发态（$|1\rangle$）的原子掉到基态（$|0\rangle$），并在此过程中放出一个光子。这个辐射由 Lindblad 算子 $\sqrt{\gamma}\sigma_-$ 描述，其中 $\sigma_- \equiv |0\rangle\langle 1|$ 是原子的下降算符，而 γ 是自发辐射率。描述此过程的主方程为

$$\frac{\mathrm{d}\rho}{\mathrm{d}t} = -\frac{\mathrm{i}}{\hbar}[H,\rho] + \gamma\left[2\sigma_-\rho\sigma_+ - \sigma_+\sigma_-\rho - \rho\sigma_+\sigma_-\right]$$

其中 $\sigma_+ \equiv \sigma_-^\dagger$ 是原子上升算符。

为了求解此方程，最好是转移到相互作用绘景中，也就是用如下变换

$$\tilde{\rho}(t) \equiv \mathrm{e}^{\mathrm{i}Ht}\rho(t)\mathrm{e}^{-\mathrm{i}Ht} \tag{8.136}$$

$\tilde{\rho}$ 的运动方程很容易被找到

$$\frac{\mathrm{d}\tilde{\rho}}{\mathrm{d}t} = \gamma\left[2\tilde{\sigma}_-\tilde{\rho}\tilde{\sigma}_+ - \tilde{\sigma}_+\tilde{\sigma}_-\tilde{\rho} - \tilde{\rho}\tilde{\sigma}_+\tilde{\sigma}_-\right] \tag{8.137}$$

其中

$$\tilde{\sigma}_- \equiv \mathrm{e}^{\mathrm{i}Ht}\sigma_-\mathrm{e}^{-\mathrm{i}Ht} = \mathrm{e}^{-\mathrm{i}\omega t}\sigma_- \tag{8.138}$$

$$\tilde{\sigma}_+ \equiv \mathrm{e}^{\mathrm{i}Ht}\sigma_+\mathrm{e}^{-\mathrm{i}Ht} = \mathrm{e}^{\mathrm{i}\omega t}\sigma_+ \tag{8.139}$$

因而最终的方程是

$$\frac{\mathrm{d}\tilde{\rho}}{\mathrm{d}t} = \gamma\left[2\sigma_-\tilde{\rho}\sigma_+ - \sigma_+\sigma_-\tilde{\rho} - \tilde{\rho}\sigma_+\sigma_-\right] \tag{8.140}$$

此方程用 $\tilde{\rho}$ 的布洛赫向量表示很容易求解，得到

$$\lambda_x = \lambda_x(0)\mathrm{e}^{-\gamma t} \tag{8.141}$$

$$\lambda_y = \lambda_y(0)\mathrm{e}^{-\gamma t} \tag{8.142}$$

$$\lambda_z = \lambda_z(0)\mathrm{e}^{-2\gamma t} + 1 - \mathrm{e}^{-2\gamma t} \tag{8.143}$$

定义 $\gamma' = 1 - \exp(-2t\gamma)$，我们可以很容易地检查得到此演化等价于

$$\tilde{\rho}(t) = \mathcal{E}(\tilde{\rho}(0)) \equiv E_0\tilde{\rho}(0)E_0^\dagger + E_1\tilde{\rho}(0)E_1^\dagger \tag{8.144}$$

其中

$$E_0 \equiv \begin{bmatrix} 1 & 0 \\ 0 & \sqrt{1-\gamma'} \end{bmatrix} \tag{8.145}$$

$$E_1 \equiv \begin{bmatrix} 0 & \sqrt{\gamma'} \\ 0 & 0 \end{bmatrix} \tag{8.146}$$

是定义了量子操作 $\mathcal{E}$ 的操作元。注意，与式 (8.108) 比较，$\mathcal{E}$ 的效果是振幅阻尼。我们考虑的这个模型是自旋-波色模型的一个范例，在其中一个小的、有限维的量子系统与一个简谐振子热库相互作用。物理上而言，这在描述原子与电磁辐射相互作用中很重要，正如在腔 QED，或在原子和离子势阱中那样。

主方程方法没有量子操作形式体系那样的一般性。解出主方程允许人们确定密度矩阵的事件依赖性。知道这一点，反过来意味着结果可以被表示为一个算子和表示的量子操作，

$$\rho(t) = \sum_k E_k(t)\rho(0)E_k^\dagger(t), \tag{8.147}$$

其中 $E_k(t)$ 是依赖于时间的操作元，由主方程的解所确定。但是，一个由算子和表示描述的量子过程不一定能写为一个主方程。比如，量子操作可以描述非马尔可夫过程，仅仅是因为它们只描述态的变化，而不是时间演化。不论如何，每种方法都有自己的位置。实际上，哪怕是量子操作也没有提供最一般的描述；我们在 8.5 节中将考虑一些无法被量子操作所描述的过程。

8.4.2　量子过程层析

量子操作给开放量子系统提供了一个强有力的数学工具，且很容易被形象化（至少对量子比特）——但是它们如何跟实验可观测量联系起来呢？实验学家如果想要刻画量子系统的动力学，应该做怎样的测量呢？对经典系统，这个基本的工作被称为*系统识别*。这里我们将展示，被称为*量子过程层析*的经典对应，如何才能在一个有限维量子系统中完成。

为了理解过程层析，我们首先要理解另一个名为*量子态层析*的步骤。态层析是一个用于确定未知量子态的实验步骤。假设我们有一个单量子比特未知态 ρ。我们如何才能实验确定 ρ 的态是什么？

如果我们只有 ρ 的一份拷贝，那么是无法刻画 ρ 的。基本的问题在于，并没有一个量子测量能够确定地区分两个不正交的量子态，比如 $|0\rangle$ 和 $(|0\rangle+|1\rangle)/\sqrt{2}$。但是，如果我们有 ρ 的大量拷贝，那就可以估计出 ρ。比如，如果 ρ 是某个实验产生的量子态，那么我们简单地重复实验很多次，就能做出态 ρ 的很多拷贝。

假设我们有一个单量子比特矩阵 ρ 的很多拷贝，集合 $I/\sqrt{2}, X/\sqrt{2}, Y/\sqrt{2}, Z/\sqrt{2}$ 构成了一组相对于希尔伯特-施密特内积来说正交的矩阵，因而 ρ 可被展开为

$$\rho = \frac{\mathrm{tr}(\rho)I + \mathrm{tr}(X\rho)X + \mathrm{tr}(Y\rho)Y + \mathrm{tr}(Z\rho)Z}{2} \tag{8.148}$$

但是，回忆一下类似 $\mathrm{tr}(A\rho)$ 这样的表达式可以被解释为可观测量的平均值。比如，为了估计 $\mathrm{tr}(Z\rho)$ 我们测量可观测量 Z 很多次，m，得到的结果为 $z_1, z_2, \cdots, z_m$，全都等于 $+1$ 或 -1。此物理量的经验平均值 $\sum_i z_i/m$ 是对其真实值 $\mathrm{tr}(Z\rho)$ 的估计。我们可以使用中心极限定理来确定此估计对大的 m 来说表现得有多好。它近似成为高斯型，平均值为 $\mathrm{tr}(Z\rho)$，标准差是 $\Delta(Z)/\sqrt{m}$，其中 $\Delta(Z)$ 是对 Z 单次测量的标准差，它的界为 1。因此在我们的估计中，$\sum_i z_i/m$ 的标准差最多是 $1/\sqrt{m}$。

类似地，在大样本尺寸极限下，我们可以以很高的置信度来估计 $\mathrm{tr}(X\rho)$ 和 $\mathrm{tr}(Y\rho)$ 的值。因而获得对 ρ 的一个很好的估计。把这个步骤推广到不止一个量子比特并不难，至少原理上不难！类似于单量子比特的情况，n 个量子比特的任意密度矩阵可以被展开为

$$\rho = \sum_{\vec{v}} \frac{\mathrm{tr}\left(\sigma_{v_1} \otimes \sigma_{v_2} \otimes \cdots \otimes \sigma_{v_n}\rho\right) \sigma_{v_1} \otimes \sigma_{v_2} \otimes \cdots \otimes \sigma_{v_n}}{2^n} \tag{8.149}$$

其中的求和是对于向量 $\vec{v} = (v_1, \cdots, v_n)$，且向量元 v_i 从集合 $0, 1, 2, 3$ 中选取。通过对泡利矩阵的乘积这样的可观测量进行测量，我们可以估计出此求和中的每一项，从而得到对 ρ 的估计。

我们已经描述了如何对由量子比特组成的系统实现态层析。如果涉及非量子比特的系统怎么办呢？不奇怪的是，很容易推广上面的处方到此系统。我们不会在这儿具体地再做一次，请参阅章末的"背景资料与延伸阅读"。

现在我们知道了如何做量子态层析，我们如何能用它来做量子过程层析呢？实验步骤可以被概述如下。假设系统的态空间有 d 维；比如说对一个单量子比特来说 $d = 2$。我们选择 d^2 个纯量子态 $|\psi_1\rangle, \cdots, |\psi_{d^2}\rangle$，使得相应的密度矩阵 $|\psi_1\rangle\langle\psi_1|, \cdots, |\psi_{d^2}\rangle\langle\psi_{d^2}|$ 形成了态矩阵的一组基集合。下面我们更详细地解释如何选取这组集合。对每个态 $|\psi_j\rangle$ 我们都把系统准备到那个态上面，然后让它经历我们希望刻画的过程。在过程运行结束之后，我们使用量子态层析来确定通过过程后的结果 $\mathcal{E}(|\psi_j\rangle\langle\psi_j|)$。从一个纯粹主义者的观点来看，我们已经完成了，因为原理上量子操作 $\mathcal{E}$ 现在由 $\mathcal{E}$ 对所有态的线性扩展所确定。

实际上，我们希望能有一种方法可以通过实验上已有的数据来确定 $\mathcal{E}$ 的一种有用的表示。我们将会介绍一种完成此事的一般步骤，对于一个单量子比特的例子具体地做出来。我们的目标是确定 $\mathcal{E}$ 的一组操作元 $\{E_i\}$，

$$\mathcal{E}(\rho) = \sum_i E_i \rho E_i^\dagger \tag{8.150}$$

但是，实验数据与数字而非算子有关系，算子只是一个理论上的概念。为了从可测量的参数中确定 E_i，用算子 $\tilde{E}_i$ 的一组固定集合来研究 $\mathcal{E}$ 的等价描述是很方便的。$\tilde{E}_i$ 组成了作用在态空间上算子集合的基，也就是

$$E_i = \sum_m e_{im} \tilde{E}_m \tag{8.151}$$

其中 e_{im} 是某个复数集合。式 (8.150) 因而可以重写为

$$\mathcal{E}(\rho) = \sum_{mn} \tilde{E}_m \rho \tilde{E}_n^\dagger \chi_{mn} \tag{8.152}$$

其中 $\chi_{mn} \equiv \sum_i e_{im} e_{in}^*$ 是一个根据定义是正的且厄米的矩阵的矩阵元。此展开被称为χ 矩阵表示，表明只要操作元 E_i 的集合是固定的，$\mathcal{E}$ 可以完全由一个复数矩阵 χ 所描述。

一般来说，χ 将包含 $d^4 - d^2$ 个各自独立的实参量，因为一个一般的映射——从 d 乘 d 的复数矩阵到 d 乘 d 的矩阵——可以被 d^4 个独立的参数所描述，但是还有 d^2 个额外的限制，即 ρ 在被取一次迹之后仍保持是厄米的；也就是完备性条件

$$\sum_i E_i^\dagger E_i = I \tag{8.153}$$

要被满足，给出了 d^2 个实的限制。我们将会展示如何在实验上确定 χ，然后证明只要 χ 矩阵已知，那么形如式 (8.150) 的算子和表示就能被恢复出来。

令 ρ_j,$1 \leqslant j \leqslant d^2$，是一个对 $d \times d$ 矩阵空间来说固定的，线性独立的基；也就是任何 $d \times d$ 的矩阵都可以写成 ρ 的一个唯一的线性组合。一个方便的选择是算子 $|n\rangle\langle m|$ 的集合。实验上而言，输出态 $\mathcal{E}(|n\rangle\langle m|)$ 可以通过制备输入态 $|n\rangle, |m\rangle, |+\rangle = (|n\rangle + |m\rangle)/\sqrt{2}$ 和 $|-\rangle = (|n\rangle + \mathrm{i}|m\rangle)/\sqrt{2}$，然后产生 $\mathcal{E}(|n\rangle\langle n|), \mathcal{E}(|m\rangle\langle m|), \mathcal{E}(|+\rangle\langle +|), \mathcal{E}(|-\rangle\langle -|)$ 的线性组合，如下所示

$$\mathcal{E}(|n\rangle\langle m|) = \mathcal{E}(|+\rangle\langle +|) + \mathrm{i}\mathcal{E}(|-\rangle\langle -|) - \frac{1+\mathrm{i}}{2}\mathcal{E}(|n\rangle\langle n|) - \frac{1+\mathrm{i}}{2}\mathcal{E}(|m\rangle\langle m|) \tag{8.154}$$

因此，可以通过态层析来确定每一个 ρ_j 的 $\mathcal{E}(\rho_j)$。

不仅如此，每一个 $\mathcal{E}(\rho_j)$ 都可以被表示为这些基的线性组合，

$$\mathcal{E}(\rho_j) = \sum_k \lambda_{jk} \rho_k \tag{8.155}$$

而且由于 $\mathcal{E}(\rho_j)$ 可以由态层析得到，所以 λ_{jk} 可以通过标准的线性代数算法确定。接下来，我们可以写下

$$\tilde{E}_m \rho_j \tilde{E}_n^\dagger = \sum_k \beta_{jk}^{mn} \rho_k \tag{8.156}$$

其中 βjk^{mn} 是复数，可以由 $\tilde{E}_m$ 和 ρ_j 算子给出的线性代数的标准算法确定。把前两个表达式与式 (8.152) 放到一起，我们有

$$\sum_k \sum_{mn} \chi_{mn} \beta_{jk}^{mn} \rho_k = \sum_k \lambda_{jk} \rho_k \tag{8.157}$$

由 ρ_k 的线性独立性，于是有对每一个 k，

$$\sum_{mn} \beta_{jk}^{mn} \chi_{mn} = \lambda_{jk} \tag{8.158}$$

此关系是让矩阵 χ 给出正确量子操作 $\mathcal{E}$ 的充要条件。人们也许可以把 χ 与 λ 想象为向量，而 β 为一个 $d^4 \times d^4$ 的矩阵，其列指标为 jk，而行指标为 jk。为了展示 χ 是如何获得的，令 k 为 β 矩

阵的广义逆，满足关系

$$\beta_{jk}^{mn} = \sum_{st,xy} \beta_{jk}^{st} \kappa_{st}^{xy} \beta_{xy}^{mn} \tag{8.159}$$

大部分针对矩阵操作的计算机程序包都可以找到此广义逆。我们现在证明了由

$$\chi_{mn} \equiv \sum_{jk} \kappa_{jk}^{mn} \lambda_{jk} \tag{8.160}$$

定义的 χ 满足关系式 (8.158) 。

确认由式 (8.160) 所定义的 χ 满足式 (8.158) 的困难之处在于，一般而言 χ 不是由式 (8.158) 唯一确定。为方便起见，我们把这些方程重新写为矩阵形式

$$\beta \vec{\chi} = \vec{\lambda} \tag{8.161}$$

$$\vec{\chi} \equiv \kappa \vec{\lambda} \tag{8.162}$$

从导致式 (8.152) 的构建，我们知道存在至少一个解满足式 (8.161) ，我们称之为 $\vec{\chi}'$。因此 $\vec{\lambda} = \beta \vec{\chi}'$。广义逆满足 $\beta k \beta = \beta$。在 $\vec{\chi}$ 的前方乘上 β 可得

$$\beta \vec{\chi} = \beta \kappa \vec{\lambda} \tag{8.163}$$

$$= \beta \kappa \beta \vec{\chi}' \tag{8.164}$$

$$= \beta \vec{\chi}' \tag{8.165}$$

$$= \vec{\lambda} \tag{8.166}$$

因此由式 (8.162) 定义的 χ 满足式 (8.161) ，正如我们想要证明的那样。

在确定 χ 之后，人们马上就可以如下方式得到 $\mathcal{E}$ 的算子和表示。令酉矩阵 $U^\dagger$ 对角化 χ，

$$\chi_{mn} = \sum_{xy} U_{mx} d_x \delta_{xy} U_{ny}^* \tag{8.167}$$

由此可以很容易地验证

$$E_i = \sqrt{d_i} \sum_j U_{ji} \tilde{E}_j \tag{8.168}$$

是 $\mathcal{E}$ 的操作元。我们的算法因而可以总结如下：$\vec{\lambda}$ 是通过实验用态层析确定的，它又可以通过方程 $\vec{\chi} = \kappa \vec{\lambda}$ 确定 χ，它给了我们对 $\mathcal{E}$ 的完整描述，包含一个操作元集合 E_i。

对于一个单量子比特过程的例子，只有 12 个参数需要被确定（专题 8.5）。两量子比特的黑盒子 $\mathcal{E}_2$ 的动力学为我们的理解提出了更大的挑战。此时需要 240 个待定参数，以便完全地确定作用于量子系统上的量子操作。确定这些参数明显是一项相当大的工作。但是，跟单量子比特的情况类似，如果在实验室中实验态层析和态准备的程序是现成的，那么实施一个自动计算的数值程序是相对简单的。

专题 8.5　对单量子比特的过程层析

在单量子比特操作的例子里，过程层析的一般方法能被简化，给出具体的公式，这对实验可能有用。这个简化之所以能成，是通过选择固定的算子 $\tilde{E}_i$，它们具有的对易关系能方便地让 χ 矩阵可以直接通过矩阵乘法而确定。在单量子比特的例子中，我们利用

$$\tilde{E}_0 = I \tag{8.169}$$

$$\tilde{E}_1 = X \tag{8.170}$$

$$\tilde{E}_2 = -\mathrm{i}Y \tag{8.171}$$

$$\tilde{E}_3 = Z \tag{8.172}$$

其中有 12 个由 χ 确定的参数，决定了单量子比特的一个任意的量子操作 $\mathcal{E}$。

这些参数可以用 4 组实验来测量。作为一个特殊的例子，假设输入态 $|0\rangle, |1\rangle, |+\rangle = (|0\rangle + |1\rangle)/\sqrt{2}$ 及 $|-\rangle = (|0\rangle + \mathrm{i}|1\rangle)/\sqrt{2}$ 被准备好了，4 个矩阵

$$\rho_1' = \mathcal{E}(|0\rangle\langle 0|) \tag{8.173}$$

$$\rho_4' = \mathcal{E}(|1\rangle\langle 1|) \tag{8.174}$$

$$\rho_2' = \mathcal{E}(|+\rangle\langle +|) - \mathrm{i}\mathcal{E}(|-\rangle\langle -|) - (1-\mathrm{i})\left(\rho_1' + \rho_4'\right)/2 \tag{8.175}$$

$$\rho_3' = \mathcal{E}(|+\rangle\langle +|) + \mathrm{i}\mathcal{E}(|-\rangle\langle -|) - (1+\mathrm{i})\left(\rho_1' + \rho_4'\right)/2 \tag{8.176}$$

可以被态层析所确定。这对应于 $\rho_j' = \mathcal{E}\left(\rho_j\right)$，其中

$$\rho_1 = \begin{bmatrix} 1 & 0 \\ 0 & 0 \end{bmatrix} \tag{8.177}$$

$\rho_2 = \rho_1 X, \rho_3 = X\rho_1, \rho_4 = X\rho_1 X$。由式 (8.156) 和式 (8.169) ~ 式 (8.172) 我们可以确定 β，类似地 ρ' 确定了 λ。但是，由于基的特定选取，以及 $\tilde{E}_i$ 的泡利矩阵表示，我们可以把 β 矩阵用 Kronecker 乘积 $\beta = \Lambda \otimes \Lambda$ 来表示，其中

$$\Lambda = \frac{1}{2}\begin{bmatrix} I & X \\ X & -I \end{bmatrix} \tag{8.178}$$

因而 χ 可以方便地用方块矩阵表示

$$\chi = \Lambda \begin{bmatrix} \rho_1' & \rho_2' \\ \rho_3' & \rho_4' \end{bmatrix} \Lambda \tag{8.179}$$

我们已经说明了如何通过系统的步骤实验上确定一个量子系统动力学上有用的表示。量子过

程层析的步骤类似于经典控制论实施的系统识别步骤，且在理解和控制有噪声的量子系统中扮演类似的角色。

习题 8.32 解释如何把量子过程层析扩展到非保迹的量子操作，比如在测量研究中出现的。

习题 8.33（确定一个量子过程） 假如人们希望通过描述布洛赫球上一个点集合 $\{\vec{r}_k\}$ 在 $\mathcal{E}$ 下的变换，完全确定一个任意的单量子比特操作 $\mathcal{E}$。证明那个集合必须包含最少 4 个点。

习题 8.34（两量子比特的过程层析） 证明描述两个量子比特的黑盒子操作 χ_2 可以表述为

$$\chi_2 = \Lambda_2 \bar{\rho}' \Lambda_2$$

其中 $\Lambda_2 = \Lambda \otimes \Lambda$，$\Lambda$ 在专题 8.5 中定义。而 $\bar{\rho}'$ 是由 16 个测量出的密度矩阵元组成的方块矩阵

$$\bar{\rho}' = P^T \begin{bmatrix} \rho'_{11} & \rho'_{12} & \rho'_{13} & \rho'_{14} \\ \rho'_{21} & \rho'_{22} & \rho'_{23} & \rho'_{24} \\ \rho'_{31} & \rho'_{32} & \rho'_{33} & \rho'_{34} \\ \rho'_{41} & \rho'_{42} & \rho'_{43} & \rho'_{44} \end{bmatrix} P$$

其中 $\rho'_{nm} = \mathcal{E}(\rho_{nm}), \rho_{nm} = T_n|00\rangle\langle 00|T_m, T_1 = I \otimes I, T_2 = I \otimes X, T_3 = X \otimes I, T_4 = X \otimes X$，而 $P = I \otimes [(\rho_{00} + \rho_{12} + \rho_{21} + \rho_{33}) \otimes I]$ 是一个转置矩阵。

习题 8.35（过程层析示例） 考虑一个单比特上未知动力学 $\mathcal{E}$ 黑盒子。假设下面的 4 个密度矩阵是由遵照式 (8.173) ~ 式 (8.176) 实施的实验测量所得：

$$\rho'_1 = \begin{bmatrix} 1 & 0 \\ 0 & 0 \end{bmatrix} \tag{8.183}$$

$$\rho'_2 = \begin{bmatrix} 0 & \sqrt{1-\gamma} \\ 0 & 0 \end{bmatrix} \tag{8.184}$$

$$\rho'_3 = \begin{bmatrix} 0 & 0 \\ \sqrt{1-\gamma} & 0 \end{bmatrix} \tag{8.185}$$

$$\rho'_4 = \begin{bmatrix} \gamma & 0 \\ 0 & 1-\gamma \end{bmatrix} \tag{8.186}$$

其中 γ 是一个数值参数。从对这些输入–输出关系的独立的研究中，人们可以获得如下的观察：基态 $|0\rangle$ 在 $\mathcal{E}_1$ 的作用下是不变的，激发态 $|1\rangle$ 部分衰减到基态，于是叠加态就消失了。确定此过程的 χ 矩阵。

8.5 量子操作形式体系的局限

有没有一些有趣的量子系统，它们的动力学不能由量子操作所描述？在本节中，我们将会人为构造一个其演化无法用量子操作描述的例子，并尝试了解其可能发生的情形。

假设一个单量子比特被制备到某未知量子态，我们记为 ρ。该量子比特制备涉及制备量子比特的实验室中进行的某些步骤。假设单量子比特与实验室自由度合在一起，作为态准备过程的副产品，如果 ρ 是布洛赫球下半部分的态，则保留在状态 $|0\rangle$，如果 ρ 是布洛赫球上半部分的状态，则留在 $|1\rangle$。也就是说，制备后系统状态为

$$\rho \otimes |0\rangle\langle 0| \otimes \text{其他自由度} \tag{8.186}$$

如果 ρ 处于布洛赫球的下半部分，以及

$$\rho \otimes |1\rangle\langle 1| \otimes \text{其他自由度} \tag{8.187}$$

如果 ρ 处于布洛赫球的上半部分。

一旦态制备完成，系统就开始与环境接触，本例中就是所有的环境自由度。假设相互作用是在主系统与实验室系统中额外量子比特之间的受控非操作。因此，如果系统的布洛赫向量初始时处于布洛赫球的下半部分，它将保持不变，如果初始时处于布洛赫球的上半部分，它将会旋转到布洛赫球的下半部分。

显然，这个过程不是作用于布洛赫球的仿射映射，因此，根据 8.3.2 节的结果，它不能是量子操作。从这个讨论中可以学到的是，*在准备完成之后，与用作准备该系统的自由度相互作用的量子系统通常会遵循量子操作形式体系无法充分描述的动力学*。这是一个重要的结论，因为它表明在物理上合理的情况下，量子操作形式体系可能无法充分描述量子系统中发生的过程。应该牢记这一点，比如在前一节讨论的量子过程层析程序的应用中。

然而，对本书的其余部分，我们将在量子操作形式体系中工作。它为描述量子系统所经历的动力学提供了强大而合理的通用工具。最重要的是，它提供了一种手段，通过它可以在与量子信息处理相关的问题上取得具体进展。对量子操作形式体系之外的量子信息处理进行深入研究是一个有趣的问题。

问题 8.1（*量子操作的 Lindblad 形式*）　在 8.4.1 节的符号表示下，明确地一步步求解出 $\rho(t)$ 的微分方程

$$\dot{\rho} = -\frac{\lambda}{2}\left(\sigma_+\sigma_-\rho + \rho\sigma_+\sigma_- - 2\sigma_-\rho\sigma_+\right) \tag{8.188}$$

把映射 $\rho(0) \to \rho(t)$ 展开为 $\rho(t) = \sum_k E_k(t)\rho(0)E_k^\dagger(t)$。

问题 8.2（*作为一个量子操作的隐形传态*）　假设 Alice 有一个单量子比特，记为系统 1，她希望传送给 Bob。不幸的是，她与 Bob 只共享一个不完美纠缠的量子比特对。其中 Alice 的那一半被记为系统 2，而 Bob 的那一半被标记为系统 3。假设 Alice 对系统 1 和 2 完成一个由量子操作集

合 $\mathcal{E}_m$ 描述的测量，得到结果 m。证明这将引发一个与系统 1 的初态和系统 3 的末态有关的操作 $\tilde{\mathcal{E}}_m$，而且如果 Bob 可以使用保迹的量子操作 $\mathcal{R}_m$ 来反转此操作

$$\mathcal{R}_m\left(\frac{\tilde{\mathcal{E}}_m(\rho)}{\mathrm{tr}\left[\tilde{\mathcal{E}}_m(\rho)\right]}\right)=\rho \tag{8.189}$$

隐形传态就可以被实现，其中 ρ 是系统 1 的初态。

问题 8.3（随机酉信道） 人们倾向于相信所有的单值信道，也就是那些满足 $\mathcal{E}(I)=I$ 的信道，是随机酉操作取平均的结果。随机酉操作为 $\mathcal{E}(\rho)=\sum_k p_k U_k \rho U_k^\dagger$，其中 U_k 是酉算子，而 p_k 是一个概率分布。证明尽管这对于单量子比特是对的，但是对于更大的系统并不正确。

本章小结

- **算子和表示**：一个开放量子系统的行为可以被建模为

$$\mathcal{E}(\rho)=\sum_k E_k \rho E_k^\dagger \tag{8.190}$$

  其中 E_k 是操作元，如果量子操作是保迹的，那么满足 $\sum_k E_k^\dagger E_k = I$。

- **量子操作的环境模型**：一个保迹的量子操作总能被看作是通过系统与初始时不关联的环境的酉相互作用产生，反过来也一样。非保迹量子操作也可能类似地处理，除了一个额外的施加在系统与环境的复合体上的投影操作，不同的结果对应于不同的非保迹量子操作。
- **量子过程层析**：一个作用于 d 维量子系统的量子操作，可以通过测量由 d^2 个纯态输入得到的输出密度矩阵而被实验完全地确定。
- **重要单量子比特量子操作的操作元**：

去极化信道	$\sqrt{1-\frac{3p}{4}}\begin{bmatrix}1&0\\0&1\end{bmatrix}$,	$\sqrt{\frac{p}{4}}\begin{bmatrix}0&1\\1&0\end{bmatrix}$
	$\sqrt{\frac{p}{4}}\begin{bmatrix}0&-\mathrm{i}\\\mathrm{i}&0\end{bmatrix}$,	$\sqrt{\frac{p}{4}}\begin{bmatrix}1&0\\0&-1\end{bmatrix}$
振幅阻尼	$\begin{bmatrix}1&0\\0&\sqrt{1-\gamma}\end{bmatrix}$,	$\begin{bmatrix}0&\sqrt{\gamma}\\0&0\end{bmatrix}$
相位阻尼	$\begin{bmatrix}1&0\\0&\sqrt{1-\gamma}\end{bmatrix}$,	$\begin{bmatrix}0&0\\0&\sqrt{\gamma}\end{bmatrix}$
相位翻转	$\sqrt{p}\begin{bmatrix}1&0\\0&1\end{bmatrix}$,	$\sqrt{1-p}\begin{bmatrix}1&0\\0&-1\end{bmatrix}$
比特翻转	$\sqrt{p}\begin{bmatrix}1&0\\0&1\end{bmatrix}$,	$\sqrt{1-p}\begin{bmatrix}0&1\\1&0\end{bmatrix}$
比特-相位翻转	$\sqrt{p}\begin{bmatrix}1&0\\0&1\end{bmatrix}$,	$\sqrt{1-p}\begin{bmatrix}0&-\mathrm{i}\\\mathrm{i}&0\end{bmatrix}$

背景资料与延伸阅读

量子噪声在许多领域都是一个重要的主题，且在此主题下包括大量的文献。我们只能仅限于引用该主题可用资源的一小部分范例。从相当数学的角度来看，量子噪声的早期论述是由 Davies[Dav76] 完成的。Caldeira 和 Leggett[CL83] 使用基于费曼路径积分的方法对一个被称为*自旋-玻色子*的重要模型进行了一些初步和最完备的研究。Gardiner[Gar91] 从量子光学的角度研究了量子噪声。最近，量子光学界发展出了针对量子噪声的所谓*量子轨迹*方法。可以在 Zoller 和 Gardiner[ZG97] 及 Plenio 和 Knight[PK98] 的文章中找到对该主题的综述。

关于量子操作的主题存在大量文献。我们只提到几个关键的参考文献，主要包括 Kraus[Kra83] 的书，其中包含对此主题早期工作的大量参考文献。关于这一主题的有影响力的早期论文包括 Hellwig 和 Kraus[HK69, HK70] 及 Choi[Cho75] 等。Lindblad[Lin76] 将量子操作形式体系与连续时间量子演化理论联系起来，引入了现在被称为 Lindblad 形式的东西。Schumacher[Sch96b] 和 Caves[Cav99] 从量子纠错的角度撰写了量子操作形式体系的优秀总结。

Vogel 和 Risken[VR89] 提出了量子态层析。Leonhardt[Leo97] 撰写了一篇最近的综述，其中包含对其他工作的参考文献。Turchette、Hood、Lange、Mabuchi 和 Kimble[THL+95] 在一篇论文中指出了对量子过程层析的需求。该理论由 Chuang 和 Nielsen[CN97] 及 Poyatos、Cirac 和 Zoller[PCZ97] 独立发展。Jones[Jon94] 早先概述了量子过程层析的主要思想。

“退相干”这个词出现了一个令人遗憾的术语混淆。从历史上看，它一直被用来指代相位阻尼过程，特别是被 Zurek[Zur91] 如此使用。Zurek 和其他研究人员认识到相位阻尼在从量子到经典物理的过渡中具有独特的作用；对于某些环境耦合，它发生在比任何振幅阻尼过程快得多的时间尺度上，因此在确定量子相干性的损失方面可能更为重要。这些研究的主要观点是由于环境相互作用而展现的经典性。然而，总的来说，量子计算中和量子信息中使用退相干是指量子处理中的*任何噪声过程*。在本书中，我们喜欢更通用的术语“量子噪声”，并倾向于使用它，尽管在上下文中合适的时候*退相干*也会偶尔出现。

Royer[Roy96] 提供了对量子操作形式体系的一些局限性（尤其是最初系统和环境在直积态下的假设）的更详细讨论。

问题 8.2 来自 Nielsen 和 Caves[NC97]。问题 8.3 是 Landau 和 Streater[LS93] 对双随机量子操作凸集的极值点的深入研究的一部分。

第 9 章

量子信息的距离度量

两则信息类似是什么意思？一个过程保护一则信息意味着什么？这些问题都是量子信息处理理论的核心问题，而本章的目的就是通过发展距离度量来定量地回答上述问题。围绕上面的两个问题，我们将重点考察两大类距离度量：静态度量和动态度量。静态度量定量刻画两个量子态之间的距离，而动态度量则描述一个过程前后，量子信息被保护得好坏。我们的策略是首先发展出好的静态距离度量，然后以此为基础，发展出距离的动态度量。

其实，无论从经典角度还是量子角度，距离度量的定义都有一定的随意性，而量子信息和量子计算圈子里的人们多年来就发现，使用一系列不同的距离度量是非常方便的。其中，迹距离和保真度是当今使用最广泛的两个距离度量，本章我们将详细介绍这两种度量。其实在大部分特性上，这两种度量十分相似，但在某些具体应用上，最合适的办法往往是选择其中更合适的那一个。本章讨论这两种度量的原因就是这个状况，以及它们在量子计算和量子信息中被广泛应用的事实。

9.1 经典信息的距离度量

区分概率分布的想法需要小心应对。

——Christopher Fuchs

我们从一个相对更容易运用我们直观想法的场景开始——经典信息的距离度量。在经典信息论中，我们比较的对象是什么呢？比如我们可能比较字符串 00010 和 10011。一个可能的度量它们之间距离的方法是*汉明距离*，这种距离定义为这两个字符串中所有内容不同的比特位置的数量。例如，00010 和 10011 在第一个和最后一个比特上内容不同，因此它们之间的汉明距离是 2。糟糕的是，两个对象之间的汉明距离仅仅涉及标号的问题，但量子力学所依赖的希尔伯特空间中，原本就没有标号的概念。

实际上，对研究量子信息之间的距离度量来说，一个好得多的出发点是经典概率分布之间的比较。在经典信息论中，一个信源通常被建模为一个随机变量，也就是某个源信息对应字符表的概率分布。例如，一个未知的英语文字的信源一般被建模为一串取值在罗马字母表上的随机变量。在我们读取文字之前，我们可以就字母在文字中出现的相对频率，或者这些字母之间的特定关联，做一些合理的猜测。例如，字母对“th”在英文中比字母对“zx”常见得多。信源的这种可以被看作某种字母表上概率分布的特征，启发着我们在寻找距离度量的时候，将精力集中在对概率分布的比较上。

对于两个定义在同一个标号集上的两个概率分布 $\{p_x\}$ 和 $\{q_x\}$，当我们说它们很接近的时候，到底意味着什么？为这个问题给出一个独一无二“正确”的答案是不容易的，因此，我们将尝试给出两个不同的回答，实际上这两种回答中的任何一种都在量子信息和量子计算圈子中被广泛应用。第一个度量是*迹距离*，其定义如下：

$$D\left(p_x, q_x\right) \equiv \frac{1}{2} \sum_x \left|p_x - q_x\right| \tag{9.1}$$

这个量有时候也被称作 L_1 距离或者 Kolmogorov 距离。我们倾向迹距离这个称呼，因为它预见了后来出现的量子力学对应，而这个对应就是用迹函数来定义的。实际上，迹距离是一个关于概率分布的真正度量（一个真正的度量 $D(x,y)$ 需要满足对称性，$D(x,y)=D(y,x)$，以及满足三角不等式，$D(x,z) \leqslant D(x,y)+D(y,z)$）。因此，这个名称中“距离”的提法恰如其分。

习题 9.1　概率分布 $(1,0)$ 和 $(1/2,1/2)$ 之间的迹距离是多少？$(1/2,1/3,1/6)$ 和 $(3/4,1/8,1/8)$ 之间呢？

习题 9.2　证明概率分布 $(p,1-p)$ 和 $(q,1-q)$ 之间的迹距离是 $|p-q|$。

第二种概率分布间的距离度量是*保真度*。概率分布 $\{p_x\}$ 和 $\{q_x\}$ 之间的保真度定义为

$$F\left(p_x, q_x\right) \equiv \sum_x \sqrt{p_x q_x} \tag{9.2}$$

相比迹距离，保真度是一个非常不同的度量概率分布间距离的方法。首先，保真度并不是一个真正的度量，虽然后面我们会看到，可以从保真度出发定义一个真正的度量。为了看出这一点，注意当 $\{p_x\}$ 和 $\{q_x\}$ 完全相同的时候，$F(p_x,q_x)=\sum_x p_x=1$。一个更好的从几何角度出发理解保真度的方法见图 9-1；保真度实际上就是单位球面上的两个元素为 $\sqrt{p_x}$ 和 $\sqrt{q_x}$ 的向量间的内积。

习题 9.3　概率分布 $(1,0)$ 和 $(1/2,1/2)$ 之间的保真度是多少？$(1/2,1/3,1/6)$ 和 $(3/4,1/8,1/8)$ 之间呢？

从数学意义上来说，迹距离和保真度是两个有用的距离度量概念。那么，它们是否也有对应的物理意义呢？就迹距离来说，这个问题的答案是肯定的。

特别是，不难证明

$$D\left(p_x, q_x\right) = \max_S |p(S)-q(S)| = \max_S \left|\sum_{x \in S} p_x - \sum_{x \in S} q_x\right| \tag{9.3}$$

这里是对指标集 $\{x\}$ 的所有子集 S 取最大值。被取最大值的量，其实就是根据概率分布 $\{p_x\}$ 事件 S 发生的概率，和根据概率分布 $\{q_x\}$ 事件 S 发生的概率之间的距离。因此，事件 S 也就是当我们想分辨分布 $\{p_x\}$ 和 $\{q_x\}$ 时最佳的考察事件。在这里，迹距离决定了我们能多好地做出区分。

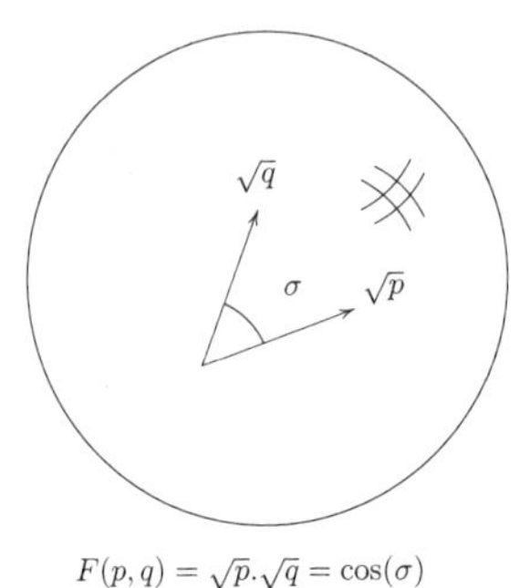

$F(p,q)=\sqrt{p}.\sqrt{q}=\cos(\sigma)$

图 9-1　保真度的几何解释，它可认为是单位球面上向量 $\sqrt{p_x}$ 和 $\sqrt{q_x}$ 之间的内积（因为 $1=\sum_x\left(\sqrt{p_x}\right)^2=\sum_x\left(\sqrt{q_x}\right)^2$）

扫兴的是，类似的清晰解释对保真度来说依然是未知的。但是，在下一节我们会展示，即使没有清晰的物理解释，数学上保真度已经是一个足够好用的量，因此依然值得研究。而且，我们也不能排除未来能为保真度找到清晰物理解释的可能性。最后，还要指出，在迹距离和保真度之间其实存在着紧密的联系。因此，其中一个的特性经常被用来反推另外一个的性质，这常常是一个非常有用的事实。

习题 9.4　证明式 (9.3)。

习题 9.5　证明式 (9.3) 中的绝对值符号可以去掉，也就是说，

$$D\left(p_x,q_x\right)=\max_S(p(S)-q(S))=\max_S\left(\sum_{x\in S}p_x-\sum_{x\in S}q_x\right) \tag{9.4}$$

迹距离和保真度是比较两个固定概率分布的静态度量。另一个距离的度量是一个*动态度量*，它刻画了某个具体的物理过程中，量子信息被保护得好坏。假设一个随机变量 X 被通过一个有噪声信道传送出去，以另一个随机变量 Y 的形式输出，形成一个马尔可夫过程 $X\to Y$。为了方便讨论，我们假设 X 和 Y 有相同的取值范围，取值记作 x。那么，X 和 Y 分布不同的总概率，即 $p(X\neq Y)$，将是一个显而易见的可以衡量整个过程保护信息好坏程度的量。

让人惊奇的是，动态距离度量也可以理解成静态迹距离的一个特例。想象我们被赋予一个随机变量 X，然后我们制备它的一个拷贝，产生一个新的随机变量 $\tilde{X}=X$。将 X 通过一个有噪声信道传递出去，如图 9-2 所示产生输出随机变量 Y。那么开始的完美关联对 $(\tilde{X},X)$，距离结尾的关联对 $(\tilde{X},Y)$ 多远呢？我们可以用迹距离来衡量接近的程度，通过简单的计算可以得到

$$D((\tilde{X},X),(X,Y))=\frac{1}{2}\sum_{xx'}\left|\delta_{xx'}p(X=x)-p\left(\tilde{X}=x,Y=x'\right)\right| \tag{9.5}$$

$$=\frac{1}{2}\sum_{x\neq x'}p\left(\tilde{X}=x,Y=x'\right)+\frac{1}{2}\sum_{x}\left|p(X=x)-p(\tilde{X}=x,Y=x)\right| \tag{9.6}$$

$$= \frac{1}{2}\sum_{x\neq x'} p\left(\tilde{X}=x, Y=x'\right) + \frac{1}{2}\sum_{x}(p(X=x) - p(\tilde{X}=x, Y=x)) \tag{9.7}$$

$$= \frac{p(\tilde{X}\neq Y) + 1 - p(\tilde{X}=Y)}{2} \tag{9.8}$$

$$= \frac{p(X\neq Y) + p(\tilde{X}\neq Y)}{2} \tag{9.9}$$

$$= p(X\neq Y) \tag{9.10}$$

因此，如图 9-3 所示，信道发生错误的概率，就是概率分布 $(\tilde{X}, X)$ 和 $(\tilde{X}, Y)$ 之间的迹距离。这是一个重要的构造，因为在量子情形我们也有类似的对应。这种对应是必不可少的，因为概率分布 $p(X\neq Y)$ 并没有一个直接的量子对应，其根源是，在量子力学中并没有经典情形这种于不同时间点出现的两个随机变量 X 和 Y 的联合分布的概念。于是，为了定义量子距离的动态度量，我们采用一种类似的构造。注意在这里，量子信道的动态行为所保护的重要对象，不再是经典关联，而是量子纠缠。

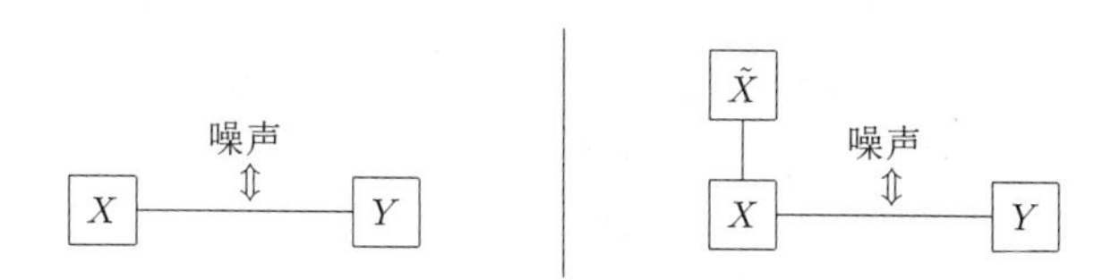

图 9-2　对于一个马尔可夫过程 $X\to Y$，我们可以先制备一个 X 的拷贝 $\tilde{X}$，然后 X 被噪声影响产生 Y

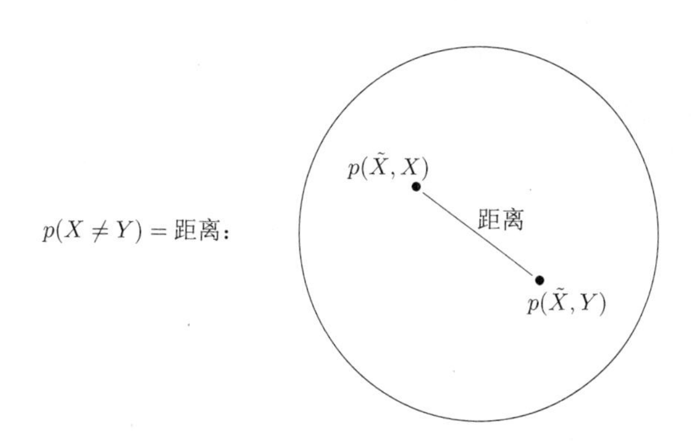

图 9-3　信道中错误发生的概率等于 $(\tilde{X}, X)$ 和 $(\tilde{X}, Y)$ 对应概率分布之间的迹距离

9.2　两个量子态有多接近

两个量子态有多接近？在接下来几节，我们将介绍迹距离和保真度这些经典概念的量子推广，并且讨论它们的具体特性。

9.2.1 迹距离

我们首先定义量子态 ρ 和 σ 之间的迹距离为

$$D(\rho,\sigma) \equiv \frac{1}{2}\operatorname{tr}|\rho-\sigma| \tag{9.11}$$

这里跟平常一样，我们定义 $|A| = \sqrt{A^\dagger A}$ 是算子 $A^\dagger A$ 的正平方根。注意，当 ρ 和 σ 可交换时，ρ 和 σ 之间的量子迹距离正好就是它们特征值之间的经典迹距离，因此我们的量子迹距离确实可以看作经典迹距离的推广。具体来说，如果 ρ 和 σ 可交换，那么它们就可以被同时对角化，即有

$$\rho = \sum_i r_i|i\rangle\langle i|; \quad \sigma = \sum_i s_i|i\rangle\langle i| \tag{9.12}$$

对某组正交基 $|i\rangle$ 成立。因此

$$D(\rho,\sigma) = \frac{1}{2}\operatorname{tr}\left|\sum_i (r_i - s_i)\,|i\rangle\langle i|\right| \tag{9.13}$$

$$= D\left(r_i, s_i\right) \tag{9.14}$$

习题 9.6 密度算子

$$\frac{3}{4}|0\rangle\langle 0| + \frac{1}{4}|1\rangle\langle 1|, \quad \frac{2}{3}|0\rangle\langle 0| + \frac{1}{3}|1\rangle\langle 1| \tag{9.15}$$

之间的迹距离是多少？

$$\frac{3}{4}|0\rangle\langle 0| + \frac{1}{4}|1\rangle\langle 1|, \quad \frac{2}{3}|+\rangle\langle +| + \frac{1}{3}|-\rangle\langle -| \tag{9.16}$$

之间呢？（注意 $|\pm\rangle \equiv (|0\rangle \pm |1\rangle)/\sqrt{2}$。）

为了体会迹距离的特点，一个好的开端是以布洛赫球描述的方式，考察单量子比特这种特殊情况。假设 ρ 和 σ 的布洛赫向量分别为 $\vec{r}$ 和 $\vec{s}$，

$$\rho = \frac{I + \vec{r}\cdot\vec{\sigma}}{2}; \quad \sigma = \frac{I + \vec{s}\cdot\vec{\sigma}}{2} \tag{9.17}$$

（如前所述，$\vec{\sigma}$ 代表泡利矩阵的向量，所以跟量子态 σ 不同。）不难计算，ρ 和 σ 之间的迹距离为

$$D(\rho,\sigma) = \frac{1}{2}\operatorname{tr}|\rho-\sigma| \tag{9.18}$$

$$= \frac{1}{4}\operatorname{tr}|(\vec{r}-\vec{s})\cdot\vec{\sigma}| \tag{9.19}$$

$(\vec{r}-\vec{s})\cdot\vec{\sigma}$ 的特征值为 $\pm|\vec{r}-\vec{s}|$，因此，$|(\vec{r}-\vec{s})\cdot\vec{\sigma}|$ 的迹为 $2|\vec{r}-\vec{s}|$，于是我们有

$$D(\rho,\sigma) = \frac{|\vec{r}-\vec{s}|}{2} \tag{9.20}$$

也就是说，两个单量子比特之间的迹距离，就是它们在布洛赫球上欧几里得距离的一半！

量子比特情形的这种直观几何解释，经常被用来帮助理解迹距离的一般特性。通过布洛赫球上的简单例子，我们可以猜测或否决迹距离的一些可能特性，又或者初步确认一些候选特性的合理性。例如，布洛赫球上的旋转不改变欧几里得距离，因此，一般来说酉变换应该不会改变迹距离，即

$$D\left(U\rho U^{\dagger}, U\sigma U^{\dagger}\right) = D(\rho, \sigma) \tag{9.21}$$

其实这是一个很容易确认为正确的猜想。在距离度量的研究中，我们时不时会回到布洛赫球上来。

为了真正理解迹距离，一个很好的起始点是将式 (9.3) 中对经典迹距离的刻画推广到量子情形：

$$D(\rho, \sigma) = \max_{P} \operatorname{tr}(P(\rho - \sigma)) \tag{9.22}$$

这里，最大值是取值在所有可能的投影算子 P，或者所有满足 $P \leqslant I$ 的正定算子上，两者都给出相同的形式。这个表达形式为迹距离赋予了一个非常吸引人的解释。如前所述，POVM 元素是满足 $P \leqslant I$ 的正定算子。因此，迹距离实际上是在取遍所有可能的 POVM 元素 P 的情况下，POVM 作用在 ρ 和 σ 上输出元素 P 对应结果的概率的最大可能差值。

我们现在针对式 (9.22) 中 P 取投影算子的情形，证明其正确性；取满足 $P \leqslant I$ 的正定算子的情形证明过程类似。证明将基于下面的事实，$\rho-\sigma$ 可以表示为 $\rho-\sigma = Q-S$，这里，Q 和 S 是具有正交支集的正定算子（见习题 9.7）。这意味着 $|\rho-\sigma| = Q+S$，因此 $D(\rho,\sigma) = (\operatorname{tr}(Q)+\operatorname{tr}(S))/2$。但是 $\operatorname{tr}(Q-S) = \operatorname{tr}(\rho-\sigma) = 0$，于是 $\operatorname{tr}(Q) = \operatorname{tr}(S)$，所以 $D(\rho,\sigma) = \operatorname{tr}(Q)$。假设 P 是投影到 Q 的支集空间上的投影算子，则 $\operatorname{tr}(P(\rho-\sigma)) = \operatorname{tr}(P(Q-S)) = \operatorname{tr}(Q) = D(\rho,\sigma)$。与之相反，假设 P 是任意投影算子。则 $\operatorname{tr}(P(\rho-\sigma)) = \operatorname{tr}(P(Q-S)) \leqslant \operatorname{tr}(PQ) \leqslant \operatorname{tr}(Q) = D(\rho,\sigma)$。这样就完成了证明。

习题 9.7　证明对于任意密度算子 ρ 和 σ，我们有 $\rho-\sigma = Q-S$，这里 Q 和 S 是两个正定算子，它们的支集是正交的两个向量子空间。（提示：使用谱分解 $\rho-\sigma = UDU^{\dagger}$，并将对角矩阵 D 分为正负两个部分。我们后面将反复使用这个结论。）

下面的结果显示，量子迹距离跟经典迹距离之间的关系，比看起来的更紧密。

定理 9.1　假设 $\{E_m\}$ 是一个 POVM，$p_m \equiv \operatorname{tr}(\rho E_m)$ 和 $q_m \equiv \operatorname{tr}(\sigma E_m)$ 分别是测量 ρ 和 σ 得到标号为 m 的结果的概率。则

$$D(\rho, \sigma) = \max_{\{E_m\}} D\left(p_m, q_m\right) \tag{9.23}$$

其中最大值取值在所有可能的 POVM $\{E_m\}$ 上。

证明

注意到

$$D\left(p_m, q_m\right) = \frac{1}{2} \sum_m \left|\operatorname{tr}\left(E_m(\rho-\sigma)\right)\right| \tag{9.24}$$

利用谱分解，我们有 $\rho-\sigma = Q-S$，其中 Q 和 S 是具有正交支集的正定算子。因此我们有

$|\rho-\sigma| = Q+S$，以及

$$
\begin{aligned}
|\mathrm{tr}\,(E_m(\rho-\sigma))| &= |\mathrm{tr}\,(E_m(Q-S))| && (9.25)\\
&\leqslant \mathrm{tr}\,(E_m(Q+S)) && (9.26)\\
&\leqslant \mathrm{tr}\,(E_m|\rho-\sigma|) && (9.27)
\end{aligned}
$$

因此，

$$
\begin{aligned}
D\,(p_m,q_m) &\leqslant \frac{1}{2}\sum_m \mathrm{tr}\,(E_m|\rho-\sigma|) && (9.28)\\
&= \frac{1}{2}\,\mathrm{tr}(|\rho-\sigma|) && (9.29)\\
&= D(\rho,\sigma) && (9.30)
\end{aligned}
$$

这里我们利用了 POVM 元素的完整性条件，即 $\sum_m E_m = I$。

反过来，我们选取这样一个 POVM，它的元素正好是投影到 Q 和 S 的支集上的投影算子。于是，我们看到确实存在这样的测量，使得 $D\,(p_m,q_m) = D(\rho,\sigma)$。

□

因此，如果两个密度算子之间的迹距离很小，那么对这两个量子态的任意量子测量得到的概率分布之间的经典迹距离也很小。于是，这可以看成是量子态之间迹距离的第二个解释，即它是这两个量子态在所有测量作用下能得到的概率分布之间经典迹距离的最大可达上界。

既然我们把迹距离称为一种距离，那就应该确认一下它是否满足密度算子空间上的一个度量应该具有的特性。根据我们前面提到的单量子比特的几何图像，单量子比特的情形显然是满足的。但对一般情况来说，是否也满足呢？显然，$D(\rho,\sigma)=0$ 当且仅当 $\rho=\sigma$，同时 $D(\cdot)$ 对输入也是对称的。所以，剩下要确认的就是它满足三角不等式，即

$$
D(\rho,\tau) \leqslant D(\rho,\sigma) + D(\sigma,\tau) \tag{9.31}
$$

为了看出这一点，注意到根据式 (9.22)，存在一个投影算子 P，使得

$$
\begin{aligned}
D(\rho,\tau) &= \mathrm{tr}(P(\rho-\tau)) && (9.32)\\
&= \mathrm{tr}(P(\rho-\sigma)) + \mathrm{tr}(P(\sigma-\tau)) && (9.33)\\
&\leqslant D(\rho,\sigma) + D(\sigma,\tau) && (9.34)
\end{aligned}
$$

这确认了迹距离确实是一个合法的度量。

到目前为止，我们还不能说已经很了解迹距离，但是，我们下面将证明一系列重要的结果，它们有非常广泛的应用。一个最有趣的结果是，如图 9-4 所示，没有任何物理过程可以增加两个量子态之间的迹距离。具体地，我们以下面的定理介绍这个结果。

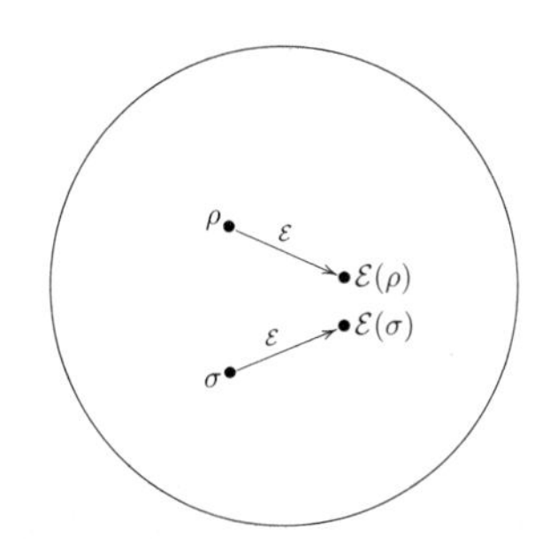

图 9-4　保迹量子操作会造成密度算子空间的收缩

定理 9.2（保迹量子操作是收缩性的）　假设 $\mathcal{E}$ 是一个保迹量子操作，而 ρ 和 σ 是两个量子态，那么

$$D(\mathcal{E}(\rho),\mathcal{E}(\sigma)) \leqslant D(\rho,\sigma) \tag{9.35}$$

证明

根据谱分解，我们有 $\rho-\sigma=Q-S$，其中 Q 和 S 是具有正交支集的正定算子，假设 P 是满足 $D(\mathcal{E}(\rho),\mathcal{E}(\sigma))=\mathrm{tr}[P(\mathcal{E}(\rho)-\mathcal{E}(\sigma))]$ 的投影算子。注意到 $\mathrm{tr}(Q)-\mathrm{tr}(S)=\mathrm{tr}(\rho)-\mathrm{tr}(\sigma)=0$，因此 $\mathrm{tr}(Q)=\mathrm{tr}(S)$，于是 $\mathrm{tr}(\mathcal{E}(Q))=\mathrm{tr}(\mathcal{E}(S))$。利用这个事实，我们有

$$\begin{aligned}
D(\rho,\sigma) &= \frac{1}{2}\mathrm{tr}\,|\rho-\sigma| && (9.36)\\
&= \frac{1}{2}\mathrm{tr}\,|Q-S| && (9.37)\\
&= \frac{1}{2}\mathrm{tr}(Q)+\frac{1}{2}\mathrm{tr}(S) && (9.38)\\
&= \frac{1}{2}\mathrm{tr}(\mathcal{E}(Q))+\frac{1}{2}\mathrm{tr}(\mathcal{E}(S)) && (9.39)\\
&= \mathrm{tr}(\mathcal{E}(Q)) && (9.40)\\
&\geqslant \mathrm{tr}(P\mathcal{E}(Q)) && (9.41)\\
&\geqslant \mathrm{tr}(P(\mathcal{E}(Q)-\mathcal{E}(S))) && (9.42)\\
&= \mathrm{tr}(P(\mathcal{E}(\rho)-\mathcal{E}(\sigma))) && (9.43)\\
&= D(\mathcal{E}(\rho),\mathcal{E}(\sigma)) && (9.44)
\end{aligned}$$

得证。

□

我们可以用下面的类比来理解这个结果的一个特殊情形。假设有人在画廊里向你展示两幅不同的绘画作品，而且你的视觉良好，那么一般来说分辨这两幅画并不困难。但是，如果将这两幅画的绝大部分盖起来，那么如图 9-5 所示，仅仅根据剩下的部分将两幅画区分开来可能就没那么容易了。类似地，如果将两个量子态的部分“掩盖”起来，那么剩下部分之间的距离肯定不会增加。为了看出这一点，回顾一下（见323页），偏迹其实是一个保迹操作。因此，根据定理 9.2，如

果 ρ^{AB} 和 σ^{AB} 是复合量子系统 AB 上的两个量子态，则 $\rho^{A}=\operatorname{tr}_B(\rho^{AB})$ 和 $\sigma^{A}=\operatorname{tr}_B(\sigma^{AB})$ 之间的距离将不比 ρ^{AB} 和 σ^{AB} 之间的距离大，也就是

$$D\left(\rho^{A},\sigma^{A}\right)\leqslant D\left(\rho^{AB},\sigma^{AB}\right) \tag{9.45}$$

图 9-5　当只有部分信息可知时，不同对象之间的分辨变得更加困难

有许多应用中，我们希望估计一些混合输入之间的迹距离。下面的结果对这个问题的解决很有帮助。

定理 9.3（迹距离的强凸性）　假设 $\{p_i\}$ 和 $\{q_i\}$ 是同一个指标集上的两个概率分布，ρ_i 和 σ_i 是同一个指标集标识的密度算子，那么有

$$D\left(\sum_i p_i\rho_i,\sum_i q_i\sigma_i\right)\leqslant D\left(p_i,q_i\right)+\sum_i p_i D\left(\rho_i,\sigma_i\right) \tag{9.46}$$

其中 $D\left(p_i,q_i\right)$ 是概率分布 $\{p_i\}$ 和 $\{q_i\}$ 之间的迹距离。

这个结果可用来证明跟迹距离凸性相关的结果，因此我们称之为迹距离的强凸性。

证明

根据式 (9.22)，存在一个投影算子使得下式成立，即

$$\begin{aligned} D\left(\sum_i p_i\rho_i,\sum_i q_i\sigma_i\right) &= \sum_i p_i \operatorname{tr}\left(P\rho_i\right)-\sum_i q_i\operatorname{tr}\left(P\sigma_i\right) && (9.47)\\ &= \sum_i p_i\operatorname{tr}\left(P\left(\rho_i-\sigma_i\right)\right)+\sum_i\left(p_i-q_i\right)\operatorname{tr}\left(P\sigma_i\right) && (9.48)\\ &\leqslant \sum_i p_i D\left(\rho_i,\sigma_i\right)+D\left(p_i,q_i\right) && (9.49)\end{aligned}$$

其中 $D\left(p_i,q_i\right)$ 是概率分布 $\{p_i\}$ 和 $\{q_i\}$ 之间的迹距离，在最后一行我们用到了式 (9.22)。

□

作为上述结果的一个特殊情形，迹距离相对于输入有联合凸性，即

$$D\left(\sum_i p_i\rho_i,\sum_i p_i\sigma_i\right)\leqslant\sum_i p_i D\left(\rho_i,\sigma_i\right) \tag{9.50}$$

习题 9.8（迹距离的凸性）　证明迹距离对于它的第一个输入来说是凸的，即

$$D\left(\sum_i p_i\rho_i, \sigma\right) \leqslant \sum_i p_i D\left(\rho_i, \sigma\right) \tag{9.51}$$

根据对称性，由对第一项输入的凸性可知，迹距离对于第二项输入也是凸的。

习题 9.9（不动点的存在性）　Schauder 不动点定理是数学中的一个经典结果，它指出，任何定义在希尔伯特空间的一个凸的紧子集上的连续函数，都有不动点。利用 Schauder 不动点定理证明，任何保迹量子操作 $\mathcal{E}$ 都有不动点，即存在 ρ 使得 $\mathcal{E}(\rho)=\rho$。

习题 9.10　假设 $\mathcal{E}$ 是一个严格收缩的保迹量子操作，即对任意 ρ 和 σ，$D(\mathcal{E}(\rho),\mathcal{E}(\sigma)) < D(\rho,\sigma)$ 成立。证明 $\mathcal{E}$ 有唯一的不动点。

习题 9.11　假设 $\mathcal{E}$ 是一个保迹的量子操作，并且存在一个密度算子 ρ_0 和另一个保迹量子操作 $\mathcal{E}'$，使得下式对某个 p 成立，且 $0 < p \leqslant 1$。

$$\mathcal{E}(\rho) = p\rho_0 + (1-p)\mathcal{E}'(\rho) \tag{9.52}$$

物理上看，这意味着输入量子态以概率 p 被抛弃，并被固定的量子态 ρ_0 取代，然后以 $1-p$ 的概率量子操作 $\mathcal{E}'$ 发生。利用联合凸性证明 $\mathcal{E}$ 是一个严格收缩的量子操作，因此具有唯一的不动点。

习题 9.12　考虑 8.3.4 节介绍的去极化信道，$\mathcal{E}(\rho)=pI/2+(1-p)\rho$。对任意 ρ 和 σ，利用布洛赫球表示给出 $D(\mathcal{E}(\rho),\mathcal{E}(\sigma))$，并证明映射 $\mathcal{E}$ 是严格收缩的，即 $D(\mathcal{E}(\rho),\mathcal{E}(\sigma)) < D(\rho,\sigma)$。

习题 9.13　证明比特翻转信道（8.3.3 节）是收缩的，但不是严格收缩。给出比特翻转信道的不动点集合。

9.2.2　保真度

我们要介绍的第二种距离度量是*保真度*。虽然保真度不是密度算子上的真正度量，但我们会看到它可以诱导出一个真正的度量。本节我们将回顾一下保真度的定义和它的基本特性。量子态 ρ 和 σ 之间的保真度定义为

$$F(\rho,\sigma) \equiv \operatorname{tr}\sqrt{\rho^{1/2}\sigma\rho^{1/2}} \tag{9.53}$$

为什么这是 ρ 和 σ 之间的一个有用距离度量，其实并不显然，实际上这个量看起来甚至对输入不对称。但是，我们会看到相对输入保真度确实对称，而且也满足距离度量所共有的很多特性。

有两个我们可以为保真度给出精确形式的特殊情况。第一个是当 ρ 和 σ 交换时，也就是，当它们可以在某一组基 $|i\rangle$ 下被同时对角化时，

$$\rho = \sum_i r_i|i\rangle\langle i|; \quad \sigma = \sum_i s_i|i\rangle\langle i| \tag{9.54}$$

在这种情况下，我们有

$$F(\rho,\sigma) = \operatorname{tr}\sqrt{\sum_i r_i s_i |i\rangle\langle i|} \tag{9.55}$$

$$= \operatorname{tr}\left(\sum_i \sqrt{r_i s_i}|i\rangle\langle i|\right) \tag{9.56}$$

$$= \sum_i \sqrt{r_i s_i} \tag{9.57}$$

$$= F(r_i, s_i) \tag{9.58}$$

也就是说，当 ρ 和 σ 交换时，量子保真度 $F(\rho,\sigma)$ 退化为它们的特征值分布 r_i 和 s_i 之间的经典保真度 $F(r_i, s_i)$。

第二个例子是当计算一个纯态 $|\psi\rangle$ 和一个混态 ρ 之间的保真度时。根据式 (9.53)，我们有

$$F(|\psi\rangle,\rho) = \operatorname{tr}\sqrt{\langle\psi|\rho|\psi\rangle|\psi\rangle\langle\psi|} \tag{9.59}$$

$$= \sqrt{\langle\psi|\rho|\psi\rangle} \tag{9.60}$$

于是，保真度正好是 $|\psi\rangle$ 和 ρ 之间交叠的平方根，这是一个我们将会经常用到的重要结果。

对于单量子比特的情形，我们可以精确估计两个量子态之间的迹距离。这构成了这种情形下迹距离的一个几何解释，即布洛赫球上对应点之间欧几里得距离的一半。不过，人们还没有找到类似的，关于两个单量子比特之间保真度的几何解释。

但是，保真度确实也满足迹距离所具有的许多性质。例如，它在酉变换下保持不变，即

$$F\left(U\rho U^\dagger, U\sigma U^\dagger\right) = F(\rho,\sigma) \tag{9.61}$$

习题 9.14（酉变换下保真度的不变性） 利用对任意正定算子 A 都有 $\sqrt{UAU^\dagger} = U\sqrt{A}U^\dagger$ 的事实，证明式 (9.61)。

关于保真度，有一个与式 (9.22) 所描述的迹距离的特征类似的性质。

定理 9.4（Uhlmann 定理） 假设 ρ 和 σ 是量子系统 Q 上的两个量子态，而 R 是 Q 的一个拷贝。那么

$$F(\rho,\sigma) = \max_{|\psi\rangle,|\varphi\rangle} |\langle\psi|\varphi\rangle| \tag{9.62}$$

其中最大值取值于 ρ 和 σ 在 RQ 上所有可能的纯化 $|\psi\rangle$ 和 $|\varphi\rangle$ 上。

在证明 Uhlmann 定理之前，我们需要一个相对容易证明的引理。

引理 9.5 若 A 是一个算子，U 是酉矩阵，那么

$$|\operatorname{tr}(AU)| \leqslant \operatorname{tr}|A| \tag{9.63}$$

并且，当 $U = V^\dagger$ 时等式成立，其中 $A = |A|V$ 是 A 的极分解。

证明

首先，在上面的条件成立时，等式显然成立。注意到

$$|\operatorname{tr}(AU)| = |\operatorname{tr}(|A|VU)| = \left|\operatorname{tr}\left(|A|^{1/2}|A|^{1/2}VU\right)\right| \tag{9.64}$$

对希尔伯特-施密特内积运用柯西-施瓦茨不等式，我们有

$$|\operatorname{tr}(AU)| \leqslant \sqrt{\operatorname{tr}|A|\operatorname{tr}(U^\dagger V^\dagger |A| VU)} = \operatorname{tr}|A| \tag{9.65}$$

得证。

□

证明

（**Uhlmann 定理**）

我们分别固定 R 和 Q 的一组正交基为 $|i_R\rangle$ 和 $|i_Q\rangle$。因为 R 和 Q 的维数相同，因此可以认为 i 在同一个指标集取值。定义 $|m\rangle \equiv \sum_i |i_R\rangle |i_Q\rangle$，并且假设 $|\psi\rangle$ 是 ρ 的一个纯化。通过施密特分解和简单的思考，我们可以得到，存在 R 和 Q 上的酉变换 U_R 和 U_Q 使得下式成立。

$$|\psi\rangle = (U_R \otimes \sqrt{\rho}U_Q)|m\rangle \tag{9.66}$$

类似地，如果 $|\varphi\rangle$ 是 σ 的纯化，则存在酉变换 V_R 和 V_Q 使得

$$|\varphi\rangle = \left(V_R \otimes \sqrt{\sigma}V_Q\right)|m\rangle \tag{9.67}$$

取这两个纯态的内积，得到

$$|\langle\psi|\varphi\rangle| = \left|\left\langle m\left|\left(U_R^\dagger V_R \otimes U_Q^\dagger \sqrt{\rho}\sqrt{\sigma}V_Q\right)\right|m\right\rangle\right| \tag{9.68}$$

根据下面的习题 9.16，我们有

$$|\langle\psi|\varphi\rangle| = \left|\operatorname{tr}\left(V_R^\dagger U_R U_Q^\dagger \sqrt{\rho}\sqrt{\sigma}V_Q\right)\right| \tag{9.69}$$

取 $U \equiv V_Q V_R^\dagger U_R U_Q^\dagger$，则

$$|\langle\psi|\varphi\rangle| = |\operatorname{tr}(\sqrt{\rho}\sqrt{\sigma}U)| \tag{9.70}$$

根据引理 9.5，我们有

$$|\langle\psi|\varphi\rangle| \leqslant \operatorname{tr}|\sqrt{\rho}\sqrt{\sigma}| = \operatorname{tr}\sqrt{\rho^{1/2}\sigma\rho^{1/2}} \tag{9.71}$$

为了证明其中等式可能成立，假设 $\sqrt{\rho}\sqrt{\sigma} = |\sqrt{\rho}\sqrt{\sigma}|V$ 是 $\sqrt{\rho}\sqrt{\sigma}$ 的极分解。取 $U_Q = U_R = V_R = I$ 和 $V_Q = V^\dagger$，可以看到等式确实成立。

□

习题 9.15 证明

$$F(\rho, \sigma) = \max_{|\varphi\rangle} |\langle\psi|\varphi\rangle| \tag{9.72}$$

其中 $|\psi\rangle$ 是任意一个固定的 ρ 的纯化，最大值取值在 σ 所有的纯化上。

习题 9.16（希尔伯特-施密特内积和纠缠） 假设 R 和 Q 是两个具有相同希尔伯特空间的量子系统，令 $|i_R\rangle$ 和 $|i_Q\rangle$ 分别是 R 和 Q 的标准正交基。令 A 是 R 上的算子，而 B 是 Q 上的算子。定义 $|m\rangle \equiv \sum_i |i_R\rangle |i_Q\rangle$，证明

$$\operatorname{tr}\left(A^\dagger B\right) = \langle m|(A \otimes B)|m\rangle \tag{9.73}$$

其中左边的乘法是矩阵乘法，可以理解为 A 的矩阵元素相对基矢 $|i_R\rangle$ 取值，而 B 的矩阵元素相对基矢 $|i_Q\rangle$ 取值。

和式 (9.53) 一样，式 (9.62) 中的 Uhlmann 形式并没有提供计算保真度的工具。但是，在许多情况下，为了证明保真度的性质，使用 Uhlmann 形式比式 (9.53) 更容易。例如，Uhlmann 形式清楚地展示了保真度对于输入是对称的，即 $F(\rho,\sigma) = F(\sigma,\rho)$，以及保真度具有上下界 1 和 0，即 $0 \leqslant F(\rho,\sigma) \leqslant 1$。如果 $\rho = \sigma$，Uhlmann 形式清楚地说明了 $F(\rho,\sigma) = 1$。如果 $\rho \neq \sigma$，则对于 ρ 和 σ 的任何纯化 $|\psi\rangle$ 和 $|\varphi\rangle$，我们有 $|\psi\rangle \neq |\varphi\rangle$，于是 $F(\rho,\sigma) < 1$。另一方面，式 (9.53) 有时候对理解保真度的性质非常有帮助。例如，我们知道当且仅当 ρ 和 σ 的支集正交时，我们有 $F(\rho,\sigma) = 0$。直观上看，当 ρ 和 σ 的支集正交时，它们可以被完美分辨，因此保真度在这种情形下应该取最小值。总结一下，保真度对于输入是对称的，且满足 $0 \leqslant F(\rho,\sigma) \leqslant 1$。其中当且仅当 ρ 和 σ 的支集正交时，左边的等式成立；当且仅当 $\rho = \sigma$ 时，右边的等式成立。

我们已经看到，当考虑测量诱导的概率分布时，量子迹距离可以和经典迹距离建立紧密联系。类似地，我们也有

$$F(\rho, \sigma) = \min_{\{E_m\}} F\left(p_m, q_m\right) \tag{9.74}$$

其中最小值取值于所有可能的 POVM $\{E_m\}$，$p_m \equiv \operatorname{tr}(\rho E_m)$ 和 $q_m \equiv \operatorname{tr}(\sigma E_m)$ 分别是测量 ρ 和 σ 时对应的概率分布。为了看出这一点，考虑极分解 $\sqrt{\rho^{1/2}\sigma\rho^{1/2}} = \sqrt{\rho}\sqrt{\sigma}U$，同时我们有

$$\begin{aligned} F(\rho, \sigma) &= \operatorname{tr}(\sqrt{\rho}\sqrt{\sigma}U) && (9.75)\\ &= \sum_m \operatorname{tr}\left(\sqrt{\rho}\sqrt{E_m}\sqrt{E_m}\sqrt{\sigma}U\right) && (9.76) \end{aligned}$$

通过柯西-施瓦茨不等式及简单计算，可以得到

$$F(\rho, \sigma) \leqslant \sum_m \sqrt{\operatorname{tr}(\rho E_m) \operatorname{tr}(\sigma E_m)} \tag{9.77}$$

$$= F\left(p_m, q_m\right) \tag{9.78}$$

这样就得到

$$F(\rho,\sigma) \leqslant \min_{\{E_m\}} F\left(p_m, q_m\right) \tag{9.79}$$

为了看出上式的等号可以成立，我们需要找到一个合适的 POVM 使得上述求和中每一项的柯西-施瓦茨不等式取等号，也就是说，存在一组复数 α_m，我们有 $\sqrt{E_m}\sqrt{\rho} = \alpha_m\sqrt{E_m}\sqrt{\sigma}U$。但是，$\sqrt{\rho}\sqrt{\sigma}U = \sqrt{\rho^{1/2}\sigma\rho^{1/2}}$，因此对于可逆的 ρ，

$$\sqrt{\sigma}U = \rho^{-1/2}\sqrt{\rho^{1/2}\sigma\rho^{1/2}} \tag{9.80}$$

通过代入，我们得到上述的等式条件也就是

$$\sqrt{E_m}\left(I - \alpha_m M\right) = 0 \tag{9.81}$$

其中 $M \equiv \rho^{-1/2}\sqrt{\rho^{1/2}\sigma\rho^{1/2}}\rho^{-1/2}$。如果 $M = \sum_m \beta_m|m\rangle\langle m|$ 是 M 的一组谱分解，那么我们选取 $E_m = |m\rangle\langle m|$ 和 $\alpha_m = 1/\beta_m$。ρ 不可逆的情形则根据连续性可证。

我们已经证明了迹距离的三个重要特征——度量特征，收缩性，以及强凸性。非常值得注意的是，对于保真度来说类似的特性也成立。而且，保真度用到的证明技术跟迹距离用到的非常不同，因此，仔细地考察这些结果是非常值得的。

保真度不是一个真正的度量，但是有一个简单的办法将其转变为真正的度量。基本想法如图 9-6 所示，在这里注意两个点之间的夹角是一个真正的度量。对量子的情形，Uhlmann 定理告诉我们，这两个状态之间的保真度，是这两个态纯化之间内积的最大值。这意味着我们可以将 ρ 和 σ 之间的角度定义为

$$A(\rho,\sigma) \equiv \arccos F(\rho,\sigma)$$

很明显，这个角度是非负的，对输入对称，而且当且仅当 $\rho = \sigma$ 时取值为 0。如果我们能进一步证明三角不等式成立，那么就证明了它确实是一个真正的度量。

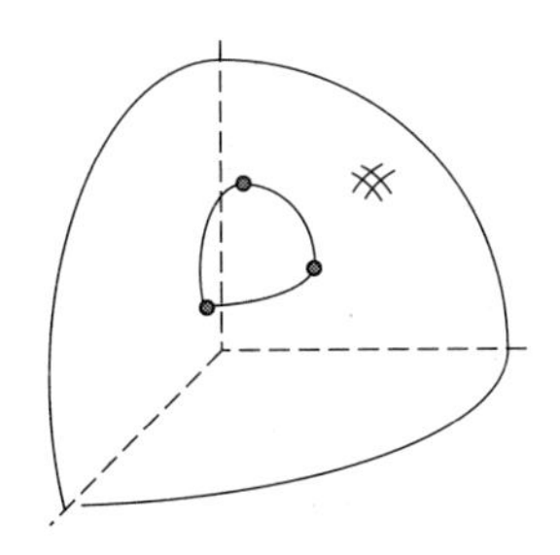

图 9-6　单位球面上点之间的角度是一个度量

我们现在用 Uhlmann 定理和一些三维空间向量的简单事实来证明三角不等式。假设 $|\varphi\rangle$ 是 σ

的一个纯化，选取 ρ 和 τ 的纯化 $|\psi\rangle$ 和 $|\gamma\rangle$，使得

$$F(\rho,\sigma) = \langle\psi|\varphi\rangle \tag{9.83}$$

$$F(\sigma,\tau) = \langle\varphi|\gamma\rangle \tag{9.84}$$

并且 $\langle\psi|\gamma\rangle$ 是实数。（注意，通过在必要时为 $|\varphi\rangle$，$|\psi\rangle$ 和 $|\gamma\rangle$ 提供合适的系数，这一点总可以满足。）那么从图 9-6 可以看出，

$$\arccos(\langle\psi|\gamma\rangle) \leqslant A(\rho,\sigma) + A(\sigma,\tau) \tag{9.85}$$

但是根据 Uhlmann 定理，$F(\rho,\tau) \geqslant \langle\psi|\gamma\rangle$，因此 $A(\rho,\tau) \leqslant \arccos(\langle\psi|\gamma\rangle)$。结合上面的不等式，我们有

$$A(\rho,\tau) \leqslant A(\rho,\sigma) + A(\sigma,\tau) \tag{9.86}$$

此即三角不等式。

习题 9.17 证明 $0 \leqslant A(\rho,\sigma) \leqslant \pi/2$，而且左边的不等式等号成立当且仅当 $\rho=\sigma$。

定性地说，保真度像是迹距离的一个颠倒，当两个量子态容易被分辨时，保真度下降；当它们不容易被分辨时，保真度上升。因此，我们不应该期望迹距离所拥有的收缩性或非增加性也能让保真度满足。相反地，保真度满足的类似性质应该是非减性，我们称之为保真度在量子操作下的单调性。

定理 9.6（保真度的单调性） 假设 $\mathcal{E}$ 是一个保迹量子操作，而 ρ 和 σ 是密度算子。则有

$$F(\mathcal{E}(\rho),\mathcal{E}(\sigma)) \geqslant F(\rho,\sigma) \tag{9.87}$$

证明

假设 $|\psi\rangle$ 和 $|\varphi\rangle$ 分别是 ρ 和 σ 在联合量子系统 RQ 上的纯化，并且 $F(\rho,\sigma) = |\langle\psi|\varphi\rangle|$。我们为量子操作 $\mathcal{E}$ 引入一个环境系统 E，它的初态为 $|0\rangle$，并且跟系统 Q 通过一个酉变换 U 相互作用。注意到 $U|\psi\rangle|0\rangle$ 是 $\mathcal{E}(\rho)$ 的一个纯化，而 $U|\varphi\rangle|0\rangle$ 是 $\mathcal{E}(\sigma)$ 的一个纯化。根据 Uhlmann 定理，我们有

$$F(\mathcal{E}(\rho),\mathcal{E}(\sigma)) \geqslant |\left\langle\psi|\langle 0|U^\dagger U|\varphi\right\rangle|0\rangle| \tag{9.88}$$

$$= |\langle\psi|\varphi\rangle| \tag{9.89}$$

$$= F(\rho,\sigma) \tag{9.90}$$

证毕。

□

习题 9.18（角度的收缩性） $\mathcal{E}$ 是一个保迹的量子操作，证明

$$A(\mathcal{E}(\rho),\mathcal{E}(\sigma)) \leqslant A(\rho,\sigma) \tag{9.91}$$

我们现在通过 Uhlmann 定理来证明，保真度也具有类似迹距离强凸性的性质，以此来结束我们对保真度基本性质的研究。

定理 9.7（保真度的强凹性）　假设 p_i 和 q_i 是在相同指标集上取值的概率分布，ρ_i 和 σ_i 是标号取值范围相同的密度算子，则有

$$F\left(\sum_i p_i\rho_i, \sum_i q_i\sigma_i\right) \geqslant \sum_i \sqrt{p_iq_i}F(\rho_i,\sigma_i) \tag{9.92}$$

很自然地，这个结果可以用来证明与保真度凹性相关的结果，因此我们称之为保真度的强凹性。其实它和迹距离的强凸性并不完全一致，但基于相似性我们依然采用类似的命名。

证明

假设 $|\psi_i\rangle$ 和 $|\varphi_i\rangle$ 分别是 ρ_i 和 σ_i 的纯化，而且 $F(\rho_i,\sigma_i) = \langle\psi_i|\varphi_i\rangle$。引入一个辅助系统，并且它的正交基 $|i\rangle$ 对应着概率分布的标号取值。定义

$$|\psi\rangle \equiv \sum_i \sqrt{p_i}\,|\psi_i\rangle\,|i\rangle; \quad |\varphi\rangle \equiv \sum_i \sqrt{q_i}\,|\varphi_i\rangle\,|i\rangle \tag{9.93}$$

注意到 $|\psi\rangle$ 是 $\sum_i p_i\rho_i$ 的一个纯化，$|\varphi\rangle$ 是 $\sum_i q_i\sigma_i$ 的一个纯化，因此根据 Uhlmann 定理，

$$F\left(\sum_i p_i\rho_i, \sum_i q_i\sigma_i\right) \geqslant |\langle\psi|\varphi\rangle| = \sum_i \sqrt{p_iq_i}\,\langle\psi_i|\varphi_i\rangle = \sum_i \sqrt{p_iq_i}F(\rho_i,\sigma_i) \tag{9.94}$$

证毕。

□

习题 9.19（保真度的联合凹性）　证明保真度是联合凹的，即

$$F\left(\sum_i p_i\rho_i, \sum_i p_i\sigma_i\right) \geqslant \sum_i p_iF(\rho_i,\sigma_i) \tag{9.95}$$

习题 9.20（保真度的凹性）　证明保真度对它的第一个输入是凹的，即

$$F\left(\sum_i p_i\rho_i, \sigma\right) \geqslant \sum_i p_iF(\rho_i,\sigma) \tag{9.96}$$

根据对称性，保真度对它的第二个输入也是凹的。

9.2.3　距离度量之间的关系

迹距离和保真度虽然形式很不同，但它们之间的关系密切。大致说来，在许多应用中它们可以被认为是等价的度量。本节我们对它们之间的关系做更多的刻画。

对于纯态的情况，迹距离和保真度实际上是完全等价的。为了证明这一点，我们考虑两个纯态 $|a\rangle$ 和 $|b\rangle$ 之间的迹距离。利用格拉姆-施密特过程，我们可以找到标准正交量子态 $|0\rangle$ 和 $|1\rangle$ 使得 $|a\rangle = |0\rangle$ 且 $|b\rangle = \cos\theta|0\rangle + \sin\theta|1\rangle$。注意到 $F(|a\rangle, |b\rangle) = |\cos\theta|$，并且，

$$D(|a\rangle, |b\rangle) = \frac{1}{2}\operatorname{tr}\left|\begin{bmatrix} 1-\cos^2\theta & -\cos\theta\sin\theta \\ -\cos\theta\sin\theta & -\sin^2\theta \end{bmatrix}\right| \tag{9.97}$$

$$= |\sin\theta| \tag{9.98}$$

$$= \sqrt{1 - F(|a\rangle, |b\rangle)^2} \tag{9.99}$$

因此，两个纯态之间的迹距离是一个它们之间保真度的函数，反之亦然。由迹距离和保真度在纯态情形下的关系，可以推导出它们在混态情形下的关系。假设 ρ 和 σ 是两个量子态，$|\psi\rangle$ 和 $|\varphi\rangle$ 分别是它们的纯化，而且 $F(\rho, \sigma) = |\langle\psi|\varphi\rangle| = F(|\psi\rangle, |\varphi\rangle)$。如前所述，迹距离在取偏迹操作时不会增加，于是我们有

$$D(\rho, \sigma) \leqslant D(|\psi\rangle, |\varphi\rangle) \tag{9.100}$$

$$= \sqrt{1 - F(\rho, \sigma)^2} \tag{9.101}$$

因此，如果两个状态之间的保真度接近 1，那么它们在迹距离意义下也会很接近；反之亦然。为了说明这一点，假设 $\{E_m\}$ 是一个 POVM，使得

$$F(\rho, \sigma) = \sum_m \sqrt{p_m q_m} \tag{9.102}$$

其中 $p_m \equiv \operatorname{tr}(\rho E_m)$ 和 $q_m \equiv \operatorname{tr}(\sigma E_m)$ 分别是测量 ρ 和 σ 时输出结果 m 的概率。注意到

$$\sum_m (\sqrt{p_m} - \sqrt{q_m})^2 = \sum_m p_m + \sum_m q_m - 2F(\rho, \sigma) \tag{9.103}$$

$$= 2(1 - F(\rho, \sigma)) \tag{9.104}$$

但是，我们同时也有 $\left|\sqrt{p_m} - \sqrt{q_m}\right| \leqslant \left|\sqrt{p_m} + \sqrt{q_m}\right|$，所以

$$\sum_m (\sqrt{p_m} - \sqrt{q_m})^2 \leqslant \sum_m |\sqrt{p_m} - \sqrt{q_m}|\,|\sqrt{p_m} + \sqrt{q_m}| \tag{9.105}$$

$$= \sum_m |p_m - q_m| \tag{9.106}$$

$$= 2D(p_m, q_m) \tag{9.107}$$

$$\leqslant 2D(\rho, \sigma) \tag{9.108}$$

比较式 (9.104) 和式 (9.108)，我们可知

$$1 - F(\rho,\sigma) \leqslant D(\rho,\sigma) \tag{9.109}$$

总之，我们最终得到

$$1 - F(\rho,\sigma) \leqslant D(\rho,\sigma) \leqslant \sqrt{1 - F(\rho,\sigma)^2} \tag{9.110}$$

这意味着，从定性的意义来说，迹距离和保真度在刻画两个量子态的接近程度这个问题上，是等价的。实际上，在许多问题上，当量化距离时，到底是选择迹距离还是保真度其实是无关紧要的，因为从关于其中一个的结论，可以推出关于另一个的等价结论。

习题 9.21　当比较纯态和混态的时候，关于迹距离和保真度之间的关系我们可以得出比式 (9.110) 更强的结论。证明

$$1 - F(|\psi\rangle,\sigma)^2 \leqslant D(|\psi\rangle,\sigma) \tag{9.111}$$

9.3　量子信道保护信息的效果怎么样

> 朋友来了又去，可敌人却越来越多。
>
> ——Jones' Law，出自 Thomas Jones

一个量子信道保护信息的效果怎么样？或者更精确地说，假设一个量子系统处于状态 $|\psi\rangle$，然后某个物理过程发生了，使得系统的状态演化到 $\mathcal{E}(|\psi\rangle\langle\psi|)$。那么信道 $\mathcal{E}$ 将系统的状态 $|\psi\rangle$ 保护得怎么样？在本节，我们将用之前章节中所讨论的静态距离度量，来发展出衡量量子信道保护信息好坏程度的度量。

这种情景在量子信息和量子计算中经常发生。比如说，假设量子计算机中存储器的初始状态是 $|\psi\rangle$，而 $\mathcal{E}$ 代表存储器实际执行的动态过程，其中包括因为与环境作用而引入的噪声。另一个例子是将信息 $|\psi\rangle$ 从一个地点传送到另一个地点的量子通信信道。没有信道是完美的，因此信道的实际操作也被描述为一个量子操作 $\mathcal{E}$。

一个显而易见的量化信道保护量子态 $|\psi\rangle$ 好坏程度的办法是使用上一节所介绍的经典距离度量。例如，我们可以计算起始状态 $|\psi\rangle$ 和结束状态 $|\psi\rangle\langle\psi|)$ 之间的保真度。对于去极化噪声信道的情形，我们得到

$$F(|\psi\rangle,\mathcal{E}(|\psi\rangle\langle\psi|)) = \sqrt{\langle\psi\left|\left(p\frac{I}{2} + (1-p)|\psi\rangle\langle\psi|\right)\right|\psi\rangle} \tag{9.112}$$

$$= \sqrt{1 - \frac{p}{2}} \tag{9.113}$$

这个结果与我们的直觉非常符合——去极化发生的概率 p 越高，末态和初态之间的保真度越低。如果 p 非常小，则对应的保真度将非常接近 1，状态 $\mathcal{E}(\rho)$ 和初态 $|\psi\rangle$ 实际上很难被分辨出来。

在上面的表述中，使用保真度没有什么特别的考虑，实际上我们也可以用迹距离来得出类似的结论。但是，在本章剩下的篇幅中，我们将使用保真度及相关的量作为距离度量的选择。利用上节得到的迹距离的特性，从基于保真度得出的结果出发，在绝大部分时候我们可以很容易得出基于迹距离的平行结果。但是，由于基于保真度的计算一般来说更容易，因此我们选择只采用保真度。

然而，我们提出的关于信息保护的度量原型，也就是保真度 $F(|\psi\rangle, \mathcal{E}(|\psi\rangle\langle\psi|))$，有一些需要修正的缺点。在一个真实的量子存储或量子通信信道中，我们并不知道系统的初态 $|\psi\rangle$ 是什么。但是，我们可以通过对所有可能的初态做最优化，来量化系统最坏的行为：

$$F_{\min}(\mathcal{E}) \equiv \min_{|\psi\rangle} F(|\psi\rangle, \mathcal{E}(|\psi\rangle\langle\psi|)) \tag{9.114}$$

例如，对于 p 去极化信道，$F_{\min} = \sqrt{1-p/2}$，因为对于所有的输入态 $|\psi\rangle$，信道的保真度是相同的。一个更有趣的例子是相位衰减信道：

$$\mathcal{E}(\rho) = p\rho + (1-p)Z\rho Z \tag{9.115}$$

对于这种信道，通过计算可知保真度为

$$F(|\psi\rangle, \mathcal{E}(|\psi\rangle\langle\psi|)) = \sqrt{\langle\psi|(p|\psi\rangle\langle\psi| + (1-p)Z|\psi\rangle\langle\psi|Z)|\psi\rangle} \tag{9.116}$$

$$= \sqrt{p + (1-p)\langle\psi|Z|\psi\rangle^2} \tag{9.117}$$

根号下的第二项是非负的，当 $|\psi\rangle = (|0\rangle + |1\rangle)/\sqrt{2}$ 时取值为 0。因此，对相位衰减信道来说，最小的保真度为

$$F_{\min}(\mathcal{E}) = \sqrt{p} \tag{9.118}$$

读者可能想问，我们为什么在 F_{min} 的定义中只对所有的纯态取最小值。毕竟，我们关心的量子系统的初态可能是个混态 ρ。例如，量子存储器可能跟量子计算机的其他部分纠缠起来了，因此存储器的初态将会是一个混态。幸运的是，使用保真度的联合凹性，不难证明允许混态并不能改变 F_{min} 的定义。为了看出这一点，假设 $\rho = \sum_i \lambda_i |i\rangle\langle i|$ 是量子系统的初态，则我们有

$$F(\rho, \mathcal{E}(\rho)) = F\left(\sum_i \lambda_i |i\rangle\langle i|, \sum_i \lambda_i \mathcal{E}(|i\rangle\langle i|)\right) \tag{9.119}$$

$$\geqslant \sum_i \lambda_i F(|i\rangle, \mathcal{E}(|i\rangle\langle i|)) \tag{9.120}$$

于是，对于至少状态 $|i\rangle$ 中的一个，

$$F(\rho, \mathcal{E}(\rho)) \geqslant F(|i\rangle, \mathcal{E}(|i\rangle\langle i|)) \tag{9.121}$$

成立，因此 $F(\rho, \mathcal{E}(\rho)) \geqslant F_{\min}$。

当然，我们感兴趣的，不光是当信息通过量子通信信道时保护量子信息，也包括作为计算的动态过程本身。例如，作为一个量子计算过程的一部分，我们尝试实现一个酉变换 U 所描述的逻辑门。如前一章所述，任何此类尝试都将遇到噪声的影响，因此这个逻辑门的正确描述应该是一个量子操作 $\mathcal{E}$。一个刻画逻辑门成功程度的自然度量是*逻辑门保真度*，即

$$F(U,\mathcal{E}) \equiv \min_{|\psi\rangle} F(U|\psi\rangle, \mathcal{E}(|\psi\rangle\langle\psi|)) \tag{9.122}$$

例如，假设我们想实现一个单量子比特上的非门，结果真正实现的是有噪声操作 $\mathcal{E}(\rho) = (1-p)X\rho X + pZ\rho Z$，这里 p 是某种噪声参数。于是，这个操作的逻辑门保真度是

$$F(X,\mathcal{E}) = \min_{|\psi\rangle} \sqrt{\langle\psi|X((1-p)X|\psi\rangle\langle\psi|X + pZ|\psi\rangle\langle\psi|Z)X|\psi\rangle} \tag{9.123}$$

$$= \min_{|\psi\rangle} \sqrt{(1-p) + p\langle\psi|Y|\psi\rangle^2} \tag{9.124}$$

$$= \sqrt{(1-p)} \tag{9.125}$$

在习题 9.22 中我们将证明，如果一系列逻辑门中的每一个都被高保真度地实现，则整体操作的保真度也将很高。因此，为了实现量子计算，将涉及的每一个逻辑门都以高保真度实现就够了。（可以与第 4 章中类似但一般性稍逊的关于近似量子电路的讨论对比。）

习题 9.22（*保真度的链式特征*）　假设 U 和 V 是酉操作，$\mathcal{E}$ 和 $\mathcal{F}$ 分别是用来近似 U 和 V 的保迹量子操作。假设 $d(\cdot,\cdot)$ 是密度算子空间上的任意度量，且满足对所有密度算子 ρ 和 σ，以及酉变换 U，都有 $d\left(U\rho U^\dagger, U\sigma U^\dagger\right) = d(\rho,\sigma)$ 成立（例如角度 $\arccos(F(\rho,\sigma))$）。定义对应的错误 $E(U,\mathcal{E})$ 为

$$E(U,\mathcal{E}) \equiv \max_{\rho} d\left(U\rho U^\dagger, \mathcal{E}(\rho)\right) \tag{9.126}$$

证明 $E(VU, \mathcal{F}\circ\mathcal{E}) \leqslant E(U,\mathcal{E}) + E(V,\mathcal{F})$。因此，为了实现高保真度的量子计算，将计算涉及的每一步都以高保真度完成就足够了。

量子信息源和纠缠保真度

我们已经谈及信息保护的动态度量，但并没有精确定义什么是量子信息源，我们现在来讨论两种可能的定义，然后从这些定义出发，介绍信息保护的一些动态度量。从先验的角度来说，什么是最好的定义信息源的方式并不完全清楚。就经典的情况，这个问题最好的定义方法也不是显然的，有可能以不同的方式定义，并且每一个都可以成功引出有价值的信息论。量子信息以特殊情形的方式涵盖了经典信息，因此存在更多的方式来定义信息源这个概念也并不意外。在结束本章之前，我们将介绍量子信息源的两个可能定义，同时也将解释从保护信息这个目的出发，它们会诱导出不同的距离度量。我们将证明这些距离度量的一些基本性质，进一步的讨论将出现在后面第 12 章。

一个吸引人的量子信源定义方法是将它想象成一个由很多相同量子系统（比如量子比特）构成的信息流，这些量子系统都由同一个物理过程产生，对应的量子态由 $\rho_{X_1}, \rho_{X_2}, \cdots$ 描述。其中

X_j 是独立同分布的随机变量，ρ_j 是一组固定的量子态。例如，可以想象一个由量子比特组成的信息流，每个量子比特以一半的概率处于 $|0\rangle$ 状态，以剩下一半的概率处于 $(|0\rangle+|1\rangle)/\sqrt{2}$ 状态。

量子信源的这种系综概念，自然地产生了系综平均保真度的概念，它描述的是信源在一个保迹量子操作描述的有噪声信道 $\mathcal{E}$ 中被保护的程度，即

$$\bar{F}=\sum_j p_j F\left(\rho_j, \mathcal{E}\left(\rho_j\right)\right)^2 \tag{9.127}$$

其中，p_j 是信源的可能输出 ρ_j 对应的概率。显然地，$0 \leqslant \bar{F} \leqslant 1$；如果 $\bar{F} \approx 1$，则我们可以很有信心地判断，平均来说信道 $\mathcal{E}$ 以很高的精确度保护了来自信源的信息。可能有人会问，为什么等号右边的保真度被取平方了，这个问题的回答由两个方面构成，一个简单，一个复杂。简单回答是，取平方可以让系综保真度和后面将要定义的纠缠保真度更自然地联系起来；复杂的回答是，其实到目前为止，量子信息的概念还没有被严格界定，甚至类似何为信息被保护等诸多概念的正确定义方法还不十分清楚。但是，正如在后面第 12 章将会看到的，系综平均保真度和纠缠保真度将会产生一个关于量子信息的丰富理论，这使我们相信，即使完整的量子信息论尚未建立起来，这些度量都有其合理的地位。

习题 9.23 证明 $\bar{F}=1$，当且仅当 $\mathcal{E}\left(\rho_j\right)=\rho_j$ 对所有满足 $p_j>0$ 的 j 成立。

我们考虑的信源的第二个定义来自这样一个想法，那就是一个信道如果能很好地保护信息，它也能很好地保护纠缠，这个基本思路来自 9.1 节中对错误概率分布的讨论。那里我们已经指出，错误概率 $p(X \neq Y)$ 的直接对应，并不能在量子过程中定义，因为不同时刻的概率分布在量子世界并无直接对应。相应地，我们将采用图 9-7 所示思路的量子对应，即一个距离的动态度量可以如下定义：先制备一个随机变量 X 的拷贝 $\tilde{X}$，接着让噪声作用在 X 上产生 Y，最后将联合概率分布 $(\tilde{X}, X)$ 和 $(\tilde{X}', Y)$ 之间的某种度量 $D[(\tilde{X}, X),(\tilde{X}', Y)]$ 当作我们的距离度量。

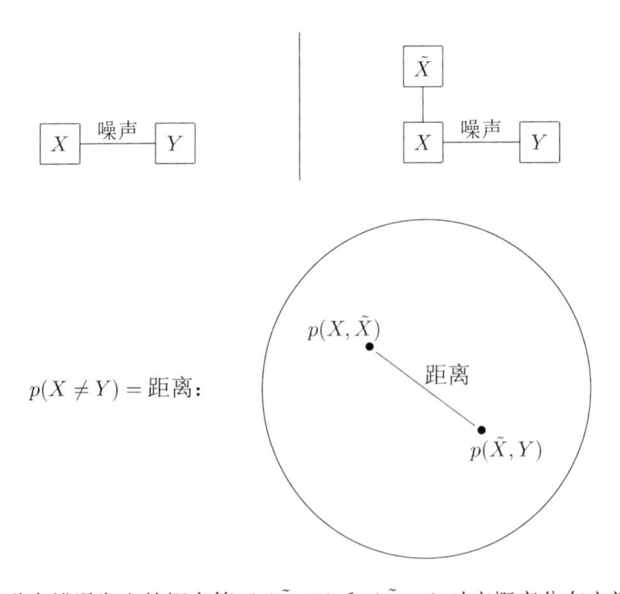

图 9-7 信道中错误发生的概率等于 $(\tilde{X}, X)$ 和 $(\tilde{X}, Y)$ 对应概率分布之间的迹距离

这个模型的量子对应可以描述如下。首先，假设量子系统 Q 的初态是 ρ，而且 Q 被认为以某种形式跟外部世界纠缠起来。在这里，纠缠替代了经典模型中 X 和 $\tilde{X}$ 之间的关联。为了描述纠缠，我们假想有一个量子系统 R，使得 RQ 的联合量子态是纯态。实际上，我们将要得到的结果，完全不依赖于这个纯化是如何实现的，所以我们在这里假设这是一个任意的纠缠。然后让系统 Q 经历一个量子操作 $\mathcal{E}$ 描述的动态过程，如图 9-8 所示。

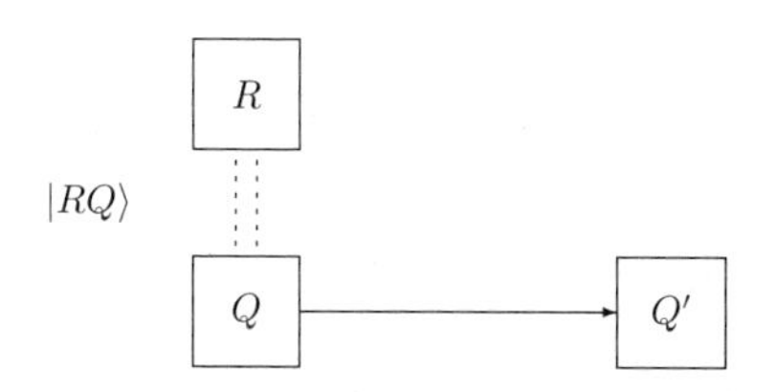

图 9-8　信道的 RQ 图像。RQ 的初态是一个纯态

那么 Q 和 R 之间的纠缠，在量子操作 $\mathcal{E}$ 作用下被保护得怎么样呢？我们用纠缠保真度$F(\rho,\mathcal{E})$来量化这个效果，它是一个 $\mathcal{E}$ 和 ρ 的函数，定义为

$$F(\rho,\mathcal{E}) \equiv F\left(RQ, R'Q'\right)^2 \tag{9.128}$$

$$= \langle RQ\,|[(\mathcal{I}_R\otimes\mathcal{E})\,(|RQ\rangle\langle RQ|)]|\,RQ\rangle \tag{9.129}$$

其中，撇代表着量子操作之后的量子态，没有撇代表着量子操作之前的量子态。

在等式右边出现的量，是 RQ 初态和末态之间静态保真度的平方，这里取平方仅仅是为了方便，它将简化纠缠保真度的一些特性。注意，纠缠保真度只依赖于 $\mathcal{E}$ 和 ρ，与纯化 $|RQ\rangle$ 的细节无关。为了看出这一点，我们将利用习题 2.81 中证明的事实，即 ρ 的两个纯化 $|R_1Q_1\rangle$ 和 $|R_2Q_2\rangle$ 只相差一个酉变换 U，即 $|R_2Q_2\rangle = U\,|R_1Q_1\rangle$，于是，

$$F\left(|R_2Q_2\rangle\,,\rho^{R_2'Q_2'}\right) = F\left(|R_1Q_1\rangle\,,\rho^{R_1'Q_2'}\right) \tag{9.130}$$

这样就得到了我们的结论。纠缠保真度提供了动态过程 $\mathcal{E}$ 保护 R 和 Q 之间纠缠的好坏程度的度量，它的值越接近 1，说明纠缠被保护得越好，接近 0 则说明绝大部分纠缠被破坏掉了。这里选择保真度的时候是否平方完全是任意的，上面这样定义会在数学处理上更方便些。

关于纠缠保真度，一个吸引人的特点是它有一个简单的形式，使得精确计算变得很方便。假设 E_i 是量子操作 $\mathcal{E}$ 的元素，那么

$$F(\rho,\mathcal{E}) = \left\langle RQ\left|\rho^{R'Q'}\right|RQ\right\rangle = \sum|\langle RQ\,|E_i|\,RQ\rangle|^2 \tag{9.131}$$

假设我们将 $|RQ\rangle$ 写作 $|RQ\rangle = \sum_j \sqrt{p_j}|j\rangle|j\rangle$，其中 $\rho = \sum_j p_j|j\rangle\langle j|$，则

$$\langle RQ|E_i|RQ\rangle = \sum_{jk}\sqrt{p_jp_k}\langle j|k\rangle\langle j|E_i|k\rangle \tag{9.132}$$

$$= \sum_j p_j\langle j|E_i|j\rangle \tag{9.133}$$

$$= \operatorname{tr}(E_i\rho) \tag{9.134}$$

将这个表达式代入式 (9.131)，我们就得到一个很有用的计算形式

$$F(\rho,\mathcal{E})=\sum_i\left|\operatorname{tr}\left(\rho E_i\right)\right|^2 \tag{9.135}$$

比如说，相位衰减信道 $\mathcal{E}(\rho)=p\rho+(1-p)Z\rho Z$ 的纠缠保真度由下式给出：

$$F(\rho,\mathcal{E})=p|\operatorname{tr}(\rho)|^2+(1-p)|\operatorname{tr}(\rho Z)|^2=p+(1-p)\operatorname{tr}(\rho Z)^2 \tag{9.136}$$

因此我们可以看到，当 p 减小时，纠缠保真度下降，这跟我们的直觉吻合。

我们已经以两种不同的方式定义了量子信息源，也讨论了相关的距离度量。其中一个是基于将量子态系综以高保真度保护的想法；而另一个则是基于我们真正需要保护的是信息源和参照系统之间的纠缠。也许有点意外的是，这两个看似不同的定义其实有紧密的联系。为了看出这一点，我们需要考察纠缠保真度的两个有用特性。首先，纠缠保真度是动态过程输入和输出之间静态保真度平方的一个下界，即

$$F(\rho,\mathcal{E})\leqslant[F(\rho,\mathcal{E}(\rho))]^2 \tag{9.137}$$

直观上看，这个结果指出，同时保护量子态和纠缠，比仅仅保护量子态要来得困难。证明它需要用到偏迹操作下静态保真度的单调性，即 $F(\rho,\mathcal{E})=F\left(|RQ\rangle,\rho^{R'Q'}\right)^2\leqslant F\left(\rho^{Q},\rho^{Q'}\right)^2$。

为了跟系综平均保真度联系起来，我们需要的关于纠缠保真度的第二个特性是它是 ρ 的凸函数。为此，我们定义 $f(x)\equiv F(x\rho_1+(1-x)\rho_2,\mathcal{E})$，根据式 (9.135)，通过简单计算可知

$$f''(x)=\sum_i\left|\operatorname{tr}\left(\left(\rho_1-\rho_2\right)E_i\right)\right|^2 \tag{9.138}$$

因此，$f''(x)\geqslant 0$，这意味着纠缠保真度是凸的。

将这两个结果结合起来，我们有

$$F\left(\sum_j p_j\rho_j,\mathcal{E}\right)\leqslant\sum_j p_jF\left(\rho_j,\mathcal{E}\right) \tag{9.139}$$

$$\leqslant\sum_j p_jF\left(\rho_j,\mathcal{E}\left(\rho_j\right)\right)^2 \tag{9.140}$$

因此，

$$F\left(\sum_j p_j\rho_j,\mathcal{E}\right)\leqslant\bar{F} \tag{9.141}$$

所以，如果一个量子信道 $\mathcal{E}$ 很好地保护了一个密度算子 ρ 和参照系统之间的纠缠，则它也会自动地将概率 p_i 和量子态 ρ_i 构成的系综 $\rho=\sum_j p_j\rho_j$ 保护得很好。从这个意义上说，基于纠缠保真

度定义的信息源概念，与基于系综定义的类似概念比起来更严格。因此，在第 12 章关于量子信息的研究中，我们倾向于使用基于纠缠保真度的定义。

在本章的最后，我们列举一些容易证明的关于纠缠保真度的性质，它们在后面的章节中非常有用。

1. $0 \leqslant F(\rho,\mathcal{E}) \leqslant 1$。由静态保真度的性质立得。

2. 纠缠保真度对输入的量子操作来说是线性的，这可以根据纠缠保真度的定义立得。

3. 对输入纯态来说，纠缠保真度等于输入和输出量子态之间静态保真度的平方，即

$$F(|\psi\rangle,\mathcal{E}) = F(|\psi\rangle,\mathcal{E}(|\psi\rangle\langle\psi|))^2 \tag{9.142}$$

   结合状态 $|\psi\rangle$ 是它自己的纯化这个事实，上述结论可由纠缠保真度的定义立得。

4. $F(\rho,\mathcal{E}) = 1$，当且仅当对 ρ 支集中的任意纯态 $|\psi\rangle$，都有

$$\mathcal{E}(|\psi\rangle\langle\psi|) = |\psi\rangle\langle\psi| \tag{9.143}$$

   为了证明这一点，假设 $F(\rho,\mathcal{E}) = 1$，而 $|\psi\rangle$ 是 ρ 支集中的一个纯态。定义 $p \equiv 1/\left\langle\psi\left|\rho^{-1}\right|\psi\right\rangle > 0$（比较习题 2.73），而 σ 是一个满足 $(1-p)\sigma = \rho - p|\psi\rangle\langle\psi|$ 的密度算子。则根据保真度的凸性，

$$1 = F(\rho,\mathcal{E}) \leqslant p\sqrt{F(|\psi\rangle,\mathcal{E})} + (1-p) \tag{9.144}$$

   因此，$F(|\psi\rangle,\mathcal{E}) = 1$，证明了上述结论中的一个方向，而另一个方向可看作纠缠保真度定义的一个直接应用。

5. 假设存在 $\eta > 0$，使得 $\langle\psi|\mathcal{E}(|\psi\rangle\langle\psi|)|\psi\rangle \geqslant 1-\eta$ 对 ρ 支集中的所有纯态 $|\psi\rangle$ 成立，则 $F(\rho,\mathcal{E}) \geqslant 1-(3\eta/2)$（见问题 9.3）。

问题 9.1（保真度的一种新刻画）　证明

$$F(\rho,\sigma) = \inf_P \operatorname{tr}(\rho P)\operatorname{tr}\left(\sigma P^{-1}\right) \tag{9.145}$$

其中下确界是取在所有可逆正定矩阵 P 上。

问题 9.2　$\mathcal{E}$ 为一个保迹的量子操作，证明对每个 ρ 有一组 $\mathcal{E}$ 的操作元素 $\{E_i\}$，使得

$$F(\rho,\mathcal{E}) = |\operatorname{tr}(\rho E_1)|^2 \tag{9.146}$$

成立。

问题 9.3　证明结论（5）。

本章小结

1. **迹距离**：$D(\rho,\sigma)\equiv\frac{1}{2}\operatorname{tr}|\rho-\sigma|$。密度算子上的双重凸度量，在量子操作下会收缩。
2. **保真度**：
$$F(\rho,\sigma)\equiv\operatorname{tr}\sqrt{\rho^{1/2}\sigma\rho^{1/2}}=\max_{|\psi\rangle,|\varphi\rangle}|\langle\psi|\varphi\rangle|$$
具有强凹性，$F\left(\sum_i p_i\rho_i,\sum_i q_i\sigma_i\right)\geqslant\sum_i\sqrt{p_iq_i}F\left(\rho_i,\sigma_i\right)$。
3. **纠缠保真度**：$F(\rho,\mathcal{E})$。度量量子纠缠在一个量子力学过程中被保护的程度。在这个过程中，主系统 Q 的状态是 ρ，且 Q 与另一个量子系统 R 之间存在纠缠，量子操作 $\mathcal{E}$ 作用在系统 Q 上。

背景资料与延伸阅读

希望更深入了解量子信息距离度量的读者，可以参考 Fuchs 在 1996 年的博士论文[Fuc96]。该论文涵盖了大量关于量子信息距离度量的材料，其中包括相关专题的 528 个参考文献，并且被分门别类。特别是，关于式 (9.74) 的证明可以在那里找到，还有许多其他有趣的内容。Fuchs 和 van de Graaf 的论文也值得参考[FvdG99]，不等式 (9.110) 就来自这篇论文。这篇论文也是一篇很好的对量子信息距离度量的概述，特别是在量子密码学的场景下。迹距离的收缩性由 Ruskai 证明[Rus94]；保真度的单调性由 Barnum、Caves、Fuchs、Jozsa 和 Schumacher 证明[BCF+96]。注意，在文献中，我们称之为保真度的量，及其平方都被称作保真度。在 Uhlmann 证明以他名字命名的定理的论文中[Uhl76]，对保真度的基本特性做了广泛的讨论。本文关于 Uhlmann 定理的证明，来自 Jozsa[Joz94]。Aharonov、Kitaev 和 Nisan 对保真度的链式特征，以及和有噪声量子计算之间的关系做了更详细的讨论[AKN98]。Schumacher 介绍了纠缠保真度的概念，并证明了它的很多基本性质[Sch96b]。Knill 和 Laflamme 建立了问题 9.3 中子空间保真度和纠缠保真度之间的关系[KL97]；Barnum、Knill 和 Nielsen 则对这一结论做了更详细的证明[BKN98]。问题 9.1 由 Alberti 提出[Alb83]。

第 10 章 量子纠错

用纠缠来对抗纠缠是可能的。

——John Preskill

犯错和被抛弃都是上帝设计的一部分。

——William Blake

这一章，我们介绍在有量子噪声存在的情况下，如何可靠地进行量子信息处理。本章将主要涵盖三个主题：量子纠错码理论、容错量子计算和阈值定理。我们将首先建立量子纠错码的基本理论，它使得量子信息在噪声的影响下依然可以得到保护。这些纠错码的工作原理是，首先用一种特别的编码方案将量子态编码，使得编码后的量子态能够抵御噪声的影响，然后通过解码将量子态恢复出来。其中，10.1 节介绍经典纠错码的基本原理，以及设计量子纠错码时将遇到的一系列概念性挑战。10.2 节介绍一个量子纠错码的简单例子，然后我们在 10.3 节将其推广到量子纠错码的一套一般性理论。10.4 节介绍经典线性码的基本想法，并介绍它们如何引申出一类有趣的 Calderbank-Shor-Steane（CSS）量子纠错码。10.5 节总结我们关于量子纠错码的介绍，同时讨论稳定子量子纠错码，这是一类具有丰富结构，同时跟经典纠错码有密切联系的量子纠错码。

我们在讨论量子纠错码的时候，将假设量子态的编码和解码过程可以完美实现，也就是没有噪声干扰。这种假设在有时候是有用的，比如当我们希望通过一条有噪声的量子信道传递信息的时候，我们可以用几乎无噪声的量子计算机在信道的两端进行编码和解码操作。但是，当用来编码和解码的量子逻辑门本身有噪声的时候，我们就不能做这样的假设。幸运的是，在 10.6 节介绍的容错量子计算理论能让我们放弃编码和解码操作无噪声的假设。更有趣的是，容错允许我们在编码后的量子态上实现逻辑操作，这样被完成的量子操作也就实现了容错的功能。本章的最终目标是 10.6.4 小节介绍的量子计算阈值定理：如果量子计算中每个逻辑门的噪声低于某个阈值，则任意大规模的量子计算都可以被有效实现。当然，正确理解这个重要结论也需要很小心，我们将展开讨论。但无论如何，阈值定理是一个重要结论，它表明大规模量子计算的物理实现没有原则性障碍。

10.1 背景介绍

噪声是信息处理系统的重大障碍。当条件允许的时候，人们总是尽量彻底地消除噪声，当实在做不到时，人们则尝试保护有用信息，使其不受噪声影响。例如，现代电子计算机的部件极其可靠，错误率已经低到每完成 10^{17} 次操作仅出现不到一次错误。在大部分实际计算任务中，我们可以将这些计算机当作彻底无噪声的。另一方面，许多广泛应用的信息系统却遭受着噪声的严重影响。例如，调制解调器和 CD 播放器都采用纠错码来抵御噪声的影响。实际上，现实生活中用来对抗噪声的技术经常有非常复杂的细节，但它们的基本原理一般都很好理解。如果我们希望保护一条信息免受噪声的影响，我们一般都会使用一些冗余信息来编码这条信息。如此一来，即使编码后的信息中的一部分被噪声破坏，编码信息依然拥有足够的冗余度使得我们能很好地解码和恢复原本的信息。

例如，假设我们希望通过一条有噪声的信道，将一个比特的信息从一个地方传递到另外一个地方。信道中噪声的影响是以 $p>0$ 的概率翻转这个比特，同时以 $1-p$ 的概率让这个比特保持不变。这样的信道被称为二元对称信道，如图 10-1 所示。在二元对称信道中，保护被传递比特免受噪声影响的一个简单办法是将这个比特用它的三个拷贝代替：

$$0 \rightarrow 000 \tag{10.1}$$

$$1 \rightarrow 111 \tag{10.2}$$

比特串 000 和 111 有时候被称为逻辑 0 和逻辑 1，因为它们将分别扮演 0 和 1 的角色。我们将所有的三个比特都通过信道送出去，然后在接收方一端，接收方将根据他实际收到的比特来决定真正的待传递比特是什么。假如 001 是信道的输出，如果翻转比特的概率 p 不是太大，则很可能是第三个比特被信道翻转，所以待传递的比特是 0。

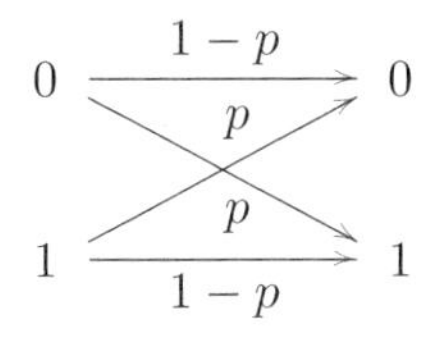

图 10-1　二元对称信道

这种解码方式叫多数者投票，因为我们根据信道输出的多数比特来确定真正传递的比特。如果有两个或者多个比特被信道翻转，则多数者投票方案将会失败，否则就可以成功解码。但两个或者多个比特被翻转的概率是 $3p^2(1-p)+p^3$，所以失败的概率是 $p_{\mathrm{e}}=3p^2-2p^3$。因为如果不进行编码，发生错误的概率是 p，则只要 $p_{\mathrm{e}}<p$，上述编码会让信息传递更可靠，实际上只要 $p<1/2$，这个关系都将成立。

因为是通过将信息拷贝多次的方式编码和传递，这种编码被叫作重复性编码。实际上千百年来，人们都在日常沟通中使用类似的技巧：如果我们在理解他人语言的时候有困难，比如他有外地口音，通常我们会请求他重复刚才的话。虽然我们可能不会每次都听懂所有的词语，但可以通过这样多次尝试来整体理解一条逻辑清晰的信息。关于经典纠错码理论，已经有许多巧妙的技术被发展出来。但是，核心的想法都是通过增加冗余信息的方式来编码信息，使得我们能在传递过程中有噪声影响的情况下，依然很好地恢复原来的信息。而冗余信息的多少，将取决于信道中噪声的严重程度。

10.1.1　三量子比特的比特翻转编码

为了保护量子信息免受噪声的影响，我们需要基于类似的原理发展量子纠错码理论。但由于量子信息和经典信息的许多重要区别，量子纠错码的引入需要一些全新的想法。特别是，通过一些初步的思考，我们就可以想到这个任务将面临如下较大的困难。

1. 不可克隆。一些人可能想到，也许我们也可以通过将量子信息重复多次的方式来实现量子重复性编码。实际上，专题 12.1 讨论的量子不可克隆原理表明，这是不可能的。而且，即使克隆是可行的，测量和比较这些不同的拷贝也是不可能的。
2. 错误是连续的。可能发生在一个量子比特上的错误是连续的。因此，确定具体哪个错误确实发生了，然后再纠正它，似乎需要无限的精确度去分辨，因此将需要无限的资源。
3. 测量破坏量子信息。在经典纠错中，我们先观察信道的输出，然后决定采用何种解码方案。但在量子纠错方案中，观察量子信息将破坏它，因而恢复原有信息就无从谈起。

幸运的是，我们下面将看到，所有这些困难都不是致命的。假设我们通过一个量子信道传递一个量子比特，在过程中量子比特以 $1-p$ 的概率保持不变，以 p 的概率被翻转。也就是说，量子态 $|\psi\rangle$ 以 p 的概率变成 $X|\psi\rangle$，这里 X 是泡利 σ_x 算子，或者比特翻转算子。这种信道被称为比特翻转信道。我们现在介绍翻转编码，它能使量子比特在这种信道中免受噪声的影响。

假设我们将单量子比特 $a|0\rangle+b|1\rangle$ 编码成 $a|000\rangle+b|111\rangle$，通常我们将这种编码方式表示为

$$|0\rangle \rightarrow |0_L\rangle \equiv |000\rangle \tag{10.3}$$

$$|1\rangle \rightarrow |1_L\rangle \equiv |111\rangle \tag{10.4}$$

这里，编码方案可以理解为将待编码量子比特中基矢态的叠加态，替换成编码态的对应叠加态。符号 $|0_L\rangle$ 和 $|1_L\rangle$ 分别表示这是逻辑比特 $|0\rangle$ 和 $|1\rangle$，而不是物理比特 0 和 1。这种编码方案的一种电路实现见图 10-2 。

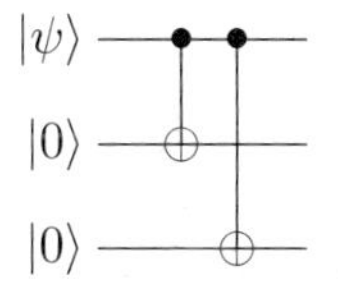

图 10-2　三量子比特的比特翻转纠错码的编码电路

习题 10.1　验证图 10-2 中的编码电路与预期的功能一致。

假设初态 $a|0\rangle+b|1\rangle$ 已经被完美编码成 $a|000\rangle+b|111\rangle$。三个量子比特的每一个都被一个同样的比特翻转信道传送过去，同时假设比特翻转操作发生在一个或者更少的量子比特上。我们下面会看到，有一个简单的两阶段纠错程序能将原有信息正确恢复出来。

1. 错误探测或者征状诊断：我们通过一个测量来搞清楚，如果有错误，到底是哪个错误发生了。测量的结果称为错误征状。对于比特翻转信道，有四种不同的错误征状，对应四种不同的投影算子：

$$P_0 \equiv |000\rangle\langle 000| + |111\rangle\langle 111| \text{ 没有错误} \tag{10.5}$$

$$P_1 \equiv |100\rangle\langle 100| + |011\rangle\langle 011| \text{ 量子比特1上发生比特翻转} \tag{10.6}$$

$$P_2 \equiv |010\rangle\langle 010| + |101\rangle\langle 101| \text{ 量子比特2上发生比特翻转} \tag{10.7}$$

$$P_3 \equiv |001\rangle\langle 001| + |110\rangle\langle 110| \text{ 量子比特3上发生比特翻转} \tag{10.8}$$

   例如，假设比特翻转发生在第一个量子比特上，则被影响的量子态成为 $a|100\rangle+b|011\rangle$。注意在这种情况下 $\langle\psi|P_1|\psi\rangle=1$，所以测量结果将确定为 1。而且，征状测量将不对量子态产生任何影响：测量前后都是 $a|100\rangle+b|011\rangle$。注意，这里征状只包含何种错误发生的信息，并不揭示 a 和 b 的任何信息，因此，并不包含被保护量子态的任何信息。这是征状测量的一般性特征，因为为了获取被保护量子态的具体信息，一定要扰动它，这不是我们希望看到的。

2. 恢复：我们使用错误诊断的结果来指示将使用何种操作来恢复原有信息。例如，如果错误征状是 1，表示第一个量子比特发生了翻转错误，那我们再次将其翻转，这样将完美恢复原有信息。四个可能的错误征状和每种情形的恢复程序是：0（没有错误）——什么也不做；1（第一个量子比特翻转）——再次将第一个量子比特翻转；2（第二个量子比特翻转）——再次将第二个量子比特翻转；3（第三个量子比特翻转）——再次将第三个量子比特翻转。对错误征状的每一个值，如果对应的错误确实发生了，则很容易看到原有信息都被完美恢复。

只要三个量子比特中的至多一位发生翻转错误，则上面的纠错程序会有很好的效果。这种情况发生的概率是 $(1-p)^3+3p(1-p)^2=1-3p^2+2p^3$，而不能纠正的错误发生的概率是 $3p^2-2p^3$，这正好跟之前我们讨论过的经典重复性编码一致。而且类似地，只要 $p<1/2$，上述的编码和解码程序就可以改善量子态存储的可靠性。

更精细的错误分析

上述的错误分析是不够让人满意的，原因是量子系统中并不是所有的错误和量子态都平均地产生：量子态存在于一个连续的空间，所以有可能一些错误只对量子态有少许影响，而另外一些则彻底破坏掉量子态。一个极端的例子是比特翻转“错误” X，它完全不影响量子态 $(|0\rangle+|1\rangle)/\sqrt{2}$，但将翻转 $|0\rangle$，使其成为 $|1\rangle$。所以在第一种情况，我们完全不需要担心比特翻转错误，但在第二种情况则显然会担心错误是否会发生。

为了处理上述问题，我们将使用第 9 章中介绍的保真度概念。如前所述，一个混态与一个纯态之间的保真度定义为 $F(|\psi\rangle,\rho) = \sqrt{\langle\psi|\rho|\psi\rangle}$。量子纠错的目标就是在存储和传递量子信息时，尽可能达到最大的保真度 1。我们现在做一个三量子比特在比特翻转纠错码下所能达到的最小保真度，和没有纠错的情况下达到的保真度的对比。假设我们考虑的量子态是 $|\psi\rangle$，在没有纠错码的情况下，通过信道的量子态可以表示为

$$\rho = (1-p)|\psi\rangle\langle\psi| + pX|\psi\rangle\langle\psi|X \tag{10.9}$$

因此，保真度可以表示为

$$F = \sqrt{\langle\psi|\rho|\psi\rangle} = \sqrt{(1-p) + p\langle\psi|X|\psi\rangle\langle\psi|X|\psi\rangle} \tag{10.10}$$

在这里，根号下的第二项是非负的，并且当 $|\psi\rangle = |0\rangle$ 时取 0，由此可见上述保真度的最小值为 $F = \sqrt{1-p}$。假设我们用三量子比特纠错码来保护 $|\psi\rangle = a|0_L\rangle + b|1_L\rangle$，在通过噪声信道并进行纠错之后的量子态为

$$\rho = \left[(1-p)^3 + 3p(1-p)^2\right]|\psi\rangle\langle\psi| + \cdots \tag{10.11}$$

这里忽略的项对应两个或者三个量子比特发生翻转的情况。由于所有被忽略的项都是正定算子，我们计算的保真度将是其精确值的一个下界。于是，$F = \sqrt{\langle\psi|\rho|\psi\rangle} \geqslant \sqrt{(1-p)^3 + 3p(1-p)^2}$。也就是说，这个过程的保真度至少是 $\sqrt{1-3p^2+2p^3}$，因此只要满足 $p < 1/2$ 的条件，量子态存储过程的保真度就可以得到提升，这与我们稍早做出的粗略分析结果完全一致。

习题 10.2 比特翻转信道的行为可以被量子操作 $\mathcal{E}(\rho) = (1-p)\rho + pX\rho X$ 描述。证明它也可以被下面的算子和形式描述，即 $\mathcal{E}(\rho) = (1-2p)\rho + 2pP_+\rho P_+ + 2pP_-\rho P_-$。这里，$P_+$ 和 P_- 分别是到 X 的 $+1$ 特征态和 -1 特征态，即 $(|0\rangle+|1\rangle)/\sqrt{2}$ 和 $(|0\rangle-|1\rangle)/\sqrt{2}$ 上的投影算子。第二种表示可以理解为这样一种模型，该量子比特以 $1-2p$ 的概率保持不变，同时以 $2p$ 的概率被环境在 $|+\rangle, |-\rangle$ 基下测量。

我们可以用一种不同的方式来理解上述三量子比特编码的征状测量。其实，与其测量四个投影算子 P_0, P_1, P_2, P_3，我们可以使用两个不同的测量：第一个是可观测量 Z_1Z_2（即 $Z \otimes Z \otimes I$），第二个是可观测量 Z_2Z_3。它们两个都有特征值 ± 1，所以每次测量都提供一个比特的信息——这将提供四种不同的征状，跟前面的情况类似。其中，第一个测量 Z_1Z_2 可以看成是比较前两个量子比特，看它们是否一样。为了看出这一点，注意 Z_1Z_2 有下面的谱分解：

$$Z_1Z_2 = (|00\rangle\langle 00| + |11\rangle\langle 11|) \otimes I - (|01\rangle\langle 01| + |10\rangle\langle 10|) \otimes I \tag{10.12}$$

这对应投影算子 $(|00\rangle\langle 00| + |11\rangle\langle 11|) \otimes I$ 和 $(|01\rangle\langle 01| + |10\rangle\langle 10|) \otimes I$ 构成的投影测量。因此，测量 Z_1Z_2 可以理解为比较头两个量子比特，当它们相同时给出结果 1，否则给出结果 -1。类似地，测量 Z_2Z_3 是比较第二和第三个量子比特，而且也是当它们相同的时给出结果 1，否则给出 -1。当我们把这两个测量的结果结合起来看时，我们就可以判断这三个量子比特是否有一位被翻转，而且如果有，我们也能判断它的具体位置：如果两次测量结果都是 1，则没有错误发生的概率很

高；如果测量 Z_1Z_2 给出 1，而测量 Z_2Z_3 给出 -1，则第三位量子比特被翻转的概率很高；如果测量 Z_1Z_2 给出 -1，而测量 Z_2Z_3 给出 1，则第一位量子比特被翻转的概率很高；最后，如果两次测量都给出 -1，则第二位量子比特被翻转的概率很高。注意，这里面一个关键的事实是，这些测量的结果都没有给出关于概率幅 a 和 b 的任何信息，因此每次测量都没有破坏我们编码所希望保护的目标量子叠加态。

习题 10.3 通过具体计算，证明依次测量 Z_1Z_2 和 Z_2Z_3，再对测量结果进行必要的重新标注，整体效果与测量 (10.5)—(10.8) 中定义的四个投影算子的效果相同。这里测量效果相同是指测量结果的统计，以及测量后的量子态均相同。

10.1.2 三量子比特的相位翻转编码

量子比特翻转编码虽然有趣，但相对经典纠错码来说似乎并无太大新意，同时很多遗留问题也尚未解决（例如，除了比特翻转错误，量子比特上的错误还有很多其他种类）。关于有噪声量子信道，一个更有趣的例子是关于量子比特的相位翻转错误模型。在这个模型中，量子比特以 $1-p$ 的概率保持不变，以 p 的概率翻转基矢态 $|0\rangle$ 和 $|1\rangle$ 上的相对相位。具体来说，以 $p>0$ 的概率相位翻转算子 Z 被作用在该量子比特上，该操作将量子态 $a|0\rangle+b|1\rangle$ 改变为 $a|0\rangle-b|1\rangle$。注意相位翻转信道没有经典对应，因为经典信息并没有相位这个特征。但是，有一个非常简单的办法将相位翻转信道转化为比特翻转信道。假设我们将量子比特的基选择为 $|+\rangle\equiv(|0\rangle+|1\rangle)/\sqrt{2}, |-\rangle\equiv(|0\rangle-|1\rangle)/\sqrt{2}$，则在这组基下，$Z$ 算子将 $|+\rangle$ 转变为 $|-\rangle$，反之亦然。因此，在这组基下，Z 算子的效果就如同比特翻转。这暗示我们可以通过将逻辑 0 和逻辑 1 量子态选择为 $|0_L\rangle\equiv|+++\rangle$ 和 $|1_L\rangle\equiv|---\rangle$ 来对抗相位翻转错误的影响。于是，除了选择的基由 $|+\rangle,|-\rangle$ 变为 $|0\rangle,|1\rangle$，编码、错误探测和信息恢复这些纠错所必需的操作都将与比特翻转信道的情况相同。为了完成基的转换，我们只需要在适当的时候应用 H 门及其逆操作（也是阿达玛门）。

更精确地说，相位翻转信道的编码可以分为两步实现：首先，我们采用与比特翻转信道情形一样的方法，将目标量子比特用三个量子比特来编码；第二步，对每个量子比特作用一个阿达玛门（图 10-3）。则错误探测可以用跟之前一样的投影测量来实现，只是算子需要用阿达玛门做一个共轭调整：$P_j\rightarrow P_j'\equiv H^{\otimes 3}P_jH^{\otimes 3}$。于是，征状测量等同于测量可观测量 $H^{\otimes 3}Z_1Z_2H^{\otimes 3}=X_1X_2$，以及 $H^{\otimes 3}Z_2Z_3H^{\otimes 3}=X_2X_3$。有趣的是，我们也可以对这些测量做类似比特翻转信道中 Z_1Z_2 和 Z_2Z_3 测量的解释。可观测量 X_1X_2 和 X_2X_3 对应的测量，实际上分别比较头两个量子比特和后两个量子比特的正负号。例如，测量 X_1X_2 将在形如 $|+\rangle|+\rangle\otimes(\cdot)$ 或者 $|-\rangle|-\rangle\otimes(\cdot)$ 的量子态上给出结果 1，在形如 $|+\rangle|-\rangle\otimes(\cdot)$ 或者 $|-\rangle|+\rangle\otimes(\cdot)$ 的量子态上给出结果 -1。最后，在纠错的信息恢复阶段，需要的操作也是与比特翻转信道同样的操作再加上一个阿达玛门的共轭调整。例如，如果我们发现第一个量子比特的正负号被翻转，导致 $|+\rangle$ 变成 $|-\rangle$，则我们只需要对其作用 $HX_1H=Z_1$ 来恢复信息。其他的错误征状也有类似的操作。

明显地，相位翻转信道和比特翻转信道的编码有类似的特征。特别是，相位翻转编码的最小保真度和比特翻转编码的情形相同，因此在何种参数情形下编码能相对无编码情形改善保真度，有相同的标准。由于这两个信道的行为只相差一个酉变换 U（在上面例子中是 H 门），即在一个

信道上作用一个 U 之后再作用一个 $U^\dagger$ 就成为另一个信道，我们说这两个信道是酉等价的。其实，这些操作可以很容易地合并到编码和纠错的操作中。对于 U 的一般形式，这些想法的实现可见问题 10.1。

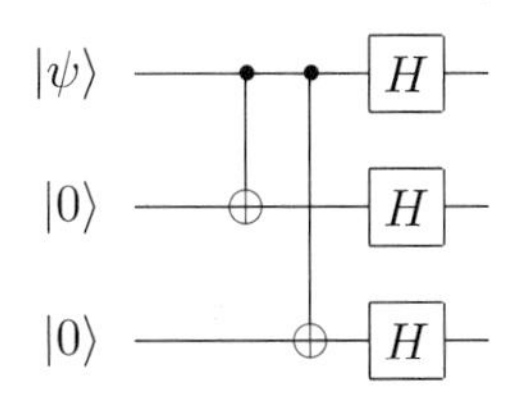

图 10-3　相位翻转纠错码的编码电路

习题 10.4　考虑三量子比特的比特翻转编码。假设我们通过测量计算基状态对应的 8 个正交投影算子来实现错误的征状测量。1. 写出测量对应的投影算子，解释为什么测量结果可以用来诊断错误征状：没有比特被翻转，或者第 j 个比特被翻转，这里 j 取值 1 到 3。2. 证明信息恢复程序只对计算基状态适用。3. 此纠错程序的最小保真度是多少？

10.2　Shor 编码

实际上，有一种简单的编码能够有效对抗单量子比特上的任何错误！这种编码称为 Shor 编码，本质上是三量子比特相位翻转编码和比特翻转编码的一种结合。我们首先将量子比特做相位翻转编码：$|0\rangle \rightarrow |+++\rangle, |1\rangle \rightarrow |---\rangle$。接着，我们再将每一个量子比特做比特翻转编码：$|+\rangle$ 编码成 $(|000\rangle + |111\rangle)\sqrt{2}$，$|-\rangle$ 编码成 $(|000\rangle - |111\rangle)\sqrt{2}$。结果，我们得到一个如下的九量子比特编码：

$$
\begin{aligned}
|0\rangle \rightarrow |0_L\rangle &\equiv \frac{(|000\rangle + |111\rangle)(|000\rangle + |111\rangle)(|000\rangle + |111\rangle)}{2\sqrt{2}} \\
|1\rangle \rightarrow |1_L\rangle &\equiv \frac{(|000\rangle - |111\rangle)(|000\rangle - |111\rangle)(|000\rangle - |111\rangle)}{2\sqrt{2}}
\end{aligned}
\tag{10.13}
$$

实现 Shor 编码的量子电路如图 10-4 所示。如前所述，电路的第一部分是三量子比特相位翻转编码，跟图 10-3 对比我们会发现它们是一样的。在电路的第二部分，再将三个量子比特的每一个按图 10-2 的方式替换成比特翻转编码。这种分层的编码方法，称为纠错码级联，是一种由已知纠错码生成新纠错码的重要技巧。后面，我们将使用这种技术证明关于量子纠错的一些重要结论。

Shor 编码可以对抗任何量子比特上的相位翻转错误和比特翻转错误。为了说明这一点，假设第一个量子比特上发生了比特翻转错误，按照比特翻转编码的设计，我们通过测量 Z_1Z_2 来比较头两个量子比特，结果将会发现它们的不同，于是我们推测第一个或者第二个量子比特发生了错误。接着我们通过测量 Z_2Z_3 来比较第二个和第三个量子比特。结果会发现它们是相同的，于是我们就得知不可能是第二个量子比特发生了翻转。就这样，我们得出结论，是第一个量子比特发生了翻转，我们只需要再次翻转它即可恢复原本的量子信息。类似地，我们可以探测和恢复 9 个量子比特中任何位置的比特翻转错误。

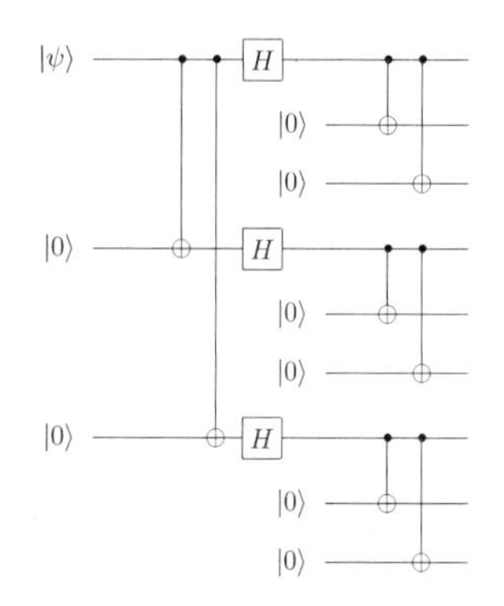

图 10-4 九量子比特 Shor 纠错码的编码电路。为了强调编码的级联形式，一些 $|0\rangle$ 状态被有意画出来

我们以类似的方式处理相位翻转错误。假设第一个量子比特发生了相位翻转错误，则这个错误将会改变这些量子比特中第一个区块的符号，也即从 $|000\rangle+|111\rangle$ 变成 $|000\rangle-|111\rangle$，或者相反。实际上，头三个量子比特中任何一个位置发生相位翻转都有类似的效果，所以接下来描述的纠错程序将统一适用于这三种错误。我们首先通过征状测量比较头三个量子比特组成的区块的正负号和第二个三量子比特组成的区块的正负号，就如同正常相位翻转编码方案中比较第一个和第二个量子比特的正负号一样。例如，$(|000\rangle-|111\rangle)(|000\rangle-|111\rangle)$ 中，头两个区块拥有相同的正负号（$-$），但 $(|000\rangle-|111\rangle)(|000\rangle+|111\rangle)$ 中头两个区块的正负号不同。当头三个量子比特中任何一个上面发生了相位翻转错误，我们会发现头两个区块的正负号将会不同。在征状测量的第二阶段，我们比较第二和第三区块的正负号，结果将显示它们是相同的，于是，我们可以推测出，一定是第一区块发生了相位翻转错误，我们可以通过再次翻转其相位来恢复原本的量子信息。可以看出，9 个量子比特中任何一个位置发生的相位翻转错误都可以用这种方法恢复。

习题 10.5 证明在 Shor 编码中用来探测相位翻转错误的征状测量，对应着测量可观测量 $X_1X_2X_3X_4X_5X_6$ 和 $X_4X_5X_6X_7X_8X_9$。

习题 10.6 证明在头三个量子比特上任意位置的相位翻转，可以通过作用算子 $Z_1Z_2Z_3$ 来实现恢复。

假设比特翻转和相位翻转同时发生在第一个量子比特，也就是，Z_1X_1 算子被作用在第一个量子比特上。不难看出，比特翻转编码的设置能探测出第一个量子比特上的比特翻转错误，并且纠正它，然后相位翻转编码的工作机制也能探测出第一个区块的相位翻转错误，并且纠正之。因此，Shor 编码能纠正单量子比特上的比特和相位翻转联合错误。

实际上，Shor 编码能对抗的错误远远不止比特翻转和相位翻转——我们现在证明，如果只有一个量子比特被错误影响，则 Shor 编码能纠正任何错误！也就是，这种错误可以很微小——比如绕 Z 轴只旋转 $\pi/263$——或者类似将整个量子比特彻底抛弃，代之以垃圾信息的毁灭性错误。有趣的事情是，为了对抗一般性的错误，并不需要其他步骤，上述程序就可以完成任务。这是一个揭示量子纠错本质的非凡事实，即发生在一个量子比特上的错误明显是连续的，但我们只要能纠正其中的一个离散真子集，那么一般性错误就可以被同样的步骤纠正！量子错误的这种离散化是量子纠错能被成功实现的核心原因。值得注意的是，经典模拟系统的纠错没有类似的特征，这是一个本质的区别。

为了简化分析，假设一个任意类型的错误只发生在第一个量子比特，后面我们将考虑其他量子比特也被影响的一般性情形。按照第 8 章的思路，我们将噪声的操作描述为一个保迹量子操作 $\mathcal{E}$。实际上，将噪声的影响描述为算子元素 $\{E_i\}$ 所表示的一个算子和形式，将是一个非常方便的办法。假设噪声影响前的已编码量子态是 $|\psi\rangle = \alpha|0_L\rangle + \beta|1_L\rangle$，则噪声作用后的量子态为 $\mathcal{E}(|\psi\rangle\langle\psi|) = \sum_i E_i|\psi\rangle\langle\psi|E_i^\dagger$。为了分析纠错的效果，最容易的做法是先分析纠错在上述算子和中某一项上的效果，比如 $E_i|\psi\rangle\langle\psi|E_i^\dagger$。注意作用在第一个量子比特上的一个算子 E_i 可以分解为单位阵 I、比特翻转 X_1、相位翻转 Z_1 和比特相位联合翻转 X_1Z_1 的线性组合：

$$E_i = e_{i0}I + e_{i1}X_1 + e_{i2}Z_1 + e_{i3}X_1Z_1 \tag{10.14}$$

因此，（未归一化的）量子态 $E_i|\psi\rangle$ 可以写作四项 $|\psi\rangle, X_1|\psi\rangle, Z_1|\psi\rangle, X_1Z_1|\psi\rangle$ 的一个叠加态。测量错误征状，将使得这个叠加态塌缩到四种状态 $|\psi\rangle, X_1|\psi\rangle, Z_1|\psi\rangle, X_1Z_1|\psi\rangle$ 中的一种，然后我们根据不同的情况进行适当的恢复操作，就可以还原最后的状态 $|\psi\rangle$。对其他的算子元素 E_i，有类似的结论。因此，虽然在第一个量子比特上的错误可以是任意的，上述纠错可以将其恢复到原本的量子态。这是量子纠错的本质而深刻的一个特性：通过纠正一系列离散的量子错误——比如比特翻转、相位翻转和比特相位联合翻转——量子纠错码可以自动纠正一大类量子错误，甚至是连续的错误。

如果噪声影响的不止是第一个量子比特怎么办？我们可以用两个不同的想法考虑这个问题。首先，在许多情形中，假设噪声独立地影响每个量子比特是一个很好的近似。只要噪声在每个量子比特上作用的效果很小，我们可以将噪声的整体效果分解为几种不同情形的总和：没有量子比特发生错误，一个量子比特发生错误，两个量子比特发生错误，等等。其中，相对其他项，没有错误发生和只有一个量子比特发生错误占据统治地位。因此，只要能合理地纠正 0 阶项和 1 阶项，即使不处理高阶项，整体上也会对噪声的影响实现有效抑制，后面我们会对此做更详尽的分析。当然，有时候假设噪声独立地作用于每个量子比特上并不合理，在这种情况下我们将使用另外一种思路——使用能纠正不止一个量子比特错误的量子纠错码。这些纠错码也可以用类似 Shor 编码的思路构造出来，实现这一点的基本想法我们将会在本章后面介绍。

10.3　量子纠错理论

我们能否建立一套量子纠错码的一般性理论？本节将发展出一个研究量子纠错码的一般性框架，其中包括量子纠错条件，这是量子纠错能成功实现所必须满足的一组必要条件。当然，拥有这样一个框架并不保证好的量子纠错码一定存在。这个问题将会在 10.4 节再涉及，但它确实为我们最终找到好的量子纠错码提供了很好的背景知识。

量子纠错码理论的基本想法就是自然推广 Shor 编码的思路。通过一个酉变换，量子态被编码成量子纠错码，严格来说这是某个更大的希尔伯特空间的子空间 C。引入一个将量子态投影

到编码空间 C 的投影算子是很有帮助的，我们将其记为 P。对于三量子比特的比特翻转编码，$P=|000\rangle\langle 000|+|111\rangle\langle 111|$。在噪声作用到编码后的量子态上之后，我们通过征状测量去诊断所发生的是何种错误，这称为错误诊断。一旦错误被确定，我们将进行恢复操作，将量子系统恢复到原本的编码状态。如图 10-5 所示，不同的错误诊断对应全空间不同的非形变、正交子空间。这些子空间必须正交，否则它们不能被征状测量精确地分辨开来。并且，这些子空间必须是原来编码空间的非形变版本，这意味着在不同子空间中，错误必须将正交的量子编码映射到正交的量子态上，只有这样才能最终完全恢复被保护的量子态。这也是下面即将讨论的量子纠错条件所描述的直觉图像。

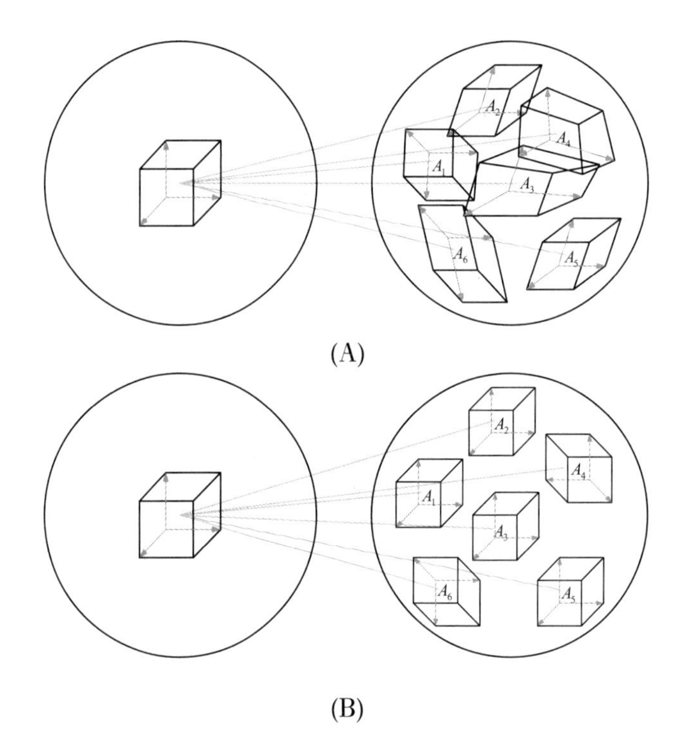

图 10-5　量子编码中希尔伯特空间的填充：（A）坏的编码，编码形成的子空间扭曲，且不互相正交；（B）好的编码，子空间没有变形且互相正交（因此可互相分辨）

为了建立量子纠错的一般性理论，我们将对噪声的特性和纠错程序做尽量少的假设。也就是说，我们不必假设量子纠错的过程是一个探测-恢复的两阶段方法，我们也不再对作用在量子系统上的噪声做假设，甚至也不假设它们是弱的。取而代之的是，我们只做两个非常一般性的假设：噪声的行为被一个量子操作 $\mathcal{E}$ 描述，以及整个纠错的过程等效于一个保迹的量子操作 $\mathcal{R}$，我们称之为量子纠错操作。因此，量子纠错操作将之前描述的错误探测和信息恢复两个阶段合二为一。对于一个成功的纠错过程，我们要求，对支集位于编码空间 C 中的任意量子态 ρ，

$$(\mathcal{R}\circ\mathcal{E})(\rho)\propto\rho \tag{10.15}$$

也许有人会问，为什么我们写作 $\propto$，而不是 $=$。如果 $\mathcal{E}$ 是一个保迹量子操作，那么对两边取迹我们就会发现，$\propto$ 实际上就是 $=$。但是，我们有时候也对纠正非保迹的量子操作 $\mathcal{E}$ 感兴趣，比如量

子测量，在这种情况下 $\propto$ 是合适的。当然，量子纠错操作 $\mathcal{R}$ 必须以概率 1 完成，这就是为什么我们要求 $\mathcal{R}$ 是保迹的。

量子纠错条件就是这样一组方程，它让我们能确认一个量子纠错码是否能够对抗一类特定的量子噪声 $\mathcal{E}$。我们将使用这个条件构造众多的量子纠错码，以及研究量子纠错码的一些一般性特性。

定理 10.1（量子纠错条件）　C 是一组量子编码，P 是映射到 C 上的投影算子。假设 $\mathcal{E}$ 是一个算子元素 $\{E_i\}$ 描述的量子操作，那么基于量子编码 C，存在一个能对抗 $\mathcal{E}$ 描述的噪声的纠错操作 $\mathcal{R}$ 的充要条件是

$$PE_i^\dagger E_j P = \alpha_{ij} P \tag{10.16}$$

对某个复元素的厄米矩阵 α 成立。

我们将算子元素 $\{E_i\}$ 称为噪声 $\mathcal{E}$ 导致的错误。如果这样的 $\mathcal{R}$ 存在，我们说 $\{E_i\}$ 构成一组可纠正的错误。

证明

我们先证明充分性，为此指出，只要式 (10.16) 满足，就可以构造出一个具体的纠错操作 $\mathcal{R}$ 完成纠错。我们的构造跟 Shor 编码的构造类似，将分为两个部分——错误探测和信息恢复，因此这个证明说明了纠错总可以用这样的两步程序实现。假设 $\{E_i\}$ 是满足纠错条件式 (10.16) 的一组操作元素。根据假设，α 是一个厄米矩阵，因此可以对角化，即 $d = u^\dagger \alpha u$，这里 u 是酉矩阵，d 是对角阵。定义操作 $F_k \equiv \sum_i u_{ik} E_i$，回顾定理 8.2，我们知道 $\{F_k\}$ 也是实现 $\mathcal{E}$ 的操作元素。通过直接代入，我们有

$$PF_k^\dagger F_l P = \sum_{ij} u_{ki}^\dagger u_{jl} PE_i^\dagger E_j P \tag{10.17}$$

使用式 (10.16) 简化上式，得到 $PF_k^\dagger F_l P = \sum_{ij} u_{ki}^\dagger \alpha_{ij} u_{jl} P$。由于 $d = u^\dagger \alpha u$，我们有

$$PF_k^\dagger F_l P = d_{kl} P \tag{10.18}$$

由于 d_{kl} 是对角的，上式实际上是量子纠错条件的简化版。

我们现在用上述的简化条件和极化分解（2.1.10 节）来定义征状测量。根据极化分解的定义，我们知道存在某个酉矩阵 U_k，使得 $F_k P = U_k \sqrt{PF_k^\dagger F_k P} = \sqrt{d_{kk}} U_k P$。因此，$F_k$ 的作用就是将编码子空间旋转到投影算子 $P_k \equiv U_k P U_k^\dagger = F_k P U_k^\dagger / \sqrt{d_{kk}}$ 定义的子空间。式 (10.18) 表明，这些子空间是正交的，因为当 $k \neq l$ 时，

$$P_l P_k = P_l^\dagger P_k = \frac{U_l P F_l^\dagger F_k P U_k^\dagger}{\sqrt{d_{ll} d_{kk}}} = 0 \tag{10.19}$$

征状测量就是投影算子 P_k 定义的投影测量，有必要的话我们需要添加一个额外的投影算子使得完整关系 $\sum_k P_k = I$ 成立，而信息恢复则通过酉变换 $U_k^\dagger$ 实现。为了明白这种设计行之有效，注意上述探测-恢复过程对应一个完整的量子操作 $\mathcal{R}(\sigma) = \sum_k U_k^\dagger P_k \sigma P_k U_k$。对一个编码空间内的

量子态 ρ，简单的计算表明：

$$U_k^\dagger P_k F_l \sqrt{\rho} = U_k^\dagger P_k^\dagger F_l P \sqrt{\rho} \tag{10.20}$$

$$= \frac{U_k^\dagger U_k P F_k^\dagger F_l P \sqrt{\rho}}{\sqrt{d_{kk}}} \tag{10.21}$$

$$= \delta_{kl} \sqrt{d_{kk}} P \sqrt{\rho} \tag{10.22}$$

$$= \delta_{kl} \sqrt{d_{kk}} \sqrt{\rho} \tag{10.23}$$

因此，

$$\mathcal{R}(\mathcal{E}(\rho)) = \sum_{kl} U_k^\dagger P_k F_l \rho F_l^\dagger P_k U_k \tag{10.24}$$

$$= \sum_{kl} \delta_{kl} d_{kk} \rho \tag{10.25}$$

$$\propto \rho \tag{10.26}$$

证毕。

为了证明量子纠错条件式 (10.16) 的必要性，假设 $\{E_i\}$ 是一组能被算子元素 $\{R_i\}$ 定义的纠错操作 $\mathcal{R}$ 完美纠正的量子错误。定义一个量子操作 $\mathcal{E}_C(\rho) \equiv \mathcal{E}(P\rho P)$，因为对任意量子态 ρ，$P\rho P$ 都在编码空间中，于是有

$$\mathcal{R}\left(\mathcal{E}_C(\rho)\right) \propto P\rho P \tag{10.27}$$

对任意量子态 ρ 成立。并且，如果这里的等式左边和右边都是线性的，则比例因子必须是一个与 ρ 无关的常数 c。将上面的等式用操作元素展开，可以得到

$$\sum_{ij} R_j E_i P \rho P E_i^\dagger R_j^\dagger = cP\rho P \tag{10.28}$$

这个等式对任何 ρ 都成立。于是，算子元素 $\{R_j E_i\}$ 决定的量子操作将与单操作算子 $\sqrt{c}P$ 决定的量子操作等价。根据定理 8.2，这意味着存在复数 c_{ki}，使得

$$R_k E_i P = c_{ki} P \tag{10.29}$$

成立。取共轭，我们有 $PE_i^\dagger R_k^\dagger = c_{ki}^* P$，因此 $PE_i^\dagger R_k^\dagger R_k E_j P = c_{ki}^* c_{kj} P$。但是 $\mathcal{R}$ 是一个保迹操作，所以 $\sum_k R_k^\dagger R_k = I$。将等式 $PE_i^\dagger R_k^\dagger R_k E_j P = c_{ki}^* c_{kj} P$ 对 k 求和，我们得到

$$PE_i^\dagger E_j P = \alpha_{ij} P \tag{10.30}$$

这里，$\alpha_{ij} \equiv \sum_k c_{ki}^* c_{kj}$ 是一个复数组成的共轭矩阵。显然，这就是我们期望的量子纠错条件。

□

直接验证量子纠错条件虽然不难，但比较费时费力。在 10.4 节和 10.5 节，我们将描述一个量子纠错条件，从量子纠错条件出发构造出一系列有趣量子编码的理论框架，它可以有效绕开一些直接验证量子纠错条件带来的困难。就目前来说，读者可以通过仔细分析下面的例子来了解量子纠错条件的工作细节。

专题 10.1　无测量的量子纠错

在正文中，我们将量子纠错描述为一个两阶段过程，量子测量驱动的错误探测，接着是条件酉操作完成的信息恢复。实际上，只利用酉操作和被制备在标准状态的辅助系统就足以完成量子纠错，也就是，不再涉及量子测量。这样做的优势是，在现实生活中的一些量子系统中，完成量子纠错所需要的测量是十分困难的，所以需要替代方法。我们采用的技术其实跟第 8 章中用来模拟一个任意的量子操作所用到的技术一样，现在我们回顾一下量子纠错中的基本思路。

假设在作为纠错对象的主量子系统上的征状测量，可以用测量算子 M_i 描述，对应的条件酉操作是 U_i。我们为可能的错误征状引入一个对应基矢态为 $|i\rangle$ 的辅助系统，在纠错实施之前辅助系统的状态为标准纯态 $|0\rangle$。在主量子系统和辅助系统上定义一个操作 U，使得下式满足：

$$U|\psi\rangle|0\rangle \equiv \sum_i (U_i M_i|\psi\rangle)\,|i\rangle \tag{10.31}$$

则 U 可以被扩充为全空间上的合法酉操作，因为

$$\langle\varphi|\langle 0|U^\dagger U|\psi\rangle|0\rangle = \sum_{ij}\langle\varphi|M_i^\dagger M_j|\psi\rangle\delta_{ij} \tag{10.32}$$

$$= \sum_i\langle\varphi|M_i^\dagger M_i|\psi\rangle \tag{10.33}$$

$$= \langle\varphi|\psi\rangle \tag{10.34}$$

可见，U 保持内积，所以可以扩展成为整个空间上的合法酉操作。在主量子系统上，U 的作用效果正是 $\mathcal{R}(\sigma) = \sum_i U_i M_i \sigma M_i^\dagger U_i^\dagger$，这正好与正文中量子纠错所需要的量子操作完全一致。注意为了量子纠错能顺利起作用，每次纠错都需要引入新的辅助量子系统。

习题 10.7　考虑 10.1.1 节中三量子比特的比特翻转编码对应的投影算子 $P = |000\rangle\langle 000|+|111\rangle\langle 111|$。此编码对抗的噪声作用过程可以由操作元素

$$\left\{\sqrt{(1-p)^3}I, \sqrt{p(1-p)^2}X_1, \sqrt{p(1-p)^2}X_2, \sqrt{p(1-p)^2}X_3\right\}$$

描述，这里 p 是比特翻转的概率。注意此量子操作不保迹，因为我们忽略了两个或者三个量子比特上同时发生比特翻转的操作元素。针对此编码和噪声作用过程，验证量子纠错条件。

10.3.1 错误的离散化

我们已经讨论了如何在特定噪声 $\mathcal{E}$ 的影响下保护量子信息。但是，在一般情况下我们并不知道是何种噪声在干扰量子系统。因此，如果有一种特定的量子编码 C 和纠错过程 $\mathcal{R}$ 来对抗一整类噪声，将会非常有价值。幸运的是，我们可以通过对量子纠错条件做适当调整来实现这种保护。

定理 10.2 假设 C 是一个量子编码，$\mathcal{R}$ 是定理 10.1 的证明中所构造的纠错操作，它被用来恢复操作元素 $\{E_i\}$ 所描述的噪声作用过程 $\mathcal{E}$ 的影响。假设 $\mathcal{F}$ 是另一个量子操作，且它的操作算子 $\{F_i\}$ 是 $\{E_i\}$ 的线性组合，即 $F_j = \sum_i m_{ji} E_i$，这里 m_{ji} 构成一个复数矩阵。那么，$\mathcal{R}$ 也能纠正噪声作用过程 $\mathcal{F}$ 对编码 C 的影响。

证明

根据定理 10.1 可知，操作元素 $\{E_i\}$ 必须满足量子纠错条件，即 $PE_iE_j^\dagger P = \alpha_{ij}P$。如定理 10.1 的证明所示，不失一般性我们可以假设 $\mathcal{E}$ 的操作算子被恰当选取，使得 $\alpha_{ij} = d_{ij}$ 是元素为实数的对角阵。纠错程序 $\mathcal{R}$ 的操作算子可以选为 $U_k^\dagger P_k$，这里根据式 (10.23) U_k 和 P_k 可以合理选取，使得对任意编码空间中的量子态 ρ，有

$$U_k^\dagger P_k E_i \sqrt{\rho} = \delta_{ki} \sqrt{d_{kk}} \sqrt{\rho} \tag{10.35}$$

代入 $F_j = \sum_i m_{ji} E_i$，可得

$$\begin{aligned} U_k^\dagger P_k F_j \sqrt{\rho} &= \sum_i m_{ji} \delta_{ki} \sqrt{d_{kk}} \sqrt{\rho} &(10.36)\\ &= m_{jk} \sqrt{d_{kk}} \sqrt{\rho} &(10.37)\end{aligned}$$

因此，

$$\begin{aligned} \mathcal{R}(\mathcal{F}(\rho)) &= \sum_{kj} U_k^\dagger P_k F_j \rho F_j^\dagger P_k U_k &(10.38)\\ &= \sum_{kj} |m_{jk}|^2 d_{kk} \rho &(10.39)\\ &\propto \rho &(10.40)\end{aligned}$$

证毕。

□

上述结果让我们可以引入一种更强大的语言来描述量子纠错。与其讨论编码 C 和纠错程序 $\mathcal{R}$ 所能纠正的噪声作用过程 $\mathcal{E}$ 的种类，我们现在改为讨论可以纠正的*噪声算子*$\{E_i\}$（或者简单就说*噪声*）。这意味着，对这些算子来说，量子纠错条件成立，即

$$PE_iE_j^\dagger P = \alpha_{ij}P \tag{10.41}$$

将定理 10.1 和 10.2 结合起来，可知对于一个任意的噪声作用过程 $\mathcal{E}$，只要其操作元素由这些噪声算子 $\{E_i\}$ 的线性组合构成，那么 $\mathcal{E}$ 就能被 $\mathcal{R}$ 纠正！

这是一个非常强大的新视角，我们现在来看一个例子。假设 $\mathcal{E}$ 是一个作用在单量子比特上的量子操作，所以它的操作算子 $\{E_i\}$ 可以被写成泡利矩阵 $\sigma_0,\sigma_1,\sigma_2,\sigma_3$ 的线性组合。因此，为了 Shor 编码可以纠正作用在第一个量子比特上的任何错误，我们只需要验证下式成立：

$$P\sigma_i^1\sigma_j^1 P = \alpha_{ij}P \tag{10.42}$$

这里 σ_i^1 是作用在第一个量子比特上的泡利矩阵（I,X,Y,Z）。对于作用在第一个量子比特上的任意噪声，只要上式满足，它都可以被纠正！（注意这里涉及的计算非常简单，它是习题 10.10 的一部分。）实际上这解释了对初识量子纠错的读者来说经常感觉神秘的一个要点：许多文献的作者经常显露出对去极化噪声的莫名偏爱，即 $\mathcal{E}(\rho)=(1-p)\rho+\frac{p}{3}(X\rho X+Y\rho Y+Z\rho Z)$。可能很容易认为，这种设定很明显地限制了纠错模型的合理性。但如上面讨论所暗示的，其实不然，因为纠错过程如果能纠正去极化信道造成的错误，自然就能纠正单量子比特上任意量子操作的影响。

总结一下，我们已经知道，量子噪声是可以离散化的，所以为了对抗单量子比特上具有连续可能的错误，只需要纠正一个离散集合的错误，即四个泡利矩阵，而且高维量子系统也有类似结论。与经典模拟系统相比，这是一个根本性的差别，因为在经典模拟系统中，原则上有无限种可能的错误征状，因此实现纠错极其困难。经典信息处理的数字化纠错则相当成功，因为它只涉及有限种可能的错误征状。所以，我们体会到了一件惊人的事实，量子纠错似乎跟经典数字化系统的纠错类似，而与经典模拟系统的状况迥异。

习题 10.8　针对噪声算子集合 $\{I,Z_1,Z_2,Z_3\}$，验证三量子比特的相位翻转编码 $|0_L\rangle=|{+}{+}{+}\rangle$，$|1_L\rangle=|{-}{-}{-}\rangle$ 满足量子纠错条件。

习题 10.9　继续考虑三量子比特的相位翻转编码，令 P_i 和 Q_i 分别是映到第 i 个量子比特状态 $|0\rangle$ 和 $|1\rangle$ 上的投影算子。证明三量子比特的相位翻转编码可以对抗噪声集合 $\{I,P_1,Q_1,P_2,Q_2,P_3,Q_3\}$。

习题 10.10　对包含 I 和噪声算子 $X_j,Y_j,Z_j(1\leqslant j\leqslant 9)$ 的噪声集合，仔细验证 Shor 编码满足量子纠错条件。

习题 10.11　对如下单量子比特上的量子操作 $\mathcal{E}$ 构造操作元素，即对输入的任意量子态 ρ，将其替换为完全随机状态 $I/2$。非常神奇的是，即使这样的噪声也可以被类似 Shor 编码的纠错码纠正。

10.3.2　独立错误模型

我们如何建立量子纠错和第 9 章介绍的实现可靠量子信息处理的判据之间的联系呢？在本节，我们将介绍一个能实现这一点的想法，它基于一个假设，那就是作用于不同量子比特上的噪声互相独立。直观上看，如果编码中噪声独立作用于不同的量子比特上，那么如果噪声足够微弱，则相对于不使用编码，通过编码保护的量子信息的存储保真度应该得到改善。为了说明这一点，我们从去极化信道的例子开始讨论，这个例子很简单，而且足以揭示基本的思路，后面我们再将它扩展到其他信道的讨论。

根据前面的讨论，去极化信道可以被一个单独的参数概率 p 描述。去极化信道对一个单量子比特的作用可以描述为 $\mathcal{E}(\rho) = (1-p)\rho + p/3[X\rho X + Y\rho Y + Z\rho Z]$，它可以解释为这个量子比特以 $1-p$ 的概率什么都不会发生，然后以 $p/3$ 的概率分别被作用算子 X, Y, Z。在量子纠错中分析去极化信道是非常方便的，因为它可以用 I, X, Y, Z 这 4 个在量子编码分析中最常见的基本错误来刻画。我们将解释这种分析的思路，然后回到如果噪声不能被这 4 个基本操作 I, X, Y, Z 解释的问题上来。通过简单计算，我们可以看到量子态通过去极化信道后的最小保真度为 $F = \sqrt{1-2p/3} = 1 - p/3 + O\left(p^2\right)$。

习题 10.12 证明状态 $|0\rangle$ 和 $\mathcal{E}(|0\rangle\langle 0|)$ 之间的保真度是 $\sqrt{1-2p/3}$，并利用此结果证明去极化信道的最小保真度是 $\sqrt{1-2p/3}$。

假设我们将一个量子比特用 n 个量子比特进行编码，并且编码能纠正任何单量子比特上的错误。假设参数为 p 的去极化信道独立作用在每一个量子比特上，则在 n 个量子比特上行为可以描述为

$$\mathcal{E}^{\otimes n}(\rho) = (1-p)^n \rho + \sum_{j=1}^{n} \sum_{k=1}^{3} (1-p)^{n-1} \frac{p}{3} \sigma_k^j \rho \sigma_k^j + \cdots \tag{10.43}$$

这里，“$\cdots$”是正定且后面的分析会放弃的高阶项。在纠错完成之后，上述求和项中的每一项都将被恢复成 ρ，只要原来的 ρ 在编码空间中，

$$\left(\mathcal{R} \otimes \mathcal{E}^{\otimes n}\right)(\rho) = \left[(1-p)^n + n(1-p)^{n-1} p\right] \rho + \cdots \tag{10.44}$$

因此，保真度满足

$$F \geqslant \sqrt{(1-p)^{n-1}(1-p+np)} = 1 - \frac{\binom{n}{2}}{2} p^2 + O(p^3) \tag{10.45}$$

所以，只要错误的概率 p 足够小，量子纠错码确实可以提升被保护信息的保真度。

并不是所有的噪声都可以方便地解释成没有错误、比特翻转、相位翻转及两者结合的随机组合，很多自然发生的量子信道就没有这样的解释。考虑振幅阻尼的例子（ 8.3.5 节），这种噪声由两个算子元素 E_0 和 E_1 描述：

$$E_0 = \begin{bmatrix} 1 & 0 \\ 0 & \sqrt{1-\gamma} \end{bmatrix}; \quad E_1 = \begin{bmatrix} 0 & \sqrt{\gamma} \\ 0 & 0 \end{bmatrix} \tag{10.46}$$

参数 γ 是一个小的正数，刻画了振幅阻尼过程的强度——当 γ 接近 0 的时候，强度逐渐降低，直到最后成为一个无噪声信道。我们可能会猜测，也许振幅阻尼信道可以用一个等价的量子操作描述，它对应的操作元素有一项正比于单位阵，即组成为 $\{f(\gamma)I, E_1', E_2', \cdots\}$，这里 $f(\gamma) \to 1$ 当 $\gamma \to 0$。如果果真如此，则对振幅阻尼信道独立作用于多量子比特上这种情形的纠错分析，我们可以使用类似去极化信道中的处理方法。让人意外的是，这样的等价描述是不存在的！回顾定理 8.2，当 $\gamma > 0$ 时，E_0 和 E_1 的任何线性组合都不会正比于单位阵，因此，没有任何一个振幅阻尼信道的等价描述包含一个正比于单位阵的算子元素。

类似地，许多其他量子力学中的噪声过程在物理意义上接近单位阵，但没有任何一个算子和描述能包含一个类单位阵的成分。直观上看，只要噪声的强度足够弱，就应该可以通过纠错提升量子信息存储的保真度。我们现在证明，事实确实如此。为了让叙述更具体，我们就采用振幅阻尼的例子。通过简单计算，可以发现单量子比特通过振幅阻尼信道后的最小保真度为 $\sqrt{1-\gamma}$。现在假设这个量子比特被编码成 n 个量子比特，而且每个量子比特独立通过参数为 γ 的振幅阻尼信道。下面我们指出，在这种情形下，量子纠错的效果是将保真度提升至 $1-O\left(\gamma^2\right)$。因此，只要 γ 足够小，本例中量子编码可以有效抑制噪声的影响。

习题 10.13　当 $\mathcal{E}$ 是参数为 γ 的振幅阻尼信道，证明最小保真度 $F(|\psi\rangle,\mathcal{E}(|\psi\rangle\langle\psi|))$ 是 $\sqrt{1-\gamma}$。

我们使用 $E_{j,k}$ 表示 E_j 在第 k 个量子比特上的行为，则噪声在编码量子比特上的作用效果可以描述为

$$\begin{aligned}\mathcal{E}^{\otimes n}(\rho)=&\left(E_{0,1}\otimes E_{0,2}\otimes\cdots\otimes E_{0,n}\right)\rho\left(E_{0,1}^{\dagger}\otimes E_{0,2}^{\dagger}\otimes\cdots\otimes E_{0,n}^{\dagger}\right)\\&+\sum_{j=1}^{n}\left[E_{1,j}\otimes\left(\bigotimes_{k\neq j}E_{0,k}\right)\right]\rho\left[E_{1,j}^{\dagger}\otimes\left(\bigotimes_{k\neq j}E_{0,k}^{\dagger}\right)\right]\\&+O\left(\gamma^2\right)\end{aligned} \tag{10.47}$$

如果记 $E_0=(1-\gamma/4)I+\gamma Z/4+O\left(\gamma^2\right)$，$E_1=\sqrt{\gamma}(X+\mathrm{i}Y)/2$，则将它们代入式 (10.47) 可得

$$\begin{aligned}\mathcal{E}^{\otimes n}(\rho)=&\left(1-\frac{\gamma}{4}\right)^{2n}\rho+\frac{\gamma}{4}\left(1-\frac{\gamma}{4}\right)^{2n-1}\sum_{j=1}^{n}\left(Z_j\rho+\rho Z_j\right)\\&+\frac{\gamma}{4}\left(1-\frac{\gamma}{4}\right)^{2n-2}\sum_{j=1}^{n}\left(X_j+\mathrm{i}Y_j\right)\rho\left(X_j-\mathrm{i}Y_j\right)+O\left(\gamma^2\right)\end{aligned} \tag{10.48}$$

假设 ρ 是编码空间中的状态，则明显地，在 ρ 上纠错的效果是保持其不变！事实上，在类似 $Z_j\rho$ 和 ρZ_j 的项上，纠错的效果很容易通过考虑其在 $Z_j|\psi\rangle\langle\psi|$ 上的效果来理解，这里 $|\psi\rangle$ 是编码空间的一个状态。假设编码被设计成错误 Z_j 将 $|\psi\rangle$ 变换到一个正交的子空间中，那么在实施征状测量时，形如 $Z_j|\psi\rangle\langle\psi|$ 的项将消失。（注意即使没有正交的假设，通过使用将编码映到正交空间的错误算子，也可以得到类似的结论。）因此，在纠错后，形如 $Z_j\rho$ 的项会消失，$\rho Z_j, X_j\rho Y_j$ 和 $Y_j\rho X_j$ 也是类似。并且，由于编码能纠正单量子比特上的错误，纠错将会把形如 $X_j\rho X_j$ 和 $Y_j\rho Y_j$ 的项变回 ρ。所以，纠错后系统的状态就成为

$$\left(1-\frac{\gamma}{4}\right)^{2n}\rho+2n\frac{\gamma}{4}\left(1-\frac{\gamma}{4}\right)^{2n-2}\rho+O\left(\gamma^2\right)=\rho+O\left(\gamma^2\right) \tag{10.49}$$

因此，在 γ^2 的误差内，纠错将把系统的状态恢复到 ρ，于是对于足够弱的噪声（小的 γ），纠错像在去极化信道中一样可以有效抑制噪声的影响。我们在这里的分析是针对振幅阻尼噪声模型，但不难将其推广到其他噪声模型中。但是，一般来说，在本章剩余部分我们将跟分析去极化噪声类似，把噪声理解为随机地作用泡利矩阵，这种处理使得我们可以使用来自经典概率论的熟悉概念。但是我们需要牢记，使用类似的原则，我们可以将基于这个简单噪声模型的分析推广到范围

更大的噪声模型上。

10.3.3 简并编码

就很多方面来说，量子纠错编码跟经典编码很类似——跟经典情形一样，错误是通过征状测量被确定下来，然后再做合理的纠正。但是，有一类被称作简并编码的量子纠错码，拥有一些经典情形下未曾出现的奇特性质。实际上，Shor 编码是一个展示这种现象的合适例子。考虑噪声 Z_1 和 Z_2 对 Shor 编码中码字的影响，如前所述，它们的效果在两个码字上是完全相同的。但是，对经典纠错码来说，不同比特上的错误一定会导致不同的受影响码字。简并纠错码的存在，对量子纠错来说既是一个好消息，也是一个坏消息。坏消息是经典情形下行之有效的一些证明上下界的技术在量子情形下不再适用，我们将在下一节的量子汉明界中看到这种例子；好消息是简并编码似乎是量子编码中一个最有趣的现象。某种意义上说，相对经典情形这种现象让我们有机会将更多的信息打包进量子编码，因为不同的错误不一定将编码空间映射到正交空间，因此一个可能的结果是相对非简并编码，简并编码可以更有效地存储量子信息。

10.3.4 量子汉明界

在实际应用中，我们自然倾向于使用性能最好的量子编码。但是，在给定场景下什么叫最好，取决于不同的应用需求。为此，我们非常希望拥有一个判据，来方便地判断一个具有给定特征的量子编码是否真实存在。本节中我们将发展一种称为*量子汉明界*的技术，这是一种能为理解量子编码的一般特征提供角度的简单技术。不幸的是，量子汉明界只适用于非简并编码，但它也为得到一般情形下的界限提供了思路。假设一个量子编码将 k 个量子比特编码成 n 个量子比特，而且它能纠正 t 个或者更少量子比特任意组合上的错误。假设发生了 j 个错误，这里 $j \leqslant t$，则发生错误的位置有 $\binom{n}{j}$ 种不同的可能组合。对应任何一种此类组合，每个量子比特上的错误有三个可能——泡利阵 X, Y, Z，于是，有 3^j 种不同的错误可能。因此，发生在 t 个或者更少量子比特上不同错误的可能总数为

$$\sum_{j=0}^{t} \binom{n}{j} 3^j \tag{10.50}$$

（注意 $j = 0$ 对应没有错误发生的情况，即错误 I）。为了将 k 个量子比特以非简并的方式编码，这些错误中的每一个都需要对应一个正交的 2^k 维子空间，而且这些子空间都能嵌入到 n 个量子比特对应的 2^n 维状态空间中。于是，

$$\sum_{j=0}^{t} \binom{n}{j} 3^j 2^k \leqslant 2^n \tag{10.51}$$

这就是量子汉明界。比如，如果我们希望将一个量子比特编码到 n 个量子比特上，而且单个量子比特上的任意错误能被纠正，则量子汉明界表明，

$$2(1 + 3n) \leqslant 2^n \tag{10.52}$$

代入验证表明，当 $n \leqslant 4$ 时上式不能被满足，而 $n \geqslant 5$ 时可以。因此，没有任何非简并编码能将一个量子比特以少于 5 个量子比特的方式编码，而且还能纠正单个量子比特上的任意错误。

当然，并不是所有的量子纠错码都是非简并的，因此量子汉明界类似一个经验法则，而不是一个量子编码存在性的严格界限。（实际上，在写作本文时，还没有任何量子编码能违背量子汉明界，即使允许简并发生。）在后面，我们将有机会看到一些适用于所有量子编码的界限，而不是仅仅针对非简并量子编码。例如，在 12.4.3 节，我们将证明量子辛格顿界限，它指出任何将 k 个量子比特的量子信息编码到 n 个量子比特上，并且能纠正 t 个量子比特错误的方案必须满足条件 $n \geqslant 4t + k$。这意味着能编码一个量子比特，并且能纠正一个单量子比特上任何错误的编码方案，将至少需要 $n \geqslant 4 + 1 = 5$ 个量子比特。实际上，我们很快就将展示这样一个五量子比特编码方案。

10.4　构造量子编码

我们已经有了一个研究量子编码的理论框架，但是还没有多少具体的量子编码。为了弥补这个缺憾，我们首先在 10.4.1 节简单介绍一下经典线性码，然后在 10.4.2 节介绍如何根据经典线性码构造叫作 Calderbank-Shor-Steane（CSS）编码的一大类量子编码。作为最后一步，我们在 10.5 节发展出稳定子编码，这是一类比 CSS 更广泛的量子编码，提供了一个能构造各种量子编码的强大方法。

10.4.1　经典线性编码

经典纠错码有各种各样的重要工程应用，因此很自然地人们已经针对它们发展出非常强大的理论。我们对经典纠错码感兴趣的根源是这些理论和技术对量子纠错码也有意义，特别是经典线性码理论，它能被用来构造一大类性能良好的量子纠错码。在本节中我们将回顾一下经典线性码，并着重强调那些对量子纠错码有价值的想法。

一个将 k 比特信息编码到 n 比特编码空间上的线性码C 由一个 $n \times k$ 的生成矩阵G 确定，这些矩阵的元素是 Z_2 的元素，也就是 1 和 0。矩阵 G 将信息映射到对应的编码上来，因此，k 比特的信息 x 被编码后就成为 Gx，这里，信息 x 可以被看成一个列向量。值得注意的是，本节中矩阵乘法运算，以及其他代数运算，都是取模为 2 的结果。作为一个简单例子，将一个比特映到三个比特的重复性编码，可以由生成矩阵

$$G = \begin{bmatrix} 1 \\ 1 \\ 1 \end{bmatrix} \tag{10.53}$$

确定，这里 G 将可能的信息，0 或者 1，映射到它们对应的编码形式，$G[0] = (0,0,0)$ 及 $G[1] = (1,1,1)$。（注意 $(a, b, \cdots, z)$ 是列向量的标准记号）。如果一个编码用 n 个比特来编码 k 个比特的信息，我们称之为一个 $[n, k]$ 编码；上面的例子即为一个 $[3, 1]$ 编码。一个稍微复杂一些的例子是

将一个两比特信息中的每一个比特用重复性编码来处理，这样将得到一个 $[6,2]$ 编码。这里对应的生成矩阵是

$$G = \begin{bmatrix} 1 & 0 \\ 1 & 0 \\ 1 & 0 \\ 0 & 1 \\ 0 & 1 \\ 0 & 1 \end{bmatrix} \tag{10.54}$$

同时，如同预期的一样，我们可以看到，

$$G(0,0) = (0,0,0,0,0,0); \quad G(0,1) = (0,0,0,1,1,1); \tag{10.55}$$

$$G(1,0) = (1,1,1,0,0,0); \quad G(1,1) = (1,1,1,1,1,1) \tag{10.56}$$

不难看出，所有可能的码字都是 G 的列所张成的空间中的向量。因此，为了让所有的信息编码方式唯一，我们需要 G 的列向量线性无关，除此之外对 G 没有任何约束。

习题 10.14 对于将 k 比特数据中的每个比特以复制 r 次的方式编码的重复性编码，写出其生成矩阵。这是一个 $[rk,k]$ 线性编码，应该有大小为 $rk \times k$ 的生成矩阵。

习题 10.15 证明将 G 的一列加到另一列上所得到的生成矩阵，会产生完全一样的编码。

相对于一般纠错码，线性码的一个巨大优势是其紧凑的描述。将 k 个比特编码到 n 个比特上的一般性编码，需要有 2^k 个码字，每个的描述长度为 n，因此总共需要 $n2^k$ 个比特来描述整个纠错码。但是，同样规格的线性码只需要 kn 个比特来描述，因而节省了指数数量的存储空间。紧凑的描述也体现在高效的编码和解码的能力上，这是一个经典线性码和它的量子近亲——稳定子编码所拥有的重要共同特征。我们已经看到了如何对线性码进行有效编码，只要将 k 比特的信息乘以大小为 $n \times k$ 的生成矩阵 G，就会得到 n 比特的编码后信息，整个过程的代价是 $O(nk)$。

关于线性码的生成矩阵定义方式，一个吸引人的特征是我们希望编码的信息和如何编码之间显而易见的联系。然而，如何实施纠错其实不是十分容易能看出来。理解线性码的纠错，一个最容易的方式是为线性码引入一个叫作*奇偶校验*的等价替代形式。在这种定义方式中，一个 $[n,k]$ 编码被定义为 $\mathbf{Z}_2$ 上的所有 n 元向量 x，并且同时满足

$$Hx = 0 \tag{10.57}$$

这里，H 是一个 $(n-k) \times n$ 矩阵，被称为*奇偶校验矩阵*，它所有的元素都是 0 或者 1。一个相等但更简洁的方式，是将编码空间定义为 H 的核空间。编码 k 个比特需要 2^k 个码字，因此 H 的核空间必须至少是 k 维，因此我们要求 H 的行向量线性无关。

习题 10.16 证明将奇偶校验矩阵的一行加到另一行不改变编码本身。因此，使用高斯消去法和比特交换可以假设奇偶校验矩阵具有*标准形式*$[A|I_{n-k}]$，这里 A 是一个 $(n-k) \times k$ 矩阵。

为了联系线性码的奇偶校验图景和它的生成矩阵图景，我们需要开发一个允许我们在奇偶校

验矩阵 H 和生成矩阵 G 之间来回转换的程序。为了从奇偶校验矩阵到生成矩阵，选取张成 H 核空间的 k 个线性无关列向量 $y_1,\cdots,y_k$，然后将 G 的列向量设成 $y_1,\cdots,y_k$。为了从生成矩阵到奇偶校验矩阵，选取与 G 的列向量都正交的 $n-k$ 个线性无关向量 $y_1,\cdots,y_{n-k}$，然后将 H 的行设置为 $y_1^T,\cdots,y_{n-k}^T$。（这里，正交是指内积对 2 取模结果为 0）。例如，考虑指标为 $[3,1]$，由式 (10.53) 中的生成矩阵定义的重复性编码。为了构造 H，我们取正交于 G 的列的两个线性无关向量，例如 $(1,1,0)$ 和 $(0,1,1)$，定义奇偶校验矩阵为

$$H \equiv \begin{bmatrix} 1 & 1 & 0 \\ 0 & 1 & 1 \end{bmatrix} \tag{10.58}$$

不难验证，只有码字 $x=(0,0,0)$ 和 $x=(1,1,1)$ 才满足 $Hx=0$。

习题 10.17　对式 (10.54) 中生成矩阵定义的 $[6,2]$ 重复性编码，给出一个奇偶校验矩阵。

习题 10.18　证明对同一个线性码来说，奇偶校验矩阵 H 和生成矩阵 G 满足 $HG=0$。

习题 10.19　假设 $[n,k]$ 线性码有形如 $H=[A|I_{n-k}]$ 的奇偶校验矩阵，这里 A 是 $(n-k)\times k$ 矩阵。证明对应的生成矩阵是

$$G = \left[\frac{I_k}{-A}\right] \tag{10.59}$$

（注意 $-A=A$，因为我们的运算都是对 2 取模。但是，对比 $\mathbf{Z}_2$ 更一般的域上的线性编码来说，这个等式也成立。）

奇偶校验矩阵使得错误探测和信息恢复的过程非常清晰。假设我们将信息 x 编码成 $y=Gx$，但是因为噪声，码字 y 产生了错误 e，使得被影响后的码字成为 $y'=y+e$。（注意，这里的加法是对 2 取模。）因为对所有码字有 $Hy=0$，我们得到 $Hy'=He$，我们将 Hy' 称为*错误征状*，它扮演了类似量子纠错中错误征状的角色。Hy' 是被噪声干扰后的状态 y' 的函数，与量子计算中的征状由测量被噪声干扰后的量子态所确定类似。并且，由于 $Hy'=He$，错误征状包含错误发生状况的信息，因此有希望据此恢复出原本的信息 y。为了证实这一点，我们假设没有错误或只有一个错误发生。如果没有错误，则对应的错误征状是 $Hy'=0$；如果在第 j 个比特发生了一个错误，则错误征状是 He_j，这里 e_j 是第 j 个元素为 1 的单位向量。因此，如果假设错误发生在至多一个比特上，则可以通过计算错误征状 Hy'，再与不同可能的 He_j 对比，来确定需要修正的比特的位置并最终恢复原有信息。

上述线性码中实现纠错的思路，可以用距离的概念更一般性地推广开来。假设 x 和 y 都是 n 比特长的码字，x 和 y 之间的（*汉明*）*距离* $d(x,y)$ 定义为 x 和 y 取值不同的位置的总数。比如，$d((1,1,0,0),(0,1,0,1))=2$。一个码字 x 的（*汉明*）*权重*，则定义为它和全零字符串之间的距离，$\mathrm{wt}(x)\equiv d(x,0)$，也就是这个码字中非零位置的总数。因此，我们有 $d(x,y)=\mathrm{wt}(x+y)$。为了理解与纠错的联系，假设我们用线性码将 x 编码成 $y=Gx$。因为噪声的干扰，编码后的码字变成 $y'=y+e$。假设比特翻转错误发生的概率小于 1/2，则在已知 y' 的情况下，最有可能的正确码字 y 是从 y 到 y' 所需要的翻转次数最少的那一个，即最小化 $wt(e)=d(y,y')$ 的那个 y。原则上，基于线性码的纠错，可以用将 y' 用这样的 y 替代的过程来实现，但实际上这种过程效率很低，因为每次计算最小距离 $d(y,y')$ 需要搜索 2^k 个不同可能的码字。所以，在经典纠错码中，很

大一部分精力花在如何为纠错码构造特殊的结构，使得纠错能以更高效的方式实现。注意，这些构造方法并不是本书讨论的话题。

纠错码的全局特点也可以使用汉明距离来理解。我们将一个编码的距离定义为任意两个码字之间的最小距离，即

$$d(C) \equiv \min_{x,y\in C, x\neq y} d(x,y) \tag{10.60}$$

注意，我们有 $d(x,y)=\mathrm{wt}(x+y)$。因为编码是线性的，如果 x 和 y 是码字，则 $x+y$ 也是，于是

$$d(C) = \min_{x\in C, x\neq 0} \mathrm{wt}(x) \tag{10.61}$$

记 $d\equiv d(C)$，我们说 C 是一个 $[n,k,d]$ 编码。距离这个概念的重要性在于，一个距离为 $2t+1$ 的编码，最多可以纠正 t 个比特上的错误。如果错误少于 t 个，则我们可以将噪声干扰后的编码信息 y' 解码为满足 $d(y,y')\leqslant t$ 的唯一码字 y。

习题 10.20 H 是一个奇偶校验矩阵，而且任意的 $d-1$ 列都线性无关，但存在 d 列线性相关。证明 H 定义的编码距离为 d。

习题 10.21（辛格顿界限） 证明一个 $[n,k,d]$ 编码一定满足 $n-k\geqslant d-1$。

一个线性纠错码的好典范是汉明码。假设 $r\geqslant 2$ 是一个整数，H 是一个矩阵，并且 H 的列是所有 2^r-1 个可能的非零比特串。则奇偶校验矩阵 H 定义了一个指标为 $[2^r-1, 2^r-r-1]$ 的线性码，我们称之为汉明码。对于量子纠错码来说，一个重要的例子是 $r=3$ 的情况，即这是一个 $[7,4]$ 编码，它的奇偶校验矩阵是

$$H = \begin{bmatrix} 0 & 0 & 0 & 1 & 1 & 1 & 1 \\ 0 & 1 & 1 & 0 & 0 & 1 & 1 \\ 1 & 0 & 1 & 0 & 1 & 0 & 1 \end{bmatrix} \tag{10.62}$$

H 的任意两列都是不同的，因而也线性无关；前三列是线性相关的，因此根据习题 10.20 这个编码的距离是 3。因此，这个编码能够纠正任何一个单独比特上的一个噪声。实际上，对应的纠错方案非常简单。假设错误发生在第 j 个比特上，则观察式 (10.62) 可知 He_j 就是 j 的一个二进制表示，因而指出了需要翻转的比特的位置。

习题 10.22 证明所有的汉明码距离为 3，因此能纠正单个比特上的错误。因此，汉明码是 $[2^r-1, 2^r-r-1, 3]$ 编码。

关于线性编码，是否还有更一般性的规律？特别是，我们希望有这么一种条件，能告诉我们符合某个参数要求的编码是否存在。实际上，一个并不意外的事实是，许多技术都能给出这种条件。其中，一个类似的叫作 Gilbert–Varshamov 界限的结果指出，对于大的整数 n，存在一个能纠正 t 个错误的 $[n,k]$ 纠错码的条件是

$$\frac{k}{n} \geqslant 1 - H\left(\frac{2t}{n}\right) \tag{10.63}$$

这里，$H(x) \equiv -x\log(x)-(1-x)\log(1-x)$ 是第 11 章会详细介绍的二元香农熵。Gilbert-Varshamov 界限的重要性在于保证了，只要不用过少的比特数（n）去编码过多比特（k）的信息，具有不错性能的纠错码是一定存在的。Gilbert-Varshamov 界的证明并不困难，留作习题。

习题 10.23　证明 Gilbert-Varshamov 界限。

作为对回顾经典纠错码的一个总结，我们介绍对偶构造的想法，这是一个重要的纠错码构造方法。假设 C 是一个 $[n,k]$ 编码，生成矩阵是 G，奇偶校验矩阵是 H。那么，我们可以用生成矩阵 H^T 和奇偶校验矩阵 G^T 构造另一个编码 $C^\perp$，称为 C 的对偶。等价地，C 的对偶由那些与 C 的所有码字都正交的码字 y 构成。一个编码如果满足 $C \subseteq C^\perp$，则称它是弱自对偶的；如果满足 $C = C^\perp$，则称它是严格对偶的。一个非常值得注意的事实是，经典线性码的对偶构造方法，在量子纠错码中也会自然出现，而且是一类称为 CSS 编码的重要纠错码的关键所在。

习题 10.24　证明一个生成矩阵为 G 的编码是弱自对偶的，当且仅当 $G^TG=0$。

习题 10.25　C 为一个线性码，证明如果 $x \in C^\perp$，则 $\sum_{y\in C}(-1)^{x\cdot y} = |C|$，而如果 $x \notin C^\perp$，则有 $\sum_{y\in C}(-1)^{x\cdot y} = 0$。

10.4.2　Calderbank-Shor-Steane 编码

作为范例，我们要介绍的第一大类量子纠错码是 Calderbank-Shor-Steane，基于发明人的首字母缩写一般称为 CSS 编码。CSS 编码是更广泛的稳定子编码的一类重要子集。

假设 C_1 和 C_2 分别是 $[n,k_1]$ 和 $[n,k_2]$ 的经典线性码，并且 $C_2 \subset C_1$，C_1 和 $C_2^\perp$ 都纠正 t 个错误。我们现在来定义一个指标为 $[n,k_1-k_2]$ 的量子编码 $\mathrm{CSS}(C_1,C_2)$，称为 C_1 在 C_2 上的 CSS 编码，它能纠正 t 个量子比特上的错误。假设 $x \in C_1$ 是 C_1 编码中的任意码字，那么定义量子态 $|x+C_2\rangle$ 如下：

$$|x+C_2\rangle \equiv \frac{1}{\sqrt{|C_2|}}\sum_{y\in C_2}|x+y\rangle \tag{10.64}$$

这里 $+$ 是模 2 的逐位加法。假设 x' 是 C_1 的元素，而且 $x-x' \in C_2$，则容易得知 $|x+C_2\rangle = |x'+C_2\rangle$。因此，$|x+C_2\rangle$ 只依赖于 x 所在的 C_1/C_2 的陪集，这解释了为何我们使用陪集符号 $|x+C_2\rangle$。并且，如果 x 和 x' 属于不同的 C_2 陪集，那么没有 $y,y' \in C_2$ 使 $x+y=x'+y'$ 成立，因此，$|x+C_2\rangle$ 和 $|x'+C_2\rangle$ 是正交态。量子编码 $\mathrm{CSS}(C_1,C_2)$ 就定义为对所有状态 $|x+C_2\rangle$ 所张成的向量空间，这里 x 取遍 C_1 所有值，C_2 在 C_1 中所有陪集的数量为 $|C_1|\,/\,|C_2|$，因此 $\mathrm{CSS}(C_1,C_2)$ 的维数为 $|C_1|\,/\,|C_2| = 2^{k_1-k_2}$，所以 $\mathrm{CSS}(C_1,C_2)$ 是一个 $[n,k_1-k_2]$ 量子编码。

我们现在利用经典纠错码 C_1 和 $C_2^\perp$ 的特征来探测和纠正量子错误！事实上，基于 C_1 和 $C_2^\perp$ 的纠错特征，我们可以纠正最多 t 个 $\mathrm{CSS}(C_1,C_2)$ 上的相位翻转错误和比特翻转错误。假设比特翻转错误由 n 比特的向量 e_1 描述，其中取值 1 的位置就是错误发生的位置，否则取值为 0；相位翻转错误发生的情况由 n 比特向量 e_2 描述，类似错误发生的位置上取值为 1，否则为 0。如果原

来的量子态是 $|x+C_2\rangle$，则错误干扰后的状态为

$$\frac{1}{\sqrt{|C_2|}}\sum_{y\in C_2}(-1)^{(x+y)\cdot e_2}|x+y+e_1\rangle \tag{10.65}$$

为了探测哪些比特发生了翻转，一个方便的方式是引入足够的初态为 $|0\rangle$ 的辅助量子比特，它们的用处是储存编码 C_1 的征状。我们利用可逆计算将奇偶校验矩阵 H_1 作用在 C_1 编码上，将 $|x+y+e_1\rangle|0\rangle$ 变为 $|x+y+e_1\rangle|H_1(x+y+e_1)\rangle=|x+y+e_1\rangle|H_1e_1\rangle$。由于 $(x+y)\in C_1$ 将被奇偶校验矩阵消掉，所以这个操作的效果是产生了状态

$$\frac{1}{\sqrt{|C_2|}}\sum_{y\in C_2}(-1)^{(x+y)\cdot e_2}|x+y+e_1\rangle|H_1e_1\rangle \tag{10.66}$$

习题 10.26 H 是一个奇偶校验矩阵，解释如何用一个只由受控非门构成的电路来计算变换 $|x\rangle|0\rangle\to|x\rangle|Hx\rangle$。

比特翻转错误的探测由测量这些辅助量子比特完成，测量得到结果 H_1e_1，再扔掉辅助量子比特后得到量子态

$$\frac{1}{\sqrt{|C_2|}}\sum_{y\in C_2}(-1)^{(x+y)\cdot e_2}|x+y+e_1\rangle \tag{10.67}$$

在知道错误征状 H_1e_1 之后，我们就可以反推出错误 e_1，因为 C_1 可以纠正最多 t 个错误。而纠正这些错误很自然地就是在错误发生的位置均作用一个非门，这将产生状态

$$\frac{1}{\sqrt{|C_2|}}\sum_{y\in C_2}(-1)^{(x+y)\cdot e_2}|x+y\rangle \tag{10.68}$$

为了探测相位翻转错误，我们在每个量子比特上作用一个阿达玛门，系统的状态将成为

$$\frac{1}{\sqrt{|C_2|2^n}}\sum_{z}\sum_{y\in C_2}(-1)^{(x+y)\cdot(e_2+z)}|z\rangle \tag{10.69}$$

这里求和是对 n 比特变量 z 的所有可能值进行。令 $z'\equiv z+e_2$，上述量子态也可以写作

$$\frac{1}{\sqrt{|C_2|2^n}}\sum_{z'}\sum_{y\in C_2}(-1)^{(x+y)\cdot z'}|z'+e_2\rangle \tag{10.70}$$

（下一步出现于习题 10.25 。）假设 $z'\in C_2^{\perp}$，则不难看出 $\sum_{y\in C_2}(-1)^{y\cdot z'}=|C_2|$，而如果 $z'\equiv z+e_2$，则 $\sum_{y\in C_2}(-1)^{y\cdot z'}=0$。因此，我们可以将上述量子态再写成

$$\frac{1}{\sqrt{2^n/|C_2|}}\sum_{z'\in C_2^{\perp}}(-1)^{x\cdot z'}|z'+e_2\rangle \tag{10.71}$$

上式正好就是 e_2 描述的比特翻转错误！于是，就如同探测比特翻转错误一样，我们引入辅助量

子态，可逆地在编码 $C_2^\perp$ 上作用奇偶校验矩阵 H_2 以得到 H_2e_2，然后就可以纠正“比特翻转错误” e_2，最终得到量子态

$$\frac{1}{\sqrt{2^n/|C_2|}}\sum_{z'\in C_2^\perp}(-1)^{x\cdot z'}|z'\rangle \tag{10.72}$$

再对每个量子比特作用一个阿达玛门，量子纠错就完成了。为此，我们既可以直接计算这些逻辑门作用的结果，也可以用下面的替代方法：注意结果其实就是将这些阿达玛门作用在式 (10.71) 上，然后令 $e_2=0$。由于 H 是自逆的，这相当于将量子态变为式 (10.68) 的状态，再令 $e_2=0$，

$$\frac{1}{\sqrt{|C_2|}}\sum_{y\in C_2}|x+y\rangle \tag{10.73}$$

这正是原本的量子态！

CSS 编码的一个重要应用是证明 Gilbert-Varshamov 界限的量子版本，因此保证了高性能量子编码的存在性。这个重要的结论指出，在 n 变大的极限情况下，存在某个能纠正至多 t 个量子比特上任意错误的 $[n,k]$ 量子编码，使得

$$\frac{k}{n}\geqslant 1-2H\left(\frac{2t}{n}\right) \tag{10.74}$$

成立。因此，只要我们不希望用 n 个量子比特编码过多的 k 个量子比特，高性能的量子编码是确实存在的。因为经典编码 C_1 和 C_2 受到的限制，证明 CSS 编码的 Gilbert-Varshamov 界限比证明经典 Gilbert-Varshamov 界限复杂得多，见本章最后的遗留问题。

总结一下，假设 C_1 和 C_2 分别是 $[n,k_1]$ 和 $[n,k_2]$ 的经典线性编码，$C_2\subset C_1$，而且 C_1 和 $C_2^\perp$ 都能纠正至多 t 个错误，那么 $\mathrm{CSS}(C_1,C_2)$ 是一个能纠正最多 t 个量子比特上任意错误的 $[n,k_1-k_2]$ 量子纠错码。并且，对应的错误探测和纠正步骤，只需要应用数量是编码大小的常数倍数的阿达玛门和受控非门。其实编码和解码也可以用编码大小常数倍数的操作完成，但我们暂时不再详述，而是在 10.5.8 节以更广泛的视角回到这个问题上。

习题 10.27　证明在拥有同样纠错特征的意义下，由

$$|x+C_2\rangle\equiv\frac{1}{\sqrt{|C_2|}}\sum_{y\in C_2}(-1)^{u\cdot y}|x+y+v\rangle \tag{10.75}$$

定义的编码与 $\mathrm{CSS}(C_1,C_2)$ 等价，这里 u 和 v 是参数。这些编码被记作 $\mathrm{CSS}_{u,v}(C_1,C_2)$，将在后面的 12.6.5 节中用来学习量子密钥分配。

Steane 编码

之前我们讨论过 $[7,4,3]$ 汉明码，它的奇偶校验矩阵是

$$H=\begin{bmatrix}0&0&0&1&1&1&1\\0&1&1&0&0&1&1\\1&0&1&0&1&0&1\end{bmatrix} \tag{10.76}$$

基于它，一个重要的 CSS 量子编码可以被构造出来。我们将汉明码标记为 C，定义 $C_1 \equiv C$ 和 $C_2 \equiv C^{\perp}$。为了定义 CSS 编码，我们需要验证 $C_2 \subset C_1$。根据定义，C_2 的奇偶校验矩阵是 C_1 生成矩阵的转置，即

$$H[C_2] = G[C_1]^T = \begin{bmatrix} 1 & 0 & 0 & 0 & 0 & 1 & 1 \\ 0 & 1 & 0 & 0 & 1 & 0 & 1 \\ 0 & 0 & 1 & 0 & 1 & 1 & 0 \\ 0 & 0 & 0 & 1 & 1 & 1 & 1 \end{bmatrix} \tag{10.77}$$

习题 10.28 验证式 (10.77) 中矩阵的转置是 $[7,4,3]$ 汉明码的生成矩阵。

与式 (10.76) 相比，我们可以看到 $H[C_2]$ 的行张成比 $H[C_1]$ 的行所张成空间严格大的空间，由于对应的编码就是 $H[C_2]$ 和 $H[C_1]$ 的核空间，于是我们有 $C_2 \subset C_1$。并且，$C_2^{\perp} = \left(C^{\perp}\right)^{\perp} = C$，所以 C_1 和 $C_2^{\perp}$ 都是能纠正一个错误的距离为 3 的编码。C_1 和 C_2 分别是 $[7,4]$ 和 $[7,3]$ 编码，所以 $\mathrm{CSS}(C_1, C_2)$ 是一个 $[7,1]$ 量子编码，它能纠正一个量子比特上的任意错误。

这个 $[7,1]$ 量子编码因为它的发明者被称作 Steane 编码，它有一些很好的特性，非常好用，因此在本章后面我们将反复将其作为例子讨论。C_2 的码字由式 (10.77) 和习题 10.28 很容易确定。在此我们不打算将其逐项写出来，其实它们隐含在 Steane 编码逻辑 $|0_L\rangle$，即 $|0 + C_2\rangle$ 的各项中：

$$\begin{aligned} |0_L\rangle = \frac{1}{\sqrt{8}}[&|0000000\rangle + |1010101\rangle + |0110011\rangle + |1100110\rangle \\ &+|0001111\rangle + |1011010\rangle + |0111100\rangle + |1101001\rangle] \end{aligned} \tag{10.78}$$

为了确定另一个逻辑码字，我们需要找到一个不在 C_2 中的 C_1 的元素，一个这样的例子是 $(1,1,1,1,1,1,1)$。因此，我们有

$$\begin{aligned} |1_L\rangle = \frac{1}{\sqrt{8}}[&|1111111\rangle + |0101010\rangle + |1001100\rangle + |0011001\rangle \\ &+|111000\rangle + |0100101\rangle + |1000011\rangle + |0010110\rangle] \end{aligned} \tag{10.79}$$

10.5 稳定子编码

我们不能勉为其难地去尝试克隆；相应地，我们通过拆分
量子相干来保护
我们宝贵的量子信息免受噪音的困扰，
虽然这样做会让计算花费很长时间。

校正一个翻转和一个相位已足够。
如果在我们的代码中出现另一个错误，
我们简单地测量它，然后上帝掷骰子，
让其嬗变为 X, Y 或 Z。

我们开始于带噪声的七，九或五

并以完美的一结尾。为了更好地发现
我们必须避免的那些缺陷，我们首先必须努力
搞明白哪些对易，哪些不对易。

通过群和本征态，我们学会了
用我们的量子技巧修复您的量子错误。

——“量子错误校正十四行诗”，丹尼尔·格特斯曼（Daniel Gottesman）

稳定子编码，有时候也称作可加性量子编码，是一类重要的量子编码，它与经典线性编码有类似的构造方法。为了介绍稳定子编码，我们需要先发展出一种名为稳定子形式的强大方法，它可以让我们理解量子力学的一大类操作。实际上，稳定子形式的应用可以远远超出量子纠错的范围，但是在本书中我们将精力主要集中在这一块。我们首先定义稳定子形式，接着介绍酉变换逻辑门和测量如何用它描述，同时也给出一个定量描述稳定子操作极限的定理。最后，我们将介绍以下内容：稳定子编码的稳定子构造方法，一些具体的例子，一个有用的标准形式，以及编码、解码和纠错的电路构造。

10.5.1　稳定子形式

稳定子形式的核心想法可以用一个例子来描述。考虑两个量子比特的 EPR 对

$$|\psi\rangle = \frac{|00\rangle + |11\rangle}{\sqrt{2}} \tag{10.80}$$

不难验证，这个量子态满足 $X_1X_2|\psi\rangle = |\psi\rangle$ 和 $Z_1Z_2|\psi\rangle = |\psi\rangle$，因此我们说，状态 $|\psi\rangle$ 被 X_1X_2 和 Z_1Z_2 稳定。实际上一个不太明显的事实是，状态 $|\psi\rangle$ 是被这两个算子稳定的唯一量子态（不考虑全局变量带来的差别）。稳定子形式的基本思想就是，对于许多量子态，用稳定它们的算子来描述经常比直接描述状态本身更加方便。这个论断乍看之下非常让人意外，但却是真实的。实际上，许多量子编码（包括 CSS 编码和 Shor 编码），用稳定子来描述比直接用状态向量来描述要方便简洁许多。更重要的是，量子比特和量子操作上的噪声，例如 H 门、相位门，甚至受控非门和计算基下的测量，都可以很容易地用稳定子形式来描述。

稳定子形式具有如此威力的关键，是对群论的巧妙运用，关于群论的介绍请见附录 B。我们关心的群主要是 n 量子比特上的泡利群。对单量子比特而言，泡利群由连同系数 $\pm1, \pm\mathrm{i}$ 在内的所有泡利矩阵组成：

$$G_1 \equiv \{\pm I, \pm\mathrm{i}I, \pm X, \pm\mathrm{i}X, \pm Y, \pm\mathrm{i}Y, \pm Z, \pm\mathrm{i}Z\} \tag{10.81}$$

上述集合在矩阵乘法运算下构成一个群。读者可能会问，为什么我们不去掉系数 $\pm1, \pm\mathrm{i}$？我们将它们包括进来是为了让 G_1 在乘法运算下封闭，因而构成一个合法的群。对于一般情况，即 n 量子比特上的泡利群，由所有泡利矩阵的 n 次张量乘积构成，并且同样包含所有可能的系数 $\pm1, \pm\mathrm{i}$。

我们现在给出稳定子更精确的定义。假设 S 是 G_n 的一个子群，将 V_S 定义为被 S 所有元素稳定的 n 量子比特状态的集合。于是，由于 V_S 的每个元素在 S 中元素的作用下保持稳定，V_S 是

被 S 稳定的向量空间，S 则被称作空间 V_S 的稳定子。为了帮助大家确信这一点，可以完成下面的习题。

习题 10.29 证明 V_S 中任意两个元素的线性组合也在 V_S 中。因此，V_S 是 n 量子比特状态空间的子空间。证明 V_S 是 S 中每个算子所稳定的子空间的交集（也就是，S 中元素特征值为 1 的特征空间。）

我们现在来看一个稳定子形式的简单例子，这个例子涉及三个量子比特，$S \equiv \{I, Z_1Z_2, Z_2Z_3, Z_1Z_3\}$。在 Z_1Z_2 作用下稳定的子空间由 $|000\rangle, |001\rangle, |110\rangle, |111\rangle$ 张成，而在 Z_2Z_3 作用下稳定的子空间由 $|000\rangle, |100\rangle, |011\rangle, |111\rangle$ 张成。注意在这两个列表中共同的元素是 $|000\rangle$，$|111\rangle$，由此可知，在这个例子上 V_S 就是 $|000\rangle$ 和 $|111\rangle$ 张成的子空间。

这里，V_S 可以仅仅通过观察 S 中两个元素所稳定的子空间来确定，这展示了一个重要的一般性现象——一个群可以用它对应的生成元来描述。正如附录 B 中介绍的，如果一个群 G 的每一个元素都可以写成 $g_1, \cdots, g_l$ 中元素组成的乘积形式，则称 G 可以由它的一组元素 $g_1, \cdots, g_l$ 生成，记作 $G = \langle g_1, \cdots, g_l\rangle$。在上面的例子中，$S = \langle Z_1Z_2, Z_2Z_3\rangle$，因为 $Z_1Z_3 = (Z_1Z_2)(Z_2Z_3)$，$I = (Z_1Z_2)^2$。使用生成元的一个巨大好处是它提供了一个非常简洁的方式来描述群。实际上，在附录 B 中我们可以看到，一个大小为 $|G|$ 的群，可以由一组至多包含 $\log(|G|)$ 个生成子组成的集合生成。并且，为了验证一个特定的向量被一个群 S 稳定，我们只需要验证它被生成元稳定，因为如果这是正确的，生成元的乘积自然也会稳定这个向量，因而这是一种极端方便的群表示方法。（我们用来表示群生成子的符号 $\langle\cdots\rangle$ 可能会跟 2.2.5 节中表示可观测量平均值的符号混淆，但实际上根据上下文应该不难区分具体的含义。）

不只是泡利群的子群 S 可以被用作非平凡向量空间的稳定子。例如，考虑由 $\{\pm I, \pm X\}$ 构成的 G_1 的子群。明显地，$(-I)|\psi\rangle = |\psi\rangle$ 的唯一解是 $|\psi\rangle = 0$，因此 $\{\pm I, \pm X\}$ 只稳定一个平凡的子空间。为了让被稳定的子空间 V_S 是非平凡的，S 必须满足什么条件呢？两个容易被看出的必要条件是：（a）S 的元素彼此对易，（b）$-I$ 不在 S 中。我们现在还没有足够的工具证明，但实际上后面会看到，这两个条件对 V_S 非平凡来说也是充分的。

习题 10.30 证明由 $-I \notin S$ 可以推导出 $\pm \mathrm{i}I \notin S$。

为了说明上述两个条件是必要的，假设 V_S 是非平凡的，于是它包含一个非零向量 $|\psi\rangle$。假设 M 和 N 是 S 的两个元素，则 M 和 N 是泡利矩阵的张量积，再加上一个可能的全局系数。由于泡利矩阵彼此之间都是反对易的，于是 M 和 N 要么对易，要么反对易。为了得到条件（a），即它们都对易，我们假设它们反对易，然后指出这将导致一个矛盾。实际上，根据假设有 $-NM = MN$，因此 $-|\psi\rangle = -NM|\psi\rangle = MN|\psi\rangle = |\psi\rangle$，这里第一个和最后一个等式来自 M 和 N 稳定 $|\psi\rangle$ 的事实。所以，我们有 $-|\psi\rangle = |\psi\rangle$，这意味着 $|\psi\rangle$ 必须是零向量，这是一个矛盾。为了得到条件（b），即 $-I \notin S$，注意 $-I$ 是 S 的元素意味着 $-I|\psi\rangle = |\psi\rangle$，这又导致一个矛盾。

习题 10.31 假设 S 是元素 $g_1, \cdots, g_l$ 生成的 G_n 的子群。证明 S 中所有元素对易，当且仅当对每对 i 和 j，有 g_i 和 g_j 对易。

七量子比特 Steane 编码提供了一个稳定子形式的漂亮例子。

事实上，图 10-6 展示的六个生成子 $g_1, \cdots, g_6$ 可以产生一个 Steane 编码空间的稳定子。我们可以感受一下，与式 (10.78) 和式 (10.79) 中基于状态向量的复杂描述相比，新的描述方法是多么简洁而干净。当我们用新视角来考察量子纠错时，我们会看到进一步的优势。同时，我们也可以注意到图 10-6 中生成子的结构，与之前构造 Steane 编码时用到的经典线性编码 C_1 和 $C_2^{\perp}$ 的奇偶校验矩阵之间（如前所述，对 Steane 编码来说，$C_1 = C_2^{\perp}$ 是 $[7,4,3]$ 汉明码，对应的奇偶校验矩阵由式 (10.76) 给出）有相似之处。稳定子的头三个生成子有 X 的出现，并且它们的位置对应着 C_1 的奇偶校验矩阵中 1 的位置；类似地，后三个生成子 g_4 到 g_6，有 Z 的出现，它们的位置对应着 $C_2^{\perp}$ 的奇偶校验矩阵中 1 的位置。观察到这些事实，解答下面的习题就不再困难。

名称	算子
g_1	$I\ I\ I\ X\ X\ X\ X$
g_2	$I\ X\ X\ I\ I\ X\ X$
g_3	$X\ I\ X\ I\ X\ I\ X$
g_4	$I\ I\ I\ Z\ Z\ Z\ Z$
g_5	$I\ Z\ Z\ I\ I\ Z\ Z$
g_6	$Z\ I\ Z\ I\ Z\ I\ Z$

图 10-6　七量子比特 Steane 编码的稳定子生成元。每项代表一个相应量子比特上的张量积；例如 $ZIZIZIZ = Z \otimes I \otimes Z \otimes I \otimes Z \otimes I \otimes Z = Z_1 Z_3 Z_5 Z_7$

习题 10.32　验证图 10-6 中的生成子稳定 10.4.2 节所述 Steane 编码的码字。

上面我们使用稳定子形式描述一个量子编码，其实预示着我们在后面也会用这个方法描述一大类量子编码。但就目前来说，重要的是要体会到，作为一个量子编码，Steane 编码并无特别之处，它只是向量空间的一个可以用稳定子描述的子空间。

实际上，我们需要这些生成子 $g_1, \cdots, g_l$ 都是互相独立的，这意味着去掉任何一个生成子，剩下的生成子能生成的群是严格小的，即

$$\langle g_1, \cdots, g_{i-1}, g_{i+1}, \cdots, g_l \rangle \neq \langle g_1, \cdots, g_l \rangle \tag{10.82}$$

就我们目前的理解来说，决定一组生成子是否独立是一个非常耗费时间的过程。幸运的是，用被称为校验矩阵的想法，有一个很简单的办法完成这个任务。如此称呼这个方法的原因是，它在稳定子编码中起到的作用，与奇偶校验矩阵在经典线性编码中起到的作用类似。

假设 $S = \langle g_1, \cdots, g_l \rangle$，有一个极有用的用校验矩阵来描述生成子的方法。这是一个 $l \times 2n$ 的矩阵，它的行对应着生成元 $g_1, \cdots, g_l$，矩阵左手边的 1 意味着生成子包含 X 操作，右手边的 1 意味着生成子包含 Z 操作，而两边都有 1 则表示生成子中有 Y 操作。更具体地，第 i 行是如下构造出来的。如果 g_i 的第 j 个量子比特上是 I，则第 j 和第 $n+j$ 列元素是 0；如果第 j 个量子比特上是 X，则第 j 和第 $n+j$ 列元素分别是 1 和 0；如果第 j 个量子比特上是 Z，则第 j 和第 $n+j$ 列元素分别是 0 和 1；如果第 j 个量子比特上是 Y，则第 j 和第 $n+j$ 列元素都是 1。于是，

对七量子比特 Stenea 编码来说，可以由图 10-6 得到如下的校验矩阵

$$\left[\begin{array}{ccccccc|ccccccc} 0&0&0&1&1&1&1&0&0&0&0&0&0&0 \\ 0&1&1&0&0&1&1&0&0&0&0&0&0&0 \\ 1&0&1&0&1&0&1&0&0&0&0&0&0&0 \\ 0&0&0&0&0&0&0&0&0&0&1&1&1&1 \\ 0&0&0&0&0&0&0&0&1&1&0&0&1&1 \\ 0&0&0&0&0&0&0&1&0&1&0&1&0&1 \end{array}\right] \tag{10.83}$$

校验矩阵不包含任何关于生成子前系数的信息，但它包含许多其他的有用信息。为此，我们用 $r(g)$ 来代表泡利群中一个任意元素的 $2n$ 维行向量描述。假设我们定义一个如下的 $2n \times 2n$ 矩阵 Λ：

$$\Lambda = \begin{bmatrix} 0 & I \\ I & 0 \end{bmatrix} \tag{10.84}$$

这里对角线外 I 是 $n\times n$ 的。那么，不难看出，泡利群的两个元素 g 和 g' 对易当且仅当 $r(g)\Lambda r\left(g'\right)^T = 0$。实际上，形式 $x\Lambda y^T$ 定义了 x 和 y 之间一种扭曲的内积，给出了 x 和 y 对应的泡利群元素是否对易的信息。

习题 10.33 证明 g 和 g' 对易，当且仅当 $r(g)\Lambda r\left(g'\right)^T = 0$。（在校验矩阵表示中，代数运算都对 2 取模。）

习题 10.34 令 $S = \langle g_1, \cdots, g_l \rangle$，证明 $-I$ 不是 S 的元素，当且仅当对所有 j 有 $g_j^2 = I$，而且对所有 j，$g_j \neq -I$。

习题 10.35 S 是 G_n 的子群，而且 $-I$ 不是 S 的元素，证明对所有 $g \in S$ 有 $g^2 = I$ 成立，因此 $g^\dagger = g$。

下面的命题建立了生成子的独立性和校验矩阵之间的一个紧密关系。

命题 10.3 令 $S = \langle g_1, \cdots, g_l \rangle$，并且 $-I$ 不是 S 的元素。生成元 g_1 到 g_l 是独立的，当且仅当对应校验矩阵的行线性无关。

证明

我们来证明对应的逆否命题。注意根据习题 10.35，对任意 i 都有 $g_i^2 = I$。由于 $r(g)+r\left(g'\right) = r\left(gg'\right)$，行向量的相加对应着对应群元素的相乘。因此，校验矩阵的行线性相关，即 $\sum_i a_i r\left(g_i\right) = 0$，而且对某个 j 有 $a_j \neq 0$，当且仅当 $\prod_i g_i^{a_i}$ 等于单位阵，再加一个可能的全局系数。但是 $-I \notin S$，因此这个全局系数必须是 1，于是有 $g_j = g_j^{-1} = \prod_{i\neq j} g_i^{a_i}$，这意味着 $g_1, \cdots, g_l$ 不是独立的生成子。

□

下面这个看起来平凡的命题，被证明是非常有用的，从它出发可以立刻得出以下有用结论的一个证明，即如果 S 由 $l = n-k$ 个独立且彼此对易的生成子所生成，同时 $g_1, \cdots, g_l$，则 V_S 的维数为 2^k。在本章余下部分我们将反复使用本命题，它的证明也是基于校验矩阵的表示。

命题 10.4 假设 $S=\langle g_1,\cdots,g_l\rangle$ 由 l 个独立的生成子生成，而且 $-I\notin S$。在 $1,\cdots,l$ 中挑出一个固定的 i，则 G_n 中存在一个元素 g 使得对所有 $j\neq i$ 都有 $gg_jg^\dagger=g_j$ 和 $gg_ig^\dagger=-g_i$ 成立。

证明

假设 G 是与 $g_1,\cdots,g_l$ 相关的校验矩阵。根据命题 10.3，G 的行线性无关，因此存在一个 $2n$ 维的向量 x 使得 $G\Lambda x=e_i$ 成立，这里 e_i 是第 i 个位置为 1，其他位置为 0 的 l 维向量。令 g 使得 $r(g)=x^T$ 成立，则根据 x 的定义，我们有对 $j\neq i$，$r(g_j)\Lambda r(g)^T=0$ 成立，以及 $r(g_i)\Lambda r(g)^T=1$。因此，对 $j\neq i$，有 $gg_jg^\dagger=g_j$ 和 $gg_ig^\dagger=-g_i$。

□

在结束对稳定子形式基本特征的讨论之前，我们来确认之前提到的一个论断，即如果 S 是被一组独立、互相对易的生成子生成，并且 $-I\notin S$，则 V_S 是非平凡的。实际上，如果总共有 $l=n-k$ 个生成子，则一个合理的想法（稍后会证明）是 V_S 是 2^k 维的。因为直观上看，每多出一个生成子，则 V_S 的维数就会被乘以 $1/2$，其根据是泡利矩阵乘积的特征值是 $+1,-1$，而它们将希尔伯特空间拆分成两个维度相同的子空间。

命题 10.5 令 $S=\langle g_1,\cdots,g_l\rangle$ 是被 $n-k$ 个独立、互相对易的 G_n 元素生成，而且 $-I\notin S$。则 V_S 是 2^k 维向量空间。

在后面关于稳定子形式的所有讨论中，我们总是假设稳定子由独立、相互对易的生成子描述，而且 $-I\notin S$。

证明

令 $x=(x_1,\cdots,x_{n-k})$ 是一个向量，其 $n-k$ 个元素来自 Z_2。定义

$$P_S^x\equiv\frac{\prod_{j=1}^{n-k}\left(I+(-1)^{x_j}g_j\right)}{2^{n-k}} \tag{10.85}$$

因为 $(I+g_j)/2$ 是映到 g_j 的 $+1$ 特征空间的投影算子，容易看出 $P_S^{(0,\cdots,0)}$ 是映射到 V_S 上的投影算子。根据命题 10.4，对每个 x 都存在一个 G_n 的元素 g_x 使得 $g_xP_S^{(0,\cdots,0)}(g_x)^\dagger=P_S^x$ 成立，因此 P_S^x 的维数跟 V_S 的维数相同。并且不难看出，对于不同的 x 来说，P_S^x 之间是正交的。

同时，我们有下面的事实：

$$I=\sum_x P_S^x \tag{10.86}$$

这里，左边是一个映射到 2^n 维空间的投影算子，而右边是 2^{n-k} 个正交投影算子的总和，并且它们的维数都跟 V_S 相同。所以，V_S 的维数一定是 2^k。

□

10.5.2 酉逻辑门和稳定子形式

我们讨论了如何利用稳定子形式来描述向量空间，其实它也可以用来描述这些向量空间在更大空间中，由一系列有趣量子操作导致的动态过程。除了理解量子动态过程本身的兴趣，这种考虑的另一个目的是用稳定子形式来描述量子纠错码，特别是希望有一种简单的方式来理解噪声和其他一些动态过程在纠错码上的作用。假设我们在一个被群 S 稳定的向量空间 V_S 上作用一个酉变换 U，则对 S 的任意元素 g，都有

$$U|\psi\rangle = Ug|\psi\rangle = UgU^\dagger U|\psi\rangle \tag{10.87}$$

因此，状态 $U|\psi\rangle$ 被 $UgU^\dagger$ 稳定，于是我们可知向量空间 UV_S 被群 $USU^\dagger \equiv \{UgU^\dagger | g \in S\}$ 稳定。而且，如果 $g_1, \cdots, g_l$ 生成 S，则 $Ug_1U^\dagger, \cdots, Ug_lU^\dagger$ 生成 $USU^\dagger$。所以，为了计算稳定子的变化，我们只需要计算对其生成子的影响。

这种方法描述动态过程的一个巨大优势就是，对于某些特别的酉变换 U，生成子的变换呈现特别漂亮的形式。例如，假设我们对一个单量子比特作用一个阿达玛门。注意我们有

$$HXH^\dagger = Z; \quad HYH^\dagger = -Y; \quad HZH^\dagger = X \tag{10.88}$$

于是，一个被 Z 稳定的量子态 $|0\rangle$，在被作用一个阿达玛门之后，将被 X 稳定（$|+\rangle$）。

不太意外，如果我们有一个 n 量子比特状态，它的稳定子是 $\langle Z_1, Z_2, \cdots, Z_n\rangle$，则不难看出这个状态一定是 $|0\rangle^{\otimes n}$。对这 n 个量子比特各作用一个阿达玛门后，状态的稳定子为 $\langle X_1, X_2, \cdots, X_n\rangle$，而状态本身显然就是所有计算基下状态的均匀叠加态。这个例子中，最引人注意的一点就是，在基于向量的通常描述中我们需要给出 2^n 个幅度的刻画，但在生成子提供的描述方案 $\langle X_1, \cdots, X_n\rangle$ 中，规模与 n 是线性关系！也许你会认为，在对 n 个量子比特中的每个作用阿达玛门后，量子计算机中完全没有纠缠，因此得到这种简洁的描述并不意外。但实际上，稳定子形式提供了多得多的可能，包括受控非门的有效刻画，它与 H 门一起可以生成纠缠。为了理解这一点，我们考虑算子 X_1, X_2, Z_1, Z_2 如何在受控非门诱导的共轭操作下变化。假设 U 是受控非门，其中量子比特 1 负责控制，量子比特 2 是目标。我们有

$$\begin{aligned}
UX_1U^\dagger &= \begin{bmatrix} 1 & 0 & 0 & 0 \\ 0 & 1 & 0 & 0 \\ 0 & 0 & 0 & 1 \\ 0 & 0 & 1 & 0 \end{bmatrix} \begin{bmatrix} 0 & 0 & 1 & 0 \\ 0 & 0 & 0 & 1 \\ 1 & 0 & 0 & 0 \\ 0 & 1 & 0 & 0 \end{bmatrix} \begin{bmatrix} 1 & 0 & 0 & 0 \\ 0 & 1 & 0 & 0 \\ 0 & 0 & 0 & 1 \\ 0 & 0 & 1 & 0 \end{bmatrix} \\
&= \begin{bmatrix} 0 & 0 & 0 & 1 \\ 0 & 0 & 1 & 0 \\ 0 & 1 & 0 & 0 \\ 1 & 0 & 0 & 0 \end{bmatrix} \\
&= X_1X_2
\end{aligned} \tag{10.89}$$

类似的计算可以得到，$UX_2U^\dagger = X_2$，$UZ_1U^\dagger = Z_1$，以及 $UZ_2U^\dagger = Z_1Z_2$。为了看出 U 如何跟二量子比特泡利群中其他算子结合，我们只需要取已知结果的乘积。例如，为了计算 $UX_1X_2U^\dagger$，我们有 $UX_1X_2U^\dagger = UX_1U^\dagger UX_2U^\dagger = (X_1X_2)X_2 = X_1$。泡利矩阵 Y 可以类似地处理，比如 $UY_2U^\dagger = \mathrm{i}UX_2Z_2U^\dagger = \mathrm{i}UX_2U^\dagger UZ_2U^\dagger = \mathrm{i}X_2(Z_1Z_2) = Z_1Y_2$。

习题 10.36　明确地验证 $UX_1U^\dagger = X_1X_2, UX_2U^\dagger = X_2, UZ_1U^\dagger = Z_1$，以及 $UZ_2U^\dagger = Z_1Z_2$。此外还有一些关于阿达玛门、相位门和泡利门的有用共轭关系，见图 10-7 。

操作	输入	输出
受控非	X_1	X_1X_2
	X_2	X_2
	Z_1	Z_1
	Z_2	Z_1Z_2
H	X	Z
	Z	X
S	X	Y
	Z	Z
X	X	X
	Z	$-Z$
Y	X	$-X$
	Z	$-Z$
Z	X	$-X$
	Z	Z

图 10-7　共轭作用下一些常见操作对泡利群元素的变换。受控非门中量子比特 1 是控制，量子比特 2 是数据

习题 10.37　$UY_1U^\dagger$ 是什么？

作为利用稳定子形式理解酉变换的一个例子，我们现在考虑 1.3.4 节中介绍的交换电路。为了方便起见，这个电路如图 10-8 所示。考虑 Z_1 和 Z_2 操作在电路中逻辑门的联合作用下的变化，Z_1 的变化路线为 $Z_1 \to Z_1 \to Z_1Z_2 \to Z_2$，$Z_2$ 的变化路线为 $Z_2 \to Z_1Z_2 \to Z_1 \to Z_1$。类似地，在这个电路下，$X_1 \to X_2$，$X_2 \to X_1$。很明显，如果我们取 U 为交换操作，则有 $UZ_1U^\dagger = Z_2$，$UZ_2U^\dagger = Z_1$，对 X_1 和 X_2 也有类似结果，如图 10-8 所示。证明这意味着此电路实现了 U 则留作习题。

习题 10.38　假设 U 和 V 是两量子比特上的酉变换，而且它们对 Z_1, Z_2, X_1, X_2 的共轭变换都有相同的结果，证明 $U = V$。

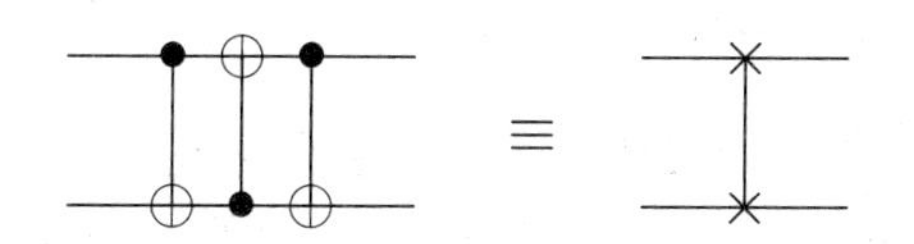

图 10-8　两量子比特的交换电路

交换电路的例子虽然有趣，但它并没有充分体现稳定子形式确实有用的真实特征，即描述某些类型量子纠缠的能力。前面我们已经看到，稳定子形式可以被用来描述 H 门和受控非门，而这些门可以被用来制造纠缠（与 1.3.6 节对比）。后面我们将会看到，稳定子形式可以被用来描述一大类纠缠态，包括许多的量子纠错码。

除了 H 门和受控非门，还有哪些逻辑门可以被稳定子形式描述呢？最重要的增补就是相位门，这是一个单量子比特1逻辑门，如前所述它的定义是

$$S = \begin{bmatrix} 1 & 0 \\ 0 & \mathrm{i} \end{bmatrix} \tag{10.90}$$

相位门以共轭形式在泡利矩阵上的作用很容易被计算如下：

$$SXS^{\dagger} = Y; \qquad SZS^{\dagger} = Z \tag{10.91}$$

习题 10.39 验证式 (10.91)。

实际上，对于一个任意的酉变换，如果它将 G_n 中的元素变换到 G_n 中另外一个元素，则这个酉变换可以由阿达玛门、相位门和受控非门构成。根据定义，满足 $UG_nU^{\dagger} = G_n$ 的 U 的集合被称为 G_n 的规范子，记作 $N(G_n)$。所以，我们实际上是在说，G_n 的规范子可以由阿达玛门、相位门和受控非门构成，因此，阿达玛门、相位门和受控非门经常也被称为规范子逻辑门。这个结果的证明虽然简单，但却很有指导意义，因此留作习题，见习题 10.40 。

定理 10.6 假设 U 是一个 n 量子比特上的酉变换，而且如果 $g \in G_n$，则有 $UgU^{\dagger} \in G_n$。那么 U 可以由 $O(n^2)$ 个阿达玛门、相位门和受控非门，外加一个可能的全局相位构成。

习题 10.40 按照下面的思路，给出定理 10.6 的归纳证明。

1. 证明阿达玛门和相位门可以被用来实现单量子比特上的任意规范子操作。
2. 假设 U 是 $N(G_{n+1})$ 中的一个 $n+1$ 量子比特逻辑门，而且对 G_n 中的元素 g 和 g'，有 $UZ_1U^{\dagger} = X_1 \otimes g$ 和 $UX_1U^{\dagger} = Z_1 \otimes g'$。定义 n 量子比特上的操作 U' 为 $U'|\psi\rangle \equiv \sqrt{2}\langle 0|U(|0\rangle \otimes |\psi\rangle)$。利用归纳假设，证明图 10-9 中 U 的构造可以用 $O(n^2)$ 个阿达玛门、相位门和受控非门实现。

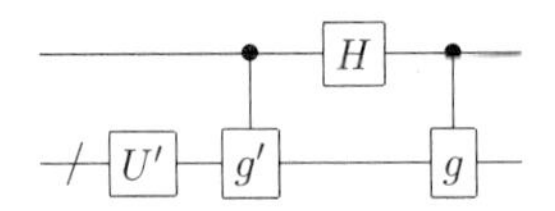

图 10-9 可以证明阿达玛门、相位门和受控非门能生成规范子 $N(G_n)$ 的一种构造

3. 证明任意逻辑门 $U \in N(G_{n+1})$，可以用 $O(n^2)$ 个阿达玛门、相位门和受控非门实现。

我们已经看到，许多有趣的量子逻辑门都在规范子 $N(G_n)$ 中，那么是否存在例外呢？实际上，绝大部分量子逻辑门不在规范子中，其中两个我们特别感兴趣的代表是 $\pi/8$ 门和 Toffoli 门。假设 U 代表 Toffoli 门，其中量子比特 1 和 2 负责控制，而量子比特 3 是目标；与之前相同，T 依

然代表 π/8 门。不难计算，π/8 门和 Toffoli 门在泡利矩阵下的共轭运算为

$$TZT^\dagger = Z \qquad TXT^\dagger = \frac{X+Y}{\sqrt{2}} \tag{10.92}$$

以及

$$UZ_1U^\dagger = Z_1 \qquad UX_1U^\dagger = X_1 \otimes \frac{I+Z_2+X_3-Z_2X_3}{2} \tag{10.93}$$

$$UZ_2U^\dagger = Z_2 \qquad UX_2U^\dagger = X_2 \otimes \frac{I+Z_1+X_3-Z_1X_3}{2} \tag{10.94}$$

$$UX_3U^\dagger = X_3 \qquad UZ_3U^\dagger = Z_3 \otimes \frac{I+Z_1+Z_2-Z_1Z_2}{2} \tag{10.95}$$

不幸的是，与只包含阿达玛门、相位门和受控非门的电路相比，使用稳定子形式来分析包含 $\pi/8$ 门和 Toffoli 门的电路很不方便。但幸运的是，稳定子编码的编码、解码、错误探测和信息恢复操作，都可以用只属于规范子的逻辑门集合实现，因此对于这种编码的分析来说，稳定子形式是十分方便的。

习题 10.41　通过式 (10.95) 验证式 (10.92) 。

10.5.3　稳定子形式中的测量

我们已经看到，一小组酉变换量子门可以很方便地用稳定子形式描述，但其实有更多的操作可以实现这一点。实际上，计算基下的测量也可以很容易地用稳定子形式表示。为了说明这一点，假设我们需要完成 $g \in G_n$ 描述的测量（如前所述，g 是一个厄米算子，可以当作 2.2.5 节描述的可观测量）。为了方便，我们可以不失一般性地假设 g 是一个泡利矩阵的乘积，并且没有前置系数 -1 或 $\pm$i。假设系统的状态是 $|\psi\rangle$，且有稳定子 $\langle g_1, \cdots, g_n\rangle$。那么在测量的作用下，量子态的稳定子如何变化呢？总共有两个可能性：

1. g 和稳定子的所有生成子对易。

2. g 和稳定子的一个或多个生成元反对易。比如，假设稳定子有生成子 $g_1, \cdots, g_n$，g 和 g_1 反对易，那么不失一般性我们可以假设 g 和 $g_2, \cdots, g_n$ 对易。这是因为，如果 g 和这些元素中的某个不对易，比如 g_2，则可知 g 和 g_1g_2 对易，然后我们将生成子列表中的 g_2 用 g_1g_2 替代。

在上面第一种情形中，根据下面的论述，g 或 $-g$ 是稳定子的一个元素。实际上，对于每一个稳定子的生成元，有 $g_jg|\psi\rangle = gg_j|\psi\rangle = g|\psi\rangle$，于是 $g|\psi\rangle$ 在 V_S 中，即它是 $|\psi\rangle$ 乘以一个系数。因为 $g^2 = I$，我们有 $g|\psi\rangle = \pm|\psi\rangle$，所以 g 或 $-g$ 在稳定子中。假设 g 是稳定子（$-g$ 的情形可以类似讨论），则 $g|\psi\rangle = |\psi\rangle$，所以测量 g 将以概率 1 获得测量结果 $+1$，而且并不影响量子态本身，所以稳定子保持不变。

在第二种情形中，当 g 与 g_1 反对易，跟其他生成子对易的时候会怎么样呢？注意到 g 有特

征值 ±1，所以对应测量结果 ±1 的投影算子分别为 $(I\pm g)/2$，测量概率则为

$$p(+1)=\operatorname{tr}\left(\frac{I+g}{2}|\psi\rangle\langle\psi|\right) \tag{10.96}$$

$$p(-1)=\operatorname{tr}\left(\frac{I-g}{2}|\psi\rangle\langle\psi|\right) \tag{10.97}$$

基于事实 $g_1|\psi\rangle=|\psi\rangle$ 和 $gg_1=-g_1g$，我们有

$$p(+1)=\operatorname{tr}\left(\frac{I+g}{2}g_1|\psi\rangle\langle\psi|\right) \tag{10.98}$$

$$=\operatorname{tr}\left(g_1\frac{I-g}{2}|\psi\rangle\langle\psi|\right) \tag{10.99}$$

由求迹运算的循环特性，我们可以将 g_1 放在求迹运算的右边并且根据 $g_1=g_1^\dagger$ 将它吸收进 $\langle\psi|$（习题 10.35），得到

$$p(+1)=\operatorname{tr}\left(\frac{I-g}{2}|\psi\rangle\langle\psi|\right)=p(-1) \tag{10.100}$$

因为 $p(+1)+p(-1)=1$，可知 $p(+1)=p(-1)=1/2$。假设测量所得结果为 $+1$，则系统的新状态为 $|\psi^+\rangle\equiv(I+g)|\psi\rangle/\sqrt{2}$，对应的稳定子为 $\langle g,g_2,\cdots,g_n\rangle$。类似地，如果测量结果为 -1，则对应的稳定子为 $\langle -g,g_2,\cdots,g_n\rangle$。

10.5.4 Gottesman-Knill 定理

可以用稳定子描述酉操作和测量的事实，可以总结为著名的 Gottesman-Knill 定理。

定理 10.7（Gottesman-Knill 定理） 假设量子计算中只涉及以下操作：计算基下的状态制备、阿达玛门、相位门、受控非门、泡利门，与泡利群中可观测量对应的测量（计算基下测量是其中的特殊形式），以及基于量子测量结果的经典控制，则这种量子计算可以被经典计算机有效模拟。

实际上我们已经悄悄地证明了 Gottesman-Knill 定理。经典计算机模拟的方法就是对计算中所涉及的各种操作，记录其稳定子的生成子。例如，为了模拟一个阿达玛门，我们只需要更新描述量子态的 n 个生成子。类似地，相位门、受控非门、泡利门和泡利矩阵可观测量对应的测量都可以在经典计算机上用 $O\left(n^3\right)$ 步实现模拟。因此，模拟一个包含 m 个操作的量子计算过程，可以在经典计算机上用 $O\left(n^3m\right)$ 个操作完成模拟。

Gottesman-Knill 定理凸显了量子计算的微妙特性。它证实，某些量子计算，即使涉及了高度纠缠的量子态，也能被经典计算有效模拟。当然，并不是所有的量子计算（因此，并不是所有类型的量子纠缠）都能被稳定子形式有效描述，但可以描述的确实是很大一类。回顾一些有趣的量子信息处理方案，比如量子隐形传态（1.3.7 节）和超密编码（2.3 节），能被阿达玛门、受控非门和计算基下测量实现，因此根据 Gottesman-Knill 定理它们可以被经典计算机有效模拟。并且，我们将会看到，一大类量子纠错码也可以用稳定子形式描述。可见，量子纠缠赋予量子计算的，远远不止计算的能力。

习题 10.42 利用稳定子形式证明，图 1-13 中的电路如设计的那样，可以远程传输量子比特。注意稳定子形式限制了可以被远程传输的状态，所以在某种意义上这不是远程传输的完整描述，但它确实可以让我们理解远程传输的动态过程。

10.5.5 稳定子编码的构造

稳定子形式是量子纠错码的理想描述方法，本节我们来介绍具体的细节，并展示几类重要的量子编码，包括 Shor 的九量子比特编码、CSS 编码和一个五量子比特编码，后者也是能纠正单量子比特上任何错误的最小规模量子编码。其实，基本的想法非常简单：对于 G_n 的一个子群 S，如果 $-I$ 不在 S 中，并且 S 有 $n-k$ 个独立、互相对易的生成子，$S=\langle g_1,\cdots,g_{n-k}\rangle$，则一个 $[n,k]$ 稳定子编码定义为被 S 稳定的子空间 V_S，记作 $C(S)$。

编码 $C(S)$ 的逻辑基矢态是什么呢？原则上，给定稳定子 S 的 $n-k$ 个生成子，我们可以选取 $C(S)$ 编码中任意一组规模为 2^k 的标准正交基作为逻辑计算基矢态。但实际上，我们可以用一些更有意义的方式系统地选取，其中的一种如下所示。首先，我们选择算子 $\bar{Z}_1,\cdots,\bar{Z}_k\in G_n$ 使得 $g_1,\cdots,g_{n-k},\bar{Z}_1,\cdots,\bar{Z}_k$ 形成一个独立、互相对易的集合（我们稍后介绍如何实现这一点），这里 $\bar{Z}_j$ 算子起到第 j 个逻辑量子比特上的逻辑泡利算子 Z 的作用。因此，逻辑计算基矢态 $|x_1,\cdots,x_k\rangle_L$ 被定义为稳定子为

$$\langle g_1,\cdots,g_{n-k},(-1)^{x_1}\bar{Z}_1,\cdots,(-1)^{x_k}\bar{Z}_k\rangle \tag{10.101}$$

的量子态。类似地，我们将 $\bar{X}_j$ 定义为共轭操作下，将 $\bar{Z}_j$ 变成 $-\bar{Z}_j$，同时在其他 $\bar{Z}_i$ 和 g_i 上保持不变的泡利算子的乘积。于是，$\bar{X}_j$ 类似于第 j 个逻辑量子比特上的量子非门，而且算子 $\bar{X}_j$ 满足 $\bar{X}_j g_k \bar{X}_j^\dagger=g_k$，因此与稳定子的所有生成子对易。同时，不难验证，$\bar{X}_j$ 除了和 $\bar{Z}_j$ 反对易，还与剩下的所有 $\bar{Z}_i$ 对易。

稳定子编码的纠错特性，与它对应的生成子有何关联呢？假设我们用一个稳定子为 $S=\langle g_1,\cdots,g_{n-k}\rangle$ 的 $[n,k]$ 纠错码 $C(S)$ 来编码一个量子态，然后发生了错误 E。在下面的三阶段分析中，我们将搞清楚，使用 $C(S)$ 可以探测出何种错误，以及何时能恢复。首先，为了获得与这些问题相关的直觉，我们考虑不同类型的错误在编码空间上的作用效果。因为这个阶段是为了获得直觉，所以我们并不提供证明。在第二阶段，根据量子纠错条件，我们提供一个陈述，给出何种错误能被稳定子编码探测和纠正，并且将证明这个陈述。在分析的第三阶段，我们将使用错误征状等概念，给出一个实际可操作的错误探测和信息纠正方案。

假设 $C(S)$ 是一个稳定子编码，并且被噪声 $E\in G_n$ 影响。当 E 和所有的稳定了元素反对易时，会发生什么呢？在这种情况下，E 将把编码空间变换到一个正交空间中来，所以这种错误可以通过合适的投影测量探测出来（可能也能纠正）。如果 E 在 S 中，则“错误”E 根本不改变编码空间中任何态，因此不必担心它的影响。所以，真正的危险来自下面的情形，就是 E 与 S 的所有元素对易，但 E 并不在 S 中，也就是对所有 $g\in S$ 都有 $Eg=gE$。满足对所有 $g\in S$，都有 $Eg=gE$ 成立的 E 的全体集合，被称为 S 在 G_n 里的中心子，记作 $Z(S)$。实际上，对于我们关

心的稳定子群 S 来说，中心子实际上与一个我们更熟悉的群相同，即 S 的规范子，记作 $N(S)$。S 的规范子是对所有 $g \in S$ 都有 $EgE^\dagger \in S$ 成立的所有 $E \in G_n$ 的全体集合。

习题 10.43 对 G_n 的任意子群 S，证明 $EgE^\dagger \in S$。

习题 10.44 对 G_n 的任意不包含 $-I$ 的子群，证明 $N(S) = Z(S)$。

基于这些对不同类型噪声算子 E 所带来影响的观察，我们可以建立下面的定理，它实际上就是量子纠错条件（定理 10.1）在稳定子编码中的重新表述。

定理 10.8（稳定子编码的纠错条件） S 是一个稳定子编码 $C(S)$ 的稳定子。假设 $\{E_j\}$ 是 G_n 的一组算子，并且对所有的 j 和 k，都有 $E_j^\dagger E_k \notin N(S) - S$。则 $\{E_j\}$ 对纠错码 $C(S)$ 来说是一组可纠正错误。

不失一般性，我们可以只考虑 G_n 中且满足 $E_j^\dagger = E_j$ 的噪声 E_j。这个情形使得稳定子编码的纠错条件退化为，对所有 j 和 k，$E_jE_k \notin N(S) - S$ 成立。

证明

假设 P 是到编码空间 $C(S)$ 上的投影算子。对给定 j 和 k，有两个可能：或者 $E_j^\dagger E_k$ 在 S 中，或者 $E_j^\dagger E_k$ 在 $G_n - N(S)$ 中。先考虑第一种情况，因为在 S 中元素的乘法作用下，P 不变，因此有 $PE_j^\dagger E_k P = P$。而如果 $E_j^\dagger E_k \in G_n - N(S)$，则 $E_j^\dagger E_k$ 一定和 S 的某个元素 g_1 反对易。假设 $g_1, \cdots, g_{n-k}$ 是 S 的一组生成子，则

$$P = \frac{\prod_{l=1}^{n-k}(I + g_l)}{2^{n-k}} \tag{10.102}$$

根据反对易性，我们有

$$E_j^\dagger E_k P = (I - g_1) E_j^\dagger E_k \frac{\prod_{l=2}^{n-k}(I + g_l)}{2^{n-k}} \tag{10.103}$$

但是因为 $(I + g_1)(I - g_1) = 0$，有 $P(I - g_1) = 0$。因此当 $E_j^\dagger E_k \in G_n - N(S)$，我们有 $PE_j^\dagger E_k P = 0$ 成立。所以错误集合 $\{E_j\}$ 满足量子纠错条件，是一组可纠正错误。

□

定理 10.8 的内容和证明是非常漂亮的理论结果，但即使在可行的情况下，它也没有明确告诉我们如何构造具体的纠错操作。为了理解如何做到这一点，假设 $g_1, \cdots, g_{n-k}$ 是一个 $[n, k]$ 稳定子编码对应的生成元，并且 $\{E_j\}$ 是一组可纠正错误。我们可以通过依次测量生成子 $g_1, \cdots, g_{n-k}$，并根据对应的测量结果 $\beta_1, \cdots, \beta_{n-k}$ 来获得错误征状，最终实现错误的探测。如果错误 E_j 发生，则错误征状将由满足 $E_j g_l E_j^\dagger = \beta_l g_l$ 的 β_l 给出。如果 E_j 是唯一可能造成这种征状的错误算子，则信息纠正可以通过作用 $E_j^\dagger$ 来实现。当有两种不同的错误 E_j 和 $E_{j'}$ 对应相同的征状时，即 $E_j P E_j^\dagger = E_{j'} P E_{j'}^\dagger$，这里 P 是到编码空间上的投影算子，则只要 $E_j^\dagger E_{j'} \in S$，都有 $E_j^\dagger E_{j'} P E_{j'}^\dagger E_j = P$，因此在错误 $E_{j'}$ 后作用 $E_j^\dagger$ 是一个纠正错误的方法。可见，对于每一种可能的错误征状，只需要找出对应该征状的任何一个错误 E_j，然后作用一个 $E_j^\dagger$ 算子即可纠正错误。

定理 10.8 使我们可以为量子编码引入类似经典编码中*距离*的概念。对一个错误 $E \in G_n$，我们将它的*权重*定义为张量积中非单位阵的项的数量。比如，$X_1 Z_4 Y_8$ 的权重为 3。一个稳定子编码 $C(S)$ 的距离定义为 $N(S) - S$ 中元素的最小权重。如果 $C(S)$ 是一个距离为 d 的 $[n,k]$ 编码，我们说 $C(S)$ 是一个 $[n,k,d]$ 稳定子编码。根据定理 10.8，一个距离至少为 $2t+1$ 的编码可以纠正 t 个量子比特上的任意错误，这与经典情形相同。

习题 10.45（纠正定位噪声）　假设 $C(S)$ 是一个 $[n,k,d]$ 稳定子编码。使用这种编码，n 个量子比特被用来编码 k 个逻辑量子比特，然后噪声作用在编码数据上。但是，很幸运地，我们被告知只有 $d-1$ 个量子比特被噪声影响，而且被告知这 $d-1$ 个量子比特的精确位置。证明我们可以纠正这些定位噪声的影响。

10.5.6　例子

我们现在给出稳定子编码的一系列例子，这包括之前介绍过的九量子比特 Shor 编码和 CSS 编码，但现在是以稳定子形式的角度来介绍。在每个例子中，将定理 10.8 的内容应用在对应的生成子上，我们可以很容易得出这些纠错码的一些特性。基于这些例子，我们还考虑对应的编码电路和解码电路。

三量子比特的比特翻转编码

考虑我们熟悉的三量子比特的比特翻转编码，它被量子态 $|000\rangle$ 和 $|111\rangle$ 张成，因此对应着 Z_1Z_2 和 Z_2Z_3 生成的稳定子。通过验证，可知错误集合 $\{I, X_1, X_2, X_3\}$ 中任何两项的乘积——即 $I, X_1, X_2, X_3, X_1X_2, X_1X_3, X_2X_3$——都跟稳定子对应生成子中的至少一项（除了 I，它在 S 中）反对易，因此根据定理 10.8，$\{I, X_1, X_2, X_3\}$ 对具有稳定子描述 $\langle Z_1Z_2, Z_2Z_3\rangle$ 的三量子比特的比特翻转编码来说，是一组可纠正错误。

比特翻转编码的错误探测可以通过测量生成子 Z_1Z_2 和 Z_2Z_3 实现。例如，如果错误 X_1 发生，则稳定子变成 $\langle -Z_1Z_2, Z_2Z_3\rangle$，因此征状测量将给出结果 $+1$ 和 -1。类似地，错误 X_2 将给出错误征状 -1 和 -1，错误 X_3 将给出错误征状 $+1$ 和 -1，平凡的错误 I 将给出错误征状 $+1$ 和 $+1$。在每种情形中，信息恢复都可以通过施加一个对应错误的逆操作来实现。对比特翻转编码相关纠错操作的总结，见图 10-10 。

Z_1Z_2	Z_2Z_3	错误类型	操作
$+1$	$+1$	无错误	无操作
$+1$	-1	比特 3 翻转	翻转比特 3
-1	$+1$	比特 1 翻转	翻转比特 1
-1	-1	比特 2 翻转	翻转比特 2

图 10-10　三量子比特的比特翻转编码的纠错，以稳定子语言描述

当然，关于三量子比特的比特翻转编码，上面简述的纠错程序实际上与早前的描述完全一致。这些因为引入稳定子形式而带来的基于群论的复杂分析是值得的，这在后面复杂的例子上将

变得更明显。

习题 10.46 证明三量子比特的相位翻转编码的稳定子，可以由 X_1X_2 和 X_2X_3 生成。

九量子比特 Shor 编码

如图 10-11 所示，Shor 编码的稳定子有八个生成子。对于包含 I 和所有单量子比特错误的错误集，不难验证定理 10.8 的条件是成立的。例如，考虑单量子比特错误 X_1 和 Y_4，它们的乘积 X_1Y_4 与 Z_1Z_2 反对易，因此不在 $N(S)$ 中。类似地，此错误集中任意两项的乘积或者在 S 中，或者跟 S 中至少一个元素反对易，因此不在 $N(S)$ 中，这显示 Shor 编码可以被用来纠正一个任意的单量子比特错误。

名称	算子								
g_1	Z	Z	I	I	I	I	I	I	I
g_2	I	Z	Z	I	I	I	I	I	I
g_3	I	I	I	Z	Z	I	I	I	I
g_4	I	I	I	I	Z	Z	I	I	I
g_5	I	I	I	I	I	I	Z	Z	I
g_6	I	I	I	I	I	I	I	Z	Z
g_7	X	X	X	X	X	X	I	I	I
g_8	I	I	I	X	X	X	X	X	X
$\bar{Z}$	X	X	X	X	X	X	X	X	X
$\bar{X}$	Z	Z	Z	Z	Z	Z	Z	Z	Z

图 10-11　九量子比特 Shor 编码的 8 个生成元，以及逻辑 Z 操作和逻辑 X 操作（是的，它们确实可能是期望的样子颠倒过来）

习题 10.47 验证图 10-11 中的生成子可以生成式 (10.13) 中的两个码字。

习题 10.48 证明操作 $\bar{Z} = X_1X_2X_3X_4X_5X_6X_7X_8X_9$ 和 $\bar{X} = Z_1Z_2Z_3Z_4Z_5Z_6Z_7Z_8Z_9$ 可以充当 Shor 编码中逻辑量子比特上的逻辑 Z 操作和 X 操作。也就是，证明 $\bar{X}$ 和 $\bar{Z}$ 均独立于 Shor 编码的生成子，也都跟它们对易，并且 $\bar{X}$ 和 $\bar{Z}$ 之间反对易。

五量子比特编码

能编码一个量子比特，并且编码后量子态上任意一个单量子比特错误都能被探测和纠正的量子纠错码的大小最小是多少呢？实际上，这个问题的答案是 5 个量子比特（见 12.4.3 节）。

这种编码的稳定子形式的生成子见图 10-12 。因为此五量子比特编码是最小的能保护单量子比特错误的纠错码，因此可能有人认为这也是最有用的纠错码，但实际上在许多应用中使用 Steane 七量子比特编码更容易些。

习题 10.49 利用定理 10.8 验证五量子比特编码可以纠正任意单量子比特噪声。

名称	算子
g_1	$X\ Z\ Z\ X\ I$
g_2	$I\ X\ Z\ Z\ X$
g_3	$X\ I\ X\ Z\ Z$
g_4	$Z\ X\ I\ X\ Z$
$\bar{Z}$	$Z\ Z\ Z\ Z\ Z$
$\bar{X}$	$X\ X\ X\ X\ X$

图 10-12　五量子比特编码的 4 个生成元，以及逻辑 Z 操作和逻辑 X 操作。注意后面 3 个生成元可以通过将第一个往右平移得到

五量子比特编码的逻辑码字为

$$\begin{aligned}|0_L\rangle = \frac{1}{4}\Big[&|00000\rangle + |10010\rangle + |01001\rangle + |10100\rangle \\ &+ |01010\rangle - |11011\rangle - |00110\rangle - |11000\rangle \\ &- |111101\rangle - |00011\rangle - |111110\rangle - |01111\rangle \\ &- |10001\rangle - |01100\rangle - |10111\rangle + |00101\rangle\Big]\end{aligned} \tag{10.104}$$

$$\begin{aligned}|1_L\rangle = \frac{1}{4}\Big[&|11111\rangle + |01101\rangle + |10110\rangle + |01011\rangle \\ &+ |10101\rangle - |00100\rangle - |11001\rangle - |00111\rangle \\ &- |00010\rangle - |11100\rangle - |100001\rangle - |10000\rangle \\ &- |01110\rangle - |10011\rangle - |01000\rangle + |11010\rangle\Big]\end{aligned} \tag{10.105}$$

习题 10.50　证明五量子比特编码以最大的程度满足量子汉明界，即它使不等式 (10.51) 的等号成立。

CSS 编码和七量子比特编码

CSS 编码是稳定子编码的一个极好例子，它清晰地展示了使用稳定子形式，理解量子纠错码的构造可以多么容易。假设 C_1 和 C_2 分别是指标为 $[n, k_1]$ 和 $[n, k_2]$ 的两个线性经典纠错码，并且 $C_2 \subset C_1$，同时 C_1 和 $C_2^{\perp}$ 都能纠正 t 个错误。定义一个校验矩阵如下

$$\left[\begin{array}{c|c} H\left(C_2^{\perp}\right) & 0 \\ 0 & H\left(C_1\right) \end{array}\right] \tag{10.106}$$

为了看出这确实定义了一个稳定子编码,我们需要此校验矩阵满足对易性条件 $H\left(C_2^{\perp}\right) H\left(C_1\right)^T = 0$，但是由于假设 $C_2 \subset C_1$，我们有 $H\left(C_2^{\perp}\right) H\left(C_1\right)^T = \left[H\left(C_1\right) G\left(C_2\right)\right]^T = 0$。实际上，一个不难的练习就可以得到，此编码正是 CSS(C_1, C_2)，并且能够纠正任意的 t 量子比特错误。

七量子比特 Steane 编码是 CSS 编码的一个例子，在式 (10.83) 中我们已经看到它的校验矩阵。

对 Steane 编码来说，编码后的 Z 和 X 算子可以定义为

$$\bar{Z} \equiv Z_1Z_2Z_3Z_4Z_5Z_6Z_7; \quad \bar{X} \equiv X_1X_2X_3X_4X_5X_6X_7 \tag{10.107}$$

习题 10.51 验证式 (10.106) 定义的校验矩阵对应 CSS 编码 CSS (C_1, C_2) 的稳定子，并且利用定理 10.8 证明此编码可以纠正至多 t 个量子比特上的任意错误。

习题 10.52 通过在码字上的直接作用，验证式 (10.107) 中的算子可以充当逻辑 Z 和 X 操作。

10.5.7 稳定子编码的标准形式

如果我们将编码以标准形式呈现，则对一个稳定子编码来说，逻辑 Z 和 X 算子的构造就容易多了。为了说明是什么标准形式，考虑一个 $[n,k]$ 稳定子编码 C 的校验矩阵：

$$G = [G_1|G_2] \tag{10.108}$$

这个矩阵有 $n-k$ 行，交换这个矩阵的行对应着重新标记其中一些生成子，在矩阵的两边交换对应的列则对应着重新标记量子比特，而将两行相加则对应着将生成子相乘。不难看出，当 $i \neq j$ 时，我们可能总是将生成子 g_i 用 g_ig_j 替代。因此，总是有一个生成元不同但实际上等价的纠错码，它的校验矩阵是 G_1 被高斯消去法处理后的矩阵 G，注意必要时可做一些量子比特的交换：

$$\begin{array}{r} r\{ \\ n-k-r\{ \end{array} \left[\begin{array}{cc|cc} \overbrace{I}^{r} & \overbrace{A}^{n-r} & \overbrace{B}^{r} & \overbrace{C}^{n-r} \\ 0 & 0 & D & E \end{array} \right] \tag{10.109}$$

这里，r 是 G_1 的秩。接着，通过必要时交换量子比特，对 E 做一个高斯消去法我们得到

$$\begin{array}{r} r\{ \\ n-k-r-s\{ \\ s\{ \end{array} \left[\begin{array}{ccc|ccc} \overbrace{I}^{r} & \overbrace{A_1}^{n-k-r-s} & \overbrace{A_2}^{k+s} & \overbrace{B}^{r} & \overbrace{C_1}^{n-k-r-s} & \overbrace{C_2}^{k+s} \\ 0 & 0 & 0 & D_1 & I & E_2 \\ 0 & 0 & 0 & D_2 & 0 & 0 \end{array} \right] \tag{10.110}$$

这里最后的 s 个生成子并不能跟最开始的 r 个生成子对易，除非 $D_2 = 0$，因此我们可以假设 $s = 0$。并且，通过行的线性组合，我们也可以设置 $C_1 = 0$，因此我们的校验矩阵有如下的形式：

$$\begin{array}{r} r\{ \\ n-k-r\{ \end{array} \left[\begin{array}{ccc|ccc} \overbrace{I}^{r} & \overbrace{A_1}^{n-k-r} & \overbrace{A_2}^{k} & \overbrace{B}^{r} & \overbrace{0}^{n-k-r} & \overbrace{C}^{k} \\ 0 & 0 & 0 & D & I & E \end{array} \right] \tag{10.111}$$

这里我们将 E_2 和 D_1 分别重新标记为 E 和 D。不难看出，这种处理程序不是唯一的，但是，我们称任意校验矩阵形如式 (10.111) 的纠错码处于标准形式。

有了量子编码的标准形式，不难定义对应的编码 Z 算子。具体来说，我们需要挑出 k 个独立于生成子，彼此也互相独立的算子，同时这些算子与生成子对易，且彼此也对易。假设我们将这 k 个编码 Z 算子的校验矩阵写作 $G_z = [F_1F_2F_3|F_4F_5F_6]$，这里所有的矩阵都有 k 行，而对应的列数为 $r, n-k-r, k, r, n-k-r$ 和 k。我们挑选这些矩阵使得 $G_z = [000|A_2^T0I]$，则这些编码 Z 算子稳定子元素之间的对易性，可由等式 $I \times \left(A_2^T\right)^T + A_2 = 0$ 得到。同时，由于这些编码 Z 算子只包含 Z 算子的乘积，则它们之间也是对易的。编码 Z 算子同稳定子的头 r 个生成子之间互相独立，来自编码 Z 算子不包含 X 项的事实；而与 $n-k-r$ 个生成元的集合之间互相独立，来自这些生成元的校验矩阵包含 $(n-k-r) \times (n-k-r)$ 个单位阵，而编码 Z 算子的校验矩阵没有任何对应项。类似地，我们可以通过 $k \times 2n$ 校验矩阵 $[0E^TI|C^T00]$ 来选出编码 X 算子。

习题 10.53　证明编码 Z 算子彼此独立。

习题 10.54　利用上面定义的编码 X 算子的校验矩阵，证明编码 X 算子彼此独立，也独立于生成子；而且编码 X 算子既彼此对易，也与稳定子的生成子对易。$\bar{X}_j$ 与 $\bar{Z}_j$ 之外的 $\bar{Z}_i$ 也彼此对易，且与 $\bar{Z}_j$ 反对易。

作为一个例子，我们现在将 Steane 编码的校验矩阵（式 (10.83)）转化成标准形式。对这个编码，我们有 $n=7$ 和 $k=1$，观察校验矩阵可以看出 σ_x 部分的秩为 $r=3$。通过交换量子比特 1 和 4，3 和 4，6 和 7，并且将行 6 加到行 4，行 6 加到行 5，以及行 4 和行 5 加到行 6，矩阵将成为如下的标准形式：

$$\left[\begin{array}{ccccccc|ccccccc}
1&0&0&0&1&1&1&0&0&0&0&0&0&0\\
0&1&0&1&0&1&1&0&0&0&0&0&0&0\\
0&0&1&1&1&1&0&0&0&0&0&0&0&0\\
0&0&0&0&0&0&0&1&0&1&1&0&0&1\\
0&0&0&0&0&0&0&0&1&1&0&1&0&1\\
0&0&0&0&0&0&0&1&1&1&0&0&1&0
\end{array}\right] \tag{10.112}$$

通过读取 $A_2 = (1,1,0)$，可知编码 Z 算子具有校验矩阵 $[0000000|1100001]$，这对应着 $\bar{Z} = Z_1Z_2Z_7$。如前所述，量子比特 1 和 4，3 和 4，6 和 7 已经被交换，这对应着在原编码中编码 Z 算子可以是 $\bar{Z} = Z_2Z_4Z_6$。考虑到式 (10.107) 显示编码 Z 算子是 $\bar{Z} = Z_1Z_2Z_3Z_4Z_5Z_6Z_7$，这看来似乎有些费解。但是，注意到这两个“不同的”编码 Z 算子只相差一个因子 $Z_1Z_3Z_5Z_7$，而这正是 Steane 编码的一个稳定子，因此这两个算子在 Steane 编码上具有同样的效果，前面让人疑惑的地方也就此化解。

习题 10.55　给出 Steane 编码标准形式的 $\bar{X}$ 算子。

习题 10.56　g 是稳定子的一个元素，证明将编码 X 算子或编码 Z 算子分别用它们和 g 的乘积代替，不改变它们在编码上的作用效果。

习题 10.57　给出五量子比特和九量子比特编码标准形式下的校验矩阵。

10.5.8 编码、解码和纠错的量子电路

稳定子编码的一个特征就是它们的结构使得编码、解码和纠错程序的系统性构造成为可能。我们首先描述完成这些任务的一般性方法，然后作为例子给出一些具体的构造方案。考虑一个参数为 $[n,k]$ 的稳定子编码，它的生成元为 $g_1,\cdots,g_{n-k}$，逻辑 Z 操作为 $Z_1,\cdots,\bar{Z}_k$。

作为量子计算的一个标准化起始态，制备编码后的量子态 $|0\rangle^{\otimes k}$ 并不困难。为此，我们从一个容易制备的量子态，例如 $|0\rangle^{\otimes k}$ 开始，然后依次测量可观测量 $g_1,\cdots,g_{n-k},Z_1,\cdots,Z_k$。根据测量结果的不同，得到的量子态将被稳定子 $\langle\pm g_1,\cdots,\pm g_{n-k},\pm Z_1,\cdots,\pm Z_k\rangle$ 稳定，这里符号可以根据测量结果来确定。正如在命题 10.4 的证明中那样，这些生成元和 $\bar{Z}_j$ 的符号，也可以通过作用一组泡利算子的乘积来修正，结果就是量子态的稳定子变为 $\langle g_1,\cdots,g_{n-k},\bar{Z}_1,\cdots,\bar{Z}_k\rangle$。也就是说，量子态被调整为编码后的 $|0\rangle^{\otimes k}$。在这个状态被制备之后，我们可以通过在集合 $\bar{X}_1,\cdots,\bar{X}_k$ 中选择恰当的操作，再次将其变成任意的编码后计算基下量子态 $|x_1,\cdots,x_k\rangle$。当然，这种编码方案的一个缺点就是它不是酉变换。为了得到酉性的编码方案，如同问题 10.3 中介绍的那样，我们可以采用另外一种基于校验矩阵标准形式的方法。如果我们想编码一个未知量子态，也可以如问题 10.4 中介绍的那样，从编码后的 $|0\rangle^{\otimes k}$ 出发系统性地完成。对我们目前的任务来说，制备 $|0\rangle^{\otimes k}$ 足够了。

对应的解码也是比较容易的。但是，有必要解释为什么对于很多目的，完全的解码是没有必要的。实际上，容错量子计算中的技术，可以直接被用来在编码后的量子态上实现逻辑操作，并不需要解码数据。并且，在这种方式下，计算的输出可以通过作用逻辑 Z 操作直接读出，没有必要先做解码然后做计算基下测量。因此，对我们的目的来说，实现一个全酉变换的解码步骤来保护编码后的量子信息并不那么重要。如果因为某种原因这种解码程序确实是我们想要的——比如也许有人正基于量子纠错通过一个有噪声量子信道传递量子信息——则只要再反向运行问题 10.3 中的酉变换编码电路即可实现。

稳定子编码的纠错程序已在 10.5.5 节描述过，它很像编码程序：即只需要依次测量稳定子 $g_1,\cdots,g_{n-k}$，得到错误征状 $\beta_1,\cdots,\beta_{n-k}$，接着基于 β_j 通过经典计算得到所需要的纠错操作 $E_j^\dagger$。

上述搭建编码、解码和纠错电路的关键是要理解如何测量相应的算子。如前所述，这其实是我们已经广泛使用的普通投影测量的一个推广，之前我们的目标是将量子态投影到算子的特征向量上来，以便同时得到投影后的量子态和特征值本身。如果这让你回忆起第 5 章介绍的相位估计算法，那么它不是巧合！在那一章，根据习题 4.34 我们可知，如果有一个逻辑门能实现受控 M 操作，图 10-13 所示的电路就可以用来实现单量子比特算子 M（特征值为 ±1）对应的测量。此电路的两个有用版本，可见图 10-14 和图 10-15，它们完成 X 和 Z 测量。

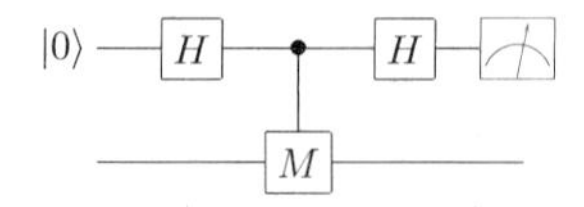

图 10-13 测量一个特征值为 ±1 的单量子比特算子 M 的量子电路。上面的量子比特是测量涉及的辅助态，下面的量子比特是被测量的数据

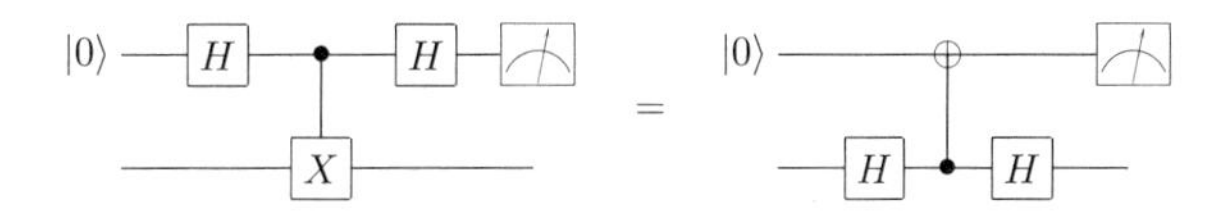

图 10-14　测量 X 算子的量子电路。这里给出了两个等价的电路：左边是通常的构造（如图 10-13 所示），右边是一个有用的等价电路

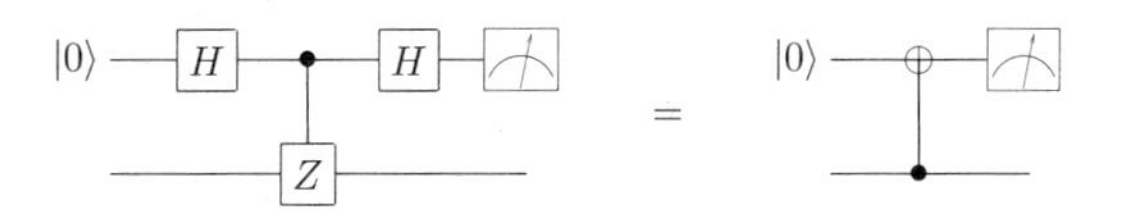

图 10-15　测量 Z 算子的量子电路。这里给出了两个等价的电路：左边是通常的构造（如图 10-13 所示），右边是一个有用的简化电路

当然，这里 M 是单量子比特操作的事实并没有任何特别之处：如果我们将图 10-13 中的第二个量子比特换成一系列量子比特，即 M 变成特征值为 ±1 的任意厄米算子，效果依然类似。例如，这样的算子包括一系列泡利算子的乘积，这是稳定子纠错码在编码、解码和纠错过程中经常需要测量的算子。

作为一个具体例子，我们考虑七量子比特 Steane 编码的征状测量和编码程序。为此，从此编码校验矩阵的标准形式出发是一个方便的做法，因为在这个矩阵上我们立刻可以看到需要直接测量的产生子。特别是，如前所述，左边的区块对应 X 生成元，右边的区块对应 Z 生成元，因此图 10-16 所示的电路立刻就是我们所需要的。注意 1 和 0 的分布，对应着左半边逻辑门（测量 X），以及右半边逻辑门（测量 Z）作用的位置。因此，基于测量结果，通过作用适当的泡利算子乘积，此电路可以被用来实现纠错功能。或者，通过增加一个额外的测量 $\bar{Z}$，同时使用之前描述的方法修正产生子的正负号，此电路可以被用来制备编码后的逻辑量子态 $|0_L\rangle$。

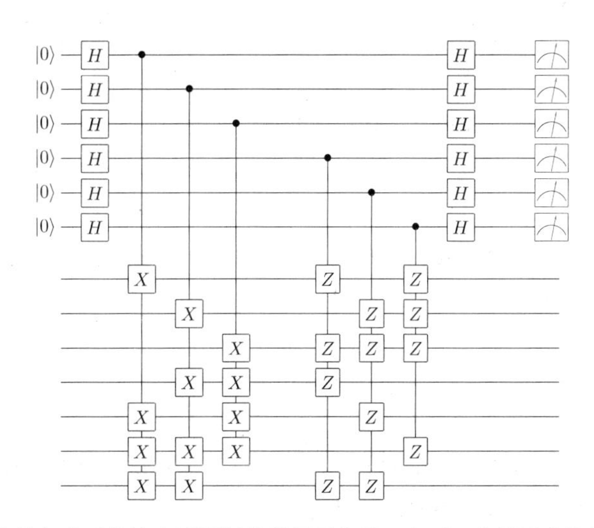

图 10-16　测量 Steane 编码生成元并给出错误征状的量子电路。上面 6 个量子比特是测量用到的辅助态，下面 7 个是编码量子比特

习题 10.58　验证图 10-13 ~ 图 10-15 中的电路功能与描述的一致，同时验证提到的电路等价性。

习题 10.59　利用图 10-14 和图 10-15 中的电路等价性，证明图 10-16 中的征状电路可以被图 10-17

中的电路替代。

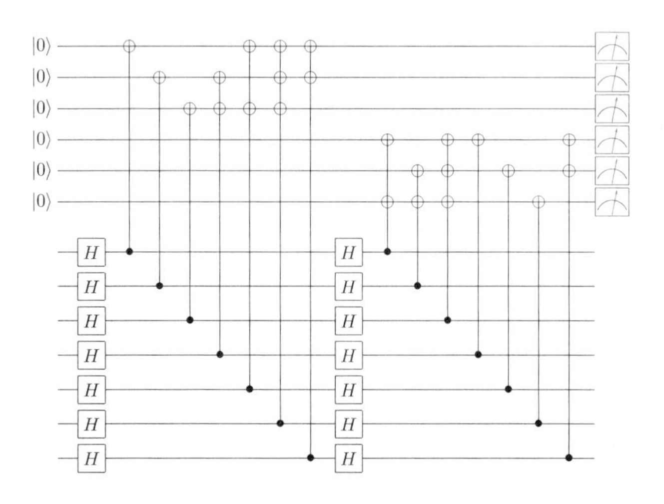

图 10-17　与图 10-16 等价的量子电路

习题 10.60　为九量子比特和五量子比特编码构造与图 10-16 类似的征状测量电路。

习题 10.61　如果用图 10-16 中电路来实现征状测量，为各种不同可能的错误征状明确描述出对应的信息恢复操作 $E_j^\dagger$。

10.6　容错量子计算

量子纠错最强大的应用，不仅仅是用来保护存储或传递的量子信息，更用来保护计算中动态变化的量子信息。一个非常了不起的事实是，即使逻辑门是有瑕疵的，只要每个逻辑门的错误概率低于某个阈值，那么原则上任意精确的量子计算都可以被实现。

在接下来几节，我们将介绍容错量子计算的技术，正是它们实现了上述的非凡成就。具体地，在 10.6.1 节，我们先描述一个宏观的图景，然后在 10.6.2 节和 10.6.3 节将详细介绍容错量子计算的各种技术细节，最后在 10.6.4 节做一个总结，一方面介绍容错量子计算构造的一些局限，同时也讨论它可能的拓展。值得注意的是，容错量子计算很多微妙的细节超出了我们讨论的范围，有兴趣的读者可以参考章末的“背景资料与延伸阅读”做进一步的了解。

10.6.1　容错：全局视角

容错量子计算理论，融合了许多不同的想法，最终将给出阈值条件。我们现在依次介绍这些想法。首先，我们将介绍基于编码后数据的计算，在这里一个基本问题是由于错误的传播和错误的积累，编码后数据上执行的计算所对应的量子电路必须要满足某些容错计算的准则。接着，我们将介绍量子电路的基本噪声模型。通过容错受控非门这个容错操作的具体例子，我们将解释如何阻止错误的传递和积累。最后，我们将介绍如何通过将容错操作与编码级联的技术结合起来，最终得到量子计算的阈值定理，同时我们也会对阈值做一个简单估计。

基本议题

容错量子计算的基本想法是，在合理编码后的量子态上直接进行量子计算，以至于完全不需要做解码操作。假设我们有一个图 10-18 所示的简单量子电路，但不幸的是噪声影响着这个电路的每一个元件，包括量子态的制备、量子逻辑门、对输出的测量，甚至量子信息在电路中的简单传递。为了对抗噪声的影响，我们利用类似七量子比特 Steane 码的纠错码编码方式，将原电路中的每一个量子比特用一个量子比特区块来替代，同时将原电路中的每一个逻辑门用作用在逻辑量子比特上的编码逻辑门替代，如图 10-19 所示。通过周期性地在编码后的量子态上进行纠错操作，我们能够阻止错误在量子态中的积累。当然，即使在每个编码逻辑门后都实施，仅仅是周期性纠错还是不足以阻止噪声的出现。原因是两方面的，首先也是最重要的，编码逻辑门可能会导致错误的传播。例如，图 10-20 所示的编码受控非门可能会导致一个编码控制量子比特中的错误传播到编码目标量子比特上，因此前者中的错误可能会变成后者中的错误。所以，编码逻辑门需要被小心地设计成这样，为了让纠错能有效地消除噪声，在编码逻辑门执行过程中任何位置的错误，只能传播到编码数据中每个区块的少数位置。这种实现编码逻辑门的程序，被称为容错程序。我们将证实，有可能用容错程序实现一组通用逻辑门——包括阿达玛门、相位门、受控非门和 $\pi/8$ 门。量子纠错第二个需要处理的问题是，纠错程序自己也会引入错误，因此我们必须小心地设计纠错程序，使它不会在编码后数据中引入过多错误。这可以通过类似编码逻辑门中阻止错误传播的技术来实现，以防止纠错过程产生的错误过多地传播到编码数据中。

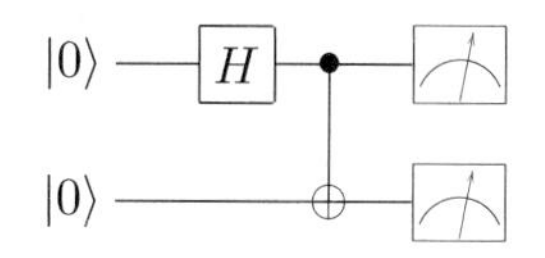

图 10-18　一个简单的量子电路。如果电路中每个组成部分以 p 概率失败，则输出发生错误的概率是 $O(p)$

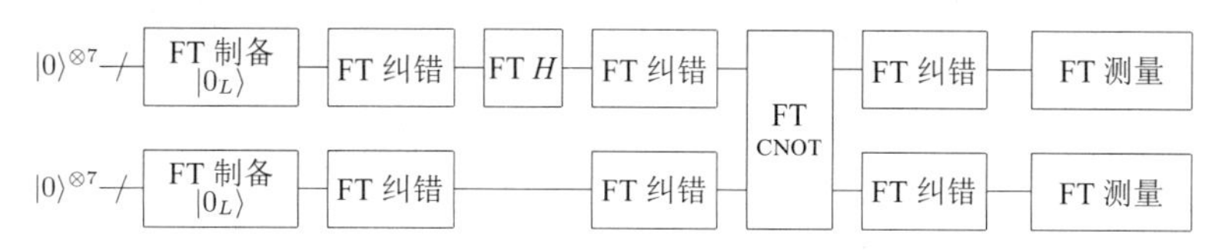

图 10-19　用编码量子比特和编码逻辑操作对图 10-18 中电路的一个模拟实现。如果所有的操作都是容错实现的，则输出的错误概率是 $O(p^2)$，这里 p 是单个器件的失败概率。一个有趣的地方是第二个量子比特上的第二步纠错，似乎它纠正的操作是平凡的：这个量子比特什么操作都没有发生。但是，将一个量子比特储存一段时间也会引入错误，因此为了防止错误的积累，需要周期性地纠错

图 10-20　在受控非门中，一个错误能传播导致两个量子比特错误，而且当使用编码量子比特时也如此。正文介绍了编码受控非门的一种实现方法

容错操作：定义

我们现在来为一个编码逻辑门的实现是容错的给出一个更精确的描述。我们将一个过程是容错的定义为，如果这个过程中的一个组成部分发生错误，那么这个错误在过程最后输出的每一个编码量子比特区块中，至多产生一个错误。

例如，在量子纠错的容错信息恢复程序中，单个组成部分的错误最终将被完美恢复，输出中至多有一个量子比特的错误。这里，"组成部分"是指编码逻辑门中的任何基本操作，可能包括有噪声逻辑门、有噪声测量、有噪声量子传输线，以及有噪声的量子态制备。量子逻辑门中容错程序的这种定义在有些文献中被推广到其他一些微妙问题的处理上，但对我们来说，这种程度的细节已经够了。

当然，编码逻辑门并不是我们在量子计算中希望实现的所有操作，定义容错测量和容错量子态制备的概念也是非常有用的。在一组逻辑量子比特上实现的对某个可观测量的测量是容错的，是指测量过程中任何一个单组成部分的错误，在输出的任何一个编码量子比特区块中最多造成一个量子比特的错误。并且，我们要求如果只有一个单组成部分发生错误，则测量结果发生错误的概率是 $O(p^2)$，这里 p 是测量程序中任何一个单组成部分发生错误的最大概率。类似地，制备一个给定编码量子态的过程是容错的，是指如果过程中任何一个单组成部分发生错误，则在最后的输出中，任何一个编码量子比特区块中至多有一个量子比特发生错误。

为了让容错程序的定义更准确，我们需要对错误模型做一些具体要求。在我们的分析中，对错误的类型做了一个很大程度的简化，我们将错误描述为四种类型，I, X, Y, Z，并且以适当的概率随机发生。当执行类似受控非门这样的操作时，我们也允许相关的错误同时发生在两个量子比特上，但我们要求它们以泡利算子乘积的形式以一定概率出现。这种概率性的分析，使得我们有机会用比较熟悉的经典概率论来确定电路的输出是否正确。在容错程序更复杂的分析中（见"背景资料与延伸阅读"），更加一般性的噪声模型可以被考虑进来。例如，可以允许相关的错误以任意的形式同时发生在多个量子比特上。但是，分析这些复杂情形所使用的技术，本质上都是我们在这里描述的技术的推广，同时也需要借助于我们在本章早些时候所洞察到的一个关键事实，那就是只要能纠正某一个离散集合的错误，就有可能足以纠正连续分布的任意错误。

有了上面的噪声模型，我们就可以更准确地描述什么叫作错误在量子电路中传播。例如，考虑图 10-20 中的受控非门，假设一个 X 错误发生在受控非门作用前的第一个量子比特上。如果我们将受控非门的酉变换记作 U，则这个电路的等效作用为 $UX_1 = UX_1U^\dagger U = X_1X_2U$，也就是说，上述电路的效果如同受控非门首先被完美实现，然后 X 错误同时作用在两个量子比特上。在本章后面的篇幅中，我们将反复利用这种错误和逻辑门配合的技巧，来研究错误在电路中的传播。一个更复杂的例子是假设受控非门自己发生了错误，这时候会发生什么呢？假设这个有噪声受控非门的效果是量子操作 $\mathcal{E}$，则它可能可以写成 $\mathcal{E} = \mathcal{E} \circ \mathcal{U}^{-1} \circ \mathcal{U}$，这里 $\mathcal{U}$ 是一个完美受控非门的作用。因此，有噪声受控非门的效果，等效于首先实现一个完美的受控非门，然后再作用一个量子操作 $\mathcal{E} \circ \mathcal{U}^{-1}$。后者在有噪声受控非门整体效果较好的时候，基本就是一个单位阵，在我们常用的噪声模型下可以理解为以一个很小的概率作用了类似 $X \otimes Z$ 的泡利乘积。

在接下来几节，我们将详细介绍每一个上面已描述的容错操作——构成一个通用逻辑门集合的容错逻辑门、容错测量，以及容错量子态制备。我们的构造都将基于 Steane 编码，但这些构造很容易被推广到其他稳定子编码上。假设所有这些步骤我们都可以随意操作，我们如何将它们装配起来完成量子计算呢？

例子：容错受控非门

我们现在来仔细考察一个实现容错受控非门，以及容错纠错步骤的程序，如图 10-21 所示。我们对这个电路的分析分为四步。第一步是进入电路的输入时刻，第二步是编码受控非门作用后的时刻，第三步是征状测量之后的时刻，第四步是恢复操作完成之后的时刻。我们的目标是指出，这个电路在第一个编码区块引入两个或多个错误的概率大概是 $O(p^2)$，这里 p 是电路中单组成部分发生错误的概率。因为一个作用在第一个量子比特区块上的（假想的）完美解码程序，只有在该区块发生两个或多个错误时才会失败。因此，在上述电路完成之后，一个完美解码的量子态依然包含错误的概率，跟电路作用之前相比至多大 $O(p^2)$。

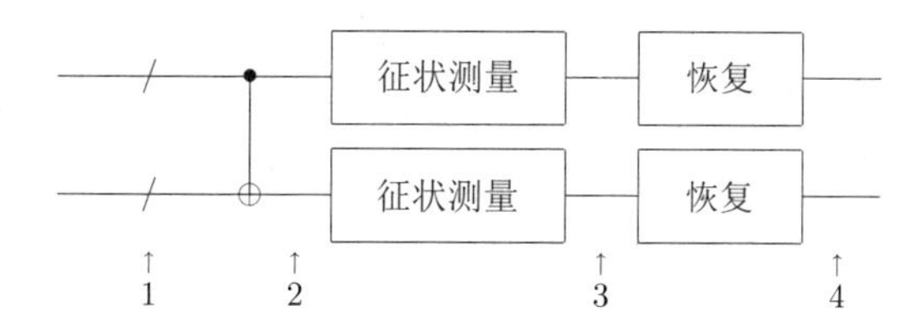

图 10-21　容错程序的分块构造，这里包含了纠错过程

为了证明这个程序在第一个量子比特区块中引入两个错误的概率是 $O(p^2)$，我们来确定引入两个错误的所有可能性：

1. 在第一步，在每个编码量子比特区块中都有一个已存在错误进入电路。这种情况有可能在输出的第一个量子比特区块中造成两个错误，因为，比如说第二区块中的错误可能会通过编码受控非门传播到第一个区块中来。假设到这步为止的所有操作都是容错的，我们可以认为，这种错误进入第一个区块的概率最多是 c_0p，这里 c_0 是一个常数，原因是在量子电路之前的阶段，肯定有类似的错误发生在征状测量或信息恢复步骤。c_0 是在电路前一阶段的征状测量或信息恢复步骤里可能发生错误的位置的总数。如果为了简单起见，我们假设在第一步某个已存在单量子比特错误进入第二区块的概率也是 c_0p。而且，这两个错误独立发生，那么它们同时发生的概率是 $c_0^2p^2$。对下面描述的 Steane 编码构造来说，有 6 个不同的征状测量对 c_0 有贡献，每一个都大概有 10^1 个位置可能发生错误。再结合信息恢复操作涉及 7 个组成部分的事实，我们可以估计出 $c_0 \approx 70$。

2. 一个已存在错误进入第一个或第二个量子比特区块，同时在容错受控非门执行期间发生一个错误。这种情况发生的概率是 c_1p^2，这里 c_1 是类似错误可能发生的所有不同位置对的数量。就基于 Steane 编码的构造来说，之前我们提到过，两个区块中的每个有大概 70 个可能的位置发生问题，导致一个错误进入电路，这样总共是 140 个位置。同时，有其他 7 个可能的位置在电路执行期间发生错误。因此，总共有 $c_1 \approx 7 \times 140 \approx 10^3$ 个可能的位置组合发生一对错误。

3. 在容错受控非门执行期间发生两个错误，这种情况发生的概率是 c_2p^2。这里，c_2 是可能发生错误的位置对的数量，对 Steane 编码，$c_2 \approx 10^2$。

4. 在受控非门执行阶段和征状测量中各发生一个错误。在输出中发生两个或多个错误的唯一可能是征状测量给出错误结果，其发生的概率是 c_3p^2，这里 c_3 是一个常数（对 Steane 编码来说 $c_3 \approx 10^2$）。另外一种有意思，但其实无关紧要的情况是征状测量给出正确结果，此时受控非门引入的错误被正确诊断及纠正，因此输出中只剩下征状测量中引入的错误。

5. 征状测量中发生两个甚至多个错误，这种情况发生的概率是 c_4p^2，这里 c_4 是错误可能发生的位置对的数量。对 Steane 编码来说，$c_4 \approx 70^2 \approx 5 \times 10^3$。

6. 征状测量和信息恢复阶段各发生一个错误，这种情况发生的概率是 c_5p^2, 这里 c_5 是错误可能发生的位置对的数量。对 Steane 编码来说，$c_5 \approx 70 \times 7 \approx 500$。

7. 信息恢复阶段发生两个甚至多个错误，这种情况发生的概率是 c_6p^2，这里 c_6 是错误可能发生的位置对的数量。对 Steane 编码来说，$c_6 \approx 7^2 \approx 50$。

因此，电路中在第一个量子比特区块中引入两个或多个错误的概率是 cp^2，这里 $c = c_0^2 + c_1 + c_2 + c_3 + c_4 + c_5 + c_6$。对 Steane 编码来说 c 大概是 10^4。如果后面的解码可以完美实现，则最终结果发生错误的概率是 cp^2。这是一个了不起的结果：我们实现了一个受控非门，其中单个组成部分失败的概率是 p，但最终编码后操作的成功概率高达 $1 - cp^2$。因此，如果 p 非常小，比如 $p < 10^{-4}$，则编码操作可以实质性地提升成功率。对量子计算所需要的其他基本操作，我们也有类似的结论。于是，通过将所有操作设计成容错的模式，我们可以将失败的概率从 p 减小到 cp^2，这里 c 是一个常数。我们估计了受控非门中 c 的规模，但对量子计算的其他操作这个常数大小相近，因此我们在数值估计中统一使用 $c \approx 10^4$。

级联编码和阈值定理

基于*级联编码*的想法，我们可以通过实现一个漂亮的构造来进一步降低等效的错误率。其大致的思路是将上述以编码的方式实现逻辑电路的方案重复执行，以分层的形式构造出一系列量子电路，C_0（原本我们希望实现的电路），$C_1, C_2, \cdots$。在构造的第一阶段，原电路中的每个量子比特被编码成量子编码，而编码中的每个量子比特又被进一步编码，如图 10-22 所示可以无休止地重复这个过程。在构造的第二阶段，原电路 C_0 中的每个逻辑门，例如阿达玛门，在 C_1 电路中被容错实现的编码阿达玛门及对应的纠错电路替代。然后，C_1 中的每个基本组成部分在 C_2 中又被容错实现的部件和对应的纠错电路替代，如此反复。假设我们如此实现两层级联编码，而底层——即实际的物理量子比特层——组成部分的错误率是 p，那么中间层（一层编码）的错误率将是 cp^2，而最高层（二层编码）的错误率是 $c\left(cp^2\right)^2$。注意为了保证计算的结果正确，最高层的功能实现必须完全正确。因此，如果编码的级联层数是 k，则最高层的错误率是 $(cp)^{2^k}/c$，而整个电路的尺寸将是 d^k 乘以原电路的尺寸，这里 d 是一个常数，代表着容错实现编码逻辑门和对应纠错所需基本操作的最大数目。

如果我们希望如此实现一个包含 $p(n)$ 个逻辑门的量子电路，这里 n 是问题的规模，$p(n)$ 是一个关于 n 的多项式。例如，这个电路可能是量子质因数分解算法的对应电路。假设我们希望最

后以 ϵ 的精度实现这个算法，那么算法中每个逻辑门的精度需要至少是 $\epsilon/p(n)$。因此，我们要让级联编码的层数满足

$$\frac{(cp)^{2^k}}{c} \leqslant \frac{\epsilon}{p(n)} \tag{10.113}$$

才能实现目标。如果 $p < p_{\rm th} \equiv 1/c$，这样的 k 显然可以找到。条件 $p < p_{\rm th}$ 被称为量子计算的阈值条件，因为只有这个条件满足了我们才能实现任意精度的量子计算。那么为了达到这种精度，电路的规模会是多大呢？选取满足式 (10.113) 的最小 k，于是式 (10.113) 接近等号，再重写式 (10.113)，可得：

$$d^k \approx \left(\frac{\log(p(n)/c\epsilon)}{\log(1/pc)}\right)^{\log d} = O(\text{poly}(\log p(n)/\epsilon)) \tag{10.114}$$

这里 poly 代表某个固定阶数的多项式，于是通过简单计算可以得到最终电路将包含

$$O(\text{poly}(\log p(n)/\epsilon)p(n)) \tag{10.115}$$

个逻辑门，只比原电路的尺寸大多项式倍。总结下来，我们成功得到了量子计算的阈值定理：

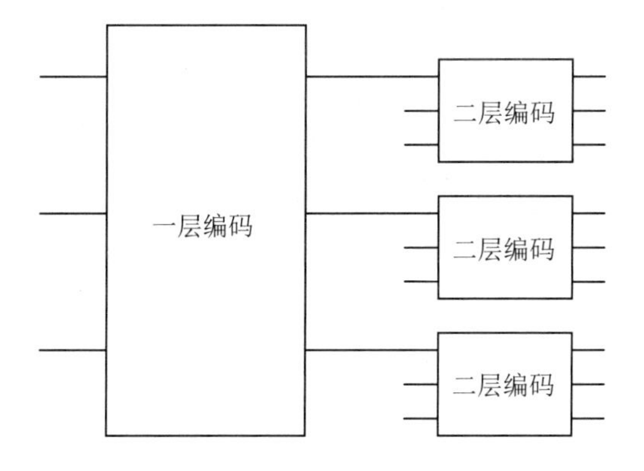

图 10-22 一个两层级联编码，将 1 个量子比特编码成 9 个。为了简单，我们使用的是三量子比特编码。在实际应用中，我们看到的往往是像 Steane 纠错码这样能纠正一个或多个量子比特上任意错误的编码

量子计算的阈值定理：一个逻辑门数量为 $p(n)$ 的量子电路可以被一个包含

$$O(\text{poly}(\log p(n)/\epsilon)p(n)) \tag{10.116}$$

个逻辑门的电路以至多为 ϵ 的整体失败概率模拟实现，只要后者中单个组成部分的最大错误率 p 低于某个常数阈值，即 $p < p_{\rm th}$，同时相关硬件中的噪声满足一些合理的要求。

$p_{\rm th}$ 的值是多少呢？对 Steane 编码来说，根据我们的计数 $c \approx 10^4$，非常粗略的估计显示 $p_{\rm th} \approx 10^{-4}$。应该强调的是，我们的估计与严格但复杂得多的计算结果之间，有着不小的差别，后者一般在 $10^{-5} \sim 10^{-6}$ 范围。同时也要注意到，阈值的精确值也非常依赖我们对计算能力的假设。例如，如果并行操作不可行，那么阈值条件就不可能被满足，因为电路中的噪声累计得太快，纠错机制不足以处理。同时，为了处理测量的征状及决定使用何种逻辑门去校正信息，除了量子

操作，经典计算也是必不可少的。关于阈值估计极限的一些讨论，可以在 10.6.4 节中见到。

习题 10.62 通过完整构造出稳定子的生成子，证明将一个 $[n_1,1]$ 稳定子编码和一个 $[n_2,1]$ 稳定子编码级联起来，可以得到一个 $[n_1n_2,1]$ 稳定子编码。

10.6.2 容错量子逻辑

构建容错量子电路的一个关键技术是构建容错操作的方法，以实现编码量子态上的逻辑操作。在 4.5.3 节中，我们知道阿达玛门，相位门，受控非门和 π/8 门构成一个通用逻辑门集合，使得任何量子计算都能被它们表示。我们现在解释，如何以容错的方式实现这些操作。

规范子操作

我们首先考虑规范子操作——阿达玛门、相位门和受控非门——基于 Steane 编码的容错实现。理解了这个具体构造的基本原理之后，很容易将其推广到稳定子编码的一般情形。如前所述，根据式 (10.107)，对 Steane 编码来说，编码量子态上的泡利矩阵 $\bar{Z}$ 和 $\bar{X}$ 可以用未编码量子比特上的算子表示为

$$\bar{Z}=Z_1Z_2Z_3Z_4Z_5Z_6Z_7;\quad \bar{X}=X_1X_2X_3X_4X_5X_6X_7 \tag{10.117}$$

如同普通阿达玛门跟 Z 和 X 在共轭意义下可交换一样，编码阿达玛门跟 $\bar{Z}$ 和 $\bar{X}$ 在共轭意义下也可交换。由于 $\bar{H}=H_1H_2H_3H_4H_5H_6H_7$ 就可以满足此要求，所以编码量子比特上的阿达玛门可以用图 10-23 所示的方式实现。

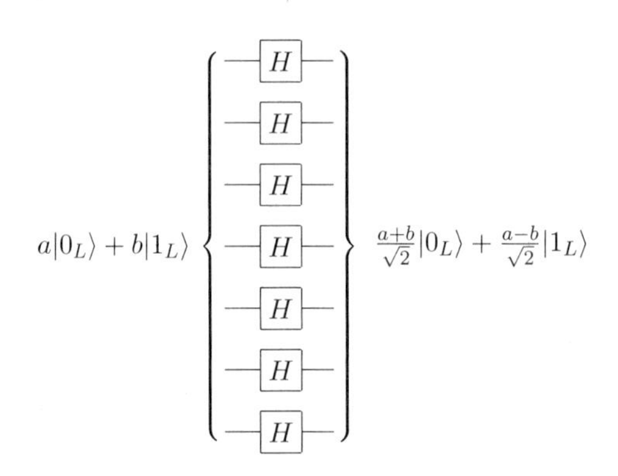

图 10-23 用 Steane 纠错码编码的量子比特上的横向性阿达玛门

习题 10.63 假设 U 是一个将 Steane 编码映射到它自己的酉变换，且 $U\bar{Z}U^\dagger=\bar{X}$，$U\bar{X}U^\dagger=\bar{Z}$。证明 U 在编码状态 $|0_L\rangle$ 和 $|1_L\rangle$ 上的作用效果是 $|0_L\rangle\to(|0_L\rangle+|1_L\rangle)/\sqrt{2}$ 和 $|1_L\rangle\to(|0_L\rangle-|1_L\rangle)/\sqrt{2}$，此外可能差一个全局相位。

虽然这是很好的起步，但仅仅实现逻辑量子态上的逻辑操作不一定表示它就满足容错的要求，我们还需要理解错误是如何传递的。由于实现 $\bar{H}=H^{\otimes 7}$ 的量子电路在任何一个相关联的编码区块中涉及最多一个量子比特，似乎可以很合理地假设本电路中任何一个单独组成部分的错误，最终在输出的每个区块中将导致最多一个错误。

为了说明这一点确实符合事实，假设在编码 H 门执行之前，第一个量子比特发生了一个错误。为了保证确定性，假设这个错误是一个 Z 错误，因此作用在这个量子比特上的联合操作是 HZ。跟我们早前对受控非门中错误传递的分析一样，插入单位阵 $H^\dagger H = I$ 得到 $HZ = HZH^\dagger H = XH$，因此，这个错误相当于首先作用 H 门，然后发生一个 X 错误。类似地，逻辑门执行期间发生的错误相当于首先逻辑门完美执行，然后少量的噪声作用在这个量子比特上，这里少量噪声可以理解成我们通常的噪声 X, Y, Z 均以一个很小的概率发生。图 10-23 中的电路是一个货真价实的容错电路，因为过程中任何位置发生的单量子比特错误不会传递到其他量子比特上，于是在输出的量子比特区块中至多造成一个错误。

在图 10-23 所示的电路中，我们可否提取出一般性原则？一个有用的观察角度是，如果编码逻辑门是以逐位完成操作的方式实现，那么它自动就是容错的，因为这种特征保证了任何位置发生的单个错误，在纠错码的任何区块都将造成至多一个错误，于是出错概率不会失去纠错码的控制。如果编码逻辑门可以逐位完成操作，我们称它们具有横向性（transversality）的特点。横向性是一个有趣的特点，因为它提供了一个寻找容错量子电路的一般性设计原则。我们下面会看到，除了阿达玛门，许多逻辑门都有满足横向性的实现方式。当然，我们也可以实现没有横向性的容错机制设计，例如下面将要介绍的容错 $\pi/8$ 门。

使用 Steane 编码，除阿达玛门外的许多逻辑门都存在横向性（因此也是容错的）实现。除了阿达玛门，三个最有趣的例子是相位门、泡利 X 和 Z 门。例如，假设我们基于 Steane 编码，对七量子比特逐位实现 X 操作，则在共轭作用下 Z 算子将被作用成 $-Z$ 算子，因此 $\bar{Z} \to (-1)^7\bar{Z} = -\bar{Z}$，而且逐位执行的 X 操作在共轭作用下也有 $\bar{X} \to \bar{X}$。所以这个电路在效果上相当于 Steane 编码上的逻辑 X 操作。这个电路具有横向性，因此也自动是容错的。类似地，基于 Steane 编码逐位实现 Z 操作也将给出一个容错的编码 Z 逻辑门实现方案。相位门的横向性实现稍微有些挑战。在共轭作用下，$\bar{S}$ 必须将 $\bar{Z}$ 映射到 $\bar{Z}$，$\bar{X}$ 映射到 $\bar{Y} = \mathrm{i}\bar{X}\bar{Z}$。但是，利用前面的直观猜测，在共轭作用下 $\bar{S} = S_1S_2S_3S_4S_5S_6S_7$ 将 $\bar{Z}$ 映射到 $\bar{Z}$，$\bar{X}$ 映射到 $-\bar{Y}$。$\bar{Y}$ 前面的负号可以被作用一个 $\bar{Z}$ 修复。所以，对编码中每个量子比特逐位作用一个 ZS 操作等价于一个编码相位门，而且它具有横向性，因此是容错的。

与阿达玛门、泡利门和相位门不同，容错实现受控非门看起来很有挑战性，因为这个逻辑门涉及两个七量子比特区块。如何实现受控非门，以至于在编码的每一个区块不会引入超过一个错误呢？幸运的是，如果使用 Steane 编码，正如图 10-24 所示，这实际上是非常容易做到的：只需要 7 个受控非门，分别作用在两个区块对应的量子比特对上！你可能会担心这种实现会不会违反我们的设计原则，毕竟，难道单个错误不能在受控非门中被传播到多个量子比特上吗？这种说法虽然正确，但在我们关心的问题上无关紧要，因为错误的传递只会影响到其他区块中最多一个量子比特，而不会在同一个区块中同时妨碍两个量子比特。仅仅影响其他区块中的一个量子比特是不会造成麻烦的，因为我们的纠错码能纠正每个给定区块中的单量子比特错误。

更精确地说，假设在涉及每个区块第一个量子比特（我们将它们标记为量子比特 1 和 8）的受控非门作用之前，第一个量子比特发生一个 X 错误。假设受控非门被记作 U，则整体的等价操作为 $UX_1 = UX_1U^\dagger U = X_1X_8U$，也就是说，整体效果如同首先完美作用一个受控非门，随后两个区块的首个量子比特均被作用一个 X 门。再稍微麻烦一些的状况是，假设某个受控非门失败了，这会发生什么呢？假设有噪声受控非门实现的是量子操作 $\mathcal{E}$，则它可以写作 $\mathcal{E} = \mathcal{E} \circ \mathcal{U}^{-1} \circ \mathcal{U}$，这里 U 是完美受控非门对应的量子操作。因此，有噪声受控非门相当于首先作用一个完美的受控非门，然后再执行操作 $\mathcal{E} \circ \mathcal{U}^{-1}$。后者在有噪声受控非门整体效果较好的时候，基本就是一个单位阵，在我们常用的噪声模型下可以理解为以一个很小的概率作用了类似 $X \otimes Z$ 的泡利乘积。幸运的是，虽然这些错误涉及两个量子比特，但它们在每个区块内部只涉及一个量子比特，而且类似的结论也适用于其他位置错误的传播。因此，任何位置单个组成部分的错误，在传播过程中都不会造成任何量子比特区块内部的多个错误，所以编码受控非门的上述实现方案是容错的。

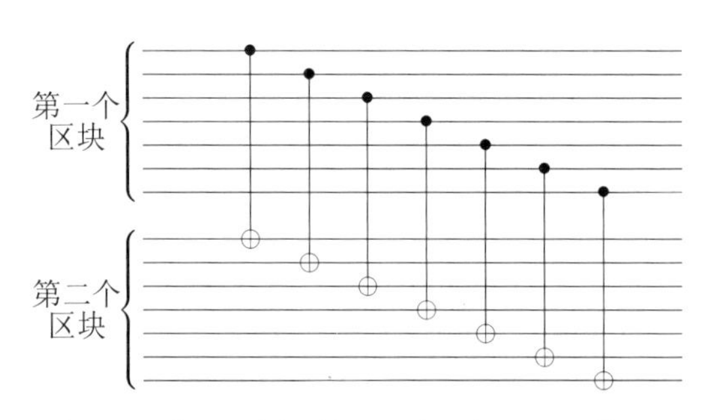

图 10-24　在 Steane 编码下，位于不同区块的两个逻辑量子比特之间的横向性受控非门

我们已经知道阿达玛门、相位门和受控非门都可以以容错的形式实现，所以根据定理 10.6，规范子中的任意操作都可以被容错实现。当然，规范子操作并不足以形成一组量子计算所需要的通用逻辑门，但这是一个有希望的开端。

习题 10.64（错误的反向传播）　可以明确的是，受控非门中控制量子比特上的 X 噪声，会传播到目标量子比特上。此外，目标量子比特上的 Z 噪声，也会反向传播到控制量子比特上。分别利用稳定子形式及量子电路的等价性证明这一点。你可能会发现习题 4.20 是有用的。

容错 $\pi/8$ 门

为了完成一组通用量子逻辑门，剩下需要考虑的就是 $\pi/8$ 门。当然，还有一个替代的办法就是如 4.5.3 节提到的，在当前的容错阿达玛门、相位门和受控非门中再增加一个容错的 Toffoli 门，也可以构成一组通用逻辑门，并且以容错的方式实现量子计算所需要的所有操作。但事实表明，容错 $\pi/8$ 门很容易实现，而且使用类似的技术和复杂一些的构造，容错 Toffoli 门也可以被实现出来。

我们构造容错 $\pi/8$ 门的基本策略是将整个任务分成三个部分。构造的第一个部分是使用我们已经知道如何实现容错的操作，例如受控非门、相位门和 X 门，去搭建一个模拟 $\pi/8$ 门的简单电路。但是，这个电路中有两个部分我们还不知道如何实现容错功能。第一个部分是作为电路输入的辅助量子态的制备，并且为了恰当地制备辅助量子态，我们要求制备过程中任何组成部分的错误，将在最终制备的量子比特区块中导致最多一个错误。这种辅助量子态的容错制备如何实现，将在本节的稍后部分介绍。第二个需要考虑的操作是测量，为了让测量也能实现容错，我们要求测量过程中任何一个组成部分的错误将不影响最后测量的结果。否则，产生的错误将会传播，造成第一区块很多量子比特出错，因为正式测量的结果决定是否完成编码 SX 门的操作。如何实现容错测量，将在下一节中介绍。（严格地说，我们描述的容错测量，将有 $O(p^2)$ 的概率给出错误结果，这里 p 是单个组成部分的错误率。在目前的讨论中，我们将忽略这个因素，其实使用稍微复杂一点的类似分析，处理这个因素也并不困难。）

图 10-25 展示了一个实现 $\pi/8$ 门的电路。电路中所有的构成元素都可以容错实现，除了虚线框中的部分和量子测量有可能无法完全做到。电路的开始是两个编码量子比特，其中一个是我们希望在上面实现操作的 $|\psi\rangle = a|0\rangle + b|1\rangle$（这里 $|0\rangle$ 和 $|1\rangle$ 代表逻辑量子态），另一个量子比特的状态是

$$|\Theta\rangle = \frac{|0\rangle + \exp(\mathrm{i}\pi/4)|1\rangle}{\sqrt{2}} \tag{10.118}$$

这是图中虚线框中电路所产生的状态，我们一会儿就会解释这种辅助量子态是如何容错制备的。接着，作用一个容错量子非门操作，得到

$$\begin{aligned} &\frac{1}{\sqrt{2}}[|0\rangle(a|0\rangle + b|1\rangle) + \exp(\mathrm{i}\pi/4)|1\rangle(a|1\rangle + b|0\rangle)] \\ &\quad = \frac{1}{\sqrt{2}}[(a|0\rangle + b\exp(\mathrm{i}\pi/4)|1\rangle)|0\rangle + (b|0\rangle + a\exp(\mathrm{i}\pi/4)|1\rangle)|1\rangle] \end{aligned} \tag{10.119}$$

最后，测量第二个量子比特，如果结果是 0 则任务完成；否则，再在剩下的量子比特上实施下面的操作

$$SX = \begin{bmatrix} 1 & 0 \\ 0 & \mathrm{i} \end{bmatrix} \begin{bmatrix} 0 & 1 \\ 1 & 0 \end{bmatrix} \tag{10.120}$$

不论结果如何，我们将得到量子态 $a|0\rangle + b\exp(\mathrm{i}\pi/4)|1\rangle$，最多相差一个无关的全局相位，这跟 $\pi/8$ 门的要求一致。这个漂亮的结果看起来没有什么来由，其实这反映了一种系统的构造方法，见下面的习题。在习题 10.68 中，相同的构造方法也被用来实现容错的 Toffoli 门。

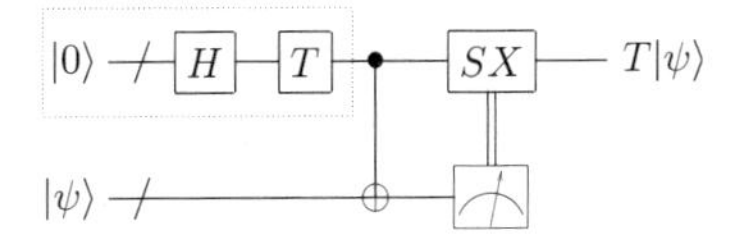

图 10-25　容错实现 $\pi/8$ 门的量子电路。虚线框里是辅助态 $(|0\rangle + \exp(\mathrm{i}\pi/4)|1\rangle)/\sqrt{2}$ 的一个（非容错）制备程序，如何容错地实现这个部分在正文里介绍了。传输线上的斜杠代表这是 7 个量子比特，双传输线代表这是测量得到的经典结果。注意 SX 操作被测量的结果控制

$\pi/8$ 门的容错构造需要制备辅助量子态 $|\Theta\rangle$ 的容错方案，它可以通过容错测量的技术实现，细节将在下一节中介绍，这里我们先介绍容错测量。如图 10-25 所示，$|\Theta\rangle$ 可以如下制备，首先在 $|0\rangle$ 上作用一个阿达玛门，然后再作用一个 $\pi/8$ 门。量子态 $|0\rangle$ 是 Z 特征值为 1 的特征向量，因此，$|\Theta\rangle$ 是 $THZHT^\dagger = TXT^\dagger = \mathrm{e}^{-\mathrm{i}\pi/4}SX$ 特征值为 1 的特征向量。所以，$|\Theta\rangle$ 也可以如下制备，首先制备一个编码 $|0\rangle$，然后容错地测量 $\mathrm{e}^{-\mathrm{i}\pi/4}SX$。如果结果是 1，则任务完成，否则我们有两个选择：要么我们可以重新来过，直到测量 $\mathrm{e}^{-\mathrm{i}\pi/4}SX$ 给出结果 1；要么我们借助一个更简洁有效的观察，即因为 $ZSXZ = -SX$，作用一个容错 Z 门将把量子态从 $\mathrm{e}^{-\mathrm{i}\pi/4}SX$ 特征值为-1 的特征向量，改变为 $\mathrm{e}^{-\mathrm{i}\pi/4}SX$ 特征值为 1 的特征向量。不管采用哪个选择，过程中任何位置的单一错误，将在制备的辅助量子态 $|\Theta\rangle$ 中造成至多一个错误。

不难看出，我们描述的过程整体来说是容错的。但是，我们还是通过一个具体的例子来理解这件事情。假设在辅助构建阶段有一个组成部件发生错误，使得辅助位的某个量子比特上出错。这个错误将通过编码受控非门传播开来，导致第一个和第二个量子比特区块都发生一个错误。幸运的是，第二个逻辑量子比特上的单量子比特错误不影响我们容错测量过程的结果，所以 SX 可以视情况决定是否执行，而第一个区块的错误会传递出去，造成编码逻辑门输出中的一个错误。同理，不难验证，编码 $\pi/8$ 门中任何位置的单量子比特错误，在输出的量子比特编码区块中将至多导致一个单量子比特的错误。

习题 10.65 状态 $|\psi\rangle$ 中的一个未知量子比特，可以与制备成 $|0\rangle$ 的第二个量子比特用两个受控非门进行交换，对应的电路如下

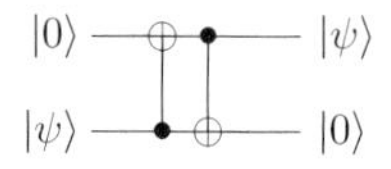

证明下面的两个电路能完成一样的功能，它们只用到一个受控非门，外加一个测量和一个经典控制的单量子比特操作。

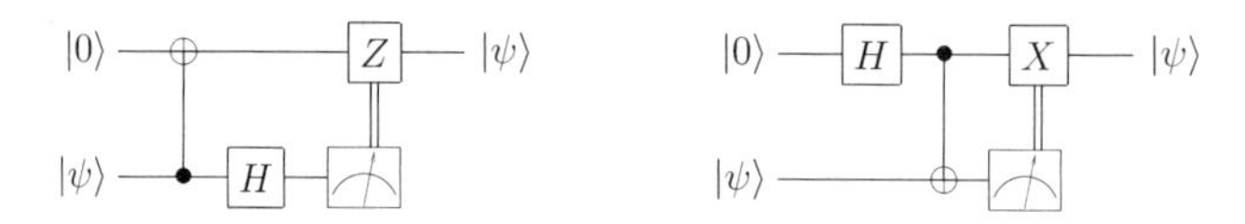

习题 10.66（容错 $\pi/8$ 门构造） 实现 $\pi/8$ 门的一个办法是，先将希望变换的目标量子比特 $|\psi\rangle$ 和另一个已知量子比特 $|0\rangle$ 交换，然后再在输出的量子比特上施加一个 $\pi/8$ 门。对应的电路如下。

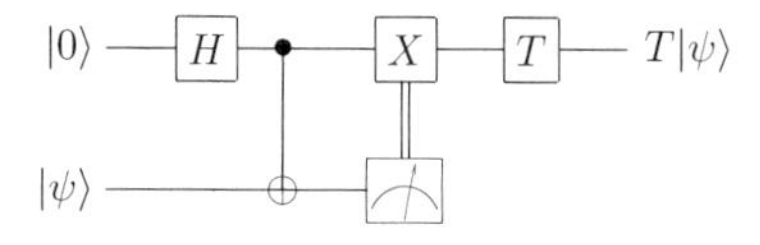

这么做似乎没有什么特别的用处，但其实不然。证明利用关系 $TXT^\dagger = \exp(-i\pi/4)SX$ 和 $TU = UT$（U 是受控非门，T 作用在控制量子比特上）可以得到图 10-25 所示电路。

习题 10.67 证明下面的电路等价成立。

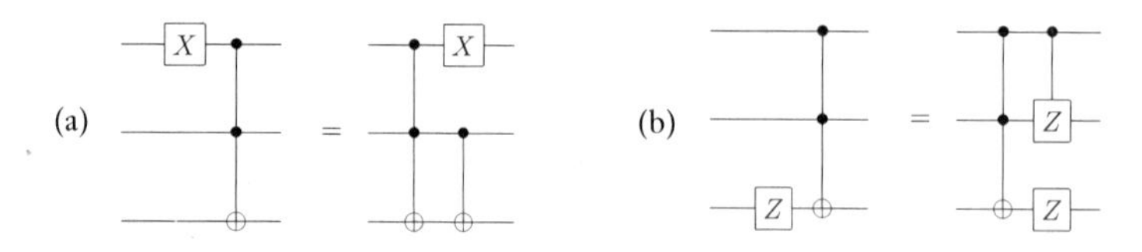

习题 10.68（Toffoli 门的容错构造） 基于上面关于 $\pi/8$ 门的系列习题，稍做调整可以实现 Toffoli 门的容错构造。

1. 首先将希望变换的三量子比特状态 $|xyz\rangle$ 和另外 3 个已知的量子比特 $|000\rangle$ 做交换，然后再在输出的量子比特上作用一个 Toffoli 门。证明下面的电路能完成这个任务。

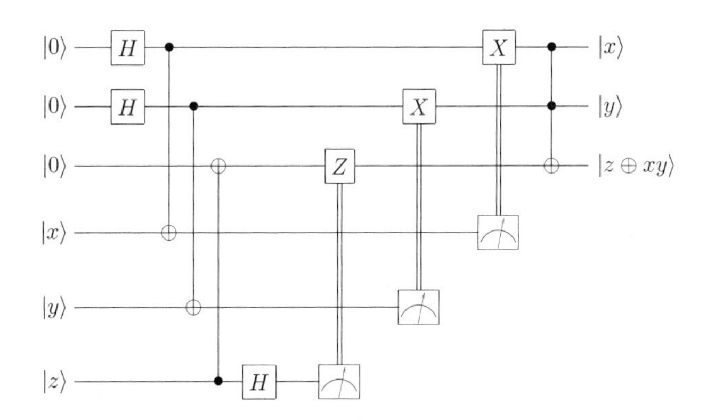

2. 利用习题 10.67 中的交换法则，证明将最后的 Toffoli 门一致移到最左边将得到下面的电路。

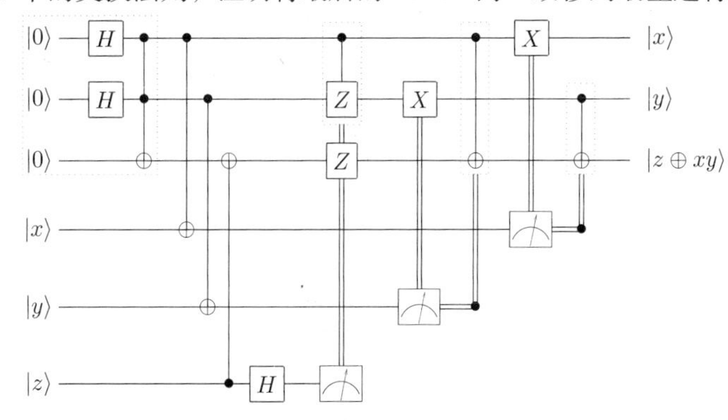

3. 假设最左边虚线框内的辅助状态制备可以容错实现，证明此电路可以完成 Toffoli 门基于 Steane 编码的容错实现。

10.6.3　容错测量

在容错电路的构造中，一个极端重要的有用工具是完成测量 M 的能力。测量被应用在编码中，读出量子计算的结果，诊断纠错中的征状，以及为构建容错 $\pi/8$ 和 Toffoli 逻辑门制备辅助状态，因此对容错量子计算来说无比关键。为了保证针对编码后量子态的测量也是容错的，我们一般需要保证两点来阻止错误的传播。第一，过程中的任意单一错误，在过程结束时，在任何量子比特的区块中应该造成至多一个错误。第二，过程中即使只有一个错误发生，我们要求测量以 $1-O\left(p^2\right)$ 概率给出正确结果。其中第二点至关重要，因为测量结果可能被用来控制量子计算机的其他操作，因此如果结果错误，错误可能会影响到编码量子比特中其他区块的很多量子比特。

如前所述，单量子比特上可观测量 M 对应的测量可以用图 10-26 所示的电路实现。假设 M 可以在一个量子编码上以横向方式实现，即在编码的每个量子比特上逐位作用量子门 M'。例如，对 Steane 编码来说，$M=H$ 可以用逐位作用的 $M'=H$ 来完成横向性实现，而 $M=S$ 的横向性实现则需要逐位的 $M'=ZS$ 操作。这意味着，我们可能可以用图 10-27 所示的电路来在编码数据上完成编码 M 测量。不过需要注意的是，实际的量子编码，例如 steane 编码，需要更多的量子比特。不幸的是，图 10-27 所示的电路不是容错的。为了看出这一点，想象一个单个错误在电路开始的辅助量子比特上发生，则这个错误会传播到所有的量子比特上，因此该电路并不容错。

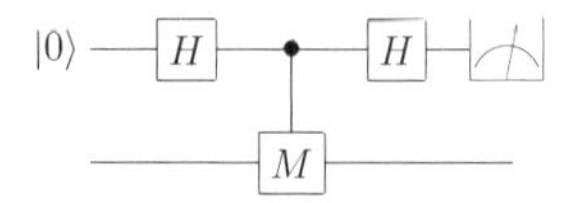

图 10-26　测量特征值为 ± 1 的单量子比特算子 M 的量子电路。上面的量子比特是测量需要的辅助态，下面是被测量的数据量子比特

但是，我们可以用图 10-28 所示的好办法来实现容错的测量电路。为了简单起见，这里待测量的编码数据只包含 3 个量子比特，实际上会类似 Steane 编码，涉及更多的量子比特。在这里，为了让电路更具体我们可以想象所涉及的编码就是 Steane 纠错码。除了编码数据，该电路为每个数据量子比特引进一个辅助的量子比特，且初态为 $|0\rangle$。制备辅助量子态的第一步是制备一个猫态，$|00\cdots0\rangle + |11\cdots1\rangle$。（注意不对猫态做任何编码。）这里，用来完成态制备的电路自然并不是容错的，因为电路中的单个错误可能会导致猫态中多个量子比特上的错误。然而，这并不影响整个过程的容错特征，因为在完成态制备之后我们会完成一些验证步骤（图中只显示了验证中的一步）。

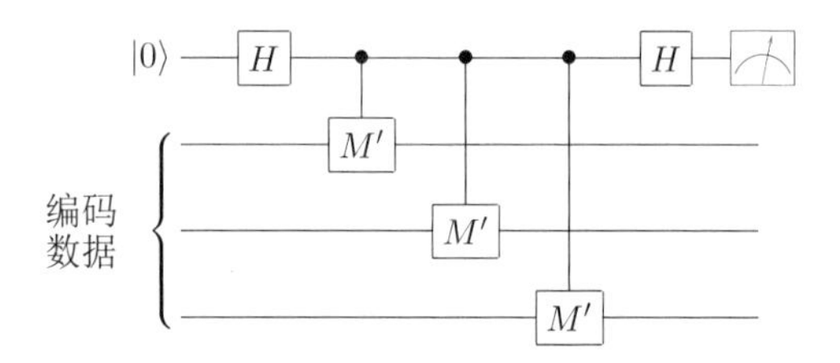

图 10-27　对编码可观测量 M 的测量，实现方法是用横向性的方式逐位实现 M' 测量。此电路并不容错，注意真正的编码将需要不止 3 个量子比特

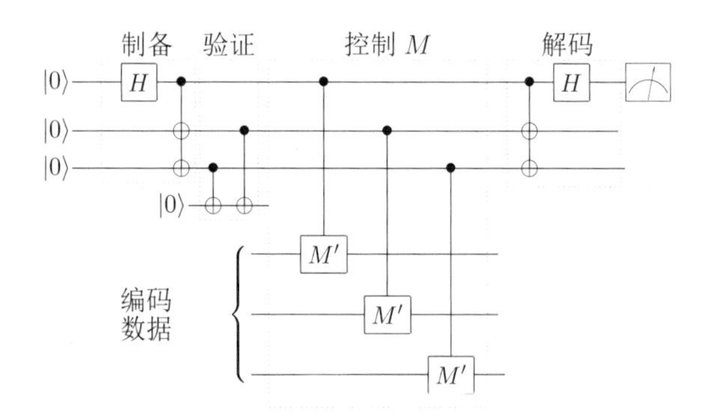

图 10-28　对编码数据的可观测量 M 实现容错测量的程序。重复该步骤 3 次，然后取测量的多数结果作为输出。测量结果错误的概率是 $O(p^2)$，这里 p 是单个器件的失败概率。而且，电路中任意地方发生的单个错误，最终造成数据中至多一处错误

验证的工作原理如下。其实，将采用的基本思路是，如果想验证该状态确实是猫态，验证测量 Z_iZ_j 在所有量子比特对 i 和 j 上的结果总是 1 就足够了，也就是说，猫态上任何量子比特对的配对总是偶数。为了对一个特定配对 Z_iZ_j（图中是 Z_2Z_3）实现验证，我们引入一个初态为 $|0\rangle$ 的额外量子比特。为了计算一对辅助量子比特的配对，我们将作用两个受控非门，其中这两个辅

助量子比特都是控制位，而两个额外量子比特是目标位，而且作用发生在测量额外量子比特之前。如果测得的配对是 1，我们就知道辅助量子态不是猫态，就放弃它，并且重新制备。如果在这一系列奇偶校验中发生了某单个组成部分的错误，那么这个过程就不是容错的，因为不难看出存在单个组成部分的错误，导致辅助状态中不止一处的相位翻转错误。例如，如果在受控非门之间的额外量子比特上发生了 Z 错误，则这个错误可以向前传播，然后导致两个辅助量子比特上的 Z 错误。幸运的是，辅助量子比特上的多个 Z 错误，并不会传播到编码数据中，虽然它们可能会导致最终测量结果的错误。为了解决这个问题（下面会有更多细节描述），我们重复测量过程 3 次并取其中的多数结果，于是测量结果错误两次或多次的概率至多是 $O\left(p^2\right)$。这里，p 是单个组成部分发生错误的概率。X 或 Y 错误又如何处理呢？虽然它们确实可以传播开来导致编码数据的错误，但很幸运的是，猫态制备和验证时的单个错误，只会导致辅助状态在验证后至多产生一个 X 或 Y 错误，因此编码数据上最多存在一个错误，从而确认了容错特性。

习题 10.69　证明辅助态制备和验证时任意位置的单个错误，在输出的辅助态中最多造成一个 X 或 Y 错误。

习题 10.70　证明辅助态中的 Z 错误不会传播到编码数据中，但会造成测量结果的错误。

在猫态被验证之后，受控 M' 门就被作用在辅助量子态和数据量子态构成的量子比特对之间，并且每个辅助量子比特将只被使用一次。因此，如果辅助量子态是 $|00\cdots0\rangle$，编码数据将保持不变，但如果辅助量子态是 $|11\cdots1\rangle$，则编码 M 算子将被作用在数据上。猫态的价值在于它保证错误不会从一个受控 M' 门传播到另一个，所以状态验证阶段或作用受控 M' 门期间的单个错误，只会造成编码数据中的至多单个错误。最后，测量结果将由通过一系列受控非门和 H 门解码得到，而输出量子比特的值是 0 还是 1 将取决于数据状态的特征值。这些最后阶段的逻辑门并不涉及数据，所以这些逻辑门中的错误不会传播到数据中。但如果最后阶段逻辑门中的错误给出错误的测量结果会怎么样呢？通过重复测量 3 次，并取多数结果作为输出，我们可以确保测量结果发生错误的概率是 $O\left(p^2\right)$，这里 p 是单个组成部分发生错误的概率。

我们已经描述的实现容错测量的方法，可做到如下效果，即测量结果错误的概率是 $O\left(p^2\right)$，这里 p 是单个组成部分发生错误的概率，并且整个过程任何位置的单个错误，将最多导致编码数据中的单个错误。这种构造可以推广到可横向性实现的单量子比特可观测量 M 上来。对 Steane 编码来说，这包括阿达玛门、相位门、泡利门，以及稍微调整后的可观测量 $M = \mathrm{e}^{-\mathrm{i}\pi/4}SX$。对于 M 的这种选择和 Steane 编码，受控 M 门可以通过在辅助量子比特和数据量子比特之间横向性地作用 ZSX 逻辑门，然后再在辅助量子比特上横向性地施加 7 个 T 门来实现。如 10.6.2 节中描述的那样，这个观测算子对应的容错测量，可以用来制备在 $\pi/8$ 逻辑门的容错构造中所需要的辅助量子态。

习题 10.71　当 $M = \mathrm{e}^{-\mathrm{i}\pi/4}SX$ 时，验证我们上面描述的过程实现了 M 对应的容错测量。

习题 10.72（Toffoli 辅助态的容错构造）　指出如何容错地制备习题 10.68 中虚线框内的电路所输出的状态，即

$$\frac{|000\rangle + |010\rangle + |100\rangle + |111\rangle}{2} \tag{10.121}$$

你会发现，先找到此状态所对应稳定子的生成子会很有帮助。

对稳定子涉及的生成子的测量

我们已经描述了当 M 是单量子比特上的编码可观测量时，对应容错测量过程的实现，其实该技术可以很自然地推广到其他情形。对我们的要求来说，能实现涉及稳定子的生成子所对应的测量就足够了，它们具有泡利矩阵张量积的形式。这些测量让我们有机会实现容错的错误纠正、量子计算机的初态编码，以及计算最终结果读取阶段所需的编码 Z 算子测量。

作为一个简单例子，在一个 Steane 编码相关的七量子比特区块上，假设我们需要对前 3 个量子比特完成算子 $X_1Z_2X_3$ 对应的测量。则图 10-28 的一个直接推广就可以完成这个任务，如图 10-29 所示。跟之前一样，为了实现算子 $X_1Z_2X_3$ 对应的容错测量，我们在对编码数据上作用横向性受控非门之前也对所制备的猫态做验证。在以容错的方式成功实现这些测量之后，我们就自动具备能力完成下列量子计算所需要的步骤，即编码、征状测量，以及逻辑计算基下的测量。例如，为了实现数据编码，只需要完成制备编码 $|0\rangle$ 态的量子计算就够了。对于类似 Steane 编码的稳定子编码来说，能以容错的方式完成对稳定子涉及的所有生成子，以及编码 $\bar{Z}$ 算子的测量，上述的状态制备就可以实现，当然可能还需要 10.5.1 节中命题 10.4 的证明所给出的适当容错操作来修正这些生成子和编码 Z 算子的符号。在习题 10.73 中，可以看到一个例子解释如何容错制备 Steane 编码对应的逻辑 $|0\rangle$ 态。其他操作的容错实现，例如纠错所需要的征状测量，以及量子计算最终结果在编码计算基下的测量，也可以由类似的方法完成。

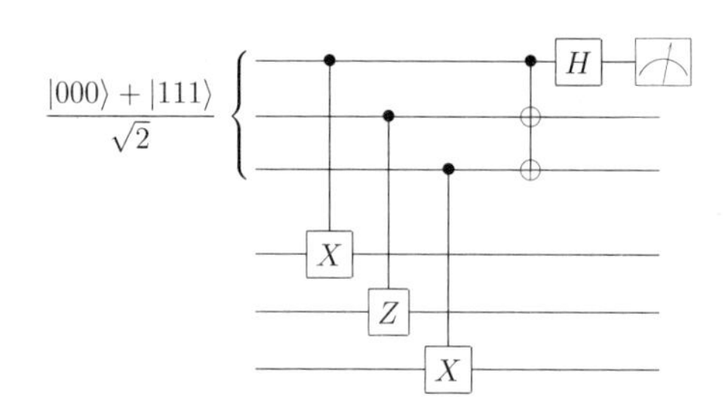

图 10-29　对 3 个量子比特做 XZX 算子容错测量的程序

习题 10.73（编码状态的容错构造）　证明基于 Steane 编码的逻辑 $|0\rangle$ 可以用下面的方式容错构造出来。

1. 利用图 10-16 中的电路，用图 10-30 所示的方法替换对生成子的测量，每个辅助量子比特将变成猫态 $|00\cdots0\rangle + |11\cdots1\rangle$，重新组织各个操作使得控制作用在不同的量子比特上，于是错误就不会在同一个编码区块中传播。

2. 增加一步，实现容错测量 Z。

3. 计算此电路，以及将生成子测量重复 3 遍并取出多数结果输出的错误概率。

4. 列举根据测量结果不同需要完成的操作，并证明它们可以被以容错的方式实现。

习题 10.74　构造一个能以容错方式制备的，并且用五量子比特纠错码（10.5.6 节）编码的逻辑状态 $|0\rangle$ 的电路。

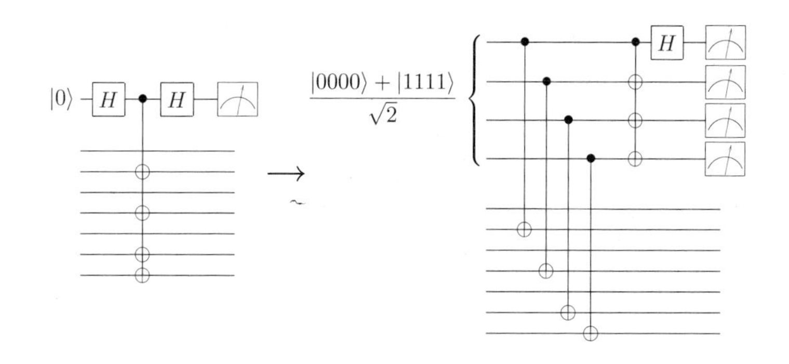

图 10-30　容错制备 Steane 编码中逻辑 $|0\rangle$ 的一步

10.6.4　自恢复量子计算的元素

量子纠错码理论最突出的成就——量子计算阈值定理——指出，如果每个量子逻辑门的噪声低于某个阈值，那么任意大规模的量子计算都可以被有效地实现。换句话说，噪声并不是量子计算的原则性障碍。正如 10.6.1 节所述，证明阈值定理的基本思路，是在编码后的量子态上实现容错操作，同时结合纠错步骤，这样就可以将错误概率从 p 量级降低到 $O\left(p^2\right)$ 量级。然后通过将量子纠错码进行多次级联，我们可以实现分层的容错过程，这样可以进一步将错误概率降低到 $O\left(p^4\right)$ 量级，$O\left(p^8\right)$ 量级，如此反复。最终，只要 p 低于某个阈值 p_{th}，整体的错误概率将低到预期水平。通过这种思路，我们完成了一种阈值的估计方案，大概在 $p_{\text{th}}\sim 10^{-5}-10^{-6}$ 水平。

像阈值定理这样的结论，很明显需要小心地处理前提条件。量子计算并不能对抗任意噪声，实际上，阈值定理的成立有赖于少数几个具有物理合理性的假设，这些假设涉及量子计算机中噪声的类型和量子计算机的架构。我们考虑的噪声模型其实比较简单，真正的量子计算机当然会遇到比我们考虑的模型更复杂的噪声。但是，我们有理由相信，结合更复杂的量子纠错码和分析工具，利用我们在这里发展的技术，可以在比这里考虑的模型更广泛的量子计算场景上，类似地建立阈值定理。

我们没有篇幅做更深入的分析，但我们在此指出几件值得思考的事情。首先，一件有趣的事情是，阈值定理的结果需要量子电路有高度的并行性。即使我们只是希望将量子信息存储在量子记忆体中，也需要涉及高度并行性的周期性量子纠错来实现。因此，对量子计算机的设计者来说，为了更好地应用容错量子计算，将计算机的架构设计成可并行的是一个有利的目标。其次，在我们关于阈值定理的叙述中，我们完全忽略了诸如状态制备、征状测量及信息恢复等操作中经典计算和通信的代价。实际上，这些代价可能非常高。例如，在多层级联的量子编码中，最高层的信息恢复需要量子计算机系统所有部分之间的通信。与错误发生的速度相比，如果这些通信不能迅速完成，则错误就会累积，导致纠错的效果丧失。但是，我们可以通过更复杂的分析来处理这种问题，以及其他类似的状况，从而建立更严格的阈值定理。再次，我们的涉及测量及 $\pi/8$ 门的容错构造，使用了初态为 $|0\rangle$ 的辅助量子比特，可能会引入额外的噪声。实际上，可以证明，为了应用阈值定理，引入常数个拷贝的辅助量子比特是必不可少的。因此，量子计算机的设计者，不但要提供并行的架构，也要能稳定提供初态被设定的辅助量子比特。

我们将主要精力用在对基本原理的论述上，并没有试图最优化我们用到的方法。实际上，完全有可能使用比我们所介绍的更高效的构造方法。一个简单但重要的指导原则是，选择合适的编码。我们集中介绍 Steane 编码，因为它容易使用，而且很好地展示了纠错码的基本原理，但实际上其他的纠错码可能性能好得多。例如，在级联编码的第一层选用已经针对硬件实现中的具体噪声而实现最优化的量子编码，所花费的资源可能好看得多。

虽然阈值定理理论上的思路可以根据量子计算物理实现中主要噪声的特征，以不同的方式做调整，怀疑论者可能依然声称，在证明阈值定理的过程中，对所依赖的噪声模型的限制可能过于严格，以至于这些模型在任何量子系统中都无法实现。这些怀疑论的观点，只有通过大规模量子计算的成功建造才能最终回应。人们目前所达到的结论的了不起之处在于，证明了就人类所掌握的知识而言最终实现量子计算没有实质性的障碍。

总结本章的内容，我们通过量子计算的具体例子，介绍了可复原地实现量子信息处理方案的基本原理。同样的技术也可以应用到其他类型的量子信息处理任务中，例如完成量子密码学任务的量子通信信道。因为量子信息的极度脆弱，实际应用的量子信息处理任务很可能必须要实现某种形式的纠错。但让人意外的是，我们介绍的技术效果很好，以至于基于有瑕疵的量子器件或量子操作，只要错误率低到某种程度，我们就可以实现任意可靠的量子计算。

问题 10.1 如果存在酉信道 $\mathcal{U}$ 和 $\mathcal{V}$，使得 $\mathcal{E}_2=\mathcal{U}\circ\mathcal{E}_1\circ\mathcal{V}$ 成立，则称信道 $\mathcal{E}_1$ 和 $\mathcal{E}_2$ 是相等的。

1. 证明信道相等的关系是一种等价关系。
2. 指出如何将针对信道 $\mathcal{E}_1$ 的纠错码，转换成针对信道 $\mathcal{E}_2$ 的纠错码。假设 $\mathcal{E}_1$ 的纠错过程是通过先做一个投影测量，然后再做一个条件酉变换来实现，解释 $\mathcal{E}_2$ 的纠错过程如何通过类似的过程实现。

问题 10.2（Gilbert-Varshamov 界限） 证明 CSS 编码的 Gilbert-Varshamov 界限，即对给定的 k，存在一个能纠正 t 个错误的 $[n,k]$ CSS 编码，使得下式成立：

$$\frac{k}{n}\geqslant 1-2H\left(\frac{2t}{n}\right) \tag{10.122}$$

一个更具挑战性的任务是，证明针对一般稳定子编码的 Gilbert-Varshamov 界限，即存在能纠正 t 个错误的 $[n,k]$ 稳定子编码，使得

$$\frac{k}{n}\geqslant 1-\frac{2\log(3)t}{n}-H\left(\frac{2t}{n}\right) \tag{10.123}$$

问题 10.3（编码稳定子纠错码） 假设纠错码的生成元是标准形式，编码 Z 和 X 算子也是在标准形式下构造出来的。给出一个电路，使其能够将生成元和编码 Z 算子构成的 $n\times 2n$ 校验矩阵，即

$$G=\left[\begin{array}{ccc|ccc}0&0&0&I&0&0\\0&0&0&0&I&0\\0&0&0&0&0&I\end{array}\right] \tag{10.124}$$

变换到标准形式

$$\left[\begin{array}{ccc|ccc} I & A_1 & A_2 & B & 0 & C_2 \\ 0 & 0 & 0 & D & I & E \\ 0 & 0 & 0 & A_2^T & 0 & I \end{array}\right] \tag{10.125}$$

问题 10.4（通过隐形传态来编码）　假设你有个量子态 $|\psi\rangle$，希望实现它的某种稳定子编码。但你不知道 $|\psi\rangle$ 是如何构造的，也就是说它是未知态。用下面的方式构造一个能实现编码的电路。

1. 解释如何通过将其写成稳定子状态的办法，以容错的方式构造出部分编码态

$$\frac{|0\rangle|0_L\rangle + |1\rangle|1_L\rangle}{\sqrt{2}} \tag{10.126}$$

   因而这个状态可以通过测量生成元的方式制备出来。

2. 使用 $|\psi\rangle$ 和上述状态的未编码量子比特，如何容错地实现贝尔基测量？

3. 测量完成后，给出修正剩下编码量子比特所需要的泡利操作，使得状态成为 $|\psi\rangle$，因此这跟通常的量子隐形传态很类似。

计算电路的错误概率。解释如何修改电路使其可以实现容错解码。

问题 10.5　假设 $C(S)$ 是一个可以纠正单个量子比特错误的 $[n,1]$ 稳定子编码。仅仅使用容错稳定子状态制备、稳定子元素的容错测量和横向性作用的规范子逻辑门，解释如何在用 $C(S)$ 编码的两个逻辑量子比特之间，实现一个容错的受控非门。

本章小结

- **量子纠错码**：一个 $[n,k,d]$ 量子纠错码用 n 个物理量子比特编码 k 个逻辑量子比特，并且距离为 d。
- **量子纠错条件**：C 为一个量子纠错码，P 是映射到 C 上的投影算子。该纠错码能纠正错误集 $\{E_i\}$ 当且仅当

$$PE_i^\dagger E_j P = \alpha_{ij} P \tag{10.127}$$

  对某个复数构成的厄米矩阵 α 成立。

- **稳定子编码**：令 S 是稳定子编码 $C(S)$ 的稳定子，$\{E_j\}$ 是一组噪声，它们是泡利群元素，而且对所有的 j 和 k 有 $E_j^\dagger E_k \notin N(S) - S$ 成立。那么对 $C(S)$ 来说，$\{E_j\}$ 是一组可纠正噪声。
- **容错量子计算**：编码量子态上的一组通用逻辑操作，可以按下面的要求实现出来，即如果所有逻辑门的错误概率是 p，编码数据中的等效错误概率将是 $O(p^2)$ 量级。
- **阈值定理**：假设单个量子门上的噪声低于某个常数阈值，并且满足某些物理上合理的假设，则可以可靠地实现任意长的量子计算，并且为了确保可靠性，多出的代价跟电路的规模比起来很小。

背景资料与延伸阅读

关于经典信息论的纠错码，有许多极好的教科书，我们特别推荐 MacWilliams 和 Sloane 的著作[MS77]。这本书从非常基础的部分开始，迅速而流畅地进入高级专题，并且涵盖的内容非常丰富。Welsh 也写了一本更新，同样也很好的的教材[Wel88]。

量子纠错由 Shor 和 Steane 独立地发展出来，前者发现了 10.2 节中介绍的九量子比特编码[Sho95]，后者以不同的思路研究了多粒子量子纠缠态的干扰特征。量子纠错条件，则由 Bennett、DiVincenzo、Smolin 和 Wootters[BDSW96]，以及 Knill 和 Laflamme[KL97] 独立地基于 Ekert 和 Macchiavello[EM96] 的工作建立。五量子比特编码由 Bennett、DiVincenzo、Smolin 和 Wootters[BDSW96] 以及 Laflamme、Miquel、Paz 和 Zurek[LMPZ96] 独立发现。

Calderbank 和 Shor[CS96] 及 Steane[Ste96] 基于经典纠错的思想发展出 CSS（Calderbank-Shor-Steane）编码。Calderbank 和 Shor 也给出并证明了 CSS 编码的 Gilbert-Varshamov 界限。Gottesman 发明了稳定子形式[Got96]，并用它定义了稳定子编码，同时研究了一些具体编码的性质。Calderbank、Rains、Shor 和 Sloane 也独立地发明了等价的量子纠错方法，它基于经典编码理论的一些想法[CRSS97]。使用 $GF(4)$ 正交几何方法[CRSS98]，他们归类出几乎所有已知的量子编码，也给出了适用于一般稳定子编码的量子 Gilbert-Varshamov 界限的第一个证明，该界限稍早时候被 Ekert 和 Macchiavello 给出[EM96]。Gottesman-Knill 定理似乎由 Gottesman 首先给出[Got97]，他的证明基于他自己发明的稳定子形式，但他将结果归功于 Knill。Gottesman 将他的稳定子形式应用在许多问题上，取得了可观的成功，具体可以参见 [Got97]。我们对稳定子形式的介绍也是基于 [Got97]，在那里可以找到大部分我们介绍过的结果，比如阿达玛门、相位门和受控非门可以生成规范子 $N(G_n)$。

许多针对特定纠错码的构造方法已经被发现，我们在这里只列举一部分。Rains、Hardin、Shor 和 Sloane 构造了一些不属于我们讨论过的稳定子编码的有趣例子[RHSS97]。许多人也考虑了量子比特之外的系统上的量子纠错码，我们特别提到 Gottesman[Got98a] 和 Rains[Rai99b] 的工作，他们考虑了非二元编码，并且考虑了基于这些编码的容错量子计算。Aharonov 和 Ben-Or[ABO99] 也基于与有限域上多项式相关的有趣技术构造了非二元编码，并且调研了基于这些编码的容错量子计算。近似量子纠错是我们没有涉及的另一个问题，Leung、Nielsen、Chuang 和 Yamamoto 指出，允许近似可以导致一些更好的量子编码[LNCY97]。

无噪声量子编码和消相干自由子空间是一大类有趣的量子编码（也超出了本章的范围），有许多涉及这两个方面的工作（包括澄清它们之间的关系）。为了了解这些工作，一个好的切入点是下列著作：Zanardi 和 Rasetti[ZR98, Zan99]，Lidar、Chuang 和 Whaley[LCW98]，Bacon、Kempe、Lidar 和 Whaley[BKLW99, LBW99]，以及 Knill、Laflamme 和 Viola[KLV99]。

许多关于量子纠错码的界限已经被发现，经常是由对应的经典界限调整而来。Ekert 和 Macchiavello[EM96] 指出了证明汉明界量子对应的可能性，构造方法和“简并”量子编码扮演的角色由 Gottesman 澄清[Got96]。Shor 和 Laflamme 证明了经典编码理论中 MacWilliams 等式的量子对应[SL97]。这个工作激发了一系列研究工作，例如涉及与量子编码有关的某些多项式的特性（权重枚举器），或者涉及量子编码界限的更一般性的工作。后者包括下列工作：Ashikhmin[Ash97]，Ashikhmin 和 Lytsins[AL99]，Rains[Rai98, Rai99c, Rai99a]。

经典计算机的容错计算理论由冯·诺依曼建立[von56]，并在 Winograd 和 Cowan 的专著中被讨论[WC67]。Shor 将容错计算的思想介绍到量子计算中来[Sho96]，并展示了如何容错实现所有的计算步骤（状态制备、量子逻辑、纠错及测量）。Kitaev 独立地发展了许多类似的思想[Kit97b, Kit97c]，包括许多基本逻辑门的容错构造。Cirac、Pellizzari 和 Zoller[CPZ96]，Zurek 和 Laflamme[ZL96] 也对容错量子计算的发展做出了早期贡献。DiVincenzo 和 Shor 对 Shor 早期的构造做了推广，实现了对稳定子编码征状的容错测量[DS96]。Gottesman 推广了所有的容错构造，给出了基于任意稳定子编码实现容错量子计算的方案[Got98b]。在 [Got97] 中，可以看到对此工作及许多其他材料的介绍，其中包括一个能解决问题 10.5 的构造。容错 $\pi/8$ 门和 Toffoli 门的构造基于 Gottesman 和 Chuang[GC99]，以及 Zhou 和 Chuang[ZLC00] 发展出来的一系列想法；习题 10.68 中容错 Toffoli 门的构造实际上最早来自 Shor[Sho96]。Steane 也发展了许多巧妙的容错程序构造方法[Ste99]。

Kitaev 介绍了一个用拓扑方法协助纠错，从而实现容错计算的漂亮思想[Kit97a, Kit97b]。大概的想法是，将信息储存在系统的拓扑结构中，于是信息就自然地获得了对噪声影响的免疫。包括这些在内的许多漂亮想法后来被 Bravyi 和 Kitaev[BK98b]，以及 Freedman 和 Meyer[FM98] 进一步发展。针对量子纠错这整个领域，Preskill 完成了一个极好的综述[Pre97]。特别是，该综述不但对拓扑量子纠错做了一个漂亮的描述，而且还包含一些非常有启发性的讨论，涉及拓扑纠错的思想能否对黑洞和量子重力这些基本问题提供新的视角。

许多不同的研究组证明了量子计算的阈值结果。这些结果对许多不同的假设成立，所以实质上给出了许多不同的阈值定理。Aharonov 和 Ben-Or[ABO97, ABO99] 以及 Kitaev[Kit97c, Kit97b] 的阈值证明不需要快速或可靠的经典计算。Aharonov 和 Ben-Or 也证明了，为了让阈值结果成立，在每个步骤上量子计算机必须有常数程度的并行性[ABO97]。在阈值证明中，Gottesman[Got97] 和 Preskill[Pre98c, GP10] 实际上已经对阈值做了非常仔细的优化。Knill、Laflamme 和 Zurek 的结果将精力集中在为一大类错误模型证明阈值定理上[KLZ98a, KLZ98b]。Aharonov、Ben-Or、Impagliazzo 和 Nisan 证明了，为了让阈值定理成立，提供新制备的量子比特是必不可少的[ABOIN96]。进一步的参考文献和背景材料可以在上述系列著作的引文中看到。特别是，这些研究组的工作，都建立在 Shor 关于容错量子计算的开创性工作基础之上。

关于容错量子计算，已经可以看到许多优秀的评论文章，从许多不同的角度，涵盖了很多我们在这里并未涉及的想法。Aharonov 的学位论文[Aha99a] 以内容自我包含的方式发展出了阈值定理，并讨论了许多相关的材料。Gottesman 的学位论文[Got97] 也提供了对容错量子计算的详细介绍，并特别强调了纠错码的性质，给出了针对各种纠错码的容错构造。Knill、Laflamme 和 Zurek[KLZ98a] 也写了一篇关于阈值结果的概述。最后，Preskill 有两篇极好的文章[Pre98c, Pre98a]，介绍了量子纠错和容错量子计算。

第 11 章

熵与信息

熵是量子信息论中的一个重要概念，衡量了物理系统的状态中存在多少不确定性。在本章中，我们将回顾经典和量子信息论中熵的定义和性质。本章的部分内容包含相当详细和冗长的数学论证，读者在初次阅读时，不必弄懂全部细节，可以在之后遇到时再返回参考。

11.1 香农熵

经典信息论的核心概念是香农熵。假设我们得到了一个变量 X 的值，X 的香农熵量化了我们在获悉 X 的值时所能得到的平均信息量；另一种观点是将 X 的熵看作在我们获悉 X 的值前，对其不确定程度的度量。这两种观点是互补的；我们既可以将熵看作在我们获悉 X 的值前，对其不确定程度的度量，也可以看作在我们已经得到 X 的值后，对获得信息量的度量。

直觉上，随机变量的信息内容不应该依赖于随机变量取值的标签。例如，有一个随机变量取值为“头”和“尾”的概率分别为 1/4 与 3/4，另一个随机变量取值为 0 和 1 的概率分别为 1/4 与 3/4，我们希望这两个随机变量包含相同的信息量。因此，随机变量的熵被定义为关于随机变量取值的概率的函数，且不受这些值的标签影响。我们经常将熵写作概率分布 $p_1, \cdots, p_n$ 的函数，这一概率分布的香农熵定义为

$$H(X) \equiv H(p_1, \cdots, p_n) \equiv -\sum_x p_x \log p_x \tag{11.1}$$

我们稍后将论证这一定义的合理性。注意，在这一定义及整本书中，我们将用“log”表示底数为 2 的对数函数，而用“ln”表示自然对数函数。那么根据对数函数底数的约定，我们习惯上认为熵可以用“比特”来度量。你可能会好奇当 $p_x = 0$ 时会发生什么，因为 $\log 0$ 显然是没有定义的。直觉上，一个从来不发生的事件不会对熵有贡献，因此我们习惯上认为 $0 \log 0 \equiv 0$。更形式化一点，注意到 $\lim_{x\to 0} x \log x = 0$，这为我们的约定提供了更有力的支持。

为什么要用这种方式来定义熵呢？本节稍后的习题 11.2 将基于某些“合理”的公理，对熵的这一定义给出一个直观的论证，其中这些公理是信息度量被期望拥有的性质。这一直观上的论证可靠，但并不全面。这样定义熵最好的理由是它可以用来量化存储信息所需要的资源量。更具体地说，假设有某个源（可能是无线电天线）正在产生某种类型的信息，比如以比特串的形式。让我们考虑一个非常简单的模型，对于一个源：我们将它建立为一个产生一串独立同分布随机变量 $X_1, X_2, \cdots$ 的模型。大多数的真实信息源并不完全是这样的，但这通常是对真实情况的一个很好的近似。香农的问题是我们最少需要多少资源来存储由源产生的这些信息，并使其在之后可以被重构。这个问题的答案被证明就是熵，也就是对每个源的符号我们需要 $H(X)$ 个比特，其中 $H(X) \equiv H(X_1) \equiv H(X_2) \equiv \cdots$ 是源模型中每个随机变量的熵。这一结果被称为香农无噪声信道编码定理，我们将在第 12 章中证明它的经典与量子版本。

我们举一个关于香农无噪声信道编码定理的具体例子，假设有一个信息源每次产生 $1, 2, 3, 4$ 四个符号中的一个。在不进行压缩的情况下，每次使用源都需要消耗 2 比特的空间来存储 4 种可能的输出。然而，假设源产生符号 1 的概率是 1/2，符号 2 的概率是 1/4，符号 3 和 4 的概率是 1/8，我们可以利用输出结果的这一偏向来压缩源，实现的方法是用较短的比特串来存储常见的符号例如 1，而用较长的比特串来存储少见的符号例如 3 和 4。一种可行的压缩方式是将 1 编码为比特串 0，2 为比特串 10，3 为比特串 110，4 为比特串 111。可以注意到压缩后的串的平均长度就是每次使用源产生的信息量 $\frac{1}{2} \cdot 1 + \frac{1}{4} \cdot 2 + \frac{1}{8} \cdot 3 + \frac{1}{8} \cdot 3 = \frac{7}{4}$ 比特，这比用最普通直接的方式来存储源所需要的比特数要少！令人惊讶的是它恰好等于源的熵，即 $H(X) = -1/2\log(1/2) - 1/4\log(1/4) - 1/8\log(1/8) - 1/8\log(1/8) = 7/4$! 此外，可以证明任何尝试更进一步地压缩源的企图都将不可避免地导致信息损失；因此熵量化了可能达到的最优压缩表示。

用数据压缩来定义熵，这一具有可操作性的动机表达了量子信息论与经典信息论共有的核心思想：信息的基本度量是对解决某些信息处理问题所需物理资源这一基本问题的回答。

习题 11.1（熵的简单计算）　投掷一枚“公平”硬币的熵是多少？“公平”骰子的熵呢？如果硬币或骰子是不“公平”的，那么熵会如何变化呢？

习题 11.2（熵定义的直观论证）　假定我们正在尝试量化在一次概率试验中可能发生的事件 E 能够提供的信息量，我们通过使用一种取值由事件 E 决定的“信息函数” $I(E)$ 来完成这件事。假定我们对这一函数有如下假设：

1. $I(E)$ 是一个只和事件 E 的发生概率有关的函数，因此可以将其写作 $I = I(p)$，p 表示取值为 0 到 1 的概率。

2. I 是关于概率的平滑函数。

3. 当 $p, q > 0$ 时，$I(pq) = I(p) + I(q)$。（解释：当两个独立事件分别以概率 p 与 q 同时发生时所能获得的信息等于每个事件单独发生时所能获得的信息之和。）

证明 $I(p) = k \log p$ 是满足以上假设的函数，其中 k 是一个常数。由此可以推出一组发生概率分别为 $p_1, \cdots, p_n$ 的互斥事件的平均信息增益等于 $k\sum_i p_i \log p_i$，而这恰好就等于香农熵乘以一个常数。

专题 11.1 熵的量子不确定性原理

用熵的语言有一种优雅的方式来重新叙述量子力学中的不确定性原理。首先回忆一下专题 2.4 中叙述的海森伯不确定性原理，它是说对于一个处于态 $|\psi\rangle$ 的量子系统，其两个可观察量 C 与 D 的标准差 $\Delta(C)$ 和 $\Delta(D)$ 必须满足以下关系

$$\Delta(C)\Delta(D) \geqslant \frac{|\langle\psi|[C,D]|\psi\rangle|}{2} \tag{11.2}$$

令 $C=\sum_c c|c\rangle\langle c|$ 和 $D=\sum_d d|d\rangle\langle d|$ 是 C 与 D 的谱分解。定义 $f(C,D)\equiv \max_{c,d}|\langle c|d\rangle|$ 为任意两个特征向量 $|c\rangle,|d\rangle$ 之间的最大保真度，以泡利矩阵为例来说，$f(X,Z)=1/\sqrt{2}$。

假设量子系统被制备为量子态 $|\psi\rangle$，并且令 $p(c)$ 为关于 C 的一次测量的概率分布，$H(C)$ 是它对应的熵；令 $q(d)$ 为关于 D 的一次测量的概率分布，$H(D)$ 是它对应的熵；那么熵的不确定性原理可以表述为

$$H(C)+H(D) \geqslant 2\log\left(\frac{1}{f(C,D)}\right) \tag{11.3}$$

关于这一结果的完整证明将会使我们偏离主题太远（参见“背景资料与延伸阅读”）；但是对于如下的弱化结果，

$$H(C)+H(D) \geqslant -2\log\frac{1+f(C,D)}{2} \tag{11.4}$$

我们能够给出一个简单的证明。注意到

$$H(C)+H(D) = -\sum_{cd} p(c)q(d)\log(p(c)q(d)) \tag{11.5}$$

我们的目标是在上式中限制 $p(c)q(d)=|\langle c|\psi\rangle\langle\psi|d\rangle|^2$。为了做到这一点，令 $|\tilde{\psi}\rangle$ 为 $|\psi\rangle$ 在由 $|c\rangle,|d\rangle$ 张成的平面上的投影，因此 $|\tilde{\psi}\rangle$ 的模 λ 小于等于 1。如果 θ 是平面上 $|d\rangle$ 与 $|c\rangle$ 的夹角，φ 是 $|\tilde{\psi}\rangle$ 与 $|d\rangle$ 的夹角，那么我们可以知道 $p(c)p(d)=|\langle c|\tilde{\psi}\rangle\langle\tilde{\psi}|d\rangle|^2=\lambda^2\cos^2(\theta-\varphi)\cos^2(\varphi)$。计算表明当 $\lambda=1$ 且 $\varphi=\theta/2$ 时上式达到最大值，为 $p(c)p(d)=\cos^4(\theta/2)$，可以写为如下形式

$$p(c)p(d)=\left(\frac{1+|\langle c|d\rangle|}{2}\right)^2 \tag{11.6}$$

将其与式 (11.5) 结合起来，即可得

$$H(C)+H(D) \geqslant -2\log\frac{1+f(C,D)}{2} \tag{11.7}$$

11.2　熵的基本性质

11.2.1　二元熵

由于二值随机变量的熵非常有用，因此我们给它一个特殊的名字——二元熵，定义为

$$H_{\mathrm{bin}}(p) \equiv -p\log p - (1-p)\log(1-p) \tag{11.8}$$

其中 p 与 $1-p$ 是输出两个值的概率。在上下文定义清晰的情况下，我们用 $H(p)$ 来代替 $H_{\mathrm{bin}}(p)$。图 11-1 展示了二元熵函数的图像。可以注意到 $H(p)=H(1-p)$，并且当 $p=1/2$ 时 $H(p)$ 达到最大值 1。

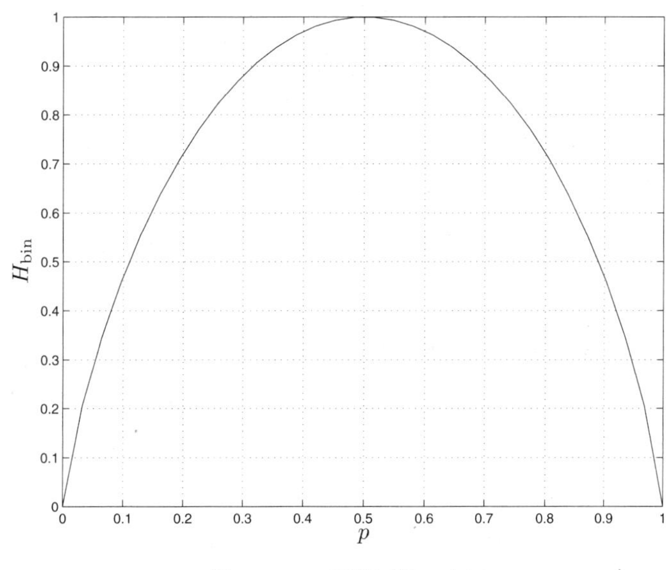

图 11-1　二元熵函数 $H(p)$

二元熵是用来理解熵的更一般性质的极好试验场。当我们混合两个或更多的概率分布时，熵会如何表现是一个特别令人感兴趣的性质。例如，想象一下 Alice 拥有两枚硬币，一枚是 25 美分硬币，另一枚是 1 澳元硬币。两枚硬币都被调整过以便具有某种偏向，其中美元正面朝上的概率是 p_{U}，澳元正面朝上的概率是 p_{A}。假设 Alice 以 q 的概率掷美元，以 $1-q$ 的概率掷澳元，并且告诉 Bob 结果是正面朝上还是反面朝上。那么 Bob 平均能够获得多少信息量？直觉上，Bob 得到的信息应该至少与掷美元或掷澳元得到的平均信息量相等。这一直觉用公式可以表达为

$$H(qp_{\mathrm{U}}+(1-q)p_{\mathrm{A}}) \geqslant qH(p_{\mathrm{U}})+(1-q)H(p_{\mathrm{A}}) \tag{11.9}$$

有时候，上述不等式是严格的，因为 Bob 获得的信息不仅包括了硬币的值，也包括关于硬币特性的额外信息。比方说，如果 $p_{\mathrm{U}}=1/3, p_{\mathrm{A}}=5/6$，并且结果是正面朝上，那么 Bob 就得到了一个相当明显的迹象，即硬币可能是澳元。

式 (11.9) 很容易被证明是正确的，它是凹性这一更广泛概念的一个例子，我们曾在第 9 章讨论距离度量时遇见过这一概念。回忆一下一个实值函数 f 被称为是凹的当且仅当对任意取值为 0 到 1 的 p，有

$$f(px+(1-p)y) \geqslant pf(x)+(1-p)f(y) \tag{11.10}$$

很容易看出来二值熵是凹的，也可以通过检查图 11-1 从而在视觉上捕捉到这一性质，容易观察到二元熵的图始终位于任意一条切割图的线条之上。我们对于经典与量子熵的凹性都非常感兴趣。不要被上述直觉式论证的简单所蒙蔽以致陷入虚妄的自满之中：量子信息论中许多最深刻的结果都源自于经典或量子熵的精妙应用。此外，对于量子熵而言，有时候很难证明直观上认为熵应当具有的凹性。

习题 11.3 证明二元熵 $H_{\rm bin}(p)$ 在 $p=1/2$ 时达到其最大值 1。

习题 11.4（二元熵的凹性） 从图 11-1 可以看出二元熵是一个凹函数，证明这一观察是正确的，也就是

$$H_{\rm bin}(px_1+(1-p)x_2) \geqslant pH_{\rm bin}(x_1)+(1-p)H_{\rm bin}(x_2) \tag{11.11}$$

其中 $0 \leqslant p, x_1, x_2 \leqslant 1$。另外证明二元熵是严格凹的，即上述不等式只有在平凡情形 $x_1=x_2$ 或 $p=0$ 或 $p=1$ 时取等号。

11.2.2 相对熵

相对熵是一种非常有用的类似熵的度量，可以用来衡量两个概率分布 $p(x), q(x)$ 在同一指标集 x 下的接近程度。假设 $p(x)$ 与 $q(x)$ 是两个定义在同一指标集 x 上的概率分布，定义 $p(x)$ 对 $q(x)$ 的相对熵为

$$H(p(x)\|q(x)) \equiv \sum_x p(x)\log\frac{p(x)}{q(x)} \equiv -H(X)-\sum_x p(x)\log q(x) \tag{11.12}$$

我们定义 $-0\log 0 \equiv 0$，并且当 $p(x)>0$ 时，$-p(x)\log 0 \equiv +\infty$。

相对熵可以用来做什么，甚至为什么可以用来度量两个分布之间的距离，这并不显而易见。下面这一定理部分解释了为什么相对熵被认为是一个距离度量。

定理 11.1（相对熵的非负性） 相对熵是非负的，即 $H(p(x)\|q(x)) \geqslant 0$，当且仅当对所有 x 的取值 $p(x)=q(x)$ 时取等号。

证明

在信息论中有一个非常有用的不等式是 $\log x \ln 2 = \ln x \leqslant x-1$，对所有正数 x 都成立，并且当且仅当 $x=1$ 时不等式取等号；这里我们需要稍微调整一下这一结果，得到 $-\log x \geqslant (1-x)/\ln 2$，然后注意到

$$H(p(x)\|q(x)) = -\sum_x p(x)\log\frac{q(x)}{p(x)} \tag{11.13}$$

$$\geqslant \frac{1}{\ln 2}\sum_x p(x)\left(1-\frac{q(x)}{p(x)}\right) \tag{11.14}$$

$$= \frac{1}{\ln 2}\sum_x (p(x)-q(x)) \tag{11.15}$$

$$= \frac{1}{\ln 2}(1-1)=0 \tag{11.16}$$

就是我们想要的不等式。相等条件可以很容易推导出来，注意到第 2 行取等号当且仅当 $q(x)/p(x)=1$ 对所有 x 都成立，即两个分布相同。

□

相对熵之所以很有用并不在于它本身，而是因为其他的熵量可以表示为相对熵的特殊形式。那么关于相对熵的结果就可以给出在特殊情况下其他熵量的结果。举个例子来说，我们可以使用相对熵的非负性来证明下列关于熵的基本事实。假设 $p(x)$ 是 X 在 d 个输出上的概率分布，令 $q(x)=1/d$ 是在这些输出上的均匀概率分布，那么有

$$H(p(x)\|q(x)) = H(p(x)\|1/d) = -H(X) - \sum_x p(x)\log(1/d) = \log d - H(X) \tag{11.17}$$

从定理 11.1 相对熵的非负性，我们可以知道 $\log d - H(X) \geqslant 0$，当且仅当 X 是均匀分布时取等号。这是一个基本事实，但却非常重要，以至于我们要用定理的形式将它重新表述。

定理 11.2　假设 X 是一个有 d 个取值的随机变量，那么 $H(X)\leqslant \log d$，当且仅当 X 是在这 d 个输出上的均匀分布时取等号。

在研究经典与量子熵时，我们将经常使用这一技术——根据相对熵来找到熵量的表达式。

习题 11.5（香农熵的次可加性）　证明 $H(p(x,y)\|p(x)p(y)) = H(p(x)) + H(p(y)) - H(p(x,y))$。由此推导出 $H(X,Y)\leqslant H(X)+H(Y)$，当且仅当 X,Y 为独立随机变量时取等号。

11.2.3　条件熵与互信息

假设 X 与 Y 是两个随机变量，那么 X 与 Y 的信息内容的相关程度如何？本节中我们将引入两个概念——条件熵与互信息，来帮助解答这一问题。我们将对这些概念给出相当正式的定义，有时候你可能会感到疑惑，为什么要用我们指示的这种方式来解释某个特定的变量，比方说条件熵。请记住，这些定义的最终理由是它们回答了所谓的资源问题，这些问题我们将在第 12 章中更加详细地研究，同时对这些量的解释也取决于所需要回答的资源问题本身的性质。

在之前的章节，我们已经遇到过一对随机变量的联合熵，但当时没有具体说明。为了使概念清晰，我们现在明确地给出它的定义。X 与 Y 的联合熵以一种显然的方式定义为

$$H(X,Y) \equiv -\sum_{x,y} p(x,y)\log p(x,y) \tag{11.18}$$

显然，这一定义可以扩展到任意一对随机变量上。联合熵衡量了我们对于 (X,Y) 的整体不确定程度。假设我们知道了 Y 的值，于是我们就得到 $H(Y)$ 个比特关于 (X,Y) 的信息，那么 (X,Y) 剩余的不确定度就依赖于我们在得到 Y 的情况下对于 X 仍缺少的知识。因此在已知 Y 的条件下，X 的熵被定义为

$$H(X|Y) \equiv H(X,Y) - H(Y) \tag{11.19}$$

条件熵是对我们在给定 Y 的值的情况下，对 X 的值的平均不确定度的一种度量。

第二个量是 X 与 Y 的互信息，衡量了 X 与 Y 拥有多少共同的信息。假设我们把 X 的信息量 $H(X)$ 与 Y 的信息量 $H(Y)$ 相加，X 与 Y 的相同信息将在求和时被计算两次，而两者的不同信息将只被计算一次，因此从中减去 (X,Y) 的联合熵 $H(X,Y)$ 之后，我们就得到了 X 与 Y 的共同或者说互信息:

$$H(X:Y) \equiv H(X) + H(Y) - H(X,Y) \tag{11.20}$$

值得注意的是，根据条件熵与互信息的定义，可以得到一个很有用的等式 $H(X:Y) = H(X) - H(X|Y)$。

为了探知香农熵如何起作用，我们现在给出不同熵之间的一些简单关系。

定理 11.3（香农熵的基本性质）

1. $H(X,Y) = H(Y,X), H(X:Y) = H(Y:X)$。
2. $H(Y|X) \geqslant 0$，且有 $H(X:Y) \leqslant H(Y)$，当且仅当 Y 是 X 的函数，即 $Y = f(X)$ 时取等号。
3. $H(X) \leqslant H(X,Y)$，当且仅当 Y 是 X 的函数时取等号。
4. **次可加性**：$H(X,Y) \leqslant H(X) + H(Y)$，当且仅当 X 与 Y 是独立随机变量时取等号。
5. $H(Y|X) \leqslant H(Y)$ 并且有 $H(X:Y) \geqslant 0$，两式都当且仅当 X 与 Y 是独立随机变量时取等号。
6. **强次可加性**：$H(X,Y,Z) + H(Y) \leqslant H(X,Y) + H(Y,Z)$，当且仅当 $Z \to Y \to X$ 构成马尔可夫链时取等号。
7. **条件化降低熵**：$H(X|Y,Z) \leqslant H(X|Y)$。

绝大多数的证明都是显然的或者只是简单的练习题，下面将给出一些简单的提示。

证明

1. 从相关定义出发证明这一结论是显然的。
2. 因为 $p(x,y) = p(x)p(y|x)$，所以我们有

$$H(X,Y) = -\sum_{x,y} p(x,y) \log p(x)p(y|x) \tag{11.21}$$

$$= -\sum_{x} p(x) \log p(x) - \sum_{x,y} p(x,y) \log p(y|x) \tag{11.22}$$

$$= H(X) - \sum_{x,y} p(x,y) \log p(y|x) \tag{11.23}$$

因此，$H(Y|X)=-\sum_{x,y}p(x,y)\log p(y|x)$，而 $-\log p(y|x)\geqslant 0$，因此 $H(Y|X)\geqslant 0$，等号成立当且仅当 Y 是关于 X 的确定性函数。

3. 仿照对上一个结论的证明。

4. 为了证明次可加性，以及之后的强次可加性，我们再次利用以下不等式，即 $\log x\leqslant(x-1)/\ln 2$，其中 x 为任意正数，且当且仅当 $x=1$ 时不等式取等号。我们发现

$$\sum_{x,y}p(x,y)\log\frac{p(x)p(y)}{p(x,y)}\leqslant\frac{1}{\ln 2}\sum_{x,y}p(x,y)\left(\frac{p(x)p(y)}{p(x,y)}-1\right) \tag{11.24}$$

$$=\frac{1}{\ln 2}\sum_{x,y}p(x)p(y)-p(x,y)=\frac{1-1}{\ln 2}=0 \tag{11.25}$$

因此，次可加性成立。值得注意的是，当且仅当 $p(x,y)=p(x)p(y)$ 对所有 x 与 y 都成立时取等号。也就是说，当且仅当 X 与 Y 是独立的，次可加不等式取等号。

5. 仿照次可加性的证明并结合相关定义就可以证明这一结论。

6. 香农熵的强次可加性同样可以通过证明次可加性的技术得到；但是要比那个证明的难度稍高一些。习题 11.6 中将要求你给出这一证明。

7. 直觉上来说，我们期望在知道 Y 与 Z 的值的情况下对于 X 的不确定度要小于在仅知道 Y 的值的情况下。更正式地说，通过加入相关的定义，条件化降低熵的结果等价于

$$H(X,Y,Z)-H(Y,Z)\leqslant H(X,Y)-H(Y) \tag{11.26}$$

而这只是将强次可加性不等式重新排列。

□

习题 11.6（经典强次可加性的证明）　证明 $H(X,Y,Z)+H(Y)\leqslant H(X,Y)+H(Y,Z)$，当且仅当 $Z\rightarrow Y\rightarrow X$ 构成马尔可夫链时等号成立。

习题 11.7　习题 11.5 中隐式证明了互信息可以表达为两个概率分布的相对熵，$H(X:Y)=H(p(x,y)\|p(x)p(y))$。找到一种方式将条件熵 $H(Y|X)$ 表达为两个分布的相对熵。通过这种方式推导出 $H(Y|X)\geqslant 0$，并找到相等条件。

熵之间的各种关系绝大多数都可以从图 11-2 的“熵维恩图”中推导出来。作为熵性质的引导，这个图不一定完全可靠，但是它为记住这些不同定义与熵的性质提供了一种有效方法。

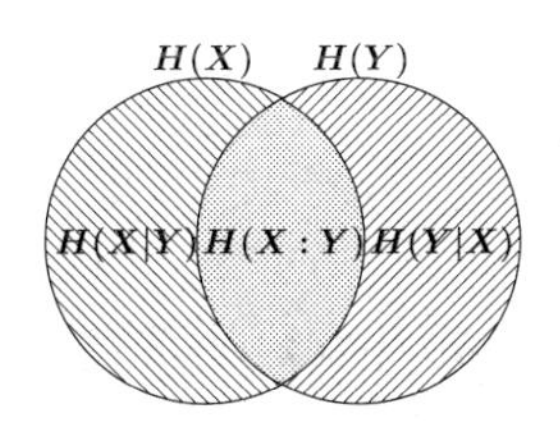

图 11-2　不同熵之间的关系

下面通过一个简单但有用的条件熵链式规则来总结我们关于条件熵与互信息基础性质的研究。

定理 11.4（条件熵链式规则） 令 $X_1,\cdots,X_n$ 和 Y 是任意随机变量集合，那么

$$H(X_1,\cdots,X_n|Y)=\sum_{i=1}^{n}H(X_i|Y,X_1,\cdots,X_{i-1}) \tag{11.27}$$

证明

我们证明当 $n=2$ 时结论成立，然后归纳到 n。仅使用定义与一些简单的代数知识可以得到

$$H(X_1,X_2|Y)=H(X_1,X_2,Y)-H(Y) \tag{11.28}$$

$$=H(X_1,X_2,Y)-H(X_1,Y)+H(X_1,Y)-H(Y) \tag{11.29}$$

$$=H(X_2|Y,X_1)+H(X_1|Y) \tag{11.30}$$

在 $n=2$ 时结论成立。现在我们假设结果对一般的 n 成立，然后表明结论对于 $n+1$ 也成立。利用已经成立的 $n=2$ 的情况，我们有

$$H(X_1,\cdots,X_{n+1}|Y)=H(X_2,\cdots,X_{n+1}|Y,X_1)+H(X_1|Y) \tag{11.31}$$

在等式右边第一项上应用归纳假设给出

$$H(X_1,\cdots,X_{n+1}|Y)=\sum_{i=2}^{n+1}H(X_i|Y,X_1,\cdots,X_{i-1})+H(X_1|Y) \tag{11.32}$$

$$=\sum_{i=1}^{n+1}H(X_i|Y,X_1,\cdots,X_{i-1}) \tag{11.33}$$

归纳完成。

□

习题 11.8（互信息并不总是次可加的） 令 X 与 Y 为独立同分布的随机变量，且取值为 0 和 1 的概率均为 $1/2$。令 $Z\equiv X\oplus Y$，其中 $\oplus$ 表示模 2 加法。证明在这种情况下互信息不是次可加的：

$$H(X,Y:Z)\not\leq H(X:Z)+H(Y:Z) \tag{11.34}$$

习题 11.9（互信息并不总是超可加的） 令 X_1 是一个随机变量，取值为 0 和 1 的概率分别为 $1/2$，并且 $X_2\equiv Y_1\equiv Y_2\equiv X_1$。证明在这种情况下互信息不是超可加的：

$$H(X_1:Y_1)+H(X_2:Y_2)\not\leq H(X_1,X_2:Y_1,Y_2) \tag{11.35}$$

11.2.4 数据处理不等式

在许多令人感兴趣的应用中，我们对现有的信息进行计算，但是这些信息是不完美的，因为在我们获得这些信息前，它们已经受到了噪声的影响。信息论中的一个基本不等式是数据处理不等式，描述了一个源输出的信息只能随着时间而降低：一旦信息丢失，它就永远消失，更准确地表达这一陈述正是本节的目标。

随机变量马尔可夫链的思想捕捉到了信息处理的直观思想。马尔可夫链是这样一个随机变量序列 $X_1 \to X_2 \to \cdots$，且在给定 X_n 的情况下 X_{n+1} 与 $X_1, \cdots, X_{n-1}$ 独立，更正式地说

$$p(X_{n+1} = x_{n+1}|X_n = x_n, \cdots, X_1 = x_1) = p(X_{n+1} = x_{n+1}|X_n = x_n) \tag{11.36}$$

随着时间不断推移，马尔可夫链在什么情况下会丢失掉其早期值的信息？对于这一问题，下面的数据处理不等式给出了一个信息论式的解答。

定理 11.5（数据处理不等式） 假设 $X \to Y \to Z$ 是一个马尔可夫链，那么

$$H(X) \geqslant H(X:Y) \geqslant H(X:Z) \tag{11.37}$$

并且第一个不等式取等号当且仅当给定 Y 的情况下可以重构 X。

这一结论从直觉上看起来是很有说服力的：它告诉我们如果一个随机变量 X 在噪声的影响下产生了 Y，那么在我们这部分上的更进一步的操作（“数据处理”）不可能用来提高这一过程的输出与原始信息 X 之间的互信息。

证明

第一个不等式在定理 11.3 中已证明。从定义中我们可以看出 $H(X:Z) \leqslant H(X:Y)$ 等价于 $H(X|Y) \leqslant H(X|Z)$。而如果 $X \to Y \to Z$ 是马尔可夫链，那么容易证明 $Z \to Y \to X$ 也是马尔可夫链（习题 11.10），即 $H(X|Y) = H(X|Y,Z)$。因此问题被归约为证明 $H(X,Y,Z) - H(Y,Z) = H(X|Y,Z) \leqslant H(X|Z) = H(X,Z) - H(Z)$，这就是我们已证明的强次可加性不等式。

假设 $H(X:Y) < H(X)$，那么我们不可能从 Y 中重构出 X，这是因为如果仅通过 Y 的知识来构造 Z，$X \to Y \to Z$ 一定构成马尔可夫链，那么由数据处理不等式得到 $H(X) > H(X:Z)$，即 $Z \neq X$。从另一个角度来说，如果 $H(X:Y) = H(X)$，那么我们有 $H(X|Y) = 0$，也就是说只要 $p(X = x, Y = y) > 0$，我们就可以得到 $p(X = x|Y = y) = 1$；这意味着如果 $Y = y$，我们就可以确定地推断出 X 等于 x，从而能够重构 X。

□

正如上文所述，如果 $X \to Y \to Z$ 是马尔可夫链，那么 $Z \to Y \to X$ 也是马尔可夫链，于是作为数据处理不等式的一个推论，我们发现如果 $X \to Y \to Z$ 是马尔可夫链，那么有

$$H(Z:Y) \geqslant H(Z:X) \tag{11.38}$$

我们将这一结果称为数据管道不等式。直观上来说，它表达的意思是 Z 与 X 共享的任何信息都必须也被 Z 与 Y 共享，信息如流过管道般从 X 开始经过 Y 到达 Z。

习题 11.10 证明如果 $X \to Y \to Z$ 是马尔可夫链，那么 $Z \to Y \to X$ 也是马尔可夫链。

11.3 冯·诺伊曼熵

香农熵度量了经典概率分布的不确定性，不同的是，量子态一般用密度算子代替概率分布进行描述。这一节我们将推广量子态熵的定义。

冯·诺伊曼将一个量子态 ρ 的熵定义为

$$S(\rho) \equiv -\operatorname{tr}(\rho \log \rho) \tag{11.39}$$

式中对数以 2 为底。如果 λ_x 是 ρ 的特征值，则冯·诺伊曼的定义可写为

$$S(\rho) = -\sum_x \lambda_x \log \lambda_x \tag{11.40}$$

此处像香农熵一样定义 $0\log 0 \equiv 0$。这个式子对计算非常有用，例如，d 维空间的完全混态 I/d 的熵为 $\log d$。

现在开始，由内容可以判断我们提到的熵是香农熵还是冯·诺伊曼熵。

习题 11.11（熵的计算） 计算以下密度矩阵的熵

$$\rho = \begin{bmatrix} 1 & 0 \\ 0 & 0 \end{bmatrix} \tag{11.41}$$

$$\rho = \frac{1}{2}\begin{bmatrix} 1 & 1 \\ 1 & 1 \end{bmatrix} \tag{11.42}$$

$$\rho = \frac{1}{3}\begin{bmatrix} 2 & 1 \\ 1 & 1 \end{bmatrix} \tag{11.43}$$

习题 11.12（量子熵和经典熵的比较） 给定 $\rho = p|0\rangle\langle 0| + (1-p)\frac{(|0\rangle+|1\rangle)(\langle 0|+\langle 1|)}{2}$，计算 $S(\rho)$，比较 $S(\rho)$ 和 $H(p, 1-p)$。

专题 11.2 熵的连续性

假设我们将 ρ 进行很小的变化，$S(\rho)$ 会怎样变化？Fannes 不等式告诉我们答案为“变化不会太大”，甚至提供了变化大小的上界。

定理 11.6（Fannes 不等式） 假设 ρ 和 σ 为密度矩阵，其迹距离满足 $T(\rho,\sigma)\leqslant 1/\mathrm{e}$，则

$$|S(\rho)-S(\sigma)|\leqslant T(\rho,\sigma)\log d+\eta(T(\rho,\sigma)) \tag{11.44}$$

其中 d 为该希尔伯特空间的维度，$\eta(x)\equiv -x\log x$，去掉 $T(\rho,\sigma)\leqslant 1/\mathrm{e}$ 的限制，我们可以证明一个更弱的不等式

$$|S(\rho)-S(\sigma)|\leqslant T(\rho,\sigma)\log d+\frac{1}{\mathrm{e}} \tag{11.45}$$

证明

为了证明 Fannes 不等式，我们需要一个将两个算子的迹距离与其特征值关联起来的结论。令 $r_1\geqslant r_2\geqslant\cdots\geqslant r_d$ 为 ρ 的特征值，$s_1\geqslant s_2\geqslant\cdots\geqslant s_d$ 为 σ 的特征值，均为降序。通过谱分解我们有 $\rho-\sigma=Q-R$，其中 Q 和 R 为存在正交支集的正算子，则 $T(\rho,\sigma)=\mathrm{tr}(R)+\mathrm{tr}(Q)$。定义 $V\equiv R+\rho=Q+\sigma$，有 $T(\rho,\sigma)=\mathrm{tr}(R)+\mathrm{tr}(Q)=\mathrm{tr}(2V)-\mathrm{tr}(\rho)-\mathrm{tr}(\sigma)$，令 $t_1\geqslant t_2\geqslant\cdots\geqslant t_d$ 为 T 的特征值。注意到 $t_i\geqslant\max(r_i,s_i)$，所以 $2t_i\geqslant r_i+s_i+|r_i-s_i|$，进而

$$T(\rho,\sigma)\geqslant\sum_i|r_i-s_i| \tag{11.46}$$

通过积分，只要 $|r-s|\leqslant 1/2$，则有 $|\eta(r)-\eta(s)|\leqslant\eta(|r-s|)$。易得对所有 i，$|r_i-s_i|\leqslant 1/2$，则

$$|S(\rho)-S(\sigma)|=\left|\sum_i(\eta(r_i)-\eta(s_i))\right|\leqslant\sum_i\eta(|r_i-s_i|) \tag{11.47}$$

令 $\Delta\equiv\sum_i|r_i-s_i|$，有 $\eta(|r_i-s_i|)=\Delta\eta(|r_i-s_i|/\Delta)-|r_i-s_i|\log(\Delta)$，可见

$$|S(\rho)-S(\sigma)|\leqslant\Delta\sum\eta(|r_i-s_i|/\Delta)+\eta(\Delta)\leqslant\Delta\log d+\eta(\Delta) \tag{11.48}$$

这里我们用定理 11.2 得到第 2 个不等式。根据式 (11.46)，$\Delta\leqslant T(\rho,\sigma)$，由 $\eta(\cdot)$ 函数在区间 $[0,1/\mathrm{e}]$ 上的单调性可得：当 $T(\rho,\sigma)\leqslant 1/\mathrm{e}$ 时

$$|S(\rho)-S(\sigma)|\leqslant T(\rho,\sigma)\log d+\eta(T(\rho,\sigma))$$

即 Fannes 不等式。Fannes 不等式的弱化形式对所有 $T(\rho,\sigma)$ 成立，但证明需要一些小的修正。

□

11.3.1 量子相对熵

如同香农熵的情况，我们有必要定义量子相对熵。假设 ρ 和 σ 为密度算子，ρ 对于 σ 的相对熵定义为

$$S(\rho||\sigma)\equiv\mathrm{tr}(\rho\log\rho)-\mathrm{tr}(\rho\log\sigma) \tag{11.50}$$

与经典的相对熵一样，量子相对熵有时会无穷大。当 σ 的核（σ 的 0 特征值对应的特征向量张成的特征空间）与 ρ 的支集（ρ 的非 0 特征值对应特征向量张成的向量空间）有非平凡的交集时，相对熵定义为 $+\infty$，否则是有限的。进而可推得克莱因不等式，即量子相对熵总是非负的。

定理 11.7（克莱因不等式） 量子相对熵是非负的：

$$S(\rho\|\sigma) \geqslant 0 \tag{11.51}$$

当且仅当 $\rho = \sigma$ 时等式成立。

证明

令 $\rho = \sum_i p_i|i\rangle\langle i|$ 和 $\sigma = \sum_j q_j|j\rangle\langle j|$ 为 ρ 和 σ 的标准正交分解。由相对熵的定义我们有

$$S(\rho\|\sigma) = \sum_i p_i \log p_i - \sum_i \langle i|\rho \log \sigma|i\rangle \tag{11.52}$$

将 $\langle i\,|\rho = p_i\langle i|$ 和

$$\langle i|\log \sigma|i\rangle = \langle i|\left(\sum_j \log(q_j)\,|j\rangle\langle j|\right)|i\rangle = \sum_j \log(q_j)\,P_{ij} \tag{11.53}$$

代入，其中 $P_{ij} \equiv \langle i|j\rangle\langle j|i\rangle \geqslant 0$，得到

$$S(\rho\|\sigma) = \sum_i p_i \left(\log p_i - \sum_j P_{ij}\log(q_j)\right) \tag{11.54}$$

注意到 P_{ij} 满足 $P_{ij} \geqslant 0, \sum_i P_{ij} = 1$ 和 $\sum_j P_{ij} = 1$。（将 P_{ij} 看作矩阵时，这个性质被称为双随机性。）因为 $\log(\cdot)$ 为严格凹函数，满足 $\sum_j P_{ij}\log q_j \leqslant \log r_i$，其中 $r_i \equiv \sum_j P_{ij}q_j$，当且仅当存在 j 使得 $P_{ij} = 1$ 时等号成立。因此

$$S(\rho\|\sigma) \geqslant \sum_i p_i \log \frac{p_i}{r_i} \tag{11.55}$$

当且仅当对于每个 i 都存在 j 使得 $P_{ij} = 1$ 时等号成立，即当且仅当 P_{ij} 为置换矩阵时等号成立。这个形式和经典相对熵相同。由经典相对熵的非负性和定理 11.1，我们推导出

$$S(\rho\|\sigma) \geqslant 0 \tag{11.56}$$

当且仅当对所有 i，$p_i = r_i$ 且 P_{ij} 为置换矩阵时等式成立。为了简化等式成立条件，通过重新标记 σ 的本征态，能够使得 P_{ij} 为单位矩阵，ρ 和 σ 为同一组基下的对角矩阵。条件 $p_i = r_i$ 告诉我们 ρ 和 σ 的对应特征值是相同的，因而 $\rho = \sigma$ 为取等条件。

□

11.3.2　熵的基本性质

冯·诺伊曼熵有很多有趣并有用的性质：

定理 11.8（冯·诺伊曼熵的基本性质）

1. 熵值非负。当且仅当量子态为纯态时熵为 0。
2. d 维希尔伯特空间中熵的上界为 $\log d$。当且仅当量子系统为最大混态 I/d 时熵为 $\log d$。
3. 假设复合系统 AB 为一个纯态，则 $S(A)=S(B)$。
4. 假设 p_i 为概率，态 ρ_i 存在正交子空间上的支集，则

$$S\left(\sum_i p_i\rho_i\right)=H\left(p_i\right)+\sum_i p_iS\left(\rho_i\right) \tag{11.57}$$

5. **联合熵定理：**假设 p_i 为概率，$|i\rangle$ 为系统 A 的正交态，ρ_i 为另一个系统 B 上的一组密度算子，则

$$S\left(\sum_i p_i|i\rangle\langle i|\otimes\rho_i\right)=H\left(p_i\right)+\sum_i p_iS\left(\rho_i\right) \tag{11.58}$$

证明

1. 由定义易得。
2. 由相对熵的非负性得到

$$0\leqslant S(\rho||I/d)=-S(\rho)+\log d$$

3. 由施密特分解可知，系统 A 和 B 密度算子特征值相同（回忆定理 2.7 后的讨论）。熵完全由特征值决定，所以 $S(A)=S(B)$。
4. 令 λ_i^j 和 $|e_i^j\rangle$ 分别为 ρ_i 的特征值和对应特征向量。注意到 $p_i\lambda_i^j$ 和 $|e_i^j\rangle$ 分别为 $\sum_i p_i\rho_i$ 的特征值和特征向量，因而需要

$$S\left(\sum_i p_i\rho_i\right)=-\sum_{ij}p_i\lambda_i^j\log p_i\lambda_i^j \tag{11.59}$$

$$=-\sum_i p_i\log p_i-\sum_i p_i\sum_j\lambda_i^j\log\lambda_i^j \tag{11.60}$$

$$=H\left(p_i\right)+\sum_i p_iS\left(\rho_i\right) \tag{11.61}$$

5. 由上一结果可得。

□

习题 11.13（熵的张量积）　用联合熵定理证明 $S(\rho\otimes\sigma)=S(\rho)+S(\sigma)$。从熵的定义直接证明这个结论。

类比香农熵，可以定义复合量子系统的量子联合熵、量子条件熵和量子互信息。含两部分的复合系统的联合熵定义为 $S(A,B) \equiv -\operatorname{tr}\left(\rho^{AB}\log\left(\rho^{AB}\right)\right)$，其中 ρ^{AB} 为系统 AB 的密度矩阵。我们如下定义条件熵和互信息：

$$S(A|B) \equiv S(A,B) - S(B) \tag{11.62}$$

$$S(A:B) \equiv S(A) + S(B) - S(A,B) \tag{11.63}$$

$$= S(A) - S(A|B) = S(B) - S(B|A) \tag{11.64}$$

香农熵的很多性质对冯·诺伊曼熵不成立，由此衍生出量子信息中的很多有趣结论。例如对于随机变量 X 和 Y，不等式 $H(X) \leqslant H(X,Y)$ 成立。直观可得：我们对 X 的不确定程度不能超过对 X 和 Y 联合态的不确定程度。这个直觉对量子态不成立。考虑系统 AB 的两量子比特纠缠态 $(|00\rangle + |11\rangle)/\sqrt{2}$。这是一个纯态，故 $S(A,B)=0$。另一方面，系统 A 有密度算子 $I/2$，因而熵等于 1。也可陈述为，对这个系统，$S(B|A) = S(A,B) - S(A)$ 是负的。

习题 11.14（纠缠和负条件熵） 假设 $|AB\rangle$ 是一个分属 Alice 和 Bob 的复合系统的纯态。证明 $|AB\rangle$ 是纠缠态当且仅当 $S(B|A) < 0$。

11.3.3 测量和熵

我们对量子系统进行测量时，熵会怎样？不出意外的话，这个答案取决于测量方式，但关于熵的变化我们仍有一些笼统的结论。

例如，假设用投影算子 P_i 描述投影测量，但我们不知道测量结果。如果测量前系统量子态为 ρ，则测量后为

$$\rho' = \sum_i P_i \rho P_i \tag{11.65}$$

以下结论将说明这个过程不会熵减，且只有测量不改变量子态时熵不变。

定理 11.9（投影测量导致熵增） 假设 P_i 为一组完备正交投影算子，ρ 为密度算子。则测量后量子态 $\rho' \equiv \sum_i P_i \rho P_i$ 的熵不小于测量前，

$$S\left(\rho'\right) \geqslant S(\rho) \tag{11.66}$$

当且仅当 $\rho = \rho'$ 时取等号。

证明

对 ρ 和 ρ' 用克莱因不等式：

$$0 \leqslant S\left(\rho' \| \rho\right) = -S(\rho) - \operatorname{tr}\left(\rho \log \rho'\right) \tag{11.67}$$

进一步我们需要证明 $-\operatorname{tr}(\rho \log \rho') = S(\rho')$。应用完备关系 $\sum_i P_i = I$、关系 $P_i^2 = P_i$ 和迹的循环

性质，得到

$$-\operatorname{tr}(\rho\log\rho') = -\operatorname{tr}\left(\sum_i P_i\rho\log\rho'\right) \tag{11.68}$$

$$= -\operatorname{tr}\left(\sum_i P_i\rho\log\rho' P_i\right) \tag{11.69}$$

注意到 $\rho' P_i = P_i\rho P_i = P_i\rho'$。即 P_i 与 ρ'，进而与 $\log\rho'$ 对易，故

$$-\operatorname{tr}(\rho\log\rho') = -\operatorname{tr}\left(\sum_i P_i\rho P_i\log\rho'\right) \tag{11.70}$$

$$= -\operatorname{tr}(\rho'\log\rho') = S(\rho') \tag{11.71}$$

完成证明。

□

习题 11.15（广义测量可以减小熵） 假设单量子比特的量子态 ρ 用测量算子 $M_1 = |0\rangle\langle 0|$ 和 $M_2 = |0\rangle\langle 1|$ 进行测量。测量结果未知，即测量后的态为 $M_1\rho M_1^\dagger + M_2\rho M_2^\dagger$。请说明这个过程会导致熵减。

11.3.4 次可加性

假设不同的量子系统 A 和 B 有联合态 ρ^{AB}，则两个系统的联合熵满足不等式

$$S(A,B) \leqslant S(A) + S(B) \tag{11.72}$$

$$S(A,B) \geqslant |S(A) - S(B)| \tag{11.73}$$

前者是冯·诺伊曼熵的次可加性不等式，当且仅当系统 A 和 B 没有关联时等号成立，即 $\rho^{AB} = \rho^A\otimes\rho^B$。后者被称为三角不等式，或者 Araki-Lieb 不等式，是关于香农熵的不等式 $H(X,Y)\geqslant H(X)$ 的量子对应。

对次可加性的证明用到克莱因不等式，$S(\rho)\leqslant -\operatorname{tr}(\rho\log\sigma)$。令 $\rho\equiv\rho^{AB}, \sigma\equiv\rho^A\otimes\rho^B$，注意到

$$-\operatorname{tr}(\rho\log\sigma) = -\operatorname{tr}(\rho^{AB}(\log\rho^A + \log\rho^B)) \tag{11.74}$$

$$= -\operatorname{tr}(\rho^A\log\rho^A) - \operatorname{tr}(\rho^B\log\rho^B) \tag{11.75}$$

$$= S(A) + S(B) \tag{11.76}$$

进而由克莱因不等式得到 $S(A,B)\leqslant S(A)+S(B)$，克莱因不等式的取等条件 $\rho=\sigma$ 给出了次可加性的取等条件 $\rho^{AB}=\rho^A\otimes\rho^B$。

为了证明三角不等式，我们类似 2.5 节引入系统 R 纯化系统 A 和 B，用次可加性得到

$$S(R)+S(A)\geqslant S(A,R) \tag{11.77}$$

因为 ABR 为纯态，$S(A,R)=S(B),S(R)=S(A,B)$。上面的不等式可改写为

$$S(A,B)\geqslant S(B)-S(A) \tag{11.78}$$

这个不等式的取等条件与次可加性不同，取等条件通常为 $\rho^{AR}=\rho^{A}\otimes\rho^{R}$。直观来看，这意味着给定与系统 B 的关联，系统 A 已经尽可能与外部环境进行纠缠。取等条件更具体的数学表达位于习题 11.16 。

由系统 A 和 B 的对称性有 $S(A,B)\geqslant S(A)-S(B)$，与 $S(A,B)\geqslant S(B)-S(A)$ 联立得到三角不等式。

习题 11.16（$S(A,B)$）$\geqslant S(B)-S(A)$ 的取等条件） 令 $\rho^{AB}=\sum_i\lambda_i|i\rangle\langle i|$ 为 ρ^{AB} 的谱分解。证明当且仅当算子 $\rho_i^A\equiv\mathrm{tr}_B(|i\rangle\langle i|)$ 有共同的特征基，算子 $\rho_i^B\equiv\mathrm{tr}_A(|i\rangle\langle i|)$ 有正交支集时，$S(A,B)=S(B)-S(A)$。

习题 11.17 找出一个非平凡的具体例子，AB 上的混合态 ρ 满足 $S(A,B)=S(B)-S(A)$。

11.3.5 熵的凹性

熵是关于输入的凹函数，即给定 p_i（满足 $\sum_i p_i=1$ 的非负实数）和对应的密度矩阵 ρ_i，熵满足不等式

$$S\left(\sum_i p_i\rho_i\right)\geqslant\sum_i p_iS(\rho_i) \tag{11.79}$$

直观上 $\sum_i p_i\rho_i$ 表示一个量子系统处于 ρ_i 的概率为 p_i，我们对这些态混合的不确定性大于对态 ρ_i 的平均不确定性，因为 $\sum_i p_i\rho_i$ 不仅对每个态有不确定信息，对下标 i 也有不确定信息。

假设 ρ_i 为系统 A 的量子态，引入辅助系统 B，系统 B 对密度算子 ρ_i 有标准正交基 $|i\rangle$。定义 AB 的联合态为

$$\rho^{AB}\equiv\sum_i p_i\rho_i\otimes|i\rangle\langle i| \tag{11.80}$$

用熵的次可加性证明凹性，注意到对于密度矩阵 ρ^{AB} 有

$$S(A)=S\left(\sum_i p_i\rho_i\right) \tag{11.81}$$

$$S(B)=S\left(\sum_i p_i|i\rangle\langle i|\right)=H(p_i) \tag{11.82}$$

$$S(A,B)=H(p_i)+\sum_i p_iS(\rho_i) \tag{11.83}$$

代入次可加性 $S(A,B) \leqslant S(A)+S(B)$ 得

$$\sum_i p_i S(\rho_i) \leqslant S\left(\sum_i p_i \rho_i\right) \tag{11.84}$$

凹性得证。当且仅当 $p_i>0$ 的 ρ_i 都相等时等式成立，因此熵关于输入是严格凹函数。

我们停下来想一想证明凹性的办法，以及证明三角不等式的类似办法：我们引入了辅助系统 B 来证明系统 A 的结论。量子信息里经常引入辅助系统，之后我们会多次见到这个技巧。引入 B 的直观原因如下：我们希望找到一个系统，其中一部分的量子态为 $\sum_i p_i\rho_i$，i 的值未知。系统 B 存储了 i 实际的值；如果 A 位于态 ρ_i 则 B 处于态 $|i\rangle\langle i|$，在 $|i\rangle$ 基底下观测即可。用辅助系统严格编码我们的直觉是一门艺术，在量子信息论中的很多证明里它也是必不可少的。

习题 11.18 证明凹性不等式 (11.79) 等号成立，当且仅当所有的 ρ_i 都相等。

习题 11.19 证明存在一系列酉矩阵 U_j 和概率分布 p_j，对任意矩阵 A 满足

$$\sum_i p_i U_i A U_i^\dagger = \operatorname{tr}(A)\frac{I}{d} \tag{11.85}$$

其中 d 为希尔伯特空间 A 的维度。用这个结果和熵的严格凹性给出一个等价证明：d 维空间的最大混态 I/d 是唯一的熵最大的态。

习题 11.20 令 P 为一个算子，$Q=I-P$ 为其互补算子。证明存在酉算子 U_1,U_2 和概率 p，对所有 ρ 满足 $P\rho P+Q\rho Q=pU_1\rho U_1^\dagger+(1-p)U_2\rho U_2^\dagger$。用这个结论给出定理 11.9 的基于凹性的另一个证明。

习题 11.21（香农熵的凹性） 用冯·诺伊曼熵的凹性推出香农熵关于输入的概率分布也是凹的。

习题 11.22（凹性的另一个证明） 定义 $f(p)\equiv S(p\rho+(1-p)\sigma)$，证明了 $f''(p)\leqslant 0$ 便能证明凹性。证明 $f''(p)\leqslant 0$ 时，先讨论 ρ 和 σ 可逆的情况，再讨论不可逆情况。

11.3.6 量子态混合的熵

以下定理是凹性的另一面，提供了量子态混合后熵的上界。对于量子态 ρ_i 的混合态 $\sum_i p_i\rho_i$，以下不等式成立：

$$\sum_i p_i S(\rho_i) \leqslant S\left(\sum_i p_i\rho_i\right) \leqslant \sum_i p_i S(\rho_i) + H(p_i) \tag{11.86}$$

右侧上界的直观理解为：我们对态 $\sum_i p_i\rho_i$ 的不确定性不会超过对 ρ_i 不确定性的平均值，同时需要 $H(p_i)$ 这一项，代表下标 i 对总不确定性可能的最大贡献。现在我们来证明这个上界。

定理 11.10 假设 $\rho=\sum_i p_i\rho_i$，p_i 为一系列概率，ρ_i 为密度算子。则

$$S(\rho) \leqslant \sum_i p_i S(\rho_i) + H(p_i) \tag{11.87}$$

当且仅当 ρ_i 有正交子空间上的支集时等式成立。

证明

我们先考虑纯态的情况，$\rho_i = |\psi_i\rangle\langle\psi_i|$。假设 ρ_i 为系统 A 的态，引入辅助系统 B 和标准正交基 $|i\rangle$，下标 i 对应的概率为 p_i。定义

$$|AB\rangle \equiv \sum_i \sqrt{p_i}|\psi_i\rangle|i\rangle \tag{11.88}$$

因为 $|AB\rangle$ 为纯态，我们有

$$S(B) = S(A) = S\left(\sum_i p_i|\psi_i\rangle\langle\psi_i|\right) = S(\rho) \tag{11.89}$$

假设我们以 $|i\rangle$ 为基底对系统 B 进行投影测量，测量后 B 的态为

$$\rho^{B'} = \sum_i p_i|i\rangle\langle i| \tag{11.90}$$

但由定理 11.9 投影测量不会减小熵，因而 $S(\rho) = S(B) \leqslant S(B') = H(p_i)$。对纯态的情况 $S(\rho_i) = 0$，我们已经证明了

$$S(\rho) \leqslant H(p_i) + \sum_i p_i S(\rho_i) \tag{11.91}$$

进一步，当且仅当 $B = B'$，即态 $|\psi_i\rangle$ 相互正交时等式成立。

混合态的情况现在也很容易。令 $\rho_i = \sum_j p_j^i|e_j^i\rangle\langle e_j^i|$ 为 ρ_i 的标准正交分解，则 $\rho = \sum_{ij} p_i p_j^i|e_j^i\rangle\langle e_j^i|$。应用纯态的结论及 $\sum_j p_j^i = 1$，我们有

$$S(\rho) \leqslant -\sum_{ij} p_i p_j^i \log(p_i p_j^i) \tag{11.92}$$

$$= -\sum_i p_i \log p_i - \sum_i p_i \sum_j p_j^i \log p_j^i \tag{11.93}$$

$$= H(p_i) + \sum_i p_i S(\rho_i) \tag{11.94}$$

即为所求结果。由纯态情况的取等条件可得混合态情况的取等条件。

□

11.4　强次可加性

两体量子系统的次可加性和三角不等式可以延扩到三体系统，结果为强次可加性不等式，为量子信息论中最重要和有用的结论之一。对于三体量子系统 A, B, C，存在不等式

$$S(A,B,C)+S(B)\leqslant S(A,B)+S(B,C) \tag{11.95}$$

不幸的是，量子强次可加性的证明比经典情况困难很多。但是因为这个结论太有用了，我们会给出其完整证明。证明的基本结构位于 11.4.1 节，部分细节位于附录 F。

11.4.1　强次可加性的证明

强次可加性的证明将基于 Lieb 定理的结论，我们先从一个必要的定义开始。

假设 $f(A,B)$ 是两个矩阵 A 和 B 的实函数，如果对于所有的 $0\leqslant\lambda\leqslant 1$ 有

$$f\left(\lambda A_1+(1-\lambda)A_2,\lambda B_1+(1-\lambda)B_2\right)\geqslant\lambda f(A_1,B_1)+(1-\lambda)f(A_2,B_2) \tag{11.96}$$

我们称 f 对于 A 和 B 是联合凹的。

习题 11.23（联合凹性意味着每个输入的凹性）　令 $f(A,B)$ 为一个联合凹函数。试证明固定 B 时，$f(A,B)$ 在 A 上是凹函数。找出这样一个两变量函数，它对于每个输入都是凹的，但不是联合凹的。

定理 11.11（Lieb 定理）　令 X 为一个矩阵，$0\leqslant t\leqslant 1$，则函数

$$f(A,B)\equiv\operatorname{tr}\left(X^\dagger A^t X B^{1-t}\right) \tag{11.97}$$

在正定矩阵 A 和 B 上是联合凹的。

证明

Lieb 定理的证明见附录 F。

□

Lieb 定理说明了一系列结论，每一个结论都很有趣，积累起来得到强次可加性的证明。我们从相对熵的凸性开始。

定理 11.12（相对熵的凸性）　相对熵 $S(\rho\|\sigma)$ 对于输入是联合凸的。

证明

对于作用在同一空间上的任意矩阵 A 和 X，定义

$$I_t(A,X)\equiv\operatorname{tr}\left(X^\dagger A^t X A^{1-t}\right)-\operatorname{tr}\left(X^\dagger X A\right) \tag{11.98}$$

由 Lieb 定理，第一项对于 A 是凹的，第二项对于 A 是线性的。因此，$I_t(A,X)$ 对于 A 是凹的。定义

$$I(A,X) \equiv \left.\frac{d}{dt}\right|_{t=0} I_t(A,X) = \operatorname{tr}\left(X^\dagger(\log A)XA\right) - \operatorname{tr}\left(X^\dagger X(\log A)A\right) \tag{11.99}$$

注意到 $I_0(A,X)=0$，利用 $I_t(A,X)$ 对于 A 的凹性我们有

$$I\left(\lambda A_1+(1-\lambda)A_2,X\right) = \lim_{\Delta\to 0}\frac{I_\Delta\left(\lambda A_1+(1-\lambda)A_2,X\right)}{\Delta} \tag{11.100}$$

$$\geqslant \lambda \lim_{\Delta\to 0}\frac{I_\Delta\left(A_1,X\right)}{\Delta} + (1-\lambda)\lim_{\Delta\to 0}\frac{I_\Delta\left(A_2,X\right)}{\Delta} \tag{11.101}$$

$$= \lambda I\left(A_1,X\right)+(1-\lambda)I\left(A_2,X\right) \tag{11.102}$$

即 $I(A,X)$ 是 A 上的凹函数。定义分块矩阵

$$A \equiv \begin{bmatrix}\rho & 0\\ 0 & \sigma\end{bmatrix},\quad X \equiv \begin{bmatrix}0 & 0\\ I & 0\end{bmatrix} \tag{11.103}$$

我们很容易验证 $I(A,X)=-S(\rho\|\sigma)$。$S(\rho\|\sigma)$ 的联合凸性来自于 $I(A,X)$ 对于 A 的凹性。

□

推论 11.13（量子条件熵的凹性） 令 AB 为 A 和 B 的复合量子系统。条件熵 $S(A|B)$ 对于 AB 的态 ρ^{AB} 是凹的。

证明

令 d 为系统 A 的维度。注意到

$$S\left(\rho^{AB}\middle\|\frac{I}{d}\otimes\rho^B\right) = -S(A,B) - \operatorname{tr}\left(\rho^{AB}\log\left(\frac{I}{d}\otimes\rho^B\right)\right) \tag{11.104}$$

$$= -S(A,B) - \operatorname{tr}\left(\rho^B\log\rho^B\right) + \log d \tag{11.105}$$

$$= -S(A|B) + \log d \tag{11.106}$$

因而 $S(A|B)=\log d - S\left(\rho^{AB}\|I/d\otimes\rho^B\right)$，由相对熵的联合凸性得到 $S(A|B)$ 的凹性。

□

定理 11.14（强次可加性） 对于三体量子系统 A,B,C，不等式

$$S(A)+S(B) \leqslant S(A,C)+S(B,C) \tag{11.107}$$

$$S(A,B,C)+S(B) \leqslant S(A,B)+S(B,C) \tag{11.108}$$

成立。

证明

这两个不等式实际上是等价的，我们将用条件熵的凹性证明前者，之后证明后者。定义系统 ABC 上密度算子的函数 $T\left(\rho^{ABC}\right)$：

$$T\left(\rho^{ABC}\right) \equiv S(A)+S(B)-S(A,C)-S(B,C)=-S(C|A)-S(C|B) \tag{11.109}$$

我们从条件熵的凹性可以知道 $T\left(\rho^{ABC}\right)$ 是 ρ^{ABC} 的凸函数。对 ρ^{ABC} 进行谱分解，$\rho^{ABC}=\sum_i p_i|i\rangle\langle i|$。由 T 的凸性，$T\left(\rho^{ABC}\right) \leqslant \sum_i p_i T(|i\rangle\langle i|)$，但对于纯态，$T(|i\rangle\langle i|)=0$，$S(A,C)=S(B)$，$S(B,C)=S(A)$，进而有 $T\left(\rho^{ABC}\right) \leqslant 0$，故

$$S(A)+S(B)-S(A,C)-S(B,C) \leqslant 0 \tag{11.110}$$

即想证明的第一个不等式。

为了证明第二个不等式，我们引入辅助系统 R 来纯化系统 ABC，利用刚刚证明的不等式我们有

$$S(R)+S(B) \leqslant S(R,C)+S(B,C) \tag{11.111}$$

因为 $ABCR$ 为纯态，$S(R)=S(A,B,C)$，$S(R,C)=S(A,B)$，所以式 (11.111) 变为

$$S(A,B,C)+S(B) \leqslant S(A,B)+S(B,C) \tag{11.112}$$

即第二个不等式。

□

习题 11.24　我们从不等式 $S(A)+S(B) \leqslant S(A,C)+S(B,C)$ 得到强次可加性，证明也可以从强次可加性得到这个不等式。

习题 11.25　我们从条件熵 $S(A|B)$ 的凹性得到强次可加性。证明也可以从强次可加性推导出条件熵的凹性。（提示：这个问题中也许需要引入辅助系统。）

11.4.2　强次可加性：基本应用

强次可加性及相关结论在量子信息论中有诸多应用，我们看一些基本结果。

首先，值得强调的是不等式 $S(A)+S(B) \leqslant S(A,C)+S(B,C)$ 成立是很了不起的，对于香农熵对应的不等式也成立，但是原因不同。对于香农熵，$H(A) \leqslant H(A,C)$ 成立，$H(B) \leqslant H(B,C)$ 成立，故两个不等式的和一定成立。量子情况下，可能存在 $S(A)>S(A,C)$ 和 $S(B)>S(B,C)$，然而为了确保满足条件 $S(A)+S(B) \leqslant S(A,C)+S(B,C)$，大自然却不会让两种可能同时存在。也可以用条件熵和互信息改述这个不等式：

$$0 \leqslant S(C|A) + S(C|B) \tag{11.113}$$

$$S(A:B) + S(A:C) \leqslant 2S(A) \tag{11.114}$$

基于同样的原因，这两个不等式也很了不起。但值得注意的是，你们也许期望的基于式 (11.114) 的不等式 $0 \leqslant S(A|C) + S(B|C)$ 却不成立，例如取 ABC 为纯态 A 和 EPR 态 BC 的张量积。

习题 11.26 证明 $S(A:B) + S(A:C) \leqslant 2S(A)$，注意香农熵对应的不等式成立，因为 $H(A:B) \leqslant H(A)$。找出一个 $S(A:B) > S(A)$ 的例子。

为了实际应用，强次可加性往往改写为条件或互信息。以下定理列出了强次可加性的三个简单重组，给出了关于量子熵性质的强大直观指导。

定理 11.15

1. **限制条件减小熵**：假设 ABC 为复合量子系统，则 $S(A|B,C) \leqslant S(A|B)$。
2. **丢弃量子系统不会增加互信息**：假设 ABC 为复合量子系统，则 $S(A:B) \leqslant S(A:B,C)$。
3. **量子操作不会增加互信息**：假设 AB 为复合量子系统，$\mathcal{E}$ 是一个系统 B 上的保迹量子操作。令 $S(A:B)$ 代表对系统 B 应用 $\mathcal{E}$ 前系统 A 和 B 间的互信息，$S(A':B')$ 为应用之后的互信息，则 $S(A':B') \leqslant S(A:B)$。

证明

1. 与经典证明相同（定理 11.3 的一部分），我们简单重复：$S(A|B,C) \leqslant S(A|B)$ 等价于 $S(A,B,C) - S(B,C) \leqslant S(A,B) - S(B)$，等价于 $S(A,B,C) + S(B) \leqslant S(A,B) + S(B,C)$，即强次可加性。
2. $S(A:B) \leqslant S(A:B,C)$ 等价于 $S(A) + S(B) - S(A,B) \leqslant S(A) + S(B,C) - S(A,B,C)$，等价于 $S(A,B,C) + S(B) \leqslant S(A,B) + S(B,C)$，即强次可加性。
3. 由第 8 章的构造，$\mathcal{E}$ 在 B 上的操作可以模拟为，引入初态为 $|0\rangle$ 的第三个系统 C，以及 B 和 C 间的酉作用 U。B 上的作用 $\mathcal{E}$ 等价于先作用 U，再丢弃系统 C。小撇代表系统作用 U 后的态，最初 C 与 AB 为直积态，故 $S(A:B) = S(A:B,C)$，而 $S(A:B,C) = S(A':B',C')$。丢弃系统不能增加互信息，所以 $S(A':B') \leqslant S(A':B',C')$。将这些结果并列，得到 $S(A':B') \leqslant S(A:B)$。

□

有一系列关于量子互信息强次可加性的有趣问题。我们此前知道香农互信息不是次可加的，因而量子互信息也不是次可加的。那么条件熵的次可加性呢？也就是说，

$$S(A_1, A_2|B_1, B_2) \leqslant S(A_1|B_1) + S(A_2|B_2) \tag{11.115}$$

是否对任何四量子系统 A_1, A_2, B_1, B_2 都成立？答案是确实成立。另外，条件熵对第一项和第二项也是次可加的。用强次可加性证明这些结论是有益的练习。

定理 11.16（条件熵的强次可加性）　令 $ABCD$ 为复合四量子系统，则条件熵对第一项和第二项是联合次可加的：

$$S(A,B|C,D) \leqslant S(A|C) + S(B|D) \tag{11.116}$$

令 ABC 为复合三量子系统，则条件熵对第一项和第二项的每部分都是次可加的：

$$S(A,B|C) \leqslant S(A|C) + S(B|C) \tag{11.117}$$

$$S(A|B,C) \leqslant S(A|B) + S(A|C) \tag{11.118}$$

证明

为了证明对两项的联合次可加性，注意到由强次可加性

$$S(A,B,C,D) + S(C) \leqslant S(A,C) + S(B,C,D) \tag{11.119}$$

不等式两边均加上 $S(D)$，得到

$$S(A,B,C,D) + S(C) + S(D) \leqslant S(A,C) + S(B,C,D) + S(D) \tag{11.120}$$

对右侧最后两项应用强次可加性，得到

$$S(A,B,C,D) + S(C) + S(D) \leqslant S(A,C) + S(B,D) + S(C,D) \tag{11.121}$$

对不等式重新排列：

$$S(A,B|C,D) \leqslant S(A|C) + S(B|D) \tag{11.122}$$

即为条件熵的联合次可加性。

条件熵第一项的次可加性，$S(A,B|C) \leqslant S(A|C) + S(B|C)$，与强次可加性等价。第二项的次可加性更有挑战，我们希望证明 $S(A|B,C) \leqslant S(A|B) + S(A|C)$。注意这等价于证明不等式

$$S(A,B,C) + S(B) + S(C) \leqslant S(A,B) + S(B,C) + S(A,C) \tag{11.123}$$

为了证明它，注意不等式 $S(C) \leqslant S(A,C)$ 或 $S(B) \leqslant S(A,B)$ 至少有一个成立，因为由定理 11.14 的第一个不等式，$S(A|B) + S(A|C) \geqslant 0$。假设 $S(C) \leqslant S(A,C)$，在这个不等式两侧加上强次可加性不等式，即得到 $S(A,B,C) + S(B) \leqslant S(A,B) + S(B,C)$。$S(B) \leqslant S(A,B)$ 的情况有类似证明。

□

当我们引入相对熵，它像是概率分布或密度算子间距离的测度。想象一个包含两部分的量子

系统 A 和 B，并且我们有两个密度算子 ρ^{AB} 和 σ^{AB}。$S(\cdot\|\cdot)$ 有一个类似距离的很好的特性，当我们忽略系统的一部分时它会减小：

$$S\left(\rho^A\|\sigma^A\right) \leqslant S\left(\rho^{AB}\|\sigma^{AB}\right) \tag{11.124}$$

这个结果被称为相对熵的单调性。直观上来看，这是距离测度的一个合理性质；我们如果忽略物理系统的一部分，将更难区分这个系统的两个态（比较 9.2.1 节），从而减小了两者间任意一种合理的距离测度。

定理 11.17（相对熵的单调性） 令 ρ^{AB} 和 σ^{AB} 为一个复合系统 AB 的两个密度矩阵，则

$$S\left(\rho^A\|\sigma^A\right) \leqslant S\left(\rho^{AB}\|\sigma^{AB}\right) \tag{11.125}$$

证明

习题 11.19 说明存在空间 B 上的酉变换 U_j 和概率 p_j，对所有 ρ^{AB} 满足

$$\rho^A \otimes \frac{I}{d} = \sum_j p_j U_j \rho^{AB} U_j^\dagger \tag{11.126}$$

由相对熵的凸性我们得到

$$S\left(\rho^A \otimes \frac{I}{d}\middle\|\sigma^A \otimes \frac{I}{d}\right) \leqslant \sum_j p_j S\left(U_j \rho^{AB} U_j^\dagger \middle\| U_j \sigma^{AB} U_j^\dagger\right) \tag{11.127}$$

但相对熵在酉共轭下是不变的，所以

$$S\left(\rho^A \otimes \frac{I}{d}\middle\|\sigma^A \otimes \frac{I}{d}\right) \leqslant \sum_j p_j S\left(\rho^{AB}\|\sigma^{AB}\right) = S\left(\rho^{AB}\|\sigma^{AB}\right) \tag{11.128}$$

将这个式子与显然成立的

$$S\left(\rho^A \otimes \frac{I}{d}\middle\|\sigma^A \otimes \frac{I}{d}\right) = S\left(\rho^A\|\sigma^A\right) \tag{11.129}$$

联立，便得到相对熵的单调性。

□

问题 11.1（广义克莱因不等式） 假设 $f(\cdot)$ 是一个从实数到实数的凸函数，那么正如 2.1.8 节描述的那样，f 将导出一个厄米算子上的自然函数 $f(\cdot)$。证明

$$\operatorname{tr}(f(A) - f(B)) \geqslant \operatorname{tr}\left((A - B) f'(B)\right) \tag{11.130}$$

用这个结论证明相对熵是非负的。

问题 11.2（广义相对熵）　相对熵的定义可以被推广应用到任何两个正定算子 r 和 s 上：

$$S(r\|s) \equiv \operatorname{tr}(r\log r) - \operatorname{tr}(r\log s) \tag{11.131}$$

之前相对熵联合凸性的证明对这个推广定义也成立：

1. 对任意 $\alpha, \beta > 0$，证明

$$S(\alpha r\|\beta s) = \alpha S(r\|s) + \alpha \operatorname{tr}(r)\log(\alpha/\beta) \tag{11.132}$$

2. 证明相对熵的联合凸性表明了相对熵的次可加性：

$$S\left(r_1 + r_2\|s_1 + s_2\right) \leqslant S\left(r_1\|s_1\right) + S\left(r_2\|s_2\right) \tag{11.133}$$

3. 证明相对熵的次可加性表明了相对熵的联合凸性。
4. 令 p_i 和 q_i 为同一个指标集的概率分布，证明

$$S\left(\sum_i p_i r_i\| \sum_i q_i s_i\right) \leqslant \sum_i p_i S\left(r_i\|s_i\right) + \sum_i p_i \operatorname{tr}\left(r_i\right)\log\left(p_i/q_i\right) \tag{11.134}$$

当 r_i 为密度算子时，$\operatorname{tr}\left(r_i\right) = 1$，导出式

$$S\left(\sum_i p_i r_i\| \sum_i q_i s_i\right) \leqslant \sum_i p_i S\left(r_i\|s_i\right) + H\left(p_i\|q_i\right) \tag{11.135}$$

其中 $H(\cdot\|\cdot)$ 是香农相对熵。

问题 11.3（条件熵与三角不等式的类比）

1. 证明 $H(X,Y|Z) \geqslant H(X|Z)$。
2. 证明 $S(A,B|C) \geqslant S(A|C)$ 不总是对的。
3. 证明三角不等式的条件版本：

$$S(A,B|C) \geqslant S(A|C) - S(B|C) \tag{11.136}$$

问题 11.4（强次可加性的条件形式）

1. 证明 $S(A,B,C|D) + S(B|D) \leqslant S(A,B|D) + S(B,C|D)$。
2. 用明确例子证明 $H(D|A,B,C) + H(D|B) \leqslant H(D|A,B) + H(D|B,C)$ 不总是成立的。

问题 11.5（强次可加性——研究）　找出一个量子熵强次可加性的简单证明。

本章小结

- 信息的基本度量，是解决一些信息处理问题所需物理资源量的答案。
- 基本定义：

$$
\begin{array}{lr}
\text{（熵）} & S(A) = -\operatorname{tr}\left(\rho^A \log \rho^A\right) \\
\text{（相对熵）} & S(\rho\|\sigma) = -S(\rho) - \operatorname{tr}(\rho \log \sigma) \\
\text{（条件熵）} & S(A|B) = S(A,B) - S(B) \\
\text{（互信息）} & S(A:B) = S(A) + S(B) - S(A,B)
\end{array}
$$

- 强次可加性：$S(A,B,C)+S(B) \leqslant S(A,B)+S(B,C)$。其他熵不等式都是它或相对熵联合凸性的推论。
- 相对熵对其输入是联合凸的。
- 相对熵是单调的：$S\left(\rho^A\|\sigma^A\right) \leqslant S\left(\rho^{AB}\|\sigma^{AB}\right)$。

背景资料与延伸阅读

历史上，熵的概念来自于热力学和统计力学的研究。但如今熵的信息论基础来自香农关于信息论的论文[Sha48]。关于香农熵性质（及信息论其他内容）的一个很好的参考资料是 Cover 和 Thomas 的著作[CT91] 的第 2 章和第 16 章。关于冯·诺伊曼熵的参考资料有 Wehrl[Weh78] 的综述，Ohya 和 Pets 的著作[OP93]。

我们关于熵的不确定性原理的证明来自于 Deutsch[Deu83]。其他很多研究人员都在熵的不确定性关系上做了工作，我们这里只介绍其中两篇文章。Kraus[Kra87] 推测对于一个特定的测量类，存在比 Deutsch 提出的更强的熵不确定性关系，Maassen 和 Uffink[MU88] 证明了他的猜想。Kullback 和 Leibler[KL51] 最早引入相对熵，Umegaki[Ume62] 进行了其量子推广。Fannes 不等式出现在 [Fan73]，克莱因不等式的证明在 [Kle31]。三角不等式来自于 Araki 和 Lieb[AL70]。强次可加性的历史很有趣。Robinson 和 Ruelle[RR67] 最早注意到经典强次可加性对于统计物理的重要性，Lanford 和 Robinson 在 1968 年猜想出其量子版本，但这个结果的证明却很困难。最终，这个定理于 1973 年在两篇论文中被证明：Lieb 在 [Lie73] 中的的同名定理，他还和 Ruskai[LR73b] 发展了其与强次可加性的联系；另见[LR73a]。Lieb 定理是 1963 年 Wigner 和 Yanase[WY63] 提出，Dyson 对 Wigner-Yanase-Dyson 猜想的一个推广（未发表）；1973 年之前人们都不知道 Wigner-Yanase-Dyson 猜想和强次可加性有联系！关于这个猜想的讨论见 Wehrl[Weh78]。我们给出的 Lieb 定理的证明来自于 Simon[Sim79]，是 Uhlmann[Uhl77] 证明的一个变体。此外还存在 Lieb 定理的其他证明，比如 Epstein[Eps73]、Ando[And79] 和 Petz[Pet86]。Lieb[Lie75] 还证明了相对熵第一项和第二项的次可加性。Nielsen[Nie98] 证明了量子条件熵的联合次可加性。Lindblad[Lin75] 最早注意到相对熵的单调性。问题 11.2 来自于 Ruskai[Rus94]。

第 12 章

量子信息论

经典信息论关注的问题主要是在按照经典物理定律工作的通信信道上发送经典信息——字母表中的字母、语音、比特串等。如果能够建立按照量子力学工作的通信信道，情况又会发生怎样的变化？我们可能会问：这样能更有效地传递信息吗？能利用量子力学发送机密信息而不被窃听吗？由量子力学效应导致的对信道的重新定义，使得我们重新审视导致经典信息论诞生的那些基本问题，并去寻找新的答案。本章将探讨量子信息论的一些结论，包括量子通信信道带来的一些有趣而令人惊奇的可能性。

对通信信道的研究推动了量子信息论的产生，但量子信息论具有更广泛的应用领域，其研究目标十分广泛，简练精确地描述它们是一件极具挑战性的事情。如 1.6 节所述，结合量子信息论的工作，我们可以认为其具有三个基本目标：识别量子力学中的静态资源的基本类（被识别为“信息”的类型）；识别量子力学中的动力学过程的基本类（被识别为“信息处理”的类型）；量化由执行基本动力学过程所产生的资源权衡问题。量子信息论从根本上比经典信息论具有更加丰富的内涵，因为量子力学包含更多静态和动态资源的基本类，它不仅支持所有我们熟悉的经典类，还有诸如纠缠的静态资源等全新的类。量子信息论，让生活比经典更有趣。

这一章的标题是“量子信息论”，你也许好奇我们怎么样才会希望在一章中涵盖量子信息论的所有方面。事实上，量子信息论的研究内容包括量子运算、保真度度量的定义和研究、量子纠错码和熵的各种概念等我们在之前的章节中已详细讨论的所有主题，以及这里涉及内容之外的许多方面。其他章节的重点是开发特定的工具，而本章的目的是以“最纯粹”的形式讨论量子信息论，我们在这里关注的是人们可以对量子信息的特性所做的最一般的陈述。

从 12.1 节开始，我们用信息论的语言讨论量子态相较于经典状态具有的一些独特性质。一般来说，量子态不仅无法复制，甚至不同量子态之间也可能无法完全区分！这一不可区分性可以由霍列沃界（Holevo bound）量化描述。然后，我们在 12.2 节中考虑信息论的一个基本任务——数据压缩，并展示量子态是如何像经典态一样被压缩的。我们通过使用典型序列定理和典型子空间定理证明香农无噪声信道编码定理的量子版本，即 Schumacher 量子无噪声信道编码定理。上述问题的一个自然推广是噪声信道对经典信息的容量，我们在 12.3 节中定义并证明香农噪声信道编码定理的量子版本，我们称之为 Holevo-Schumacher-Westmoreland 定理。而最为困难最具挑战性的问题则是量子信息的噪声量子信道的容量，这是 12.4 节的主题。在该节中，我们定义熵交换、量子费诺不等式和量子数据处理不等式，但信道容量的开放问题仍未得到解决。我们还介绍噪声信道关系的两个应用、量子辛格顿界限以及如何解决麦克斯韦妖，并总结本章的前半部分。纵观量子信息的探究过程，其中两个永恒的主题为纠缠和非正交性，这两个主题也是本章最后两节的重点。12.5 节描述如何将纠缠视为物理资源，并阐释如何将纠缠转换、蒸馏和稀释。最后，在 12.6 节中，我们介绍量子密码学，这是一种可证明安全的通信方式，其安全性的成功保证来自于本章所考虑的量子信息所具有的许多属性。

12.1 量子态的区分与可达信息

我们用一个简单的游戏来说明量子信息和经典信息之间的差异，这里将使用两个虚构的人物 Alice 和 Bob 来描述这个游戏。当然，这些结论可以用更抽象的数学语言来描述，但是带有人物的故事能让我们想说明的结果更便于理解（以及写作！）。

假设 Alice 有一个经典信源，以概率分布 $p_0, \cdots, p_n$ 产生符号 $X = 0, \cdots, n$。游戏的目的是让 Bob 尽可能准确地确定 X 的值。为了实现这一目标，Alice 从一些固定集合 $\rho_0, \cdots, \rho_n$ 中选取了一个量子态 ρ_X 并将其给予 Bob，Bob 对收到的量子态进行测量，然后根据他的测量结果 Y，对 X 做出尽可能准确的猜测。

一个好的衡量 Bob 通过测量得到的关于 X 的信息量的标准是 X 和测量结果 Y 之间的互信息 $H(X:Y)$，其定义见第 11 章。通过数据处理不等式我们知道 $H(X:Y) \leqslant H(X)$ 总成立，并且当且仅当 $H(X:Y) = H(X)$ 时 Bob 能够从 Y 推断出 X。稍后我们将看到 $H(X:Y)$ 与 $H(X)$ 的接近程度为 Bob 可以确定 X 的好坏程度提供了一个定量的标准。Bob 的目标是选择最大化 $H(X:Y)$ 的测量，使其尽可能接近 $H(X)$。为此，我们将 Bob 的可达信息定义为所有可行的测量方案中，互信息 $H(X:Y)$ 的最大值。可达信息能够衡量 Bob 在推断由 Alice 制备的量子态时的表现优劣。

在经典信息论中，可达信息并不那么有意义，因为区分两个经典态理论上总是可行的，虽然实际中可能难以实现——譬如分辨书写潦草的笔迹。相比之下，在量子力学中，即使是在理论上也不是总能够区分不同的态。例如我们在专题 2.3 中所看到的，没有量子力学过程能可靠地区分两个非正交的量子态。在可达信息方面，如果 Alice 以概率 p 制备态 $|\psi\rangle$，并且以概率 $1-p$ 制备另一个非正交状态 $|\varphi\rangle$，则其可达信息严格小于 $H(p)$，即 Bob 不能完全可靠地确定态的类型。而经典情形下，如果 Alice 以概率 p 令比特处于状态 0，以概率 $1-p$ 令其处于状态 1，我们没有任何理由能让 Bob 无法区分这两个状态，所以可达信息总与熵 $H(p)$ 相等。

需要额外注意的是，在某些情况下，可达信息的概念可能具有经典意义，例如当我们需要区分的对象是概率分布时。想象一下，Alice 根据两个概率分布之一 $(p, 1-p)$ 或 $(q, 1-q)$ 制备状态 0 或 1。Bob 的目标是根据他获得的状态确定 Alice 用于制备状态的概率分布。显然，Bob 并不总是能够完美地进行鉴别！然而，这个例子（类似于由一组混合态中选择其中一个制备的量子系统的可达信息）并不是最重要的，最重要和最引人注目的是量子力学中的基本对象——纯量子态，它相较于经典信息论中诸如 0 和 1 等基本对象，具有明显不同且内涵更加丰富的区分性。

量子不可克隆定理从另一个角度提供了与经典信息相比较，量子信息缺乏可达性的解释。经典信息显然可以被复制，这可以通过数字信息精确地实现，例如用于生成本书的 LaTeX 文件的多重备份，或者与本书每页几乎一样，在发行之前已经由出版社制作完成的本书的副本。不可克隆定理指出量子力学原理不允许未知量子态被精确地复制，并严格限制我们制作其近似副本的能力。专题 12.1 证明了不可克隆定理。

专题 12.1 不可克隆定理

我们能否复制一个未知量子态？事实证明，答案是不能。在这个专题中，我们对这一事实进行基本的证明，阐释不可克隆的根本原因。

假设有一个量子装置进行克隆，它有两个槽，标记为 A 和 B。槽 A 为数据槽，以未知的纯量子态 $|\psi\rangle$ 开始，这是要复制到目标槽 B 的状态。假设目标槽以某些标准纯态 $|s\rangle$ 开始。克隆装置的初始状态是

$$|\psi\rangle \otimes |s\rangle \tag{12.1}$$

复制过程由酉变 U 决定，理想情况下为

$$|\psi\rangle \otimes |s\rangle \xrightarrow{U} U(|\psi\rangle \otimes |s\rangle) = |\psi\rangle \otimes |\psi\rangle \tag{12.2}$$

假设该复制过程适用于两个特定的纯态 $|\psi\rangle$ 和 $|\varphi\rangle$，那么有

$$U(|\psi\rangle \otimes |s\rangle) = |\psi\rangle \otimes |\psi\rangle \tag{12.3}$$

$$U(|\varphi\rangle \otimes |s\rangle) = |\varphi\rangle \otimes |\varphi\rangle \tag{12.4}$$

对上述两式取内积可得

$$\langle\psi|\varphi\rangle = (\langle\psi|\varphi\rangle)^2 \tag{12.5}$$

但是方程 $x = x^2$ 仅有两解 $x = 0$ 和 $x = 1$，所以或者 $|\psi\rangle = |\varphi\rangle$，或者 $|\psi\rangle$ 与 $|\varphi\rangle$ 正交。故克隆装置只能克隆正交态，因而适用于所有态的量子克隆装置是不可能实现的。举个例子，量子态 $|\psi\rangle = |0\rangle$ 和 $|\varphi\rangle = (|0\rangle + |1\rangle)/\sqrt{2}$ 是非正交的，所以任何量子克隆装置是不能复制这两个态的。

已经证明，使用酉变克隆未知量子态是不可能的。自然地，我们会提出几个疑问：如果试图克隆混合态会怎么样？如果允许克隆装置不是酉变会怎么样？如果按照一些保真度衡量方法允许克隆产生的副本与原状态有一定偏差又会怎么样？从章末的“背景资料与延伸阅读”可以看到，这些都是广受关注的好问题。关于这些问题有很多结果，简而言之，即使一个人允许非酉的克隆装置，除非人们允许克隆的态中出现一定的保真度损失，否则非正交纯

态仍然是不可能被克隆的。尽管我们需要更复杂的方法来定义什么是克隆一个混合态，但与纯态类似的结论也适用于混合态。

乍一看，不可克隆定理看起来很令人费解。毕竟经典物理学不是量子力学的特例吗？如果不能复制量子态，怎么能复制经典信息？对此的回答是，不可克隆定理并不能阻止所有量子态被复制，它只是说非正交的量子态不能被复制。更准确地说，假设 $|\psi\rangle$ 和 $|\varphi\rangle$ 是两个非正交量子态。那么不可克隆定理意味着当用 $|\psi\rangle$ 或 $|\varphi\rangle$ 输入时，不可能构造一个量子器件输出两个输入状态的副本 $|\psi\rangle|\psi\rangle$ 或 $|\varphi\rangle|\varphi\rangle$。另一方面，如果 $|\psi\rangle$ 和 $|\varphi\rangle$ 是正交的，那么不可克隆定理不会禁止它们的克隆。实际上，设计复制这些状态的量子电路相当容易！这一结果解决了不可克隆定理与复制经典信息的能力之间的矛盾，因为经典信息的不同状态可以被认为是正交的量子态。

习题 12.1 假设 $|\psi\rangle$ 和 $|\varphi\rangle$ 是两个正交的单比特量子态。设计一个两量子比特输入（“数据”比特和“目标”比特）的量子电路，其中数据比特只为 $|\psi\rangle$ 或 $|\varphi\rangle$，目标比特制备为标准态 $|0\rangle$，电路需要根据输入 $|\psi\rangle$ 或 $|\varphi\rangle$，输出 $|\psi\rangle|\psi\rangle$ 或 $|\varphi\rangle|\varphi\rangle$。

克隆和可达信息之间有什么联系？假设 Alice 以概率 p 和 $1-p$ 制备了两个非正交量子态 $|\psi\rangle$ 和 $|\varphi\rangle$ 中的一个。假设 Bob 关于这些状态的可达信息是 $H(p)$，也就是说，量子力学定律允许 Bob 通过测量获得足够的信息，来识别他获得的由 Alice 制备的量子态是 $|\psi\rangle$ 和 $|\varphi\rangle$ 中的哪一个。然后 Bob 可以用一种非常简单的方式来克隆量子态：他会进行测量以确定 Alice 制备了 $|\psi\rangle$ 和 $|\varphi\rangle$ 中的哪一个，一旦他确定了，他可以随意制备 Alice 给他的 $|\psi\rangle$ 或 $|\varphi\rangle$ 的多个副本。因此，不可克隆定理可以被视为量子态的可达信息小于 $H(p)$ 的结果。而反过来认为不可克隆定理导致了可达信息严格小于 $H(p)$ 也是正确的！想象一下，如果我们可以克隆非正交态。在从 Alice 收到态 $|\psi\rangle$ 或 $|\varphi\rangle$ 时，Bob 可以重复利用这种克隆装置来获得状态 $|\psi\rangle^{\otimes n}$ 或 $|\varphi\rangle^{\otimes n}$。当 n 充分大时，这两个态变得非常接近正交，并且可以通过投影测量以任意高的正确率来区分它们。也就是说，如果克隆能够实现，那么 Bob 可以以任意高的成功率识别已经制备完成的状态 $|\psi\rangle$ 或 $|\varphi\rangle$，因此可达信息为 $H(p)$。因此，我们可以认为不可克隆定理能等价地描述为，在量子力学中非正交态的可达信息总小于制备的熵。

正如我们在整本书中所强调的那样，量子信息的隐蔽性是量子计算和量子信息能力的核心，而可达信息以量化的方式描述了量子信息的这种隐蔽性。不幸的是，我们没有用于计算可达信息的一般方法；而幸运的则是，我们可以证明一些重要的界来估计可达信息的范围，其中最重要的是霍列沃界。

12.1.1 霍列沃界

霍列沃界是可达信息的极其有用的上界，在量子信息论的许多应用中起着重要作用。

定理 12.1（*霍列沃界*） 假设 Alice 制备了一个态 ρ_X，其中 X 分别以概率分布 $p_0,\cdots,p_n$ 取 $X=0,\cdots,n$。Bob 对态做 **POVM** 测量 $\{E_y\}=\{E_0,\cdots,E_m\}$，测量结果为 Y。霍列沃界声明，

对于任意 Bob 能做的测量，有

$$H(X:Y) \leqslant S(\rho) - \sum_x p_x S(\rho_x) \tag{12.6}$$

其中 $\rho = \sum_x p_x \rho_x$。

因此，霍列沃界是可达信息的上界。在霍列沃界的右侧出现的量在量子信息论中非常有用，它被赋予一个名称，即霍列沃 χ 量，有时记为 χ。

证明

霍列沃界的证明基于一个简单优美的构造，我们有三个量子系统，标记为 P, Q, M，系统 Q 是 Alice 给 Bob 的量子系统，P 和 M 则是类似于第 11 章中证明许多关于熵的不等式时所做的，为了简化证明而引入的辅助系统。直观来说，P 可以被当作“准备过程”的系统，根据定义，它具有标准正交基 $|x\rangle$，其元素对应于量子系统可能准备的标签 $0, \cdots, n$。M 可以直观地被认为是 Bob 的“测量设备”，它有一个基 $|y\rangle$，其元素对应于 Bob 的测量结果 $1, \cdots, n$。我们按照 PQM 的顺序写出张量积分解，则假设全体系统的初始状态为

$$\rho^{PQM} = \sum_x p_x |x\rangle\langle x| \otimes \rho_x \otimes |0\rangle\langle 0| \tag{12.7}$$

直观来看，该状态表示 Alice 已经以概率 p_x 选择了 x 的值，制备了相应的 ρ_x，并将其给予将要使用测量装置对其进行测量的 Bob，测量装置最初处于标准态 $|0\rangle$。为了描述测量，我们引入了仅对系统 Q 和 M 起作用而不对 P 起作用的量子算子 $\mathcal{E}$，其作用是对系统 Q 做 **POVM** 测量 $\{E_y\}$，并将测量结果存储在系统 M 中：

$$\mathcal{E}(\sigma \otimes |0\rangle\langle 0|) \equiv \sum_y \sqrt{E_y}\sigma\sqrt{E_y} \otimes |y\rangle\langle y| \tag{12.8}$$

其中 σ 是系统 Q 的任意状态，$|0\rangle$ 是测量装置的初始状态。在下面的习题中，您需要证明 $\mathcal{E}$ 为保迹的量子算子。

习题 12.2　定义 U_y 为作用在系统 M 上的酉算子，其作用在基上后 $U_y|y'\rangle \equiv |y'+y\rangle$，其中加法在模 $n+1$ 的意义下。证明算子集 $\{\sqrt{E_y} \otimes U_y\}$ 定义了与式 (12.8) 中一致的一个保迹算子 $\mathcal{E}$。

现在对于霍列沃界证明如下。用激活态代指应用 $\mathcal{E}$ 之后 PQM 的状态，用未激活态代指应用 $\mathcal{E}$ 前的状态。因为 M 最初与 P 和 Q 不相关，所以我们有 $S(P:Q) = S(P:Q,M)$。而对 QM 应用量子算子 $\mathcal{E}$ 不能增加 P 和 QM 间的互信息（定理 11.15），故 $S(P:Q,M) \geqslant S(P':Q',M')$。最后，因为丢弃系统不能增加互信息（还是定理 11.15），故 $S(P':Q',M') \geqslant S(P':M')$。综上可得

$$S(P':M') \leqslant S(P:Q) \tag{12.9}$$

仅需要一点简单的代数知识，就能将上述结果理解为霍列沃界。我们先来计算右侧的量。注意到

$$\rho^{PQ} = \sum_x p_x |x\rangle\langle x| \otimes \rho_x \tag{12.10}$$

接着有 $S(P) = H(p_x)$，$S(Q) = S(\rho)$，以及 $S(P,Q) = H(p_x) + \sum_x p_x S(\rho_x)$（定理 11.10），因此

$$S(P:Q) = S(P) + S(Q) - S(P,Q) = S(\rho) - \sum_x p_x S(\rho_x) \tag{12.11}$$

这正是我们想要的霍列沃界的右侧！而为了计算式 (12.9) 左侧的量，注意到

$$\rho^{P'Q'M'} = \sum_{xy} p_x |x\rangle\langle x| \otimes \sqrt{E_y}\rho_x\sqrt{E_y} \otimes |y\rangle\langle y| \tag{12.12}$$

对系统 Q 取迹并利用如下事实：对 (X,Y) 的联合概率分布 $p(x,y)$ 满足 $p(x,y) = p_x p(y|x) = p_x \operatorname{tr}(\rho_x E_y) = p_x \operatorname{tr}(\sqrt{E_y}\rho_x\sqrt{E_y})$，于是

$$\rho^{P'M'} = \sum_{xy} p(x,y)|x\rangle\langle x| \otimes |y\rangle\langle y| \tag{12.13}$$

因此 $S(P':M') = H(X:Y)$，这就是我们想要的霍列沃界的左侧！这样就完成了对于霍列沃界的证明。

□

12.1.2 霍列沃界的应用实例

霍列沃界是量子信息论中许多结果证明的基石。现在，我们将展示如何应用这一重要结果。回顾定理 11.10：

$$S(\rho) - \sum_x p_x S(\rho_x) \leqslant H(X) \tag{12.14}$$

等式当且仅当态 ρ_x 具有正交支集时成立。如果状态 ρ_x 没有正交支集，那么式 (12.14) 中的不等式是严格成立的。然后，霍列沃界说明 $H(X:Y)$ 严格小于 $H(X)$，因此 Bob 不可能根据他的测量结果 Y 完全准确地判定 X，这一般化地概括了我们已有的理解，即如果由 Alice 制备的态是非正交的，那么 Bob 不可能准确地确定 Alice 制备了哪个态。

一个具体的例子是 Alice 根据抛硬币的结果在两个单量子比特态中选择一个制备，如果是正面，那么 Alice 制备态 $|0\rangle$；如果是反面，那么 Alice 制备态 $\cos\theta|0\rangle + \sin\theta|1\rangle$，其中 θ 为实参数。在基 $|0\rangle, |1\rangle$ 下 ρ 可以写成

$$\rho = \frac{1}{2}\begin{bmatrix} 1 & 0 \\ 0 & 0 \end{bmatrix} + \frac{1}{2}\begin{bmatrix} \cos^2\theta & \cos\theta\sin\theta \\ \cos\theta\sin\theta & \sin^2\theta \end{bmatrix} \tag{12.15}$$

一个简单的计算表明 ρ 的特征值为 $(1 \pm \cos\theta)/2$，因此霍列沃界由二元熵 $H((1+\cos\theta)/2)$ 给出，如图 12-1 所示。注意霍列沃界当 $\theta = \pi/2$ 时达到最大值 1 比特，其对应于 Alice 所制备的态从正交集中选择的情况，此时 Bob 可以确定 Alice 制备了哪个态。对于 θ 的其他值，霍列沃界严格小于 1 比特，Bob 无法确定 Alice 制备了哪个态。

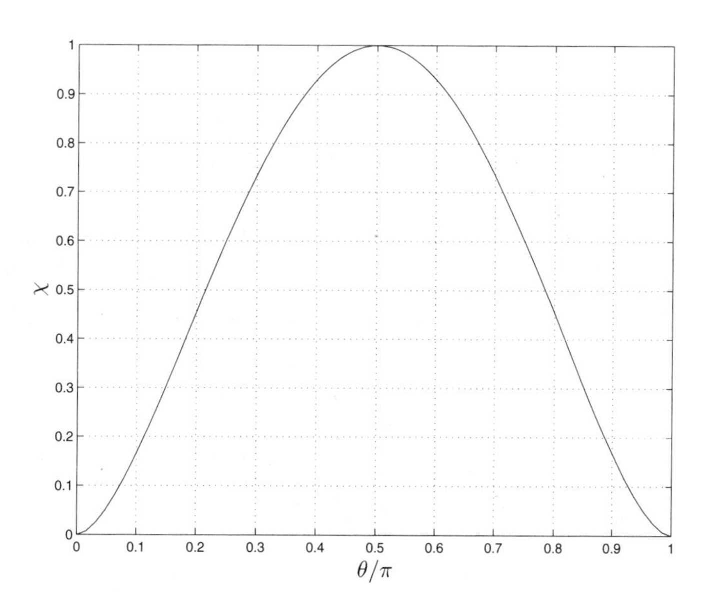

图 12-1 当以相等的概率制备态 $|0\rangle$ 和 $\cos\theta|0\rangle + \sin\theta|1\rangle$ 时，霍列沃界 χ 关于 θ 的函数图像。注意到霍列沃界当 $\theta = \pi/2$ 时达到最大值，其对应于正交态。只有在这一点上，Bob 才有可能准确地确定 Alice 制备了哪个态

专题 12.2 费诺不等式

如果我们希望基于另一个随机变量 Y 来推断随机变量 X 的值。直觉上，我们期望条件熵 $H(X|Y)$ 限制我们执行此推理的准确程度。费诺不等式严格证明了我们的这种直觉，并且在给定 Y 的情况下提供了对我们推断 X 准确率的一个实用的界。

假设 $\tilde{X} \equiv f(Y)$ 是我们用来对 X 猜测的最佳函数。令 $p_e \equiv p(X \neq \tilde{X})$ 为该猜测不正确的概率。费诺不等式表述如下

$$H(p_e) + p_e \log(|X| - 1) \geqslant H(X|Y) \tag{12.16}$$

其中 $H(\cdot)$ 为二元熵，$|X|$ 为 X 可能被猜测的值的数量。定性地说，该不等式告诉我们的是，如果 $H(X|Y)$ 很大（即在大小上与 $\log(|X|-1)$ 相当），那么在推理中产生错误的概率 p_e 也必定很大。

为了证明费诺不等式，定义“误差”随机变量 E，当 $X \neq \tilde{X}$ 时 $E \equiv 1$，当 $X = \tilde{X}$ 时 $E \equiv 0$。注意到 $H(E) = H(p_e)$，利用条件熵的链式法则，我们有 $H(E, X|Y) = H(E|X, Y) + H(X|Y)$。

但是，一旦知道 X 和 Y，E 就会完全确定，因此 $H(E|X,Y)=0$，因此 $H(E,X|Y)=H(X|Y)$。再对于不同的变量运用熵的链式法则，我们得到 $H(E,X|Y)=H(X|E,Y)+H(E|Y)$。条件熵会降低，因此 $H(E|Y)\leqslant H(E)=H(p_e)$，故 $H(X|Y)=H(E,X|Y)\leqslant H(X|E,Y)+H(p_e)$。对费诺不等式的证明是通过如下方式限制 $H(X|E,Y)$ 来得出的（我们省略了一些容易完成的简单证明细节）：

$$H(X|E,Y)=p(E=0)H(X|E=0,Y)+p(E=1)H(X|E=1,Y) \tag{12.17}$$

$$\leqslant p(E=0)\times 0+p_e\log(|X|-1)=p_e\log(|X|-1) \tag{12.18}$$

其中 $H(X|E=1,Y)\leqslant\log(|X|-1)$ 由以下事实导出：当 $E=1$ 时，$X\neq Y$，并且 X 最多只可能有除了 Y 的 $|X|-1$ 个值，故其条件熵被限制为 $\log(|X|-1)$。结合 $H(X|E,Y)\leqslant p_e\log(|X|-1)$ 和 $H(X|Y)\leqslant H(X|E,Y)+H(p_e)$，我们得到费诺不等式 $H(X|Y)\leqslant H(p_e)+p_e\log(|X|-1)$。

通过费诺不等式（推导参见专题 12.2），可以给霍列沃界赋予更多的意义。假设 Bob 基于他的测量结果 Y 和一些由函数 $f(\cdot)$ 规定的猜测规则猜测 $\tilde{X}=f(Y)$ 为 Alice 制备的态。然后，根据费诺不等式和霍列沃界，

$$\begin{aligned}H(p(\tilde{X}\neq X))+p(\tilde{X}\neq X)\log(|X|-1)&\geqslant H(X|Y)\\&=H(X)-H(X:Y)\\&\geqslant H(X)-\chi\end{aligned} \tag{12.19}$$

这允许我们对 Bob 推断出 X 的准确程度进行估计。可以启发式地认为，χ 越小，Bob 越难以确定 Alice 制备的态。如图 12-2 所示，Alice 以一半的概率制备态 $|0\rangle$，一半的概率制备 $\cos\theta|0\rangle+\sin\theta|1\rangle$，如前文所述，其界会化为 $H(p(\tilde{X}\neq X))\geqslant 1-\chi$ 且 $\chi=H((1+\cos\theta)/2)$。注意到当 $\theta\neq\pi/2$ 时，Bob 有一定的概率猜错。当 θ 趋近于零时，错误概率变得更大。最后，当 $\theta=0$ 时这两个状态无法被区分，下界告诉我们 Bob 的错误概率至少是一半，即他猜测 Alice 所制备状态的任何策略不会比随机更好。

习题 12.3 用霍列沃界证明 n 个量子比特不能传输比 n 比特更多的经典信息。

习题 12.4 假设 Alice 发送给 Bob 以下四个纯态的平均混合

$$|X_1\rangle=|0\rangle \tag{12.20}$$

$$|X_2\rangle=\sqrt{\frac{1}{3}}\left[|0\rangle+\sqrt{2}|1\rangle\right] \tag{12.21}$$

$$|X_3\rangle=\sqrt{\frac{1}{3}}\left[|0\rangle+\sqrt{2}\mathrm{e}^{2\pi\mathrm{i}/3}|1\rangle\right] \tag{12.22}$$

$$|X_4\rangle=\sqrt{\frac{1}{3}}\left[|0\rangle+\sqrt{2}\mathrm{e}^{4\pi\mathrm{i}/3}|1\rangle\right] \tag{12.23}$$

证明 Bob 的测量和 Alice 传输信息之间的互信息小于一比特。已知存在 **POVM** 使得互信息达到约 0.415，你能将其构造出来吗？可以构造一个更好的测量方案，达到霍列沃界吗？

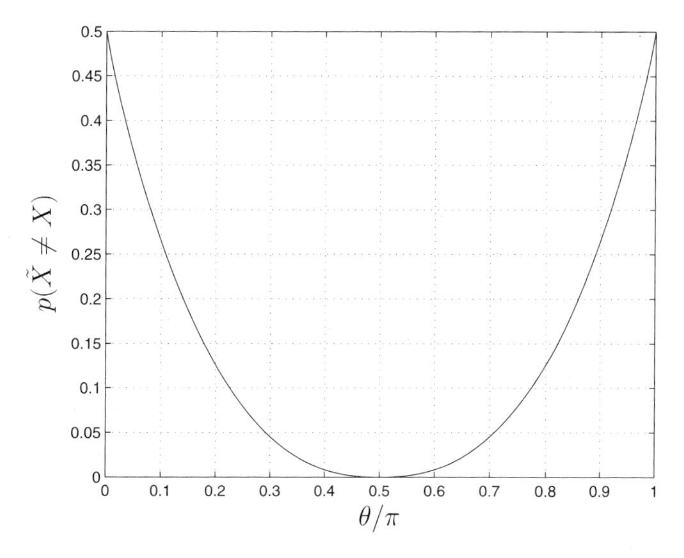

图 12-2　Bob 在推断 Alice 所制备态为 $|0\rangle$ 还是 $\cos\theta|0\rangle + \sin\theta|1\rangle$ 时出错概率的下界。该下界结合费诺不等式和霍列沃界得到。可以观察到该界当 θ 接近 $\pi/2$ 时接近于 0，即态能被完全区分

12.2 数据压缩

下面让我们转换思路来研究一个在经典和量子信息论中都有所体现的基本动态过程——数据压缩。数据压缩问题在其最一般的形式中，是确定存储一个信源所需的最少物理资源。它是信息论的基本问题之一，其深远影响远超其问题本身的范围。在经典信息论和量子信息论中，用于解决该问题的技术具有比数据压缩本身更广泛的适用范围，尽管在解决数据压缩问题时我们只关注它们最简单和最优雅的表述方式。在本节中，我们将仔细讨论量子数据压缩和经典数据压缩。

12.2.1　香农无噪声信道编码定理

香农无噪声信道编码定理量化了我们可以压缩由经典信源产生的信息的程度。经典信源指的是什么？这种信源有很多合理的模型，一个简单而有效的模型是：一个信源由一系列随机变量 $X_1, X_2, \cdots$ 组成，其值表示信源的输出。我们会发现，假定随机变量从有限的符号字母表中获取值对于下文的论述是十分方便的，并且所得结论在字母表扩展为无限时同样有效。此外，我们假设信源的每次使用是独立同分布的，即独立同分布信源。而在现实世界中，信源通常不是依照这种方式工作，例如，很容易看出你正在阅读的文本中的字不是以独立的方式出现的，字与字之间存在很强的相关性。举一个简单的例子，我们发现“一”和“个”的出现并非独立而是相关的，“一”后面的字为“个”的频率比出现“二”的更高。尽管如此，对于很多信源（包括文本），独立同分布假设在实践中仍能表现良好，并且为处理独立同分布信源特例引入的方法也可以推广到更复杂的源的情况。

在深入了解香农无噪声信道编码定理的技术细节之前，让我们用一个简单的例子来直观理解这一结果。假设一个独立同分布信源产生比特 $X_1, X_2, X_3, \cdots$，每个比特以概率 p 等于 0，以 $1-p$ 等于 1。香农定理背后的关键思想是将随机变量序列 $X_1, \cdots, X_n$ 的可能出现的不同值序列 $x_1, \cdots, x_n$ 分为两类——极有可能出现的序列，称为典型序列，以及很少出现的序列，称为非典型序列。当 n 变大时，我们能以很高的概率假设，从源输出的符号将有占比 p 的等于 0，占比 $1-p$ 的等于 1。满足上述假设的序列 $x_1, \cdots, x_n$ 被称为*典型序列*。将此定义与源的独立性假设相结合得到，对于典型序列，有

$$p(x_1, \cdots, x_n) = p(x_1)p(x_2)\cdots p(x_n) \approx p^{np}(1-p)^{(1-p)n} \tag{12.24}$$

两边取负对数得到

$$-\log p(x_1, \cdots, x_n) \approx -np\log p - n(1-p)\log(1-p) = nH(X) \tag{12.25}$$

其中 X 是与信源同分布的随机变量，$H(X) = -p\log(p) - (1-p)\log(1-p)$ 是信源分布的熵，也称为信源的熵率。因此 $p(x_1, \cdots, x_n) \approx 2^{-nH(X)}$，而所有典型序列出现的概率之和不能大于 1，所以可以知道最多可能存在 $2^{nH(X)}$ 个典型序列。

我们现在已经能够理解数据压缩的一个简单方案。假设信源的输出是 $x_1, \cdots, x_n$。为了压缩此输出，我们检查 $x_1, \cdots, x_n$ 是否为典型序列。如果不是，我们放弃并宣布错误；如果是，我们将其记录下来。幸运的是，随着 n 变大，出错的情况很少发生，因为当 n 充分大时几乎所有序列都是典型序列。而由于存在至多 $2^{nH(X)}$ 个典型序列，因此仅需要 $nH(X)$ 位来唯一确定特定的典型序列。我们选择一些这样的方案进行识别，并将源的输出压缩到相应的 $nH(X)$ 位串描述出现的是哪个典型序列，这样以后就可以解压缩了。当 n 变大时，该方案成功概率接近于 1。

对这种压缩方案可能有几种批评意见，我们分别对其回应如下：（1）它有一个很小但有限的失败几率。稍微复杂的方案可以利用类似的思想来消除发生错误的可能性。（2）为了进行压缩，我们必须等到信源发出大量（n 个）的符号。同样，存在允许在源发出符号的同时完成处理的改进方案。（3）没有给出从源的输出到压缩序列的显式映射。同样可以开发稍复杂的方案来解决这个问题。（4）数据压缩的过程取决于源的输出分布，如果不知道该怎么办？可以应对这种可能性的*通用压缩算法*是存在的。对这些问题和其他问题感兴趣的读者可以参考章末“背景资料与延伸阅读”列出的 Cover 和 Thomas 的著作。

让我们将典型序列的概念推广到二元以外的情形。假设 $X_1, X_2, \cdots$ 是一个独立同分布信源。通常，从信源输出的序列中任何给定字母 x 的出现频率接近于在给定用户使用该信源时出现字母的概率 $p(x)$。通过这种直观的理解，我们对典型序列的概念做出如下严格定义。给定 $\epsilon > 0$，如果

$$2^{-n(H(X)+\epsilon)} \leqslant p(x_1, \cdots, x_n) \leqslant 2^{-n(H(X)-\epsilon)} \tag{12.26}$$

我们说源的一串符号 $x_1, x_2 \cdots, x_n$ 是 ϵ 典型的。用 $T(n, \epsilon)$ 表示所有长度为 n 的 ϵ 典型序列的集

合，可以得到下面这一实用的等价定义形式

$$\left|\frac{1}{n}\log\frac{1}{p(x_1,\cdots,x_n)}-H(X)\right|\leqslant\epsilon \tag{12.27}$$

利用大数定律（在专题 12.3 中陈述并证明），我们可以证明典型序列定理，这使我们能严格地认为，在 n 充分大时，信源输出的序列大多数都是典型的。

定理 12.2（典型序列定理）

1. 固定 $\epsilon>0$，对于任意 $\delta>0$，当 n 充分大时，一个序列为 ϵ 典型的概率至少为 $1-\delta$。
2. 对于任意固定的 $\epsilon>0$ 和 $\delta>0$，当 n 充分大时，ϵ 典型序列的个数 $|T(n,\epsilon)|$ 满足

$$(1-\delta)2^{n(H(X)-\epsilon)}\leqslant|T(n,\epsilon)|\leqslant 2^{n(H(X)+\epsilon)} \tag{12.28}$$

3. 令 $S(n)$ 为由源产生的长度为 n 的某些序列的集合，大小至多为 2^{nR}，其中 $R<H(X)$ 固定。对于任意 $\delta>0$，当 n 充分大时，

$$\sum_{x\in S(n)}p(x)\leqslant\delta \tag{12.29}$$

证明

1. 直接利用大数定律。注意到 $-\log p(X_i)$ 是独立同分布的随机变量，由大数定律，对于任意 $\epsilon>0$ 和 $\delta>0$，当 n 充分大时我们有

$$p\left(\left|\sum_{i=1}^{n}\frac{-\log p(X_i)}{n}-\mathbb{E}(-\log p(X))\right|\leqslant\epsilon\right)\geqslant 1-\delta \tag{12.30}$$

而 $\mathbb{E}(\log p(X))=-H(X)$ 且 $\sum_{i=1}^{n}\log p(X_i)=\log(p(X_1,\cdots,X_n))$，因此

$$p(|-\log(p(X_1,\cdots,X_n))/n-H(X)|\leqslant\epsilon)\geqslant 1-\delta \tag{12.31}$$

即一个序列为 ϵ 典型的概率至少为 $1-\delta$。

2. 由典型序列的定义，观察到所有典型序列出现的概率和处于 $1-\delta$（由（1）可得）和 1（显然概率和不能超过 1）之间。于是

$$1\geqslant\sum_{x\in T(n,\epsilon)}p(x)\geqslant\sum_{x\in T(n,\epsilon)}2^{-n(H(X)+\epsilon)}=|T(n,\epsilon)|2^{-n(H(X)+\epsilon)} \tag{12.32}$$

从中我们推导出 $|T(n,\epsilon)|\leqslant 2^{n(H(X)+\epsilon)}$。另外

$$1-\delta\leqslant\sum_{x\in T(n,\epsilon)}p(x)\leqslant\sum_{x\in T(n,\epsilon)}2^{-n(H(X)-\epsilon)}=|T(n,\epsilon)|2^{-n(H(X)-\epsilon)} \tag{12.33}$$

从中我们推导出 $|T(n,\epsilon)| \geqslant (1-\delta)2^{n(H(X)-\epsilon)}$。

3. 思路是将 $S(n)$ 中的序列分成典型和非典型序列两部分。非典型序列在 n 充分大时出现概率极小。$S(n)$ 中典型序列的数量显然不大于 $S(n)$ 中序列的总数，最多为 2^{nR}，每个典型序列出现的概率约为 $2^{-nH(X)}$，因此 $S(n)$ 中的典型序列的出现概率总计约为 $2^{n(R-H(X))}$，因 $R < H(X)$ 故当 n 增大时其趋近于 0。

更严格地讲，选择 ϵ 使得 $R < H(X) - \delta$ 且 $0 < \epsilon < \delta/2$。将 $S(n)$ 中的序列分成 ϵ 典型序列和 ϵ 非典型序列。在（1）中，对于充分大的 n，可以使非典型序列的总概率小于 $\delta/2$。$S(n)$ 中最多有 2^{nR} 个典型序列，每个序列的概率最多为 $2^{-n(H(X)-\epsilon)}$，因此典型序列的概率最多为 $2^{-n(H(X)-\epsilon-R)}$，当 n 趋近于正无穷时，其趋近于 0。因此，当 n 充分大时，$S(n)$ 中的序列的概率和小于 δ。

□

专题 12.3　大数定律

假设重复一个实验多次，每次测量一些参数 X 的值。我们标记实验结果为 $X_1, X_2, \cdots$，假设每次实验结果是独立的，我们直观地预计均值 $\mathbb{E}(X)$ 的估计量 $S_n \equiv \sum_{i=1}^n X_i/n$ 当 $n \to \infty$ 时应趋近 $\mathbb{E}(X)$。大数定律是对这种直觉的严格陈述。

定理 12.3（大数定律）　若 $X_1, X_2, \cdots$ 为独立同分布的随机变量，它们与 X 具有相同分布，其具有有限的一阶矩和二阶矩，$|\mathbb{E}(X)| < \infty$ 且 $\mathbb{E}(X^2) < \infty$。对于任意 $\epsilon > 0$，当 $n \to \infty$ 时，$p(|S_n - \mathbb{E}(X)| > \epsilon) \to 0$。

证明

首先我们假设 $\mathbb{E}(X) = 0$，在之后完成证明时再讨论 $\mathbb{E}(X) \neq 0$ 时会发生什么。由于随机变量独立且均值为 0，因此当 $i \neq j$ 时，$\mathbb{E}(X_iX_j) = \mathbb{E}(X_i)\mathbb{E}(X_j) = 0$，因此

$$\mathbb{E}(S_n^2) = \frac{\sum_{i,j=1}^n \mathbb{E}(X_iX_j)}{n^2} = \frac{\sum_{i=1}^n \mathbb{E}(X_i^2)}{n^2} = \frac{\mathbb{E}(X^2)}{n} \tag{12.34}$$

最后的等号是因为 $X_1, \cdots, X_n$ 与 X 同分布。而从期望的定义我们有

$$\mathbb{E}(S_n^2) = \int \mathrm{d}P\, S_n^2 \tag{12.35}$$

其中 $\mathrm{d}P$ 是潜在的概率测度。显然，要么 $|S_n| \leqslant \epsilon$ 要么 $|S_n| > \epsilon$，所以我们可以将积分分成两部分，然后丢弃其中非负的一部分得到

$$\mathbb{E}(S_n^2) = \int_{|S_n|\leqslant\epsilon} \mathrm{d}P\, S_n^2 + \int_{|S_n|>\epsilon} \mathrm{d}P\, S_n^2 \geqslant \int_{|S_n|>\epsilon} \mathrm{d}P\, S_n^2 \tag{12.36}$$

在积分区间中 $S_n^2 > \epsilon^2$，因此

$$\mathbb{E}(S_n^2) \geqslant \epsilon^2 \int_{|S_n|>\epsilon} \mathrm{d}P = \epsilon^2 p(|S_n| > \epsilon) \tag{12.37}$$

将这个不等式与式 (12.34) 进行比较，我们知道

$$p(|S_n| > \epsilon) \leqslant \frac{\mathbb{E}(X^2)}{n\epsilon^2} \tag{12.38}$$

令 $n \to \infty$ 即完成证明。而 $\mathbb{E}(X) \neq 0$ 的情况也很容易能得到结果，定义

$$Y_i \equiv X_i - \mathbb{E}(X), \qquad Y \equiv X - \mathbb{E}(X) \tag{12.39}$$

Y 和 $Y_1, Y_2, \cdots$ 是一系列独立同分布的随机变量，$\mathbb{E}(Y) = 0$ 且 $\mathbb{E}(Y^2) < \infty$。结果同上。

□

香农无噪声信道编码定理是典型序列定理的简单应用。我们在这里给出无噪声信道编码定理一个非常简单的版本，更复杂的版本留作习题，以及在章末的“背景资料与延伸阅读”中讨论。基本设定是假设 $X_1, X_2, \cdots$ 是一个独立同分布的包含 d 个符号的有限字母表的经典信源。一个压缩率为 R 的压缩方案将序列 $x = (x_1, \cdots, x_n)$ 映射到长度为 nR 的比特串，我们用 $C^n(x) = C^n(x_1, \cdots, x_n)$ 表示。（注意 nR 可能不是整数，为了方便，我们规定在这种情况下 $nR = \lfloor nR \rfloor$。）对应的解压缩方案将 nR 压缩位映射回长度为 n 的字符串 $D^n(C^n(X))$。如果当 n 趋近于 ∞ 时，$D^n(C^n(x)) = x$ 的概率趋近于 1，则称压缩解压缩方案 (C^n, D^n) 是可靠的。香农无噪声信道编码定理说明了当压缩率 R 为多少时存在可靠压缩方案，为熵率 $H(X)$ 提供了一种实际意义的解释：它是可靠地存储来自源的输出所需要的最小物理资源。

定理 12.4 （香农无噪声信道编码定理） 假设 $\{X_i\}$ 是熵率为 $H(X)$ 的独立同分布信源，若 $R > H(X)$，则存在对源的压缩率为 R 的可靠压缩方案；反之，若 $R < H(X)$，则任何压缩方案都是不可靠的。

证明

若 $R > H(X)$，选取 ϵ 使得 $H(X) + \epsilon < R$。考虑 ϵ 典型序列的集合 $T(n, \epsilon)$，对于任意 $\delta > 0$ 及充分大的 n，最多存在 $2^{n(H(X)+\epsilon)} < 2^{nR}$ 个这样的序列，且源产生这样的序列的概率至少为 $1 - \delta$。因此，压缩方法只是简单地检查源的输出是否为典型序列。如果不是，则压缩到某个固定的 nR 位串意味着失败；解压缩操作只输出随机序列 $x_1, \cdots, x_n$ 作为对源产生的信息的猜测；在这种情况下，我们放弃压缩是更有效的。如果源的输出是典型序列，那么我们仅通过简单地使用 nR 位存储特定序列的标号来压缩输出，并且这显然在以后能被恢复。

若 $R < H(X)$，压缩解压缩操作的组合具有最多 2^{nR} 个可能的输出，因此从源输出的序列中最多只有 2^{nR} 个可以被正确无误地压缩并解压缩。由典型序列定理，当 n 充分大时，对于 $R < H(X)$，一个序列由大小为 2^{nR} 的序列子集中的源输出的概率趋近于 0。因此，任何这样的压缩方案都不可靠。

□

习题 12.5（变长无错数据压缩） 对于可变长度的数据压缩方案，请考虑以下启发式算法。令 $x_1, \cdots, x_n$ 为熵率 $H(X)$ 的源独立同分布的 n 次输出。如果是 $x_1, \cdots, x_n$ 是典型的，然后发送一个 $H(X)$ 位的索引指示它是哪一个典型序列。如果 $x_1, \cdots, x_n$ 是非典型的，为序列发送一个未压缩的 $\log d^n$ 位的索引（d 为字母表大小）。对此启发式算法进行严格的论证，对于任何 $R > H(X)$，可以无错地将源压缩到每个源符号平均占 R 位。

12.2.2 Schumacher 量子无噪声信道编码定理

量子信息论在概念上的一个重大突破是我们认识到可以将量子态视为信息，并询问有关这些量子态的信息论问题。在本节中，我们定义量子信源，并研究以下问题：由该信源产生的“信息”（量子态）能被压缩到什么程度？

我们如何定义量子信源的概念？与经典信源的定义一样，我们并没有一个最好的定义，可能会提出几个不同的定义，并且不是所有定义都是等价的。我们将要使用的定义基于以下思想，纠缠是我们尝试压缩和解压缩时最关注的东西。更严格地说，一个（独立同分布）量子信源将由希尔伯特空间 H 和该空间上的密度矩阵 ρ 描述。我们可以认为系统的状态 ρ 仅仅是处于纯态的较大系统的一部分，ρ 的混合性质是由 H 与系统剩余部分之间的纠缠导致的。该源的压缩率为 R 的压缩方案由两个量子算子 $\mathcal{C}^n$ 和 $\mathcal{D}^n$ 组成，其类似于在经典情况下使用的压缩和解压缩方案。$\mathcal{C}^n$ 是压缩算子，将 $H^{\otimes n}$ 中的态映射到一个 2^{nR} 维状态空间（压缩空间）中，我们可以用 nR 个量子比特表示压缩空间。算子 $\mathcal{D}^n$ 是解压缩操作，将压缩空间中的态映射到原始状态空间中。因此，压缩解压缩组合的算子是 $\mathcal{D}^n \circ \mathcal{C}^n$。我们对于可靠性的标准是，在 n 充分大时，纠缠保真度 $F(\rho^{\otimes n}, \mathcal{D}^n \circ \mathcal{C}^n)$ 应趋近于 1。量子数据压缩的基本思想如图 12-3 所示。

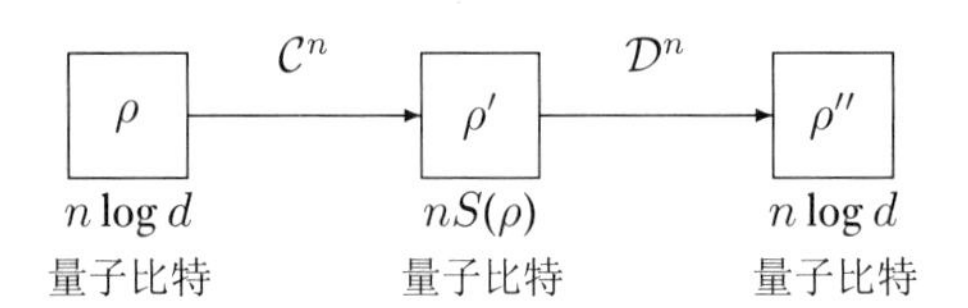

图 12-3 量子数据压缩。压缩算子 $\mathcal{C}^n$ 将存储在 $n\log d$ 个量子比特中的量子源 ρ 映射到 $nS(\rho)$ 个量子比特。源通过解压缩算子 $\mathcal{D}^n$ 准确还原

证明量子无噪声信道编码定理的关键是典型序列的量子版本。假设与量子源相关联的密度算子 ρ 具有正交分解

$$\rho = \sum_x p(x)|x\rangle\langle x| \tag{12.40}$$

其中 $|x\rangle$ 是正交集，$p(x)$ 是 ρ 的特征值。ρ 的特征值 $p(x)$ 遵循与概率分布相同的规则：它们是非负的并且和为 1。此外，$H(p(x)) = S(\rho)$。因此，谈论一个 ϵ 典型序列 $x_1, \cdots, x_n$ 时有如下结论：

$$\left|\frac{1}{n}\log\left(\frac{1}{p(x_1)p(x_2)\cdots p(x_n)}\right) - S(\rho)\right| \leqslant \epsilon \tag{12.41}$$

与经典定义完全相同。一个 ϵ 典型态为一个 ϵ 典型序列 $x_1, x_2, \cdots x_n$ 对应的态 $|x_1\rangle|x_2\rangle\cdots|x_n\rangle$。定义 ϵ 子空间为由所有 ϵ 典型态 $|x_1\rangle|x_2\rangle\cdots|x_n\rangle$ 张成的子空间。我们用 $T(n,\epsilon)$ 表示 ϵ 典型子空

间，用 $P(n,\epsilon)$ 表示到典型子空间上的投影算子。注意到

$$P(n,\epsilon)=\sum_{x\text{为}\epsilon\text{典型态}}|x_1\rangle\langle x_1|\otimes|x_2\rangle\langle x_2|\otimes\cdots|x_n\rangle\langle x_n| \tag{12.42}$$

下面可以将典型序列定理转化为其等效的量子形式，即典型子空间定理。

定理 12.5（典型子空间定理）

1. 固定 $\epsilon>0$，对于任意 $\delta>0$，当 n 充分大时，

$$\operatorname{tr}(P(n,\epsilon)\rho^{\otimes n})\geqslant 1-\delta \tag{12.43}$$

2. 对于任意固定的 $\epsilon>0$ 和 $\delta>0$，当 n 充分大时，ϵ 典型子空间 $T(n,\epsilon)$ 的维数 $|T(n,\epsilon)|=\operatorname{tr}(P(n,\epsilon))$ 满足

$$(1-\delta)2^{n(S(\rho)-\epsilon)}\leqslant|T(n,\epsilon)|\leqslant 2^{n(S(\rho)+\epsilon)} \tag{12.44}$$

3. 令 $S(n)$ 为 $H^{\otimes n}$ 的维数至多为 2^{nR} 的任意子空间，其中 $R<S(\rho)$ 固定。对于任意 $\delta>0$，当 n 充分大时，

$$\operatorname{tr}(S(n)\rho^{\otimes n})\leqslant\delta \tag{12.45}$$

每种情况下的结果都可以直接使用大数定律来得到，但我们更喜欢使用典型序列定理，以强调其与香农无噪声信道编码定理的证明过程中所使用的技术的紧密联系。

证明

1. 注意到

$$\operatorname{tr}(P(n,\epsilon)\rho^{\otimes n})=\sum_{x\text{为}\epsilon\text{典型}}p(x_1)p(x_2)\cdots p(x_n) \tag{12.46}$$

结果可由典型序列定理的（1）直接得到。

2. 由典型序列定理的（2）直接得到。

3. 我们将迹分解为典型子空间和非典型子空间上的两部分：

$$\operatorname{tr}(S(n)\rho^{\otimes n})=\operatorname{tr}(S(n)\rho^{\otimes n}P(n,\epsilon))+\operatorname{tr}(S(n)\rho^{\otimes n}(I-P(n),\epsilon))) \tag{12.47}$$

分别处理两部分。对第一部分注意到，因为 $P(n,\epsilon)$ 是与 $\rho^{\otimes n}$ 对易的投影算子，故

$$\rho^{\otimes n}P(n,\epsilon)=P(n,\epsilon)\rho^{\otimes n}P(n,\epsilon) \tag{12.48}$$

而 $P(n,\epsilon)\rho^{\otimes n}P(n,\epsilon)$ 的特征值都不超过 $2^{-n(S(\rho)-\epsilon)}$，故

$$\operatorname{tr}(S(n)P(n,\epsilon)\rho^{\otimes n}P(n,\epsilon))\leqslant 2^{nR}2^{-n(S(\rho)-\epsilon))} \tag{12.49}$$

令 $n \to \infty$，我们知道第一部分趋近于 0。对于第二部分注意到 $S(n) \leqslant I$，因为 $S(n)$ 和 $\rho^{\otimes n}(I-P(n),\epsilon))$ 均为正定算子，所以当 $n \to \infty$ 时 $0 \leqslant \mathrm{tr}(S(n)\rho^{\otimes n}(I-P(n,\epsilon))) \leqslant \mathrm{tr}(\rho^{\otimes n}(I-P(n,\epsilon))) \to 0$，所以第二部分当 n 变大时趋近于 0，结果得证。

□

利用典型子空间定理，我们不难证明香农无噪声信道编码定理的量子形式。证明的主要思想是类似的，但是证明中的非对易算子的出现使得分析变得更加困难，因为这些算子没有经典中的对应形式。

定理 12.6（Schumacher 无噪声量子信道编码定理） 令 $\{H,\rho\}$ 为独立同分布量子信源。如果 $R > S(\rho)$，那么存在对信源 $\{H,\rho\}$ 压缩率为 R 的可靠压缩方案。如果 $R < S(\rho)$，那么不存在对信源 $\{H,\rho\}$ 压缩率为 R 的可靠压缩方案。

证明

假设 $R > S(\rho)$ 并令 $\epsilon > 0$ 使得 $S(\rho)+\epsilon \leqslant R$。由典型子空间定理，对于任意 $\delta > 0$ 及充分大的 n，$\mathrm{tr}(\rho^{\otimes n}P(n,\epsilon) \geqslant 1-\delta$，并且 $\dim(T(n,\epsilon)) \leqslant 2^{nR}$。令 H_c^n 为包含 $T(n,\epsilon)$ 的任意 2^{nR} 维希尔伯特空间。编码以如下方式完成。首先进行测量，由完整的正交投影算子 $P(n,\epsilon)$ 和 $I-P(n,\epsilon)$ 描述，对应的结果我们用 0 和 1 表示。如果结果 0 发生，则不再进行任何操作并保持其态处于典型子空间中。如果结果 1 发生，那么我们用从典型子空间中选择的一些标准态 $|0\rangle$ 替换系统的态，而具体使用什么态并不重要。由此得出，编码是一个到 2^{nR} 维子空间 H_c^n 的映射 $\mathcal{C}^n: H^{\otimes n} \to H_c^n$，其具有求和表示

$$\mathcal{C}^n(\sigma) \equiv P(n,\epsilon)\sigma P(n,\epsilon) + \sum_i A_i \sigma A_i^\dagger \tag{12.50}$$

其中 $A_i \equiv |0\rangle\langle i|$，$|i\rangle$ 是典型子空间正交补的标准正交基。

解码操作 $\mathcal{D}^n: H_c^n \to H^{\otimes n}$ 被定义为 H_c^n 上的恒等算子，$\mathcal{D}^n(\sigma)=\sigma$。有了这些对编码和解码的定义，我们有

$$F(\rho^{\otimes n}, \mathcal{D}^n \circ \mathcal{C}^n) = |\,\mathrm{tr}(\rho^{\otimes n}P(n,\epsilon))|^2 + \sum_i |\,\mathrm{tr}(\rho^{\otimes n}A_i)|^2 \tag{12.51}$$

$$\geqslant |\,\mathrm{tr}(\rho^{\otimes n}P(n,\epsilon))|^2 \tag{12.52}$$

$$\geqslant |1-\delta|^2 \geqslant 1-2\delta \tag{12.53}$$

其中最后一行来自典型子空间定理。对于充分大的 n，δ 可以任意小，因此当 $S(\rho) < R$ 时，存在压缩率为 R 的可靠压缩方案 $\{\mathcal{C}^n, \mathcal{D}^n\}$。

为证明其反面结论，假设 $R < S(\rho)$，不失一般性，我们假设从 $H^{\otimes n}$ 映射到 2^{nR} 维子空间的压缩操作具有对应的投影算子 $S(n)$。令 C_j 为压缩操作 C^n 的元算子，D_k 为解压缩操作 $\mathcal{D}^n$ 的元算子。然后我们有

$$F(\rho^{\otimes n}, \mathcal{D}^n \circ \mathcal{C}^n) = \sum_{jk} |\,\mathrm{tr}(D_k C_j \rho^{\otimes n})|^2 \tag{12.54}$$

每个算子 C_j 映射到投影 $S(n)$ 的子空间内,因此 $C_j = S(n)C_j$。设 $S^k(n)$ 为到 $S(n)$ 被 D_k 映射的子空间的投影,因此我们有 $S^k(n)D_kS(n) = D_kS(n)$,因此 $D_kC_j = D_kS(n)C_j = S^k(n)D_kS(n)C_j = S^k(n)D_kC_j$，因此

$$F(\rho^{\otimes n}, \mathcal{D}^n \circ \mathcal{C}^n) = \sum_{jk} |\operatorname{tr}(D_k C_j \rho^{\otimes n} S^k(n))|^2 \tag{12.55}$$

应用柯西-施瓦茨不等式得到

$$F(\rho^{\otimes n}, \mathcal{D}^n \circ \mathcal{C}^n) \leqslant \sum_{jk} \operatorname{tr}(D_k C_j \rho^{\otimes n} C_j^\dagger D_k^\dagger) \operatorname{tr}(S^k(n)\rho^{\otimes n}) \tag{12.56}$$

应用典型子空间定理的（3），我们知道对于任意 $\delta > 0$ 及充分大的 n，$\operatorname{tr}(S^k(n)\rho^{\otimes n}) \leqslant \delta$。此外，典型子空间定理的证明意味着其成立所需要的 n 的大小不依赖于 k。而因为 $\mathcal{C}^n$ 和 $\mathcal{D}^n$ 都是保迹的，故

$$F(\rho^{\otimes n}, \mathcal{D}^n \circ \mathcal{C}^n) \leqslant \delta \sum_{jk} \operatorname{tr}(D_k C_j \rho^{\otimes n} C_j^\dagger D_k^\dagger) \tag{12.57}$$

$$= \delta \tag{12.58}$$

由于 δ 是任意的，因此当 $n \to \infty$ 时 $F(\rho^{\otimes n}, \mathcal{D}^n \circ \mathcal{C}^n) \to 0$，因此压缩方案是不可靠的。

□

Schumacher 定理不仅讨论了可靠压缩方案的存在性，而且提供了如何实际构造压缩方案的线索。其关键是能够有效地实现从 n 维希尔伯特空间到 2^{nR} 维典型子空间 H_c^n 中的映射 $\mathcal{C}^n : H^{\otimes n} \to H_c^n$。经典的压缩技术，例如枚举编码、赫夫曼编码和算术编码能被应用到这一问题中来，但有一个很强的限制条件：编码电路必须是完全可逆的，并且在创建压缩编码的过程中要完全消除原始状态。毕竟，根据不可克隆定理，我们无法复制原始状态，因此它不能像普通的经典压缩方案那样使原状态保持不变。专题 12.4 给出了一个简单的例子，来说明量子压缩的工作原理。

专题 12.4　Schumacher 压缩

考虑一个独立同分布信源，其由一个单量子比特密度矩阵描述

$$\rho = \frac{1}{4}\begin{bmatrix} 3 & 1 \\ 1 & 1 \end{bmatrix} \tag{12.59}$$

例如，这可能来源于更大纠缠系统的一小部分。理解此源的另一种方法（与 9.3 节相比较）是它以等概率产生态 $|\psi_0\rangle = |0\rangle$ 或 $|\psi_1\rangle = (|0\rangle + |1\rangle)/\sqrt{2}$（参见习题 12.8）。$\rho$ 具有正交分解 $p|\bar{0}\rangle\langle\bar{0}| + (1-p)|\bar{1}\rangle\langle\bar{1}|$，其中 $|\bar{0}\rangle = \cos\frac{\pi}{8}|0\rangle + \sin\frac{\pi}{8}|1\rangle$，$|\bar{1}\rangle = -\sin\frac{\pi}{8}|0\rangle + \cos\frac{\pi}{8}|1\rangle$，并且

$p=[3+\tan(\pi/8)]/4$。在此基础上，可以将 n 个量子比特的块写为状态

$$\sum_{X=\{\bar{0}\bar{0}\cdots\bar{0},\bar{0}\bar{0}\cdots\bar{1},\cdots,\bar{1}\bar{1}\cdots\bar{1}\}} C_X|X\rangle \tag{12.60}$$

由定理 12.6，只有 $|X\rangle$ 为了能够以高保真度重建原始状态，需要被发送，而其汉明权重近似等于 np（即典型子空间的一个基）。这很容易理解，因为 $|\langle\bar{0}|\psi_k\rangle|=\cos(\pi/8)$（对于 $k=\{0,1\}$）远大于 $|\langle\bar{1}|\psi_k\rangle|=\sin(\pi/8)$，对于具有较大汉明权重的 X，系数 C_X 非常小。

我们要如何实现这样的压缩方案呢？如下是一种近似的方法。假设我们有置换基矢态 $|X\rangle$ 的量子电路 U_n，它根据汉明权重将态按照字典序重新排序。例如，对于 $n=4$，如下：

$$\begin{array}{llll}
0000\to0000 & 1000\to0100 & 1001\to1000 & 1011\to1100\\
0001\to0001 & 0011\to0101 & 1010\to1001 & 1101\to1101\\
0010\to0010 & 0101\to0110 & 1100\to1010 & 1110\to1110\\
0100\to0011 & 0110\to0111 & 0111\to1011 & 1111\to1111
\end{array}$$

这样的变换可以使用受控非门和 Toffoli 门实现，它能将典型子空间可逆地打包到前约 $nH(p)$ 个量子比特（从左到右）。为了完成该方案，我们还需要一个量子门 V，它将单个量子比特旋转到基 $|\bar{0}\rangle,|\bar{1}\rangle$ 上。然后，我们所需要的压缩方案就是 $\mathcal{C}^n=(V^\dagger)^{\otimes n}U_nV^{\otimes n}$，并且只需要发送来自 $\mathcal{C}^n$ 输出的前 $nH(p)$ 个量子比特，使用该电路的逆电路作为解码器，就能够以高保真度重建来自源的一系列状态。一种更有效的编码方案是将汉明权重约为 np 的状态打包到前 $nH(p)$ 个量子比特空间，这可以使用算术编码的量子版本来完成。

习题 12.6 以专题 12.4 中的记号给出 C_X 关于 X 的表达式。并对于任意的 n，描述如何构造执行 U_n 的量子电路。你需要多少基本操作？用 n 的函数表示。

习题 12.7（数据压缩电路） 对于任意 $R>S(\rho)=H(\rho)$，构造一个电路，以便能可靠地将一个单比特源 $\rho=p|0\rangle\langle0|+(1-p)|1\rangle\langle1|$ 压缩到 nR 个量子比特。

习题 12.8（量子态集合的压缩） 假设不是采用基于单密度矩阵和纠缠保真度的量子源定义，而是采用以下集合定义：一个（独立同分布）量子源由一个量子态集合 $\{p_j,|\psi_j\rangle\}$ 指定。量子态的连续使用是独立的，并且以概率 p_j 产生状态 $|\psi_j\rangle$。如果整体平均保真度当 $n\to\infty$ 时接近 1，则说压缩解压缩方案 $(\mathcal{C}^n,\mathcal{D}^n)$ 在该定义下是可靠的，整体平均保真度

$$\bar{F}\equiv\sum_J p_{j_1}\cdots p_{j_n}F(\rho_J,(\mathcal{D}^n\circ\mathcal{C}^n)(\rho_J))^2 \tag{12.61}$$

其中 $J=(j_1,\cdots,j_n)$ 且 $\rho_J\equiv|\psi_{j_1}\rangle\langle\psi_{j_1}|\otimes\cdots\otimes|\psi_{j_n}\rangle\langle\psi_{j_n}|$。定义 $\rho\equiv\sum_j p_j|\psi_j\rangle\langle\psi_j|$，证明给定 $R>S(\rho)$，存在在该保真度定义下的压缩率为 R 的可靠压缩方案。

12.3 噪声信道上的经典信息

凡是有可能出错的地方，就肯定会出错。

——墨菲（Edward A. Murphy）

我们在电话中交谈时都不时遇到困难。当我们听不清线路另一端的人说话时，我们说我们有一条“坏线”。这是所有信息处理系统中普遍存在的噪声的一个例子。如第 10 章所述，纠错码可用于对抗噪声的影响，即使存在非常严重的噪声，也可以进行可靠的通信和计算。给定特定的噪声通信信道 $\mathcal{N}$，一个有趣的问题是通过该信道能可靠地传输多少信息。例如，使用信道 1000 次以适当的纠错码来发送 500 比特的信息，能以高概率从信道引入的任何错误中恢复出原始信息。我们说这样的编码的码率为 $500/1000 = 1/2$。信息论的一个基本问题是确定通过信道 $\mathcal{N}$ 进行可靠通信的最大码率，这个量称为信道容量。

对于有噪声的经典通信信道，可以使用香农噪声信道编码定理来计算信道的容量。我们以研究存在噪声时经典信息的通信开始，在 12.3.1 节讨论香农噪声信道编码定理背后的一些主要思想。在 12.3.2 节中，我们继续详细研究问题的推广形式，即双方试图通过使用有噪声的量子信道来传递经典信息。

12.3.1 经典噪声信道中的通信

许多关于噪声信道编码的主要思想，无论是量子信道还是经典信道，都可以通过二元对称信道来理解。回顾 10.1 节，二元对称信道是用于单比特信息的噪声通信信道，其效果是以概率 $p > 0$ 翻转传输的比特，而以概率 $1 - p$ 正确无误地传输，如图 12-4 所示。

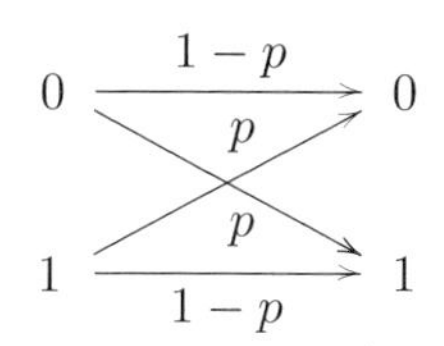

图 12-4　二元对称信道

每次使用二元对称信道，我们可以可靠地传输多少信息？可以使用纠错码通过该信道发送信息，但是需要建立在用于完成通信的比特数的额外开销上。我们将论证信息可靠传输的最大码率是 $1 - H(p)$，其中 $H(\cdot)$ 是香农熵。

可靠地完成传输是什么意思？这是一个很好的问题，因为不同的答案会导致不同方案的码率不同。我们将使用以下对于可靠性的定义：我们假设信道的输入可以以大的块一次全部编码，并且需要使用所述编码在块变大时其传输出错的概率趋近于零。可靠性的另一种可能定义是依然假设编码可以以块的形式进行，但是随着块大小变得足够大，错误的概率恰好变为零。不幸的是，该定义对于通过纠错可以实现的目标过于乐观，并导致二元对称信道的容量为零！类似地，如果我们不允许在大块中执行编码，则容量也会变为零。实际上，令人惊讶的是（并且不是十分显然），如果我们对可靠性的定义不那么过于夸张，我们是可以实现非零的信息传输码率的。为了证明这一可能性，我们需要几个巧妙的想法。

二元对称信道的随机编码

假设我们希望使用我们的二元对称信道 n 次来传输 nR 比特的信息，也就是说，我们希望通过信道以码率 R 传输信息。我们将证明存在一个纠错码在 n 充分大时低错误概率实现 $R<1-H(p)$ 的传输方案。我们需要的第一个思想是构造纠错码的随机编码法。假设 $(q,1-q)$ 是信道输入（0 和 1）的任意固定概率分布。（这种分布通常被称为码的先验分布——引入这种分布的目的是使随机编码法能够工作，该分布中的随机性不应与信道中的随机性混淆。）然后我们通过对每个 $j=1,\cdots,n$ 独立地以概率 q 选择 $x_j=0$，$1-q$ 选择 $x_j=1$ 的简单方法为我们选择一个码字 $x=(x_1,\cdots,x_n)$。我们重复这一过程 2^{nR} 次，创建一个 2^{nR} 个条目的密码本 C，我们用 x^j 表示代码本中的某个条目。

显然，使用这一过程可能产生一些效果非常差的纠错码！如果我们足够不幸，我们构造的码其中所有的码字都是由 n 个 0 组成的字符串，这显然对信息传输没有任何用处。然而事实证明，平均而言，这种随机编码程序提供了非常好的纠错码。为了理解为什么会这样，让我们看看信道对码中的单个码字做了什么。由于所有码字都以相同的方式构造，我们不妨看看第一个码字 x^1。

二元对称信道对 x^1 有什么影响？在长度为 n 的码字上，我们期望大约 np 的比特被翻转，因此很有可能来自信道的输出将具有与码字 x^1 相差大约 np 的汉明距离，如图 12-5 所示。我们说这样的输出是在围绕 x^1 半径为 np 的汉明球上。汉明球中有多少元素？答案是大约有 $2^{nH(p)}$ 个，因为汉明球由信道中所有经常出现的输出 $y=x^1\oplus e$ 组成，其中 e 是信道中出现的误差，$\oplus$ 表示按位模 2 加。通过典型序列定理，这种典型误差 e 的数量约为 $2^{nH(p)}$。

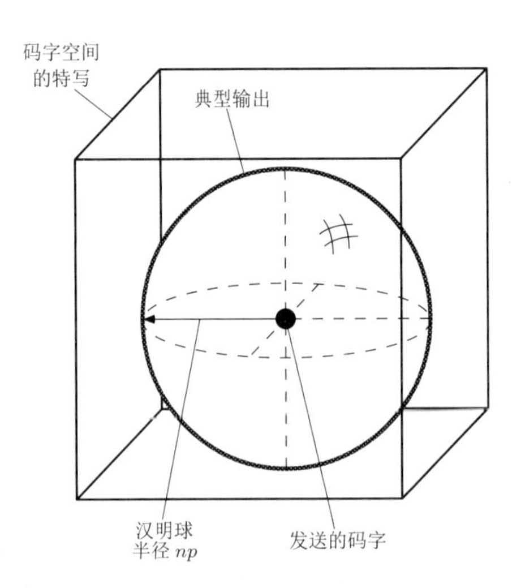

图 12-5　假设通过二元对称信道的 n 次使用发送码字 x^1。然后，来自信道的典型输出是以发送序列为球心半径为 np 的汉明球上的元素（此图为图 12-6 的特写）

我们集中注意力到单个码字，所有码字都可能出现同样类型的损坏。我们可以想象所有码字及其周围汉明球的空间，如图 12-6 所示。如果像画的那样，汉明球不重叠，那么 Bob 就可以轻松地解码信道的输出。他只要检查输出是否在其中一个汉明球中，如果是，则输出相应的码字，如果不是，则输出“错误”。由于我们假设球体不重叠，因此任何码字作为输入，都能以很高的概率成功解码。实际上，即使球体稍微重叠，如果重叠很小，Bob 仍有可能以很高的成功率进行解码，即很有可能信道输出将属于一个（不是零或两个或者更多）汉明球，这样就能被成功解码。

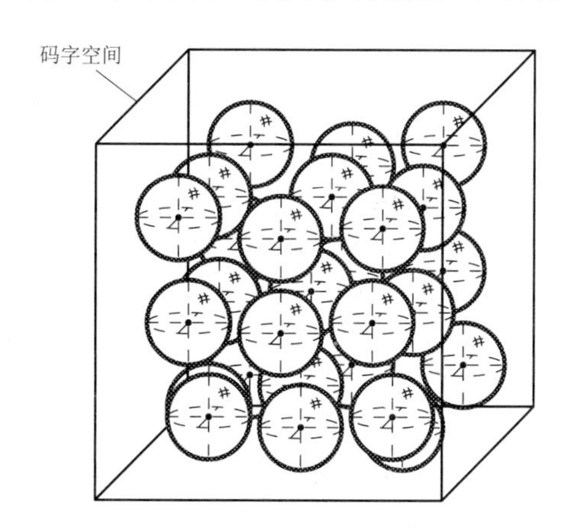

图 12-6　随机选择的二元对称信道的码字被它们的“典型”输出的汉明球包围。单个码字的特写见图 12-5

这种小的重叠条件什么时候会发生？为了理解这一点，我们需要更好地理解信道输出的结构。我们通过从随机变量的集合 $(X_1,\cdots,X_n)$ 中采样 2^{nR} 次来获得码的码字，这些随机变量是独立同分布的，其中 $X_j=0$ 的概率为 q，$X_j=1$ 的概率为 $1-q$。假设我们令 Y_j 为通过二元对称信道发送 X_j 的结果。典型序列定理意味着 $(Y_1,\cdots,Y_n)$ 的典型值的集合大小约为 $2^{nH(Y)}$，其中 Y 与每个 Y_j 同分布。而且，这些典型输出值中的每一个具有大致相等的概率。

现在，如果我们从一百万大小的总体中均匀地抽样一百次，我们不太可能产生重复。事实上，即使我们采样十万次，出现重复的次数也会非常小。直到我们抽样大约一百万个样本，重复的次数才会相对于样本的大小开始变的较大。以类似的方式，我们的半径为 np 的 2^{nR} 个汉明球之间的重叠不会很大，除非所有球体中元素的总数接近空间的大小 $2^{nH(Y)}$，这就保证了我们能有效地从中随机抽样。由于每个球包含大约 $2^{nH(p)}$ 个元素，这意味着我们很有可能有一个好的纠错码，使得

$$2^{nR}\times 2^{nH(p)}<2^{nH(Y)} \tag{12.62}$$

其对应于条件

$$R<H(Y)-H(p) \tag{12.63}$$

熵 $H(Y)$ 取决于为 X_j 选择的先验分布 $(q,1-q)$。为了使码率尽可能高，我们要最大化 $H(Y)$。经过简单的计算，使用对应于 $q=1/2$ 的均匀先验分布能达到最大值 $H(Y)=1$，因此可以实现任意小于 $1-H(p)$ 的码率 R。

我们刚概述证明了，可以通过二元对称信道以高达 $1-H(p)$ 的码率可靠地传输信息。证明相当简略，但它实际包含了严格证明所需的许多关键思想，即使在量子的情况下也是如此。事实证明，我们已经描述的实现的码率也是通过二元对称信道传输信息的最大码率；任何高于 $1-H(p)$ 的码率会使得汉明球开始大量重叠，以至于无论码字如何选择都不能确定所发送的码字是什么！

因此，$1-H(p)$ 是二元对称信道的容量。

随机编码作为实现二元对称信道的高码率编码的方法有多实用？确实，如果我们使用随机编码很有可能以接近容量的码率运行。不幸的是，这个过程存在很大的困难。为了进行编码和解码，发送方和接收方（Alice 和 Bob）必须首先就执行这些任务的策略达成一致。在随机编码的情况下，这意味着 Alice 必须向 Bob 发送她所有随机码字的列表。这样做需要使 Alice 和 Bob 额外进行相比其原本在噪声信道中所需要的等量甚至更多的通信。显然，这对许多应用来说都是不可取的！随机编码方法仅仅是一种证明高码率码存在的方法，而不是一种实用的方法。对于广泛的实际应用来说，我们希望的是一种能实现接近信道容量的码率的方法，其不会给 Alice 和 Bob 带来不可接受的通信开销。值得注意的是，即使只对于有噪声的经典信道，经过了数十年的努力，直到最近才发现了构建这种码的方法，而寻找噪声量子信道的构造仍然是一个有趣的开放问题。

香农噪声信道编码定理

香农噪声信道编码定理将二元对称信道容量的结果推广到了离散无记忆信道的情况。这样的信道具有有限输入字母表 $\mathcal{I}$ 和有限输出字母表 $\mathcal{O}$。对于二元对称信道，$I=O=\{0,1\}$。信道的行为由一组条件概率 $p(y|x)$ 描述，其中 $x\in\mathcal{I},y\in\mathcal{O}$。这些表示信道给定输入为 x 时的不同输出 y 的概率，并满足规则

$$p(y|x)\geqslant 0 \tag{12.64}$$

$$\text{对于任意}x,\sum_y p(y|x)=1 \tag{12.65}$$

信道是无记忆的意味着在每次使用信道时，信道的行为方式相同，并且每次使用彼此独立。我们将用符号 $\mathcal{N}$ 来表示经典噪声信道。

当然，有许多有趣的通信信道不是离散无记忆信道，例如之前给出的电话线的例子，其具有连续的输入和输出。更一般的信道在技术上可能比离散无记忆信道更难以理解，但很多基本思想是相同的，如果需要更多相关信息，参见章末的“背景资料与延伸阅读”部分。

让我们看一下香农噪声信道编码定理的实际表述。因为我们在下一节中将证明更一般的关于量子信道的结果，所以这里不会给出证明细节，但是看一下经典结果的表述也是有益的。首先，我们需要让我们的可靠信息传输的概念更加精确。基本思想如图 12-7 所示。在第一阶段，2^{nR} 个可能消息之一 M 由 Alice 产生并且使用映射 $C^n:\{1,\cdots,2^{nR}\}\to\mathcal{I}^n$ 编码，其为 Alice 的每一可能消息分配一个输入字符串，并将字符串通过 n 次使用该信道发送给 Bob，Bob 使用映射 $D^n:\mathcal{O}^n\to\{1,\cdots,2^{nR}\}$ 解码信道输出，它对每个可能的信道输出的字符串分配一条消息。对于给定的编码解码对，错误概率定义为，对于所有消息 M，信道 $D(Y)$ 的解码输出不等于消息 M 的最大概率：

$$p(C^n,D^n)\equiv\max_M p(D^n(Y)\neq M|X=C^n(M)) \tag{12.66}$$

如果存在一系列这样的编码解码对 (C^n,D^n)，并且当 $n\to\infty$ 时 $p(C^n,D^n)\to 0$，那么我们说码率 R 是可达的。给定噪声信道 $\mathcal{N}$ 的容量 $C(\mathcal{N})$ 被定义为信道的所有可达码率的最高值。

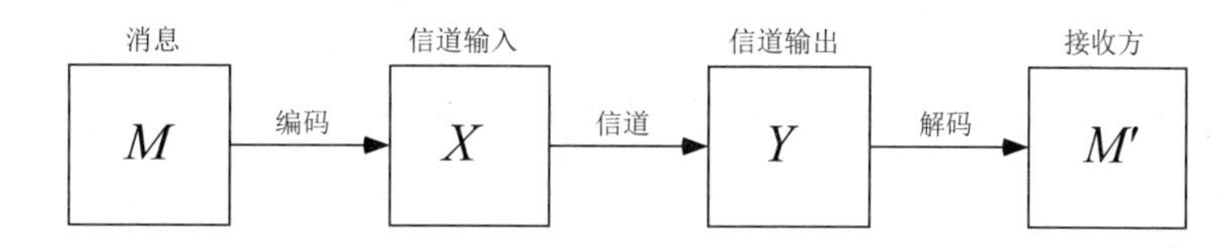

图 12-7　经典消息的噪声编码问题。我们要求 2^{nR} 个可能消息中的每一个都应该以高概率通过信道未被破坏地传输

一个先验知识是计算信道的容量并不是很显然的——简单的计算将涉及对非常大（无限！）范围可能的编解码方法取上界，这似乎是不太可能的做法。香农噪声信道编码定理极大地简化了容量计算，将其简化为一个简单且定义明确的优化问题，在许多情况下可以精确地解决，并且即使在精确方案不可行的情况下，计算上也很容易处理。

定理 12.7（香农噪声信道编码定理）　对于一个噪声信道 $\mathcal{N}$，其容量

$$C(\mathcal{N}) = \max_{p(x)} H(X:Y) \tag{12.67}$$

其中最大值需要取遍 X 所有可能的输入分布 $p(x)$，Y 为对应的由信道输出推导出的随机变量。

作为噪声信道编码定理的一个例子，我们考虑以概率 p 翻转比特的二元对称信道，输入分布为 $p(0)=q, p(1)=1-q$。我们有

$$H(X:Y) = H(Y) - H(Y|X) \tag{12.68}$$

$$= H(Y) - \sum_x p(x) H(Y|X=x) \tag{12.69}$$

但是对于每个 x，$H(Y|X=x)=H(p)$，所以 $H(X:Y)=H(Y)-H(p)$，其可选择 $q=1/2$ 来最大化，所以 $H(Y)=1$，因此由香农噪声信道编码定理 $C(\mathcal{N})=1-H(p)$，正如我们之前对二元对称信道的信道容量的直观计算结果一样。

习题 12.9　擦除信道有两个输入 0 和 1，以及三个输出 $0,1,e$。以 $1-p$ 的概率输入保持不变，以概率 p 输入被“擦除”，并由 e 代替。

1. 证明擦除信道的容量为 $1-p$。
2. 证明擦除信道的容量大于二元对称信道的容量。这一结果有什么直观解释？

习题 12.10　$\mathcal{N}_1$ 和 $\mathcal{N}_2$ 为两个离散无记忆信道，其中 $\mathcal{N}_1$ 的输出字母表和 $\mathcal{N}_2$ 的输入字母表相同。证明

$$C(\mathcal{N}_2 \circ \mathcal{N}_1) \leqslant \min(C(\mathcal{N}_1), C(\mathcal{N}_2)) \tag{12.70}$$

并找出不等式严格成立的一个例子。

我们提出的噪声信道编码定理的一个特点是，没有出现经典信源的概念。回想一下，我们之前将经典信源定义为一系列独立同分布的随机变量。我们可以将这种信源的概念与噪声信道编码定理相结合，以获得所谓的信源--信道编码定理。基本思想如图 12-8 所示。具有熵率 $H(X)$ 的信

源正在产生信息。通过香农无噪声信道编码定理，可以压缩来自信源的信息，因此描述它只需要 $nH(X)$ 位，此步骤有时称为信源编码。信源的压缩输出用作噪声信道的输入。以小于容量的码率 R 传输，它需要使用信道 $nH(X)/R$ 次以可靠地将压缩数据发送到接收方，然后接收方可以将其解压缩以恢复出源的原始输出。

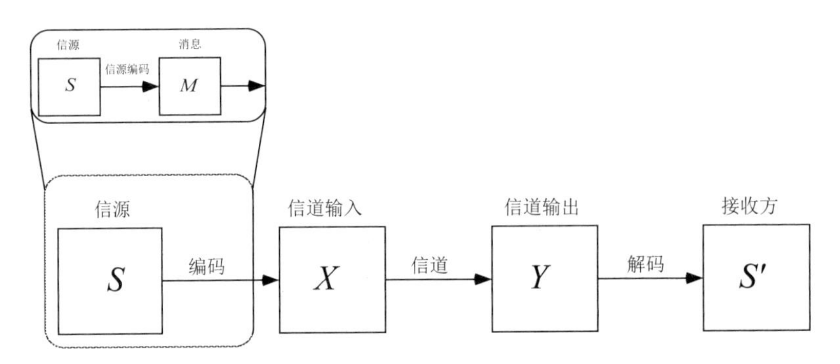

图 12-8　经典信源的噪声编码问题，有时称为信源编码模型

您可能想知道是否有通过噪声通道传输信源的更好方案。也许能比压缩编码和解码解压缩这一两阶段方法做更有效的事情？事实上能证明并非如此，我们所描述的信源--信道编码方案就是最优的，但这一事实的证明超出了本书范围，更多细节请参阅章末的“背景资料与延伸阅读”。

12.3.2　噪声量子信道中的通信

假设 Alice 和 Bob 不使用经典噪声通信信道来通信，而是使用噪声量子通信信道。更准确地说，Alice 有一些她希望发送给 Bob 的消息 M。正如她在经典情况中所做的那样她对消息进行编码，但是现在消息被编码为量子态，并通过噪声量子信道发送。通过以正确的方式编码，我们希望 Bob 能够以较低失败概率确定 Alice 的消息是什么。此外，我们希望 Alice 能够向 Bob 发送信息的码率尽可能高。换言之，我们想要的是用于计算噪声量子信道对经典信息的容量的过程。这个问题尚未完全解决，但已经取得了很大进展，在本节中我们将研究这些。

已知的是当 Alice 使用形式为 $\rho_1 \otimes \rho_2 \otimes \cdots$ 的乘积态对其消息进行编码时如何计算通道 $\mathcal{E}$ 的容量，其中 $\rho_1, \rho_2, \cdots$ 中的每一个都是每次使用信道 $\mathcal{E}$ 时的隐含输入。我们将具有此限制的容量称为乘积态容量，并将其表示为 $C^{(1)}(\mathcal{E})$，以表示输入状态不能在信道的两次或更多次使用中产生纠缠。请注意，Alice 和 Bob 之间的这种受限制的通信模型确实允许 Bob 使用在信道的多次使用中纠缠的测量进行解码，而事实证明这也是必需的。唯一的限制（也是不幸的限制）是 Alice 只能制备乘积态输入。许多研究人员相信但尚未证实的是，允许信号纠缠不会增加容量。使我们能够计算乘积态容量的结果被称为 Holevo-Schumacher-Westmoreland（HSW）定理。与经典噪声信道的香农噪声信道编码定理一样，HSW 定理为计算指定噪声信道 $\mathcal{E}$ 的乘积态容量提供了有效的手段，并且在某些情况下甚至可以进行精确表达式的推导。

定理 12.8（Holevo-Schumacher-Westmoreland（HSW）定理）　令 $\mathcal{E}$ 为一个保迹量子算子。定义

$$\chi(\mathcal{E}) \equiv \max_{\{p_j,\rho_j\}} \left[S\left(\mathcal{E}\left(\sum_j p_j\rho_j\right)\right) - \sum_j p_j S(\mathcal{E}(\rho_j)) \right] \tag{12.71}$$

其中最大值取遍信道所有可能输入态 ρ_j 的集合 $\{p_j,\rho_j\}$。$\chi(\mathcal{E})$ 为信道 $\mathcal{E}$ 的乘积态容量，即 $\chi(\mathcal{E}) = C^{(1)}(\mathcal{E})$。

注意到式 (12.71) 中的最大值求取范围可能在一个无界集合上，实际中，我们使用以下习题的结果将最大值求取范围限制到最多包含 d^2 个元素的纯态集合中，其中 d 为信道输入的维数。

习题 12.11　证明式 (12.71) 中的最大值可以使用纯态集合达到。并证明，只考虑包含最多 d^2 个纯态的集合就足够了，其中 d 为信道输入的维数。

HSW 定理的证明涉及数个不同的思想，为了便于理解，我们将讨论分成几个小的部分，然后将各部分综合在一起以证明 HSW 定理。

随机编码

假设 ρ_j 是信道 $\mathcal{E}$ 的一组输入，并且 $\sigma_j \equiv \mathcal{E}(\rho_j)$ 是对应的输出。我们将开发一种与前述二元对称信道类似的随机编码技术，使 Alice 和 Bob 能使用态 ρ_j 乘积的码字进行通信。我们让 p_j 是下标 j 的先验概率分布。Alice 想要从集合 $\{1,\cdots,2^{nR}\}$ 中选择一个消息 M 发送给 Bob。对于每个可能的消息 M，她将码字 $\rho_{M_1}\otimes\rho_{M_2}\otimes\cdots\otimes\rho_{M_n}$ 与之关联起来，其中 $M_1,\cdots,M_n$ 从索引集 $\{j\}$ 中选择。（$M_1,\cdots,M_n$ 不是 M 的十进制表示或任何进制表示。）对于每条消息 M，Alice 通过从分布 $\{p_j\}$ 中抽样来选择 M_1，$M2$，直至 M_n，以构建码字。我们定义 $\rho_M \equiv \rho_{M_1}\otimes\cdots\otimes\rho_{M_n}$。对应的输出态简单地用 σ 而不是 ρ 表示，比如 $\sigma_{M_1} = \mathcal{E}(\rho_{M_1})$ 及 $\sigma_M = \mathcal{E}^{\otimes n}(\rho_M)$。

当 Bob 收到特定状态 σ_M（对应于 Alice 试图传递的消息 M）时，他尝试执行测量以确定消息是什么。因为我们只对统计测量感兴趣而对 Bob 的系统测量后的状态不感兴趣，所以我们使用 POVM 形式描述测量就足够了。我们假设对于每个可能的消息 M，Bob 具有相应的 POVM 元素 E_M。Bob 可能有一个（或多个）POVM 元素与 Alice 发送的任何消息都不对应，显然这些可以加到一个满足 $E_0 = I - \sum_{M\neq 0} E_M$ 的单个 POVM 元素 E_0。Bob 成功识别 M 的概率是 $\mathrm{tr}(\sigma_M E_M)$，因此对消息 M 产生错误的概率是 $p_M^{\mathrm{e}} \equiv 1 - \mathrm{tr}(\sigma_M E_M)$。

我们想要证明的是存在高码率码使得所有消息 M 的误差概率 p_M^{e} 都很小。为了这一目的，我们使用香农为经典问题引入的一个反直觉并且十分巧妙的技巧。我们想象 Alice 通过从集合 $\{1,\cdots,2^{nR}\}$ 中均匀抽样来产生消息 M，我们分析平均错误概率

$$p_{\mathrm{av}} \equiv \frac{\sum_M p_M^{\mathrm{e}}}{2^{nR}} = \frac{\sum_M (1 - \mathrm{tr}(\sigma_M E_M))}{2^{nR}} \tag{12.72}$$

证明的第一步是证明当 n 变大时，存在高码率码使得 p_{av} 趋向于零。在完成这个之后，我们将使用香农的技巧来证明这存在具有大致相同码率的码，其对于所有 M，p_M^{e} 趋近于零。我们首先构

建一个 POVM $\{E_M\}$，它表示一种非常好的（尽管可能不是最优的）让 Bob 解码信道输出 σ_M 的方法。对于经典的二元对称信道，构造中的关键思想是典型的概念。

令 $\epsilon > 0$，假设我们定义 $\bar{\sigma} \equiv \sum_j p_j \sigma_j$，并令 P 为 $\bar{\sigma}^{\otimes n}$ 的 ϵ 典型子空间的投影。根据典型序列定理，对于任意 $\delta > 0$，当 n 充分大时，

$$\mathrm{tr}(\bar{\sigma}^{\otimes n}(I - P)) \leqslant \delta \tag{12.73}$$

对于给定的消息 M，我们还将定义 σ_M 的典型子空间的概念，它基于以下思想，通常 σ_M 是以下态的张量积：约 np_1 个 ρ_1，约 np_2 个 ρ_2，以此类推。定义 $\bar{S} \equiv \sum_j p_j S(\sigma_j)$，假设 σ_j 具有频谱分解 $\sum_k \lambda_k^j |e_k^j\rangle\langle e_k^j|$，于是

$$\sigma_M = \sum_K \lambda_K^M |E_K^M\rangle\langle E_K^M| \tag{12.74}$$

其中 $K = (K_1, \cdots, K_n)$，为方便起见，定义 $\lambda_K^M \equiv \lambda_{K_1}^{M_1} \lambda_{K_2}^{M_2} \cdots \lambda_{K_n}^{M_n}$ 及 $|E_K^M\rangle \equiv |e_{K_1}^{M_1}\rangle|e_{K_2}^{M_2}\rangle \cdots |e_{K_n}^{M_n}\rangle$。定义 P_M 为到由全部 $|E_K^M\rangle$ 张成空间的投影，使得

$$\left| \frac{1}{n} \log \frac{1}{\lambda_K^M} - \bar{S} \right| \leqslant \epsilon \tag{12.75}$$

（用 T_M 表示所有满足该条件的 K 的集合将会很有用）以与典型序列定理的证明类似的方式，由大数定律得，对于任何 $\delta > 0$，当 n 充分大时我们有 $\mathbb{E}(\mathrm{tr}(\sigma_M P_M)) \geqslant 1 - \delta$，其中期望是对于随机编码产生的码字 ρ_M（对于固定消息 M）的分布所取，因此对于每个 M，

$$\mathbb{E}[\mathrm{tr}(\sigma_M(I - P_M))] \leqslant \delta \tag{12.76}$$

还要注意，根据定义 (12.75)，投影 P_M 的维度最多为 $2^{n(\bar{S}+\epsilon)}$，因此

$$\mathbb{E}(\mathrm{tr}(P_M)) \leqslant 2^{n(\bar{S}+\epsilon)} \tag{12.77}$$

我们现在使用典型性的概念来定义 Bob 的解码 POVM。我们定义

$$E_M \equiv \left(\sum_{M'} P P_{M'} P \right)^{-1/2} P P_M P \left(\sum_{M'} P P_{M'} P \right)^{-1/2} \tag{12.78}$$

其中 $A^{-1/2}$ 表示 $A^{1/2}$ 的广义逆，即在 A 的支集空间上与 $A^{1/2}$ 相反，在其补上为 0 的算子。由此得出 $\sum_M E_M \leqslant I$，我们可以额外定义一个正定算子 $E_0 \equiv I - \sum_M E_M$ 来补完 POVM。这种结构背后的直观解释类似于为二元对称信道描述的解码方法。很小部分的纠错 E_M 等于投影 P_M，并且 Bob 对 $\{E_M\}$ 的测量基本上相当于检查信道的输出是否落在 P_M 投影的空间中，该投影算子投影的空间可以类比于二元对称信道的码字周围半径为 np 的汉明球。

随机编码证明的主要技术是得到平均错误概率 p_{av} 的上界。专题 12.5 给出了证明的细节。

结果为

$$p_{\mathrm{av}} \leqslant \frac{1}{2^{nR}} \sum_M \left[3\operatorname{tr}(\sigma_M(I-P)) + \sum_{M' \neq M} \operatorname{tr}(P\sigma_M P P_{M'}) + \operatorname{tr}(\sigma_M(I-P_M)) \right] \tag{12.79}$$

变量 p_{av} 是根据特定码字的选择来定义的。我们将计算在所有随机码上该变量的期望值。通过构造 $\mathbb{E}(\sigma_M)=\bar{\sigma}^{\otimes n}$，其中 σ_M 与 $P_{M'}$ 当 $M' \neq M$ 时独立，于是我们得到

$$\mathbb{E}(p_{\mathrm{av}}) \leqslant 3\operatorname{tr}(\bar{\sigma}^{\otimes n}(I-P)) + (2^{nR}-1)\operatorname{tr}(P\bar{\sigma}^{\otimes n}P\mathbb{E}(P_1)) + \mathbb{E}(\operatorname{tr}(\sigma_1(I-P_1))) \tag{12.80}$$

结合式 (12.73) 与式 (12.76) 我们得到

$$\mathbb{E}(p_{\mathrm{av}}) \leqslant 4\delta + (2^{nR}-1)\operatorname{tr}(P\bar{\sigma}^{\otimes n}P\mathbb{E}(P_1)) \tag{12.81}$$

但是 $P\bar{\sigma}^{\otimes n}P \leqslant 2^{-n(S(\bar{\sigma}-\epsilon))}I$，而通过式 (12.77) 我们有 $\mathbb{E}(\operatorname{tr}(P_1)) \leqslant 2^{n(\bar{S}+\epsilon)}$，因此

$$\mathbb{E}(p_{\mathrm{av}}) \leqslant 4\delta + (2^{nR}-1)2^{-n(S(\bar{\sigma})-\bar{S}-2\epsilon)} \tag{12.82}$$

而 $R < S(\bar{\sigma})-\bar{S}$，由此当 $n \to \infty$ 时 $\mathbb{E}(p_{\mathrm{av}}) \to 0$。实际上，通过选择合适的集合 $\{p_j, \rho_j\}$ 以达到式 (12.71) 中的最大值，我们知道只要 $R < \chi(\mathcal{E})$，这就必定为真。因此必定存在一系列码率为 R 的码，使得当码的块大小 n 增加时 $p_{\mathrm{av}} \to 0$。因此，对于任何固定的 $\epsilon > 0$（注意到这里的 ϵ 是新的，而不是已经不再需要的之前那个旧的），当 n 充分大时，

$$p_{\mathrm{av}} = \frac{\sum_M p_M^{\mathrm{e}}}{2^{nR}} < \epsilon \tag{12.83}$$

显然，为了使之成立，至少有一半的消息 M 必须满足 $p_M^{\mathrm{e}} < 2\epsilon$。因此，我们从码率为 R 且 $p_{\mathrm{av}} < \epsilon$ 的码中删除一半的码字（具有高错误概率 p_M^{e}）来构建新码，从而获得具有 $2^{nR}/2 = 2^{n(R-1/n)}$ 个码字的新码，并且对于所有消息 M，$p_M^{\mathrm{e}} < 2\epsilon$。显然，这个码也具有渐近码率 R，并且当 n 变大时，对于所有码字的错误概率可以任意小。

总而言之，我们已经证明，对于任何码率 R 小于式 (12.71) 中定义的 $\chi(\mathcal{E})$，存在使用乘积态输入的码，能够以码率 R 通过信道 $\mathcal{E}$ 进行传输。我们的证明与香农经典噪声信道编码定理的随机编码证明具有相同的缺陷，尽管它证明了码率能达到容量的码存在，但没有提供如何构造这样的编码的过程。

专题 12.5 HSW 定理：误差估计

HSW 定理证明中技术最复杂的部分是对 p_{av} 的估计。我们在这里描述完成这项工作的

细节，缺少的步骤应被视为要完成的习题。我们定义 $|\tilde{E}_K^M\rangle \equiv P|E_K^M\rangle$。然后

$$E_M = \left(\sum_{M'}\sum_{K\in T_{M'}} |\tilde{E}_K^{M'}\rangle\langle\tilde{E}_K^{M'}|\right)^{-1/2} \sum_{K\in T_M} |\tilde{E}_K^{M}\rangle\langle\tilde{E}_K^{M}| \left(\sum_{M'}\sum_{K\in T_{M'}} |\tilde{E}_K^{M'}\rangle\langle\tilde{E}_K^{M'}|\right)^{-1/2} \tag{12.84}$$

定义

$$\alpha_{(M,K),(M',K')} \equiv \langle\tilde{E}_K^M| \left(\sum_{M''}\sum_{K''\in T_{M''}} |\tilde{E}_{K''}^{M''}\rangle\langle\tilde{E}_{K''}^{M''}|\right)^{-1/2} |\tilde{E}_{K'}^{M'}\rangle \tag{12.85}$$

平均错误概率能写为

$$p_{\text{av}} = \frac{1}{2^{nR}}\sum_M \left[1-\sum_K\sum_{K'\in T_M} \lambda_K^M |\alpha_{(M,K),(M,K')}|^2\right] \tag{12.86}$$

利用 $\sum_K \lambda_K^M = 1$ 并略去非正项，我们知道

$$p_{\text{av}} \leqslant \frac{1}{2^{nR}}\sum_M \left[\sum_{K\in T_M} \lambda_K^M (1-\alpha^2_{(M,K),(M,K)}) + \sum_{K\notin T_M}\lambda_K^M\right] \tag{12.87}$$

用条目 $\gamma_{(M,K),(M',K')} \equiv \langle\tilde{E}_K^M|\tilde{E}_{K'}^{M'}\rangle$ 定义矩阵 Γ，其中索引下标满足 $K\in T_M$ 且 $K'\in T_{M'}$。在由这些索引定义的矩阵空间中进行证明是为了便于描述，让 E 表示关于这些索引的单位矩阵，并用 sp 来表示关于这些索引的取迹操作。计算表明 $\Gamma^{1/2} = [\alpha_{(M,K),(M',K')}]$，并且 $\alpha^2_{(M,K),(M,K)} \leqslant \gamma_{(M,K),(M,K)} \leqslant 1$。当 $0\leqslant x\leqslant 1$ 时 $1-x^2 = (1+x)(1-x) \leqslant 2(1-x)$，利用这点与式 (12.87) 可得

$$p_{\text{av}} \leqslant \frac{1}{2^{nR}}\sum_M \left[2\sum_{K\in T_M} \lambda_K^M (1-\alpha_{(M,K),(M,K)}) + \sum_{K\notin T_M}\lambda_K^M\right] \tag{12.88}$$

定义对角矩阵 $\Lambda \equiv \text{diag}(\lambda_K^M)$，有

$$2(E-\Gamma^{1/2}) = (E-\Gamma^{1/2})^2 + (E-\Gamma) \tag{12.89}$$

$$= (E-\Gamma)^2(E+\Gamma^{1/2})^{-2} + (E-\Gamma) \tag{12.90}$$

$$\leqslant (E-\Gamma)^2 + (E-\Gamma) \tag{12.91}$$

因此

$$2\sum_M\sum_{K\in T_M} \lambda_K^M(1-\alpha_{(M,K),(M,K)}) = 2\text{sp}(\Lambda(E-\Gamma^{1/2})) \tag{12.92}$$

$$\leqslant \text{sp}(\Lambda(E-\Gamma)^2) + \text{sp}(\Lambda(E-\Gamma)) \tag{12.93}$$

计算右侧的 sp 并代入式 (12.88)，经过简单的计算得到

$$p_{\text{av}} \leqslant \frac{1}{2^{nR}} \sum_M \left[\sum_K \lambda_K^M \left(2 - 2\gamma_{(M,K),(M,K)} + \sum_{K' \neq K} |\gamma_{(M,K),(M,K')}|^2 \right.\right.$$
$$\left.\left. + \sum_{M' \neq M, K' \in T_{M'}} |\gamma_{(M,K),(M',K')}|^2 \right) + \sum_{K \notin T_M} \lambda_K^M \right] \tag{12.94}$$

代入定义并做简单计算得到

$$p_{\text{av}} \leqslant \frac{1}{2^{nR}} \sum_M \left[2\,\text{tr}(\sigma_M(I-P)) + \text{tr}(\sigma_M(I-P)P_M(I-P)) \right.$$
$$\left. + \sum_{M' \neq M} \text{tr}(P\sigma_M P P_{M'}) + \text{tr}(\sigma_M(I-P_M)) \right] \tag{12.95}$$

第二部分要小于 $\text{tr}(\sigma_M(I-P))$，这就给出了我们需要的误差估计式 (12.79)。

上界的证明

假设 R 大于式 (12.71) 中定义的 $\chi(\mathcal{E})$。我们将证明 Alice 不可能通过信道 $\mathcal{E}$ 以这个码率可靠地向 Bob 发送信息。我们的一般策略是想象 Alice 正在从集合 $\{1, \cdots, 2^{nR}\}$ 中随机均匀地生成消息 M，然后证明她的平均错误概率必须远大于零，因此最大错误概率也必须远大于零。

假设 Alice 将消息 M 编码为 $\rho_M = \rho_1^M \otimes \cdots \otimes \rho_n^M$，其对应的输出用 σ 代替 ρ 表示，并且 Bob 使用 POVM $\{E_M\}$ 进行解码。不失一般性，我们可以假设对于每个消息有一个对应元素 E_M，可能还有一个额外的元素 E_0 以确保满足完整性关系 $\sum_M E_M = I$。这就给出了平均错误概率：

$$p_{\text{av}} = \frac{\sum_M (1 - \text{tr}(\sigma_M E_M))}{2^{nR}} \tag{12.96}$$

从习题 12.3 中我们知道 $R \leqslant \log(d)$，其中 d 是信道输入的维数，因此 POVM $\{E_M\}$ 最多包含 $d^n + 1$ 个元素。由费诺不等式得

$$H(p_{\text{av}}) + p_{\text{av}} \log(d^n) \geqslant H(M|Y) \tag{12.97}$$

其中 Y 是 Bob 解码的测量结果，因此

$$np_{\text{av}} \log d \geqslant H(M) - H(M:Y) - H(p_{\text{av}}) = nR - H(M:Y) - H(p_{\text{av}}) \tag{12.98}$$

首先应用霍列沃界，然后根据熵的次可加性得到

$$H(M:Y) \leqslant S(\bar{\sigma}) - \sum_M \frac{S(\sigma_1^M \otimes \cdots \otimes \sigma_n^M)}{2^{nR}} \tag{12.99}$$

$$\leqslant \sum_{j=1}^{n}\left(S(\bar{\sigma}^j) - \sum_M \frac{S(\sigma_j^M)}{2^{nR}}\right) \tag{12.100}$$

其中 $\bar{\sigma}^j \equiv \sum_M \sigma_j^M/2^{nR}$。右边求和式中的 n 个项中的每一个都不大于式 (12.71) 中定义的 $\chi(\mathcal{E})$，所以

$$H(M:Y) \leqslant n\chi(\mathcal{E}) \tag{12.101}$$

代入 (12.98) 得到 $np_{\rm av}\log d \geqslant n(R-\chi(\mathcal{E})) - H(p_{\rm av})$，因此对 n 变大取极限可以得到

$$p_{\rm av} \geqslant \frac{R-\chi(\mathcal{E})}{\log(d)} \tag{12.102}$$

故当 $R > \chi(\mathcal{E})$ 时，平均错误概率与零有常数的偏差。这证明了 $\chi(\mathcal{E})$ 为乘积态容量的上界。

范例

能由 HSW 定理得到的一个有趣结论是，任何量子信道 $\mathcal{E}$ 只要不是常数输出都可用于传输经典信息。因为如果信道不是常数的，则存在纯态 $|\psi\rangle$ 和 $|\varphi\rangle$ 使得 $\mathcal{E}(|\psi\rangle\langle\psi|) \neq \mathcal{E}(|\varphi\rangle\langle\varphi|)$。将以概率 1/2 出现的两个态的集合代入关于乘积态容量的表达式 (12.71)，我们看到

$$C^{(1)}(\mathcal{E}) \geqslant S\left(\frac{\mathcal{E}(|\psi\rangle\langle\psi|)+\mathcal{E}(|\varphi\rangle\langle\varphi|)}{2}\right) - \frac{1}{2}\mathcal{E}(|\psi\rangle\langle\psi|) - \frac{1}{2}\mathcal{E}(|\varphi\rangle\langle\varphi|) > 0 \tag{12.103}$$

其中第二个不等式来自 11.3.5 节中得到的熵的严格凹性。

让我们看一个乘积态容量可以精确计算的简单例子，具有参数 p 的去极化信道。设 $\{p_j, |\psi_j\rangle\}$ 为量子态的集合。然后我们有

$$\mathcal{E}(|\psi_j\rangle\langle\psi_j|) = p|\psi_j\rangle\langle\psi_j| + (1-p)\frac{I}{2} \tag{12.104}$$

这样一个具有特征值 $(1+p)/2$ 和 $(1-p)/2$ 的量子态，我们有

$$S(\mathcal{E}(|\psi_j\rangle\langle\psi_j|)) = H(\frac{1+p}{2}) \tag{12.105}$$

这不依赖于具体的 $|\psi_j\rangle$。式 (12.71) 中的最大值是通过最大化熵 $S(\sum_j \mathcal{E}(|\psi_j\rangle\langle\psi_j|))$ 来实现的，这可以通过简单地为 $|\psi_j\rangle$ 选择能形成单个量子比特的状态空间的标准正交基（比如 $|0\rangle$ 和 $|1\rangle$），给出单比特熵的值，具有参数 p 的去极化信道的乘积态容量

$$C(\mathcal{E}) = 1 - H(\frac{1+p}{2}) \tag{12.106}$$

习题 12.12 修改并尽可能简化 HSW 定理的证明过程来证明香农噪声信道编码定理。

12.4　有噪声量子信道的量子信息

通过一个有噪声的量子信道能可靠传递多少量子信息呢？这一确定量子信道容量的问题比确定有噪声量子信道传送经典信息时信道容量的问题更少被人理解。我们现在给出一些已经发展完善的信息论工具来理解量子信息的量子信道容量，最为出名的是费诺不等式（专题 12.2）、数据处理不等式（11.2.4 节）和辛格顿界限（习题 10.21）的量子信息论类似物。

对于量子数据压缩，我们在研究这些问题上的观点是：把一个量子源看成一个处于混合态 ρ 且跟另一个量子系统纠缠的量子系统，同时通过量子操作 $\mathcal{E}$ 来传输量子信息的可靠性的度量是纠缠保真度 $F(\rho,\mathcal{E})$。引入符号是有用的，就像第 9 章一样，符号 Q 表示 ρ 所在的系统，符号 R 表示初始纯化了 Q 的参考系统。在这种定义下，纠缠保真度即为 Q 和 R 之间的纠缠在系统 Q 上作用 $\mathcal{E}$ 的行为下保持得多好。

12.4.1　熵交换和量子费诺不等式

当作用一个量子操作在量子系统 Q 的状态 ρ 上时，该量子操作会产生多少噪声？一种度量是 RQ 的状态，初始为纯态，在量子操作的作用下变到混合的程度。我们定义操作 $\mathcal{E}$ 作用在输入 ρ 上的熵交换为

$$S(\rho,\mathcal{E}) \equiv S(R',Q') \tag{12.107}$$

假设量子操作 $\mathcal{E}$ 的行为被引入的环境 E 仿制，初始时处于纯态，然后在 Q 和 E 之间作用一个酉算子相互作用，正如第 8 章描述的一样。于是在这个交互作用之后，RQE 的状态是一个纯态，即 $S(R',Q')=S(E')$，所以熵交换也可能利用引入操作 $\mathcal{E}$ 到初始为纯态的环境 E 中的熵值来确定。

注意到熵交换并不依赖于 Q 的初态 ρ 纯化到 RQ 的方式，原因是任意两个从 Q 到 RQ 的纯化都与系统 R 上的一个酉算子相关，这已经在习题 2.81 中展示过。显然，系统 R 上的这个酉算子与 Q 上的量子操作对易，于是 $R'Q'$ 上由两种不同纯化方式得到的末态都与 R 上的酉变换相关，于是就形成了相等的熵交换值。另外，尽管 $\mathcal{E}$ 的环境模型开始于 E 的一个纯态，但是这些结果依然可以推出 $S(E')$ 并不依赖于该环境模型。

基于量子操作的算子和表示可以给出一个关于熵交换的有用且清晰的方程。假设一个保迹量子操作 $\mathcal{E}$ 的对应操作元为 $\{E_i\}$，那么如 8.2.3 节所述，这个量子操作的一个酉模型将由 QE 上定义的酉算子 U 给出，并使得

$$U|\psi\rangle|0\rangle = \sum_i E_i|\psi\rangle|i\rangle \tag{12.108}$$

成立，其中 $|0\rangle$ 是环境初态，$|i\rangle$ 是环境的一个标准正交基。注意到作用 $\mathcal{E}$ 之后 E' 的状态为

$$\rho^{E'} = \sum_{i,j} \mathrm{tr}(E_i\rho E_j^\dagger)|i\rangle\langle j| \tag{12.109}$$

也就是说，$\mathrm{tr}(E_i\rho E_j^\dagger)$ 是 E' 在基 $|i\rangle$ 下的矩阵元素。给定一个操作元为 $\{E_i\}$ 的量子操作，自然地可以定义一个矩阵 W（权重矩阵），其矩阵元素为 $W_{ij}\equiv \mathrm{tr}(E_i\rho E_j^\dagger)$，即 W 是 E' 在合适基下的

矩阵形式。$\rho^{E'}$ 的这一表达形式给出了在计算中非常有用的一个交换熵方程，即

$$S(\rho,\mathcal{E})=S(W)\equiv-\operatorname{tr}(W\log W) \tag{12.110}$$

给定一个量子操作 $\mathcal{E}$ 和一个量子态 ρ，选择 $\mathcal{E}$ 的操作元 $\{F_j\}$ 使得 W 成对角形式，这通常都是可能的；我们称此时的 W 为*标准形式*。为了弄懂这样的操作元集合确实存在，请回顾第 8 章，一个量子操作可以有很多不同的操作元集合表示。特别地，两个算子集 $\{E_i\}$，$\{F_i\}$ 是同一个量子操作的两个操作元集合，当且仅当 $F_j=\sum_j u_{ji}E_i$，其中 u 是一个复数域上的酉矩阵，并且必要时需要添加零算子给 $\{E_i\}$ 或 $\{F_j\}$ 使得矩阵 u 成为方阵。令 W 是与 $\mathcal{E}$ 的一个特定操作元集合 $\{E_i\}$ 相关的权重矩阵，也就是说 W 是环境密度算子的矩阵表示，所以它是一个可以被酉矩阵 v 对角化的正定矩阵，即 $D=vWv^\dagger$，其中 D 是元素非负的对角矩阵。定义算子 F_j 为 $F_j\equiv\sum_i v_{ji}E_i$，那么 F_j 也是 $\mathcal{E}$ 的操作元集合，可以生成一个新的权重矩阵，其矩阵元素为

$$\widetilde{W}_{kl}=\operatorname{tr}(F_k\rho F_l^\dagger)=\sum_{mn}v_{km}v_{ln}^*W_{mn}=D_{kl} \tag{12.111}$$

因此，若选择 $\{F_j\}$ 来计算则权重矩阵是对角的。$\mathcal{E}$ 的任意使得对应权重矩阵对角的操作元集合 $\{F_j\}$ 被称为 $\mathcal{E}$ 关于输入 ρ 的一个*标准表示*。之后我们将看到标准表示在量子纠错中有着特别重要的意义。

熵交换的许多性质可以很容易地从第 11 章讨论过的熵的性质中得到。比如，对于 d 维空间中的一个保迹量子操作 $\mathcal{E}$，我们可以直接得到 $S(I/d,\mathcal{E})=0$ 当且仅当 $\mathcal{E}$ 是一个量子酉操作。因此，$S(I/d,\mathcal{E})$ 可以作为非相干量子噪声作用在系统上程度的度量。第二个例子是矩阵 W 关于 ρ 呈线性，由熵的凹性可以得到 $S(\rho,\mathcal{E})$ 关于 ρ 是凹的。因为系统 RQ 总是可以被选成至多 d^2 维，其中 d 是 Q 的维数，从而熵交换至多为 $2\log d$。

习题 12.13 证明量子操作 $\mathcal{E}$ 的熵交换是凹的。

直观地，如果量子源 Q 受到能导致纠缠 RQ 混合的噪声影响，那么末态 $R'Q'$ 与初态 RQ 的保真度一定不是 1，并且噪声越大保真度越差。在 12.1.1 节中给出了经典信道研究中一个相似的例子，其中在给定输出 Y 的情况下关于信道输入 X 的不确定性 $H(X|Y)$，与利用费诺不等式从 Y 中恢复 X 的概率相关。关于这个结果有一个有用的量子类似物，可以把熵交换 $S(\rho,\mathcal{E})$ 与纠缠保真度 $F(\rho,\mathcal{E})$ 联系起来。

定理 12.9（*量子费诺不等式*） 令 ρ 是一个量子态，$\mathcal{E}$ 是一个保迹量子操作，则有

$$S(\rho,\mathcal{E})\leqslant H(F(\rho,\mathcal{E}))+(1-F(\rho,\mathcal{E}))\log(d^2-1) \tag{12.112}$$

其中，$H(\cdot)$ 是指二元香农熵。

观察到量子费诺不等式揭示了一个有吸引力的直观意义：如果一个过程的熵交换很大，那么该过程的纠缠保真度必然很小，这说明 R 和 Q 之间的纠缠没有很好地保持。更进一步，我们注意到熵交换 $S(\rho,\mathcal{E})$ 在量子费诺不等式中的作用类似于条件熵 $H(X|Y)$ 在经典信息论中的作用。

证明

为了证明量子费诺不等式，选取第一个态 $|1\rangle = |RQ\rangle$ 的集合 $\{|i\rangle\}$ 作为系统 RQ 的标准正交基。如果令 $p_i \equiv \langle i|\rho^{R'Q'}|i\rangle$，那么利用 11.3.3 节的结果可以得到

$$S(R',Q') \leqslant H(p_1,\cdots,p_{d^2}) \tag{12.113}$$

其中 $H(p_i)$ 是集合 $\{p_i\}$ 的香农信息。由初等代数的知识可得

$$H(p_1,\cdots,p_{d^2}) = H(p_1) + (1-p_1)H\left(\frac{p_2}{1-p_1},\cdots,\frac{p_{d^2}}{1-p_1}\right) \tag{12.114}$$

将这个结果与 $H\left(\frac{p_2}{1-p_1},\cdots,\frac{p_{d^2}}{1-p_1}\right) \leqslant \log(d^2-1)$ 相结合，并且利用定义给出的 $p_1 = F(\rho,\mathcal{E})$，可以得到

$$S(\rho,\mathcal{E}) \leqslant H(F(\rho,\mathcal{E})) + (1-F(\rho,\mathcal{E}))\log(d^2-1) \tag{12.115}$$

这就是量子费诺不等式。

□

12.4.2　量子数据处理不等式

在 11.2.4 节中，我们讨论了经典的数据处理不等式。回顾一下，经典的数据处理不等式是指，对于一个马尔可夫过程 $X \to Y \to Z$，有下式成立，即

$$H(X) \geqslant H(X:Y) \geqslant H(X:Z) \tag{12.116}$$

其中，第一个等式成立当且仅当随机变量 X 能以概率 1 从 Y 中恢复出来。从而数据处理不等式为纠错的可能性提供了信息论充要条件。

量子中有一个类似于经典数据处理不等式的公式，适用于由量子操作 $\mathcal{E}_1$ 和 $\mathcal{E}_2$ 描述的两阶段量子过程，该公式为

$$\rho \xrightarrow{\mathcal{E}_1} \rho' \xrightarrow{\mathcal{E}_2} \rho'' \tag{12.117}$$

定义量子相干信息为

$$I(\rho,\mathcal{E}) \equiv S(\mathcal{E}(\rho)) - S(\rho,\mathcal{E}) \tag{12.118}$$

相干信息这个量被认为（还不知道）在量子信息论中会起到与互信息 $H(X:Y)$ 在经典信息论中类似的作用。产生这种观点的一个原因是相干信息满足量子数据处理不等式，就像互信息满足经典数据处理不等式一样。

定理 12.10（量子数据处理不等式）　令 ρ 是一个量子态，$\mathcal{E}_1$ 和 $\mathcal{E}_2$ 是保迹量子操作，那么

$$S(\rho) \geqslant I(\rho,\mathcal{E}_1) \geqslant I(\rho,\mathcal{E}_2 \circ \mathcal{E}_1) \tag{12.119}$$

第一个等式成立当且仅当操作 $\mathcal{E}_1$ 完全可逆，也就是说存在保迹逆操作 $\mathcal{R}$ 使得 $F(\rho,\mathcal{R}\circ\mathcal{E})=1$。

与经典数据处理不等式相比，可以发现相干信息在量子数据处理不等式中所起的作用等同于互信息在经典数据处理不等式中。当然，这种启发式论据并不能当作严格理由，来说明相干信息就是经典互信息的量子对应物这一观点。为了找到一个严格理由，我们应该以类似于互信息和经典信道容量联系的方式把相干信息与量子信道容量联系起来，但是这样一种关系还没有被建立。（部分进展请参考章末的“背景资料与延伸阅读”。）

在量子数据处理不等式中，怎样用已经熟悉的比如量子纠错中出现的概念，来定义完全可逆这个概念呢？按照定义，如果存在一个保迹量子操作 $\mathcal{R}$ 使得

$$F(\rho,\mathcal{R}\circ\mathcal{E})=1 \tag{12.120}$$

成立，那么称这个保迹量子操作 $\mathcal{E}$ 在输入 ρ 下完全可逆。但是由第 9 章末尾的结论 (4) 可知，量子操作完全可逆的充要条件是：对 ρ 支集中的任意量子态 $|\psi\rangle$ 都有下式成立，即

$$(\mathcal{R}\circ\mathcal{E})(|\psi\rangle\langle\psi|)=|\psi\rangle\langle\psi| \tag{12.121}$$

这一观察将完全可逆的概念与量子纠错码联系了起来。回顾量子纠错码是某个由逻辑码字张成的更大希尔伯特空间的一个子空间。为了抵抗量子操作 $\mathcal{E}$ 引入的噪声，量子操作 $\mathcal{E}$ 需要在保迹逆操作 $\mathcal{R}$ 下可逆，即对码中的所有量子态 $|\psi\rangle$，都有 $(\mathcal{R}\circ\mathcal{E})(|\psi\rangle\langle\psi|)=|\psi\rangle\langle\psi|$ 成立。这个条件等价于数据处理不等式中完全可逆的标准，即对支集是码空间的某个 ρ，$F(\rho,\mathcal{R}\circ\mathcal{E})=1$。

证明

量子数据处理不等式的证明需要用到四系统结构：R 和 Q 如前所述，E_1 和 E_2 初始都处于纯态，并且使得 Q 与 E_1 之间的酉作用生成算子 $\mathcal{E}_1$；Q 与 E_2 之间的酉作用生成算子 $\mathcal{E}_2$。数据处理不等式中第一个不等式的证明需要利用次可加性 $S(R',E_1')\leqslant S(R')+S(E_1')$，从而得到

$$\begin{aligned}
I(\rho,\mathcal{E}_1)&=S(\mathcal{E}_1(\rho))-S(\rho,\mathcal{E}_1) &(12.122)\\
&=S(Q')-S(E_1') &(12.123)\\
&=S(R',E_1')-S(E_1') &(12.124)\\
&\leqslant S(R')+S(E_1')-S(E_1')-S(R') &(12.125)\\
&=S(R)=S(Q)=S(\rho) &(12.126)
\end{aligned}$$

数据处理不等式中第二个不等号的证明需要用到强次可加性，即

$$S(R'',E_1'',E_2'')+S(E_1'')\leqslant S(R'',E_1'')+S(E_1'',E_2'') \tag{12.127}$$

从 $R''Q''E_1''E_2''$ 的整个量子态处于纯态可以得到

$$S(R'', E_1'', E_2'') = S(Q'') \tag{12.128}$$

系统 R 和 E_1 都没有出现在第二个过程中，其中系统 Q 和 E_2 之间酉相互作用。因此，在这个阶段量子态不变：即 $\rho^{R''E_1''} = \rho^{R'E_1'}$。但是从第一阶段之后的系统 RQE_1 处于纯态，可得

$$S(R'', E_1'') = S(R', E_1') = S(Q') \tag{12.129}$$

现在可以把强次可加性式 (12.127) 中的剩下两项看成是熵交换，即

$$S(E_1'') = S(E_1') = S(\rho, \mathcal{E}_1);\ S(E_1'', E_2'') = S(\rho, \mathcal{E}_2 \circ \mathcal{E}_1) \tag{12.130}$$

将这些替换项代入到式 (12.127) 中可得

$$S(Q'') + S(\rho, \mathcal{E}_1) \leqslant S(Q') + S(\rho, \mathcal{E}_2 \circ \mathcal{E}_1) \tag{12.131}$$

上式可以改写为数据处理不等式的第二个不等式，即 $I(\rho, \mathcal{E}_1) \geqslant I(\rho, \mathcal{E}_2 \circ \mathcal{E}_1)$。

为了完成证明，我们需要说明 $\mathcal{E}$ 在输入 ρ 下完全可逆的充要条件是数据处理不等式中的第一个不等式在等式

$$S(\rho) = I(\rho, \mathcal{E}) = S(\rho') - S(\rho, \mathcal{E}) \tag{12.132}$$

下成立。

为了证明必要性，假设 $\mathcal{E}$ 在输入 ρ 下完全可逆且逆操作为 $\mathcal{R}$，那么从第二个不等式可以看出

$$S(\rho') - S(\rho, \mathcal{E}) \geqslant S(\rho'') - S(\rho, \mathcal{R} \circ \mathcal{E}) \tag{12.133}$$

由可逆条件可得 $\rho'' = \rho$。更进一步，根据量子费诺不等式 (12.112) 和完全可逆条件 $F(\rho, \mathcal{R} \circ \mathcal{E}) = 1$ 可得 $S(\rho, \mathcal{R} \circ \mathcal{E}) = 0$。因此，当作用 $\rho \to \mathcal{E}(\rho) \to (\mathcal{R} \circ \mathcal{E})(\rho)$ 时，量子数据处理不等式的第二个不等式将变为

$$S(\rho') - S(\rho, \mathcal{E}) \geqslant S(\rho) \tag{12.134}$$

将这个结果与数据处理不等式的第一个不等式联立，$S(\rho) \geqslant S(\rho') - S(\rho, \mathcal{E})$，可得

$$S(\rho') = S(\rho) - S(\rho, \mathcal{E}) \tag{12.135}$$

接下来，我们将给出构造性证明，如果下式成立，即

$$S(\rho) = S(\rho') - S(\rho, \mathcal{E}) \tag{12.136}$$

那么就意味着量子操作 $\mathcal{E}$ 在输入 ρ 时可逆。注意到 $S(\rho) = S(Q) = S(R) = S(R')$，$S(\rho') =$

$S(Q') = S(R', E')$ 及 $S(\rho, \mathcal{E}) = S(E')$，于是 $S(R') + S(E') = S(R', E')$，在 11.3.4 节中已经得到这等价于条件 $\rho^{R'E'} = \rho^{R'} \otimes \rho^{E'}$。假设 Q 的初态是 $\rho = \sum_i p_i |i\rangle\langle i|$，并将其纯化为 RQ 上的纯态 $|RQ\rangle = \sum_i p_i |i\rangle|i\rangle$，其中第一个系统是 R，第二个系统是 Q。值得注意的是 $\rho^{R'} = \rho^R = \sum_i p_i |i\rangle\langle i|$。更进一步，假设 $\rho^{E'} = \sum_j q_j |j\rangle\langle j|$，其中 $\{|j\rangle\}$ 是某个标准正交基，使得

$$\rho^{R'E'} = \sum_{ij} p_i q_j |i\rangle\langle i| \otimes |j\rangle\langle j| \tag{12.137}$$

其对应的特征向量是 $|i\rangle\langle i|$，故由施密特分解，我们可以将量子操作 $\mathcal{E}$ 作用后 $R'Q'E'$ 上的状态写为

$$|R'Q'E'\rangle = \sum_{ij} \sqrt{p_i q_j} |i\rangle|i,j\rangle|j\rangle \tag{12.138}$$

其中 $|i,j\rangle$ 是系统 Q 的某个标准正交态集合。定义投影算子 P_j 为 $P_j \equiv \sum_i |i,j\rangle\langle i,j|$，那么恢复操作的含义就是首先执行由算子 P_j 描述的测量，用来揭示环境的状态 $|j\rangle$，然后在 j 的条件下作用一个酉旋转 U_j，用来将状态 $|i,j\rangle$ 恢复到 $|i\rangle$：$U_j|i,j\rangle \equiv |i\rangle$。也就是说，$j$ 是测量结果，U_j 是相应的恢复操作。完备的恢复操作如下：

$$\mathcal{R}(\sigma) \equiv \sum_j U_j P_j \sigma P_j U_j^\dagger \tag{12.139}$$

由量子态 $|i,j\rangle$ 之间的正交性可以得到投影算子 P_j 相互正交但可能并不完备。如果是不完备的情况，那么就需要添加剩余算子 $\tilde{P} \equiv I - \sum_j P_j$ 到投影算子集合中，从而确保量子操作 $\mathcal{R}$ 是保迹的。

逆操作之后系统 RQE 的末态由下式给出：

$$\sum_j U_j P_j |R'Q'E'\rangle\langle R'Q'E'| P_j U_j^\dagger = \sum_j \sum_{i_1,i_2} \sqrt{p_{i_1} p_{i_2}} q_j |i_1\rangle\langle i_2| \otimes (U_j|i_1,j\rangle\langle i_2,j|U_j^\dagger) \otimes |j\rangle\langle j| \tag{12.140}$$

$$= \sum_{i_1,i_2} \sqrt{p_{i_1} p_{i_2}} |i_1\rangle\langle i_2| \otimes |i_1\rangle\langle i_2| \otimes \rho^{E'} \tag{12.141}$$

从上式中我们可以看出 $\rho^{R''Q''} = \rho^{RQ}$，从而 $F(\rho, \mathcal{R} \circ \mathcal{E}) = 1$，也就是说操作 $\mathcal{E}$ 在输入 ρ 下完全可逆，得证。

□

到此完成了保迹量子操作信息论可逆条件的证明。关于该结果的一个直观解释大致是：Q 是量子计算机的内存单元，R 是量子计算机的剩余系统，E 是与 Q 有交互并产生噪声的环境。信息论可逆条件也可以被理解为：噪声影响之后环境 E' 的状态不再与量子计算机剩余系统 R' 的状态有关系。为了更形象地描述这个结果，当环境不能通过与 Q 的交互得到关于量子计算机剩余系统的任何信息时，纠错成为了可能！

更具体地，假设 Q 是一个 n 量子比特系统，C 是系统 Q 的一个 $[n,k]$ 量子纠错码，并且码字 $|x\rangle$ 相互正交且已归一化，P 投影到该码字空间。考虑密度矩阵 $P/2^k$，其可以纯化为 RQ 上的一个纯态，即

$$\frac{1}{\sqrt{2^k}}\sum_x |x\rangle|x\rangle \tag{12.142}$$

假设这个码能够纠正子集 Q_1 上的任意错误，那么如果将这些量子比特交换到环境中并用某个标准状态来替换之后产生的错误也一定能通过该码得到纠正。在这种情况下，信息论可逆条件 $\rho^{R'E'}=\rho^{R'}\otimes\rho^{E'}$ 可以被重写为 $\rho^{RQ_1}=\rho^R\otimes\rho^{Q_1}$。因此如果纠错是可行的，那么参考系统 R 和能被纠错的子系统 Q_1 必然初始不能相关。

习题 12.14　证明 $\rho^{RQ_1}=\rho^R\otimes\rho^{Q_1}$ 也是子系统 Q_1 能纠错的充分条件。

量子数据处理不等式的证明中用到的技术可以用来证明更多其他不等式。比如，假设在处于状态 ρ 的量子系统 Q 上作用量子操作 $\mathcal{E}$，那么数据处理不等式的第一个不等式可以应用系统 $R'E'$ 的熵的次可加性来得到。如果换成系统 $Q'E'$ 的熵的次可加性，那么就会得到

$$S(\rho)=S(R)=S(R')=S(Q',E')\leqslant S(Q')+S(E')=S(\mathcal{E}(\rho))+S(\rho,\mathcal{E}) \tag{12.143}$$

即

$$\Delta S+S(\rho,\mathcal{E})\geqslant 0 \tag{12.144}$$

其中 $\Delta S\equiv S(\mathcal{E}(\rho))-S(\rho)$ 是由过程 $\mathcal{E}$ 引起的熵的变化值。笼统地说，这个不等式表明系统熵的变化值加上环境熵的变化值一定是非负的，这是一个与热力学第二定律完全一致且非常合理的结论，并且也会帮助我们理解 12.4.4 节中关于量子纠错的热力学分析。

习题 12.15　应用次可加性和强次可加性所有可能的组合来推导两阶段量子过程 $\rho\to\rho'=\mathcal{E}_1(\rho)\to\rho''=(\mathcal{E}_2\circ\mathcal{E}_1)(\rho)$ 中的其他不等式，并在涉及熵交换和熵值 $S(\rho),S(\rho'),S(\rho'')$ 时尝试解释这些结果。如果不能将不等式中出现的值表达成这几个量，请利用 ρ，$\mathcal{E}_1$ 的操作元 $\{E_j\}$，以及 $\mathcal{E}_2$ 的操作元 $\{F_k\}$ 给出一个计算这些值的变形。

12.4.3　量子辛格顿界限

量子纠错的信息论方法可以用来证明量子纠错码纠错能力的一个漂亮的界——量子辛格顿界限。回顾 $[n,k,d]$ 码是利用 n 量子比特编码 k 量子比特，并且能纠正局部至多 $d-1$ 个量子比特上的错误（见习题 10.45）。量子辛格顿界限表明 $n-k\geqslant 2(d-1)$，这与经典辛格顿界限一致，经典辛格顿界限由习题 10.21 给出，讲的是对于经典 $[n,k,d]$ 码一定有 $n-k\geqslant d-1$ 成立。因为一个能纠正 t 个错误的量子码的距离必然至少是 $2t+1$，所以有 $n-k\geqslant 4t$ 成立。因此，比如有一个量子码，能编码 $k=1$ 个量子比特，可以纠正 $t=1$ 个错误，那么该码必然满足 $n-1\geqslant 4$；也就是说 n 必须至少是 5，所以第 10 章给出的五量子比特码是能完成这项任务的最小编码。

对量子辛格顿界限的证明是曾用来分析量子纠错码的信息论技术的一种推广应用。假设编码是与系统 Q 关联的 2^k 维子空间，其标准正交基记为 $|x\rangle$。引入 2^k 维参照系统 R，其标准正交基

同样记为 $|x\rangle$，考虑 RQ 上的纠缠态，即

$$|RQ\rangle = \frac{1}{\sqrt{2^k}} \sum_x |x\rangle|x\rangle \tag{12.145}$$

将 Q 的 n 个量子比特分成互不相交的 3 块，第 1 块和第 2 块分别记为 Q_1 和 Q_2，且均包含 $d-1$ 个量子比特；第 3 块记为 Q_3，包含剩下的 $n-2(d-1)$ 个量子比特。由于该编码的距离为 d，任意 $d-1$ 个定位错误都可以得到纠正，因此该编码可以纠正 Q_1 或者 Q_2 中的错误。另外，R 与 Q_1 不相关，同样 R 与 Q_2 也不相关。根据这个观察，以及 $RQ_1Q_2Q_3$ 处于纯态和熵的次可加性，我们可以得到：

$$S(R) + S(Q_1) = S(R, Q_1) = S(Q_2, Q_3) \leqslant S(Q_2) + S(Q_3) \tag{12.146}$$

$$S(R) + S(Q_2) = S(R, Q_2) = S(Q_1, Q_3) \leqslant S(Q_1) + S(Q_3) \tag{12.147}$$

将这两个不等式相加，可得

$$2S(R) + S(Q_1) + S(Q_2) \leqslant S(Q_1) + S(Q_2) + 2S(Q_3) \tag{12.148}$$

不等号两边消元，并利用 $S(R) = k$ 做代换，可得 $k \leqslant S(Q_3)$。但是 Q_3 包含 $n-2(d-1)$ 个量子比特，所以 $S(Q_3) \leqslant n-2(d-1)$，即 $k \leqslant n-2(d-1)$，从而得到量子辛格顿界限 $2(d-1) \leqslant n-k$。

作为量子辛格顿界限应用的一个例子，我们考虑去极化信道 $\mathcal{E}(\rho) = p\rho + (1-p)/3(X\rho X + Y\rho Y + Z\rho Z)$。假设大数 n 个量子比特独立通过该信道，在 $p < 3/4$ 时会有超过四分之一的量子比特出错，所以任意能纠正这些错误的编码都必然满足 $t > n/4$。但是结合量子辛格顿界限得到 $n-k \geqslant 4t > n$，所以 k 必须是负数，也就是说这种情况下的任何编码都不可行。因此在 $p < 3/4$ 时，量子辛格顿界限表明去极化信道关于量子信息的信道容量为零！

12.4.4 量子纠错码、制冷和麦克斯韦妖

量子纠错可以看成是一种量子制冷过程，在噪声影响趋于改变系统熵的情况下，依然会保持量子系统的熵不变。事实上，从这个角度来看量子纠错甚至令人费解，因为它似乎允许减少在量子系统的熵，而这明显违反热力学第二定律！为了理解为什么没有违反第二定律，我们对量子纠错进行分析，这类似于对专题 3.5 中的麦克斯韦妖的分析。量子纠错基本上是一种特殊形式的麦克斯韦妖——想象一个“妖”可以在量子系统上执行征状测量，之后根据征状测量的结果来纠错。就像分析经典麦克斯韦妖一样，在妖的记忆中存储征状伴随着热力学成本，这与兰道尔原理一致。特别地，由于任何内存都是有限的，为了拥有足够的空间来存储新的结果，妖终将开始从记忆中擦除信息。兰道尔原理告诉我们：从记忆中擦除 1 比特信息会使整个系统（包括量子系统、妖和环境）的熵至少增加 1 比特。

更准确地说，我们可以考虑一个四阶段的量子纠错“环”，如图 12-9 所示。

1. 系统初始处于状态 ρ，经过带噪声量子演化之后处于状态 ρ'。在纠错的典型场景中，我们

感兴趣的是系统熵增加的情形，即 $S(\rho') > S(\rho)$，但这并不必然发生。

2. 妖在状态 ρ' 上执行由测量算子 $\{M_m\}$ 描述的（征状）测量，以概率 $p_m = \mathrm{tr}(M_m\rho' M_m^\dagger)$ 得到结果 m，并且测量后的状态为 $\rho'_m = M_m\rho' M_m^\dagger/p_m$。

3. 妖作用酉操作 V_m（恢复操作），系统状态最终为

$$\rho''_m = V_m\rho'_m V_m^\dagger = \frac{V_m M_m \rho' M_m^\dagger V_m^\dagger}{p_m} \tag{12.149}$$

4. 循环过程重新开始。为了使这个过程真正成为一个环并且是一个成功纠错，每个结果 m 对应的量子态必须要满足 $\rho'' = \rho$。

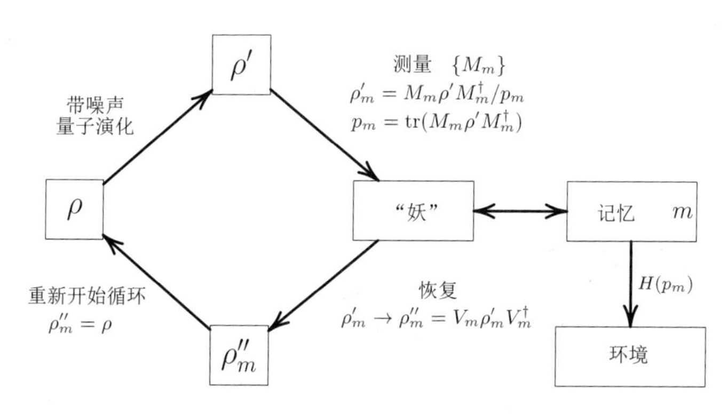

图 12-9　量子纠错环

现在我们来说明：在第二和第三阶段——纠错阶段——中熵的任意减少都是以产生环境的熵为代价，这至少与被纠错量子系统的熵减少一样大。在第三阶段结束之后，只有测量结果 m 记录在妖的记忆中。为了在下一轮中重置记忆，妖必须擦除关于测量结果的这个记录，根据兰道尔原理，这就导致了环境熵的增加。妖用来存储测量结果的方式决定了必须擦除的比特数；利用香农无噪声信道编码定理，储存测量结果在平均意义下至少需要 $H(p_m)$ 个比特，因此当测量结果被擦除时，单轮纠错过程平均引起 $H(p_m)$ 比特的熵消散到环境中。

在纠错之前，量子系统状态为 ρ'。在纠错之后，量子系统状态为 ρ，所以由纠错带来的系统熵的净变值为 $\Delta(S) \equiv S(\rho) - S(\rho')$。另外还有由擦除测量结果引起的额外熵消耗 $H(p_m)$（平均意义下），于是熵的总消耗为 $\Delta(S) + H(p_m)$。我们的目标是限制这一热力学消耗，并且这样做也是在证明热力学第二定律永远不会被违反。为了达到这一目标，需要引入两个概念：令 $\mathcal{E}$ 表示纠错环第一阶段的噪声过程，即 $\rho \to \rho' = \mathcal{E}(\rho)$，$R$ 表示纠错操作，即

$$\mathcal{R}(\sigma) \equiv \sum_m V_m M_m \sigma M_m^\dagger V_m^\dagger \tag{12.150}$$

这个过程的输入 ρ' 是权重矩阵，矩阵元素为 $W_{mn} = \mathrm{tr}(V_m M_m \rho' M_n^\dagger V_n^\dagger)$，因此对角元素即为 $W_{mm} = \mathrm{tr}(V_m M_m \rho' M_m^\dagger V_m^\dagger) = \mathrm{tr}(M_m \rho' M_m^\dagger)$，这恰好是妖执行征状测量后得到测量结果为 m 时

对应的概率 p_m。根据定理 11.9，矩阵 W 对角元素的熵至少跟矩阵 W 的一样大，所以

$$H(p_m) \geqslant S(W) = S(\rho', \mathcal{R}) \tag{12.151}$$

当且仅当算子 $V_m M_m$ 是 $\mathcal{R}$ 关于 ρ' 使 W 的所有非对角元均为零的标准分解时，等式成立。由式 (12.144) 可得

$$\Delta S + S(\rho', \mathcal{R}) = S(\rho) - S(\rho') + S(\rho', \mathcal{R}) \geqslant 0 \tag{12.152}$$

结合式 (12.151)，我们可以推导出 $\Delta S + H(p_m) \geqslant 0$。但是 $\Delta S + H(p_m)$ 是纠错过程引起的总熵变值，从而得到结论：纠错只能导致总熵的净增加，任何由纠错导致的系统熵的减少都被在纠错中产生的错误征状被擦除时新增的熵抵消了。

习题 12.16 若 $\mathcal{R}$ 能完美纠正作用在输入 ρ 上的操作 $\mathcal{E}$，证明下述不等式中的等号成立：

$$S(\rho) - S(\rho') + S(\rho', \mathcal{R}) \geqslant 0 \tag{12.153}$$

12.5 作为一种物理资源的纠缠

到目前为止，我们对量子信息的研究主要集中在与经典信息论中考虑的相差不远的资源上。为方便起见，图 12-10 从量子和经典这两个方面总结了许多相关结果。量子计算和量子信息的一大亮点是量子力学也包含了根本上的新型资源，这些资源非常不同于经典信息论中传统意义上的资源类型。或许其中最为人所熟知的就是量子纠缠，也是我们转而讨论的资源。

我们说“最为人所熟知”，却并非关于纠缠了解很多！我们甚至离拥有通用量子纠缠理论还有很长一段距离。不过，人们还是在通往通用量子纠缠理论的路上取得了一些比较可喜的进展，包括揭示了纠缠态的一种有趣的结构，以及在有噪声量子信道和纠缠变换类之间建立了非常明显的联系等。我们只是快速浏览已知内容，重点关注两系统（“两体”纠缠），比如 Alice 和 Bob，之间的纠缠变换特性。当然我们对发展一个能用于多体系统的通用量子纠缠理论也有极大的兴趣，但是目前还不知道该如何去做这件事情。

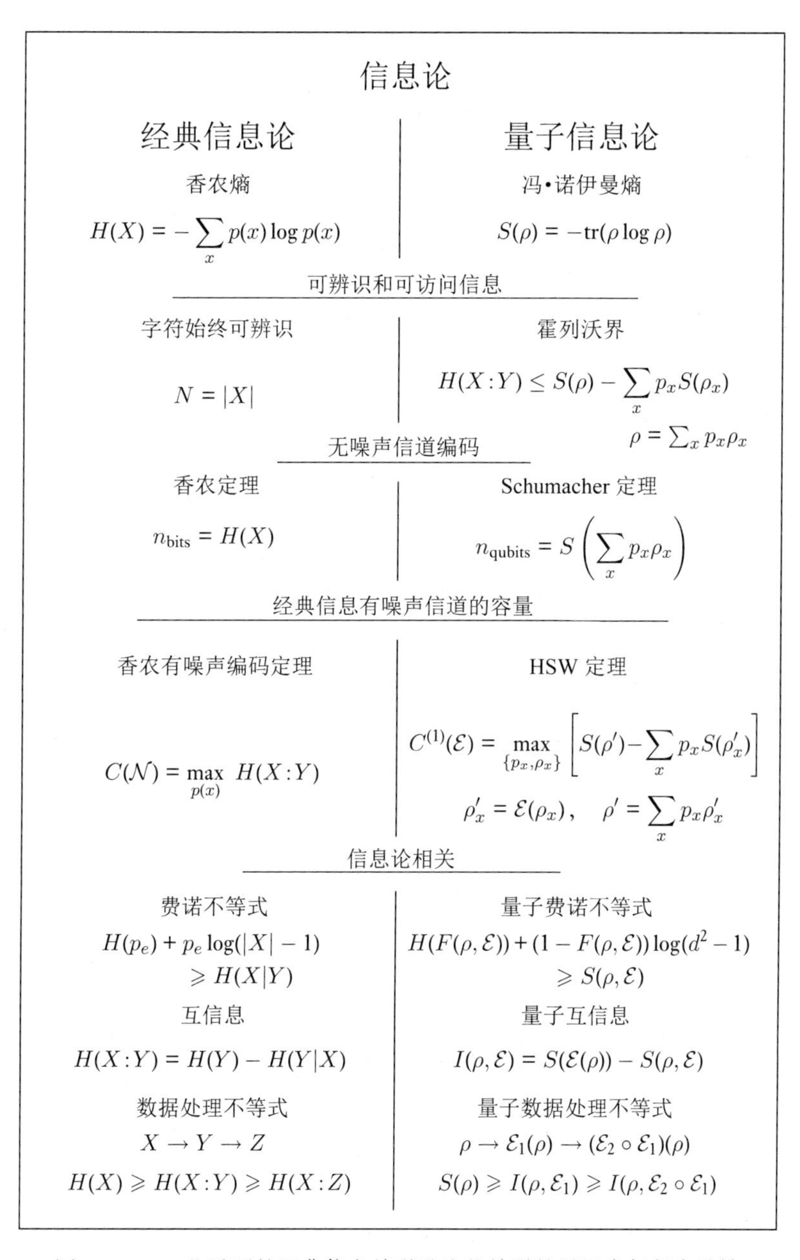

图 12-10　一些重要的经典信息关联及这些关联的量子类似版本总结

12.5.1　两体纯态纠缠变换

我们将从下面的简单问题开始研究：已知 Alice 和 Bob 共享一对纠缠纯态 $|\psi\rangle$，并且他们可以在各自系统上执行任意操作和测量，但相互之间只能经典通信，那么他们可以将 $|\psi\rangle$ 变换为什么类型的纠缠 $|\varphi\rangle$ 呢？不允许 Alice 和 Bob 之间进行任何的量子通信，这必然限制了他们能得到的纠缠种类。

作为例子，想象 Alice 和 Bob 共享纠缠对，且处于贝尔态 $(|00\rangle + |11\rangle)/\sqrt{2}$。Alice 执行由测

量算子 M_1, M_2 描述的两结果测量，即

$$M_1 = \begin{bmatrix} \cos\theta & 0 \\ 0 & \sin\theta \end{bmatrix};\ M_2 = \begin{bmatrix} \sin\theta & 0 \\ 0 & \cos\theta \end{bmatrix} \tag{12.154}$$

测量后的状态或者是 $\cos\theta|00\rangle + \sin\theta|11\rangle$，或者是 $\cos\theta|11\rangle + \sin\theta|00\rangle$，这取决于测量结果是 1 还是 2。在后一种情况中，Alice 在测量后执行 NOT 门，便会得到 $\cos\theta|01\rangle + \sin\theta|10\rangle$。之后她把测量结果（1 或 2）发给 Bob，如果测量结果是 1，Bob 什么都不做；如果测量结果是 2，Bob 执行非门。因此，不管 Alice 得到的测量结果是什么，联合系统的末态都将是 $\cos\theta|00\rangle + \sin\theta|11\rangle$。也就是说，Alice 和 Bob 利用在各自系统上的本地操作和经典通信，将初始纠缠资源 $(|00\rangle + |11\rangle)/\sqrt{2}$ 变换到了 $\cos\theta|00\rangle + \sin\theta|11\rangle$。

纠缠变换这一问题的重要性可能并不是很明显。当只允许执行本地操作和经典通信（LOCC）时，我们对这类转换问题有着一定的内在兴趣，但也并不是先验地知道这确实是一个有趣的问题。然而事实证明这类纠缠变换问题的推广展示出了和量子纠错之间很深且料想之外的联系。另外，在解决这类问题中引入的各项技术也非常有趣，并且给纠缠特性的研究提供了不同寻常的思路。特别地，我们将发掘纠缠和优超理论，早于量子力学的一个数学领域，之间的紧密关系。

在跳转到纠缠变换理论的研究之前，我们需要首先熟悉优超理论中的几个相关事实。优超是指对 d 维实向量进行排序以期得到一个向量或多或少地区别于另一个向量。更精确地，假设 $x = (x_1, x_2, \cdots, x_d), y = (y_1, y_2, \cdots, y_d)$ 是两个 d 维向量，我们用 $x^\downarrow$ 表示对 x 重新进行降序排序，即 $x_1^\downarrow$ 是 x 中最大的元素。若对任意的 $k = 1, \cdots, d-1$ 都有 $\sum_{j=1}^k x_j^\downarrow \leqslant \sum_{j=1}^k y_j^\downarrow$ 成立且当 $k = d$ 时取等号，则称 x 优超于 y，记为 $x \prec y$。下面将很快清楚地给出该定义对于排序的作用。

优超和纠缠变换之间的联系可以很容易给出。假设 $|\psi\rangle, |\varphi\rangle$ 是 Alice-Bob 联合系统上的状态，定义 $\rho_\psi \equiv \mathrm{tr}_B(|\psi\rangle\langle\psi|), \rho_\varphi \equiv \mathrm{tr}_B(|\varphi\rangle\langle\varphi|)$ 分别是对应在 Alice 系统上的约化密度矩阵，$\lambda_\psi, \lambda_\varphi$ 分别是 ρ_ψ, ρ_φ 的特征值构成的向量。下面将说明 $|\psi\rangle$ 可以通过 LOCC 转化为 $|\varphi\rangle$ 的充要条件是 $\lambda_\psi \prec \lambda_\varphi$！为了说明这个充要条件，我们将首先举几个优超理论的简单事实。

习题 12.17 证明 $x \prec y$ 当且仅当对任意实数 t，$\sum_{j=1}^d \max(x_j - t, 0) \leqslant \sum_{j=1}^d \max(y_j - t, 0)$ 且 $\sum_{j=1}^d x_j = \sum_{j=1}^d y_j$。

习题 12.18 利用上一题证明能使得 $x \prec y$ 成立的 x 构成的集合是凸的。

下面的命题指出：$x \prec y$ 的充要条件是 x 可以写成 y 的置换的一个凸组合，这赋予优超这个概念一个更为直观的含义。因此，当 x 比 y 更无序，也就是说 x 可以由置换 y 的元素并混合结果向量得到，那么 $x \prec y$。

命题 12.11 $x \prec y$ 当且仅当 $x = \sum_j p_j P_j y$，其中 p_j 表示某个概率分布，P_j 是置换矩阵。

证明

假设 $x \prec y$，不失一般性我们可以令 $x = x^\downarrow, y = y^\downarrow$。下面将利用对维数 d 做归纳来证明 $x = \sum_j p_j P_j y$。当 $d = 1$ 时，结果显然成立。假设 x, y 是 $d+1$ 维向量并使得 $x \prec y$，那么 $x_1 \leqslant y_1$。选择 j 使得 $y_j \leqslant x_1 \leqslant y_{j-1}$，定义 $t \in [0,1]$ 并使得 $x_1 = ty_1 + (1-t)y_j$。另外定义置换的凸组合

为 $D \equiv tI + (1-t)T$，其中 T 为置换矩阵，它可以将第 1 个和第 j 个矩阵元素交换。于是

$$D_y = (x_1, y_2, \cdots, y_{j-1}, (1-t)y_1 + ty_j, y_{j+1}, \cdots, y_{d+1}) \tag{12.155}$$

定义 $x' \equiv (x_2, \cdots, x_{d+1}), y' \equiv (y_2, \cdots, y_{j-1}, (1-t)y_1 + ty_j, y_{j+1}, \cdots, y_{d+1})$。在习题 12.19 中将证明 $x' \prec y'$，所以由归纳假设，即对概率 p'_j 和置换矩阵 P'_j 都有 $x' = \sum_j p'_j P'_j y'$ 成立，可以得到 $x = \left(\sum_j p'_j P'_j\right) Dy$，其中 P'_j 通过平凡作用在第一个元素上来作用在 $d+1$ 维上。因为 $D = (tI + (1-t)T)$，并且置换矩阵的乘积还是置换矩阵，所以可以得到如下结果。

习题 12.19　验证 $x' \prec y'$。

相反地，假设 $x = \sum_j p_j P_j y$，显然 $P_j y \prec y$，再由习题 12.18 可得 $x = \sum_j p_j P_j y \prec y$。

□

置换矩阵的凸组合生成的矩阵有很多有趣的性质。比如，这些矩阵的元素一定非负，每一行每一列的和是 1。有这些性质的矩阵被称为*双随机矩阵*，并且有一个称为*伯克霍夫定理*的结果指出：双随机矩阵刚好对应置换矩阵的凸组合。我们在这里不会去证明伯克霍夫定理（详见章末的"背景资料与延伸阅读"），但是会把这个定理列出来，如下：

定理 12.12（*伯克霍夫定理*）　一个 $d \times d$ 矩阵是双随机的（即有非负元素并且每行每列的和为 1）当且仅当 D 可以写成置换矩阵的凸组合，即 $D = \sum_j p_j P_j$。

由伯克霍夫定理和命题 12.11 可得 $x \prec y$ 当且仅当 $x = Dy$，其中 D 是某个双随机矩阵。这个结果可以帮助我们证明一个惊艳且有用的命题 12.11 提到的算子推广。假设 H 和 K 是两个厄米算子，如果 $\lambda(H) \prec \lambda(K)$，那么 $H \prec K$，其中 $\lambda(H)$ 是指厄米算子 H 特征值构成的向量。于是可以得到如下定理：

定理 12.13　令 H, K 均为厄米算子，那么 $H \prec K$ 的充要条件是存在一个概率分布 p_j 和酉矩阵 U_j 使得下式成立，即

$$H = \sum_j p_j U_j K U_j^\dagger \tag{12.156}$$

证明

假设 $H \prec K$，那么由命题 12.11 可得 $\lambda(H) = \sum_j p_j P_j \lambda(K)$。令 $\Lambda(H)$ 标记对角矩阵，其对角元素对应 H 的特征值。于是向量方程 $\lambda(H) = \sum_j p_j P_j \lambda(K)$ 便可以重写为

$$\Lambda(H) = \sum_j p_j P_j \Lambda(K) P_j^\dagger \tag{12.157}$$

但是对酉矩阵 V, W，均有 $H = V\Lambda(H)V^\dagger, \Lambda(K) = WKW^\dagger$ 成立，这就意味着 $H = \sum_j p_j U_j K U_j^\dagger$，其中 $U_j \equiv VP_jW$ 是酉矩阵，从而完成了正向证明。

相反地，假设 $H = \sum_j p_j U_j K U_j^\dagger$。跟之前类似，这等价于 $\Lambda(H) = \sum_j p_j V_j \Lambda(K) V_j^\dagger$，其中

V_j 是酉矩阵。将 V_j 的元素写成 $V_{j,kl}$，则有

$$\lambda(H)_k = \sum_{j,l} p_j V_{j,kl} \lambda(K)_l V_{j,lk}^\dagger = \sum_{j,l} p_j |V_{j,kl}|^2 \lambda(K)_l \tag{12.158}$$

定义矩阵 D 的元素为 $D_{kl} \equiv \sum_j p_j |V_{j,kl}|^2$，那么 $\lambda(H) = D\lambda(K)$。由定义可得矩阵 D 的元素非负，并且每行每列的和均为 1，这是因为酉矩阵 V_j 的每行每列都是单位向量，所以 D 是双随机矩阵且 $\lambda(H) \prec \lambda(K)$。

□

到现在为止，我们已经具备了研究两体纯态纠缠的 LOCC 转化过程中所需的所有关于优超理论的事实。研究的第一步就是要将问题从包含双向经典通信的一般协议的研究简化到只包含单向经典通信的协议上。

命题 12.14 假设 $|\psi\rangle$ 可以通过 LOCC 转化为 $|\varphi\rangle$，那么这一转化可以由一个包含以下两步的协议来实现：Alice 执行一个由测量算子 M_j 描述的本地测量，并把测量结果 j 发送给 Bob，Bob 再在自己的系统上执行一个酉操作 U_j。

证明

不失一般性，假设这个协议包含：Alice 执行一个测量，并将测量结果发送给 Bob，Bob 再执行一个测量（该测量的选取依赖于 Alice 的测量结果），并将测量结果返回给 Alice；之后 Alice 再根据这个结果执行相应的测量……以此类推执行下去。证明的思路是要说明 Bob 所做的任意测量都可以由 Alice 模拟（可能会有小警告），所以事实上，Bob 的任意行为都可以由 Alice 的相应行为来代替！为了说明这个情况，假设 Bob 执行测量算子为 M_j 的测量作用在纯态 $|\psi\rangle$ 上，并且该纯态的施密特分解形式为 $|\psi\rangle = \sum_l \sqrt{\lambda_l}|l_A\rangle|l_B\rangle$，另外定义作用在 Alice 上的算子 N_j 在 Alice 施密特基下的矩阵分解形式与作用在 Bob 上的算子 M_j 的矩阵分解形式一致。也就是说，如果 $M_j = \sum_{kl} M_{j,kl}|k_B\rangle\langle l_B|$，那么可以定义

$$N_j \equiv \sum_{k,l} M_{j,kl}|k_A\rangle\langle l_A| \tag{12.159}$$

假设 Bob 执行测量算子为 M_j 的测量，那么测量后状态为 $|\psi_j\rangle \propto M_j|\psi\rangle = \sum_{kl} M_{j,kl}\sqrt{\lambda_l}|l_A\rangle|k_B\rangle$，其概率为 $\sum_{kl} \lambda_l |M_{j,kl}|^2$。另一方面，如果 Alice 执行测量 N_j，那么测量后状态为 $|\varphi_j\rangle \propto N_j|\psi\rangle = \sum_{kl} M_{j,kl}\sqrt{\lambda_l}|k_A\rangle|l_B\rangle$，概率同样为 $\sum_{kl} \lambda_l |M_{j,kl}|^2$。更进一步，注意到在不考虑 Alice 和 Bob 之间通过映射 $|k_A\rangle \to |k_B\rangle$ 实现的相互作用的情况下，$|\psi_j\rangle$ 和 $|\varphi_j\rangle$ 是同一个状态，因此这两个状态必然有相同的施密特分解形式。由习题 2.80 可知：存在 Alice 系统上的酉矩阵 U_j 和 Bob 系统上的酉矩阵 V_j 使得 $|\psi_j\rangle = (U_j \otimes V_j)|\varphi_j\rangle$。因此，Bob 执行一个由测量算子 M_j 描述的测量，等价于 Alice 在 Bob 作用酉变换 V_j 之后执行一个由测量算子 $U_j N_j$ 描述的测量。总之，不考虑 Bob 所做酉变换的情况下，Bob 对已知纯态所做的测量可以由 Alice 的对应测量来模拟。

假设 Alice 和 Bob 执行一个多轮协议来实现 $|\psi\rangle$ 到 $|\varphi\rangle$ 的转化。不失一般性，我们可以先假设第一轮协议包含 Alice 执行测量并且将测量结果发送给 Bob。第二轮包含 Bob 执行测量（测量

类型可能由第一轮的测量结果决定）并将测量结果发送给 Alice。然而，Bob 执行的这个测量可以由 Alice 的相应测量及 Bob 的一个酉变换来代替。事实上，在不考虑 Bob 根据 Alice 的测量结果所做的酉变换的情况下，我们可以替换掉 Bob 执行的所有测量及 Bob 到 Alice 的经典通信。最终，由 Alice 执行的所有测量就可以组合成单个测量（见习题 2.57），该测量结果决定了 Bob 执行的酉变换；这个协议的网络效应恰好是原双向通信协议的效果。

□

定理 12.15　两体纯态 $|\psi\rangle$ 能通过 LOCC 转化到另一个纯态 $|\varphi\rangle$ 当且仅当 $\lambda_\psi \prec \lambda_\varphi$。

证明

假设 $|\psi\rangle$ 可以通过 LOCC 转化到 $|\varphi\rangle$。由命题 12.14，我们可以先假定这个转化过程是：Alice 先执行测量算子为 M_j 的测量，并将测量结果发送给 Bob，Bob 再执行一个酉变换 U_j。从 Alice 的角度来看，在不考虑测量结果的情况下，她开始于状态 ρ_ψ 终止于状态 ρ_φ，从而可得

$$M_j \rho_\psi M_j^\dagger = p_j \rho_\varphi \tag{12.160}$$

其中 p_j 是结果 j 的概率。极式分解 $M_j\sqrt{\rho_\psi}$ 是指存在酉矩阵 V_j 使得

$$M_j\sqrt{\rho_\psi} = \sqrt{M_j\rho_\psi M_j^\dagger}V_j = \sqrt{p_j\rho_\varphi}V_j \tag{12.161}$$

在等式两边乘以各自的伴随算子，可得

$$\sqrt{\rho_\psi}M_j^\dagger M_j\sqrt{\rho_\psi} = p_j V_j^\dagger \rho_\varphi V_j \tag{12.162}$$

对 j 求和并利用完备性关系，即 $\sum_j M_j^\dagger M_j = I$，可得

$$\rho_\psi = \sum_j p_j V_j^\dagger \rho_\varphi V_j, \tag{12.163}$$

由定理 12.13 可知 $\lambda_\psi \prec \lambda_\varphi$。

另一个方向的证明基本上是把前面的证明倒推一遍。假设 $\lambda_\psi \prec \lambda_\varphi$，即有 $\rho_\psi \prec \rho_\varphi$，并且由定理 12.13 存在概率 p_j 和酉算子 U_j 使得 $\rho_\psi = \sum_j p_j U_j \rho_\varphi U_j^\dagger$。现在可以假设 ρ_ψ 可逆（这个假设可以很容易丢掉；见习题 12.20），定义 Alice 系统上的算子 M_j 为

$$M_j\sqrt{\rho_\psi} \equiv \sqrt{p_j\rho_\varphi}U_j^\dagger \tag{12.164}$$

为了说明这些算子可以定义一个测量，我们需要检查完备性关系。由 $M_j = \sqrt{p_j\rho_\varphi}U_j^\dagger\rho_\psi^{-1/2}$ 可得

$$\sum_j M_j^\dagger M_j = \rho_\psi^{-1/2}\left(\sum_j p_j U_j \rho_\varphi U_j^\dagger\right)\rho_\psi^{-1/2} = \rho_\psi^{-1/2}\rho_\psi\rho_\psi^{-1/2} = I \tag{12.165}$$

即完备性关系。假设 Alice 执行由算子 M_j 描述的测量，结果 j 对应的状态为 $|\psi_j\rangle \propto M_j|\psi\rangle$。令 ρ_j 为 Alice 系统上对应状态 $|\psi_j\rangle$ 的约化密度矩阵，那么用式 (12.164) 代换后为

$$\rho_j \propto M_j \rho_\psi M_j^\dagger = p_j \rho_\varphi \tag{12.166}$$

因此 $\rho_j = \rho_\varphi$。由习题 2.81 可知 Bob 利用合适的酉变换 V_j 便可以将 $|\psi_j\rangle$ 转化为 $|\varphi\rangle$。

□

习题 12.20 证明上述关于 ρ_ψ 可逆的假设可以从定理 12.15 的反向证明部分去除掉。

习题 12.21（纠缠催化） 假设 Alice 和 Bob 共享一对四能级系统状态 $|\psi\rangle = \sqrt{0.4}|00\rangle + \sqrt{0.4}|11\rangle + \sqrt{0.1}|22\rangle + \sqrt{0.1}|33\rangle$，证明通过 LOCC 不可能把该状态转化为状态 $|\varphi\rangle = \sqrt{0.5}|00\rangle + \sqrt{0.25}|11\rangle + \sqrt{0.25}|22\rangle$。然而，设想一下，一个友好的银行愿意向他们提供催化剂贷款，即 $|c\rangle = \sqrt{0.6}|00\rangle + \sqrt{0.4}|11\rangle$，证明对于 Alice 和 Bob 而言，通过 LOCC 将状态 $|\psi\rangle|c\rangle$ 转化为状态 $|\varphi\rangle|c\rangle$，并在转化完成后将催化剂 $|c\rangle$ 归还给银行，这个过程是可能的。

习题 12.22（无通信的纠缠转化） 假设 Alice 和 Bob 试图仅仅通过本地操作——无经典通信——将纯态 $|\psi\rangle$ 转化为纯态 $|\varphi\rangle$。证明这个过程是可能的当且仅当 $\lambda_\psi \cong \lambda_\varphi \otimes x$，其中 x 是元素和为 1 的某个非负实向量，"$\cong$" 是指左右两边的向量包含相同的非零元。

12.5.2 纠缠蒸馏与稀释

假设能提供给 Alice 和 Bob 的不再只是状态 $|\psi\rangle$ 的单个拷贝，而是很大数量的拷贝。那么他们利用这些拷贝能完成什么类型的纠缠变换呢？我们将重点关注两种特别形式的纠缠变换，被称为纠缠蒸馏和纠缠稀释。纠缠蒸馏是指，Alice 和 Bob 利用本地操作和经典通信（LOCC）试图将已知纯态 $|\psi\rangle$ 的大量备份转化为尽可能多的贝尔态 $(|00\rangle + |11\rangle)/\sqrt{2}$ 的备份，并不要求这个过程准确无误地成功，只要高保真度即可。纠缠稀释是相反的过程，即利用 LOCC 将大量贝尔态 $(|00\rangle + |11\rangle)/\sqrt{2}$ 的备份转化为 $|\psi\rangle$ 的备份，同样只做高保真度限制，其中大量贝尔态备份是初始可用的。

是什么推动了纠缠蒸馏和稀释的研究呢？假设我们严肃地认为纠缠是一种物理资源，并且应该如此量化纠缠，就像我们量化其他物理资源，如能量或熵一样。假定我们决定选取贝尔态 $(|00\rangle + |11\rangle)/\sqrt{2}$ 作为纠缠的标准单元——基准，而不是像标准的千克或米一样。就像赋予一个实物以质量，我们可以赋予量子态纠缠度量。比如说，假设需要 15 个特定品牌的巧克力饼干来达到标准质量；那么我们说每个巧克力饼干的质量为 1/15 千克。严格来讲，如果巧克力饼干的质量为 1/14.8 千克那么将有点麻烦，这是因为没有整数个巧克力饼干构成标准质量，而且怎样定义非整数数量的巧克力饼干也并不显然。幸运的是，我们知道 148 个巧克力饼干刚好是 10 千克，所以巧克力饼干的质量为 10/148 千克。但如果实际质量不是 1/14.8 千克，而是更为难解的数字呢？比如 1/14.7982 千克等。当然，我们可以简单地寻找更多的 m 个巧克力饼干来得到更大的 n 千克，并且当 m 和 n 很大时，可以声明一个巧克力饼干的质量是极限比率 n/m。

类似地，定义纯态 $|\psi\rangle$ 纠缠度的一个可能方法就是，在给定大数 n 个贝尔态 $(|00\rangle+|11\rangle)/\sqrt{2}$ 的情况下，要求通过本地操作和经典通信来（高保真度地）生成尽可能多的 $|\psi\rangle$ 的备份。如果能生成 $|\psi\rangle$ 的备份数量为 m，那么定义极限比率 n/m 为量子态 $|\psi\rangle$ 的生成纠缠。另外，我们可以考虑相反的过程，利用 LOCC 从 $|\psi\rangle$ 的 m 个备份到 $(|00\rangle+|11\rangle)/\sqrt{2}$ 的 n 个备份，并且定义极限比率 n/m 为量子态 $|\psi\rangle$ 的纠缠蒸馏。很明显这两个定义给出的是相同数量的纠缠；我们将看到对纯态 $|\psi\rangle$ 而言，生成纠缠和纠缠蒸馏事实上就是相同的！

下面来看一个纠缠稀释的简单协议，以及另一个纠缠蒸馏的协议。假设纠缠态 $|\psi\rangle$ 有如下施密特分解形式，即

$$|\psi\rangle=\sum_x\sqrt{p(x)}|x_A\rangle|x_B\rangle \tag{12.167}$$

我们把施密特系数的平方 $p(x)$ 写成了概率分布的形式，既是因为该系数满足概率分布的一般规则（非负且和为 1），也是因为概率论的思想在理解纠缠蒸馏和稀释中很有用。m 次张量积 $|\psi\rangle^{\otimes m}$ 可以写成

$$|\psi\rangle^{\otimes m}=\sum_{x_1,x_2,\cdots,x_m}\sqrt{p(x_1)p(x_2)\cdots p(x_m)}|x_{1A}x_{2A}\cdots x_{mA}\rangle|x_{1B}x_{2B}\cdots x_{mB}\rangle \tag{12.168}$$

假设在忽略所有如 12.2.1 节中定义的非 ϵ 典型序列 $x_1,\cdots,x_m$ 之后，我们定义一个新的量子态 $|\varphi_m\rangle$，即

$$|\varphi_m\rangle\equiv\sum_{x\text{为}\epsilon\text{典型}}\sqrt{p(x_1)p(x_2)\cdots p(x_m)}|x_{1A}x_{2A}\cdots x_{mA}\rangle|x_{1B}x_{2B}\cdots x_{mB}\rangle \tag{12.169}$$

该状态 $|\varphi_m\rangle$ 并不是一个归一化的量子态；为了归一化，我们需要定义 $|\varphi_m'\rangle\equiv|\varphi_m\rangle/\sqrt{\langle\varphi_m|\varphi_m\rangle}$。由典型序列定理的第一部分可知，当 $m\to\infty$ 时，保真度 $F(|\psi\rangle^{\otimes m},|\varphi_m'\rangle)\to 1$。更进一步，由典型序列定理的第二部分可知在式 (12.169) 中，项数至多为 $2^{m(H(p(x))+\epsilon)}=2^{m(S(\rho_\psi)+\epsilon)}$，其中 ρ_ψ 偏迹掉状态 $|\psi\rangle$ 中的 Bob 部分得到的结果。

接下来假设 Alice 和 Bob 共同拥有 $n=m(S(\rho_\psi)+\epsilon)$ 个贝尔态。Alice 本地准备 $|\varphi_m'\rangle$ 的“两部分”，然后利用与 Bob 共享的贝尔态将 $|\varphi_m'\rangle$ 中本应属于 Bob 的那一半隐形传态给 Bob。用这种方式，Alice 和 Bob 可以稀释他们的 n 个贝尔态来得到 $|\varphi_m'\rangle$，这是 $|\psi\rangle^{\otimes m}$ 的一个很好的近似。这个纠缠稀释过程中的 $n=m(S(\rho_\psi)+\epsilon)$，所以比率 n/m 趋近于 $S(\rho_\psi)+\epsilon$。我们可以选取 ϵ 任意小，于是可以得到 $|\psi\rangle$ 的生成纠缠不会超过 $S(\rho_\psi)$，因为我们刚刚证明了（大约）$S(\rho_\psi)$ 个贝尔态可以转化为 $|\psi\rangle$ 的一个备份。

将 $|\psi\rangle$ 的备份转化为贝尔态的纠缠蒸馏协议也是走相同的路线。假设 Alice 和 Bob 共同拥有 $|\psi\rangle$ 的 m 个备份，在 ρ_ψ 的 ϵ 典型空间上执行一个测量之后，Alice 可以高保真度地将状态 $|\psi\rangle^{\otimes m}$ 转化为状态 $|\varphi_m'\rangle$。由典型序列的定义可知，出现在 $|\varphi_m\rangle$ 中的最大施密特系数至多为 $2^{-m(S(\rho_\psi)-\epsilon)}$。该未归一化状态 $|\varphi_m'\rangle$ 的施密特系数至多是 $1/\sqrt{(1-\delta)}$，因为典型序列定理表明一个序列是 ϵ 典型序列的概率的一个下界是 $1-\delta$，并且对足够大的 m 该值可以任意趋近于 1。因此，状态 $\rho_{\varphi_m'}$

的最大特征值最多是 $2^{-m(S(\rho_\psi)-\epsilon)}/(1-\delta)$。假设我们选择任意 n 使得

$$\frac{2^{-m(S(\rho_\psi)-\epsilon)}}{1-\delta} \leqslant 2^{-n} \tag{12.170}$$

由状态 $\rho_{\varphi'_m}$ 的特征值构成的向量优超于向量 $(2^{-n}, 2^{-n}, \cdots, 2^{-n})$，因此由定理 12.15 可得状态 $|\varphi'_m\rangle$ 可以通过 LOCC 转化为 n 个贝尔态。检查一下式 (12.170) 我们可以看到 $n \approx mS(\rho_\psi)$，因此纠缠蒸馏至少是 $S(\rho_\psi)$。

我们已经给出了将 $|\psi\rangle$ 蒸馏到 $S(\rho_\psi)$ 个贝尔态及将 $S(\rho_\psi)$ 个贝尔态稀释为 $|\psi\rangle$ 的一个备份。事实上，不难看出我们描述的过程是纠缠稀释和蒸馏的最优方法！例如，假设存在一个更有效的纠缠稀释协议，可以将 $|\psi\rangle$ 稀释为 $S > S(\rho_\psi)$ 个贝尔态。那么协议将从 $S(\rho_\psi)$ 个贝尔态开始，Alice 和 Bob 可以利用已描述协议生成 $|\psi\rangle$ 的一个备份，然后利用假想方案生成 S 个贝尔态。因此，由 LOCC 可知，Alice 和 Bob 将 $S(\rho_\psi)$ 个贝尔态转变成了 $S > S(\rho_\psi)$ 个贝尔态！不难说服自己（见习题 12.24），利用 LOCC 来增加现有贝尔态的数量是不可能的，所以这个假想的纠缠稀释协议不可能存在。类似地，我们可以说明上述纠缠蒸馏协议也是最优的。因此，$|\psi\rangle$ 的生成纠缠和纠缠蒸馏相同且都是 $S(\rho_\psi)$！

习题 12.23 证明上述给出的纠缠蒸馏过程是最优的。

习题 12.24 回顾两体纯态的施密特数是指施密特系数中非零元的个数。证明纯态的施密特数在 LOCC 下不增，并用这个结果证明 Alice 和 Bob 共享的贝尔态个数在 LOCC 下也不增。

我们已经了解到怎样将两体系统的贝尔态转化为另一个纠缠态，比如 $|\psi\rangle$ 的备份；反过来，这促使我们以最优的方式将 $|\psi\rangle$ 转化成的贝尔态数量，即 $S(\rho_\psi)$，定义为量子态的纠缠量。从这个定义中我们能学到什么呢？下面我们将看到进一步推广纠缠蒸馏的概念将得到一些关于量子纠错的新观点。然而，在写书的当下，平心而论关于纠缠的研究还处于起步阶段，而且目前还不完全清楚我们在量子计算和量子信息理解中的什么进步可以被认为是定量给出纠缠度量的结果。我们已经对两体纯态系统有了一个合理的解释，但是对于包含三体或更多体系统，甚至是两体系统的混合态的理解还非常欠缺。更好地理解纠缠并将这种理解与量子算法、量子纠错及量子通信联系起来，这将是量子计算和量子信息中的一项重大突破性成果！

12.5.3 纠缠蒸馏与量子纠错

我们定义了纯态的纠缠蒸馏，但是并没有给出该定义不能推广到混合态的原因。更确切地，假设 ρ 是 Alice 和 Bob 对应的两体系统上的一个一般状态，并且他们拥有大数 m 个备份，接下来他们试图利用 LOCC 高保真度地将这些备份转化为最大可能数量 n 个贝尔态。状态 ρ 的纠缠蒸馏 $D(\rho)$ 是指最优蒸馏协议对应比率 n/m 的极限值；对于纯态 $|\psi\rangle$ 来讲，我们已经指出 $D(|\psi\rangle) = S(\rho_\psi)$，但是还不知道如何衡量混合态的纠缠蒸馏 $D(\rho)$。

到目前为止已经有大量的纠缠蒸馏技术被提出并得以发展，而且对于特定类别的状态 ρ 存在纠缠蒸馏 $D(\rho)$ 的下界。在这里我们并不会复述这些技术（详见章末的“背景资料与延伸阅读”）。我们将要描述的是纠缠蒸馏和量子纠错之间令人痴迷的联系。

想象一下，Alice 试图通过一个有噪声量子信道 $\mathcal{E}$ 发送量子信息给 Bob。虽然单量子比特信道的基本思想同样适用于非单比特信道，但我们还是假设该信道是单量子比特信道，比如去极化信道。通过该信道发送量子信息的一个方法如下。Alice 准备大数 m 个贝尔态并将每个贝尔态的一半通过该信道发送给 Bob。假设利用信道 $\mathcal{E}$ 发送之后产生了状态 ρ，那么 Alice 和 Bob 最后会共享 ρ 的 m 个备份。现在 Alice 和 Bob 执行纠缠蒸馏协议，并生成 $mD(\rho)$ 个贝尔态。Alice 再准备一个有 $mD(\rho)$ 个量子比特的状态并利用 $mD(\rho)$ 个贝尔态将其隐形传态给 Bob。

因此，纠缠蒸馏协议可以用来作为两方，比如 Alice 和 Bob，量子通信中的一种纠错方式，能让 Alice 实现可靠发送 $mD(\rho)$ 量子比特的信息给 Bob，其中 $D(\rho)$ 是 ρ 的纠缠蒸馏，ρ 是贝尔态的一半经由有噪声信道 $\mathcal{E}$ 发送之后产生的状态。

真正值得指出的是：这种利用纠缠蒸馏实现通信的方法甚至会在传统量子纠错技术失效时起作用。比如，对于去极化信道，其中 $p = 3/4$，在 12.4.3 节中我们已经看到该信道不能传送任何量子信息。然而，纠缠蒸馏协议已被证明作用在这个信道上可以产生非零的传送比率 $D(\rho)$！可能的原因是纠缠蒸馏协议允许经典信息在 Alice 和 Bob 之间来回传输，但是传统的量子纠错并不允许任何经典通信。

这个例子可以解释在第 1 章中所做的声明，如图 12-11 所示，存在量子信息容量为零的信道，当一个这样的信道将 Alice 连接到 Bob，另一个将 Bob 连接到 Alice，那么将可用来实现量子信息的净流量。实现这个目标的方式很简单，并且是基于纠缠蒸馏的。现在，为了让纠缠蒸馏成为可能，我们需要 Alice 和 Bob 能够经典通信，所以我们会预留一半信道的前向使用及所有信道的后向使用来用于蒸馏协议中的经典信息传输；由 HSW 定理可知，这些信道都有非零的经典信息传送比率。信道剩余的一半前向使用是用来从 Alice 传输贝尔态的一半给 Bob，因为纠缠蒸馏是从结果态中提取贝尔态，并用这些贝尔态进行隐形传态来实现量子信息的净传输，这提供了量子信息显著特性的另一个生动示范！

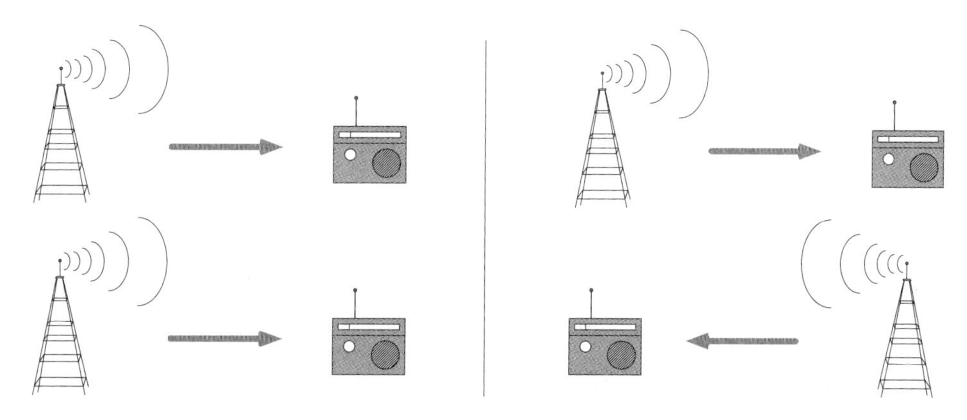

图 12-11　在经典情况下，如果我们有两个噪声很大的零容量信道，那么将信道结合也只能传送零容量。并不奇怪的是，如果我们将其中一个信道转变方向，那么我们依然只能传送零容量。在量子情况下，转变其中一个零容量信道就可以允许我们实际发送信息！

12.6 量子密码学

介绍量子信息方面最值得注意的应用是对本章的一个合适的结尾。正如我们在第 5 章所学到的，量子计算机可以被用来破坏现在最好的公钥加密系统。幸运的是，量子力学为你关上了一扇门，那么一定会给你打开一扇窗：一类被称为量子密码学（quantum cryptography）或量子密钥分发（quantum key distribution）的程序充分发挥了量子力学的能力，提供了私密信息的安全分发。在本章，我们将描述这一程序，并讨论其安全性。在 12.6.1 节中，我们从经典密码学技术中基本的想法，私钥加密（private key cryptography）开始解释。私钥加密这个概念比起公钥加密在密码学中提出早得多（在第 5 章中也有提到），私钥加密的原则也被用于量子密码系统中。另外两个可以用于量子系统中的比较重要的经典技术，隐私放大和信息协调，在 12.6.2 节中介绍。接下来在 12.6.3 节中介绍三个不同的量子密钥分发协议。这些协议有多么安全？这个问题引发了我们给出信息协调（一种我们在 12.4.1 节就见到的测量）在信息论意义下的量子通信信道传送私密信息的能力下界。这提出了一个观点，量子信息也许能够提高量子密钥分发协议的效率。12.6.5 节描述量子纠错的理论如何为量子密码学的安全提供保证。

12.6.1 私钥密码学

直到 1970 年公钥密码学的发明之前，所有的密码学都是与公钥密码学不同的私钥密码学。在私钥密码系统中，如果 Alice 希望将信息传送给 Bob，那么 Alice 必然需要一个用于加密编码她的信息的编码密钥，并且 Bob 必须有一个对应的用来解密已加密信息的解码器。举一个例子，现在仍然十分高效的私钥密码系统 Vernam 密码（Vernam cipher），有的时候也被称为一次性密码本（one time pad）。在一开始，Alice 和 Bob 都有一个独一无二的 n 比特密钥。Alice 通过把 n 比特密钥信息和 n 比特要传送的信息相加来加密，然后 Bob 可以将加密后的信息减去对应的密钥得到未加密的信息，如图 12-12 所示。

图 12-12 Vernam 密码。Alice 通过对原始信息加上随机的密钥（对于本例，就是字母表上的加法）来加密，而 Bob 通过减去对应的密钥来进行解密得到原始信息

这个系统的特点是只要保证加密的密钥绝对保密，那么系统的安全性就可以得到保证。也就

是说，只要这个由 Alice 和 Bob 使用的协议成功，那么这次信息将以极高概率安全传递（监视者 Eve 可以随时攻击交流信道，但是 Alice 和 Bob 可以查明攻击并宣告这次协议失败）。而且无论 Eve 采取什么窃听策略，Alice 和 Bob 都可以保证 Eve 得到的原始文本的信息足够小。与之不同的是，公钥密码学（附录 E）依赖于一个未被证明的数学假设，解决具体问题比如分解问题是很困难的（利用经典的计算机），尽管这个假设被广泛使用并且很方便。

私钥密码系统最主要的困难是密钥安全地分发。尤其 Vernam 密码的安全性需要密钥的比特数至少要大于等于要加密的信息，并且密钥并不能重复利用。因此庞大的密钥需要使得这个密码系统被广泛使用变得不现实。更糟的是，密钥需要被提前制造，并且在其使用前保持私密，在使用后马上销毁；否则，这些传统信息可以在不影响原始密钥使用的前提下被复制，进而危及整个协议的安全性。尽管有这些弊端，私钥密码系统诸如 Vernam 密码仍然有人因其安全性保证而使用。密钥则通过私下见面、信任的传递者或私人的安全交流链接来分发。

习题 12.25　考虑一个有 n 个用户的系统，他们需要两两私密地传送信息。利用公钥密码需要多少个密钥？利用私钥密码又需要多少个密钥？

12.6.2　隐私放大和信息协调

私钥加密的第一步就是分发密钥。如果 Alice 和 Bob 分发到有缺陷的密钥该怎么办？举例来说，有缺陷的密钥指的是 Alice 和 Bob 共享相关联的随机经典信息串 X 和 Y，而且监视者 Eve 对于 X、Y 的信息了解也存在一个上界。对于这类有缺陷的密钥，我们如何得到一个足够好的密钥来实施安全的密码协议？我们接下来将要演示如何通过两个步骤，以信息协调（information reconciliation）及随后的隐私放大（privacy amplification），来逐步增加两个密钥的相关性，并且同时减少监听者 Eve 所得到的有关密钥的信息从而达到我们希望的安全级别。这些经典步骤将用在下一节的量子密钥分发协议中。

信息协调就是在公共信道上的纠错，协调 X、Y 之间的错误得到一个两人共享的 Eve 尽可能少了解的密钥 W。在这步之后，假设 Eve 得到随机变量 Z，Z 与 W 部分关联。接下来的隐私放大 Alice 和 Bob 从 W 中提取出一个小集合 S，并且保证与 Z 的关联低于我们的期望阈值。因为后一步是一个新概念，因此我们先介绍隐私放大。

隐私放大能够成功的证明细节超出了本书的范畴，我们仅描述最基本的方法并列出主要的定理。实现隐私放大的方式之一是利用通用散列函数（universal hash function）$\mathcal{G}$，这个散列函数是一个从 n 比特的字符串 $\mathcal{A}$ 到 m 比特的字符串 $\mathcal{B}$ 的映射，并且对于任意不同的 $a_1, a_2 \in \mathcal{A}$，g 是从 $\mathcal{G}$ 中均匀随机挑选的，能够保证 $g(a_1) = g(a_2)$ 的概率至多为 $1/|\mathcal{B}|$。

概率分布为 $p(x)$ 的随机变量 X 的碰撞熵（collision entropy）定义为

$$H_c(X) = -\log\left[\sum_x p(x)^2\right] \tag{12.171}$$

（这个定义有时也叫二阶雷尼熵。）利用对数的一些性质，不难发现香农熵是其上限：$H(x) \geqslant H_c(x)$。H_c 在下述关于通用散列函数的定理中很重要：

定理 12.16 X 是字母表 χ 上概率分布为 $p(x)$ 的随机变量，并且碰撞熵为 $H_c(X)$，令 G 为随机变量，为等概率地随机选取从 χ 映射到 $\{0,1\}^m$ 的散列函数。那么我们有

$$H(G(X)|G) \geqslant H_c(G(X)|G) \geqslant m - 2^{m-H_c(X)} \tag{12.172}$$

定理 12.16 可以通过以下方式应用到隐私放大中。Alice 和 Bob 公开选择一个 $g \in \mathcal{G}$ 并将其作用到 W 上，得到一个新的字符串 S，并将其作为私钥。如果 Eve 在已知 $Z = z$（关于协议的特定情况）的情况下，对 W 的不确定性的限制与碰撞熵有关，即 $H_c(W|Z = z) > d$，根据定理 12.16 我们可以得到

$$H_c(S|G, Z = z) \geqslant m - 2^{m-d} \tag{12.173}$$

换言之，m 可以选择得足够小，使得 $H_c(S|G, Z = z)$ 几乎等于 m。这使得 Eve 对密钥 S 的不确定性最大化，使其成为一个安全的密码。

信息协调进一步减少了 Alice 和 Bob 可以获得的比特数，但所减少的比特数可以如下限定。通过对其比特 X 计算的一系列奇偶校验后，Alice 可以得到一个经典包含了校验的信息 u，当发送给 Bob 的时候，Bob 可以利用里面的校验信息来纠正他所含有的字符串 Y，之后两个人可以得到相同的字符串 W。显而易见的是，这个过程需要发送 $k > H(W|Y)$ 比特的信息，因此能够增加碰撞熵到 $H_c(W|Z = z, U = u)$。平均而言（在可能的协调信息 u）这一增长被 $H_c(W|Z = z, U = u) \geqslant H_c(W|Z) - H(U)$ 限制，其中 $H(U)$ 是 U 的香农熵，但是这个界太弱了，因为这意味着泄露的信息 $U = u$ 导致 H_c 的减少量不超过 $mH(U)$ 的概率最多仅有 $1/m$。下面的定理给出了一个更强的下界：

定理 12.17 令 X 和 U 分别是字母表 $\mathcal{X}$ 和 $\mathcal{U}$ 的随机变量，X 的概率分布为 $p(x)$，U 为与 X 概率为 $p(x,u)$ 的联合分布。另外，令 $s > 0$ 是一个任意参数。那么当下列条件满足时，

$$H_c(X|U = u) \geqslant H_c(X) - 2\log|\mathcal{U}| - 2s \tag{12.174}$$

U 取值为 u 的概率至少为 $1 - 2^{-s}$。

在这里 s 被称为安全系数（security parameter）。将此定理用于协调的协议中可以得到结论，Alice 和 Bob 可以选择 s 使得 Eve 的碰撞熵以大于 $1 - 2^{-s}$ 的概率限定为 $H_c(W|Z = z, U = u) \geqslant d - 2(k + s)$。通过这个步骤和隐私放大，他们提取 m 比特的密钥 S，并且 Eve 所得到的信息少于 $2^{m-d+2(k+s)}$ 比特。

CSS 编码隐私放大与信息协调

如前所述，信息协调只不过是纠错，结果发现隐私放大也与纠错密切相关，这两个任务都可以通过使用经典编码来实现。这一视角提供了一个简单的概念图，因为我们有一个完善的量子纠错码理论，所以这个视角在 12.6.5 节中有助于证明量子密钥分配的安全性。记住这一点，它对于观察以下内容很有用。

解码一个随机选择的 CSS 编码（见 10.4.2 节）可认为是执行信息协调和隐私放大。虽然 CSS 编码通常用于量子信息的编码，但就我们目前的目的而言，我们可以只考虑它们的经典性质。考虑两个线性编码 C_1, C_2，满足 t 比特纠错的 n 比特编码到 m 比特（可以记为 [n,m]）的 CSS 编码：$C_2 \subset C_1$，并且 $C_1, C_2^{\perp}$ 都可以纠正 t 比特错误。Alice 可以随机选择一个 n 比特的字符串 X 编码成 Y 传送给 Bob。

我们先假定，在 Alice 和 Bob 之间的通信信道中，所有噪声源（包括窃听）引起的每个代码块的预期错误数小于 t；实际上，这可以通过随机测试信道来确定。此外，假设 Eve 对代码 C_1 和 C_2 一无所知；这可以通过 Alice 随机选择代码来保证。最后，假设 Alice 和 Bob 他们自己的数据 X 和 Y 和 Eve 的数据 Z 之间的互信息有一个上限。

Bob 得到的信息为 $Y = X + \epsilon$，其中 ϵ 是一些小错误。由于已知存在的错误数小于 t，如果 Alice 和 Bob 都将他们的状态更正为 C_1 中最近的码字，则他们的结果 $X', Y' \in C_1$ 是相同的，$W = X' = Y'$。这一步只不过是信息协调。当然，Eve 与 W 的互信息可能仍然很大。为了减少这些互信息，Alice 和 Bob 确认 W 属于 C_1 中 C_2 的 2^m 个陪集中的哪一个，也就是计算 C_1 中 $W + C_2$ 的陪集。结果就是他们的 m 比特密钥串 S。由于 Eve 对 C_2 缺乏了解，并且 C_2 具有纠错特性，该程序可以将 Eve 与 S 之间的互信息降低到可接受的水平，从而实现隐私放大。

12.6.3　量子密钥分发

量子密钥分发（QKD，quantum key distribution）是一种可以证明安全的协议，通过它可以在公共信道上在双方之间创建私钥比特。然后可以使用密钥比特来实现经典的私钥密码系统，从而使双方能够安全通信。对 QKD 协议的唯一要求是，在错误率低于某个阈值的情况下，量子比特可以通过公共信道进行通信。由此产生的密钥的安全性是由量子信息的性质来保证的，因此，它只取决于物理学的基本定律是否正确！

QKD 背后的基本思想是以下基本结论：Eve 不能从 Alice 发送给 Bob 的量子比特中获得任何信息，而不会干扰它们的状态。首先，根据不可克隆定理（专题 12.1），Eve 不能克隆 Alice 的量子比特。第二，我们有以下命题：

命题 12.18（信息增益意味着干扰）　在任何试图区分两个非正交量子态的尝试中，信息增益只可能以对信号产生干扰为代价。

证明

令 $|\psi\rangle, |\varphi\rangle$ 是 Eve 想要获得信息的两个非正交量子态。根据 8.2 节的结果，我们可以在不失一般性的情况下假设，她用来获取信息的过程是统一地将状态（$|\psi\rangle, |\varphi\rangle$）与准备好存储 $|u\rangle$ 的辅助比特相互作用。假设这个过程不干扰状态，在这两种情况下，我们得到

$$|\psi\rangle|u\rangle \rightarrow |\psi\rangle|v\rangle \tag{12.175}$$

$$|\varphi\rangle|u\rangle \rightarrow |\varphi\rangle|v'\rangle \tag{12.176}$$

Eve 想要 $|v\rangle$ 与 $|v'\rangle$ 不同，那样他可以得到需要区分态的信息。但是因为内积在酉变作用下是不变的，因此我们有

$$\langle v|v'\rangle\langle\psi|\varphi\rangle = \langle u|u\rangle\langle\psi|\varphi\rangle \tag{12.177}$$

$$\langle v|v'\rangle = \langle u|u\rangle = 1 \tag{12.178}$$

这蕴含着 $|v\rangle$ 与 $|v'\rangle$ 必须相同。因此区分状态 $|\psi\rangle, |\varphi\rangle$ 不可避免地要干扰到其中最少一个状态。

□

我们在 Alice 和 Bob 之间传输非正交量子比特态时利用了这一思想。通过检查其传输状态中的干扰情况，可以确定其通信信道中发生的任何噪声或窃听的上限。这些“校验”量子比特随机分布在数据量子比特之间（随后从中提取关键比特），因此上限也适用于数据量子比特。Alice 和 Bob 然后执行信息协调和隐私放大，以提取共享的密钥字符串。因此，最大可容忍错误率的阈值由最佳信息协调和隐私放大协议的有效性决定。下面介绍三种以这种方式工作的 QKD 协议。

BB84 协议

Alice 开始有两个字符串 a, b，每一个字符串有 $(4+\delta)n$ 随机的经典比特，之后她将字符串编码成一个 $(4+\delta)n$ 量子比特的块。

$$|\psi\rangle = \bigotimes_{k=1}^{(4+\delta)n} |\psi_{a_k b_k}\rangle \tag{12.179}$$

其中 a_k 是字符串 a 的第 k 比特（b 同理），并且每一个状态都是下面四个状态之一：

$$|\psi_{00}\rangle = |0\rangle \tag{12.180}$$

$$|\psi_{10}\rangle = |1\rangle \tag{12.181}$$

$$|\psi_{01}\rangle = |+\rangle = (|0\rangle + |1\rangle)/\sqrt{2} \tag{12.182}$$

$$|\psi_{11}\rangle = |-\rangle = (|0\rangle - |1\rangle)/\sqrt{2} \tag{12.183}$$

此过程的效果是在由 b 确定的基 X 或 Z 中对 a 进行编码。请注意，这四种状态并非都是相互正交的，因此没有测量可以确定地区分它们（全部）。然后 Alice 通过他们的公共量子通信信道发送 $|\psi\rangle$ 给 Bob。

Bob 接收到 $\mathcal{E}(|\psi\rangle\langle\psi|)$，其中 $\mathcal{E}$ 描述了由于信道和 Eve 动作的组合而产生的量子操作。然后他公布了这一事实。在这一点上，Alice、Bob 和 Eve 都有各自的量子态，由单独的密度矩阵描述。还要注意的是，在这一点上，由于 Alice 没有透露 b，Eve 不知道她应该在什么基测量来窃听通信；充其量，她只能猜测一个，如果她的猜测是错误的，那么她会扰乱 Bob 接收到的状态。此外，噪声 $\mathcal{E}$ 可能是由于环境（一个糟糕的频道）及 Eve 的窃听造成的，但这并不能帮助 Eve 完全控制频道，因此她对 $\mathcal{E}$ 负有全部责任。

当然，Bob 也发现 $\mathcal{E}(|\psi\rangle\langle\psi|)$ 在这时信息量很少，因为他对 b 一无所知。然而，他可以继续进行协议并以 X 或 Z 为基测量每个量子比特，由他自己创建的随机 $(4+\delta)n$ 比特串 b' 决定。令 Bob 的测量结果是 a'。在此之后，Alice 通过在公共信道的讨论公布 b，Bob 和 Alice 放弃 $\{a', a\}$ 中除了 b' 和 b 的对应相等比特的所有比特。它们的剩余比特满足 $a' = a$，因为对于这些比特，Bob 是在 Alice 准备的相同基础上测量的。请注意，b 对 a 或 Bob 的测量结果产生的比特 a' 没有任何揭示，但重要的是，在 Bob 宣布接收到 Alice 的量子比特之前，Alice 不能发布 b。为了简化下面的解释，让 Alice 和 Bob 只保留其结果的 $2n$ 比特；可以选择足够大的 δ，这样就可以以指数高的概率完成这项工作。

现在，Alice 和 Bob 进行了一些测试，以确定他们在交流过程中有多少噪声或窃听。Alice（从之前保留的 $2n$ 比特）随机选择 n 比特，并公布选择。然后 Bob 和 Alice 发布并比较这些校验比特的值。如果超过 t 比特不一致，那么它们将中止并从头重新尝试该协议。当选择 t 时，如果测试通过，则他们可以应用信息协调和隐私放大算法，从剩余的 n 比特中获得 m 可接受的秘密共享密钥比特。

图 12-13 总结了该协议（之后被其发明者称为 BB84）（见章末的“背景资料与延伸阅读”），并在专题 12.7 中描述了实验实现。此协议的相关版本（如使用较少的校验比特）也以相同的名称命名。

BB84 量子密钥分发协议

1. Alice 选择 $(4+\delta)n$ 随机数据比特。
2. Alice 选择一个随机的 $(4+\delta)n$ 比特字符串 b。如果 b 的对应比特为 0 她将每个数据比特编码为 $\{|0\rangle, |1\rangle\}$，否则编码为 $\{|+\rangle, |-\rangle\}$。
3. Alice 将结果状态发送给 Bob。
4. Bob 接收 $(4+\delta)n$ 个量子比特，宣布这个事实，并在 X 或 Z 基上随机测量每个量子比特。
5. Alice 宣布 b。
6. Alice 和 Bob 丢弃 Alice 准备好的与 Bob 测量不同的基。有很大概率，至少还有 $2n$ 比特（如果没有，中止协议）。他们保留 $2n$ 比特信息。
7. Alice 选择 n 比特中的一个子集，作为对 Eve 干扰的检查，并告诉 Bob 她选择了哪个比特。
8. Alice 和 Bob 宣布并比较 n 个校验比特的值。如果超过一个可接受的数字不一致，它们将中止协议。
9. Alice 和 Bob 对剩余的 n 比特执行信息协调和隐私放大，以获得 m 个共享密钥比特。

图 12-13　四状态量子密钥分发协议 BB84

习题 12.26　令 a'_k 是 Bob 关于量子比特 $|\psi_{a_k b_k}\rangle$ 测量的结果，假设信道无噪声无监听。证明当 $b'_k \neq b_k$ 时，a'_k 完全随机且与 a_k 无关。但是当 $b'_k = b_k$ 时，有 $a'_k = a_k$。

习题 12.27（随机抽样测试）　对 $2n$ 个校验比特中 n 个的随机测试可以让 Alice 和 Bob 以极高概

率对未测试比特中的错误数设置一个上限。具体地说，对于任何 $\delta > 0$，在校验比特上获得小于 δn 的误差和在剩余 n 比特上获得大于 $(\delta+\epsilon)n$ 的误差的概率随着 n 增大渐近地小于 $\exp[-O(\epsilon^2 n)]$。下面我们证明这一断言。

1. 不失一般性，你可以假设这里有 μn 错误在 $2n$ 比特中，其中 $0 \leqslant \mu \leqslant 2$。现在如果有 δn 个错误发生在校验比特上，且 $(\delta+\epsilon)n$ 个错误发生在剩余比特上，那么 $\delta = (\mu - \epsilon)/2$。因此，断言中的两个条件陈述意味着

$$< \delta n\text{错误在校验比特上} \implies < \delta n\text{错误在校验比特上} \tag{12.184}$$

$$> (\delta+\epsilon)n\text{错误在剩余比特上} \implies > (\mu-\delta)n\text{错误在剩余比特上} \tag{12.185}$$

事实上，上面断言的右侧蕴含着下面断言的右侧。利用这些，证明我们想要约束的概率 p 满足

$$p < \binom{2n}{n}^{-1} \binom{\mu n}{\delta n} \binom{(2-\mu)n}{(1-\delta)n} \delta n \tag{12.186}$$

2. 证明对于 n 大的情况，可以限定

$$\frac{1}{an+1} 2^{anH(b/a)} \leqslant \binom{an}{bn} \leqslant 2^{anH(b/a)} \tag{12.187}$$

其中 $H(\cdot)$ 是式 (11.8) 中的二元熵函数。利用这个得到 p 的上界。

3. 利用界 $H(x) < 1 - 2(x-1/2)^2$ 得到最终的结果，$p < \exp[-O(\epsilon^2 n)]$。你可以用一个常数替代 μ 来表示最坏情况。

4. 将结果与专题 3.4 中提到的 Chernoff 界进行比较。你能够想出一个不同的方法得到 p 的上界吗?

B92 协议

BB84 协议可以使用其他状态和基础，并得出类似的结论。事实上，存在一个特别简单的协议，其中只使用两个状态。为了简单起见，一次只考虑一个比特的情况就足够了；正如在 BB84 中所做的那样，很容易归纳为块测试。

假设 Alice 准备了一个随机的经典比特 a，并根据结果发送 Bob

$$|\psi\rangle = \begin{cases} |0\rangle & \text{若}a=0 \\ \dfrac{|0\rangle+|1\rangle}{\sqrt{2}} & \text{若}a=1 \end{cases} \tag{12.188}$$

根据他生成的随机经典比特 a'，Bob 随后测量从 Alice 接收到的量子比特，要么是 Z 基 $|0\rangle, |1\rangle$（如果 $a'=0$），要么是 X 基 $|\pm\rangle = (0 \pm 1)/\sqrt{2}$（如果 $a'=1$）。从他的测量中，他得到结果 b，即 0 或 1，对应于 X 和 Z 的 -1 和 $+1$ 特征值。然后 Bob 公开宣布 b（但保持 a' 秘密），Alice 和

Bob 进行公开讨论，只保留 $b=1$ 的对 $\{a,a'\}$。注意，当 $a=a'$，那么 $b=0$。只有当 $a'=1-a$ 时，Bob 才会以 1/2 的概率得到 $b=1$。最后的密钥是 Alice 的 a，Bob 的 $1-a'$。

这个被称为 B92 的协议（见章末的“背景资料与延伸阅读”）强调了非正交状态之间完全区分的不可能性是如何在量子密码学的核心。正如在 BB84 中一样，由于任何窃听者都不可能在不中断 Alice 和 Bob 最终保留的比特之间的相关性的情况下区分 Alice 的状态，因此该协议允许 Alice 和 Bob 创建共享密钥比特，同时在通信期间对噪声和窃听设置上限。然后，它们可以应用信息协调和隐私放大，从产生的相关随机比特串中提取秘密比特。

专题 12.6　量子密码实验

量子密钥分配是特别有趣和惊人的，因为它很容易被实验实现。以下是一个系统的示意图，该系统使用商用光纤组件在 10 公里距离内传输关键比特，该系统已在 IBM 建立。

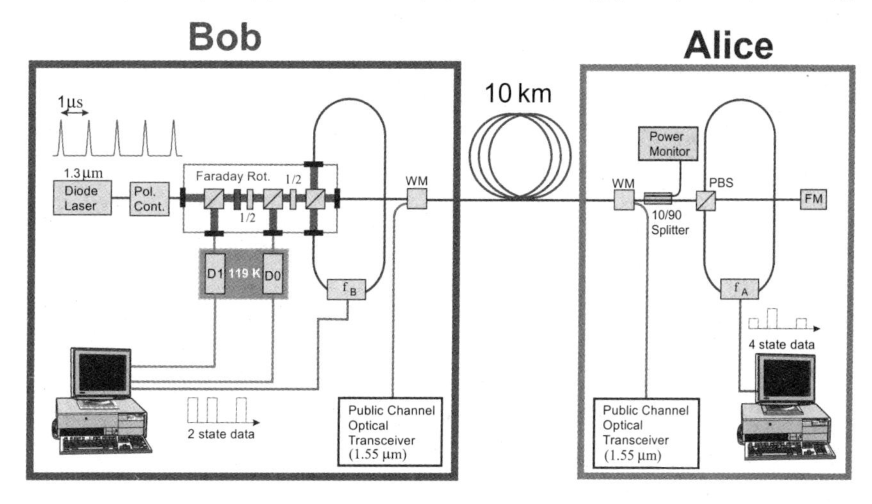

Bob 最初使用波长为 1.3 μm 的二极管激光发射光来产生强相干态 $|\alpha\rangle$，并将其传输给 Alice，Alice 将其衰减以（大约）生成单个光子。她将光子转化为 BB84 协议的四种状态之一，其中 $|0\rangle$ 代表横轴，$|1\rangle$ 代表竖轴。然后她将光子返回给 Bob，Bob 使用极化分析仪随机测量光子。在这种结构中，光子穿过同一条路径两次，通过使用这种特殊的结构，仪器可以自动补偿光纤链路上的缺陷（如缓慢波动的路径长度和偏振比特移）。Alice 和 Bob 随后选择他们使用相同基的子集，协调他们的信息，执行隐私放大，通过公共通道与波长为 1.55 μm 的光子（通过相同的光纤）通信。密钥比特可以以每秒几百比特的速率交换。最后，光源和探测器的改进应能使速率提高几个数量级。量子密钥分布在超过 40 公里的距离，也在安装的通信光纤（在日内瓦湖下）上实验成功。

习题 12.28　证明当 $b=1$ 时，a,a' 完全彼此相关。

习题 12.29　给出一个使用 6 种状态的协议，即 X,Y,Z 的特征状态，并讨论为什么它也是安全的。与 BB84 和 B92 相比，讨论该协议对噪声和窃听的敏感性。

EPR 协议

在 BB84 和 B92 协议中生成的密钥比特似乎是由 Alice 发起的。然而事实证明，密钥可以被看作是从一个基本的涉及纠缠性质的随机过程中产生的。下面的协议说明了这一点。

假设 Alice 和 Bob 在共享一组 n 对纠缠的量子比特：

$$\frac{|00\rangle + |11\rangle}{\sqrt{2}} \tag{12.189}$$

这些状态称为 EPR 对。获得这些状态可能以许多不同的方式；例如，Alice 可以准备 EPR 对，然后将每个 EPR 对的一半发送给 Bob，反之亦然。或者，第三方可以准备好这一对，并将两半分别送给 Alice 和 Bob。或者他们可以在很久以前见面，然后制备 EPR 对保存到使用。Alice 和 Bob 然后选择 EPR 对的一个随机子集，并测试它们是否违反了贝尔不等式（式 (2.225)，见 2.6 节），或者其他适当的保真度测试。通过测试证明，它们继续保持足够纯净的纠缠量子态，可以对剩余的 EPR 对的保真度（因此也能给任何噪声或窃听）施加一个下限。当 Alice 和 Bob 在共同确定的随机基中测量这些值时，他们获得相关的经典比特串，从中可以获得密钥比特，如 B92 和 BB84 协议中所述。使用基于霍列沃界的参数，EPR 对的保真度可给 Eve 关于密钥比特的可达信息提供上限。

在这个 EPR 协议中，密钥比特来自哪里？因为它是对称的——Alice 和 Bob 对他们的量子比特执行相同的任务，甚至可能同时进行——所以不能说 Alice 或 Bob 生成了密钥。相反，密钥完全随机。事实上，这同样适用于 BB84 协议，因为它可以简化为 EPR 协议的通用版本的实例。假设 Alice 准备了一个随机的经典比特 b，然后根据它去测量 EPR 对在 $|0\rangle, |1\rangle$ 或 $|\pm\rangle = (|0\rangle \pm |1\rangle)/\sqrt{2}$ 两组基下的结果得到 a。让 Bob 做相同的事情，测量（他随机选择的）b' 基并得到 a'。现在，他们通过一个公共的经典通道来沟通 b 和 b'，并且只保留那些 $b = b'$ 的 $\{a、a'\}$ 作为密钥。请注意，在 Alice 或 Bob 对其 EPR 对的一半执行测量之前，此密钥是不确定的。可以从 B92 协议得到类似的结论。因此，量子密码学有时被认为不是密钥交换或传输，而是密钥生成，因为从根本上讲，Alice 和 Bob 都不能在协议完成后预先确定密钥。

12.6.4 隐私和相干信息

到目前为止，我们已经描述了 QKD 的基本协议，并认为它是安全的，但是我们没有提供定量界限。它有多安全？结果表明，在本章讨论的量子信息的基本定量测量与量子密码学原则上可获得的安全性之间存在着有趣的基本联系，我们将在下文中进行描述。

量子相干信息 $I(\rho, \mathcal{E})$ 给出了量子信道发送私有信息能力的下限。在最一般的情况下，Alice 准备状态 ρ_k^A，其中 $k = 0, 1, \cdots$ 表示她可能发送的不同状态，每个状态都有一些概率 p_k。Bob 接收状态 $\rho_k^B = \mathcal{E}(\rho_k^A)$，这可能与 ρ_k^A 不同，因为信道噪声或窃听者 Eve 造成影响。无论 Bob 做任何测量结果与 Alice 的值 k 的互信息 $H_{\text{bob:alice}}$ 可以由霍列沃界限制，见式 (12.6)，

$$H_{\text{bob:alice}} < \chi^B = S(\rho^B) - \sum_k p_k S(\rho_k^B) \tag{12.190}$$

其中 $\rho^B = \sum_k p_k \rho_k^B$。类似地，Eve 能得到的互信息也可以被霍列沃界限制，

$$H_{\text{eve:alice}} < \chi^E = S(\rho^E) - \sum_k p_k S(\rho_k^E) \tag{12.191}$$

由于 Bob 和 Alice 原则上可以利用 Bob 比 Eve（至少高于某个阈值）多的任何信息，使用隐私放大等技术提取共享密钥，因此定义以下数量：

$$\mathcal{P} = \sup[H_{\text{bob:alice}} - H_{\text{eve:alice}}] \tag{12.192}$$

为信道隐私的保真度是有意义的，在这里，上确界取遍 Alice 和 Bob 信道内能使用的所有策略。这是 Bob 相对于 Eve 获得的关于 Alice 量子信号的最大经典信息。根据 HSW 定理，Alice 和 Bob 可以采用 $H_{\text{bob:alice}} = \chi^B$ 的策略，而对于 Eve 可能采用的任何策略，$H_{\text{eve:alice}} \leqslant \chi^E$。因此，对于合适的策略我们有 $\mathcal{P} \geqslant \chi^B - \chi^E$。

通过习题 12.11，假设 Alice 的所有信号状态 $\rho_k^A = |\psi_k^A\rangle\langle\psi_k^A|$ 都是纯态，并且与 Eve 没有纠缠，Eve 的初始状态是 $|0^{\text{E}}\rangle$（也可以假定为纯状态，不失一般性），我们可以知道隐私的保真度 $\mathcal{P}$ 存在下界。一般来说，Alice 与 Bob 的沟通信道将包括与除 Eve 外的某些环境的作用，但为了给 Eve 尽可能大的优势，我们可以将其都视为 Eve 作用的，这样 Eve 和 Bob 在传输后接收到的最终联合状态是

$$|\psi^{\text{EB}}\rangle = U|\psi_k^{\text{A}}\rangle|0^{\text{E}}\rangle \tag{12.193}$$

因为这是一个纯态，约化密度矩阵 ρ_k^{E} 和 ρ_k^{B} 将会有相等的非零特征值，因此熵也是一样的，即 $S(\rho_k^{\text{E}}) = S(\rho_k^{\text{B}})$，因此我们有以下结论：

$$\begin{aligned}
\mathcal{P} &\geqslant \chi^{\text{B}} - \chi^{\text{E}} && (12.194)\\
&= S(\rho^{\text{B}}) - \sum_k p_k S(\rho_k^{\text{B}}) - S(\rho^{\text{E}}) + \sum_k p_k S(\rho_k^{\text{E}}) && (12.195)\\
&= S(\rho^{\text{B}}) - S(\rho^{\text{E}}) && (12.196)\\
&= I(\rho, \mathcal{E}) && (12.197)
\end{aligned}$$

也就是说，根据式 (12.118) 的定义，量子相干信息 $I(\rho, \mathcal{E})$ 给出了通道 $\mathcal{E}$ 的保证隐私的下限。请注意，此结果并不特定于任何协议（可能有其自身的安全缺陷）。此外，协议必须执行本计算中未考虑的测试，以实际确定信道 $\mathcal{E}$ 的属性，然后才能应用此界限。因此，虽然我们已经到达的信息论界限相当优雅，但在量化 QKD 的安全性之前，我们还有一条路要走！

12.6.5　量子密钥分发的安全性

量子密钥分发有多安全？由于在窃听者获取信息时通信状态干扰的必然性，我们有充分的理由相信 QKD 的安全性。然而，我们需要得出结论，即协议确实是安全的，这是一个可量化（quantifiable）的安全定义，它明确限制了 Eve 对最终密钥的了解，给出了 Alice 和 Bob 的一些度

量。以下标准是可接受的：

> 对于 Alice 和 Bob 选择的任何安全参数 $s > 0$ 和 $\ell > 0$ 及任何窃听策略，如果方案中止或成功概率至少为 $1 - O(2^{-s})$，并且保证 Eve 与最终密钥的互信息小于 $2^{-\ell}$，则 QKD 协议被定义为安全协议。最终生成的密钥也必须本质上是完全随机的。

在最后一节中，我们将给出一个 BB84 的安全性证明的基本思路。这一证明将为本章提供一个恰当的结论，因为它优雅地运用了许多量子信息的概念来提供一个足够简单和透明的论点，从而使之无法被验证。有趣的是，这一证明的起源来自于这样的观察：在信息协调和隐私放大形成之后，最终获得的密钥率与在噪声通信信道上 CSS 代码（10.4.2 节）可实现的量子比特传输率一致！

接下来是证明的主要思路。如果 Eve 一次只能攻击一个量子比特，那么完全确定 BB84、B92 和 EPR 协议的安全是相对简单的。证明的困难在于处理监听者可能采取的集体攻击，在集体攻击中，Eve 可能操纵并存储大量的传送量子比特。为了解决这个问题，我们需要一个更为广泛和有力的论据。假设我们知道 Eve 不会在每个块中引入超过 t 量子比特的错误。然后 Alice 可以用一个修正 t 个错误的量子码来编码她的量子比特，这样 Eve 所有的干扰都可以通过 Bob 解码来消除。要使这一点可行，必须确定两件事：第一，如何确定 t 的上界？通过以适当的方式对通道进行采样可以做到这一点，这让我们得到了一个安全的甚至可以抵御集体攻击的协议！不幸的是，该协议通常需要一台容错量子计算机来对量子比特进行可靠的编码和解码。因此，第二个挑战是选择一个量子码，这样就可以不用量子计算或存储来执行完整的编码、解码和测量序列——只需单量子比特的制备和测量。使用 CSS 编码（在一些简化之后）只利用 BB84 协议就达到了目的。下面，我们从一个明显安全的基于 EPR 对的 QKD 协议开始，然后将解决方案应用于这两个挑战，以系统地将初始协议简化为 BB84 协议。

安全 QKD 协议的需求

假设 Alice 有 n 对纠缠的量子比特，每一对的状态均为

$$|\beta_{00}\rangle = \frac{|00\rangle + |11\rangle}{\sqrt{2}} \tag{12.198}$$

我们将这个状态定义为 $|\beta_{00}\rangle^{\otimes n}$。然后 Alice 将每对纠缠的比特的其中一个传输给 Bob；由于信道上的噪声和窃听，产生的状态可能是不纯的，可以由密度矩阵 ρ 描述。然后 Alice 和 Bob 执行本地测量以获取密钥，如前所述。下面的引理可以用来证明关于 $|\beta_{00}\rangle^{\otimes n}$ 的密度矩阵 ρ 的保真度上界与 Eve 和密钥的互信息有关。

引理 12.19（高保真意味着低熵） 如果 $F(\rho, |\beta_{00}\rangle^{\otimes n})^2 > 1 - 2^{-s}$，那么 $S(\rho) < (2n + s + 1/\ln 2)2^{-s} + O(2^{-2s})$。

证明

如果 $F(\rho, |\beta_{00}\rangle^{\otimes n})^2 = {}^{\otimes n}\langle\beta_{00}|\rho|\beta_{00}\rangle^{\otimes n} > 1 - 2^{-s}$，那么 ρ 的最大的特征值一定大于等于 $1 - 2^{-s}$。因此密度矩阵 ρ 的熵的界是对角元素为 $1-2^{-s}, 2^{-s}/(2^{2n}-1), 2^{-s}/(2^{2n}-1), \cdots, 2^{-s}/(2^{2n}-1)$ 的对角密度矩阵 $\rho_{\max}$ 的熵。这个矩阵有一个最大的元素 $1-2^{-s}$，剩下的概率由剩下的 $2^{2n}-1$ 个元素均分。因此

$$S(\rho_{\max}) = -(1-2^{-s})\log(1-2^{-s}) - 2^{-s}\log\frac{2^{-s}}{2^{2n}-1} \tag{12.199}$$

得证。

□

根据霍列沃界 (12.6)，$S(\rho)$ 是 Eve 通过 Alice 和 Bob 对 ρ 的测量结果可以得到信息的上界。这意味着，如果 QKD 协议可以为 Alice 和 Bob 提供至少 $1 - 2^{-s}$（概率很高）的 EPR 对保真度，那么它是安全的。

习题 12.30 简化式 (12.199) 得到引理中的结果。

习题 12.31 为什么 $S(\rho)$ 的界能够限定 Eve 能从 Alice 和 Bob 测量结果得到的信息。请证明这个结论假设信道中发生的所有噪声都是 Eve 造成的。

随机采样可以给窃听信息增加上界

协议如何对 Alice 和 Bob 的 EPR 对的保真度设置下限？关键思想是一个我们在 BB84 协议的描述中遇到过（习题 12.27）的基于随机抽样的经典论点。然而，在考虑量子测量结果时，基于经典概率的论点可能不适用。贝尔不等式（2.6 节）生动地证明了这一点。另一方面，如果考虑只涉及一个基础的测量观测值，量子实验就允许经典的概率解释。幸运的是，Alice 和 Bob 只需要在一个基础上进行测量，就可以保证 EPR 对的保真度。

根据式 (10.14)，通过噪声量子通道传输的量子比特可以描述为发生了以下四件事之一：无（I）、比特翻转（X）、相位翻转（Z）或结合比特和相位翻转（Y）。回想一下，贝尔态是以下四种：

$$|\beta_{00}\rangle = \frac{|00\rangle+|11\rangle}{\sqrt{2}},\ |\beta_{10}\rangle = \frac{|00\rangle-|11\rangle}{\sqrt{2}},\ |\beta_{01}\rangle = \frac{|01\rangle+|10\rangle}{\sqrt{2}},\ |\beta_{11}\rangle = \frac{|01\rangle-|10\rangle}{\sqrt{2}} \tag{12.200}$$

假设每一对量子比特的第二个比特是 Alice 发送给 Bob 的。如果一个位翻转错误发生了，那么 $|\beta_{00}\rangle$ 将要转为 $|\beta_{01}\rangle$。类似地，一个相翻转会得到新状态 $|\beta_{10}\rangle$。如果同时发生两个错误，那么得到的新状态为 $|\beta_{11}\rangle$（不考虑一些无关的全局相位偏转）。一个用来判断是否有位翻转发生的投影测量算符为 $\Pi_{\mathrm{bf}} = |\beta_{01}\rangle\langle\beta_{01}| + |\beta_{11}\rangle\langle\beta_{11}|$ 和 $I - \Pi_{\mathrm{bf}}$，类似地，用来判断相翻转的投影算符为 $\Pi_{\mathrm{pf}} = |\beta_{10}\rangle\langle\beta_{10}| + |\beta_{11}\rangle\langle\beta_{11}|$ 和 $I - \Pi_{\mathrm{pf}}$。由于这两种测量都是与贝尔基对易的，所以它们的结果服从经典的概率论。事实上，任何以贝尔基对易的度量也将满足相同的经典论点。

更准确地说，Alice 和 Bob 可以通过随机抽取 EPR 对的一个子集来确保它们的保真度。假设 Alice 将 $2n$ 个 EPR 对的一半发送给 Bob。随后，他们随机选择其中的 n 个，并通过共同测量 $\Pi_{\rm bf}$ 或 $\Pi_{\rm pf}$（同样，随机选择）来检查这些量子比特。根据 BB84 中随机抽样测试中使用的相同经典参数（习题 12.27），如果检测到 δn 比特或相位翻转错误，那么剩余的 n 个 EPR 对将有很高可能具有相同数量的错误，如果它们也将在贝尔基下进行测量。

贝尔态是非局部的，通常在贝尔基上的测量需要非局部操作，这可能很困难。然而幸运的是，在本方案中不需要它们，因为 $\Pi_{\rm bf} = (I \otimes I - Z \otimes Z)/2$ 和 $\Pi_{\rm pf} = (I \otimes I - X \otimes X)/2$。因此，Alice 和 Bob 可以通过在本地测量泡利算符（诸如 X 或 Z）从而完成所需的检查。

习题 12.32 注意到 Alice 和 Bob 实施的本地测量，例如 $I \otimes X$、$X \otimes I$ 与贝尔基不对易。证明尽管如此，Alice 和 Bob 从他们的测量中得出的统计数据与他们实际测量 $\Pi_{\rm bf}$ 和 $\Pi_{\rm pf}$ 时得到的数据相同。

改进 Lo-Chau 协议

因此正如前面所讨论，贝尔基中的随机抽样为 Alice 和 Bob 提供了一个状态为 $|\beta_{00}\rangle^{\otimes n}$ 的已知保真度的 EPR 对 ρ，这限制了 Eve 在 ρ 上进行的任何测量能够得到的互信息。因为 ρ 在密钥生成过程中十分有用，Alice 和 Bob 必须减少 Eve 能够得到的信息在一个十分小的范围内。这项任务可以通过将经典的隐私放大应用到他们的测量结果中来实现。同样，Alice 和 Bob 可以首先执行纠缠蒸馏，如 12.5.2 节所述，以获得非常接近于 $|\beta_{00}\rangle^{\otimes m}$ 的 ρ'，其中 $m < n$，然后测量最终状态。这种"量子隐私放大"将对我们有用。

粗略的论证如下。纠缠蒸馏可以通过进行量子误差校正来实现。由于 ρ 几乎可以确定有 δn 误差，将这些量子比特编码在 δn 校正量子误差校正码中，可以完美地校正多达 δn 个误差。如 10.5.5 节和 10.5.8 节所述，如果使用了 $[n, m]$ 的稳定码，则可以通过由代码检查矩阵行确定的泡利算符的测量来执行编码、综合测量和错误恢复。Alice 和 Bob 只需对其各自量子对的 n 个量子比特执行相同的测量和恢复操作，产生一个误差校正状态，该状态相对于 $|\beta_{00}\rangle^{\otimes m}$ 具有保真度，保真概率为 1 减去发生大于 δn 误差的概率。两人通过构造，综合测量在贝尔基上的结果是一致的，因为 Alice 和 Bob 进行同样的操作。

将随机采样和纠缠蒸馏片段放在一起，我们得到了图 12-14 所示的改进的 Lo-Chau 协议。关于这个协议的一些注释如下有序给出。在步骤 3 和 7 中执行的随机阿达玛转换在 Eve 的策略中在检测 X 和 Z 基编码的信息之间创建了一个对称性（从而导致 X 和 Z 错误）。它们还允许随机选择校验量子比特上的 $\Pi_{\rm bf}$ 或 $\Pi_{\rm pf}$ 测量值。步骤 9 中使用的特定程序对于任何稳定器代码都是合理的，如习题 12.34 所示。对于 CSS 码的式 (10.74) 的 Gilbert-Varshamov 界表明，对于较大的块长度，存在良好的量子码，因此可以选择足够大的 n，对于一个可以检错 δn 的 $[n, m]$ 量子码，可以满足安全性准则。

习题 12.33 假设 $\{M_1, M_2, \cdots, M_n\}$ 是我们作用在状态 ρ 上的一系列测量，得到对应的结果为 X_i。判断如果 $[M_i, M_j] = 0$（也就是它们彼此对易），是否有 X_i 服从经典概率论。

习题 12.34（通过校验的纠缠蒸馏） 在 10.5.8 节中，我们可以通过在任意 n 比特状态测量量子

比特稳定子编码的生成函数 $g_1, \cdots, g_{n-m}$ 来构造 $[n, m]$ 量子稳定子编码的码，然后应用泡利操作将结果变成生成函数的特征值为 $+1$ 的特征状态。利用这一思路，证明如果我们从 n 个处于 $|\beta_{00}\rangle^{\otimes n}$ 状态的 EPR 对开始，对两个 n 量子比特进行相同的测量，然后进行泡利操作以纠正两个对应的状态之间测量结果的差异，那么我们得到一个编码的 $|\beta_{00}\rangle^{\otimes m}$ 状态。并证明如果这个稳定子可以纠正 δn 的错误，那么如果 δn 的错误发生在其中某一半的 n 比特上，我们仍然能够得到编码的 $|\beta_{00}\rangle^{\otimes m}$。

QKD 协议：改进 Lo-Chau

1. Alice 创建 $2n$ 个 EPR 对，状态为 $|\beta_{00}\rangle^{\otimes 2n}$。
2. Alice 随机选择 $2n$ 对 EPR 中的 n 对作为检查，以检查 Eve 的干扰。确保 Eve 还没有对这些 EPR 对做任何事。
3. Alice 选择一个随机 $2n$ 比特字符串 b，并对每对 b 为 1 的第二个量子比特执行阿达玛转换。
4. Alice 把每对的第二个量子比特送给 Bob。
5. Bob 收到量子比特，并公布这一事实。
6. Alice 宣布 n 个量子比特的 b 提供为密钥校验比特。
7. Bob 在 b 为 1 的量子比特上执行阿达玛转换。
8. Alice 和 Bob 分别在 $|0\rangle, |1\rangle$ 的基础上测量 n 个校验量子位比特并公开分享结果。如果有超过 t 的比特不一致，他们就会中止协议。
9. Alice 和 Bob 根据预先确定的 $[n,\ m]$ 量子码的校验矩阵测量剩余的 n 个量子比特，校正最多 t 个错误。他们共享结果，计算总体的错误，然后纠正它们的状态，得到 m 个近乎完美的 EPR 对。
10. Alice 和 Bob 在 $|0\rangle, |1\rangle$ 基础上测量 m 个 EPR 对，以获得共享密钥。

图 12-14　一个利用完美的量子计算机、纠错和 EPR 对随机测试的安全的 QKD 协议

量子纠错协议

改进 Lo-Chau 协议利用量子误差校正来执行纠缠蒸馏，其本质建立在 EPR 协议之上。纠缠是一种脆弱的资源，量子纠错通常需要强大的量子计算机，而这一点很难实现。然而幸运的是，该协议可以通过一系列步骤进行系统简化，每个步骤都可以证明不会损害方案的安全性。让我们从消除分发 EPR 对的需要开始。

请注意，Alice 在修改后的 Lo-Chau 协议结束时所进行的测量可以从一开始就进行，而对其他人所持有的任何一个状态都没有变化。Alice 在步骤 8 中对 EPR 对的一半检查进行的测量将这些对折叠成 n 个单量子比特，因此 Alice 可以简单地发送单量子比特，而不是发送纠缠态。以下是我们需要修改的步骤

$1'$：Alice 创造 n 个随机的校验比特和 n 对状态为 $|\beta_{00}\rangle^{\otimes n}$ 的 EPR 对。他可以根据校验比特编码为 n 个状态为 $|0\rangle$ 或 $|1\rangle$ 的量子比特。

2′：Alice 随机选择 n 个位置（从 $2n$ 中选择），并将校验比特放在这些位置，其余位置则放每对 EPR 的一个。

8′：Bob 在 $|0\rangle,|1\rangle$ 基上测量 n 位校验比特，并且将测量结果与 Alice 共享。如果超过 t 个不同，他们中止此协议。

同样，Alice 在步骤 9 和步骤 10 中的测量可以将 EPR 对坍缩成随机量子码中码的随机量子编码。这可以通过以下方式实现。我们将在本节剩余部分使用的一种特别方便的代码选择是 C_1 在 C_2 上的 $[n,\ m]$ CSS 代码，CSS (C_1,C_2)，它将 m 个量子比特编码为 n 个量子比特，并可以纠正最多 t 个错误。回忆 10.4.2 节，对于该代码，H_1 和 $H_2^{\perp}$ 是对应经典代码 C_1 和 $C_2^{\perp}$ 的奇偶校验矩阵，其中每个码字状态为

$$\frac{1}{\sqrt{|C_2|}}\sum_{w\in C_2}|v_k+w\rangle \tag{12.201}$$

其中 v_k 是 C_2 在 C_1 的 2^m 个陪集的一个代表（记号 v_k 用来表示一个由密钥 k 索引的向量 v）。再回忆存在一类与此编码等价的编码 $\mathrm{CSS}_{z,x}(C_1,C_2)$，码字状态为

$$|\xi_{v_k,z,x}\rangle=\frac{1}{\sqrt{|C_2|}}\sum_{w\in C_2}(-1)^{z\cdot w}|v_k+w+x\rangle \tag{12.202}$$

这些状态组成了一个 2^n 维的希尔伯特空间的正交基（见习题 12.35），之后我们可以将 Alice 的 EPR 对写作

$$|\beta_{00}\rangle^{\otimes n}=\sum_{j=0}^{2^n}|j\rangle|j\rangle=\sum_{v_k,z,x}|\xi_{v_k,z,x}\rangle|\xi_{v_k,z,x}\rangle \tag{12.203}$$

注意，在这个表达式中，我们将标签分为两组，第一组表示 Alice 保留的量子比特，第二组表示发送给 Bob 的量子比特。当 Alice 在步骤 9 中测量其量子比特上与 H_1 和 $H_2^{\perp}$ 相对应的稳定生成子时，她得到 x 和 z 的随机值，同样，步骤 10 中的最终测量也给了她随机选择的 v_k。剩下的 n 个量子比特因此留在状态 $|\xi_{v_k,z,x}\rangle$，这是 $\mathrm{CSS}_{z,x}(C_1,C_2)$ 中 v_k 的码。这只是一个 2^m 量子比特的编码后的 $|k\rangle$。因此如上所述，Alice 的测量产生随机编码的随机量子比特。

因此，Alice 可以不发送 EPR 对的一半比特给 Bob，而等价地随机选择 x,z,k，然后用 $\mathrm{CSS}_{z,x}$ (C_1,C_2) 编码 $|k\rangle$，发送给 Bob n 量子比特。我们改进以下步骤：

1″：Alice 创建 n 个随机校验比特、一个随机 m 位密钥 k 和两个随机 n 位字符串 x 和 z。她用 $\mathrm{CSS}_{z,x}(C_1,C_2)$ 编码 $|k\rangle$。还根据校验位将 n 个量子比特编码为 $|0\rangle$ 或 $|1\rangle$。2″：Alice 随机选择 n 个位置（$2n$ 个位置中的），把校验量子比特放在这些位置，把编码的量子比特放在其余位置。6′：Alice 宣布 b,x,z，其中有 n 个量子比特提供校验比特。9′：Bob 从 $\mathrm{CSS}_{z,x}(C_1,C_2)$ 解码剩余的 n 个量子比特。10′：Bob 测量他的量子比特以获得共享密钥 k。

所得到的方案称为 CSS 代码协议，如图 12-15 所示。

习题 12.35 证明式 (12.202) 内定义的状态 $|\xi_{v_k,z,x}\rangle$ 组成了一个 2^n 维希尔伯特空间的正交基，也就是

$$\sum_{v_k,z,x}|\xi_{v_k,z,x}\rangle\langle\xi_{v_k,z,x}|=I \tag{12.204}$$

提示：对于一个 $[n, k_1]$ 的码 C_1，一个 $[n, k_2]$ 的码 C_2，并且 $m = k_1 - k_2$，注意到有 2^m 个不同的值 v_k，2^{n-k_1} 个不同的 x，和 2^{k_2} 个不同的 z。

QKD 协议:CSS 编码

1″ Alice 创建 n 个随机校验比特、一个随机 m 位密钥 k 和两个随机 n 位字符串 x 和 z。她用 $\mathrm{CSS}_{z,x}(C_1, C_2)$ 编码 $|k\rangle$。还根据校验位将 n 个量子比特编码为 $|0\rangle$ 或 $|1\rangle$。

2″ Alice 随机选择 n 个位置（$2n$ 个位置中的），把校验量子比特放在这些位置，把编码的量子比特放在其余位置。

3 Alice 选择一个随机 $2n$ 比特字符串 b，并对每对 b 为 1 的第二个量子比特执行阿达玛转换。

4 Alice 把每对的第二个量子比特送给 Bob。

5 Bob 收到量子比特，并公布这一事实。

6′ Alice 宣布 b, x, z，其中有 n 个量子比特提供校验比特。

7 Bob 在 b 为 1 的量子比特上执行阿达玛转换。

8′ Bob 在 $|0\rangle, |1\rangle$ 基上测量 n 位校验比特，并且将测量结果与 Alice 共享。如果超过 t 个不同，他们中止此协议。

9′ Bob 从 $\mathrm{CSS}_{z,x}(C_1, C_2)$ 解码剩余的 n 个量子比特。

10′ Bob 测量他的量子比特以获得共享密钥 k。

图 12-15 利用 CSS 编码改进后的 Lo-Chau 协议，一个安全的 QKD 协议

习题 12.36 验证式 (12.203)。

习题 12.37 有另一种方式理解为什么 Alice 在步骤 9 和步骤 10 的测量可以将 EPR 对坍缩到编码在随机位置上的随机码。假设 Alice 有一个 EPR 对 $|00\rangle + |11\rangle/\sqrt{2}$。证明如果她测量的第一个量子比特是在 X 基上，那么另一个量子比特根据测量结果坍缩到 X 的特征向量上。同样地，证明如果她测量的第一个量子比特是在 Z 基上，那么另一个量子比特根据测量结果坍缩到 Z 的特征向量上。利用这个结论和 10.5.8 节的结果得到结论，根据 Alice 的测量在 EPR 对上 $H_1, H_2^{\perp}, \bar{Z}$ 结果，她可以得到一个随机的 $\mathrm{CSS}_{z,x}(C_1, C_2)$ 编码的密钥。

利用 BB84 协议进行的约简

因为改进的 QKD 协议没有明显地使用 EPR 对，CSS 编码改进的 QKD 协议对 Lo-Chau 协议可以进行适当减少变得安全而更简单。然而它仍然不令人满意，因为它仍需要完美的量子计算来执行编码和解码（而不仅仅是单个量子比特的准备和测量），Bob 需要在等待来自 Alice 的通信时将量子比特临时存储在量子内存中。然而，使用 CSS 代码可以消除这两个需求，主要是因为它们将相位翻转校正与位翻转校正分离。

首先请注意，Bob 在解码后立即在 Z 基础上测量他的量子比特；因此，Alice 作为 Z 发送的相位校正信息是不必要的。由于 C_1 和 C_2 是经典代码，因此他可以立即测量以获得 $v_k + w + x + \epsilon$

（其中，由于信道和 Eve，ϵ 表示一些可能的错误），然后经典地解码：减去 Alice 公布的 x 值，然后将结果更正为 C_1 中的一个码字，该码字肯定是 v_k+w，如果此时没有超过代码的距离，则最后密钥 k 是 v_k+w+C_2 在 C_1 中的陪集的陪集（此符号与陪集的解释见附录 B）。如下所示：

9$''$：Bob 测量剩下的量子比特，得到 $v_k+w+x+\epsilon$，并且减去 x，利用 C_1 纠正为 v_k+w。

10$''$：Bob 计算 v_k+w+C_2 在 C_1 中的陪集的陪集得到密钥 k。

其次，因为 Alice 不需要公布 z，她实际上发布的状态是一个混合态，平均取遍 z 的所有取值，

$$\rho_{v_k,x} = \frac{1}{2^n}\sum_z |\xi_{v_k,z,x}\rangle\langle\xi_{v_k,z,x}| \tag{12.205}$$

$$= \frac{1}{2^n|C_2|}\sum_z \sum_{w_1,w_2\in C_2} (-1)^{z\cdot(w_1+w_2)}|v_k+w_1+x\rangle\langle v_k+w_2+x| \tag{12.206}$$

$$= \frac{1}{|C_2|}\sum_{w\in C_2} |v_k+w+x\rangle\langle v_k+w+x| \tag{12.207}$$

这个状态很容易制造，Alice 只需要经典地随机选择 $w\in C_2$，然后利用她随机生成的 x,k 制造 $|v_k+w+x\rangle$。因此我们有：

1$'''$：Alice 创造 n 个随机的校验比特，一个随机的 n 比特字符串 x，一个随机的 $v_k\in C_1/C_2$ 和一个随机的 $w\in C_2$。她根据校验比特将 n 个量子比特编码为 $|0\rangle$ 或 $|1\rangle$ 并根据 v_k+w+x 将 n 个量子比特编码为 $|0\rangle$ 或 $|1\rangle$。

1$'''$ 和 9$''$ 还可以进一步简化，只需要轻微改动 6$'$。目前，Alice 发送 $|v_k+w+x\rangle$，Bob 接收并测量得到 $|v_k+w+x+\epsilon\rangle$，然后 Alice 发送 x，Bob 减去 x 得到 $v_k+w+\epsilon$。但是如果 Alice 选择 $v_k\in C_1$（与 C_1/C_2 相反），那么 w 是不必要的。此外，v_k+x 是一个完全随机的 n 位字符串，如果 Alice 随机选择 x 并发送 $|x\rangle$，Bob 接收并测量以获得 $x+\epsilon$，则相当于 Alice 发送 $x-v_k$，Bob 减去 $x-v_k$ 以获得 $v_k+\epsilon$。现在，随机校验比特和编码比特之间没有区别！我们做以下改变：

1$''''$：Alice 选择一个随机 $v_k\in C_1$，根据 $2n$ 随机位在 $|0\rangle$ 或 $1\rangle$ 状态下创建 $2n$ 个量子比特。2$'''$：Alice 随机选择 n 个位置（从 $2n$ 中），将其指定为校验比特，其余的为 x。6$''$：Alice 宣布 $b,x-v_k$，其中 n 个量子比特将提供校验比特。9$'''$：Bob 测量剩余的量子比特以得到 $x+\epsilon$，并从结果中减去 $x-v_k$，用代码 C_1 校正以获得 v_k。10$''$：Alice 和 Bob 计算 C_1 中 v_k+C_2 的陪集，得到密钥 k。

接下来，注意到 Alice 不需要进行阿达玛操作（尽管在实践中，单量子比特操作并不难用光子完成）。她可以直接根据 b 的取值编码到 $|0\rangle,|1\rangle$（Z）或 $|+\rangle,|-\rangle$（X）：

1$'''''$：Alice 创造 $(4+\delta)n$ 个随机比特，对于这些比特，她在创造时根据随机字符串 b 决定基于 $|0\rangle,|1\rangle$ 或 $|+\rangle,|-\rangle$。

我们几乎完成了：编码和解码现在可以经典地进行。剩下的问题是取消对量子内存的需要。为了解决这个问题，假设 Bob 在收到 Alice 的量子比特后立即进行测量，随机选择以 X 或 Z 为基进行测量。当 Alice 随后宣布 b 时，他们只保留那些测量基恰好相同的比特。这使得 Bob 可以完全不需要量子存储设备。请注意，它们很可能会丢弃一半的比特，因此为了获得与以前相同的

密钥位数，它们应该从原始随机位数的两倍以上的一点（例如 δ）开始。当然，Alice 现在在到丢弃的步骤之前，必须推迟选择哪些比特是校验比特。这为我们提供了最终的协议，如图 12-16 所示。该方案与 BB84 完全相同，仅存在细微的外观差异。注意经典代码 C_1 的使用如何执行信息协调，$v_k + C_2$ 在 C_1 中陪集的计算如何执行隐私放大（参见 12.6.2 节）。

总之，我们已经系统地证明了 BB84 量子密钥分发协议的安全性，从一个要求完美的量子计算和量子存储器的明显安全方案开始，系统地将其减少到 BB84。由于只做了一些修改，使 Eve 的量子态（以所有公布的经典信息为条件）保持不变，我们得出结论：BB84 是安全的。当然，还有一些值得注意的事。这个证明仅用于理想状况：所有需要传送的状态都能制备得与预想一致。在实践中，量子比特源是不完美的；举例而言，这种源通常是用经过激光衰减后产生的单光子来代表量子比特（如 7.4.1 节所述）。此外，该证明对 Alice 和 Bob 在解码过程中必须付出的努力没有任何限制；对于实际的密钥分发，C_1 必须有效地可解码。这个证明也没有提供一个可以容忍窃听的上限；它使用 CSS 编码，这不是最佳的。据估计，使用类似于 BB84 的协议，比特和相位误差率高达 11% 是可以接受的，但借助量子计算机进行编码和解码，更高的误差率可能是可以接受的。量子密码学的终极能力是一个有趣的开放性问题，我们期望有关计算和通信物理极限的这些基本问题在未来继续引起研究者的兴趣和挑战。

QKD 协议：安全的 BB84

1. Alice 创建 $(4+\delta)n$ 个随机比特。
2. Alice 根据一个随机的字符串 b 创造以 X 或 Z 为基的每一个量子比特。
3. Alice 把生成的量子比特发给 Bob。
4. Alice 随机选择 $v_k \in C_1$。
5. Bob 收到量子比特，并公布这一事实，然后随机在 X 或 Z 基上测量。
6. Alice 宣布 b。
7. Alice 和 Bob 丢弃两人基不同的比特，最少还有 $2n$ 比特剩余，如果没有，就中止协议。Alice 随机选择 $2n$ 比特继续使用，随机选择其中 n 个作为校验比特，并宣布选择。
8. Bob 与 Alice 公开比较他们的校验位。如果超过 t 个不同，他们中止此协议。Alice 还剩 n 位字符串 x，而 Bob 此时还有 $x+\epsilon$。
9. Alice 公布 $x - v_k$，Bob 将自己的结果减去这个数值，用 C_1 矫正得到 v_k。
10. Alice 和 Bob 计算 C_1 中 $v_k + C_2$ 的陪集，得到密钥 k。

图 12-16 最终的 QKD 协议是通过对 CSS 编码协议进行系统化简而给出的，它与 BB84 协议完全相同（只在外观上有细微的差异）。为了清楚起见，我们去掉了 $'$ 符号

习题 12.38 证明如果你能够区分两个非正交的状态，那么就有可能破坏 BB84 的安全性，实际上，所有我们已经描述过的 QKD 协议都可以被破坏。

问题 12.1 我们将要用另一个方式证明霍列沃界。定义霍列沃 χ 为

$$\chi \equiv S(\rho) - \sum_x p_x S(\rho_x) \tag{12.208}$$

1. 假设量子系统包含两个部分，A 和 B。证明

$$\chi_A \leqslant \chi_{AB} \tag{12.209}$$

（提示：引入一个与 AB 相关的附加系统，并应用强次可加性。）

2. 令 $\mathcal{E}$ 是一个量子算符，利用先前结论证明

$$\chi' \equiv S(\mathcal{E}(\rho)) - \sum_x p_x S(\mathcal{E}(\rho_x)) \leqslant \chi \equiv S(\rho) - \sum_x p_x S(p_x) \tag{12.210}$$

也就是说，霍列沃 χ 随着量子操作减少，这是一个非常重要且有用的结论。

3. 令 E_y 是一组 POVM 的元素。利用有正交基 $|y\rangle$ 的“仪器”系统 M 来增强量子系统。定义一个量子操作

$$\mathcal{E}(\rho \otimes |0\rangle\langle 0|) \equiv \sum_y \sqrt{E_y}\rho\sqrt{E_y} \otimes |y\rangle\langle y| \tag{12.211}$$

其中 $|0\rangle$ 是 M 的一些标准的纯态。证明在执行完 $\mathcal{E}$ 后，$\chi_M = H(X:Y)$，利用这个结论和前面结果证明下面式子

$$H(X:Y) \leqslant S(\rho) - \sum_x p_x S(\rho_x) \tag{12.212}$$

霍列沃界即得证。

问题 12.2 这个问题的结果是前一个问题的延伸。通过证明克隆两个非正交纯态的程序必须增加 χ 来证明量子的不可克隆定理。

问题 12.3 对于给定的量子源和压缩率 $R > S(\rho)$，设计一个实现压缩率 R 压缩方案的量子电路。

问题 12.4（线性禁止克隆） 假设我们有一个有两个插槽的量子机器，插槽为 A 和 B。插槽 A 是初态为未知的量子状态的数据插槽。这是要复制的状态。插槽 B 是目标槽，初态为一些标准的量子态 σ。我们假设任何复制过程在初始状态下都是线性的，

$$\rho \otimes \sigma \rightarrow \mathcal{E}(\rho \otimes \sigma) = \rho \otimes \rho \tag{12.213}$$

其中 $\mathcal{E}$ 是一些线性函数，证明如果 $\rho_1 \neq \rho_2$ 为密度算符且满足

$$\mathcal{E}(\rho_1 \otimes \sigma) = \rho_1 \otimes \rho_1 \tag{12.214}$$

$$\mathcal{E}(\rho_2 \otimes \sigma) = \rho_2 \otimes \rho_2 \tag{12.215}$$

那么所有 ρ_1 和 ρ_2 的叠加态不能够被这个程序正确复制。

问题 12.5（量子信道的经典容量——研究）　乘积态容量 (12.71) 是有噪声量子信道对经典信息的真实容量，也就是信道的允许存在纠缠的输入时的容量吗?

问题 12.6（达到容纳能力的方法——研究）　找到一种有效的代码构造，该代码能够接近经典信息的噪声量子通道的乘积态容纳能力 (12.71)。

问题 12.7（量子通道容量——研究）　找到一种评估给定量子通道 $\mathcal{E}$ 传输量子信息能力的方法。

本章小结

无克隆：没有量子设备能够在给定一个随机的 $|\psi\rangle$ 的情况下制备出 $|\psi\rangle|\psi\rangle$。

霍列沃界：当试图区分量子态 ρ_x 与概率分布 p_x 时，最大可获取的经典信息是

$$H(X:Y) \leqslant \chi \equiv S(\sum_x p_x\rho_x) - \sum_x p_x S(\rho_x)。$$

Schumacher 量子无噪声信道编码定理：$S(\rho)$ 可以解释为忠实地表示由 ρ 描述的量子源所需的量子比特数。

Holevo-Schumacher-Westmoreland 定理：噪声量子信道 $\mathcal{E}$ 经典信息的容量由下式给出：

$$C(\mathcal{E}) = \max_{\{p_x,|\psi_x\rangle\}} S(\sum_x p_x\mathcal{E}(|\psi_x\rangle\langle\psi_x|)) - \sum_x p_x S(\mathcal{E}(|\psi_x\rangle\langle\psi_x|)) \tag{12.216}$$

纠缠变换的优化条件：Alice 和 Bob 可以利用本地操作和经典交流将 $|\psi\rangle$ 转化为 $|\varphi\rangle$，当且仅当 $\lambda_\psi \prec \lambda_\varphi$，其中 λ_ψ 是 $|\psi\rangle$ 约化密度矩阵特征值对应的特征向量（λ_φ 同理）。

纯态纠缠蒸馏和稀释：当 $n \to \infty$，Alice 和 Bob 可以通过局部运算和经典通信在联合态 $|\psi\rangle$ 和 $nS(\rho)$ 贝尔对的 n 个副本之间进行转换，其中 ρ 是约化密度矩阵。

量子密码学：通过使用非正交量子态与 BB84 等协议进行通信，可以证明密钥分配是安全的。由于信息增益意味着干扰，对信道的窃听将导致可检测的错误率增加。

背景资料与延伸阅读

Cover 和 Thomas[CT91] 写的书是对古典信息论的极好介绍。寻找更高级但仍然可读的信息论处理方法的读者应参考 Csisz´ar 和 K¨orner 的著作[CK81]。值得一读的还有香农的原始论文，它是 20 世纪最具影响力的科学之一。香农和 Weaver[SW49] 在一本书中重印了这些内容。Bennett 和 Shor[BS98] 以及 Bennett 和 Divincenzo[BD00] 撰写了有关量子信息论的优秀评论文章。

不可克隆定理是由 Dieks[Die82] 及 Wootters 和 Zurek[WZ82] 提出的。大量的工作已经完成，扩展了这些结果。到目前为止，大多数论文都考虑到克隆的各种方案，这些方案在某些特定的方面很有趣——它们优化了克隆忠诚度的某些度量，或者是人们希望克隆拥有的其他属性。我们不打算在这里对这项工作进行全面回顾，但请注意，其中许多论文可以在 arxiv.org 上的 quant-ph 中找到。一些特别感兴趣的论文包括：Barnum、Caves、Fuchs、Jozsa 和 Schumacher[BCF+96] 将不可克隆定

理的应用范围扩展到混态和非单一克隆设备；Mor[Mor98] 关于复合系统状态的克隆；Westmoreland 和 Schumacher[WS98] 关于克隆与超光速通信之间可能的等效性；以及 Enk[van98b] 的反驳。

1964 年，戈登（Gordon）[Gor64] 推测了霍列沃界，1973 年，霍列沃[Hol73] 证实了这一点。我们给出的概念上简单的证明是基于难以证明的强次可加性不等式，但是霍列沃使用了一种更直接的方法，该方法已被 Fuchs 和 Caves 简化[FC94]。通过强次可加性的方法归因于 Yuen 和 Ozawa[YO93]；另见 Schumacher、Westmoreland 和 Wootters[SWW96]。

经典的无噪声信道编码定理源于香农[Sha48, SW49]。量子无噪声信道编码定理是 Schumacher[Sch95] 提出的，并在一篇综合介绍量子信息论的许多基本概念的开创性论文中进行了描述，这些基本概念包括源、保真度测量及量子态作为信息论中可以处理的资源的概念。这最后一次观察，虽然简单但深刻，是 Schumacher 在现在普遍存在的术语“qubit”的论文中的介绍所推动的，归因于 Schumacher 和 Wootters 之间的对话。Jozsa 和 Schumacher[JS94] 的一篇论文简化了 Schumacher 的原始方法；这篇论文早于 [Sch95] 发表，但后来才见刊。这些论文是基于习题 12.8 中讨论的合奏平均保真度度量，而不是我们在这里给出的基于纠缠保真度的证明，这是基于 Nielsen[Nie98] 的方法。Schumacher 以及 Schumacher 和 Jozsa 的原作中有一个小漏洞被 Barnum、Fuchs、Jozsa 和 Schumacher 的论文证明[BFJS96]。M.Horodecki[Hor97] 随后为同样的结果提供了一个更有力的证明，这也为混合态系综的量子数据压缩理论指明了方向。专题 12.4 中描述的压缩方案，即 Cover 的枚举编码方法的量子模拟[CT91]，最初归因于 Schumacher[Sch95]，其量子电路由 Cleve 和 Divincenzo[CD96] 明确给出。Braunstein、Fuchs、Gottesman 和 Lo 对此进行了概括，以提供赫夫曼编码（BFGL98）的量子模拟，以及提供算术编码的 Chuang 和 Modha[CM00]。

Holevo-Schumacher-Westmoreland（HSW）定理有一段有趣的历史。1979 年，霍列沃[Hol79] 首先讨论了它所解决的问题，他在这个问题上取得了一些部分进展。在未注意的情况下，Hausladen、Jozsa、Schumacher、Westmoreland 和 Wootters[HJS+96] 在 1996 年解决了这个问题的一个特殊案例。霍列沃[Hol98] 和 Schumacher 及 Westmoreland[SW97] 独立地证明了 HSW 定理，给出了噪声量子信道对经典信息的乘积态容量。Fuchs[Fuc97] 描述了一些有趣的产品状态容量的例子，其中状态集合最大化容量表达式 (12.71) 包含非正交成员。King 和 Ruskai[KR99] 在显示乘积态容量与不受乘积态限制的容量相同的问题上取得了一些有希望的进展，但总体问题仍然是开放的。

熵交换由 Lindblad[Lin91] 定义，由 Schumacher[Sch96b] 重新发现，Schumacher 证明了量子费诺不等式。在噪声量子信道容量的背景下，Lloyd[Llo97] 和 Schumacher 和 Nielsen[SN96] 引入了相干信息；[SN96] 证明了量子数据处理不等式。包含习题 12.15 中提到的不等式形式可以在 Nielsen 博士论文 [Nie98] 中找到。目前尚未解决的确定量子通道容量的问题（问题 12.7）有着有趣的历史。关于这个问题的最初工作来自几个不同的角度，可以从 Barnum、Nielsen 和 Schumacher 的论文 [BNS98]、Bennett、DiVincenzo、Smolin 和 Wootters 的论文 [BDSW96]、Lloyd 的论文 [Llo97]、Schumacher 的论文 [Sch96b]、Schumacher 和 Nielsen 的论文 [SN96] 中看到。通过 Barnum、Knill 和 Nielsen[BKN98] 以及 Barnum、Smolin 和 Terhal[BST98] 的著作，人们已经理解了其中几个观点的等效性。Bennett、Divincenzo 和 Smolin[BDS97] 为某些特定通道（尤其是量子擦除通道）建立了容量，Shor 和 Smolin[SS96] 获得了去极化通道容量的下限，并对退化量子码进行了有趣的使用，Divincenzo、Shor 和 Smolin[DSS98] 对其进行了改进。Zurek[Zur89]、Milburn[Mil96] 和 Lloyd[Llo96] 分

析了量子麦克斯韦妖的例子，尽管只是没有在纠错的背景下。这里的分析基于 Nielsen、Caves、Schumacher 和 Barnum 的工作[NCSB98]。Vedral[Ved99] 也在研究这一观点，以获得对纠缠蒸馏过程的限制。量子单子界限是由 Knill 和 Laflamme[KL97] 给出。证明是由 Preskill[Pre98b] 给出。

关于纠缠的研究已经发展成为一个主要的研究领域，关于这一主题的论文太多了，甚至在这里都无法一一解释。再次，请参见 quant-ph 存档，网站为 arxiv.org。基于优化（定理 12.15）的纠缠变换的条件是由 Nielsen[Nie99a] 提出的。定理 12.13 是由 Uhlmann 提出的[Uhl71, Uhl72, Uhl73]。命题 12.14 是由 Lo 和 Popescu[LP97] 提出。Jonathan 和 Plenio 发现了纠缠催化[JP99]。Marshall 和 Olkin[MO79] 是对优化的全面介绍，包括伯克霍夫定理的证明。纠缠稀释和蒸馏的限制是由 Bennett、Bernstein、Popescu 和 Schumacher[BBPS96]。混合态纠缠蒸馏协议由 Bennett、Brassard、Popescu、Schumacher、Smolin 和 Wootters[BBP+96] 提出，与 Bennett、Divincenzo、Smolin 和 Wootters[BDSW96] 在开创性的论文中提出的量子误差校正的联系刺激了许多后续的研究。Gottesman 和 Nielsen（未出版）注意到图 12-11 中所示的示例。我们只提到了几篇关于特殊利益纠结的论文，这些论文可能成为学术的切入点；不幸的是，许多重要论文都被省略了。Horodecki 家族成员（Michal、Pawel 和 Ryszard）发表的一系列论文深入研究了齿间隙的性质，特别是 [HHH96, HHH98, HHH99a, HHH99b, HHH99c]。Vedral 和 Plenio[VP98] 和 Vidal[Vid98] 的论文也引起了极大的兴趣。

关于量子密码学的一个优秀的（早期）概述，请参阅 Bennett、Brassard 和 Ekert 在 Scientific American 中的文章 [BBE92]。量子密码思想最早是在 20 世纪 60 年代末由 Wiesner 提出的。不幸的是，Wiesner 的思想没有被接受出版，直到 20 世纪 80 年代初才被人们知道。Wiesner 提出，如果量子态可以长期储存，那么它们可以被用作一种防伪货币[Wie, Wie83]。Bennett 进一步制定了几项协议，其中一项导致了第一次实验性实施，由 Bennett、Bessette、Brassard、Salvail 和 Smolin[BBB+92] 完成，这项协议原则上具有历史意义，尽管它传输的信息不到一米，窃听是由一个响亮的嗡嗡声加速的，当电源发出一个“一”时，发出嗡嗡声！隐私放大的概念首先由 Bennett、Brassard 和 Robert[BBR88] 介绍。有关信息协调协议，请参见 [BBB+92] 和 [BS94]。定理 12.16 在 Bennett、Brassard、$CrèPeau$ 和 Maurer[BBCM95] 中阐述并证明，这是一种非常易读的隐私放大的一般处理方法。请注意，信息协调期间披露的信息对隐私放大阈值有重要影响，如 Cachin 和 Maurer[CM97] 证明的定理 12.17 所界定的那样。隐私放大在使用远程相关随机源（如卫星感应到的星光）的经典密钥生成中有应用[Mau93]。名为 BB84 的四态协议以作者 Bennett 和 Brassard[BB84] 命名，同样，两态 B92 协议以 Bennett[Ben92] 命名。EPR 协议由 Ekert[Eke91] 设计。习题 12.27 中的随机抽样证明是由 Ambanis 提供的。量子密码学的局限性和安全性已经在许多出版物中得到了深入讨论。样本见 Barnett 和 Phoenix 的作品 [BP93]、Brassard 的作品 [Bra93]、Ekert、Huttner、Palma 和 Peres 的作品 [EHPP94] 以及 [Phy92]。Schumacher 和 Westmoreland[SW98] 认识到连贯信息和隐私之间的联系。关于量子密码系统的实验实现，已经发表了许多论文。有关详细介绍，请参阅 Hughes、Alde、Dyer、Luther、Morgan 和 Schauer[HAD+95]；日内瓦湖下量子密码学的演示由 Muller、Zbinden 和 Gisin[MZG96] 完成。专题 12.7 中描述的实验是由 Bethune 和 Risk[BR98, BR00] 在 IBM 进行的，我们感谢他们的仪器原理图。现在有大量科学家给出了各种量子密钥分发协议在不同情况下安全性的大量证明。特别值得注意的是，Mayers[May98] 给出了一个完整的（和广泛的，但有些复杂的）关于 QKD 和 BB84 安全性的证明。Biham、Boyer、Brassard、van de Graaf 和 Mor 也考虑过对 BB84 的攻击。Lo 和 Chau[LC99] 给出了一个更简单的证明，它使用了 EPR 态并要求完美的量子计算；也就是我们在 12.6.5 节中开始使用的协议。Lo[Lo99] 将其简化为在传输密钥内容之前，从确定错误率的测试开始。更简单（也更漂亮！）的在 12.6.5 节中给出的证明是由 Shor 和 Preskill[SP00] 提供的，他们也给出了 12.6.5 节中提到的 11% 的估计值。我们对这一证明的叙述也从与 Gottesman 的对话中受益匪浅。

附录 A

概率论基础

本附录收集了有关概率论的一些基本定义和结果。我们假定读者已经对该材料有所了解，完全不熟悉的读者应该如习题所建议的那样，抽出一些时间来证明它们。

随机变量是概率论中的基础概念。一个随机变量 X 以概率 $p(X=x)$ 取值为若干个值当中的一个值 x。我们用大写字母表示随机变量，用小写字母 x 表示随机变量的取值。我们用符号 $p(x)$ 代替符号 $p(X=x)$，把“$X=$”省去。本书中我们只考虑取值为有限个的随机变量，并且总假设这种情况成立。有时为了方便，考虑取向量值的随机变量，例如在集合 (i,j) 中，$i=1,\cdots,m_1, j=1,\cdots,m_2$。

给定 $X=x$ 条件下，$Y=y$ 的条件概率定义为

$$p(Y=y|X=x) \equiv \frac{p(X=x,Y=y)}{p(X=x)} \tag{A.1}$$

其中 $p(X=x,Y=y)$ 表示 $X=x$ 且 $Y=y$ 的概率。当 $p(X=x)=0$ 时，我们约定 $p(Y=y|X=x)=0$。我们通常省去“$Y=$”和“$X=$”，使用符号 $p(y|x)$ 表示。如果 $p(X=x,Y=y)=p(X=x)p(Y=y)$ 对于所有取值 x 和 y 都成立，那么称随机变量 X 和 Y 是独立的。注意到当 X 和 Y 独立时，所有的 x 和 y 满足 $p(y|x)=p(y)$。

贝叶斯律将给定 X 下 Y 的条件概率和给定 Y 下 X 的条件概率联系了起来：

$$p(x|y) = p(y|x)\frac{p(x)}{p(y)} \tag{A.2}$$

概率 $p(y)$ 常常被下面所示全概率公式重新表达。

习题 A.1 证明贝叶斯律。

全概率公式是概率论中最重要且最常用的结果之一。它的主要内容是，如果 X 和 Y 是两个

随机变量，那么 Y 的概率可以用 X 的概率和给定 X 时 Y 的条件概率表示：

$$p(y) = \sum_x p(y|x)p(x) \tag{A.3}$$

其中求和是对 X 的所有可能取值 x 进行的。

习题 A.2 证明全概率公式。

随机变量 X 的期望（平均值或均值）定义为

$$\mathbb{E}(X) \equiv \sum_x p(x)x \tag{A.4}$$

其中求和是对 X 的所有可能取值 x 进行的。

习题 A.3 证明存在一个值 x 满足 $x \geqslant \mathbb{E}(X)$，使得 $p(x) > 0$。

习题 A.4 证明 $\mathbb{E}(X)$ 对 X 是线性的。

习题 A.5 证明对于两个独立的随机变量 X 和 Y，$\mathbb{E}(XY) = \mathbb{E}(X)\mathbb{E}(Y)$。

随机变量 X 的方差定义为

$$\text{var}(X) \equiv \mathbb{E}[(X - \mathbb{E}(X))^2] = \mathbb{E}(X^2) - \mathbb{E}(X)^2 \tag{A.5}$$

标准差$\Delta(X) \equiv \sqrt{\text{var}(X)}$ 是随机变量关于均值分散程度的一个度量。切比雪夫不等式定量地描述了在什么意义下标准差是随机变量取值分散程度的度量。它的具体描述如下：对于任意 $\lambda > 0$ 和有限方差的随机变量 X，

$$p(|X - \mathbb{E}(X)| \geqslant \lambda\Delta(x)) \leqslant \frac{1}{\lambda^2} \tag{A.6}$$

因此当 λ 趋于无穷，偏离均值超过 λ 的标准差的概率将要减小。

习题 A.6 证明切比雪夫不等式。

本书正文中包含许多其他概率论的结果，包括切诺夫界（Chernoff bound）、凡诺不等式（Fano's inequality），以及大数定律。

背景资料与延伸阅读

概率论有许多精彩的教材。我们特别推荐 Grimmett 和 Stirzaker 的教材 [GS92]，它可以作为概率论及随机过程基础概念的很棒的入门。从更纯数学的观点出发，Williams 的书 [Wil91] 是概率现代理论的精彩介绍，它着重强调优美的鞅理论。最后，Feller 的经典两卷本 [Fel68a, Fel68b] 是概率论非常优秀且深入的教材。

附录 B

群论

在量子计算和量子信息的研究中，群的数学理论有多方面的应用。在第 5 章中求阶、因数分解、求周期的算法的推广都是基于隐藏子群问题；在第 10 章中量子纠错的稳定子框架也是基于初等群论。附录 D 中所描述的数论用到了群 $\mathbb{Z}_n^*$ 的性质。并且，全书中所用到的量子电路也是李群的一个例子。在本节附录中，我们总结群论中的一些基本内容。由于群论是一个宽泛的主题，我们着重总结许多基本概念和重要定义，不去做过多解释。

B.1 基本定义

群 $(G, \cdot)$ 是一个具有二元乘法运算“$\cdot$”的非空集合 G，具有如下性质：（封闭性）对于所有 $g_1, g_2 \in G$，$g_1 \cdot g_2 \in G$；（结合律）对于所有 $g_1, g_2, g_3 \in G$，$(g_1 \cdot g_2) \cdot g_3 = g_1 \cdot (g_2 \cdot g_3)$；（单位元）存在 $e \in G$ 使得对 $\forall g \in G$，$g \cdot e = e \cdot g = g$；（逆元）对于所有 $g \in G$，存在 $g^{-1} \in G$ 使得 $g \cdot g^{-1} = g^{-1} \cdot g = e$。我们通常省略“$\cdot$”，将 $g_1 \cdot g_2$ 写成 $g_1 g_2$。我们通常说一个群 G 而不说它的乘法运算，但是该运算一定要有意义。

若 G 中的元素是有限的，则称群 G 是有限的。有限群 G 的阶为群所包含的元素个数，记为 $|G|$。若对于所有的 $g_1, g_2 \in G$ 有 $g_1 g_2 = g_2 g_1$，则称群 G 为阿贝尔群。有限阿贝尔群的一个简单例子是整数模 n 的加法群 $\mathbb{Z}_n$，它的乘法运算为模和运算。容易验证该运算满足封闭性和结合律；因为对于所有 x 有 $x + 0 = x \pmod n$，因此存在单位元 0；并且每一个 $x \in G$ 都存在逆元 $n - x$，因为 $x + (n - x) = 0 \pmod n$。

元素 $g \in G$ 的阶是使得 g^r（g 自乘 r 次）等于单位元 e 的最小正整数。

若 H 是 G 的子集，且与 G 在相同乘法运算下构成群，则称 H 是群 G 的子群。

定理 B.1（拉格朗日定理） 如果 H 是一个有限群 G 的子群，那么 $|H|$ 可以整除 $|G|$。

习题 B.1 证明对于任意有限群的一个元素 g，总存在一个正整数 r 使得 $g^r = e$。也就是说，这类群每个元素都有阶。

习题 B.2 证明拉格朗日定理。

习题 B.3 证明每个元素 $g \in G$ 的阶可以整除 $|G|$。

如果 g_1 和 g_2 是 G 中的元素，那么 g_2 关于 g_1 的共轭为元素 $g_1^{-1}g_2g_1$。若 H 是 G 的子群，且 $g^{-1}Hg = H$ 对所有 $g \in G$ 成立，则称其为正规子群。群 G 中的元素 x 的共轭类G_x 定义为 $G_x \equiv \{g^{-1}xg|g \in G\}$。

习题 B.4 证明如果 $y \in G_x$，那么 $G_y = G_x$。

习题 B.5 证明如果 x 是阿贝尔群 G 中的一个元素，那么 $G_x = \{x\}$。

一个非阿贝尔群的有趣的例子是 n 量子比特上的泡利群。对于单量子比特，泡利群定义为所有泡利矩阵配上乘积因子 $\pm 1, \pm \mathrm{i}$ 所组成的集合：

$$G_1 \equiv \{\pm I, \pm \mathrm{i}I, \pm X, \pm \mathrm{i}X, \pm Y, \pm \mathrm{i}Y, \pm Z, \pm \mathrm{i}Z\} \tag{B.1}$$

这组矩阵在矩阵乘法下构成群。你也许会问，为什么不忽略乘积因子 $\pm 1, \pm \mathrm{i}$；这是为了保证 G_1 在乘法下的封闭性，以成为一个合法的群。n 量子比特上的一般泡利群定义为由泡利矩阵的全部 n 重张量积配以乘积因子 $\pm 1, \pm \mathrm{i}$ 所组成的集合。

B.1.1 生成元

研究群通常可以大大简化为研究一个群的*生成元*。如果 G 中的每个元素都可以写成若干个 $g_1, \cdots, g_l$ 中元素（可以重复）的乘积，那么就说群 G 中一些元素的集合 $g_1, \cdots, g_l$ 生成了群 G，记作 $G = \langle g_1, \cdots, g_l \rangle$。例如，$G_1 = \langle X, Z, \mathrm{i}I \rangle$，因为 G 中的每个元素均能写成 X, Z 和 $\mathrm{i}I$ 的乘积。另一方面，$\langle X \rangle = \{I, X\}$ 是 G_1 的一个子群，因为并非所有 G_1 中的元素都可以写成 X 的幂的形式。群生成元记号 $\langle \cdots \rangle$ 可能会与 2.2.5 节引入的观测平均的记号混淆，不过实际的上下文总是很清楚的。

使用生成元描述群的最大优点是，这提供了群的一个简洁的描述。假设群 G 的大小为 $|G|$。那么很容易证明存在一组 $\log(|G|)$ 大小的元生成 G。为此，令 $g_1, \cdots, g_l$ 为 G 中的一组元素，且 g 不是 $\langle g_1, \cdots, g_l \rangle$ 中的元素。令 $f \in \langle g_1, \cdots, g_l \rangle$，则 $fg \notin \langle g_1, \cdots, g_l \rangle$，否则 $g = f^{-1}fg \in \langle g_1, \cdots, g_l \rangle$ 导出矛盾。因此对于每个元素 $f \in \langle g_1, \cdots, g_l \rangle$，存在一个元素 fg 在 $\langle g_1, \cdots, g_l, g \rangle$ 中但是不在 $\langle g_1, \cdots, g_l \rangle$ 中。因此将 g 添加到 $\langle g_1, \cdots, g_l \rangle$ 中会使得被生成的群的规模翻倍（或增加更多），因此 G 一定包含至多 $\log(|G|)$ 个生成元。

B.1.2 循环群

循环群G 包含一个元素 a，使得任意元素 $g \in G$ 能够表示为 a^n，其中 n 为某个整数。a 称为 G 的*生成元*，我们记 $G = \langle a \rangle$。由 $g \in G$ 生成的*循环子群*H 是指由 $\{e, g, g^2, \cdots, g^{r-1}\}$ 构成的群，其中 r 为 g 的阶。即 $H = \langle H \rangle$。

习题 B.6 证明阶为素数的群是循环群。

习题 B.7 证明每个循环群的子群也是循环群。

习题 B.8 证明如果 $g \in G$ 具有有限阶，那么 $g^m = g^n$ 当且仅当 $m = n \pmod r$。

B.1.3 陪集

若 H 是 G 的一个子群，由 g 所确定的 H 在 G 中的*左陪集*定义为集合 $gH \equiv \{gh|h \in H\}$。右陪集定义类似。陪集是左陪集还是右陪集可以从上下文看出。对像 $\mathbb{Z}_n$ 的群运算为加法的群，习惯上把子群 H 对 $g \in \mathbb{Z}_n$ 的陪集写成 $g + H$ 的形式。陪集 gH 的一个特定的元素被称为该陪集的代表元。

习题 B.9 陪集定义了元素间的一种等价关系。证明 $g_1, g_2 \in G$ 在 G 中属于 H 的同一个陪集当且仅当存在 $h \in H$ 满足 $g_2 = g_1 h$。

习题 B.10 G 中有多少个 H 的陪集?

B.2 表示

令 M_n 表示 $n \times n$ 复矩阵的集合。那么一个矩阵群是 M_n 的集合，它在矩阵乘法下满足群的性质。我们记这类群的单位元为 I。一个群 G 的*表示*ρ 定义为一个函数，该函数将 G 映射到一个矩阵群，且保持群的乘法运算。特别地，$g \in G$ 被映射到 $\rho(g) \in M_n$，使得 $g_1 g_2 = g_3$ 蕴含 $\rho(g_1)\rho(g_2) = \rho(g_3)$。如果映射是多对一的，则称之为*同态*；如果是一对一的，则称之为*同构*。一个映射到 M_n 的表示 ρ 具有维数 $d_n = n$。我们定义的表示也称为矩阵表示，还有更一般的表示，但是对我们来说矩阵表示足够用了。本附录剩下的内容中出现的群 G 均为有限群。

B.2.1 等价性与归约性

等价性与可约性是表示的两个重要的概念。矩阵群 $G \subset M_n$ 的*特征*是一个由 $\chi(g) = \mathrm{tr}(g)$ 定义的群函数，其中 $g \in G$, $\mathrm{tr}(\cdot)$ 是矩阵中常用的迹函数。它有如下性质：(1)$\chi(I) = n$, (2)$|\chi(g)| \leqslant n$, (3)$|\chi(g)| = n$ 蕴含 $g = \mathrm{e}^{\mathrm{i}\theta} I$，(4)$\chi$ 在 G 的任意给定共轭类上都是常数，(5)$\chi(g^{-1}) = \chi^*(g)$，以及 (6) 对于所有的 g，$\chi(g)$ 是一个代数数，且同构下的对应元素具有相同的特征。

习题 B.11（特征） 证明上述特征的性质。

习题 B.12（酉矩阵群） 酉矩阵群仅由酉矩阵组成（酉矩阵满足 $U^\dagger U = I$）。证明每个矩阵群都等价于一个酉矩阵群。如果一个矩阵群的表示仅由酉矩阵表示，则称其为*酉表示*。

如果 M_n 中的矩阵群 G 等价于具有块对角形式的矩阵群 H，也就是说所有元素 $m \in H$，对于一些 $m_1 \in M_{n_1}$ 和 $m_2 \in M_{n_2}$ 具有形式 $\mathrm{diag}(m_1, m_2)$，则称其为*完全可约的*。如果不存在这样的等价，则矩阵群不可约。下面为不可约矩阵群的一个有用的性质。

引理 B.2（Schur 引理） 令 $G \subset M_n$ 和 $H \subset M_k$ 为具有相同阶的两个矩阵群，即 $|G| = |H|$。如果存在 $k \times n$ 的矩阵 S，对于某个顺序下所有 $g_i \in G$ 和 $h_i \in H$，$Sg_i = h_i S$ 成立。那么要么 S 是

一个零矩阵，要么 $n=k$ 且 S 是非奇异方阵。

习题 B.13 证明每个不可约阿贝尔矩阵群的维度是 1。

习题 B.14 证明如果 ρ 是 G 的不可约表示，则 $|G|/d_\rho$ 是一个整数。

下面的定理将不可约与特征联系了起来。

定理 B.3 一个矩阵群 G 是不可约的当且仅当

$$\frac{1}{|G|}\sum_{g\in G}|\chi(g)|^2=1 \tag{B.2}$$

B.2.2 正交性

表示理论的关键性定理如下。

定理 B.4（基本定理） 每个群 G 恰好有 r 个不等价的不可约表示，其中 r 表示 G 的共轭类个数。并且如果 $\rho^p\in M_{d_\rho}$ 和 ρ^q 是其中的两个，则矩阵元满足正交关系

$$\sum_{g\in G}[\rho^p(g)]_{ij}^{-1}[\rho^q(g)]_{kl}=\frac{|G|}{d_\rho}\delta_{il}\delta_{jk}\delta_{pq} \tag{B.3}$$

其中 $\delta_{pq}=1$，如果 $\rho^p=\rho^q$ 的话，否则等于 0。

习题 B.15 利用基本定理，证明特征是正交的，即：

$$\sum_{i=1}^{r}r_i(\chi_i^p)^*\chi_i^q=|G|\delta_{pq}\qquad\sum_{p=1}^{r}(\chi_i^p)^*(\chi_j^p)=\frac{|G|}{r_i}\delta_{ij} \tag{B.4}$$

其中 p,q 和 δ_{pq} 的含义与定理中相同，并且 χ_i^p 是第 p 个不可约表示特征在 G 的第 i 个共轭类上的取值，r_i 表示第 i 个共轭类的大小。

习题 B.16 S_3 表示三元置换群。假定我们将置换排列为从 123 映射到：123；231；312；213；132，和 321。证明 S_3 存在两个一维不可约表示，一个是平凡的，另一个是分别对应上述 6 个置换的表示 $1,1,1,-1,-1,-1$。再证明存在一个二维不可约表示，具有矩阵

$$\begin{gathered}\begin{bmatrix}1&0\\0&1\end{bmatrix}\quad\frac{1}{2}\begin{bmatrix}-1&-\sqrt{3}\\\sqrt{3}&-1\end{bmatrix}\quad\frac{1}{2}\begin{bmatrix}-1&\sqrt{3}\\-\sqrt{3}&-1\end{bmatrix}\\\begin{bmatrix}-1&0\\0&1\end{bmatrix}\quad\frac{1}{2}\begin{bmatrix}1&\sqrt{3}\\\sqrt{3}&-1\end{bmatrix}\quad\frac{1}{2}\begin{bmatrix}1&-\sqrt{3}\\-\sqrt{3}&-1\end{bmatrix}\end{gathered} \tag{B.5}$$

验证这些表示是正交的。

B.2.3 正则表示

数字 1 是对任何群的一个有效的一维矩阵表示。然而，它是平凡的。如果一个表示的矩阵群和原群是同构的，则称其是保真的。正则表示是一个保真表示，它对任何群都是存在的，按照如下方法构造。令 $\vec{v}=[g_1, g_2, \cdots g_{|G|}]^T$ 是 G 中所有元素的列向量表示。将 $\vec{v}$ 中的每个元素乘以一个 $g \in G$ 会将 $\vec{v}$ 重新排列；这个排列可以被一个作用在 $\vec{v}$ 上的 $|G| \times |G|$ 矩阵所表示。这一共有 $|G|$ 个矩阵，对应于所有可能的基于矩阵乘法作用下的保真表示导出的排列。

习题 B.17 证明正则表示是保真的。

习题 B.18 证明正则表示的特征标是 0，除了对单个元素的表示，在这种情况下 $\chi(I)=|G|$。

将任意表示分解为不可约表示的乘积，这一操作遵循如下定理。

定理 B.5 如果 ρ 是 G 的任一表示，其特征标为 χ，并且 ρ^p 是 G 的非等价不可约表示，其特征标为 χ^p，那么 $\rho=\oplus_p c_p \rho^p$，其中 $\oplus$ 表示直和，c_p 定义如下：

$$c_p=\frac{1}{|G|}\sum_{i=1}^{r} r_i (\chi_i^p)^* \chi_i \tag{B.6}$$

习题 B.19 利用定理 B.5，证明正则表示包含每个不可约表示 ρ^p 的 d_{ρ^p} 个实例。因此，如果 R 是正则表示，$\hat{G}$ 是所有不等价的不可约表示组成的集合，则

$$\chi_i^R=\sum_{\rho \in \hat{G}} d_\rho \chi_i^\rho \tag{B.7}$$

习题 B.20 正则表示的特征标等于 0，除了包含 G 的单位元 e 的共轭类 i。进一步证明

$$\sum_{\rho \in \hat{G}} d_\rho \chi^\rho(g)=N\delta_{ge} \tag{B.8}$$

习题 B.21 证明 $\sum_{\rho \in \hat{G}} d_\rho^2=|G|$。

B.3 傅里叶变换

设 G 是一个 N 阶有限群，f 是将群元素映射到复数的函数。对 G 的一个 d_ρ 维的不可约表示 ρ，我们定义 f 的傅里叶变换 $\hat{f}$ 如下：

$$\hat{f}(\rho) \equiv \sqrt{\frac{d_\rho}{N}}\sum_{g \in G} f(g)\rho(g) \tag{B.9}$$

注意到若 ρ 是矩阵表示，则 $\hat{f}(\rho)$ 将矩阵映射到矩阵。令 $\hat{G}$ 是所有 G 的不等价不可约表示构成的集合。我们定义 $\hat{f}$ 的傅里叶逆变换如下：

$$f(g)=\frac{1}{\sqrt{N}}\sum_{\rho\in\hat{G}}\sqrt{d_\rho}\,\mathrm{tr}(\hat{f}(\rho)\rho(g^{-1})) \tag{B.10}$$

由于 $\sum_\rho d_\rho^2=N$，f 和 $\hat{f}$ 均可以表示成 N 阶复向量。注意到上述等式中的系数保证了如果 $\hat{G}$ 由酉表示构成，那么傅里叶变换也是酉的。

上述定义可以通过将式 (B.9) 代入式 (B.10) 后更好地理解：

$$\begin{aligned} f(g) &= \frac{1}{N}\sum_{\rho\in\hat{G}}\sum_{g'\in G} d_\rho f(g')\,\mathrm{tr}(\rho(g')\rho(g^{-1})) && \text{(B.11)}\\ &= \frac{1}{N}\sum_{\rho\in\hat{G}}\sum_{g'\in G} d_\rho f(g')\,\mathrm{tr}(\rho(g'g^{-1})) && \text{(B.12)}\\ &= \frac{1}{N}\sum_{g'\in G} f(g')\sum_{\rho\in\hat{G}} d_\rho \chi^\rho(g'g^{-1}) && \text{(B.13)} \end{aligned}$$

利用式 (B.8)，我们可以将式 (B.13) 简化为

$$f(g)=\sum_{g'\in G} f(g')\delta_{g'g} \tag{B.14}$$

这正是我们所需要的。

习题 B.22 将式 (B.10) 代入式 (B.9) 证明关于 $\hat{f}(\rho)$ 的结果。

习题 B.23 令 $g\in[0,N-1]$ 表示一个 N 阶阿贝尔群 G，用数的加法代表群的加法。再定义 g 的 h 表示 $\rho_h(g)=\exp[-2\pi igh/N]$。这个表示是一维的，故 $d_\rho=1$。证明 G 的傅里叶变换为

$$\hat{f}(h)=\frac{1}{\sqrt{N}}\sum_{g=0}^{N-1} f(g)e^{-2\pi igh/N} \quad f(h)=\frac{1}{\sqrt{N}}\sum_{g=0}^{N-1}\hat{f}(g)e^{-2\pi igh/N} \tag{B.15}$$

习题 B.24 利用习题 B.16 的结果，构造 S_3 上的傅里叶变换，并用 6×6 的酉矩阵表示。

背景资料与延伸阅读

关于群论的著作很多，几乎所有有关代数的书都专门介绍了群论。这里的讨论借鉴了 Lomont 关于有限群的课本 [Lom87] 的很多注解。Hammermesh 的书 [Ham89] 是物理学中群论的标准参考文献。关于群的傅里叶变换的讨论并不那么普遍。Diaconis 和 Rockmore 写了一篇很好的文章 [DR90]，介绍了对群进行傅里叶变换的高效计算；他们的许多结果也在 Fässler 和 Stiefel 的综述 [FS92] 中。Beth 独立地发现了对于群的快速傅里叶变换[Bet84]，就像 Clausen[Cla89] 所做的一样。

附录 C

Solovay-Kitaev 定理

在第 4 章我们证明了对任何酉操作 U 均可以用仅包含单比特量子门和受控非门的量子计算机来实现。这么普遍性的结果很重要，因为它保证了量子计算机在不同模型实现下的等价性。例如，通用性结果确保了量子计算机程序员可以设计包含具有 4 个输入和输出量子位的门的量子电路，并确信可以通过一定数量的受控非门和单个量子位单一门来模拟这种门。

受控非门和单量子门的通用性的一个不令人满意的方面是，单个量子位门形成了一个连续体，而第 10 章中描述的容错量子计算方法仅适用于一组离散门。幸运的是，同样在第 4 章中，我们看到可以使用有限的一组门（例如受控非门、阿达玛门 H、相位门 S 和 $\pi/8$ 门）将任意单比特量子门近似于任意精度。我们还给出了一个启发式的论点，即将给定的单比特量子门近似到精度 ϵ，仅需要从有限集中选择 $\Theta(1/\epsilon)$ 个门即可。此外，在第 10 章中，我们显示了受控非门、阿达玛门、相位门和 $\pi/8$ 门可以容错的方式实现。

在本附录中，我们表明可以实现比 $\Theta(1/\epsilon)$ 快得多的收敛速度。Solovay-Kitaev 定理表明，给定任何 $\epsilon > 0$，对于单个量子位上的任何门 U，都可以使用来自给定有限集的 $\Theta(\log^c(1/\epsilon))$ 个门将 U 逼近到 ϵ 精度，c 是一个小的常数，大约等于 2。尚无法确定 c 的最佳值，因此我们将给出 c 大约等于 4 的 Solovay-Kitaev 定理的证明，然后在附录问题的末尾概述一种可以用来将 c 降低到接近 2 的方法。我们还将证明 c 不能小于 1；确定介于 1 和 2 之间的最佳 c 值是一个开放问题！

为了理解 Solovay-Kitaev 定理的重要性，可以想象一个量子计算机程序员使用 $f(n)$ 个门设计了一种算法来解决某个问题。假设他或她设计的算法在受控非门、阿达玛门、相位门和 $\pi/8$ 门的常规容错组之外使用了许多门。那么算法需要多少个门才能保证容错性？如果整个算法的误差为 ϵ，则各个门必须精确到误差不超过 $\epsilon/f(n)$。根据第 4 章的启发式论证，我们需要 $\Theta(f(n)/\epsilon)$ 个门来容错近似算法中使用的每个门，总开销为 $\Theta(f(n)^2/\epsilon)$，相比算法所需的门数有多项式量级的增加。如果使用 Solovay-Kitaev 定理，总成本为 $O(f(n)\log^c(f(n)/\epsilon))$，仅是算法所需门数的对数量级增长，因为我们仅需要 $O(\log^c(f(n)/\epsilon))$ 个门来容错近似算法中使用的每个门。对于许多问题，这种对数量级的开销是完全可以接受的，而第 4 章启发式论证提供的多项式量级的开销可能就不太理想了。

为了更精确地陈述 Solovay-Kitaev 定理，我们需要定义一些符号和术语。回想一下，$SU(2)$ 是行列式等于 1 的所有单量子比特酉矩阵组成的集合。我们将注意力集中在 $SU(2)$ 上，因为所有单量子比特酉门都可以写为 $SU(2)$ 元素的乘积，至多相差一个不重要的全局相位因子。假设 $\mathcal{G}$ 是 $SU(2)$ 的一个有限集；$\mathcal{G}$ 扮演着有限的基本门集合的角色，而我们的量子计算机程序员正在使用它来模拟所有其他门。为了具体起见，请考虑将 $\mathcal{G}$ 包含容错集 H,S,T，并添加适当的全局相位以确保行列式都等于 1。为了方便起见，我们假设 $\mathcal{G}$ *对逆元封闭*，即若 $U \in \mathcal{G}$，则 $U^\dagger \in \mathcal{G}$。对于容错集，这意味着加入 $S^\dagger = S^3$ 和 $T^\dagger = T^7$ 到集合中。幸运的是，这几个门可以用集合中已经存在的门来表示。$\mathcal{G}$ 中一个长度为 l 的*单词*是指乘积 $g_1 g_2 \cdots g_l \in SU(2)$，其中 $g_i \in \mathcal{G}$ 对应于每个 i。我们将 $\mathcal{G}_l$ 定义为最大长度为 l 的所有单词的集合，将 $\langle \mathcal{G} \rangle$ 定义为有限长度的所有单词的集合。

我们需要一些*距离*的概念来量化酉矩阵的近似程度。具体所使用的度量并不是那么重要。为了方便起见，可以使用第 9 章中研究的*迹距离*，$D(U,V) \equiv \mathrm{tr}\,|U-V|$，其中 $|X| \equiv \sqrt{X^\dagger X}$ 是 $X^\dagger X$ 的正平方根。实际上，该定义与第 9 章中使用的定义相差一个因子 2。使用不同标准的原因是，它使 Solovay-Kitaev 定理的证明的几何可视化变得更加容易，正如我们将要看到的（将 $SU(2)$ 中的元素视为空间中的点也将有所帮助）。称 $SU(2)$ 的一个子集 S 为*稠密*的，指的是对 $SU(2)$ 的任何元素 U 和 $\epsilon > 0$，存在 $s \in S$ 使得 $D(s,U) < \epsilon$。假设 S 和 W 都是 $SU(2)$ 的子集，若 W 的每个点和 S 的某个点的距离都不超过 $\epsilon > 0$，则称 S 构成 W 的一个 ϵ 网。我们关心的是当 l 增加时 $\mathcal{G}_l$"填充"$SU(2)$ 的速度会有多快。即，当 $\mathcal{G}_l$ 是 $SU(2)$ 的 ϵ网时 ϵ 可以有多小？Solovay–Kitaev 定理说，随着 l 的增加 ϵ 确实变得非常小。

习题 C.1 在第 4 章中我们利用了距离测度 $E(U,V) = \max_{|\psi\rangle} \parallel (U-V)|\psi\rangle \parallel$，其中 $|\psi\rangle$ 遍历所有纯态取最大值。证明若 U 和 V 均为单量子比特的旋转操作 $U = R_{\hat{m}}(\theta)$，$V = R_{\hat{n}}(\varphi)$，则 $D(U,V) = 2E(U,V)$，进而对于 Solovay-Kitaev 定理来说无所谓用哪种测度。

定理 C.1（Solovay-Kitaev 定理） 设 $\mathcal{G}$ 是 $SU(2)$ 中元素的有限集，满足对逆元封闭，以及 $\langle \mathcal{G} \rangle$ 在 $SU(2)$ 是稠密的。令 $\epsilon > 0$ 是给定的实数，则 $\mathcal{G}_l$ 是 $SU(2)$ 的 ϵ 网，其中 $l = O(\log^c(1/\epsilon)), c \approx 4$。

如前所述，c 的最佳可能值略低于 4，但是对于这种特殊情况给出证明很方便。在问题 3.1 中，我们解释了如何修改证明来降低 c。证明的第一部分是证明随着 l 的增加，$\mathcal{G}_l$ 的点在单位矩阵 I 的附近变得非常密集，这一结论概括为如下引理。为了叙述引理，我们定义 S_ϵ 为 $SU(2)$ 中所有使得 $D(U,I) \leqslant \epsilon$ 的点 U 的集合。

引理 C.2 设 $\mathcal{G}$ 是 $SU(2)$ 中元素的有限集，满足对逆元封闭，以及 $\langle \mathcal{G} \rangle$ 在 $SU(2)$ 是稠密的。存在一个和 $\mathcal{G}$ 无关的常数 ϵ_0，使得对任何 $\epsilon \leqslant \epsilon_0$，如果 $\mathcal{G}_l$ 是 S_ϵ 的 ϵ^2 网，则 $\mathcal{G}_{5l}$ 是 $S_{\sqrt{C}\epsilon^{3/2}}$ 的 $C\epsilon^3$ 网对某个常数 C 成立。

我们稍后会证明引理 C.2，但首先要看看它如何导出 Solovay-Kitaev 定理。证明分两个步骤。第一步是迭代应用引理 C.2，以显示随着单词长度 ℓ 的增加，原点附近会很快填充。由于 $\mathcal{G}$ 在 $SU(2)$ 中是稠密的，我们可以找到一个 ℓ_0 使得 $\mathcal{G}_{\ell_0}$ 是 $SU(2)$ 的一个 ϵ_0^2 网，从而也是 S_{ϵ_0} 的。令 $\epsilon = \epsilon_0$ 和 $\ell = \ell_0$，应用引理 C.2 得到 $\mathcal{G}_{5\ell_0}$ 是 $S_{\sqrt{C}\epsilon_0^{3/2}}$ 的一个 $C\epsilon_0^3$ 网。令 $\epsilon = \sqrt{C}\epsilon_0^{3/2}$ 且 $\ell = 5\ell_0$，再应用引理 C.2 得到 $\mathcal{G}_{5^2\ell_0}$ 是 $S_{\sqrt{C}(\sqrt{C}\epsilon_0^{3/2})^{3/2}}$ 的一个 $C(\sqrt{C}\epsilon_0^{3/2})^3$ 网。重复迭代 k 次，我们有 $\mathcal{G}_{5^k\ell_0}$

是 $S_{\epsilon(k)}$ 的一个 $\epsilon(k)^2$ 网，其中

$$\epsilon(k) = \frac{(C\epsilon_0)^{(3/2)^k}}{C} \tag{C.1}$$

不失一般性，我们选 ϵ_0 使得 $C\epsilon_0 < 1$，则随着 k 的增长 $\epsilon(k)$ 变小的速度非常快。更进一步，可取 ϵ_0 足够小使得 $\epsilon(k)^2 < \epsilon(k+1)$。

第二步是令 U 为 $SU(2)$ 中的任何元素，并采用图 C-1 中所示转换思想使用 $\mathcal{G}$ 中元素的乘积来近似 U。令 $U_0 \in \mathcal{G}_{\ell_0}$ 是 U 的 $\epsilon(0)^2$ 近似。定义 V 使得 $VU_0 = U$，即 $V \equiv UU_0^\dagger$。则 $D(V,I) = \mathrm{tr}\,|V-I| = \mathrm{tr}\,|(U-U_0)U_0^\dagger| = \mathrm{tr}\,|U-U_0| < \epsilon(0)^2 < \epsilon(1)$。根据之前对引理 C.2 迭代应用的讨论，我们可以找到 $U_1 \in \mathcal{G}_{5\ell_0}$ 对 V 是 $\epsilon(1)^2$ 近似。进一步，U_1U_0 对 U 是 $\epsilon(1)^2$ 近似。现在定义 V' 使得 $V'U_1U_0 = U$，即 $V' \equiv UU_0^\dagger U_1^\dagger$。则 $D(V',I) = \mathrm{tr}\,|V'-I| = \mathrm{tr}\,|(U-U_0U_1)U_0^\dagger U_1^\dagger| = \mathrm{tr}\,|U-U_0U_1| < \epsilon(1)^2 < \epsilon(2)$。根据之前对引理 C.2 迭代应用的讨论，我们可以找到 $U_2 \in \mathcal{G}_{5^2\ell_0}$ 对 V' 是 $\epsilon(2)^2$ 近似。进一步，$U_2U_1U_0$ 对 U 是 $\epsilon(2)^2$ 近似。不断应用此方法，我们构造 $U_k \in \mathcal{G}_{5^k\ell_0}$ 使得 $U_kU_{k-1}\cdots U_0$ 对 U 是 $\epsilon(k)^2$ 近似。

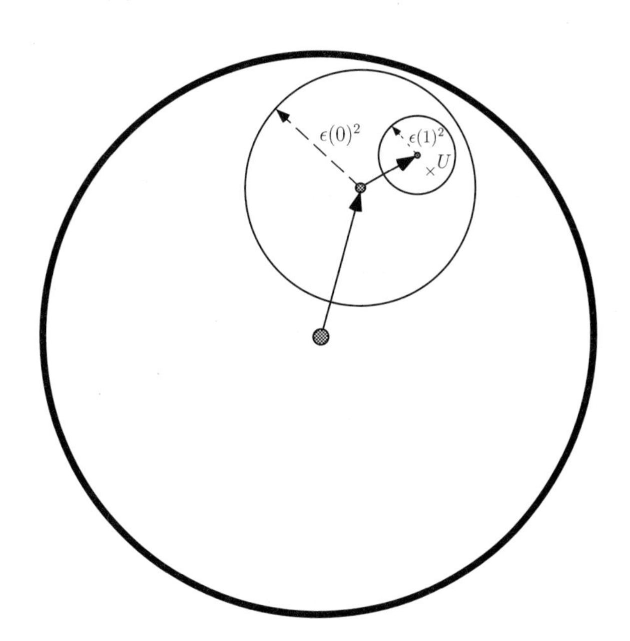

图 C-1　在 Solovay-Kitaev 引理证明中的转化步骤。为了近似一个任意的单比特门，我们首先使用 l_0 个 $\mathcal{G}$ 中的门去得到一个距离小于 $\epsilon(0)^2$ 的近似。之后使用额外的 $5l_0$ 个门进一步近似，为了得到比 $\epsilon(1)^2$ 更好的正确率，持续使用这种方法直到逼近 U

将这些组合起来，一个共计 $\ell_0 + 5\ell_0 + \cdots + 5^k\ell_0 < \frac{5}{4}5^k\ell_0$ 个门的序列可以被用来在 $\epsilon(k)^2$ 的精确度近似任何酉门。为了达到精确度 ϵ，我们选取 k 使得

$$\epsilon(k)^2 < \epsilon \tag{C.2}$$

代入式 (C.1) 可改写为

$$\left(\frac{3}{2}\right)^k < \frac{\log(1/C^2\epsilon)}{2\log(1/C\epsilon)} \tag{C.3}$$

进而有精确度为 ϵ 的门的数目需要满足（$c = \log 5/\log(3/2) \approx 4$）

$$
\text{门的数量} < \frac{5}{4}5^k\ell_0 = \frac{5}{4}\left(\frac{3}{2}\right)^{kc}\ell_0 < \frac{5}{4}\left(\frac{\log(1/C^2\epsilon)}{2\log(1/C\epsilon)}\right)^c\ell_0 \tag{C.4}
$$

也就是说，近似到 ϵ 的误差所需门的个数为 $O(\log^c(1/\epsilon))$，从而完成了 Solovay-Kitaev 定理的证明。

引理 C.2 的证明使用了一些关于 $SU(2)$ 元素相乘的基本事实，我们现在回想一下。引理证明的关键是在单位阵的邻域内进行，这大大简化了原先 $SU(2)$ 上复杂的操作。为了更清晰地说明，我们令 U 和 V 为 $SU(2)$ 的元素，定义 U, V 的群对易子为

$$
[U,V]_{gp} \equiv UVU^\dagger V^\dagger \tag{C.5}
$$

假定 U, V 都接近单位阵，所以我们可以将 U, V 写成下面的形式：$U = \mathrm{e}^{\mathrm{i}A}, V = \mathrm{e}^{\mathrm{i}B}$，其中 A 和 B 是厄米矩阵，且对于某个小的 ϵ，$\mathrm{tr}\,|A|, \mathrm{tr}\,|B| \leqslant \epsilon$。将 $\mathrm{e}^{\pm\mathrm{i}A}$ 和 $\mathrm{e}^{\pm\mathrm{i}B}$ 展开到二次项，我们可以得到

$$
D([U,V]_{gp}, \mathrm{e}^{-[A,B]}) = O(\epsilon^3) \tag{C.6}
$$

其中 $[A,B] = AB - BA$ 是常见的矩阵的对易子（实际上这是 $SU(2)$ 上李代数的对易子）。因此，在单位矩阵的邻域上，我们可以通过研究更简单的矩阵的对易子来研究群上的对易子。

事实上，对于量子比特来说，矩阵对易子有一个漂亮的形式。任意一个 $SU(2)$ 中的元素可以被写成 $U = u(\vec{a}) \equiv \exp(-i\vec{a}\cdot\vec{\sigma}/2)$，其中 $\vec{a}$ 是实向量。类似地，$V = v(\vec{b}) \equiv \exp(-i\vec{b}\cdot\vec{\sigma}/2)$，其中 $\vec{b}$ 是实向量。回忆习题 2.40 里的公式

$$
[\vec{a}\cdot\vec{\sigma}, \vec{b}\cdot\vec{\sigma}] = 2i(\vec{a}\times\vec{b})\cdot\vec{\sigma} \tag{C.7}
$$

我们可以从式 (C.6) 发现

$$
D([U,V]_{gp}, u(\vec{a}\times\vec{b})) = O(\epsilon^3) \tag{C.8}
$$

现在引理 C.2 证明的基本思想就容易理解了。为了完整起见，之后是大部分与近似酉矩阵相关的细节；现在我们只给出主要的想法，如图 C-2 所示。假设我们想要近似一个 S_{ϵ^2} 中的矩阵 $U = u(\vec{x})$。你可以通过习题 C.4 发现迹距离 $D(U, I)$ 与欧几里得距离 $||\vec{x}||$ 相等（除开一些小误差），因此近似值 $||\vec{x}|| \leqslant \epsilon^2$。我们总是可以选取长度至多为 ϵ 的 $\vec{y}, \vec{z}$ 使得 $\vec{x} = \vec{y}\times\vec{z}$。选取 $\vec{y_0}, \vec{z_0}$ 使得 $u(\vec{y_0})$ 和 $u(\vec{z_0})$ 是 G_l 中 ϵ^2 近似 $u(\vec{y})$ 和 $u(\vec{z})$ 的元素。应用式 (C.6) 到对易子 $[u(\vec{y_0}), u(\vec{z_0})]_{gp}$，我们可以得到一个关于 U 的 $O(\epsilon^3)$ 近似。上面给出了一个对于 S_{ϵ^2} 的 $O(\epsilon^3)$ 网；为了完成引理的证明，我们需要一个类似于 Solovay-Kitaev 定理证明的主要部分中的转换步骤，使得可以利用不大于 $5l$ 个门就可以 $O(\epsilon^3)$ 近似 $S_{O(\epsilon)^{3/2}}$ 中的任意元素。

习题 C.2 假设 A 和 B 是厄米矩阵并且 $\mathrm{tr}\,|A|, \mathrm{tr}\,|B| \leqslant \epsilon$。证明对于所有充分小的 ϵ，

$$
D([\mathrm{e}^{\mathrm{i}A}, \mathrm{e}^{\mathrm{i}B}]_{gp}, \mathrm{e}^{-[A,B]}) \leqslant d\epsilon^3 \tag{C.9}
$$

对于某个常数 d 成立，从而证明式 (C.6)。(注释：为了实际的目的，在 d 上获得好的界可能是有趣的。)

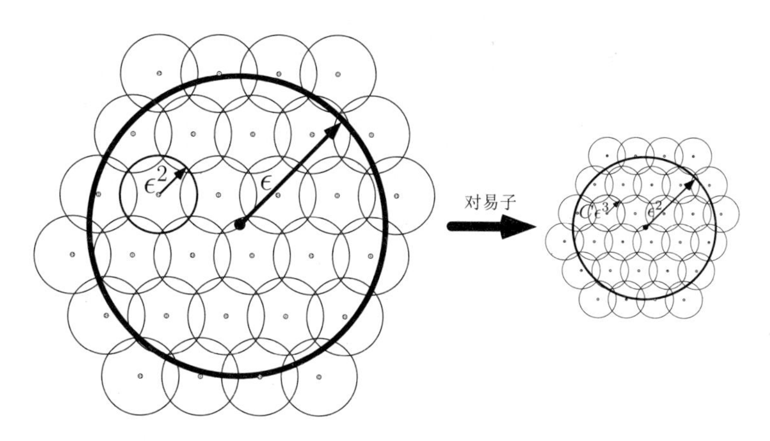

图 C-2 引理 3.2 证明中的主要思想。在 S_ϵ 中选取 U_1, U_2 的对易子使得填充到 S_{ϵ^2} 里更紧密。需要注意的是，右边的图中圆密度应该要比图示所展示的高得多，因为左边的一个圆圈对应着右边的一个圆圈，没有画出实际的圆密度仅仅是为了图示的简洁。引理的证明通过使用一个转换步骤（未在图示中展示）来得到一个对于 $S_{\sqrt{3}\epsilon^{3/2}}$ 中任意元素的好的近似来完成

习题 C.3 令 $\vec{x}, \vec{y}$ 是两个实向量，证明

$$D(u(\vec{x}), u(\vec{y})) = 2\sqrt{2}\sqrt{1 - \cos(x/2)\cos(y/2) - \sin(x/2)\sin(y/2)\widehat{x} \cdot \widehat{y}} \tag{C.10}$$

其中 $x \equiv ||\vec{x}||, y \equiv ||\vec{y}||$ 并且 $\widehat{x}, \widehat{y}$ 是 $\vec{x}, \vec{y}$ 方向上的单位向量。

习题 C.4 证明当 $\vec{y} = 0$ 时，$D(u(\vec{x}), u(\vec{y}))$ 的公式约简到

$$D(u(\vec{x}), I) = 4\sin|\frac{x}{4}| \tag{C.11}$$

习题 C.5 证明对于任意 $x, y \leqslant \epsilon$

$$D(u(\vec{x}), u(\vec{y})) = ||\vec{x} - \vec{y}|| + O(\epsilon^3) \tag{C.12}$$

证明

（引理 C.2）

假设 $\mathcal{G}_l$ 是 S_ϵ 里的一个 ϵ^2 网。证明的第一步是展示，对于一些常数 C，$[\mathcal{G}_l, \mathcal{G}_l]_{gp}$ 是一个 S_{ϵ^2} 里的 $C\epsilon^3$ 网。

令 $U \in S_{\epsilon^2}$，选取 $\vec{x}$ 使得 $U = u(\vec{x})$。通过习题 C.4，我们有 $x \leqslant \epsilon^2 + O(\epsilon^6)$。选择任意长度不超过 $\epsilon + O(\epsilon^5)$ 的向量对 $\vec{y}, \vec{z}$ 使得 $\vec{x} = \vec{y} \times \vec{z}$，$\mathcal{G}_l$ 是 S_ϵ 里一个 ϵ^2 网，从 $\mathcal{G}_l \cap S_\epsilon$ 中选取 U_1, U_2 使得

$$D(U_1, u(\vec{y})) < \epsilon^2 + O(\epsilon^5) \tag{C.13}$$

$$D(U_2, u(\vec{z})) < \epsilon^2 + O(\epsilon^5) \tag{C.14}$$

并且选取 $\vec{y_0}, \vec{z_0}$ 使得 $U_1 = u(\vec{y_0}), U_2 = u(\vec{z_0})$。通过习题 C.4 可以得到 $y_0, z_0 < \epsilon + O(\epsilon^3)$。我们的目标是证明 $D(U, [U_1, U_2]_{gp})$ 小于 $C\epsilon^3$。为了做到这一点，我们使用三角不等式，

$$D(U, [U_1, U_2]_{gp}) \leqslant D(U, u(\vec{y_0} \times \vec{z_0})) + D(u(\vec{y_0} \times \vec{z_0}), [U_1, U_2]_{gp}) \tag{C.15}$$

通过习题 C.2 可以知道第二项小于 $d'\epsilon^3$，其中 d' 是一个略微大于 d 的常数，这是由于 $y_0, z_0 < \epsilon + O(\epsilon^3)$，而不是 $y_0, z_0 < \epsilon$。代入到 $U = u(\vec{x})$，利用习题 C.5 的结论，引入一个近似常数 d'' 并且通过一些基本的代数运算得到

$$\begin{aligned}
D(U, [U_1, U_2]_{gp}) &\leqslant D(u(\vec{x}), u(\vec{y_0} \times \vec{z_0})) + d'\epsilon^3 &\text{(C.16)}\\
&= ||\vec{x} - \vec{y_0} \times \vec{z_0}|| + d''\epsilon^3 &\text{(C.17)}\\
&= ||\vec{y} \times \vec{z} - \vec{y_0} \times \vec{z_0}|| + d''\epsilon^3 &\text{(C.18)}\\
&= ||[(\vec{y} - \vec{y_0}) + \vec{y_0}] \times [(\vec{z} - \vec{z_0}) + \vec{z_0}] - \vec{y_0} \times \vec{z_0}|| + d''\epsilon^3 &\text{(C.19)}\\
&\leqslant (d'' + 2)\epsilon^3 + O(\epsilon^4) &\text{(C.20)}\\
&\leqslant C\epsilon^3 &\text{(C.21)}
\end{aligned}$$

其中 C 是选取的一个合适的常数。

引理证明的第二步是利用一个类似于 Solovay-Kitaev 定理证明的主要部分中的转换步骤。特别地，给定 $U \in S_{\sqrt{C\epsilon^3}}$，我们可以在 $\mathcal{G}_l$ 中找到 V 使得 $D(U, V) \leqslant \epsilon^2$，因此 $UV^\dagger \in S_{\epsilon^2}$。然后在 $\mathcal{G}_l$ 中找到 W_1, W_2 使得 $D([W_1, W_2]_{gp}, UV^\dagger) \leqslant C\epsilon^3$，因此

$$D([W_1, W_2]_{gp}V, U) \leqslant C\epsilon^3 \tag{C.22}$$

证毕。

□

习题 C.6 固定基础门的集合 $\mathcal{G}$，描述一个算法，给定一个单比特门 U 的一个描述及一个期望的精确度 $\epsilon > 0$，可以高效地计算出一个 $\mathcal{G}$ 中的门序列使得 ϵ 近似 U。

本附录里的分析比较粗糙，还可以做一些更紧的分析。一个值得注意的问题是在 $O(\log^c(1/\epsilon))$ 的界中 c 的最佳取值。不难发现 c 不可以小于 1。为了说明这一点，想象我们有一个在 $SU(2)$ 中的 N 个小球的集合，小球的半径都是 ϵ。小球体积的规模大约是 ϵ^d，其中 d 是一个不重要的常数。因此，如果球覆盖了 $SU(2)$，那么 N 必须是 $\Omega(1/\epsilon^d)$。假设我们考虑包含 g 个 $\mathcal{G}$ 中逻辑门的所有可能的序列 $U_1U_2\cdots U_g$。很清晰，这个序列最多可以生成 $|\mathcal{G}|^g$ 个不同的酉矩阵。因此 $|\mathcal{G}|^g = \Omega(1/\epsilon^d)$，这蕴含着我们需要的门个数的下界，

$$g = \Omega(\log(\frac{1}{\epsilon})) \tag{C.23}$$

问题 C.1 下面的问题描述了一个更详细的构造，对于任意的 $c > 2$，实现了 $O(\log^2(1/\epsilon)\log^c\log(1/\epsilon))$ 个门的界来得到一个目标电路的 ϵ 近似。

1. 假设 $\mathcal{N}$ 是 S_ϵ 里的一个 δ 网，对于 $0<\delta<\epsilon\leqslant\epsilon_0$，$\epsilon_0$ 充分小，证明对于某个常数 d，$[\mathcal{N},\mathcal{N}]_{gp}$ 是 S_{ϵ^2} 里的一个 $d\delta\epsilon$ 网。
2. 假设 $\mathcal{G}_l$ 是 S_ϵ 里的一个 δ 网，对于 $0<\delta<\epsilon\leqslant\epsilon_0$。证明 $\mathcal{G}_{4^k l}$ 是 $S_{\epsilon^{2^k}}$ 里的一个 $d^k\delta\epsilon^{2^k-1}$ 网。
3. 假设我们如下定义 k：

$$k\equiv\left\lceil\log\left(\frac{\log(1/\epsilon)}{\log(1/\epsilon_0)}\right)\right\rceil \tag{C.24}$$

   并且假设可以找到 l 使得 $\mathcal{G}_l$ 是 S_{ϵ_0} 里的一个 δ_0 网，其中

$$d^k\delta_0=\epsilon_0 \tag{C.25}$$

   证明 $\mathcal{G}_{4^k l}$ 是 $S_{\epsilon_0^{2^k}}$ 里的一个 ϵ 网。
4. 使用已经证明的 Solovay-Kitaev 定理来证明在这个问题的前一部分中选择 $l=O(k^c)$ 就足够了，其中 $c=\log(5)/\log(3/2)$ 是已经证明的 Solovay-Kitaev 定理的指数中出现的常数。
5. 合并之前的结果证明 $O(\log^2(1/\epsilon)\log^c(\log(1/\epsilon)))$ 个门可以用来 ϵ 近似 $SU(2)$ 中任意的门。
6. 证明对于任意的 $c>2$，前面的结果都成立。

问题 C.2（研究）　如果存在的话，找到一个近似的程序比前一个问题中的结果使用更少的逻辑门。理想情况下，一个程序需要满足以下两个条件：(a) 使执行近似所需的门数与 $\Omega(\log(1/\epsilon))$ 下界吻合，并且 (b) 提供一个高效的算法来构造这样的近似门序列。

问题 C.3（研究）　固定一组有限的单量子比特门 $\mathcal{G}$，它可以容错地执行，并且可以生成的电路在所有单比特门中是一个密集，例如 $\pi/8$ 门和阿达玛门。给出一种优雅、高效、合理的方法，使得给定一个任意的单量子比特门 U 和一些 $\epsilon>0$，从容错集产生一个门序列 ϵ 近似 U，不考虑全局相位。

背景资料与延伸阅读

本附录中的结果由 Solovay 于 1995 年（未发表的手稿）证明，Kitaev 在 [Kit97b] 中也独立给出了证明概要。在同一篇论文中，Kitaev 发现这个结果可以推广到 $SU(2)$ 以外的许多李群；粗略地说，$SU(2)$ 在证明中的关键性质是 $[S_\epsilon,S_\epsilon]_{gp}\supseteq S_{\Omega(\epsilon^2)}$，对于拥有这个性质的其他李群也服从 Solovay-Kitaev 定理的某些版本。例如，对于具有单位行列式的 $d\times d$ 酉矩阵的李群 $SU(d)$，Solovay-Kitaev 定理也是成立的。在听到这个结果后，Solovay 随后以类似的方式概括了他的证明。我们的内容得益于 1999 年 Freedman 的演讲，以及与 Freedman、Kitaev 和 Solovay 的讨论。

附录 D

数论

如果我们要理解密码系统，以及如何利用量子计算机来破解它们，就必须理解一些基本的数论。在本附录中，我们回顾数论的一些基本性质。

D.1 基础

让我们先就命名法和符号的一些约定达成共识。整数集就是集合 $\{\cdots,-2,-1,0,1,2,\cdots\}$，用 $\mathbb{Z}$ 来表示。我们可能偶尔使用自然数，这意味着非负整数，但更常见的情况是，我们会说非负整数或正整数，以便区分包含零的情况和不包含零的情况。

假设 n 是一个整数。如果存在一个整数 k，使得 $n=dk$，我们就称整数 d 整除 n（写作 $d \mid n$）。在这种情况下，我们说 d 是 n 的因子或除数。注意 1 和 n 总是 n 的因子。当 d 不整除（不是 n 的因子）n 时，我们记作 $d \nmid n$。例如，$3 \mid 6$ 和 $3 \mid 18$，但 $3 \nmid 5$ 和 $3 \nmid 7$。

习题 D.1（传递性） 证明如果 $a \mid b$ 并且 $b \mid c$，那么 $a \mid c$。

习题 D.2 证明如果 $d \mid a$ 并且 $d \mid b$，那么 d 也整除 a,b 的所有线性组合，也就是说 $d \mid ax+by$，其中 x,y 是整数。

习题 D.3 假设 a 和 b 是正整数，证明如果 $a \mid b$，那么 $a \leqslant b$。并得到结论：如果 $a \mid b$，并且 $b \mid a$，那么 $a=b$。

素数（质数）是一类大于 1 并且只有自身和 1 作为因子的整数。前几个素数是 $2,3,5,7,11,13,17,\cdots$。可能对于正整数而言最重要的一个性质是，它们可以唯一地表示为素数因子的乘积。这个结果有一个相当令人印象深刻的名字，算术基本定理。

定理 D.1（算术基本定理） 令 a 为任意大于 1 的整数。那么 a 有素因子分解形式

$$a=p_1^{a_1}p_2^{a_2}\cdots p_n^{a_n} \tag{D.1}$$

其中 $p_1, \cdots, p_n$ 是不同的素数，$a_1, \cdots, a_n$ 是正整数。此外，在不考虑因子的排列情况下这个分解是唯一的。

证明

强烈建议未见过算术基本定理的证明的读者尝试自己推导一下。如果没有成功，可以在任何基本数论课本中找到证明；请参阅“背景资料与延伸阅读”。

□

对于较小的数，很容易通过反复试验找到素因数分解，例如 $20 = 2^2 \cdot 5^1$。对于很大的数没有有效的经典计算机上的算法可以找到其素因子，尽管有很多算法正在尝试解决该问题。

习题 D.4　找出 697 和 36300 的素因子分解。

D.2　同余算术与欧几里得算法

我们都非常熟悉普通算术技术，另一种类型算术——同余算术，对理解数字的属性非常有用。我们假设你熟悉同余算术的基本概念，因此可以在阅读更高级的理论之前，很快熟悉基本思想和记号。

可以将同余算术视为余数的算术。如果我们将 18 除以 7，会得到结果 2，余数为 4。更规范来说，给定任何正整数 x 和 n，x 可以（唯一地）写成形式：

$$x = kn + r \tag{D.2}$$

其中 k 是非负整数，是 x 除以 n 的值，r 是余数，取值在 0 到 $n-1$ 之间（含 0 和 $n-1$）。同余算术与普通算术无异，只是我们仅关注其中的余数。我们使用符号 $(\text{mod } n)$ 来表示模运算。例如，我们记 $2 = 5 = 8 = 11 \pmod 3$，[①]因为 $2, 5, 8, 11$ 在除以 3 时都具有相同的余数 2。“$(\text{mod } n)$”表示我们正在对 n 进行取余运算。

模算术的加法、乘法和减法运算都可以用很显然的方式定义，但定义除法运算可能就不那么显而易见了。为了理解如何做到这一点，我们引入数论中的另一个关键概念，即两个整数的最大公约数。整数 a 和 b 的最大公约数是可以同时整除 a 和 b 的最大的数，记为 $\gcd(a, b)$，例如 18 和 12 的最大公约数是 6。一个简单的方法是枚举 18（$1, 2, 3, 6, 9, 18$）和 12（$1, 2, 3, 4, 6, 12$）的正因子，然后选出两个列表中最大的公共元素。这种方法对于较大的数字来说是非常低效和不切实际的。幸运的是，有一种更有效的方法可以计算最大公约数，这种方法被称为欧几里得算法（Euclid's algorithm），接下来的几页将对其进行解释。

定理 D.2（最大公约数的表示定理）　两个整数 a 和 b 的最大公约数是可以写成 $ax + by$ 形式的最小正整数，其中 x 和 y 是整数。

[①] 通常同余采用符号“≡”，即 $2 \equiv 5 \equiv 8 \equiv 11 \pmod 3$，但本书中全部采用的是“=”符号，这里也采用这一符号以与原书保持一致。——译者注

证明

令 $s = ax + by$ 是可以写成这种形式的最小正整数。因为 $\gcd(a, b)$ 可以同时整除 a 和 b，所以它也能整除 s，所以 $\gcd(a, b) \leqslant s$。为了证明的完整性，我们通过证明 s 能同时整除 a 和 b 来证明 $s \leqslant \gcd(a, b)$。假设 s 不是 a 的除数。则 $a = ks + r$，余数 r 在 1 到 $s - 1$ 的范围内。用 $s = ax + by$ 重新排列这个方程，可得 $r = a(1 - kx) + b(-ky)$ 是一个小于 s 的正整数，且可以写成 a 和 b 的线性组合。但这与 s 是可以写成 a 和 b 的线性组合的最小正整数的定义相矛盾。我们得出 s 必须能整除 a。由于对称性，s 也必须是 b 的除数，这就完成了证明。

□

推论 D.3 假设 c 能同时整除 a 和 b，那么 c 也能整除 $\gcd(a, b)$。

证明

根据定理 D.2，存在整数 x 和 y，使得 $\gcd(a, b) = ax + by$，因为 c 能整除 a 和 b，所以它也能整除 $ax + by$。

□

一个数 a 什么时候在模运算中有一个乘法逆？也就是说，给定 a 和 n，什么时候存在 b 使得 $ab = 1 \pmod n$？例如，注意到 $2 \cdot 3 = 1$（对 5 取模），因此数字 2 的算术模为 5 时具有乘法逆 3。另一方面，反复试验表明，2 不具有模 4 的乘法逆。在模算术中寻找乘法逆，与互质数的概念有关：如果整数 a 和 b 的最大公约数是 1，则称为互质数。例如，14 和 9 是互质数，因为 14 的正因子有 $1, 2, 7, 14$，而 $1, 3, 9$ 是 9 的正因子。下面的推论利用互素性来刻画模算术中乘法逆的存在性。

推论 D.4 令 n 为大于 1 的整数。当且仅当 $\gcd(a, n) = 1$ 时，a 和 n 互素。

证明

假设 a 有一个模 n 的乘法逆元，记为 a^{-1}，那么存在整数 k，$aa^{-1} = 1 + kn$，则 $aa^{-1} + (-k)n = 1$。由定理 D.2 可知，$\gcd(a, n) = 1$。反之，如果 $\gcd(a, n) = 1$，那么一定存在整数 a^{-1} 和 b，使得 $aa^{-1} + bn = 1$，因此 $aa^{-1} = 1 \pmod n$。

□

习题 D.5 对于素数 p，证明在 1 到 $p - 1$ 范围内的所有整数都有以 p 为模的乘法逆。在 1 到 $p^2 - 1$ 范围内的整数哪些没有以 p^2 为模的乘法逆？

习题 D.6 求 17 以 24 为模的乘法逆。

习题 D.7 求 $n + 1$ 以 n^2 为模的乘法逆，其中 n 是大于 1 的任意整数。

习题 D.8（逆的唯一性） 假定 b 和 b' 都是 a 模 n 后为乘法逆，证明 $b = b' \pmod n$。

下一个定理是欧几里得找到两个正整数的最大公约数的有效算法的关键。

定理 D.5　设 a 和 b 为整数，r 为 a 除以 b 的余数，假设 $r \neq 0$，则有

$$\gcd(a,b) = \gcd(b,r) \tag{D.3}$$

证明

我们通过表明两边都能整除对方来证明该等式。为了证明左边能整除右边，注意到存在某个整数 k，使得 $r = a - kb$。由于 $\gcd(a,b)$ 能整除 a, b 及其线性组合，因此可以得出 $\gcd(a,b)$ 能整除 r。根据推论 D.3，$\gcd(a,b)$ 可以整除 $\gcd(b,r)$。为了证明右边可以整除左边，注意到 $\gcd(b,r)$ 能整除 b，由于 $a = r + kb$ 是 b 和 r 的线性组合，因此 $\gcd(b,r)$ 也能整除 a。根据推论 D.3，$\gcd(b,r)$ 能整除 $\gcd(a,b)$。

□

习题 D.9　如果已知 a 和 b 的质因数分解，如何找到 $\gcd(a,b)$？找出 6825 和 1430 的质因数分解，并用它们计算 $\gcd(6825,1430)$。

欧几里得寻找正整数 a 和 b 的最大公约数的算法如下。首先，不妨假设 $a > b$，将 b 除以 a，得到除数 k_1，余数 r_1：$a = k_1 b + r_1$。由定理 D.5 $\gcd(a,b) = \gcd(b,r_1)$。接下来我们进行第二次除法，令 b 为第一次操作过程中的 a，r_1 为 b：$b = k_2 r_1 + r_2$，由定理 D.5 $\gcd(a,b) = \gcd(b,r_1) = \gcd(r_1,r_2)$。接下来我们进行第三次除法，$r_1$ 为 a, r_2 为 b：$r_1 = k_3 r_2 + r_3$。由定理 D.5 $\gcd(a,b) = \gcd(b,r_1) = \gcd(r_1,r_2) = \gcd(r_2,r_3)$。我们以这种方式继续，每次用最近得到的余数除以第二个最近的余数，得到一个新的结果和余数。当余数为 0 时，算法停止，即对某个 m，$r_m = k_{m+1} r_{m+1}$。我们有 $\gcd(a,b) = \gcd(r_m, r_{m+1}) = r_{m+1}$，所以算法返回 r_{m+1}。

作为使用欧几里得算法的一个例子，我们发现 $\gcd(6825,1430)$：

$$6825 = 4 \times 1430 + 1105 \tag{D.4}$$

$$1430 = 1 \times 1105 + 325 \tag{D.5}$$

$$1105 = 3 \times 325 + 130 \tag{D.6}$$

$$325 = 2 \times 130 + 65 \tag{D.7}$$

$$130 = 2 \times 65 \tag{D.8}$$

由此可以得出 $\gcd(6825,1430) = 65$。

一种欧几里得算法的改版可以有效地找到整数 x 和 y，使得 $ax + by = \gcd(a,b)$。第一阶段是按照欧几里得算法的步骤进行，就像之前一样。第二阶段从欧几里得算法的倒数第 2 行开始，依次替换算法中更高的行，如下例所示：

$$65 = 325 - 2 \times 130 \tag{D.9}$$

$$= 325 - 2 \times (1105 - 3 \times 325) = -2 \times 1105 + 7 \times 325 \tag{D.10}$$

$$= -2 \times 1105 + 7 \times (1430 - 1 \times 1105) = 7 \times 1430 - 9 \times 1105 \tag{D.11}$$

$$= 7 \times 1430 - 9 \times (6825 - 4 \times 1430) = -9 \times 6825 + 43 \times 1430 \tag{D.12}$$

则有 $65 = 6825 \times (-9) + 1430 \times 43$，即我们想要的表示。

欧几里得算法消耗了哪些资源？假设 a 和 b 每个数可以用最多 L 位的位串表示。很明显，没有一个因子 k_i 或余数 r_i 可以超过 L 位长，所以我们可以假设所有的计算都是在 L 位算术中完成的。该资源分析的关键观察是 $r_{i+2} \leqslant r_i/2$。为了证明这一点，我们考虑两种情况：

- $r_{i+1} \leqslant r_i/2$：很显然 $r_{i+2} \leqslant r_{i+1}$，因此该不等式也显然。
- $r_{i+1} > r_i/2$：这种情况下 $r_i = 1 \times r_{i+1} + r_{i+2}$，因此 $r_{i+2} = r_i - r_{i+1} \leqslant r_i/2$。

由于 $r_{i+2} \leqslant r_i/2$，因此在欧几里得算法核心的除法和余数运算最多需要执行 $2\lceil \log a \rceil = O(L)$ 次。每个除法-取余运算都需要 $O(L^2)$ 次运算，因此欧几里得算法的总代价为 $O(L^3)$。寻找 x 和 y，使 $ax + by = \gcd(a, b)$ 会导致一个较小的额外代价：共执行 $O(L)$ 次子代换，每次代换的代价是 $O(L^2)$，总代价是 $O(L^3)$。

欧几里得算法也可用于高效地寻找模运算中的乘法逆。这隐含在推论 D.4 的证明中；我们现更明确地写出。假设 a 是 n 的互素数，我们希望找到 a^{-1} 模 n。为此，由欧几里得算法及 a 和 n 的互素性可得到满足下式的整数 x 和 y：

$$ax + ny = 1 \tag{D.13}$$

注意到 $ax = (1 - ny) = 1 \pmod n$，即，$x$ 是模 n 后 a 的乘法逆。此外，该算法的计算效率很高，只需要 $O(L^3)$ 步，其中 L 是 n 的比特长度。

现在我们已经知道如何有效地在模算术中找到逆，它只是解决简单的线性同余方程的一个很短的步骤，如

$$ax + b = c \pmod n \tag{D.14}$$

假设 a 和 n 是互素的。然后，使用欧几里得算法，我们可以有效地找到 a 模 n 的乘法逆 a^{-1}，从而找到前一个方程的解，

$$x = a^{-1}(c - b) \pmod n \tag{D.15}$$

著名的中国剩余定理的结果极大地扩展了我们可以进一步求解的同余方程的范围，使我们能够有效地求解线性同余方程组。

定理 D.6（中国剩余定理） 假定 $m_1, \cdots, m_n$ 为正整数，且满足任意一对 m_i 和 $m_j (i \neq j)$ 是互素的。则方程组

$$x = a_1 \pmod{m_1} \tag{D.16}$$

$$x = a_2 \pmod{m_2} \tag{D.17}$$

$$\cdots\cdots$$

$$x = a_n \pmod{m_n} \tag{D.18}$$

有解。此外，该方程组的任意两个解在模 $M \equiv m_1 m_2 \cdots m_n$ 下相等。

证明

证明是显式地构造方程组的解。定义 $M_i \equiv M/m_i$，且注意到 m_i 和 M_i 互素。因此，M_i 有一个模 m_i 的逆，记为 N_i。定义 $x \equiv \sum_i a_i M_i N_i$。为说明 x 是方程组的一个解，注意当 $i = j$ 时，$M_i N_i = 1 \pmod{m_i}$，且 $i \neq j$ 时，$M_i N_i = 0 \pmod{m_j}$，所以 $x = a_i \pmod{m_i}$，从而证明了解的存在性。

假设 x 和 x' 都是方程组的解。因此，对于每个 i，$x - x' = 0 \pmod{m_i}$，因此对于每个 i，都有 $x - x'$ 能整除 m_i。由于 m_i 之间互素，因此得出乘积 $M = m_1 \cdots m_n$ 也能整除 $x - x'$，所以 $x = x' \pmod{M}$，证毕。

□

欧几里得算法和中国余数定理是算法数论中两个标志性成就。很讽刺的是，他们竟然在通向 RSA 密码系统的一系列算法中扮演了一个角色，而 RSA 密码系统的假定安全性是基于在数论中执行某些算法任务的难度。然而，事实确实如此！现在我们去探索 RSA 密码系统所必需的数字理论背景。其中的关键思想是经典数论的著名结果——费马小定理（不要与费马最后定理混淆），以及欧拉理论对费马小定理的推广。费马小定理的证明依靠以下优雅的引理。

引理 D.7 假设 p 是素数，k 是一个 1 到 $p-1$ 之间的整数。则 p 能整除 $\binom{p}{k}$。

证明

考虑等式

$$p(p-1)\cdots(p-k+1) = \binom{p}{k} k(k-1)\cdots 1 \tag{D.19}$$

由于 $k \geqslant 1$，左边（同样有右边）能被 p 整除。由于 $k \leqslant p-1$，$k(k-1)\cdots 1$ 不能被 p 整除。由此可以得出，$\binom{p}{k}$ 一定能被 p 整除。

□

定理 D.8（费马小定理） 假设 p 是一个素数，a 是任意整数。如果 a 不能被 p 整除，那么 $a^{p-1} = 1 \pmod{p}$。

证明

该定理的第二部分从第一部分开始，因为如果 a 不能被 p 整除，则 a 具有模 p 的逆，因此 $a^{p-1} = a^{-1}a^p = a^{-1}a = 1 \pmod{p}$。对于正整数 a，我们可以通过对 a 的归纳来证明定理的第一部分（对于非正数 a 也可很容易得到）。当 $a = 1$ 时，我们有 $a^p = 1 = a \pmod{p}$，即我们所需要的。假设结果对 a 成立，即 $a^p = a \pmod{p}$，考虑 $a+1$ 的情况。由二项展开式，

$$(1+a)^p = \sum_{k=0}^{p} \binom{p}{k} a^k \tag{D.20}$$

根据引理 D.7，当 $1 \leqslant k \leqslant p-1$ 时，p 能整除 $\binom{p}{k}$，所以除了第一项和最后一项，其他所有项都从模 p 求和式中消失了，因此 $(1+a)^p = (1+a^p) \pmod p$。由归纳假设 $a^p = a \pmod p$ 可得，$(1+a)^p = (1+a) \pmod p$。

□

有一个著名的基于欧拉函数 φ 进行推广的费马小定理。$\varphi(n)$ 被定义为小于 n 且和 n 互素的正整数的个数。例如，注意所有小于素数 p 的正整数都和 p 是互素的，因此 $\varphi(p) = p-1$。小于 p^α 且与 p^α 不互素的整数是 p 的倍数：$p, 2p, 3p, \cdots, (p^{\alpha-1}-1)p$。从中可以推导得到：

$$\varphi(p^\alpha) = (p^\alpha - 1) - \left(p^{\alpha-1} - 1\right) = p^{\alpha-1}(p-1) \tag{D.21}$$

此外，如果 a 和 b 互素，则由中国剩余定理可得：

$$\varphi(ab) = \varphi(a)\varphi(b) \tag{D.22}$$

考虑方程组 $x = x_a \pmod a, x = x_b \pmod b$，将中国剩余定理应用到这个方程组中，我们可以看到二元组 (x_a, x_b) 之间存在一一对应关系，其中 $1 \leqslant x_a < a, 1 \leqslant x_b < b, \gcd(x_a, a) = 1, \gcd(x_b, b) = 1$，且整数 x 满足 $1 \leqslant x < ab, \gcd(x, ab) = 1$。存在 $\varphi(a)\varphi(b)$ 个这样的二元组 (x_a, x_b) 和 $\varphi(ab)$ 个这样的 x，从而可以得到式 (D.22)。

式 (D.21) 和式 (D.22) 一起推出了 $\varphi(n)$ 基于 n（$n = p_1^{\alpha_1} \cdots p_k^{\alpha_k}$）的素因子分解的一个公式：

$$\varphi(n) = \prod_{j=1}^{k} p_j^{\alpha_j - 1}(p_j - 1) \tag{D.23}$$

习题 D.10 求 $\varphi(187)$。

习题 D.11 证明

$$n = \sum_{d|n} \varphi(d) \tag{D.24}$$

求和项是对 n 的所有整因子进行的。（提示：首先证明该式对 $n = p^\alpha$ 成立，然后使用 φ 在式 (D.22) 中乘法性质来完成证明。）

欧拉对费马小定理有如下优美的推广：

定理 D.9 假设 a 与 n 互素，则 $a^{\varphi(n)} = 1 \pmod n$。

证明

首先对 α 进行归纳假设 $a^{\varphi(p^\alpha)} = 1 \pmod{p^\alpha}$。当 $\alpha = 1$ 时，由费马小定理该式成立。假定对于 $\alpha \geqslant 1$ 该式也成立，则对某一整数 k，

$$a^{\varphi(p^\alpha)} = 1 + kp^\alpha \tag{D.25}$$

那么由式 (D.21)，

$$
\begin{aligned}
a^{\varphi(p^{\alpha+1})} &= a^{p^{\alpha}(p-1)} && \text{(D.26)}\\
&= a^{p\varphi(p^{\alpha})} && \text{(D.27)}\\
&= (1+kp^{\alpha})^{p} && \text{(D.28)}\\
&= 1+\sum_{j=1}^{p}\binom{p}{j}k^{j}p^{j\alpha} && \text{(D.29)}
\end{aligned}
$$

使用引理 D.7 可以很容易看出 $p^{\alpha+1}$ 能整除求和式中的每一项，因此

$$a^{\varphi(p^{\alpha+1})} = 1 \pmod{p^{\alpha+1}} \tag{D.30}$$

这就完成了归纳过程。注意到对于任意的 $n = p_1^{\alpha_1}\cdots p_m^{\alpha_m}$，由于 $\varphi(n)$ 是 $\varphi(p_j^{\alpha_j})$ 的倍数，$a^{\varphi(n)} = 1 \pmod{p_j^{\alpha_j}}$ 对任一 j 都成立，通过以上观察就可以完成定理的证明。应用中国剩余定理的证明中的构造方法，我们可以发现方程组 $x = 1 \pmod{p_j^{\alpha_j}}$ 的任何一个解都必须满足 $x = 1 \pmod{n}$，那么就有 $a^{\varphi(n)} = 1 \pmod{n}$。

□

定义 $\mathbb{Z}_n^*$ 为 $\mathbb{Z}_n$ 中所有模 n 存在逆元的元素的集合，也就是 $\mathbb{Z}_n$ 中与 n 互质的元素的集合。容易看出 $\mathbb{Z}_n^*$ 在乘法运算下构成一个大小为 $\varphi(n)$ 的群，即 $\mathbb{Z}_n^*$ 包含乘法单位元，$\mathbb{Z}_n^*$ 中元素的乘积还在 $\mathbb{Z}_n^*$ 中，并且 $\mathbb{Z}_n^*$ 在乘法逆运算下是封闭的。（有关基础群论知识的概述参见附录 B。）不太显然的一点是当 n 是奇素数 p 的方幂，即 $n = p^{\alpha}$ 时，$\mathbb{Z}_n^*$ 具有不同寻常的结构。可以证明 $\mathbb{Z}_{p^{\alpha}}^*$ 是一个循环群，也就是说，在 $\mathbb{Z}_{p^{\alpha}}^*$ 中存在一个元素 g 可以生成 $\mathbb{Z}_{p^{\alpha}}^*$，即任何其他元素都可以被写为 $x = g^k \pmod{n}$，其中 k 是某一非负整数。

定理 D.10　令 p 是一个奇素数，α 为正整数，则 $\mathbb{Z}_{p^{\alpha}}^*$ 是循环的。

证明

关于这一事实的证明有一点超出了本书的范畴，它可以在许多包含大量数论知识的书中找到。例如，感兴趣的读者可以参看 Knuth[Knu98a] 中的 3.2 节，特别是其中的第 16 ~ 23 页。

□

习题 D.12　验证 $\mathbb{Z}_n^*$ 在模 n 乘法运算下构成一个大小为 $\varphi(n)$ 的群。

习题 D.13　令 a 是 $\mathbb{Z}_n^*$ 中的任意一个元素。证明 $S \equiv \{1, a, a^2, \cdots\}$ 构成一个 $\mathbb{Z}_n^*$ 的子群，并且 S 的大小是满足 $a^r = 1 \pmod{n}$ 的最小的 r 的值。

习题 D.14　假设 g 是群 $\mathbb{Z}_n^*$ 的生成元，证明：g 的阶一定是 $\varphi(n)$。

习题 D.15　拉格朗日定理（定理 B.1）是群论中的一个基本结果，它表明子集的大小必能整除集合的阶。利用拉格朗日定理给出定理 D.9 的另一个证明，即证明 $a^{\varphi(n)} = 1 \pmod{n}$ 对任意 $a \in \mathbb{Z}_n^*$ 成立。

D.3 因数分解到求阶问题的归约

在经典计算机上，因数分解问题被证明等价于另一个问题，即求阶问题。这一等价性非常重要，因为量子计算机能够迅速求解求阶问题，因而也能够快速进行因数分解。在本节中，我们将会解释这两类问题之间的等价性，并主要集中在从因数分解到求阶问题的归约过程上。

假设 N 是一个正整数，并且 x 与 N 互质，其中 $1 \leqslant x < N$，那么 x 模 N 的阶被定义为满足 $x^r = 1 \pmod N$ 的最小正整数 r。求阶问题的目标是在给定 x 与 N 的条件下，确定 r。

习题 D.16 使用定理 D.9 证明 x 模 N 的阶一定能整除 $\varphi(N)$。

从因数分解到求阶问题的归约过程主要分为两个基础步骤。第一步是证明如果可以找到方程 $x^2 = 1 \pmod N$ 的一个非平凡解 $x \neq \pm 1 \pmod N$，那么我们就能够计算出 N 的一个因数。第二步则是证明随机挑选一个与 N 互质的数 y，它就有很大可能具有偶数阶 r，并且满足 $y^{r/2} \neq \pm 1 \pmod N$，那么 $x \equiv y^{r/2} \pmod N$ 就是 $x^2 = 1 \pmod N$ 的一个解。

定理 D.11 假设 N 是一个 L 比特长的合数，x 是方程 $x^2 = 1 \pmod N$ 的一个非平凡解，其中 $1 \leqslant x \leqslant N$，即 $x \neq 1 \pmod N$ 且 $x \neq -1 \pmod N$。那么 $\gcd(x-1, N)$ 与 $\gcd(x+1, N)$ 中至少有一个是 N 的非平凡因子，且可以在 $O(L^3)$ 次操作内被计算出来。

证明

因为 $x^2 = 1 \pmod N$，所以 N 必定能整除 $x^2 - 1 = (x+1)(x-1)$，那么 N 必与 $(x+1)$ 或 $(x-1)$ 有公因数。但是由假设可知 $1 < x < N-1$，因此 $x-1 < x+1 < N$，由此可知这一公因数不可能是 N 本身。那么使用欧几里得算法，我们可以计算出 $\gcd(x-1, N)$ 与 $\gcd(x+1, N)$，从而得到 N 的一个非平凡因子，总共使用的操作为 $O(L^3)$。

□

引理 D.12 令 p 是一个奇素数，令 2^d 是能整除 $\varphi(p^\alpha)$ 的最大的 2 的方幂；那么以正好一半的概率，2^d 能整除一个从 $\mathbb{Z}_{p^\alpha}^*$ 中随机挑选出的元素模 p^α 的阶。

证明

注意到因为 p 是奇数，所以 $\varphi(p^\alpha) = p^{\alpha-1}(p-1)$ 是偶数，并且 $d \geqslant 1$。由定理 D.10 可知存在一个 $\mathbb{Z}_{p^\alpha}^*$ 的生成元 g，因此任意一个元素都可以被写成 $g^k \pmod{p^\alpha}$ 的形式，其中 k 的范围是从 1 到 $\varphi(p^\alpha)$。令 r 是 g^k 模 p^α 的阶，然后考虑以下两种情况。第一类情况是 k 是奇数。由 $g^{kr} = 1 \pmod{p^\alpha}$，可以推断 $\varphi(p^\alpha)|kr$，又因为 k 是奇数，所以 $2^d|r$。第二类情况是 k 是偶数。那么

$$g^{k\varphi(p^\alpha)/2} = \left(g^{\varphi(p^\alpha)}\right)^{k/2} = 1^{k/2} = 1 \pmod{p^\alpha} \tag{D.31}$$

因此 $r|\varphi(p^\alpha)/2$，由此推断 2^d 不能整除 r。

概括来说，$\mathbb{Z}_{p^\alpha}^*$ 可以被划分为两个大小相等的集合：对于那些可以被写成 g^k 的形式且 k 为奇数的元素，$2^d|r$，其中 r 是 g^k 的阶，而对于那些能被写成 g^k 的形式且 k 为偶数的元素，$2^d \nmid r$。

因此，以 1/2 的概率整数 2^d 能整除 r，其中 r 是一个从 $\mathbb{Z}_{p^\alpha}^*$ 中随机挑选出的元素模 p^α 的阶，而同时也以 1/2 的概率不能整除 r。

□

定理 D.13 假设 $N = p_1^{\alpha_1} \cdots p_m^{\alpha_m}$ 是一个奇正合数的素因子分解。令 x 是从 $\mathbb{Z}_N^*$ 中随机挑选来的元素，并且令 r 是 x 模 N 的阶。那么

$$p(r\text{为偶数}, x^{r/2} \neq -1 \pmod N) \geqslant 1 - \frac{1}{2^{m-1}} \tag{D.32}$$

证明

下面我们证明

$$p(r\text{为奇数或}x^{r/2} = -1 \pmod N) \leqslant \frac{1}{2^{m-1}} \tag{D.33}$$

由中国剩余定理可知，从 $\mathbb{Z}_N^*$ 中随机挑选出元素 x 等价于从 $\mathbb{Z}_{p_j^{\alpha_j}}^*$ 中独立均匀采样，并且要求 $x = x_j \pmod{p_j^{\alpha_j}}$ 对每一个 j 都成立。令 r_j 是 x_j 模 $p_j^{\alpha_j}$ 的阶，2^{d_j} 是最大的能够整除 r_j 的 2 的方幂，2^d 是最大的能够整除 r 的 2 的方幂。我们将证明为了使 r 是奇数或者 $x^{r/2} = -1 \pmod N$ 成立，其必要条件是 $d_2, \cdots, d_m$ 与 d_1 相等。那么结果就如引理 D.12 所示，这一事件发生的概率至多为 $1/2^m$。

我们考虑的第一种情况是 r 为奇数。容易看出 $r_j|r$ 对每一个 j 都成立，因此 r_j 是奇数，所以对于所有的 $j = 1, \cdots, m$，都有 $d_j = 0$。第二也是最后一种情况是当 r 为偶数并且 $x^{r/2} = -1 \pmod N$。那么 $x^{r/2} = -1 \pmod{p_j^{\alpha_j}}$，因此 $r_j \nmid (r/2)$。又因为 $r_j|r$，我们必须使 $d_j = d$ 对所有 j 都成立。

□

结合定理 D.11 与 D.13，就可以给出一个算法，它能够以高概率返回任意合数 N 的一个非平凡因数。算法中除一个用来求阶的“子程序”外，其余的所有步骤都可以在经典计算机上高效地完成。通过重复运行算法，我们就可以找到 N 的完全质因数分解。我们将这一算法总结如下。

1. 如果 N 是偶数，返回因子 2。
2. 使用习题 5.17 中的算法判定是否存在整数 $a \geqslant 1$ 及 $b \geqslant 2$ 使得 $N = a^b$，如果存在返回因子 a。
3. 从 1 到 $N-1$ 中随机挑选一个整数 x。如果 $\gcd(x, N) > 1$，那么就返回因子 $\gcd(x, N)$。
4. 使用求阶子程序来找到 x 模 N 的阶 r。
5. 如果 r 是偶数并且 $x^{r/2} \neq -1 \pmod N$，那么就计算 $\gcd(x^{r/2}-1, N)$ 与 $\gcd(x^{r/2}+1,\ N)$，并检验两者中哪一个是非平凡因子，返回这个因子。否则，算法失败。

算法中的步骤 1 与 2 要么会返回一个因子，要么就保证了 N 是一个奇数并且有多于一个奇因子。这些步骤分别可以在 $O(1)$ 与 $O(L^3)$ 次操作内完成。同样，步骤 3 不是返回一个因子，就是产生一个从 $\mathbb{Z}_N^*$ 中随机挑选的元素 x。步骤 4 调用了求阶子程序，来计算出 x 模 N 的阶 r。到步骤

5 就完成了算法的全部流程，因为定理 D.12 保证了至少有二分之一的概率 r 是偶数且 $x^{r/2} \neq -1 \pmod N$，那么定理 D.11 就保证了 $\gcd(x^{r/2}-1, N)$ 或 $\gcd(x^{r/2}+1, N)$ 是 N 的非平凡因子。

习题 D.17（求阶到素因子分解的归约） 我们已经证明了一个高效的求阶算法允许我们高效地进行素因子分解。现在要求你证明一个高效的素因子分解算法将允许我们高效地找到任意与 N 互素的 x 模 N 的阶 r。

D.4 连分式

实数连续统和整数之间有许多不同寻常的联系，有关连分式的精妙理论就是其中之一。在这一节中，我们发展了连分式理论中一些基本要素，这些要素对于第 5 章中详细介绍的用于求阶与因数分解的快速量子算法非常关键。

作为连分式的一个例子，考虑如下定义的数 s

$$s \equiv \frac{1}{2+\frac{1}{2+\frac{1}{2+\cdots}}} \tag{D.34}$$

不严谨地说，可以注意到 $s = 1/(2+s)$，由此很容易说服自己 $s = \sqrt{2}-1$。连分式方法的思想是使用类似式 (D.34) 中的表达式，通过整数来描述实数。有限单连分式可以通过一个有限的正整数集 $a_0, \cdots, a_N$ 来定义，

$$[a_0, \cdots, a_N] \equiv a_0 + \frac{1}{a_1+\frac{1}{a_2+\frac{1}{\cdots+\frac{1}{a_N}}}} \tag{D.35}$$

我们定义这一连分式的第 n 个渐进分数（$0 \leqslant n \leqslant N$）为 $[a_0, \cdots, a_n]$。

定理 D.14 假设 x 是一个大于等于一的有理数。那么 x 存在一个连分式表示 $x = [a_0, \cdots, a_N]$，这一表示可以通过连分式算法构造。

证明

连分式算法最好通过例子来理解。假设我们试图将 $31/13$ 分解为一个连分式。那么连分式算法的第一步是将 $31/13$ 划分为整数和分数部分，

$$\frac{31}{13} = 2 + \frac{5}{13} \tag{D.36}$$

接下来，我们倒转分数部分，得到

$$\frac{31}{13} = 2 + \frac{1}{\frac{13}{5}} \tag{D.37}$$

然后将上述的划分和倒转操作应用到 $13/5$ 上，给出

$$\frac{31}{13} = 2 + \frac{1}{2+\frac{3}{5}} = 2 + \frac{1}{2+\frac{1}{\frac{5}{3}}} \tag{D.38}$$

接着我们再划分和倒转 5/3：

$$\frac{31}{13} = 2 + \frac{1}{2 + \frac{1}{1+\frac{2}{3}}} = 2 + \frac{1}{2 + \frac{1}{1+\frac{1}{\frac{3}{2}}}} \tag{D.39}$$

连分式分解现在就结束了，因为 $3/2 = 1 + 1/2$，所以此时分子中是 1，那就没有任何必要再进行倒转了，这就给出了 31/13 的连分式表示

$$\frac{31}{13} = 2 + \frac{1}{2 + \frac{1}{1+\frac{1}{1+\frac{1}{2}}}} \tag{D.40}$$

显然，连分式算法在一系列有限的“划分和倒转”步骤后将会终止，这是因为每次出现的分子（在我们的例子中是 $31, 3, 2, 1$）都会严格减小。那么终止的速度会有多块？我们不久之后将会回到这个问题上。

□

上述定理是对 $x \geqslant 1$ 而言的；但是在实际应用中放松 a_0 必须为正的约束并允许其为任意整数是非常方便的，这就使 $x \geqslant 1$ 的约束变得很多余。特别地，如同在量子算法的应用中出现的情况那样，如果令 x 取值为从 0 到 1，那么在连分式展开中就有 $a_0 = 0$。

连分式算法提供了一种明确的方法来得到一个给定有理数的连分式展开，其中唯一可能不明确的地方出现在最后一步；因为我们可以使用两种方法来划分一个整数，或者令 $a_n = a_n$，或者令 $a_n = (a_n - 1) + 1/1$，这就给出了两种可行的连分式展开。这种不明确性实际上是很有用的，因为它允许我们可以根据需要不失一般性地假设一个给定有理数的连分式展开有奇数或偶数个渐进分数。

习题 D.18　写出 $x = 19/17$ 与 $x = 77/65$ 的连分式展开。

定理 D.15　令 $a_0, \cdots, a_N$ 是一串正数的序列。那么

$$[a_0, \cdots, a_n] = \frac{p_n}{q_n} \tag{D.41}$$

其中 p_n 和 q_n 是实数，并由以下方式归纳定义，即 $p_0 \equiv a_0, q_0 \equiv 1$，以及 $p_1 \equiv 1 + a_0 a_1, q_1 \equiv a_1$，而当 $2 \leqslant n \leqslant N$ 时，有

$$p_n \equiv a_n p_{n-1} + p_{n-2} \tag{D.42}$$

$$q_n \equiv a_n q_{n-1} + q_{n-2} \tag{D.43}$$

在 a_j 为正整数的情况下，p_j 和 q_j 也同样是。

证明

我们对 n 进行归纳证明。对 $n=0$ 及 $n=1,2$ 的情况结果很容易验证。根据定义，当 $n\geqslant 3$ 时，

$$[a_0,\cdots,a_n]=[a_0,\cdots,a_{n-2},a_{n-1}+1/a_n] \tag{D.44}$$

使用归纳假设，令 $\tilde{p}_j/\tilde{q}_j$ 表示右边连分式的渐进分数的序列：

$$[a_0,\cdots,a_{n-2},a_{n-1}+1/a_n]=\frac{\tilde{p}_{n-1}}{\tilde{q}_{n-1}} \tag{D.45}$$

显然，由定义可知 $\tilde{p}_{n-3}=p_{n-3},\tilde{p}_{n-2}=p_{n-2}$ 并且 $\tilde{q}_{n-3}=q_{n-3},\tilde{q}_{n-2}=q_{n-2}$，因此

$$\frac{\tilde{p}_{n-1}}{\tilde{q}_{n-1}}=\frac{(a_{n-1}+1/a_n)p_{n-2}+p_{n-3}}{(a_{n-1}+1/a_n)q_{n-2}+q_{n-3}} \tag{D.46}$$

$$=\frac{p_{n-1}+p_{n-2}/a_n}{q_{n-1}+q_{n-2}/a_n} \tag{D.47}$$

将右边式子的上下同乘以 a_n 后可以发现

$$\frac{\tilde{p}_{n-1}}{\tilde{q}_{n-1}}=\frac{p_n}{q_n} \tag{D.48}$$

结合式 (D.48) 、式 (D.45) 与式 (D.44) 就给出了我们想要的

$$[a_0,\cdots,a_n]=\frac{p_n}{q_n} \tag{D.49}$$

□

习题 D.19 证明 $q_np_{n-1}-p_nq_{n-1}=(-1)^n$ 对 $n\geqslant 1$ 成立。使用这一事实得到结论 $\gcd(p_n,q_n)=1$。（提示：对 n 作归纳。）

我们需要确定多少个 a_n 的值才能得到一个有理数 $x=p/q>1$（其中 p 与 q 互质）的连分式展开？假设 $a_0,\cdots,a_N$ 是正整数，从 p_n 与 q_n 的定义中可以看出 p_n 与 q_n 是递增序列；因此 $p_n=a_np_{n-1}+p_{n-2}\geqslant 2p_{n-2}$，类似地有 $q_n\geqslant 2q_{n-2}$，由此可以推出 $p_n,q_n\geqslant 2^{\lfloor n/2\rfloor}$，那么 $2^{\lfloor N/2\rfloor}\leqslant q\leqslant p$，即 $N=O(\log(p))$。由此可见，如果 $x=p/q$ 是一个有理数，而 p 和 q 都是 L 比特整数，那么 x 的连分式展开可以用 $O(L^3)$ 次操作计算得到——$O(L)$ 步“划分与倒转”，每一次使用 $O(L^2)$ 个门来做四则运算。

定理 D.16 令 x 是一个有理数，并且假设 p/q 也是一个有理数且满足

$$\left|\frac{p}{q}-x\right|\leqslant\frac{1}{2q^2} \tag{D.50}$$

那么 p/q 是 x 连分式展开中的一个渐进分数。

证明

令 $p/q = [a_0, \cdots, a_n]$ 为 p/q 的连分式展开，p_j 和 q_j 同定理 D.15 中的定义，其中 $p_n/q_n = p/q$。通过以下方程定义 δ

$$x \equiv \frac{p_n}{q_n} + \frac{\delta}{2q_n^2} \tag{D.51}$$

因此 $|\delta| < 1$。通过以下方程定义 λ

$$\lambda \equiv 2\left(\frac{q_n p_{n-1} - p_n q_{n-1}}{\delta}\right) - \frac{q_{n-1}}{q_n} \tag{D.52}$$

通过计算我们发现上述定义的 λ 满足等式

$$x = \frac{\lambda p_n + p_{n-1}}{\lambda q_n + q_{n-1}} \tag{D.53}$$

于是 $x = [a_n, \cdots, a_n, \lambda]$。我们从习题 D.19 可以看出，当 n 为偶数时有

$$\lambda = \frac{2}{\delta} - \frac{q_{n-1}}{q_n} \tag{D.54}$$

q_n 单调上升，于是

$$\lambda = \frac{2}{\delta} - \frac{q_{n-1}}{q_n} > 2 - 1 \geqslant 1 \tag{D.55}$$

综上，λ 为大于 1 的有理数，故其有一个简单的有限连分式形式 $\lambda = [b_0, \cdots, b_m]$，所以 $x = [a_0, \cdots, a_n, b_0, \cdots, b_m]$ 是 x 的一个简单有限连分式表示且 p/q 是其中一个渐近分数。

□

问题 D.1（素数估计） 令 $\pi(n)$ 为小于 n 的素数个数。素数定理表明 $\lim_{n\to\infty} \pi(n)\log(n)/n = 1$，故 $\pi \approx n/\log(n)$。素数定理的证明比较复杂，本题给出了一个弱化版本的素数定理，它给出了关于素数分布的一个很好的下界。

1. 证明 $n \leqslant \log \binom{2n}{n}$。
2. 证明
$$\log \binom{2n}{n} \leqslant \sum_{p \leqslant 2n} \left\lfloor \frac{\log(2n)}{\log p} \right\rfloor \log p \tag{D.56}$$
   其中求和范围为所有不大于 $2n$ 的素数 p。
3. 利用以上两个结果证明
$$\pi(2n) \geqslant \frac{n}{\log(2n)} \tag{D.57}$$

背景资料与延伸阅读

有很多关于数论的优秀书籍。我们充分利用了 Koblitz[Kob94] 的优秀著作，它结合了许多关于数论、算法和密码学的介绍。类似的更全面的面向算法的内容，可以在 Cormen、Leiserson 和 Rivest[CLR90] 的第 33 章中找到。我们对连分式的讨论是基于 Hardy 和 Wright[HW60] 的《数论经典》第 10 章。问题 4.1 改编自 Papadimitriou[Pap94]。

附录 E

公钥密码和 RSA 密码系统

密码学是使两方能够私密通信的一门艺术。举个例子，网购的消费者希望通过互联网传送其信用卡号码使得只有支付公司能获得该号码。再比如战争期间，交战各方都希望能够通过某种手段进行私密通信而不被敌方窃听。人们使用*加密协议*或*密码系统*来实现私密性。一个高效的密码系统使通信双方能容易地进行通信，但第三方很难“窃听”到通信的内容。

一类重要的密码系统是*公钥密码系统*。公钥密码的基本思想如图 E-1 所示。Alice 设置了一个邮箱，任何人都可以将邮件放入邮箱来发送邮件给她，但只有她可以从邮箱中取出邮件。为了达到这个目的，她给邮箱设置了*两*扇门。邮箱的顶部是一扇锁着的活板门。任何能打开活板门的人都可以把邮件扔进邮箱里。从活板门到邮箱内部的溜槽是单向的，因此别人无法进入邮箱并取出邮件。Alice 把活板门的钥匙*免费提供*给公众——这是一把公钥——这样任何人都可以发邮件给她。邮箱前部是第二个门，可以从中取出已经在邮箱中的邮件。Alice 拥有那扇门的唯一钥匙，这是她自己的密钥。这样的设计包含两把钥匙，一把私钥，一把公钥，这使得任何人都可以与 Alice 交流并保持私密性。

图 E-1　公钥加密的关键思想用更熟悉的语言进行说明。许多国家的邮局都采用相同的方案

公钥密码系统的工作原理类似。假设 Alice 希望使用公钥密码系统接收消息。她首先生成两

个密钥，一个是公钥 P，另一个是私钥 S。这些密钥的确切性质取决于所使用的加密系统。一些密码系统使用简单的对象（例如数字）作为密钥，而其他密码系统则使用更复杂的数学对象（例如椭圆曲线）作为密钥。Alice 生成了密钥后，就会发布公钥，任何人都可以访问该密钥。

现在假设 Bob 想给 Alice 发送私密信息。他首先获取 Alice 的公钥 P 的副本，然后使用 Alice 的公钥加密他希望发送给 Alice 的消息。加密转换的具体执行方式取决于所用密码系统。一个关键是为了防止窃听，加密阶段需要难以逆转，即使是利用当初用来加密消息的公钥！就像邮箱的活板门——就算有钥匙你也只能装进去东西但是拿不出来。由于公钥和编码后的消息是窃听者可获得的全部信息，所以窃听者将无法获得原本的消息。但是，Alice 有一个窃听者没有的额外信息——密钥。密钥使得 Alice 能够对加密消息进行二次转换，实现加密的逆过程——解密，以得到原始消息。

在理想的世界中公钥加密将如上述工作。不幸的是，在撰写本文时，是否有这样的安全的公钥加密方案尚未可知。确实存在几种被普遍认为安全的方案，并且在诸如互联网商务之类的应用中被广泛使用，但是普遍相信并不等同于证实安全。这些方案之所以被认为是安全的，是因为人们付出了巨大的努力来寻找破解这些方案的方法却没有成功！这是一种通过检验进行的“证明”。在这些公钥密码系统中，使用最广泛的是 RSA 密码系统，以其发明者 Rivest、Shamir 和 Adleman 的姓氏缩写 RSA 命名。RSA 密码系统的安全性是基于在经典计算机上大整数素因子分解的困难性。了解 RSA 需要一些数论方面的知识，附录 D 中涵盖了这些内容，主要是 D.1 和 D.2 节。

假设 Alice 希望创建用于 RSA 密码系统的公钥和私钥。她使用以下过程：

1. 选择两个大素数 p 和 q。
2. 计算它们的乘积 $n \equiv pq$。
3. 随机选择一个与 $\varphi(n) \equiv (p-1)(q-1)$ 互素的较小的奇数 e。
4. 计算在模 $\varphi(n)$ 下 e 的乘法逆元 d 。
5. RSA 公钥为 $P=(e,n)$。对应的 RSA 私钥为 $S=(d,n)$。

假设 Bob 希望使用公钥 (e,n) 加密要发送给 Alice 的消息 M。我们假设消息 M 只有 $\lfloor \log n \rfloor$ 位，更长的消息可以将 M 分成最多 $\lfloor \log n \rfloor$ 位的块，然后分别加密这些块。单个块的加密过程为计算

$$E(M) = M^e \pmod n \tag{E.1}$$

$E(M)$ 为消息 M 加密后的文本，Bob 将其发送给 Alice。Alice 可以使用她的私钥 $S=(d,n)$ 快速地解密消息，这只需要对加密的消息求 d 次幂：

$$E(M) \to D(E(M)) = E(M)^d \pmod n \tag{E.2}$$

为了使解密成功，我们需要 $D(E(M)) = M \pmod n$。为了证明这一点，我们只需要注意到从构造方式可知 $ed = 1 \pmod{\varphi(n)}$，即存在整数 k 使得 $ed = 1 + k\varphi(n)$。现在考虑两种不同的情况。在第一种情况下，M 与 n 互素。根据欧拉推广的费马小定理，即定理 D.9，可得 $M^{k\varphi(n)} = 1$

(mod n)，因此

$$
\begin{aligned}
D(E(M)) &= E(M)^d \pmod n &\text{(E.3)}\\
&= M^{ed} \pmod n &\text{(E.4)}\\
&= M^{1+k\varphi(n)} \pmod n &\text{(E.5)}\\
&= M \cdot M^{k\varphi(n)} \pmod n &\text{(E.6)}\\
&= M \pmod n &\text{(E.7)}
\end{aligned}
$$

这就证明了当 M 与 n 互素时解密是成功的。接下来假设 M 与 n 不互素，因此 p 和 q 中的一个或两个都能整除 M。我们考虑 p 能整除 M 而 q 不能整除 M 的情况；其他情况的证明只需稍加修改。因为 p 能整除 M，我们有 $M = 0 \pmod p$，因此 $M^{ed} = 0 = M \pmod p$。因为 q 不能整除 M，所以由费马小定理我们有 $M^{q-1} = 1 \pmod q$，而 $\varphi(n) = (p-1)(q-1)$，因此 $M^{\varphi}(n) = 1 \pmod q$。利用 $ed = 1 + k\varphi(n)$，我们有 $M^{ed} = M \pmod q$。根据中国剩余定理，我们必定有 $M^{ed} = M \pmod n$，因此，当 M 与 n 不互素时，解密也能成功。

习题 E.1　书上的 RSA 应用的示例不够浅显，最好自己试一试。对单词“QUANTUM”进行编码（或者至少是前几个字符！），一次一个字母，使用 $p = 3$ 和 $q = 11$。每个字母用 5 位表示，并为 e 和 d 选择合适的值。

RSA 的运行效率如何？有两个实现的问题需要考虑。首先是为密码系统生成公钥和私钥。如果这个过程不能很快完成，那么 RSA 表现就不会太好。其主要的瓶颈是产生质数 p 和 q，解决的方法是随机选择一个所需长度的数，然后应用素性测试来确定这个数是否是质数。快速素性测试，例如 Miller-Rabin 测试，可以使用大约 $O(L^3)$ 次操作来确定一个数是否是素数，其中 L 是加密密钥的期望长度。如果发现这个数字是合数则重复上述过程直到找到一个素数。素数定理（见问题 4.1）表明任何给定数为素数的概率约为 $1/\log 2^L = 1/L$，因此，只需要 $O(L)$ 次测验就能以高概率地获得素数，密钥生成总共需要约 $O(L^4)$ 次操作。

RSA 实现中的第二个问题是加密和解密转换的效率。这些都是通过模幂运算来实现的，我们知道使用 $O(L^3)$ 次运算可以有效地实现这一点——见框 5.2。因此，使用 RSA 密码系统所需的所有操作都可以在经典计算机上高效地完成。在实际中，长度达几千位的密钥都很容易被处理。

如何破解 RSA？我们提供了两种方法，一种基于寻阶，另一种基于因数分解。假设 Eve 接收到一个加密消息 $M^e \pmod n$，并且知道用于加密该消息的公钥 (e, n)。假设她可以找到加密消息的阶，也就是说，她可以找到最小的正整数 r，使得 $(M^e)^r = 1 \pmod n$。（不失一般性，我们可以假设这样一个阶存在，即 M^e 与 n 互素。否则，$M^e \pmod n$ 和 n 有一个可以由欧几里得算法提取的公因数，这将允许我们破解 RSA，如下面描述的第二种方法所示。）然后习题 D.16 表明 r 能整除 $\varphi(n)$。因为 e 与 $\varphi(n)$ 互素，它必然也与 r 互素，因此具有模 r 的乘法逆元。令 d' 为乘法逆元，因此存在某个整数 k 使得 $ed' = 1 + kr$。然后，Eve 可以通过计算加密消息的 d' 次幂来恢复原始消息 M：

$$
(M^e)^{d'} \pmod n = M^{1+kr} \pmod n \tag{E.8}
$$

$$= M \cdot M^{kr} \pmod{n} \tag{E.9}$$

$$= M \pmod{n} \tag{E.10}$$

有趣的是，Eve 并不知道密钥 (d, n)；她只知道 (d', n)。当然，d' 与 d 密切相关，因为 d' 是 e 模 r 的逆，d 是 e 模 $\varphi(n)$ 的逆，r 能整除 $\varphi(n)$。这个例子表明，不需要知道密钥的确切值就可以破坏 RSA。当然，这种方法仅在 Eve 有一种高效寻阶方法时才有效，而目前经典计算机上还没有找到这样的方法。然而，如 5.3.1 节所述，在量子计算机上可以高效地完成寻阶，从而破解 RSA。

习题 E.2 证明 d 也是 e 模 r 的乘法逆元，且 $d = d' \pmod{r}$。

破解 RSA 的第二种方法需要完全确定密钥。假设 Eve 可以因数分解 $n = pq$，得到 p 和 q，从而高效计算 $\varphi(n) = (p-1)(q-1)$。因此，Eve 很容易计算 d——e 模 $\varphi(n)$ 的逆，从而完全确定密钥 (d, n)。所以，如果分解大数很容易，那么 RSA 也很容易破解。

RSA 的安全性依赖于这样一个事实：这些攻击依赖于有算法来解决在经典计算机上被认为（但未证明）难以解决的问题，即寻阶和素因子分解问题。不幸的是，即使这些问题很难解决，我们也不确定 RSA 一定是安全的。可能这些问题确实很难解决，但还有其他方法可以破解 RSA。尽管有这些警示，但二十多年来试图破解 RSA 的尝试均以失败告终，人们普遍认为 RSA 能够抵御经典计算机的攻击。

问题 E.1 编写使用 RSA 算法进行加密和解密的计算机程序。找到一对 20 位的素数并用它们加密 40 位的信息。

背景资料与延伸阅读

公钥密码系统由 Diffie、Hellman 二人与 Merkle 在 1976 年分别独立发明[DH76]，但是 Merkle 的工作直到 1978 年才公布于世[Mer78]。RSA 公钥密码系统由 Rivest、Shamir 和 Adleman 发明并被以此命名。1997 年有消息披露公钥密码、Diffie-Hellman 和 RSA 密码系统实际上是由英国情报机构 GCHQ 的研究人员在 20 世纪 60 年代末 70 年代初发明的。这项工作的记录可以访问网址 http://res.broadview.com.cn/00003/0/1 查阅。Koblitz 的关于数论和密码学的杰出著作 [Kob94] 中描述了诸如 Miller-Rabin 测试和 Solovay-Strassen 测试之类素数测试，这本书中包含丰富的公钥密码学内容。这些素数测试算法可以看作最早的两个迹象，即对于某些问题，随机算法可能比确定性算法更有效。Solovay-Strassen 算法由 Solovay 和 Strassen 提出[SS76]，而 Miller-Rabin 检验归功于 Miller[Mil76] 和 Rabin[Rab80]。

附录 F

Lieb 定理的证明

量子信息论中最重要、最有用的结果之一是冯·诺伊曼熵的强次可加不等式。该定理表明对于三体量子系统 A,B,C，

$$S(A,B,C)+S(B)\leqslant S(A,B)+S(B,C) \tag{F.1}$$

不幸的是，该不等式尚无简单证明。第 11 章基于一项艰深的数学结论——Lieb 定理，给出了一个相对简单的证明。在本附录中，我们来证明 Lieb 定理。首先声明一些简单的记号和定义。

$f(A,B)$ 是将矩阵 A,B 映射到实数的函数，当 f 满足如下条件时，被称为在 A,B 上联合凹：

$$f(\lambda A_1+(1-\lambda)A_2,\lambda B_1+(1-\lambda)B_2)\geqslant \lambda f(A_1,B_1)+(1-\lambda)f(A_2,B_2) \tag{F.2}$$

对于矩阵 A,B，当 $B-A$ 为正定矩阵时称 $A\leqslant B$。若 $B\leqslant A$，则有 $A\geqslant B$。令 A 为任意矩阵，定义 A 的范数如下：

$$\|A\|=\max_{\langle u|u\rangle=1}|\langle u|A|u\rangle| \tag{F.3}$$

在证明 Lieb 定理的过程中，我们将用到如下容易验证的观察：

习题 F.1（*$\leqslant$ 在共轭下保持*） 如果 $A\leqslant B$，求证对于任意矩阵 X，$XAX^\dagger\leqslant XBX^\dagger$ 成立。

习题 F.2 求证 $A\geqslant 0$ 当且仅当 A 是正定算子。

习题 F.3（*$\leqslant$ 是偏序的*） 求证 $\leqslant$ 是算子上的偏序关系，即具有传递性（$A\leqslant B$ 且 $B\leqslant C$，则 $A\leqslant C$）、非对称性（$A\leqslant B$ 且 $B\leqslant A$，则 $A=B$）和反身性（$A\leqslant A$）。

习题 F.4 λ_i 是 A 的特征值，定义 λ 为最大的 $|\lambda_i|$，求证：

1. $\|A\|\geqslant\lambda$。
2. 当 A 为厄米特矩阵，$\|A\|=\lambda$。

3. 当

$$A = \begin{bmatrix} 1 & 0 \\ 1 & 1 \end{bmatrix} \tag{F.4}$$

$\|A\| = 3/2 > 1 = \lambda$

习题 F.5（AB 与 BA 有相同的特征值） 求证 AB 与 BA 有相同的特征值。（提示：A 是可逆矩阵，求证 $\det(xI - AB) = \det(xI - BA)$，进而证明 AB 与 BA 有相同的特征值。根据连续性可以证明，即使当 A 不可逆时，该命题也成立。）

习题 F.6 矩阵 A, B 满足 AB 是厄米特矩阵，利用前面的观察证明 $\|AB\| \leqslant \|BA\|$。

习题 F.7 A 是正定矩阵，求证 $\|A\| \leqslant 1$ 当且仅当 $A \leqslant I$。

习题 F.8 A 是正定矩阵，定义超算符（作用于矩阵的线性算符）$\mathcal{A}(X) \equiv AX$。求证 $\mathcal{A}$ 在矩阵希尔伯特-施密特内积的意义下是正定的，即对于任意矩阵 X，$\mathrm{tr}(X^\dagger \mathcal{A}(X)) \geqslant 0$。另求证定义为 $\mathcal{A}(X) \equiv XA$ 的超算符 $\mathcal{A}$ 在矩阵希尔伯特-施密特内积的意义下是正定的。

借助上述结果，我们现在可以陈述并证明 Lieb 定理。

定理 F.1（Lieb 定理） 对于矩阵 X 和 $0 \leqslant t \leqslant 1$，函数

$$f(A, B) \equiv \mathrm{tr}(X^\dagger A^t X B^{1-t}) \tag{F.5}$$

对正定的 A, B 是联合凹的。

Lieb 定理是如下引理的简单推论。

引理 F.2 $R_1, R_2, S_1, S_2, T_1, T_2$ 是正定算子，满足 $0 = [R_1, R_2] = [S_1, S_2] = [T_1, T_2]$，且

$$R_1 \geqslant S_1 + T_1 \tag{F.6}$$

$$R_2 \geqslant S_2 + T_2 \tag{F.7}$$

那么对于 $0 \leqslant t \leqslant 1$，如下矩阵不等式成立：

$$R_1^t R_2^{1-t} \geqslant S_1^t S_2^{1-t} + T_1^t T_2^{1-t} \tag{F.8}$$

证明

首先证明当 $t = 1/2$ 时，原引理成立，再利用特殊情形的结论，证明一般情况。为了便于证明，假设 R_1 和 R_2 是可逆的，剩下的情况可由原证明做微小的改动证得，作为习题留给读者。

设 $|x\rangle$ 和 $|y\rangle$ 是任意向量，使用两次柯西-施瓦茨不等式，再进行简单的变形可以得到

$$\begin{aligned}
&|\langle x|(S_1^{1/2} S_2^{1/2} + T_1^{1/2} T_2^{1/2})|y\rangle| \\
\leqslant &|\langle x|S_1^{1/2} S_2^{1/2}|y\rangle| + |\langle x|T_1^{1/2} T_2^{1/2}|y\rangle| \qquad \text{(F.9)} \\
\leqslant &\|S_1^{1/2}|x\rangle\| \|S_2^{1/2}|y\rangle\| + \|T_1^{1/2}|x\rangle\| \|T_2^{1/2}|y\rangle\| \qquad \text{(F.10)}
\end{aligned}$$

$$\leqslant\sqrt{\left(\|S_1^{1/2}|x\rangle\|^2+\|T_1^{1/2}|x\rangle\|^2\right)\left(\|S_2^{1/2}|y\rangle\|^2+\|T_2^{1/2}|y\rangle\|^2\right)} \tag{F.11}$$

$$=\sqrt{\langle x|(S_1+T_1)|x\rangle\langle y|(S_2+T_2)|y\rangle} \tag{F.12}$$

根据假设 $S_1+T_1\leqslant R_1$ 且 $S_2+T_2\leqslant R_2$，得到

$$|\langle x|(S_1^{1/2}S_2^{1/2}+T_1^{1/2}T_2^{1/2})|y\rangle|\leqslant\sqrt{\langle x|R_1|x\rangle\langle y|R_2|y\rangle} \tag{F.13}$$

设 $|u\rangle$ 是任意单位向量，取 $|x\rangle\equiv R_1^{-1/2}|u\rangle$ 且 $|y\rangle\equiv R_2^{-1/2}|u\rangle$，利用式 (F.13) 可以得到

$$\langle u|R_1^{-1/2}(S_1^{1/2}S_2^{1/2}+T_1^{1/2}T_2^{1/2})R_2^{-1/2}|u\rangle$$

$$\leqslant\sqrt{\langle u|R_1^{-1/2}R_1R_1^{-1/2}|u\rangle\langle u|R_2^{-1/2}R_2R_2^{-1/2}|u\rangle} \tag{F.14}$$

$$=\sqrt{\langle u|u\rangle\langle u|u\rangle}=1 \tag{F.15}$$

那么，

$$\|R_1^{-1/2}(S_1^{1/2}S_2^{1/2}+T_1^{1/2}T_2^{1/2})R_2^{-1/2}\|\leqslant 1 \tag{F.16}$$

定义

$$A\equiv R_1^{-1/4}R_2^{-1/4}(S_1^{1/2}S_2^{1/2}+T_1^{1/2}T_2^{1/2})R_2^{-1/2} \tag{F.17}$$

$$B\equiv R_2^{1/4}R_1^{-1/4} \tag{F.18}$$

注意到 AB 是厄米特矩阵，因此根据习题 F.6 的结论，

$$\|R_1^{-1/4}R_2^{-1/4}(S_1^{1/2}S_2^{1/2}+T_1^{1/2}T_2^{1/2})R_2^{-1/4}R_1^{-1/4}\|$$

$$=\|AB\|\leqslant\|BA\| \tag{F.19}$$

$$=\|R_1^{-1/2}(S_1^{1/2}S_2^{1/2}+T_1^{1/2}T_2^{1/2})R_2^{-1/2}\| \tag{F.20}$$

$$\leqslant 1 \tag{F.21}$$

其中最后一个不等式就是式 (F.16) 。AB 是正定算子，因此根据习题 F.7 的结论和前面的不等式，

$$R_1^{-1/4}R_2^{-1/4}(S_1^{1/2}S_2^{1/2}+T_1^{1/2}T_2^{1/2})R_2^{-1/4}R_1^{-1/4}\leqslant I \tag{F.22}$$

最后，根据习题 F.1 的结论和 R_1 与 R_2 的对易性，

$$S_1^{1/2}S_2^{1/2}+T_1^{1/2}T_2^{1/2}\leqslant R_1^{1/2}R_2^{1/2} \tag{F.23}$$

进而在 $t=1/2$ 的情况下证明了不等式 (F.8) 。

令 I 是所有使不等式 (F.8) 满足的 t 的集合。容易验证，0 和 1 均在 I 中，我们适才证明了

$1/2$ 在 I 中。可以利用 $t=1/2$ 情况下的结论证明 $0\leqslant t\leqslant 1$ 的一般情形。假设 μ 和 η 是 I 中的两个任意元素，那么

$$R_1^{\mu}R_2^{1-\mu}\geqslant S_1^{\mu}S_2^{1-\mu}+T_1^{\mu}T_2^{1-\mu} \tag{F.24}$$

$$R_1^{\eta}R_2^{1-\eta}\geqslant S_1^{\eta}S_2^{1-\eta}+T_1^{\eta}T_2^{1-\eta} \tag{F.25}$$

这些不等式与式 (F.6) 和式 (F.7) 形式相同。利用 $t=1/2$ 时的结论，可以得到

$$\left(R_1^{\mu}R_2^{1-\mu}\right)^{1/2}\left(R_1^{\eta}R_2^{1-\eta}\right)^{1/2}\geqslant\left(S_1^{\mu}S_2^{1-\mu}\right)^{1/2}\left(S_1^{\eta}S_2^{1-\eta}\right)^{1/2}+\left(T_1^{\mu}T_2^{1-\mu}\right)^{1/2}\left(T_1^{\eta}T_2^{1-\eta}\right)^{1/2} \tag{F.26}$$

利用对易假设 $0=[R_1,R_2]=[S_1,S_2]=[T_1,T_2]$，我们看到对于 $\nu\equiv(\mu+\eta)/2$，

$$R_1^{\nu}R_2^{1-\nu}\geqslant S_1^{\nu}S_2^{1-\nu}+T_1^{\nu}T_2^{1-\nu} \tag{F.27}$$

因此只要 μ 与 η 在 I 之中，$(\mu+\eta)/2$ 也在 I 之中。因为 0 与 1 在 I 中，容易看出在 0 与 1 之间，任何可以表示为有限位二进制小数的数皆在 I 之中。因此 I 在 $[0,1]$ 上是稠密的，由 t 的连续性可以推知原命题。

□

Lieb 定理的证明是引理 F.2 的简单应用。一个精巧的构思是选择引理 F.2 中的算子作为超算子——即算子上的线性映射。这些被选择的算子在希尔伯特-施密特内积——$(A,B)\equiv\mathrm{tr}(A^{\dagger}B)$ 的意义下是正定的。

证明

（**Lieb 定理**）

令 $0\leqslant\lambda\leqslant 1$，定义超算子 $\mathcal{S}_1,\mathcal{S}_2,\mathcal{T}_1,\mathcal{T}_2,\mathcal{R}_1,\mathcal{R}_2$ 如下：

$$\mathcal{S}_1(X)\equiv\lambda A_1X \tag{F.28}$$

$$\mathcal{S}_2(X)\equiv\lambda XB_1 \tag{F.29}$$

$$\mathcal{T}_1(X)\equiv(1-\lambda)A_2X \tag{F.30}$$

$$\mathcal{T}_2(X)\equiv(1-\lambda)XB_2 \tag{F.31}$$

$$\mathcal{R}_1\equiv\mathcal{S}_1+\mathcal{T}_1 \tag{F.32}$$

$$\mathcal{R}_2\equiv\mathcal{S}_2+\mathcal{T}_2 \tag{F.33}$$

观察到 $\mathcal{S}_1$ 与 $\mathcal{S}_2$，$\mathcal{T}_1$ 与 $\mathcal{T}_2$，$\mathcal{R}_1$ 与 $\mathcal{R}_2$ 分别对易。回顾习题 F.8 中的结论，上述算子在希尔伯特-施密特内积的意义下均正定。根据引理 F.2，

$$\mathcal{R}_1^t\mathcal{R}_2^{1-t}\geqslant\mathcal{S}_1^t\mathcal{S}_2^{1-t}+\mathcal{T}_1^t\mathcal{T}_2^{1-t} \tag{F.34}$$

利用希尔伯特-施密特内积取出该不等式中 $X \cdot X$ 的矩阵元素，得到

$$\begin{aligned} &\operatorname{tr}\left[X^{\dagger}(\lambda A_1+(1-\lambda)A_2)^{t}X(\lambda B_1+(1-\lambda)B_2)^{1-t}\right] \\ \geqslant &\operatorname{tr}\left[X^{\dagger}(\lambda A_1)^{t}X(\lambda B_1)^{1-t}\right]+\operatorname{tr}\left[X^{\dagger}((1-\lambda)A_2)^{t}X((1-\lambda)B_2)^{1-t}\right] \quad (F.35) \\ = &\lambda\operatorname{tr}\left(X^{\dagger}A_1^{t}XB_1^{1-t}\right)+(1-\lambda)\operatorname{tr}\left(X^{\dagger}A_2^{t}XB_2^{1-t}\right) \quad (F.36) \end{aligned}$$

这正是我们所求证的联合凹性。

□

背景资料与延伸阅读

Lieb 定理的历史与量子熵的强次可加不等式的证明有关，该不等式的证明历史参见第 11 章的“背景资料与延伸阅读”。

参考文献

含有“*arXive e-print quant-ph/xxxxxxx*”的引文可通过 www.arXiv.org 访问。

[ABO97] D. Aharonov and M. Ben-Or. Fault tolerant computation with constant error. In *Proceedings of the Twenty-Ninth Annual ACM Symposium on the Theory of Computing*, pages 176–188, 1997.

[ABO99] D. Aharonov and M. Ben-Or. Fault-tolerant quantum computation with constant error rate. *SIAM J. Comp.*, page to appear, 1999. *arXive e-print quant-ph/9906129*.

[ABOIN96] D. Aharonov, M. Ben-Or, R. Impagliazzo, and N. Nisan. Limitations of noisy reversible computation. *arXive e-print quant-ph/9611028*, 1996.

[ADH97] L. Adleman, J. Demarrais, and M. A. Huang. Quantum computability. *SIAM J. Comp.*, 26(5):1524–1540, 1997.

[Adl94] L. M. Adleman. Molecular computation of solutions to combinatorial problems. *Science*, 266:1021, 1994.

[Adl98] L. M. Adleman. Computing with DNA. *Sci. Am.*, 279:54–61, Aug. 1998.

[AE75] L. Allen and J. H. Eberly. *Optical Resonance and Two-level Atoms*. Dover, New York, 1975.

[Aha99a] D. Aharonov. *Noisy Quantum Computation*. Ph.d. thesis, The Hebrew Univesity, Jerusalem, 1999.

[Aha99b] D. Aharonov. Quantum computation. In D. Stauffer, editor, *Annual Reviews of Computational Physics VI*. World Scientific, Singapore, 1999.

[AKN98] D. Aharonov, A. Kitaev, and N. Nisan. Quantum circuits with mixed states. *STOC 1997*, 1998. *arXive e-print quant-ph/9806029*.

[AL70] H. Araki and E. H. Lieb. Entropy inequalities. *Comm. Math. Phys.*, 18:160–170, 1970.

[AL97] D. S. Abrams and S. Lloyd. Simulation of many-body fermi systems on a quantum computer. *Phys. Rev. Lett.*, 79(13):2586–2589, 1997. *arXive e-print quant-ph/9703054*.

[AL99] A. Ashikhmin and S. Lytsin. Upper bounds on the size of quantum codes. *IEEE Trans. Inf. Theory*, 45(4):1206–1215, 1999.

[Alb83] P. M. Alberti. A note on the transition probability over C*-algebras. *Lett. in Math. Phys.*, 7(1):25–32, 1983.

[Amb00] A. Ambainis. Quantum lower bounds by quantum arguments. *arXive e-print quant-ph/0002066*, 2000.

[And79] T. Ando. Concavity of certain maps on positive definite matrices and applications to Hadamard products. *Linear Algebra Appl.*, 26:203–241, 1979.

[Ash97] A. Ashikhmin. Remarks on bounds for quantum codes. *arXive e-print quant-ph/9705037*, 1997.

[Bar78] E. Barton. A reversible computer using conservative logic. Unpublished MIT 6.895 term paper, 1978.

[BB84] C. H. Bennett and G. Brassard. Quantum cryptography: Public key distribution and coin tossing. In *Proceedings of IEEE International Conference on Computers, Systems and Signal Processing*, pages 175–179, IEEE, New York, 1984. Bangalore, India, December 1984.

[BBB+92] C. H. Bennett, F. Bessette, G. Brassard, L. Salvail, and J. Smolin. Experimental quantum cryptography. *J. Cryptology*, 5:3–28, 1992.

[BBBV97] C. H. Bennett, E. Bernstein, G. Brassard, and U. Vazirani. Strengths and weaknesses of quantum computing. *SIAM J. Comput.*, 26(5):1510–1523, 1997. *arXive e-print quant-ph/9701001*.

[BBC+93] C. H. Bennett, G. Brassard, C. Crépeau, R. Jozsa, A. Peres, and W. Wootters. Teleporting an unknown quantum state via dual classical and EPR channels. *Phys. Rev. Lett.*, 70:1895–1899, 1993.

[BBC+95] A. Barenco, C. H. Bennett, R. Cleve, D. P. DiVincenzo, N. Margolus, P. Shor, T. Sleator, J. Smolin, and H. Weinfurter. Elementary gates for quantum computation. *Phys. Rev. A*, 52:3457–3467, 1995. *arXive e-print quant-ph/9503016*.

[BBC+98] R. Beals, H. Buhrman, R. Cleve, M. Mosca, and R. de Wolf. Quantum lower bounds by polynomials. In *Proceedings of the 39th Annual Symposium on Foundations of Computer Science (FOCS'98)*, pages 352–361, IEEE, Los Alamitos, California, November 1998. *arXive e-print quant-ph/9802049*.

[BBCM95] C. H. Bennett, G. Brassard, C. Crépeau, and U. M. Maurer. Generalized privacy amplification. *IEEE Trans. Inf. Theory*, 41:1915–1923, 1995.

[BBE92] C. H. Bennett, G. Brassard, and A. K. Ekert. Quantum cryptography. *Sci. Am.*, 267(4):50, Oct. 1992.

[BBHT98] M. Boyer, G. Brassard, P. Høyer, and A. Tapp. Tight bounds on quantum searching. *Fortsch. Phys. -Prog. Phys.*, 46(4–5):493–505, 1998.

[BBM+98] D. Boschi, S. Branca, F. D. Martini, L. Hardy, and S. Popescu. Experimental realization of teleporting an unknown pure quantum state via dual classical and Einstein-Podolski-Rosen channels. *Phys. Rev. Lett.*, 80:1121–1125, 1998. *arXive e-print quant-ph/9710013*.

[BBP+96] C. H. Bennett, G. Brassard, S. Popescu, B. Schumacher, J. A. Smolin, and W. K. Wootters. Purification of noisy entanglement and faithful teleportation via noisy channels. *Phys. Rev. Lett.*, 76:722, 1996. *arXive e-print quant-ph/9511027*.

[BBPS96] C. H. Bennett, H. J. Bernstein, S. Popescu, and B. Schumacher. Concentrating partial entanglement by local operations. *Phys. Rev. A*, 53(4):2046–2052, 1996. *arXive e-print quant-ph/9511030*.

[BBR88] C. H. Bennett, G. Brassard, and J. M. Robert. Privacy amplification by public discussion. *SIAM J. Comp.*, 17:210–229, 1988.

[BCDP96] D. Beckman, A. N. Chari, S. Devabhaktuni, and J. Preskill. Efficient networks for quantum factoring. *Phys. Rev. A*, 54(2):1034, 1996. *arXive e-print quant-ph/9602016*.

[BCF+96] H. Barnum, C. M. Caves, C. A. Fuchs, R. Jozsa, and B. Schumacher. Noncommuting mixed states cannot be broadcast. *Phys. Rev. Lett.*, 76(15):2818–2821, 1996. *arXive e-print quant-ph/9511010*.

[BCJ+99] S. L. Braunstein, C. M. Caves, R. Jozsa, N. Linden, S. Popescu, and R. Schack. Separability of very noisy mixed states and implications for NMR quantum computing. *Phys. Rev. Lett.*, 83(5):1054–1057, 1999.

[BCJD99] G. K. Brennen, C. M. Caves, P. S. Jessen, and I. H. Deutsch. Quantum logic gates in optical lattices. *Physical Review Letters*, 82:1060–1063, 1999.

[BD00] C. H. Bennett and D. P. DiVincenzo. Quantum information and computation. *Nature*, 404:247–55, 2000.

[BDG88a] J. L. Balcázar, J. Diaz, and J. Gabarró. *Structural Complexity*, volume I. Springer-Verlag, Berlin, 1988.

[BDG88b] J. L. Balcázar, J. Diaz, and J. Gabarró. *Structural Complexity*, volume II. Springer-Verlag, Berlin, 1988.

[BDK92] R. G. Brewer, R. G. DeVoe, and R. Kallenbach. Planar ion microtraps. *Phys. Rev. A*, 46(11):R6781-4, 1992.

[BDS97] C. H. Bennett, D. P. DiVincenzo, and J. A. Smolin. Capacities of quantum erasure channels. *Phys. Rev. Lett.*, 78(16):3217–3220, 1997. *arXive e-print quant-ph/9701015*.

[BDSW96] C. H. Bennett, D. P. DiVincenzo, J. A. Smolin, and W. K. Wootters. Mixed state entanglement and quantum error correction. *Phys. Rev. A*, 54:3824, 1996. *arXive e-print quant-ph/9604024*.

[Bel64] J. S. Bell. On the Einstein-Podolsy-Rosen paradox. *Physics*, 1:195–200, 1964. Reprinted in J. S. Bell, *Speakable and Unspeakable in Quantum Mechanics*, Cambridge University Press, Cambridge, 1987.

[Ben73] C. H. Bennett. Logical reversibility of computation. *IBM J. Res. Dev.*, 17(6):525–32, 1973.

[Ben80] P. Benioff. The computer as a physical system: A microscopic quantum mechanical Hamiltonian model of computers as represented by Turing machines. *J. Stat. Phys.*, 22(5):563–591, 1980.

[Ben82] C. H. Bennett. The thermodynamics of computation - a review. *Int. J. Theor. Phys.*, 21:905–40, 1982.

[Ben87] C. H. Bennett. Demons, engines and the second law. *Sci. Am.*, 295(5):108, 1987.

[Ben89] C. H. Bennett. Time-space trade-offs for reversible computation. *SIAM J. Comput.*, 18:766–776, 1989.

[Ben92] C. H. Bennett. Quantum cryptography using any two nonorthogonal states. *Phys. Rev. Lett.*, 68(21):3121–3124, 1992.

[Bet84] T. Beth. *Methoden der Schnellen Fouriertransformation*. Teubner, Leipzig, 1984.

[BFJS96] H. Barnum, C. A. Fuchs, R. Jozsa, and B. Schumacher. General fidelity limit for quantum channels. *Phys. Rev. A*, 54:4707, 1996. *arXive e-print quant-ph/9603014*.

[Bha97] R. Bhatia. *Matrix Analysis*. Springer-Verlag, New York, 1997.

[BHT98] G. Brassard, P. Høyer, and A. Tapp. Quantum counting. *arXive e-print quant-ph/9805082*, 1998.

[BK92] V. B. Braginsky and F. Y. Khahili. *Quantum Measurement*. Cambridge University Press, Cambridge, 1992.

[BK98a] S. L. Braunstein and H. J. Kimble. Teleportation of continuous quantum variables. *Phys. Rev. Lett.*, 80:869–72, 1998.

[BK98b] S. B. Bravyi and A. Y. Kitaev. Quantum codes on a lattice with boundary. *arXive e-print quant-ph/9811052*, 1998.

[BK99] S. L. Braunstein and H. J. Kimble. Dense coding for continuous variables. *arXive e-print quant-ph/9910010*, 1999.

[BKLW99] D. Bacon, J. Kempe, D. A. Lidar, and K. B. Whaley. Universal fault-tolerant computation on decoherence-free subspaces. *arXive e-print quant-ph/9909058*, 1999.

[BKN98] H. Barnum, E. Knill, and M. A. Nielsen. On quantum fidelities and channel capacities. *arXive e-print quant-ph/9809010*, 1998.

[BL95] D. Boneh and R. J. Lipton. Quantum cryptoanalysis of hidden linear functions (extended abstract). In Don Coppersmith, editor, *Lecture notes in computer science —Advances in Cryptology —CRYPTO'95*, pages 424–437, Springer-Verlag, Berlin, 1995.

[BMP+99] P. O. Boykin, T. Mor, M. Pulver, V. Roychowdhury, and F. Vatan. On universal and fault-tolerant quantum computing. *arXive e-print quant-ph/9906054*, 1999.

[BNS98] H. Barnum, M. A. Nielsen, and B. W. Schumacher. Information transmission through a noisy quantum channel. *Phys. Rev. A*, 57:4153, 1998.

[Boh51] D. Bohm. *Quantum Theory*. Prentice-Hall, Englewood Cliffs, New Jersey, 1951.

[BP93] S. M. Barnett and S. J. D. Phoenix. Information-theoretic limits to quantum cryptography. *Phys. Rev. A*, 48(1):R5–R8, 1993.

[BPM+97] D. Bouwmeester, J. W. Pan, K. Mattle, M. Eibl, H. Weinfurter, and A. Zeilinger. Experimental quantum teleportation. *Nature*, 390(6660):575–579, 1997.

[BR98] D. S. Bethune and W. P. Risk. An autocompensating quantum key distribution system using polarization splitting of light. In *IQEC '98 Digest of Postdeadline Papers*, pages QPD12–2, Optical Society of America, Washington, DC, 1998.

[BR00] D. S. Bethune and W. P. Risk. An autocompensating fiber-optic quantum cryptography system based on polarization splitting of light. *J. Quantum Electronics*, 36(3):100, 2000.

[Bra93] G. Brassard. A bibliography of quantum cryptography. *Université de Montréal preprint*, pages 1–10, 3 December 1993. A preliminary version of this appeared in *Sigact News*, vol. 24(3), 1993, pages 16–20.

[Bra98] S. L. Braunstein. Error correction for continuous quantum variables. *Phys. Rev. Lett.*, 80:4084–4087, 1998. *arXive e-print quant-ph/9711049*.

[BS94] G. Brassard and L. Salvail. Secret-key reconciliation by public discussion. In T. Helleseth, editor, *Lecture Notes in Computer Science: Advances in Cryptology -EUROCRYPT'93*, volume 765, pages 410–423, Springer-Verlag, New York, 1994.

[BS98] C. H. Bennett and P. W. Shor. Quantum information theory. *IEEE Trans. Inf. Theory*, 44(6):2724–42, 1998.

[BST98] H. Barnum, J. A. Smolin, and B. Terhal. Quantum capacity is properly defined without encodings. *Phys. Rev. A*, 58(5):3496–3501, 1998.

[BT97] B. M. Boghosian and W. Taylor. Simulating quantum mechanics on a quantum computer. *arXive e-print quant-ph/9701019*, 1997.

[BV97] E. Bernstein and U. Vazirani. Quantum complexity theory. *SIAM J. Comput.*, 26(5):1411–1473, 1997. *arXive e-print quant-ph/9701001*.

[BW92] C. H. Bennett and S. J. Wiesner. Communication via one- and two-particle operators on Einstein-Podolsky-Rosen states. *Phys. Rev. Lett.*, 69(20):2881–2884, 1992.

[CAK98] N. J. Cerf, C. Adami, and P. Kwiat. Optical simulation of quantum logic. *Phys. Rev. A*, 57:R1477, 1998.

[Cav99] C. M. Caves. Quantum error correction and reversible operations. *Journal of Superconductivity*, 12(6):707–718, 1999.

[CD96] R. Cleve and D. P. DiVincenzo. Schumacher's quantum data compression as a quantum computation. *Phys. Rev. A*, 54:2636, 1996. *arXive e-print quant-ph/9603009*.

[CEMM98] R. Cleve, A. Ekert, C. Macchiavello, and M. Mosca. Quantum algorithms revisited. *Proc. R. Soc. London A*, 454(1969):339–354, 1998.

[CFH97] D. G. Cory, A. F. Fahmy, and T. F. Havel. Ensemble quantum computing by NMR spectroscopy. *Proc. Nat. Acad. Sci. USA*, 94:1634–1639, 1997.

[CGK98] I. L. Chuang, N. Gershenfeld, and M. Kubinec. Experimental implementation of fast quantum searching. *Phys. Rev. Lett.*, 18(15):3408–3411, 1998.

[CGKL98] I. L. Chuang, N. Gershenfeld, M. G. Kubinec, and D. W. Leung. Bulk quantum computation with nuclear-magnetic-resonance: theory and experiment. *Proc. R. Soc. London A*, 454(1969):447–467, 1998.

[Che68] P. R. Chernoff. Note on product formulas for operator semigroups. *J. Functional Analysis*, 2:238–242, 1968.

[Cho75] M.-D. Choi. Completely positive linear maps on complex matrices. *Linear Algebra and Its Applications*, 10:285–290, 1975.

[CHSH69] J. F. Clauser, M. A. Horne, A. Shimony, and R. A. Holt. Proposed experiment to test local hidden-variable theories. *Phys. Rev. Lett.*, 49:1804–1807, 1969.

[Chu36] A. Church. An unsolvable problem of elementary number theory. *Am. J. Math. (reprinted in [Dav65])*, 58:345, 1936.

[CK81] I. Csiszár and J. Körner. *Information Theory: Coding Theorems for Discrete Memoryless Systems*. Academic Press, New York, 1981.

[CL83] A. O. Caldeira and A. J. Leggett. Quantum tunnelling in a dissipative system. *Ann. Phys.*, 149(2):374–456, 1983.

[Cla89] M. Clausen. Fast generalized Fourier transforms. *Theor. Comput. Sci.*, 67:55–63, 1989.

[Cle99] R. Cleve. The query complexity of order-finding. *arXive e-print quant-ph/9911124*, 1999.

[CLR90] T. H. Cormen, C. E. Leiserson, and R. L. Rivest. *Introduction to Algorithms*. MIT Press, Cambridge, Mass., 1990.

[CM97] C. Cachin and U. M. Maurer. Linking information reconciliation and privacy amplification. *J. Cryptology*, 10:97–110, 1997.

[CM00] I. L. Chuang and D. Modha. Reversible arithmetic coding for quantum data compression. *IEEE Trans. Inf. Theory*, 46(3):1104, May 2000.

[CMP+98] D. G. Cory, W. Mass, M. Price, E. Knill, R. Laflamme, W. H. Zurek, T. F. Havel, and S. S. Somaroo. Experimental quantum error correction. *arXive e-print quant-ph/9802018*, 1998.

[CN97] I. L. Chuang and M. A. Nielsen. Prescription for experimental determination of the dynamics of a quantum black box. *J. Mod. Opt.*, 44(11-12):2455–2467, 1997. *arXive e-print quant-ph/9610001*.

[Con72] J. H. Conway. Unpredictable iterations. In *Proceedings of the Number Theory Conference*, pages 49–52, Boulder, Colorado, 1972.

[Con86] J. H. Conway. Fractran: a simple universal programming language. In T. M. Cover and B. Gopinath, editors, *Open Problems in Communication and Computation*, pages 4–26, Springer-Verlag, New York, 1986.

[Coo71] S. A. Cook. The complexity of theorem-proving procedures. In *Proc. 3rd Ann. ACM Symp. on Theory of Computing*, pages 151–158, Association for Computing Machinery, New York, 1971.

[Cop94] D. Coppersmith. An approximate Fourier transform useful in quantum factoring. *IBM Research Report RC 19642*, 1994.

[CPZ96] J. I. Cirac, T. Pellizzari, and P. Zoller. Enforcing coherent evolution in dissipative quantum dynamics. *Science*, 273:1207, 1996.

[CRSS97] A. R. Calderbank, E. M. Rains, P. W. Shor, and N. J. A. Sloane. Quantum error correction and orthogonal geometry. *Phys. Rev. Lett.*, 78:405–8, 1997.

[CRSS98] A. R. Calderbank, E. M. Rains, P. W. Shor, and N. J. A. Sloane. Quantum error correction via codes over GF(4). *IEEE Trans. Inf. Theory*, 44(4):1369–1387, 1998.

[CS96] A. R. Calderbank and P. W. Shor. Good quantum error-correcting codes exist. *Phys. Rev. A*, 54:1098, 1996. *arXive e-print quant-ph/9512032*.

[CST89] R. A. Campos, B. E. A. Saleh, and M. C. Tiech. Quantum-mechanical lossless beamsplitters: SU(2) symmetry and photon statistics. *Phys. Rev. A*, 40:1371, 1989.

[CT91] T. M. Cover and J. A. Thomas. *Elements of Information Theory*. John Wiley and Sons, New York, 1991.

[CTDL77a] C. Cohen-Tannoudji, B. Diu, and F. Laloë. *Quantum Mechanics, Vol. I*. John Wiley and Sons, New York, 1977.

[CTDL77b] C. Cohen-Tannoudji, B. Diu, and F. Laloë. *Quantum Mechanics, Vol. II*. John Wiley and Sons, New York, 1977.

[CVZ+98] I. L. Chuang, L. M. K. Vandersypen, X. L. Zhou, D. W. Leung, and S. Lloyd. Experimental realization of a quantum algorithm. *Nature*, 393(6681):143–146, 1998.

[CW95] H. F. Chau and F. Wilczek. Simple realization of the Fredkin gate using a series of two-body operators. *Phys. Rev. Lett.*, 75(4):748–50, 1995. *arXive e-print quant-ph/9503005*.

[CY95] I. L. Chuang and Y. Yamamoto. Simple quantum computer. *Phys. Rev. A*, 52:3489–3496, 1995. *arXive e-print quant-ph/9505011*.

[CZ95] J. I. Cirac and P. Zoller. Quantum computations with cold trapped ions. *Phys. Rev. Lett.*, 74:4091, 1995.

[Dav65] M. D. Davis. *The Undecidable*. Raven Press, Hewlett, New York, 1965.

[Dav76] E. B. Davies. *Quantum Theory of Open Systems*. Academic Press, London, 1976.

[DBE95] D. Deutsch, A. Barenco, and A. Ekert. Universality in quantum computation. *Proc. R. Soc. London A*, 449(1937):669–677, 1995.

[Deu83] D. Deutsch. Uncertainty in quantum measurements. *Phys. Rev. Lett.*, 50(9):631–633, 1983.

[Deu85] D. Deutsch. Quantum theory, the Church-Turing Principle and the universal quantum computer. *Proc. R. Soc. Lond. A*, 400:97, 1985.

[Deu89] D. Deutsch. Quantum computational networks. *Proc. R. Soc. London A*, 425:73, 1989.

[DG98] L.-M. Duan and G.-C. Guo. Probabilistic cloning and identification of linearly independent quantum states. *Phys. Rev. Lett.*, 80:4999–5002, 1998. *arXive e-print quant-ph/9804064*.

[DH76] W. Diffie and M. Hellman. New directions in cryptography. *IEEE Trans. Inf. Theory*, IT-22(6):644–54, 1976.

[DH96] C. Dürr and P. Høyer. A quantum algorithm for finding the minimum. *arXive e-print quant-ph/9607014*, 1996.

[Die82] D. Dieks. Communication by EPR devices. *Phys. Lett. A*, 92(6):271–272, 1982.

[DiV95a] D. P. DiVincenzo. Quantum computation. *Science*, 270:255, 1995.

[DiV95b] D. P. DiVincenzo. Two-bit gates are universal for quantum computation. *Phys. Rev. A*, 51(2):1015–1022, 1995.

[DiV98] D. P. DiVincenzo. Quantum gates and circuits. *Proc. R. Soc. London A*, 454:261–276, 1998.

[DJ92] D. Deutsch and R. Jozsa. Rapid solution of problems by quantum computation. *Proc. R. Soc. London A*, 439:553, 1992.

[DL98] W. Diffie and S. Landau. *Privacy on the Line: the Politics of Wiretapping and Encryption*. MIT Press, Cambridge Massachusetts, 1998.

[DMB+93] L. Davidovich, A. Maali, M. Brune, J. M. Raimond, and S. Haroche. *Phys. Rev. Lett.*, 71:2360, 1993.

[DR90] P. Diaconis and D. Rockmore. Efficient computation of the Fourier transform on finite groups. *J. Amer. Math. Soc.*, 3(2):297–332, 1990.

[DRBH87] L. Davidovich, J. M. Raimond, M. Brune, and S. Haroche. *Phys. Rev. A*, 36:3771, 1987.

[DRBH95] P. Domokos, J. M. Raimond, M. Brune, and S. Haroche. Simple cavity-QED two-bit universal quantum logic gate: The principle and expected performances. *Phys. Rev. Lett.*, 52:3554, 1995.

[DS96] D. P. DiVincenzo and P. W. Shor. Fault-tolerant error correction with efficient quantum codes. *Phys. Rev. Lett.*, 77:3260, 1996.

[DSS98] D. P. DiVincenzo, P. W. Shor, and J. Smolin. Quantum-channel capacities of very noisy channels. *Phys. Rev. A*, 57(2):830–839, 1998.

[Ear42] S. Earnshaw. On the nature of the molecular forces which regulate the constitution of the luminiferous ether. *Trans. Camb. Phil. Soc.*, 7:97–112, 1842.

[EBW87] R. R. Ernst, G. Bodenhausen, and A. Wokaun. *Principles of Nuclear Magnetic Resonance in One and Two Dimensions*. Oxford University Press, Oxford, 1987.

[EH99] M. Ettinger and P. Høyer. On quantum algorithms for noncommutative hidden subgroups. In *Symposium on Theoretical Aspects in Computer Science*. University of Trier, 1999. *arXive e-print quant-ph/9807029*.

[EHK99] M. Ettinger, P. Høyer, and E. Knill. Hidden subgroup states are almost orthogonal. *arXive e-print quant-ph/9901034*, 1999.

[EHPP94] A. K. Ekert, B. Huttner, G. M. Palma, and A. Peres. Eavesdropping on quantum-cryptographical systems. *Phys. Rev. A*, 50(2):1047–1056, 1994.

[EJ96] A. Ekert and R. Jozsa. Quantum computation and Shor's factoring algorithm. *Rev. Mod. Phys.*, 68:733, 1996.

[EJ98] A. Ekert and R. Jozsa. Quantum algorithms: Entanglement enhanced information processing. *Proc. R. Soc. London A*, 356(1743):1769–82, Aug. 1998. *arXive e-print quant-ph/9803072*.

[Eke91] A. K. Ekert. Quantum cryptography based on Bell's theorem. *Phys. Rev. Lett.*, 67(6):661–663, 1991.

[EM96] A. Ekert and C. Macchiavello. Error correction in quantum communication. *Phys. Rev. Lett.*, 77:2585, 1996. *arXivee-print quant-ph/9602022*.

[EPR35] A. Einstein, B. Podolsky, and N. Rosen. Can quantum-mechanical description of physical reality be considered complete? *Phys. Rev.*, 47:777–780, 1935.

[Eps73] H. Epstein. *Commun. Math. Phys.*, 31:317–325, 1973.

[Fan73] M. Fannes. A continuity property of the entropy density for spin lattice systems. *Commun. Math. Phys.*, 31:291–294, 1973.

[FC94] C. A. Fuchs and C. M. Caves. Ensemble-dependent bounds for accessible information in quantum mechanics. *Phys. Rev. Lett.*, 73(23):3047–3050, 1994.

[Fel68a] W. Feller. *An Introduction to Probability Theory and its Applications*, volume 1. Wiley, New York, 1968.

[Fel68b] W. Feller. *An Introduction to Probability Theory and its Applications*, volume 2. Wiley, New York, 1968.

[Fey82] R. P. Feynman. Simulating physics with computers. *Int. J. Theor. Phys.*, 21:467, 1982.

[FG98] E. Farhi and S. Gutmann. An analog analogue of a digital quantum computation. *Phys. Rev. A*, 57(4):2403–2406, 1998. *arXive e-print quant-ph/9612026.*

[FLS65a] R. P. Feynman, R. B. Leighton, and M. Sands. *Volume III of The Feynman Lectures on Physics.* Addison-Wesley, Reading, Mass., 1965.

[FLS65b] R. P. Feynman, R. B. Leighton, and M. Sands. Volume I of *The Feynman Lectures on Physics.* Addison-Wesley, Reading, Mass., 1965.

[FM98] M. H. Freedman and D. A. Meyer. Projective plane and planar quantum codes. *arXive e-print quant-ph/9810055*, 1998.

[FS92] A. Fässler and E. Stiefel. *Group Theoretical Methods and Their Applications.* Birkhaüser, Boston, 1992.

[FSB+98] A. Furusawa, J. L. Sørensen, S. L. Braunstein, C. A. Fuchs, H. J. Kimble, and E. S. Polzik. Unconditional quantum teleportation. *Science*, 282:706–709, 1998.

[FT82] E. Fredkin and T. Toffoli. Conservative logic. *Int. J. Theor. Phys.*, 21(3/4):219–253, 1982.

[Fuc96] C. A. Fuchs. *Distinguishability and Accessible Information in Quantum Theory.* Ph.d. thesis, The University of New Mexico, Albuquerque, NM, 1996. *arXive e-print quant-ph/9601020.*

[Fuc97] C. A. Fuchs. Nonorthogonal quantum states maximize classical information capacity. *Phys. Rev. Lett.*, 79(6):1162–1165, 1997.

[FvdG99] C. A. Fuchs and J. van de Graaf. Cryptographic distinguishability measures for quantum-mechanical states. *IEEE Trans. Inf. Theory*, 45(4):1216–1227, 1999.

[Gar91] C. W. Gardiner. *Quantum Noise.* Springer-Verlag, Berlin, 1991.

[GC97] N. Gershenfeld and I. L. Chuang. Bulk spin resonance quantum computation. *Science*, 275:350, 1997.

[GC99] D. Gottesman and I. L. Chuang. Quantum teleportation is a universal computational primitive. *Nature*, 402:390–392, 1999. *arXive e-print quant-ph/9908010.*

[GJ79] M. R. Garey and D. S. Johnson. *Computers and Intractibility.* W. H. Freeman and Company, New York, 1979.

[GN96] R. B. Griffiths and C.-S. Niu. Semiclassical Fourier transform for quantum computation. *Phys. Rev. Lett.*, 76(17):3228–3231, 1996. *arXive e-print quant-ph/9511007.*

[Gor64] J. P. Gordon. Noise at optical frequencies; information theory. In P. A. Miles, editor, *Quantum Electronics and Coherent Light*, Proceedings of the International School of Physics 'Enrico Fermi' XXXI, Academic Press, New York, 1964.

[Got96] D. Gottesman. Class of quantum error-correcting codes saturating the quantum Hamming bound. *Phys. Rev. A*, 54:1862, 1996.

[Got97] D. Gottesman. *Stabilizer Codes and Quantum Error Correction.* Ph.d. thesis, California Institute of Technology, Pasadena, CA, 1997.

[Got98a] D. Gottesman. Fault-tolerant quantum computation with higher-dimensional systems. *arXive e-print quant-ph/9802007*, 1998.

[Got98b] D. Gottesman. Theory of fault-tolerant quantum computation. *Phys. Rev. A*, 57(1):127–137, 1998. *arXive e-print quant-ph/9702029.*

[GP10] D. Gottesman and J. Preskill. The Hitchiker's guide to the threshold theorem. *Eternally in preparation*, 1:1–9120, 2010.

[Gro96] L. Grover. In *Proc. 28th Annual ACM Symposium on the Theory of Computation*, pages 212–219, ACM Press, New York, 1996.

[Gro97] L. K. Grover. Quantum mechanics helps in searching for a needle in a haystack. *Phys. Rev. Lett.*, 79(2):325, 1997. *arXive e-print quant-ph/9706033.*

[Gru99] J. Gruska. *Quantum Computing.* McGraw-Hill, London, 1999.

[GS92] G. R. Grimmett and D. R. Stirzaker. *Probability and Random Processes.* Clarendon Press, Oxford, 1992.

[HAD+95] R. J. Hughes, D. M. Alde, P. Dyer, G. G. Luther, G. L. Morgan, and M. Schauer. Quantum cryptography. *Contemp. Phys.*, 36(3):149–163, 1995. *arXive e-print quant-ph/9504002.*

[Hal58] P. R. Halmos. *Finite-dimensional Vector Spaces.* Van Nostrand, Princeton, N.J., 1958.

[Ham89] M. Hammermesh. *Group Theory and its Application to Physical Problems.* Dover, New York, 1989.

[HGP96] J. L. Hennessey, D. Goldberg, and D. A. Patterson. *Computer Architecture: A Quantitative Approach.* Academic Press, New York, 1996.

[HHH96] M. Horodecki, P. Horodecki, and R. Horodecki. Separability of mixed states: necessary and sufficient conditions. *Phys. Lett. A*, 223(1-2):1–8, 1996.

[HHH98] M. Horodecki, P. Horodecki, and R. Horodecki. Mixed-state entanglement and distillation: is there a 'bound' entanglement in nature? *Phys. Rev. Lett.*, 80(24):5239–5242, 1998.

[HHH99a] M. Horodecki, P. Horodecki, and R. Horodecki. General teleportation channel, singlet fraction, and quasidistillation. *Phys. Rev. A*, 60(3):1888–1898, 1999.

[HHH99b] M. Horodecki, P. Horodecki, and R. Horodecki. Limits for entanglement measures. *arXive e-print quant-ph/9908065*, 1999.

[HHH99c] P. Horodecki, M. Horodecki, and R. Horodecki. Bound entanglement can be activated. *Phys. Rev. Lett.*, 82(5):1056–1059, 1999.

[HJ85] R. A. Horn and C. R. Johnson. *Matrix Analysis*. Cambridge University Press, Cambridge, 1985.

[HJ91] R. A. Horn and C. R. Johnson. *Topics in Matrix Analysis*. Cambridge University Press, Cambridge, 1991.

[HJS+96] P. Hausladen, R. Jozsa, B. Schumacher, M. Westmoreland, and W. K. Wootters. Classical information capacity of a quantum channel. *Phys. Rev. A*, 54:1869, 1996.

[HJW93] L. P. Hughston, R. Jozsa, and W. K. Wootters. A complete classification of quantum ensembles having a given density matrix. *Phys. Lett. A*, 183:14–18, 1993.

[HK69] K.-E. Hellwig and K. Kraus. Pure operations and measurements. *Commun. Math. Phys.*, 11:214–220, 1969.

[HK70] K.-E. Hellwig and K. Kraus. Operations and measurements. II. *Commun. Math. Phys.*, 16:142–147, 1970.

[Hof79] D. R. Hofstadter. *Gödel, Escher, Bach: an Eternal Golden Braid*. Basic Books, New York, 1979.

[Hol73] A. S. Holevo. Statistical problems in quantum physics. In Gisiro Maruyama and Jurii V. Prokhorov, editors, *Proceedings of the Second Japan - USSR Symposium on Probability Theory*, pages 104–119, Springer-Verlag, Berlin, 1973. Lecture Notes in Mathematics, vol. 330.

[Hol79] A. S. Holevo. Capacity of a quantum communications channel. *Problems of Inf. Transm.*, 5(4):247–253, 1979.

[Hol98] A. S. Holevo. The capacity of the quantum channel with general signal states. *IEEE Trans. Inf. Theory*, 44(1):269–273, 1998.

[Hor97] M. Horodecki. Limits for compression of quantum information carried by ensembles of mixed states. *Phys. Rev. A*, 57:3364–3369, 1997.

[HSM+98] A. G. Huibers, M. Switkes, C. M. Marcus, K. Campman, and A. C. Gossard. Dephasing in open quantum dots. *Phys. Rev. Lett.*, 82:200, 1998.

[HW60] G. H. Hardy and E. M. Wright. *An Introduction to the Theory of Numbers, Fourth Edition*. Oxford University Press, London, 1960.

[IAB+99] A. Imamoglu, D. D. Awschalom, G. Burkard, D. P. DiVincenzo, D. Loss, M. Sherwin, and A. Small. Quantum information processing using quantum dot spins and cavity qed. *Phys. Rev. Lett.*, 83(20):4204–7, 1999.

[IY94] A. Imamoglu and Y. Yamamoto. Turnstile device for heralded single photons: Coulomb blockade of electron and hole tunneling in quantum confined p-i-n heterojunctions. *Phys. Rev. Lett.*, 72(2):210–13, 1994.

[Jam98] D. James. The theory of heating of the quantum ground state of trapped ions. *arXive e-printquant-ph/9804048*, 1998.

[Jay57] E. T. Jaynes. Information theory and statistical mechanics. ii. *Phys. Rev.*, 108(2):171–190, 1957.

[JM98] J. A. Jones and M. Mosca. Implementation of a quantum algorithm to solve Deutsch's problem on a nuclear magnetic resonance quantum computer. *arXive e-print quant-ph/9801027*, 1998.

[JMH98] J. A. Jones, M. Mosca, and R. H. Hansen. Implementation of a quantum search algorithm on a nuclear magnetic resonance quantum computer. *Nature*, 393(6683):344, 1998. *arXive e-print quant-ph/9805069*.

[Jon94] K. R. W. Jones. Fundamental limits upon the measurement of state vectors. *Phys. Rev. A*, 50:3682–3699, 1994.

[Joz94] R. Jozsa. Fidelity for mixed quantum states. *J. Mod. Opt.*, 41:2315–2323, 1994.

[Joz97] R. Jozsa. Quantum algorithms and the Fourier transform. *arXive e-print quant-ph/9707033*, 1997.

[JP99] D. Jonathan and M. B. Plenio. Entanglement-assisted local manipulation of pure states. *Phys. Rev. Lett.*, 83:3566–3569, 1999.

[JS94] R. Jozsa and B. Schumacher. A new proof of the quantum noiseless coding theorem. *J. Mod. Opt.*, 41:2343–2349, 1994.

[Kah96] D. Kahn. *Codebreakers:the Story of Secret Writing*. Scribner, New York, 1996.

[Kan98] B. Kane. A silicon-based nuclear spin quantum computer. *Nature*, 393:133–137, 1998.

[Kar72] R. M. Karp. Reducibility among combinatorial problems. In *Complexity of Computer Computations*, pages 85–103, Plenum Press, New York, 1972.

[KCL98] E. Knill, I. Chuang, and R. Laflamme. Effective pure states for bulk quantum computation. *Phys. Rev. A*, 57(5):3348–3363, 1998. *arXive e-print quant-ph/9706053*.

[Kit95] A. Y. Kitaev. Quantum measurements and the Abelian stabilizer problem. *arXive e-print quant-ph/9511026*, 1995.

[Kit97a] A. Y. Kitaev. Fault-tolerant quantum computation by anyons. *arXive e-print quant-ph/9707021*, 1997.

[Kit97b] A. Y. Kitaev. Quantum computations: algorithms and error correction. *Russ. Math. Surv.*, 52(6):1191–1249, 1997.

[Kit97c] A. Y. Kitaev. Quantum error correction with imperfect gates. In A. S. Holevo O. Hirota and C. M. Caves, editors, *Quantum Communication, Computing, and Measurement*, pages 181–188, Plenum Press, New York, 1997.

[KL51] S. Kullback and R. A. Leibler. On information and sufficiency. *Ann. Math. Stat.*, 22:79–86, 1951.

[KL97] E. Knill and R. Laflamme. A theory of quantum error-correcting codes. *Phys. Rev. A*, 55:900, 1997. *arXive e-print quant-ph/9604034.*

[KL99] E. Knill and R. Laflamme. Quantum computation and quadratically signed weight enumerators. *arXive e-print quant-ph/9909094*, 1999.

[Kle31] O. Klein. *Z. Phys.*, 72:767–775, 1931.

[KLV99] E. Knill, R. Laflamme, and L. Viola. Theory of quantum error correction for general noise. *arXive e-print quant-ph/9908066*, 1999.

[KLZ98a] E. Knill, R. Laflamme, and W. H. Zurek. Resilient quantum computation. *Science*, 279(5349):342–345, 1998. *arXive e-print quant-ph/9702058.*

[KLZ98b] E. Knill, R. Laflamme, and W. H. Zurek. Resilient quantum computation: error models and thresholds. *Proc. R. Soc. London A*, 454(1969):365–384, 1998. *arXive e-print quant-ph/9702058.*

[KMSW99] P. G. Kwiat, J. R. Mitchell, P. D. D. Schwindt, and A. G. White. Grover's search algorithm: An optical approach. *arXive e-print quant-ph/9905086*, 1999.

[Kni95] E. Knill. Approximating quantum circuits. *arXive e-print quant-ph/9508006*, 1995.

[Knu97] D. E. Knuth. *Fundamental Algorithms 3rd Edition*, volume 1 of *The Art of Computer Programming*. Addison-Wesley, Reading, Massachusetts, 1997.

[Knu98a] D. E. Knuth. *Seminumerical Algorithms 3rd Edition*, volume 2 of *The Art of Computer Programming*. Addison-Wesley, Reading, Massachusetts, 1998.

[Knu98b] D. E. Knuth. *Sorting and Searching 2nd Edition*, volume 3 of *The Art of Computer Programming*. Addison-Wesley, Reading, Massachusetts, 1998.

[Kob94] N. Koblitz. *A Course in Number Theory and Cryptography*. Springer-Verlag, New York, 1994.

[KR99] C. King and M. B. Ruskai. Minimal entropy of states emerging from noisy quantum channels. *arXive e-print quant-ph/9911079*, 1999.

[Kra83] K. Kraus. *States, Effects, and Operations: Fundamental Notions of Quantum Theory*. Lecture Notes in Physics, Vol. 190. Springer-Verlag, Berlin, 1983.

[Kra87] K. Kraus. Complementary observables and uncertainty relations. *Phys. Rev. D*, 35(10):3070–3075, 1987.

[KSC+94] P. G. Kwiat, A. M. Steinberg, R. Y. Chiao, P. H. Eberhard, and M. D. Petroff. Absolute efficiency and time-response measurement of single-photon detectors. *Appl. Opt.*, 33(10):1844–1853, 1994.

[KU91] M. Kitagawa and M. Ueda. Nonlinear-interferometric generation of number-phase-correlated fermion states. *Phys. Rev. Lett.*, 67(14):1852, 1991.

[Lan27] L. Landau. Das dämpfungsproblemin der wellenmechanik. *Z. Phys.*, 45:430–441, 1927.

[Lan61] R. Landauer. Irreversibility and heat generation in the computing process. *IBM J. Res. Dev.*, 5:183, 1961.

[LB99] S. Lloyd and S. Braunstein. Quantum computation over continuous variables. *Phys. Rev. Lett.*, 82:1784–1787, 1999. *arXive e-print quant-ph/9810082.*

[LBW99] D. A. Lidar, D. A. Bacon, and K. B. Whaley. Concatenating decoherence free subspaces with quantum error correcting codes. *Phys. Rev. Lett.*, 82(22):4556–4559, 1999.

[LC99] H. Lo and H. F. Chau. Unconditional security of quantum key distribution over arbitrarily long distances. *Science*, 283:2050–2056, 1999. *arXive e-print quant-ph/9803006.*

[LCW98] D. A. Lidar, I. L. Chuang, and K. B. Whaley. Decoherence-free subspaces for quantum computation. *Phys. Rev. Lett.*, 81(12):2594–2597, 1998.

[LD98] D. Loss and D. P. DiVincenzo. Quantum computation with quantum dots. *Phys. Rev. A*, 57:120–126, 1998.

[Lec63] Y. Lecerf. Machines de Turing réversibles. *Comptes Rendus*, 257:2597–2600, 1963.

[Leo97] U. Leonhardt. *Measuring the Quantum State of Light*. Cambridge University Press, New York, 1997.

[Lev73] L. Levin. Universal sorting problems. *Probl. Peredaci Inf.*, 9:115–116, 1973. Original in Russian. English translation in *Probl. Inf. Transm. USSR* 9:265–266 (1973).

[Lie73] E. H. Lieb. Convex trace functions and the Wigner-Yanase-Dyson conjecture. *Ad. Math.*, 11:267–288, 1973.

[Lie75] E. H. Lieb. *Bull. AMS*, 81:1–13, 1975.

[Lin75] G. Lindblad. Completely positive maps and entropy inequalities. *Commun. Math. Phys.*, 40:147–151, 1975.

[Lin76] G. Lindblad. On the generators of quantum dynamical semigroups. *Commun. Math. Phys.*, 48:199, 1976.

[Lin91] G. Lindblad. Quantum entropy and quantum measurements. In C. Bendjaballah, O. Hirota, and S. Reynaud, editors, *Quantum Aspects of Optical Communications, Lecture Notes in Physics, vol. 378*, pages 71–80, Springer-Verlag, Berlin, 1991.

[Lip95] R. Lipton. DNA solution of hard computational problems. *Science*, 268:542–525, 1995.

[LKF99] N. Linden, E. Kupce, and R. Freeman. NMR quantum logic gates for homonuclear spin systems. *arXive e-print quant-ph/9907003*, 1999.

[LL93] A. K. Lenstra and H. W. Lenstra Jr., editors. *The Development of the Number Field Sieve*. Springer-Verlag, New York, 1993.

[Llo93] S. Lloyd. A potentially realizable quantum computer. *Science*, 261:1569, 1993.

[Llo94] S. Lloyd. Necessary and sufficient conditions for quantum computation. *J. Mod. Opt.*, 41(12):2503, 1994.

[Llo95] S. Lloyd. Almost any quantum logic gate is universal. *Phys. Rev. Lett.*, 75(2):346, 1995.

[Llo96] S. Lloyd. Universal quantum simulators. *Science*, 273:1073, 1996.

[Llo97] S. Lloyd. The capacity of the noisy quantum channel. *Phys. Rev. A*, 56:1613, 1997.

[LLS75] R. E. Ladner, N. A. Lynch, and A. L. Selman. A comparison of polynomial-time reducibilities. *Theor. Comp. Sci.*, 1, 1975.

[LMPZ96] R. Laflamme, C. Miquel, J.-P. Paz, and W. H. Zurek. Perfect quantum error correction code. *Phys. Rev. Lett.*, 77:198, 1996. *arXive e-print quant-ph/9602019*.

[LNCY97] D. W. Leung, M. A. Nielsen, I. L. Chuang, and Y. Yamamoto. Approximate quantum error correction can lead to better codes. *Phys. Rev. A*, 56:2567–2573, 1997. *arXive e-print quant-ph/9704002*.

[Lo99] H. Lo. A simple proof of the unconditional security of quantum key distribution. *arXive e-printquant-ph/9904091*, 1999.

[Lom87] J. S. Lomont. *Applications of Finite Groups*. Dover, New York, 1987.

[Lou73] W. H. Louisell. *Quantum Statistical Properties of Radiation*. Wiley, New York, 1973.

[LP97] H.-K. Lo and S. Popescu. Concentrating local entanglement by local actions -beyond mean values. *arXivee-print quant-ph/9707038*, 1997.

[LP99] N. Linden and S. Popescu. Good dynamics versus bad kinematics. Is entanglement needed for quantum computation? *arXive e-print quant-ph/9906008*, 1999.

[LR73a] E. H. Lieb and M. B. Ruskai. A fundamental property of quantum-mechanical entropy. *Phys. Rev. Lett.*, 30(10):434–436, 1973.

[LR73b] E. H. Lieb and M. B. Ruskai. Proof of the strong subadditivity of quantum mechanical entropy. *J. Math. Phys.*, 14:1938–1941, 1973.

[LR90] H. Leff and R. Rex. *Maxwell's Demon: Entropy, Information, Computing*. Princeton University Press, Princeton, NJ, 1990.

[LS93] L. J. Landau and R. F. Streater. On Birkhoff theorem for doubly stochastic completely positive maps of matrix algebras. *Linear Algebra Appl.*, 193:107–127, 1993.

[LS98] S. Lloyd and J. E. Slotine. Analog quantum error correction. *Phys. Rev. Lett.*, 80:4088–4091, 1998.

[LSP98] H.-K. Lo, T. Spiller, and S. Popescu. *Quantum information and computation*. World Scientific, Singapore, 1998.

[LTV98] M. Li, J. Tromp, and P. Vitanyi. Reversible simulation of irreversible computation by pebble games. *Physica D*, 120:168–176, 1998.

[LV96] M. Li and P. Vitanyi. Reversibility and adiabatic computation: trading time and space for energy. *Proc. R. Soc. London A*, 452:769–789, 1996. *arXive e-print quant-ph/9703022*.

[LVZ+99] D. W. Leung, L. M. K. Vandersypen, X. Zhou, M. Sherwood, C. Yannoni, M. Kubinec, and I. L. Chuang. Experimental realization of a two-bit phase damping quantum code. *Phys. Rev. A*, 60:1924, 1999.

[Man80] Y. Manin. *Computable and Uncomputable (in Russian)*. Sovetskoye Radio, Moscow, 1980.

[Man99] Y. I. Manin. Classical computing, quantum computing, and Shor's factoring algorithm. *arXive e-print quant-ph/9903008*, 1999.

[Mau93] U. M. Maurer. Secret key agreement by public discussion from common information. *IEEE Trans. Inf. Theory*, 39:733–742, 1993.

[Max71] J. C. Maxwell. *Theory of Heat*. Longmans, Green, and Co., London, 1871.

[May98] D. Mayers. Unconditional security in quantum cryptography. *arXive e-print quant-ph/9802025*, 1998.

[ME99] M. Mosca and A. Ekert. The hidden subgroup problem and eigenvalue estimation on a quantum computer. *arXive e-print quant-ph/9903071*, 1999.

[Mer78] R. Merkle. Secure communications over insecure channels. *Comm. of the ACM*, 21:294–299, 1978.

[Mil76] G. L. Miller. Riemann's hypothesis and tests for primality. *J. Comput. Syst. Sci.*, 13(3):300–317, 1976.

[Mil89a] G. J. Milburn. Quantum optical Fredkin gate. *Phys. Rev. Lett.*, 62(18):2124, 1989.

[Mil89b] D. A. B. Miller. Optics for low energy communications inside digital processors: quantum detectors, sources, and modulators as efficient impedance converters. *Opt. Lett.*, 14:146, 1989.

[Mil96] G. J. Milburn. A quantum mechanical Maxwell's demon. Unpublished, 1996.

[Mil97] G. J. Milburn. *Scrödinger's Machines: the Quantum Technology Reshaping Everyday Life*. W. H. Freeman, New York, 1997.

[Mil98] G. J. Milburn. *The Feynman Processor: Quantum Entanglement and the Computing Revolution*. Perseus Books, Reading, Mass., 1998.

[Min67] M. L. Minsky. *Computation: finite and infinite machines*. Prentice-Hall, Englewood Cliffs, N.J., 1967.

[MM92] M. Marcus and H. Minc. *A Survey of Matrix Theory and Matrix Inequalities*. Dover, New York, 1992.

[MMK+95] C. Monroe, D. M. Meekhof, B. E. King, W. M. Itano, and D. J. Wineland. Demonstration of a fundamental quantum logic gate. *Phys. Rev. Lett.*, 75:4714, 1995.

[MO79] A. W. Marshall and I. Olkin. *Inequalities: Theory of Majorization and its Applications*. Academic Press, New York, 1979.

[MOL+99] J. E. Mooij, T. P. Orlando, L. Levitov, L. Tian, C. H. van der Waal, and S. Lloyd. Josephson persistent-current qubit. *Science*, 285:1036–1039, 1999.

[Mor98] T. Mor. No-cloning of orthogonal states in composite systems. *Phys. Rev. Lett.*, 80:3137–3140, 1998.

[Mos98] M. Mosca. Quantum searching, counting and amplitude amplification by eigenvector analysis. In R. Freivalds, editor, *Proceedings of International Workshop on Randomized Algorithms*, pages 90–100, 1998.

[Mos99] M. Mosca. *Quantum Computer Algorithms*. Ph.d. thesis, University of Oxford, 1999.

[MR95] R. Motwani and P. Raghavan. *Randomized Algorithms*. Cambridge University Press, Cambridge, 1995.

[MS77] F. J. MacWilliams and N. J. A. Sloane. *The Theory of Error-correcting Codes*. North-Holland, Amsterdam, 1977.

[MU88] H. Maassen and J. H. B. Uffink. Generalized entropic uncertainty relations. *Phys. Rev. Lett.*, 60(12):1103–1106, 1988.

[MvOV96] A. J. Menezes, P. C. van Oorschot, and S. A. Vanstone. *Handbook of Applied Cryptography*. CRC Press, 1996.

[MWKZ96] K. Mattle, H. Weinfurter, P. G. Kwiat, and A. Zeilinger. Dense coding in experimental quantum communication. *Phys. Rev. Lett.*, 76(25):4656–4659, 1996.

[MZG96] A. Muller, H. Zbinden, and N. Gisin. Quantum cryptography over 23 km in installed under-lake telecom fibre. *Euro-phys. Lett.*, 33:334–339, 1996.

[NC97] M. A. Nielsen and C. M. Caves. Reversible quantum operations and their application to teleportation. *Phys. Rev. A*, 55(4):2547–2556, 1997.

[NCSB98] M. A. Nielsen, C. M. Caves, B. Schumacher, and H. Barnum. Information-theoretic approach to quantum error correction and reversible measurement. *Proc. R. Soc. London A*, 454(1969):277–304, 1998.

[Nie98] M. A. Nielsen. *Quantum Information Theory*. Ph.d. thesis, University of New Mexico, 1998.

[Nie99a] M. A. Nielsen. Conditions for a class of entanglement transformations. *Phys. Rev. Lett.*, 83(2):436–439, 1999.

[Nie99b] M. A. Nielsen. Probability distributions consistent with a mixed state. *arXive e-print quant-ph/9909020*, 1999.

[NKL98] M. A. Nielsen, E. Knill, and R. Laflamme. Complete quantum teleportation using nuclear magnetic resonance. *Nature*, 396(6706):52–55, 1998.

[NPT99] Y. Nakamura, Y. A. Pashkin, and J. S. Tsai. Coherent control of macroscopic quantum states in a single-Cooper-pair box. *Nature*, 398:786–788, 1999.

[OP93] M. Ohya and D. Petz. *Quantum Entropy and Its Use*. Springer-Verlag, Berlin, 1993.

[Pai82] A. Pais. *Subtle is the Lord: The Science and the Life of Albert Einstein*. Oxford University Press, Oxford, 1982.

[Pai86] A. Pais. *Inward Bound: Of Matter and Forces in the Physical World*. Oxford University Press, Oxford, 1986.

[Pai91] A. Pais. *Niels Bohr's Times: In Physics, Philosophy, and Polity*. Oxford University Press, Oxford, 1991.

[Pap94] C. M. Papadimitriou. *Computational Complexity*. Addison-Wesley, Reading, Massachusetts, 1994.

[Pat92] R. Paturi. On the degree of polynomials that approximate symmetric Boolean functions (preliminary version). *Proc. 24th Ann. ACM Symp. on Theory of Computing (STOC '92)*, pages 468–474, 1992.

[PCZ97] J. F. Poyatos, J. I. Cirac, and P. Zoller. Complete characterization of a quantum process: the two-bit quantum gate. *Phys. Rev. Lett.*, 78(2):390–393, 1997.

[PD99] P. M. Platzman and M. I. Dykman. Quantum computing with electrons floating on liquid helium. *Science*, 284:1967, 1999.

[Pen89] R. Penrose. *The Emperor's New Mind*. Oxford University Press, Oxford, 1989.

[Per52] S. Perlis. *Theory of Matrices*. Addison-Wesley, Reading, Mass., 1952.

[Per88] A. Peres. How to differentiate between non-orthogonal states. *Phys. Lett. A*, 128:19, 1988.

[Per93] A. Peres. *Quantum Theory: Concepts and Methods*. Kluwer Academic, Dordrecht, 1993.

[Per95] A. Peres. Higher order schmidt decompositions. *Phys. Lett. A*, 202:16–17, 1995.

[Pet86] D. Petz. Quasi-entropies for finite quantum systems. *Rep. Math. Phys.*, 23(1):57–65, 1986.

[Phy92] Physics Today Editor. Quantum cryptography defies eavesdropping. *Physics Today*, page 21, November 1992.

[PK96] M. B. Plenio and P. L. Knight. Realistic lower bounds for the factorization time of large numbers on a quantum computer. *Phys. Rev. A*, 53:2986–2990, 1996.

[PK98] M. B. Plenio and P. L. Knight. The quantum-jump approach to dissipative dynamics in quantum optics. *Rev. Mod. Phys.*, 70(1):101–144, 1998.

[Pop75] R. P. Poplavskii. Thermodynamical models of information processing (in russian). *Usp. Fiz. Nauk*, 115(3):465–501, 1975.

[PRB98] M. Pueschel, M. Roetteler, and T. Beth. Fast quantum Fourier transforms for a class of non-abelian groups. *arXive e-print quant-ph/9807064*, 1998.

[Pre97] J. Preskill. Fault-tolerant quantum computation. *arXive e-print quant-ph/9712048*, 1997.

[Pre98a] J. Preskill. Fault-tolerant quantum computation. In H.-K. Lo, T. Spiller, and S. Popescu, editors, *Quantum information and computation*, World Scientific, Singapore, 1998.

[Pre98b] J. Preskill. *Physics 229: Advanced Mathematical Methods of Physics —Quantum Computation and Information*. California Institute of Technology, 1998. *URL: http://res.broadview.com.cn/00003/0/2*.

[Pre98c] J. Preskill. Reliable quantum computers. *Proc. R. Soc. London A*, 454(1969):385–410, 1998.

[Rab80] M. O. Rabin. Probabilistic algorithm for testing primality. *J. Number Theory*, 12:128–138, 1980.

[Rah99] H. Z. Rahim. Richard Feynman and Bill Gates: an imaginary encounter. 1999. *URL: http://res.broadview.com.cn/00003/0/3*.

[Rai98] E. M. Rains. Quantum weight enumerators. *IEEE Trans. Inf. Theory*, 44(4):1388–1394, 1998.

[Rai99a] E. M. Rains. Monotonicity of the quantum linear programming bound. *IEEE Trans. Inf. Theory*, 45(7):2489–2492, 1999.

[Rai99b] E. M. Rains. Nonbinary quantum codes. *IEEE Trans. Inf. Theory*, 45(6):1827–1832, 1999.

[Rai99c] E. M. Rains. Quantum shadow enumerators. *IEEE Trans. Inf. Theory*, 45(7):2361–2366, 1999.

[RB98] M. Roetteler and T. Beth. Polynomial-time solution to the hidden subgroup problem for a class of non-abelian groups. *arXive e-print quant-ph/9812070*, 1998.

[Res81] A. Ressler. *The Design of a Conservative Logic Computer and A Graphical Editor Simulator*. Master's thesis, Massachusetts Institute of Technology, 1981.

[RHSS97] E. M. Rains, R. H. Hardin, P. W. Shor, and N. J. A. Sloane. Nonadditive quantum code. *Phys. Rev. Lett.*, 79(5):953–954, 1997.

[Roy96] A. Royer. Reduced dynamics with initial correlations, and time-dependent environment and Hamiltonians. *Phys.Rev.Lett.*, 77(16):3272–3275, 1996.

[RR67] D. W. Robinson and D. Ruelle. *Commun. Math. Phys.*, 5:288, 1967.

[Rus94] M. B. Ruskai. Beyond strong subadditivity: improved bounds on the contraction of generalized relative entropy. *Rev. Math. Phys.*, 6(5A):1147–1161, 1994.

[RWvD84] S. Ramo, J. R. Whinnery, and T. van Duzer. *Fields and waves in communication electronics*. Wiley, New York, 1984.

[RZBB94] M. Reck, A. Zeilinger, H. J. Bernstein, and P. Bertani. Experimental realization of any discrete unitary operator. *Phys. Rev. Lett.*, 73(1):58–61, 1994.

[Sak95] J. J. Sakurai. *Modern Quantum Mechanics*. Addison-Wesley, Reading, Mass., 1995.

[SC99] R. Schack and C. M. Caves. Classical model for bulk-ensemble NMR quantum computation. *Phys. Rev. A*, 60(6):4354–4362, 1999.

[Sch06] E. Schmidt. Zur theorie der linearen und nichtlinearen integralgleighungen. *Math. Annalen.*, 63:433–476, 1906.

[Sch36] E. Schrödinger. Probability relations between separated systems. *Proc. Cambridge Philos. Soc.*, 32:446–452, 1936.

[Sch95] B. Schumacher. Quantum coding. *Phys. Rev. A*, 51:2738–2747, 1995.

[Sch96a] B. Schneier. *Applied Cryptography*. John Wiley and Sons, New York, 1996.

[Sch96b] B. W. Schumacher. Sending entanglement through noisy quantum channels. *Phys. Rev. A*, 54:2614, 1996.

[Sha48] C. E. Shannon. A mathematical theory of communication. *Bell System Tech. J.*, 27:379–423, 623–656, 1948.

[Sho94] P. W. Shor. Algorithms for quantum computation: discrete logarithms and factoring. In *Proceedings, 35th Annual Symposium on Foundations of Computer Science*, IEEE Press, Los Alamitos, CA, 1994.

[Sho95] P. Shor. Scheme for reducing decoherence in quantum computer memory. *Phys. Rev. A*, 52:2493, 1995.

[Sho96] P. W. Shor. Fault-tolerant quantum computation. In *Proceedings, 37th Annual Symposium on Foundations of Computer Science*, pages 56–65, IEEE Press, Los Alamitos, CA, 1996.

[Sho97] P. W. Shor. Polynomial-time algorithms for prime factorization and discrete logarithms on a quantum computer. *SIAM J. Comp*, 26(5):1484–1509, 1997.

[Sim79] B. Simon. *Trace Ideals and Their Applications*. Cambridge University Press, Cambridge, 1979.

[Sim94] D. Simon. On the power of quantum computation. In *Proceedings, 35th Annual Symposium on Foundations of Computer Science*, pages 116–123, IEEE Press, Los Alamitos, CA, 1994.

[Sim97] D. R. Simon. On the power of quantum computation. *SIAM J. Comput.*, 26(5):1474–1483, 1997.

[SL97] P. W. Shor and R. Laflamme. Quantum analog of the MacWilliams identities for classical coding theory. *Phys. Rev. Lett.*, 78(8):1600–1602, 1997.

[SL98] D. Shasha and C. Lazere. *Out of Their Minds: The Lives and Discoveries of 15 Great Computer Scientists*. Springer-Verlag, New York, 1998.

[Sle74] D. Slepian, editor. *Keys Papers in the Development of Information Theory*. IEEE Press, New York, 1974.

[Sli96] C. P. Slichter. *Principles of Magnetic Resonance*. Springer, Berlin, 1996.

[SN96] B. W. Schumacher and M. A. Nielsen. Quantum data processing and error correction. *Phys. Rev. A*, 54(4):2629, 1996. *arXive e-print quant-ph/9604022*.

[SP00] P. W. Shor and J. Preskill. Simple proof of security of the BB84 quantum key distribution protocol. *arXive e-print quant-ph/0003004*, 2000.

[SS76] R. Solovay and V. Strassen. A fast Monte-Carlo test for primality. *SIAM J. Comput.*, 6:84–85, 1976.

[SS96] P. W. Shor and J. A. Smolin. Quantum error-correcting codes need not completely revealthe error syndrome. *arXive e-print quant-ph/9604006*, 1996.

[SS99] A. T. Sornborger and E. D. Stewart. Higher order methods for simulations on quantum computers. *Phys. Rev. A*, 60(3):1956–1965, 1999. *arXive e-print quant-ph/9903055*.

[ST91] B. E. A. Saleh and M. C. Teich. *Fundamentals of Photonics*. Wiley, NY, 1991.

[Ste96] A. M. Steane. Multiple particle interference and quantum error correction. *Proc. R. Soc. London A*, 452:2551-76, 1996.

[Ste97] A. Steane. The ion-trap quantum information processor. *Appl. Phys.B – Lasers and Optics*, 64(6):623–642, 1997.

[Ste99] A. M. Steane. Efficient fault-tolerant quantum computing. *Nature*, 399:124–126, May 1999.

[STH$^+$99] S. Somaroo, C. H. Tseng, T. F. Havel, R. Laflamme, and D. G. Cory. Quantum simulations on a quantum computer. *Phys. Rev. Lett.*, 82:5381–5384, 1999.

[Str76] G. Strang. *Linear Algebra and Its Applications*. Academic Press, New York, 1976.

[SV99] L. J. Schulman and U. Vazirani. Molecular scale heat engines and scalable quantum computation. *Proc. 31st Ann. ACM Symp. on Theory of Computing (STOC '99)*, pages 322–329, 1999.

[SW49] C. E. Shannon and W. Weaver. *The Mathematical Theory of Communication*. University of Illinois Press, Urbana, 1949.

[SW93] N. J. A. Sloane and A. D. Wyner, editors. *Claude Elwood Shannon: Collected Papers*. IEEE Press, New York, 1993.

[SW97] B. Schumacher and M. D. Westmoreland. Sending classical information via noisy quantum channels. *Phys. Rev. A*, 56(1):131–138, 1997.

[SW98] B. Schumacher and M. D. Westmoreland. Quantum privacy and quantum coherence. *Phys. Rev. Lett.*, 80(25):5695–5697, 1998.

[SWW96] B. W. Schumacher, M. Westmoreland, and W. K. Wootters. Limitation on the amount of accessible information in a quantum channel. *Phys. Rev. Lett.*, 76:3453, 1996.

[Szi29] L. Szilard. Uber die entropieverminderung in einen thermodynamischen system bei eingriffen intelligenter wesen. *Z. Phys.*, 53:840–856, 1929.

[TD98] B. M. Terhal and D. P. DiVincenzo. The problem of equilibration and the computation of correlation functions on a quantum computer. *arXive e-print quant-ph/9810063*, 1998.

[THL+95] Q. A. Turchette, C. J. Hood, W. Lange, H. Mabuchi, and H. J. Kimble. Measurement of conditional phase shifts for quantum logic. *Phys. Rev. Lett.*, 75:4710, 1995.

[Tro59] H. F. Trotter. On the product of semi-groups of operators. *Proc. Am. Math. Soc.*, 10:545–551, 1959.

[Tsi80] B. S. Tsirelson. Quantum generalizations of Bell's inequality. *Lett. Math. Phys.*, 4:93, 1980.

[Tur36] A. M. Turing. On computable numbers, with an application to the Entscheidungsproblem. *Proc. Lond. Math. Soc. 2 (reprinted in [Dav65])*, 42:230, 1936.

[Tur97] Q. A. Turchette. *Quantum optics with single atoms and single photons*. Ph.d. thesis, California Institute of Technology, Pasadena, California, 1997.

[Uhl70] A. Uhlmann. On the Shannon entropy and related functionals on convex sets. *Rep. Math. Phys.*, 1(2):147–159, 1970.

[Uhl71] A. Uhlmann. Sätze über dichtematrizen. *Wiss. Z. Karl-Marx-Univ. Leipzig*, 20:633–637, 1971.

[Uhl72] A. Uhlmann. Endlich-dimensionale dichtematrizen I. *Wiss. Z. Karl-Marx-Univ. Leipzig*, 21:421–452, 1972.

[Uhl73] A. Uhlmann. Endlich-dimensionale dichtematrizen II. *Wiss. Z. Karl-Marx-Univ. Leipzig*, 22:139–177, 1973.

[Uhl76] A. Uhlmann. The 'transition probability' in the state space of a □-algebra. *Rep. Math. Phys.*, 9:273–279, 1976.

[Uhl77] A. Uhlmann. Relative entropy and the Wigner-Yanase-Dyson-Lieb concavity in an interpolation theory. *Commun. Math. Phys.*, 54:21–32, 1977.

[Ume62] H. Umegaki. *Ködai Math. Sem. Rep.*, 14:59–85, 1962.

[Vai94] L. Vaidman. Teleportation of quantum states. *Phys. Rev. A*, 49(2):1473–6, 1994.

[van98a] W. van Dam. Quantum oracle interrogation: getting all information for half the price. In *Proceedings of the 39th FOCS*, 1998. *arXive e-print quant-ph/9805006*.

[van98b] S. J. van Enk. No-cloning and superluminal signaling. *arXive e-print quant-ph/9803030*, 1998.

[Ved99] V. Vedral. Landauer's erasure, error correction and entanglement. *arXive e-print quant-ph/9903049*, 1999.

[Vid98] G. Vidal. Entanglement monotones. *arXive e-print quant-ph/9807077*, 1998.

[Vid99] G. Vidal. Entanglement of pure states for a single copy. *Phys. Rev. Lett.*, 83(5):1046–1049, 1999.

[von27] J. von Neumann. *Göttinger Nachrichten*, page 245, 1927.

[von56] J. von Neumann. Probabilistic logics and the synthesis of reliable organisms from unreliable components. In *Automata Studies*, pages 329–378, Princeton University Press, Princeton, NJ, 1956.

[von66] J. von Neumann. Fourth University of Illinois lecture. In A. W. Burks, editor, *Theory of Self-Reproducing Automata*, page 66, University of Illinois Press, Urbana, 1966.

[VP98] V. Vedral and M. B. Plenio. Entanglement measures and purification procedures. *Phys. Rev. A*, 57(3):1619–1633, 1998.

[VR89] K. Vogel and H. Risken. Determination of quasiprobability distributions in terms of probability distributions for the rotated quadrature phase. *Phys. Rev. A*, 40(5):2847–2849, 1989.

[VYSC99] L. M. K. Vandersypen, C. S. Yannoni, M. H. Sherwood, and I. L. Chuang. Realization of effective pure states for bulk quantum computation. *Phys. Rev. Lett.*, 83:3085–3088, 1999.

[VYW+99] R. Vrijen, E. Yablonovitch, K. Wang, H. W. Jiang, A. Balandin, V. Roychowdhury, T. Mor, and D. DiVincenzo. Electron spin resonance transistors for quantum computing in silicon-germanium heterostructures. *arXive e-print quant-ph/9905096*, 1999.

[War97] W. Warren. The usefulness of NMR quantum computing. *Science*, 277(5332):1688, 1997.

[Wat99] J. Watrous. PSPACE has 2-round quantum interactive proof systems. *arXive e-print cs/9901015*, 1999.

[WC67] S. Winograd and J. D. Cowan. *Reliable Computation in the Presence of Noise*. MIT Press, Cambridge, MA, 1967.

[Weh78] A. Wehrl. General properties of entropy. *Rev. Mod. Phys.*, 50:221, 1978.

[Wel88] D. J. A. Welsh. *Codes and Cryptography*. Oxford University Press, New York, 1988.

[Wie] S. Wiesner. Unpublished manuscript, circa 1969, appeared as [Wie83].

[Wie83] S. Wiesner. Conjugate coding. *SIGACT News*, 15:77, 1983.

[Wie96] S. Wiesner. Simulations of many-body quantum systems by a quantum computer. *arXive e-print quant-ph/9603028*, 1996.

[Wil91] D. Williams. *Probability with Martingales*. Cambridge University Press, Cambridge, 1991.

[Win98] E. Winfree. *Algorithmic Self-Assembly of DNA*. Ph.d. thesis, California Institute of Technology, Pasadena, California, 1998.

[WMI+98] D. J. Wineland, C. Monroe, W. M. Itano, D. Leibfried, B. E. King, and D. M. Meekhof. Experimental issues in coherent quantum-state manipulation of trapped atomic ions. *J. Res. Natl. Inst. Stand. Tech.*, 103:259, 1998.

[WS98] M. D. Westmoreland and B. Schumacher. Quantum entanglement and the nonexistence of superluminal signals. *arXive e-print quant-ph/9801014*, 1998.

[WY63] E. P. Wigner and M. M. Yanase. *Proc. Natl. Acad. Sci. (U.S.A.)*, 49:910–918, 1963.

[WY90] K. Watanabe and Y. Yamamoto. Limits on tradeoffs between third-order optical nonlinearity, absorption loss, and pulse duration in self-induced transparency and real excitation. *Phys. Rev. A*, 42(3):1699–702, 1990.

[WZ82] W. K. Wootters and W. H. Zurek. A single quantum cannot be cloned. *Nature*, 299:802–803, 1982.

[Yao93] A. C. Yao. Quantum circuit complexity. *Proc. of the 34th Ann. IEEE Symp. on Foundations of Computer Science*, pages 352–361, 1993.

[YK95] S. Younis and T. Knight. Non dissipative rail drivers for adiabatic circuits. In *Proceedings, Sixteenth Conference on Advanced Research in VLSI 1995*, pages 404–14, IEEE Computer Society Press, Los Alamitos, CA, 1995.

[YKI88] Y. Yamamoto, M. Kitagawa, and K. Igeta. In *Proc. 3rd Asia-Pacific Phys. Conf.*, World Scientific, Singapore, 1988.

[YO93] H. P. Yuen and M. Ozawa. Ultimate information carrying limit of quantum systems. *Physical Review Letters*, 70:363–366, 1993.

[YY99] F. Yamaguchi and Y. Yamamoto. Crystal lattice quantum computer. *Appl. Phys. A*, pages 1–8, 1999.

[Zal98] C. Zalka. Simulating quantum systems on a quantum computer. *Proc. R. Soc. London A*, 454(1969):313–322, 1998.

[Zal99] C. Zalka. Grover's quantum searching algorithm is optimal. *Phys. Rev. A*, 60(4):2746–2751, 1999.

[Zan99] P. Zanardi. Stabilizing quantum information. *arXive e-print quant-ph/9910016*, 1999.

[ZG97] P. Zoller and C. W. Gardiner. Quantum noise in quantum optics: the stochastic Schrödinger equation. In S. Reynaud, E. Giacobino, and J. Zinn-Justin, editors, *Quantum Fluctuations: Les Houches Summer School LXIII*, Elsevier, Amsterdam, 1997.

[ZHSL99] K. Zyczkowski, P. Horodecki, A. Sanpera, and M. Lewenstein. Volume of the set of separable states. *Phys. Rev. A*, 58(2):883–892, 1999.

[ZL96] W. H. Zurek and R. Laflamme. Quantum logical operations on encoded qubits. *Phys. Rev. Lett.*, 77(22):4683–4686, 1996.

[ZLC00] X. Zhou, D. W. Leung, and I. L. Chuang. Quantum logic gate constructions with one-bit "teleportation". *arXive e-print quant-ph/0002039*, 2000.

[ZR98] P. Zanardi and M. Rasetti. Noiseless quantum codes. *Phys. Rev. Lett.*, 79(17):3306–3309, 1998.

[Zur89] W. H. Zurek. Thermodynamic cost of computation, algorithmic complexity and the information metric. *Nature*, 341:119, 1989.

[Zur91] W. H. Zurek. Decoherence and the transition from quantum to classical. *Phys. Today*, October 1991.